体験型 読み聞かせブック

# 算数好きな子に育つたのしいお話365

さがしてみよう、あそんでみよう、つくってみよう

日本数学教育学会研究部 著

子供の科学 特別編集

誠文堂新光社

はじめに

# 算数《さんすう》は知識《ちしき》を伝《つた》える教科《きょうか》ではない。だからこそ楽《たの》しいのです。

細水保宏

ひし形《がた》の紙《かみ》で鶴《つる》を折《お》ってみたことがありますか。「鶴《つる》が本当《ほんとう》に折《お》れるのかな？」「どんな鶴《つる》が折《お》れるのだろう？」との想《おも》いで実《じっ》際《さい》に折《お》ってみました。すると、頭《あたま》や尾《お》が長《なが》い鶴《つる》や、恐竜《きょうりゅう》みたいな両方《りょうほう》の羽《はね》が大《おお》きい鶴《つる》といった、思《おも》ってもみない鶴《つる》ができたのです。しかも、それが、最初《さいしょ》の紙《かみ》の折《お》り方《かた》で決《き》まることに気《き》づいたとき、「おもしろい！」と強《つよ》く感《かん》じたことを今《いま》でもはっきり覚《おぼ》えています。すると、「なぜだろう？」とその原因《げんいん》を思《おも》わず考《かんが》えたくなります。折《お》った鶴《つる》を開《ひら》いて折《お》り目《め》を見《み》てみながら、「そうか、対角《たいかく》線《せん》の長《なが》さに関係《かんけい》しているんだ！」「なるほど！」と対角線《たいかくせん》の長《なが》さが等《ひと》しい正方形《せいほうけい》の折《お》り紙《がみ》では気《き》づかなかったことが、ひし形《がた》の紙《かみ》で折《お》ることによって、鶴《つる》の頭《あたま》や尾《お》、羽《はね》の部分《ぶぶん》が対角線《たいかくせん》の部分《ぶぶん》になっていることに改《あらた》めて気《き》づかされました。「だったら、正方形《せいほうけい》やひし形《がた》と同《おな》じように対角線《たいかくせん》が直交《ちょっこう》するたこ形《がた》ならば、…」と問題《もんだい》から問題《もんだい》が生《う》まれてきます。そして、「多分《たぶん》『頭《あたま》か尾《お》が極端《きょくたん》に長《なが》い鶴《つる》』か『片方《かたほう》の羽《はね》が極端《きょくたん》に長《なが》い鶴《つる》』になるに違《ちが》いない」と予想《よそう》し、すぐにたこ形《がた》の紙《かみ》をつくり、折《お》って実際《じっさい》に確《たし》かめてみる自分《じぶん》がいました。「やっぱり！」と確《たし》かめられたときの感動《かんどう》は、今《いま》でも強《つよ》く残《のこ》っています。さらに、「だったら、長方形《ちょうほうけい》ならば…」「三《さん》角形《かくけい》だったら、…」「円《えん》だったならば、…」と深夜《しんや》、わくわくしながら折《お》り紙《がみ》に取《と》り組《く》んでいたときのことを今《いま》でも鮮明《せんめい》に覚《おぼ》えています。

本書《ほんしょ》は、日本数学教育学会《にほんすうがくきょういくがっかい》（略称《りゃくしょう》「日数教《にっすうきょう》」）の研究部小学校《けんきゅうぶしょうがっこう》部会《ぶかい》のメンバーが、「算数《さんすう》っておもしろい！」「算数好《さんすうず》きを増《ふ》やしたい！」との想《おも》いを込《こ》めてつくりました。日数教《にっすうきょう》は１９１９年《ねん》に創設《そうせつ》された、もうすぐ１００周年《しゅうねん》を迎《むか》える歴史《れきし》と伝統《でんとう》ある研究団《けんきゅうだん》

**細水保宏**（ほそみず やすひろ）

神奈川県生まれ。横浜国立大学大学院数学教育研究学科修了。横浜市立三ツ沢小学校、横浜市立六浦小学校教諭を経て、筑波大学附属小学校に勤務。平成22年度より5年間副校長を務める。平成27年4月より、明星学苑教育支援室長兼明星大学客員教授に就任。
その他、筑波大学非常勤講師、横浜国立大学非常勤講師。日本数学教育学会常任理事、全国算数授業研究会前会長、教育出版教科書「算数」著者。また、小学校学習指導要領解説算数科編（平成20年度版）作成協力委員。
著書には、『細水保宏の算数授業のつくり方』（東洋館）、『算数が大好きになるコツ』（東洋館）、『算数のプロが教える授業づくりのコツ』（東洋館）、『算数のプロが教える教材づくりのコツ』（東洋館）、『随想集「スカッとさわやかに！」』（東洋館）、『確かな学力をつける算数授業の創造』（明治図書）、『確かな学力をつける板書とノートの活用』（明治図書）、『細水保宏の算数教材研究ノート』（学事出版）、『考える楽しさを味わう算数』（東洋館）、『子どもの眼が輝く算数授業』（日本書籍）など多数。

体《たい》です。我《わ》が国《くに》の算数《さんすう》・数学教育《すうがくきょういく》を常《つね》にリードし、その伸長《しんちょう》に重《じゅう》要《よう》な役割《やくわり》を果《は》たしてきました。現在《げんざい》は、幼稚園《ようちえん》、小学校《しょうがっこう》、中学校《ちゅうがっこう》、高等学校《こうとうがっこう》、高等専門学校《こうとうせんもんがっこう》、大学《だいがく》の算数《さんすう》・数学教育《すうがくきょういく》の研究《けんきゅう》だけでなく、海外《かいがい》の研究団体《けんきゅうだんたい》とも友好協定《ゆうこうきょうてい》を結《むす》んで活動《かつどう》しながら、その研《けん》究成果《きゅうせいか》を日本国内《にほんこくない》だけでなく、世界《せかい》に向《む》けても発信《はっしん》しています。

その研究部《けんきゅうぶ》のメンバーが、今《いま》、一番伝《いちばんつた》えたいことは、「算数好《さんすうず》きを増《ふ》やしたい！」です。

算数好《さんすうず》きを増《ふ》やすには、身《み》の回《まわ》りから算数《さんすう》や図形《ずけい》の不思議《ふしぎ》を発見《はっけん》したり、算数《さんすう》のよさや美《うつく》しさを感《かん》じたり、考《かんが》える楽《たの》しさを味《あじ》わったりすることが大切《たいせつ》です。そして、それが思考力《しこうりょく》・表現力《ひょうげんりょく》を育《そだ》てる素《もと》だとも考《かんが》えています。本書《ほんしょ》では、一日一話《いちにちいちわ》、３６６本《ぼん》の算数《さんすう》に関《かん》する話《はなし》を用意《ようい》しました。小学校低学年《しょうがっこうていがくねん》でも楽《たの》しめるように表現《ひょうげん》してありますが、内容《ないよう》は算数《さんすう》の本質《ほんしつ》に基《もと》づき、レベルは高《こう》度《ど》で、大人《おとな》でも十分楽《じゅうぶんたの》しめる内容《ないよう》になっています。ひし形《がた》で折《お》る鶴《つる》の例《れい》のように、ちょうど池《いけ》に投《な》げ込《こ》まれた小石《こいし》が波紋《はもん》を広《ひろ》げていくイメージで、一《ひと》つの話《はなし》がきっかけとなり、算数《さんすう》のおもしろさがひろがったり深《ふか》まったりしてほしいと考《かんが》えています。

算数《さんすう》を楽《たの》しむには、実《じつ》は環境《かんきょう》、その場《ば》の空気《くうき》や空間《くうかん》がとても大《たい》切《せつ》です。算数《さんすう》は知識《ちしき》を伝達《でんたつ》するだけの教科《きょうか》ではありません。今《いま》までのものが関連付《かんれんづ》けて捉《とら》えられたり、新《あたら》しいものが見《み》えたり、創《そう》造《ぞう》したりできる、だからこそ楽《たの》しいと感《かん》じるのです。是非《ぜひ》、お子《こ》様《さま》と一緒《いっしょ》に、一話一話読《いちわいちわよ》み聞《き》かせながら、あるいはノートを前《まえ》に鉛筆《えんぴつ》をもちながら、一緒《いっしょ》に算数《さんすう》を楽《たの》しんでいただきたいと思《おも》っています。算数《さんすう》のおもしろさで眼《め》が輝《かがや》く姿《すがた》こそが、算数好《さんすうず》きが育《そだ》つ特効薬《とっこうやく》になるはずです。

もくじ…… 1月 January



アイコンの紹介
数と計算のお話
単位とはかり方のお話
図形のお話
きまりの見つけ方のお話
数・計算の歴史のお話
くらしの中の算数のお話
算数にまつわる偉人のお話
数や図形で遊ぼう
手を動かしてつくってみよう

もくじ…… **2月** February

# もくじ…… 3月 March

もくじ…… **4月** April

もくじ…… **5月** May

# もくじ…… 6月 June

# もくじ……7月 July

# もくじ…… 8月 August

もくじ…… 9月 September

# もくじ…… 10月 October

もくじ…… 11月 November



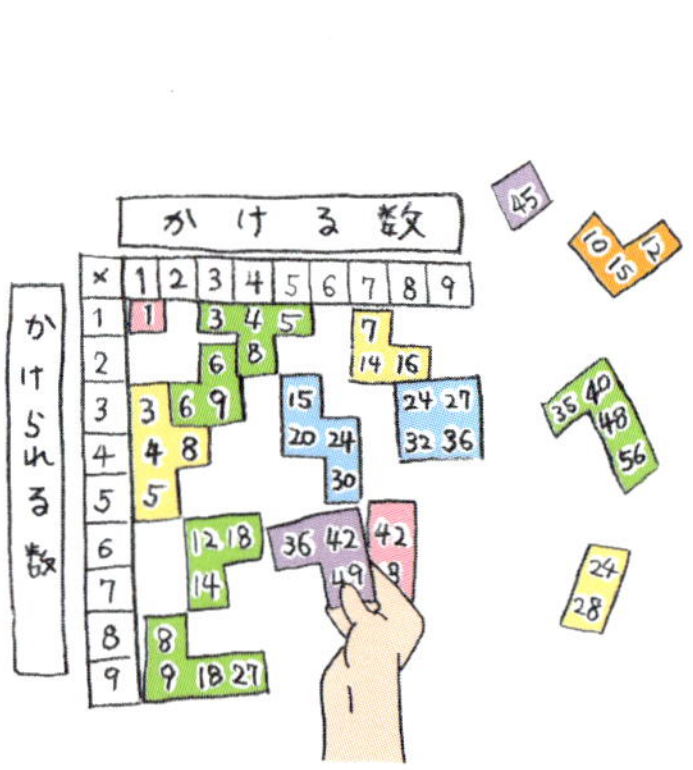

# もくじ…… 12月 December

# 本書はこうなっています

## ジャンル別アイコン

小学校の算数の教科書にあわせた４つのジャンル、「数と計算」「量と測定」「図形」「数量関係」に加えて、身近な生活にまつわるお話や、手を動かして遊んだりつくったりするお話など、全９のジャンルを取りあげています。

**数と計算のお話**

数のあらわしかたや意味、計算の工夫やきまりに関するお話です。小学校で習う算数では「数と計算」の領域に当たります。

**単位とはかり方のお話**

長さや重さ等、身近な単位と測り方についてのお話です。小学校で習う算数では「量と測定」の領域に当たります。

**きまりの見つけ方のお話**

グラフの使い方や、変化していく数や量をみてそのきまりを探したり考えたりするお話です。小学校で習う算数では「数量関係」の領域に当たります。

**図形のお話**

三角形や四角形、サイコロのような立方体や身近な箱などもふくめ、ものの形についてのお話です。小学校で習う算数では「図形」の領域に当たります。

**数・計算の歴史のお話**

数や計算について、昔の人がどう考えてきたかのお話です。算数や数学がどのように進歩したかがわかります。

**くらしの中の算数のお話**

教科書では出てこないものの、毎日のくらしのなかで出会う身近なものやことがらについて、算数的に考えるお話です。

**算数にまつわる偉人のお話**

算数や数学の歴史上、知っておきたい偉人のエピソードを紹介するお話です。算数の力でどのような仕事や研究をしたかがわかります。

**数や図形で遊ぼう**

ゲームやマジックなどで楽しく遊びながら、数や図形の面白さを体験するお話です。紙や鉛筆、トランプや電卓などを片手に読んでみましょう。

**手を動かしてつくってみよう**

工作しながら数や図形の面白さを体験するお話です。紙とはさみ、のりやセロファンテープなどを用意して読んでみましょう。

## 執筆者のお名前

小学校で活躍されている第一線の先生方が執筆されています。直接子供たちに接している、現役先生ならではの視点でわかりやすく解説されています。

## 日付

毎日１話ずつ読んでもらえるよう、１月１日～12月31日まで、１話ごとに日付をつけて日めくり式で紹介しています。

## 読んだ日

お子さん、または読み聞かせをしたご家族の方が、読んだ日を記入できる欄です。兄弟でのご利用や、くり返し読む場合を想定して３回分のスペースを設けました。

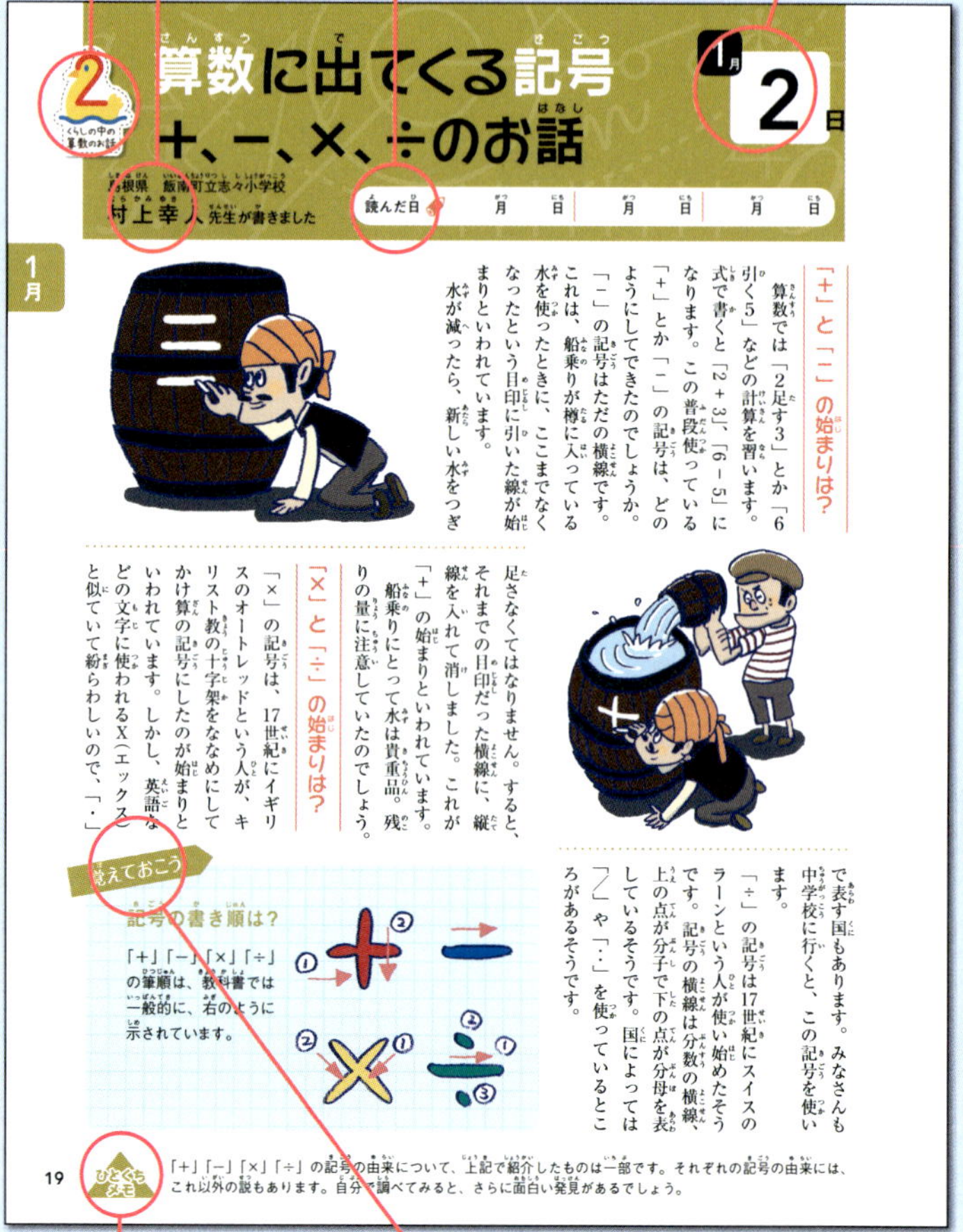

くらしの中の算数のお話

算数《さんすう》に出《で》てくる記号《きごう》
+、−、×、÷のお話《はなし》

1月 2日

島根県《しまねけん》　飯南町立志々小学校《いいなんちょうりつししこうがっこう》
村上幸人《むらかみゆきと》先生《せんせい》が書きました

読《よ》んだ日《ひ》　月《がつ》　日《にち》　月《がつ》　日《にち》　月《がつ》　日《にち》

1月

「+」と「−」の始《はじ》まりは?

算数《さんすう》では「2足《た》す3」とか「6引《ひ》く5」などの計算《けいさん》を習《なら》います。式《しき》で書《か》くと「2 + 3」、「6 − 5」になります。この普段《ふだん》使《つか》っている「+」とか「−」の記号《きごう》は、どのようにしてできたのでしょうか。

「−」の記号《きごう》はただの横線《よこせん》です。これは、船乗《ふなの》りが樽《たる》に入《はい》っている水《みず》を使《つか》ったときに、ここまでなくなったという目印《めじるし》に引《ひ》いた線《せん》が始《はじ》まりといわれています。

水《みず》が減《へ》ったら、新《あたら》しい水《みず》をつぎ足《た》さなくてはなりません。すると、それまでの目印《めじるし》だった横線《よこせん》に、縦《たて》線《せん》を入《い》れて消《け》しました。これが「+」の始《はじ》まりといわれています。

船乗《ふなの》りにとって水《みず》は貴重品《きちょうひん》。残《のこ》りの量《りょう》に注意《ちゅうい》していたのでしょう。

「×」と「÷」の始《はじ》まりは?

「×」の記号《きごう》は、17世紀《せいき》にイギリスのオートレッドという人《ひと》が、キリスト教《きょう》の十字架《じゅうじか》をななめにしてかけ算《ざん》の記号《きごう》にしたのが始《はじ》まりといわれています。しかし、英語《えいご》などの文字《もじ》に使《つか》われるX（エックス）と似《に》ていて紛《まぎ》らわしいので、「・」で表《あらわ》す国《くに》もあります。みなさんも中学校《ちゅうがっこう》に行《い》くと、この記号《きごう》を使《つか》います。

「÷」の記号《きごう》は17世紀《せいき》にスイスのラーンという人《ひと》が使《つか》い始《はじ》めたそうです。記号《きごう》の横線《よこせん》は分数《ぶんすう》の横線《よこせん》、上《うえ》の点《てん》が分子《ぶんし》で下《した》の点《てん》が分母《ぶんぼ》を表《あらわ》しているそうです。国《くに》によっては「/」や「:」を使《つか》っているところがあるそうです。

覚《おぼ》えておこう

記号《きごう》の書《か》き順《じゅん》は?

「+」「−」「×」「÷」の筆順《ひつじゅん》は、教科書《きょうかしょ》では一般的《いっぱんてき》に、右《みぎ》のように示《しめ》されています。

19　ひとくちメモ　「+」「−」「×」「÷」の記号《きごう》の由来《ゆらい》について、上記《じょうき》で紹介《しょうかい》したものは一部《いちぶ》です。それぞれの記号《きごう》の由来《ゆらい》には、これ以外《いがい》の説《せつ》もあります。自分《じぶん》で調《しら》べてみると、さらに面白《おもしろ》い発見《はっけん》があるでしょう。

## ひとくちメモ

テーマに関連するこぼれ話や生活に役立つおまけ情報を紹介します。

## 「家族で楽しめる体験」に導くコラム

本書は体験アイディアのコラムがちりばめられています。「つくってみよう」「調べてみよう」「覚えておこう」など、家族で楽しめる体験アイディアを掲載しています。

# 1月

January

2 くらしの中の算数のお話

# 身《み》の回《まわ》りには、1があふれている

1月 1日

明星大学客員教授《めいせいだいがくきゃくいんきょうじゅ》
細水保宏《ほそみずやすひろ》先生《せんせい》が書《か》きました

読《よ》んだ日《ひ》　月《がつ》　日《にち》｜　月《がつ》　日《にち》｜　月《がつ》　日《にち》

## 1月1日《がっついたち》、元日《がんじつ》

あけましておめでとうございます。

1月1日《がっついたち》は、世界的《せかいてき》に1年《ねん》のはじまりの日《ひ》として祝《いわ》いの意味《いみ》をもつ日《ひ》です。日本《にほん》では元日《がんじつ》と呼《よ》ばれています。

日本《にほん》は、明治《めいじ》の初《はじ》めまでは今《いま》と異《こと》なる旧暦《きゅうれき》と呼《よ》ばれている暦《こよみ》（太《たい》陰太陽暦《いんたいようれき》の一種《いっしゅ》である天保暦《てんぽうれき》）を使《つか》っていましたが、1872年《ねん》（明治《めいじ》5年《ねん》）12月《がつ》3日《か》をもって、1873年《ねん》（明治《めいじ》6年《ねん》）1月1日《がっついたち》とするグレゴリオ暦《れき》（太陽暦《たいようれき》）が導入《どうにゅう》されました。したがって、1872年《ねん》12月《がつ》3日《か》から12月《がつ》30日《にち》までの28日間《にちかん》が存在《そんざい》していないのです。

日本《にほん》においては、このときから、現在《げんざい》の1月1日《がっついたち》が1年《ねん》の最初《さいしょ》の日《ひ》になったのです。

ところで、昔《むかし》から1年《ねん》の最初《さいしょ》の日《ひ》である1月1日《がっついたち》「元日《がんじつ》」は、すべてのものに命《いのち》を与《あた》えてくれる〝歳神様《としがみさま》〟をおまつりする特別《とくべつ》な行事《ぎょうじ》が行《おこな》われていました。1948年《ねん》（昭和《しょうわ》23年《ねん》）には「年《とし》のはじめを祝《いわ》う日《ひ》」として法律《ほうりつ》で国民《こくみん》の祝日《しゅくじつ》と制定《せいてい》されました。

## 身《み》の回《まわ》りには1がいっぱい！

始《はじ》まりを表《あらわ》す1は、算数《さんすう》・数学《すうがく》にとってもとても意味《いみ》のある数《かず》です。1は自然数《しぜんすう》の最初《さいしょ》の数《かず》で、数《かず》の体系《たいけい》はすべて1が基本《きほん》となって決《き》まっているからです。

たとえば、1、2、3……と個数《こすう》を数《かぞ》える際《さい》の最初《さいしょ》の数《かず》で、1がないと数《かぞ》えられません。また、3×1＝3、3÷1＝3のように、1は他《ほか》の数《かず》にかけても割《わ》ってもその数自身《かずじしん》になるという特別《とくべつ》な性質《せいしつ》をもっています。

「一《いち》を聞《き》いて十《じゅう》を知《し》る」「千里《せんり》の道《みち》も一歩《いっぽ》から」「一期一会《いちごいちえ》」など、ことわざや四字熟語《よじじゅくご》などでも1がつくものが数多《かずおお》くあります。

身《み》の回《まわ》りから1を見《み》つけてみると面白《おもしろ》いですよ。

### 考《かんが》えてみよう

**いくつできるかな？**

数《かず》の入《はい》った四字熟語《よじじゅくご》を集《あつ》めてみました。□の中《なか》には、どんな数《かず》が入《はい》るでしょうか（1とは限《かぎ》りません）。

□字《じ》□句《く》　□人《にん》□脚《きゃく》
□寒《かん》□温《おん》　□転《ころび》□起《おき》
□人《にん》□色《いろ》　□発《ぱつ》□中《ちゅう》

**ひとくちメモ**
算数《さんすう》の面白《おもしろ》さ満載《まんさい》。この本《ほん》が、読《よ》んで楽《たの》しく、また算数《さんすう》が好《す》きになる、まさに、□石《せき》□鳥《ちょう》になってもらえるとうれしいです。

くらしの中の算数のお話 2

# 算数《さんすう》に出《で》てくる記号《きごう》 +、−、×、÷のお話《はなし》

1月 2日

島根県《しまねけん》 飯南町立志々小学校《いいなんちょうりつししししょうがっこう》
村上幸人《むらかみゆきと》 先生《せんせい》が書《か》きました

読《よ》んだ日《ひ》 月《がつ》 日《にち》 | 月《がつ》 日《にち》 | 月《がつ》 日《にち》



## 「+」と「−」の始《はじ》まりは？

算数《さんすう》では「2足《た》す3」とか「6引《ひ》く5」などの計算《けいさん》を習《なら》います。式《しき》で書《か》くと「2＋3」、「6 − 5」になります。この普段《ふだん》使《つか》っている「+」とか「−」の記号《きごう》は、どのようにしてできたのでしょうか。

「−」の記号《きごう》はただの横線《よこせん》です。これは、船乗《ふなの》りが樽《たる》に入《はい》っている水《みず》を使《つか》ったときに、ここまでなくなったという目印《めじるし》に引《ひ》いた線《せん》が始《はじ》まりといわれています。

水《みず》が減《へ》ったら、新《あたら》しい水《みず》をつぎ足《た》さなくてはなりません。すると、それまでの目印《めじるし》だった横線《よこせん》に、縦《たて》線《せん》を入《い》れて消《け》しました。これが「+」の始《はじ》まりといわれています。

船乗《ふなの》りにとって水《みず》は貴重品《きちょうひん》。残《のこ》りの量《りょう》に注意《ちゅうい》していたのでしょう。

## 「×」と「÷」の始《はじ》まりは？

「×」の記号《きごう》は、17世紀《せいき》にイギリスのオートレッドという人《ひと》が、キリスト教《きょう》の十字架《じゅうじか》をななめにしてかけ算《ざん》の記号《きごう》にしたのが始《はじ》まりといわれています。しかし、英語《えいご》などの文字《もじ》に使《つか》われるX（エックス）と似《に》ていて紛《まぎ》らわしいので、「・」で表《あらわ》す国《くに》もあります。みなさんも中学校《ちゅうがっこう》に行《い》くと、この記号《きごう》を使《つか》います。

「÷」の記号《きごう》は17世紀《せいき》にスイスのラーンという人《ひと》が使《つか》い始《はじ》めたそうです。記号《きごう》の横線《よこせん》は分数《ぶんすう》の横線《よこせん》、上《うえ》の点《てん》が分子《ぶんし》で下《した》の点《てん》が分母《ぶんぼ》を表《あらわ》しているそうです。国《くに》によっては「/」や「:」を使《つか》っているところがあるそうです。

**覚《おぼ》えておこう**

### 記号《きごう》の書《か》き順《じゅん》は？

「+」「−」「×」「÷」の筆順《ひつじゅん》は、教科書《きょうかしょ》では一般的《いっぱんてき》に、右《みぎ》のように示《しめ》されています。

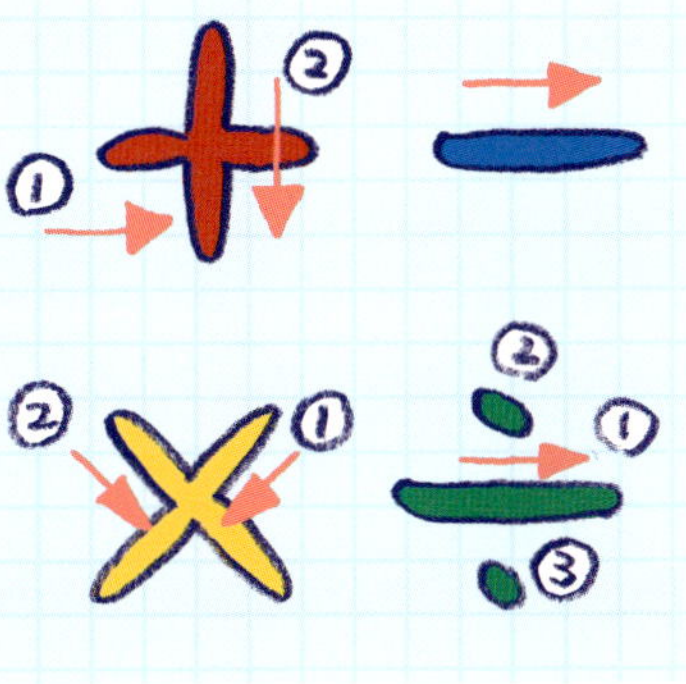


**ひとくちメモ** 「+」「−」「×」「÷」の記号《きごう》の由来《ゆらい》について、上記《じょうき》で紹介《しょうかい》したものは一部《いちぶ》です。それぞれの記号《きごう》の由来《ゆらい》には、これ以外《いがい》の説《せつ》もあります。自分《じぶん》で調《しら》べてみると、さらに面白《おもしろ》い発見《はっけん》があるでしょう。

単位とはかり方のお話

1月3日

# 時計《とけい》はなぜ右回《みぎまわ》りか

学習院初等科《がくしゅういんしょとうか》
大澤隆之《おおさわたかゆき》先生《せんせい》が書《か》きました

読《よ》んだ日《ひ》　月《がつ》　日《にち》　月《がつ》　日《にち》　月《がつ》　日《にち》

## 針《はり》時計《どけい》が右回《みぎまわ》りになったワケ

時計《とけい》は、なぜ右回《みぎまわ》りなのでしょう。

機械《きかい》の時計《とけい》ができたのは、ヨーロッパでは13世紀《せいき》のようです。最初《さいしょ》の時計《とけい》から、針《はり》の動《うご》きは右回《みぎまわ》りでした。

その秘密《ひみつ》は、昔々《むかしむかし》、バビロニアの時代《じだい》にさかのぼります。

日時計《ひどけい》が生《う》まれたのは、紀元前《きげんぜん》5000年《ねん》から3000年《ねん》ごろのバビロニアともエジプトとも言《い》われています。日時計《ひどけい》と言《い》っても、1本《ぽん》の棒《ぼう》が地面《じめん》から立《た》っている形《かたち》で、1日《にち》の時刻《じこく》を刻《きざ》むというより暦《こよみ》をつくるためにつくられたと考《かんが》えられています。

昼《ひる》の長《なが》さと夜《よる》の長《なが》さを測《はか》り、春分《しゅんぶん》と秋分《しゅうぶん》の日《ひ》を観測《かんそく》したり、正午《しょうご》を観測《かんそく》して午前《ごぜん》と午後《ごご》を分《わ》けたりしていました。

## 秘密《ひみつ》は日時計《ひどけい》にあった!

紀元前《きげんぜん》2050年《ねん》には、きちんとした日時計《ひどけい》ができています。この日時計《ひどけい》が、右回《みぎまわ》りなのです。

太陽《たいよう》は東《ひがし》から昇《のぼ》り、空《そら》の南側《みなみがわ》を通《とお》って西《にし》に沈《しず》みます。影《かげ》は、最初《さいしょ》右《みぎ》にできて、左《ひだり》の方《ほう》に移動《いどう》していきます。この動《うご》きのまねをして、機械《きかい》の時計《とけい》ができているのです。

### つくってみよう

#### 日時計《ひどけい》で確《たし》かめてみよう

簡単《かんたん》な日時計《ひどけい》をつくって、本当《ほんとう》に右《みぎ》回《まわ》りになるかを確《たし》かめてみましょう。

**ひとくちメモ**　日時計《ひどけい》が右回《みぎまわ》りなのは北半球《きたはんきゅう》だけです。南半球《みなみはんきゅう》では左回《ひだりまわ》りになります。また、壁《かべ》に掛《か》けるタイプの「壁掛《かべか》け日《ひ》時計《どけい》」は、北半球《きたはんきゅう》でも左回《ひだりまわ》りになります。

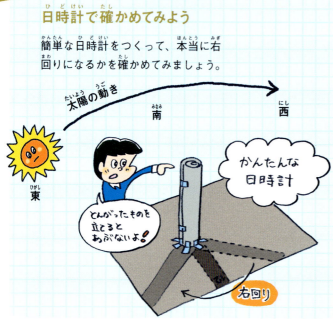

# 楽《たの》しい計算《けいさん》ゲーム「シャット・ザ・ボックス」

大分県《おおいたけん》 大分市立大在西小学校《おおいたしりつおおざいにししょうがっこう》
二宮孝明《にのみやたかあき》先生《せんせい》が書《か》きました

読《よ》んだ日《ひ》 月《がつ》 日《にち》 ｜ 月《がつ》 日《にち》 ｜ 月《がつ》 日《にち》

## サイコロがあればできる

「シャット・ザ・ボックス」というゲームを知《し》っていますか？ 昔《むかし》から世界中《せかいじゅう》で親《した》しまれている計算《けいさん》ゲームです。ルールは簡単《かんたん》で、サイコロさえあれば手軽《てがる》に楽《たの》しめます。対戦型《たいせんがた》ゲームなので、友達《ともだち》や家《いえ》の人《ひと》とやってみましょう。

準備《じゅんび》するものは、まずサイコロが2つ。それから、トランプくらいの大《おお》きさに切《き》った紙《かみ》のカードを9枚《まい》つくり、1〜9までの数字《すうじ》を1つずつ書《か》きます。トランプの1〜9を使《つか》ってもかまいません。

## ルールはカンタン！

では、ルールを説明《せつめい》しましょう。はじめに、数字《すうじ》を表《おもて》にしてカードを並《なら》べます。次《つぎ》に、サイコロ2つを振《ふ》り、出《で》た数《かず》を合計《ごうけい》します。そして、合計《ごうけい》した数《かず》になるようにカードを2枚《まい》または1枚裏返《まいうらがえ》します。たとえば、サイコロを振《ふ》って「2」と「4」が出《で》たら、合計《ごうけい》は「6」ですね。その場合《ばあい》、裏返《うらがえ》すカードは「6」1枚《まい》でもいいし、「1と5」または「2と4」の2枚《まい》でもOKです。どのパターンで裏返《うらがえ》すかは、自分《じぶん》で選《えら》びます。

続《つづ》けてサイコロを振《ふ》り、カードを裏返《うらがえ》すことを繰《く》り返《かえ》します。途中《とちゅう》で、残《のこ》っているカードが6以下《いか》になったら、サイコロを1つにします。裏返《うらがえ》せるカードがなくなったらそこで終《お》わり、次《つぎ》の人《ひと》の番《ばん》になります。裏返《うらがえ》せたカードの数《かず》の合計《ごうけい》が多《おお》い人《ひと》が勝《か》ちです。

1 2 3 4 5 6 7 8 9
「2と4」で合計「6」！
「1と5」のカードを裏返す。
「2と4」や「6」でもよい。
2 3 4 6 7 8 9

続《つづ》けてサイコロを振《ふ》り、出《で》た目《め》の数《かず》の合計《ごうけい》と、同《おな》じ合計《ごうけい》になる数字《すうじ》の組《く》み合《あ》わせを考《かんが》えて、そのカードを裏返《うらがえ》します。裏返《うらがえ》せるカードがなくなったら終了《しゅうりょう》。

### やってみよう

**自分《じぶん》でもつくれるよ！**

かまぼこ板《いた》や木切《きぎ》れ、布《ぬの》などの材料《ざいりょう》を使《つか》って、自分《じぶん》だけのオリジナル「シャット・ザ・ボックス」をつくってみましょう。絵《え》の具《ぐ》でカラフルに色《いろ》をぬり、仕上《しあ》げにニスをぬるときれいです。

100円《えん》ショップの材料《ざいりょう》でつくったシャット・ザ・ボックス。写真／二宮孝明

**ひとくちメモ** シャット・ザ・ボックスは、ルールを自分《じぶん》で工夫《くふう》しても楽《たの》しいです。【例《れい》①】カードを3枚裏返《まいうらがえ》してもよいとする。【例②】サイコロが「3」の場合《ばあい》、「9と6」のように、ひき算《ざん》をして裏返《うらがえ》してもよいとする。

単位とはかり方のお話

# 長《なが》さを体《からだ》で表《あらわ》す

1月 5日

お茶《ちゃ》の水女子大学附属小学校《みずじょしだいがくふぞくしょうがっこう》
久《く》下《が》谷《や》 明《あきら》先生《せんせい》が書《か》きました

読《よ》んだ日《ひ》　月《がつ》　日《にち》　月《がつ》　日《にち》　月《がつ》　日《にち》

## 昔《むかし》は体《からだ》で長《なが》さを測《はか》った

突然《とつぜん》ですが、この本《ほん》の縦《たて》の長《なが》さはどれくらいですか。このように聞《き》くと、ものさしをあてて、24㎝と答《こた》えてくれることと思《おも》います。

でも、〝ものさし〟といった長《なが》さを正確《せいかく》に測《はか》る道具《どうぐ》がなかった時《じ》代《だい》、人《ひと》は長《なが》さをどのようにして測《はか》り、人《ひと》に伝《つた》えていたのでしょうか。

大昔《おおむかし》の人《ひと》は、一番《いちばん》身近《みぢか》なものを使《つか》って長《なが》さを測《はか》りとっていました。

身近《みぢか》なものとは、手足《てあし》など、自分《じぶん》たちの体《からだ》です。

日本《にほん》の昔《むかし》の数《かぞ》え方《かた》や長《なが》さの単位《たんい》には、手《て》を使《つか》って表《あらわ》したものがたくさんあります。

## 覚《おぼ》えておくと便利《べんり》かも？

たとえば、次《つぎ》のようなものがあります。

・『1すん（寸《すん》）』：指《ゆび》1本分《ぼんぶん》の幅《はば》の長《なが》さ（図《ず》1）。
・『1つか』：握《にぎ》りこぶし1つ分《ぶん》の幅《はば》の長《なが》さ（図《ず》2）。
・『1あた』：手《て》を開《ひら》いたときの中指《なかゆび》の先《さき》から親指《おやゆび》の先《さき》までの長《なが》さ（図《ず》3）。
・『1ひろ』：両手《りょうて》をいっぱいにひろげたときの指先《ゆびさき》から指先《ゆびさき》までの長《なが》さ（身長《しんちょう》とほぼ同《おな》じ）（図《ず》4）。

どうですか？ 自分《じぶん》の体《からだ》で測《はか》ると大体何《だいたいなん》㎝かを覚《おぼ》えておくと、意外《いがい》に便利《べんり》かもしれません。

図《ず》1

図《ず》2

図《ず》3

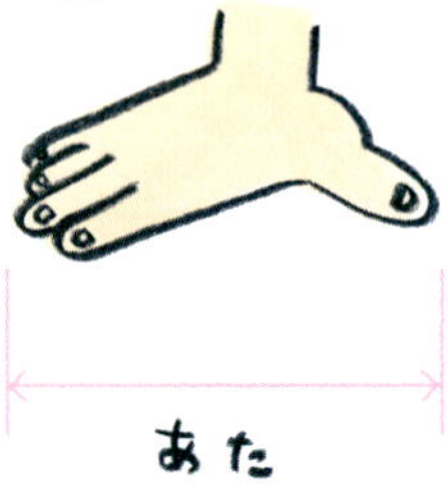


図《ず》4

### 覚《おぼ》えておこう

### 古代《こだい》エジプトの単位《たんい》『キュービット』

古代《こだい》エジプトでは、王様《おうさま》の腕《うで》（ひじから指先《ゆびさき》まで）の長《なが》さを『1キュービット』と呼《よ》び、長《なが》さの単位《たんい》としていました。そのため、王様《おうさま》が変《か》わるたびに、1キュービットの長《なが》さも変《か》わってしまっていたようです。ただ、おおよそ長《なが》さは50㎝。ピラミッドなども1キュービットという長《なが》さの単位《たんい》をもとにして、つくられたと言《い》われています。

ひとくちメモ

アメリカやイギリスで今《いま》でも使《つか》われている単位《たんい》に『フート（フィート）』があります。これは、足《あし》のつま先《さき》からかかとまでの長《なが》さからできたと言《い》われています。1フートは約《やく》30㎝。大《おお》きな足《あし》ですね。

# スキージャンプの得点《とくてん》のつけ方《かた》

1月《がつ》 6 日

神奈川県《かながわけん》　川崎市立土橋小学校《かわさきしりつつちはししょうがっこう》
山本《やまもと》　直《なお》 先生《せんせい》が書《か》きました

読《よ》んだ日《ひ》　月《がつ》　日《にち》｜月《がつ》　日《にち》｜月《がつ》　日《にち》

## スキージャンプ競技《きょうぎ》の得点《とくてん》

| 選手 | 審判① | 審判② | 審判③ | 審判④ | 審判⑤ | 5人の合計 | 得点 |
|---|---|---|---|---|---|---|---|
| (A) | 10 | 9 | 8 | 7 | 7 | 41 | 24 |
| (B) | 10 | 9 | 8 | 6 | 6 | 39 | 23 |
| (C) | 9 | 9 | 8 | 8 | 6 | 40 | 25 |

みなさんはスキーのジャンプ競《きょう》技《ぎ》を知《し》っていますか。冬《ふゆ》になると行《おこな》われる競技《きょうぎ》で、オリンピック等《とう》では日本《にほん》の選手《せんしゅ》も活躍《かつやく》している有《ゆう》名《めい》な競技《きょうぎ》です。高《たか》いところから滑《すべ》ってきてジャンプをするのですが、どこまで遠《とお》くまで飛《と》べたかが得点《とくてん》となる飛距離点《ひきょりてん》と、どれだけ美《うつく》しく飛《と》べたかが得点《とくてん》となる飛型点《ひけいてん》という得点《とくてん》の合計《ごうけい》で競《きそ》います。

この飛型点《ひけいてん》という得点方法《とくてんほうほう》は、5人《にん》の審判《しんぱん》がジャンプをするごとに得点《とくてん》をつけるのですが、不公平《ふこうへい》にならないよう、最高点《さいこうてん》と最低点《さいていてん》をなくした3人《にん》の審判《しんぱん》の得点合計《とくてんごうけい》が採用《さいよう》されるのだそうです。

## 最高点《さいこうてん》と最低点《さいていてん》を消《け》す意味《いみ》

簡単《かんたん》な場合《ばあい》で考《かんが》えてみましょう。

1人《り》の審判《しんぱん》が10点満点《てんまんてん》で採点《さいてん》するとします。すると、最高点《さいこうてん》は全《ぜん》員《いん》が10点《てん》をつけたときで、最高点《さいこうてん》も最低点《さいていてん》も10点《てん》なので、10点《てん》を2人分《りぶん》なくして、3人《にん》の合計《ごうけい》30点《てん》ということになります。

では表《ひょう》のような場合《ばあい》はどのようになるでしょうか。(A)の選手《せんしゅ》は5人《にん》の合計《ごうけい》は41点《てん》ですが、最高《さいこう》点《てん》と最低点《さいていてん》を除《のぞ》くと24点《てん》になります。同《おな》じように(B)の選手《せんしゅ》は合《ごう》計《けい》が39点《てん》ですが得点《とくてん》は23点《てん》になります。ところが、(C)の選手《せんしゅ》の合計《ごうけい》は40点《てん》で(A)の選手《せんしゅ》よりも低《ひく》いのですが、得点《とくてん》は25点《てん》となるので、3人《にん》の中《なか》では(C)の選手《せんしゅ》が一番《いちばん》よい結果《けっか》となるのです。

少《すこ》し不思議《ふしぎ》な感《かん》じもしますが、こうしたことを気《き》にしながら観戦《かんせん》すると、面白《おもしろ》いかもしれません。

### 考《かんが》えてみよう

#### 不公平《ふこうへい》ってどういうこと？

極端《きょくたん》な場合《ばあい》で考《かんが》えてみましょう。下《した》の表《ひょう》のように（D）選手《せんしゅ》の得点《とくてん》がつけられたとします。すると、最高点《さいこうてん》と最低点《さいていてん》を除《のぞ》いた得点《とくてん》は 29 点《てん》とほぼ満点《まんてん》に近《ちか》い得点《とくてん》です。ところが 5 人《にん》を合計《ごうけい》すると 40 点《てん》となり、（A）の選手《せんしゅ》よりも低《ひく》くなってしまいます。つまり、5 人《にん》のうち 4 人《にん》の審判《しんぱん》が「よかった！」と思《おも》っているのに、1 人《り》だけわざと低《ひく》い点数《てんすう》をつけて負《ま》けさせるようなことができてしまうのです。これでは不公平《ふこうへい》な感《かん》じがしますから、最高点《さいこうてん》と最低点《さいていてん》を除《のぞ》くという方法《ほうほう》にしているのですね。

| 選手 | 審判① | 審判② | 審判③ | 審判④ | 審判⑤ | 5人の合計 | 得点 |
|---|---|---|---|---|---|---|---|
| (D) | 10 | 10 | 10 | 9 | 1 | 40 | 29 |

ひとくちメモ　どうして？　と思《おも》ったときに、極端《きょくたん》な場合《ばあい》を考《かんが》えてみると、そのしくみや意味《いみ》がわかりやすくなることがあります。

# 一寸法師《いっすんぼうし》の背《せ》の高《たか》さは？



お茶《ちゃ》の水女子大学附属小学校《みずじょしだいがくふぞくしょうがっこう》
久下谷《くがや》 明《あきら》先生《せんせい》が書《か》きました

読《よ》んだ日　月《がつ》　日《にち》｜月《がつ》　日《にち》｜月《がつ》　日《にち》

## 一寸法師《いっすんぼうし》は親指《おやゆび》くらい？

昔話《むかしばなし》の『一寸法師《いっすんぼうし》』は、とてもとても小《ち》さな子供《こども》が鬼《おに》に飲《の》み込《こ》まれても戦《たたか》って勝利《しょうり》するというお話《はなし》です。その背《せ》の高《たか》さはどのくらいなのでしょうか。

名前《なまえ》に入《はい》っている「寸《すん》」というのは昔《むかし》から使《つか》われてきた長《なが》さの単《たん》位《い》です。親指《おやゆび》の幅《はば》がもとになってつくられたものです（22ページ参《さん》照《しょう》）。その後《ご》、1891年《ねん》に定《さだ》められた度量衡法《どりょうこうほう》によって、1寸《すん》の長《なが》さという単位《たんい》と関係《かんけい》づけて、尺《しゃく》とは次《つぎ》のように正式《せいしき》に定《さだ》められました。「1寸《すん》」は、1尺《しゃく》の1/10の大《おお》きさ、すなわち約《やく》3cm（1/33m）。

親指《おやゆび》の幅《はば》を測《はか》ってみると約《やく》2cm。そして、1891年《ねん》に定《さだ》められた度量衡法《どりょうこうほう》によると1寸は約《やく》3cm。このことから一寸法師《いっすんぼうし》の背《せ》の高《たか》さは、およそ2cm〜3cmだということがわかります。とても小《ち》さかったのですね。

## 尺《しゃく》や寸《すん》からmやcmへ

昔《むかし》から日本《にほん》で使《つか》われていた「尺《しゃく》」や「寸《すん》」などの長《なが》さを表《あらわ》す単位《たんい》は、今《いま》ではほとんど使《つか》われていません。1921年《ねん》に度量衡法《どりょうこうほう》が変《か》わり、世界《せかい》で共通《きょうつう》に使《つか》える単位《たんい》として、「m」や「cm」といった長《なが》さの単位《たんい》を使《つか》っていくことになりました。そして、1959年《ねん》には、完全《かんぜん》に「m」や「cm」といった長《なが》さの単位《たんい》を使《つか》っていくことになりました。このようにして、「尺《しゃく》」や「寸《すん》」という単位《たんい》は使《つか》われなくなりました。

### 覚《おぼ》えておこう

### 1尺《しゃく》は何《なん》cm？

「尺《しゃく》」という漢字《かんじ》は、親指《おやゆび》と人差《ひとさ》し指《ゆび》を広《ひろ》げて長《なが》さを測《はか》りとる様子《ようす》から生《う》まれました。親指《おやゆび》と人差《ひとさ》し指《ゆび》を広《ひろ》げた時《とき》のその長《なが》さは約《やく》15cm、つまり5寸《すん》。2回繰《かいく》り返《かえ》せば、1尺《しゃく》を測《はか》りとることができます。シャクトリムシ（尺取虫《しゃくとりむし》）は、このように尺《しゃく》を測《はか》りとる手《て》の動《うご》きから、名前《なまえ》がついたと言《い》われています。

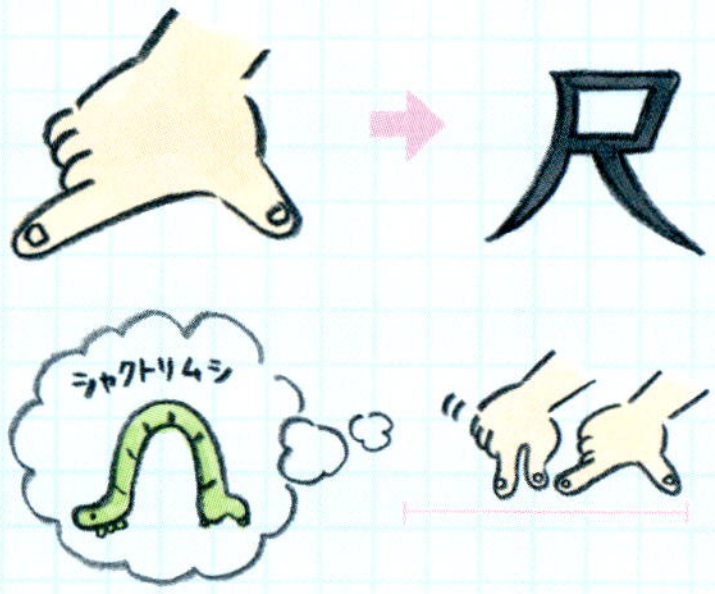


ひとくちメモ
『アルプス一万尺《いちまんじゃく》』という歌《うた》があります。この曲名《きょくめい》、どういう意味《いみ》でしょう。実《じつ》は日本《にほん》アルプスにある山《やま》の高《たか》さを表《あらわ》しています。一万尺《いちまんじゃく》は約《やく》3000m。日本《にほん》アルプスには3000m級《きゅう》の山《やま》がたくさんあります。

# 偶数《ぐうすう》かな？奇数《きすう》かな？①

1月《がつ》 8日《にち》

お茶《ちゃ》の水女子大学附属小学校《みずじょしだいがくふぞくしょうがっこう》
岡田紘子《おかだひろこ》先生《せんせい》が書《か》きました

読《よ》んだ日《ひ》　月《がつ》　日《にち》｜月《がつ》　日《にち》｜月《がつ》　日《にち》

## 偶数《ぐうすう》と奇数《きすう》

みなさんは、偶数《ぐうすう》と奇数《きすう》という言葉《ことば》を聞《き》いたことがありますか？

2で割《わ》ったとき、割《わ》り切《き》れる整数《せいすう》を偶数《ぐうすう》、割《わ》り切《き》れないで1あまる整数《せいすう》を奇数《きすう》と言《い》います。

## 偶数《ぐうすう》と奇数《きすう》どちらが多《おお》い？

サイコロの目《め》は、偶数《ぐうすう》と奇数《きすう》どちらが多《おお》いでしょう。サイコロの目《め》は、1、2、3、4、5、6です。

このうち、偶数《ぐうすう》は2、4、6、奇数《きすう》は1、3、5なので、同《おな》じ数《かず》ずつあります。

ここで、問題《もんだい》です。大《おお》きさの違《ちが》う2つのサイコロを振《ふ》ったとき、出《で》た目《め》の数《かず》を足《た》すと、答《こた》えは偶数《ぐうすう》、奇数《きすう》のどちらが多《おお》いでしょう？　たとえば、サイコロの目《め》が1と1だったら、1+1=2で偶数《ぐうすう》ということです。

では、2つのサイコロの出《で》る目《め》の組《く》み合《あ》わせをすべて書《か》き出《だ》してみましょう。表《ひょう》にすると重《かさ》なりや落《お》ちがなく数《かぞ》えることができますよ（図《ず》1）。

この表《ひょう》を見《み》ると、答《こた》えが偶数《ぐうすう》になる目《め》の出方《でかた》は18通《とお》り、奇数《きすう》になる目《め》の出方《でかた》も18通《とお》りとわかります。よって、同《おな》じということがわかります。

また、全部《ぜんぶ》書《か》き出《だ》さなくても、わかる方法《ほうほう》もあります。偶数《ぐうすう》＋偶数《ぐうすう》＝偶数《ぐうすう》、偶数《ぐうすう》＋奇数《きすう》＝奇数《きすう》、奇数《きすう》＋偶数《ぐうすう》＝奇数《きすう》、奇数《きすう》＋奇数《きすう》＝偶数《ぐうすう》になることは、図《ず》2を見《み》るとわかります。なので、同《おな》じということがわかりますね。

図《ず》1

| ＋ | ⚀ | ⚁ | ⚂ | ⚃ | ⚄ | ⚅ |
|---|---|---|---|---|---|---|
| ⚀ | 2 | 3 | 4 | 5 | 6 | 7 |
| ⚁ | 3 | 4 | 5 | 6 | 7 | 8 |
| ⚂ | 4 | 5 | 6 | 7 | 8 | 9 |
| ⚃ | 5 | 6 | 7 | 8 | 9 | 10 |
| ⚄ | 6 | 7 | 8 | 9 | 10 | 11 |
| ⚅ | 7 | 8 | 9 | 10 | 11 | 12 |

図《ず》2

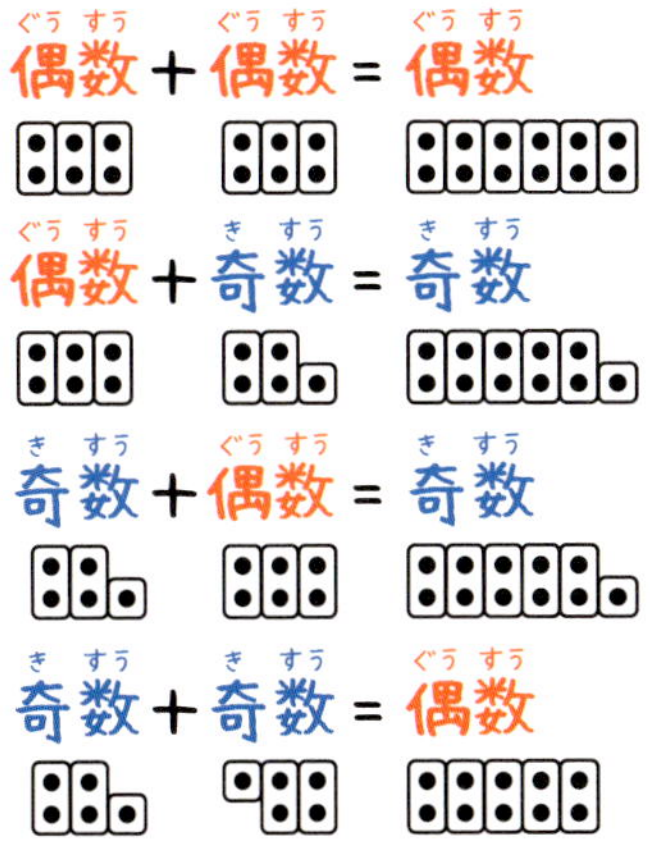

ひとくちメモ

2つのサイコロの目《め》の数《かず》をかけたとき、答《こた》えは偶数《ぐうすう》と奇数《きすう》どちらが多《おお》いでしょうか？　答《こた》えは35ページのお話《はなし》に書《か》いてありますよ！

## ●メビウスの輪《わ》を切《き》るとどうなる？

では、そのメビウスの輪《わ》の真《ま》ん中《なか》をはさみで切《き》ってみると、どうなると思《おも》いますか？

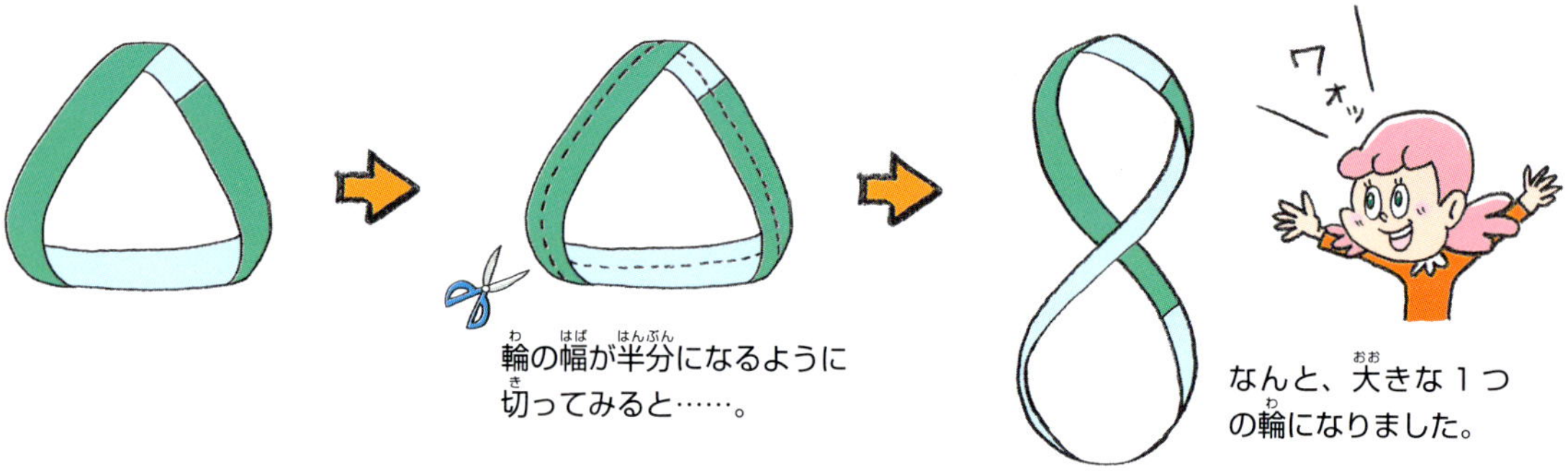


輪《わ》の幅《はば》が半分《はんぶん》になるように
切《き》ってみると……。

なんと、大《おお》きな１つの輪《わ》になりました。

## ●１回転《かいてん》させた輪《わ》を切《き》るとどうなる？

メビウスの輪《わ》は紙《かみ》を半回転《はんかいてん》してつくりました。次《つぎ》は、紙《かみ》を１回転《かいてん》させた輪《わ》をつくって、それを切《き》ってみましょう。

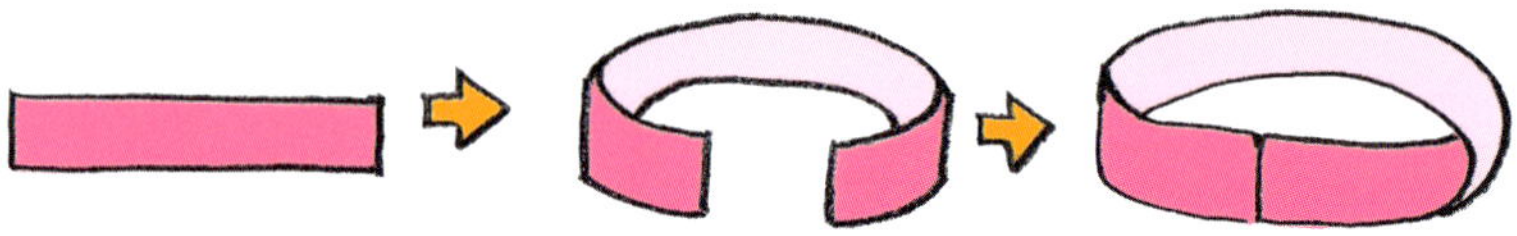

紙《かみ》を１回転《かいてん》させて、
のりでとめます。

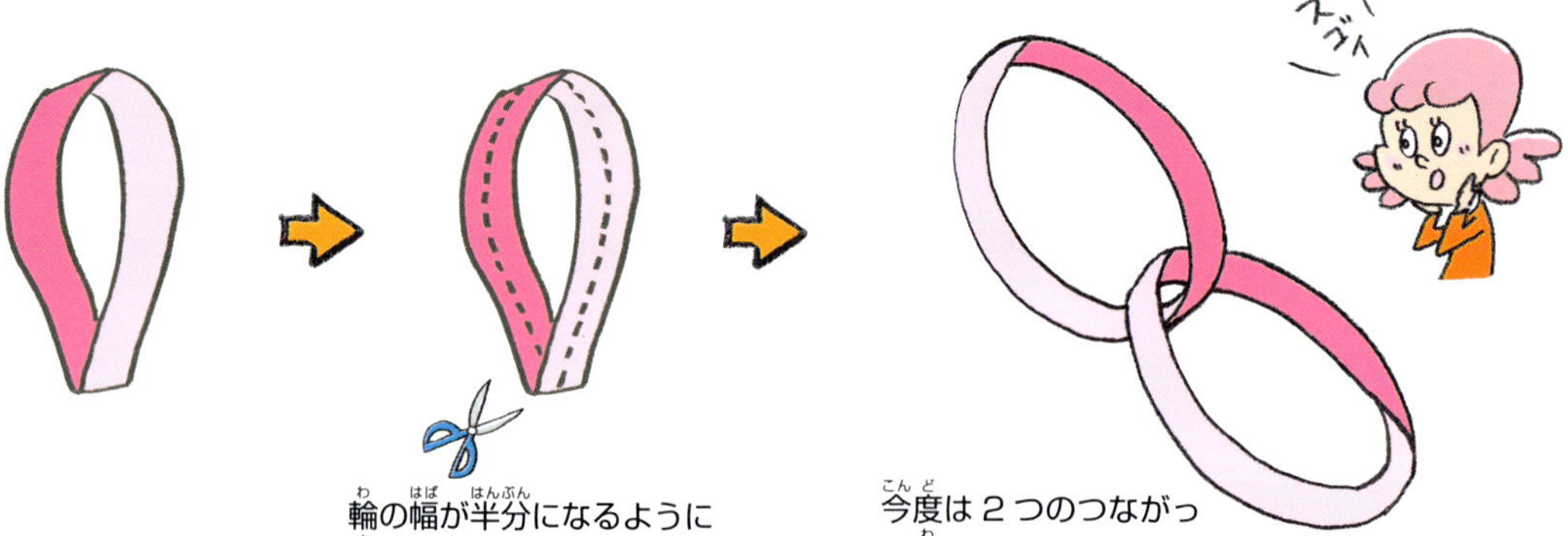


輪《わ》の幅《はば》が半分《はんぶん》になるように
切《き》ってみると……。

今度《こんど》は２つのつながった輪《わ》になりました。

## ●メビウスの輪《わ》を３等分《とうぶん》したらどうなる？

最後《さいご》に、メビウスの輪《わ》を３等分《とうぶん》してみましょう。はたしてどうなるでしょうか。

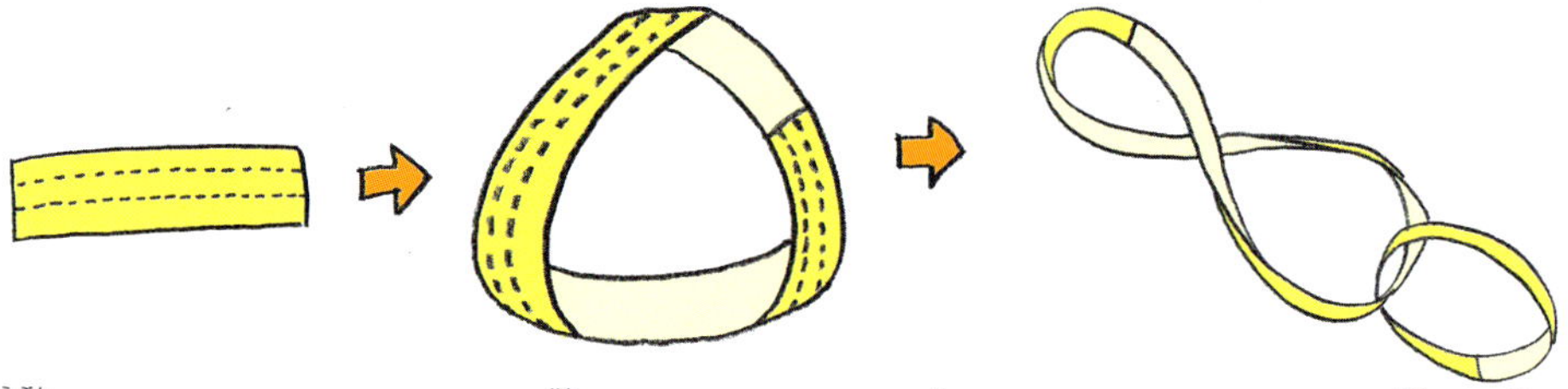

３等分《とうぶん》になるように、
２本《ほん》の点線《てんせん》を書《か》いておきます。

さっきと同《おな》じように、メビウスの輪《わ》をつくり、３等分《とうぶん》になるように切《き》っていきます。１本《ぽん》の点線《てんせん》にそってはさみで切《き》っていくと、いつの間《ま》にか２本目《ほんめ》の点線《てんせん》も切《き》ることになります。

なんと、大《おお》きな輪《わ》と小《ちい》さな輪《わ》になりました。

**ひとくちメモ**

メビウスの輪《わ》という名前《なまえ》は、1790年《ねん》生《う》まれのドイツの数学者《すうがくしゃ》、アウグスト・フェルディナント・メビウスの名《な》前《まえ》に由来《ゆらい》しています。

図形のお話

# どちらがおもて？メビウスの輪《わ》のふしぎ

**1月 9日**

お茶《ちゃ》の水女子《みずじょし》大学《だいがく》附《ふ》属小学校《ぞくしょうがっこう》
久《く》下《が》谷《や》 明《あきら》先生《せんせい》が書《か》きました

読《よ》んだ日《ひ》　月《がつ》　日《にち》｜　月《がつ》　日《にち》｜　月《がつ》　日《にち》

メビウスの輪《わ》は、「どちらがおもて？」と聞《き》かれても答《こた》えることができないふしぎな形《かたち》をした帯《おび》です。つくり方《かた》はかんたん。細長《ほそなが》い長方《ちょうほう》形《けい》の端《はし》をくるっと半回転《はんかいてん》させて、もう一方《いっぽう》の端《はし》に貼《は》り合《あ》わてつくります。

**用意《ようい》するもの**

- 紙《かみ》
- えんぴつ
- はさみ
- 定規《じょうぎ》
- のり

## ●これがメビウスの輪《わ》！

これがメビウスの輪《わ》です。細長《ほそなが》い帯《おび》が途《と》中《ちゅう》でねじれていて、表側《おもてがわ》を歩《ある》いていると思《おも》ったら、いつの間《ま》にか裏側《うらがわ》を歩《ある》いている……。そんなふしぎな性質《せいしつ》を持《も》っています。

## ●メビウスの輪《わ》をつくってみよう

それでは、実際《じっさい》にメビウスの輪《わ》をつくってみましょう。

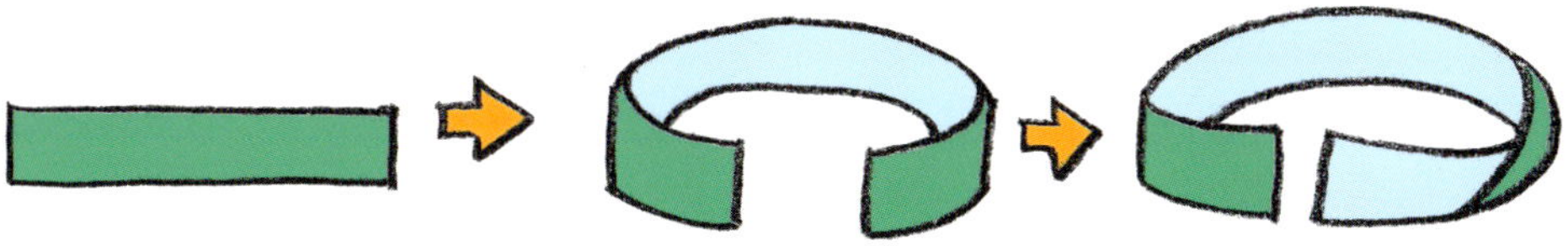

細長《ほそなが》い紙《かみ》を用意《ようい》します。

紙《かみ》を丸《まる》めます。

紙《かみ》をくるっと半回転《はんかいてん》させて、のりでとめればでき上《あ》がり。

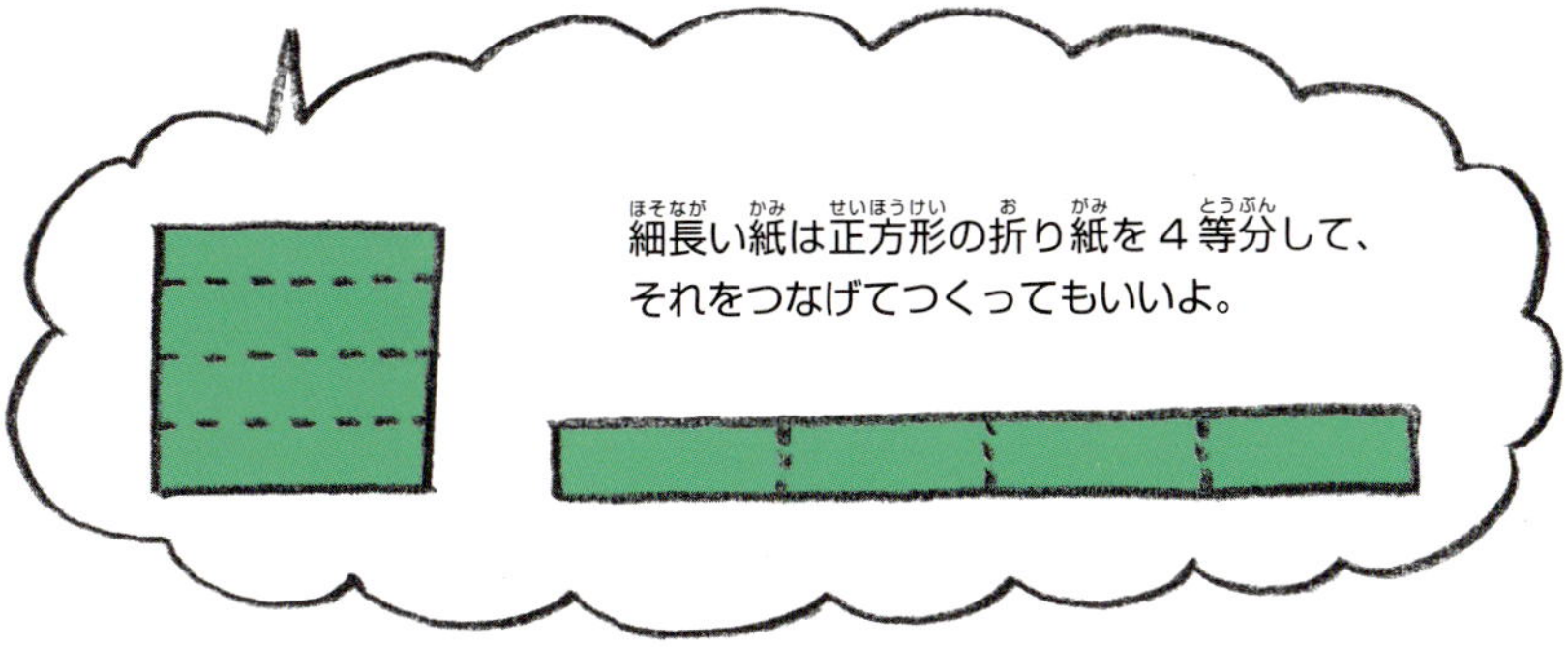

数と計算のお話

# 「0」ってなあに？

1月10日

筑波《つくば》大学《だいがく》附属《ふぞく》小学校《しょうがっこう》
盛山《せいやま》隆雄《たかお》先生《せんせい》が書《か》きました

読《よ》んだ日《ひ》　月《がつ》　日《にち》　月《がつ》　日《にち》　月《がつ》　日《にち》

## かごの中《なか》のミカンはいくつ？

かごの中《なか》に5つ入《はい》っているミカンを順番《じゅんばん》に1つずつ取《と》っていくと、最後《さいご》にはかごは空《から》っぽになります。そのとき、かごの中《なか》のミカンの数《かず》を「レイ個《こ》」、「0個《こ》」であると決《き》めれば、「レイ」という数《かず》はあるものと考《かんが》えられます。

かごからミカンをハシでつかんで取《と》り出《だ》そうとしたけれど、どうしても取《と》り出《だ》せなかったとき、0個《こ》のミカンを取《と》り出《だ》したと考《かんが》えれば、5－0＝5になり、0の意味《いみ》が実感《じっかん》をもってわかります。

## かけ算《ざん》の0のパワー

（1個分《こぶん》の代金《だいきん》）×（買《か》う個数《こすう》）＝（全体《ぜんたい》の代金《だいきん》）の関係《かんけい》から、もし1個分《こぶん》の代金《だいきん》が0円《えん》だったら、何個《なんこ》買《か》っても全体《ぜんたい》の代金《だいきん》は0円《えん》になります。

逆《ぎゃく》に1個分《こぶん》の代金《だいきん》がいくら高《たか》くても、買《か》う個数《こすう》が0個《こ》であれば、全体《ぜんたい》の代金《だいきん》は0円《えん》です。

かけ算《ざん》に登場《とうじょう》する0は、答《こた》えを0にしてしまう力《ちから》があると考《かんが》えられます。

### 考《かん》えてみよう

**わり算《ざん》の0ってなあに？**

わり算《ざん》もかけ算《ざん》と同《おな》じように0を何《なん》で割《わ》っても0であることがわかります。0÷2＝0、0÷100＝0などです。では、式《しき》を逆《ぎゃく》にして2÷0＝0という式《しき》はありうるのでしょうか。2÷0＝0という式《しき》を逆算《ぎゃくさん》すると、0×0＝2という式《しき》ができてしまうので、0で割《わ》る式《しき》は存在《そんざい》しません。

**ひとくちメモ**　0は、1500年《ねん》以上前《いじょうまえ》にインドで発見《はっけん》されたといわれています（281ページ参照《さんしょう》）。

# 1×1、11×11……で表《あらわ》れる美《うつく》しい富士山《ふじさん》

1月11日

福岡県《ふくおかけん》　田川郡川崎町立川崎小学校《たがわぐんかわさきちょうりつかわさきしょうがっこう》
高瀬大輔《たかせだいすけ》先生《せんせい》が書《か》きました

読《よ》んだ日《ひ》　月《がつ》　日《にち》｜　月《がつ》　日《にち》｜　月《がつ》　日《にち》



## きまりを見《み》つけよう

簡単《かんたん》な計算《けいさん》を並《なら》べていくと、美《うつく》しい富士山《ふじさん》のような形《かたち》が姿《すがた》を見《み》せます。さっそく、やってみましょう。

かけ算《ざん》で使《つか》う数字《すうじ》は1だけ。まずは1×1＝1からスタートです。そして、図《ず》1のように計算《けいさん》を繰《く》り返《かえ》していきます。

小《ちい》さな山《やま》ができましたね。計算《けいさん》を続《つづ》ける前《まえ》に、この小《ちい》さな山《やま》をじっくり見《み》つめてみましょう。次《つぎ》のきまりに気《き》づきませんか？

①2桁《けた》になると、かけ算《ざん》の答《こた》えである積《せき》は121。

図《ず》1

②3桁《けた》になると、積《せき》は12321。

このきまりを使《つか》うと、筆算《ひっさん》をしなくても続《つづ》きの計算《けいさん》がすらすらとできそうです。つまり、4桁《けた》の積《せき》は1234321、5桁《けた》の積《せき》は123454321になりそうです。

では、なぜこのようなきれいな数《かず》の並《なら》びになるのでしょうか。5桁《けた》の11111×11111の筆算《ひっさん》で確《たし》かめてみましょう。

5桁《けた》の場合《ばあい》は、図《ず》2のように1が並《なら》ぶのです。6桁《けた》、7桁《けた》も同《おな》じ仕組《しく》みで答《こた》えが決《き》まります。その結果《けっか》、次《つぎ》のように美《うつく》しい富士山《ふじさん》が姿《すがた》を表《あらわ》します（図《ず》3）。

図《ず》2

```
         11111
       ×11111
     ---------
         11111
        11111
       11111
      11111
     11111
     ---------
     123454321
```

図《ず》3

## ここで、問題《もんだい》です。

ただし、この仕組《しく》みもある桁《けた》まで。その桁《けた》を超《こ》えると、美《うつく》しかった富士山《ふじさん》も少《すこ》し残念《ざんねん》な数《かず》の並《なら》び方《かた》になってしまいます。それは、一体何桁《いったいなんけた》からだと思《おも》いますか？　答《こた》えはひとくちメモにあるヨ。

**ひとくちメモ**　10桁《けた》から。1が10個並《こなら》ぶと、繰《く》り上《あ》がってしまうからです。10桁《けた》の場合《ばあい》、「1111111111×1111111111＝12345679000987654321」。1から9の次《つぎ》に位《くらい》が1つ大《おお》きくなる数《かず》の仕組《しく》みがわかりますね。

# 時代劇《じだいげき》でおなじみ!?
# 江戸時代《えどじだい》の時刻《じこく》

1月12日

学習院初等科《がくしゅういんしょとうか》
大澤隆之《おおさわたかゆき》先生《せんせい》が書《か》きました

読《よ》んだ日《ひ》　月《がつ》　日《にち》　月《がつ》　日《にち》　月《がつ》　日《にち》

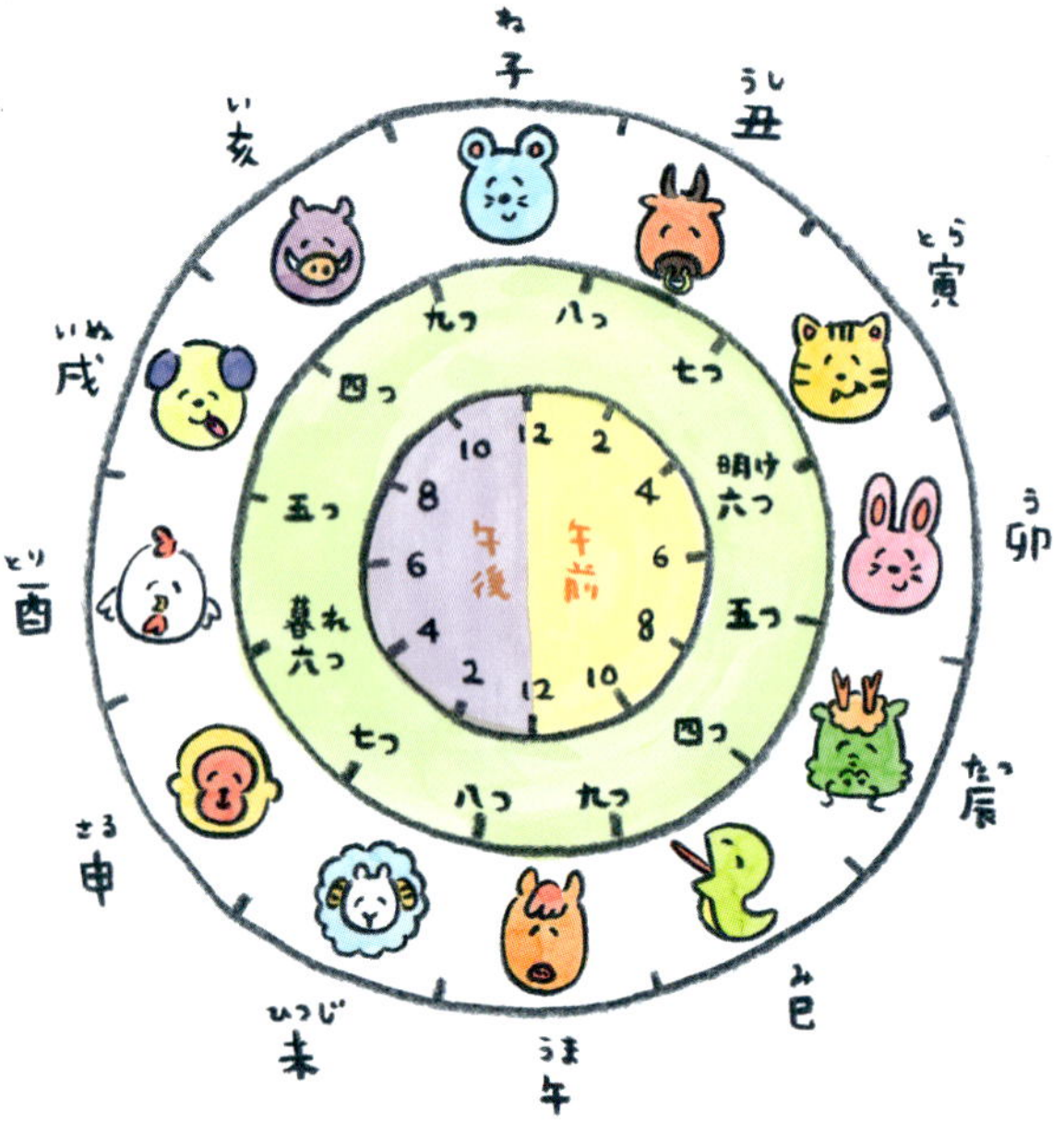


## 昔《むかし》の時刻《じこく》は十二支《じゅうにし》から

江戸時代《えどじだい》は、お寺《てら》の鐘《かね》で時刻《じこく》を知《し》らせました。明《あ》け方《がた》の卯《う》の刻《こく》に6つ、お昼時《ひるどき》の午《うま》の刻《こく》に9つを打《う》ちました。

時刻《じこく》は、奈良時代《ならじだい》に中国《ちゅうごく》から伝《つた》わった十二支《じゅうにし》の子《ね》、丑《うし》、寅《とら》、…戌《いぬ》、亥《い》で表《あらわ》されていました。2時間《じかん》ぐらいで次《つぎ》の時刻《じこく》に進《すす》みますが、夜《よ》明《あ》けを卯《う》の刻《こく》、日没《にちぼつ》を酉《とり》の刻《こく》と決《き》めていましたので、太陽《たいよう》の動《うご》きによって、昼《ひる》の時間《じかん》が夏《なつ》は長《なが》くなり冬《ふゆ》は短《みじか》くなりました。

## かけ算九九《ざんくく》に関係《かんけい》があった

では、お寺《てら》の鐘《かね》の数《かず》はどのように決《き》めたのでしょう。

それは、かけ算九九《ざんくく》に関係《かんけい》があります。子《ね》の刻《こく》を1、丑《うし》の刻《こく》を2……として、当時《とうじ》の占《うらな》い（陰陽説《いんようせつ》）でパワーのある数《かず》とされた9をかけて、その答《こた》えの一《いち》の位《くらい》の数《かず》だけ鐘《かね》を鳴《な》らしました。真昼《まひる》の午《うま》の刻《こく》からは、それを繰《く》り返《かえ》して1から始《はじ》めました。1×9で9つ。2×9で18。だから8つ、というように鐘《かね》を打《う》つのです。夜明《よあ》けの卯《う》の刻《こく》は、子《ね》の刻《こく》から数《かぞ》えて4つ目《め》なので、4×9で36になり、6つ打《う》ったわけです。鐘《かね》を打《う》つ数《かず》が9から4までなのは、9の段《だん》のかけ算《ざん》に関係《かんけい》があったのです。

覚《おぼ》えておこう

### 1～3つの鐘《かね》は?

なぜ1から3の鐘《かね》の数《かず》が使《つか》われなかったのでしょう。いいえ、使《つか》われていました。時刻《じこく》はおよそ2時間《じかん》で、それを30分《ぶん》ずつに分《わ》けて、1つ、2つ、3つと鐘《かね》を鳴《な》らしたのです。そして、そのちょうど真《ま》ん中《なか》の2の刻《こく》を、その時刻《じこく》の「正刻《しょうこく》」としました。

ひとくちメモ
「お八《や》つ」は、午後《ごご》の未《ひつじ》の刻《こく》のことです。江戸時代《えどじだい》は1日《にち》2食《しょく》だったので、午後《ごご》になるとおなかがすきました。そこで、午後《ごご》3時《じ》ごろ軽食《けいしょく》を食《た》べる習慣《しゅうかん》があったのです。

# かけ算《ざん》九九《くく》を形《かたち》であらわそう①

東京都《とうきょうと》 杉並区立高井戸第三小学校《すぎなみくりつたかいどだいさんしょうがっこう》
吉田映子《よしだえいこ》先生《せんせい》が書《か》きました

読《よ》んだ日《ひ》　月《がつ》　日《にち》｜　月《がつ》　日《にち》｜　月《がつ》　日《にち》

## 3の段《だん》でやってみよう

かけ算《ざん》の3の段《だん》を考《かんが》えましょう。

| | | | | |
|---|---|---|---|---|
| 3 × 1 | = | 3 | | |
| 3 × 2 | = | 6 | | |
| 3 × 3 | = | 9 | | |
| 3 × 4 | = | 12 | | |
| 3 × 5 | = | 15 | | |
| 3 × 6 | = | 18 | | |
| 3 × 7 | = | 21 | | |
| 3 × 8 | = | 24 | | |
| 3 × 9 | = | 27 | | |

この、3の段《だん》の答《こた》えの一《いち》の位《くらい》の数字《すうじ》の順《じゅん》に、図《ず》の数字《すうじ》が書《か》いてあるところを直線《ちょくせん》でつないでいきます。0からスタートします。

3×4＝12なので2、3×5＝15なので5、というように順番《じゅんばん》に全部《ぜんぶ》つないでいきます。やってみましょう。

全部《ぜんぶ》つないだら、こんなきれいな星《ほし》の形《かたち》ができましたか。

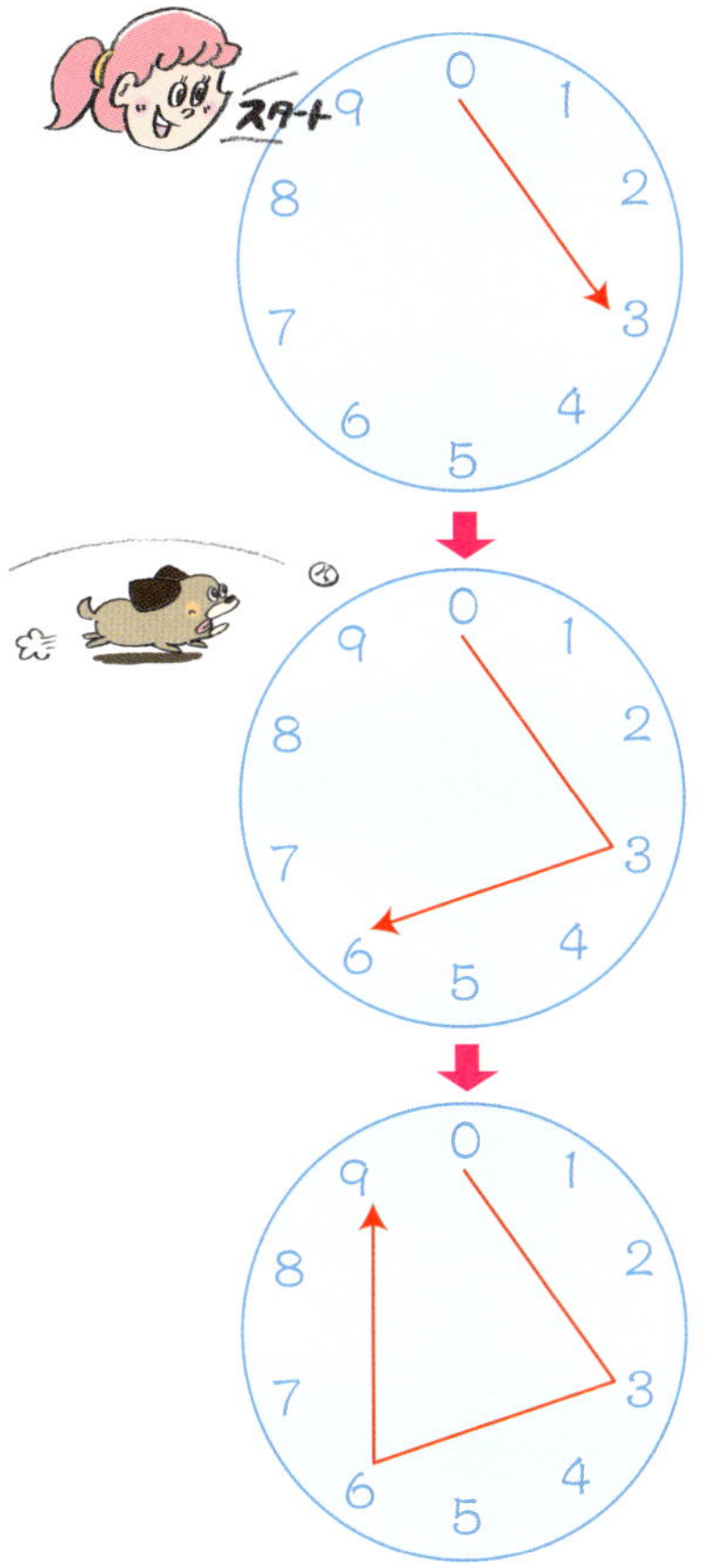


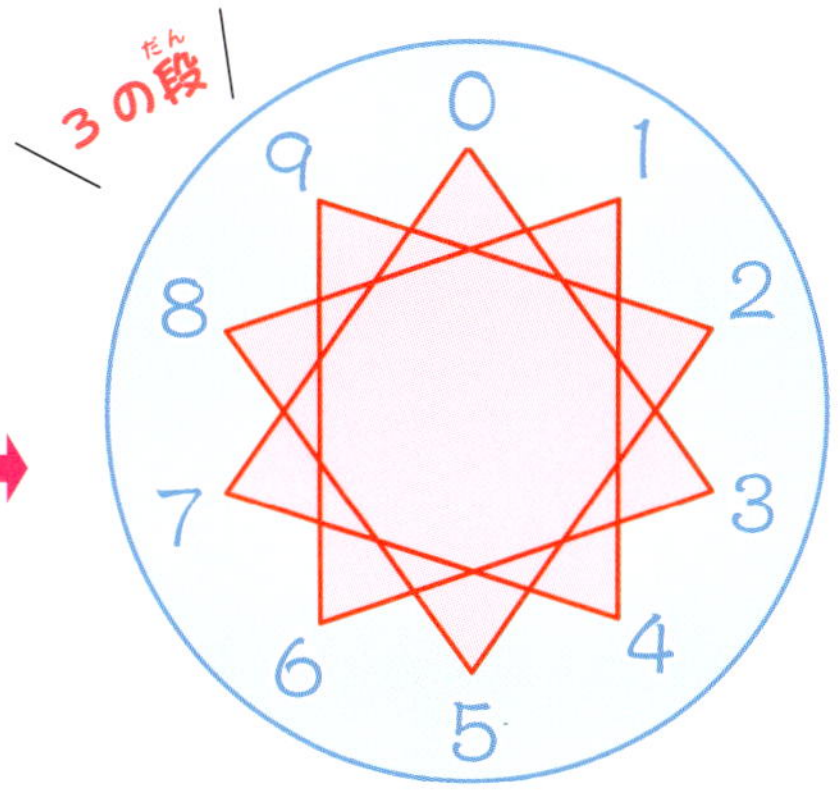


他《ほか》の段《だん》ではどんな形《かたち》ができるでしょうか。

4の段《だん》でやってみましょう。

つなぐ数《かず》は、0、4、8、2、6、0、4、8、2、6です。

どんな形《かたち》になるでしょう。

| | |
|---|---|
| 4 × 1 = 4 | |
| 4 × 2 = 8 | |
| 4 × 3 = 12 | |
| 4 × 4 = 16 | |
| 4 × 5 = 20 | |
| 4 × 6 = 24 | |
| 4 × 7 = 28 | |
| 4 × 8 = 32 | |
| 4 × 9 = 36 | |

**ひとくちメモ**　かけ算《ざん》の答《こた》えの一《いち》の位《くらい》をつないでいくと、いろいろな形《かたち》ができます。ほかの数《かず》でも試《ため》してみましょう。10を超《こ》えたらどうなるでしょう。60ページも見《み》てみてください。

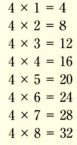

図形のお話

# しきつめ模様《もよう》をつくろう！

1月 14日

神奈川県　川崎市立土橋小学校
山本《やまもと》　直《なお》先生《せんせい》が書《か》きました

読《よ》んだ日《ひ》　月《がつ》　日《にち》　月《がつ》　日《にち》　月《がつ》　日《にち》

## しきつめ模様《もよう》

図《ず》の作品《さくひん》は、「しきつめ模様《もよう》」と呼《よ》ばれるもので、杉原厚吉先生《すぎはらこうきちせんせい》という方《かた》が作成《さくせい》した作品《さくひん》です。この作品《さくひん》をよく見《み》てみると、形《かたち》も大《おお》きさも同《おな》じで、ぴったりと重《かさ》なる形《かたち》がすき間《ま》なく並《なら》んでいることがわかります。こうした模様《もよう》はどのようにしてつくられているのでしょうか。少《すこ》し離《はな》れてよく見《み》てみると、なんとなく正方形《せいほうけい》がたくさん並《なら》んでいるように見《み》えます。

実《じっ》はこのような模様《もよう》は、簡単《かんたん》な形《かたち》がもとになってつくられていることが多《おお》いのです。もともとすき間《ま》なく並《なら》べることのできる形《かたち》の一《いち》部《ぶ》を変化《へんか》させてつくっていくのです。

制作・提供／杉原厚吉

## もとの形《かたち》は正方形《せいほうけい》や長方形《ちょうほうけい》？

写真《しゃしん》の作品《さくひん》は、小学《しょうがっ》6年生《ねんせい》が作《さく》成《せい》した作品《さくひん》です。不思議《ふしぎ》な形《かたち》の生《い》き物《もの》がすきまなく並《なら》んでいるように見《み》えます。実《じっ》はこれらの形《かたち》も、正方形《せいほうけい》や台形《だいけい》といった四角形《しかくけい》がもとになっています。四角形《しかくけい》の一部《いちぶ》分《ぶん》を切《き》って動《うご》かし、他《ほか》の部分《ぶぶん》には りつけます。これを何回《なんかい》か繰《く》り返《かえ》すことで、おもしろい形《かたち》をつくっていきます。

切《き》り取《と》る形《かたち》を曲線《きょくせん》や複雑《ふくざつ》な形《かたち》にすると、つくることは難《むずか》しくなりますが、より不思議《ふしぎ》な形《かたち》になります。また、貼《は》り付《つ》ける場所《ばしょ》を工夫《くふう》することで、模様《もよう》が反対《はんたい》を向《む》いたり、回転《かいてん》をしたりします。

みなさんも、ぜひ作品《さくひん》づくりに挑戦《ちょうせん》してみましょう。

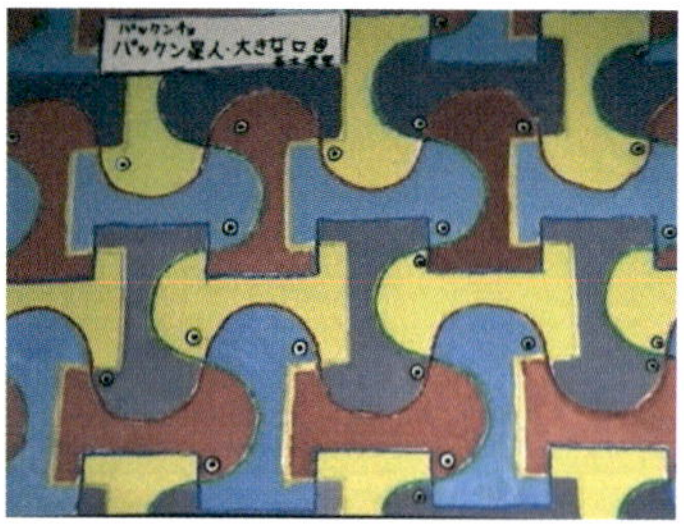

撮影／山本直　制作／横浜国立大学教育人間科学部附属横浜小学校平成14年度卒業生作成

### やってみよう

**切《き》って、はってを繰《く》り返《かえ》す**

図《ず》のように、正方形《せいほうけい》や長方形《ちょうほうけい》の一《いち》部分《ぶぶん》を切《き》り取《と》って、反対側《はんたいがわ》の辺《へん》などにはります。すると、簡単《かんたん》にしきつめ模様《もよう》ができます。元《もと》の形《かたち》を変《か》える、はる場所《ばしょ》を変《か》えるなど工《く》夫《ふう》すると面白《おもしろ》い作品《さくひん》ができます。

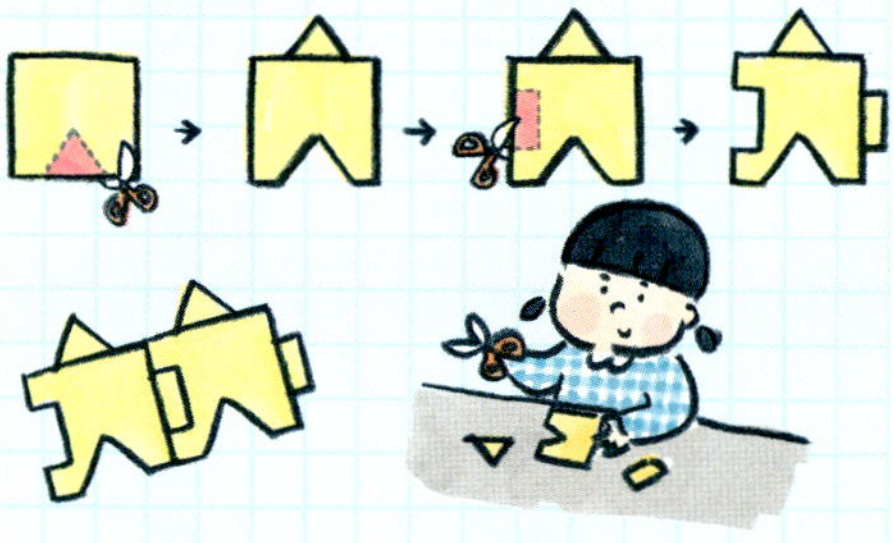

**ひとくちメモ**

元《もと》の形《かたち》を1つではなく、正方形《せいほうけい》と三角形《さんかくけい》など、いくつかの形《かたち》を組《く》み合《あ》わせても、おもしろい模様《もよう》をつくることができます。

数と計算のお話

# 古代《こだい》マヤ人《じん》の数《かず》の表《あらわ》し方《かた》



岩手県《いわてけん》　久慈市教育委員会《くじしきょういくいいんかい》
小森《こもり》　篤《あつし》先生《せんせい》が書《か》きました

読《よ》んだ日《ひ》　月《がつ》　日《にち》　月《がつ》　日《にち》　月《がつ》　日《にち》



## 丸《まる》は1から4、横棒《よこぼう》が5

今《いま》のメキシコという国《くに》の辺《あた》りに、大昔《おおむかし》、マヤという国がありました。望遠鏡《ぼうえんきょう》もコンピューターもなかった時代《じだい》に、星《ほし》の動《うご》きを正確《せいかく》に観測《かんそく》し、とても正確《せいかく》なカレンダーをつくるくらい進《すす》んだ文明《ぶんめい》をもっていました。

このマヤという国《くに》では、3つの記号《きごう》を使《つか》って数《かず》を表《あらわ》していました（図《ず》1）。そろばんの数《かず》の表《あらわ》し方《かた》と似《に》ている感《かん》じがしますね。

図《ず》1

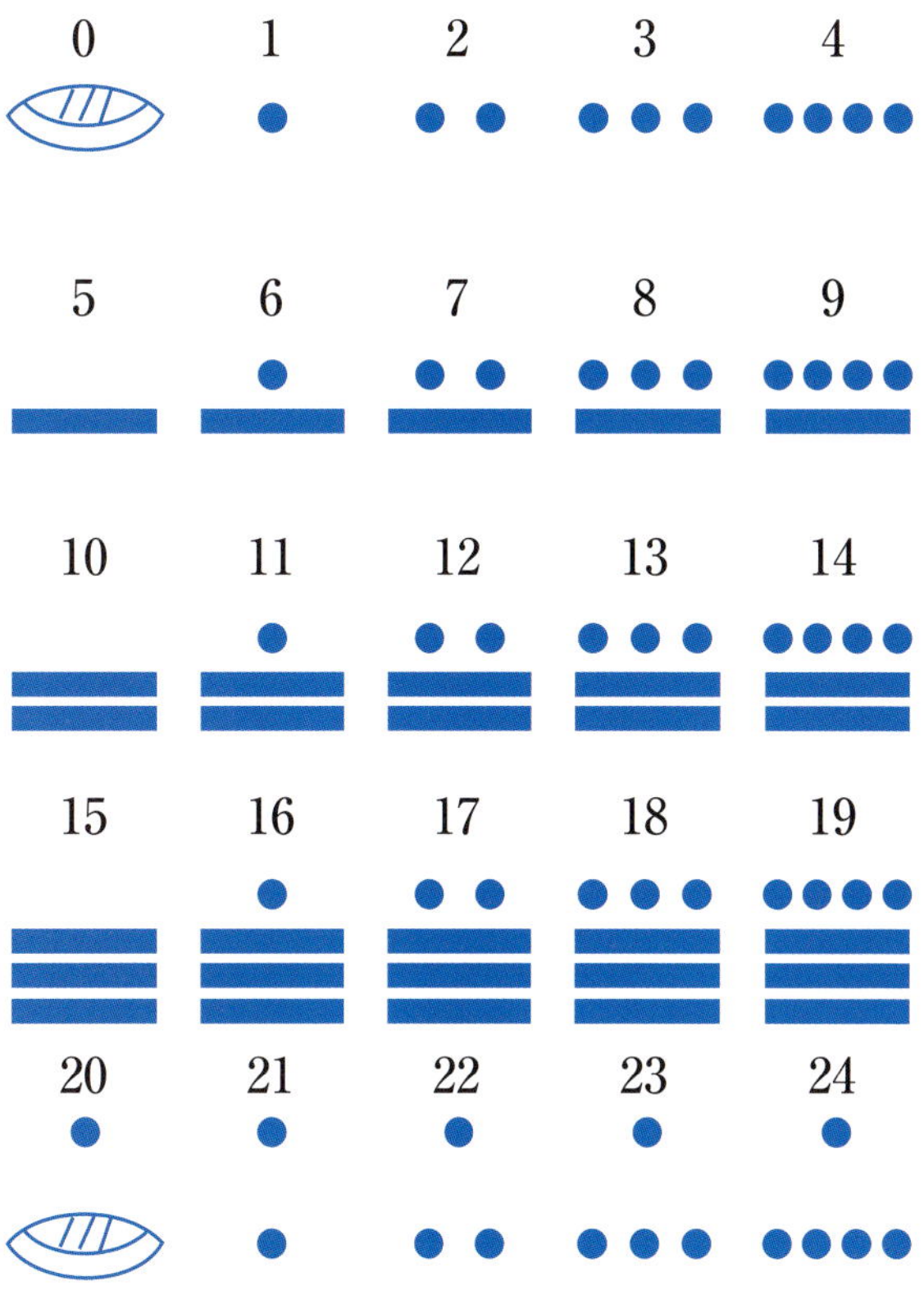


## 20で1桁《けた》あがる

マヤでは1つの位《くらい》で20までの数《かず》を表《あらわ》していました。これは、私《わたし》たちが10集《あつ》まるごとに、位《くらい》を1つ増《ふ》やして数《かず》を表《あらわ》すのと違《ちが》った数《かず》の表《あらわ》し方《かた》です。

マヤの数詞《すうし》は五進法《ごしんほう》を含《ふく》んでいて、数字《すうじ》にもそれが反映《はんえい》されていました。貝殻《かいがら》が0、一《ひと》つの点《てん》が1、横棒《よこぼう》が5を表《あらわ》し、20になると桁《けた》を繰《く》り上《あ》げる表《あらわ》し方《かた》です。

したがって「18」をマヤの表《あらわ》し方《かた》で表《あらわ》すと次《つぎ》のようになります。

このようにマヤの人《ひと》が使《つか》っていた「20」を基本《きほん》とした数《かず》の表《あらわ》し方《かた》を「二十進位取《にじっしんくらいど》り記数法《きすうほう》」といいます。

図《ず》2

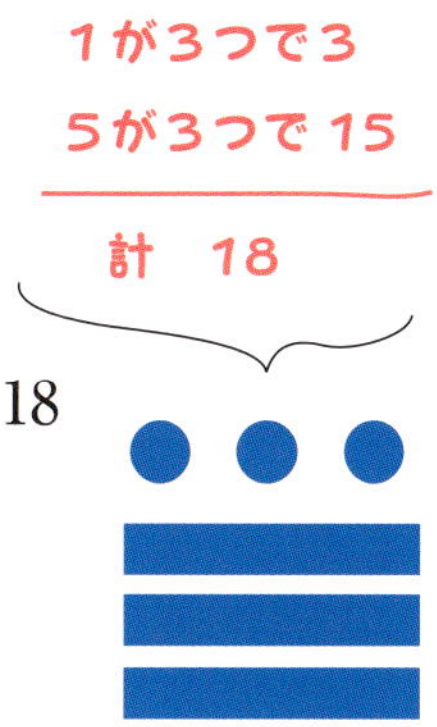


覚《おぼ》えておこう

### 古代《こだい》の数《かず》の表《あらわ》し方《かた》いろいろ

大昔《おおむかし》から世界中《せかいじゅう》で数字《すうじ》の表《あらわ》し方《かた》はさまざまです。みなさんはいくつ知《し》っていますか？

| | | | | | |
|---|---|---|---|---|---|
| メソポタミア文明（楔形文字） | 𒁹 | 𒈫 | 𒐈 | 𒐉 | 𒐊 |
| 古代ローマ | Ⅰ | Ⅱ | Ⅲ | Ⅳ | Ⅴ |
| マヤ文明 | • | •• | ••• | •••• | — |
| 中国文明 | 一 | 二 | 三 | 四 | 五 |
| アラビア数字 | 1 | 2 | 3 | 4 | 5 |

ひとくちメモ　20を基本《きほん》とした数《かず》の表《あらわ》し方《かた》は、今《いま》でも世界《せかい》のさまざまな地域《ちいき》に残《のこ》っています。

数や図形で遊ぼう

# やってみよう！ 誕生日《たんじょうび》あてクイズ

1月16日

東京学芸大学附属小金井小学校《とうきょうがくげいだいがくふぞくこがねいしょうがっこう》
高橋丈夫《たかはしたけお》先生《せんせい》が書《か》きました

読《よ》んだ日《ひ》　月《がつ》　日《にち》｜月《がつ》　日《にち》｜月《がつ》　日《にち》

## 相手《あいて》の誕生日《たんじょうび》をあてちゃおう

誕生日《たんじょうび》をあてるマジックを紹介《しょうかい》します。相手《あいて》と一緒《いっしょ》にクイズ形式《けいしき》で楽《たの》しめます。

まず、相手《あいて》の人《ひと》に電卓《でんたく》を持《も》ってもらいます。そして図《ず》1の指示《しじ》にしたがって計算《けいさん》してもらいます。もちろん相手《あいて》の人《ひと》には、誕生日《たんじょうび》をだまっていてもらいます。

①②③の計算結果《けいさんけっか》を教《おし》えてもらえば、あなたは相手《あいて》の誕生日《たんじょうび》をあてることができます。

図《ず》1

①まず、あなたの誕生月に４をかけて、その答えに８を足してください。
②その数（①の答え）に25をかけて誕生日を足してください。
③その数（②の答え）から200を引いてください。
ズバリ！ それがあなたの誕生日ですね！

## 7月《がつ》15日《にち》生《う》まれの場合《ばあい》

実際《じっさい》に7月《がつ》15日《にち》生《う》まれの人《ひと》で試《ため》してみましょう。

①7（誕生月《たんじょうづき》）×4＋8＝28＋8＝36

②36×25＋15（誕生日《たんじょうび》）＝900＋15＝915

③915－200＝715

たしかに、7月《がつ》15日《にち》が出《で》てきました（図《ず》2）。

きっと相手《あいて》の人《ひと》はびっくりするでしょうね。お友達《ともだち》とやってみてください。

図《ず》2

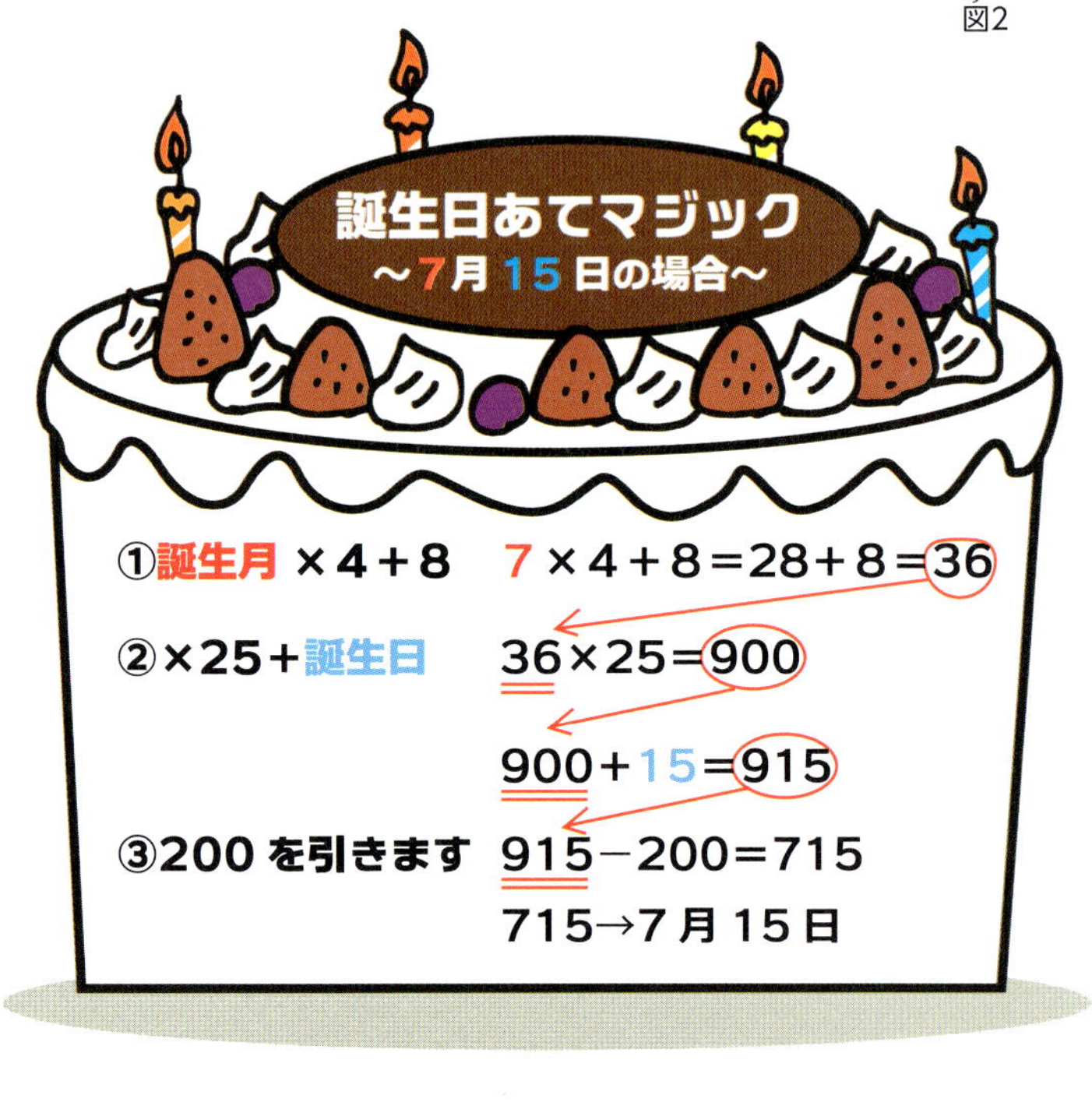
誕生日あてマジック
～7月15日の場合～
①誕生月 ×4＋8　7×4＋8＝28＋8＝36
②×25＋誕生日　36×25＝900
900＋15＝915
③200を引きます　915－200＝715
715→7月15日

ひとくちメモ　どうしてこの計算《けいさん》で誕生日《たんじょうび》がわかるのでしょう？　ぜひその理由《りゆう》を考《かんが》えてみてください。理由《りゆう》は41ページにあります。

数と計算のお話

# 偶数《ぐうすう》かな？奇数《きすう》かな？②

1月《がつ》17日

お茶《ちゃ》の水《みず》女子《じょし》大学《だいがく》附属《ふぞく》小学校《しょうがっこう》
岡田紘子《おかだひろこ》先生《せんせい》が書《か》きました

読《よ》んだ日《ひ》　月《がつ》　日《にち》｜　月《がつ》　日《にち》｜　月《がつ》　日《にち》

## 偶数《ぐうすう》と奇数《きすう》、どちらが多《おお》い？

サイコロの目《め》の数《かず》には、1、3、5の奇数《きすう》と2、4、6の偶数《ぐうすう》があります。ここで問題《もんだい》です。色《いろ》の違《ちが》う2つのサイコロを振《ふ》って、出《で》た目《め》の数《かず》をかけると、答《こた》えは偶数《ぐうすう》、奇数《きすう》のどちらが多《おお》いでしょう？

たとえば、サイコロの目《め》が1と2だったら、1×2＝2で偶数《ぐうすう》ということです（図《ず》1）。

では、2つのサイコロの出《で》る目《め》の組《く》み合《あ》わせをすべて書《か》き出《だ》してみましょう。表《ひょう》にすると重《かさ》なりや落《お》ちがなく数《かぞ》えることができますよ。図《ず》2の表《ひょう》を見《み》ると、答《こた》えが偶《ぐう》数《すう》になる目《め》の出方《でかた》は27通《とお》り、奇数《きすう》になる目《め》の出方《でかた》は9通《とお》りとわかります。よって偶数《ぐうすう》の方《ほう》が多《おお》いことがわかります。

また、全部《ぜんぶ》書《か》き出《だ》さなくても、わかる方法《ほうほう》もあります。偶《ぐう》数《すう》×偶数《ぐうすう》＝偶数《ぐうすう》、偶数《ぐうすう》×奇数《きすう》＝偶数《ぐうすう》、奇《き》数《すう》×偶数《ぐうすう》＝偶数《ぐうすう》、奇数《きすう》×奇数《きすう》＝奇《き》数《すう》になるので、偶数《ぐうすう》になる方《ほう》が多《おお》いのです。

図《ず》1

図《ず》2

| × | 1 | 2 | 3 | 4 | 5 | 6 |
|---|---|---|---|---|---|---|
| 1 | 1 | 2 | 3 | 4 | 5 | 6 |
| 2 | 2 | 4 | 6 | 8 | 10 | 12 |
| 3 | 3 | 6 | 9 | 12 | 15 | 18 |
| 4 | 4 | 8 | 12 | 16 | 20 | 24 |
| 5 | 5 | 10 | 15 | 20 | 25 | 30 |
| 6 | 6 | 12 | 18 | 24 | 30 | 36 |

○ 偶数
□ 奇数

（例）1つでも2か4か6の目が出ると偶数

1×1×1×3×3×3×5×5×5×2 → 偶数

（例）全部1か3か5の目が出ると奇数

1×1×1×3×3×3×5×5×5×5 → 奇数

## サイコロが10個《こ》だったら？

もしも、サイコロを10個《こ》振《ふ》って、出《で》た目《め》の数《かず》をかけた時《とき》、偶数《ぐうすう》と奇《き》数《すう》どちらの方《ほう》が多《おお》くなるでしょうか？　すべてを書《か》き出《だ》して調《しら》べることは難《むずか》しいですね。でも、書《か》き出《だ》さなくても多《おお》いか少《すく》ないかはすぐにわかります。かけて偶数《ぐうすう》になるということは、10個《こ》のサイコロのうち1つでも偶数《ぐうすう》が出《で》れば、偶数《ぐうすう》になります。

たとえば、出《で》た目《め》のうちの1つが6だった時《とき》、6は2×3という式《しき》に変《か》えることができますね。式《しき》の途中《とちゅう》で×2が出《で》てくれば、必《かなら》ず答《こた》えは偶数《ぐうすう》になります。ですから、偶数《ぐうすう》になる方《ほう》が圧倒的《あっとうてき》に多《おお》いのです。

**ひとくちメモ**　サイコロの1の目《め》がなぜ赤《あか》いかというと、日本《にほん》のある会社《かいしゃ》が、日《ひ》の丸《まる》に見立《みた》てて1の目《め》を赤《あか》にしたところ人気《にんき》が出《で》たからだそうです。日本以外《にほんいがい》の国《くに》のサイコロの目《め》の1は赤《あか》ではありません。

2
くらしの中の算数のお話

# 長寿《ちょうじゅ》のお祝《いわ》いの言葉《ことば》 何才《なんさい》でしょう？

1月 18日

青森県《あおもりけん》 三戸町立三戸小学校《さんのへちょうりつさんのへしょうがっこう》
種市芳丈《たねいちよしたけ》先生《せんせい》が書《か》きました

読《よ》んだ日《ひ》　月《がつ》　日《にち》　月《がつ》　日《にち》　月《がつ》　日《にち》

## 「米寿《べいじゅ》」「白寿《はくじゅ》」は何才《なんさい》？

「米寿《べいじゅ》」という言葉《ことば》は、ある年齢《ねんれい》を表《あらわ》しています。何才《なんさい》でしょう？

図《ず》1を見《み》てください。

米寿《べいじゅ》は88才《さい》のことです。「米《こめ》」という字《じ》をばらばらにすると、八《はち》十《じゅう》と八《はち》になるからです。漢字《かんじ》をばらばらにして考《かんが》えるところがポイントです。

図《ず》1

さて、「白寿《はくじゅ》」は何才《なんさい》でしょう。図《ず》2を見《み》てください。

白寿《はくじゅ》は99才《さい》のことです。「白《しろ》」という字《じ》は、百《ひゃく》から一《いち》を取《と》るとできます。このことから100－1＝99と考《かんが》えます。ひき算《ざん》を使《つか》って考《かんが》えるのがポイントです。

図《ず》2

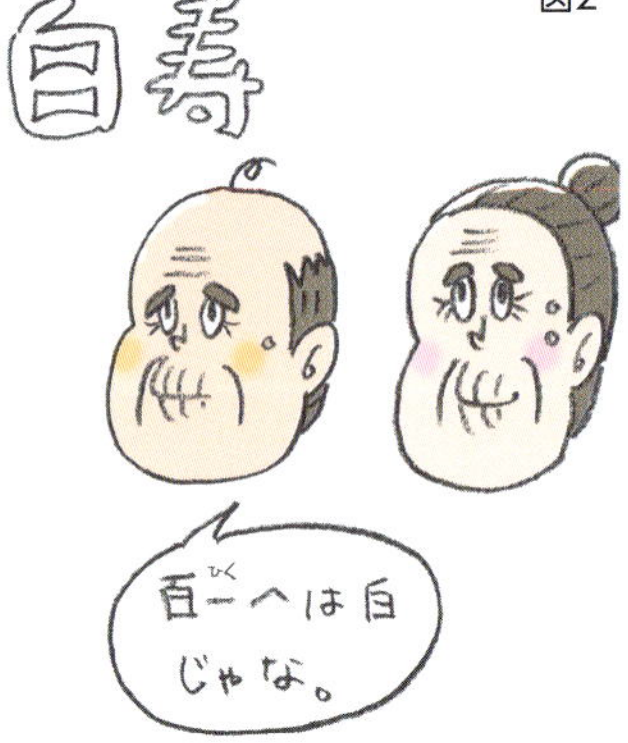


## 漢字《かんじ》を分解《ぶんかい》して考《かんが》えよう

最後《さいご》の問題《もんだい》です。少《すこ》し難《むずか》しいですよ。「皇寿《こうじゅ》」は何才《なんさい》でしょう。

図《ず》3

図《ず》3を見《み》てください。

皇寿《こうじゅ》は111才《さい》のことです。「皇《こう》」という字《じ》をばらばらにすると、白《しろ》と一《いち》と十《じゅう》と一《いち》になります。これらを全部《ぜんぶ》合《あ》わせて、99＋1＋10＋1で111になります。

ここで紹介《しょうかい》した言葉《ことば》は、どれも長生《ながい》きを祝《いわ》う時《とき》に使《つか》う言葉《ことば》です。長生《ながい》きを祝《いわ》う行事《ぎょうじ》はもともと中国《ちゅうごく》で始《はじ》まり、奈良時代《ならじだい》に日本《にほん》へ伝《つた》わったと言《い》われています。たし算《ざん》やひき算《ざん》がこんなところで使《つか》われているなんて、面白《おもしろ》いですね。

ひとくちメモ
「米寿《べいじゅ》」「白寿《はくじゅ》」「皇寿《こうじゅ》」のほかにも、長寿《ちょうじゅ》を祝《いわ》う言葉《ことば》はいろいろあります。その中《なか》には、「卒寿《そつじゅ》」のように略字《りゃくじ》で書《か》くと九十《きゅうじゅう》に見《み》えるから90才《さい》というものもあります。

# わり算《ざん》のきまり

1月19日

東京都《とうきょうと》 杉並区立高井戸第三小学校《すぎなみくりつたかいどだいさんしょうがっこう》
吉田映子《よしだえいこ》先生《せんせい》が書《か》きました

読《よ》んだ日《ひ》 月《がつ》 日《にち》 月《がつ》 日《にち》 月《がつ》 日《にち》



## 考《かんが》えながらやってみよう

わり算《ざん》の計算《けいさん》をしましょう。
第《だい》1問《もん》 24÷4はいくつでしょう。
答《こた》えは6です。
第《だい》2問《もん》 48÷8はいくつでしょう。
答《こた》えは6です。
では第《だい》3問《もん》 60÷10はいくつでしょう。
答《こた》えは6です。
答《こた》えがみんな6でしたね。
他《ほか》にも答《こた》えが6になるわり算《ざん》の式《しき》はありますか？ みんな並《なら》べてみましょう。

| |
|---|
| 6 ÷ 1 = 6 |
| 12 ÷ 2 = 6 |
| 18 ÷ 3 = 6 |
| 24 ÷ 4 = 6 |
| 30 ÷ 5 = 6 |
| 36 ÷ 6 = 6 |
| 42 ÷ 7 = 6 |
| 48 ÷ 8 = 6 |
| 54 ÷ 9 = 6 |

## きまりを見《み》つけよう

割《わ》る数《かず》が、1から順番《じゅんばん》になるように並《なら》べるときまりが見《み》えてきます。

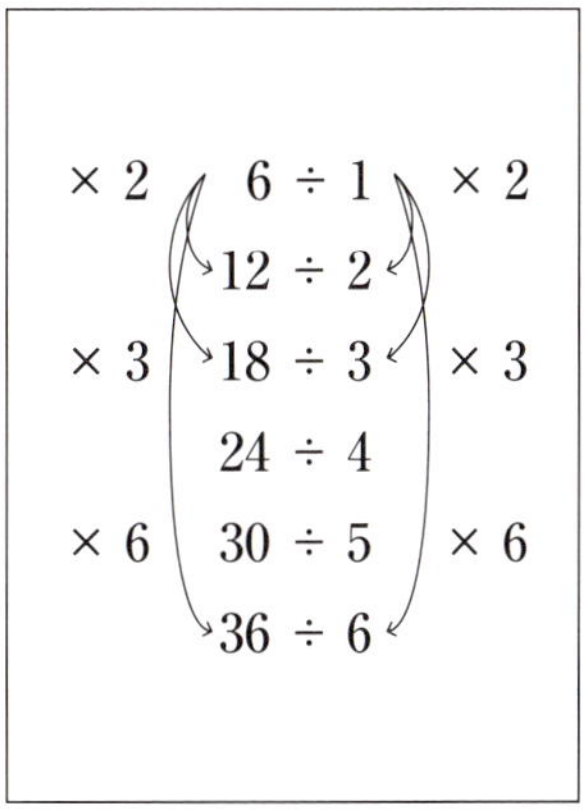


わり算《ざん》には、「割《わ》られる数《かず》と割《わ》る数《かず》に同《おな》じ数《かず》をかけても同《おな》じ数《かず》で割《わ》っても答《こた》えは変《か》わらない」というきまりがあります。このきまりを使《つか》うと、もっとたくさんの式《しき》が見《み》つけられます。
6÷1の両方《りょうほう》の数《かず》に10をかけたら60÷10になって、答《こた》えは6。100倍《ばい》して600÷100にしても答《こた》えは6。1000倍《ばい》してもできますね。まだまだつくれます。

### やってみよう

**暗算《あんざん》でできるかな？**

わり算《ざん》のきまりを使《つか》って、暗算《あんざん》のできる式《しき》になおせないでしょうか？
48 ÷ 12
両方《りょうほう》2で割《わ》れますね。
48 ÷ 12 ＝ 24 ÷ 6
まだ割《わ》れます。
24 ÷ 6 ＝ 12 ÷ 3
2では割《わ》れないけど3で割《わ》れます。
12 ÷ 3 ＝ 4 ÷ 1
4 ÷ 1 ＝ 4
答《こた》えは4です。
暗算《あんざん》でできました！

**ひとくちメモ** 「やってみよう」のように暗算《あんざん》できるのはあまりが出《で》ないときだけです。あまりが出《で》るわり算《ざん》ではできないので注意《ちゅうい》しましょう。

数や図形で遊ぼう

# 一筆書《ひとふでが》きができるかな？

1月20日

東京都《とうきょうと》　豊島区立高松小学校《としまくりつたかまつしょうがっこう》
細萱裕子《ほそがやゆうこ》先生《せんせい》が書《か》きました

読《よ》んだ日《ひ》　月《がつ》　日《にち》　月《がつ》　日《にち》　月《がつ》　日《にち》

## 交点《こうてん》に注目《ちゅうもく》しよう

一筆書《ひとふでが》きを知《し》っていますか？　一筆書《ひとふでが》きというのは、鉛筆《えんぴつ》やペンなどの筆記用具《ひっきようぐ》を紙《かみ》から一度《いちど》も離《はな》さずに形《かたち》をかくことです。もちろん、同《おな》じ線《せん》は一度《いちど》しか通《とお》ることができません。

では、さっそく一筆書《ひとふでが》きに挑戦《ちょうせん》してみましょう。図《ず》アの①～④は、一筆書《ひとふでが》きができるでしょうか。正解《せいかい》は、①②③は「できる」、④は「できない」です。実《じつ》は、一筆書《ひとふでが》きができるかどうかは、実際《じっさい》に書《か》かなくても形《かたち》を見《み》ただけでわかるのです。それは、一筆書《ひとふでが》きができる形《かたち》にはきまりがあるからです。

図《ず》ア

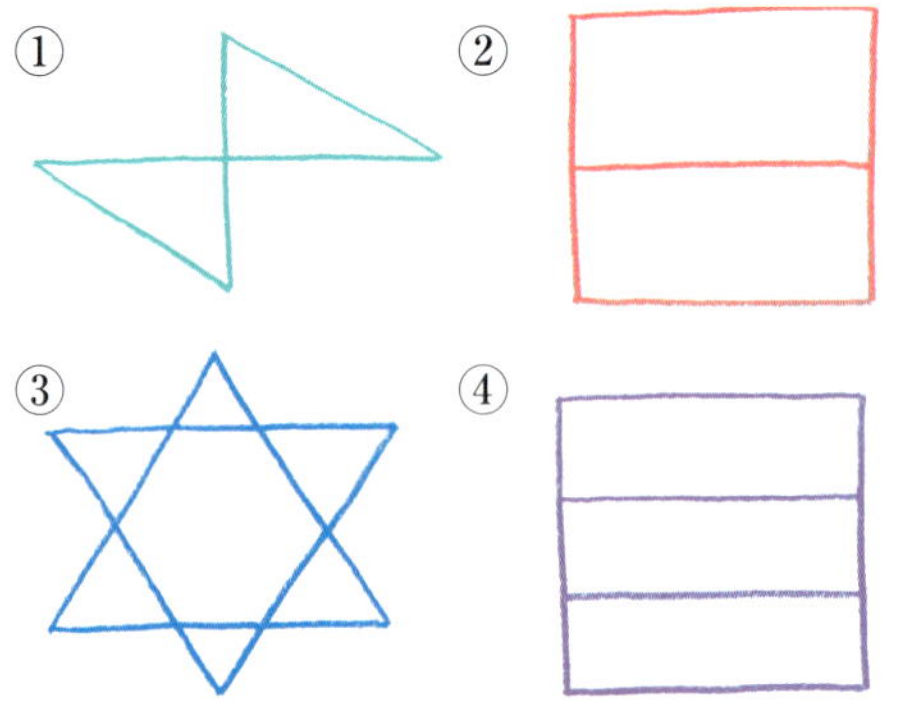


注目《ちゅうもく》したいのは、交点《こうてん》（直線《ちょくせん》が交《まじ》わったり、接《せっ》したりしている点《てん》）です。交点《こうてん》に集《あつ》まる直線《ちょくせん》の数《かず》が2本《ほん》、4本《ほん》、6本《ぽん》…のように偶数本《ぐうすうほん》の部分《ぶぶん》を偶点《ぐうてん》、1本《ぽん》、3本《ぼん》、5本《ほん》…のように奇数本《きすうほん》の部分《ぶぶん》を奇点《きてん》といいます。

図《ず》イ

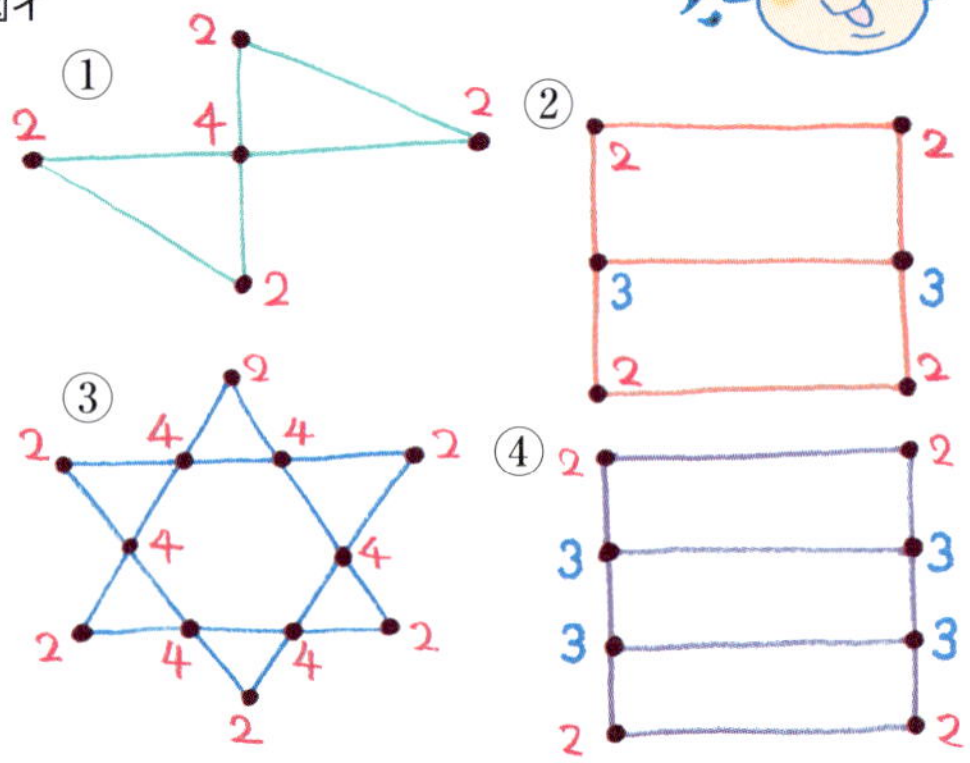

## 偶点《ぐうてん》と奇点《きてん》を見分《みわ》ける！

図《ず》イを見《み》てみましょう。①③のように、交点《こうてん》すべてが偶点《ぐうてん》の場合《ばあい》は一筆書《ひとふでが》きができます。また、②のように、奇点《きてん》が2つで残《のこ》りすべてが偶点《ぐうてん》の場合《ばあい》も一筆書《ひとふでが》きができます。ただし、この場合《ばあい》は、どこからスタートするかで、できる場合《ばあい》とできない場合《ばあい》があります。

偶点《ぐうてん》である赤《あか》い部分《ぶぶん》から出発《しゅっぱつ》した場合《ばあい》は、一筆書《ひとふでが》きができません。でも、奇点《きてん》である青《あお》い部分《ぶぶん》からスタートした場合《ばあい》は、一筆書《ひとふでが》きができます。つまり、②のような形《かたち》では、奇点《きてん》からスタートするという条件《じょうけん》も必要《ひつよう》なのです。

図《ず》ウ　④は奇点《きてん》が4つなのでできません。⑤のように直線《ちょくせん》を1本《ぽん》加《くわ》えると奇点《きてん》が2つになるのでできますね。

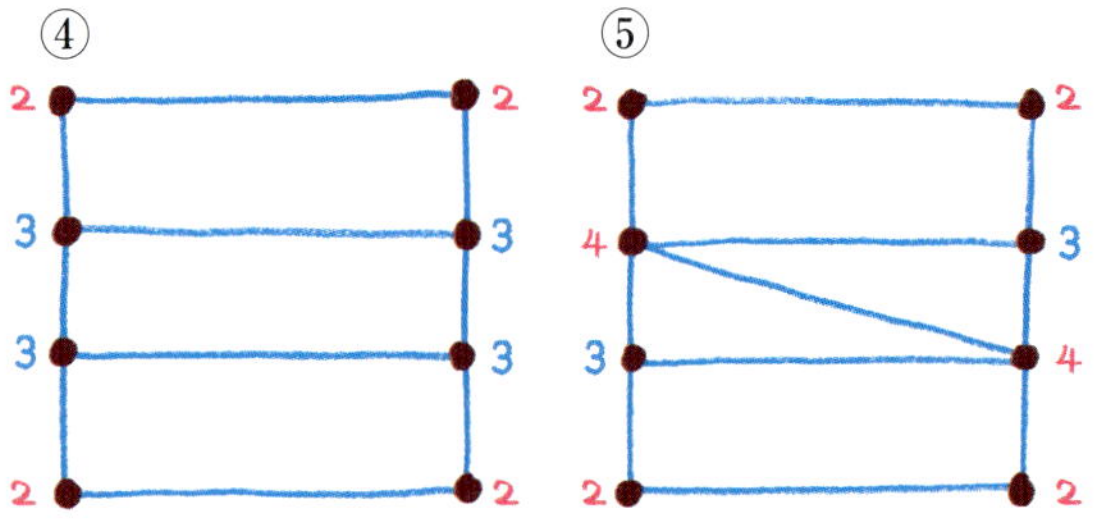


ひとくちメモ

18世紀初《せいきはじ》め、ケーニヒスベルクの町《まち》の人々《ひとびと》が「ケーニヒスベルクの7つの橋《はし》」の問題《もんだい》に挑戦《ちょうせん》していました。ドイツの数学者《すうがくしゃ》オイラーは、それを一筆書《ひとふでが》きの問題《もんだい》として考《かんが》え、解決《かいけつ》に導《みちび》きました（39ページ参照《さんしょう》）。

# ケーニヒスベルクの7つの橋《はし》

東京都《とうきょうと》 豊島区立高松小学校《としまくりつたかまつしょうがっこう》
細《ほそ》萱《がや》裕《ゆう》子《こ》 先生《せんせい》が書《か》きました

読《よ》んだ日《ひ》　月《がつ》　日《にち》　月《がつ》　日《にち》　月《がつ》　日《にち》



## 「できない」ことを証明《しょうめい》する？

18世紀初《せいきはじ》め頃《ごろ》のお話《はなし》です。プロイセンという国《くに》にケーニヒスベルクという町《まち》（現在《げんざい》のロシア連邦《れんぽう》カリーニングラード）がありました。その町《まち》の中《なか》を流《なが》れるプレーゲル川《がわ》の中州《なかす》に7つの橋《はし》が架《か》かっていました(図《ず》1)。町《まち》の人《ひと》たちの中《なか》では、この7つの橋《はし》について「それぞれの橋《はし》を一度《いちど》しか通《とお》らずに、全部《ぜんぶ》の橋《はし》を渡《わた》ることができるか」ということが話題《わだい》になりました。たくさんの人《ひと》がこの問題《もんだい》に挑戦《ちょうせん》しましたが、できる人《ひと》はいませんでした。また、「できない」ことを説明《せつめい》できる人《ひと》もいませんでした。

図《ず》1

ケーニヒスベルクの７つの橋《はし》の地図《ちず》

## ヒントは一筆書《ひとふでが》き

ある時《とき》、その問題《もんだい》に答《こた》えを出《だ》した人物《じんぶつ》が現《あらわ》れました。それは、後《のち》に大数学者《だいすうがくしゃ》となるレオンハルト＝オイラーです。

オイラーは、陸《りく》の部分《ぶぶん》を点《てん》で、橋《はし》の部分《ぶぶん》を線《せん》で表《あらわ》しました（図《ず》2）。こうすることで、ケーニヒスベルクの7つの橋《はし》の問題《もんだい》を、一筆書《ひとふでが》きの問題《もんだい》として考《かんが》えることができたのです。この図形《ずけい》が一筆書《ひとふでが》きできるならば、7つの橋《はし》の問題《もんだい》もできることになります。

しかし、この図形《ずけい》には、直線《ちょくせん》が交《まじ》わる部分《ぶぶん》が奇数本《きすうほん》ある点《てん》が4つあるので、一筆書《ひとふでが》きはできません（38ページ参照《さんしょう》）。つまり、「それぞれの橋《はし》を一度《いちど》ずつ通《とお》って、すべての橋《はし》を渡《わた》ることはできない」ということが証明《しょうめい》されたのです。

図《ず》2

一筆書《ひとふでが》きの問題《もんだい》にした図《ず》

ひとくちメモ　オイラーは、ケーニヒスベルクの7つの橋《はし》の問題《もんだい》に取《と》り組《く》む中《なか》で、一筆書《ひとふでが》きができるときのきまりを見《み》つけました。今《いま》では、一筆書《ひとふでが》きができるグラフのことを、オイラーグラフといいます。

単位とはかり方のお話

# ゾウやクジラは何《なん》t？
## ～生《い》き物《もの》の重《おも》さ比《くら》べ～

筑波大学附属小学校《つくばだいがくふぞくしょうがっこう》
中田寿幸《なかたとしゆき》先生《せんせい》が書《か》きました

1月《がつ》22日《にち》

読《よ》んだ日《ひ》　月《がつ》　日《にち》　月《がつ》　日《にち》　月《がつ》　日《にち》

### 地球上《ちきゅうじょう》で一番重《いちばんおも》いのは？

同《おな》じ学年《がくねん》の友達《ともだち》でも、体重《たいじゅう》の重《おも》い人《ひと》もいれば、軽《かる》い人《ひと》もいますね。体《からだ》の重《おも》さはいろいろです。では、地球上《ちきゅうじょう》の生《い》き物《もの》で一番体重《いちばんたいじゅう》の重《おも》い生《い》き物《もの》は何《なん》でしょうか？

体《からだ》が大《おお》きいということで思《おも》い出《だ》すゾウの体《からだ》の重《おも》さはアフリカゾウで8000kgぐらいです。大《おお》きいものでは10000kgを超《こ》えるゾウもいるそうです。

これだけ重《おも》くなると、0がたくさんついて、何《なん》kgかわかりにくくなりますね。ですから、kgの1000倍《ばい》の単位《たんい》のt（トン）を使《つか》って、体重《たいじゅう》を表《あらわ》します。アフリカゾウはおよそ8tとなります。

### クジラの体重《たいじゅう》にびっくり！

ゾウのほかにもサイやカバは2tから3tぐらいの重《おも》さだそうです。首《くび》が長《なが》いキリンの体重《たいじゅう》も重《おも》く、2tを超《こ》えるものもいるそうです。インド南部《なんぶ》やオーストラリア北部《ほくぶ》にいる世界最大《せかいさいだい》のワニは体《からだ》の長《なが》さが6mを超《こ》え、体重《たいじゅう》も1tを超《こ》えるそうです。

陸《りく》に住《す》む生《い》き物《もの》の中《なか》ではゾウが一番重《いちばんおも》いのですが、地球上《ちきゅうじょう》で考《かんが》えると海《うみ》の中《なか》にいるクジラが生《い》き物《もの》の中《なか》で一番重《いちばんおも》くなります。クジラの中《なか》でも一番大《いちばんおお》きいシロナガスクジラは100tを超《こ》え、200t近《ちか》くあるものもいるそうです。海《うみ》の中《なか》だからこそ、この大《おお》きさでも生《い》きていけるのでしょうね。

### 考《かんが》えてみよう

#### 1tは4年生何人分《ねんせいなんにんぶん》？

1tって、小学生何人《しょうがくせいなんにん》ぐらいの重《おも》さなのでしょうか。小学《しょうがく》4年生《ねんせい》の平均体重《へいきんたいじゅう》は30kgくらいです。33人《にん》でおよそ1tとなります。33人《にん》いる教室《きょうしつ》は毎日《まいにち》1tの重《おも》さを支《ささ》えているのですね。

ひとくちメモ
シロナガスクジラが180tだとすると、4年生《ねんせい》の子供《こども》が6000人《にん》ぐらいいる重《おも》さとなります。

数や図形で遊ぼう

# 誕生日《たんじょうび》あてクイズはどうしてあたるの？

1月23日

東京都《とうきょうと》　東京学芸大学附属小金井小学校《とうきょうがくげいだいがくふぞくこがねいしょうがっこう》
高橋丈夫《たかはしたけお》先生《せんせい》が書《か》きました

読《よ》んだ日《ひ》　月《がつ》　日《にち》　月《がつ》　日《にち》　月《がつ》　日《にち》

①まず、あなたの『誕生月』に
４をかけて８を足してください。
②次に、その答えに 25 をかけて、
さらにあなたの『誕生日』を
足してください。
③最後に 200 を引いてください。
それがあなたの誕生日ですね。

図《ず》1

## クイズのたね明《あ》かし

誕生日《たんじょうび》あてクイズの回《かい》（34ページ参照《さんしょう》）で紹介《しょうかい》した方法《ほうほう》を覚《おぼ》えていますか。

なぜこの方法《ほうほう》で、最後《さいご》に誕生日《たんじょうび》が出《で》てくるのでしょうか。

秘密《ひみつ》は、誕生日《たんじょうび》を上《かみ》２桁《けた》と下《しも》２桁《けた》の数《かず》と考《かんが》えて４桁《けた》の数《かず》としてとらえるところです（図《ず》２）。

そのために、答《こた》えが、『誕生月《たんじょうづき》』×100＋『誕生日《たんじょうび》』となるように計算《けいさん》します。

## 12月《がつ》31日《にち》生《う》まれの場合《ばあい》

もう少《すこ》しわかりやすく、たね明《あ》かしをします。

①で『誕生月《たんじょうづき》』に4をかけて、その後《ご》に25をかけているので、『誕生月《たんじょうづき》』に１００をかけたことになります。

12月《がつ》31日《にち》生《う》まれの場合《ばあい》には、①で12×４＋８が式《しき》になります。②で、(12×４＋８)×25をしたのちに、誕生日《たんじょうび》の31を足《た》します。

これの式《しき》を見てみると、誕生月《たんじょうづき》の12と誕生日《たんじょうび》の31が式《しき》の中《なか》にあることがわかります。２００が邪魔《じゃま》なので、③で２００を引《ひ》くと、誕《たん》生月《じょうづき》と誕生日《たんじょうび》を表《あらわ》す数字《すうじ》だけが残《のこ》ります。これを計算《けいさん》すると、上《かみ》２桁《けた》に誕生月《たんじょうづき》、下《しも》２桁《けた》に誕生日《たんじょうび》が現《あらわ》れるのです（図３）。

図《ず》2

12月31日の場合
上2桁
下2桁
12/31
1200
+ 31

図《ず》3

(12 × 4 + 8) × 25 + 31
= 12 × 4 × 25 + 8 × 25 + 31
= 12 × 100 + 200 + 31
12 × 100 + 200 + 31 − 200
= 12 × 100 + 31

ひとくちメモ

ぜひ家《うち》の人《ひと》や友達《ともだち》とやってみてください。①で足《た》している８を他《ほか》の数《かず》にかえると、最後《さいご》に引《ひ》く数《かず》もかわってきます。

# 数《かぞ》え方《かた》が変《か》わるもの

くらしの中の算数のお話

1月《がつ》24日《にち》

学習院初等科《がくしゅういんしょとうか》
大澤隆之《おおさわたかゆき》先生《せんせい》が書《か》きました

読《よ》んだ日《ひ》　月《がつ》　日《にち》｜　月《がつ》　日《にち》｜　月《がつ》　日《にち》

## マグロが刺身《さしみ》になると？

魚《さかな》は、どのように数《かぞ》えますか。そうです。「1匹《ぴき》、2匹《ひき》」ですね。ところが、海《うみ》や川《かわ》で泳《およ》いでいた魚《さかな》が、食《た》べ物《もの》としてお店《みせ》に並《なら》ぶと「1尾《び》、2尾《び》」「1本《ぽん》、2本《ほん》」となります。

マグロのように大《おお》きい魚《さかな》は、刺《さし》身用《みよう》に短冊《たんざく》の形《かたち》に切《き》って売《う》っています。ちょうど家《いえ》の表札《ひょうさつ》ぐらいの大《おお》きさです。数《かぞ》え方《かた》は、「1柵《さく》、2柵《さく》」です。

それを薄《うす》く切《き》って刺身《さしみ》にすると、「1枚《まい》、2枚《まい》」「1切《き》れ、2切《き》れ」という数《かぞ》え方《かた》になります。それを船《ふね》のような器《うつわ》に盛《も》りつけると、「1舟《ふね》、2舟《ふね》」となります。

刺身《さしみ》をごはんに乗《の》せてにぎり寿《ず》司《し》にすると、「1貫《かん》、2貫《かん》」と数《かぞ》えますし、ちらし寿《ず》司《し》にすると、「1杯《ぱい》、2杯《はい》」と数《かぞ》えます。

## ウナギのかば焼《や》きは？

さて、魚《さかな》でも、ウナギをかば焼《や》きのように串《くし》にさすと「1串《くし》、2串《くし》」と数《かぞ》えます。カツオをかつお節《ぶし》にすると、「1節《ふし》、2節《ふし》」です。

また、魚《さかな》を標本《ひょうほん》にしたときは「体《たい》」「個体《こたい》」を使《つか》います。

変身《へんしん》すると、いろいろな数《かぞ》え方《かた》になるのですね。

### 調《しら》べてみよう

**2個《こ》でセットのものは？**

2つで1つと数《かぞ》えるものがあります。お箸《はし》は2本《ほん》で「1膳《ぜん》」です。和太鼓《わだいこ》のバチも、2本《ほん》で「1膳《ぜん》」です。竹馬《たけうま》は2本《ほん》で「1対《つい》」、動物《どうぶつ》はオスとメスで「1つがい」、靴下《くつした》や靴《くつ》は2つで「1足《そく》」、手袋《てぶくろ》は2枚《まい》で「1双《そう》」と数《かぞ》えます。ほかの数《かぞ》え方《かた》も調《しら》べてみましょう。

**ひとくちメモ**　魚《さかな》のように海《うみ》にすんでいても、クジラやイルカは「頭《とう》」で数《かぞ》えます。なんと、チョウやカイコも「頭《とう》」で数《かぞ》えるのです。

# 25ってすごい！

1月25日

東京都《とうきょうと》 杉並《すぎなみ》区《く》立《りつ》高井戸《たかいど》第三小学校《だいさんしょうがっこう》
吉《よし》田《だ》映《えい》子《こ》 先生《せんせい》が書《か》きました

読《よ》んだ日《ひ》　月《がつ》　日《にち》｜　月《がつ》　日《にち》｜　月《がつ》　日《にち》

## 暗算《あんざん》でどこまでできる？

かけ算《ざん》の問題《もんだい》をしましょう。

第《だい》1問《もん》。6×8はいくつでしょう。

そうですね、48です。

では第《だい》2問《もん》。13×3は？　少《すこ》し難《むずか》しくなりましたね。39です。

このあたりから少《すこ》し心配《しんぱい》になって、「筆算《ひっさん》の方《ほう》がいいなあ」と思《おも》う人《ひと》もいるでしょう。

では第《だい》3問《もん》。24×5。

今度《こんど》こそ「やっぱり筆算《ひっさん》がいいなあ」と言《い》う人《ひと》、いますね。この答《こた》えは120です。答《こた》えも大《おお》きくなるので、確《たし》かめるまでドキドキしますね。

ではこれはどうでしょう。

第《だい》4問《もん》。25×12。

「もう絶対《ぜったい》、筆算《ひっさん》！」

$$\begin{array}{r} 25 \\ \times\ 12 \\ \hline 50 \\ 25\phantom{0} \\ \hline 300 \end{array}$$

答《こた》えは300です。

## 25のかけ算《ざん》は特別《とくべつ》？

でも、ちょっと待《ま》ってください。25って、ちょっと素敵《すてき》な数《かず》なんです。25は2つで50。3つで75。4つでちょうど100になります。だから、25×4=100です。

この、数《かず》の特徴《とくちょう》を使《つか》うと、計算《けいさん》が簡単《かんたん》になるときがあります。

25×12のとき、かける数《かず》の12は4×3の答《こた》えです。ですから12を4×3と置《お》き換《か》えて、式《しき》を「25×4×3」と変身《へんしん》させても答《こた》えは変《か》わりません。

25×12＝25×4×3
＝(25×4)×3
＝100×3

このようにすれば、かんたんに暗算《あんざん》で計算《けいさん》ができてしまいます。

どうですか？　もし、25のかけ算《ざん》があったら、もう1つの数《かず》が4の段《だん》のかけ算《ざん》の答《こた》えになっているかどうかを確《たし》かめてみましょう。

### やってみよう

**25×32を暗算《あんざん》で！**

32=4×8だから、
25×4×8
=(25×4)×8
=100×8
=800

**ひとくちメモ** 28×25はいくつでしょうか。同《おな》じように考《かんが》えれば7×4×25。4×25を先《さき》に計算《けいさん》すると、7×100で700とわかります。7×4×25のとき、左《ひだり》から計算《けいさん》しなくても、4×25を先《さき》に計算《けいさん》してもよいというのが「結合《けつごう》のきまり」です。

# 便利《べんり》な計算機《けいさんき》 そろばんの歴史《れきし》

1月《がつ》26日《にち》

大分県《おおいたけん》 大分市立大在西小学校《おおいたしりつおおざいにししょうがっこう》
二宮《にのみや》孝明《たかあき》先生《せんせい》が書《か》きました

読《よ》んだ日《ひ》 月《がつ》 日《にち》 月《がつ》 日《にち》 月《がつ》 日《にち》

## 小石《こいし》や動物《どうぶつ》の骨《ほね》、そして…

みなさんは、そろばんを使《つか》って計算《けいさん》をしたことがありますか？触《さわ》ったことがないという人《ひと》でも見《み》たことはあるでしょう。日本《にほん》では昔《むかし》から、はやく正確《せいかく》に計算《けいさん》をする道具《どうぐ》として、そろばんが使《つか》われてきました。

日本《にほん》のそろばんはもともと、中国《ちゅうごく》から伝《つた》わってきたものをもとにしてつくられました。しかし、何《なに》か道具《どうぐ》を使《つか》って計算《けいさん》をする方法《ほうほう》は、それよりもっと前《まえ》の時代《じだい》から、いろいろな国《くに》で工夫《くふう》されていました。

何千年《なんぜんねん》も昔《むかし》、人々《ひとびと》は数《かず》を数《かぞ》えるのに指《ゆび》を使《つか》っていたと考《かんが》えられます。しかし、数《かず》が大《おお》きくなると、指《ゆび》だけでは不便《ふべん》です。そこで、小《こ》石《いし》を使《つか》ったり、動物《どうぶつ》の骨《ほね》に印《しるし》を刻《きざ》んだり道具《どうぐ》を使《つか》いました。数《かぞ》えるだけではなく、足《た》したり引《ひ》いたり計算《けいさん》をするようになると、使《つか》う道《どう》具《ぐ》にさらに工夫《くふう》をこらすようになりました。

大昔《おおむかし》のローマのそろばんです。今《いま》のそろばんに形《かたち》が似《に》ています。

## 日本《にほん》のそろばんは玉《たま》がひし形《がた》

大昔《おおむかし》のメソポタミアでは、砂《すな》に線《せん》を引《ひ》き小石《こいし》を置《お》いて計算《けいさん》をしていました。また、大昔《おおむかし》のローマでは、金属《きんぞく》の板《いた》に何本《なんぼん》も溝《みぞ》をほり、上《うえ》の溝《みぞ》に1個《こ》、下《した》の溝《みぞ》に4個《こ》の玉《たま》を置《お》いて計算《けいさん》をしていました。

このように便利《べんり》な道具《どうぐ》が世界中《せかいじゅう》で使《つか》われ、人々《ひとびと》ははやく正確《せいかく》に計《けい》算《さん》ができるようになりました。特《とく》に日本《にほん》のそろばんは、玉《たま》の形《かたち》がひし形《がた》をしています。ひし形《がた》にしたことで指《ゆび》ではじきやすく、よりはやく計算《けいさん》ができるのです。

### 調《しら》べてみよう

#### 世界《せかい》のそろばん

中国《ちゅうごく》のそろばんは、玉《たま》が丸《まる》くて５玉《だま》が２個《こ》、１玉《だま》が５個《こ》あります。また、ロシアのそろばんは、玉《たま》が10個《こ》あり、横《よこ》に動《うご》かして使《つか》います。日本《にほん》のそろばんは５玉《だま》が１個《こ》、１玉《だま》が４個《こ》が普通《ふつう》です。昭和《しょうわ》10年《ねん》にこの形《かたち》に統一《とういつ》されました。

ひとくちメモ

中国語《ちゅうごくご》でそろばんは「算盤（スアンパン）」と発音《はつおん》します。これが「そろばん」になったという説《せつ》があります。室町時代《むろまちじだい》の終《お》わりごろには中国《ちゅうごく》から日本《にほん》に伝《つた》わっていたという記録《きろく》があります。

# 着物《きもの》にかくれた算数《さんすう》あれこれ



福岡県《ふくおかけん》　田川郡川崎町立川崎小学校《たがわぐんかわさきちょうりつかわさきしょうがっこう》
高瀬大輔《たかせだいすけ》先生《せんせい》が書《か》きました

読《よ》んだ日《ひ》　月《がつ》　日《にち》　月《がつ》　日《にち》　月《がつ》　日《にち》

図《ず》1
いちまつ模様《もよう》

図《ず》2
うろこ模様《もよう》

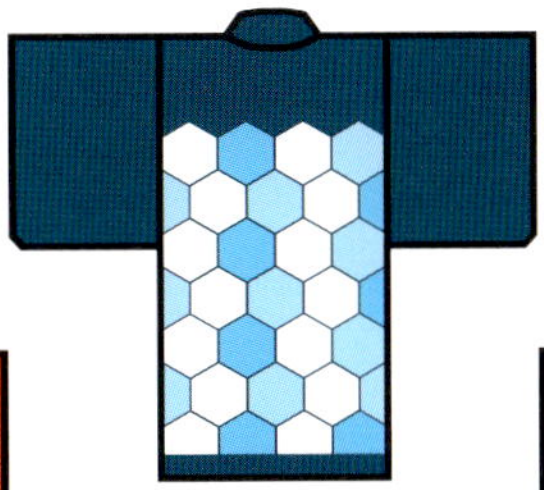
図《ず》3
きっこう模様《もよう》

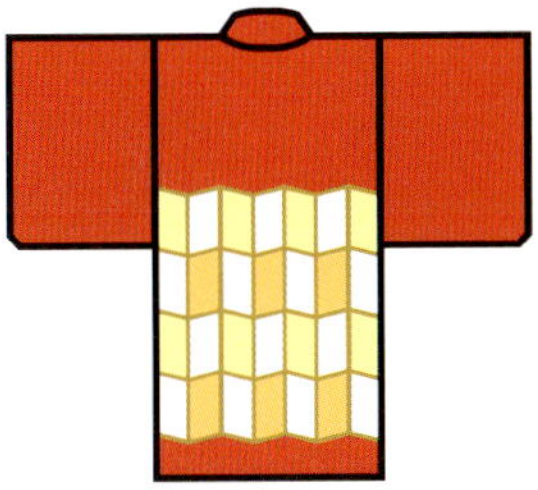
図《ず》4
やがすり模様《もよう》

## 着物《きもの》の模様《もよう》を見《み》てみよう

日本《にほん》の文化《ぶんか》が世界《せかい》から注目《ちゅうもく》されていますが、外国《がいこく》からの観光客《かんこうきゃく》が、日本人《にっぽんじん》が昔《むかし》から着《き》てきた着物《きもの》を着《き》ている姿《すがた》を見《み》かけます。着物《きもの》は、日本《にほん》を象徴《しょうちょう》する文化《ぶんか》の一《ひと》つとして、世界《せかい》から注目《ちゅうもく》されているのです。

その着物《きもの》と算数《さんすう》には大《おお》きなつながりがあります。まずは、着物《きもの》の模様《もよう》をよく見《み》てみましょう。図《ず》1～4を見《み》てください。

【いちまつ模様《もよう》（図《ず》1）】

四角形《しかくけい》がきれいにしきつめられた模様《もよう》で、色《いろ》の組《く》み合《あ》わせもさまざまあります。

【うろこ模様《もよう》（図《ず》2）】

魚《さかな》のうろこに似《に》た模様《もよう》です。三《さん》角形《かくけい》がしきつめられていますね。

【きっこう模様《もよう》（図《ず》3）】

漢字《かんじ》で書《か》くと亀甲《きっこう》。つまり亀《かめ》のこうらを表《あらわ》します。六角形《ろっかくけい》がしきつめられていますね。

【やがすり模様《もよう》（図《ず》4）】

矢《や》の形《かたち》で、縁起《えんぎ》のいい柄《がら》とされてきました。平行四辺形《へいこうしへんけい》がしきつめられています。

ほかにも、自然風景《しぜんふうけい》や花《はな》や動物《どうぶつ》を模様《もよう》にした着物《きもの》など、その種類《しゅるい》は多様《たよう》です。昔《むかし》から日本人《にっぽんじん》は、着《き》物《もの》の模様《もよう》の形《かたち》やその色《いろ》でおしゃれを楽《たの》しんできたのですね。

## たった一枚《いちまい》の布《ぬの》からできる

では、着物《きもの》をつくるのにどんな形《かたち》の布《ぬの》が何枚《なんまい》ぐらい必要《ひつよう》だと思《おも》いますか。

実《じつ》は、着《き》物《もの》は幅《はば》約《やく》34cm、長《なが》さ約《やく》10・6mの反物《たんもの》といわれる長《なが》い布《ぬの》たった一枚《いちまい》でつくることができるのです。

反物《たんもの》

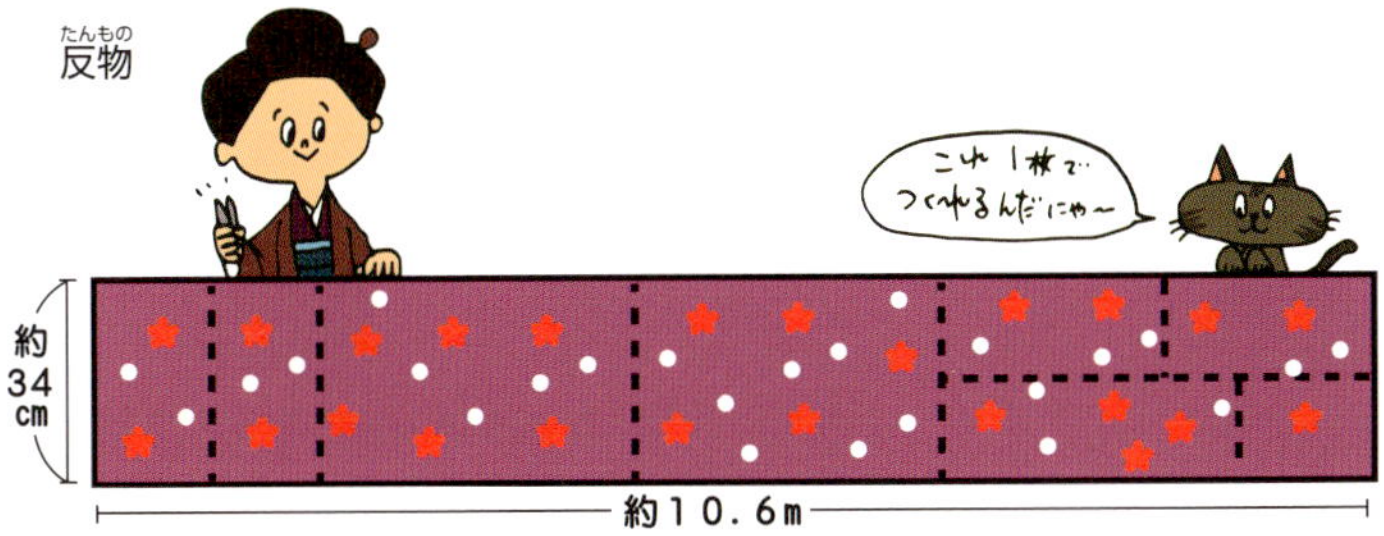

図《ず》5

ひとくちメモ
着物《きもの》は図《ず》5のように、一枚《いちまい》の反物《たんもの》を直線《ちょくせん》で裁《た》って長方形《ちょうほうけい》にし、縫《ぬ》い合《あ》わせればできます。簡単《かんたん》なつくりなので、破《やぶ》れたときの修繕《しゅうぜん》も楽《らく》。着物《きもの》には昔《むかし》の人《ひと》の知恵《ちえ》がいっぱいつまっているのですね。

数と計算のお話

# これで簡単《かんたん》！くり下《さ》がりのあるひき算《ざん》

1月 28日

お茶《ちゃ》の水女子大学附属小学校《みずじょしだいがくふぞくしょうがっこう》
岡田紘子《おかだひろこ》先生《せんせい》が書《か》きました

読《よ》んだ日《ひ》　月《がつ》　日《にち》　月《がつ》　日《にち》　月《がつ》　日《にち》

## くり下《さ》がりもこれで簡単《かんたん》！

くり下《さ》がりのあるひき算《ざん》が苦手《にがて》だなという人《ひと》はいますか？　くり下《さ》がりがなければ簡単《かんたん》なのに……という人《ひと》もいると思《おも》います。そこで、くり下《さ》がりのあるひき算《ざん》を変身《へんしん》させて、くり下《さ》がりのないひき算《ざん》にする、とっておきのコツを紹介《しょうかい》します。

## くり下《さ》がりをなくしてしまう

たとえば、17－9の計算《けいさん》をしてみましょう。7から9は引《ひ》けないので、くり下《さ》がりが必要《ひつよう》です。しかし、17－9の式《しき》を変身《へんしん》させれば、くり下《さ》がりがない式《しき》にできます。

17と9に1を足《た》すと、18－10になりますね。引《ひ》かれる数《かず》と引《ひ》く数《かず》に同《おな》じ数《かず》を足《た》しても、答《こた》えは変《か》わりません。だから、18－10＝8と答《こた》えを簡単《かんたん》に出《だ》すことができます。

51－15だったらどうでしょう。一《いち》の位《くらい》を見《み》ると1－5ができません。なので、引《ひ》く数《かず》の一《いち》の位《くらい》が0になるように、51と15の両方《りょうほう》に5を足《た》します。すると、式《しき》は、56－20となります。このひき算《ざん》だったら、36と答《こた》えが簡単《かんたん》に出《だ》せますね。

100－87だったらどうでしょう。くり下《さ》がりが2回《かい》出《で》てくるので、苦手《にがて》な人《ひと》も多《おお》いのではないでしょうか？　100と87に3を足《た》してみましょう。103－90となり、答《こた》えは13とわかります。

引《ひ》く数《かず》をきりのよい数《かず》にすると、計算《けいさん》が簡単《かんたん》になります。他《ほか》のひき算《ざん》でも、ぜひ試《ため》してくださいね。

ひとくちメモ　くり上《あ》がりのあるたし算《ざん》でも、計算《けいさん》の工夫《くふう》をすれば簡単《かんたん》に計算《けいさん》できます。188ページを見《み》てみましょう。

# 雪《ゆき》の結晶《けっしょう》をつくろう
## ～切《き》り紙《がみ》にチャレンジ～

1月《がつ》29日《にち》

東京都《とうきょうと》　杉並《すぎなみ》区立《くりつ》高井戸《たかいど》第三小学校《だいさんしょうがっこう》
吉《よし》田《だ》映《えい》子《こ》先生《せんせい》が書《か》きました

読《よ》んだ日《ひ》　月《がつ》　日《にち》｜　月《がつ》　日《にち》｜　月《がつ》　日《にち》

### 紙《かみ》を折《お》って切《き》ってみよう

折《お》り紙《がみ》を図《ず》1のように2回折《かいお》ります。ここにハートのような形《かたち》をかいて、その線《せん》に沿《そ》って切《き》って開《ひら》くと……。図《ず》のように四《よ》つ葉《ば》のクローバーができます。

はじめの折《お》り方《かた》を変《か》えたら、図《ず》2のように雪《ゆき》の結晶《けっしょう》をつくることができます。

家族《かぞく》やお友達《ともだち》と一緒《いっしょ》につくってみましょう。

紙《かみ》が折《お》れたら、形《かたち》をかいて切《き》ります。切《き》るときは細《ほそ》いところもあるので、気《き》をつけて切《き》りましょう。

形《かたち》を工夫《くふう》して、いろいろな雪《ゆき》の結晶《けっしょう》ができたらきれいですね。

図《ず》1

2回折ります
ここにハート
四つ葉のクローバー

図《ず》2

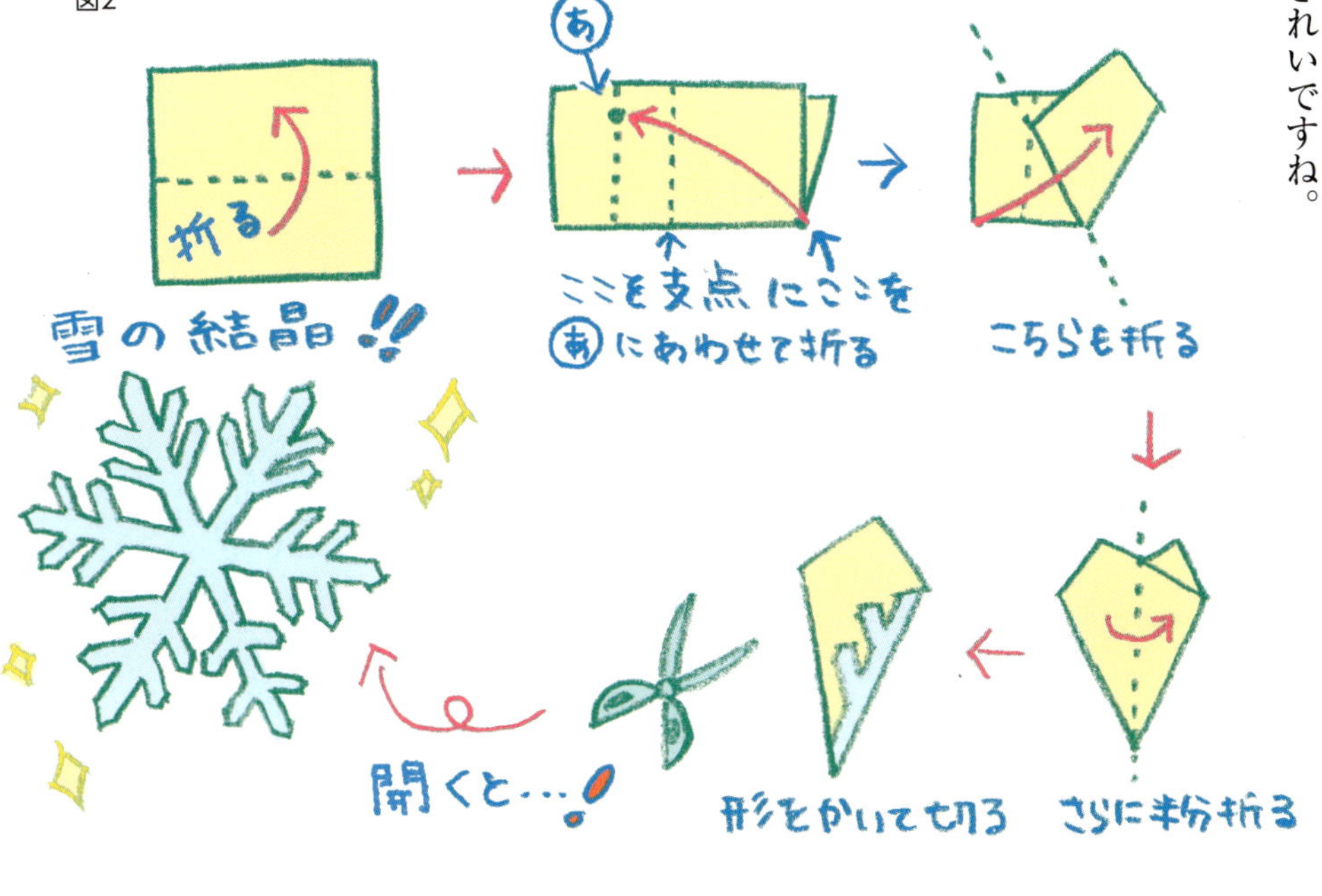
あ
折る
ここを支点にここをあにあわせて折る
こちらも折る
さらに半分折る
形をかいて切る
開くと…!
雪の結晶!!

**ひとくちメモ** ぴったり重《かさ》ねることのできる形《かたち》を「合同《ごうどう》な図形《ずけい》」といいます。上《うえ》のように紙《かみ》を折《お》って重《かさ》ねて切《き》ると、合同《ごうどう》な図形《ずけい》が何枚《なんまい》もつながって、雪《ゆき》の結晶《けっしょう》などの形《かたち》ができるのです。ほかにも形《かたち》をつくってみましょう。

# 「石取《いしと》りゲーム」の必勝法《ひっしょうほう》

1月30日

北海道教育大学附属札幌小学校《ほっかいどうきょういくだいがくふぞくさっぽろしょうがっこう》
瀧《たき》ヶ《が》平《ひら》悠《ゆう》史《し》先生《せんせい》が書《か》きました

読《よ》んだ日《ひ》　月《がつ》　日《にち》　月《がつ》　日《にち》　月《がつ》　日《にち》

## 石取《いしと》りゲームのルール

みなさんは、「石取《いしと》りゲーム」という算数《さんすう》ゲームを知《し》っていますか。2人《り》で行《おこな》う遊《あそ》びで、ルールはとても簡単《かんたん》です。まず、13個《こ》の石《いし》を用意《ようい》して一列《いちれつ》に並《なら》べます。そこから交互《こうご》に石《いし》を取《と》っていき、最後《さいご》の石《いし》を取《と》った方《ほう》が負《ま》けになります。

ただし、石《いし》を取《と》るときに一《ひと》つ約束《やくそく》があります。それは、「1回《かい》に取《と》れるのは3つまで」ということです。つまり、石《いし》は1～3個《こ》取《と》れるということになりますね。

図《ず》1

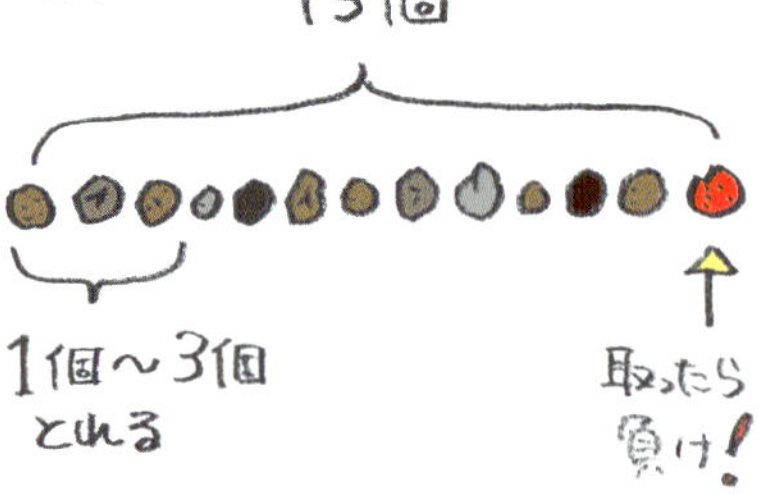


## 実《じっ》は必勝法《ひっしょうほう》がある!

では、実際《じっさい》にゲームをやっている様子《ようす》を見《み》てみましょう。まず、Aさんは2個《こ》、Bさんも2個《こ》取《と》りました。残《のこ》りは9個《こ》ですね。

今度《こんど》はAさんが3個《こ》、Bさんが1個《こ》取《と》りました。残《のこ》りは5個《こ》です。

次《つぎ》に、危《あぶ》ないなと考《かんが》えたAさんは1個《こ》取《と》ることにしました。すると、Bさんは迷《まよ》わず3個《こ》取《と》りました。残《のこ》りは1個《こ》、残念《ざんねん》ながらAさんの負《ま》けとなってしまいましたね。

図《ず》2

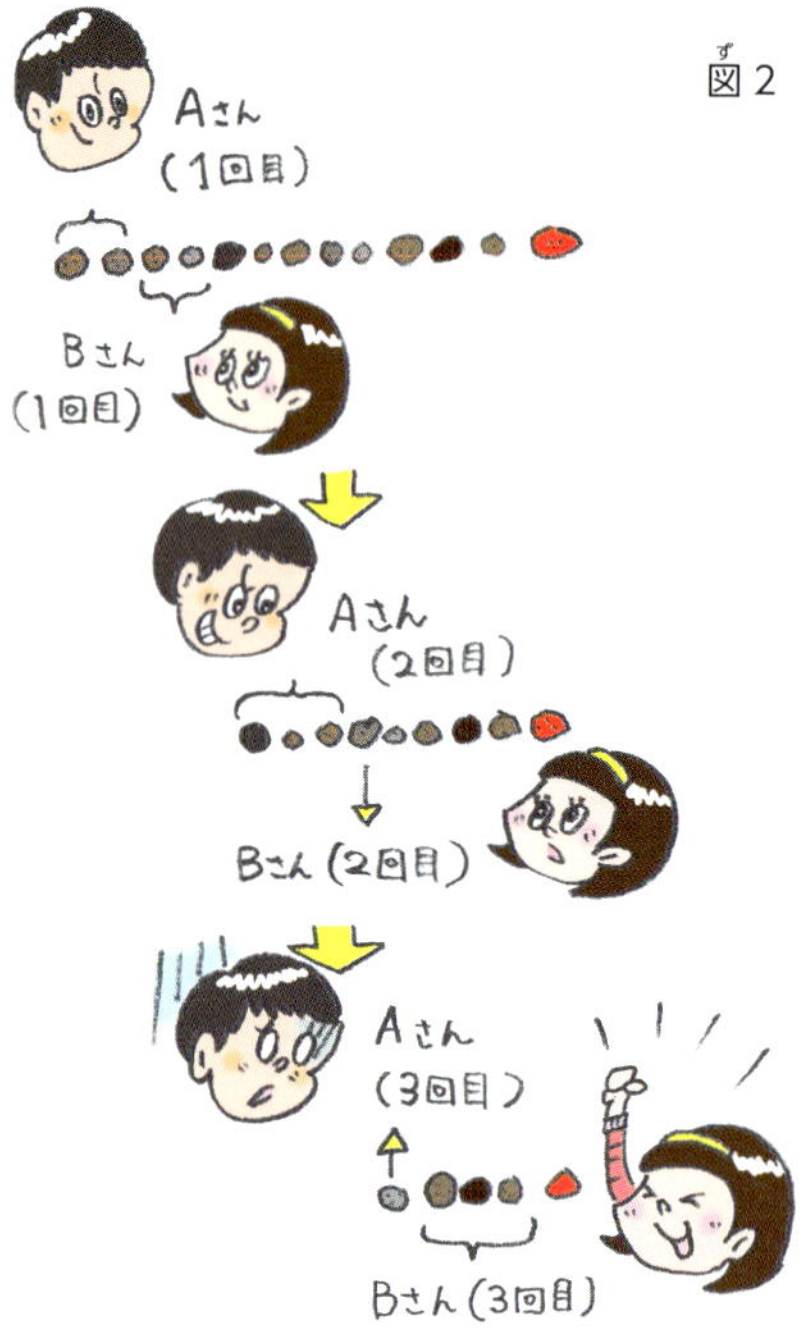


実《じつ》はこの「石取《いしと》りゲーム」には、必勝法《ひっしょうほう》があり、Bさんはそれを知《し》っているのです。2人《り》の取《と》り方《かた》をもう一度《いちど》見《み》てみましょう。

1回《かい》ずつの2人《り》が取《と》った石《いし》の合計《ごうけい》が4個《こ》になっていますね。全部《ぜんぶ》で13個《こ》の石《いし》がありますから、1回《かい》に2人《り》合《あ》わせて4個《こ》ずつ取《と》っていくようにすれば、4×3＝12。つまり、3回《かい》でちょうど12個《こ》になり、最後《さいご》の1個《こ》が残《のこ》るという仕組《しく》みになっているのです。

図《ず》3

あとから取《と》ると、毎回《まいかい》、合計《ごうけい》4個《こ》になるように取《と》っていけるので得《とく》なんだね!!

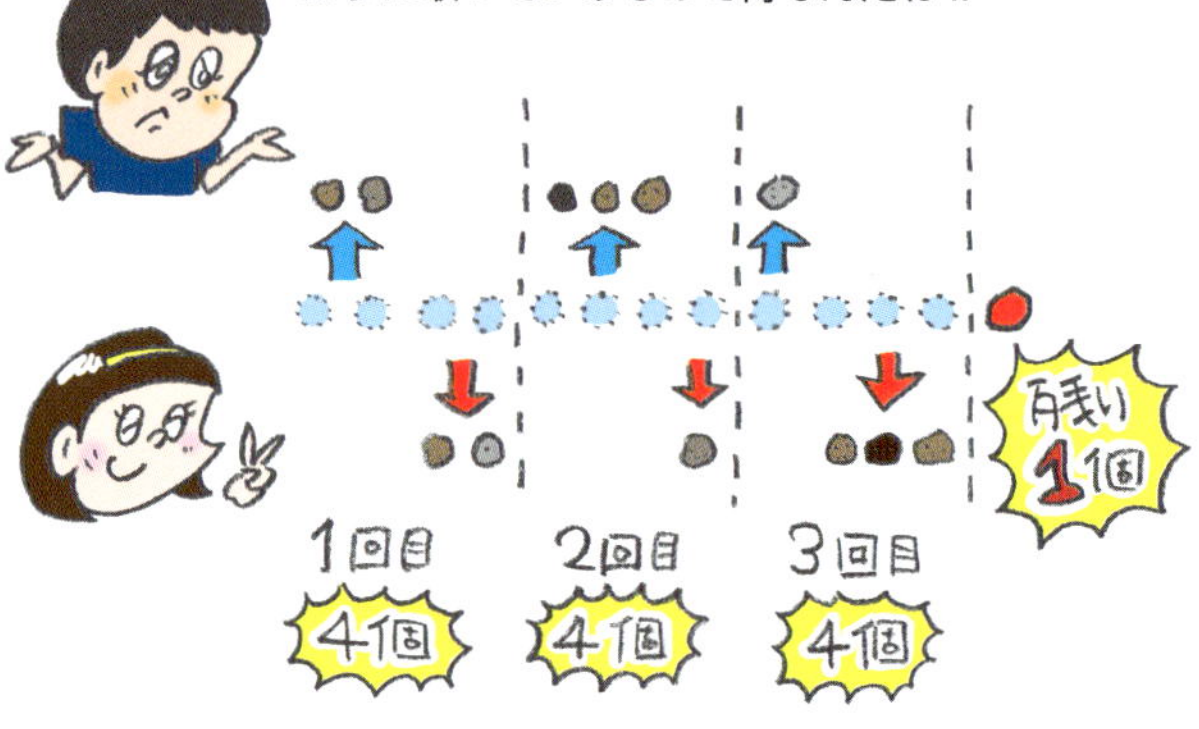


ひとくちメモ

「最後《さいご》の石《いし》を取《と》った方《ほう》が勝《か》ち」というルールにしてみても面白《おもしろ》いです。このルールになると必勝法《ひっしょうほう》はどのように変《か》わるでしょうか。ぜひ、考《かんが》えてみてください。

# かけ算九九表《ざんくくひょう》 一《いち》の位《くらい》の秘密《ひみつ》

学習院初等科《がくしゅういんしょとうか》
大澤隆之《おおさわたかゆき》先生《せんせい》が書《か》きました

読《よ》んだ日《ひ》　月《がつ》　日《にち》｜月《がつ》　日《にち》｜月《がつ》　日《にち》

## 九九表《くくひょう》に色《いろ》をぬってみよう

かけ算《ざん》九九表《くくひょう》にある数《かず》の、一《いち》の位《くらい》を見《み》てみましょう。

ラッキー7という言葉《ことば》があるので、まず一《いち》の位《くらい》が7の答《こた》えの□に黄色《きいろ》をぬってみます。

4カ所《しょ》あります。

次《つぎ》に、一《いち》の位《くらい》が9の答《こた》えの□を赤《あか》でぬってみます。なんだか、模《も》様《よう》のようになってきました。

今度《こんど》は一《いち》の位《くらい》が6の所《ところ》を青《あお》でぬってみましょう。模様《もよう》の様子《ようす》が変《か》わってきましたね。何《なに》か気《き》がついたことはありますか？　折《お》り目《め》アやイで折《お》ってみると、どうですか？　同《おな》じ色《いろ》が重《かさ》なります（図《ず》1）。

図《ず》1

| × | 1 | 2 | 3 | 4 | 5 | 6 | 7 | 8 | 9 |
|---|---|---|---|---|---|---|---|---|---|
| 1 | 1 | 2 | 3 | 4 | 5 | 6 | 7 | 8 | 9 |
| 2 | 2 | 4 | 6 | 8 | 10 | 12 | 14 | 16 | 18 |
| 3 | 3 | 6 | 9 | 12 | 15 | 18 | 21 | 24 | 27 |
| 4 | 4 | 8 | 12 | 16 | 20 | 24 | 28 | 32 | 36 |
| 5 | 5 | 10 | 15 | 20 | 25 | 30 | 35 | 40 | 45 |
| 6 | 6 | 12 | 18 | 24 | 30 | 36 | 42 | 48 | 54 |
| 7 | 7 | 14 | 21 | 28 | 35 | 42 | 49 | 56 | 63 |
| 8 | 8 | 16 | 24 | 32 | 40 | 28 | 56 | 64 | 72 |
| 9 | 9 | 18 | 27 | 36 | 45 | 54 | 63 | 72 | 81 |

イ
ア

## 色分《いろわ》けしてみると不思議《ふしぎ》！

一《いち》の位《くらい》が同《おな》じ数《かず》になるかけ算《ざん》を、組《くみ》にしてみます。アの線《せん》で折《お》って重《かさ》なる黄色《きいろ》は、1×7と7×1、3×9と9×3です。かける数《かず》とかけられる数《かず》が反対《はんたい》になっています。

では、イの線《せん》で折《お》って重《かさ》なる黄《き》色《いろ》の7と27はどうでしょう。かけ算《ざん》になおしてみると、1×7と3×9、7×1と9×3になります。

赤色《あかいろ》の9と49は3×3と7×7になります。たとえば青色《あおいろ》の16と36は、4×4と6×6です（図《ず》2）。

あれ？　同《おな》じ色《いろ》で書《か》いた数字《すうじ》同《どう》士《し》を足《た》すと、10になっています。不思議《ふしぎ》ですね。

図《ず》2

| 黄色 | 黄色 | 赤色 | 青色 |
|---|---|---|---|
| 1×7 | 7×1 | 3×3 | 4×4 |
| 3×9 | 9×3 | 7×7 | 6×6 |

1＋9=10
7＋3=10
色同士《いろどうし》たすと
10になる！

ひとくちメモ　かけ算九九表《ざんくくひょう》には、もっともっとたくさんの秘密《ひみつ》があります。見《み》つかると楽《たの》しいですよ。

感じてみよう

# 子供の科学 写真館 vol. 1

算数《さんすう》にまつわるユニークな写真《しゃしん》を紹介《しょうかい》します。
面白《おもしろ》かったり、美《うつく》しかったり、
算数《さんすう》の意外《いがい》な世界《せかい》を味《あじ》わってください。

◉写真提供すべて／細水保宏

## 「どこかへ出《で》かけたら、数字《すうじ》に注目《ちゅうもく》しよう」

### 世《よ》の中《なか》には面白《おもしろ》い数字《すうじ》がいっぱい

旅先《たびさき》では、美《うつく》しい自然《しぜん》やその土地《とち》ならではのおいしいものなどが気《き》になりますね。でもこれからは「数字《すうじ》」にも注目《ちゅうもく》してみましょう。たとえば上《うえ》の子午線《しごせん》モニュメントは、沖縄県《おきなわけん》の西表島《いりおもてじま》に建《た》てられています。この場所《ばしょ》の経度《けいど》を表《あらわ》していますが…なんと！数字《すうじ》が1、2、3から9まで並《なら》んでいるではありませんか!!

右上《みぎうえ》はエレベーターのボタン。よく見《み》ると1の下《した》がマイナス1になっていますね。海外《かいがい》には地下《ちか》をこう表現《ひょうげん》する国《くに》もあるのです。そして右下《みぎした》の時計《とけい》は、文字盤《もじばん》の数字《すうじ》がヘンですね。

気《き》がつかないだけで、あなたの身《み》の回《まわ》りにもこんなふうに面白《おもしろ》い数字《すうじ》たちがかくされているかもしれませんよ。

# 2月

February

# きまり発見《はっけん》！
# 21番目《ばんめ》の形《かたち》は？

お茶《ちゃ》の水女子《みずじょし》大学《だいがく》附《ふ》属小学校《ぞくしょうがっこう》
久《く》下《が》谷《や》 明《あきら》先生《せんせい》が書《か》きました



読《よ》んだ日《ひ》　月《がつ》　日《にち》　月《がつ》　日《にち》　月《がつ》　日《にち》

## 並《なら》び方《かた》のきまりを見《み》つけよう

今日《きょう》は、2月《がつ》1日《にち》にちなんで21番目《ばんめ》の形《かたち》は何《なに》かを当《あ》てるゲームをしたいと思《おも》います。

図《ず》1のように、あるきまりにしたがって、イヌ、ネコ、ネズミが1列《れつ》に並《なら》んでいます。14番目《ばんめ》には何《なに》が並《なら》ぶと思《おも》いますか。……14番目《ばんめ》にはネズミが並《なら》びます。では、15番目《ばんめ》はどうでしょう？　……15番目《ばんめ》もネズミが並《なら》びますね。

もう並《なら》び方《かた》のきまりに気《き》づきましたか。どのようなきまりでイヌ、ネコ、ネズミが並《なら》んでいるのでしょうか。そうですね、イヌ ネコ ネコ ネズミ ネズミが1つのまとまりとなって並《なら》んでいます。つまり、5匹《ひき》のまとまりが繰《く》り返《かえ》されて並《なら》んでいるのです。

図《ず》1

## 計算《けいさん》で答《こた》えを出《だ》せるかな？

さて、それでは、21番目《ばんめ》には何《なに》が並《なら》ぶでしょうか。見《み》つけたきまりにしたがって、順番《じゅんばん》に絵《え》をかいていけばわかりますね。順番《じゅんばん》にかいていくと、21番目《ばんめ》はイヌとわかります。

では、実際《じっさい》にかかずに、計算《けいさん》で求《もと》めることはできないでしょうか。図《ず》2のように、5匹《ひき》ずつのまとまりが繰《く》り返《かえ》されていることをもとに考《かんが》えると、次《つぎ》のように、かけ算《ざん》やわり算《ざん》で考《かんが》えていくことができます。

かけ算《ざん》の式《しき》に表《あらわ》すと、21番目《ばんめ》までは、5匹《ひき》のまとまりが4つとあと1匹《ぴき》いると見《み》ることができます。「21 = 5 × 4 + 1」。次《つぎ》のようなイメージです。「5、5、5、5、イヌ」。したがって、21番目《ばんめ》はイヌとわかります。

わり算《ざん》の式《しき》でも同《おな》じように考《かんが》えることができます。21の中《なか》に5匹《ひき》のまとまりがいくつあるかを考《かんが》えます。「21 ÷ 5 = 4あまり1」。すると、5匹《ひき》のまとまりが4つでき、1匹《ぴき》あまるので21番目《ばんめ》はイヌとわかります。

では、34番目《ばんめ》はどうでしょうか。同《おな》じように考《かんが》えてみます。「34 ÷ 5 = 6あまり4」。5匹《ひき》のまとまりが6つでき、4匹《ひき》あまることがわかります。次《つぎ》のようなイメージです。「5、5、5、5、5、5、イヌ、ネコ、ネコ、ネズミ」。34番目《ばんめ》はネズミとわかります。

このように考《かんが》えれば、99番目《ばんめ》であっても100番目《ばんめ》であっても簡単《かんたん》にわかりますね。

図《ず》2

ひとくちメモ
上記《じょうき》のきまりで考《かんが》えると、100番目《ばんめ》までにイヌは何匹《なんびき》いるでしょうか。正解《せいかい》は……20匹《ひき》。どのように考《かんが》えればいいのかな？

2月2日

# 「月日《つきひ》がぞろ目《め》」の不思議《ふしぎ》

青森県《あおもりけん》 三戸町立三戸小学校《さんのへちょうりつさんのへしょうがっこう》
種市芳文《たねいちよしたけ》先生《せんせい》が書《か》きました

読《よ》んだ日《ひ》　月《がつ》　日《にち》｜　月《がつ》　日《にち》｜　月《がつ》　日《にち》

**1月**

| 日 | 月 | 火 | 水 | 木 | 金 | 土 |
|---|---|---|---|---|---|---|
| | | | | | 1 | 2 |
| 3 | 4 | 5 | 6 | 7 | 8 | 9 |
| 10 | 11 | 12 | 13 | 14 | 15 | 16 |
| 17 | 18 | 19 | 20 | 21 | 22 | 23 |
| 24/31 | 25 | 26 | 27 | 28 | 29 | 30 |

**2月**

| 日 | 月 | 火 | 水 | 木 | 金 | 土 |
|---|---|---|---|---|---|---|
| | 1 | 2 | 3 | 4 | 5 | 6 |
| 7 | 8 | 9 | 10 | 11 | 12 | 13 |
| 14 | 15 | 16 | 17 | 18 | 19 | 20 |
| 21 | 22 | 23 | 24 | 25 | 26 | 27 |
| 28 | 29 | | | | | |

**3月**

| 日 | 月 | 火 | 水 | 木 | 金 | 土 |
|---|---|---|---|---|---|---|
| | | 1 | 2 | 3 | 4 | 5 |
| 6 | 7 | 8 | 9 | 10 | 11 | 12 |
| 13 | 14 | 15 | 16 | 17 | 18 | 19 |
| 20 | 21 | 22 | 23 | 24 | 25 | 26 |
| 27 | 28 | 29 | 30 | 31 | | |

**4月**

| 日 | 月 | 火 | 水 | 木 | 金 | 土 |
|---|---|---|---|---|---|---|
| | | | | | 1 | 2 |
| 3 | 4 | 5 | 6 | 7 | 8 | 9 |
| 10 | 11 | 12 | 13 | 14 | 15 | 16 |
| 17 | 18 | 19 | 20 | 21 | 22 | 23 |
| 24 | 25 | 26 | 27 | 28 | 29 | 30 |

**5月**

| 日 | 月 | 火 | 水 | 木 | 金 | 土 |
|---|---|---|---|---|---|---|
| 1 | 2 | 3 | 4 | 5 | 6 | 7 |
| 8 | 9 | 10 | 11 | 12 | 13 | 14 |
| 15 | 16 | 17 | 18 | 19 | 20 | 21 |
| 22 | 23 | 24 | 25 | 26 | 27 | 28 |
| 29 | 30 | 31 | | | | |

**6月**

| 日 | 月 | 火 | 水 | 木 | 金 | 土 |
|---|---|---|---|---|---|---|
| | | | 1 | 2 | 3 | 4 |
| 5 | 6 | 7 | 8 | 9 | 10 | 11 |
| 12 | 13 | 14 | 15 | 16 | 17 | 18 |
| 19 | 20 | 21 | 22 | 23 | 24 | 25 |
| 26 | 27 | 28 | 29 | 30 | | |

**7月**

| 日 | 月 | 火 | 水 | 木 | 金 | 土 |
|---|---|---|---|---|---|---|
| | | | | | 1 | 2 |
| 3 | 4 | 5 | 6 | 7 | 8 | 9 |
| 10 | 11 | 12 | 13 | 14 | 15 | 16 |
| 17 | 18 | 19 | 20 | 21 | 22 | 23 |
| 24/31 | 25 | 26 | 27 | 28 | 29 | 30 |

**8月**

| 日 | 月 | 火 | 水 | 木 | 金 | 土 |
|---|---|---|---|---|---|---|
| | 1 | 2 | 3 | 4 | 5 | 6 |
| 7 | 8 | 9 | 10 | 11 | 12 | 13 |
| 14 | 15 | 16 | 17 | 18 | 19 | 20 |
| 21 | 22 | 23 | 24 | 25 | 26 | 27 |
| 28 | 29 | 30 | 31 | | | |

**9月**

| 日 | 月 | 火 | 水 | 木 | 金 | 土 |
|---|---|---|---|---|---|---|
| | | | | 1 | 2 | 3 |
| 4 | 5 | 6 | 7 | 8 | 9 | 10 |
| 11 | 12 | 13 | 14 | 15 | 16 | 17 |
| 18 | 19 | 20 | 21 | 22 | 23 | 24 |
| 25 | 26 | 27 | 28 | 29 | 30 | |

**10月**

| 日 | 月 | 火 | 水 | 木 | 金 | 土 |
|---|---|---|---|---|---|---|
| | | | | | | 1 |
| 2 | 3 | 4 | 5 | 6 | 7 | 8 |
| 9 | 10 | 11 | 12 | 13 | 14 | 15 |
| 16 | 17 | 18 | 19 | 20 | 21 | 22 |
| 23/30 | 24/31 | 25 | 26 | 27 | 28 | 29 |

**11月**

| 日 | 月 | 火 | 水 | 木 | 金 | 土 |
|---|---|---|---|---|---|---|
| | | 1 | 2 | 3 | 4 | 5 |
| 6 | 7 | 8 | 9 | 10 | 11 | 12 |
| 13 | 14 | 15 | 16 | 17 | 18 | 19 |
| 20 | 21 | 22 | 23 | 24 | 25 | 26 |
| 27 | 28 | 29 | 30 | | | |

**12月**

| 日 | 月 | 火 | 水 | 木 | 金 | 土 |
|---|---|---|---|---|---|---|
| | | | | 1 | 2 | 3 |
| 4 | 5 | 6 | 7 | 8 | 9 | 10 |
| 11 | 12 | 13 | 14 | 15 | 16 | 17 |
| 18 | 19 | 20 | 21 | 22 | 23 | 24 |
| 25 | 26 | 27 | 28 | 29 | 30 | 31 |

## 月日《つきひ》がぞろ目《め》の日《ひ》とは？

カレンダーを用意《ようい》して、月日《つきひ》が同《おな》じ数《かず》（ぞろ目《め》）の日《ひ》に丸《まる》を付《つ》けてみましょう。3月《がつ》3日《か》、4月《がつ》4日《か》、5月《がつ》5日《か》などです。そして全《ぜん》部《ぶ》に丸《まる》を付《つ》けたら、12個《こ》の○をじーっと見《み》てみましょう。「月日《つきひ》がぞろ目《め》の日《ひ》は、2カ月《げつ》おきに同《おな》じ曜日《ようび》」になっていることに気《き》がつきましたか。2016年《ねん》のカレンダーでは、4月《がつ》4日《か》・6月《がつ》6日《か》・8月《がつ》8日《か》・10月《がつ》10日《か》・12月《がつ》12日《にち》がどれも月曜日《げつようび》です。また、3月《がつ》3日《か》・5月《がつ》5日《か》・7月《がつ》7日《か》はどれも木曜日《もくようび》です。さらに、9月《がつ》9日《か》・11月《がつ》11日《にち》は金曜日《きんようび》です。不思議《ふしぎ》ですね。どうして2カ月《げつ》おきに同《おな》じ曜日《ようび》になるのでしょう？

## どうして曜日《ようび》が同《おな》じに？

それは、「31日間《にちかん》と30日間《にちかん》が交《こう》互《ご》にあること」と「2カ月《げつ》おきなので＋2すること」が関係《かんけい》します。たとえば、3月《がつ》3日《か》から5月《がつ》5日《か》までの日数《にっすう》を考《かんが》えてみましょう。ちょうど3月《がつ》3日《か》から5月《がつ》3日《か》までの2カ月間《げっかん》の日数《にっすう》は、3月《がつ》は31日《にち》まで、4月《がつ》は30日《にち》までなので61日間《にちかん》です。そして、5月《がつ》5日《か》まではあと2日《か》なので、61＋2＝63（日間《にちかん》）になります。この63は7で割《わ》り切《き》れる数《かず》なので、同《おな》じ曜日《ようび》になるのです。

この計算《けいさん》からわかるように、毎《まい》年《とし》このようになります。ぞろ目《め》だけじゃなくて、曜日《ようび》も同《おな》じになるなんて、何《なに》かいいことがありそうな日《ひ》ですね。

**ひとくちメモ** 1月《がつ》1日《ついたち》と3月《がつ》3日《か》が同《おな》じ曜日《ようび》にならないのは、2月《がつ》が28日間《にちかん》や29日間《にちかん》だからです。また、7月《がつ》7日《か》と9月《がつ》9日《か》が同《おな》じ曜日《ようび》にならないのは、7月《がつ》と8月《がつ》はどちらも31日間《にちかん》だからです。

数と計算のお話

# かけ算《ざん》を変身《へんしん》！暗算《あんざん》テクニック

2月 3日

東京都《とうきょうと》 杉並区立高井戸第三小学校《すぎなみくりつたかいどだいさんしょうがっこう》
吉田映子《よしだえいこ》先生《せんせい》が書《か》きました

読《よ》んだ日《ひ》 月《がつ》 日《にち》 月《がつ》 日《にち》 月《がつ》 日《にち》

## 暗算《あんざん》のヒントが見《み》えてくる

2桁《けた》×2桁《けた》の計算《けいさん》って、暗算《あんざん》では難《むずか》しいものが多《おお》いですね。でも、数《かず》の特徴《とくちょう》を知《し》っていると、工夫《くふう》して暗算《あんざん》でできるものもたくさんあります。たとえば、45 × 18はどうでしょう。

ぱっと見《み》ただけでは難《むずか》しいですが、じーっと見《み》ると暗算《あんざん》のヒントが見《み》えてきます。

45も18も9の段《だん》の答《こた》えです。45は9×5、18は9×2の答《こた》えです。

ですから、

45 × 18 = (9 × 5) × (9 × 2)

と書《か》くことができます。式《しき》の変身《へんしん》です。

## 順序《じゅんじょ》を入《い》れ替《か》えても同《おな》じ

かけ算《ざん》は、計算《けいさん》の順序《じゅんじょ》を入《い》れ替《か》えても答《こた》えが同《おな》じになるので、

9 × 5 × 9 × 2 = 9 × 9 × 5 × 2

としても大丈夫《だいじょうぶ》。

これは交換《こうかん》のきまりといいます。

9 × 9と5 × 2をそれぞれ計算《けいさん》すると81と10になります。81の10倍《ばい》は810です。

ね、暗算《あんざん》でできたでしょう。

工夫《くふう》してかけたら10になる数《かず》が見《み》つかったら、暗算《あんざん》にチャレンジしてみましょう。

### やってみよう

**16 × 35 はできるかな？**

工夫《くふう》して暗算《あんざん》で計算《けいさん》しましょう。

16 × 35 ＝（4 × 4）×（5 × 7）
＝（4 × 5）×（4 × 7）
＝ 20 × 4 × 7
＝ 20 × 28
＝ 560

20 × 28 もいいけれど、かける数《かず》が28 だとちょっと……と思《おも》うことなかれ！ 20 × 4 × 7 のまま順番《じゅんばん》に計算《けいさん》してみましょう。

20 × 4 × 7
＝ 80 × 7
＝ 560

暗算《あんざん》でできましたね！

ひとくちメモ
かけ算九九《ざんくく》の学習《がくしゅう》では、式《しき》から答《こた》えを見《み》つけるだけでなく、答《こた》えから式《しき》を見《み》い出《だ》すことも繰《く》り返《かえ》し練習《れんしゅう》しておきたいですね。

# 鉛筆《えんぴつ》の単位《たんい》



お茶《ちゃ》の水女子《みずじょし》大学附属小学校《だいがくふぞくしょうがっこう》
岡田紘子《おかだひろこ》先生《せんせい》が書《か》きました

読《よ》んだ日《ひ》　月《がつ》　日《にち》　月《がつ》　日《にち》　月《がつ》　日《にち》



## 12本集《ほんあつ》まると…

鉛筆《えんぴつ》を買《か》いに行《い》くと、箱《はこ》に入《はい》って売《う》っていることがありますね。箱《はこ》の中《なか》は、10本《ぽん》ではなく、12本《ほん》で売《う》っています。鉛筆《えんぴつ》は12本《ほん》を1つの単位《たんい》としています。12本集《ほんあつ》まると、1ダースという単位《たんい》を使《つか》って表《あらわ》します。みなさんが使《つか》っている多《おお》くの単位《たんい》は、10をまとまりとした単位《たんい》が多《おお》いのですが、鉛筆《えんぴつ》は12をまとまりとした単位《たんい》を使《つか》っています。

12本 → 1ダース

## 1ダースが12個集《こあつ》まると…

1ダースの箱《はこ》が、12個集《こあつ》まると、新《あたら》しい単位《たんい》「グロス」という単位《たんい》を使《つか》います。12ダースで1グロスということです。鉛筆《えんぴつ》の本数《ほんすう》は、何本《なんぼん》かというと、12本《ほん》が12箱《はこ》あるので、12 × 12=144 本《ほん》ということがわかります。

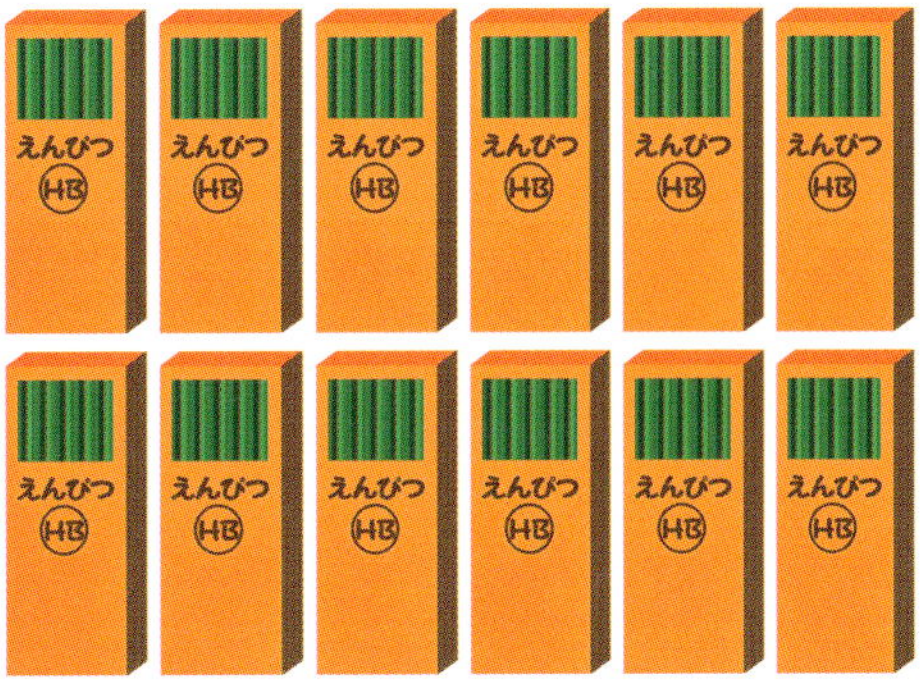


12ダース → 1グロス

さらに、1グロスの鉛筆《えんぴつ》が、12個集《こあつ》まると、新《あたら》しい単位《たんい》「グレートグロス」という単位《たんい》を使《つか》います。12グロスで1グレートグロスということです。鉛筆《えんぴつ》の本数《ほんすう》は、何本《なんぼん》かというと、144本《ほん》が12箱《はこ》あるので、144 × 12=1728 本《ほん》ということがわかります。

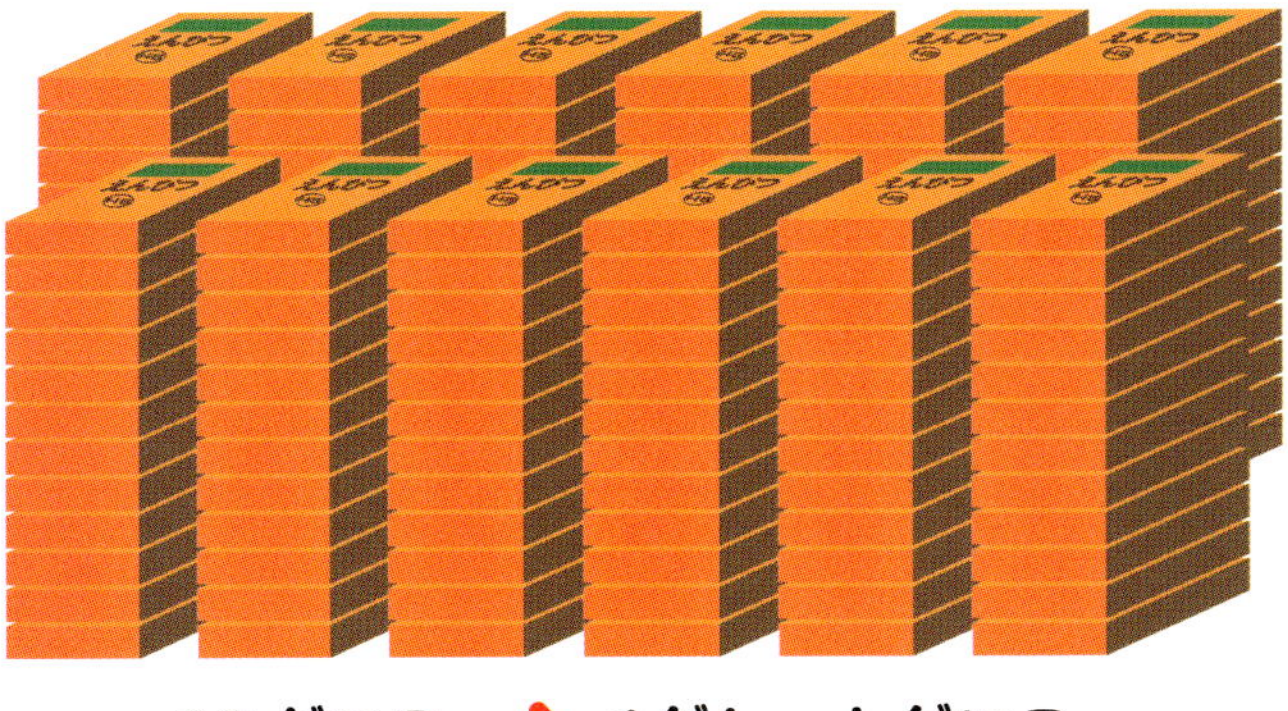

12グロス → 1グレートグロス

ひとくちメモ　スモールグロスという単位《たんい》もあります。１ダースが10個《こ》、12×10=120本《ほん》が１スモールグロスです。

# 世界のお金の数・形

**2月5日**

大分県 大分市立大在西小学校
二宮孝明 先生が書きました

読んだ日　月　日　　月　日　　月　日

## タイのコインは何円？

財布にお金が入っている人は、1枚コインを手に取ってみてください。それが何円かわかりますか。

「そんなことすぐわかるよ」という声が聞こえてきそうですが「1」「10」などの数字を見ればいいですね。では、写真1のタイ王国のコインがいくらかわかりますか。ここにもちゃんと数字がかかれています。答えは5バーツです。タイ王国では、5を渦巻き模様で表します。

## ビックリ！外国のお金

ほかにも形の面白い外国のコインがあります。写真2のイギリスのコインは、七角形をしています。財布の中で他のコインと混ざっても区別をつけやすいですね。

次に下のお札を見てください。いったいいくらでしょうか。何と100億ジンバブエ・ドルです。1枚持っているだけで大金持ちになった気分になれますね。しかし、残念ながらお金としての価値はそんなに大きくありません。

では、日本のお金はどうでしょうか。外国のお金と比べるといかにも普通にみえます。しかし、いろいろと秘密が隠されているので調べてみると面白いですよ。

たとえば、1円玉の直径は2cm、重さは1gです。5円玉の穴の直径は5mmで、5円玉だけ数字が漢字でかかれています。また千円札の横の長さは15cmです（70ページ参照）。

写真1
コインの左側にある渦巻き模様がタイ王国の数字の5です。

写真2
イギリスの50ペンス。ルーローの七角形です（268ページ参照）。

写真／二宮孝明（このページすべて）

ジンバブエは、「ハイパーインフレ」のためこのような高額紙幣を発行しなければならなくなりました。

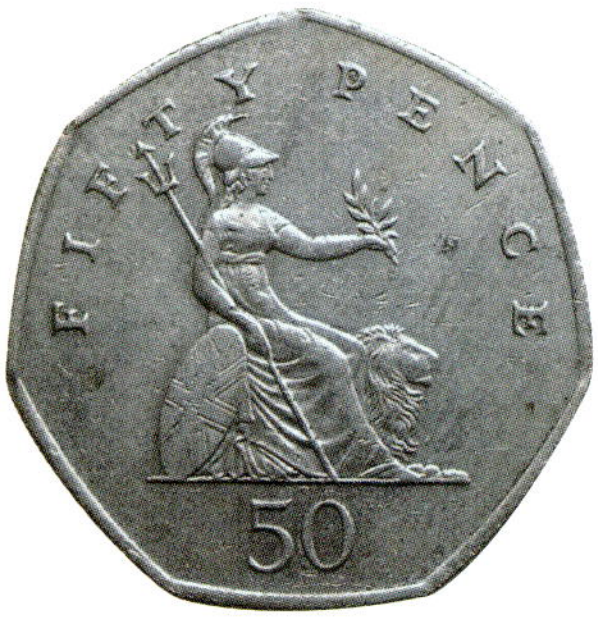

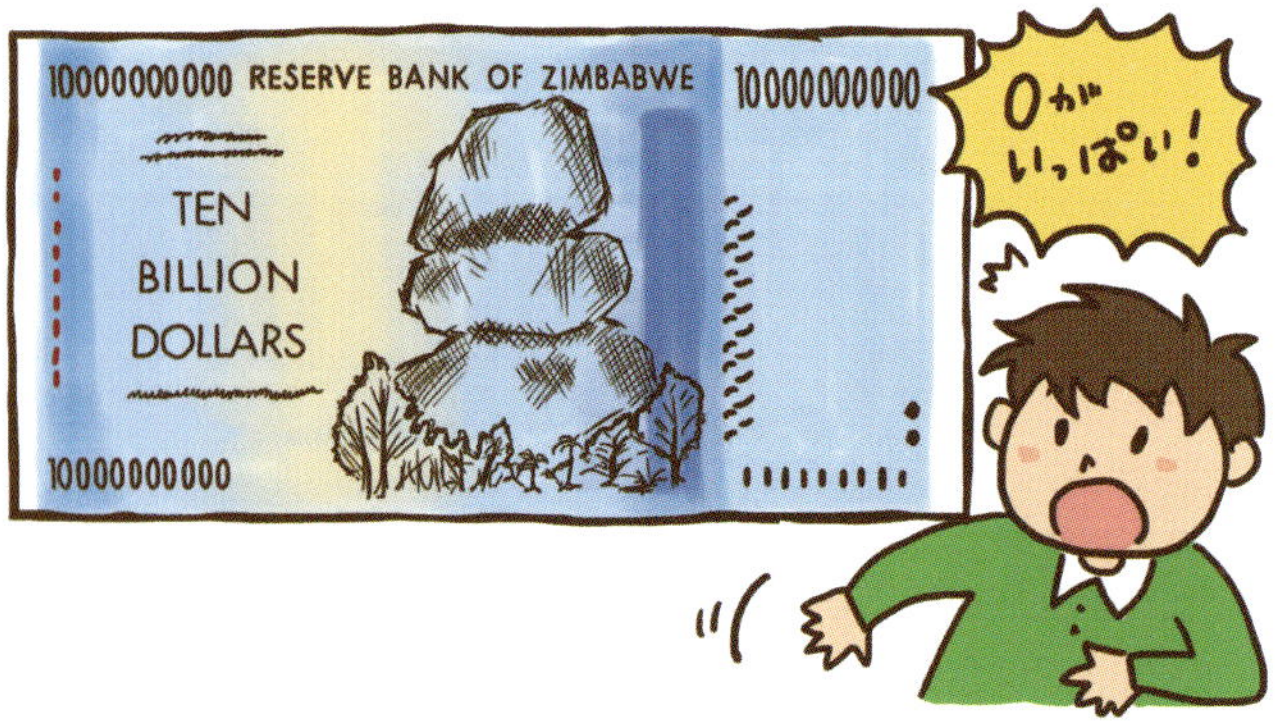

# 数《かず》をつないでみると



学習院初等科《がくしゅういんしょとうか》
大澤隆之《おおさわたかゆき》先生《せんせい》が書きました

読《よ》んだ日《ひ》　月《がつ》　日《にち》　月《がつ》　日《にち》　月《がつ》　日《にち》



## 数表《すうひょう》を見《み》てやってみよう

数表《すうひょう》で、足《た》すと50になる2つの数《かず》を結《むす》んでみます。15と35、16と34、17と33、12と38。すると、その線《せん》は1カ所《しょ》で交《まじ》わっています。25のところです。

続《つづ》けてみましょう。4と46、9と41、24と26……25の所《ところ》で交《まじ》わります。不思議《ふしぎ》ですね。「25」はどんな数《かず》なのでしょうか。「50の半《はん》分《ぶん》の数《かず》」です（図《ず》1）。

図《ず》1

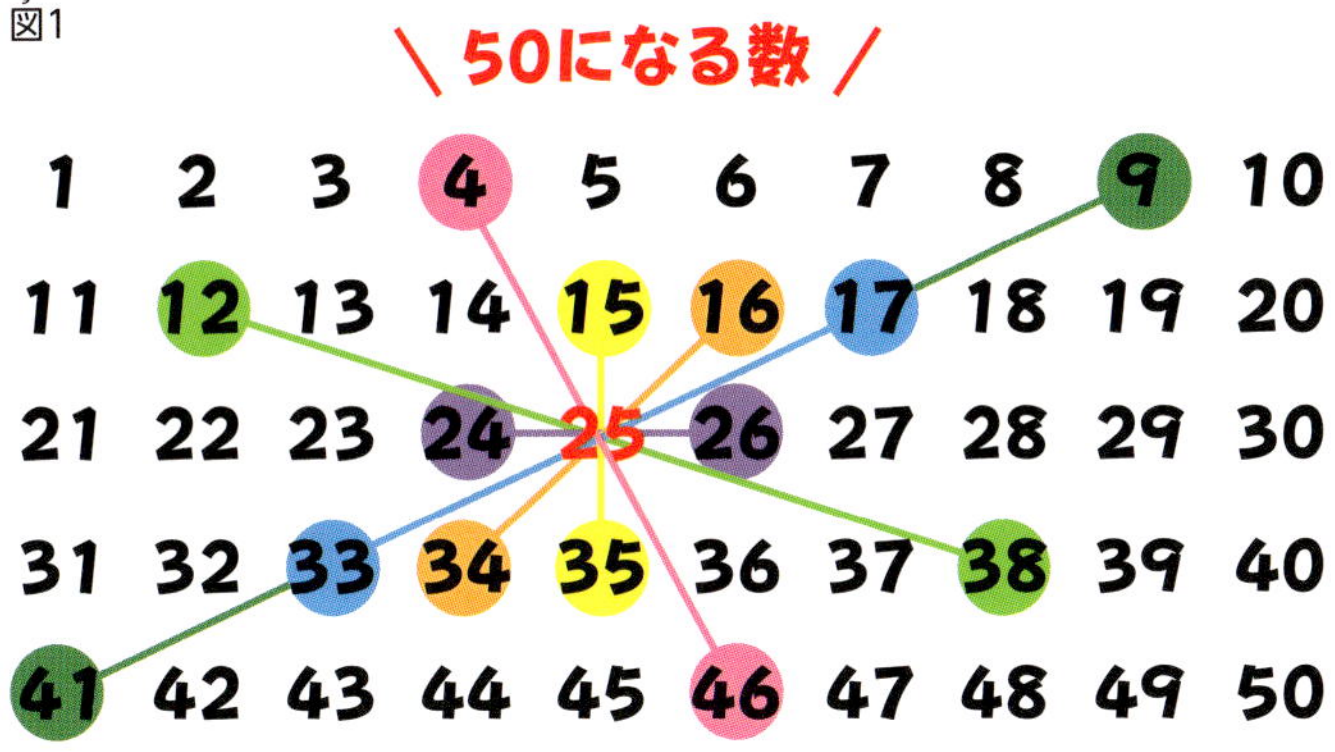


## ほかの数《かず》でもできるかな？

では、足《た》して44ではどうでしょう。11と33、2と42、1と43……やはり、「44の半分《はんぶん》の22」で交《まじ》わります。

今度《こんど》は、足《た》して40ではどうでしょう。10と30は40の半分《はんぶん》の20を通《とお》ります。けれど、それ以外《いがい》は、26と14も、33と7も、4と36も、数《かず》の上《うえ》ではなく、何《なに》もない所《ところ》で交《まじ》わってしまいます。でも、よく見《み》てください。なんと、15と25のちょうど真《ま》ん中《なか》で交《まじ》わっています。15と25の真《ま》ん中《なか》は……そう、「20」です（図《ず》2）。

図《ず》2

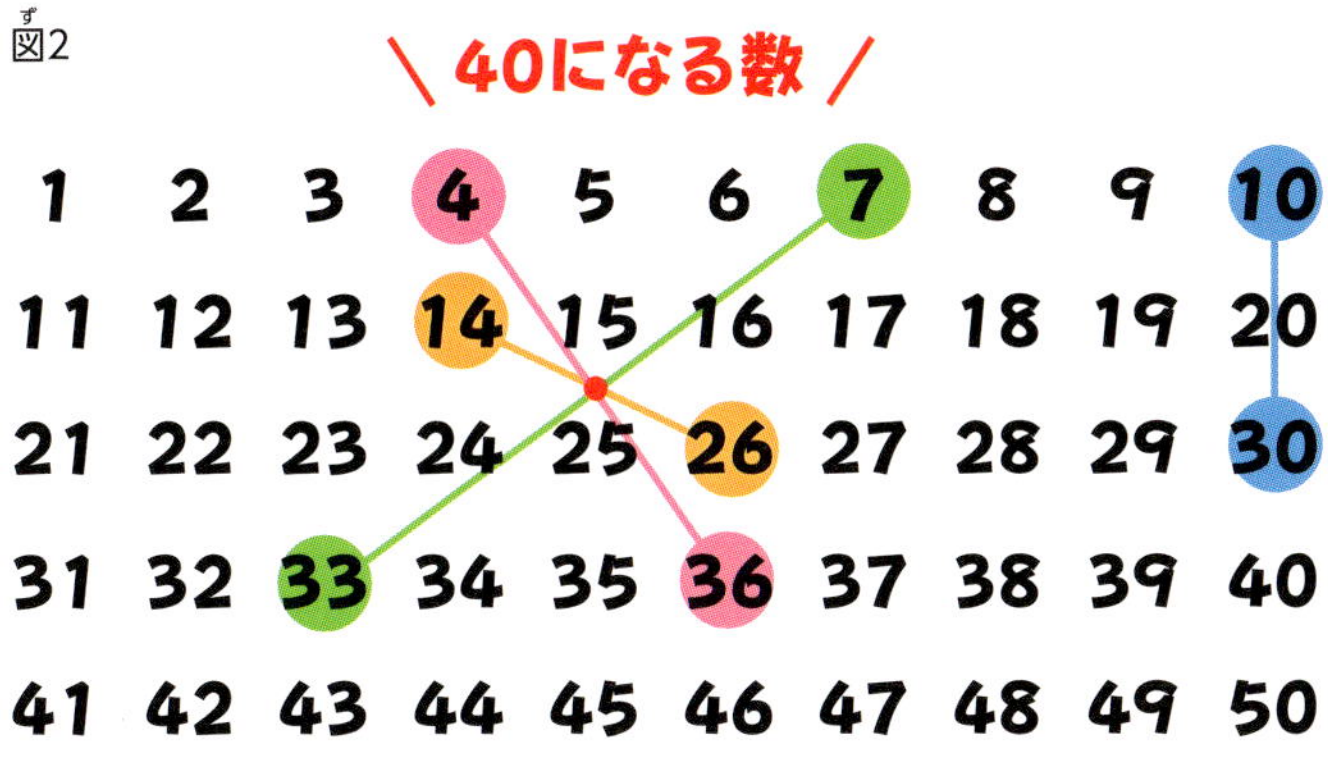


### 考《かんが》えてみよう

#### 紙《かみ》を丸《まる》くつなげて

このように、紙《かみ》を丸《まる》くつなげると、足《た》して40の数《かず》をつなぐと20の所《ところ》でうまく交《まじ》わります。数《かず》はつながっているのですね。

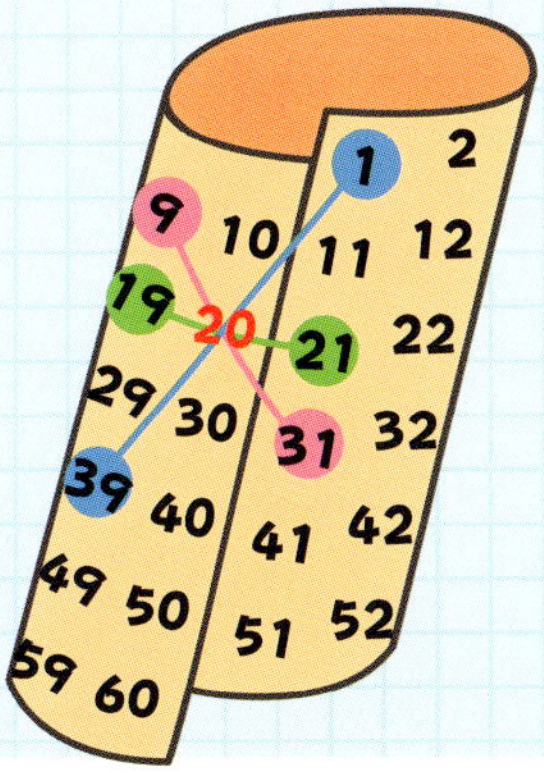

ひとくちメモ　カレンダーでも同《おな》じことができるでしょうか。自分《じぶん》で試《ため》してみましょう。

# 畳《たたみ》にかくれた算数《さんすう》



東京都《とうきょうと》　豊島区立高松小学校《としまくりつたかまつしょうがっこう》
細萱《ほそがや》裕子《ゆうこ》先生《せんせい》が書《か》きました

読《よ》んだ日《ひ》　月《がつ》　日《にち》　月《がつ》　日《にち》　月《がつ》　日《にち》

## 和室《わしつ》の畳《たたみ》を見《み》てみよう

日本《にほん》の昔《むかし》の家屋《かおく》は、多《おお》くの部屋《へや》が和室《わしつ》でした。和室《わしつ》というのは、畳《たたみ》が敷《し》き詰《つ》められた部屋《へや》のことで、ふすまや障子《しょうじ》で仕切《しき》られていました。最近《さいきん》では、和室《わしつ》がない家《いえ》も多《おお》くなり、畳《たたみ》に接《せっ》する機会《きかい》も少《すく》なくなっているようです。

和室《わしつ》は、畳《たたみ》の枚数《まいすう》で広《ひろ》さを表《あらわ》します。広《ひろ》さを表《あらわ》す単位《たんい》には、1畳《じょう》、2畳《じょう》……というように「畳《じょう》」が使《つか》われます。6畳《じょう》の部屋《へや》というのは、畳《たたみ》が6枚《まい》敷《し》き詰《つ》められた部屋《へや》、4畳半《じょうはん》の部屋《へや》というのは、4枚《まい》の畳《たたみ》と1畳《じょう》の半分《はんぶん》の大《おお》きさの畳《たたみ》で敷《し》き詰《つ》められた部屋《へや》のことをいいます。

## どんな敷《し》き方《かた》があるかな?

同《おな》じ大《おお》きさの部屋《へや》でも、畳《たたみ》の敷《し》き詰《つ》め方《かた》はいろいろあります。どのような敷《し》き詰《つ》め方《かた》があるでしょうか。4畳半《じょうはん》の部屋《へや》の例《れい》で考《かんが》えてみましょう。図《ず》1のように、「半《はん》」の部分《ぶぶん》が真《ま》ん中《なか》にある場合《ばあい》や、図《ず》2のように「半《はん》」の部分《ぶぶん》が隅《すみ》にある場合《ばあい》は敷《し》き詰《つ》められますよね。

「半《はん》」の部分《ぶぶん》が図《ず》3の位置《いち》にあったら敷《し》き詰《つ》められるでしょうか。1畳《じょう》の大《おお》きさは変《か》えられないので、うまく敷《し》き詰《つ》めることができませんね。ちなみに、畳《たたみ》の長《なが》い部分《ぶぶん》は短《みじか》い部分《ぶぶん》の2倍《ばい》の長《なが》さになっています。ですから、1畳《じょう》の畳《たたみ》を半分《はんぶん》にしてできる半《はん》畳《じょう》の畳《たたみ》は正方形《せいほうけい》になり、また、1畳《じょう》の畳《たたみ》の長《なが》い部分《ぶぶん》を合《あ》わせて2枚《まい》並《なら》べても正方形《せいほうけい》になるのです。この2：1の関係《かんけい》をうまく使《つか》うと、いろいろな敷《し》き詰《つ》め方《かた》が考《かんが》えられそうですね。

図《ず》1

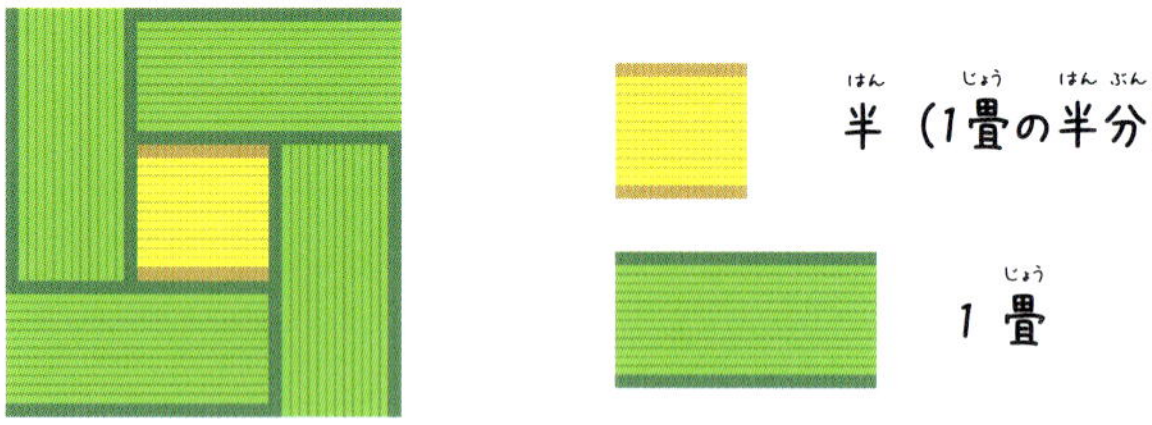


図《ず》2

図《ず》3

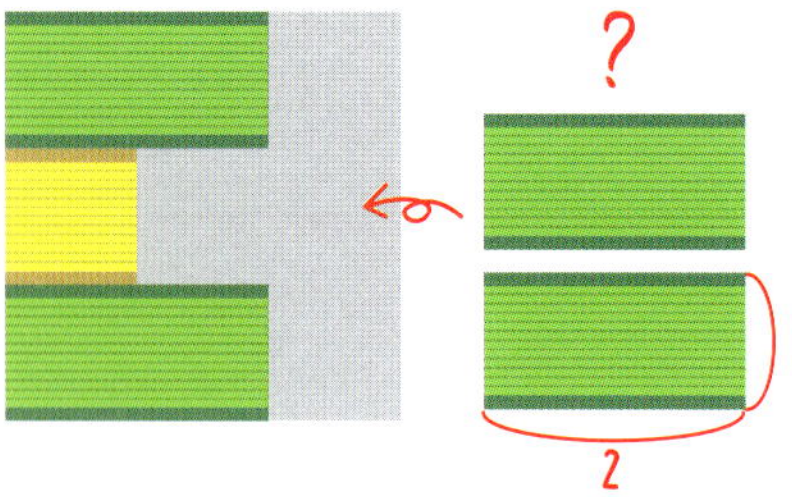

**ひとくちメモ**　畳《たたみ》のサイズは地域《ちいき》や建物《たてもの》によって違《ちが》いがあります。同《おな》じ6畳間《じょうま》や8畳間《じょうま》であっても畳《たたみ》のサイズによって広《ひろ》さに違《ちが》いがあります。しかし、どのサイズでも畳《たたみ》の長《なが》い部分《ぶぶん》と短《みじか》い部分《ぶぶん》の比《ひ》は2：1になっています。

# 岩手県《いわてけん》の人口《じんこう》は多《おお》い？ 少《すく》ない？

岩手県《いわてけん》　久慈市教育委員会《くじしきょういくいいんかい》
小森《こもり》　篤《あつし》先生《せんせい》が書《か》きました

読《よ》んだ日《ひ》　月《がつ》　日《にち》　月《がつ》　日《にち》　月《がつ》　日《にち》



## 多《おお》い順《じゅん》から数《かぞ》えて何番目《なんばんめ》？

岩手県《いわてけん》は本州《ほんしゅう》の北東部《ほくとうぶ》に位置《いち》し、東西約《とうざいやく》122km、南北約《なんぼくやく》189kmと南北《なんぼく》に長《なが》い楕円《だえん》の形《かたち》をしています。その広《ひろ》さは北海道《ほっかいどう》に次《つ》ぐ広《ひろ》さで、埼玉県《さいたまけん》、千葉県《ちばけん》、東京都《とうきょうと》、神奈川県《かながわけん》といった首都圏《しゅとけん》より広《ひろ》い県《けん》です。

この岩手県《いわてけん》には約《やく》128万《まん》4千《せん》人《にん》の人《ひと》が住《す》んでいます。さて、日本《にほん》には47の都道府県《とどうふけん》がありますが、岩手県《いわてけん》の人口《じんこう》は他《ほか》の都道府県《とどうふけん》と比《くら》べて多《おお》い方《ほう》でしょうか？　少《すく》ない方《ほう》でしょうか？

調《しら》べてみると岩手県《いわてけん》の人口《じんこう》は47都道府県《とどうふけん》の中《なか》では第《だい》32位《い》でした。順位《じゅんい》から考《かんが》えると岩手県《いわてけん》の人口《じんこう》は多《おお》いとはいえませんね。

## いろいろな比《くら》べ方《かた》

日本全体《にほんぜんたい》の人口《じんこう》は約《やく》1億《おく》2708万人《まんにん》です。この人口《じんこう》を47都道府《とどうふ》県《けん》に均等《きんとう》に分《わ》けたとすると、1都《と》道府県《どうふけん》あたり約《やく》270万人《まんにん》になります。

12708.3（万人《まんにん》）÷47＝約《やく》270（万《まん》人《にん》）

この約《やく》270万《まん》という値《あたい》を各都《かくと》道府県人口《どうふけんじんこう》の平均値《へいきんち》といいます。平均値《へいきんち》と比《くら》べても岩手県《いわてけん》の人口《じんこう》は多《おお》いとはいえません。

しかし、実《じつ》は約半分《やくはんぶん》の都道府県《とどうふけん》が人口《じんこう》100万人台《まんにんだい》なのです。岩《いわ》手県《てけん》の人口《じんこう》は第《だい》32位《い》と下《した》から数《かぞ》えた方《ほう》がはやいですが、そのほか約《やく》半分《はんぶん》の都道府県《とどうふけん》とあまり変《か》わらないということがわかります。

何《なん》と比《くら》べるかによって、「多《おお》い・少《すく》ない」の感《かん》じ方《かた》が変《か》わるのですね。

### 都道府県別人口《とどうふけんべつじんこう》ランキング

| | | |
|---|---|---|
| 1位《い》 | 東京都《とうきょうと》 | 1339万人《まんにん》 |
| 2位《い》 | 神奈川県《かながわけん》 | 910万人《まんにん》 |
| 3位《い》 | 大阪府《おおさかふ》 | 884万人《まんにん》 |
| ⋮ | | |
| 24位《い》 | 鹿児島県《かごしまけん》 | 167万人《まんにん》 |
| ⋮ | | |
| 32位《い》 | 岩手県《いわてけん》 | 128万人《まんにん》 |
| ⋮ | | |
| 47位《い》 | 鳥取県《とっとりけん》 | 57万人《まんにん》 |

（平成《へいせい》26年《ねん》10月《がつ》）

覚《おぼ》えておこう

### 中央値《ちゅうおうち》って何《なに》？

ちょうど真《ま》ん中《なか》の順位《じゅんい》である第《だい》24位《い》の鹿児島県《かごしまけん》の人口《じんこう》は166万《まん》8000人《にん》です。この値《あたい》を中央値《ちゅうおうち》といいます。

ひとくちメモ　平均値《へいきんち》については5年生《ねんせい》で、中央値《ちゅうおうち》については中学校《ちゅうがっこう》で学習《がくしゅう》します。

数と計算のお話

# かけ算九九《ざんくく》を形《かたち》で表《あらわ》そう②

東京都《とうきょうと》　杉並区立高井戸第三小学校《すぎなみくりつたかいどだいさんしょうがっこう》
吉田映子《よしだえいこ》先生《せんせい》が書《か》きました

2月 9日

読《よ》んだ日《ひ》　月《がつ》　日《にち》　月《がつ》　日《にち》　月《がつ》　日《にち》

## 円《えん》をかいてやってみよう

図《ず》1を見《み》てください。円周《えんしゅう》の数《すう》字《じ》のところの点《てん》を、かけ算九九《ざんくく》の答《こた》えの一《いち》の位《くらい》の数字《すうじ》の順番《じゅんばん》につないでいったら、それぞれの段《だん》でこのような模様《もよう》ができました。

よく見《み》ると、同《おな》じ形《かたち》があります。

図《ず》1

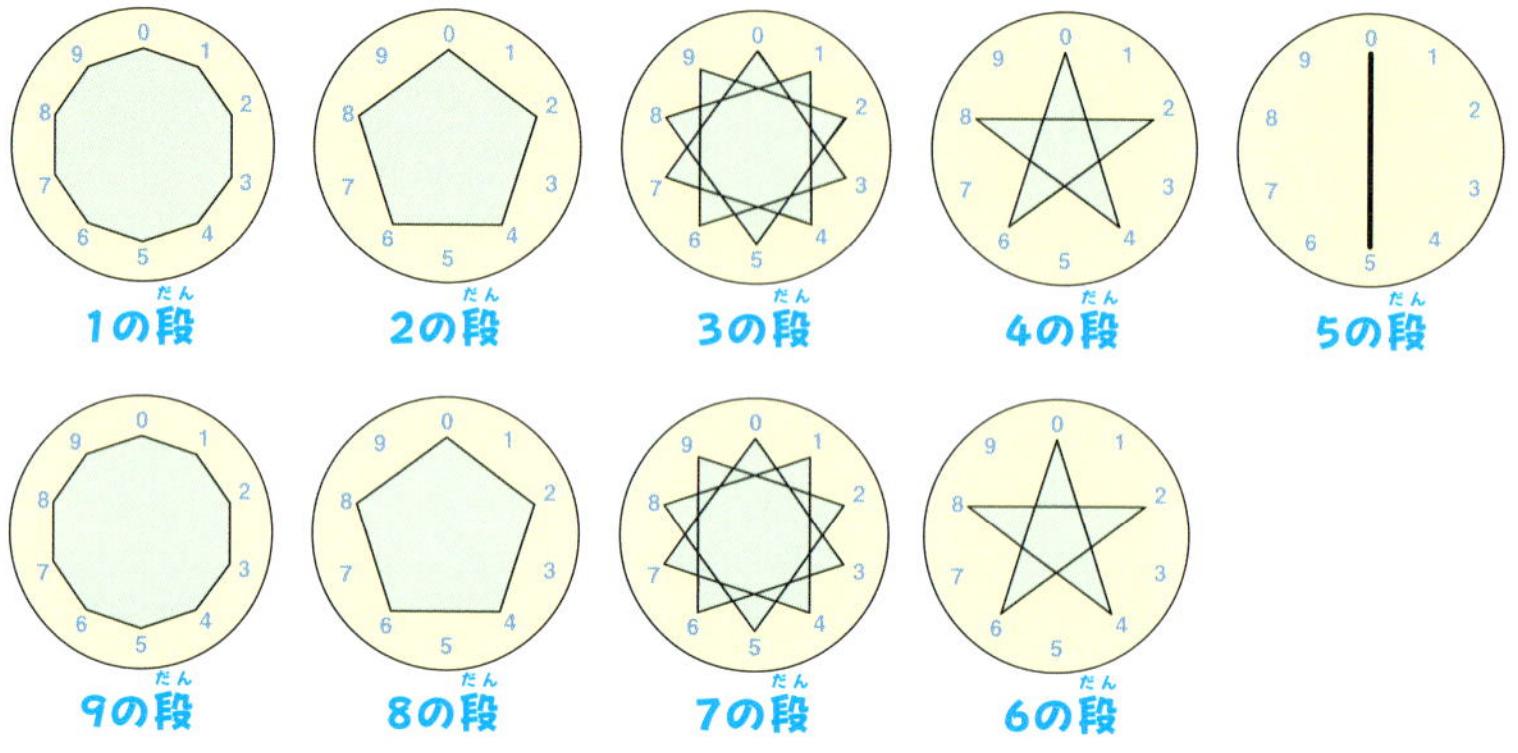


1の段《だん》と9の段《だん》、2の段《だん》と8の段《だん》。それから3の段《だん》と7の段《だん》、4の段《だん》と6の段《だん》です。5の段《だん》だけが残《のこ》ります。

この、同《おな》じ組《くみ》になる4つの組《く》み合《あ》わせを見《み》て、気《き》がつくことはないですか？

1の段《だん》と9の段《だん》
2の段《だん》と8の段《だん》
3の段《だん》と7の段《だん》
4の段《だん》と6の段《だん》

どれも、足《た》すと10になる組《く》み合《あ》わせですね。

## 九九《くく》の一《いち》の位《くらい》に注目《ちゅうもく》！

2の段《だん》と8の段《だん》の組《く》み合《あ》わせについて、考《かんが》えてみましょう。図《ず》1のやり方《かた》で図形《ずけい》をかいたとき、線《せん》のつなぎ方《かた》を思《おも》い出《だ》すと、逆回《ぎゃくまわ》りにつないでいったことがわかります。2の段《だん》だと右回《みぎまわ》りに2、4、6、8、0……ですが、8の段《だん》だと左回《ひだりまわ》りに8、6、4、2、0……です。

かけ算九九《ざんくく》の2の段《だん》と8の段《だん》を書《か》き出《だ》してみると、一《いち》の位《くらい》が反対《はんたい》になっていることがわかります(図《ず》2)。

他《ほか》の段《だん》でも調《しら》べてみましょう！

図《ず》2

○ 一の位の数字が反対の順に並んでいるよ！

| 2の段 | (一の位) | 8の段 | (一の位) |
| --- | --- | --- | --- |
| 2×1 = 2 | (2) | 8×1 = 8 | (8) |
| 2×2 = 4 | (4) | 8×2 = 16 | (6) |
| 2×3 = 6 | (6) | 8×3 = 24 | (4) |
| 2×4 = 8 | (8) | 8×4 = 32 | (2) |
| 2×5 = 10 | (0) | 8×5 = 40 | (0) |
| 2×6 = 12 | (2) | 8×6 = 48 | (8) |
| 2×7 = 14 | (4) | 8×7 = 56 | (6) |
| 2×8 = 16 | (6) | 8×8 = 64 | (4) |
| 2×9 = 18 | (8) | 8×9 = 72 | (2) |

ひとくちメモ

円《えん》の周《まわ》りにかいた点《てん》を規則正《きそくただ》しく順番《じゅんばん》につなぐと星《ほし》のような形《かたち》ができるときがあります。この形《かたち》をスターパターンといいます。「点《てん》の数《かず》」と「いくつおき」を変《か》えると、いろいろなスターパターンができますよ。

# どうして「mm」というの？ 降水量《こうすいりょう》のお話《はなし》

2月《がつ》10日《にち》

岩手県《いわてけん》　久慈市教育委員会《くじしきょういくいいんかい》
小森《こもり》　篤《あつし》先生《せんせい》が書《か》きました

読《よ》んだ日《ひ》　月《がつ》　日《にち》　月《がつ》　日《にち》　月《がつ》　日《にち》



## 雨量計《うりょうけい》って知《し》ってる？

天気予報《てんきよほう》で「降水量《こうすいりょう》20㎜」などと伝《つた》えられるのを聞《き》いたことがあると思《おも》います。降水量《こうすいりょう》とは雨《あめ》がどれくらい降《ふ》ったのかを表《あらわ》しています。雨《あめ》の量《りょう》なのに、なぜ長《なが》さの単《たん》位《い》が使《つか》われているのでしょうか？

その秘密《ひみつ》は、雨《あめ》の量《りょう》の測定《そくてい》の仕《し》方《かた》に関係《かんけい》しています。

降水量《こうすいりょう》は「雨量計《うりょうけい》」を使《つか》って調《しら》べています。雨量計《うりょうけい》はイラストのような円柱形《えんちゅうけい》をしています。雨量《うりょう》計《けい》の上《うえ》は開《ひら》いていて、降《ふ》った雨《あめ》が雨量計《うりょうけい》にたまるようにつくられています。

つまり、降水量《こうすいりょう》は一定時間《いっていじかん》に雨《う》量計《りょうけい》にどれくらい雨《あめ》がたまったのかを測《はか》って表《あらわ》しているのです。雨《あめ》がたまった量《りょう》は、深《ふか》さですので、降水量《こうすいりょう》の単位《たんい》は長《なが》さの単位《たんい》になるのです。

## 1㎜の雨《あめ》はどれくらい？

「降水量《こうすいりょう》1・0㎜」とは、どれくらいの雨《あめ》が降《ふ》ったことになるのでしょうか？

「降水量《こうすいりょう》1・0㎜」は、1㎡（一辺《いっぺん》が1mの正方形《せいほうけい》の広《ひろ》さ）に、雨《あめ》が1㎜たまったことを表《あらわ》しています。この雨《あめ》の量《りょう》は、

100cm × 100cm × 0.1cm
(1mm)

この計算《けいさん》をすると、1000㎤という結果《けっか》になります。1㎤は1mLなので、雨《あめ》の量《りょう》は1000mL。つまり、1㎡に1Lの雨《あめ》が降《ふ》ったことになります。

1Lは、牛乳《ぎゅうにゅう》パック1本分《ぽんぶん》と同《おな》じです。1㎜とはいえ、たくさんの量《りょう》が降《ふ》ったことになりますね。

また、一般的《いっぱんてき》には降水量《こうすいりょう》が1時《じ》間《かん》に1㎜を超《こ》えると、かさが必要《ひつよう》な雨《あめ》といわれています。

**覚《おぼ》えておこう**

### 実《じっ》は 0.5㎜きざみ

降水量《こうすいりょう》は、0.5㎜きざみに測定《そくてい》されています。したがって、実際《じっさい》の降水量《こうすいりょう》が12.9㎜の場《ば》合《あい》は降水量《こうすいりょう》12.5㎜、13.2㎜の場合は降水量《こうすいりょう》13.0㎜と伝《つた》えられます。

**ひとくちメモ**
「大雨注意報《おおあめちゅういほう》・警報《けいほう》」は、降水量《こうすいりょう》だけでなく、土《つち》の中《なか》にどれだけ水《みず》がたまっているかということも考《かんが》えて発令《はつれい》されます。231ページにはゲリラ豪雨《ごうう》のお話《はなし》もあるので、ぜひ読《よ》んでみてください。

数や図形で遊ぼう

# かっこよくキメよう！トランプマジック

2月11日

お茶《ちゃ》の水女子大学附属小学校《みずじょしだいがくふぞくしょうがっこう》
岡田紘子《おかだひろこ》先生《せんせい》が書《か》きました

読《よ》んだ日《ひ》　月《がつ》　日《にち》　月《がつ》　日《にち》　月《がつ》　日《にち》

## 当《あ》ててみせます！

トランプを使《つか》ったマジックを紹《しょう》介《かい》します。相手《あいて》にトランプのカードを1枚《まい》引《ひ》いてもらいます。そのカードを見《み》ずに、いくつか質問《しつもん》するだけで、カードが何《なに》か当《あ》てることができるのです。

①引《ひ》いてもらったカードの数《かず》に、それより1大《おお》きい数《かず》を足《た》してもらいます。たとえば、相手《あいて》がハートの4を引《ひ》いたとしたら、4＋5で9となります（図《ず》1）。

②その数《かず》を5倍《ばい》してもらいます。9×5＝45になりますね。

③5倍《ばい》した数《かず》に、ハートだったら6、ダイヤだったら7、スペードだったら8、クラブだったら9を足《た》してもらいます。ハートなら45に6を足《た》して、51となります（図《ず》2）。

この結果《けっか》の数《かず》を聞《き》くだけで、相《あい》手《て》の人《ひと》が引《ひ》いたカードを当《あ》てることができます。

51から5を引《ひ》いて46。この数《かず》の十《じゅう》の位《くらい》がカードの数字《すうじ》、一《いち》の位《くらい》がカードの種類《しゅるい》を表《あらわ》しています。だから、相手《あいて》の人《ひと》が引《ひ》いたカードは「ハートの4」と当《あ》てることができます。

図《ず》1

図《ず》2

図《ず》3

［□＋（□＋1）］×5＋△＝10×□＋5＋△

## びっくり！ネタばらし

なぜ、数《かず》を聞《き》いただけで、相手《あいて》の引《ひ》いたカードを当《あ》てることができるのでしょうか？　それは、①②③の計算《けいさん》に秘密《ひみつ》があります。

選《えら》んだカードの数字《すうじ》を□、カードの種類《しゅるい》の数字《すうじ》を△とすると、図《ず》3となります。相手《あいて》が計算《けいさん》した数《かず》から5を引《ひ》けば、10×□＋△となり、十《じゅう》の位《くらい》の数《かず》が引《ひ》いたカードの数字《すうじ》、一《いち》の位《くらい》の数《かず》がカードの種《しゅ》類《るい》を表《あらわ》すことになるのです。

ぜひ、お友達《ともだち》にもマジックを披《ひ》露《ろう》して、びっくりさせてみてください。

ひとくちメモ

①で1大《おお》きい数《かず》を足《た》してもらうのは、①②③の計算《けいさん》の結果《けっか》からすぐに引《ひ》いたカードの数《かず》がわからないようにするためです。当《あ》てる人《ひと》が最後《さいご》に5を引《ひ》くところが、トリックがばれないポイントです。

# アルキメデスはお風呂《ふろ》で答《こた》えがひらめいた！

2月 12日

明星大学客員教授《めいせいだいがくきゃくいんきょうじゅ》
細水保宏《ほそみずやすひろ》先生《せんせい》が書《か》きました

読《よ》んだ日《ひ》　月《がつ》　日《にち》　月《がつ》　日《にち》　月《がつ》　日《にち》

## 円周率《えんしゅうりつ》を発見《はっけん》!?

今《いま》からおよそ2300年前《ねんまえ》、古代《こだい》ギリシャのシラクサという町《まち》に、アルキメデスという天才数学者《てんさいすうがくしゃ》がいました。

アルキメデスは、今《いま》でも使《つか》われている計算《けいさん》の方法《ほうほう》や、図形《ずけい》についてのきまりごとを、たくさん発見《はっけん》したことで有名《ゆうめい》です。

いろいろな図形《ずけい》の面積《めんせき》や体積《たいせき》を求《もと》める式《しき》を決《き》めました。さらに、「てこ」のしくみを使《つか》えば、小《ちい》さな力《ちから》で大《おお》きなものが動《うご》かせることを明《あき》らかにしました。コンピューターもない時代《じだい》に、円周率《えんしゅうりつ》をコツコツ計算《けいさん》して、かなり正確《せいかく》な値《あたい》を求《もと》めたことでも知《し》られています。

## ヘウレーカ！ わかったぞ！

けれども、アルキメデスについて一番有名《いちばんゆうめい》なエピソードは、やっぱり次《つぎ》のものでしょう。

あるとき、シラクサのヒエロン王《おう》はアルキメデスに命《めい》じました。

「この黄金《おうごん》の冠《かんむり》に混《ま》じりものがないか調《しら》べよ。ただし、冠《かんむり》を溶《と》かしたり、傷《きず》をつけてはならぬ！」

アルキメデスは、何《なに》かよい方法《ほうほう》はないかと考《かんが》えました。そして、お風呂《ふろ》に入《はい》ったとき、自分《じぶん》の体《からだ》がつかったぶんだけお湯《ゆ》があふれるのを見《み》るなり、裸《はだか》のまま外《そと》に飛《と》び出《だ》して、こう叫《さけ》びました。

「ヘウレーカ！（わかったぞ）」

答《こた》えはこうです。まず、冠《かんむり》と同《おな》じ重《おも》さの金《きん》の塊《かたまり》を用意《ようい》します。そして水《みず》をはった容器《ようき》の中《なか》に、それぞれ冠《かんむり》と金《きん》の塊《かたまり》を入《い》れます。すると、金《きん》の塊《かたまり》よりも冠《かんむり》のほうが水《みず》がたくさんあふれました。

つまり、この冠《かんむり》はすべて金《きん》ではなく、混《ま》じりものがあることがわかったのです。

### やってみよう

#### お風呂《ふろ》で試《ため》してみよう！

お風呂《ふろ》の中《なか》に体《からだ》を沈《しず》めると、ちょっと体《からだ》が軽《かる》くなった気《き》がしませんか？ 水《みず》の中《なか》にあるものは、上向《うわむ》きに浮《う》く力《ちから》を受《う》けます。浮《う》く力《ちから》が、体《からだ》の重《おも》さ（下向《したむ》きの力《ちから》）より大《おお》きいと水《みず》に浮《う》いて、体《からだ》が軽《かる》くなったように感《かん》じるんですよ。

**ひとくちメモ** 紀元前《きげんぜん》212年《ねん》、シラクサに攻《せ》め込《こ》んだローマ兵《へい》は、浜辺《はまべ》で図形《ずけい》をかいていた老人《ろうじん》を殺《ころ》してしまいました。実《じつ》はそれが有名《ゆうめい》なアルキメデスだったのです。その最期《さいご》の言葉《ことば》は「私《わたし》の円《えん》を壊《こわ》すな」だったとか。

## ●折《お》り線《せん》に沿《そ》ってボール紙《がみ》を折《お》ろう

次《つぎ》に、折《お》り線《せん》（点線《てんせん》）に沿《そ》ってボール紙《がみ》を折《お》ります。

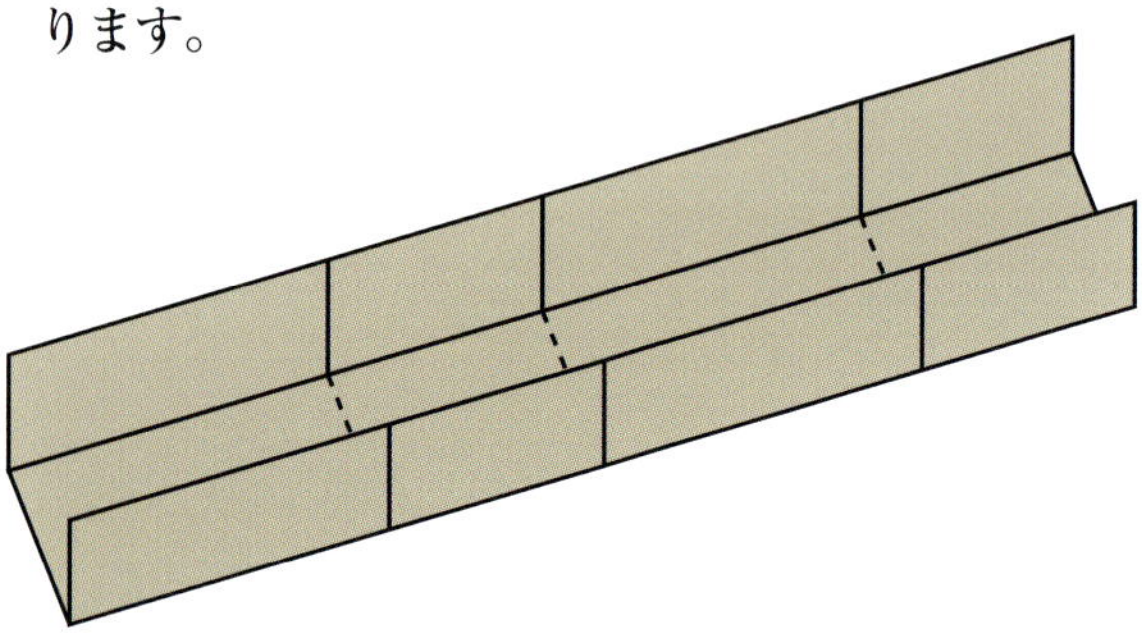

## ●ボール紙《がみ》を組《く》み立《た》てよう

次《つぎ》に、下《した》の図《ず》のようにボール紙《がみ》を組《く》み立《た》てます。

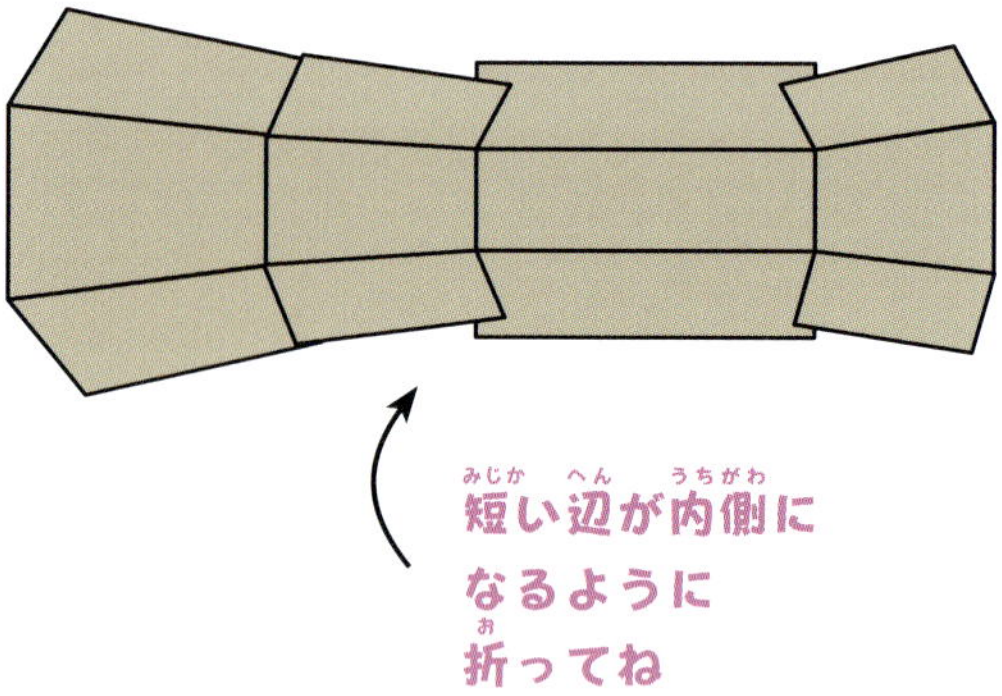


## ●ガムテープで固定《こてい》しよう

最後《さいご》に、横《よこ》と底《そこ》の2カ所《しょ》をガムテープでとめれば完成《かんせい》です。

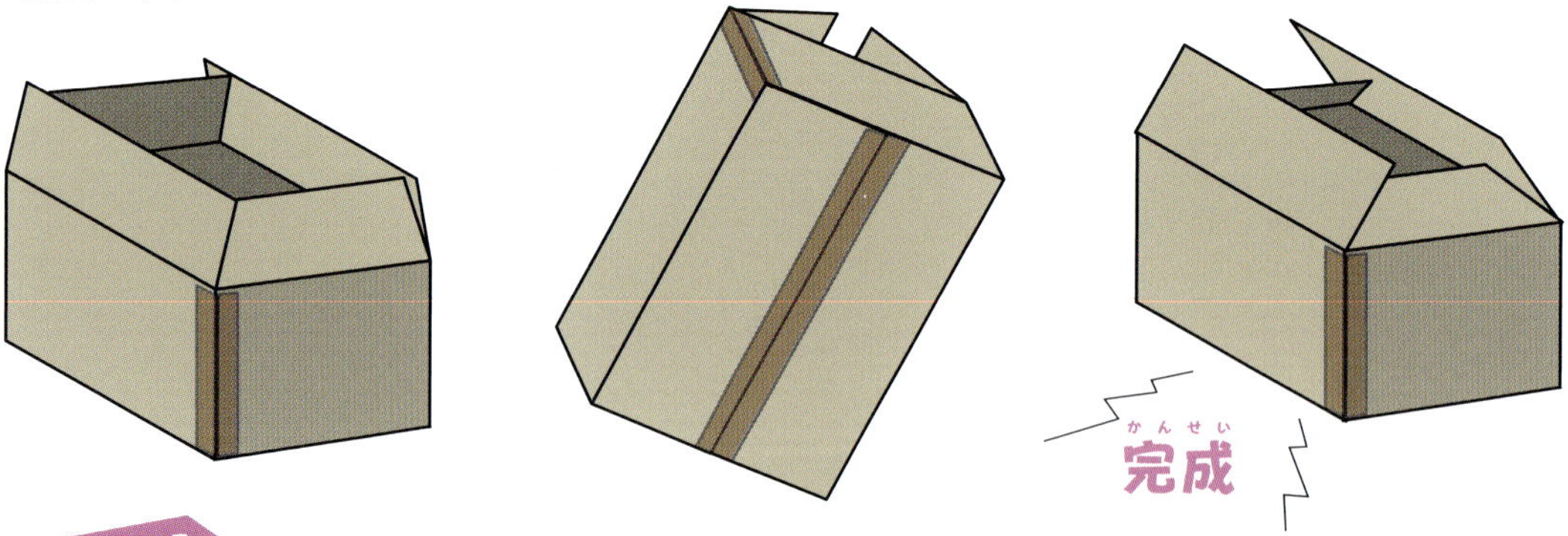


アレンジしてみよう

### サイコロの形《かたち》をつくってみよう

上《うえ》でつくった段《だん》ボール箱《ばこ》は、6面《めん》すべてが長方形《ちょうほうけい》でしたが、6面《めん》すべてを正方形《せいほうけい》にすると、サイコロのような形《かたち》ができ上《あ》がります。つくり方《かた》はまったく同《おな》じ。最後《さいご》にフタを閉《と》じて、各面《かくめん》にマジックでサイコロの目《め》を入《い》れればすてきなサイコロ型段《がただん》ボール箱《ばこ》のでき上《あ》がり！

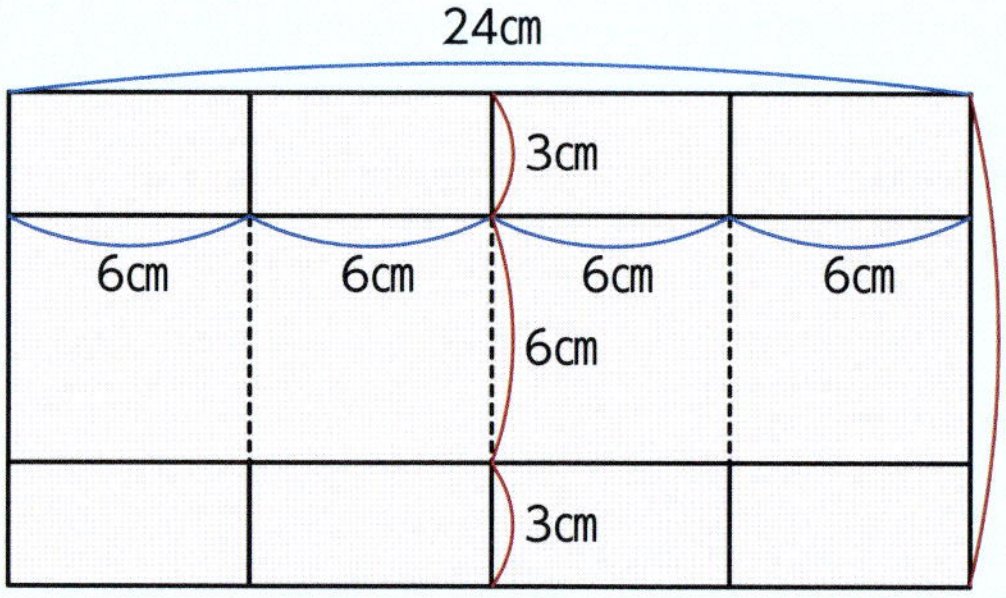


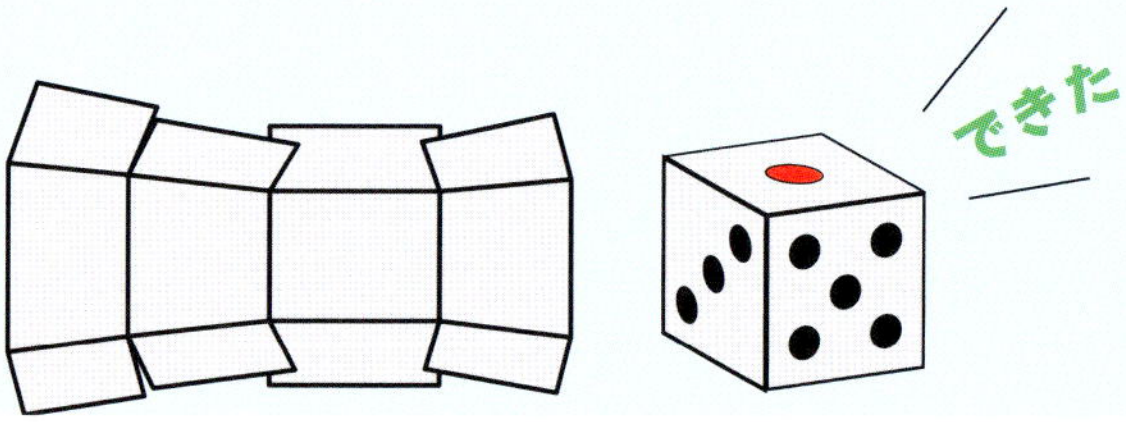


ひとくちメモ

段《だん》ボール箱《ばこ》は、フタや底《そこ》が二重《にじゅう》になっているので頑丈《がんじょう》です。1枚《まい》の紙《かみ》をむだなく使《つか》って丈夫《じょうぶ》な箱《はこ》ができるなんて、すばらしいアイデアです。

# 段《だん》ボール箱《ばこ》をつくってみよう

2月 13日

神奈川県《かながわけん》 川崎市立土橋小学校《かわさきしりつつちはししょうがっこう》
山本《やまもと》 直《なお》 先生《せんせい》が書《か》きました

読《よ》んだ日《ひ》 月《がつ》 日《にち》 | 月《がつ》 日《にち》 | 月《がつ》 日《にち》

私《わたし》たちのまわりにある箱《はこ》で身近《みぢか》なものといえば、段《だん》ボール箱《ばこ》ですね。立体的《りったいてき》な段《だん》ボール箱《ばこ》を分解《ぶんかい》すると、一枚《いちまい》の平《たい》らな紙《かみ》になります。これを展開図《てんかいず》といいます。今日《きょう》は展開図《てんかいず》から段《だん》ボール箱《ばこ》をつくってみましょう。

**用意《ようい》するもの**

- ボール紙《がみ》
- はさみ
- ガムテープ
- 鉛筆《えんぴつ》
- マジック
- 定規《じょうぎ》

## ●展開図《てんかいず》をつくろう

まずは展開図《てんかいず》をつくります。下《した》のようにボール紙《がみ》を切《き》って、鉛筆《えんぴつ》で切《き》り込《こ》み線《せん》（実線《じっせん》）と折《お》り線《せん》（点線《てんせん》）を引《ひ》きます。

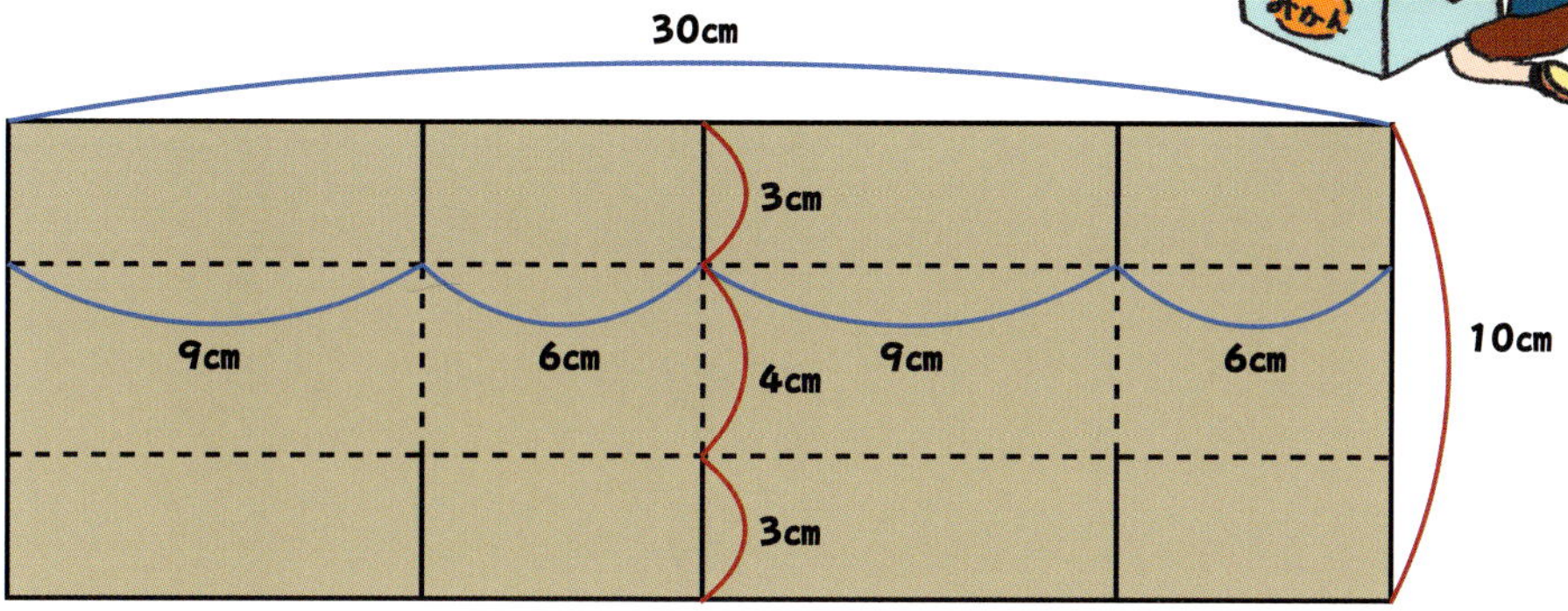


## ●はさみで切《き》り込《こ》みを入《い》れよう

切《き》り込《こ》み線《せん》に沿《そ》って、はさみで切《き》り込《こ》みを入《い》れます。

切《き》り込《こ》みの長《なが》さを箱《はこ》の横《よこ》の長《なが》さの半分《はんぶん》にすることで、フタがぴったりと閉《し》まるようになるよ

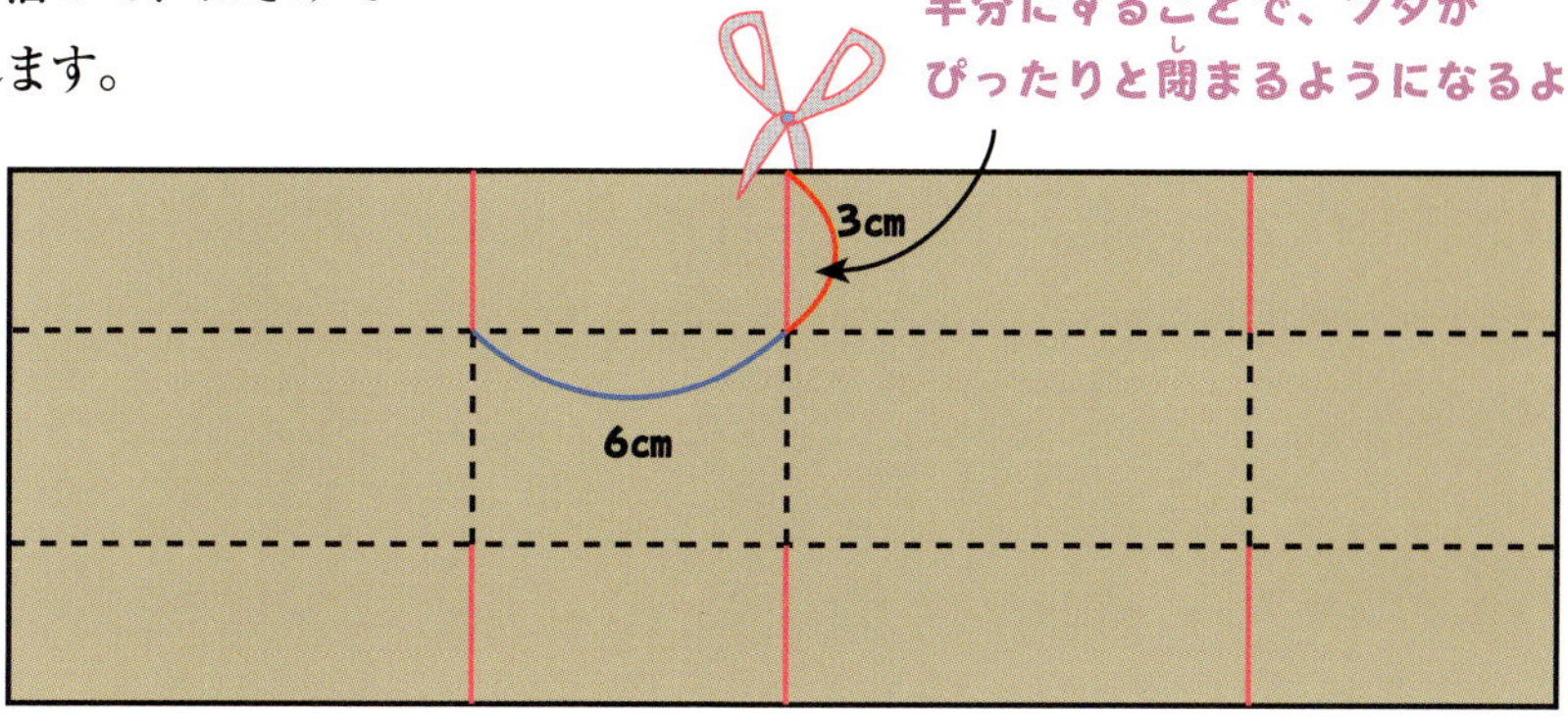

# チョコレートの割《わ》り方《かた》は？

お茶《ちゃ》の水女子大学附属小学校《みずじょしだいがくふぞくしょうがっこう》
岡田紘子《おかだひろこ》先生《せんせい》が書《か》きました

読《よ》んだ日《ひ》　月《がつ》　日《にち》　月《がつ》　日《にち》　月《がつ》　日《にち》

## 何回割《なんかいわ》れば、ばらばらに？

図《ず》1のような板《いた》チョコがあります。このチョコレートを割《わ》って12個《こ》の小《ち》さいチョコレートのブロックに分《わ》けたいと思《おも》います。チョコレートを何回割《なんかいわ》れば、12個《こ》の小《ち》さいチョコレートのブロックに分《わ》けることができるでしょうか？　ただし、重《かさ》ねて折《お》ってはいけません。

図《ず》1

では、いろいろな割《わ》り方《かた》を考《かんが》えてみましょう。まず、3回割《かいわ》ります。さらに8回割《かいわ》ってばらばらにすることができます（図《ず》2）。

別《べつ》の割《わ》り方《かた》でも試《ため》してみましょう（図《ず》3）。やはり、同《おな》じ11回《かい》でばらばらになりました。どうして、いつも11回割《かいわ》るとばらばらになるのでしょう。

## チョコの数《かず》から1引《ひ》くと

板《いた》チョコは1回割《かいわ》ると2個《こ》になります。2回割《かいわ》ると3個《こ》になります。3回割《かいわ》ると4個《こ》……と順番《じゅんばん》に考《かんが》えていくと、11回割《かいわ》った時《とき》、12個《こ》に分《わ》かれることがわかります。つまり、チョコレートのブロックの数《かず》である12より1少《すく》ない回数割《かいすうわ》れば、全部《ぜんぶ》ばらばらになるのです。

もしも、板《いた》チョコが縦《たて》5個《こ》、横《よこ》6個《こ》のチョコレートだったら何回《なんかい》割《わ》れば、ばらばらになるでしょうか？　小《ち》さいチョコレートのブロックは、5×6=30個《こ》あります。30個《こ》の小《ち》さいチョコレートをばらばらにするには、30−1=29回割《かいわ》ればばらばらになることがわかります。

図《ず》2

図《ず》3

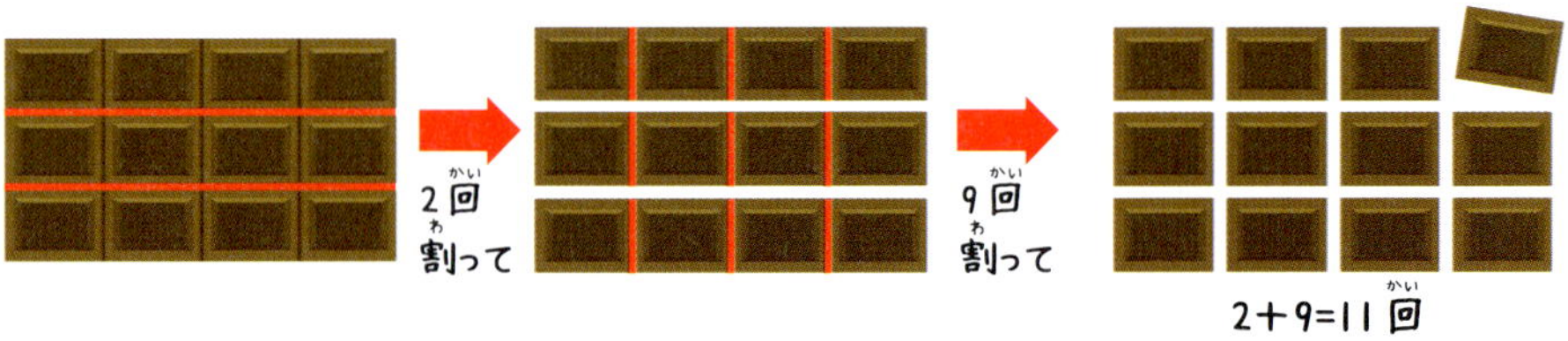


ひとくちメモ　どんな割《わ》り方《かた》をしても、必《かなら》ずチョコの数《かず》−1回《かい》になります。いろいろな割《わ》り方《かた》で確《たし》かめてみてください。

# いろいろな数《かぞ》え方《かた》

2月 15日

大分県《おおいたけん》 大分市立大在西小学校《おおいたしりつおおざいにししょうがっこう》
二宮孝明《にのみやたかあき》先生《せんせい》が書《か》きました

読《よ》んだ日《ひ》　月《がつ》　日《にち》　月《がつ》　日《にち》　月《がつ》　日《にち》



## 動物《どうぶつ》なのにウサギは「羽《わ》」？

目《め》の前《まえ》をたくさんのスズメが飛《と》んでいきました。どれくらいいるのか数《かぞ》えるとき、何《なん》と言《い》って数《かぞ》えますか。きっと「1羽《わ》、2羽《わ》……」と数《かぞ》えることでしょう。では、今度《こんど》は目《め》の前《まえ》にたくさんの車《くるま》があるときはどうですか。今度《こんど》は「1台《だい》、2台《だい》……」と数《かぞ》えることでしょう。

このようにものの種類《しゅるい》が違《ちが》うと数《かぞ》え方《かた》も違《ちが》います。人《にん》、枚《まい》、本《ほん》、杯《はい》、粒《つぶ》……など、ちょっと周《まわ》りを見《み》わたしても、実《じつ》にたくさんの数《かぞ》え方《かた》があります。中《なか》には、面白《おもしろ》い数《かぞ》え方《かた》や珍《めずら》しい数《かぞ》え方《かた》があるので紹介《しょうかい》しましょう。

動物《どうぶつ》を数《かぞ》えるときは「匹《ひき》」や「頭《とう》」を使《つか》います。しかし、ウサギを数《かぞ》えるときは「羽《わ》」を使《つか》います。なぜ鳥《とり》を数《かぞ》える「羽《わ》」を使《つか》うのでしょうか。いろいろな説《せつ》がありますが、その一《ひと》つに次《つぎ》のようなお話《はなし》があります。

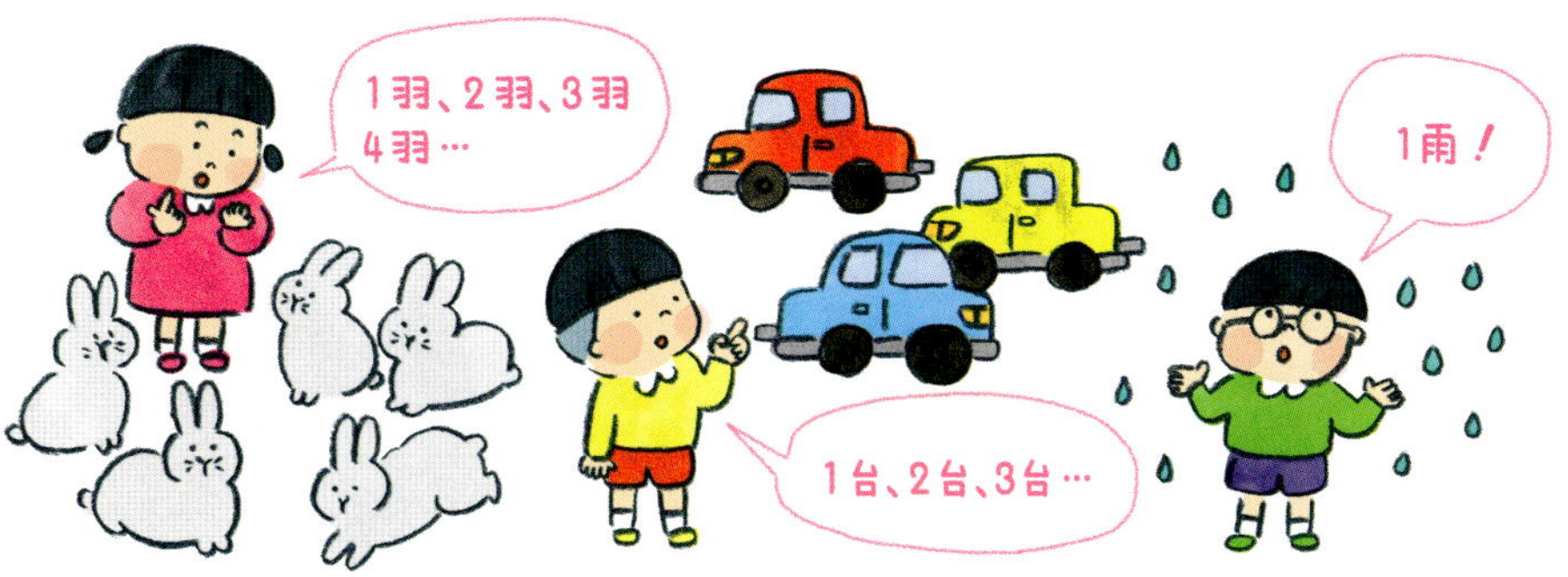


## 面白《おもしろ》い数《かぞ》え方《かた》はほかにも！

昔々《むかしむかし》、人々《ひとびと》に動物《どうぶつ》の肉《にく》を食《た》べてはいけないと言《い》った神様《かみさま》がいました。しかし、それでも食《た》べてみたいと思《おも》った人《ひと》が、あることを思《おも》いつきました。ウサギが飛《と》び跳《は》ねる様子《ようす》や長《なが》い耳《みみ》を羽《はね》とみて、ウサギを鳥《とり》の仲間《なかま》だと言《い》ったのです。その時《とき》「1羽《わ》、2羽《わ》……」と数《かぞ》えたのが今《いま》でも使《つか》われているというお話《はなし》です。

ほかにも何《なに》がどのような数《かぞ》え方《かた》をされるのかを調《しら》べてみると面白《おもしろ》いですよ。たとえば次《つぎ》のようなものがあります。雨《あめ》→あめ（雨《あめ》）、イカ→はい（杯《はい》）、手袋《てぶくろ》→そう（双《そう》）、山《やま》→ざ（座《ざ》）、羊羹《ようかん》→さお（棹《さお》）。

### 調《しら》べてみよう

#### ほかの国《くに》の数《かぞ》え方《かた》

中国語《ちゅうごくご》の中《なか》にも、ものの数《かぞ》え方《かた》を表《あらわ》す言葉《ことば》がたくさんあります。

【中国語《ちゅうごくご》のものの数《かぞ》え方《かた》の例《れい》】
細長《ほそなが》いもの（ズボン、キュウリなど）→条《じょう》
柄《え》や取《と》っ手《て》のあるもの（傘《かさ》、包丁《ほうちょう》など）→把《は》
本《ほん》やノートなど→本《ほん》
セーター、コートなどの上着《うわぎ》→件《けん》

**ひとくちメモ** 外国語《がいこくご》の中《なか》にある数《かぞ》え方《かた》に次《つぎ》のようなものもあります。鉛筆《えんぴつ》が12本《ほん》あるときは「1ダース」と言《い》います。6本《ぽん》ならば「半《はん》ダース」です。また12ダースのことを「1グロス」と言《い》います。くわしくは、55ページ参照《さんしょう》。

数や図形で遊ぼう

# 残《のこ》ったマッチ棒《ぼう》の数《かず》は？

2月 16日

青森県《あおもりけん》　三戸町立三戸小学校《さんのへちょうりつさんのへしょうがっこう》
種市芳文《たねいちよしたけ》先生《せんせい》が書《か》きました

読《よ》んだ日《ひ》　月《がつ》　日《にち》　月《がつ》　日《にち》　月《がつ》　日《にち》

## 並《なら》べてやってみよう

算数《さんすう》を使《つか》った手品《てじな》を紹介《しょうかい》しましょう。準備《じゅんび》するものは、マッチ棒《ぼう》です。ないときは、棒《ぼう》の形《かたち》をしているものでかまいません。

【やり方《かた》】（図《ず》1）

①マッチ棒《ぼう》を20本並《ぼんなら》べます。

②相手《あいて》に好《す》きな1桁《けた》の数《かず》を決《き》めてもらいます。（例《れい》：5）

③その数《かず》だけ端《はし》からマッチ棒《ぼう》を取《と》ります。

④残《のこ》ったマッチ棒《ぼう》の本数《ほんすう》を数《かぞ》えて、その一《いち》の位《くらい》と十《じゅう》の位《くらい》の数《かず》を足《た》し、その分《ぶん》だけさらにマッチ棒《ぼう》を取《と》ります。（例《れい》：15→1＋5＝6）

⑤最後《さいご》に2本《ほん》取《と》り、残《のこ》ったマッチ棒《ぼう》を数《かぞ》えます。

不思議《ふしぎ》なことに好《す》きな数《かず》を変《か》えても、いつでも7本《ほん》になります。

この手品《てじな》を家《いえ》の人《ひと》で練習《れんしゅう》したら、学校《がっこう》でお友達《ともだち》に見《み》せましょう。きっとびっくりしますよ。

## どうして7になるの？

式《しき》にしてみるとわかります。例《たと》えば、好《す》きな数《かず》が2、5、7の場《ば》合《あい》を考《かんが》えてみます（図《ず》2）。

このように、どんな好《す》きな数《かず》でも9が表《あらわ》れることがわかります。だから、9−2で、必《かなら》ず7になるのです。

図《ず》1

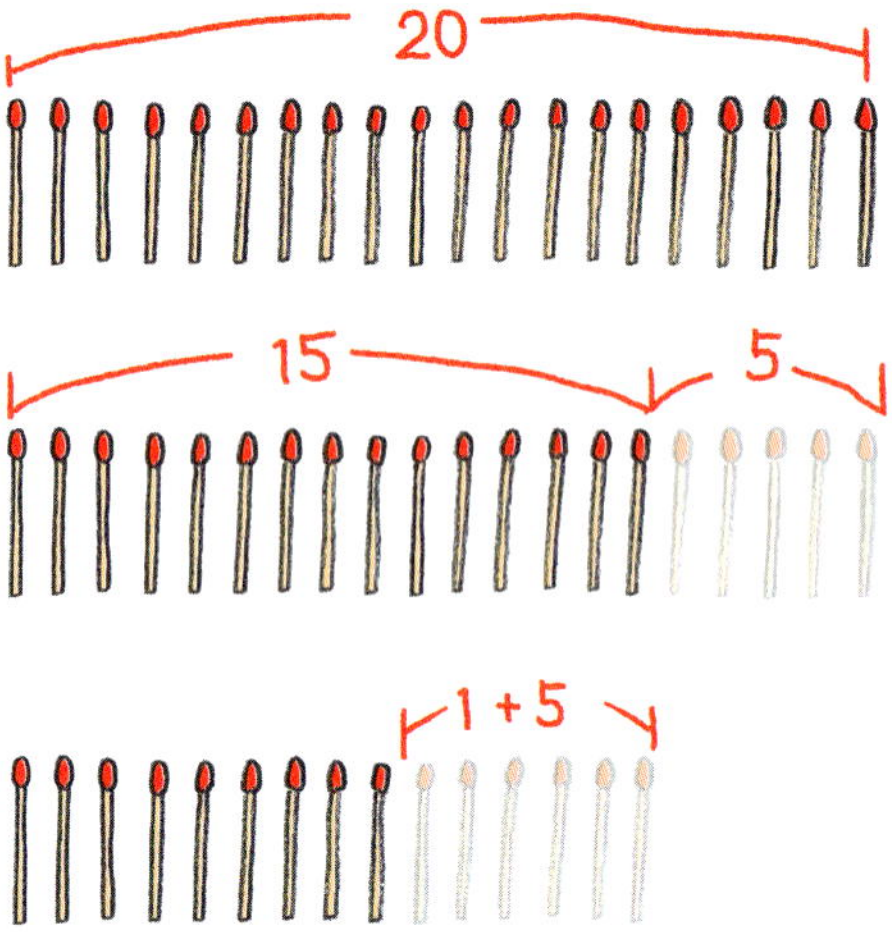


図《ず》2

20 − 2 ＝ 18　18 − （1 ＋ 8） ＝ 9　9 − 2 ＝ 7
20 − 5 ＝ 15　15 − （1 ＋ 5） ＝ 9　9 − 2 ＝ 7
20 − 7 ＝ 13　13 − （1 ＋ 3） ＝ 9　9 − 2 ＝ 7

### やってみよう

**どうしていつでも9が表《あらわ》れるの？**

やり方《かた》④のときのマッチ棒《ぼう》の取《と》り方《かた》を端《はし》からではなく、変《か》えてみましょう。たとえば、15であれば、十《じゅう》の位《くらい》の分《ぶん》は10−1、一《いち》の位《くらい》の分《ぶん》は5−5のように取《と》ります。このように、どんな数《かず》でも10から1を取《と》ることになるので、いつでも9になります。

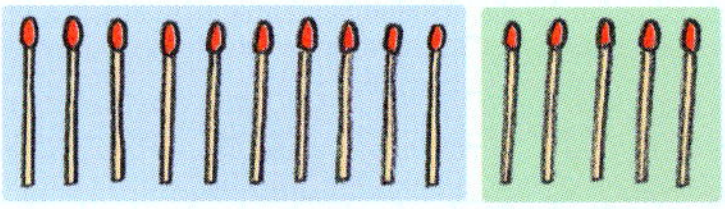

**ひとくちメモ**　この算数《さんすう》を使《つか》った手品《てじな》は、アメリカのマーチン・ガードナーという人《ひと》が考《かんが》えたものです。この人《ひと》は、このほかにも面白《おもしろ》いパズルや算数《さんすう》の問題《もんだい》をたくさんつくりました。

# ラジオの周波数《しゅうはすう》のヒミツ

2月17日

福岡県《ふくおかけん》 田川郡川崎町立川崎小学校《たがわぐんかわさきちょうりつかわさきしょうがっこう》
高瀬大輔《たかせだいすけ》 先生《せんせい》が書《か》きました

読《よ》んだ日《ひ》　月《がつ》　日《にち》　月《がつ》　日《にち》　月《がつ》　日《にち》



## ラジオの周波数《しゅうはすう》をチェック

ラジオには、AMラジオやFMラジオがあることを知《し》っていますか。みなさんもよく聴《き》いたことのある朝《あさ》の「ラジオ体操《たいそう》」は、AMラジオで放送《ほうそう》されています。そのAMラジオの放送《ほうそう》が雑音《ざつおん》などで聴《き》こえにくいとき、ボタンを押《お》して周波数《しゅうはすう》の数字《すうじ》を変《か》えると、聴《き》きやすくなったこともあるでしょう。それは、ぴったりな周波数《しゅうはすう》に合《あ》わせたからなのです。AMラジオは、各放送《かくほうそう》によって周波数《しゅうはすう》が違《ちが》っています。たとえば東京《とうきょう》の場合《ばあい》……。

NHK（第一《だいいち》）594kHz
TBSラジオ 954kHz
文化放送《ぶんかほうそう》 1134kHz
ニッポン放送《ほうそう》 1242kHz

## 周波数《しゅうはすう》にはヒミツがある

実《じつ》は、これらの周波数《しゅうはすう》の数《かず》にはヒミツが隠《かく》れています。試《ため》しに、それぞれの数《かず》を9で割《わ》ってみましょう。

594÷9=66

954÷9=106

1134÷9=126

1242÷9=138

不思議《ふしぎ》なことに、どの周波数《しゅうはすう》も9できれいに割《わ》り切《き》れてしまいました。このように、9で割《わ》り切《き》れる数《かず》の集《あつ》まりを「9の倍数《ばいすう》」といいます。AMラジオの周波数《しゅうはすう》は国《こく》際的《さいてき》に531kHz～1602kHzの間《あいだ》で9kHzの間隔《かんかく》で分《わ》けると決《き》められています。しかも最初《さいしょ》の周波数《しゅうはすう》が9の倍数《ばいすう》だったので、AMラジオの周波数《しゅうはすう》は9の倍数《ばいすう》になるのです。実際《じっさい》に、ラジオで試《ため》してみるといいですね。

### 考《かんが》えてみよう

**もう少《すこ》しヒミツがあるよ**

今度《こんど》は、周波数《しゅうはすう》のすべての数字《すうじ》を足《た》してみます。

594 → 5+9+4=18
954 → 9+5+4=18

あれ、もしかして全部《ぜんぶ》18になるのかな!? もう少《すこ》しやってみましょう。

1134 → 1+1+3+4=9
1242 → 1+2+4+2=9

今度《こんど》は、9になりましたね。このように、9の倍数《ばいすう》は、各位《かくくらい》の数字《すうじ》を全部足《ぜんぶた》すと、その和《わ》も9や18など9の倍数《ばいすう》になるというきまりがあるのです。

ひとくちメモ　みなさんの住《す》んでいる地域《ちいき》のAMラジオの周波数《しゅうはすう》も調《しら》べてみましょう。

# 身《み》の回《まわ》りの便利《べんり》なものさし

2月18日

東京都《とうきょうと》　杉並区立高井戸第三小学校《すぎなみくりつたかいどだいさんしょうがっこう》
吉田映子《よしだえいこ》先生《せんせい》が書《か》きました

読《よ》んだ日《ひ》　月《がつ》　日《にち》　月《がつ》　日《にち》　月《がつ》　日《にち》

## お金《かね》で長《なが》さを測《はか》る？

芽《め》が出《で》てきた植物《しょくぶつ》の長《なが》さが知《し》りたい、箱《はこ》の縦《たて》や横《よこ》、高《たか》さが知《し》りたい……そんなとき、ものさしがなくてもだいたいの長《なが》さがわかったら便利《べんり》ですね。大丈夫《だいじょうぶ》。身《み》の回《まわ》りにはいろいろな長《なが》さがかくれています。

1円玉《えんだま》の直径《ちょっけい》はどのくらいの長《なが》さでしょう。小《ちい》さく思《おも》えるのですが、ちょうど2cm。ぴったりくっつけて5枚並《まいなら》べたら10cmになります（図《ず》1）。

お札《さつ》はどうでしょう。1000円札《えんさつ》の横《よこ》の長《なが》さは15cm。縦《たて》の長《なが》さは7cm6mm。縦《たて》の長《なが》さは横《よこ》の長《なが》さのちょうど半分《はんぶん》、ではありませんが、2つ合《あ》わせるとほぼ正方形《せいほうけい》です。一般的《いっぱんてき》な折《お》り紙《がみ》の大《おお》きさは1辺《ぺん》が15cmですから、1000円札《えんさつ》はその約半分《やくはんぶん》ということになります（図《ず》2）。

図《ず》1

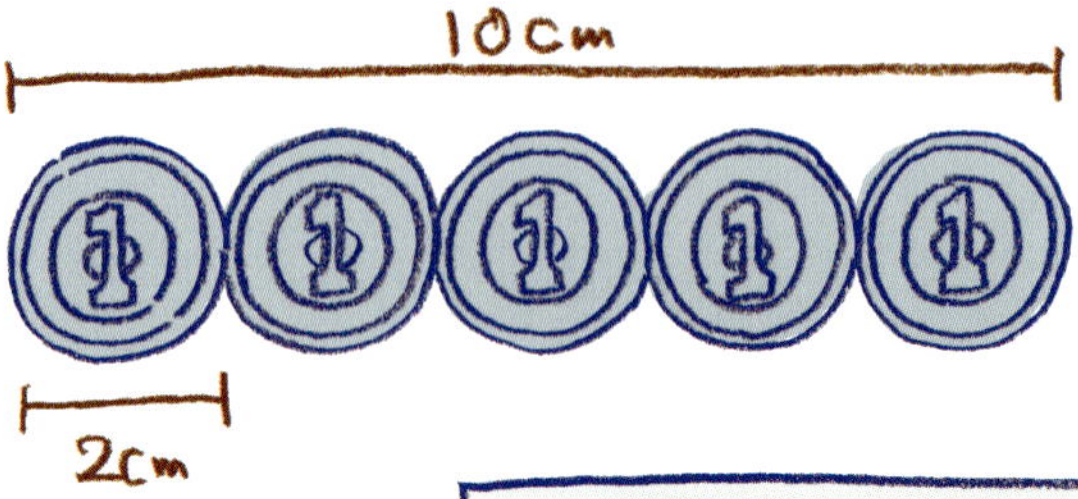


図《ず》2

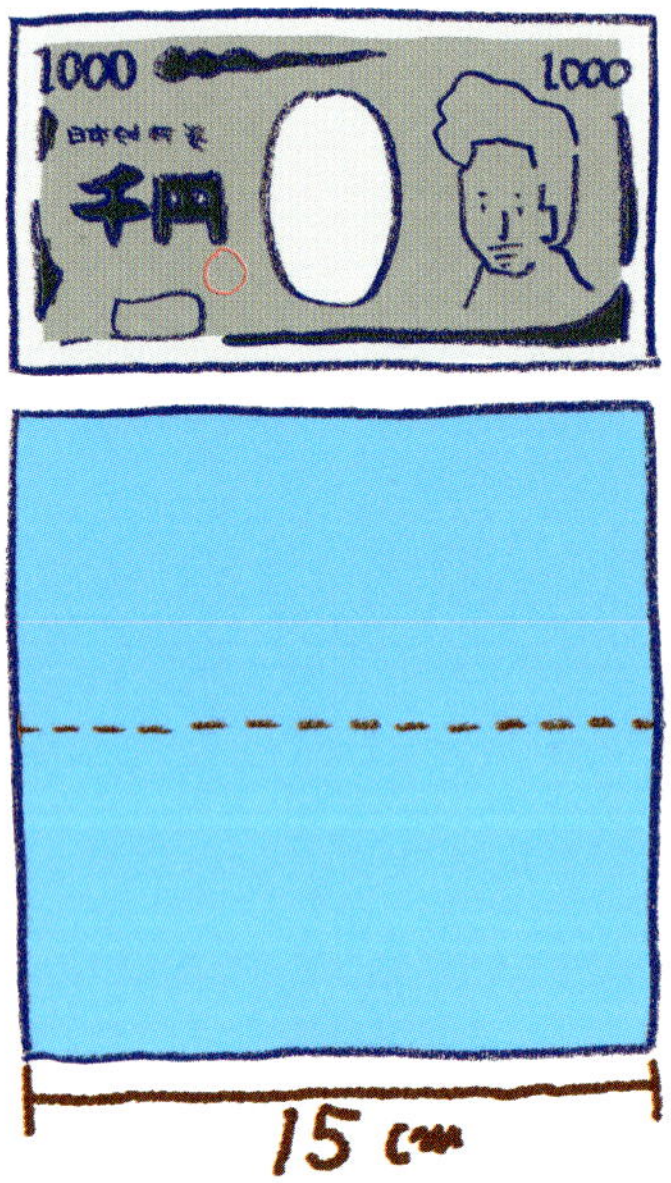


## 便利《べんり》なものさしいろいろ

はがきも便利《べんり》なものさしです。短《みじか》い方《ほう》の長《なが》さが、ちょうど10cmです。いらないはがきをもらって図《ず》3のように10枚《まい》つなげたら、1mのものさしができます。

図《ず》4は何《なん》でしょう。きらきら光《ひか》る円《えん》。これはCDです。パソコンやテレビで使《つか》うCDやDVDは直径《ちょっけい》が12cmです。

他《ほか》にも便利《べんり》に使《つか》える長《なが》さのものをさがしてみましょう。

図《ず》3

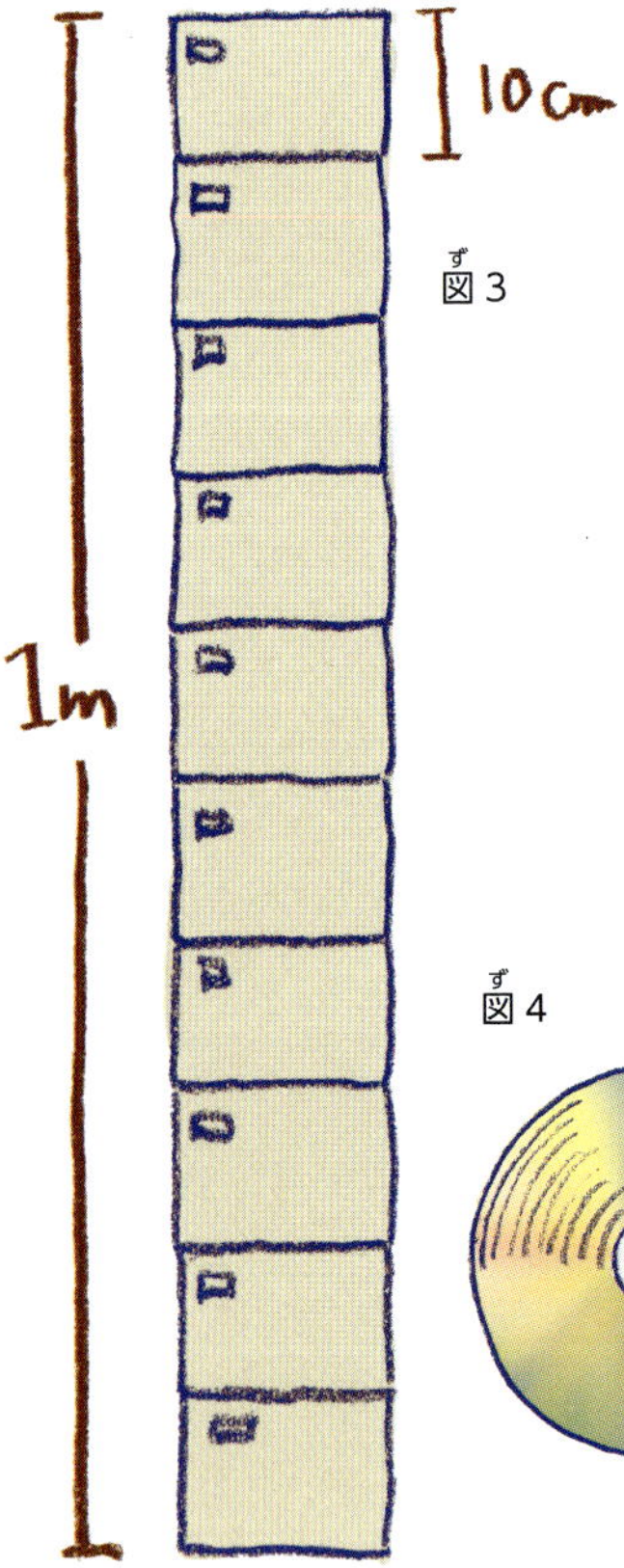


図《ず》4

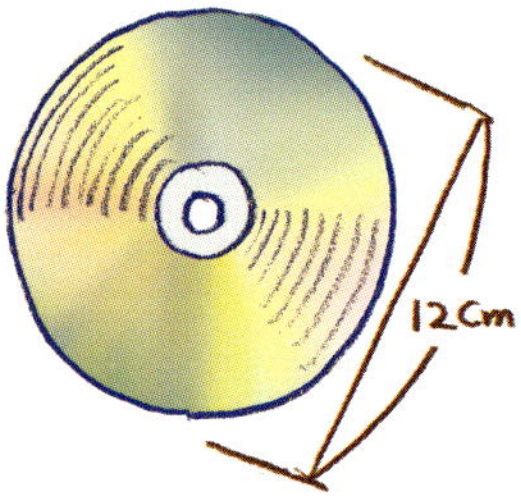


ひとくちメモ
牛乳《ぎゅうにゅう》などの紙《かみ》パックの底《そこ》は1辺《へん》が約《やく》7cm、面積《めんせき》は約《やく》50cm²です。長《なが》さだけでなく重《おも》さや面積《めんせき》のものさしも見《み》つけてみましょう。1円玉《えんだま》は重《おも》さが1gで、重《おも》さを量《はか》ることもできますね。

# 「算数《さんすう》」という言葉《ことば》の由来《ゆらい》



青森県《あおもりけん》 三戸町立三戸小学校《さんのへちょうりつさんのへしょうがっこう》
種市芳文《たねいちよしたけ》先生《せんせい》が書《か》きました

読《よ》んだ日《ひ》 月《がつ》 日《にち》 月《がつ》 日《にち》 月《がつ》 日《にち》



## いつから使《つか》われている？

「算数《さんすう》」という言葉《ことば》が教科《きょうか》の名《な》前《まえ》として使《つか》われるようになったのは昭和《しょうわ》16年《ねん》（1941年《ねん》）からで、そんなに昔《むかし》のことではありません。それまでは算数《さんすう》のことを、「算術《さんじゅつ》」と呼《よ》んでいました。

しかし、「算数《さんすう》」という言葉《ことば》自《じ》体《たい》は古《ふる》く、今《いま》から約二千年前《やくにせんねんまえ》の中《ちゅう》国《ごく》で書《か》かれた「漢書《かんしょ》『律暦志《りつれきし》』」で次《つぎ》のように使《つか》われています。

「数《かず》とし、一《いち》、十《じゅう》、百《ひゃく》、千《せん》、万《まん》である。ものごとを算数《さんすう》して、本性《ほんしょう》の理《ことわり》の順《したが》う理由《りゆう》である。」

また、中国最古《ちゅうごくさいこ》の数学《すうがく》の竹簡《ちくかん》（竹《たけ》に書《か》かれた文《ぶん》）には、「算数《さんすう》書《しょ》」という題《だい》が付《つ》いています。

## 「算《さん》」の言葉《ことば》がもつ意味《いみ》

もともと、「算《さん》」という言葉《ことば》は、計算《けいさん》する時《とき》に竹《たけ》を操作《そうさ》して計算《けいさん》するという技能的《ぎのうてき》なものであるのに対《たい》して、「数《かず》」は理念的《りねんてき》なものを含《ふく》むと言《い》われています。つまり、「算《さん》数《すう》」とは、ただ計算《けいさん》ができればいいのではなく、計算《けいさん》しながら物事《ものごと》の本質《ほんしつ》を見極《みきわ》めていくことを意味《いみ》するものと考《かんが》えられます。

このことは、教科名《きょうかめい》が「算術《さんじゅつ》」から「算数《さんすう》」に変《か》わった理由《りゆう》とも重《かさ》なります。もともと日常計算《にちじょうけいさん》の習熟《しゅうじゅく》を中心《ちゅうしん》にしていたものから、図形《ずけい》や代数《だいすう》など数学《すうがく》の内容《ないよう》も含《ふく》んだものに変《か》わったからです。

「算数《さんすう》」という言葉《ことば》を考《かんが》えた人《ひと》の願《ねが》いをくみながら、図形《ずけい》などの計算以外《けいさんいがい》の分野《ぶんや》にも興味《きょうみ》をもって勉強《べんきょう》するといいですね。

ひとくちメモ

「数学《すうがく》」という言葉《ことば》は、明治《めいじ》15年《ねん》（1882年《ねん》）に東京数学会社《とうきょうすうがくがいしゃ》が英語《えいご》のmathmaticsを訳《やく》す時《とき》に、数理学《すうりがく》、算学《さんがく》、数学《すうがく》の候補《こうほ》の中《なか》から、「数学《すうがく》」に決《き》めたと伝《つた》えられています。

図形のお話

# タングラムで遊《あそ》ぼう

2月20日

東京都《とうきょうと》　杉並区立高井戸第三小学校《すぎなみくりつたかいどだいさんしょうがっこう》
吉田映子《よしだえいこ》先生《せんせい》が書《か》きました

読《よ》んだ日《ひ》　月《がつ》　日《にち》　月《がつ》　日《にち》　月《がつ》　日《にち》

## 世界中《せかいじゅう》の人《ひと》が楽《たの》しんでいる

正方形《せいほうけい》に図《ず》1のように線《せん》を引《ひ》いて7枚《まい》の形《かたち》をつくり、それを切《き》ってばらばらにしていろいろな形《かたち》に組《く》み立《た》てるパズルを「タングラム」といいます（図《ず》2）。

図《ず》1

有名なタングラムの形!!

このように1つの形《かたち》をいくつかの形《かたち》に切《き》り分《わ》けて形《かたち》づくりを楽《たの》しむパズルの種類《しゅるい》はたくさんありますが、世界中《せかいじゅう》で一番有名《いちばんゆうめい》なものがこのタングラムでしょう。少《すこ》し厚《あつ》い紙《かみ》でタングラムをつくって、形《かたち》づくりにチャレンジしましょう。

## 清少納言《せいしょうなごん》も遊《あそ》んでいた？

切《き》り方《かた》の違《ちが》うものもあります。図《ず》3は日本《にほん》にも昔《むかし》から伝《つた》えられている「清少納言知恵《せいしょうなごんちえ》の板《いた》」です。もとの形《かたち》は正方形《せいほうけい》だけではありません。曲線《きょくせん》の入《はい》ったものもあります。図《ず》4はハートがばらばらになるので「ブロークン（こわれた）ハート」と呼《よ》ばれているパズルです（392ページ参照《さんしょう》）。

図《ず》2

どの図も7枚全部使います!

図《ず》3

図《ず》4

ひとくちメモ

タングラムの7枚《まい》をすべて使《つか》って正方形《せいほうけい》を2つつくることもできます。挑戦《ちょうせん》してみましょう（「清少納言知恵《せいしょうなごんちえ》の板《いた》」については、276ページも参照《さんしょう》）。

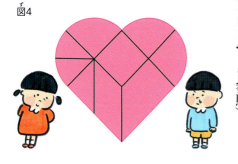

数と計算のお話

# 1～10までのたし算《さん》が簡単《かんたん》にできる!?

2月21日

北海道教育大学附属札幌小学校《ほっかいどうきょういくだいがくふぞくさっぽろしょうがっこう》
瀧《たき》ヶ《が》平《ひら》悠《ゆう》史《し》先生《せんせい》が書《か》きました

読《よ》んだ日《ひ》　月《がつ》　日《にち》　月《がつ》　日《にち》　月《がつ》　日《にち》

## 1～10を足《た》すと？

図《ず》1のAのようなたし算《ざん》があります。みなさんは、どのように計算《けいさん》をするでしょうか。

これは、絵《え》で表《あらわ》すと、図《ず》2のような青《あお》い玉《たま》の合計《ごうけい》を求《もと》めることと同《おな》じです。

この計算《けいさん》、左《ひだり》から順《じゅん》に足《た》していってもいいのですが、何《なに》か工夫《くふう》して、もっと簡単《かんたん》に求《もと》めることはできないでしょうか。

図《ず》1

A　1＋2＋3＋4＋5＋6＋7＋8＋9＋10＝？

図《ず》2

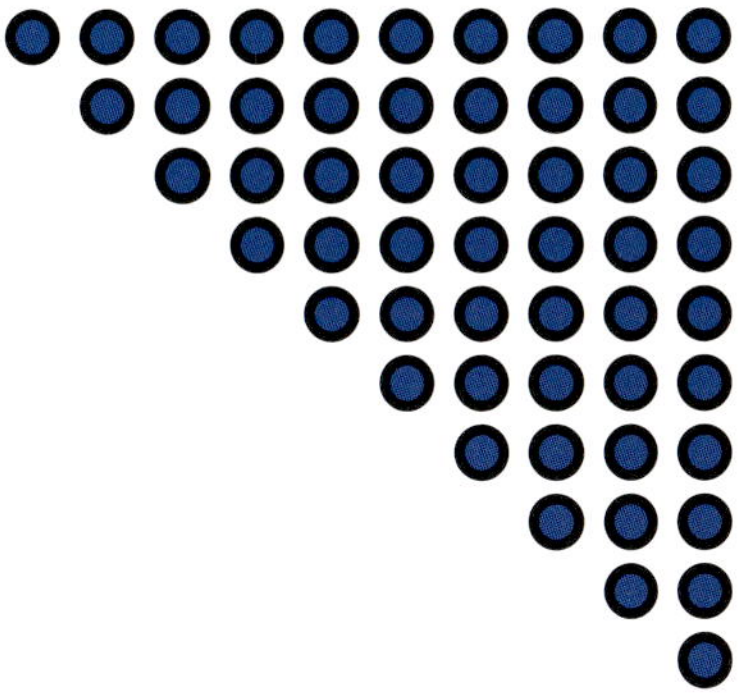

## 工夫《くふう》して計算《けいさん》する

実《じつ》は、この計算《けいさん》は、

11 × 10 ＝ 110

110 ÷ 2 ＝ 55

この2つの式《しき》で簡単《かんたん》に求《もと》めることができます。一体《いったい》どのように求《もと》めたのか、考《かんが》えてみましょう。

まず、図《ず》3のように、1～10までの数《かず》の並《なら》び順《じゅん》を逆《ぎゃく》にしてたし算《ざん》の式《しき》をつくり、最初《さいしょ》にあった計算《けいさん》の下《した》に並《なら》べてみます。この式《しき》をBとします。

ちょうど1の下《した》に10、2の下《した》は9がきますね。この上下《じょうげ》の組《く》み合《あ》わせは必《かなら》ず11になっています。ですから、これが10個分《こぶん》あるということになりますね。

これを絵《え》で表《あらわ》してみると図《ず》4のようになります。青《あお》の玉《たま》はA、赤《あか》の玉《たま》はBの式《しき》を表《あらわ》しています。

図《ず》4からもわかるように、すべての玉《たま》の数《かず》を求《もと》めると、11×10で、合計《ごうけい》は110ということになります。

でも、求《もと》めたいのは青《あお》の玉《たま》の数《かず》ですから、ちょうどこの110の半分《はんぶん》ですね。

つまり、110÷2＝55。Aの式《しき》の答《こた》えは55だということがわかりました。

図《ず》3

A　1＋2＋3＋4＋5＋6＋7＋8＋9＋10＝？

B　10＋9＋8＋7＋6＋5＋4＋3＋2＋1＝？

図《ず》4

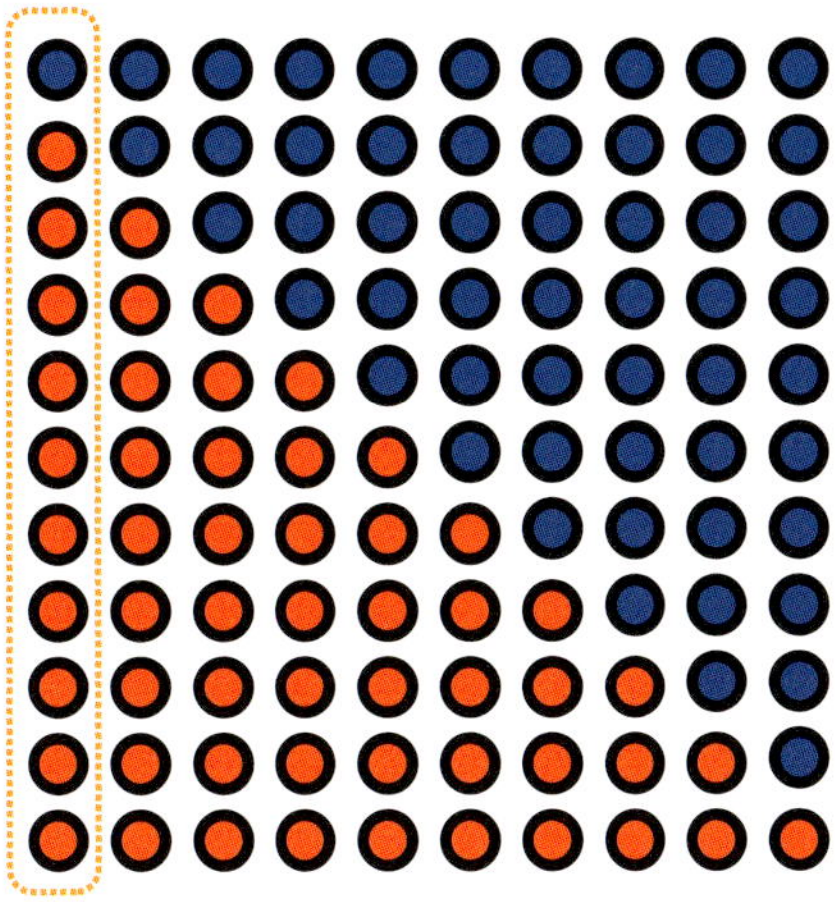

ひとくちメモ

実《じつ》はこの計算《けいさん》の仕方《しかた》、数学者《すうがくしゃ》のガウスという人《ひと》が少年《しょうねん》のころに考《かんが》えついたと言《い》われています。ただし、ガウス少年《しょうねん》は、これを1～100までをすべて足《た》す場合《ばあい》でやって見《み》せたようです（ガウスについては293ページ参照）。

数と計算のお話

# 電卓《でんたく》を使《つか》った面白《おもしろ》いたし算《ざん》 2220

2月22日

東京学芸大学附属小金井小学校《とうきょうがくげいだいがくふぞくこがねいしょうがっこう》
高橋丈夫《たかはしたけお》先生《せんせい》が書《か》きました

読《よ》んだ日《ひ》　月《がつ》　日《にち》｜月《がつ》　日《にち》｜月《がつ》　日《にち》

## 電卓《でんたく》を用意《ようい》しよう！

電卓《でんたく》の数字《すうじ》キーを使《つか》った面白《おもしろ》いたし算《ざん》を紹介《しょうかい》します。

電卓《でんたく》の数字《すうじ》キーは1から時計《とけい》と逆回《ぎゃくまわ》りに2、3、6、9、8、7、4、と並《なら》んでいます。この数字《すうじ》を図《ず》1のように、1から始《はじ》めて1に戻《もど》るように3桁《けた》の数字《すうじ》のたし算《ざん》をしてみましょう。

123 + 369 + 987 + 741 = 2220

（図《ず》2）

になります。今度《こんど》は、2から始《はじ》めて2に戻《もど》るようにします。

236 + 698 + 874 + 412 = 2220

（図《ず》3）

同《おな》じように3、6、9、8、7、4のどこから始《はじ》めても4つの数《かず》のたし算《ざん》は2220になります。不思議《ふしぎ》ですね。

## 時計回《とけいまわ》りも試《ため》してみよう

今度《こんど》は、時計回《とけいまわ》りに1から始《はじ》めて1に戻《もど》るようにたし算《ざん》をしてみましょう。

147 + 789 + 963 + 321 = 2220

（図《ず》4）

やはりこれも2220になります。

今度《こんど》は4から始《はじ》めて4に戻《もど》るようにします。

478 + 896 + 632 + 214 = 2220

（図《ず》5）

やはり、2220です。面白《おもしろ》いですね。

どんな秘密《ひみつ》があるのでしょう。図《ず》2～図《ず》4を見《み》てみると、どのたし算《ざん》も各桁《かくけた》の数《かず》の和《わ》が20になる計算《けいさん》になっていますね。

図《ず》1

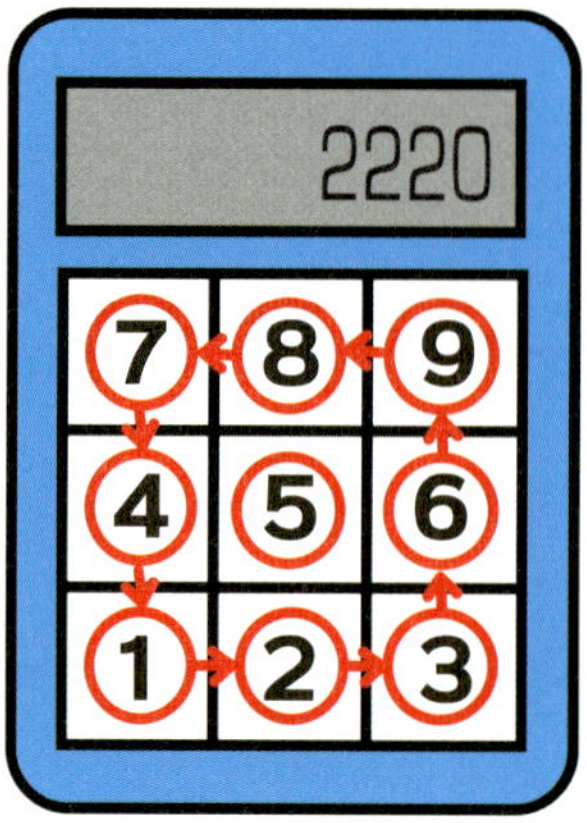


図《ず》2

```
   1 2 3
   3 6 9
   9 8 7
+  7 4 1
 2 2 2 0
```

図《ず》3

```
   2 3 6
   6 9 8
   8 7 4
+  4 1 2
 2 2 2 0
```

図《ず》4

```
   1 4 7
   7 8 9
   9 6 3
+  3 2 1
 2 2 2 0
```

図《ず》5

```
   4 7 8
   8 9 6
   6 3 2
+  2 1 4
 2 2 2 0
```

ひとくちメモ　他《ほか》にも2220になるたし算《ざん》の仕方《しかた》がないか、探《さが》してみましょう。

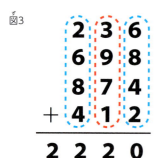

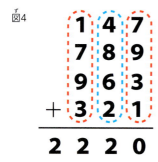

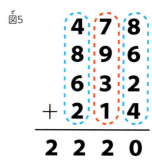

単位とはかり方のお話

2月23日

# ゾウの重《おも》さの量《はか》り方《かた》

青森県《あおもりけん》 三戸町立三戸小学校《さんのへちょうりつさんのへしょうがっこう》
種市芳文《たねいちよしたけ》先生《せんせい》が書《か》きました

読《よ》んだ日《ひ》 月《がつ》 日《にち》 月《がつ》 日《にち》 月《がつ》 日《にち》

## ゾウが乗《の》れるはかりは？

みなさんは動物園《どうぶつえん》でゾウを見《み》たことがありますか？ とても大《おお》きいので、いったい何《なん》kgなのだろうと考《かんが》えたくなりますね。昔《むかし》の中国《ちゅうごく》でも、同《おな》じように考《かんが》えた王様《おうさま》がいました……。

魏《ぎ》という国《くに》の王様《おうさま》に、呉《ご》という国《くに》の王様《おうさま》から大《おお》きなゾウが贈《おく》り物《もの》として届《とど》けられました。魏《ぎ》の王様《おうさま》はいったいどれくらいの重《おも》さなのだろうと思《おも》いました。そこで、家《け》来《らい》たちに聞《き》きましたが、誰《だれ》も答《こた》えることはできませんでした。それは、この時代《じだい》の重《おも》さを量《はか》るものは、さおばかりか天秤《てんびん》ばかりだったので、ゾウを乗《の》せることとなんかできなかったからです。

## 王様《おうさま》の息子《むすこ》のアイデア

すると、王様《おうさま》の息子《むすこ》の曹沖《そうちゅう》が、「ゾウの重《おも》さを量《はか》る方法《ほうほう》を思《おも》いつきました」と言《い》いました。王様《おうさま》は、曹沖《そうちゅう》は子供《こども》だけれど大人《おとな》のような知恵《ちえ》があることを知《し》っていたので、くわしく聞《き》くことにしました。

「はじめに、ゾウを大《おお》きな船《ふね》に乗《の》せて、その水《みず》の跡《あと》がついている所《ところ》に印《しるし》をつけます。次《つぎ》に、ゾウを降《お》ろし、船《ふね》に石《いし》をどんどん積《つ》んでいきます。ゾウが乗《の》った時《とき》につけた印《しるし》まで沈《しず》んだら、石《いし》を積《つ》むのを止《や》めます。最後《さいご》に、その石《いし》の重《おも》さを量《はか》ります」(図《ず》1)。

石《いし》の重《おも》さを量《はか》ってみると、約《やく》4500kg、大人《おとな》約《やく》70人分《にんぶん》の重《おも》さでした。王様《おうさま》は大《おお》いに喜《よろこ》び、自分《じぶん》の息子《むすこ》を大《おお》いにほめたそうです。

図《ず》1

ゾウを船に乗せて
印をつける
ゾウが乗った時に
つけた印まで
石を積む
しずんだ分の印

石《いし》を量《はか》ってみると
約《やく》4500kg！
＝
大人《おとな》約《やく》70人分《にんぶん》の
重《おも》さ

ひとくちメモ 動物園《どうぶつえん》では、ゾウの重《おも》さを量《はか》る時《とき》には、地面《じめん》にうめた体重計《たいじゅうけい》を使《つか》っているそうです。

数や図形で遊ぼう

# 数《かず》あてゲーム！ ヒット アンド ブロー

2月 24日

お茶《ちゃ》の水女子大学附属小学校《みずじょしだいがくふぞくしょうがっこう》
久下谷《くげや》 明《あきら》先生《せんせい》が書《か》きました

読《よ》んだ日《ひ》　月《がつ》　日《にち》　月《がつ》　日《にち》　月《がつ》　日《にち》

## 「2ヒット1ブロー」とは？

今日《きょう》は、2人《り》で行《おこな》う『ヒット アンド ブロー』という数《かず》あてゲームをしてみましょう。

ルールは図《ず》1のとおりです。

図《ず》1

**ヒット アンド ブロー**

**ルール**

① 問題を出す人、数を当てる人に分かれて行う。
② 問題を出す人は、異なる数字を使って4桁の数（答え）を考える。
（たとえば、問題を出す人は、『1527』を正解と決める。）
③ 数を当てる人は、予想した4桁の数を言う。
（たとえば、数を当てる人は、『1425』と予想して言う。）
④ 問題を出す人は、それに対して、数字と桁の場所が両方合っていれば“ヒット”数字だけが同じ桁で場所が違う場合は“ブロー”と言う。
（たとえば、『1527』と決めた正解に対して、数を当てる人から『1425』と予想が出された場合は、問題を出す人は「2ヒット、1ブロー」と答える。）
⑤ 正解するまで、③と④を繰り返す。

紙に予想した数とその結果を書きながら考えるといいよ！
少し難しいなぁと思ったら2桁や3桁でゲームをしてみましょう！

ルールを読《よ》むだけではわかりにくいかもしれません。実際《じっさい》に、家《うち》の人《ひと》と一緒《いっしょ》に、問題《もんだい》を出《だ》す人《ひと》、数《かず》を当《あ》てる人《ひと》に分《わ》かれてやってみましょう。

まずは、家《うち》の人《ひと》に問題《もんだい》を出《だ》してもらい、数《かず》を当《あ》ててみましょう。

少《すこ》し難《むずか》しいなあと感《かん》じたら、4桁《けた》ではなく、2桁《けた》や3桁《けた》でやってみるというのもよいかもしれません。また、予想《よそう》した数《かず》と、その結果《けっか》をノートに書《か》きながら、正解《せいかい》の数《かず》に使《つか》われているのはどの数字《すうじ》か、正解《せいかい》はどんな数《かず》かと予想《よそう》しながらゲームを進《すす》めていくといいですね。

どちらが少《すく》ない予《よ》想回数《そうかいすう》で数《かず》を当《あ》てられるか、勝負《しょうぶ》をしてみるのもいいかもしれません。

## やってみよう

### この問題《もんだい》はできるかな？

次《つぎ》の問題《もんだい》は、ゲームに慣《な》れてコツをつかんだらやってみましょう。

**問題1**

正解は3桁の数です。いくつかな？

345 → 0ヒット 0ブロー
268 → 2ヒット 0ブロー
201 → 1ヒット 0ブロー
278 → 1ヒット 0ブロー

**問題2**

正解は4桁の数です。いくつかな？

3480 → 0ヒット 2ブロー
0741 → 0ヒット 0ブロー
9538 → 1ヒット 2ブロー
9823 → 0ヒット 3ブロー
8639 → 0ヒット 2ブロー

ひとくちメモ　上《うえ》の「やってみよう」の問題《もんだい》の正解《せいかい》は、それぞれ次《つぎ》のとおりです。問題《もんだい》1➡269、問題《もんだい》2➡2358

くらしの中の算数のお話

# 黄金《おうごん》！長方形《ちょうほうけい》



島根県《しまねけん》 飯南町立志々小学校《いいなんちょうりつししょうがっこう》
村上幸人《むらかみゆきと》先生《せんせい》が書《か》きました

読《よ》んだ日《ひ》　月《がつ》　日《にち》　月《がつ》　日《にち》　月《がつ》　日《にち》



## 美《うつく》しく安定感《あんていかん》のある長方形《ちょうほうけい》

「黄金長方形《おうごんちょうほうけい》」と聞《き》いて、どのような長方形《ちょうほうけい》を思《おも》い浮《う》かべますか？金色《きんいろ》のピカピカに輝《かがや》く長方形《ちょうほうけい》？いいえ、違《ちが》います。黄金《おうごん》なのは色《いろ》ではなくて形《かたち》なのです。形《かたち》が黄金《おうごん》ってどういうことでしょう。

それは、黄金比《おうごんひ》という割合《わりあい》でつくられた長方形《ちょうほうけい》のことで、安定感《あんていかん》があり、美《うつく》しい形《かたち》をしているといわれているからです。

古代《こだい》ギリシアの遺跡《いせき》のパルテノン神殿《しんでん》を見《み》てみましょう。正面《しょうめん》から見《み》た神殿《しんでん》の縦《たて》（屋根《やね》を復元《ふくげん》したと考《かんが》えた一番上《いちばんうえ》の高《たか》さ）と横《よこ》で長方形《ちょうほうけい》をつくると、黄金長方形《おうごんちょうほうけい》になります。

ほかにも、パリの凱旋門《がいせんもん》、唐招提寺金堂《とうしょうだいじこんどう》、ニューヨークの国連《こくれん》ビル、レオナルド・ダ・ヴィンチのモナリザ、葛飾北斎《かつしかほくさい》の富嶽三十六景《ふがくさんじゅうろっけい》など数多《かずおお》くあります。

レオナルド・ダ・ヴィンチ作《さく》の絵画《かいが》『モナリザ』。
写真／ Artothek/アフロ

ギリシアのパルテノン神殿《しんでん》。
写真／ Sergio Bertino/Shutterstock.com

## その秘密《ひみつ》は短辺《たんぺん》と長辺《ちょうへん》の比《ひ》

では、黄金長方形《おうごんちょうほうけい》は、どのような長方形《ちょうほうけい》なのでしょう。まず、あるサイズの長方形《ちょうほうけい》から短《みじか》い方《ほう》の辺《へん》を一辺《いっぺん》とする正方形《せいほうけい》をとります。すると、小《ちい》さな長方形《ちょうほうけい》が残《のこ》ります。その残《のこ》った長方形《ちょうほうけい》が、最初《さいしょ》の長方《ちょうほう》形《けい》と同《おな》じ形《かたち》（短辺《たんぺん》と長辺《ちょうへん》の比率《ひりつ》が同《おな》じ）になるのが黄金長方形《おうごんちょうほうけい》です。残《のこ》った小《ちい》さな長方形《ちょうほうけい》から同《おな》じように正方形《せいほうけい》をとると、また同《おな》じ形《かたち》の長方形《ちょうほうけい》ができます。そんな不思議《ふしぎ》な性質《せいしつ》をもちます。

この黄金長方形《おうごんちょうほうけい》の縦《たて》と横《よこ》の比《ひ》はおよそ 1.62：1 という中途半端《ちゅうとはんぱ》な数《かず》です。デザインを追究《ついきゅう》していくと自然《しぜん》にこの比《ひ》になった場合《ばあい》もあるでしょうし、この比《ひ》を使《つか》ってデザインする場合《ばあい》もあるでしょう。

### やってみよう

### 黄金長方形《おうごんちょうほうけい》はどれ？

黄金長方形《おうごんちょうほうけい》が２つ隠《かく》されています。どれでしょう？

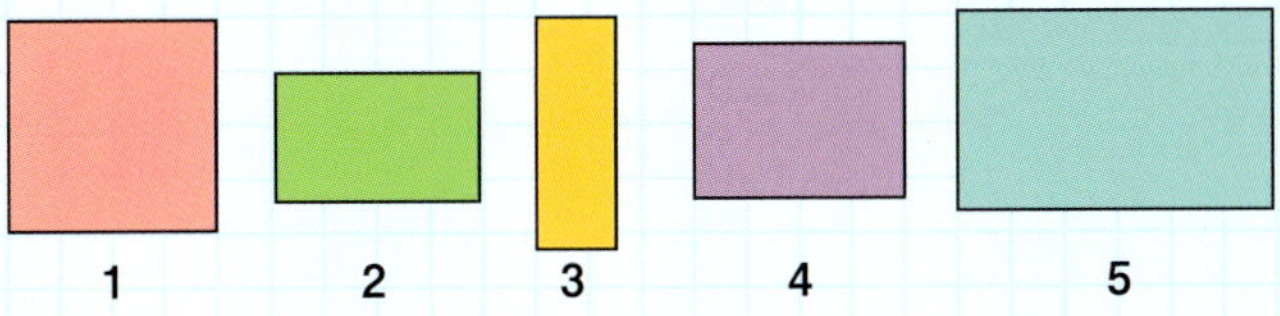


ひとくちメモ
身《み》の回《まわ》りにある名刺《めいし》やデジカメ、携帯型音楽《けいたいがたおんがく》プレイヤーにも黄金長方形《おうごんちょうほうけい》が使《つか》われているものがあります。はっとするような美《うつく》しい長方形《ちょうほうけい》を見《み》つけたら、黄金長方形《おうごんちょうほうけい》か調《しら》べてみましょう。〈やってみようの答え〉2、5

算数にまつわる偉人のお話

# 関孝和《せきたかかず》は和算界《わさんかい》のスーパースター!?

2月26日

明星大学客員教授《めいせいだいがくきゃくいんきょうじゅ》
細水保宏《ほそみずやすひろ》先生《せんせい》が書《か》きました

読《よ》んだ日《ひ》　月《がつ》　日《にち》　月《がつ》　日《にち》　月《がつ》　日《にち》

## 「筆算《ひっさん》」の発明《はつめい》

もともと日本《にほん》の数学《すうがく》は、中国《ちゅうごく》をお手本《てほん》にしていました。たし算《ざん》やひき算《ざん》のように簡単《かんたん》な計算《けいさん》をするときは、そろばんを使《つか》うと便利《べんり》ですよね。もっと難《むずか》しい問題《もんだい》は、算木《さんぎ》というマッチの軸《じく》のような道具《どうぐ》を使《つか》って計算《けいさん》していました。

でも、いちいち算木《さんぎ》を並《なら》べるのは時間《じかん》がかかるし、場所《ばしょ》もとります。そこで、算木《さんぎ》のかわりに、数《かず》や記号《きごう》を紙《かみ》に書《か》いて計算《けいさん》する方法《ほうほう》が考《かんが》えられました。みなさんがよくやる筆算《ひっさん》と、少《すこ》しだけ似《に》ているかもしれません。これを考《かんが》え出《だ》したのが、江戸時代《えどじだい》の和算家《わさんか》・関孝和《せきたかかず》（?〜1708年《ねん》）です。

## 和算《わさん》は世界《せかい》トップレベル!

関孝和《せきたかかず》は甲州《こうしゅう》（山梨県《やまなしけん》）の徳川《とくがわ》家《け》に仕《つか》える武士《ぶし》でした。若《わか》いころから数字《すうじ》にめっぽう強《つよ》く、藩《はん》のお金《かね》をきちんと管理《かんり》する仕事《しごと》を任《まか》されていました。今《いま》なら、お役所《やくしょ》の会計係《かいけいがかり》といったところでしょう。

関《せき》は数学者《すうがくしゃ》としても、すぐれた研究《けんきゅう》をたくさん残《のこ》しています。

独自《どくじ》の方法《ほうほう》で円《えん》周率《しゅうりつ》を計算《けいさん》して、3.14159265359……と、小数点《しょうすうてん》以下《いか》10桁《けた》まで正《ただ》しく求《もと》めました。

はじめにお話《はなし》した、計算式《けいさんしき》を紙《かみ》に書《か》き表《あらわ》す「傍書《ぼうしょ》法《ほう》」は、特《とく》に有名《ゆうめい》です。この発明《はつめい》によって、それまで解《と》くことのできなかった複雑《ふくざつ》な問題《もんだい》もスラスラ解《と》けるようになりました。

それをきっかけに、江戸時代《えどじだい》の和算《わさん》（日本《にほん》で独自《どくじ》に発達《はったつ》した数学《すうがく》）は、世界《せかい》のトップレベルまで大《おお》きく発展《はってん》したとも言《い》われているのです。

### やってみよう

### 江戸時代《えどじだい》の筆算《ひっさん》

この図《ず》は、関孝和《せきたかかず》が考《かんが》え出《だ》した計算式《けいさんしき》の表《あらわ》し方《かた》（傍書《ぼうしょ》法《ほう》）です。みなさんが知《し》っている西洋式《せいようしき》と比《くら》べてみましょう。江戸時代《えどじだい》の書《か》き方《かた》で、たし算《ざん》やひき算《ざん》ができるかな？

傍書式《ぼうしょしき》

| 西洋式 | 甲＋乙 | 甲－乙 | 甲×乙 | 甲÷乙 |
|---|---|---|---|---|
| 傍書式 | ｜甲<br>｜乙 | ｜甲<br>⊬乙 | ｜甲乙 | 乙｜甲 |

ひとくちメモ

1994年《ねん》に発見《はっけん》された小惑星《しょうわくせい》には、「関孝和《せきたかかず》（7483 Sekitakakazu）」という名前《なまえ》がつけられました。関孝和《せきたかかず》は、正確《せいかく》な天文暦《てんもんれき》をつくる研究《けんきゅう》をしていたとも言《い》われています。

# 道路《どうろ》の文字《もじ》はなぜ細長《ほそなが》い？

2月27日

神奈川県《かながわけん》 川崎市立土橋小学校《かわさきしりつつちはししょうがっこう》
山本《やまもと》 直《なお》先生《せんせい》が書《か》きました

読《よ》んだ日《ひ》 月《がつ》 日《にち》 月《がつ》 日《にち》 月《がつ》 日《にち》



## 道路《どうろ》にかいてある文字《もじ》

車《くるま》の走《はし》る道路《どうろ》には、いろいろな文字《もじ》がかいてありますね。「止《と》まれ」や「スクールゾーン」、「バス停《てい》」など、運転《うんてん》している人《ひと》にメッセージを伝《つた》えるためのものがかいてあります。でもこの文字《もじ》、よく見《み》てみると、普通《ふつう》にかくよりも細《ほそ》長《なが》くなっている気《き》がしませんか。道《みち》を歩《ある》くとき、少《すこ》し気《き》にして見《み》てみてください。

## 角度《かくど》によって見《み》え方《かた》が違《ちが》う？

図《ず》1の「止《と》まれ」を見《み》てください。普通《ふつう》にかくよりもわざと細長《ほそなが》くしてあります。本《ほん》を読《よ》むときは正面《しょうめん》から見《み》るので細長《ほそなが》く感《かん》じますが、これを本《ほん》の斜《なな》め下《した》から見《み》てください。すると、普通《ふつう》の文字《もじ》の大《おお》きさに見《み》えませんか。見《み》る角度《かくど》によって、長《なが》さが違《ちが》って見《み》えるのですね。

道路《どうろ》の文字《もじ》も、真上《まうえ》から見《み》れば細長《ほそなが》くなっていますが、車《くるま》を運転《うんてん》している人《ひと》は斜《なな》め前《まえ》から見《み》ることになります。だから、運転席《うんてんせき》から見《み》ると普通《ふつう》の文字《もじ》のように見《み》えるので、見《み》やすくなっています。

道路《どうろ》の文字《もじ》は、メッセージを伝《つた》える相手《あいて》（運転手《うんてんしゅ》）のことを考《かんが》えてつくられているのですね。

図《ず》1

## 調《しら》べてみよう

### 立体的《りったいてき》に見《み》える広告《こうこく》

サッカーや陸上《りくじょう》の競技場《きょうぎじょう》に行《い》ったことはありますか。そこには、さまざまな広告《こうこく》があるのですが、地面《じめん》にかかれている広告《こうこく》はなぜか斜《なな》めになっています。なぜなのでしょうか。実《じつ》は、テレビで見《み》るとこの広告《こうこく》が立体的《りったいてき》に見《み》えて、本当《ほんとう》に看板《かんばん》が立《た》っているように見《み》えるのです。平行四辺形《へいこうしへんけい》と呼《よ》ばれる形《かたち》が使《つか》われるのですが、これをテレビで見《み》ると長方形《ちょうほうけい》に見《み》えるようになっています。テレビや競技場《きょうぎじょう》でスポーツ観戦《かんせん》をする時《とき》に見《み》てみましょう。ここでも、見《み》る人《ひと》のことを意識《いしき》して工夫《くふう》されているのですね。

ひとくちメモ
身《み》の回《まわ》りには、人間《にんげん》がものを見《み》るときに働《はたら》く脳《のう》のしくみを利用《りよう》したものがたくさんあります。目《め》の錯覚《さっかく》を活《い》かしただまし絵《え》などもその一種《いっしゅ》です（326ページ参照《さんしょう》）。

数や図形で遊ぼう

# おたやたつたは たぷたりたん

2月 28日

東京都《とうきょうと》　杉並区立高井戸第三小学校《すぎなみくりつたかいどだいさんしょうがっこう》
吉田映子《よしだえいこ》先生《せんせい》が書《か》きました

読《よ》んだ日《ひ》　月《がつ》　日《にち》　月《がつ》　日《にち》　月《がつ》　日《にち》

| 0 | 10 | 9 | 8 | 7 | 6 | 5 | 4 | 3 | 2 | 1 | |
|---|---|---|---|---|---|---|---|---|---|---|---|
| ん | わ | ら | や | ま | は | な | た | さ | か | あ | 1 |
| | (ゐ) | り | (い) | み | ひ | に | ち | し | き | い | 2 |
| | (う) | る | ゆ | む | ふ | ぬ | つ | す | く | う | 3 |
| | (ゑ) | れ | (え) | め | へ | ね | て | せ | け | え | 4 |
| | を | ろ | よ | も | ほ | の | と | そ | こ | お | 5 |

## タヌキの暗号《あんごう》って何《なに》?

「おたやたつたはたぷたりたん」って何《なん》でしょう。

これは「タヌキの暗号《あんごう》」です。「た」を抜《ぬ》いて読《よ》んでみると「おやつはぷりん」となります。

次《つぎ》のこれは何《なに》が書《か》いてあるのでしょう。

31、0、33、13、41、55、32、12

これは、ひらがなの五十音表《ごじゅうおんひょう》に記号《きごう》をつけて、数字《すうじ》でひらがなを表《あらわ》しています。

初《はじ》めの31は、さ行《ぎょう》の3と、その一番目《いちばんめ》の意味《いみ》で「さ」です。0は「ん」です。

順番《じゅんばん》に調《しら》べていくと「さんすうたのしい」となります。

## こんな暗号《あんごう》は解《と》けるかな?

ちょっと難《むずか》しくなります。

「朝《あさ》、赤信号《あかしんごう》、ご苦労《くろう》さんを7つ細《ほそ》くめくって捨《す》てたごみ。水曜日《すいようび》うどん」

この文章《ぶんしょう》、もちろんこのままでは何《なに》を言《い》っているのかわかりませんね。

この暗号《あんごう》を解《と》くヒントは「3」です。すべてひらがなに直《なお》してみましょう。

「あさあかしんごうごくろうさんをななつほそくめくってすてたごみすいようびうどん」

となります。

ここでヒントが「3」なので、3個目《こめ》ごとに登場《とうじょう》する文字《もじ》に印《しるし》をつけていきます。

「あさあかしんごうごくろうさんをななつほそくめくってすてたごみすいようびうどん」

「あんごうをつくってみよう」と書《か》いてありました。

### やってみよう

この暗号《あんごう》を解読《かいどく》してみよう

15.85.33.93.32.61.75.15.12.73.
12.91.51.12.11.33

ヒントは「2」。上《うえ》の五十音表《ごじゅうおんひょう》を使《つか》った暗号《あんごう》と、いくつ目《め》を読《よ》む暗号《あんごう》を組《く》み合《あ》わせた暗号《あんごう》だよ。

ひとくちメモ
工夫《くふう》してオリジナル暗号《あんごう》をつくってみるのも面白《おもしろ》いね。「やってみよう」の答《こた》えは「夜《よる》はオムライス」でした。

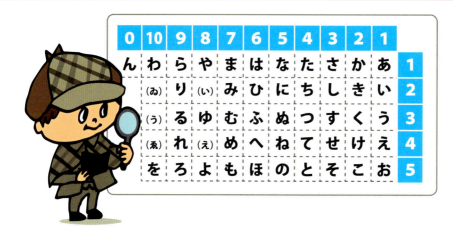

くらしの中の算数のお話

# うるう年《どし》はなぜあるのか

2月29日

大分県《おおいたけん》　大分市立大在西小学校《おおいたしりつおおざいにししょうがっこう》
二宮孝明《にのみやたかあき》先生《せんせい》が書《か》きました

読《よ》んだ日《ひ》　月《がつ》　日《にち》　月《がつ》　日《にち》　月《がつ》　日《にち》

うるう年《どし》がないと、長《なが》い年月《ねんげつ》の間《あいだ》に、暦《こよみ》と実際《じっさい》の季節《きせつ》の間《あいだ》にずれが出《で》てきます。

## 昔《むかし》は「うるう月《づき》」があった

「うるう年《どし》」という言葉《ことば》を聞《き》いたことがありますか？　1年《ねん》は、普通《ふつう》365日《にち》ですが、4年《ねん》に一度《いちど》、2月《がつ》29日《にち》（うるう日《び》）が加《くわ》わり、1年《ねん》が366日《にち》になります。この「うるう日《び》」のある年《とし》のことを「うるう年《どし》」と言《い》います。どうして、4年《ねん》に一度《いちど》だけ366日《にち》になるのでしょうか。

大昔《おおむかし》の人《ひと》は、月《つき》の満《み》ち欠《か》けをもとに暦《こよみ》をつくりました。月《つき》が見《み》えなくなる新月《しんげつ》から、次《つぎ》の新月《しんげつ》までの間《あいだ》をひと月《つき》とし、それが12回巡《かいめぐ》ると季節《きせつ》が戻《もど》ることから1年《ねん》を定《さだ》めました。この場合《ばあい》、ひと月《つき》は29日《にち》か30日《にち》となり、現在《げんざい》の1年《ねん》よりも日数《にっすう》が少《すこ》し短《みじか》くなります。

すると、長《なが》い年月《ねんげつ》の間《あいだ》に、だんだんと季節《きせつ》がずれてしまいます。そこで、十数年《じゅうすうねん》に数回《すうかい》、1年《ねん》の長《なが》さを12カ月《げつ》ではなく13カ月《げつ》として調節《ちょうせつ》しました。これを「うるう月《づき》」と言《い》います。

## 「うるう日《び》」の誕生《たんじょう》

しかし、「うるう月《づき》」を設《もう》けても、長《なが》い間使《あいだつか》っているうちに季節《きせつ》がずれてしまいました。人々《ひとびと》は、どんなに長《なが》い年月使《ねんげつつか》っても、ずれのない暦《こよみ》を求《もと》めました。

今使《いまつか》われている暦《こよみ》はグレゴリオ暦《れき》と呼《よ》ばれ、1582年《ねん》につくられました。この暦《こよみ》の1年《ねん》は、正確《せいかく》には365・2425日《にち》です。そこで普段《ふだん》は365日《にち》とし、西暦《せいれき》が4で割《わ》り切《き》れる年《とし》（ただし100で割《わ》り切《き》れる年《とし》は400でも割《わ》り切《き》れる年《とし》だけ）に「うるう日《び》」をつくって、季節《きせつ》がずれないようにしているのです。

**調《しら》べてみよう**

### 江戸時代《えどじだい》の暦《こよみ》

6世紀《せいき》、中国《ちゅうごく》から日本《にほん》に暦《こよみ》が伝《つた》わりました。しかし、長《なが》い年月《ねんげつ》のうち、だんだんとずれが出《で》てきました。そこで、江戸時代《えどじだい》になって渋川春海《しぶかわはるみ》が新《あたら》しい暦《こよみ》をつくりました。渋川家《しぶかわけ》は代々《だいだい》、天文方《てんもんかた》という幕府《ばくふ》の役《やく》につき、暦《こよみ》をつくりました。

**ひとくちメモ**
2月《がつ》29日《にち》は4年《ねん》に一度《いちど》しかない「うるう日《び》」です。「うるう」を漢字《かんじ》で書《か》くと「閏《うるう》」です。「閏《うるう》」には「あまった」や「普通《ふつう》でない」という意味《いみ》があります。

感じてみよう

# 子供の科学写真館 vol.2

算数《さんすう》にまつわるユニークな写真《しゃしん》を紹介《しょうかい》します。
面白《おもしろ》かったり、美《うつく》しかったり、
算数《さんすう》の意外《いがい》な世界《せかい》を味《あじ》わってください。

1 **正多面体**

おなじみの正6面体以外にも、正4面体、正8面体、正12面体、正20面体と正多面体サイコロは各種つくられている。

2 **小数・分数**

（奥）形は10面体。0.1と小数第一位の目、0.01と小数第二位の目がかかれた「小数サイコロ」（手前）「分数サイコロ」各種。目にかかれた分数にどんな法則があるのか考えてみるのも楽しい。

## 「サイコロコレクション」

算数《さんすう》の授業《じゅぎょう》ではサイコロがたびたび登場《とうじょう》します。通常《つうじょう》は、面《めん》が6つの立方体《りっぽうたい》（正《せい》6面体《めんたい》）ですが、世《よ》の中《なか》には遊《あそ》び心《ごころ》あふれるさまざまなサイコロがあります。ここでは変《か》わり種《だね》を紹介《しょうかい》しましょう。

◉サイコロ提供／吉田映子

3 **さらに変わりサイコロ**

（左から順に）
転がすのではなくコマを回す楽しみがある「コマサイコロ」
2、4、8、16、32、64の目をもつ「倍々サイコロ」
ひし形の面が30枚。1～30までの目がある「30面体サイコロ」
足し算、引き算、かけ算、わり算の練習にも使える「記号サイコロ」。

4 **ダイス イン ダイス**

サイコロの中にさらにサイコロが入っているタイプ。出た目をすべて足す、なんてルールにするとすごろくもさらに盛り上がる!?

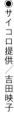

# 3月

March

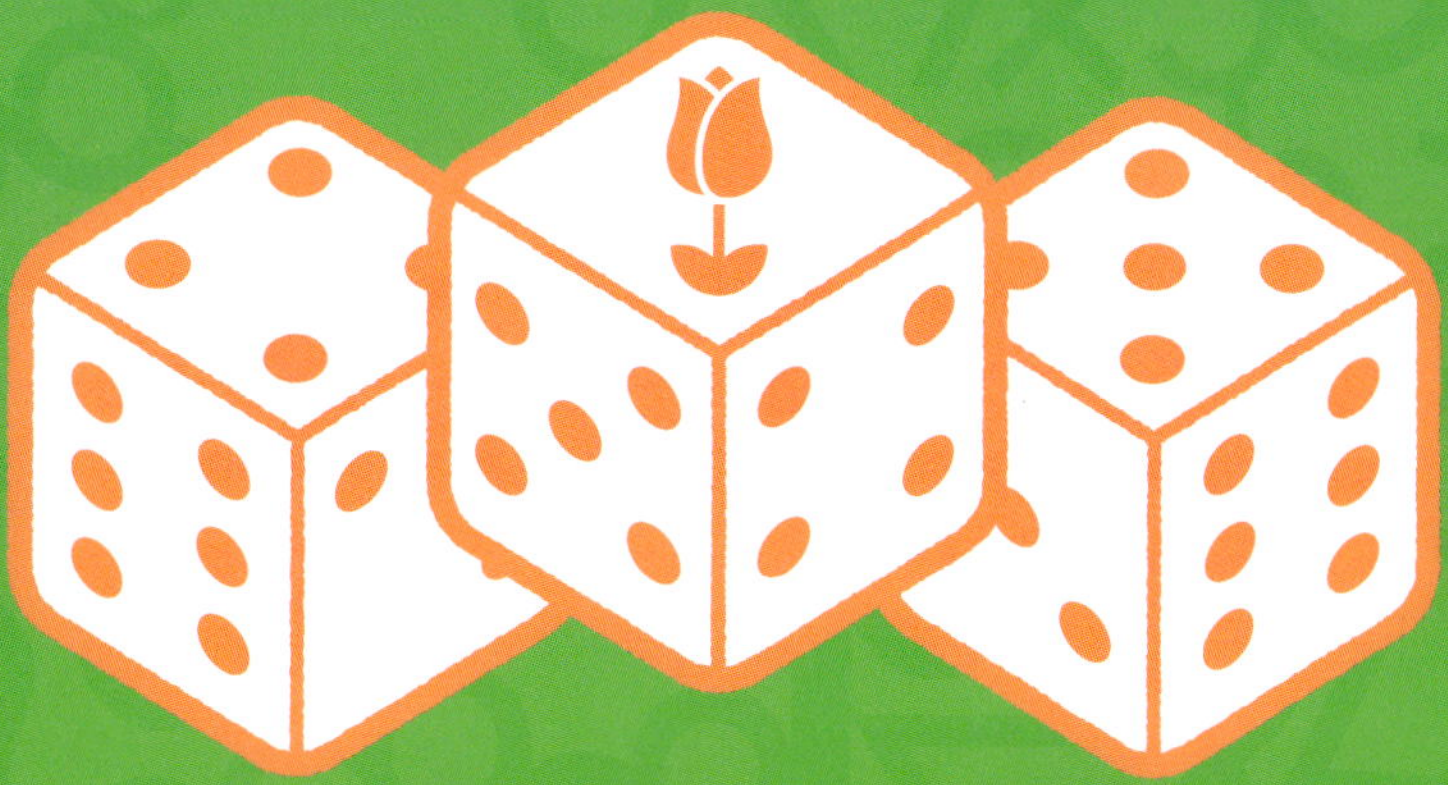

2 くらしの中の算数のお話

# うれしい？ かなしい？ おこづかい

3月 1日

福岡県《ふくおかけん》　田川郡川崎町立川崎小学校《たがわぐんかわさきちょうりつかわさきしょうがっこう》
高瀬大輔《たかせだいすけ》先生《せんせい》が書《か》きました

読《よ》んだ日《ひ》　月《がつ》　日《にち》　月《がつ》　日《にち》　月《がつ》　日《にち》

## もし毎日《まいにち》2倍《ばい》になったら

みなさんは、１カ月《げつ》におこづかいをいくらもらっているのでしょうか。いくらであっても大切《たいせつ》に使《つか》うことが大切《たいせつ》ですね。

さて、１カ月《げつ》（30日《にち》）のおこづかい１万円《まんえん》。これは、うれしい金《きん》額《がく》です。逆《ぎゃく》に30日《にち》の間《あいだ》、毎日《まいにち》１円《えん》。これはさびしい金額《きんがく》です。

では、１日目《にちめ》１円《えん》。２日目《かめ》２円《えん》。

図《ず》1

| | |
|---|---|
| 1日目 | …1円 |
| 2日目 | …2円 |
| 3日目 | …4円 |
| 4日目 | …8円 |
| 5日目 | …16円 |
| 6日目 | …32円 |
| 7日目 | …64円 |
| 8日目 | …128円 |
| 9日目 | …256円 |
| 10日目 | …512円 |

早く
いっぱいに
なあれ♪

３日目《かめ》４円《えん》……と前日《ぜんじつ》の２倍《ばい》のおこづかいがもらえるならば、１カ月《げつ》でどのくらいのおこづかいがもらえるのでしょう（図《ず》１）。

## 1円《えん》から始《はじ》めたのにスゴイ

10日目《かめ》でも５１２円《えん》。この10日《か》間《かん》のおこづかいを合計《ごうけい》しても１０２３円《えん》です。やはり、１カ月《げつ》１万《まん》円《えん》の方《ほう》がお得《とく》なのでしょうか。

では、続《つづ》きの11日目《にちめ》からはどうなるのか調《しら》べてみましょう（図《ず》２）。

図《ず》2

| | |
|---|---|
| 11日目 | …1024円 |
| 12日目 | …2048円 |
| 13日目 | …4096円 |
| 14日目 | …8192円 |
| 15日目 | …1万6384円 |
| 16日目 | …3万2768円 |
| 17日目 | …6万5536円 |
| 18日目 | …13万1072円 |
| 19日目 | …26万2144円 |
| 20日目 | …52万4288円 |

貯金箱も
いっぱいに
なったなぁ

たいへんな金額《きんがく》になってきました。20日目《かめ》で１日《にち》のおこづかいがおよそ52万円《まんえん》。この続《つづ》きも調《しら》べてみましょう（図《ず》３）。

はじめは１円《えん》から始《はじ》まったおこづかいが、30日目《にちめ》には約《やく》５億円《おくえん》に……！　びっくりするほど大《おお》きな金額《きんがく》になりました。２倍《ばい》の力《ちから》は、とてもすごいですね。

図《ず》3

| | |
|---|---|
| 21日目 | …104万8576円 |
| 22日目 | …209万7152円 |
| 23日目 | …419万4304円 |
| 24日目 | …838万8608円 |
| 25日目 | …1677万7216円 |
| 26日目 | …3355万4432円 |
| 27日目 | …6710万8864円 |
| 28日目 | …1億3421万7728円 |
| 29日目 | …2億6843万5456円 |
| 30日目 | …5億3687万912円 |

約5億円!!!

ひとくちメモ　戦国時代《せんごくじだい》にも、２倍《ばい》の力《ちから》のすごさを伝《つた》えるお話《はなし》があります。豊臣秀吉《とよとみひでよし》から大変《たいへん》な量《りょう》のほうびをもらおうとした男《おとこ》のお話《はなし》です。くわしくは270ページをご覧《らん》ください。

# 折《お》るとぴったり重《かさ》なる形《かたち》

岩手県《いわてけん》　久慈市教育委員会《くじしきょういくいいんかい》
小森《こもり》　篤《あつし》先生《せんせい》が書《か》きました

読《よ》んだ日《ひ》　月《がつ》　日《にち》　月《がつ》　日《にち》　月《がつ》　日《にち》

## 折《お》り紙《がみ》でできるかな？

4つの正方形《せいほうけい》を辺《へん》と辺《へん》がぴったりと合《あ》うように組《く》み合《あ》わせると、次《つぎ》のような形《かたち》ができます。

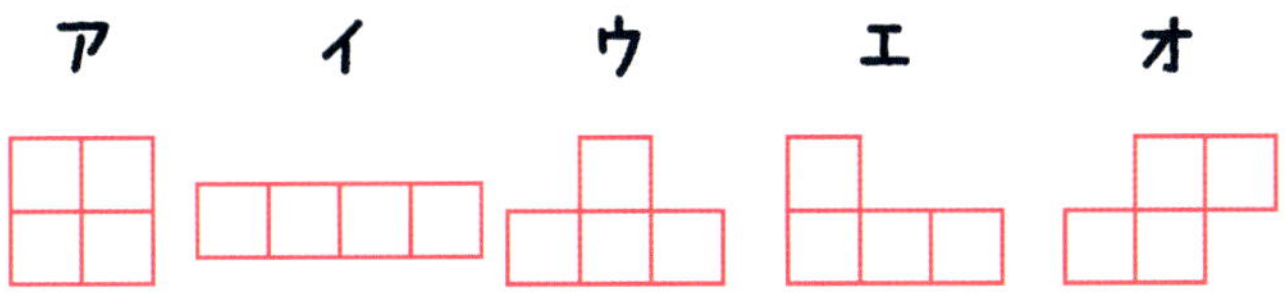
ア
イ
ウ
エ
オ

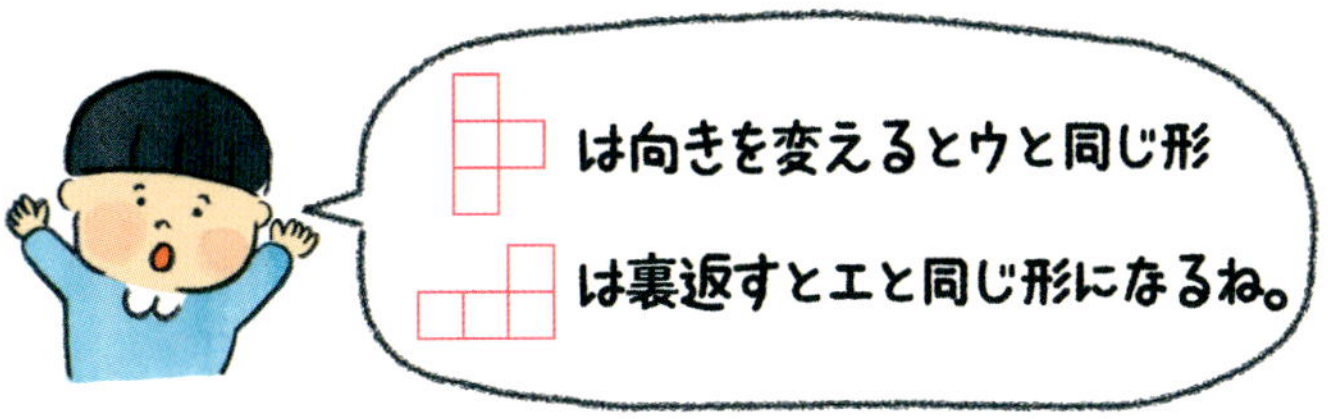
は向きを変えるとウと同じ形
は裏返すとエと同じ形になるね。

ア、イ、ウは、ある所《ところ》で折《お》るとぴったり重《かさ》なる形《かたち》です。

ウ
イ
ア
イの形は折り目が2つあるね！
アの形は折るとぴったり重なる
折り目が4つあります。
どこが折り目になるかわかるかな？
エ
答えは
3種類あるよ！
オ
答えは1種類
わかるかな？

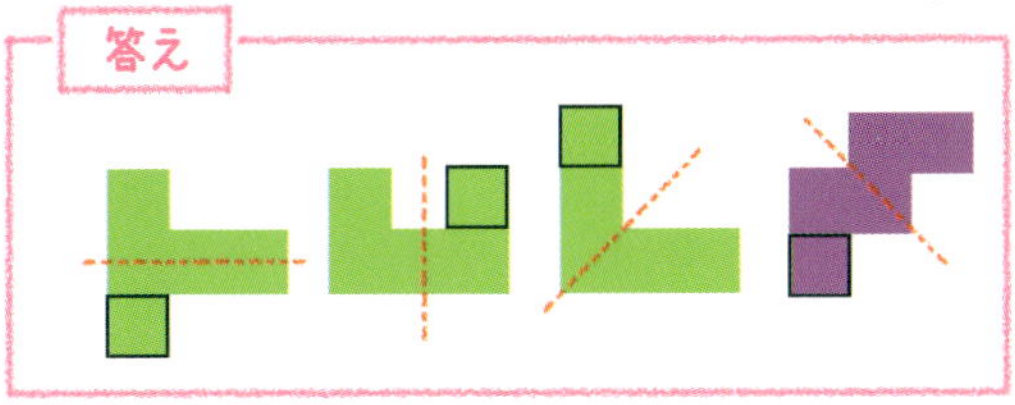
答え

エとオは、どこで折《お》ってもぴったりとは重《かさ》ならない形《かたち》です。だけど、正方形《せいほうけい》を1枚《まい》つけ足《た》すと、折《お》ったときにぴったり重《かさ》なる形《かたち》となります。どこにつけ足《た》すとよいでしょうか。

**やってみよう**

**探《さが》してみよう**

折《お》るとぴったり重《かさ》なる形《かたち》は、身《み》の回《まわ》りにもたくさんあります。家《いえ》や外《そと》でも探《さが》してみましょう。

**ひとくちメモ**　2つに折《お》るとぴったり重《かさ》なる形《かたち》のことを「線対称《せんたいしょう》な形《かたち》」といいます。

2 くらしの中の算数のお話

# 地球《ちきゅう》33番地《ばんち》はどこだ!?

3月 3日

高知《こうち》大学《だいがく》教育《きょういく》学部《がくぶ》附属《ふぞく》小学校《しょうがっこう》
高橋《たかはし》 真《まこと》 先生《せんせい》が書《か》きました

読《よ》んだ日《ひ》　月《がつ》　日《にち》　月《がつ》　日《にち》　月《がつ》　日《にち》

## 住所《じゅうしょ》がない場所《ばしょ》をどう示《しめ》す?

友達《ともだち》に手紙《てがみ》を書《か》くときには、7つの数字《すうじ》で表《あらわ》される「郵便番号《ゆうびんばんごう》」や「○○町《まち》△番地《ばんち》」のように地名《ちめい》と数字《すうじ》で表《あらわ》される「住所《じゅうしょ》」を書《か》くでしょう。郵便配達《ゆうびんはいたつ》の人《ひと》は、この住所《じゅうしょ》をたよりに、手紙《てがみ》をきちんと届《とど》けてくれます。住所《じゅうしょ》は、人《ひと》の住《す》んでいる場所《ばしょ》や建物《たてもの》の位置《いち》が、その土地《とち》を知《し》らない人《ひと》もふくめて誰《だれ》にでもわかるように考《かんが》え出《だ》されたすばらしい人間《にんげん》の知恵《ちえ》なのです。

では、海《うみ》や砂漠《さばく》のように□□市《し》や○○町《まち》などの地名《ちめい》のない場所《ばしょ》は、どのように表《あらわ》せばいいでしょう。実《じつ》は、数《かず》を組《く》み合《あ》わせて、地球《ちきゅう》上《じょう》のすべての場所《ばしょ》を表《あらわ》すことができるすごい方法《ほうほう》があるのです。

地球《ちきゅう》の北《きた》の端《はし》を北極《ほっきょく》、南《みなみ》の端《はし》を南極《なんきょく》といいますが、地球儀《ちきゅうぎ》を見《み》ると、北《ほっ》極《きょく》と南極《なんきょく》を結《むす》ぶ縦《たて》の線《せん》（経線《けいせん》）と、その線《せん》と交《まじ》わるように引《ひ》かれた横《よこ》の線《せん》（緯線《いせん》）があることに気《き》づくでしょう。北極《ほっきょく》からイギリスのロンドンを通《とお》り、南極《なんきょく》までを結《むす》んだ線《せん》を0度《ど》として、そこから東西《とうざい》にそれぞれ180度《ど》まで分《わ》けて表《あらわ》したものを「経《けい》度《ど》」といいます。経線《けいせん》は、同《おな》じ経《けい》度《ど》の地点《ちてん》を結《むす》んだ線《せん》です。

また、北極《ほっきょく》と南極《なんきょく》との中間《ちゅうかん》である赤道《せきどう》を0度《ど》として、そこから南《なん》北《ぼく》にそれぞれ90度《ど》まで分《わ》けて表《あらわ》したものを「緯度《いど》」といいます。緯《い》線《せん》は、同《おな》じ緯度《いど》の地点《ちてん》を結《むす》んだ線《せん》です。この経度《けいど》と緯度《いど》を使《つか》えば、地球上《ちきゅうじょう》のどんな場所《ばしょ》でも表《あらわ》すことができるのです。

日本《にほん》は、だいたい東経《とうけい》130度《ど》から150度《ど》あたり、北緯《ほくい》30度《ど》から45度《ど》あたりにあります。

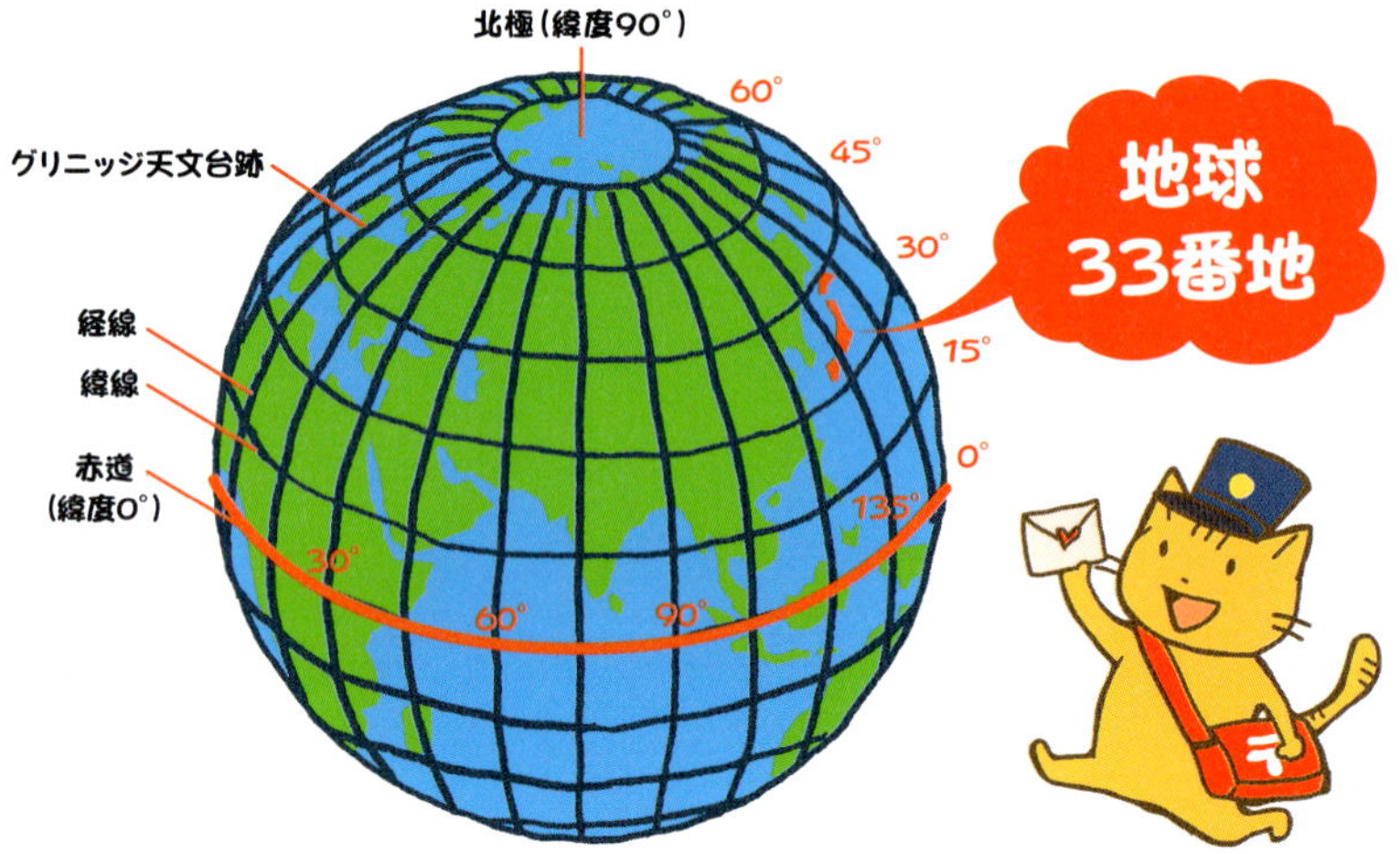


## 同《おな》じ数字《すうじ》が12個《こ》も並《なら》ぶ

「地球《ちきゅう》33番地《ばんち》」と呼《よ》ばれる場所《ばしょ》は、この経度《けいど》と緯度《いど》を使《つか》って表《あらわ》すと次《つぎ》のようになります。

東経《とうけい》133度《ど》33分《ふん》33秒《びょう》
北緯《ほくい》33度《ど》33分《ふん》33秒《びょう》
（1度《ど》は60分《ぶん》、1分《ぶん》は60秒《びょう》です）

これは高知県《こうちけん》高知市《こうちし》内《ない》にあたります。「33」がなんと12個《こ》も続《つづ》いていることから、この場所《ばしょ》は「地《ち》球《きゅう》33番地《ばんち》」と呼《よ》ばれています。

**ひとくちメモ**　地球上《ちきゅうじょう》のすべての場所《ばしょ》は、緯度《いど》・経度《けいど》を示《しめ》す2つの数《かず》の組《く》み合《あ》わせで位置《いち》を表《あらわ》すことができます。インターネットの地図《ちず》サイトであなたの住所《じゅうしょ》の緯度《いど》・経度《けいど》も調《しら》べられますよ。

# 三角《さんかく》タイルで模様《もよう》づくり



東京都《とうきょうと》 杉並区立高井戸第三小学校《すぎなみくりつたかいどだいさんしょうがっこう》
吉田映子《よしだえいこ》先生《せんせい》が書《か》きました

読《よ》んだ日《ひ》 月《がつ》 日《にち》 月《がつ》 日《にち》 月《がつ》 日《にち》



## 折《お》り紙《がみ》でやってみよう

折《お》り紙《がみ》を図《ず》のように折《お》り、折《お》り線《せん》で切《き》って2枚《まい》の長方形《ちょうほうけい》をつくります。

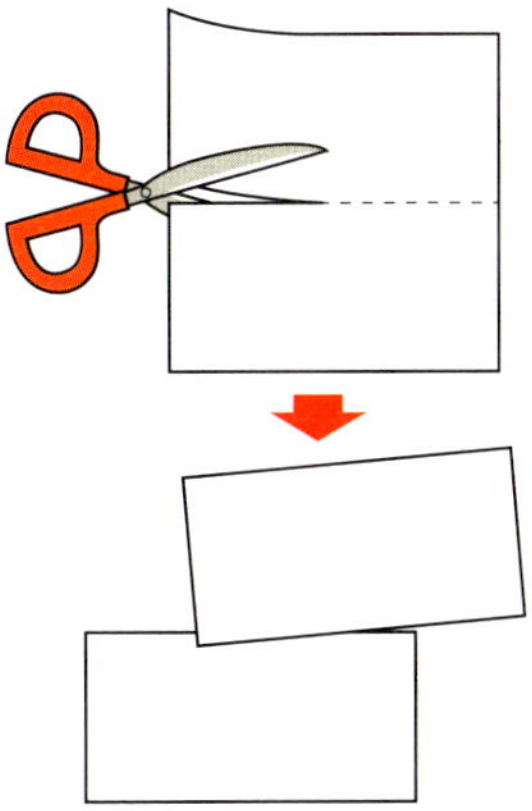

長方形《ちょうほうけい》を半分《はんぶん》に折《お》り、真《ま》ん中《なか》に折《お》り線《せん》をつけたら、片方《かたほう》の正方形《せいほうけい》を三角形《さんかくけい》に折《お》ります。

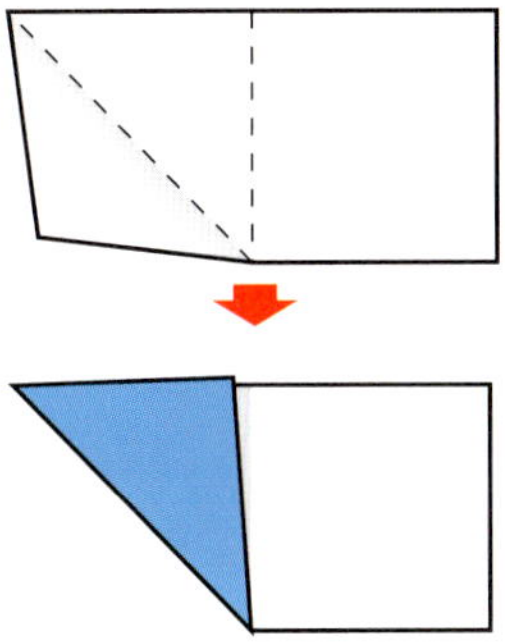

折《お》ってできた三角形《さんかくけい》を図《ず》のように正方形《せいほうけい》に重《かさ》ね、のり付《づ》けします。

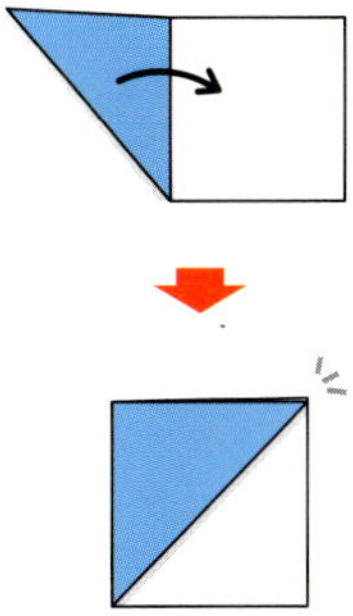

三角《さんかく》タイルができました。2枚使《まいつか》うと、どんな模様《もよう》ができるでしょう。

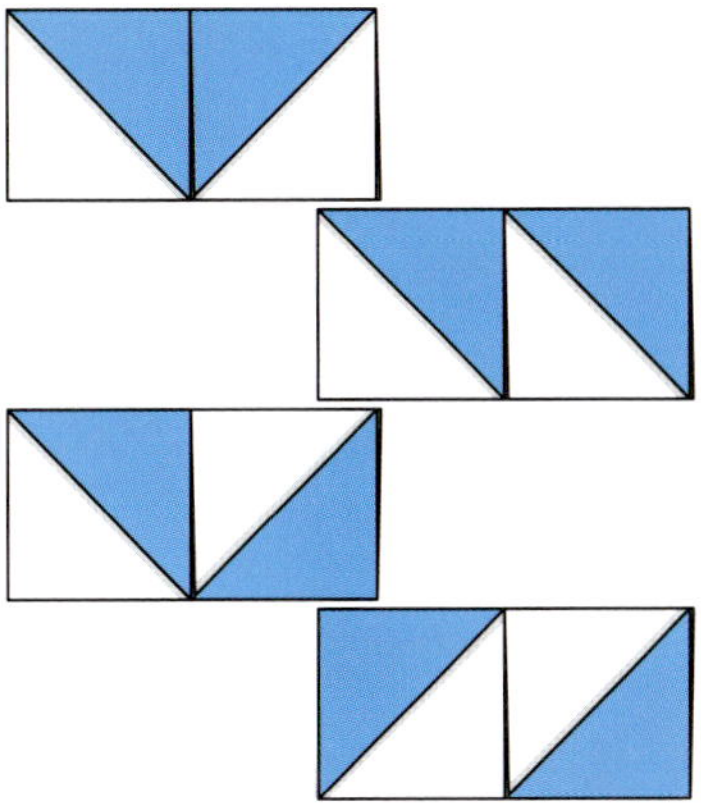

全部《ぜんぶ》で何通《なんとお》りできるか調《しら》べてみるといいですね。

この三角《さんかく》タイルを4枚使《まいつか》ったら、どんな模様《もよう》になるでしょう。

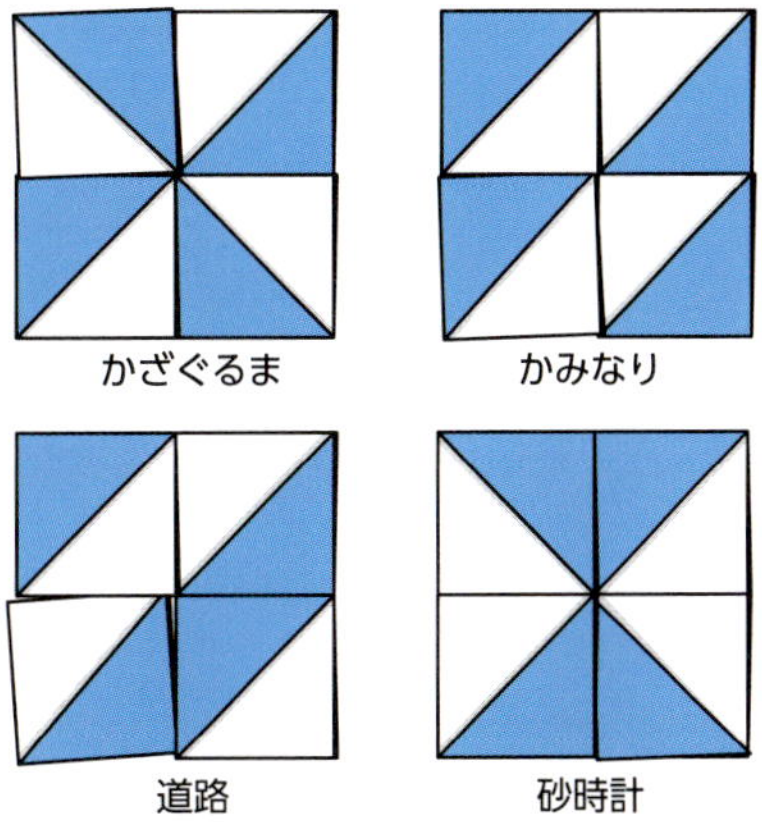


できあがった模様《もよう》には、作品名《さくひんめい》をつけましょう。

ひとくちメモ 同《おな》じ形《かたち》の三角形《さんかくけい》を組《く》み合《あ》わせるだけで、いろいろな三角形《さんかくけい》や四角形《しかくけい》ができるのは面白《おもしろ》いですね。

# 1メートルはどうやって決《き》まった？

3月 5日

大分県《おおいたけん》　大分市立大在西小学校《おおいたしりつおおざいにししょうがっこう》
二宮孝明《にのみやたかあき》先生《せんせい》が書《か》きました

読《よ》んだ日《ひ》　月《がつ》　日《にち》　月《がつ》　日《にち》　月《がつ》　日《にち》

## フランスの科学者《かがくしゃ》の提案《ていあん》

ふだん何気《なにげ》なく使《つか》っている長《なが》さの単位《たんい》に「メートル（m）」があります。メートルは、世界中《せかいじゅう》の国々《くにぐに》で使《つか》われている単位《たんい》です。

もともと、長《なが》さを表《あらわ》す単位《たんい》は、国《くに》や地域《ちいき》によってばらばらでした。大昔《おおむかし》、その国《くに》や地域《ちいき》の中《なか》だけで使《つか》うのであれば、問題《もんだい》はありませんでした。しかし、だんだんと世《よ》の中《なか》が発展《はってん》し、国《くに》や地域《ちいき》どうしが交流《こうりゅう》や商売《しょうばい》をするようになりました。すると、単位《たんい》の違《ちが》いが不便《ふべん》に思《おも》われるようになりました。

1790年《ねん》、フランスの科学者《かがくしゃ》たちが、地《ち》球《きゅう》の赤道《せきどう》から北極《ほっきょく》までの1000万分《まんぶん》の1の長《なが》さを世界《せかい》の標準《ひょうじゅん》にしようと提案《ていあん》しました。

そして、そのための測《そく》量隊《りょうたい》がつくられました。

## 「メートル」の誕生《たんじょう》

まず、測量隊《そくりょうたい》は、フランスとスペインの間《あいだ》の長《なが》さを測《はか》ることにしました。ところが、途中《とちゅう》で戦争《せんそう》にまきこまれたり、測量隊長《そくりょうたいちょう》が亡《な》くなったりと苦労《くろう》の連続《れんぞく》でした。それでも、測量隊《そくりょうたい》は、6年《ねん》かけて何《なん》とか仕事《しごと》をやりとげました。これをもとにフランス政府《せいふ》は、世界《せかい》の国々《くにぐに》にメートルを使《つか》うことを呼《よ》びかけました。はじめは思《おも》うように広《ひろ》まりませんでしたが、少《すこ》しずつ世界中《せかいじゅう》の国々《くにぐに》で使《つか》われるようになりました。

今《いま》では、より確実《かくじつ》にメートルを決《き》めるために、光《ひかり》が進《すす》む距離《きょり》をもとに決《き》められています。

### 調《しら》べてみよう

#### 日本《にほん》の単位《たんい》「尺《しゃく》」「寸《すん》」

日本《にほん》で昔《むかし》から使《つか》われている長《なが》さの単《たん》位《い》に「尺《しゃく》」や「寸《すん》」などがあります。日常生活《にちじょうせいかつ》の中《なか》で使《つか》うことはなかなかありません。しかし、日本《にほん》の伝統産《でんとうさん》業《ぎょう》である畳屋《たたみや》さんは、今《いま》でも尺《しゃく》や寸《すん》などの単位《たんい》を使《つか》って仕事《しごと》をしています（189ページ参照《さんしょう》）。

畳屋《たたみや》さんが使《つか》っているものさしには「尺《しゃく》」や「寸《すん》」などの目盛《めも》りがついています。
写真／二宮孝明

**ひとくちメモ**
1875年《ねん》にメートル条約《じょうやく》が各国《かっこく》の間《あいだ》で結《むす》ばれました。日本《にほん》は1885年《ねん》（明治《めいじ》19年《ねん》）に加盟《かめい》し、1921年《ねん》（大正《たいしょう》10年《ねん》）4月《がつ》11日《にち》にメートル法《ほう》が公布《こうふ》されました。4月《がつ》11日《にち》はメートル法公布記念日《ほうこうふきねんび》です。

数や図形で遊ぼう 123

# 数表《すうひょう》でゲームをしよう

3月 6日

熊本県《くまもとけん》 熊本市立池上小学校《くまもとしりついけのうえしょうがっこう》
藤本邦昭《ふじもとくにあき》先生《せんせい》が書《か》きました

読《よ》んだ日《ひ》 月《がつ》 日《にち》 月《がつ》 日《にち》 月《がつ》 日《にち》

## おはじきと数表《すうひょう》を用意《ようい》して

2人組《りぐみ》でやります。

1人《り》ずつ「0～99」の数表《すうひょう》を持《も》ちます。


図《ず》のように、おはじきを0のところにおいたら準備完了《じゅんびかんりょう》です。

ルールは簡単《かんたん》です。
①じゃんけんをします。
②勝《か》ったら下《した》に1マス進《すす》みます。
③負《ま》けたら右《みぎ》に1マス進《すす》みます。
④どちらかが「9」がついているマスについたらゲーム終了《しゅうりょう》。
⑤一《いち》の位《くらい》に9がついているマスについた人《ひと》が負《ま》けで、90の列《れつ》についた人《ひと》が勝《か》ちです。

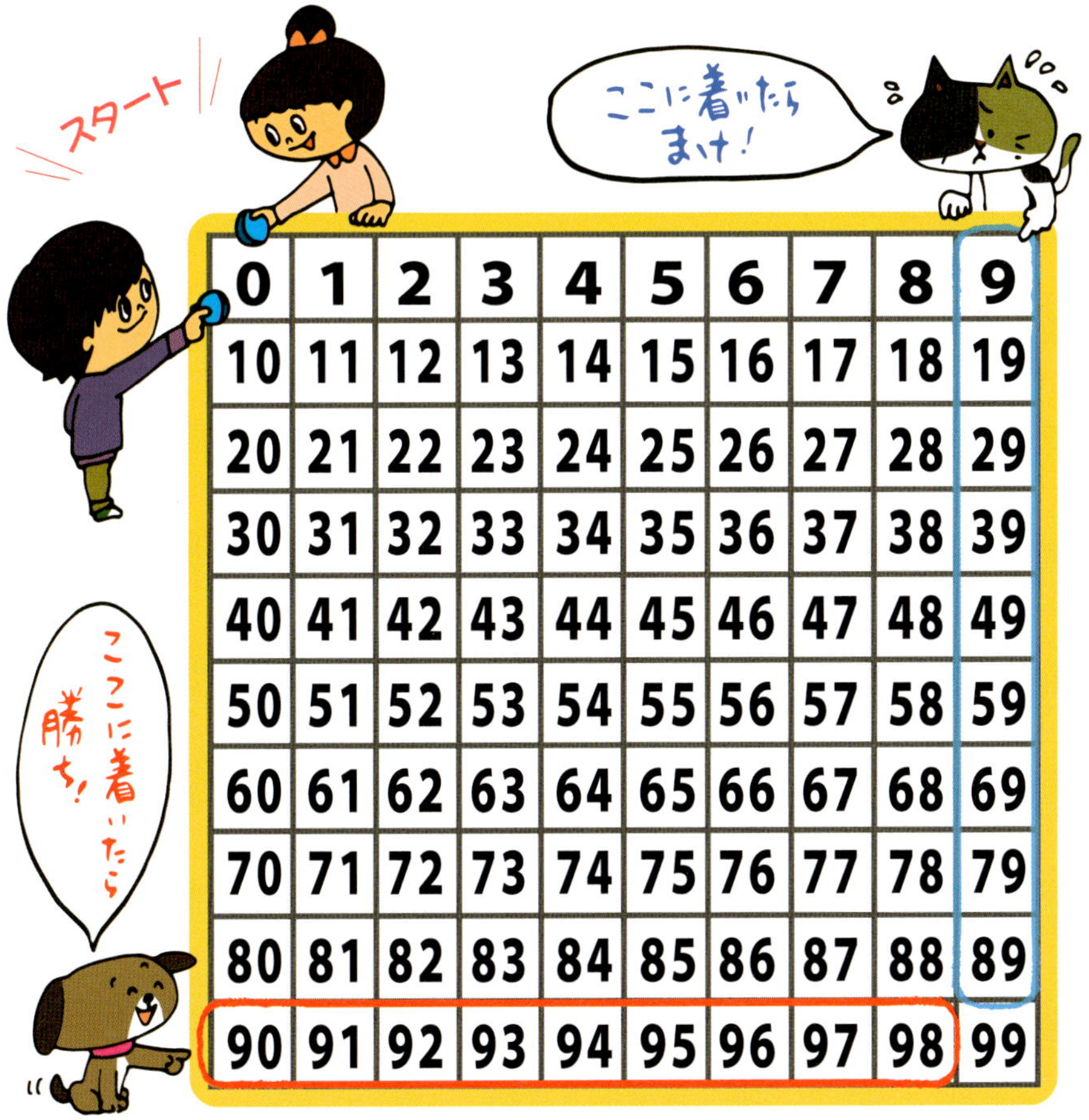


| | | | | | | | | | |
|---|---|---|---|---|---|---|---|---|---|
| 0 | 1 | 2 | 3 | 4 | 5 | 6 | 7 | 8 | 9 |
| 10 | 11 | 12 | 13 | 14 | 15 | 16 | 17 | 18 | 19 |
| 20 | 21 | 22 | 23 | 24 | 25 | 26 | 27 | 28 | 29 |
| 30 | 31 | 32 | 33 | 34 | 35 | 36 | 37 | 38 | 39 |
| 40 | 41 | 42 | 43 | 44 | 45 | 46 | 47 | 48 | 49 |
| 50 | 51 | 52 | 53 | 54 | 55 | 56 | 57 | 58 | 59 |
| 60 | 61 | 62 | 63 | 64 | 65 | 66 | 67 | 68 | 69 |
| 70 | 71 | 72 | 73 | 74 | 75 | 76 | 77 | 78 | 79 |
| 80 | 81 | 82 | 83 | 84 | 85 | 86 | 87 | 88 | 89 |
| 90 | 91 | 92 | 93 | 94 | 95 | 96 | 97 | 98 | 99 |

## おや？ なにか不思議《ふしぎ》だゾ

やっている途中《とちゅう》で気《き》づくことがあるはずです。

たとえば、自分《じぶん》が5勝《しょう》2敗《はい》だったら、52のマスにおはじきがあるはずです。そして、相手《あいて》のおはじきは25のマスにあるでしょう。では、73のマスに自分《じぶん》のおはじきがあるとき、相手《あいて》のおはじきはどこにあるでしょうか?

そうですね。73の一《いち》の位《くらい》と十《じゅう》の位《くらい》を入《い》れかえた37のところにあるはずです。

さて、質問《しつもん》です。このゲームには、絶対《ぜったい》、おはじきをおけないマスがあります。いったいどのマスでしょうね（答《こた》えはひとくちメモにあるヨ）。

ひとくちメモ
〈上記《じょうき》の質問《しつもん》の答《こた》え〉このゲームで絶対《ぜったい》におはじきがおけないマスは「99」です。99におはじきをおくためには、その前《まえ》に「89」「98」にいなければいけませんが、その時点《じてん》でゲーム終了《しゅうりょう》だからです。

単位とはかり方のお話

# にせの金貨《きんか》が詰《つ》まった袋《ふくろ》を探《さが》せ！

3月 7日

明星大学客員教授《めいせいだいがくきゃくいんきょうじゅ》
細水保宏《ほそみずやすひろ》先生《せんせい》が書《か》きました

読《よ》んだ日《ひ》　月《がつ》　日《にち》｜月《がつ》　日《にち》｜月《がつ》　日《にち》

## にせの金貨《きんか》が詰《つ》まった袋《ふくろ》は？

ある国《くに》の王様《おうさま》が、領地《りょうち》5カ所《しょ》から、それぞれ金貨《きんか》を100枚《まい》ずつ袋《ふくろ》に詰《つ》めて税金《ぜいきん》の形《かたち》で集《あつ》めさせていました。ところが、どれか1袋《ふくろ》がすべてにせ金《がね》を詰《つ》めてよこしたという情報《じょうほう》が入《はい》りました。

そこで、5つの袋《ふくろ》から、にせ金《がね》が詰《つ》まっている袋《ふくろ》を探《さが》そうと考《かんが》えました。なお、本物《ほんもの》の金貨《きんか》は10g、にせ物《もの》の金貨《きんか》は本物《ほんもの》より1g軽《かる》い9gであることがわかっています。また、はかりは1gまで正確《せいかく》に量《はか》ることができます。

## はかりを1回使《かいつか》っただけで

仮《かり》に、袋《ふくろ》をABCDEとして並《なら》べます。そして、それぞれの袋《ふくろ》から、1枚《まい》、2枚《まい》、3枚《まい》、4枚《まい》、5枚《まい》と金貨《きんか》を取《と》り出《だ》します。そして、取《と》り出《だ》した金貨《きんか》を全部一緒《ぜんぶいっしょ》にして重《おも》さを量《はか》ります。つまり、1＋2＋3＋4＋5＝15と15枚《まい》の金貨《きんか》をはかりに載《の》せるのです。

すべて本物《ほんもの》の金貨《きんか》であれば、1枚《まい》10gなので150gになるはずです。ここで仮《かり》に、4g足《た》りなければ、4枚《まい》取《と》り出《だ》したDの袋《ふくろ》がにせ物《もの》の金貨《きんか》が詰《つ》まった袋《ふくろ》であることがわかります。

つまり、足《た》りない重《おも》さと同《おな》じ枚《まい》数《すう》を取《と》り出《だ》した袋《ふくろ》が探《さが》す袋《ふくろ》なのです。

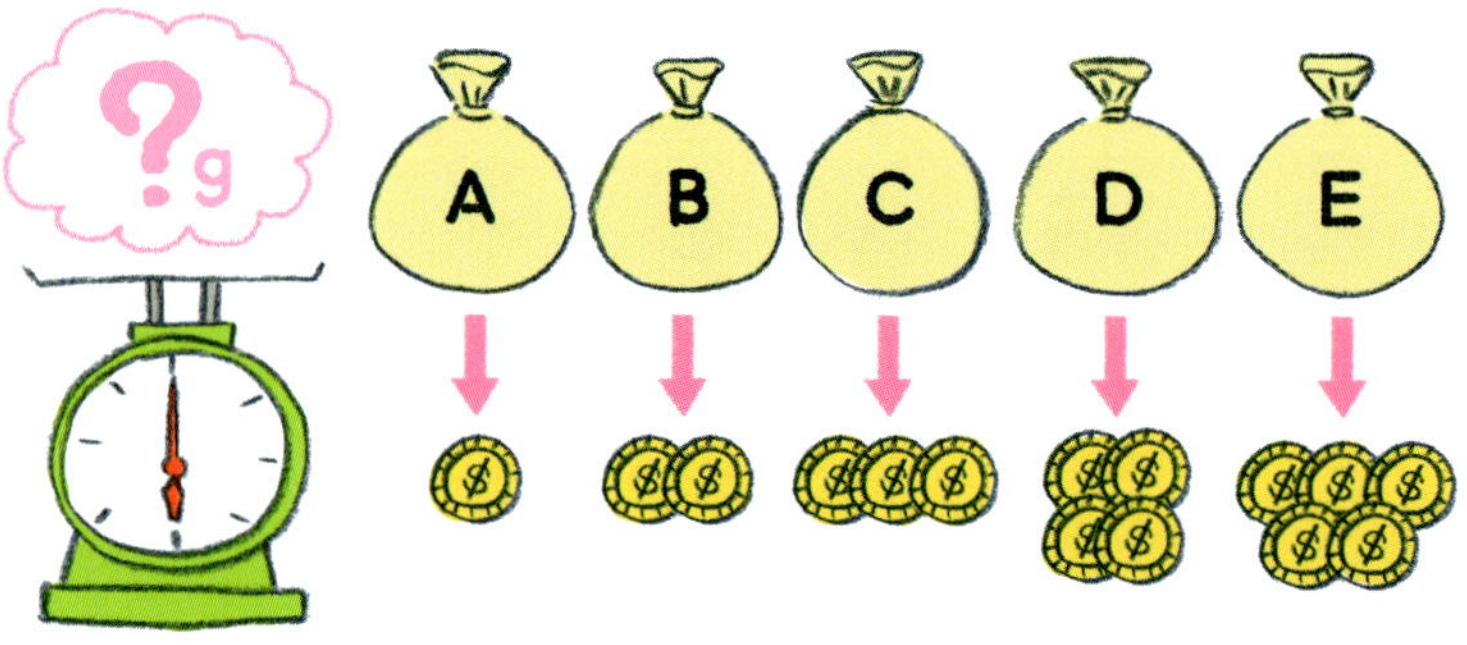


ひとくちメモ

にせの金貨《きんか》が詰《つ》まった袋《ふくろ》が1袋《ふくろ》だけとわかっていたら、Eの袋《ふくろ》から取《と》り出《だ》さなくてもわかります。A～Dの袋《ふくろ》ににせの金貨《きんか》がないことがわかれば、おのずとEがにせの金貨《きんか》が詰《つ》まっている袋《ふくろ》だとわかるからです。

# 干支《えと》で算数《さんすう》



お茶《ちゃ》の水《みず》女子《じょし》大学《だいがく》附《ふ》属小学校《ぞくしょうがっこう》
岡《おか》田《だ》紘《ひろ》子《こ》先生《せんせい》が書《か》きました

読《よ》んだ日《ひ》　月《がつ》　日《にち》　月《がつ》　日《にち》　月《がつ》　日《にち》



## 干支《えと》で年齢《ねんれい》がわかる!

みなさんの干支《えと》は何《なん》ですか？ 干支《えと》は、子《ね》・丑《うし》・寅《とら》・卯《う》・辰《たつ》・巳《み》・午《うま》・未《ひつじ》・申《さる》・酉《とり》・戌《いぬ》・亥《い》の12種類《しゅるい》あります。年男《としおとこ》・年女《としおんな》と言《い》われる人《ひと》は、生《う》まれ年《どし》の干支《えと》に当《あ》たる年《とし》がまわってきた人《ひと》のことをいいます。たとえば、申年《さるどし》に年男《としおとこ》・年女《としおんな》の人《ひと》は、0才《さい》、12才《さい》、24才《さい》、36才《さい》、48才《さい》、60才《さい》、72才《さい》、84才《さい》、96才《さい》……ということがわかります。

もし、「私《わたし》は戌年《いぬどし》です」という人《ひと》がいたら、申年《さるどし》の年《とし》から考《かんが》えると、あと2年《ねん》で年男《としおとこ》・年女《としおんな》と言《い》うことですから、申年《さるどし》の人《ひと》の年《とし》－2が戌年《いぬどし》の人《ひと》の年《とし》だとわかります。

## 12で割《わ》ったあまりに注目《ちゅうもく》

年齢《ねんれい》がわかると、その人《ひと》の干支《えと》も計算《けいさん》でわかります。たとえば、申年《さるどし》の年《とし》に26才《さい》の人《ひと》は、26÷12＝2あまり2なので、申年《さるどし》より2つ前《まえ》の午年《うまどし》ということがわかります。12で割《わ》ったときのあまりの数《かず》で、干支《えと》がわかるのです。

また、2016年《ねん》は申年《さるどし》で、2016÷12＝168と割《わ》り切《き》れることから、知《し》りたい年《とし》を12で割《わ》って、そのあまりの数《かず》で、その年《とし》の干支《えと》がわかります。たとえば、2050年《ねん》の干支《えと》は、2050÷12＝170あまり10なので、申年《さるどし》から数《かぞ》えて10番目《ばんめ》の干支《えと》になります。酉《とり》・戌《いぬ》・亥《い》・子《ね》・丑《うし》・寅《とら》・卯《う》・辰《たつ》・巳《み》・午《うま》なので、2050年《ねん》は午年《うまどし》です。

2020年東京《ねんとうきょう》オリンピックは2020÷12＝168あまり4だから子年《ねずみどし》です。

ひとくちメモ　生活《せいかつ》の中《なか》には12で1周期《しゅうき》のものがたくさんあります。時計《とけい》やカレンダーなどです。他《ほか》にも探《さが》してみましょう。

## タネあかし

では、タネあかしです。正解《せいかい》はウの直線《ちょくせん》でした。まず、最初《さいしょ》の直線《ちょくせん》を含《ふく》む長方形《ちょうほうけい》を見《み》つけましょう。

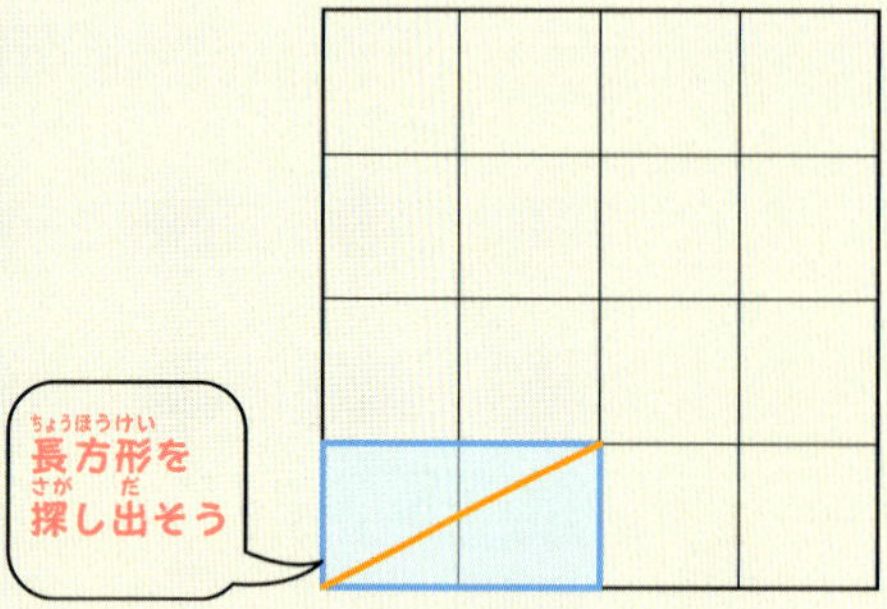


次《つぎ》に、その長方形《ちょうほうけい》を90度《ど》回転《かいてん》させます。これで、最初《さいしょ》の直線《ちょくせん》に対《たい》して垂直直線《すいちょくちょくせん》が引《ひ》けたことになります。

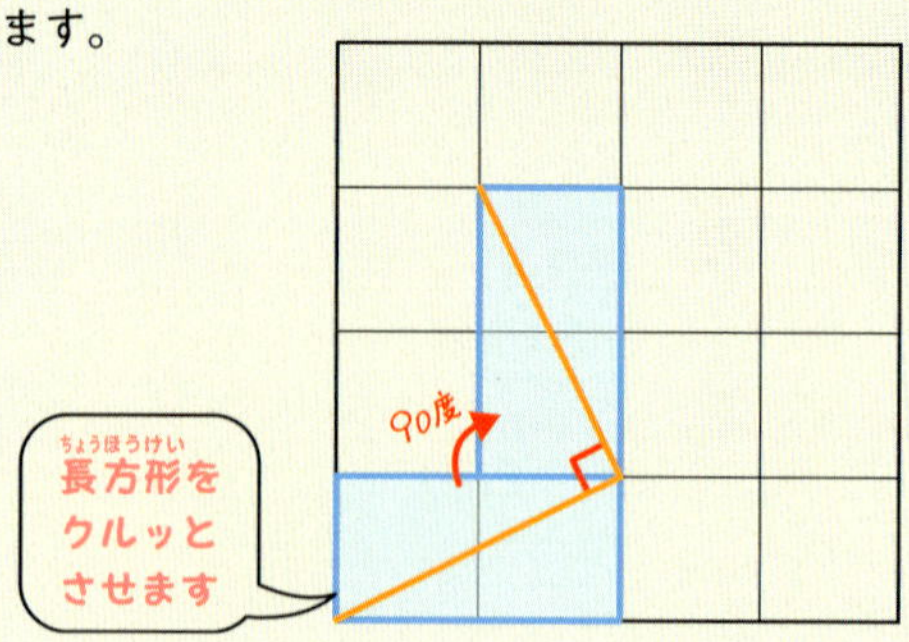


### ●正方形《せいほうけい》をかくこともできます

長方形《ちょうほうけい》を3回転《かいてん》させて、直線《ちょくせん》を4本《ほん》引《ひ》くと、正方形《せいほうけい》をかくこともできます。

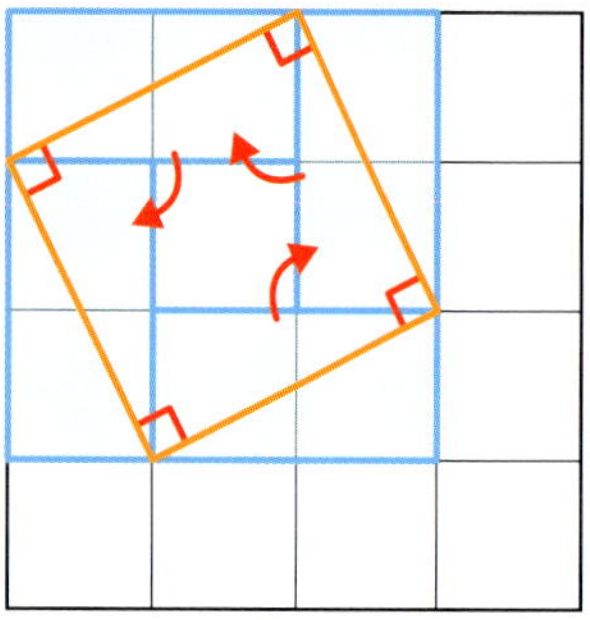

### ●マスの数《かず》が増《ふ》えても大丈夫《だいじょうぶ》

長方形《ちょうほうけい》のマスの数《かず》が3つに増《ふ》えても、同《おな》じやり方《かた》で、垂直《すいちょく》な直線《ちょくせん》を引《ひ》くことができます。

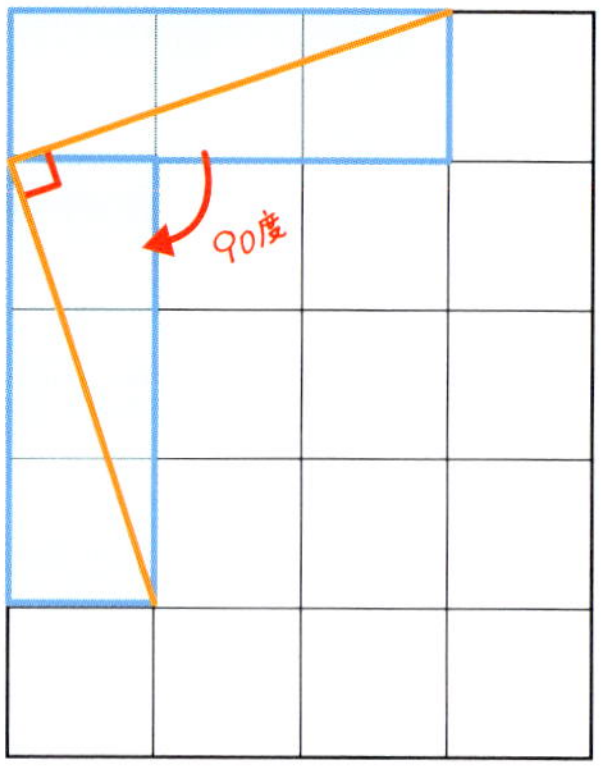


考《かんが》えてみよう

### どうして90度《ど》になるの？

どうして2つの直線《ちょくせん》が垂直《すいちょく》になるのか、確《たし》かめてみましょう。図《ず》1を見《み》てください。長方形《ちょうほうけい》の下《した》の★と●を足《た》すと直角《ちょっかく》になります。四角形《しかくけい》の対角線《たいかくせん》の2組《くみ》の角度《かくど》は同《おな》じなので、長方形《ちょうほうけい》Aの上《うえ》の★と●は、下《した》の★と●と同《おな》じ角度《かくど》になります。次《つぎ》に図《ず》2を見《み》てください。長方形《ちょうほうけい》BはAを回転《かいてん》したものなので、Aの上《うえ》の●とBの下《した》の★を足《た》した角度《かくど》も同《おな》じく直角《ちょっかく》になります。どうでしたか？　わかりましたか？

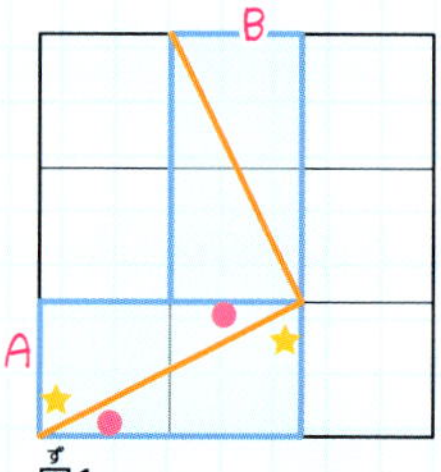

図《ず》1

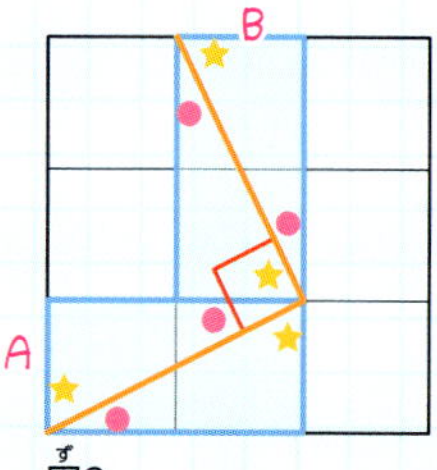

図《ず》2

ひとくちメモ

直線《ちょくせん》を含《ふく》む長方形《ちょうほうけい》を見《み》つけるのがポイントです。1つの図形《ずけい》についていろんな見方《みかた》ができるようになると、算数《さんすう》が楽《たの》しくなってきますよ。

# 方眼紙《ほうがんし》を使《つか》って垂直《すいちょく》な直線《ちょくせん》を引《ひ》こう

学習院初等科《がくしゅういんしょとうか》
大澤隆之《おおさわたかゆき》先生《せんせい》が書《か》きました

2つの三角定規《さんかくじょうぎ》を使《つか》えば、垂直《すいちょく》な直線《ちょくせん》を引《ひ》けることは、みなさん知《し》っていますよね。でも方眼紙《ほうがんし》に斜《なな》めにかかれた直線《ちょくせん》だったら、三角《さんかく》定規《じょうぎ》がなくても、垂直《すいちょく》な直線《ちょくせん》を引《ひ》くことができるのです。

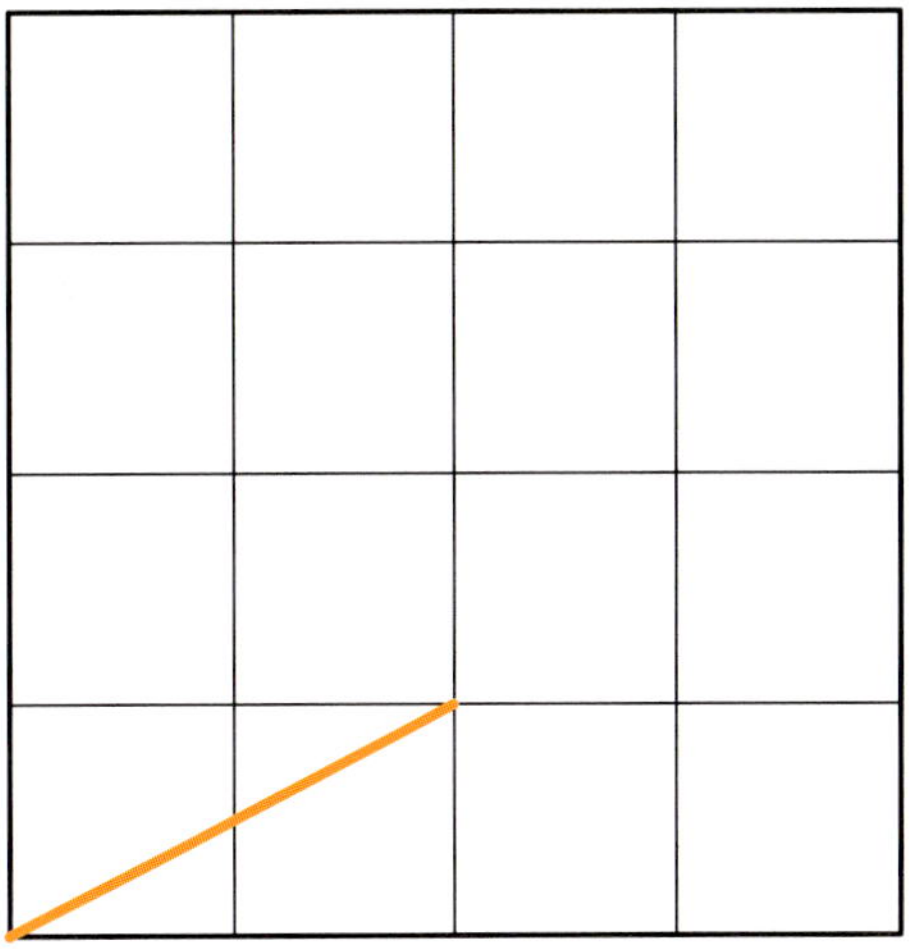

## ●垂直《すいちょく》の線《せん》を引《ひ》くことはできるかな？

方眼紙《ほうがんし》に右《みぎ》のように直線《ちょくせん》が引《ひ》かれています。この直線《ちょくせん》に垂直《すいちょく》な直線《ちょくせん》を引《ひ》くにはどうすればよいでしょうか？　少《すこ》し考《かんが》えてみてください。

**ヒント**

ヒントです。方眼《ほうがん》の点《てん》をねらって、この直線《ちょくせん》に垂直《すいちょく》になりそうな直線《ちょくせん》を何本《なんぼん》か引《ひ》いてみましょう。

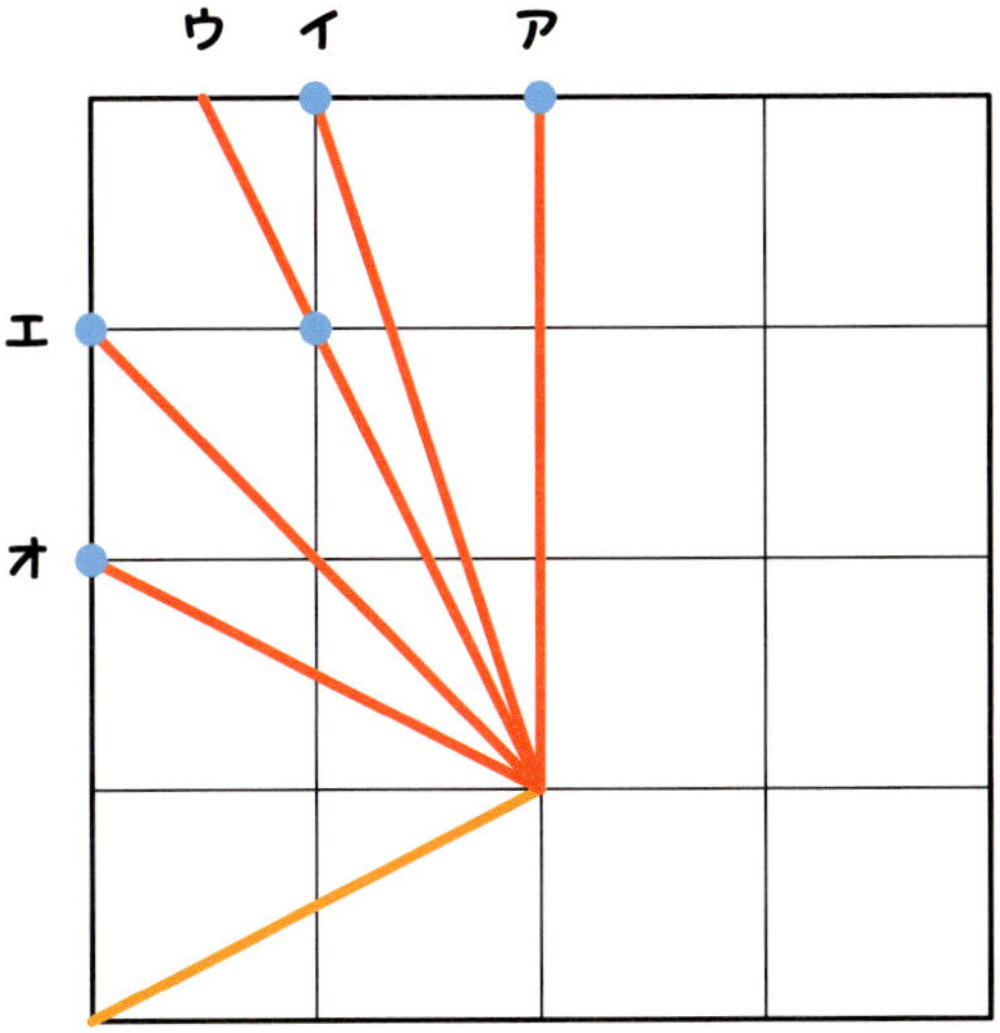

# 牛乳《ぎゅうにゅう》パックが大変身《だいへんしん》!?

3月 10日

東京都《とうきょうと》 豊島区立高松小学校《としまくりつたかまつしょうがっこう》
細萱裕子《ほそがやゆうこ》先生《せんせい》が書《か》きました

読んだ日 月 日 月 日 月 日

## リサイクルできる資源《しげん》

毎日《まいにち》の生活《せいかつ》の中《なか》で、たくさんのごみが出《で》ますよね。みなさんの家《いえ》では、ごみを分別《ぶんべつ》して出《だ》していますか?

ごみになるものの中《なか》にはリサイクルできるものがいくつもあります。地域《ちいき》によって違《ちが》いはありますが、ペットボトル、牛乳《ぎゅうにゅう》パック、スチール缶《かん》、アルミ缶《かん》、ガラス瓶《びん》、プラスチック製容器《せいようき》・包装《ほうそう》など、多《おお》くのものがリサイクルできるのです。もっと大《おお》きなものでは、テレビ、冷蔵庫《れいぞうこ》、洗濯機《せんたくき》、自転車《じてんしゃ》、自動車《じどうしゃ》、パソコンなどもリサイクルできます。

その中《なか》で、みなさんの身近《みぢか》なものに生《う》まれ変《か》わる牛乳《ぎゅうにゅう》パックについて考《かんが》えてみましょう。

## 牛乳《ぎゅうにゅう》パックは何《なに》になる?

牛乳《ぎゅうにゅう》パックはトイレットペーパーやティッシュペーパー、キッチンペーパーなどに生《う》まれ変《か》わります。1Lの牛乳《ぎゅうにゅう》パックは、30枚《まい》でトイレットペーパー5個分《こぶん》(1個《こ》分《ぶん》は60m)がつくられるそうです。30÷5=6なので、牛乳《ぎゅうにゅう》パック6枚《まい》でトイレットペーパー1個《こ》がつくられるということですね。

1人《り》が1年間《ねんかん》に使用《しよう》するトイレットペーパーの量《りょう》は、約《やく》50個《こ》と言《い》われています。60×50=3000なので、3km分《ぶん》の長《なが》さになりますね。これを牛乳《ぎゅうにゅう》パックの枚数《まいすう》で考《かんが》えてみましょう。トイレットペーパーを1個《こ》つくるのに6枚《まい》の牛乳《ぎゅうにゅう》パックを使《つか》うので、6×50=300となります。牛乳《ぎゅうにゅう》パックを300枚《まい》、資源《しげん》回収《かいしゅう》に出《だ》すと、1人《り》が使《つか》う1年分《ねんぶん》のトイレットペーパーがつくられるということになりますね。

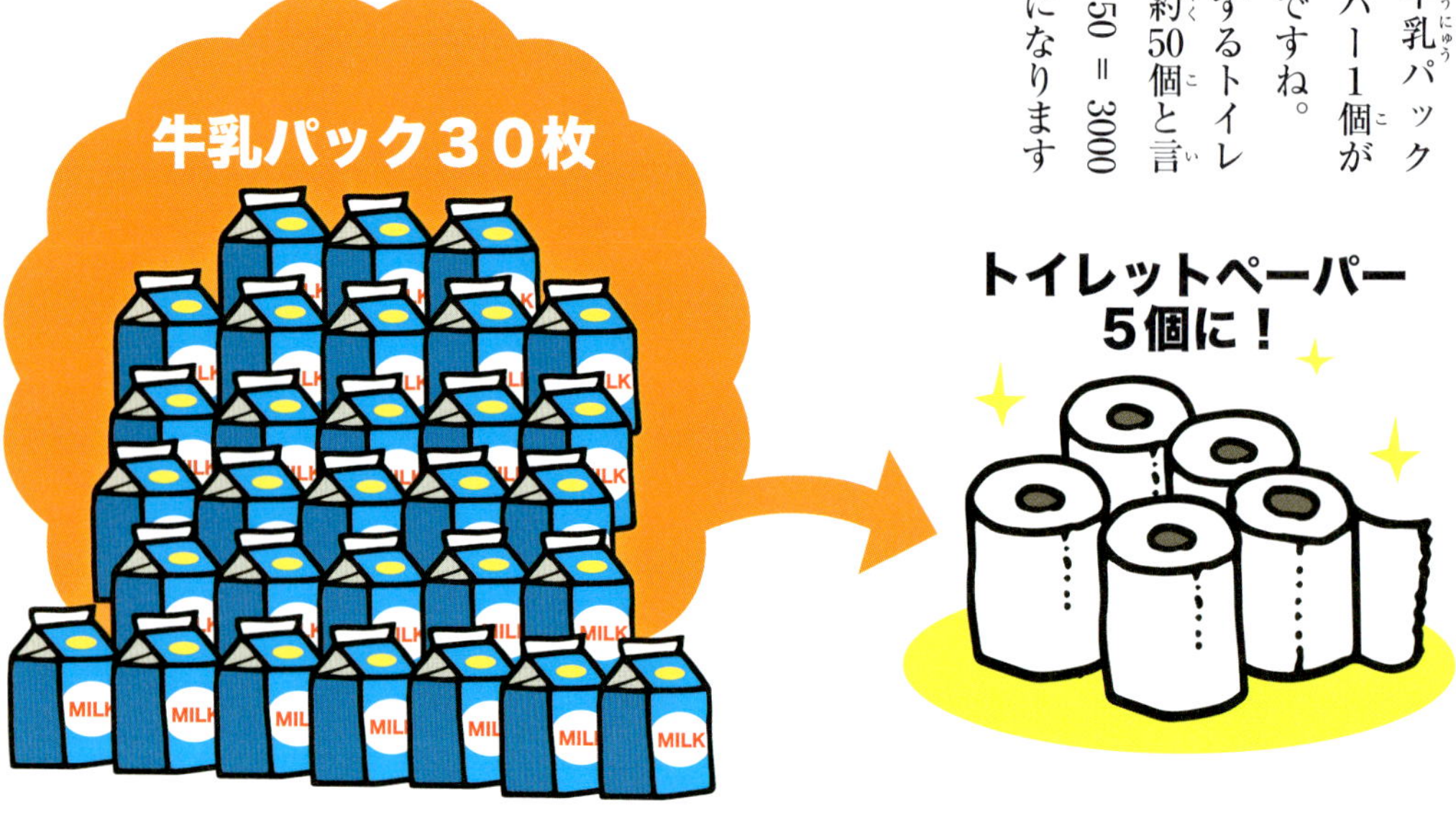


ひとくちメモ
牛乳《ぎゅうにゅう》パックは、他《ほか》の古紙《こし》とは混《ま》ぜずに分別《ぶんべつ》します。ばい菌《きん》が入《はい》ったり、牛乳《ぎゅうにゅう》がしみて紙《かみ》がふやけたりすることを防《ふせ》ぐために、使《つか》われる紙《かみ》の両面《りょうめん》がポリエチレンで覆《おお》われているためです。

# 隠《かく》れた数《かず》はいくつかな？



お茶《ちゃ》の水女子大学附属小学校《みずじょしだいがくふぞくしょうがっこう》
岡田紘子《おかだひろこ》先生《せんせい》が書《か》きました

読《よ》んだ日《ひ》　月《がつ》　日《にち》　月《がつ》　日《にち》　月《がつ》　日《にち》



図《ず》1

| × | 1 | 2 | 3 | 4 | 5 | 6 | 7 | 8 | 9 |
|---|---|---|---|---|---|---|---|---|---|
| 1 | 1 | 2 | 3 | 4 | 5 | 6 | 7 | 8 | 9 |
| 2 | 2 | 4 | 6 | ① | 10 | 12 | 14 | 16 | 18 |
| 3 | 3 | 6 | 9 | ② | 15 | 18 | 21 | ⑤ | 27 |
| 4 | 4 | ③ | 12 | 16 | 20 | 24 | 28 | 32 | 36 |
| 5 | 5 | ④ | 15 | 20 | 25 | 30 | 35 | 40 | 45 |
| 6 | 6 | 12 | 18 | 24 | 30 | 36 | 42 | ⑥ | 54 |
| 7 | 7 | 14 | 21 | 28 | 35 | 42 | 49 | 56 | 63 |
| 8 | 8 | 16 | 24 | 32 | 40 | 48 | 56 | 64 | 72 |
| 9 | 9 | 18 | 27 | 36 | 45 | 54 | 63 | 72 | 81 |

図《ず》2

| × | 1 | 2 | 3 | 4 | 5 | 6 | 7 | 8 | 9 |
|---|---|---|---|---|---|---|---|---|---|
| 1 | 1 | 2 | 3 | 4 | 5 | 6 | 7 | 8 | 9 |
| 2 | 2 | 4 | 6 | ① | 10 | 12 | 14 | 16 | 18 |
| 3 | 3 | 6 | 9 | ② | 15 | 18 | 21 | ⑤ | 27 |
| 4 | 4 | ③ | 12 | 16 | 20 | 24 | 28 | 32 | 36 |
| 5 | 5 | ④ | 15 | 20 | 25 | 30 | 35 | 40 | 45 |
| 6 | 6 | 12 | 18 | 24 | 30 | 36 | 42 | ⑥ | 54 |
| 7 | 7 | 14 | 21 | 28 | 35 | 42 | 49 | 56 | 63 |
| 8 | 8 | 16 | 24 | 32 | 40 | 48 | 56 | 64 | 72 |
| 9 | 9 | 18 | 27 | 36 | 45 | 54 | 63 | 72 | 81 |

## 九九表《くくひょう》の隠《かく》された数《かず》の和《わ》は？

九九表《くくひょう》の数《かず》を、カードで2マス分隠《ぶんかく》します。隠《かく》された数《かず》を足《た》したら、いくつでしょう。

まず、黄色《きいろ》のカードで隠《かく》された2つの数《かず》を足《た》すといくつでしょうか？　答《こた》えは、①が2×4＝8　②3×4＝12　足《た》すと8＋12＝20です。

次《つぎ》は、青《あお》いカードで隠《かく》された2つのマスを足《た》すといくつになるでしょうか？　答《こた》えは、③が4×2＝8　④が5×2＝10　足《た》すと8＋10＝18です。

実《じつ》は、黄色《きいろ》のマスの和《わ》も、青《あお》のマスの和《わ》も、計算《けいさん》しなくてもパッと答《こた》えを出《だ》すことができます。なぜでしょう？

## 答《こた》えがパッとわかるひみつ

左《ひだり》の図《ず》2を見《み》てください。①と②の和《わ》は、同《おな》じ縦《たて》の列《れつ》の5の段《だん》の答《こた》え、つまり5×4＝20が答《こた》えになります。③と④の答《こた》えは、同《おな》じ縦《たて》の列《れつ》の9の段《だん》の答《こた》え、9×2＝18になります。答《こた》えは、2の段《だん》と3の段《だん》を足《た》したら5の段《だん》、4の段《だん》と5の段《だん》を足《た》したら9の段《だん》の同《おな》じ列《れつ》を見《み》ればわかるのです。

カードが離《はな》れていても、答《こた》えはすぐわかります。⑤と⑥の和《わ》は、3の段《だん》と6の段《だん》を足《た》しているので、同《おな》じ列《れつ》の9の段《だん》の答《こた》えを見《み》ればいいのです。答《こた》えは、72です。

**ひとくちメモ**　カードを縦《たて》に置《お》かないで、横《よこ》に置《お》いても答《こた》えがすぐにわかりますよ。カードで隠《かく》す数《かず》を3つに増《ふ》やしても面白《おもしろ》いですね。

# おはじきキャッチ！

## ～勝《か》ったのは誰《だれ》？～



福岡県《ふくおかけん》　田川郡川崎町立川崎小学校《たがわぐんかわさきちょうりつかわさきしょうがっこう》
高瀬大輔《たかせだいすけ》先生《せんせい》が書《か》きました

読《よ》んだ日《ひ》　月《がつ》　日《にち》　月《がつ》　日《にち》　月《がつ》　日《にち》

### A君《くん》とB君《くん》の勝敗《しょうはい》は？

4色《しょく》（黒《くろ》、グレー、黄色《きいろ》、白《しろ》）のおはじきのつかみ取《ど》り競争《きょうそう》に挑戦《ちょうせん》するA君《くん》とB君《くん》。袋《ふくろ》の中《なか》には1点《てん》、10点《てん》、100点《てん》、1000点《てん》のおはじきが入《はい》っていて、おはじきの色《いろ》によって点数《てんすう》が違《ちが》うようです。2人《り》がつかんだおはじきは……（図《ず》1）。

図《ず》1

この勝負《しょうぶ》、どちらが勝《か》ったのでしょうか？　たくさんおはじきをとったB君《くん》が勝《か》ち？　おはじきがばらばらなので、色《いろ》ごとに分《わ》けて並《なら》べてみます（図《ず》2）。すると「もしも黒《くろ》が1000点《てん》だったら、A君《くん》の勝《か》ち」だとわかりますね。

つまりどの色《いろ》のおはじきが高得《こうとく》点《てん》かによって勝敗《しょうはい》が変《か》わります。

●1000点《てん》が黒《くろ》だったら
↓A君《くん》の勝《か》ち
●1000点《てん》がグレーだったら
↓A君《くん》の勝《か》ち
●1000点《てん》が黄色《きいろ》だったら
↓B君《くん》の勝《か》ち
●1000点《てん》が白《しろ》だったら
↓B君《くん》の勝《か》ち

図《ず》2

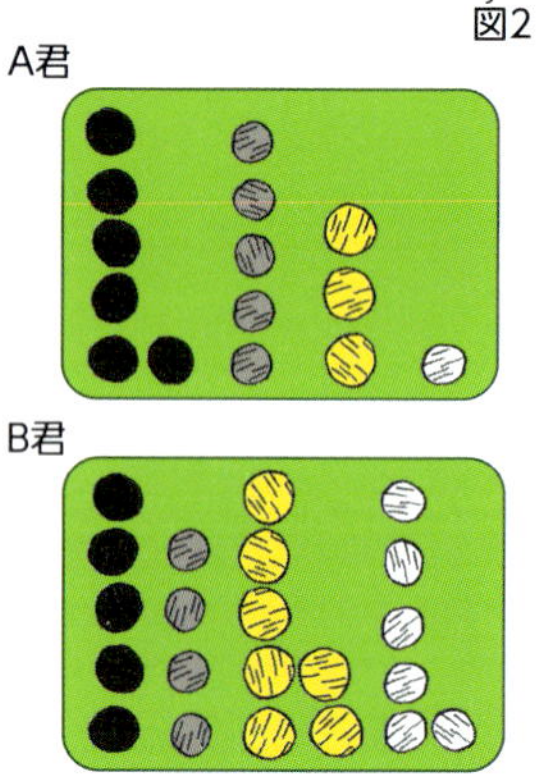


### なんと途中《とちゅう》でC君《くん》が参戦《さんせん》

そこにやってきたC君《くん》。C君《くん》は、なんと袋《ふくろ》の中《なか》に両手《りょうて》をつっこんでおはじきをたくさん取《と》り出《だ》し、「ぜったいぼくの勝《か》ちだ！」といばっています（図《ず》3）。「ぼくたちは片《かた》手《て》だったのに……」とくやしそうなA君《くん》とB君《くん》。本当《ほんとう》に2人《り》はC君《くん》には、勝《か》てないのでしょうか？

図《ず》3

たとえば、黄色《きいろ》が1000点《てん》、白《しろ》が100点《てん》、グレーが10点《てん》、黒《くろ》が1点《てん》とすると図《ず》4のアのようになります。各位《かくくらい》の部屋《へや》には9までしか入《はい》らなかったですね。10のまとまりができたら次《つぎ》の新《あたら》しい部屋《へや》に移《うつ》さないといけません。ここで、千《せん》より一《ひと》つ大《おお》きな部屋《へや》「万《まん》」の登《とう》場《じょう》です。だからイになります。

これでは、A君《くん》もB君《くん》も絶対《ぜったい》に勝《か》てませんね。

図《ず》4

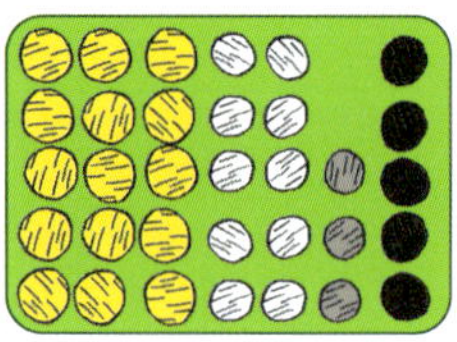

| | 万 | 千 | 百 | 十 | 一 |
|---|---|---|---|---|---|
| ア | | 千 | 百 | 十 | 一 |
| | | 15 | 10 | 3 | 5（点） |
| イ | 万 | 千 | 百 | 十 | 一 |
| | 1 | 6 | 0 | 3 | 5（点） |

ひとくちメモ

1000点《てん》の色《いろ》や100点《てん》の色《いろ》をいろいろと変《か》えてみると、A君《くん》やB君《くん》もずるいC君《くん》に勝《か》てる場合《ばあい》があります。ぜひ、探《さが》してみてくださいね。

# 切《き》って、ねじって貼《は》ってつくろう

お茶《ちゃ》の水女子《みずじょし》大学《だいがく》附属《ふぞく》小学校《しょうがっこう》
久《く》下《が》谷《や》 明《あきら》 先生《せんせい》が書きました

読《よ》んだ日《ひ》　月《がつ》　日《にち》　月《がつ》　日《にち》　月《がつ》　日《にち》

## どうやってつくるのかな？

左《ひだり》の写真《しゃしん》を見《み》てください。緑色《みどりいろ》の紙《かみ》でできた形《かたち》、この形《かたち》は1枚《まい》の紙《かみ》からつくっています。でも、よく見《み》るとちょっと不思議《ふしぎ》ですよね。立《た》っている部分《ぶぶん》をたおしていくと、重《かさ》なる部分《ぶぶん》が出《で》てきてしまいます。どうやって1枚《まい》の紙《かみ》からつくっているのでしょうか。わかりますか。じっと写真《しゃしん》を見《み》て考《かんが》えてみてください。どうでしょうか。

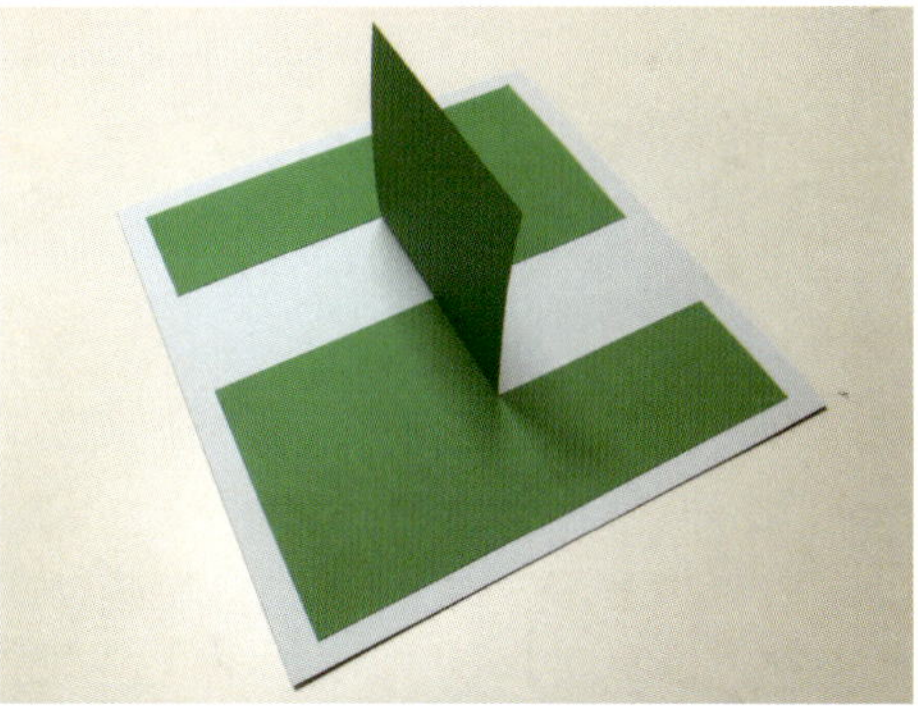

写真／久下谷 明（このページすべて）

今日《きょう》はこの不思議《ふしぎ》な形《かたち》をつくってみましょう。つくり方《かた》はとっても簡単《かんたん》です。「切《き》ってねじって貼《は》る」だけです。

## つくり方《かた》はカンタンだよ

では、さっそくつくってみましょう。

まず、長方形《ちょうほうけい》の紙《かみ》を1枚用意《まいようい》します。図《ず》1のように半分《はんぶん》に折《お》って折目《おりめ》をつけます。折《お》り目《め》は前《まえ》にも後《うし》ろにも折《お》れるようにつけます。

図《ず》1

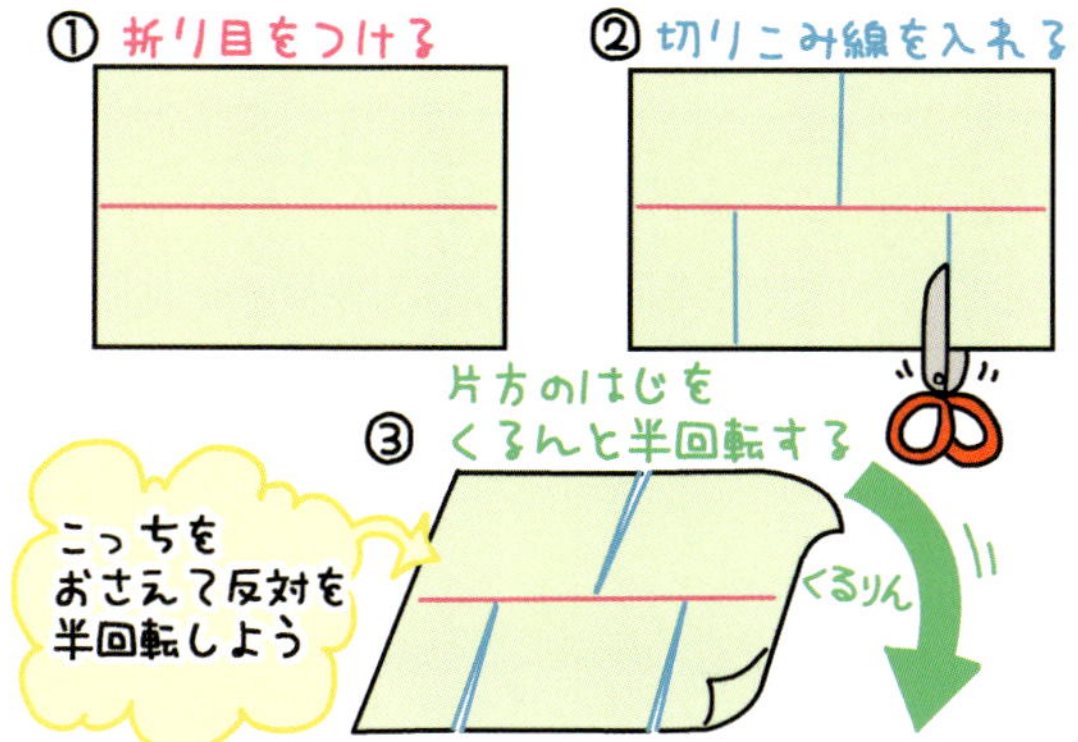
① 折り目をつける
② 切りこみ線を入れる
③ 片方のはじを
くるんと半回転する
こっちを
おさえて反対を
半回転しよう
くるりん

そして、図《ず》のようにはさみで3カ所《しょ》切《き》りこみを入《い》れて、片方《かたほう》のはじをくるんと半回転《はんかいてん》して台紙《だいし》に貼《は》れば出《で》来《き》上《あ》がりです。

### つくってみよう

切《き》る形《かたち》を変《か》えて……

図《ず》2のように青線《あおせん》のところで切《き》りこみを入《い》れ、くるんと回《まわ》すと、どのような形《かたち》が出《で》来《き》上《あ》がるでしょうか。もうわかりましたね。家《いえ》の形《かたち》が立《た》ち上《あ》がります。写真《しゃしん》はさらに木《き》を加《くわ》えたものです。ぜひつくってみてください。

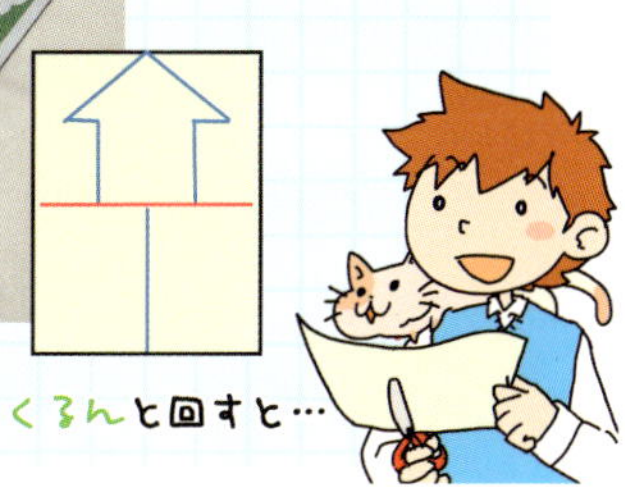
くるんと回すと…

**ひとくちメモ**　このような不思議《ふしぎ》な紙《かみ》は『ハイパーカード』と呼《よ》ばれ、古《ふる》くからパズルなどとして紹介《しょうかい》されています。自分《じぶん》でも、切《き》り方《かた》を変《か》えて、いろいろな形《かたち》をつくってみましょう。

2 くらしの中の算数のお話

# 今日《きょう》は「円周率《えんしゅうりつ》」の日《ひ》！

3月 14日

東京都《とうきょうと》　豊島区立高松小学校《としまくりつたかまつしょうがっこう》
細萱裕子《ほそがやゆうこ》先生《せんせい》が書《か》きました

読《よ》んだ日《ひ》　月《がつ》　日《にち》　月《がつ》　日《にち》　月《がつ》　日《にち》

## 円周率《えんしゅうりつ》の日《ひ》が決《き》まったワケ

3月《がつ》14日《か》は円周率《えんしゅうりつ》の日《ひ》です。円《えん》周率《しゅうりつ》というのは、直径《ちょっけい》に対《たい》する円《えん》周《しゅう》の比率《ひりつ》、つまり円周《えんしゅう》の長《なが》さが直《ちょっ》径《けい》の長《なが》さの何倍《なんばい》になっているかを表《あらわ》す数《かず》のことです。

円周率《えんしゅうりつ》は、「円周《えんしゅう》÷直径《ちょっけい》」で求《もと》められます。一般的《いっぱんてき》には3・14が用《もち》いられていますが、本当《ほんとう》は3・1415926535897932 38……と、どこまでも続《つづ》く終《お》わりのない数《かず》です。この数値《すうち》にちなんで、1997年《ねん》に財団法人日《ざいだんほうじんに》本数学検定協会《ほんすうがくけんていきょうかい》が3月《がつ》14日《か》を円周《えんしゅう》率《りつ》の日《ひ》と定《さだ》めました。

## 円周率《えんしゅうりつ》に挑《いど》んだ人《ひと》たち

円周率《えんしゅうりつ》はどのようにして発見《はっけん》されたのでしょうか。円周率《えんしゅうりつ》をより正確《せいかく》に求《もと》めるために、昔《むかし》からいろいろな人《ひと》が挑戦《ちょうせん》してきました。

ギリシャのアルキメデスは、3と10/71より大《おお》きく、3と1/7より小《ちい》さいことを発見《はっけん》しました。小《しょう》数《すう》で表《あらわ》すと3・1408……より大《おお》きく3・1428……より小《ちい》さいことになり、かなり正確《せいかく》であることがわかります。

中国《ちゅうごく》の祖沖之《そちゅうし》は、3・1315926より大《おお》きく、3・1415927より小《ちい》さいことを発見《はっけん》し、355/113としました。

日本人《にっぽんじん》にも、円周率《えんしゅうりつ》の計算《けいさん》に挑《ちょう》戦《せん》した人《ひと》がいます。松村茂清《まつむらしげきよ》は小《しょう》数点以下《すうてんいか》6桁《けた》まで、関孝和《せきたかかず》は小数《しょうすう》点以下《てんいか》10桁《けた》まで、鎌田俊清《かまたとしきよ》は小数《しょうすう》点以下《てんいか》25桁《けた》まで求《もと》めました。現在《げんざい》は、13兆桁《ちょうけた》まで求《もと》められています。今後《こんご》も、たくさんの人《ひと》たちが挑戦《ちょうせん》していくことでしょう。

### やってみよう

### 円周率《えんしゅうりつ》を求《もと》めてみよう

丸《まる》いもの（茶筒《ちゃづつ》、ジュースの缶《かん》、お菓《か》子《し》の箱《はこ》など）を用意《ようい》します。円周《えんしゅう》（円《えん》の周《まわ》りの長《なが》さ）と直径《ちょっけい》を測《はか》り、円周《えんしゅう》÷直径《ちょっけい》の計算《けいさん》をして求《もと》めてみよう。3.14に近《ちか》い値《あたい》になるかな？

ひとくちメモ
円周率《えんしゅうりつ》に関連《かんれん》する日《ひ》も複数《ふくすう》あります。7月《がつ》22日《にち》はアルキメデスが出《だ》した円周率《えんしゅうりつ》、22/ 7（つまり3と1/7）から。12月《がつ》21日《にち》は祖沖之《そちゅうし》が出《だ》した円周率《えんしゅうりつ》、355/113からで、新年《しんねん》「355」日目《にちめ》の「1時《じ》13分《ふん》」にお祝《いわ》いをします。

# マッチ棒《ぼう》を動《うご》かして正方形《せいほうけい》の数《かず》を変《か》えよう



北海道教育大学附属札幌小学校《ほっかいどうきょういくだいがくふぞくさっぽろしょうがっこう》
瀧《たき》ケ《が》平《ひら》悠《ゆう》史《し》先生《せんせい》が書《か》きました

読《よ》んだ日《ひ》　月《がつ》　日《にち》　月《がつ》　日《にち》　月《がつ》　日《にち》

## マッチ棒《ぼう》でつくった正方形《せいほうけい》

図《ず》1

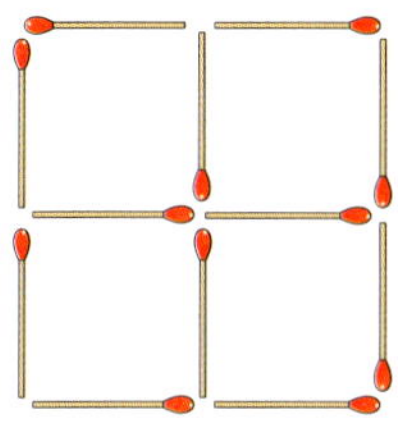

マッチ棒《ぼう》12本《ほん》を、図《ず》1のように、正方形《せいほうけい》が4つになるように並《なら》べました。マッチ棒《ぼう》はすべて同《おな》じ長《なが》さです。

この12本《ほん》のマッチ棒《ぼう》のうち、3本《ぼん》を動《うご》かして、正方形《せいほうけい》を3つにしてみましょう。ただし、マッチ棒《ぼう》を折《お》って分《わ》けたり、新《あたら》しく増《ふ》やしたりしてはいけません。

## 2つこわして1つつくる

図《ず》2

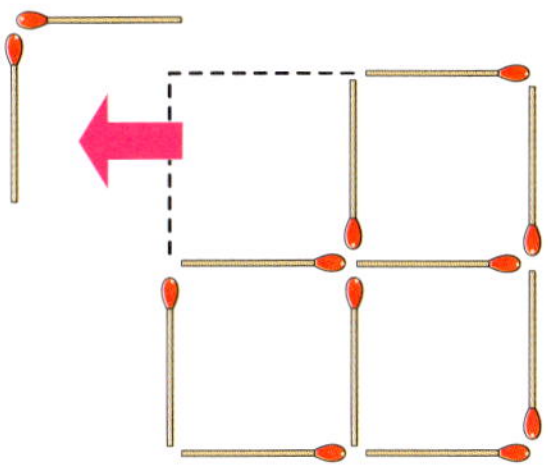

まず、図《ず》2のように、2本《ほん》のマッチ棒《ぼう》を取《と》り除《のぞ》き1つの正方形《せいほうけい》をこわしてしまいます。これで、正方形《せいほうけい》が3つになりましたね。

取《と》り除《のぞ》いたマッチ棒《ぼう》2本《ほん》は、新《あら》たな正方形《せいほうけい》をつくるために、図《ず》3のように右下《みぎした》に移動《いどう》して置《お》きましょう。

図《ず》3

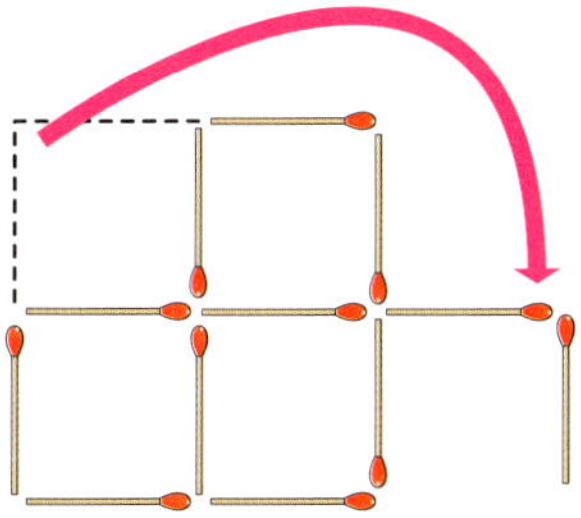

次《つぎ》に、図《ず》4のように、マッチ棒《ぼう》を1本新《ぽんあら》たに取《と》り除《のぞ》き、正方形《せいほうけい》をまた1つこわします。そして、取《と》り除《のぞ》いたマッチ棒《ぼう》と、先《さき》ほどの2本《ほん》のマッチ棒《ぼう》とで、新《あたら》しい正方形《せいほうけい》を完成《かんせい》させます。

これで、合計《ごうけい》3本《ぼん》のマッチ棒《ぼう》を移動《いどう》して、正方形《せいほうけい》を3つにすることができました。

図《ず》4

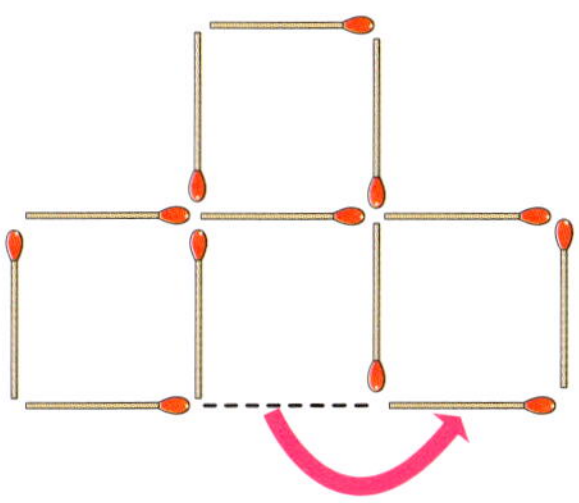

### やってみよう

**3本動《ぼんうご》かして1つ減《へ》らせる?**

同《おな》じように、マッチ棒《ぼう》でできた右《みぎ》のような正方形《せいほうけい》5つがあります。マッチ棒《ぼう》を3本動《ぼんうご》かして、正方形《せいほうけい》が4つになるようにしましょう。先《さき》ほどと同《おな》じ考《かんが》え方《かた》が使《つか》えるでしょうか。

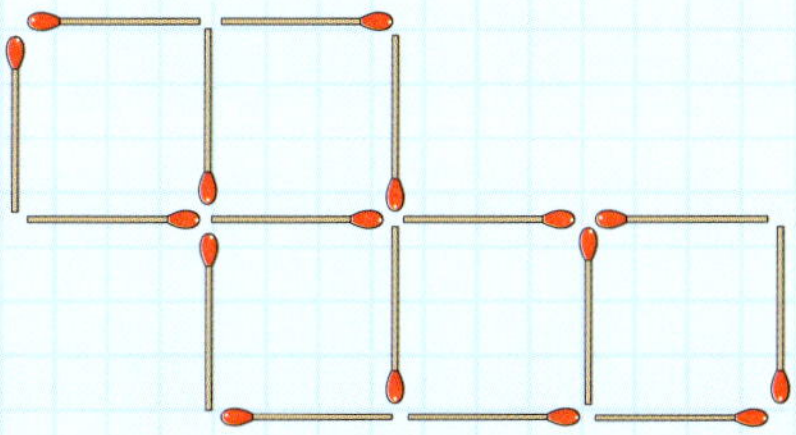

〈答《こた》え〉

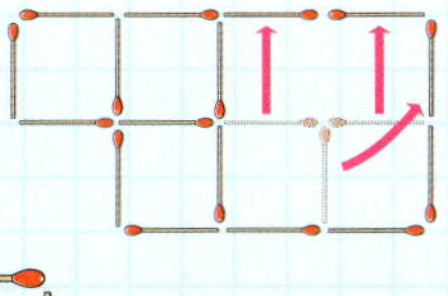

**ひとくちメモ**　図《ず》をかきながら考《かんが》えるのもいいですが、実際《じっさい》にマッチ棒《ぼう》を用意《ようい》して取《と》り組《く》んでみると、とても考《かんが》えやすいです。つまようじや割《わ》り箸《ばし》など、同《おな》じ長《なが》さの棒《ぼう》であれば、マッチ棒《ぼう》でなくてもできますね。

単位とはかり方のお話

# 単位《たんい》にくわしくなる ふしぎな呪文《じゅもん》

3月16日

お茶《ちゃ》の水女子大学附属小学校《みずじょしだいがくふぞくしょうがっこう》
久下谷《くげや》 明《あきら》先生《せんせい》が書《か》きました

読《よ》んだ日《ひ》　月《がつ》　日《にち》　月《がつ》　日《にち》　月《がつ》　日《にち》

## 身《み》の回《まわ》りのいろいろな単位《たんい》

「キロきろと ヘクト デカけた メートルが、デシに おわれて センチ ミリみり」。突然《とつぜん》ですが、この文章《ぶんしょう》を3回《かい》読《よ》んでみてください。何《なに》かの呪文《じゅもん》のように聞《き》こえるこの文章《ぶんしょう》、何《なん》のことを言《い》っているかわかりますか。

実《じつ》はこの文章《ぶんしょう》、単位《たんい》の接頭語《せっとうご》をまとめたものです。

たとえば、m（メートル）という単位《たんい》だけでは、えんぴつの長《なが》さを測《はか》る時《とき》には困《こま》ってしまいます。そこで、図《ず》のようなルールが生《う》まれました。たとえばセンチという接頭語《せっとうご》をつけ、より小《ち》さな単位《たんい》cm（センチメートル）をつくりました。そうすることで、小《ち》さなものの長《なが》さまで測《はか》りとることができ、表《あらわ》すことができるようになります。

図《ず》1

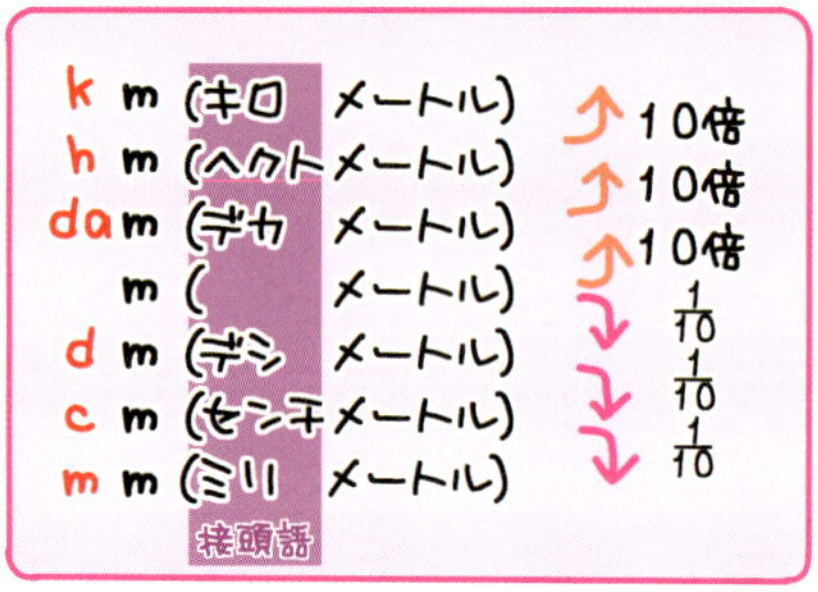

図《ず》2

## こんな単位《たんい》は知《し》ってる?

また、普段《ふだん》の生活《せいかつ》の中《なか》では、km（キロメートル）やm（メートル）、cm（センチメートル）、mm（ミリメートル）しか使《つか》いませんが、この他《ほか》にも、hm（ヘクトメートル）やdam（デカメートル）、dm（デシメートル）という単位《たんい》があることがわかります。これは、かさの単《たん》位《い》『L（リットル）』や『g（グラム）』についても同《おな》じです。

この単位《たんい》の接頭語《せっとうご》を語呂合《ごろあ》わせで覚《おぼ》えやすくしたのが、最初《さいしょ》に読《よ》んでもらった「キロきろと……」というものです。メートルが、帰《き》路《ろ》についたにもかかわらず、なぜだか弟子《でし》に追《お》われて困《こま》っている様《よう》子《す》がイメージできますね。

### 覚《おぼ》えておこう

#### メガやギガ、ナノやピコ

| | |
|---|---|
| Y（ヨタ） | |
| Z（ゼタ） | ↑1000倍 |
| E（エクサ） | ↑1000倍 |
| P（ペタ） | ↑1000倍 |
| T（テラ） | ↑1000倍 |
| G（ギガ） | ↑1000倍 |
| M（メガ） | ↑1000倍 |
| K（キロ） | ↑1000倍 |

| | |
|---|---|
| m（ミリ） | |
| μ（マイクロ） | ↓1/1000 |
| n（ナノ） | ↓1/1000 |
| p（ピコ） | ↓1/1000 |
| f（フェムト） | ↓1/1000 |
| a（アト） | ↓1/1000 |
| z（ゼプト） | ↓1/1000 |
| y（ヨクト） | ↓1/1000 |

キロより大きなものを表《あらわ》す接頭語《せっとうご》としては、メガ、ギガ、テラ、ペタ、エクサ、ゼタ、ヨタがあります。ミリより小さなものを表《あらわ》す接頭語《せっとうご》としては、マイクロ、ナノ、ピコ、フェムト、アト、ゼプト、ヨクトがあります。

ひとくちメモ　小《ち》さな接頭語《せっとうご》としてゼプト、ヨクト、大《おお》きな接頭語《せっとうご》としてゼタとヨタが1991年《ねん》、国際単位系《こくさいたんいけい》として採用《さいよう》されました。ちなみにフェムトとアトの採用《さいよう》は1964年《ねん》、エクサとペタは1975年《ねん》、他《ほか》は1960年《ねん》です。

くらしの中の算数のお話 2

# 包丁《ほうちょう》はどうして切《き》れる？

3月17日

筑波大学附属小学校《つくばだいがくふぞくしょうがっこう》
中田寿幸《なかたとしゆき》先生《せんせい》が書《か》きました

読《よ》んだ日《ひ》　月《がつ》　日《にち》　月《がつ》　日《にち》　月《がつ》　日《にち》



## キュウリに当《あ》たる面《めん》は？

包丁《ほうちょう》は「刃先《はさき》がするどくなっているから」切《き》れます。では、どうして「刃先《はさき》がするどくなっていると切《き》れる」のでしょうか。

たとえば包丁《ほうちょう》でキュウリを切《き》ったときのことを考《かんが》えてみます。包《ほう》丁《ちょう》の刃先《はさき》がするどくなっているというのは、包丁《ほうちょう》の刃《は》がキュウリに当《あ》たる面《めん》の「広《ひろ》さ」がとても小《ちい》さいということです。この「広《ひろ》さ」のことを「面積《めんせき》」と言《い》います。この面積《めんせき》が小《ちい》さいほど、面積《めんせき》に集《あつ》まる力《ちから》は大《おお》きくなっていきます。

## 面積《めんせき》とチカラの関係《かんけい》

同《おな》じ力《ちから》を入《い》れたとしても、面積《めんせき》が小《ちい》さくなれば、その力《ちから》が小《ちい》さい面積《めんせき》に集《あつ》まります。もしも面積《めんせき》が大《おお》きければ、同《おな》じ力《ちから》を加《くわ》えても、力《ちから》は分《わ》かれてしまい、弱《よわ》くなってしまうのです。

包丁《ほうちょう》の刃《は》の先《さき》の面積《めんせき》はとても小《ちい》さくなっています。そのため、大《おお》きな力《ちから》が包丁《ほうちょう》の刃《は》の先《さき》に集《あつ》まるので、大《おお》きな力《ちから》を加《くわ》えなくてもものを切《き》ることができるのです。もしもしゃもじを使《つか》って、包丁《ほうちょう》と同《おな》じ大《おお》きさの力《ちから》でキュウリを切《き》ろうとしても、切《き》るのは無理《むり》ですよね。

### 考《かんが》えてみよう

#### ホースの水《みず》も同《おな》じこと？

水《みず》をまくときに、ホースの先《さき》をつぶすと、水《みず》の勢《いきお》いは強《つよ》くなりますね。水道《すいどう》から出《で》てくる水《みず》の力《ちから》は同《おな》じでも、ホースの先《さき》の面積《めんせき》が小《ちい》さくなっているためです。

**ひとくちメモ**　よく切《き》れる包丁《ほうちょう》の刃《は》の先《さき》の幅《はば》は0.002mmほどだそうです。これは1mmの1/500の長《なが》さです。500本《ぼん》の包丁《ほうちょう》の刃《は》の先《さき》を集《あつ》めても1mmにしかならないのですから、よく見《み》てもわからないはずですね。

単位とはかり方のお話

# 地球《ちきゅう》にロープを巻《ま》いてみたら

3月 18日

お茶《ちゃ》の水女子《みずじょし》大学《だいがく》附属《ふぞく》小学校《しょうがっこう》
岡田紘子《おかだひろこ》先生《せんせい》が書《か》きました

読《よ》んだ日《ひ》　月《がつ》　日《にち》　月《がつ》　日《にち》　月《がつ》　日《にち》

## 地球《ちきゅう》の赤道《せきどう》の長《なが》さ

地球《ちきゅう》の赤道《せきどう》にロープを巻《ま》いたらどれくらいの長《なが》さになるでしょう。正解《せいかい》は、約《やく》4万《まん》kmです。とても長《なが》いですね。では、このロープを1m長《なが》くして、もう一度《いちど》地球《ちきゅう》の赤道《せきどう》の周《まわ》りに巻《ま》いたとします。そうすると、地球《ちきゅう》とロープの間《あいだ》に長《なが》くなった分《ぶん》、隙間《すきま》ができますよね。この隙間《すきま》はどれくらいだと思《おも》いますか。3択《たく》のクイズです（図《ず》1）。

図《ず》1

①アリが通《とお》れるくらい。②ネズミが通《とお》れるくらい。③ネコが通《とお》れるくらい。

## 隙間《すきま》はどれくらい開《ひら》く?

正解《せいかい》は、③のネコが通《とお》れるくらいです。たった1mしか長《なが》くなっていないので、ほとんど隙間《すきま》ができないのではないかと思《おも》った人《ひと》もいることでしょう。

どれくらい隙間《すきま》ができるかというと、実《じつ》は約《やく》16cmくらい開《ひら》くのです。ロープの長《なが》さは、地球《ちきゅう》の直径《ちょっけい》×3.14で求《もと》めることができます。計算《けいさん》して考《かんが》えると（計算方法《けいさんほうほう》は「やってみよう」をご覧下《らんくだ》さい）、直径《ちょっけい》は約《やく》32cm増《ふ》えることがわかるので、地球《ちきゅう》からは約《やく》16cmロープが浮《う》くのです。たった1mですが、想像以《そうぞうい》上《じょう》に隙間《すきま》が開《ひら》くのですね。

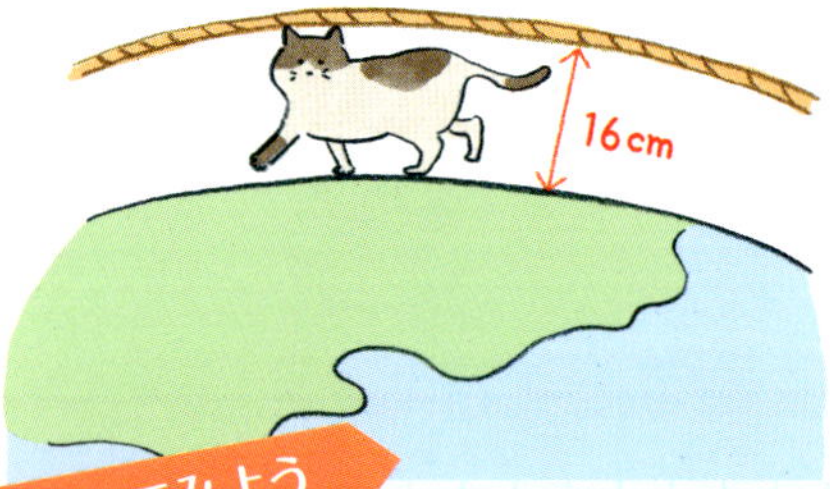


### やってみよう

**5年生以上《ねんせいいじょう》なら、下《した》の計算《けいさん》がわかるかな?**

直径《ちょっけい》が増《ふ》える分《ぶん》を□cmとすると
(地球《ちきゅう》の直径《ちょっけい》＋□cm) × 3.14 ＝ 4万《まん》km＋ 1m
地球《ちきゅう》の直径《ちょっけい》 × 3.14 ＋□cm× 3.14 ＝ 4万《まん》km＋ 1m
□cm× 3.14 ＝ 1m (100cm)
□cm＝ 100cm÷ 3.14
だから□cmは約《やく》 32cm
図のⒶとⒷあわせて約《やく》 32cmなので地球《ちきゅう》とロープの間《あいだ》は約《やく》 16cm

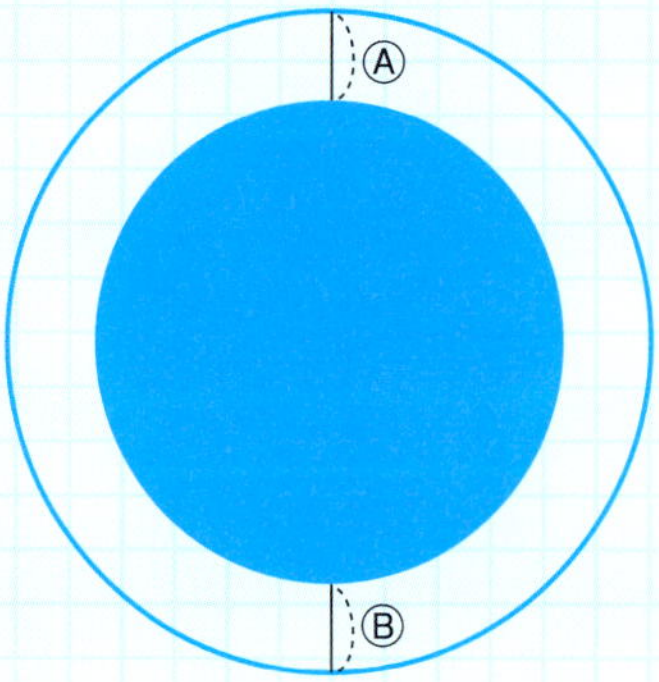


ひとくちメモ
赤道《せきどう》の長《なが》さから、地球《ちきゅう》の直径《ちょっけい》を求《もと》めることができます。地球《ちきゅう》の直径《ちょっけい》×3.14＝赤道《せきどう》の長《なが》さなので、地球《ちきゅう》の直径《ちょっけい》＝4万《まん》km÷3.14で、およそ1万《まん》2742kmということがわかります。

2 くらしの中の算数のお話

# みんなで並《なら》んだら…？

3月 19日

お茶《ちゃ》の水女子《みずじょし》大学《だいがく》附属《ふぞく》小学校《しょうがっこう》
久《く》下《が》谷《や》 明《あきら》 先生《せんせい》が書《か》きました

読《よ》んだ日《ひ》　月《がつ》　日《にち》　月《がつ》　日《にち》　月《がつ》　日《にち》

## 日本《にほん》の小学生《しょうがくせい》は何人《なんにん》？

みなさん、日本《にほん》の小学生《しょうがくせい》は何人《なんにん》ぐらいいると思《おも》いますか。

調《しら》べてみると、1年生《ねんせい》から6年《ねん》生《せい》まで、合《あ》わせて約《やく》650万人《まんにん》いることがわかります（平成《へいせい》27年《ねん》5月1日現在《がっついたちげんざい》）。

650万人《まんにん》という数《かず》を聞《き》いて、たくさんいるなあと思《おも》いましたか。それとも、意外《いがい》と少《すく》ないなあと感《かん》じましたか。650万人《まんにん》と言《い》われてもぴんとこないかもしれません。また、学年《がくねん》ごとの人数《にんずう》を見《み》てみると、違《ちが》いは多少《たしょう》あるものの、どの学年《がくねん》もおよそ110万人近《まんにんちか》くの人《ひと》がいることがわかります。

今日《きょう》は、この110万《まん》や650万《まん》という大《おお》きな数《かず》について考《かんが》えたいと思《おも》います。

## 一学年《いちがくねん》の全員《ぜんいん》が1列《れつ》に？

たとえば、「日本《にほん》の小学校《しょうがっこう》5年《ねん》生《せい》のみなさーん。今《いま》から、みんなで1列《れつ》に並《なら》びたいと思《おも》いますので、東京駅《とうきょうえき》に集合《しゅうごう》してください！」と呼《よ》びかけ、日本《にほん》の小学校《しょうがっこう》5年生《ねんせい》110万人《まんにん》に集《あつ》まってもらいます。そして、東京駅《とうきょうえき》から、北《きた》の方《ほう》へ真《ま》っ直《す》ぐ、1m間隔《かんかく》で1列《れつ》に並《なら》んでいってもらいます。

さて、この列《れつ》の一番後《いちばんうし》ろの人《ひと》はどこまでいくでしょうか。

1m間隔《かんかく》で並《なら》びますので、列《れつ》は約《やく》110万《まん》mになります。1000m＝1kmなので、110万《まん》mは1100kmになります。東京駅《とうきょうえき》から北《きた》に約《やく》1100kmはどのあたりか調《しら》べてみると、北海道《ほっかいどう》の北《きた》の先《さき》、『宗谷岬《そうやみさき》』になります。

ここでは5年生《ねんせい》を例《れい》にお話《はなし》をしましたが、日本《にほん》のある学年《がくねん》の小学生《しょうがくせい》が1m間隔《かんかく》で1列《れつ》に並《なら》んだら、北海道《ほっかいどう》の『宗谷岬《そうやみさき》』まで行《い》くなんて、びっくりしますね。

では、小学生全員《しょうがくせいぜんいん》が東京駅《とうきょうえき》に集合《しゅうごう》して1m間隔《かんかく》で1列《れつ》に並《なら》んだら、どこまで列《れつ》はのびていくでしょうか。約《やく》650万人《まんにん》ですので約《やく》6500kmのところまで列《れつ》はのびます。調《しら》べてみると東京駅《とうきょうえき》から約《やく》6500km東《ひがし》の方《ほう》に位置《いち》するところがありました。どこだかわかりますか。何《なん》と、海《うみ》を越《こ》えたハワイです（実《じっ》際《さい》は、海《うみ》の上《うえ》に並《なら》ぶことはできませんが……）。

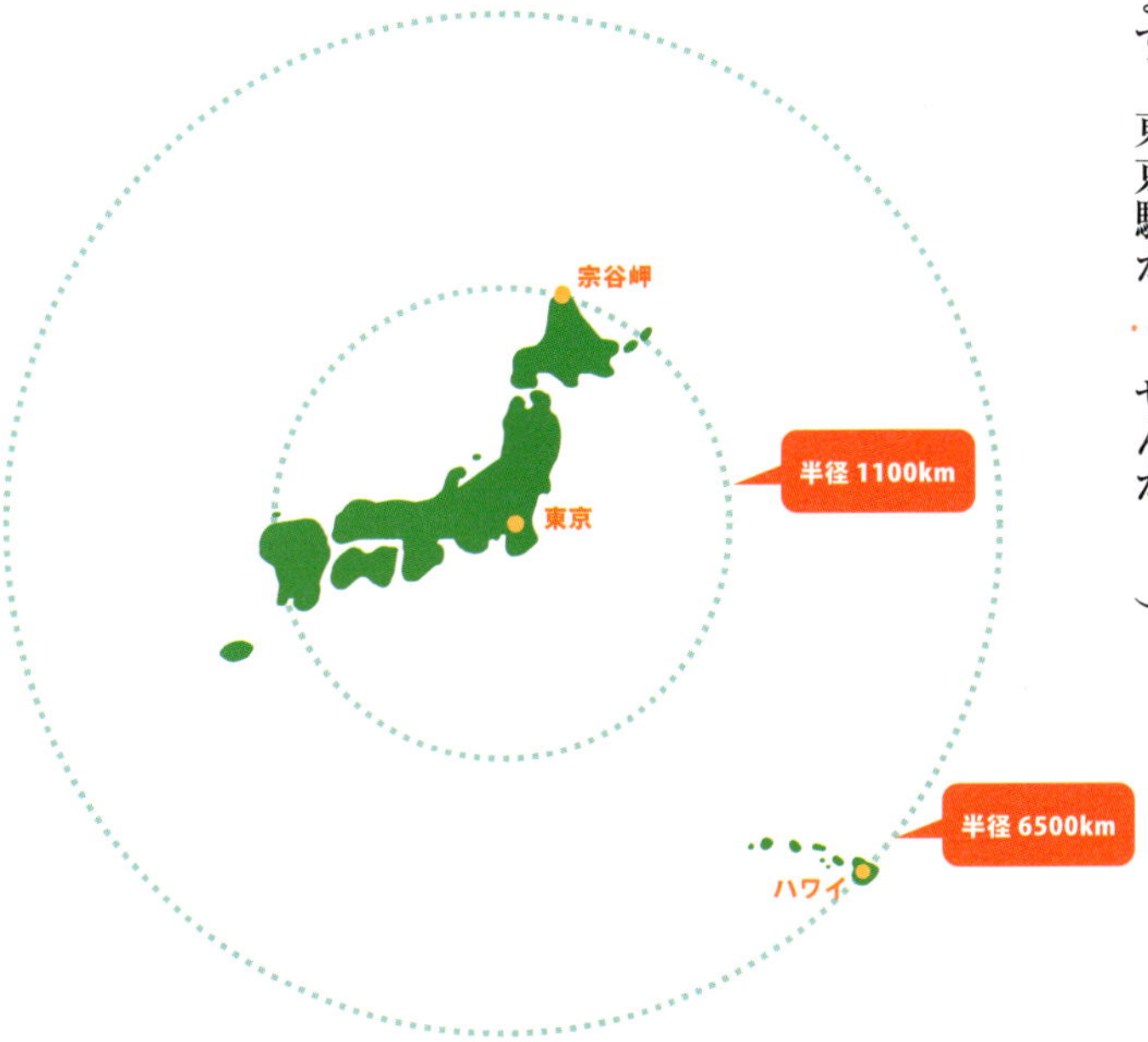




ひとくちメモ
数《かず》が大《おお》きくなると、何《なん》となくイメージしにくいものです。そんな時《とき》は、何《なに》かに置《お》きかえて数《かず》をイメージするというのもよいかもしれません。

数・計算の歴史のお話

# 電卓《でんたく》ができる前《まえ》の機械式計算機《きかいしきけいさんき》の歴史《れきし》

3月20日

大分県《おおいたけん》　大分市立大在西小学校《おおいたしりつおおざいにししょうがっこう》
二宮孝明《にのみやたかあき》先生《せんせい》が書《か》きました

読《よ》んだ日《ひ》　月《がつ》　日《にち》　月《がつ》　日《にち》　月《がつ》　日《にち》

## まだ電卓《でんたく》がなかった時代《じだい》

今《いま》では、電卓《でんたく》を使《つか》って計算《けいさん》することは珍《めずら》しいことではありません。しかし、電卓《でんたく》が世《よ》の中《なか》に登場《とうじょう》する前《まえ》は、機械式計算機《きかいしきけいさんき》が使《つか》われていました。たくさんの歯車《はぐるま》が複雑《ふくざつ》に動《うご》き、計算《けいさん》を行《おこな》う精密機械《せいみつきかい》です。

古《ふる》くは、17世紀《せいき》にフランスの哲学者《てつがくしゃ》パスカルが発明《はつめい》したものが有名《ゆうめい》です。19世紀後半《せいきこうはん》になると、科学技術《かがくぎじゅつ》の発展《はってん》とともにヨーロッパを中心《ちゅうしん》に広《ひろ》まりました。そして、さまざまな機械式計算機《きかいしきけいさんき》がつくられ、売《う》られるようになりました。

その中《なか》でも「最後《さいご》の機械式計算機《きかいしきけいさんき》」と呼《よ》ばれた、非常《ひじょう》に小《ちい》さな計算機《けいさんき》があります。それが、クルタ計算機《けいさんき》です。

クルタ計算機《けいさんき》。高《たか》さは約《やく》11㎝。
上《うえ》のハンドルを回《まわ》して計算《けいさん》する。
写真／二宮孝明

## クルタ計算機《けいさんき》の誕生秘話《たんじょうひわ》

クルタ計算機《けいさんき》は、ユダヤ系《けい》オーストリア人《じん》のクルト・ヘルツシュタルクによって開発《かいはつ》されました。クルトは、第二次世界大戦《だいにじせかいたいせん》のときに、ナチスによって捕《とら》えられ、収容所《しゅうようじょ》に送《おく》られました。しかし、優《すぐ》れた技術者《ぎじゅつしゃ》であった彼《かれ》は、精密機械工場《せいみつきかいこうじょう》の管理《かんり》を命《めい》じられ、計算機《けいさんき》の設計《せっけい》をすることを許《ゆる》されました。

1945年《ねん》に戦争《せんそう》が終《お》わり、クルトは、収容所《しゅうようじょ》にいながらも生《い》きのびました。その後《ご》、リヒテンシュタイン公国《こうこく》に招《まね》かれ、クルタ計算機《けいさんき》の製造《せいぞう》を始《はじ》めました。手《て》に収《おさ》まる大《おお》きさの計算機《けいさんき》として有名《ゆうめい》になりましたが、電卓《でんたく》の登場《とうじょう》とともに機械式計算機自体《きかいしきけいさんきじたい》がつくられなくなっていきました。

調《しら》べてみよう

### 日本製《にほんせい》の機械式計算機《きかいしきけいさんき》

1902年《ねん》（明治《めいじ》35年《ねん》）に、日本《にほん》で最初《さいしょ》の機械式計算機《きかいしきけいさんき》を発明家《はつめいか》の矢頭良一《やずりょういち》がつくりました。日本《にほん》で広《ひろ》く普及《ふきゅう》したのは「タイガー計算機《けいさんき》」です。電卓《でんたく》が登場《とうじょう》する1970年代《ねんだい》までおよそ50万台《まんだい》が売《う》られました。

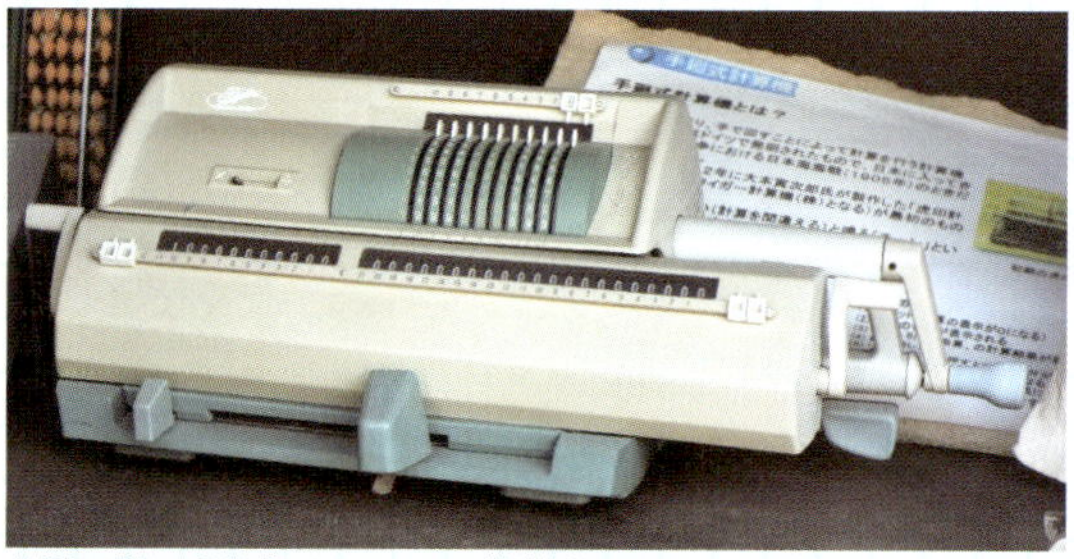
日本《にほん》で広《ひろ》く普及《ふきゅう》したタイガー計算機《けいさんき》。
写真／二宮孝明

ひとくちメモ

3月《がつ》20日《か》は、「電卓《でんたく》の日《ひ》」とされています。1974年《ねん》に日本《にほん》の電卓生産台数《でんたくせいさんだいすう》が世界一《せかいいち》になったことを記念《きねん》して、日本事務機械工業会《にほんじむきかいこうぎょうかい》（現《げん》・ビジネス機械《きかい》・情報《じょうほう》システム産業協会《さんぎょうきょうかい》）によって制定《せいてい》されました。

# 雷《かみなり》はどこに？



東京学芸大学附属小金井小学校《とうきょうがくげいだいがくふぞくこがねいしょうがっこう》
高橋丈夫《たかはしたけお》先生《せんせい》が書《か》きました

読《よ》んだ日《ひ》　月《がつ》　日《にち》　月《がつ》　日《にち》　月《がつ》　日《にち》



## 雷《かみなり》までの距離《きょり》がわかる方法《ほうほう》

「ピカ、ゴロゴロ」、稲光《いなびかり》が見《み》えてから、雷《かみなり》のゴロゴロが聞《き》こえるまでの時間《じかん》で、雷《かみなり》までの距離《きょり》がわかるのを知《し》っていますか？

**雷までの距離＝秒数÷3**

どうやったら、雷《かみなり》までの距離《きょり》がわかるのでしょう？

実《じつ》は簡単《かんたん》です。稲光《いなびかり》が見《み》えたら、ゴロゴロと雷《かみなり》の音《おと》が聞《き》こえるまでの時間《じかん》を計《はか》ってみましょう。ストップウォッチでも、教室《きょうしつ》の時計《とけい》でもいいのです。秒数《びょうすう》を数《かぞ》えるだけでOKです。かかった時間《じかん》がわかったら、それを3で割《わ》ってみましょう。3で割《わ》って出《で》た数《かず》が、あなたのいる所《ところ》から、雷《かみなり》までの距離《きょり》をキロメートルで表《あらわ》したおよその数《かず》です。

たとえば、稲光《いなびかり》が見《み》えてからゴロゴロと雷《かみなり》がなるまでに6秒《びょう》かかったとします。この場合《ばあい》、6÷3は2になりますので、雷《かみなり》までの距離《きょり》はおよそ2kmとなります。

## 3で割《わ》るのはどうして？

音《おと》は1秒間《びょうかん》に約《やく》340m、つまり3秒間《びょうかん》で約《やく》1000m進《すす》みます。

雷《かみなり》がなるまでの時間《じかん》（秒数《びょうすう》）を3で割《わ》るということは、時間《じかん》を3秒《びょう》のまとまりごとにとらえていることになります。

たとえば6秒《びょう》かかった時《とき》を考《かんが》えます。この場合《ばあい》6÷3＝2で2kmとなります。この時《とき》の2は3秒《びょう》のまとまりが2つあること、つまり1000mが2つあることを表《あらわ》しているので2kmとなるのです。

**ひとくちメモ**
雷《かみなり》のお話《はなし》は、「音《おと》が遅《おく》れて聞《き》こえるわけは？」（240ページ参照《さんしょう》）にもありましたね。稲光《いなびかり》が見《み》えたら、ぜひ時《じ》間《かん》を計《はか》って、雷《かみなり》までの距離《きょり》はどのぐらいか、計算《けいさん》してみてください。

# ガリレオは大発明家《だいはつめいか》!?

明星大学客員教授《めいせいだいがくきゃくいんきょうじゅ》
細水保宏《ほそみずやすひろ》先生《せんせい》が書《か》きました

3月22日

読《よ》んだ日《ひ》　月《がつ》　日《にち》　月《がつ》　日《にち》　月《がつ》　日《にち》

## 手《て》づくりの望遠鏡《ぼうえんきょう》で大発見《だいはっけん》

イタリアの天才科学者《てんさいかがくしゃ》、ガリレオ・ガリレイのことは、みなさんも知《し》っているでしょう。

ガリレオは、自分《じぶん》でつくった望《ぼう》遠鏡《えんきょう》を夜空《よぞら》に向《む》けて、はじめて月《つき》を観察《かんさつ》しました。すると、どうでしょう！　ツルツルの球《きゅう》だと言《い》われていた月《つき》は、地球《ちきゅう》と同《おな》じようにデコボコだらけだったのです。

それだけではありません。金星《きんせい》は月《つき》のように満《み》ち欠《か》けするし、木《もく》星《せい》は4つの小《ち》さな星《ほし》をしたがえています。太陽《たいよう》はじっとして動《うご》かないのではなく、自分《じぶん》で回《まわ》っていることも発見《はっけん》しました。

でも、彼《かれ》が若《わか》いころには、のちに星《ほし》の研究《けんきゅう》をして、有名《ゆうめい》になるとは思《おも》ってもいなかったでしょう。

## 発明品《はつめいひん》が大《だい》ヒット！

ガリレオは若《わか》いころ、大学《だいがく》で数《すう》学《がく》の先生《せんせい》をしていました。子供《こども》のころから、計算《けいさん》をしたり、図形《ずけい》をかくのが大好《だいす》きだったのです。

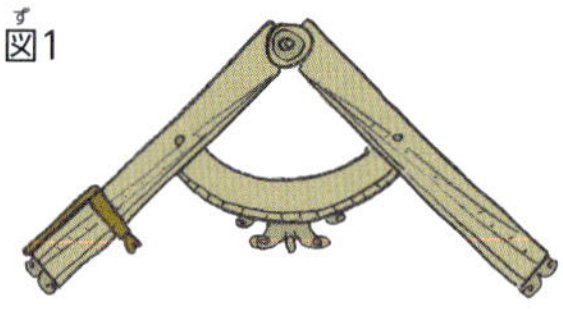

図《ず》1

便利《べんり》なものも、たくさん発明《はつめい》しています。図《ず》1は、ガリレオが発《はっ》明《めい》した計算用《けいさんよう》の道具《どうぐ》です。みなさんが算数《さんすう》で使《つか》うコンパスと、ちょっと形《かたち》が似《に》ていますね。

これを使《つか》えば、大砲《たいほう》を打《う》つときの角度《かくど》などを正《ただ》しく計算《けいさん》できると、たいへん人気《にんき》がありました。

ですが、望遠鏡《ぼうえんきょう》を発明《はつめい》したのはガリレオではありません。オランダに、遠《とお》くのものが大《おお》きく見《み》える道具《どうぐ》があると聞《き》いて、同《おな》じようにつくってみたのです。できあがった望遠鏡《ぼうえんきょう》は、びっくりするほど遠《とお》くがよく見《み》えました。

自分《じぶん》で手《て》を動《うご》かして、工夫《くふう》してものづくりをしたことが、偉大《いだい》な発見《はっけん》につながったのですね。

**ひとくちメモ**

イタリアでは歴史上《れきしじょう》の偉人《いじん》を、名字《みょうじ》ではなく名前《なまえ》で呼《よ》ぶことが多《おお》いそうです。ちなみにガリレオ・ガリレイは、ラテン語《ご》ではガリレウス・ガリレウス。名字《みょうじ》と名前《なまえ》が同《おな》じなんて、面白《おもしろ》いですね。

くらしの中の算数のお話

# 信号機《しんごうき》の大《おお》きさってどのくらい？

3月23日

東京都《とうきょうと》　豊島区立高松小学校《としまくりつたかまつしょうがっこう》
細萱裕子《ほそがやゆうこ》先生《せんせい》が書《か》きました

読《よ》んだ日《ひ》　月《がつ》　日《にち》　月《がつ》　日《にち》　月《がつ》　日《にち》



## 信号機《しんごうき》は意外《いがい》と大《おお》きい!?

信号機《しんごうき》を見《み》たことはありますよね。信号機《しんごうき》には、交通事故《こうつうじこ》を防《ふせ》いだり、車両《しゃりょう》の流《なが》れをスムーズにしたり、交通環境《こうつうかんきょう》を改善《かいぜん》したりする役割《やくわり》があります。

青《あお》・黄《き》・赤《あか》の3色《しょく》は世界共通《せかいきょうつう》で、青《あお》は「進《すす》んでもよい」、黄《き》は「停《てい》止位置《しいち》で止《と》まれ」、赤《あか》は「進《すす》んではいけない」を意味《いみ》しています。色《いろ》の変《か》わり方《かた》や点滅《てんめつ》の仕方《しかた》などは、国《くに》によって違《ちが》いがあります。

ところで、信号機《しんごうき》の大《おお》きさってどれくらいだと思《おも》いますか？　車《しゃ》両用《りょうよう》の丸《まる》いレンズは、ほとんどが直径《ちょっけい》30cmです。交通量《こうつうりょう》の多《おお》い交差《こうさ》点《てん》や高速道路《こうそくどうろ》などでは、直径《ちょっけい》45cmのレンズが使《つか》われているところもあります。

東京都内《とうきょうとない》や交通量《こうつうりょう》が少《すく》なく主道《しゅどう》路《ろ》ではない交差点《こうさてん》では、直径《ちょっけい》25cmのレンズが使《つか》われているところもあります。

歩行者用《ほこうしゃよう》はどうでしょう。横断《おうだん》歩道《ほどう》を渡《わた》るときに見《み》る歩行者用《ほこうしゃよう》の四角《しかく》いレンズは、1辺《ぺん》が25cmの正《せい》方形《ほうけい》になっています。

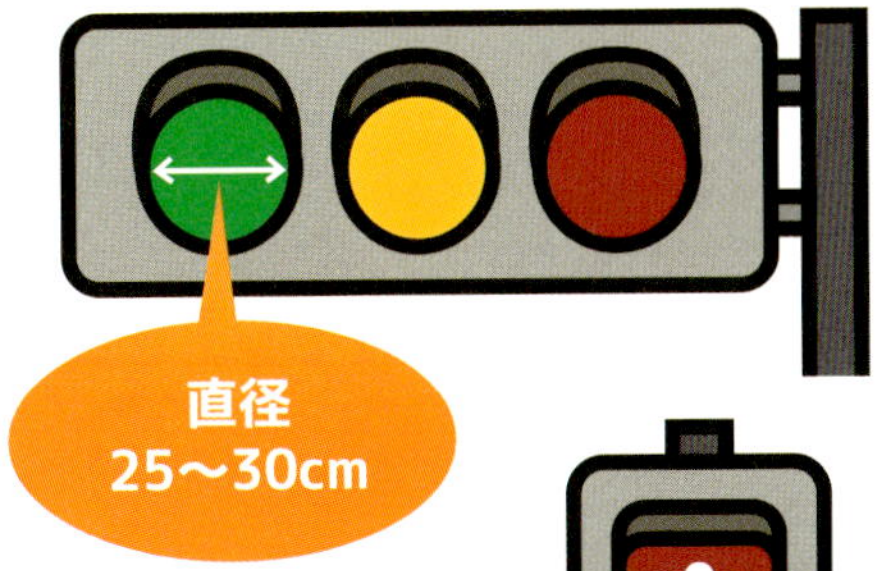


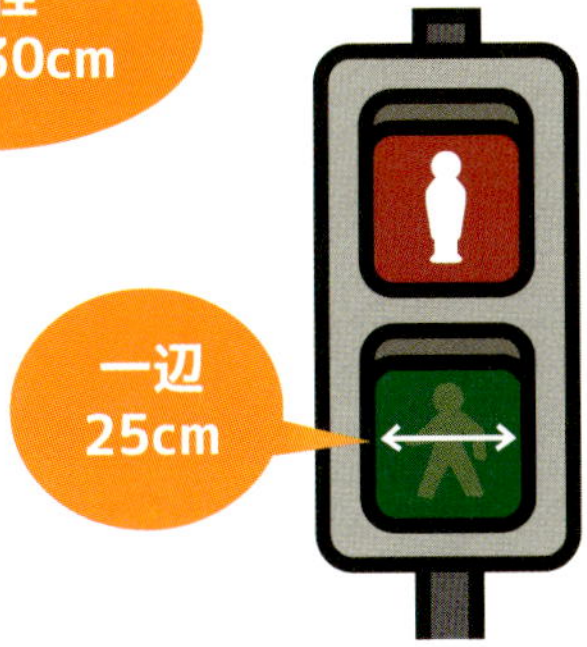


## 横断歩道《おうだんほどう》のシマシマは？

横断歩道《おうだんほどう》は、しま模様《もよう》になっていますよね。道路《どうろ》の舗装面《ほそうめん》に白《しろ》いペイントのしま模様《もよう》がかかれています。この白《しろ》いペイント部分《ぶぶん》とそうでない部分《ぶぶん》の幅《はば》はどのくらいだと思《おも》いますか？

実《じつ》は、多《おお》くの横断歩道《おうだんほどう》では、どちらも45cmなのです。道路《どうろ》の幅《はば》が狭《せま》い場所《ばしょ》では、30cmになっているところもあるそうです。横断歩道《おうだんほどう》のしましまの数《かず》で、道路《どうろ》の幅《はば》を計《けい》算《さん》することができそうですね。

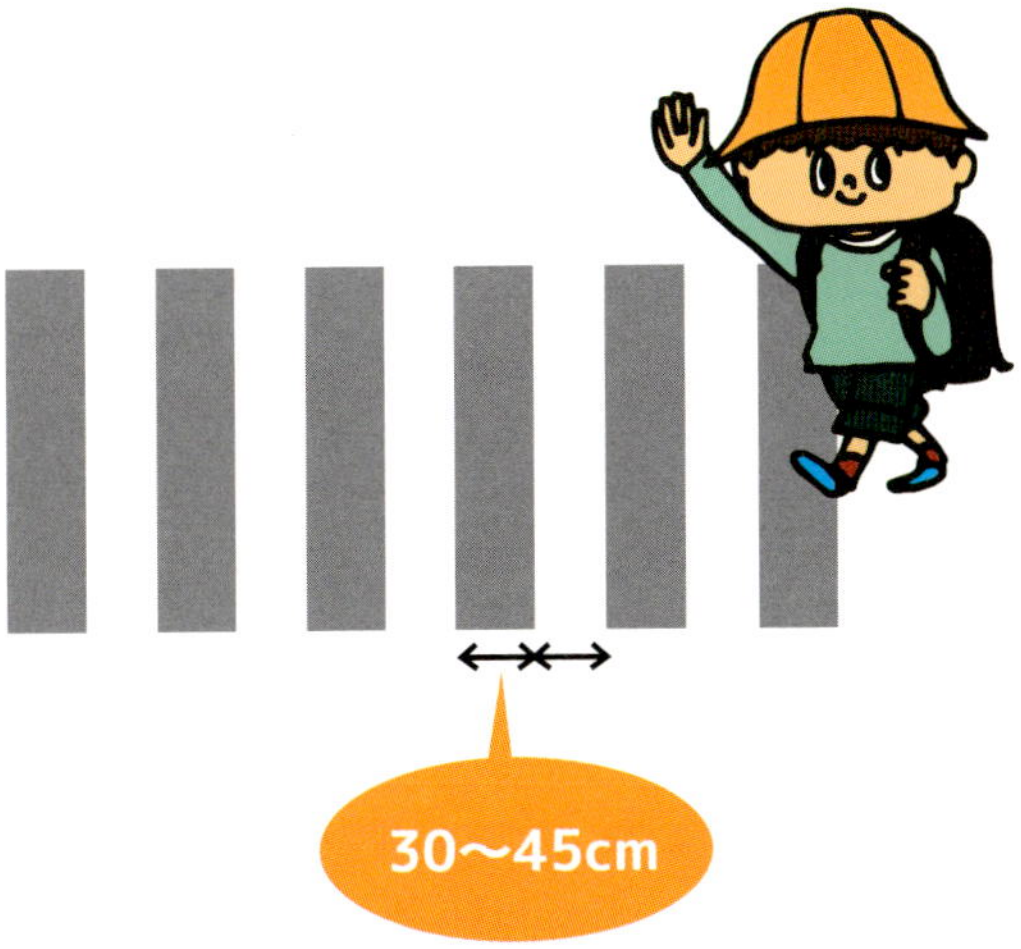


ひとくちメモ
日本《にほん》で初《はじ》めて信号機《しんごうき》が設置《せっち》されたのは、1930年《ねん》3月《がつ》23日《にち》、東京《とうきょう》の日比谷交差点《ひびやこうさてん》でした。このときの装置《そうち》は、アメリカから輸入《ゆにゅう》されたものでした。

# ふだん使《つか》っている用紙《ようし》にも秘密《ひみつ》が！

3月《がつ》 24日《にち》

島根県《しまねけん》　飯南町立志々小学校《いいなんちょうりつししょうがっこう》
村上幸人《むらかみゆきと》先生《せんせい》が書《か》きました

読《よ》んだ日《ひ》　月《がつ》　日《にち》　月《がつ》　日《にち》　月《がつ》　日《にち》

## 紙《かみ》を半分《はんぶん》に切《き》ってみると

折《お》り紙《がみ》を半分《はんぶん》に切《き》ってみましょう。二《ふた》つに分《わ》かれますね。次《つぎ》に、細長《ほそなが》い紙《かみ》テープを半分《はんぶん》に切《き》ってみましょう。これも二《ふた》つに分《わ》かれます（図《ず》1）。当《あ》たり前《まえ》のお話《はなし》ですね。「何《なに》がしたいの？」いやいや、あわてないでください。

では、次《つぎ》にみなさんが普段《ふだん》使《つか》っているコピーやプリンター用紙《ようし》を半分《はんぶん》に切《き》ってみましょう。ノートなどに使《つか》われている大《おお》きさの紙《かみ》です。半分《はんぶん》に分《わ》かれてから、気《き》がつくことはありませんか。この用紙《ようし》は特別《とくべつ》なんです。何《なに》がって？ 半分《はんぶん》の大《おお》きさになっても前《まえ》の大《おお》きい紙《かみ》と同《おな》じ形《かたち》になることに気《き》がつきましたか？ さらに半分《はんぶん》にしても、また同《おな》じ形《かたち》……（図《ず》2）。

ちなみに、みなさんがよく知《し》っている新聞紙《しんぶんし》も、このような特別《とくべつ》な形《かたち》になっています。新聞紙《しんぶんし》を開《ひら》いたときの大《おお》きさはA1サイズと呼《よ》ばれています。A1サイズを半分《はんぶん》にするとA2サイズ、さらに半分《はんぶん》にするとA3サイズ、さらに半分《はんぶん》にするとA4サイズになり（新聞紙《しんぶんし》を3回半分《かいはんぶん》に折《お》る）、みなさんが学校《がっこう》で配《くば》られるプリントの大《おお》きさと同《おな》じになります。§そして学校《がっこう》で配《くば》られるプリントも、半分《はんぶん》に切《き》っても同《おな》じになる特別《とくべつ》な形《かたち》となっています。

身《み》の回《まわ》りには、このような特別《とくべつ》な形《かたち》がいっぱいあります。

図《ず》1

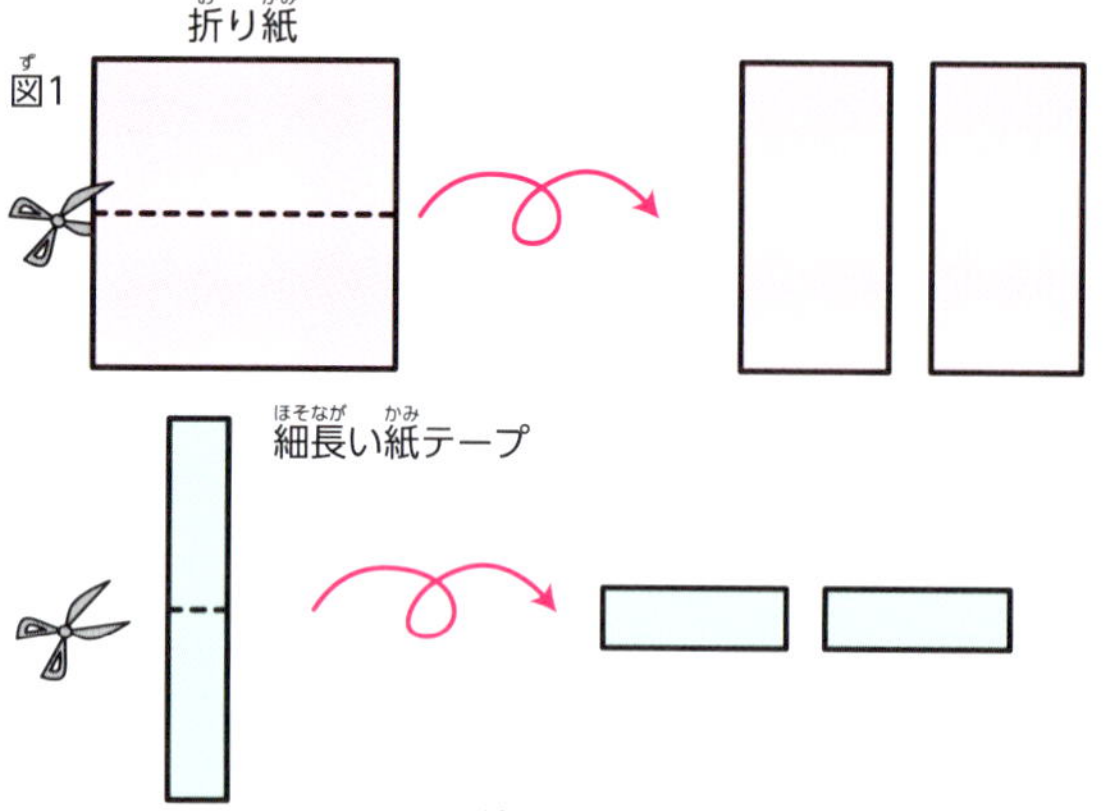


図《ず》2

### 覚《おぼ》えておこう

### A4やB5って知《し》ってる？

紙《かみ》や本《ほん》のサイズはA4とかB5などと呼《よ》ばれます。A4は、工場《こうじょう》でできた最初《さいしょ》の紙《かみ》の形《かたち》A0（841㎜×1189㎜）を4回半分《かいはんぶん》に切《き》るとできます。B5は、B0（1030㎜×1456㎜）を5回半分《かいはんぶん》に切《き》ってできる形《かたち》です。A0、B0の用紙《ようし》をつくれば、切《き》ってもあまりが出《で》ないし、切《き》る回数《かいすう》によって形《かたち》は同《おな》じなのに大《おお》きさは違《ちが》う紙《かみ》ができるので、便利《べんり》ですね。

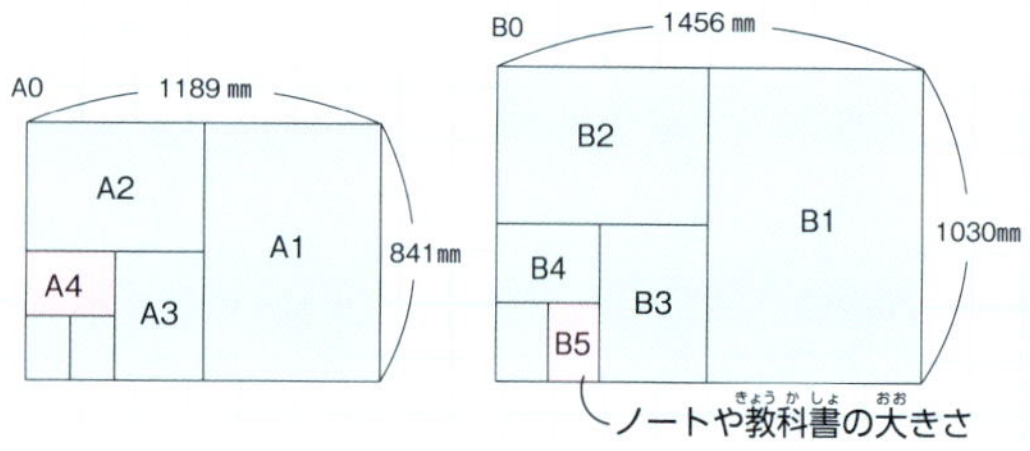


**ひとくちメモ** ここで紹介《しょうかい》したA0、A4などの用紙《ようし》サイズの規格《きかく》「A判《はん》」は、19世紀末《せいきまつ》にドイツの物理学者《ぶつりがくしゃ》オズワルドによって提案《ていあん》されました。現在《げんざい》では国際規格《こくさいきかく》サイズになっています。

# 漢数字《かんすうじ》はどうやってうまれた？



青森県《あおもりけん》　三戸町立三戸小学校《さんのへちょうりつさんのへしょうがっこう》
種市芳丈《たねいちよしたけ》先生《せんせい》が書《か》きました

読《よ》んだ日《ひ》　月《がつ》　日《にち》　月《がつ》　日《にち》　月《がつ》　日《にち》



## 漢数字《かんすうじ》はなぜこの形《かたち》に？

作文《さくぶん》や詩《し》など縦書《たてが》きで数《かず》を書《か》くときに、「三《さん》」や「九《きゅう》」などの漢《かん》数字《すうじ》を使《つか》いますね。漢数字《かんすうじ》は、どのようにしてこの形《かたち》になったか考《かんが》えたことはありますか？

漢数字《かんすうじ》のほとんどは、指《ゆび》や手《て》でその数《かず》を表《あらわ》した様子《ようす》を対象《たいしょう》にしてつくられたと考《かんが》えられています。たとえば、「一《いち》」「二《に》」「三《さん》」は、指《ゆび》でその数《かず》を表《あらわ》した形《かたち》を横《よこ》にすると、同《おな》じになりますね。

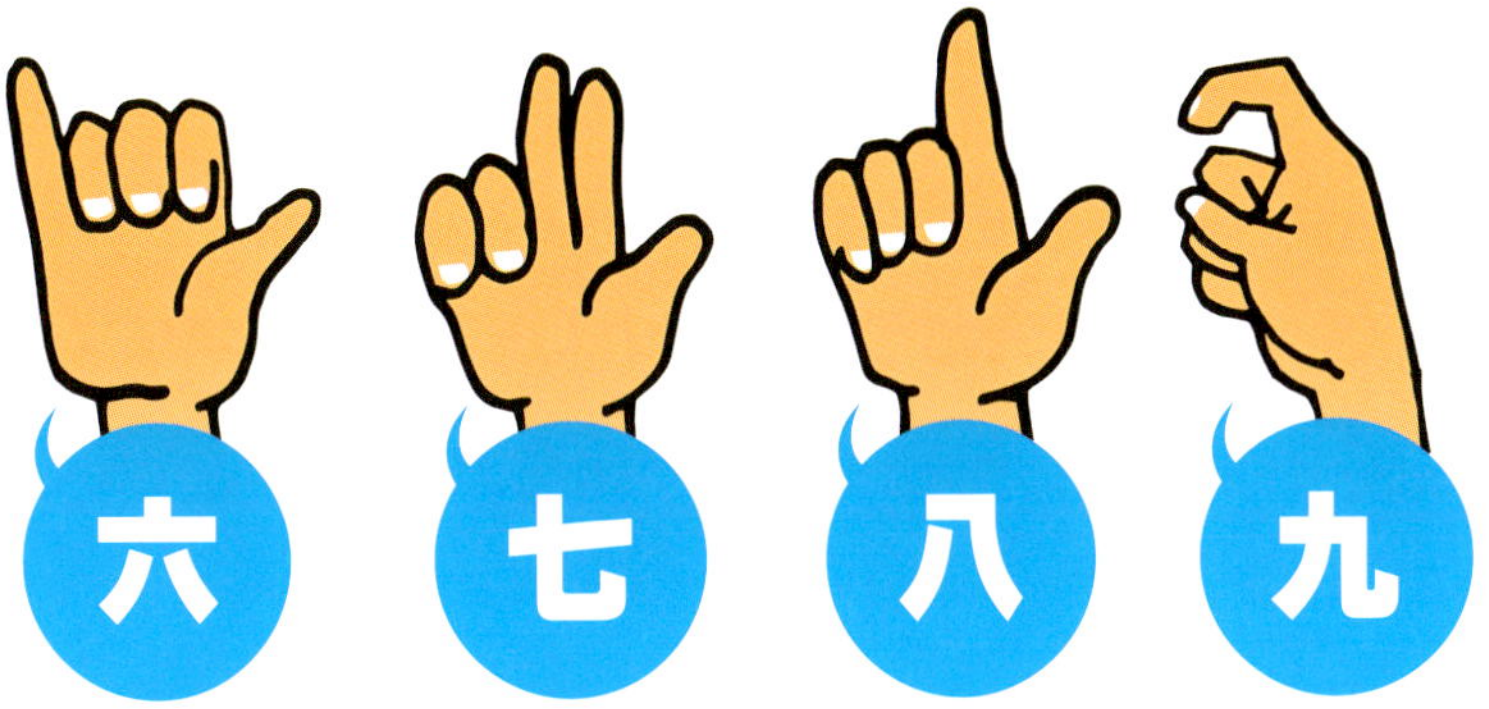


「六《ろく》」「七《しち》」「八《はち》」「九《きゅう》」は、中国《ちゅうごく》で数《かず》を表《あらわ》すときの指《ゆび》の形《かたち》に由来《ゆらい》していると考《かんが》えられています。「六《ろく》」は親指《おやゆび》と小指《こゆび》を伸《の》ばし、あとの指《ゆび》は折《お》り曲《ま》げます。「七《しち》」は親指《おやゆび》と人差《ひとさ》し指《ゆび》、中指《なかゆび》を伸《の》ばし、あとの指《ゆび》は折《お》り曲《ま》げます。「八《はち》」は親指《おやゆび》と人差《ひとさ》し指《ゆび》を伸《の》ばし、あとの指《ゆび》は折《お》り曲《ま》げます。「九《きゅう》」は人差《ひとさ》し指《ゆび》だけをいも虫《むし》のように折《お》り曲《ま》げます。

## 指《ゆび》や手《て》だけじゃない

「十《じゅう》」は手《て》の形《かたち》に由来《ゆらい》します。合掌《がっしょう》した手《て》の形《かたち》「｜」が、「一《いち》」と区別《くべつ》するために変化《へんか》したと考《かんが》えられています。

一方《いっぽう》、「四《し》」「五《ご》」「百《ひゃく》」「千《せん》」などは違《ちが》います。算木《さんぎ》（木《き》を使《つか》って計算《けいさん》する道具《どうぐ》）や甲骨文字《こうこつもじ》が変化《へんか》したもの、何《なに》かと何《なに》かの漢字《かんじ》を合《あわ》せたものが由来《ゆらい》となっています。

### 覚《おぼ》えておこう

#### 「蘇州号碼《そしゅうごうま》」って知《し》ってる？

香港《ほんこん》などで使《つか》われている数字《すうじ》「蘇州号碼《そしゅうごうま》」を見《み》ると、漢数《かんすう》字《じ》の由来《ゆらい》がわかる文字《もじ》がたくさんあります。

蘇州号碼《そしゅうごうま》

| 1 | 2 | 3 | 4 | 5 | 6 | 7 | 8 | 9 | 10 |
|---|---|---|---|---|---|---|---|---|---|
| 〡 | 〢 | 〣 | 〤 | 〥 | 〦 | 〧 | 〨 | 〩 | 十 |

ひとくちメモ

人《ひと》はさまざまな数字《すうじ》を考《かんが》え出《だ》してきました。同《おな》じ数《かず》を表《あらわ》すにも、時代《じだい》や地域《ちいき》によってその姿《すがた》はまったく違《ちが》います。本書《ほんしょ》では古代《こだい》マヤ人《じん》の数字《すうじ》（33ページ）やローマ数字《すうじ》（139ページ）を紹介《しょうかい》しています。

# 缶《かん》入《い》りのコーヒーはなぜ「g」？



東京都《とうきょうと》 杉並区立高井戸第三小学校《すぎなみくりつたかいどだいさんしょうがっこう》
吉田映子《よしだえいこ》 先生《せんせい》が書《か》きました

読《よ》んだ日《ひ》　月《がつ》　日《にち》　月《がつ》　日《にち》　月《がつ》　日《にち》

## 牛乳《ぎゅうにゅう》や水《みず》の表示《ひょうじ》と違《ちが》う？

いろいろな飲《の》み物《もの》の入《い》れ物《もの》には、中《なか》にどのくらい入《はい》っているかが書《か》かれています。たとえばびん入《い》りの牛乳《ぎゅうにゅう》だったら200mL、紙《かみ》パックの大《おお》きいものは1L。ペットボトルの水《みず》は500mLなどです。

缶《かん》に入《はい》ったジュースやコーヒーにもやはりかかれていますが、よく見《み》るとコーヒーの缶《かん》には190mLではなく、190gと書《か》かれています。

なぜコーヒーはgでかかれているのでしょう。

## 体積《たいせき》ではなく重《おも》さの単位《たんい》

mLやLはかさの単位《たんい》で、かさのことを体積《たいせき》といいます。

コーヒーなどの液体《えきたい》は、温《あたた》められると体積《たいせき》が大《おお》きくなります。反《はん》対《たい》に冷《ひ》やされると体積《たいせき》は小《ちい》さくなります。

コーヒーは、90℃くらいで缶《かん》に入《い》れるそうです。でも売《う》っているときでは温度《おんど》が違《ちが》うので、体積《たいせき》が変《か》わってしまいます。

ですから体積《たいせき》の単位《たんい》のmLを使《つか》わずに、重《おも》さの単位《たんい》のgを使《つか》っているのです。

### 探《さが》してみよう

**内容量《ないようりょう》に注目《ちゅうもく》！**

ほかにもgで表《あらわ》されている飲《の》み物《もの》があるかな。調《しら》べてみるのも面白《おもしろ》いですね。

**ひとくちメモ** 体積《たいせき》か重《おも》さかどちらを使《つか》って表示《ひょうじ》するのかは、計量法《けいりょうほう》というきまりで決《き》められています。

図形のお話

# 日本《にほん》に伝《つた》わる「しきつめ模様《もよう》」

3月27日

神奈川県《かながわけん》 川崎市立土橋小学校《かわさきしりつつちはししょうがっこう》
山本《やまもと》 直《なお》 先生《せんせい》が書《か》きました

読《よ》んだ日《ひ》　月《がつ》　日《にち》　月《がつ》　日《にち》　月《がつ》　日《にち》

## 昔《むかし》から伝《つた》わる美《うつく》しい模様《もよう》

左《ひだり》の模様《もよう》は、上《うえ》が「あさのは」、下《した》が「しっぽう」と呼《よ》ばれる、日《に》本《ほん》に昔《むかし》から伝《つた》わる模様《もよう》です。「あさのは」とは麻《あさ》の葉《は》のことで、「しっぽう」とは「七宝《しっぽう》」とかいて、1つの輪《わ》の四《よ》すみに4つの輪《わ》を重《かさ》ねた模様《もよう》です。こうした模様《もよう》は幾《き》何学模様《かがくもよう》とも呼《よ》ばれ、折《お》り紙《がみ》や包《ほう》装紙《そうし》や、ざぶとんの柄《がら》、かべ紙《かみ》などさまざまなところで使《つか》われています。みなさんの周《まわ》りにもきっとあるので探《さが》してみてください。

あさのは

七宝

## よく見《み》ると同《おな》じ形《かたち》がいっぱい

こうした模様《もよう》をよく見《み》てみると、同《おな》じ形《かたち》がたくさんならんでいることに気《き》がつきます。

「あさのは」の模様《もよう》は、すべて同《おな》じ大《おお》きさの二等辺三角形《にとうへんさんかくけい》がならんでいます。このように形《かたち》や大《おお》きさが同《おな》じでぴったり重《かさ》なる形《かたち》を、すき間《ま》なくならべることを、「しきつめる」といいます。

ちなみに、七宝《しっぽう》でつかわれている円《えん》は、すき間《ま》なくならべることはできません。しかし、この模《も》様《よう》のように、円《えん》と円《えん》を重《かさ》ね、間《あいだ》の形《かたち》をすべて同《おな》じにすることで、同《おな》じような形《かたち》がくりかえしならんでいるように見《み》えます。

### 考《かんが》えてみよう

**同《おな》じ形《かたち》に色《いろ》をぬってみよう!**

「あさのは」は、二等辺三角形《にとうへんさんかくけい》だけでなく、いろいろな形《かたち》でしきつめられます。みなさんも、いろいろな形《かたち》を考《かんが》えて、色《いろ》をぬって、模様《もよう》をつくってみましょう。

写真／山本 直（2点とも）

**ひとくちメモ**

二等辺三角形《にとうへんさんかくけい》・正三角形《せいさんかくけい》などの三角形《さんかくけい》や、長方形《ちょうほうけい》・正方形《せいほうけい》などの四角形《しかくけい》も、すき間《ま》なく並《なら》べられるか試《ため》してみましょう。どのような形《かたち》であればしきつめることができるのか、調《しら》べたり、考《かんが》えたりしてみるのもいいですね。

2 くらしの中の算数のお話

# マンホールのフタの秘密《ひみつ》

3月28日

福岡県《ふくおかけん》　田川郡川崎町立川崎小学校《たがわぐんかわさきちょうりつかわさきしょうがっこう》
高瀬大輔《たかせだいすけ》先生《せんせい》が書《か》きました

読《よ》んだ日《ひ》　月《がつ》　日《にち》　月《がつ》　日《にち》　月《がつ》　日《にち》

## 落《お》ちやすい形《かたち》とは？

歩道《ほどう》や車道《しゃどう》、公園《こうえん》などあちこちで見《み》かけるマンホール。そのマンホールには、いろいろな模様《もよう》が見《み》られますが、その形《かたち》はほとんどが円《まる》くなっています。なぜ四角形《しかくけい》や三角形《さんかくけい》ではないのでしょうか？

一番《いちばん》に考《かんが》えないといけないのは、みんなの安全《あんぜん》。マンホールが外《はず》れて、中《なか》に落《お》ちてしまい、歩《ある》いている人《ひと》や車《くるま》に乗《の》っている人《ひと》が、事故《じこ》にあっては大変《たいへん》なのです。では、どんな形《かたち》のマンホールが落《お》ちやすいのでしょうか。

正方形《せいほうけい》や長方形《ちょうほうけい》などの四角形《しかくけい》は、4つの辺《へん》の長《なが》さよりも対角線《たいかくせん》の長《なが》さが一番《いちばん》長《なが》くなります（図《ず》1）。つまり、フタの縦《たて》や横《よこ》の長《なが》さよりもマンホールの穴《あな》の対角線《たいかくせん》の長《なが》さの方《ほう》が長《なが》いため、向《む》きが変《か》わるとそこからフタが落《お》ちてしまうのです。では、円《えん》の場合《ばあい》は、どうでしょう。

図《ず》1

## マンホールはほとんどが円《えん》

円《えん》の直径《ちょっけい》はどの直径《ちょっけい》も長《なが》さが同《おな》じで、フタには直径《ちょっけい》よりも長《なが》い辺《へん》はありません（図《ず》2）。だから、マンホールが円形《えんけい》の場合《ばあい》は、フタが中《なか》に落《お》ちることはないのです。

ほかにもマンホールのフタが円《えん》になっている理由《りゆう》はあります。三角形《さんかくけい》や四角形《しかくけい》は、必《かなら》ず角《かど》があります。角《かど》は、力《ちから》が加《くわ》わると割《わ》れやすいのです。一方《いっぽう》、円形《えんけい》には角《かど》がありません。だから、フタの一点《いってん》に力《ちから》が加《くわ》わっても円形《えんけい》のフタは割《わ》れにくいのです。マンホールのフタが割《わ》れると困《こま》りますからね。

図《ず》2

ひとくちメモ
円《えん》は持《も》ち運《はこ》ぶのにも便利《べんり》な形《かたち》です。重《おも》いフタを持《も》ち上《あ》げなくても、転《ころ》がして運《はこ》ぶことができます。みなさんの身近《みぢか》にもマンホールがありますね。模様《もよう》や形《かたち》、大《おお》きさに気《き》をつけて見《み》てみましょう。

# 片手《かたて》でいくつまで数《かぞ》えられるかな？



お茶《ちゃ》の水女子大学附属小学校《みずじょしだいがくふぞくしょうがっこう》
岡田紘子《おかだひろこ》先生《せんせい》が書《か》きました

読《よ》んだ日《ひ》　月《がつ》　日《にち》　月《がつ》　日《にち》　月《がつ》　日《にち》



## 10までしか数《かぞ》えられない？

片手《かたて》だけでいくつまで数《かぞ》えることができますか？　指《ゆび》が5本《ほん》だから5までかな？　10まで数《かぞ》えられるよ！　という人《ひと》もいるでしょう。ふだんは、多《おお》くても10までしか数《かぞ》えていないと思《おも》いますが、実《じつ》は31まで数《かぞ》えることができるのです。

「えー！　指《ゆび》は5本《ほん》しかないのにどうして31まで数《かぞ》えられるの？」という人《ひと》もいると思《おも》いますが、指《ゆび》を立《た》てることと折《お》ることを組《く》み合《あ》わせて31までの数《かず》を表《あらわ》すことができるのです。

では、31まで数《かぞ》えてみましょう。図《ず》1を見《み》てください。親指《おやゆび》を立《た》てたら1、人差《ひとさ》し指《ゆび》は2、中指《なかゆび》は4、薬指《くすりゆび》は8、小指《こゆび》は16とします。立《た》てた指《ゆび》の合計《ごうけい》の数《かず》を数《かぞ》えてみましょう。この方法《ほうほう》を使《つか》うと、0から31までの32種《しゅ》類《るい》の数《かず》を表《あらわ》すことができるのです。

図《ず》1
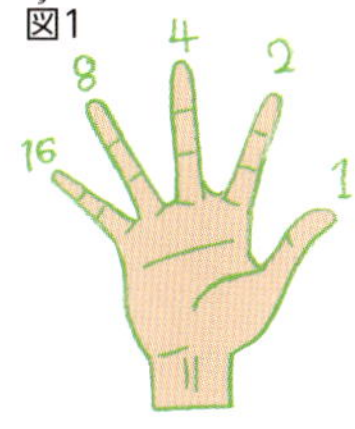


たとえば、図《ず》2は、親指《おやゆび》（1）と人差《ひとさ》し指《ゆび》（2）が立《た》っているので、1＋2で3を表《あらわ》しています。0から順番《じゅんばん》に31まで表《あらわ》してみましょう（図《ず》3）。

図《ず》2
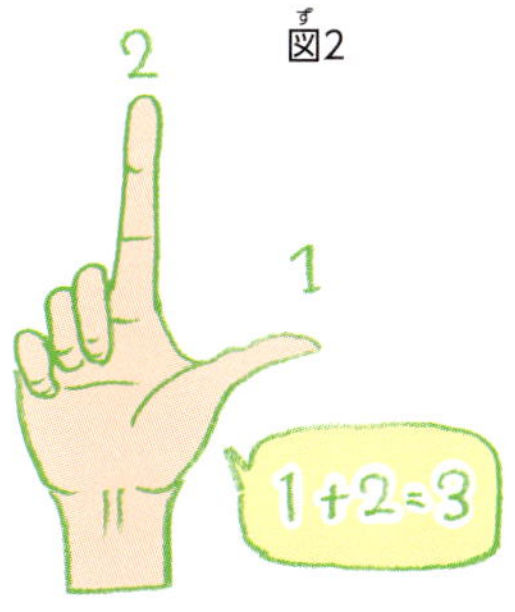


図《ず》3

## 両手《りょうて》を使《つか》ったら？

両手《りょうて》の指《ゆび》をすべて使《つか》ったらいくつまで表《あらわ》すことができるでしょうか？

右手《みぎて》親指《おやゆび》を1、右手《みぎて》人差《ひとさ》し指《ゆび》を2、右手《みぎて》中指《なかゆび》を4、右手《みぎて》薬指《くすりゆび》を8、右手《みぎて》小指《こゆび》を16、左手《ひだりて》親指《おやゆび》を32、左手《ひだりて》人差《ひとさ》し指《ゆび》を64、左手《ひだりて》中指《なかゆび》を128、左手《ひだりて》薬指《くすりゆび》を256、左手《ひだりて》小指《こゆび》を512とすると、両手《りょうて》の10本《ぼん》の指《ゆび》で1023まで表《あらわ》すことができるのです（図《ず》4）。1023もの数《かず》をたった10本《ぼん》の指《ゆび》で表《あらわ》せるなんてびっくりですね。

図《ず》4
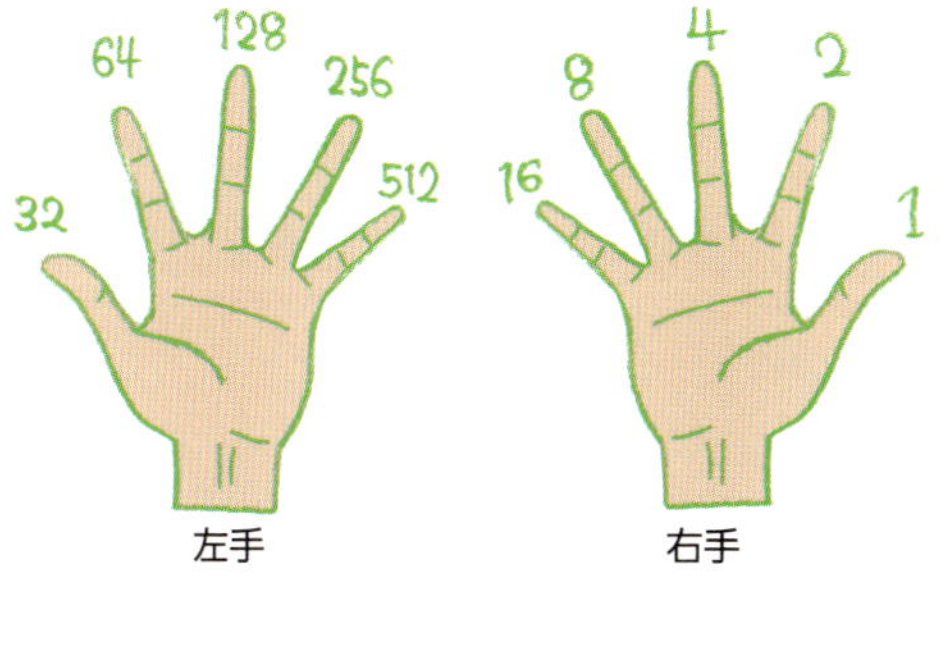


左手　右手

ひとくちメモ　この数《かず》の表《あらわ》し方《かた》は2進法《しんほう》を使《つか》っています。2進法《しんほう》の仕組《しく》みは、コンピューターやバーコード、点字《てんじ》などにも使《つか》われています。

# 碁石《ごいし》を全部《ぜんぶ》拾《ひろ》えるかな？

大分県《おおいたけん》　大分市立大在西小学校《おおいたしりつおおざいにししょうがっこう》
二宮孝明《にのみやたかあき》先生《せんせい》が書《か》きました

読《よ》んだ日《ひ》　月《がつ》　日《にち》　月《がつ》　日《にち》　月《がつ》　日《にち》

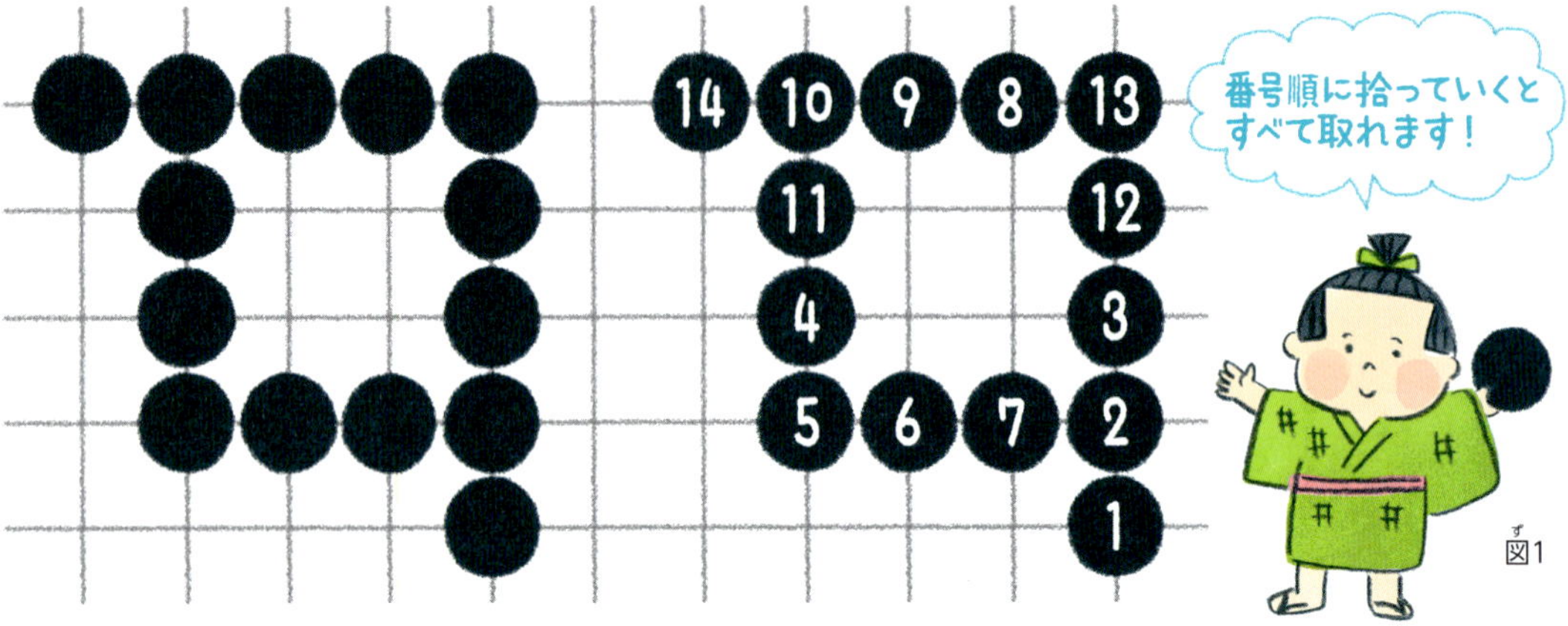


図《ず》1

## 碁石《ごいし》で遊《あそ》べるパズルだよ！

江戸時代《えどじだい》に書《か》かれた本《ほん》の中《なか》に「ひろいもの」と呼《よ》ばれるパズルがあります。ルールは簡単《かんたん》で、碁《ご》盤《ばん》と碁石《ごいし》があればすぐにできます。江戸時代《えどじだい》の人《ひと》になったつもりでやってみましょう。

まず、碁盤《ごばん》の上《うえ》に碁石《ごいし》を図《ず》1のように並《なら》べます。この碁石《ごいし》を1つずつ拾《ひろ》っていき、碁盤《ごばん》からすべてなくなればクリアです。ただし、拾《ひろ》う時《とき》に次《つぎ》のようなルールがあります。

①拾《ひろ》い始《はじ》めるのはどこからでもよい。②拾《ひろ》っていく方向《ほうこう》は縦《たて》と横《よこ》だけで斜《なな》めはとれない。③途中《とちゅう》の碁石《ごいし》は飛《と》ばさずに必《かなら》ず拾《ひろ》う。④同《おな》じ線《せん》の上《うえ》にある碁石《ごいし》は離《はな》れていても拾《ひろ》える。⑤後戻《あともど》りはできない。

答《こた》えものせていますので、わからなければ確《たし》かめてみてください。

## 友達《ともだち》と一緒《いっしょ》にやってみよう

「ひろいもの」は1人《り》でも遊《あそ》ぶことができます。しかし、何人《なんにん》かで一緒《いっしょ》に遊《あそ》ぶのもとても楽《たの》しいですよ。1つの問題《もんだい》をみなで協力《きょうりょく》して考《かんが》えてもよいです。また、問題《もんだい》をつくってお互《たが》いに出《だ》し合《あ》ってもよいです。最後《さいご》に拾《ひろ》う碁《ご》石《いし》から順番《じゅんばん》に置《お》いていけば問題《もんだい》ができますね。スタートとゴールの場所《ばしょ》をヒントとして出《だ》してもよいでしょう。

最後《さいご》にもう1つ問題《もんだい》を解《と》いてみましょう（図《ず》2）。答《こた》えをのせていませんので、じっくりと考《かんが》えてみてください。

図《ず》2

ひとくちメモ　図《ず》1の問題《もんだい》は、枡《ます》の形《かたち》を表《あらわ》しています。昔《むかし》の大《おお》きな枡《ます》には取《と》っ手《て》がついていました。図《ず》2の問題《もんだい》は矢《や》の羽根《はね》を表《あらわ》しています。自分《じぶん》がつくった問題《もんだい》に名前《なまえ》をつけてもよいですね。

数と計算のお話

# ビックリ!? インドのかけ算《ざん》

3月 31日

東京都《とうきょうと》 豊島区立高松小学校《としまくりつたかまつしょうがっこう》
細萱裕子《ほそがやゆうこ》 先生《せんせい》が書《か》きました

読《よ》んだ日《ひ》 月《がつ》 日《にち》 月《がつ》 日《にち》 月《がつ》 日《にち》

## 2桁《けた》の九九《くく》を暗記《あんき》する!?

小学校《しょうがっこう》2年生《ねんせい》で、かけ算九九《ざんくく》を学習《がくしゅう》します。なかなか覚《おぼ》えられない段《だん》や苦手《にがて》な段《だん》があって、暗記《あんき》するのに苦労《くろう》する人《ひと》もいるかもしれませんね。日本《にほん》では、かけ算《ざん》を九《く》九（9×9＝81通《とお》り）までしか暗記《あんき》しませんが、インドでは、なんと19×19（361通《とお》り）も暗《あん》記《き》すると言《い》われています。

そして、普段《ふだん》の生活《せいかつ》や学校《がっこう》での学習《がくしゅう》の中《なか》で「計算《けいさん》を工夫《くふう》するコツ」を身《み》につけているため、少《すこ》し難《むずか》しい計算《けいさん》でも簡単《かんたん》に答《こた》えを求《もと》めることができるそうです。その「計算《けいさん》を工夫《くふう》するコツ」はたくさんあります。どのようなものがあるか見《み》てみましょう。

## 計算《けいさん》を簡単《かんたん》にするコツ

図《ず》1は、12×32の計算《けいさん》場面《ばめん》で、線《せん》と点《てん》を使《つか》って簡単《かんたん》にできてしまいます。まず、かけられる数《かず》12を図《ず》の赤線《あかせん》のように斜《なな》めの線《せん》で表《あらわ》します。続《つづ》いて、かける数《かず》32を先程《さきほど》の線《せん》と交《こう》差《さ》するように青線《あおせん》のように線《せん》をひきます。線《せん》が交差《こうさ》した部分《ぶぶん》に点《てん》をかきます。次《つぎ》に、緑《みどり》の枠《わく》の中《なか》にある点《てん》の数《かず》を数《かぞ》えます。右《みぎ》から一《いち》の位《くらい》、十《じゅう》の位《くらい》、百《ひゃく》の位《くらい》として、答《こた》えは384となりました。

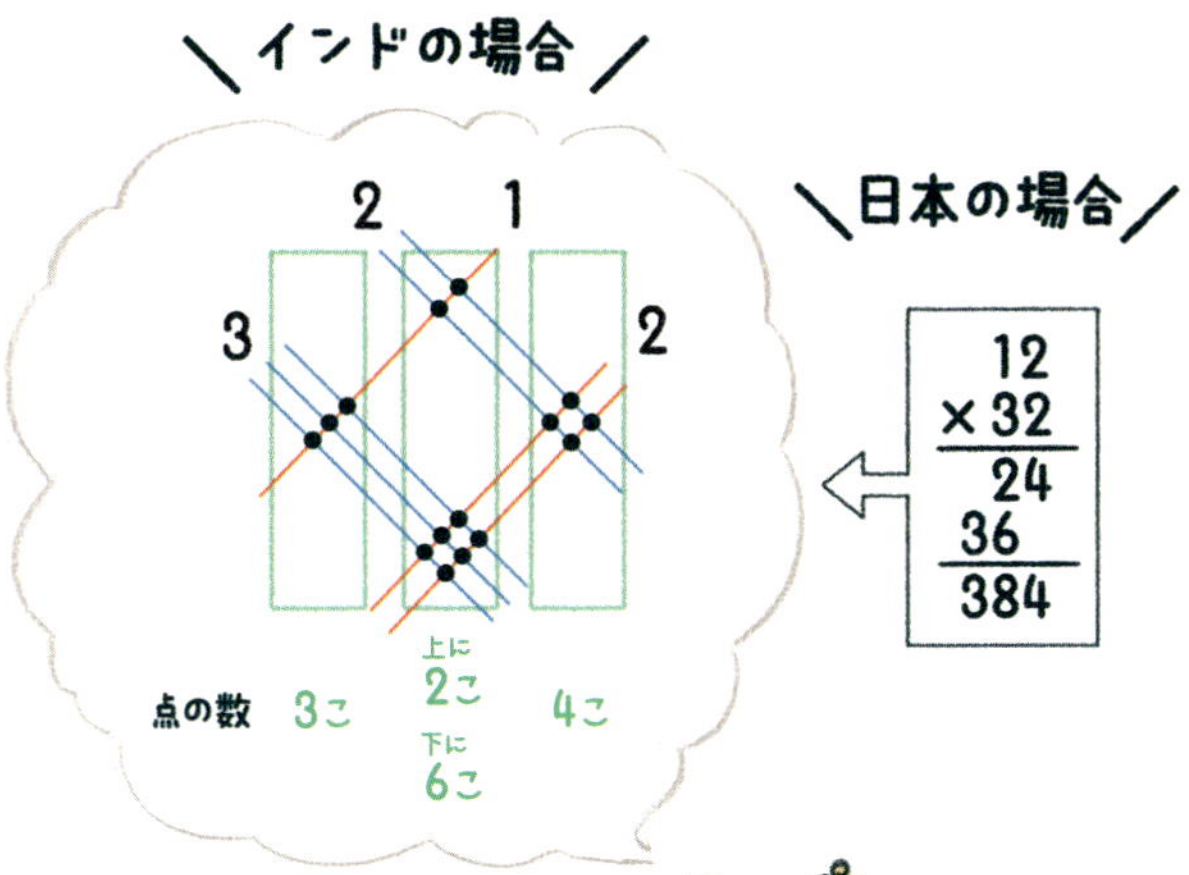

図《ず》1

日本式《にほんしき》の筆算《ひっさん》で計算《けいさん》しても同《おな》じ答《こた》えになっていますね。

図《ず》2は、12×32のマス目《め》を使《つか》った筆算《ひっさん》のやり方《かた》です。かけられる数《かず》12をマスの上側《うえがわ》に書《か》きます。かける数《かず》32をマスの右側《みぎがわ》に書《か》きます。それぞれの積《せき》を十《じゅう》の位《くらい》と一《いち》の位《くらい》に分《わ》けて、それぞれのマスの中《なか》に書《か》きます。2×3の場合《ばあい》は積《せき》が6なので06と書《か》きます。最後《さいご》に斜《なな》めに足《た》すと答《こた》えが出《で》ます。

図《ず》2

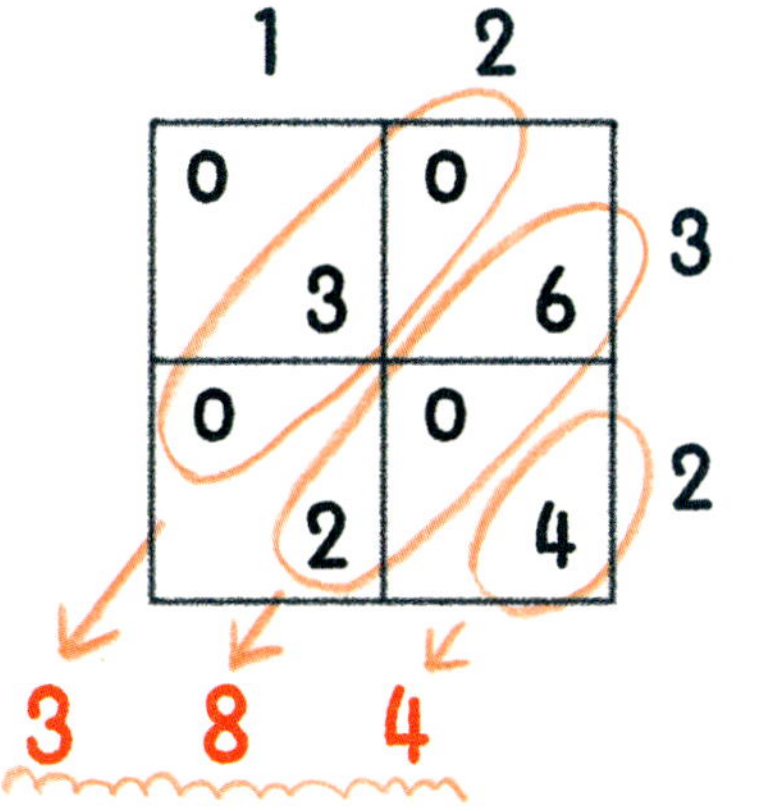


ひとくちメモ　このほかにも、計算《けいさん》を工夫《くふう》するコツがたくさんあります。なぜそうなるのかを考《かんが》えたり、自分《じぶん》なりのコツを見《み》つけたりするのも楽《たの》しいですよ。

感じてみよう

# 子供の科学 写真館 vol.3

算数《さんすう》にまつわるユニークな写真《しゃしん》を紹介《しょうかい》します。
面白《おもしろ》かったり、美《うつく》しかったり、
算数《さんすう》の意外《いがい》な世界《せかい》を味《あじ》わってください。

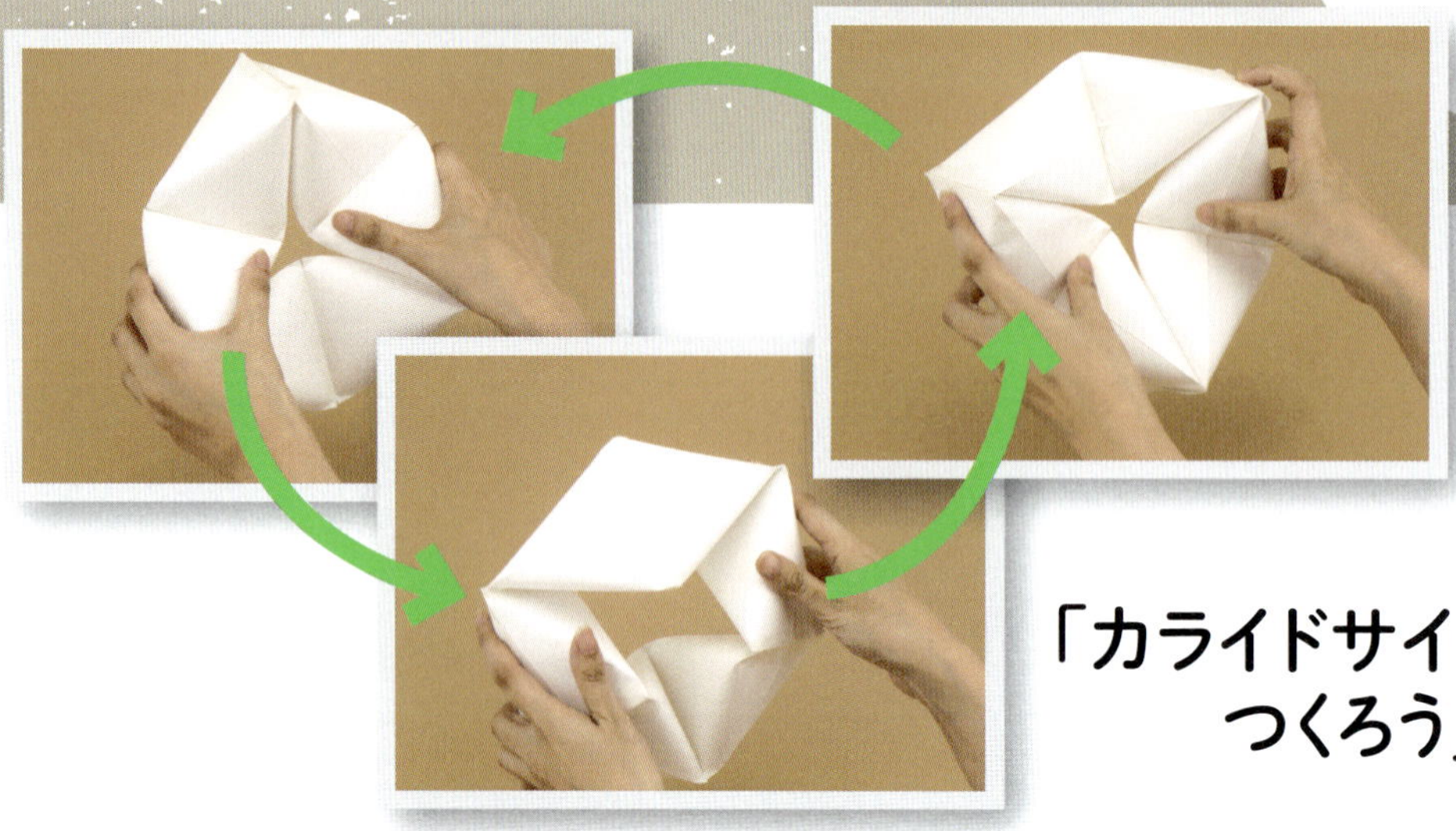

## 「カライドサイクルをつくろう」

### 作り方

1 まず封筒の口をふさぎ、真ん中で2つに切ります。

2 切り口を開いて底と十字になるようにふさぎます（開いている方を上にして図のように三角形ができるように折り目をつけると折りやすい。この時、裏にも表にも折っておく）。

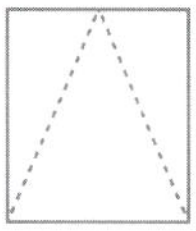

3 これで、まわりが三角形4つでできた四面体ができました。これを6個つくります。

4 できた6個の四面体を、輪になるようにセロテープで貼り合わせます。

できた！

◉制作／吉田映子

## 回《まわ》る四面体《しめんたい》で遊《あそ》ぼう

三角形《さんかくけい》が４つあわさってできた立方体《りっぽうたい》を四面体《しめんたい》といます。この四面体《しめんたい》を６つつくると、カライドサイクルと呼《よ》ばれる、ぐるぐる回《まわ》る三次元《さんじげん》のリングができます。折《お》り紙《がみ》でもできますが、最《もっと》も簡単《かんたん》なのは、長《なが》４サイズ（90 × 205mm）の封筒《ふうとう》を使《つか》うことです。

カライドサイクルは真《ま》ん中《なか》の三角形《さんかくけい》が集《あつ》まっているところを下《した》に押《お》すと、ぐるぐると回《まわ》ります。はじめは回《まわ》りにくいかもしれませんが、だんだんスムースに回《まわ》るようになります。

四面体になっているお菓子の袋があればつなぎあわせるだけですぐできます！

# 4月

April

2
くらしの中の算数のお話

# 正《ただ》しい？　間違《まちが》い？
# 数《かず》の読《よ》み方《かた》



学習院初等科《がくしゅういんしょとうか》
大澤隆之《おおさわたかゆき》先生《せんせい》が書《か》きました

読《よ》んだ日《ひ》　月《がつ》　日《にち》　月《がつ》　日《にち》　月《がつ》　日《にち》

## 「十《じゅう》」の読《よ》み方《かた》いろいろ？

みなさんは、次《つぎ》の言葉《ことば》をなんと読《よ》みますか？

「十分間」

「じゅっぷんかん」と読《よ》みましたか？　残念《ざんねん》ながら、「じゅっぷんかん」は間違《まちが》いです。正《ただ》しくは、「じっぷんかん」です。

小学校《しょうがっこう》1年《ねん》の国語《こくご》の教科書《きょうかしょ》を開《ひら》いてみましょう。「十《じゅう》」の読《よ》み方《かた》は「じゅう」か「じっ」となっています。「十本」は「じっぽん」と読《よ》みます。

通常《つうじょう》は10は「じゅう」と読《よ》みますが、10の後《うし》ろに単位《たんい》や言葉《ことば》が付《つ》いていて、「っ」が付くような場合《ばあい》には「じっ」と読《よ》みます。

試《ため》しに、「十進数」「十把一からげ」を国語辞典《こくごじてん》で引《ひ》いてみてください。「じっしんすう」「じっぱひとからげ」となっています。

## さらに、問題《もんだい》です

では、次《つぎ》の言葉《ことば》を読《よ》んでみましょう。

【降水確率30％】
【20・5】
【7時30分】
【50回目】

正解《せいかい》は、「こうすいかくりつさんじっぱーせんと」「にじってんご」「しちじさんじっぷん」「ごじっかいめ」です。

どうですか。読《よ》めましたか。

天気予報《てんきよほう》やニュースで、降水確《こうすいかく》率《りつ》などの言《い》い方《かた》をよく聞《き》いてみましょう。アナウンサーがどれだけしっかりと読《よ》んでいるかがわかります。

覚《おぼ》えておこう

### 0～10の正《ただ》しい読《よ》み方《かた》

0から10までは、正《ただ》しく言《い》えますか。「れい、いち、に、さん、し、ご、ろく、しち、はち、く（きゅう）、じゅう」です。「ゼロ（0）」は英語《えいご》です。「よん」「なな」は和語《わご》です。ひとつ、ふたつ、という流《なが》れの言《い》い方《かた》です。ですから、数《かず》を言《い》うときは、「し」「しち」と正《ただ》しく言《い》いましょう。

ひとくちメモ

4は普通《ふつう》「し」ですが、「四千」は「よんせん」と読《よ》みます。また、14匹《ひき》は「じゅうよんひき」、140は「ひゃくしじゅう」ではなく「ひゃくよんじゅう」と読《よ》みます。前後《ぜんご》につく言葉《ことば》により、言《い》いやすく変《か》わるのです。

# ものさしと定規《じょうぎ》って違《ちが》うの？



東京都《とうきょうと》　杉並区立高井戸第三小学校《すぎなみくりつたかいどだいさんしょうがっこう》
吉田映子《よしだえいこ》先生《せんせい》が書《か》きました

読《よ》んだ日《ひ》　月《がつ》　日《にち》｜　月《がつ》　日《にち》｜　月《がつ》　日《にち》



## 意外《いがい》と知《し》らない、この違《ちが》い

みなさんは、ものさしと定規《じょうぎ》の違《ちが》いを知《し》っていますか？

ものさしは物《もの》の長《なが》さを測《はか》る道具《どうぐ》で、定規《じょうぎ》は直線《ちょくせん》を引《ひ》く道具《どうぐ》です。

ものさしは正確《せいかく》に長《なが》さを測《はか》ることができるように、温度《おんど》などの変《へん》化《か》によって変形《へんけい》しにくい素材《そざい》を使《つか》ってつくられています。学校《がっこう》の学《がく》習《しゅう》で使《つか》うものさしは竹《たけ》でできていますね。

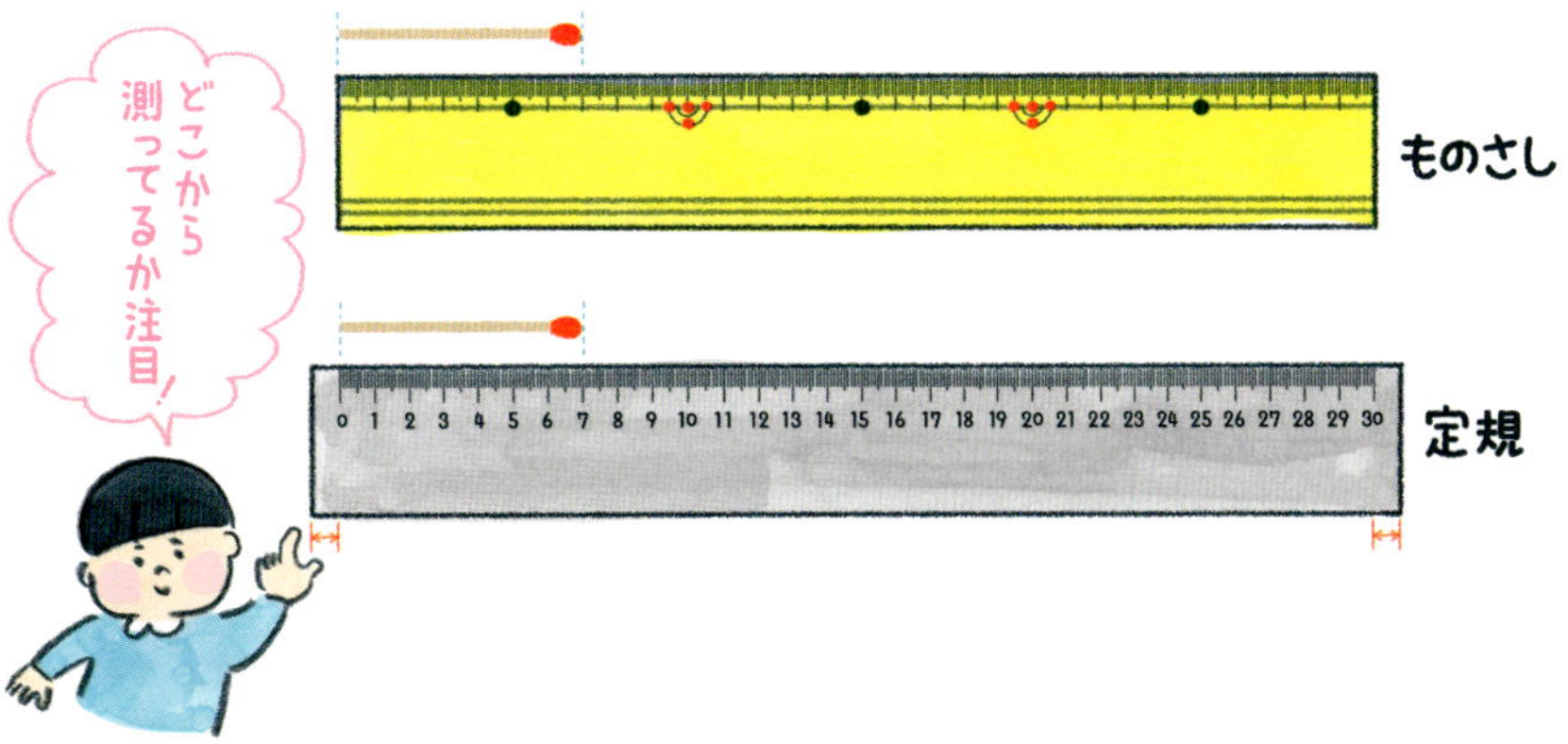


測《はか》り方《かた》も違《ちが》います。竹《たけ》のものさしのめもりには数字《すうじ》が書《か》かれていません。また、定規《じょうぎ》は端《はし》にめもりがなく、少《すこ》しあいている部分《ぶぶん》があるものもありますが、ものさしは端《はし》が0になります。ですからものさしなら、長《なが》いところを測《はか》ったときに30㎝何個分《なんこぶん》とあとどのくらいと、調《しら》べることができます。

また、30㎝より短《みじか》い長《なが》さを測《はか》るとき、端《はし》をぴったり合《あ》わせて測《はか》ると測《はか》りにくかったり、直線《ちょくせん》の端《はし》が見《み》にくかったりすることがあります。こんなときは5㎝や10㎝ごとのめもりの印《しるし》を使《つか》って、途中《とちゅう》のめもりを0として測《はか》ることもできます。

## ものさしで直線《ちょくせん》を引《ひ》いてみよう

①めもりの付《つ》いている方《ほう》で長《なが》さを測《はか》って印《しるし》（点《てん》）をつける。
②めもりのない方《ほう》で点《てん》と点《てん》を結《むす》ぶ。

この順番《じゅんばん》だとめもりを汚《よご》すことがありません。また、めもりのない側《がわ》が切《き》り立《た》っているので、ものさしと紙《かみ》の接《せっ》しているところに鉛《えん》筆《ぴつ》の先《さき》をあてて線《せん》を引《ひ》くときれいに直《ちょく》線《せん》がかけます。

### やってみよう

#### 筆《ふで》で直線《ちょくせん》を引《ひ》く

ものさしの溝《みぞ》は、筆《ふで》で直線《ちょくせん》を引《ひ》くときに使《つか》います。筆《ふで》とは別《べつ》の棒《ぼう》のようなものを一緒《いっしょ》に持《も》ち、棒《ぼう》をこの溝《みぞ》にあてて滑《すべ》らせながら直線《ちょくせん》を引《ひ》くと上手《じょうず》に引《ひ》くことができるのです。

**ひとくちメモ** 定規《じょうぎ》にはこのほかに、曲線《きょくせん》をかくための雲形定規《くもがたじょうぎ》や、三角定規《さんかくじょうぎ》などがあります。三角定規《さんかくじょうぎ》は形《かたち》の違《ちが》う２種類《しゅるい》がありますよね。見《み》たことはありますか？

数や図形で遊ぼう 123

# あみだくじのひみつ①

4月 3日

お茶《ちゃ》の水《みず》女子《じょし》大学《だいがく》附属《ふぞく》小学校《しょうがっこう》
岡田《おかだ》紘子《ひろこ》先生《せんせい》が書《か》きました

読《よ》んだ日《ひ》　月《がつ》　日《にち》　月《がつ》　日《にち》　月《がつ》　日《にち》

## あみだくじをやってみよう

みなさんは、あみだくじをやったことがありますか？　縦線《たてせん》と横《よこ》線《せん》を組《く》み合《あ》わせてつくられたくじです。まずは、簡単《かんたん》なあみだくじをやってみましょう。図《ず》1で、ウサギさんは、どの食《た》べ物《もの》をもらうことができるでしょう。

図《ず》1のあみだくじでは、ウサギさんはニンジンにたどり着《つ》きますね。クマさんはクリ、キツネさんはブドウにたどり着《つ》きました。

どうして、同《おな》じゴールに重《かさ》なってたどり着《つ》かないのでしょう。

図《ず》2を見《み》てください。横線《よこせん》を通《とお》るときに、ウサギさんとクマさんが入《い》れ替《か》わることがわかります。横線《よこせん》のはたらきは、動物《どうぶつ》を入《い》れ替《か》えることです。横線《よこせん》により必《かなら》ず動《どう》物《ぶつ》が入《い》れ替《か》わるので、同《おな》じゴールに別《べつ》の動物《どうぶつ》がたどり着《つ》くことは絶《ぜっ》対《たい》にありません。

図《ず》1

図《ず》2

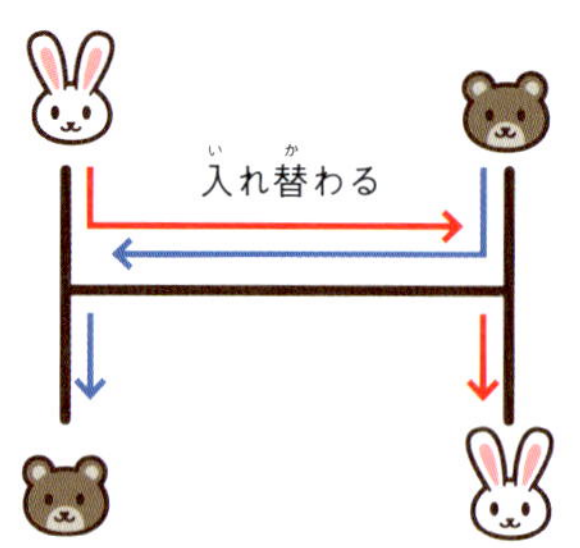


図《ず》3

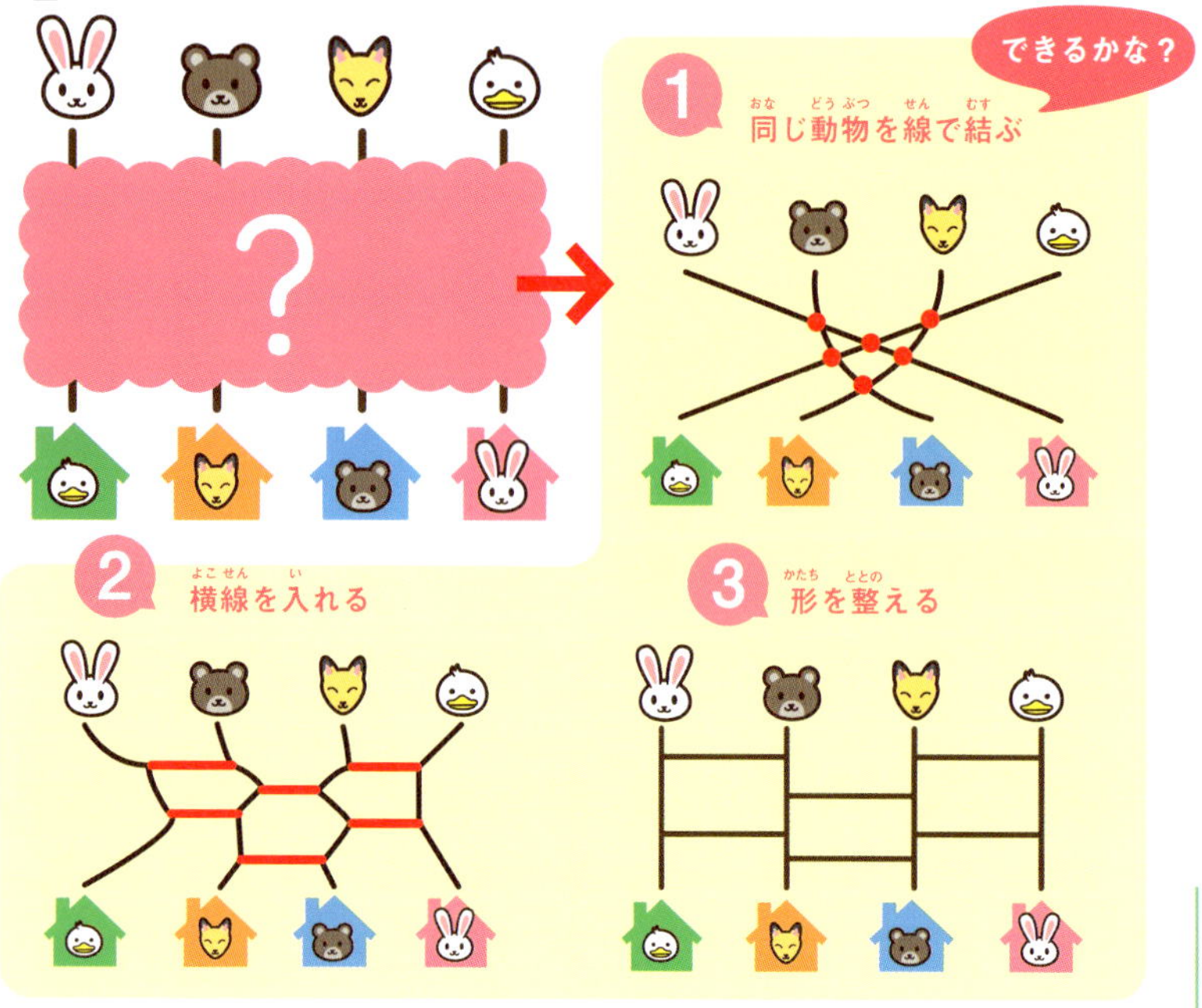


## あみだくじをつくってみよう

図《ず》3で、ウサギさん、クマさん、キツネさん、アヒルさんが同《おな》じ動物《どうぶつ》の家《いえ》に行《い》けるように横《よこ》線《せん》を入《い》れてみましょう。コツは、まず同《おな》じ動物《どうぶつ》同士《どうし》を線《せん》で結《むす》びます。次《つぎ》に、線《せん》と線《せん》の交《まじ》わったところを横線《よこせん》にします。あみだくじの形《かたち》を整《ととの》えたら完成《かんせい》です。

このつくり方《かた》なら、どんなに縦線《たてせん》が増《ふ》えても簡単《かんたん》にあみだくじをつくることができますよ。

ひとくちメモ　あみだくじの「あみだ」は、阿弥陀如来《あみだにょらい》という仏様《ほとけさま》に由来《ゆらい》すると言《い》われています。昔《むかし》のくじの形《かたち》が阿弥陀如来《あみだにょらい》の後《うし》ろの光《ひかり》（後光《ごこう》）に似《に》ていたことからその名《な》がついたとされています。

数と計算のお話

# 同《おな》じ数《かず》を使《つか》って「数《かず》」をつくろう

4月 4日

北海道教育大学附属札幌小学校《ほっかいどうきょういくだいがくふぞくさっぽろしょうがっこう》
瀧《たき》ケ《が》平《ひら》悠《ゆう》史《し》先生《せんせい》が書《か》きました

読《よ》んだ日《ひ》　月《がつ》　日《にち》　月《がつ》　日《にち》　月《がつ》　日《にち》

## 4つの4で数《かず》づくり

4つの4があります。この4つの4をすべて使《つか》って、1～5までの数《かず》づくりをしましょう。+、−、×、÷、どの計算《けいさん》をしてもかまいません。試《ため》しに、1をつくってみます。

4を2つ使《つか》って4÷4にすると、1ができますね。残《のこ》りの2つの4も、4÷4で1にします。これで、1が2つできました。最後《さいご》に、この2つの1で1÷1をすると、1ができ上《あ》がりました。

## 2～5をつくる

次《つぎ》に、2をつくりましょう。先《さき》ほどと同《おな》じように4÷4を2回《かい》して1を2つつくります。この2つの1を足《た》すと、今度《こんど》は2ができました。

3はどうでしょうか。初《はじ》めに、4を3つ足《た》して12をつくります。そして、最後《さいご》にその12を4で割《わ》ると3をつくることができました。

次《つぎ》に、4をつくるには、まず、4−4をして0をつくります。そして、この0に4をかけて、また0にします。最後《さいご》に、この0に4を足《た》すと、4ができ上《あ》がりました。

5のつくり方《かた》です。4を2つかけて16にします。ここに、もう1つ4を足《た》すと20をつくることができました。最後《さいご》は、この20を残《のこ》りの4で割《わ》りましょう。これで、5ができ上《あ》がりました。

4を4つ使《つか》って、1～5の数《かず》すべてをつくることができましたね。

【4 ÷ 4 = 1, 4 ÷ 4 = 1
1 ÷ 1 = 1】
【4 ÷ 4 = 1, 4 ÷ 4 = 1
1 + 1 = 2】
【4 + 4 + 4 = 12
12 ÷ 4 = 3】
【4 − 4 = 0, 0 × 4 = 0
0 + 4 = 4】
【4 × 4 = 16, 16 + 4 = 20
20 ÷ 4 = 5】

### やってみよう

**6～9にも挑戦《ちょうせん》！**

今度《こんど》は、同《おな》じように4を4つ使《つか》って6～9の数《かず》づくりにもチャレンジしてみましょう。

4　4　4　4 = 6
4　4　4　4 = 7
4　4　4　4 = 8
4　4　4　4 = 9

**ひとくちメモ** 4つ使《つか》う数《かず》を「3」にしても、1～9の数《かず》づくりをすることができます。また、「5」の場合《ばあい》は、1つだけつくることができない数《かず》があります。どの数《かず》ができないのか、見《み》つけられるでしょうか。

# 分《わ》け方《かた》を調《しら》べよう
## 〜約数《やくすう》のふしぎ〜

4月 5日

熊本県《くまもとけん》　熊本市立池上小学校《くまもとしりついけのうえしょうがっこう》
藤本邦昭《ふじもとくにあき》先生《せんせい》が書《か》きました

読《よ》んだ日《ひ》　月《がつ》　日《にち》　月《がつ》　日《にち》　月《がつ》　日《にち》

### 同《おな》じ数《かず》ずつ分《わ》けよう

6個《こ》のアメがあります。これを2人《り》で分《わ》けます。どんな分《わ》け方《かた》ができますか？（図《ず》1）

2個《こ》と4個《こ》にも分《わ》けられます。でも、少《すく》ない人《ひと》がかわいそうですね。では、2個《こ》と2個《こ》ではどうでしょう？　これでは6個《こ》のうち4個《こ》しか分《わ》けていないので、あまりが出《で》てしまいます。

3個《こ》と3個《こ》に分《わ》けると、同《おな》じ数《かず》で分《わ》けられ、あまりも出《で》ません。このような分《わ》け方《かた》を「等分《とうぶん》」するといいます。

### アメが12個《こ》あったら？

6個《こ》のアメでしたら、

①2人《り》に3個《こ》ずつ
②3人《にん》に2個《こ》ずつ

そして、

③6人《にん》に1個《こ》ずつ
④1人《り》に6個《こ》全部《ぜんぶ》

という等分《とうぶん》のしかたがありますね。4通《とお》り見《み》つかりました。

では、アメを12個《こ》に増《ふ》やしてみましょう。今度《こんど》は何通《なんとお》りの等分《とうぶん》のしかたがありますか？（図《ず》2）

今度《こんど》は、6通《とお》りになりました。アメを増《ふ》やすと分《わ》け方《かた》も増《ふ》えるようですが……。

次《つぎ》に、アメを17個《こ》にしてみましょう。いったい、何通《なんとお》りの分《わ》け方《かた》ができるでしょうかね。

図《ず》1

図《ず》2

**考《かんが》えてみよう**

**分《わ》け方《かた》が2通《とお》りしかない数《かず》**

アメ17個《こ》の分《わ》け方《かた》は、「1人《り》に17個《こ》」「17人《にん》に1個《こ》ずつ」のたった2通《とお》りしかありません。不思議《ふしぎ》ですね。アメ20個《こ》までのうち、「17」のように2通《とお》りしかできない個数《こすう》は、いくつあるでしょうね。

**ひとくちメモ**

ある数《かず》を割《わ》り切《き》れる数《かず》のことを約数《やくすう》といいます。約数《やくすう》には、1と「その数自身《かずじしん》」が必《かなら》ずあります。他《ほか》に割《わ》り切《き》れる数《かず》がないものを素数《そすう》といい、20までは2、3、5、7、11、13、17、19の8つの素数《そすう》があります。

単位とはかり方のお話

# おもちゃの速《はや》さはどのようにして比《くら》べる？

4月 6日

神奈川県《かながわけん》　川崎市立土橋小学校《かわさきしりつつちはししょうがっこう》
山本《やまもと》　直《なお》先生《せんせい》が書《か》きました

読《よ》んだ日《ひ》　月《がつ》　日《にち》　月《がつ》　日《にち》　月《がつ》　日《にち》

どっちがはやい？
1mを5秒で…
5mを20秒で…

## 速《はや》さを比《くら》べよう！

かけっこで速《はや》さを競《きそ》うときは、スタートとゴールを決《き》めて「よーい、ドン！」で走《はし》り出《だ》し、先《さき》にゴールについたほうが「速《はや》い」となります。でも、人数《にんずう》が多《おお》いときは、みんなで一緒《いっしょ》に走《はし》ることができません。そこで、順番《じゅんばん》に時間《じかん》を計《はか》って短《みじか》い時間《じかん》で同《おな》じ長《なが》さを走《はし》った人《ひと》が「速《はや》い」ということになります。

ところが、おもちゃの自動車《じどうしゃ》や電車《でんしゃ》、進《すす》むロボットなどは、走《はし》ることのできる長《なが》さが違《ちが》っているため、ゴールを決《き》めてもそこまでたどりつかない場合《ばあい》も考《かんが》えられます。走《はし》った長《なが》さが違《ちが》う場合《ばあい》には、どのようにして速《はや》さを比《くら》べたらよいのでしょう？

## 「距離《きょり》」か「時間《じかん》」をそろえる

1mを5秒《びょう》で走《はし》った電車《でんしゃ》と、5mを20秒《びょう》で走《はし》った車《くるま》のおもちゃがあったとします。この2つのおもちゃはどちらが速《はや》いといえるのでしょうか。

たとえば電車《でんしゃ》がそのままの速《はや》さで5m走《はし》ったと考《かんが》えます。するとかかる時間《じかん》は5秒《びょう》の5倍《ばい》なので、25秒《びょう》となり、車《くるま》よりも時間《じかん》がかかることがわかります。逆《ぎゃく》に車《くるま》が1m走《はし》るのにどれだけかかったかを知《し》りたければ、20 ÷ 5 = 4で、4秒《びょう》となり、電車《でんしゃ》よりも速《はや》く1mを走《はし》ったことがわかります。

このように、速《はや》さを比《くら》べるときには、走《はし》った長《なが》さか、かかった時《じ》間《かん》のどちらかをそろえればよいのです。

### やってみよう

#### 巻《ま》き尺《じゃく》や時計《とけい》で測《はか》ってみよう

電車《でんしゃ》や車《くるま》のおもちゃの速《はや》さを実際《じっさい》に測《はか》ってみましょう。巻《ま》き尺《じゃく》と時《と》計《けい》があればすぐにできます。1mあたり何秒《なんびょう》で走《はし》ったのかなど、計《けい》算《さん》をして求《もと》めてみましょう。

写真／山本 直

ひとくちメモ
自動車《じどうしゃ》の速度計《そくどけい》は時速《じそく》といって、1時間《じかん》でどれだけ進《すす》めるかという方法《ほうほう》で速《はや》さを表《あらわ》しています。これも、時間《じかん》をそろえるというアイデアです。

# カレンダーものさしをつくろう

手を動かしてつくってみよう

4月 7日

東京都《とうきょうと》　杉並区立高井戸第三小学校《すぎなみくりつたかいどだいさんしょうがっこう》
吉田映子《よしだえいこ》先生《せんせい》が書《か》きました

読《よ》んだ日《ひ》　月《がつ》　日《にち》　月《がつ》　日《にち》　月《がつ》　日《にち》

## まずは、やってみよう

カレンダーものさしを知《し》っていますか？　つくってみましょう。

用意《ようい》するものは、5cmくらいの幅《はば》に切《き》った画用紙《がようし》（33cmくらいあるといい）、ものさし、鉛筆《えんぴつ》、色鉛筆《えんぴつ》、カレンダーです。まず、画用紙《がようし》でものさしをつくります。

①画用紙《がようし》の左《ひだり》のはしから1cmのところに印《しるし》をつけます（はしが0になります）。

②印《しるし》の上《うえ》に「1」と書《か》きます。

③ものさしで1cmおきに30cmまでめもりを書《か》き、めもりの上《うえ》に順番《じゅんばん》に数字《すうじ》を書《か》いていきましょう。30cmのものさしができました（図《ず》1）。

図《ず》1

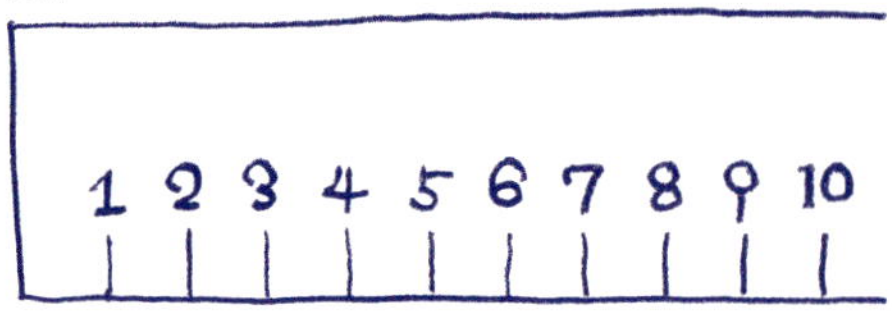


## 自分《じぶん》だけのオリジナルに！

次《つぎ》に、いよいよカレンダーものさしに変身《へんしん》させましょう。

①つくりたい月《つき》のカレンダーを見《み》て、日曜日《にちようび》が何日《なんにち》だか調《しら》べます。

②めもりの上《うえ》の数字《すうじ》の日曜《にちよう》の数《かず》を、赤《あか》い○で囲《かこ》みましょう。次《つぎ》に土曜《どよう》日《び》を青《あお》い○で囲《かこ》みましょう。

カレンダーものさしができました（図《ず》2）。

図《ず》2

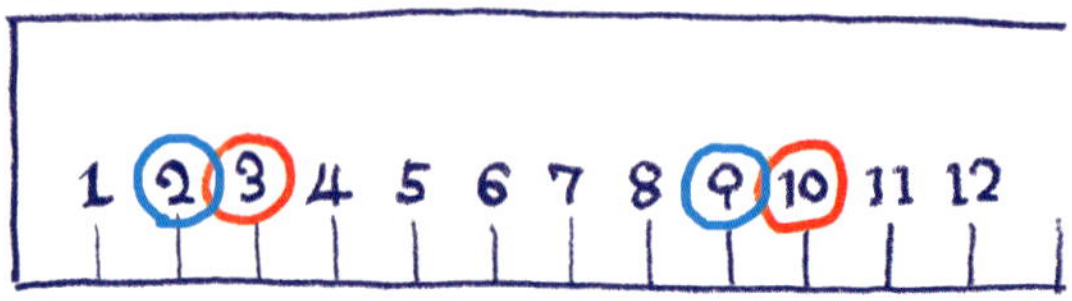


最後《さいご》に、あいているところに「○月《がつ》」と、その月《つき》にあった絵《え》をかきましょう（図《ず》3）。2月《がつ》は28日《にち》や29日《にち》なので、少《すこ》し短《みじか》いものさしになりますね。反対《はんたい》に、31日《にち》まである月《つき》は、少《すこ》し長《なが》いものさしになります。

自分《じぶん》だけのオリジナルカレンダーものさしをつくりましょう。自《じ》分《ぶん》の好《す》きな月《つき》だけでなく、家族《かぞく》やお友達《ともだち》の誕生日《たんじょうび》の月《つき》のカレンダーものさしをつくってプレゼントしたら、きっと喜《よろこ》んでくれますよ。

図《ず》3

**ひとくちメモ**　今《いま》の暦《こよみ》（太陽暦《たいようれき》）では、1カ月《げつ》が31日《にち》ある月《つき》を「大《だい》の月《つき》」、30日以下《にちいか》の月《つき》を「小《しょう》の月《つき》」といいます。大《だい》の月《つき》は1、3、5、7、8、10、12月《がつ》、小《しょう》の月《つき》は2、4、6、9、11月《がつ》です。

# 兆《ちょう》より上《うえ》も知《し》ろう 大《おお》きな数《かず》のお話《はなし》

数と計算のお話

4月 8日

島根県《しまねけん》 飯南町立志々小学校《いいなんちょうりつししじょうがっこう》
村上幸人《むらかみゆきと》先生《せんせい》が書《か》きました

読《よ》んだ日《ひ》　月《がつ》　日《にち》｜　月《がつ》　日《にち》｜　月《がつ》　日《にち》

## 日本《にほん》の人口《じんこう》、読《よ》めるかな？

私《わたし》たちの住《す》む日本《にほん》には、たくさんの人《ひと》が住《す》んでいます。全部《ぜんぶ》で何人《なんにん》の人《ひと》がいるのでしょう。数《かぞ》えるのが大変《たいへん》ですが、きちんと調《しら》べるとわかるのです。今《いま》は、

128226483人《にん》です（総務省《そうむしょう》／平成《へいせい》27年《ねん》1月《がつ》1日住民基本台帳人口《ついたちじゅうみんきほんだいちょうじんこう》より）。

読《よ》めますか？　小学《しょうがく》4年生《ねんせい》で読《よ》み方《かた》を習《なら》うので、少《すこ》し難《むずか》しいかもしれません。これは、

1　2822　6483

と区切《くぎ》って、

1億《おく》2822万《まん》6483

「いちおく　にせんはっぴゃくにじゅうにまん　ろくせんよんひゃくはちじゅうさん」と読《よ》みます。

このように、大《おお》きな数《かず》は一《いち》の位《くらい》から4つずつ区切《くぎ》ると読《よ》みやすくなります。それにしても、たくさんの人《ひと》がいっしょに住《す》んでいるのですね。もちろん、あなたもその1人《ひと》として含《ふく》まれていますよ。

## 億《おく》の上《うえ》は兆《ちょう》、その上《うえ》は？

では、もっと大《おお》きい数《かず》はどう読《よ》めばよいでしょう。日本《にほん》の国《くに》で使《つか》われるお金《かね》（平成《へいせい》27年度国家予算《ねんどこっかよさん》）は、

963420億《おく》 円《えん》

と書《か》かれています（財務省《ざいむしょう》／日本《にほん》の財政関係資料平成《ざいせいかんけいしりょうへいせい》27年《ねん》9月《がつ》より）。数字《すうじ》で書《か》くと

96342000000000

になります。これは、

96兆《ちょう》3420億《おく》

と読《よ》みます。千億《せんおく》の位《くらい》より大《おお》きな位《くらい》となったときは「兆《ちょう》」という単位《たんい》を使《つか》います。

では、「兆《ちょう》」よりも大《おお》きい単位《たんい》はどうなるでしょうか。

10000000000000000

これです。家《いえ》の人《ひと》でも、読《よ》むことができる人《ひと》は少《すく》ないかもしれません。1京《けい》と読《よ》みます。

普段《ふだん》は、これほど大《おお》きい数《かず》は必要《ひつよう》ないので、知《し》らなくても困《こま》らないのですが、せっかくなので、覚《おぼ》えておきましょう。

### 覚《おぼ》えておこう

**大《おお》きい数《かず》はどこまであるの？**

では、京《けい》より大《おお》きい数《かず》は……と考《かんが》えたくなりますね。参考《さんこう》までに億《おく》から順番《じゅんばん》に載《の》せておきます。

100000000000000000000000000000000000000000000000000000000000000000000

無量大数《むりょうたいすう》～不可思議《ふかしぎ》～那由他《なゆた》～阿僧祇《あそうぎ》～恒河沙《ごうがしゃ》～極《ごく》～載《さい》～正《せい》～澗《かん》～溝《こう》～穣《じょう》～𥝱《じょ》～垓《がい》～京《けい》～兆《ちょう》～億《おく》～万《まん》～一《いち》



ひとくちメモ　1無量大数《むりょうたいすう》を数字《すうじ》で書《か》いてみたら……、1の右側《みぎがわ》に0が68個《こ》も並《なら》びます。

❷折《お》り紙《がみ》の右下《みぎした》の角《かど》が真《ま》ん中《なか》にくるように、折《お》り紙《がみ》を折《お》ります。折《お》った部分《ぶぶん》に沿《そ》って、鉛筆《えんぴつ》で線《せん》を引《ひ》きます。

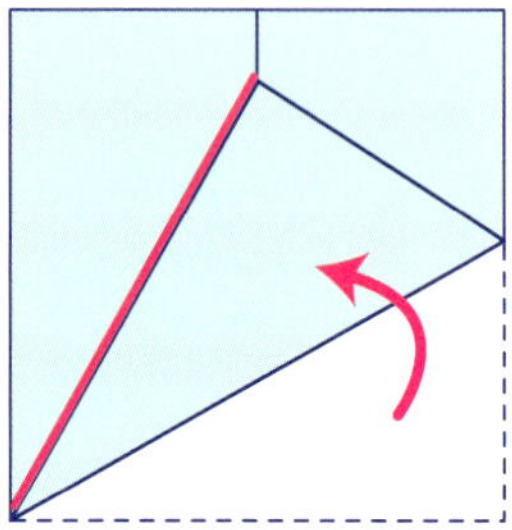

❸同《おな》じように、反対側《はんたいがわ》も折《お》って、線《せん》を引《ひ》きます。

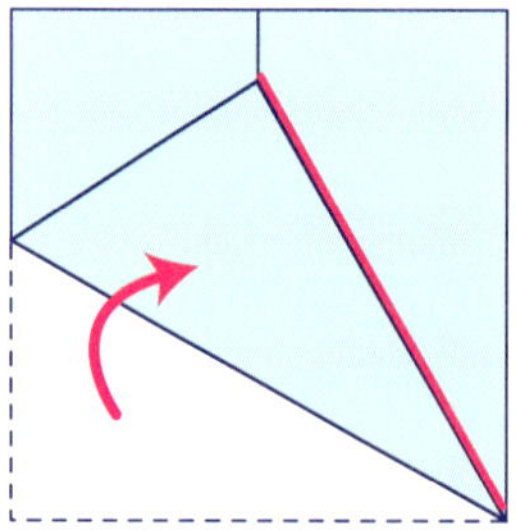

❹折《お》り紙《がみ》を開《ひら》き、鉛筆《えんぴつ》の線《せん》に沿《そ》ってはさみで切《き》ります。これで、正三角形《せいさんかくけい》ができました。

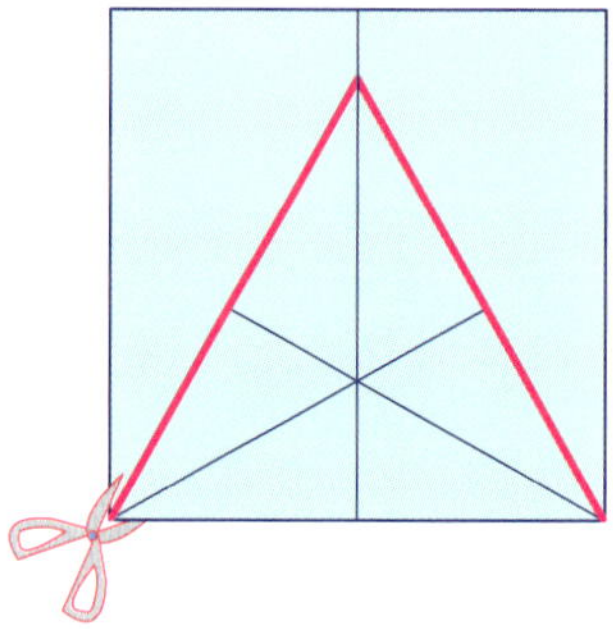

❺次《つぎ》にこの正三角形《せいさんかくけい》をもとに正六角形《せいろっかくけい》をつくります。正三角形《せいさんかくけい》の3つの角《かど》を中心《ちゅうしん》に向《む》かって折《お》り、セロファンテープでとめます。

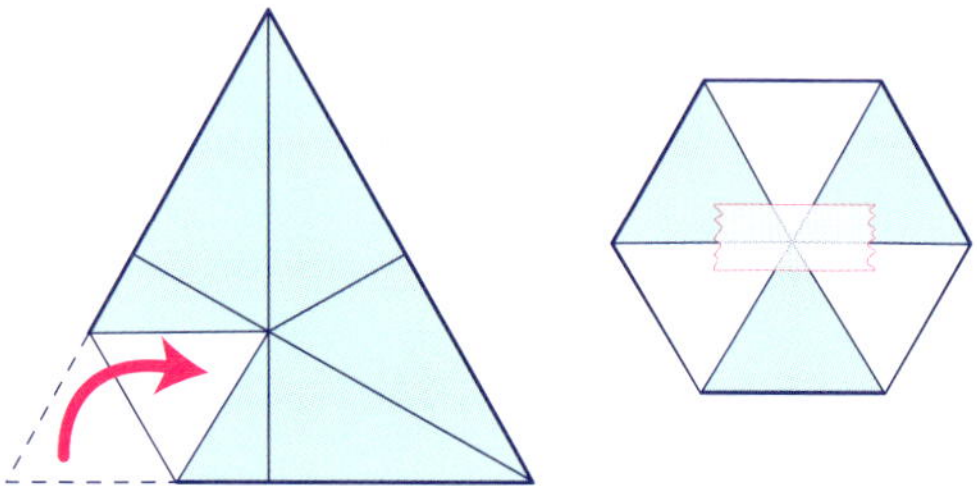

❻正六角形《せいろっかくけい》を上下《じょうげ》に2枚《まい》つなげて、セロファンテープでとめます。これを10組《くみ》つくります。

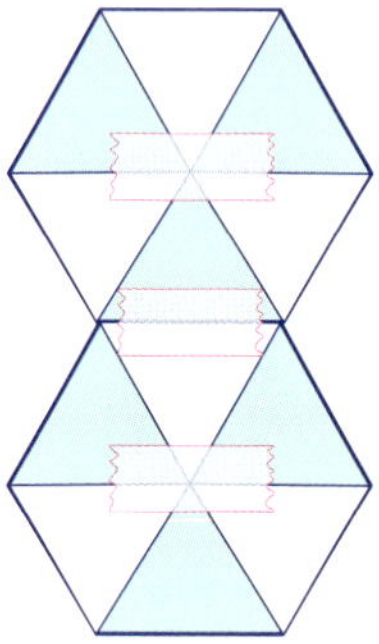

❼10組《くみ》の正六角形《せいろっかくけい》を下《した》のように配置《はいち》して、セロファンテープでとめていきます。

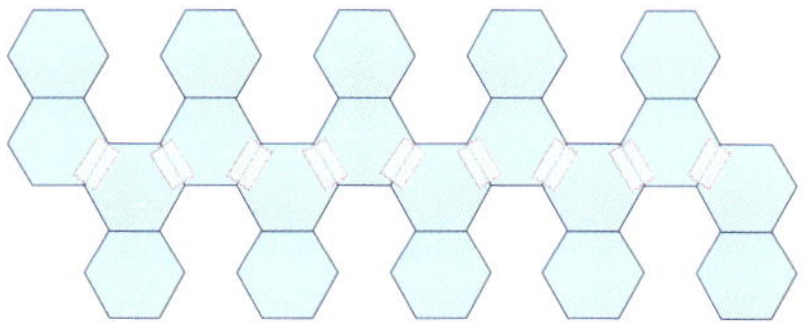

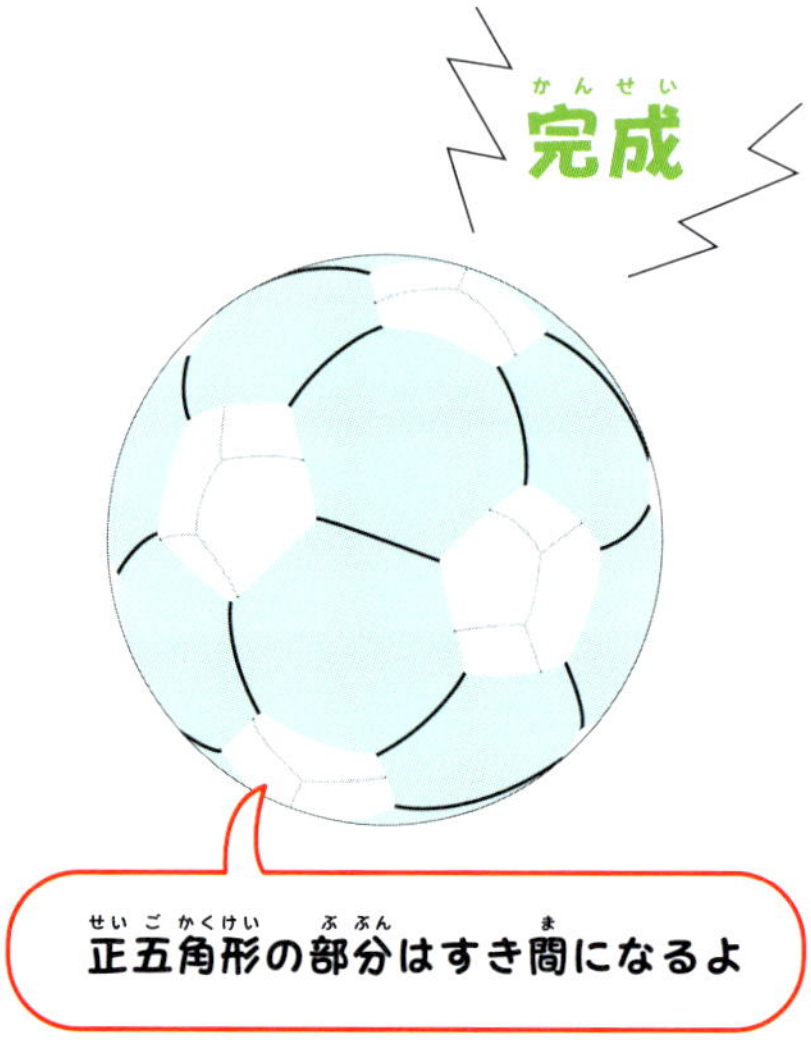


❽最後《さいご》に、隣《とな》り合《あ》った正六角形《せいろっかくけい》の辺同士《へんどうし》をセロファンテープでつなげて立体《りったい》をつくります。両端《りょうたん》の正六角形《せいろっかくけい》の辺同士《へんどうし》をつなげれば、サッカーボールの完成《かんせい》です。

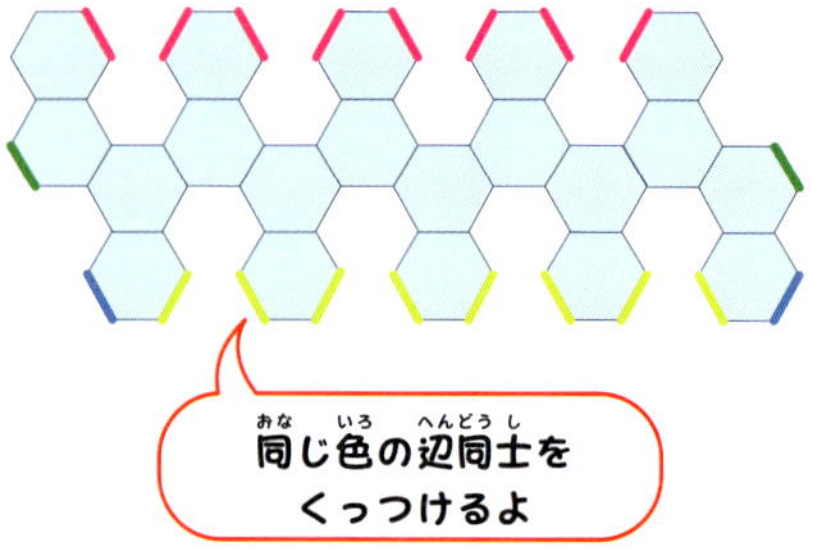


**ひとくちメモ** 実《じつ》はサッカーのゴールネットも六角形《ろっかくけい》が組《く》み合《あ》わさってできています。四角形《しかくけい》に比《くら》べて、衝撃《しょうげき》を吸収《きゅうしゅう》しやすいなどの理由《りゆう》から、今《いま》では六角形《ろっかくけい》が多《おお》く使《つか》われています。

# サッカーボールをつくってみよう

4月 9日

東京都《とうきょうと》 杉並区立高井戸第三小学校《すぎなみくりつたかいどだいさんしょうがっこう》
吉田映子《よしだえいこ》 先生《せんせい》が書《か》きました

読《よ》んだ日《ひ》　月《がつ》　日《にち》｜月《がつ》　日《にち》｜月《がつ》　日《にち》

サッカーボールをじっくり見《み》たことはありますか？　サッカーボールは、同《おな》じ形《かたち》の図形《ずけい》がいくつも組《く》み合《あ》わさってできています。今日《きょう》は折《お》り紙《がみ》を使《つか》ってサッカーボールをつくってみましょう。

**用意《ようい》するもの**

- 折《お》り紙《がみ》 20 枚《まい》
- はさみ
- 鉛筆《えんぴつ》
- セロファンテープ
- 定規《じょうぎ》



## ●サッカーボールってどうなっているの？

まずは、サッカーボールを研究《けんきゅう》してみましょう。サッカーボールをよく見《み》てみると、正六角《せいろっかく》形《けい》と正五角形《せいごかくけい》が組《く》み合《あ》わさってできていることがわかります。

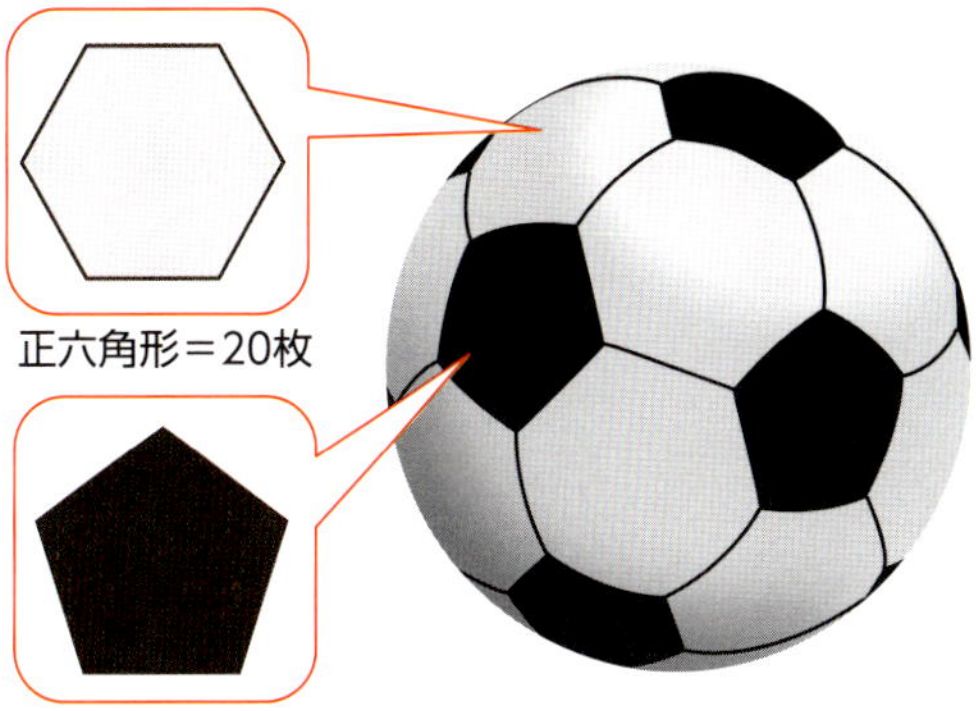

正六角形＝20枚

正五角形＝12枚

## ●折《お》り紙《がみ》でつくってみよう

それでは、折《お》り紙《がみ》を使《つか》って実際《じっさい》にサッカーボールをつくってみましょう。

❶まずは折《お》り紙《がみ》で正三角形《せいさんかくけい》をつくります。折《お》り紙《がみ》を半《はん》分《ぶん》に折《お》って、真《ま》ん中《なか》に折《お》り目《め》をつけて広《ひろ》げます。

単位とはかり方のお話

# 生《い》き物《もの》の背《せ》を比《くら》べてみよう

4月10日

筑波大学附属小学校《つくばだいがくふぞくしょうがっこう》
中田寿幸《なかたとしゆき》先生《せんせい》が書《か》きました

読《よ》んだ日《ひ》　月《がつ》　日《にち》　月《がつ》　日《にち》　月《がつ》　日《にち》

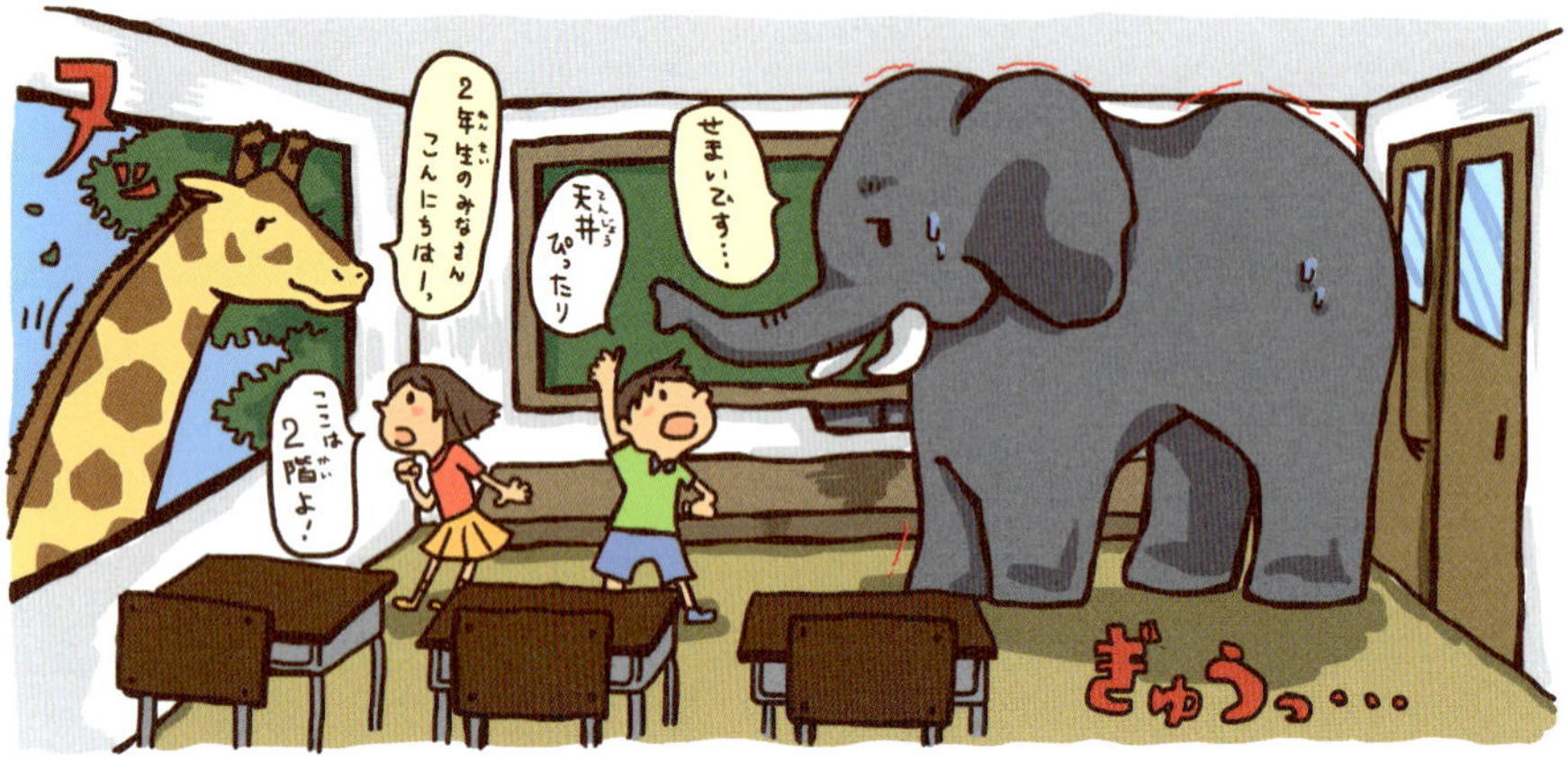


## いちばん背《せ》が高《たか》い動物《どうぶつ》は？

同《おな》じ学年《がくねん》の友達《ともだち》でも、クラスの中《なか》には背《せ》の高《たか》い人《ひと》もいれば、背《せ》の低《ひく》い人《ひと》もいますね。背《せ》の高《たか》さはいろいろです。

では、地球上《ちきゅうじょう》の生《い》き物《もの》でいちばん背《せ》の高《たか》い動物《どうぶつ》はなんでしょうか？

体《からだ》が大《おお》きいということで思《おも》い出《だ》すゾウの体《からだ》の高《たか》さは3mほど。大《おお》きいものでは4mをこすものもいるそうです。

3mというのは、だいたい教室《きょうしつ》の天井《てんじょう》ぐらいまでの高《たか》さです。ゾウが教室《きょうしつ》にいたら、天井《てんじょう》に背中《せなか》がついてしまうんですね。

人間《にんげん》のように2本足《ほんあし》で立《た》つ動物《どうぶつ》の中《なか》ではホッキョクグマが最《もっと》も高《たか》いと言《い》われています。3mをこすホッキョクグマもいるそうです。

## キリンは首《くび》だけで2m！

地球上《ちきゅうじょう》で最《もっと》も背《せ》の高《たか》い動物《どうぶつ》は、キリンです。メスよりもオスの方《ほう》が背《せ》が高《たか》く、5mをこえます。学校《がっこう》の校舎《こうしゃ》なら、外《そと》にいても2階《かい》の窓《まど》から教室《きょうしつ》の中《なか》をのぞけるのです。

キリンはオスの方《ほう》がメスよりも1mぐらい背《せ》が高《たか》いそうです。大《おお》きいもので5m50cmのものがいます。肩《かた》までの高《たか》さが3mで、教室《きょうしつ》に入《はい》れたら、体《からだ》だけで天井《てんじょう》についてしまう高《たか》さです。

キリンは背《せ》が高《たか》いため、他《ほか》の動物《どうぶつ》には食《た》べることのできない高《たか》い木《き》の葉《は》を食《た》べることができます。

首《くび》の長《なが》さだけで2mほどあるので、池《いけ》などの水《みず》を飲《の》むのは大変《たいへん》です。でも、葉《は》から水分《すいぶん》をとることができるので、水《みず》を飲《の》まなくても生《い》きていけるのだそうです。

### 覚《おぼ》えておこう

**キリンは舌《した》も長《なが》い！**

キリンの舌《した》は長《なが》く、40cmほどもあります。日本人《にっぽんじん》の舌《した》の長《なが》さは7cmほどですから、5倍《ばい》から6倍《ばい》の長《なが》さです。この長《なが》い舌《した》で、木《き》の葉《は》をからめて食《た》べています。

ひとくちメモ　学校《がっこう》の教室《きょうしつ》（床面積《ゆかめんせき》50㎡以上《いじょう》）の高《たか》さは法律《ほうりつ》で3m以上《いじょう》と決《き》められています。これはたくさんの人《ひと》が過《す》ごす教室《きょうしつ》の中《なか》の空気《くうき》が汚《よご》れないようにという理由《りゆう》で決《き》められたものです。

# ナイチンゲールのもうひとつの顔《かお》!?

4月11日

明星大学客員教授《めいせいだいがくきゃくいんきょうじゅ》
細水保宏《ほそみずやすひろ》先生《せんせい》が書《か》きました

読《よ》んだ日《ひ》　月《がつ》　日《にち》　月《がつ》　日《にち》　月《がつ》　日《にち》

## 算数《さんすう》が大好《だいす》きなレディ

世界一有名《せかいいちゆうめい》な看護師《かんごし》はだれかと聞《き》けば、きっとナイチンゲールと答《こた》えるでしょう。戦争《せんそう》で傷《きず》ついた兵士《へいし》を、けんめいにお世話《せわ》をした話《はなし》は有名《ゆうめい》です。けれども、彼女《かのじょ》が数学《すうがく》とも深《ふか》いかかわりがあったことは、あまり知《し》られていません。

ナイチンゲールは今《いま》から200年《ねん》ほど前《まえ》に、イギリスの裕福《ゆうふく》な家《か》庭《てい》に生《う》まれました。子供《こども》のころから勉強《べんきょう》が大好《だいす》きで、いろいろな計《けい》算《さん》をしたり、図《ず》やグラフを使《つか》って考《かんが》えるのが得意《とくい》でした。

## グラフで結果《けっか》がズバリ!

そのあと、看護《かんご》の勉強《べんきょう》をしたナイチンゲールは、イギリス政府《せいふ》によってクリミア戦争《せんそう》に送《おく》り出《だ》されました。ところが、戦地《せんち》の病院《びょういん》はひどいありさまで、十分《じゅうぶん》な薬《くすり》も、食《た》べ物《もの》もありません。

そこで彼女《かのじょ》は、戦争《せんそう》で亡《な》くなった兵士《へいし》の数《かず》と、その原《げん》因《いん》をくわしく調《しら》べてみました。すると驚《おどろ》いたことに、兵士《へいし》たちは戦《せん》場《じょう》よりも、病院《びょういん》の汚《よご》れたベッドの上《うえ》で命《いのち》を落《お》とす人《ひと》のほうが、はるかに多《おお》いことがわかったのです。

ナイチンゲールは、結果《けっか》を政府《せいふ》に報告《ほうこく》し、病院《びょういん》のしくみを変《か》えるように強《つよ》くうったえました。そのとき、調《しら》べたデータを図《ず》やグラフなどで示《しめ》して、だれにでもひと目《め》でわかるように工夫《くふう》をしました。

こうした努力《どりょく》によって、イギリス軍《ぐん》の病院《びょういん》はみるみるきれいになり、亡《な》くなる人《ひと》の数《かず》もぐんと減《へ》りました。「クリミアの天使《てんし》」と呼《よ》ばれたナイチンゲールは、身《み》につけた数学《すうがく》の知識《ちしき》によって、たくさんの命《いのち》を救《すく》ったのです。

### やってみよう

#### わかりやすいグラフづくり

この図《ず》はナイチンゲールがつくったグラフで、「ニワトリのとさか」と呼《よ》ばれています。こんなふうに円《えん》グラフにすれば、複《ふく》雑《ざつ》なデータもひと目《め》でわかりますね。何《なに》かを調《しら》べたら、結果《けっか》をグラフにしてみましょう。

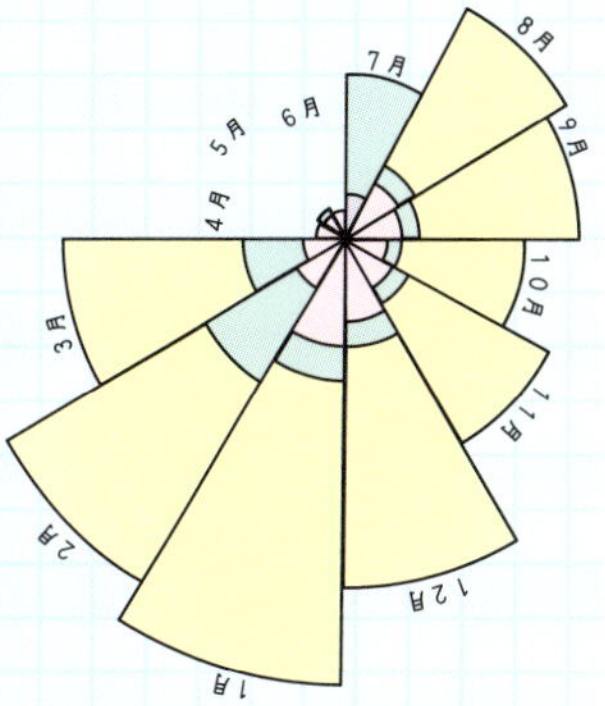




ひとくちメモ

ナイチンゲールは世界《せかい》で初《はじ》めて看護師《かんごし》の学校《がっこう》をつくりました。また、病室《びょうしつ》からベルなどで看護師《かんごし》を呼《よ》ぶナースコールや、食事《しょくじ》をまとめて運《はこ》ぶリフトも、彼女《かのじょ》が考案《こうあん》したといわれています。

図形のお話

# 三角形《さんかくけい》のお話《はなし》

4月 12日

島根県《しまねけん》　飯南町立志々小学校《いいなんちょうりつしししょうがっこう》
村上幸人《むらかみゆきと》先生《せんせい》が書《か》きました

読《よ》んだ日《ひ》　月《がつ》　日《にち》　月《がつ》　日《にち》　月《がつ》　日《にち》

## 三角形《さんかくけい》ってどんなもの？

身《み》の回《まわ》りにはいろいろなものがたくさんあります。見回《みまわ》してみましょう。テレビ、携帯電話《けいたいでんわ》、時計《とけい》、テーブル、いす、鉛筆《えんぴつ》、消《け》しゴムなど、ものがあふれています。それぞれどんな形《かたち》をしていますか？　丸《まる》かったり、四角《しかく》だったり、三角《さんかく》だったり……。言葉《ことば》では表《あらわ》せない変《か》わった形《かたち》もあるでしょう。

そのなかで、今日《きょう》は「さんかく」について、お話《はな》ししましょう。「さんかく」って、どんな形《かたち》といえばいいかな。「しかく」とはどこが違《ちが》うでしょう？

そうです。「さんかく」は3本《ぼん》の線《せん》でできていますね。角《かど》も3つです。3本《ぼん》の直線《ちょくせん》で囲《かこ》まれてできている形《かたち》を「三角形《さんかくけい》」といいます。

## まわりにある三角形《さんかくけい》は？

では、身《み》の回《まわ》りから三角形《さんかくけい》のものを探《さが》してみましょう。たとえば、三角定規《さんかくじょうぎ》、積《つ》み木《き》、大《おお》きな橋《はし》などにも見《み》つけることができます。

三角《さんかく》おむすびや「止《と》まれ」の赤《あか》い標識《ひょうしき》は「さんかく」ですが、よ～く見《み》ると角《かど》がとがっていませんね。これは「三角形《さんかくけい》」とはいえないのです。

### 見《み》てみよう

#### 夜空《よぞら》にも三角形《さんかくけい》があるよ

この時期《じき》の夜《よる》、晴《は》れていたら空《そら》に大《おお》きな三角形《さんかくけい》を見《み》つけることができますよ。南東《なんとう》の方向《ほうこう》を中心《ちゅうしん》に見《み》てみましょう。3つの明《あか》るい星《ほし》が見《み》えるでしょう。その星《ほし》を点《てん》にして頭《あたま》の中《なか》で線《せん》でつないでいくと大《おお》きな三角形《さんかくけい》になります。これを「春《はる》の大三角《だいさんかく》」といいます。これは身近《みぢか》にある一番大《いちばんおお》きい三角形《さんかくけい》でしょう。

ひとくちメモ

3つの点《てん》を直線《ちょくせん》で結《むす》ぶと三角形《さんかくけい》ができます。上《うえ》のコラムにある「春《はる》の大三角《だいさんかく》」の3つの星《ほし》の正体《しょうたい》は、うしかい座《ざ》の1等星《とうせい》「アルクトゥルス」、おとめ座《ざ》の1等星《とうせい》「スピカ」、しし座《ざ》の2等星《とうせい》「デネボラ」です。

くらしの中の算数のお話

# エジプトの縄張《なわば》り師《し》

4月 13日

大分県《おおいたけん》　大分市立大在西小学校《おおいたしりつおおざいにししょうがっこう》
二宮孝明《にのみやたかあき》先生《せんせい》が書《か》きました

読《よ》んだ日《ひ》　月《がつ》　日《にち》　月《がつ》　日《にち》　月《がつ》　日《にち》

## ナイル川《がわ》の洪水《こうずい》に困《こま》った！

エジプトには、ナイル川《がわ》という大《おお》きな川《かわ》が流《なが》れています。昔《むかし》ナイル川《がわ》では、毎年決《まいとしき》まって7月《がつ》の初《はじ》めになると洪水《こうずい》が起《お》こりました。洪水《こうずい》は、作物《さくもつ》のよく実《みの》る豊《ゆた》かな土《つち》を上流《じょうりゅう》から運《はこ》んで来《き》ました。しかし、困《こま》ったことも起《お》こりました。土地《とち》と土地《とち》の境目《さかいめ》や目印《めじるし》も流《なが》されてしまうのです。「私《わたし》の土地《とち》は、ここからここまでだ」「いや、そこは私《わたし》の土地《とち》だ」。このような争《あらそ》いを防《ふせ》ぐため、土地《とち》を正確《せいかく》に測《はか》る必要《ひつよう》がありました。

そこで、古代《こだい》エジプトでは、土《と》地《ち》を正確《せいかく》に測《はか》る技術《ぎじゅつ》が発達《はったつ》しました。「縄張《なわば》り師《し》」と呼《よ》ばれる人《ひと》たちがいて一本《いっぽん》のロープを上手《じょうず》に使《つか》いながら土地《とち》の上《うえ》に正確《せいかく》な図形《ずけい》をかいていくのです。たとえば、有《ゆう》名《めい》なピラミッドの底面《ていめん》は、正方形《せいほうけい》です。とても大《おお》きな正方形《せいほうけい》ですが、その直角《ちょっかく》には少《すこ》しのくるいもありません。

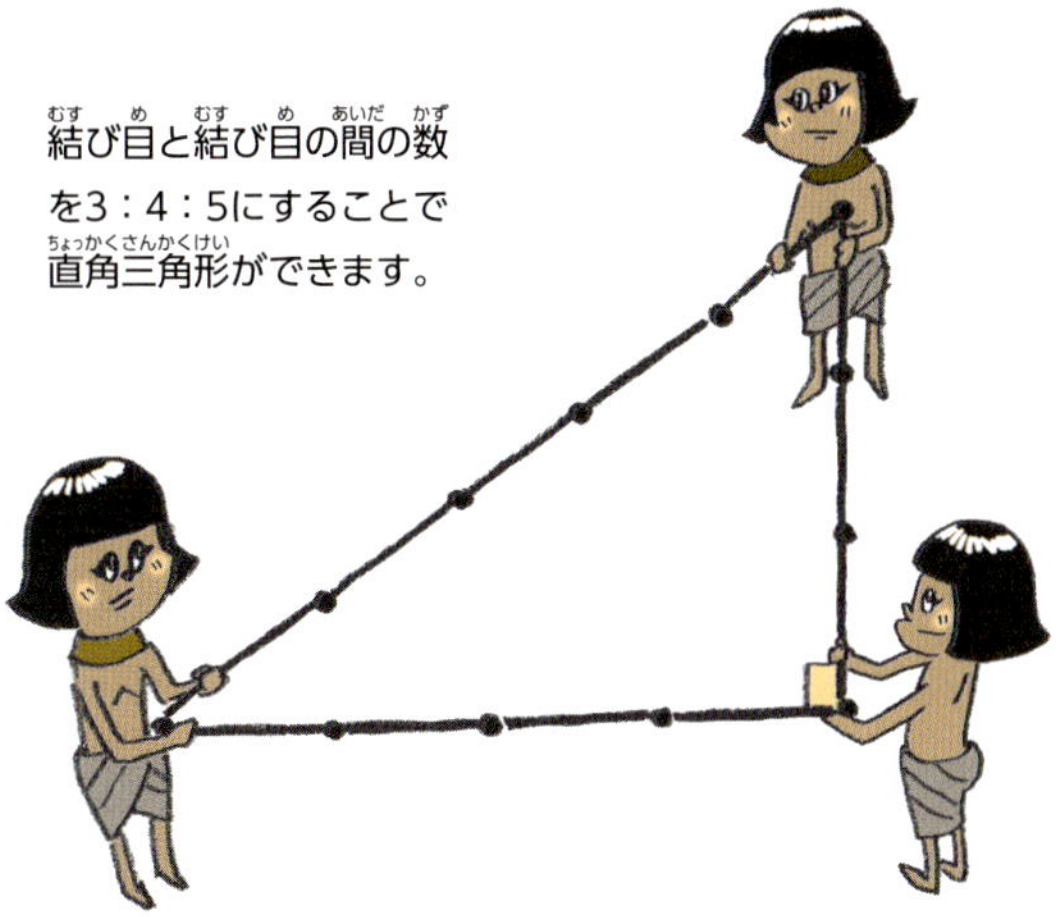
結《むす》び目《め》と結《むす》び目《め》の間《あいだ》の数《かず》を3：4：5にすることで直角三角形《ちょっかくさんかくけい》ができます。

## ロープの結《むす》び目《め》がミソ

では、「縄張《なわば》り師《し》」はどのようにロープを使《つか》っていたのでしょうか。例《れい》を挙《あ》げて説明《せつめい》しましょう。

「縄張《なわば》り師《し》」が使《つか》うロープには、同《おな》じ間隔《かんかく》でいくつもの結《むす》び目《め》がありました。この結《むす》び目《め》と結《むす》び目《め》の間《あいだ》の数《かず》が、3つ分《ぶん》と4つ分《ぶん》と5つ分《ぶん》になっている三角形《さんかくけい》をつくります。すると、この三角形《さんかくけい》は直角三《ちょっかくさん》角形《かくけい》になります。このようにして、直角《ちょっかく》をつくることができます。

古代《こだい》エジプト人《じん》は、ロープという簡単《かんたん》な道具《どうぐ》でも、算数《さんすう》の知恵《ちえ》を使《つか》って生活《せいかつ》の役《やく》に立《た》てていたのです。

### 調《しら》べてみよう

#### 日本《にほん》の道具《どうぐ》

今《いま》は機械《きかい》を使《つか》うことが多《おお》いですが、昔《むかし》は手《て》でイネを田《た》んぼに植《う》えていました。イネとイネの間《あいだ》は同《おな》じ長《なが》さの方《ほう》がイネ刈《か》りをしやすいです。そこで「田植《たう》え定規《じょうぎ》」や「田植《たう》え綱《つな》」という道具《どうぐ》を使《つか》い、同《おな》じ間隔《かんかく》になるようイネを植《う》えていました。

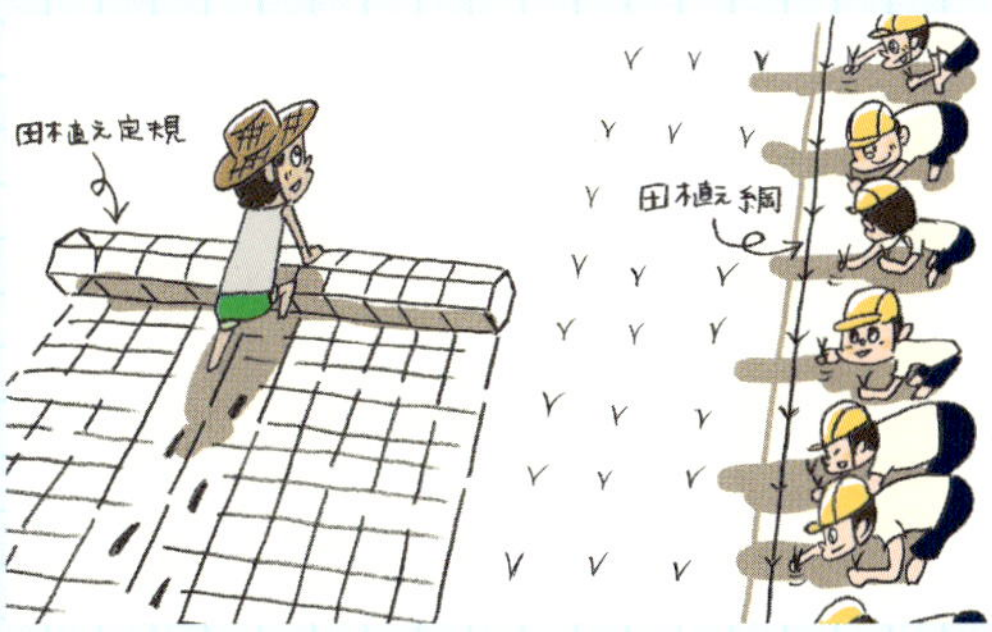


**ひとくちメモ**　エジプトのギザの砂漠《さばく》には巨大《きょだい》な3つのピラミッドがあります。その中《なか》で最大《さいだい》は、クフ王《おう》のピラミッドです。完成時《かんせいじ》の高《たか》さは146m、底面《ていめん》の正方形《せいほうけい》の1辺《ぺん》は230m、傾斜《けいしゃ》は52°で紀元前《きげんぜん》2550年《ねん》ごろつくられました。

図形のお話

# コンパスで上手《じょうず》に円《えん》をかこう！

4月14日

東京都《とうきょうと》 杉並《すぎなみ》区《く》立《りつ》高井《たかい》戸《ど》第三小学校《だいさんしょうがっこう》
吉《よし》田《だ》映《えい》子《こ》先生《せんせい》が書《か》きました

読《よ》んだ日《ひ》 月《がつ》 日《にち》 月《がつ》 日《にち》 月《がつ》 日《にち》

## お茶碗《ちゃわん》をなぞってみると

あなたは、「きれいなマルをかきたいな」と思《おも》ったら、何《なに》を使《つか》ってかきますか？

「お茶碗《ちゃわん》やチーズの箱《はこ》の周《まわ》りをなぞってかく」

そうですね。もともときれいなマルの形《かたち》の物《もの》を使《つか》ってなぞれば、きれいなマルをかくことができます。このようにしてかいたマルの形《かたち》を「円《えん》」と言《い》います。

## コンパスで円《えん》をかく！

コンパスは円《えん》をかくことのできる道具《どうぐ》です。脚《あし》の部分《ぶぶん》を開《ひら》いて、長《なが》さを測《はか》ったら、他《ほか》のところにその長《なが》さを移《うつ》すことができます。ですから、コンパスを使《つか》って、針《はり》を刺《さ》したところから、同《おな》じ長《なが》さのところにたくさん印《しるし》をつけたらそれがつながって円《えん》になるのです。

●コンパスを使《つか》うときの注意《ちゅうい》

・頭《あたま》の部分《ぶぶん》を、コマを回《まわ》すようにして動《うご》かします。
・円《えん》や印《しるし》をかくノートや紙《かみ》を反対《はんたい》の手《て》でしっかり押《お》さえます。
・手《て》に針《はり》を刺《さ》さないように気《き》をつけましょう。
・2本《ほん》の脚《あし》のつながっているところのねじがゆるむと、脚《あし》が広《ひろ》がってしまって上手《じょうず》にかけません。ときどき点検《てんけん》をしましょう。

### やってみよう

**マイコンパスをつくってみよう**

①工作用紙《こうさくようし》を使《つか》って、1～2cmの幅《はば》で10cmくらいのテープをつくる。
②端《はし》から1cmおきに画《が》びょうで穴《あな》を開《あ》ける（指《ゆび》に画《が》びょうを刺《さ》さないよう気《き》をつけてね）。
③一番端《いちばんはし》の穴《あな》には画《が》びょうを刺《さ》してノートや紙《かみ》などにとめ、他《ほか》の穴《あな》の1カ所《しょ》に鉛筆《えんぴつ》を刺《さ》して、ノートなどに円《えん》をかいてみましょう。

ひとくちメモ　コンパスという名前《なまえ》は外国《がいこく》の言葉《ことば》がもとになっています。日本《にほん》ではもともと「ぶんまわし」と呼《よ》ばれていたそうです。

# 日本《にほん》の人口《じんこう》は多《おお》い？ 少《すく》ない？

岩手県《いわてけん》 久慈市教育委員会《くじしきょういくいいんかい》
小森《こもり》 篤《あつし》 先生《せんせい》が書《か》きました

読《よ》んだ日《ひ》 月《がつ》 日《にち》 ｜ 月《がつ》 日《にち》 ｜ 月《がつ》 日《にち》



## インドは日本《にほん》の約《やく》10倍《ばい》

世界全体《せかいぜんたい》の人口《じんこう》は71億《おく》2600万人《まんにん》（世界保健統計《せかいほけんとうけい》2015）です。その中《なか》で、日本《にほん》の人口《じんこう》は約《やく》1億《おく》2700万人《まんにん》です。この人口《じんこう》は世界《せかい》の国《くに》と比《くら》べて多《おお》いと思《おも》いますか？ 少《すく》ないと思《おも》いますか？

国別《くにべつ》の人口《じんこう》ランキングベスト5は表《ひょう》1の通《とお》りです。日本《にほん》の人口《じんこう》はベスト5に入《はい》っていません。人口《じんこう》ランキング第《だい》2位《い》のインドと日本《にほん》の人口《じんこう》を比《くら》べると、約《やく》10倍《ばい》の違《ちが》いがあります。

ここで10倍《ばい》の違《ちが》いについて、学校《がっこう》の全校児童数《ぜんこうじどうすう》にたとえて考《かんが》えてみましょう。

1クラス30人《にん》の小学校《しょうがっこう》があったとします。この小学校《しょうがっこう》が1学年《がくねん》1クラスだった場合《ばあい》、全校児童数《ぜんこうじどうすう》は180人《にん》になります。その10倍《ばい》の学校《がっこう》があったとすると、全校児童《ぜんこうじどう》数《すう》は1800人《にん》で、クラス数《すう》は60クラスになります。すると、1学年《がくねん》10クラスで、1学年《がくねん》あたりの児童数《じどうすう》は300人《にん》です。

表《ひょう》1

| 順位 | 国 | 人口（人） |
|---|---|---|
| 1 | 中国 | 約13億9300万 |
| 2 | インド | 約12億5200万 |
| 3 | アメリカ | 約3億2000万 |
| 4 | インドネシア | 約2億5000万 |
| 5 | ブラジル | 約2億 |

世界保健統計2015

表《ひょう》2

| 順位 | 国 | 人口（人） |
|---|---|---|
| 6 | パキスタン | 約1億8200万 |
| 7 | ナイジェリア | 約1億7400万 |
| 8 | バングラディシュ | 約1億5700万 |
| 9 | ロシア | 約1億5700万 |
| 10 | 日本 | 約1億2700万 |
| 11 | メキシコ | 約1億2200万 |
| 12 | フィリピン | 約9800万 |
| 13 | エチオピア | 約9400万 |
| 14 | ベトナム | 約8800万 |
| 15 | ドイツ | 約8300万 |

世界保健統計2015

## 日本《にほん》は世界《せかい》で第《だい》10位《い》

人口《じんこう》ランキング6～15位《い》を見《み》てみましょう（表《ひょう》2）。

日本《にほん》の人口《じんこう》は世界《せかい》ランキング第《だい》10位《い》。これは世界《せかい》の国《くに》を194カ国《こく》としたときの順位《じゅんい》です。つまり、日本《にほん》より人口《じんこう》の少《すく》ない国《くに》が184カ国《こく》あるということです。

ここで、1～194位《い》のちょうど真《ま》ん中《なか》の順位《じゅんい》の人口《じんこう》を調《しら》べてみました。数学《すうがく》では「中央値《ちゅうおうち》」と呼《よ》ばれます。真《ま》ん中《なか》の順位《じゅんい》の人口《じんこう》（中央値《ちゅうおうち》）は、約《やく》790万人《まんにん》でした。日本《にほん》の人口《じんこう》、約《やく》1億《おく》2700万人《まんにん》と比《くら》べてみましょう。

目《め》をつけるところによって、日《に》本《ほん》の人口《じんこう》の印象《いんしょう》が変《か》わりますね。



ひとくちメモ
上記《じょうき》の参考資料《さんこうしりょう》はWHO（世界保健機関《せかいほけんきかん》）の「世界保健統計《せかいほけんとうけい》2015」で、人口《じんこう》に関《かん》する資料《しりょう》は「世界人口白書《せかいじんこうはくしょ》2013」をもとにつくられています。日本《にほん》の人口《じんこう》は世界《せかい》の国《くに》と比《くら》べて多《おお》いと思《おも》いましたか？ 少《すく》ないと思《おも》いましたか？

数と計算のお話

# わり算《ざん》って、どういうこと？

4月16日

東京都《とうきょうと》 杉並区立高井戸第三小学校《すぎなみくりつたかいどだいさんしょうがっこう》
吉田映子《よしだえいこ》先生《せんせい》が書きました

読《よ》んだ日《ひ》　月《がつ》　日《にち》｜月《がつ》　日《にち》｜月《がつ》　日《にち》

## どうやって分《わ》ける？

リンゴが12個《こ》あります。このリンゴを2人《り》で分《わ》けます。どんな分《わ》け方《かた》があるでしょう（図《ず》1）。

①10個《こ》と2個《こ》。12は10と2に分《わ》けられますね。

②お兄《にい》ちゃんが8個《こ》と弟《おとうと》が4個《こ》。これは、けんかになるかもしれません。

③6個《こ》ずつ。2人《り》で同《おな》じ数《かず》ずつ分《わ》けました。これならけんかになりません。

12個《こ》のリンゴを2人《り》で同《おな》じ数《かず》ずつ分《わ》けると、1人分《りぶん》は6個《こ》になります。

図《ず》1

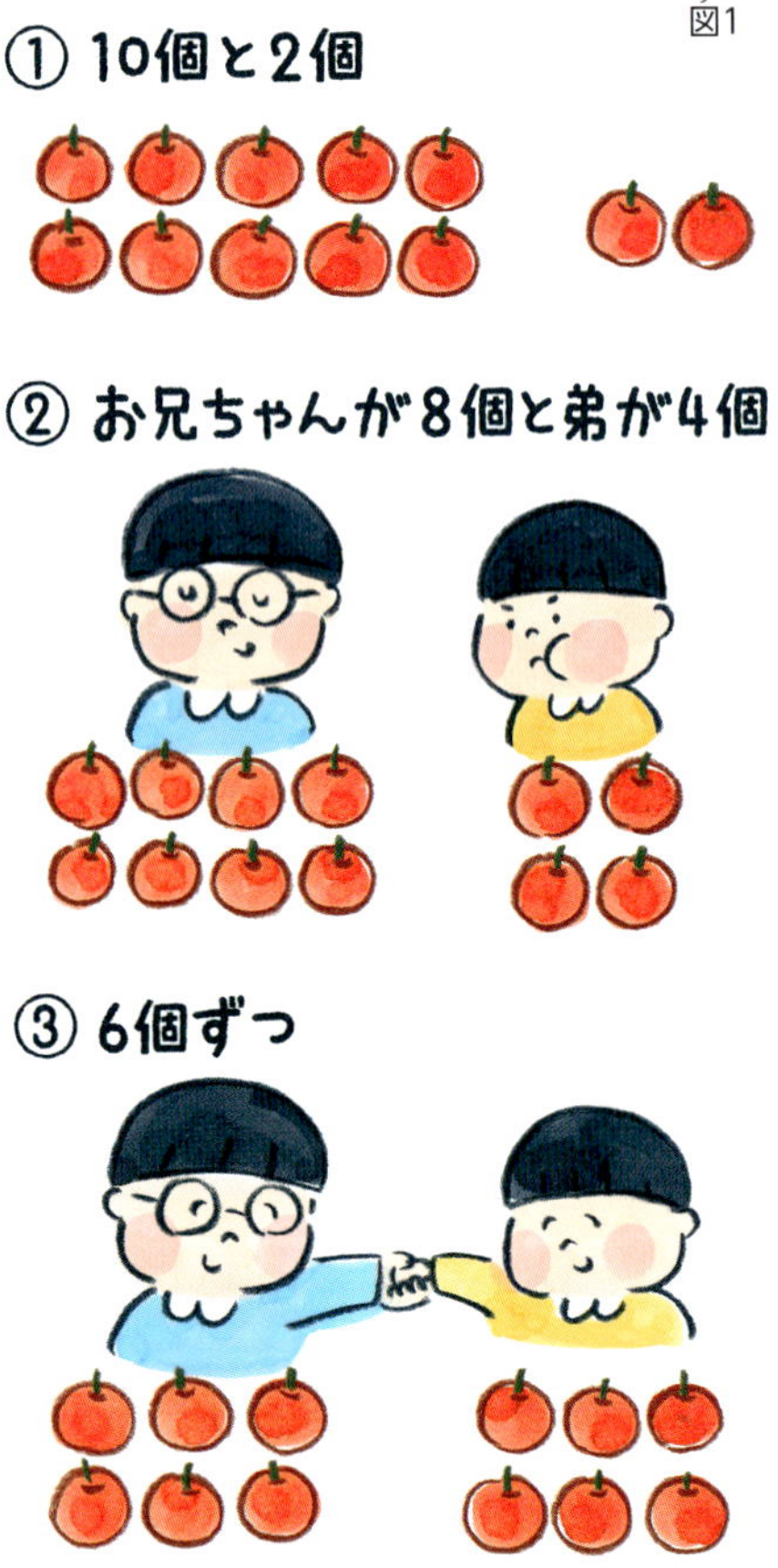


これを算数《さんすう》の式《しき》を使《つか》って表《あらわ》すと、

12÷2＝6（12割《わ》る2は6）

となります。

## わり算《ざん》って何《なに》？

12個《こ》のリンゴを3個《こ》ずつ袋《ふくろ》に入《い》れると袋《ふくろ》は全部《ぜんぶ》で4つできます（図《ず》2）。この場合《ばあい》も算数《さんすう》の式《しき》を使《つか》って表《あらわ》すと、

12÷3＝4

となります。

図《ず》2

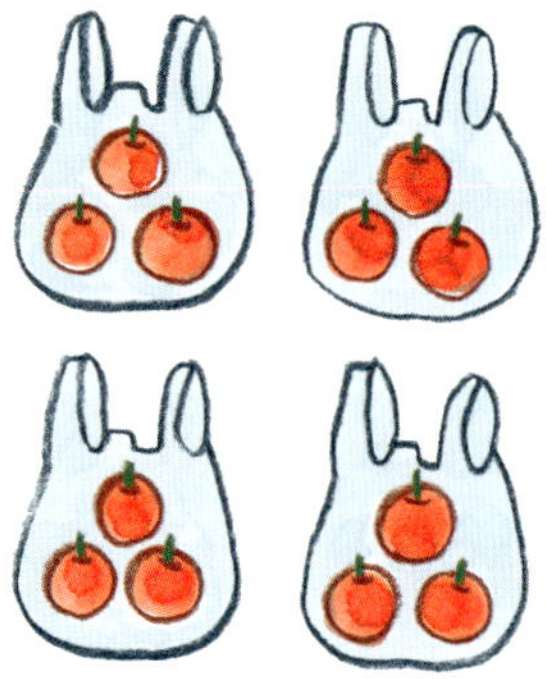

このような計算《けいさん》も「わり算《ざん》」といいます。

わり算《ざん》は、同《おな》じ数《かず》ずつ分《わ》ける場合《ばあい》の1つ分《ぶん》の数《かず》が知《し》りたいときや、1つ分《ぶん》がわかっていてそれがいくつあるかを知《し》りたいときに使《つか》います。

### 考《かんが》えてみよう

**どうやって答《こた》えを探《さが》すの？**

15個《こ》のリンゴを3個《こ》ずつ袋《ふくろ》に入《い》れるときを考《かんが》えましょう。袋《ふくろ》がいくつかを知《し》りたい式《しき》は「15÷3」になります。1つ分《ぶん》が3個《こ》、袋《ふくろ》の数《かず》はわからないので□として、リンゴは全部《ぜんぶ》で15個《こ》なので、「3×□＝15」と、かけ算《ざん》の式《しき》に表《あらわ》すことができます。15÷3の答《こた》えは、かけ算《ざん》の3の段《だん》で探《さが》すことができそうですね。

ひとくちメモ

お兄《にい》ちゃんが8個《こ》、弟《おとうと》が4個《こ》持《も》っているとき、お兄《にい》ちゃんは弟《おとうと》の2倍《ばい》持《も》っているといえます。これも8÷4＝2で表《あらわ》せます。倍《ばい》を知《し》りたいときもわり算《ざん》を使《つか》います。

2 くらしの中の算数のお話

# 意外《いがい》と身近《みぢか》な？ 外国《がいこく》の単位《たんい》

4月 17日

東京都《とうきょうと》　豊島区立高松小学校《としまくりつたかまつしょうがっこう》
細萱裕子《ほそがやゆうこ》先生《せんせい》が書《か》きました

読《よ》んだ日《ひ》　月《がつ》　日《にち》　月《がつ》　日《にち》　月《がつ》　日《にち》



## アメリカの長《なが》さの単位《たんい》インチ

家電量販店《かでんりょうはんてん》に行《い》くと、いろいろな種類《しゅるい》のテレビが売《う》られています。テレビのサイズで「30型《がた》」「32型《がた》」などという表示《ひょうじ》を見《み》たことはありますか？　これらは「30インチ」「32インチ」を意味《いみ》していて、テレビ画面《がめん》の対角線《たいかくせん》の長《なが》さを表《あらわ》しています。

インチというのは長《なが》さの単位《たんい》で、1インチ＝2.54cmです。ですから、30型《がた》（30インチ）＝2.54×30＝76.2cm、32型《がた》（32インチ）＝2.54×32＝約《やく》81.3cmということになります。

テレビはアメリカで開発《かいはつ》・商品《しょうひん》化《か》された輸入品《ゆにゅうひん》だったため、アメリカで使《つか》われていたインチがそのまま使《つか》われました。

自転車《じてんしゃ》のサイズ表示《ひょうじ》にもインチが使《つか》われています。自転車《じてんしゃ》の場合《ばあい》は、タイヤの直径《ちょっけい》の長《なが》さを表《あらわ》しています。最近《さいきん》では、外国生《がいこくう》まれのお店《みせ》も増《ふ》え、靴《くつ》や服《ふく》のサイズにもインチ表示《ひょうじ》が見《み》られます。

## 重《おも》さにはポンドやオンス

また、インチ以外《いがい》の長《なが》さの単位《たんい》に、フィートやヤードがあります。1フィート＝12インチ＝30.48cm、1ヤード＝3フィート＝91.44cmです。フィートは飛行機《ひこうき》の飛行高《ひこうこう》度《ど》やボウリングのレーンの長《なが》さなどに、ヤードはゴルフやアメリカンフットボールのフィールドなどに使《つか》われています。

また、重《おも》さの単位《たんい》にはポンドやオンスがあります。1オンス＝28.3495231g、1ポンド＝16オンス＝453.59237gです。ポンドはボウリングのボールやボクシング選手《せんしゅ》の体重《たいじゅう》などに、オンスは食料《しょくりょう》品《ひん》や、釣《つ》りの疑似餌《ぎじえ》のルアーの重《おも》さなどに使《つか》われています。

ひとくちメモ　昔《むかし》のテレビ画面《がめん》は円形《えんけい》で、円《えん》の直径《ちょっけい》でサイズを示《しめ》していました。画面《がめん》が四角形《しかくけい》になってからも、直線《ちょくせん》1本《ぽん》でサイズ表示《ひょうじ》をするため、対角線《たいかくせん》の長《なが》さがサイズ表示《ひょうじ》に用《もち》いられるようになりました。

# テーブルに座《すわ》れる人数《にんずう》は？

4月18日

北海道教育大学附属札幌小学校《ほっかいどうきょういくだいがくふぞくさっぽろしょうがっこう》
瀧《たき》ケ《が》平《ひら》悠《ゆう》史《し》先生《せんせい》が書《か》きました

読《よ》んだ日《ひ》　月《がつ》　日《にち》　月《がつ》　日《にち》　月《がつ》　日《にち》

## テーブルの周《まわ》りに並《なら》んで座《すわ》る

大《おお》きな四角形《しかくけい》のテーブルがあります。この周《まわ》りに、図《ず》1のように1列《れつ》に並《なら》びながら座《すわ》ることにします。

このとき、四角形《しかくけい》のテーブルの一辺《いっぺん》に10人《にん》が並《なら》ぶようにします。テーブルの周《まわ》りには、全部《ぜんぶ》で何人《なんにん》が並《なら》ぶことになるでしょうか。

図《ず》1

## 少《すく》ない場合《ばあい》から考《かんが》える

いきなり10人《にん》の場合《ばあい》を考《かんが》えるのは、数《かず》が多《おお》くてとても難《むずか》しいですね。ですから、まずは、一辺《いっぺん》に4人《にん》が並《なら》ぶ場合《ばあい》から考《かんが》えてみます。

4人《にん》ずつ四辺《よんへん》に並《なら》んでいると考《かんが》えれば、4×4＝16で、16人《にん》と予想《よそう》できます。ところが、図《ず》2をかいてみると、12人《にん》しかいませんね。なぜ、予想《よそう》よりも4人《にん》も少《すく》なくなってしまったのか、理由《りゆう》を考《かんが》えてみましょう。

四辺《よんへん》にいる4人《にん》をそれぞれ□で囲《かこ》んでみます（図《ず》3）。すると、角《かど》の4人《にん》が2回《かい》ずつ囲《かこ》まれています。つまり、2回《かい》ずつ数《かぞ》えられていることになるのです。ですから、この角《かど》の4人分《にんぶん》の重《かさ》なりを、16から引《ひ》かなければなりません。結局《けっきょく》、4×4－4＝12で、12人《にん》ということになるわけです。

では、10人《にん》の場合《ばあい》も同《おな》じように考《かんが》えてみましょう。10人《にん》が四辺《よんへん》にいると考《かんが》えると、10×4＝40で、40人《にん》になります。そこから、角《かど》の4人分《にんぶん》を引《ひ》けばいいので、40－4＝36で、36人《にん》だということがわかりました（図《ず》4）。

図《ず》2

図《ず》3

図《ず》4

## やってみよう

### 一辺《いっぺん》の人数《にんずう》を増《ふ》やすと？

今度《こんど》は、一辺《いっぺん》に11人《にん》、12人《にん》、13人《にん》……だった場合《ばあい》について考《かんが》えてみましょう。全体《ぜんたい》の人数《にんずう》は、何人《なんにん》ずつ増《ふ》えていくでしょうか。

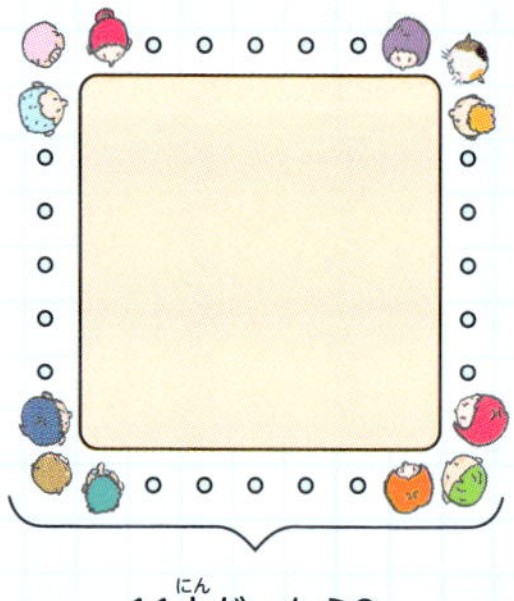
11人《にん》だったら？

**ひとくちメモ**　数《かず》が多《おお》くて考《かんが》えるのが難《むずか》しいときは、数《かず》が少《すく》ない場合《ばあい》で考《かんが》えてみると便利《べんり》です。また、図《ず》をかきながら考《かんが》えるのもわかりやすくていい方法《ほうほう》です。

2 くらしの中《なか》の算数《さんすう》のお話《はなし》

# 一番《いちばん》小《ちい》さな数《かず》は0じゃない!?

4月19日

福岡県《ふくおかけん》　田川郡川崎町立川崎小学校《たがわぐんかわさきちょうりつかわさきしょうがっこう》
高瀬大輔《たかせだいすけ》先生《せんせい》が書《か》きました

読《よ》んだ日《ひ》　月《がつ》　日《にち》　月《がつ》　日《にち》　月《がつ》　日《にち》

## 海面下《かいめんか》140mの駅《えき》があった

「テストで0点《てん》とっちゃった！　最低《さいてい》だ！」というA君《くん》。一生懸命《いっしょうけんめい》がんばったのに、0点《てん》だったらとてもくやしいでしょうね。でも、A君《くん》の0点《てん》は本当《ほんとう》に「最低《さいてい》」なのでしょうか。つまり、0点《てん》よりも低《ひく》い点数《てんすう》はないのでしょうか？

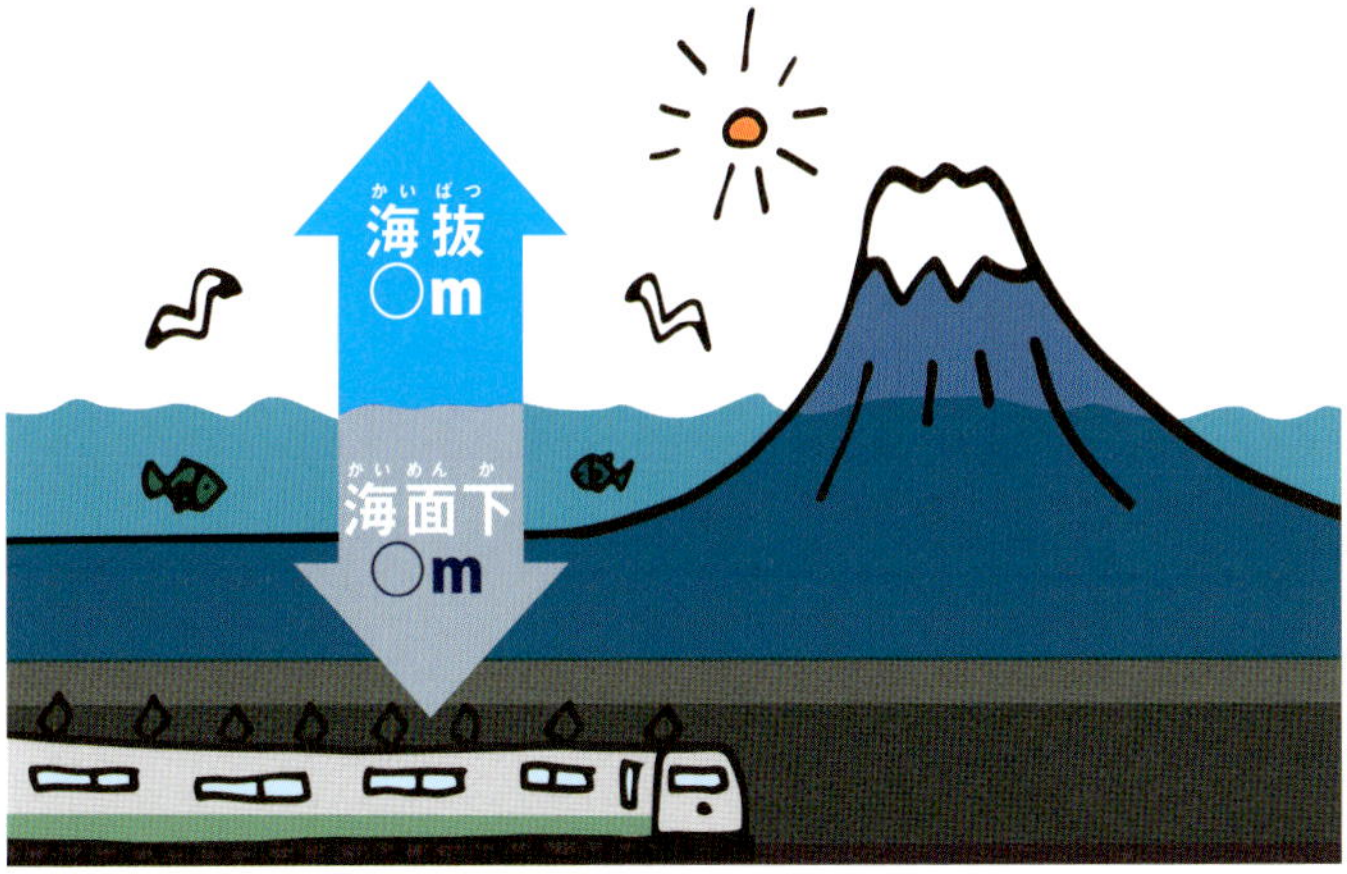


たとえば、みなさんの住《す》んでいる場所《ばしょ》は海面《かいめん》からの高《たか》さによって「海抜《かいばつ》○m」と表《あらわ》すことができます。海面《かいめん》より140m高《たか》い場所《ばしょ》に住《す》んでいれば、「海抜《かいばつ》140m」ということになるのです。

しかし、日本《にほん》には海面《かいめん》よりも低《ひく》い土地《とち》もあり、海抜《かいばつ》ゼロメートル地帯《ちたい》と呼《よ》ばれています。そして、「海面下《かいめんか》○m」と表《あらわ》されるのです。青森県《あおもりけん》と北海道《ほっかいどう》をつなぐ青函《せいかん》トンネルには、なんと「海面下《かいめんか》140m」の駅《えき》もありました。この「海抜《かいばつ》140m」と「海面下《かいめんか》140m」は同《おな》じ140mですが、違《ちが》いがわかりにくいでしょう。そこで、海面《かいめん》を0と考《かんが》えてそれぞれ「+（プラス）140m」、「−（マイナス）140m」と表《あらわ》すことがあります。

+や−の記号《きごう》を見《み》て、たし算《ざん》とひき算《ざん》を想像《そうぞう》した人《ひと》もいるでしょう。+や−は、計算《けいさん》にだけ使《つか》われるわけではないのですね。

## 気温《きおん》だってマイナスになる

ほかには、寒《さむ》い日《ひ》の天気情報《てんきじょうほう》で「気温《きおん》マイナス10度《ど》」などと聞《き》いたことがあるでしょう。0度《ど》を基準《きじゅん》として、それよりも気温《きおん》が低《ひく》い場合《ばあい》にも「−」が使《つか》われるのです。

このように、あるものを基準《きじゅん》にして、その基準《きじゅん》よりも大《おお》きいときには「+」、小《ちい》さいときには「−」として表《あらわ》す方法《ほうほう》は、私《わたし》たちの生活《せいかつ》のあちこちで使《つか》われています。

0点《てん》をとったA君《くん》ですが、もしテスト用紙《ようし》に名前《なまえ》を書《か》き忘《わす》れていたら、点数《てんすう》は0点《てん》よりも低《ひく》いかもしれませんね。

**ひとくちメモ**　すごろく遊《あそ》びにも＋と−がありますね。駒《こま》が6つ進《すす》むなら「＋6」、6つ戻《もど》るなら「−6」です。おこづかいが増《ふ》えたり減《へ》ったり、階段《かいだん》を上《あ》がったり下《さ》がったりすることなども、＋と−で表《あらわ》せそうですね。

図形のお話

4月 20日

# 地図《ちず》をかこう！ ～目的《もくてき》に合《あ》わせて簡単《かんたん》に～

神奈川県《かながわけん》 川崎市立土橋小学校《かわさきしりつつちはししょうがっこう》
山本《やまもと》 直《なお》 先生《せんせい》が書《か》きました

読《よ》んだ日《ひ》 月《がつ》 日《にち》 月《がつ》 日《にち》 月《がつ》 日《にち》

## 学校《がっこう》の周《まわ》りの地図《ちず》

地図《ちず》には、くわしく細《こま》かくかかれたものから、必要《ひつよう》な道《みち》だけしかかかれていない簡単《かんたん》なものまで、さまざまな種類《しゅるい》のものがあります。地図《ちず》を使《つか》う目的《もくてき》は、どこか知《し》らない場所《ばしょ》へ出《で》かけるときに行《い》き方《かた》を調《しら》べたり、目的地《もくてきち》の場所《ばしょ》を確《たし》かめたりするためが多《おお》いと思《おも》います。

また、3年生《ねんせい》の社会科《しゃかいか》の学習《がくしゅう》や総合的《そうごうてき》な学習《がくしゅう》の時間《じかん》に、自分《じぶん》たちの学校《がっこう》の周《まわ》りの地図《ちず》をかいたりつくったりすることがあるでしょう。写真《しゃしん》の地図《ちず》も、小学校《しょうがっこう》3年生《ねんせい》が協力《きょうりょく》してつくったものです。こうした地図《ちず》は、自分《じぶん》たちの学校《がっこう》の周《まわ》りにどのようなお店《みせ》や施設《しせつ》があり、どのような様子《ようす》になっているのかを調《しら》べるために使《つか》われることが多《おお》いようです。

土橋小学校平成20年度3年生の作品。

## 目的《もくてき》に合《あ》わせて使《つか》い分《わ》ける

どの程度《ていど》くわしい地図《ちず》をつくるかは、その地図《ちず》をどのように使《つか》うかによって変《か》わってきます。

たとえば、自動車《じどうしゃ》の運転《うんてん》をするときに使《つか》われるカーナビゲーションとよばれるものは、すべての道《みち》の向《む》きや長《なが》さの関係《かんけい》が実際《じっさい》と同《おな》じように表《あらわ》されています。一方《いっぽう》で、友達《ともだち》や親《しん》せきが家《いえ》に遊《あそ》びに来《く》るときや、家《いえ》から学校《がっこう》までの行《い》き方《かた》を知《し》らせるときなどは、本当《ほんとう》に必要《ひつよう》な情報《じょうほう》だけをかいて、できるだけ簡単《かんたん》ですっきりとしたものにした方《ほう》がわかりやすい地図《ちず》になります。

何《なん》のために使《つか》われる地図《ちず》か、目的《もくてき》によって上手《じょうず》に使《つか》い分《わ》けることができるとよいですね。

### やってみよう

### 学校《がっこう》や駅《えき》から家《いえ》までの地図《ちず》

よく行《い》く場所《ばしょ》から自宅《じたく》までの地図《ちず》をつくってみませんか。すべての道《みち》をかくのではなく、必要《ひつよう》な道《みち》や目印《めじるし》となる建物《たてもの》などを選《えら》んでかいてみましょう。実際《じっさい》には曲《ま》がっている道《みち》もまっすぐかいたり、交差点《こうさてん》は直角《ちょっかく》になるようにかいたりすると、見《み》やすく、わかりやすい地図《ちず》になることがあります。

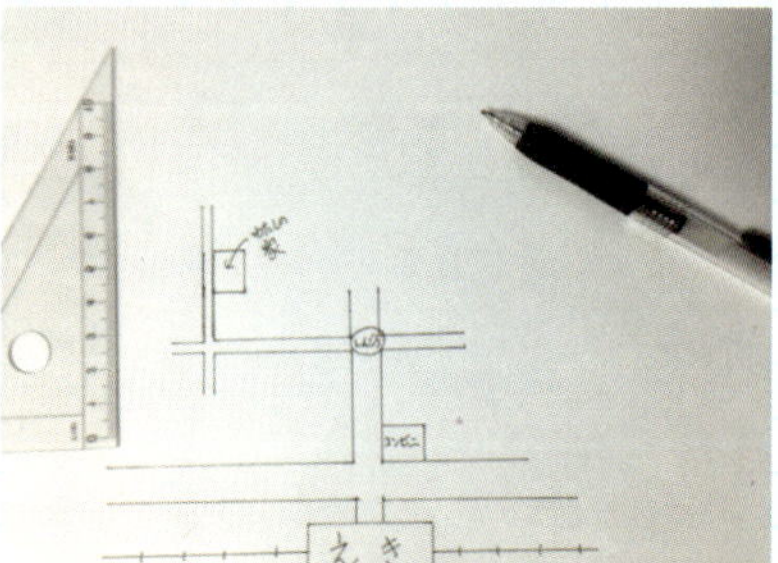


写真／山本 直（このページすべて）

ひとくちメモ

直線《ちょくせん》と直線《ちょくせん》が直角《ちょっかく》に交《まじ》わるとき、2つの直線《ちょくせん》は垂直《すいちょく》であるといいます。直線《ちょくせん》の位置《いち》の関係《かんけい》を表《あらわ》す言葉《ことば》には、ほかに「平行《へいこう》」というものもあります。

# ローマ数字《すうじ》の表《あらわ》し方《かた》

4月 21日

青森県《あおもりけん》　三戸町立三戸小学校《さんのへちょうりつさんのへしょうがっこう》
種市芳丈《たねいちよしたけ》先生《せんせい》が書《か》きました

読《よ》んだ日《ひ》　月《がつ》　日《にち》｜月《がつ》　日《にち》｜月《がつ》　日《にち》

## 時計《とけい》にローマ数字《すうじ》を発見《はっけん》!

図《ず》1のような時計《とけい》を見《み》たことはありますか？　いつもは数字《すうじ》の部分《ぶぶん》が「Ⅱ」「Ⅴ」などの見慣《みな》れない文字《もじ》で表《あらわ》されていますね。この文字《もじ》はローマ数字《すうじ》と呼《よ》ばれています。

図《ず》1

時計《とけい》に使《つか》われていることをヒントにすると、図《ず》2のように1から12までローマ数字《すうじ》でどう表《あらわ》すかがわかりますね。さらに、表《あらわ》し方《かた》のルールも見《み》えてきます。

①数《かず》が大《おお》きくなると、たし算《ざん》のように表《あらわ》す。

②大《おお》きな数《かず》を先《さき》に使《つか》い、1つの文《も》字《じ》は4回以上《かいいじょう》使《つか》わない。

③4は5－1、9は10－1と考《かんが》え、小《ちい》さな数字《すうじ》を先《さき》に並《なら》べる。

このルールに従《したが》えば、18はⅩⅤⅢ、22はⅩⅩⅡと表《あらわ》せますね。

図《ず》2

| 数字 | ローマ数字 | 数字 | ローマ数字 |
|---|---|---|---|
| 1 | Ⅰ | 7 | Ⅶ |
| 2 | Ⅱ | 8 | Ⅷ |
| 3 | Ⅲ | 9 | Ⅸ |
| 4 | Ⅳ | 10 | Ⅹ |
| 5 | Ⅴ | 11 | Ⅺ |
| 6 | Ⅵ | 12 | Ⅻ |

## きまりがわかれば読《よ》めるよ

あれ？「同《おな》じ文字《もじ》を4回以上《かいいじょう》使《つか》わない」だと、40以上《いじょう》を表《あらわ》すことができません……。つまり、新《あたら》しい数字《すうじ》が必要《ひつよう》です。実《じつ》は、50は「L」、100は「C」、500は「D」、1000は「M」を使《つか》って表《あらわ》します。

これらがわかれば、ほとんどのローマ数字《すうじ》が読《よ》めます。次《つぎ》の問題《もんだい》に挑戦《ちょうせん》してみましょう。

| | |
|---|---|
| ア | ⅩⅤ |
| イ | ⅩⅨ |
| ウ | LⅢ |
| エ | ⅩCⅡ |
| オ | MMⅩⅥ |

答《こた》えは、「ア15」「イ19」「ウ53」「エ92」「オ2016」でした。位《くらい》ごとに数字《すうじ》が書《か》かれていないと、暗号《あんごう》を読《よ》むように大変《たいへん》ですね。

図《ず》3

ひとくちメモ　ローマ数字《すうじ》には10や100はありますが、0は表《あらわ》す数字《すうじ》はありません。

2 くらしの中の算数のお話

# 日本《にほん》の硬貨《こうか》の大《おお》きさと重《おも》さのお話《はなし》

4月 22日

岩手県《いわてけん》　久慈市教育委員会《くじしきょういくいいんかい》
小森《こもり》　篤《あつし》先生《せんせい》が書《か》きました

読《よ》んだ日《ひ》　月《がつ》　日《にち》　月《がつ》　日《にち》　月《がつ》　日《にち》

## 硬貨《こうか》の大《おお》きさの順番《じゅんばん》は？

日本《にほん》には特別《とくべつ》なものを除《のぞ》くと500円《えん》、100円《えん》、50円《えん》、10円《えん》、5円《えん》、1円《えん》の6つの硬貨《こうか》があります。さて、この硬貨《こうか》の大《おお》きさ（直径《ちょっけい》の大《おお》きさ）はどんな順番《じゅんばん》になるでしょう？

一番大《いちばんおお》きなものは500円《えん》、一番小《いちばんちい》さなものは1円《えん》と予想《よそう》がつきますね。では、残《のこ》りの硬貨《こうか》の大《おお》きさはどんな順番《じゅんばん》になるでしょう？

また、穴《あな》が開《あ》いた50円《えん》と5円《えん》の硬貨《こうか》にも注目《ちゅうもく》してみましょう。どちらの穴《あな》の大《おお》きさが大《おお》きいでしょうか？

ちなみに5円《えん》の穴《あな》の直径《ちょっけい》は5㎜です。5円《えん》だけにちょうど5㎜になっているのも面白《おもしろ》いですね。

50円玉《えんだま》の穴《あな》の直径《ちょっけい》は4mm

5円玉《えんだま》の穴《あな》の直径《ちょっけい》は5mm

## 硬貨《こうか》の重《おも》さの順番《じゅんばん》は？

ここまで読《よ》んで「ひょっとして5円《えん》の重《おも》さは5gなのかな」と考《かんが》えた人《ひと》もいるかもしれませんね。

そこで、それぞれの硬貨《こうか》の重《おも》さを調《しら》べ、重《おも》い順《じゅん》に表《ひょう》にしてみました。

5円《えん》は残念《ざんねん》ながら5gではありません。また、5円《えん》は他《ほか》の硬貨《こうか》に比《くら》べて、きりのよくない重《おも》さになっています。これには実《じつ》は昔《むかし》の重《おも》さの単位《たんい》である「匁《もんめ》」が関係《かんけい》しています（210ページ参照《さんしょう》）。

1匁《もんめ》＝3・75g

一方《いっぽう》、50円《えん》は5円《えん》よりも重《おも》く4gというきりのよい重《おも》さになっています。50円《えん》は1円《えん》と大《おお》きさがあまり変《か》わらないのに、1円《えん》4枚分《まいぶん》の重《おも》さがあるのです。これは、それぞれの硬貨《こうか》の材料《ざいりょう》が違《ちが》うからなのです。

硬貨《こうか》の大《おお》きさと重《おも》さ

| 硬貨 | 500 | 100 | 50 | 10 | 5 | 1 |
|---|---|---|---|---|---|---|
| 大きさ（直径mm） | 26.5 | 22.6 | 21 | 23.5 | 22 | 20 |
| 重さ（g） | 7 | 4.8 | 4 | 4.5 | 3.75 | 1 |

ひとくちメモ

1円硬貨《えんこうか》は、きりのよい数《かず》になるようにつくられています。1円硬貨《えんこうか》の重《おも》さは1gで、半径《はんけい》は1㎝（直径《ちょっけい》2㎝）です。なお、お金《かね》の大《おお》きさや重《おも》さを測《はか》るときは、家《いえ》の人《ひと》と一緒《いっしょ》にやりましょう。

# 分数《ぶんすう》の始《はじ》まり ～古代《こだい》エジプトのお話《はなし》～

4月23日

学習院初等科《がくしゅういんしょとうか》
大澤隆之《おおさわたかゆき》先生《せんせい》が書《か》きました

読《よ》んだ日《ひ》　月《がつ》　日《にち》　月《がつ》　日《にち》　月《がつ》　日《にち》

## みんなでパンを分《わ》けるとき

分数《ぶんすう》は、今《いま》から三千年《さんぜんねん》以上前《いじょうまえ》に古代《こだい》エジプトでつくられました。

古代《こだい》エジプトの人々《ひとびと》は、たとえば2枚《まい》のパンを3人《にん》で分《わ》けるときに、まず1枚《まい》のパンの半分《はんぶん》を1人《り》ずつがもらいました。これは、パン$\frac{1}{2}$枚《まい》です。残《のこ》りはパン$\frac{1}{2}$枚《まい》です。それを3人《にん》で等分《とうぶん》しました。これは、パン$\frac{1}{6}$枚《まい》です(図《ず》1)。

つまり、「$\frac{1}{2}$枚《まい》と$\frac{1}{6}$枚《まい》」となります。古代《こだい》エジプトの人々《ひとびと》は、分子《ぶんし》が1であることにこだわりました。

図《ず》1

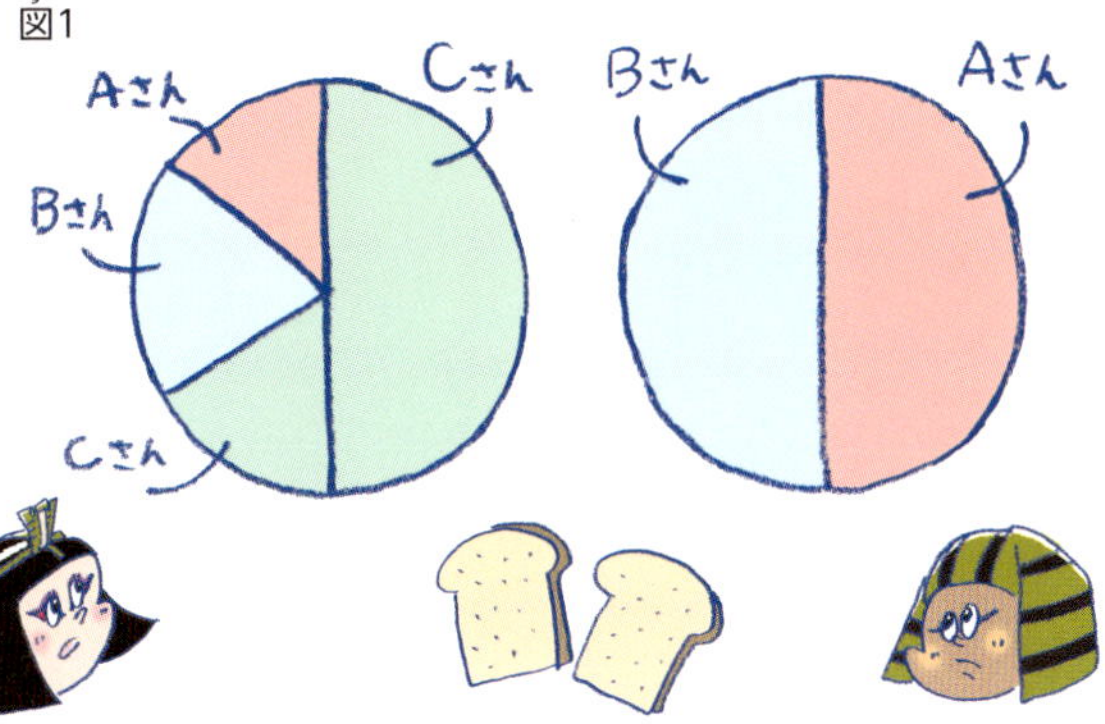


## もっとうれしい分《わ》け方《かた》を

生活《せいかつ》の中《なか》で考《かん》えたとき、パンを細《こま》かくされるのはちょっとうれしくないですね。そこで、まず、できるだけ大《おお》きいかけらを平等《びょうどう》に取《と》ろうと考《かん》えたのです。そして、残《のこ》ったパンを、さらに分《わ》けました。

現代《げんだい》の計算《けいさん》の仕方《しかた》では、次《つぎ》のような分《わ》け方《かた》で考《かん》えます(図《ず》2)。

図《ず》2

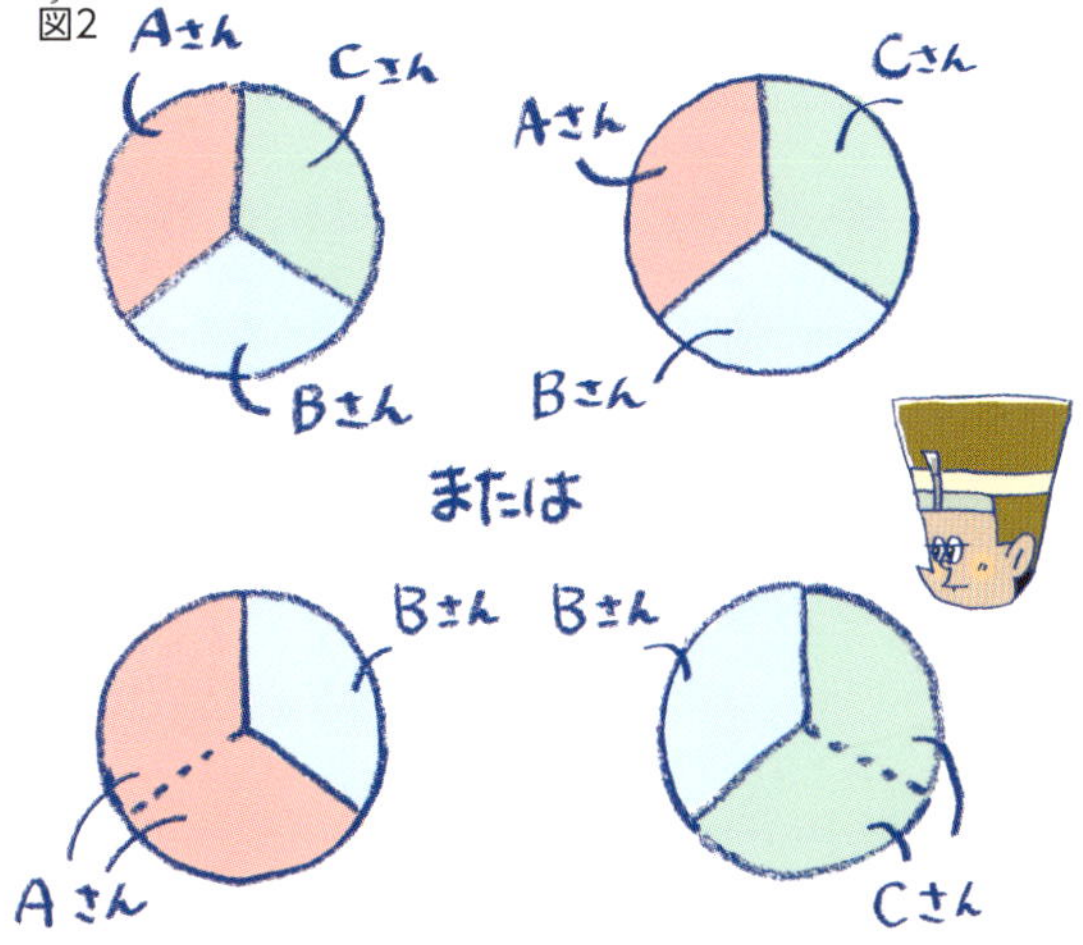


1人《り》分《ぶん》は「$\frac{1}{3}$枚《まい》と$\frac{1}{3}$枚《まい》」、つまり1人《り》分《ぶん》は$\frac{2}{3}$枚《まい》と考《かん》えるのです。この方《ほう》が今《いま》は計算《けいさん》がしやすいですね。

### 考《かん》えてみよう

**2枚《まい》のパンを5人《にん》で**

古代《こだい》エジプトの方法《ほうほう》で、2枚《まい》のパンを5人《にん》で分《わ》けてみましょう。

1人《り》1／2枚《まい》は取《と》れません。ですから次《つぎ》に、1／3枚《まい》を考《かん》えます。まず1人《り》1人《り》がパンを1／3枚《まい》ずつ取《と》ります。残《のこ》ったパンを、さらに5人《にん》で等《ひと》しく分《わ》けます。さて、今《いま》分《わ》けた小《ち》さいかけらは、パン1枚《まい》の何分《なんぶん》の1でしょう。

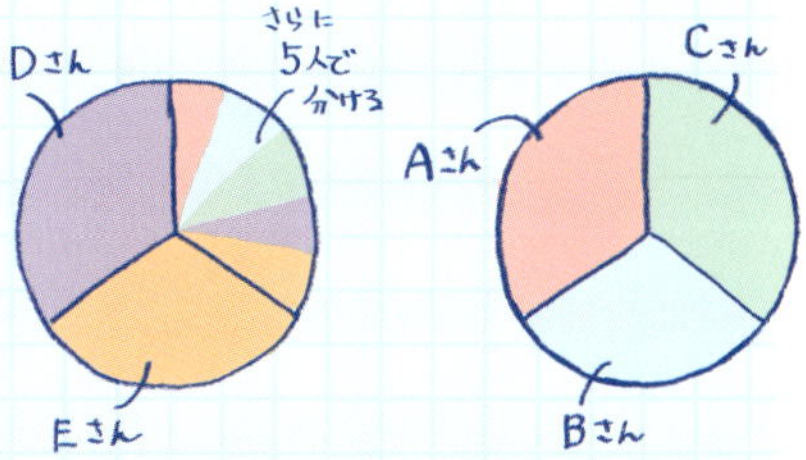


ひとくちメモ　古代《こだい》エジプトでは、「何分《なんぶん》の1」のように、分子《ぶんし》が1になる分数《ぶんすう》を使《つか》いました。分子《ぶんし》が2になる分数《ぶんすう》は、2／3(3分《ぶん》の2)だけでした。

くらしの中の算数《さんすう》のお話 2

# ツルとカメは何匹《なんびき》？「鶴亀算《つるかめざん》」のふしぎ

**4月24日**

北海道教育大学附属札幌小学校《ほっかいどうきょういくだいがくふぞくさっぽろしょうがっこう》
瀧《たき》ヶ《が》平《ひら》悠《ゆう》史《し》先生《せんせい》が書《か》きました

読《よ》んだ日《ひ》　月《がつ》　日《にち》　月《がつ》　日《にち》　月《がつ》　日《にち》

## 日本《にほん》に昔《むかし》からある計算《けいさん》

「鶴亀算《つるかめざん》」という、日本《にほん》に昔《むかし》からある算数《さんすう》の問題《もんだい》があります。鶴《つる》と亀《かめ》は、みなさんもよく知《し》っている動物《どうぶつ》ですね。

次《つぎ》の問題文《もんだいぶん》を読《よ》んでみて下《くだ》さい。

**【鶴《つる》と亀《かめ》が合《あ》わせて5匹《ひき》います。足《あし》の数《かず》は合計《ごうけい》14本《ほん》です。鶴《つる》と亀《かめ》はそれぞれ何匹《なんびき》いるでしょうか】**

このように、動物《どうぶつ》の数《かず》の合計《ごうけい》と足《あし》の数《かず》の合計《ごうけい》がわかっているとき、それぞれ何匹《なんびき》いるのかを求《もと》める計《けい》算《さん》を「鶴亀算《つるかめざん》」といいます。

図《ず》1

図《ず》2

図《ず》3

## それぞれ何匹《なんびき》？

では、それぞれ何匹《なんびき》なのか、「鶴《つる》亀算《かめざん》」を解《と》いてみましょう。

足《あし》の数《かず》は鶴《つる》が2本《ほん》、亀《かめ》が4本《ほん》ですね。まず、「もし、全部亀《ぜんぶかめ》だったら」と考《かんが》えてみます。

全部亀《ぜんぶかめ》だと考《かんが》えると、図《ず》1のようになります。しかし、これでは足《あし》の数《かず》の合計《ごうけい》が多《おお》すぎます。亀《かめ》を4匹《ひき》に減《へ》らすと図《ず》2のように足《あし》の合計《ごうけい》が18本《ぼん》になります。まだ多《おお》いですね。さらにもう1匹亀《ぴきかめ》を減《へ》らすと図《ず》3のように足《あし》の合計《ごうけい》が16本《ぼん》になります。亀《かめ》が1匹《ぴき》減《へ》って鶴《つる》になると、足《あし》の本数《ほんすう》が2減《へ》ることがわかりますね。これを利用《りよう》するともう1匹亀《ぴきかめ》を減《へ》らせばよいとわかります。つまり亀《かめ》2匹鶴《ひきつる》3羽《わ》で問《もん》題文《だいぶん》に合《あ》うことがわかります。

**ひとくちメモ**　鶴亀算《つるかめざん》は、和算《わさん》と言《い》われる算数《さんすう》の一《ひと》つです。和算《わさん》とは、昔《むかし》の日本《にほん》で発達《はったつ》した算数《さんすう》のこと。江戸時代《えどじだい》に広《ひろ》く行《おこな》われていて、算数《さんすう》が得意《とくい》な人《ひと》たちが互《たが》いに問題《もんだい》を出《だ》し合《あ》って楽《たの》しんでいたようです。

数や図形で遊ぼう

# 何本《なんぼん》でできるかな？

4月25日

島根県《しまねけん》　飯南町立志々小学校《いいなんちょうりつししょうがっこう》
村上幸人《むらかみゆきと》先生《せんせい》が書きました

読《よ》んだ日《ひ》　月《がつ》　日《にち》　月《がつ》　日《にち》　月《がつ》　日《にち》

## 棒《ぼう》を並《なら》べて、正方形《せいほうけい》をつくる

同《おな》じ長《なが》さの棒《ぼう》を使《つか》って正方形《せいほうけい》をつくります。棒《ぼう》は何本《なんぼん》いるでしょう。図《ず》1のようにつくると、4本《ほん》でできます。では、この続《つづ》きを図《ず》2のようにつくります。何本棒《なんぼんぼう》がいるかわかりますか。1、2……。間違《まちが》えずに数《かぞ》えられましたか？正解《せいかい》は12本《ほん》です。

では、同《おな》じようにして1辺《へん》を3マスにすると何本《なんぼん》いるでしょう(図《ず》3)。「うひゃー、数《かぞ》えるのがたいへん！」そうですね。だんだん、どれを数《かぞ》えたのかさえ、わからなくなりそう。正解《せいかい》は24本《ほん》です。

図《ず》1　図《ず》2　図《ず》3

## 表《ひょう》で整理《せいり》してみよう

さらに、さらに……、1辺《へん》を5マスにすると何本《なんぼん》いるでしょう。もう、数《かぞ》えるどころか図《ず》をかくのもたいへんです。う〜ん。ちょっと表《ひょう》で整理《せいり》してみましょう(図《ず》4)。

どのように棒《ぼう》の数《かず》がふえているでしょうか。ふえ方《かた》のきまりを見《み》つけたいですね。でも、この表《ひょう》のままではふえ方《かた》のきまりが見《み》つかりにくいですね。

そこで、先《さき》ほどの図《ず》にふやした棒《ぼう》の数《かず》を加《くわ》えてみましょう（図《ず》5）。「あ、九九《くく》の4の段《だん》の答《こた》えになっている！」そう！　ふえる棒《ぼう》の数《かず》を考《かんが》え、それも表《ひょう》に整理《せいり》すると、きまりが見《み》えますね。そうすると、次《つぎ》は1辺《へん》のマスが4つのときの「ふやした棒《ぼう》の数《かず》」の数字《すうじ》は16になり、1辺《へん》のマスが3つのときの必要《ひつよう》だった棒《ぼう》の数《かず》24本《ほん》と合《あ》わせると40本《ぼん》になります（図《ず》6）。

| 1辺の棒の数 | 1 | 2 | 3 | 4 | 5 |
|---|---|---|---|---|---|
| 必要な棒の数 | 4 | 12 | 24 | | ? |

図《ず》4

| 1辺の棒の数 | 1 | 2 | 3 | 4 | 5 |
|---|---|---|---|---|---|
| 必要な棒の数 | 4 | 12 | 24 | | ? |
| ふやした棒の数 | (4) | 8 | 12 | | |

図《ず》5

| 1辺の棒の数 | 1 | 2 | 3 | 4 | 5 |
|---|---|---|---|---|---|
| 必要な棒の数 | 4 | 12 | 24→ | 40 | ? |
| ふやした棒の数 | (4) | 8 | 12 | 16 | |

図《ず》6

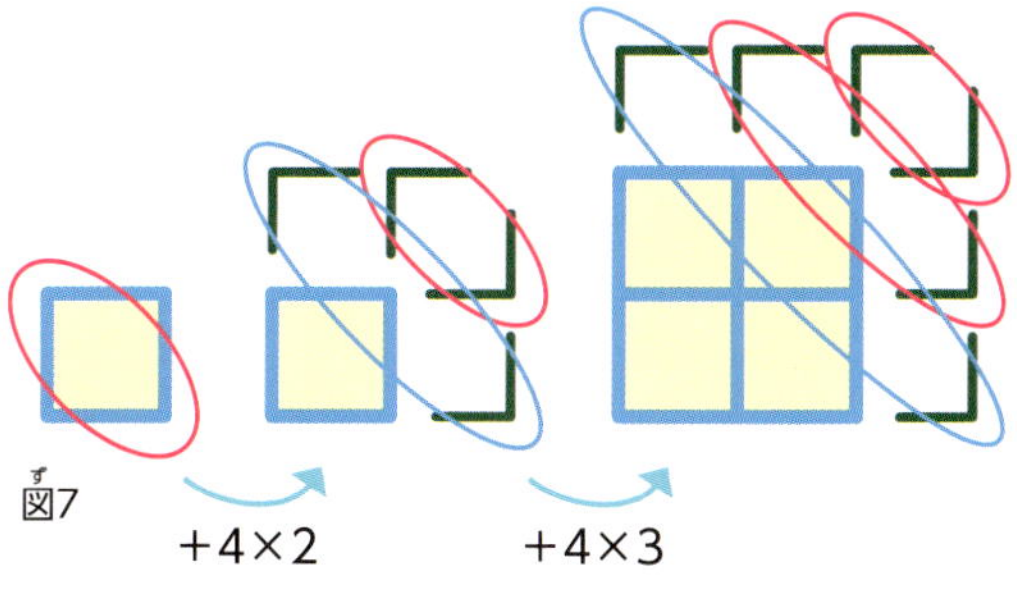


図《ず》7

ひとくちメモ

どうして4の段《だん》ずつの数値《すうち》で増《ふ》えるのでしょうか。考《かんが》え方《かた》の一《ひと》つの例《れい》を図《ず》7にしておきます。同《おな》じように考《かんが》えると、1辺《へん》が5マスのときの必要《ひつよう》な棒《ぼう》の数《かず》がわかります。答《こた》えは60本《ぽん》になります。できたかな？

# 見方《みかた》を変《か》えると どう見《み》える？

4月 26日

お茶《ちゃ》の水女子《みずじょし》大学《だいがく》附属《ふぞく》小学校《しょうがっこう》
久《く》下《が》谷《や》 明《あきら》先生《せんせい》が書《か》きました

読《よ》んだ日《ひ》　月《がつ》　日《にち》　月《がつ》　日《にち》　月《がつ》　日《にち》

## いろんな見方《みかた》があるよ！

今日《きょう》は、身《み》の回《まわ》りにあるモノを、今見《いまみ》ているところとは違《ちが》ったところから見《み》たらどう見《み》えるだろうか……そんなことを考《かんが》えてみたいと思《おも》います。

たとえば、机《つくえ》の上《うえ》にのっているコーヒーカップ。これを前《まえ》から見《み》ると図《ず》1のように見《み》えます。

では、真上《まうえ》から見《み》るとどのように見《み》えるでしょうか。まず想像《そうぞう》してみましょう。真上《まうえ》から見《み》た図《ず》、真横《まよこ》から見《み》た図《ず》は図《ず》2のようになりますね（図《ず》2）。

次《つぎ》は鉛筆《えんぴつ》について考《かんが》えてみましょう。前《まえ》から見《み》ると、図《ず》3のように見《み》えます。

では、真上《まうえ》から見《み》るとどのように見《み》えるでしょうか（答《こた》えは下《した》の「考《かんが》えてみよう」にあります）。

## 違《ちが》う見方《みかた》で想像《そうぞう》してみよう

このように、身《み》の回《まわ》りにあるモノを今見《いまみ》ている場所《ばしょ》とは違《ちが》った真上《まうえ》や真横《まよこ》から見《み》たら……と、想像《そうぞう》して考《かんが》えてみましょう。想像《そうぞう》したら、それがあっているか、実際《じっさい》にその場所《ばしょ》から見《み》て確認《かくにん》してみましょう。

また、実際《じっさい》には確《たし》かめられないもの（たとえば、東京《とうきょう》タワー、通天閣《つうてんかく》など）も、上《うえ》から見《み》たら……と想像《そうぞう》してみると面白《おもしろ》いですね。

図《ず》2

図《ず》1

図《ず》3

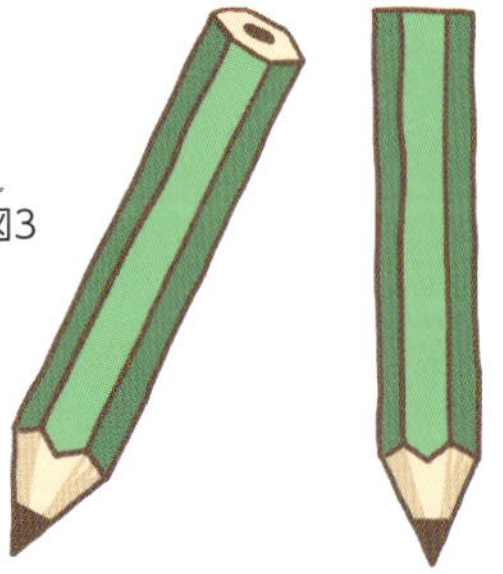

### 考《かんが》えてみよう

**何《なに》をどこから見《み》ているのかな？**

どこから見《み》るかによって、そのものの形《かたち》はちがってくることがわかりましたか？

ちなみに、鉛筆《えんぴつ》を真上《まうえ》から見《み》たら、右《みぎ》のようになります。

図《ず》4

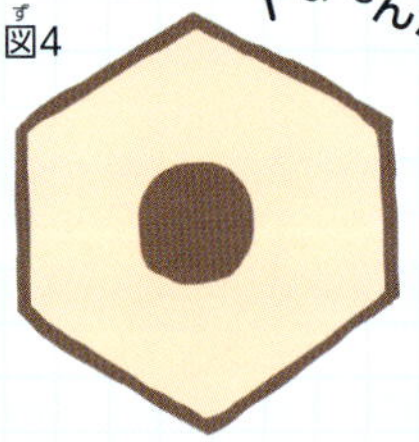


**ひとくちメモ** 算数《さんすう》の言葉《ことば》で、真上《まうえ》から見《み》た図《ず》を「平面図《へいめんず》」、真横《まよこ》から見《み》た図《ず》を「立面図《りつめんず》」といい、2つ合《あ》わせて「投影図《とうえいず》」といいます（詳《くわ》しくは158、184ページ参照《さんしょう》）。

数・計算の歴史のお話

# 和算《わさん》に親《した》しんだ江戸《えど》の人々《ひとびと》

4月27日

大分県《おおいたけん》　大分市立大在西小学校《おおいたしりつおおざいにししょうがっこう》
二宮孝明《にのみやたかあき》先生《せんせい》が書きました

読んだ日　月　日　月　日　月　日

## 日本《にほん》独特《どくとく》の数学《すうがく》があるよ

今《いま》、本屋《ほんや》さんに行《い》くと、たくさんの数学《すうがく》の本《ほん》が並《なら》んでいます。それだけ私《わたし》たちの生活《せいかつ》にとって、数学《すうがく》が欠《か》かせないものとなっているということでしょう。

昔《むかし》から世界中《せかいじゅう》で多《おお》くの人々《ひとびと》が、数学《すうがく》を学《まな》ぶことや、問題《もんだい》を解《と》くことを楽《たの》しんできました。日本《にほん》では、江戸時代《えどじだい》に「和算《わさん》」と呼《よ》ばれる日本独自《にほんどくじ》の数学《すうがく》が発達《はったつ》し、親《した》しまれてきました。当時《とうじ》の人々《ひとびと》が読《よ》んだ和算《わさん》の本《ほん》で代表的《だいひょうてき》なものに吉田光由《よしだみつよし》の『塵劫記《じんこうき》』という本《ほん》があります。

## 江戸時代《えどじだい》のベストセラー

『塵劫記《じんこうき》』には、生活《せいかつ》の役《やく》に立《た》つことがたくさんのっていました。たとえば、そろばんの使《つか》い方《かた》や、大《おお》きな数《かず》、小《ちい》さな数《かず》の表《あらわ》し方《かた》、面積《めんせき》、体積《たいせき》の計算《けいさん》などです。

また、パズルのような問題《もんだい》ものっていました。「鼠算《ねずみざん》」や「鶴亀算《つるかめざん》」のように今《いま》でも有名《ゆうめい》な問題《もんだい》もあります。

挿絵《さしえ》も豊富《ほうふ》で読《よ》みやすく、この本《ほん》は、江戸時代《えどじだい》のベストセラーになりました。中《なか》には非常《ひじょう》に難《むずか》しい問題《もんだい》もあり、答《こた》えがのっていないものもありました。これは、読者《どくしゃ》への挑戦状《ちょうせんじょう》でした。問題《もんだい》を解《と》けた人《ひと》は、新《あら》たに問題《もんだい》をつくり、また読者《どくしゃ》が挑戦《ちょうせん》しました。このようなことを繰《く》り返《かえ》す中《なか》で優《すぐ》れた問題《もんだい》がつくられ、和算《わさん》は発達《はったつ》していきました。

日本《にほん》の数学《すうがく》は、この時代《じだい》の他《ほか》の国々《くにぐに》と比《くら》べても決《けっ》してひけをとらないくらい立派《りっぱ》なものでした。

### やってみよう

**算額絵馬《さんがくえま》**

優《すぐ》れた問題《もんだい》を考《かんが》え出《だ》したり、難《むずか》しい問題《もんだい》を解《と》けたりした人々《ひとびと》は、神様《かみさま》に感謝《かんしゃ》しました。そして、その喜《よろこ》びを「算額《さんがく》」という絵馬《えま》にして神社《じんじゃ》に奉納《ほうのう》しました。同《おな》じように、学校《がっこう》で友達《ともだち》どうし、算数《さんすう》の問題《もんだい》を出《だ》し合《あ》ってみると面白《おもしろ》いですよ。

**ひとくちメモ**　江戸時代《えどじだい》の日本《にほん》を代表《だいひょう》する和算家《わさんか》に関孝和《せきたかかず》(1640？－1708)がいます。天元術《てんげんじゅつ》と呼《よ》ばれる中国《ちゅうごく》の数学《すうがく》を改良《かいりょう》し、数々《かずかず》の研究《けんきゅう》を行《おこな》いました（78ページ参照《さんしょう》）。

図形のお話

# トイレットペーパーを切《き》って開《ひら》いてみると…

4月28日

青森県《あおもりけん》 三戸町立三戸小学校《さんのへちょうりつさんのへしょうがっこう》
種市芳文《たねいちよしたけ》先生《せんせい》が書《か》きました

読《よ》んだ日《ひ》 月《がつ》 日《にち》 月《がつ》 日《にち》 月《がつ》 日《にち》

## 切《き》り開《ひら》いたら意外《いがい》な形《かたち》に

筒状《つつじょう》のものを切《き》り開《ひら》くと長方形《ちょうほうけい》になります。

筒状のものを切り開くと…

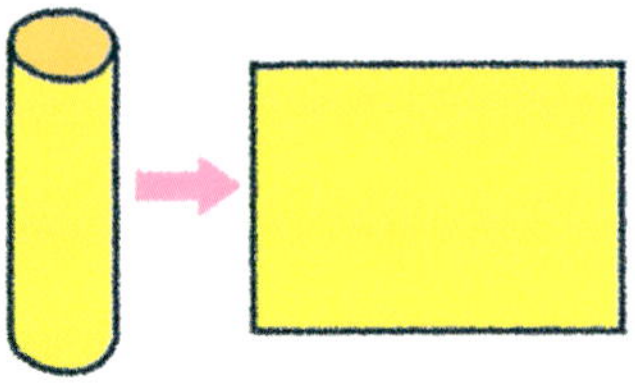

ところでトイレットペーパーの芯《しん》をじっくり見《み》ると、ななめに線《せん》があることに気《き》づきます。これに沿《そ》ってはさみで切《き》り開《ひら》くと、どんな形《かたち》ができるでしょうか？ なんと、平行四辺形《へいこうしへんけい》ができました（図《ず》1）。

切《き》り開《ひら》くと不思議《ふしぎ》な形《かたち》になるものに「三角《さんかく》パック」もあります。スーパーやコンビニで牛乳《ぎゅうにゅう》やコーヒー牛乳《ぎゅうにゅう》に使《つか》われている容器《ようき》です。これを接着部分《せっちゃくぶぶん》に沿《そ》って切《き》り開《ひら》くと、どんな形《かたち》になるでしょうか？

なんと、これも長方形《ちょうほうけい》や平行四辺形《へいこうしへんけい》になります（図《ず》2）。

## 平行四辺形《へいこうしへんけい》は環境《かんきょう》にいい？

どうして、トイレットペーパーの芯《しん》も三角《さんかく》パックも切《き》り開《ひら》くと長方形《ちょうほうけい》や平行四辺形《へいこうしへんけい》になるのでしょうか。

それは、芯《しん》や容器《ようき》をつくる材料《ざいりょう》の紙《かみ》を無駄《むだ》にしない工夫《くふう》です。平行四辺形《へいこうしへんけい》であれば、長方形《ちょうほうけい》をななめに切《き》ると隙間《すきま》なくできるため、材料《ざいりょう》の紙《かみ》を無駄《むだ》なく使《つか》うことができるのです。環境《かんきょう》にもやさしい工夫《くふう》ですね。

図《ず》1

図《ず》2

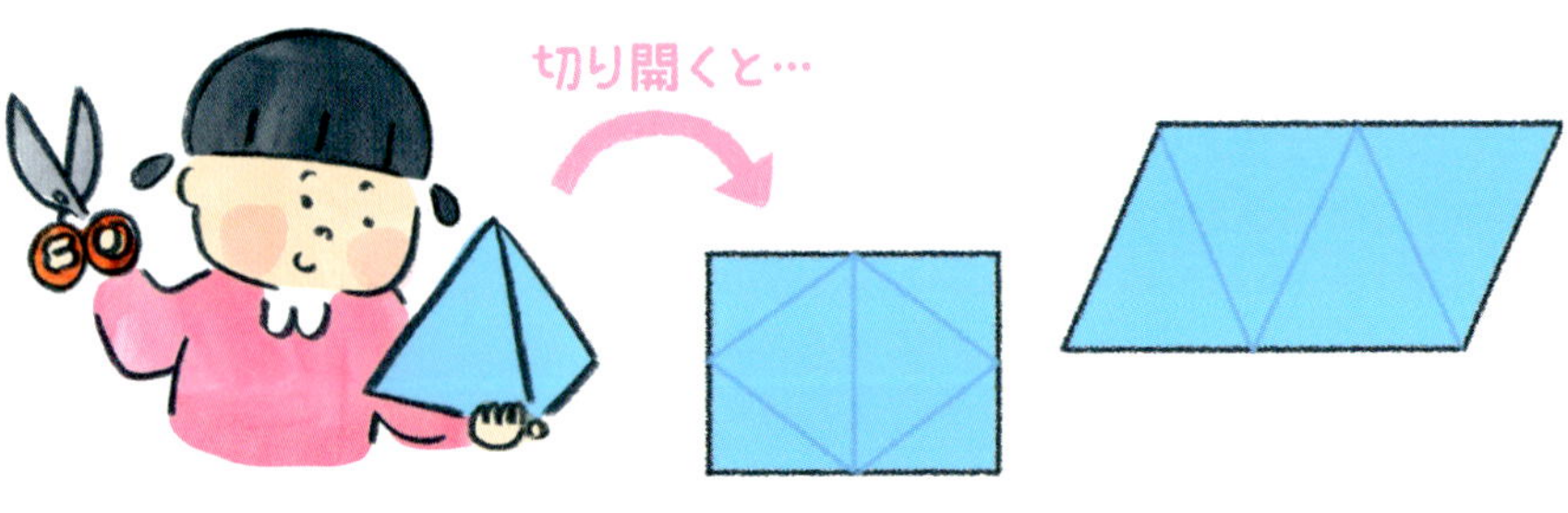


ひとくちメモ ラップの芯《しん》もはさみで切《き》り開《ひら》くと、細長《ほそなが》い平行四辺形《へいこうしへんけい》になります。

数や図形で遊ぼう

# 「魔方陣《まほうじん》」で算数《さんすう》ゲーム

4月 29日

北海道教育大学附属札幌小学校《ほっかいどうきょういくだいがくふぞくさっぽろしょうがっこう》
瀧《たき》ヶ《が》平《ひら》悠《ゆう》史《し》先生《せんせい》が書《か》きました

読《よ》んだ日《ひ》　月《がつ》　日《にち》　月《がつ》　日《にち》　月《がつ》　日《にち》



## どの方向《ほうこう》に足《た》しても同《おな》じ数《かず》

図《ず》1の9マスの表《ひょう》は「魔方陣《まほうじん》」といいます（魔方陣《まほうじん》については32ページも参照《さんしょう》）。この魔方陣《まほうじん》は縦《たて》、横《よこ》、斜《なな》め、どの方向《ほうこう》に足《た》してもその合計《ごうけい》が15になります。

では、図《ず》2の魔方陣《まほうじん》に挑戦《ちょうせん》しましょう。

図《ず》1

| | | |
|---|---|---|
| 8 | 3 | 4 |
| 1 | 5 | 9 |
| 6 | 7 | 2 |

図《ず》2

| | | |
|---|---|---|
| | 1 | 4 |
| | | |
| 8 | 1 | 9 |

どこから考《かんが》えればいいかな？

まず、図《ず》3の赤《あか》で囲《かこ》まれた場所《ばしょ》を見《み》ましょう。ここは、横《よこ》に並《なら》んだ数《かず》、8、1、9の合計《ごうけい》が18になります。ここから、この魔方陣《まほうじん》は、縦《たて》、横《よこ》、斜《なな》めのどの3マスを足《た》しても、合計《ごうけい》は18になるということがわかりました。

図《ず》3

次《つぎ》に青《あお》で囲《かこ》まれた場所《ばしょ》を見《み》てください。ここは、4＋□＋9＝18になるはずです。ですから、空《あ》いている真《ま》ん中《なか》のマスには5が入《はい》ることがわかります。

このように、「あと1マスで完成《かんせい》できる列《れつ》」が考《かんが》える鍵《かぎ》になります。

緑《みどり》で囲《かこ》まれた場所《ばしょ》もできそうですね。4＋□＋8＝18ですから、□には6が入《はい》ります。

さあ、残《のこ》りは3カ所《しょ》です。どうですか。

図《ず》4のアとイとウは見《み》つけられたでしょうか。

縦《たて》、横《よこ》、斜《なな》めの合計《ごうけい》を変《か》えて、新《あたら》しい魔方陣《まほうじん》をつくることもできそうですね。

〈答《こた》え〉ア・11、イ・3、ウ・7

図《ず》4

| | | |
|---|---|---|
| イ | ア | 4 |
| ウ | 6 | 5 |
| 8 | 1 | 9 |

ひとくちメモ

「魔方陣《まほうじん》」は9マスでなければならないというきまりはありません。縦《たて》に4マス、横《よこ》に4マスなどのものもあります。その分《ぶん》、考《かんが》えなければいけないところが増《ふ》えるので難《むずか》しくなってきますね。

数と計算のお話

# お祭《まつ》りの人出《ひとで》はどのように数《かぞ》える？

4月30日

福岡県《ふくおかけん》　田川郡川崎町立川崎小学校《たがわぐんかわさきちょうりつかわさきしょうがっこう》
高瀬大輔《たかせだいすけ》先生《せんせい》が書《か》きました

読《よ》んだ日《ひ》　月《がつ》　日《にち》　月《がつ》　日《にち》　月《がつ》　日《にち》

## 数《かぞ》えるのはとても無理《むり》

日本人《にっぽんじん》の大好《だいす》きなお祭《まつ》り。日本《にほん》各地《かくち》でたくさんの人《ひと》が歌《うた》ったり、踊《おど》ったりしながら楽《たの》しい時間《じかん》を過《す》ごします。例年《れいねん》、代表的《だいひょうてき》なお祭《まつ》りには、いったいどのくらいの人《ひと》が集《あつ》まっているのでしょうか？

東京《とうきょう》ディズニーランドのように入場券《にゅうじょうけん》を買《か》うテーマパークならば人数《にんずう》は正確《せいかく》にわかります。

では、入場券《にゅうじょうけん》のないお祭《まつ》りの人数《にんずう》は、誰《だれ》かが実際《じっさい》に数《かぞ》えているのでしょうか。

実《じつ》は、人出《ひとで》を数《かぞ》えているのは、警察《けいさつ》やお祭《まつ》りの主催者《しゅさいしゃ》です。でも実際《じっさい》に数《かぞ》えるのは無理《むり》なので次《つぎ》のような基準《きじゅん》で決《き》めているようです。

（1㎡あたりの人数《にんずう》）×（お祭《まつ》りの場所《ばしょ》の広《ひろ》さ）

## 実《じつ》は、計算《けいさん》で出《だ》している

1㎡あたりの人数《にんずう》も、実際《じっさい》に数《かぞ》えるのではなく、

・自由《じゆう》に動《うご》けるぐらいなら3人《にん》
・となりの人《ひと》と肩《かた》がぶつかる程度《ていど》なら6～7人《にん》
・満員電車並《まんいんでんしゃな》みなら10人《にん》

という基準《きじゅん》を使《つか》うようです。

**博多どんたく**（福岡市）
約200万人
（2015年福岡市民の祭り振興会調べ）

**ねぶた祭り**（青森市）
約269万人
（2015年「青森ねぶた祭実行委員会」調べ）

**札幌雪まつり**（札幌市）
約240万人
（2014年「さっぽろ雪まつり実行委員会」調べ）

ただし、人《ひと》はいつまでもその場《ば》でじっとしているわけではありません。人《ひと》がお祭《まつ》りの場所《ばしょ》を全部《ぜんぶ》まわる平均歩行時間《へいきんほこうじかん》を調《しら》べたり、何回人《なんかいひと》が入《い》れ替《か》わるかを調《しら》べたりして、さらに計算《けいさん》します。

このようにだいたいの数《かず》を計算《けいさん》することを概算《がいさん》といいます。概算《がいさん》することで、お祭《まつ》りのにぎわいをアピールしたり、安全《あんぜん》なお祭《まつ》りにするために派遣《はけん》する警察官《けいさつかん》の人数《にんずう》を決《き》めたりしているのですね。

考《かん》えてみよう

### ウシガエルの卵《たまご》は何個《なんこ》？

みなさんも概算《がいさん》の仕方《しかた》を考《かんが》えてみましょう。春先《はるさき》に川《かわ》や池《いけ》の中《なか》で見《み》かけるカエルの卵《たまご》。中《なか》でも、ウシガエル（食用《しょくよう》ガエル）は、一番《いちばん》たくさんの卵《たまご》を生《う》むといわれています。卵《たまご》を1つ1つ数《かぞ》えるのは、ちょっと無理《むり》ですね。みなさんは、どのように数《かぞ》えますか？

ひとくちメモ

実際《じっさい》、ウシガエルの卵《たまご》の数《かず》は、およそ1万《まん》～2万個《まんこ》。小《ちい》さなヒキガエルの卵《たまご》でも、およそ2000～8000個《こ》。カエルの研究者《けんきゅうしゃ》は、きっと工夫《くふう》して数《かぞ》えたことでしょう。

# 5月

May

数や図形で遊ぼう

# あみだくじのひみつ②

5月 1日

お茶《ちゃ》の水女子《みずじょし》大学《だいがく》附属《ふぞく》小学校《しょうがっこう》
岡田紘子《おかだひろこ》先生《せんせい》が書《か》きました

読《よ》んだ日《ひ》　月《がつ》　日《にち》　月《がつ》　日《にち》　月《がつ》　日《にち》

## あみだくじの横線《よこせん》は何本《なんぼん》？

スタートとゴールが同《おな》じひらがなになるように、なるべく少《すく》なく横線《よこせん》をかいてあみだくじをつくります。ただし、スタートとゴールで、ひらがなの順番《じゅんばん》は逆《ぎゃく》になるようにします。図《ず》1で、ひらがなが5個《こ》のあみだくじをつくるとき、横《よこ》線《せん》は少《すく》なくとも何本必要《なんぼんひつよう》でしょうか？　数《かぞ》える方法《ほうほう》を2つ紹介《しょうかい》します。

図《ず》1

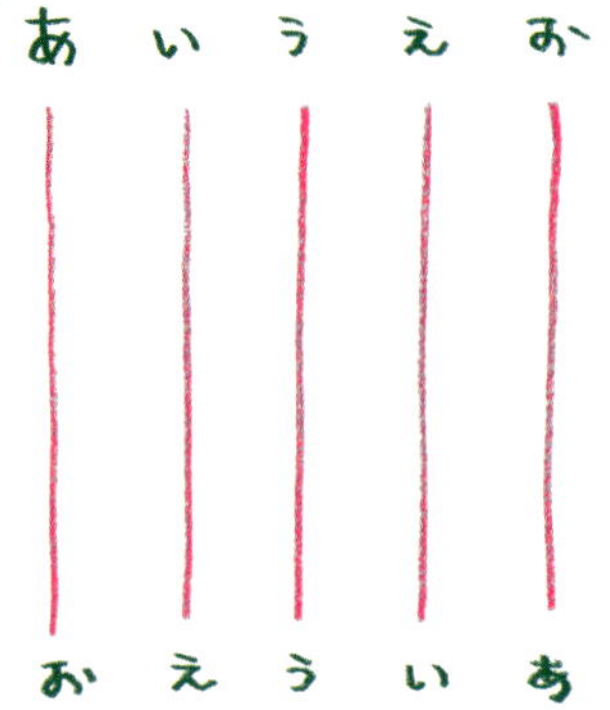


①ひらがな4個《こ》のときをいかす

4個《こ》のときは図《ず》2のようになります。ひらがなが5個《こ》になるということは、4個《こ》のひらがなを右《みぎ》に1つずつゴール前《まえ》でずらすということです。「あ」を右《みぎ》に1つずらすために1本《ぽん》増《ふ》やして、「い」、「う」、「え」も同《おな》じように右《みぎ》にずらすために1本《ぽん》ずつ増《ふ》やせばよいのです。もともとあった6本《ぽん》に4本《ほん》増《ふ》やせばよいので、6＋4＝10本《ほん》ということがわかります（図《ず》2）。

図《ず》2

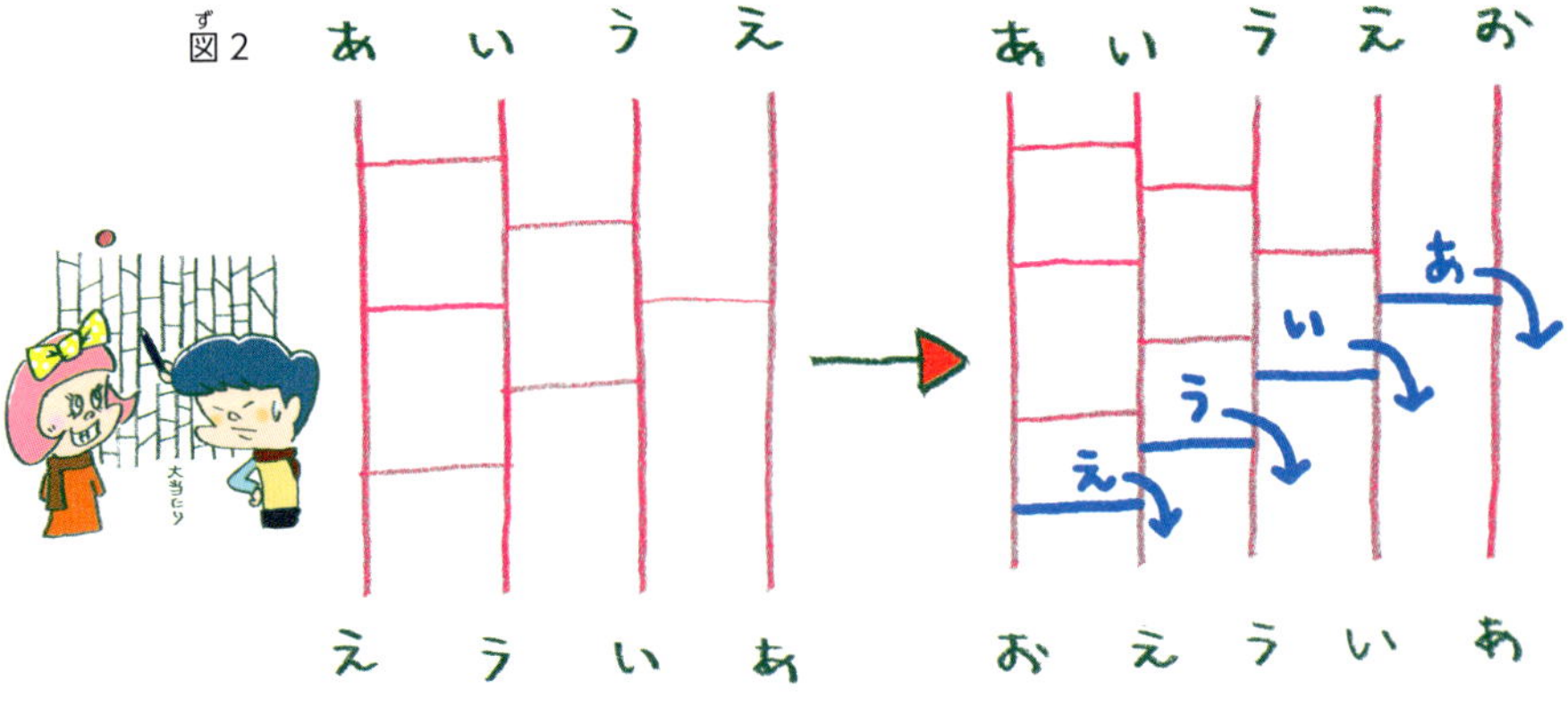


②線《せん》と線《せん》の交《まじ》わる点《てん》を使《つか》う

4月《がつ》3日《か》の回《かい》「あみだくじのひみつ①」にある、あみだくじをつくる方法《ほうほう》でも解《と》けます。同《おな》じひらがなを線《せん》で結《むす》び、交《まじ》わった点《てん》が横《よこ》線《せん》になります。交《まじ》わった点《てん》は全部《ぜんぶ》で10個《こ》あるので、10本横線《ぽんよこせん》が必要《ひつよう》とわかります（図《ず》3）。

図《ず》3

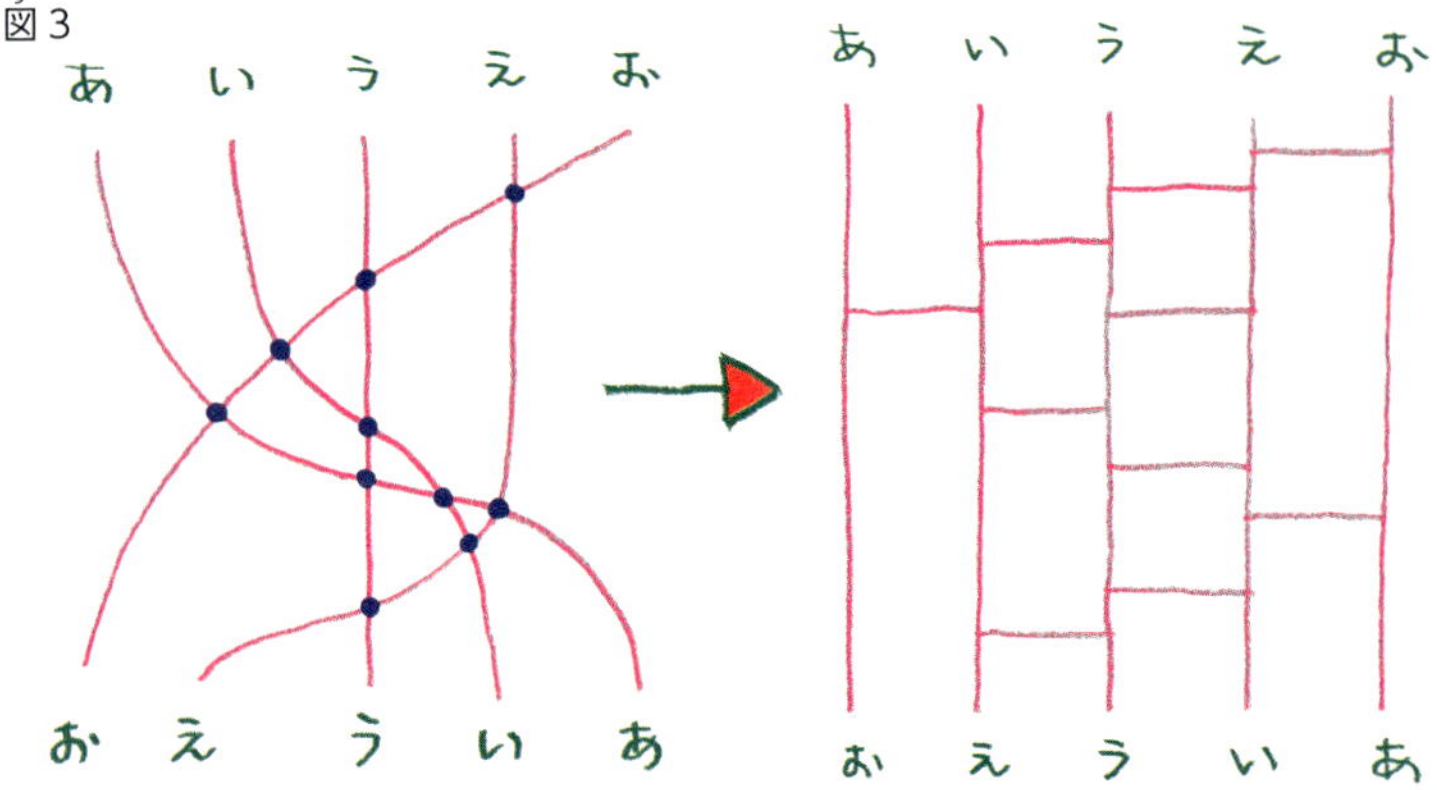


ひとくちメモ
上記《じょうき》のルールで、ひらがなが「あ、い、う、え、お、か、き、く、け、こ」と10個《こ》だったら、横線《よこせん》は何本必要《なんぼんひつよう》でしょうか？　答《こた》えは45本《ほん》です。いろいろな方法《ほうほう》で確《たし》かめてみましょう。

# 小《ちい》さな数《かず》について考《かんが》えよう



島根県《しまねけん》　飯南町立志々小学校《いいなんちょうりつししししょうがっこう》
村上幸人《むらかみゆきと》先生《せんせい》が書《か》きました

読《よ》んだ日《ひ》　月《がつ》　日《にち》　月《がつ》　日《にち》　月《がつ》　日《にち》



## 小数《しょうすう》の読《よ》み方《かた》は？

1よりも小《ちい》さい数《かず》について考《かんが》えてみましょう。みなさんは「小数《しょうすう》」という言葉《ことば》を聞《き》いたことはありますか？　身《み》の回《まわ》りでは、身長《しんちょう》や体重《たいじゅう》を量《はか》るときに使《つか》いますね。たとえば、135・6㎝とか、31・2kgのように。

これは、それぞれ「ひゃくさんじゅうご　てん　ろく」「さんじゅういち　てん　に」と読《よ》みます。

では、2・17539はどのように読《よ》むのでしょうか。「に　てん　いち　なな　ご　さん　きゅう」です。「あれ、大《おお》きい数《かず》と違《ちが》う」と思《おも》うことがありませんか？

そうなんです。大《おお》きい数《かず》と違《ちが》って4ケタずつ区切《くぎ》って読《よ》み方《かた》が変《か》わるということがありません。それどころか、それぞれの位《くらい》の読《よ》み方《かた》もありません。ただ、数字《すうじ》を読《よ》むだけです。どの位《くらい》を読《よ》んでいるのかわからなくなりそうですね。

## 小数《しょうすう》の昔《むかし》の言《い》い方《かた》

昔《むかし》は1よりも小《ちい》さい数《かず》にもそれぞれの位《くらい》に読《よ》み方《かた》がありました。図《ず》を見《み》てください。単位《たんい》の大《おお》きい順《じゅん》から、「分《ぶ》、厘《りん》、毛《もう》、糸《し》、忽《こつ》、微《び》、繊《せん》、沙《しゃ》、塵《じん》、埃《あい》、渺《びょう》、漠《ばく》、模糊《もこ》、逡巡《しゅんじゅん》、須臾《しゅゆ》、瞬息《しゅんそく》、弾指《だんし》、刹那《せつな》、六徳《りっとく》、虚空《こくう》、清浄《せいじょう》」ですね。

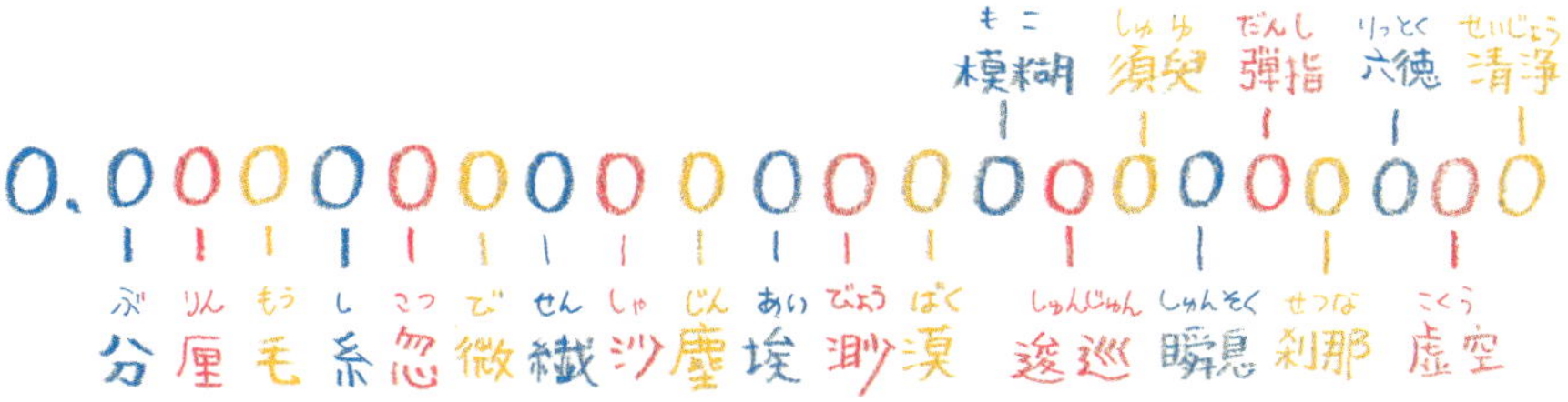


先《さき》ほどの2・17539は、「2と1分《ぶ》7厘《りん》5毛《もう》3糸《し》9忽《こつ》」となります。ところで、

「一寸《いっすん》の虫《むし》にも五分《ごぶ》の魂《たましい》」
「食事《しょくじ》は腹八分目《はらはちぶんめ》まで」
「九分九厘《くぶくりん》まちがいない」

という言葉《ことば》を聞《き》いたことがありませんか？　昔《むかし》の小《ちい》さい数《かず》の読《よ》み方《かた》が含《ふく》まれていますね。

### 覚《おぼ》えておこう

### 「○割《わり》○分《ぶ》○厘《りん》」という言《い》い方《かた》

「割合《わりあい》」の学習《がくしゅう》では、歩合《ぶあい》を使《つか》って表《あらわ》す方法《ほうほう》を習《なら》います。たとえば野球《やきゅう》の打率《だりつ》では2割《わり》8分《ぶ》6厘《りん》などと使《つか》いますね。小数《しょうすう》にすると0.286となります。あれ、昔《むかし》の小数《しょうすう》の表記《ひょうき》とずれているって気《き》がついたでしょう。ここでの「割《わり》」というのは、物事《ものごと》の割合《わりあい》を表《あらわ》す単位《たんい》で、1割《わり》の1/10が1分《ぶ》、1分《ぶ》の1/10が1厘《りん》……ということなのです。

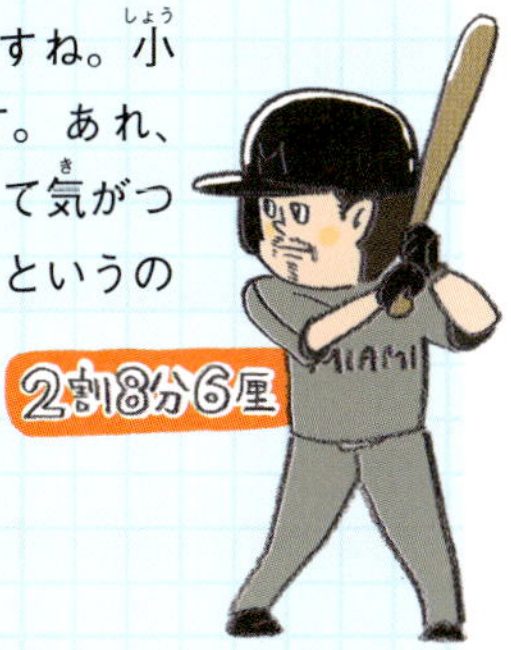


ひとくちメモ　ここで紹介《しょうかい》した数《かず》の単位《たんい》の名前《なまえ》は、「塵劫記《じんこうき》」（吉田光由著《よしだみつよしちょ》）という江戸時代《えどじだい》の有名《ゆうめい》な書物《しょもつ》に記載《きさい》されています。

# どの箱《はこ》のくじを引《ひ》く?

## 〜当《あ》たりやすいのはどの箱《はこ》?〜

神奈川県《かながわけん》　川崎市立土橋小学校《かわさきしりつつちはししょうがっこう》
山本《やまもと》　直《なお》先生《せんせい》が書《か》きました

5月 3日

読《よ》んだ日《ひ》　月《がつ》　日《にち》　月《がつ》　日《にち》　月《がつ》　日《にち》

### 当《あ》たりくじの数《かず》が違《ちが》う

昔《むかし》は駄菓子屋《だがしや》さんなどにくじ引《び》きの商品《しょうひん》があり、ワクワクしながら買《か》うことがありました。最近《さいきん》ではコンビニエンスストアなどで、「お買《か》い上《あ》げ○円《えん》につき1回《かい》!」と書《か》かれた箱《はこ》を置《お》き、くじ引《び》きを行《おこな》っている様子《ようす》を見《み》かけます。

さて、図《ず》のように、A、B、Cの3つのくじ引《び》きの箱《ばこ》があるとします。これらの箱《はこ》に当《あ》たりくじは、Aの箱《はこ》には1本《ぽん》、Bの箱《はこ》には5本《ほん》、Cの箱《はこ》には10本入《ぽんはい》っています。さあ、あなたはどの箱《はこ》のくじを引《ひ》きますか。引《ひ》けるのは1回《かい》だけです。

### 本当《ほんとう》に当《あ》たりやすい箱《はこ》は?

誰《だれ》だって、当《あ》たりくじが多《おお》いほうが当《あ》たりやすいと思《おも》い、Cの箱《はこ》を選《えら》びそうですね。ところが、必《かなら》ずしも当《あ》たりが多《おお》いからといって当《あ》たりやすいとは限《かぎ》らないのです。実《じつ》は、はずれのくじが何本入《なんぼんはい》っているかが、問題《もんだい》となります。

たとえば、Aの箱《はこ》に入《はい》っているはずれのくじが1本《ぽん》だけだとします。すると、くじは全部《ぜんぶ》で2本《ほん》、当《あ》たりが1本《ぽん》ですから、2回引《かいひ》くと1回当《かいあ》たる計算《けいさん》になります。

一方《いっぽう》、Cの箱《はこ》には、はずれが90本入《ぽんはい》っているとします。すると全《ぜん》部《ぶ》でくじは100本《ぽん》、そのうち当《あ》たりは10本《ぽん》しかありません。10回《かい》引《ひ》いてやっと1回当《かいあ》たる計算《けいさん》になります。このように、当《あ》たりの数《かず》が多《おお》くても必《かなら》ずしも当《あ》たりやすいというわけではないので、気《き》をつけましょう。

### やってみよう

#### 実際《じっさい》に2回《かい》に1回必《かいかなら》ず当《あ》たる?

たとえばAの箱《はこ》で引《ひ》いたら戻《もど》すをくり返《かえ》して、何回《なんかい》も引《ひ》いてみます。すると当《あ》たる回数《かいすう》はどうなるでしょう。実《じつ》は必《かなら》ず2回《かい》に1回《かい》当《あ》たるわけではありません。3回続《かいつづ》けて当《あ》たったり、5回続《かいつづ》けてはずれたりするかもしれません。しかし100回《かい》、1000回《かい》と引《ひ》く回数《かいすう》を増《ふ》やすほど、当《あ》たりの回数《かいすう》は2回《かい》に1回《かい》（引《ひ》いた回数《かいすう》の半分《はんぶん》）に近《ちか》づくと言《い》われています。時間《じかん》があれば、本当《ほんとう》にそうなるか試《ため》してみましょう。

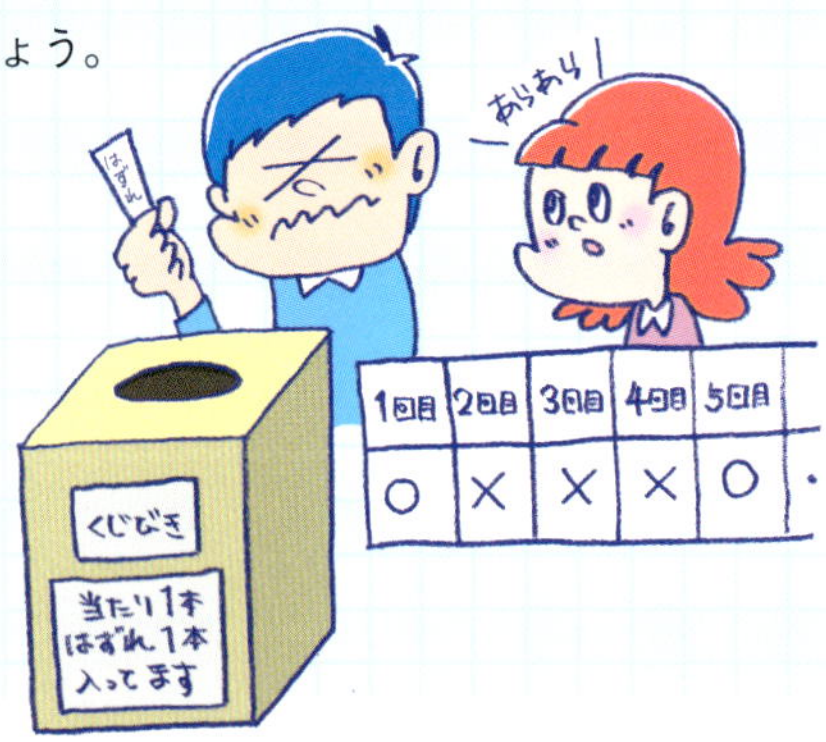


ひとくちメモ

何回《なんかい》に1回当《かいあ》たるかという考《かんが》え方《かた》を「確率《かくりつ》」といいます。「雨《あめ》の降《ふ》る確率《かくりつ》は?」など、ニュースなどでも耳《みみ》にすることがありますね。

# 日本《にほん》で一番《いちばん》高《たか》い建物《たてもの》は？

筑波大学附属小学校《つくばだいがくふぞくしょうがっこう》
中田寿幸《なかたとしゆき》先生《せんせい》が書《か》きました

読《よ》んだ日《ひ》　月《がつ》　日《にち》　月《がつ》　日《にち》　月《がつ》　日《にち》



## 電波塔《でんぱとう》はどうして高《たか》い？

校舎《こうしゃ》の高《たか》さは２階建《かいだ》てで８ｍ、３階建《かいだ》てで12ｍ、４階建《かいだ》てで16ｍぐらいと言《い》われています。

街《まち》に出《で》ると、学校《がっこう》よりも高《たか》い建物《たてもの》はたくさんありますね。

日本《にほん》で一番高《いちばんたか》い建物《たてもの》は東京《とうきょう》スカイツリー®です。東京《とうきょう》スカイツリーの高《たか》さは６３４ｍです。東京《とうきょう》は昔《むかし》、武蔵《むさし》の国《くに》と言《い》われていたので、むさし（６３４）にしたそうです。

東京《とうきょう》スカイツリーの展望台《てんぼうだい》は３５０ｍの天望《てんぼう》デッキ、４５０ｍの天望回廊《てんぼうかいろう》があります。ともに日本《にほん》第《だい》２位《い》の東京《とうきょう》タワーのてっぺんよりも高《たか》い位置《いち》にあります。

どうしてこんなに高《たか》い電波塔《でんぱとう》を建《た》てたかと言《い》うと、東京《とうきょう》には高《たか》いビルがたくさんあり、それまで使《つか》っていた東京《とうきょう》タワーでは、電波《でんぱ》を確実《かくじつ》に発信《はっしん》できなくなってしまうと考《かんが》えたからです。

## 日本《にほん》の建物《たてもの》の高《たか》さ比《くら》べ

２０１６年《ねん》２月現在《がつげんざい》、東京《とうきょう》で一番高《いちばんたか》いビルは港区《みなとく》にあるミッドタウン・タワーです。54階建《かいだ》てで２４８ｍもあります。虎《とら》ノ門《もん》ヒルズが２４７ｍで続《つづ》き、東京都庁《とうきょうとちょう》は２４３ｍです。その他《ほか》に、東京《とうきょう》には２００ｍを超《こ》える建物《たてもの》がなんと20個《こ》もあります。

しかし、東京《とうきょう》のビルが日本一《にほんいち》ではありません。現在《げんざい》（２０１６年《ねん》１月現在《がつげんざい》）の１位《い》は大阪《おおさか》のあべのハルカスで60階《かい》３００ｍです。第《だい》２位《い》は神奈川県《かながわけん》の横浜《よこはま》ランドマークタワーで70階《かい》２９６ｍとなっています。

### 覚《おぼ》えておこう

#### 東京《とうきょう》スカイツリーの断面《だんめん》？

東京《とうきょう》スカイツリーを輪切《わぎ》りにしたときの形《かたち》は少《すこ》しずつ変《か》わっていっています。０ｍ地点《ちてん》では正三角形《せいさんかくけい》ですが、だんだん丸《まる》くなっていき、地上《ちじょう》約300ｍ地点《ちてん》で円《えん》になります。

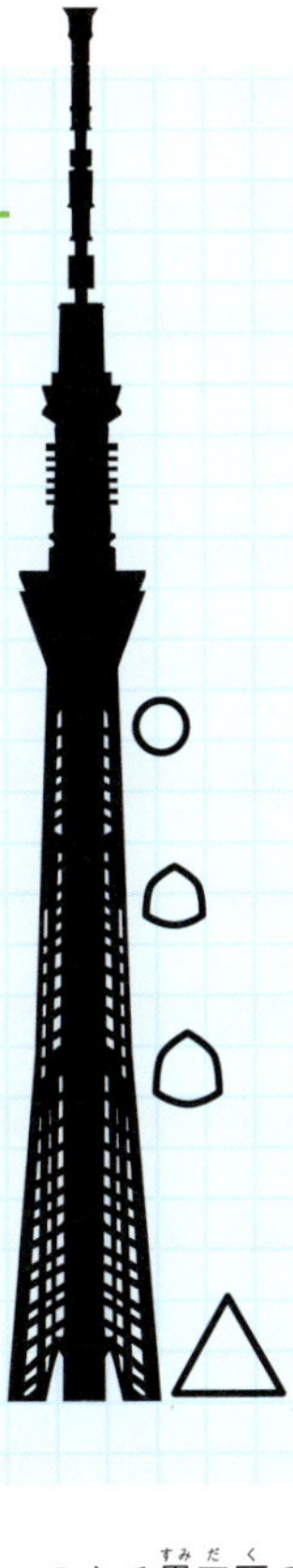

ひとくちメモ　東京《とうきょう》スカイツリーのある墨田区《すみだく》の紋章《もんしょう》は、すみだの「ス」の字《じ》を組《く》み合《あ》わせた正三角形《せいさんかくけい》になっています。まるでスカイツリーを上《うえ》から見《み》たような形《かたち》ですね。

「あなたが選《えら》んだ果物《くだもの》はこの中《なか》にありますか？」

C

「あなたが選《えら》んだ果物《くだもの》はこの中《なか》にありますか？」

D

たとえば、その人《ひと》がスイカを選《えら》んだとします。
その場合《ばあい》、A～Dの答《こた》えは、「A＝ある、B＝ある、C＝ある、D＝ない」となりますね。
これがわかれば、相手《あいて》が何《なん》の果物《くだもの》を選《えら》んだのかがわかっちゃいます。

## タネあかし

### カードの合計点数《ごうけいてんすう》が、果物《くだもの》を表《あらわ》しているよ

それではタネあかしです。実《じつ》はAの果物《くだもの》は1点《てん》、Bの果物《くだもの》は2点《てん》、Cの果物《くだもの》は4点《てん》、Dの果物《くだもの》は8点《てん》と点数《てんすう》がつけられています。スイカは「A＝ある、B＝ある、C＝ある、D＝ない」なので、「A＝1点《てん》、B＝2点《てん》、C＝4点《てん》、D＝0点《てん》」となり、点《てん》数《すう》を合計《ごうけい》すると7点《てん》になります。

また、15個《こ》の果物《くだもの》には右上《みぎうえ》の図《ず》のように1～15の番号《ばんごう》がついています。スイカの点数《てんすう》の合計《ごうけい》は7点《てん》でしたね。7番《ばん》の果物《くだもの》を見《み》てみましょう。スイカがありました。つまり、果物《くだもの》のA～Dの点数《てんすう》の合計《ごうけい》が、その果物《くだもの》の番号《ばんごう》を表《あらわ》しているというわけです。

他《ほか》の果物《くだもの》でも試《ため》してみましょう。リンゴは「A＝ない、B＝ある、C＝ない、D＝ある」なので、「A＝0点《てん》、B＝2点《てん》、C＝0点《てん》、D＝8点《てん》」となり、合計点数《ごうけいてんすう》は10点《てん》です。10番《ばん》の果物《くだもの》を見《み》ると……確《たし》かにリンゴがありますね。

4枚《まい》のカードを使《つか》って、あのコの好《す》きな果物《くだもの》を当《あ》てちゃいましょう。

| A | | B | | C | | D | | |
|---|---|---|---|---|---|---|---|---|
| 1 | ＋ | 0 | ＋ | 0 | ＋ | 0 | ＝ | 1 |
| 0 | ＋ | 2 | ＋ | 0 | ＋ | 0 | ＝ | 2 |
| 1 | ＋ | 2 | ＋ | 0 | ＋ | 0 | ＝ | 3 |
| 0 | ＋ | 0 | ＋ | 4 | ＋ | 0 | ＝ | 4 |
| 1 | ＋ | 0 | ＋ | 4 | ＋ | 0 | ＝ | 5 |
| 0 | ＋ | 2 | ＋ | 4 | ＋ | 0 | ＝ | 6 |
| 1 | ＋ | 2 | ＋ | 4 | ＋ | 0 | ＝ | 7 |
| 0 | ＋ | 0 | ＋ | 0 | ＋ | 8 | ＝ | 8 |
| 1 | ＋ | 0 | ＋ | 0 | ＋ | 8 | ＝ | 9 |
| 0 | ＋ | 2 | ＋ | 0 | ＋ | 8 | ＝ | 10 |
| 1 | ＋ | 2 | ＋ | 0 | ＋ | 8 | ＝ | 11 |
| 0 | ＋ | 0 | ＋ | 4 | ＋ | 8 | ＝ | 12 |
| 1 | ＋ | 0 | ＋ | 4 | ＋ | 8 | ＝ | 13 |
| 0 | ＋ | 2 | ＋ | 4 | ＋ | 8 | ＝ | 14 |
| 1 | ＋ | 2 | ＋ | 4 | ＋ | 8 | ＝ | 15 |

ひとくちメモ

この遊《あそ》びは、1、2、4、8の4つの数字《すうじ》を組《く》み合《あ》わせると、1～15のすべての数《かず》をつくることができるという仕《し》組《く》みを利用《りよう》したものです。

# あのコの好《す》きな果物《くだもの》を当《あ》ててみよう

東京都《とうきょうと》　杉並区立高井戸第三小学校《すぎなみくりつたかいどだいさんしょうがっこう》
吉田映子《よしだえいこ》先生《せんせい》が書《か》きました

読《よ》んだ日《ひ》　月《がつ》　日《にち》｜　月《がつ》　日《にち》｜　月《がつ》　日《にち》

相手《あいて》の好《す》きな果物《くだもの》がわかっちゃうゲームです。15個《こ》の果物《くだもの》がかかれたカードから、好《す》きな果物《くだもの》を1つ選《えら》んでもらいます。あなたは4枚《まい》のカードを使《つか》って相手《あいて》に質問《しつもん》していくことで、相手《あいて》が何《なん》の果物《くだもの》を選《えら》んだのかをズバリ当《あ》てることができます。

## ●好《す》きな果物《くだもの》を選《えら》んでもらおう

まずは、下《した》の15個《こ》の果物《くだもの》の中《なか》から好《す》きな果物《くだもの》を1つ選《えら》んでもらいましょう。

## ●4つの質問《しつもん》をしよう

次《つぎ》に、A～Dの4枚《まい》のカードを見《み》せながら、「あなたが選《えら》んだ果物《くだもの》はこの中《なか》にありますか？」と質問《しつもん》していきます。

「あなたが選《えら》んだ果物《くだもの》はこの中《なか》にありますか？」

A

「あなたが選《えら》んだ果物《くだもの》はこの中《なか》にありますか？」

B

図形のお話

# 正方形《せいほうけい》が変身《へんしん》！
## ～分割《ぶんかつ》パズルをつくろう～

神奈川県《かながわけん》　川崎市立土橋小学校《かわさきしりつつちはししょうがっこう》
山本《やまもと》　直《なお》　先生《せんせい》が書《か》きました

5月《がつ》 6日

読《よ》んだ日《ひ》　月《がつ》　日《にち》　月《がつ》　日《にち》　月《がつ》　日《にち》

### 正方形《せいほうけい》を3つの形《かたち》に分割《ぶんかつ》

正方形《せいほうけい》を分《わ》けて、他《ほか》の形《かたち》に変身《へんしん》させてみましょう。

正方形《せいほうけい》の紙《かみ》を図《ず》1のように3つの形《かたち》に分《わ》けます。たったの3つなので、あまり他《ほか》の形《かたち》にはできないように感《かん》じますが、上手《じょうず》に並《なら》べると直角三角形《ちょっかくさんかくけい》や平行四辺形《へいこうしへんけい》、台形《だいけい》といった、いろいろな形《かたち》に変身《へんしん》させることができます（図《ず》2）。

図《ず》1

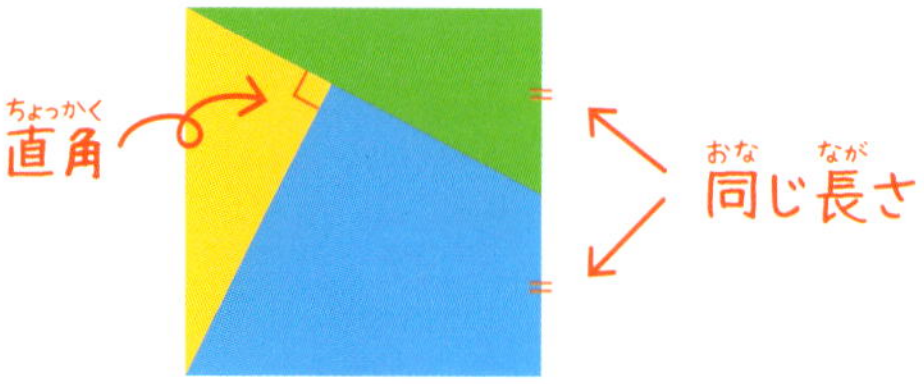


図《ず》2

台形《だいけい》　平行四辺形《へいこうしへんけい》

### 正方形《せいほうけい》が長方形《ちょうほうけい》や三角形《さんかくけい》に

いろいろな形《かたち》に変身《へんしん》できることには訳《わけ》があります。それは、分《わ》けるときに直角《ちょっかく》をつくっていることです。

直角《ちょっかく》を2つ組《く》み合《あ》わせると直線《ちょくせん》の辺《へん》ができます。このことにより、正方《せいほう》形《けい》から直角三角形《ちょっかくさんかくけい》や平行四辺形《へいこうしへんけい》をつくることができるようになります。また、正《せい》方形《ほうけい》の1辺《ぺん》の長《なが》さの中心《ちゅうしん》で分《わ》けることで、同《おな》じ長《なが》さの辺《へん》をつくり、ぴったりつなげられるようにしています。このように、直角《ちょっかく》や同《おな》じ長《なが》さの辺《へん》がたくさんあることが、パズルの面白《おもしろ》さを生《う》み出《だ》しています。

### やってみよう

**動《うご》かし方《かた》がポイント！**

1枚《まい》ずつを順番《じゅんばん》に上手《じょうず》に動《うご》かして、形《かたち》を変身《へんしん》させてみましょう。動《うご》かすときは、回《まわ》したり裏返《うらがえ》したりするなど、向《む》きも考《かんが》えてみましょう。

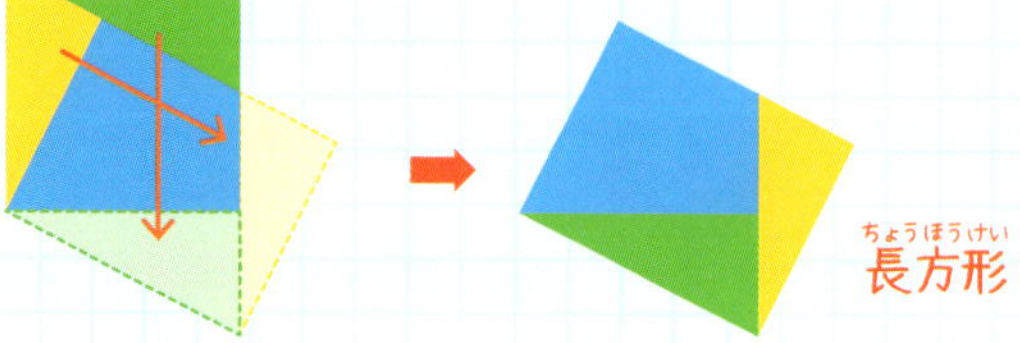


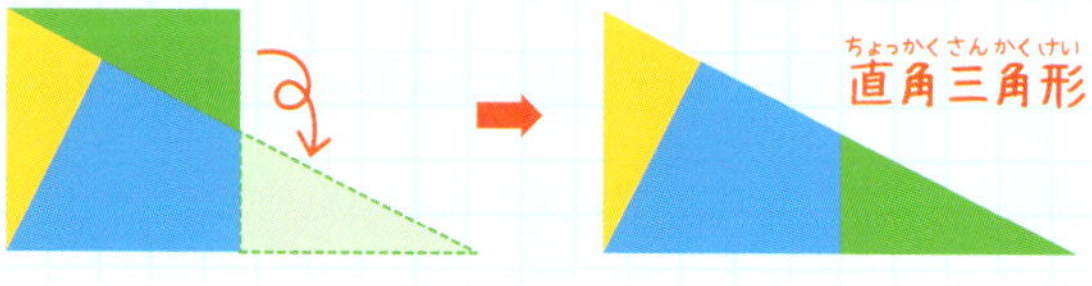


ひとくちメモ

動《うご》かし方《かた》には、「まっすぐ動《うご》かす」、「回《まわ》して動《うご》かす」、「裏返《うらがえ》して動《うご》かす」の3つの方法《ほうほう》があります。いろいろな動《うご》かし方《かた》を試《ため》してみましょう。

# 柔道《じゅうどう》の階級《かいきゅう》のひみつ

きまりの見つけ方のお話

5月 7日

お茶《ちゃ》の水女子大学附属小学校《みずじょしだいがくふぞくしょうがっこう》
岡田紘子《おかだひろこ》先生《せんせい》が書《か》きました

読《よ》んだ日《ひ》　月《がつ》　日《にち》　月《がつ》　日《にち》　月《がつ》　日《にち》

図《ず》1

## 柔道《じゅうどう》の階級《かいきゅう》は知《し》ってる？

　みなさんは、柔道《じゅうどう》をやったことがありますか？　柔道《じゅうどう》の試合《しあい》は、選手《せんしゅ》の体重《たいじゅう》によって出《で》られる試合《しあい》が決《き》まっていて、同《おな》じくらいの体《たい》重《じゅう》の人同士《ひとどうし》が試合《しあい》をします。階級《かいきゅう》は、体重《たいじゅう》によるハンデキャップを少《すく》なくするために、体重《たいじゅう》の近《ちか》い人《ひと》同士《どうし》を対戦《たいせん》させるためのルールです。

　柔道《じゅうどう》の場合《ばあい》、女子《じょし》は、48kg、52kg、57kg、63kg、70kg、78kg、78kg超級《ちょうきゅう》と7つの階級《かいきゅう》があります。たとえば、体重《たいじゅう》が50kgの人《ひと》は、52kg級《きゅう》の試合《しあい》に参加《さんか》します。52kg級《きゅう》の試合《しあい》には、52kg以下《いか》の人《ひと》が出《で》ることができます。

　男子《だんし》は、60kg、66kg、73kg、81kg、90kg、100kg、100kg超《ちょう》級《きゅう》と、やはり7つの階級《かいきゅう》に分《わ》かれています。

## 階級《かいきゅう》は何《なん》kgずつ増《ふ》えている？

　階級《かいきゅう》は、5kgずつ、10kgずつなど、同《おな》じ数《かず》ずつ増《ふ》えていません。では、階級《かいきゅう》の幅《はば》は、どのように増《ふ》えているのでしょう。図《ず》2の女子《じょし》の階級《かいきゅう》で見《み》てみましょう。

　48kgから52kgまで4kg、52kgから57kgまで5kg、57kgから63kgまで6kg、63kgから70kgまで7kg、70kgから78kgまで8kg増《ふ》えています。つまり、階級《かいきゅう》の間《あいだ》は、4kg、5kg、6kg、7kg、8kgと1kgずつ増《ふ》えているのです。

　男子《だんし》も同《おな》じように、6kg、7kg、8kg、9kg、10kgと幅《はば》が1kgずつ増《ふ》えています。階級《かいきゅう》と階級《かいきゅう》の間隔《かんかく》が同《おな》じではありませんが、1kgずつ間《あいだ》が増《ふ》えていることは面白《おもしろ》いですね。

図《ず》2

ひとくちメモ　柔道《じゅうどう》のほかにも、レスリングやボクシング、重量挙《じゅうりょうあ》げは階級《かいきゅう》に分《わ》かれて試合《しあい》を行《おこな》います。

# 真上《まうえ》から見《み》ると？
## ～平面図《へいめんず》・立面図《りつめんず》～

5月 8日

熊本県《くまもとけん》　熊本市立池上小学校《くまもとしりついけのうえしょうがっこう》
藤本邦昭《ふじもとくにあき》先生《せんせい》が書《か》きました

読《よ》んだ日《ひ》　月《がつ》　日《にち》　月《がつ》　日《にち》　月《がつ》　日《にち》

### どう見《み》えるかな？

サイコロのような形《かたち》（立方体《りっぽうたい》）を5つ使《つか》って、1つの形《かたち》をつくってみましょう（図《ず》1）。

これを真上《まうえ》から見《み》た図《ず》が図《ず》2です。どのように並《なら》んでいるかわかりますね。

図《ず》1

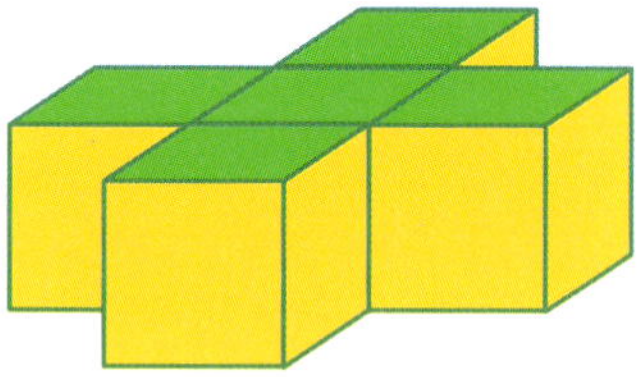

図《ず》2

立体《りったい》を真上《まうえ》から見《み》た図《ず》を「平面《へいめん》図《ず》」といいます。普段《ふだん》よく見《み》る「地図《ちず》」も平面図《へいめんず》の仲間《なかま》です。

では、真上《まうえ》から見《み》て図《ず》3のようになっている形《かたち》はどのように並《なら》んでいるでしょうか？

4つの立方体《りっぽうたい》しか見《み》えませんね。でも、実際《じっさい》は5つあります。どうしてでしょう？

そうです。2つがちょうど2階建《かいだ》てのように重《かさ》なっているのです（図《ず》4）。

このように、平面《へいめん》図《ず》だけではその立《りっ》体《たい》の様子《ようす》がとらえにくい場合《ばあい》があります。

では、図《ず》5のような平面図《へいめんず》の場合《ばあい》、実際《じっさい》の立体《りったい》はどのように並《なら》んでいるでしょうか。いくつか考《かんが》えられますよ（図《ず》6）。

図《ず》3

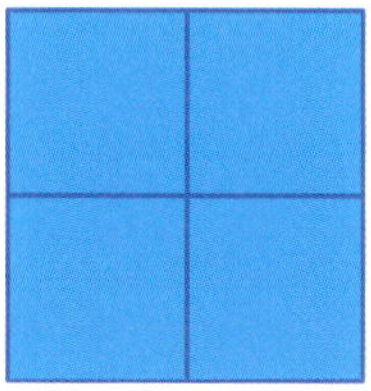

図《ず》4

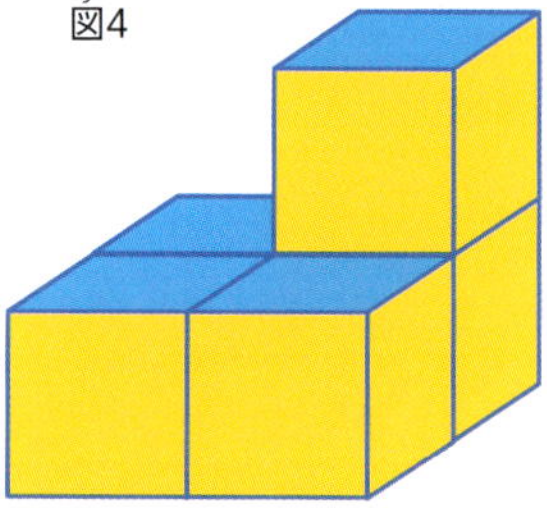

図《ず》5

図《ず》6

ひとくちメモ　積《つ》み木《き》をいろいろな形《かたち》に積《つ》み上《あ》げて、平面図《へいめんず》と立体図《りったいず》を描《か》いてみましょう。おもしろいですよ。

# 10円玉《えんだま》や100円玉《えんだま》は…お財布《さいふ》にどの硬貨《こうか》が何枚《なんまい》？

5月9日

北海道教育大学附属札幌小学校《ほっかいどうきょういくだいがくふぞくさっぽろしょうがっこう》
瀧ヶ平悠史《たきがひらゆうし》先生《せんせい》が書《か》きました

読《よ》んだ日《ひ》　月《がつ》　日《にち》　｜　月《がつ》　日《にち》　｜　月《がつ》　日《にち》

## お財布《さいふ》の中身《なかみ》

みなさんは、自分《じぶん》のお財布《さいふ》を持《も》っていますか？　お財布《さいふ》にはお金《かね》が入《はい》っていますね。

今《いま》、お財布《さいふ》の中《なか》に119円《えん》が入《はい》っていたとします。このとき、どんな種類《しゅるい》の硬貨《こうか》が、何枚入《なんまいはい》っているでしょうか。ヒントは、「硬貨《こうか》は全部《ぜんぶ》で7枚入《まいはい》っている」ということです。

## 大《おお》きい順《じゅん》に考《かんが》える

日本《にほん》で使《つか》われている硬貨《こうか》は、1円《えん》、5円《えん》、10円《えん》、50円《えん》、100円《えん》、500円《えん》の6種類《しゅるい》ですね（図《ず》1）。

大《おお》きい順《じゅん》に考《かんが》えてみます。この中《なか》で500円《えん》は、すでに119円《えん》を超《こ》えています。ですから、500円玉《えんだま》がお財布《さいふ》に入《はい》っていることはありえません。

では、100円玉《えんだま》はどうでしょうか。119円《えん》の中《なか》に、100円《えん》は1枚分《まいぶん》しか入《はい》りませんね。つまり、どんなに多《おお》く入《はい》っていても1枚《まい》だということになります。

では、100円玉《えんだま》が入《はい》っていたとして考《かんが》えてみます。残《のこ》り19円《えん》ですから、50円玉《えんだま》は使《つか》えませんね。10円玉《えんだま》は、1枚《まい》だけなら使《つか》えますね。これで、100円玉《えんだま》1枚《まい》、10円玉《えんだま》1枚《まい》、合《あ》わせて2枚《まい》で110円《えん》になりました。つまり、あと5枚《まい》の硬貨《こうか》で、9円《えん》になればいいわけです。

1円玉《えんだま》や5円玉《えんだま》を使《つか》って9円《えん》にするには、図《ず》2の2つの方法《ほうほう》があります。この中《なか》で5枚《まい》の組《く》み合《あ》わせになっているのは、イの方《ほう》ですね。これで、5円玉《えんだま》1枚《まい》と、1円《えん》玉《だま》が4枚《まい》だということがわかりました。

図《ず》1

図《ず》2
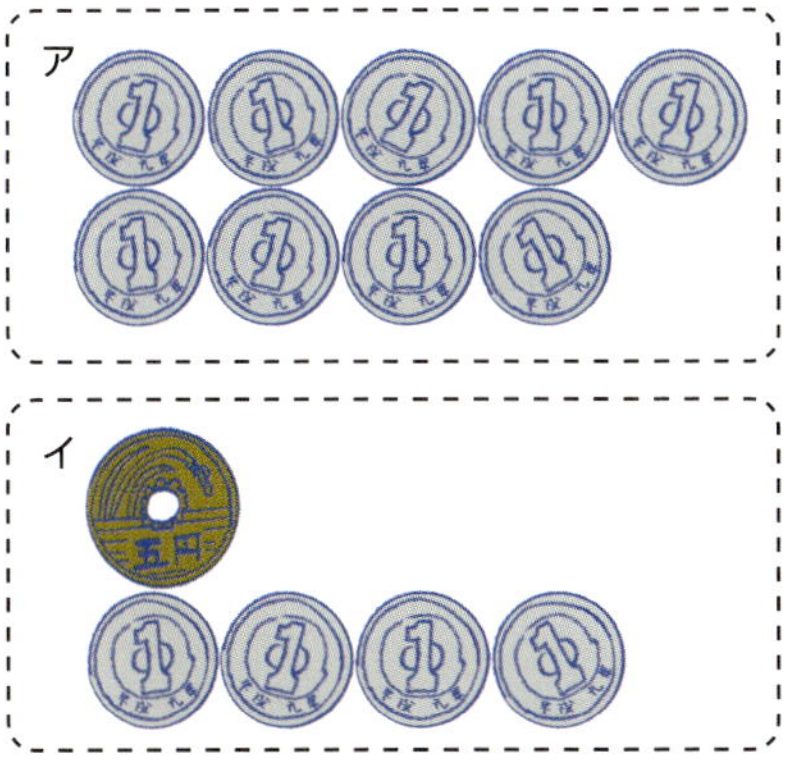


### やってみよう

**他《ほか》の枚数《まいすう》の組《く》み合《あ》わせは？**

お財布《さいふ》に入《はい》っている硬貨《こうか》が、「もし、7枚《まい》でなければ」どんな硬貨《こうか》が何枚入《なんまいはい》っている場合《ばあい》が考《かんが》えられるでしょうか。他《ほか》の場合《ばあい》も、考《かんが》えてみましょう。

500円玉 ⇒ ×
100円玉 ⇒ ？枚
50円玉 ⇒ ？枚
10円玉 ⇒ ？枚
5円玉 ⇒ ？枚
1円玉 ⇒ ？枚
} 119円

ひとくちメモ　お店《みせ》などで買《か》い物《もの》をするときの、お金《かね》の払《はら》い方《かた》についても考《かんが》えてみると面白《おもしろ》いです。110円《えん》の代金《だいきん》を払《はら》う場合《ばあい》でも、お財布《さいふ》の中身《なかみ》に合《あ》わせて、いろいろな硬貨《こうか》の組《く》み合《あ》わせ方《かた》があります。

単位とはかり方のお話

5月《がつ》 10日《にち》

# 実《じつ》は今《いま》も使《つか》われている！ 昔《むかし》の単位《たんい》（体積《たいせき》）

東京都《とうきょうと》 豊島区立高松小学校《としまくりつたかまつしょうがっこう》
細萱裕子《ほそがやゆうこ》 先生《せんせい》が書《か》きました

読《よ》んだ日《ひ》　月《がつ》　日《にち》　月《がつ》　日《にち》　月《がつ》　日《にち》

図《ず》1　全国《ぜんこく》で統一《とういつ》された一升枡《いっしょうます》の大《おお》きさ

## どうしてお米《こめ》は1合《ごう》、2合《ごう》？

日本人《にっぽんじん》の主食《しゅしょく》であるお米《こめ》。お店《みせ》に並《なら》んでいるお米《こめ》は、1袋《ふくろ》5kgや10kgというようにkg単位《たんい》で表示《ひょうじ》されています。ご飯《はん》を炊《た》くなど料理《りょうり》するときには、計量《けいりょう》カップを使《つか》って「1合《ごう》」「2合《ごう》」というように合《ごう》という単位《たんい》を使《つか》って量《りょう》を量《はか》ります。ご飯《はん》を炊《た》くときに使《つか》う炊飯器《すいはんき》の目《め》盛《も》りも、合《ごう》を表《あらわ》しています。

この合《ごう》という単位《たんい》は、昔《むかし》の単《たん》位《い》の名残《なごり》です。昔《むかし》、体積《たいせき》を量《はか》る道具《どうぐ》である枡《ます》の大《おお》きさが、地域《ちいき》によって違《ちが》っていたため、全国《ぜんこく》で統一《とういつ》されました。それが、一《いっ》升枡《しょうます》で、中《なか》に入《はい》る量《りょう》は1・804Lでした。その1升《しょう》の$\frac{1}{10}$が1合《ごう》で、0・1804L、約《やく》180mLなのです。つまり、お米《こめ》を量《はか》る計量《けいりょう》カップは1杯《ぱい》＝180mL＝1合《ごう》というわけです。

## 1升《しょう》の10倍《ばい》の単位《たんい》もあるよ

また、1升《しょう》の10倍《ばい》を1斗《と》、1斗《と》の10倍《ばい》を1石《こく》といいます。一升瓶《いっしょうびん》や一斗缶《いっとかん》という言葉《ことば》を聞《き》いたことはありませんか。

一升瓶《いっしょうびん》というのは、約《やく》1・8Lの液体《えきたい》が入《はい》るガラス製《せい》の瓶《びん》のことで、しょうゆ、みりん、料理酒《りょうりしゅ》などの調味料《ちょうみりょう》や、日本酒《にほんしゅ》、ワインなどのお酒《さけ》にも使《つか》われています。一《いっ》斗缶《とかん》というのは、18Lの容量《ようりょう》をもつ金属製《きんぞくせい》の缶《かん》で、調味料《ちょうみりょう》や食用油《しょくようあぶら》、ペンキ、ワックスなどの容器《ようき》として使《つか》われています。

《上図《じょうず》の枡《ます》の容積《ようせき》の計算方法《けいさんほうほう》》

昔の長さの単位
1寸＝約3.03cm　1分＝約0.303cm
枡の縦の長さ・横の長さ
4寸9分＝3.03×4＋0.303×9＝14.847cm
枡の高さ
2寸7分＝3.03×2＋0.303×7＝8.181cm
縦×横×高さ＝
14.847×14.847×8.181＝1803.36…… $cm^3$

ひとくちメモ

米《こめ》1合《ごう》の重《おも》さは、約《やく》150～160gです。1升《しょう》は1.5～1.6kg、1斗《と》は15～16kg、1石《こく》は150～160kgになります。時代劇《じだいげき》などに出《で》てくる百万石《ひゃくまんごく》は、15万《まん》～16万《まん》tということになりますね。

数と計算のお話

# 計算《けいさん》の工夫《くふう》①
# ないけれどあると考《かんが》えよう

5月 11日

東京都《とうきょうと》 杉並区立高井戸第三小学校《すぎなみくりつたかいどだいさんしょうがっこう》
吉田映子《よしだえいこ》 先生《せんせい》が書《か》きました

読《よ》んだ日《ひ》 月《がつ》 日《にち》 月《がつ》 日《にち》 月《がつ》 日《にち》

## 99＋99の答《こた》えはいくつ？

99＋99の答《こた》えはいくつでしょう？ 筆算《ひっさん》でやってみましょう。

```
  ９９
＋９９
１９８
```

となります。

繰《く》り上《あ》がりが二度《にど》あるので、気《き》をつけないといけませんね。でもこの計算《けいさん》、ちょっと工夫《くふう》するととても簡単《かんたん》になります。

99はあと１で１００になります。ですから、まず100＋100を計算《けいさん》します。この答《こた》えは２００です。

さっき99を１００と考《かんが》えたので、多《おお》すぎる１を２つ足《た》して２にして、２００から２を引《ひ》きます。そうすると答《こた》えは１９８だとわかります。

式《しき》で書《か》くと、

100 ＋ 100 ＝ 200
↑＋1　↑＋1　↓－2
99 ＋ 99 ＝ 200 － 2

となります。

図《ず》で説明《せつめい》しましょう。図《ず》１を見《み》てください。

図《ず》１の●は、本当《ほんとう》はないけれどあると考《かんが》えると全部《ぜんぶ》で２００になります。でも本当《ほんとう》はないのだから、●２つ分《ぶん》を引《ひ》いて答《こた》えは１９８となります。

図《ず》1

### やってみよう

**999+999 はどうする？**

やはり１つだけないけれどあると考《かんが》えて1000にして考《かんが》えると、

1000 ＋ 1000 ＝ 2000
↑＋1　↑＋1　↓－2
999 ＋ 999 ＝ 2000 － 2

となって、答《こた》えは 1998 とわかりますね。

ひとくちメモ どんなに大《おお》きな数《かず》になっても、このように工夫《くふう》すれば簡単《かんたん》に計算《けいさん》できますね。

手を動かしてつくってみよう

# つまようじで正三角形《せいさんかくけい》をつくろう

5月12日

神奈川県《かながわけん》　川崎市立土橋小学校《かわさきしりつつちはししょうがっこう》
山本《やまもと》　直《なお》先生《せんせい》が書《か》きました

読《よ》んだ日《ひ》　月《がつ》　日《にち》　月《がつ》　日《にち》　月《がつ》　日《にち》

## 正三角形《せいさんかくけい》の辺《へん》は何本《なんぼん》？

３つの直線《ちょくせん》で囲《かこ》まれた形《かたち》を三角《さんかく》形《けい》といいます。このとき、囲《かこ》んでいる直線《ちょくせん》を辺《へん》といいます。その３つの辺《へん》の長《なが》さが等《ひと》しいとき、正三《せいさん》角形《かくけい》といいます。

まず、つまようじで正三角形《せいさんかくけい》をつくってみます。簡単《かんたん》ですね。３本《ぼん》を並《なら》べるだけです。では、この正三角形《せいさんかくけい》を２つつくるには、つまようじは何本必要《なんぼんひつよう》でしょうか。

３×２＝６なので、６本《ぼん》あればできますね。しかし、もっと少《すく》ない数《かず》でつくることもできます。図《ず》１のように１つの辺《へん》を共通《きょうつう》にすると、５本《ほん》でつくることができます。

## ３つ、４つの正三角形《せいさんかくけい》は？

さらに、正三角形《せいさんかくけい》を増《ふ》やしていくには、つまようじを何本《なんぼん》ずつ増《ふ》やせばよいでしょうか。図《ず》２、図《ず》３では２本《ほん》ずつ増《ふ》えて、正三角形《せいさんかくけい》が３つのときは７本《ほん》、４つのときは９本《ほん》になっています。さらに５つ、６つと正三角形《せいさんかくけい》を増《ふ》やしてみましょう。実《じつ》は、１本《ぽん》増《ふ》やすだけで正三角形《せいさんかくけい》が増《ふ》えるときもあります（図《ず》４）。

つまようじの並《なら》べ方《かた》で、使《つか》う本《ほん》数《すう》も変《か》わっていきます。正三角形《せいさんかくけい》が増《ふ》えると、だんだんきれいな模《も》様《よう》になっていきますね。いろいろな並《なら》べ方《かた》で試《ため》してみましょう。

図《ず》1

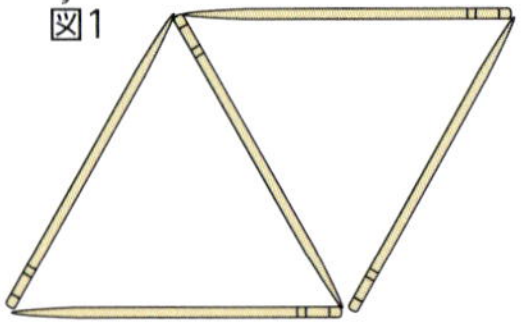

図《ず》2

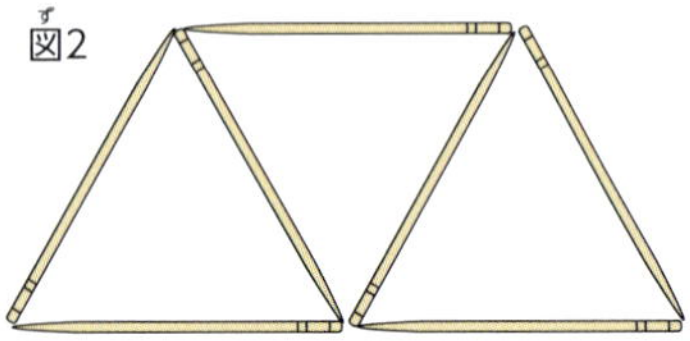

図《ず》3

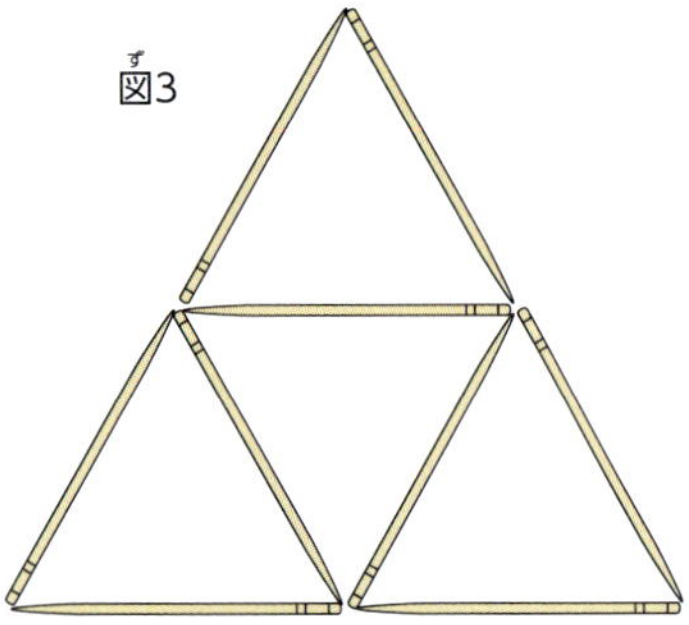

### やってみよう

## ６本《ぼん》で正三角形《せいさんかくけい》が４つ？

６本《ぼん》だけで正三角形《せいさんかくけい》を４つつくることができます。どのように並《なら》べるのでしょうか。正解《せいかい》は右《みぎ》の絵《え》のように立体的《りったいてき》にするのです。このように見方《みかた》を変《か》えて考《かんが》えると、違《ちが》った答《こた》えが見《み》つかることがあるので面白《おもしろ》いですね。

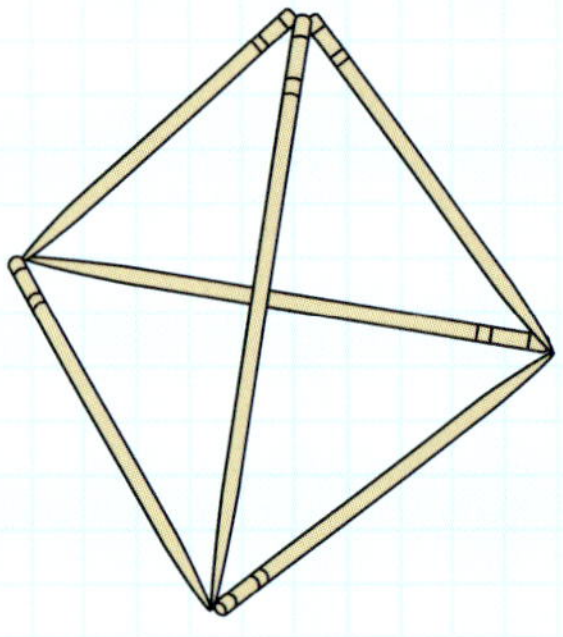

図《ず》4

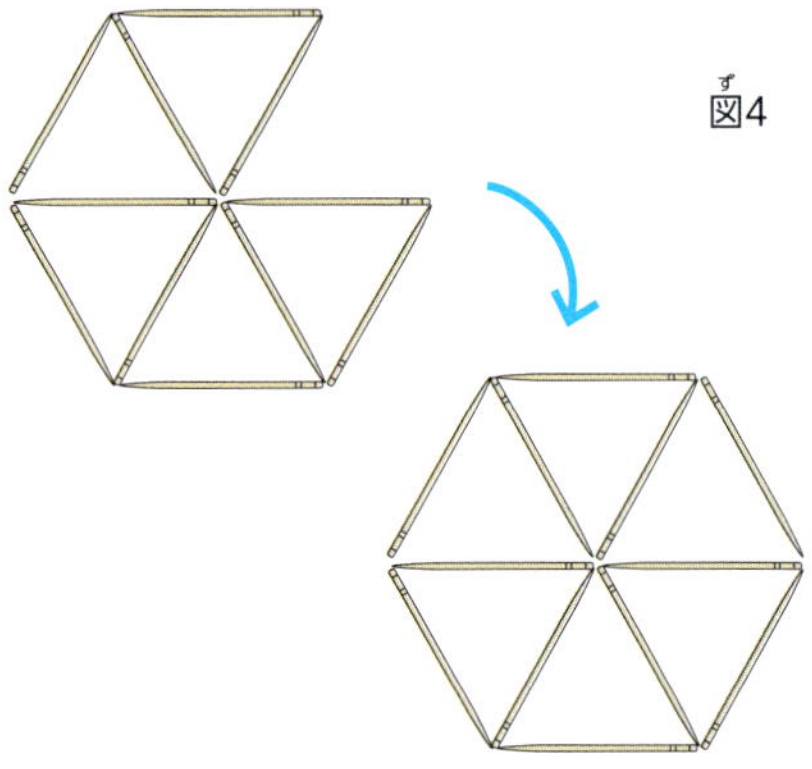

ひとくちメモ　三角形《さんかくけい》を六角形《ろっかくけい》になるようにつないでいくと、5個《こ》から6個《こ》にするのに必要《ひつよう》なつまようじは1本《ぽん》だけです（図《ず》4）。

# 富士山《ふじさん》の頂上《ちょうじょう》からの見晴《みは》らし

5月13日

岩手県《いわてけん》 久慈市教育委員会《くじしきょういくいいんかい》
小森《こもり》 篤《あつし》 先生《せんせい》が書《か》きました

読《よ》んだ日《ひ》 月《がつ》 日《にち》 月《がつ》 日《にち》 月《がつ》 日《にち》

## 頂上《ちょうじょう》からどこまで見《み》える？

高《たか》いところに登《のぼ》ると、見晴《みは》らしがよくなり、遠《とお》くまで見《み》ることができます。日本一高《にっぽんいちたか》い富士山《ふじさん》の頂上《ちょうじょう》からは、どのくらい遠《とお》くまで見《み》えるのでしょうね。

どのくらい遠《とお》くまで見《み》えるのかについて、三角形《さんかくけい》を見立《みた》てて求《もと》めることができます（図《ず》1）。

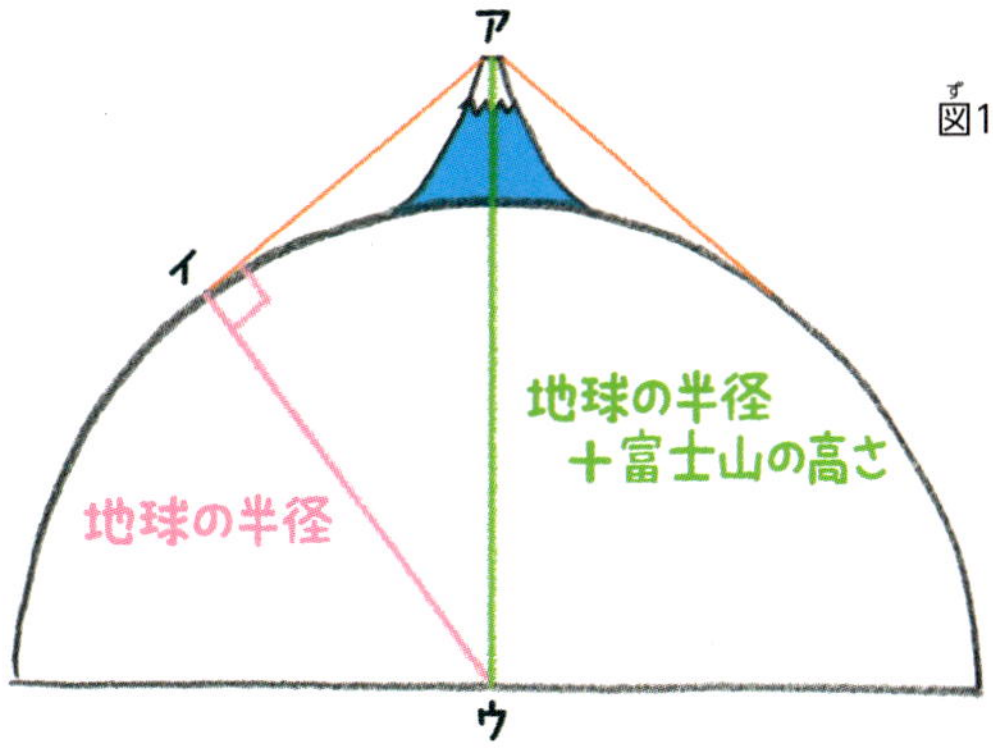

図《ず》1

図《ず》1の三角形《さんかくけい》アイウは直角三角形《ちょっかくさんかくけい》です。赤色《あかいろ》の辺《へん》アイの長《なが》さが富士山《ふじさん》の頂上《ちょうじょう》からどのくらい遠《とお》くまで見《み》えるかの長《なが》さになります。

- 地球《ちきゅう》の半径《はんけい》（辺《へん》イウ）：約《やく》6378km
- 富士山《ふじさん》の高《たか》さ：3776m
- 地球《ちきゅう》の半径《はんけい》＋富士《ふじ》山《さん》の高《たか》さ（辺《へん》アウ）：6381.776km

ということから、赤《あか》の辺《へん》の長《なが》さは約《やく》220kmになります（どんな計算《けいさん》をするのかは中学校《ちゅうがっこう》で学習《がくしゅう》するよ）。

## さすが富士山《ふじさん》、すごい！

図《ず》2は、富士山《ふじさん》を中心《ちゅうしん》にした半径《はんけい》220kmの円《えん》です。西《にし》は滋賀県《しがけん》、北《きた》は福島県《ふくしまけん》まで見《み》ることができることになりますね。

さすが、日本一《にっぽんいち》の高《たか》い山《やま》です。富士山《ふじさん》の山頂《さんちょう》では、今《いま》も昔《むかし》も富士山《ふじさん》の高《たか》さを活《い》かして、さまざまな観測《かんそく》が行《おこな》われています。

図《ず》2

ひとくちメモ
同《おな》じように計算《けいさん》すると、東京《とうきょう》で一番高《いちばんたか》い塔《とう》、東京《とうきょう》スカイツリー（153ページ参照《さんしょう》）の第《だい》2展望台《てんぼうだい》（450m）からは約《やく》76km先《さき》まで見《み》えます。

# 並木道《なみきみち》の長《なが》さがわかる？「植木算《うえきざん》」のふしぎ

5月《がつ》14日《にち》

北海道教育大学附属札幌小学校《ほっかいどうきょういくだいがくふぞくさっぽろしょうがっこう》
瀧《たき》ヶ《が》平《ひら》悠《ゆう》史《し》先生《せんせい》が書《か》きました

読《よ》んだ日《ひ》　月《がつ》　日《にち》　月《がつ》　日《にち》　月《がつ》　日《にち》

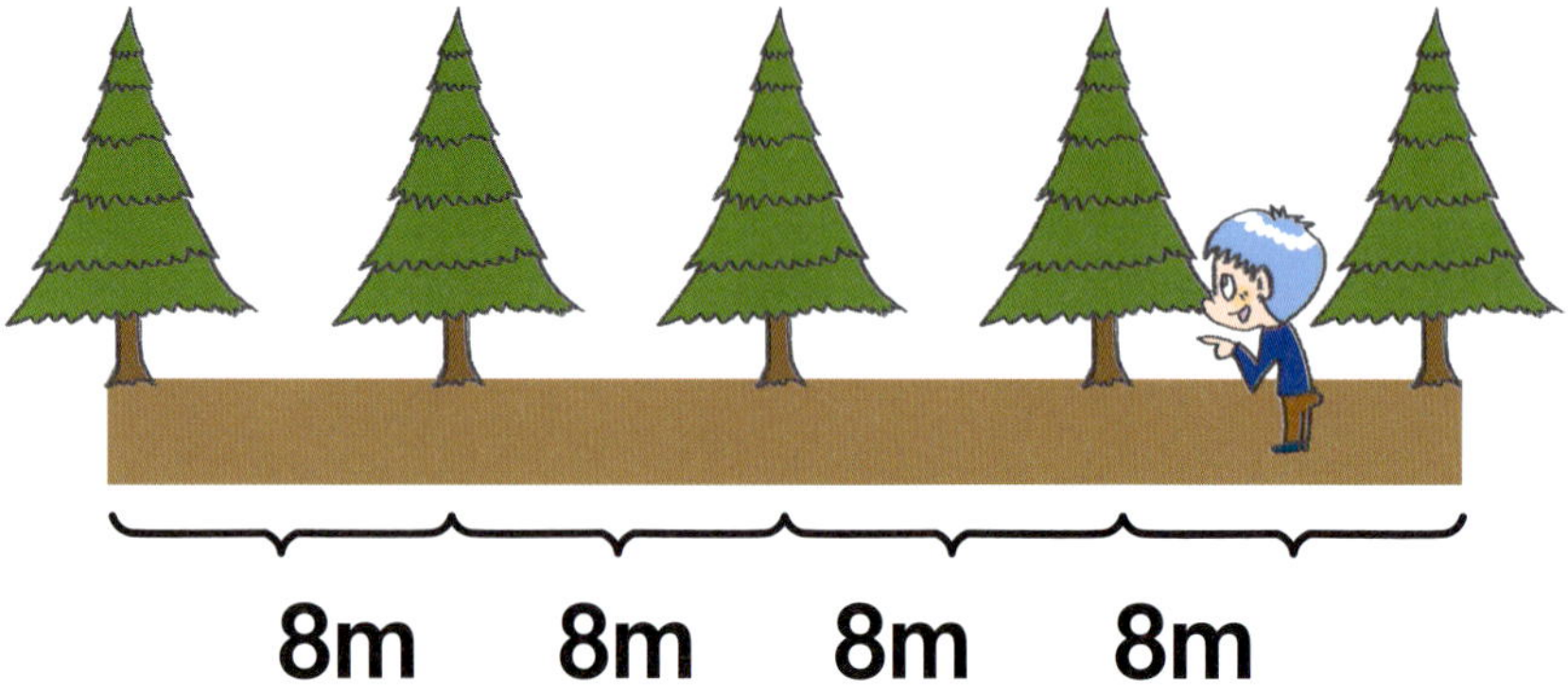


## 植木算《うえきざん》って何《なに》？

日本《にほん》に昔《むかし》からある算数《さんすう》の問題《もんだい》の中《なか》に、「植木算《うえきざん》」と呼《よ》ばれているものがあります。「植木《うえき》」というのは、みなさんの街《まち》の道路《どうろ》や家《いえ》の庭《にわ》などに植《う》えてある木《き》のことです。それを使《つか》った、算数《さんすう》の問題《もんだい》です。

次《つぎ》の問題文《もんだいぶん》を読《よ》んでください。

【真《ま》っ直《す》ぐに伸《の》びた道《みち》の端《はし》から端《はし》に、5本《ほん》の木《き》が8mおきに植《う》えられている並木道《なみきみち》があります。この道《みち》の長《なが》さは何《なん》mでしょうか】

このように、木《き》の本数《ほんすう》と木《き》と木《き》の間《あいだ》の長《なが》さをもとに、道《みち》の長《なが》さを求《もと》める計算《けいさん》が「植木算《うえきざん》」です。

## 並木道《なみきみち》は何《なん》mかな？

何《なん》だか、簡単《かんたん》なかけ算《ざん》の問題《もんだい》のように思《おも》えますね。木《き》と木《き》の間《あいだ》が8mで、木《き》が5本分《ほんぶん》ですから、8×5＝40m、と考《かんが》えられます。

では、本当《ほんとう》にそうなるのか、絵《え》をかいて確《たし》かめてみましょう。

絵《え》をかいてみると、先《さき》ほどの考《かんが》え方《かた》のおかしなことがわかります。木《き》は5本《ほん》ですが、木《き》と木《き》の間《あいだ》の長《なが》さ（8m）が5つ分《ぶん》ということではありません。つまり、8×5という式《しき》にはならないということがわかります。

木《き》と木《き》の間《あいだ》の8mは、木《き》の5本《ほん》の5より1少《すく》ない4つ分《ぶん》になります。ですから、8×（5－1）＝32となり、全部《ぜんぶ》の長《なが》さは32mとなるわけですね。

誤《あやま》って木《き》の本数分《ほんすうぶん》をかけてしまわないように、気《き》をつけなければならないのですね。

### やってみよう

**池《いけ》の周《まわ》りの並木道《なみきみち》は？**

道《みち》が真《ま》っ直《す》ぐではなく、右《みぎ》の絵《え》のように輪《わ》になっていた場合《ばあい》はどうなるでしょうか。同《おな》じように5本《ほん》の木《き》が8mおきに植《う》えられていると考《かんが》えて、道《みち》の長《なが》さを求《もと》めてみましょう。木《き》の本数《ほんすう》と、木《き》と木《き》の間《あいだ》の数《かず》を考《かんが》えてみてね。

**ひとくちメモ**　「前《まえ》へならえ」をしたとき、先頭《せんとう》の人《ひと》には、手《て》をのばすところはないですね。間《あいだ》の数《かず》は人《ひと》の数《かず》より1少《すく》ないのですね。

# cL という単位《たんい》はないの？

5月15日

お茶《ちゃ》の水女子大学附属小学校《みずじょしだいがくふぞくしょうがっこう》
久《く》下《が》谷《や》 明《あきら》先生《せんせい》が書《か》きました

読《よ》んだ日《ひ》　月《がつ》　日《にち》　月《がつ》　日《にち》　月《がつ》　日《にち》

## いろんな単位《たんい》を並《なら》べると

学校《がっこう》で水《みず》のかさについての勉強《べんきょう》はしましたか。そこでは、L（リットル）や dL（デシリットル）、mL（ミリリットル）という単位《たんい》について学《まな》んだことと思《おも》います。それぞれの大《おお》きさの関係《かんけい》は、図《ず》1の太字《ふとじ》のようになっていましたね。

長《なが》さにも、m（メートル）、cm（センチメートル）、mm（ミリメートル）という単位《たんい》がありました。同《おな》じようにそれぞれの関係《かんけい》がどのようになっているのか並《なら》べてみます（図《ず》2）。

## えっ？ 知《し》らなかった！

すると、抜《ぬ》けてしまっている単《たん》位《い》があることに気《き》づきます。cL（センチリットル）や dm（デシメートル）です。このような単位《たんい》はあるの？ と思《おも》うかもしれませんが、cL や dm は、単位《たんい》としてきちんとあります。

これらの単位《たんい》は、生活《せいかつ》の中《なか》ではほとんど使《つか》われていません。しかし、cL については探《さが》してみると見《み》つけることができます。どんなところに使《つか》われていると思《おも》いますか。

cL という単位《たんい》は、薬《くすり》の量《りょう》や海外《かいがい》から輸入《ゆにゅう》された飲《の》み物《もの》の量《りょう》を表《あらわ》す際《さい》に使《つか》われています。みなさんもぜひ探《さが》してみてください。

図《ず》1

図《ず》2

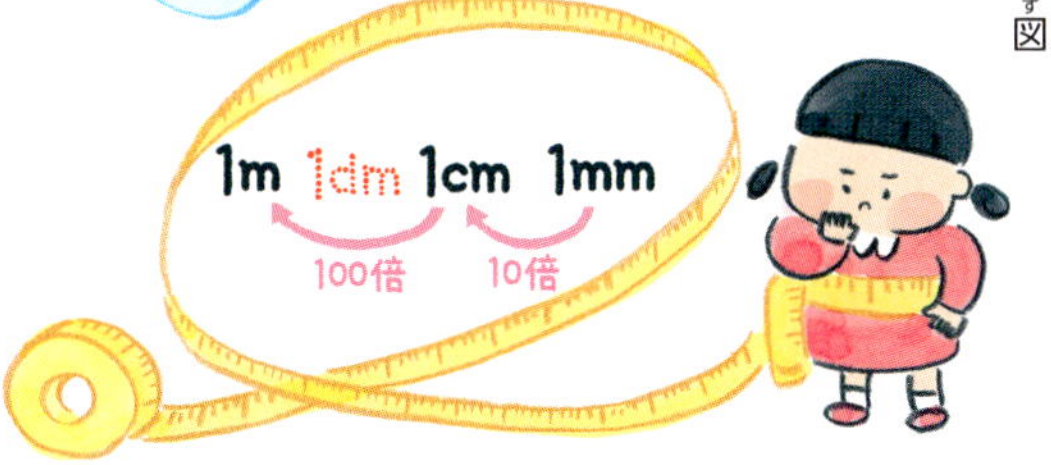


覚《おぼ》えておこう

### 1L？ それとも 1l？

リットルという単位《たんい》の記号《きごう》には、“エル”を表《あらわ》す大文字《おおもじ》『L』や小文字《こもじ》『l』、そして小文字《こもじ》の筆《ひっ》記体《きたい》『ℓ』が使《つか》われています。国際的《こくさいてき》には、もともとは小文字《こもじ》の l が使《つか》われていました。しかし、数字《すうじ》の「1」と見間違《みまちが》えてしまうなどの理由《りゆう》から、大文字《おおもじ》の L を使《つか》っていくことになりました。これは、1979年《ねん》の第《だい》16回国際度量衡《かいこくさいどりょうこう》総会《そうかい》という会議《かいぎ》で決《き》まりました。
教科書《きょうかしょ》においても、以前《いぜん》は小文字《こもじ》の筆記体《ひっきたい》『ℓ』が使《つか》われていましたが、今《いま》は『L』となっています。ちなみに、日本《にほん》では今《いま》も筆《ひっ》記体《きたい》の『ℓ』が使《つか》われたりしますが、国際的《こくさいてき》な記号《きごう》とは認《みと》められていません。

ひとくちメモ
多《おお》くの単位記号《たんいきごう》は小文字《こもじ》ですが、人《ひと》の名前《なまえ》からつくられた単位《たんい》は大文字《おおもじ》から始《はじ》まることになっています。たとえば、Isaac《アイザック》 Newton《ニュートン》という人《ひと》の名前《なまえ》からつけられた力《ちから》の単位《たんい》N（ニュートン）などがあります。

数と計算のお話

# シールは何枚《なんまい》ある？図《ず》から式《しき》を読《よ》んでみよう

5月16日

明星大学客員教授《めいせいだいがくきゃくいんきょうじゅ》
細水保宏《ほそみずやすひろ》先生《せんせい》が書《か》きました

読《よ》んだ日《ひ》　月《がつ》　日《にち》｜　月《がつ》　日《にち》｜　月《がつ》　日《にち》

## 何枚《なんまい》あるかな？

図《ず》1のような形《かたち》に貼《は》られたシールの枚数《まいすう》を求《もと》めてみましょう。

図《ず》1

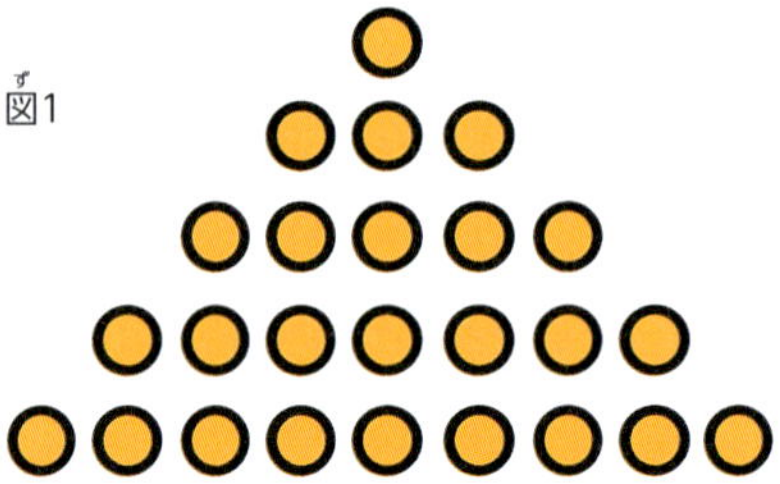

図《ず》1を見《み》た後《あと》、本《ほん》を閉《と》じてみてください。この図《ず》を思《おも》い浮《う》かべて、ノートにかくことができますか。

ピラミッド型《がた》の形《かたち》で、上《うえ》からの並《なら》び方《かた》は、1、3、5、7、9の5段《だん》です。

図《ず》がかけた人《ひと》は、あとでゆっくり数《かぞ》えればできますね。総数《そうすう》は、25枚《まい》でした。

ところで、「えっ？」「本当《ほんとう》に？」「絶対《ぜったい》25枚《まい》？」と問《と》いかけられたならば、「だって、〜」で説明《せつめい》できるとすごいです。その考《かんが》えを式《しき》で表《あらわ》すことができれば、さすがです。

## 式《しき》が読《よ》めるかな？

式《しき》を読《よ》んで、その式《しき》と図《ず》とを結《むす》びつけて考《かんが》えることができると楽《たの》しくなります。

たとえば、1+3+5+7+9=25の式《しき》を読《よ》んでみると、図《ず》2のような考《かんが》え方《かた》だとわかります。

図《ず》2

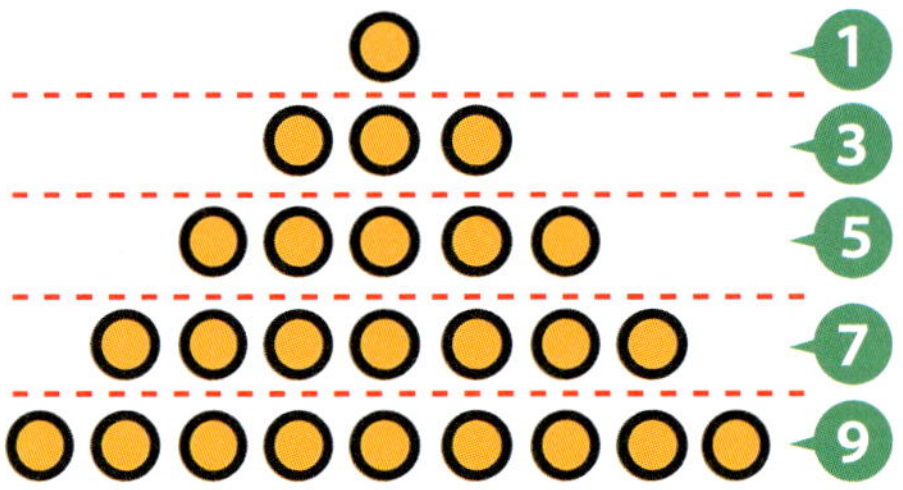


### やってみよう

**次《つぎ》の式《しき》はわかるかな？**

次《つぎ》の式《しき》を読《よ》んで、あてはまる図《ず》を見《み》つけてみましょう。

① 1+2+3+4+5+4+3+2+1=25
② (1＋9) × 5 ÷ 2=25
③ 5 × 5 ＝ 25
(答《こた》えはひとくちメモ)

図《ず》3

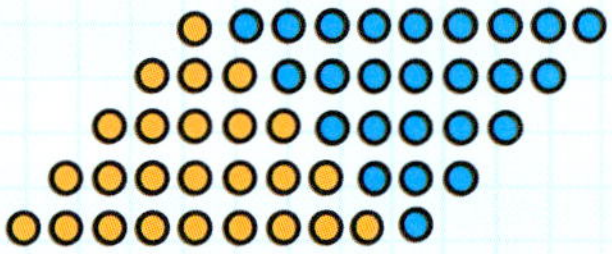

図《ず》4

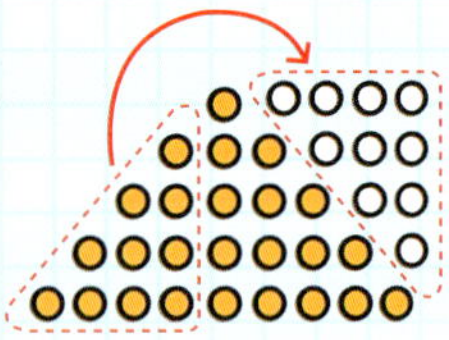

図《ず》5

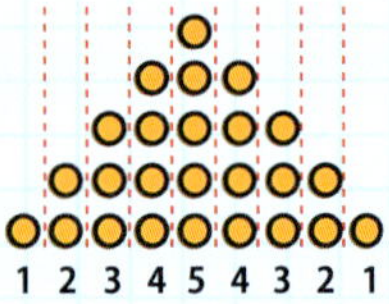


ひとくちメモ

1＋3=4（2×2）、1＋3＋5=9（3×3）、1＋3＋5＋7=16（4×4）。奇数《きすう》の和《わ》は、同《おな》じ数《かず》同士《どうし》かけた数《かず》（平方《へいほう》数《すう》）になります。〈コラムの答《こた》え〉①→図《ず》5、②→図《ず》3、③→図《ず》4

単位とはかり方のお話

# ロボット警備員《けいびいん》
## ～周《まわ》りの長《なが》さと面積《めんせき》～

5月 17日

学習院初等科《がくしゅういんしょとうか》
大澤隆之《おおさわたかゆき》先生《せんせい》が書《か》きました

読《よ》んだ日《ひ》　月《がつ》　日《にち》　月《がつ》　日《にち》　月《がつ》　日《にち》

### アリに気《き》づけるか？

ロボット警備員《けいびいん》が、角砂糖《かくざとう》を見《み》張《は》っています。それをアリが狙《ねら》っています（図《ず》1）。

図1

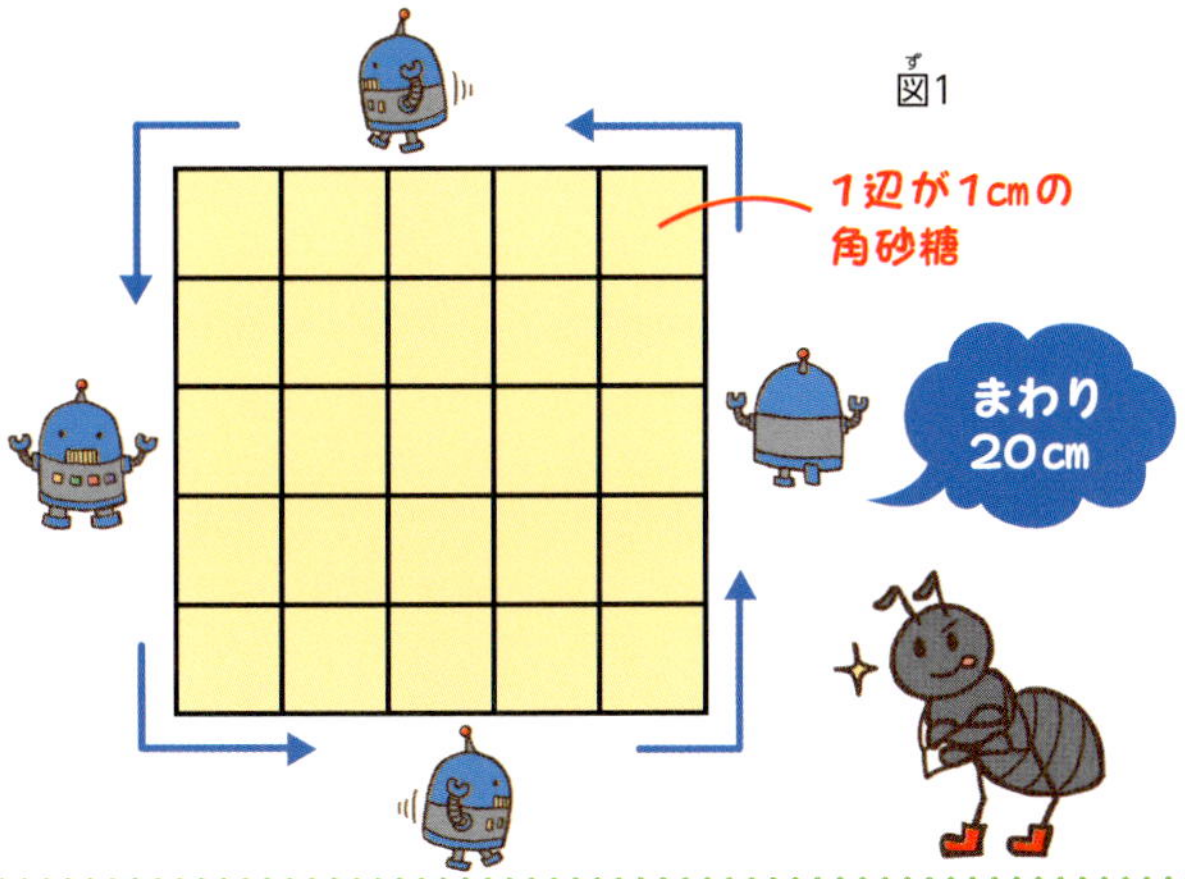
1辺が1cmの角砂糖
まわり20cm

ロボット警備員《けいびいん》は角砂糖《かくざとう》の周《まわ》りを回《まわ》り、1周《しゅう》して同《おな》じ道《みち》のりならば「異常《いじょう》なし」と判断《はんだん》します。

アリがこっそり角砂糖《かくざとう》を1つ運《はこ》び出《だ》しました。ロボット警備員《けいびいん》は気《き》がつくでしょうか。あれ？

周《まわ》りの長《なが》さが同《おな》じなので、気《き》がつきません（図《ず》2）。

図2

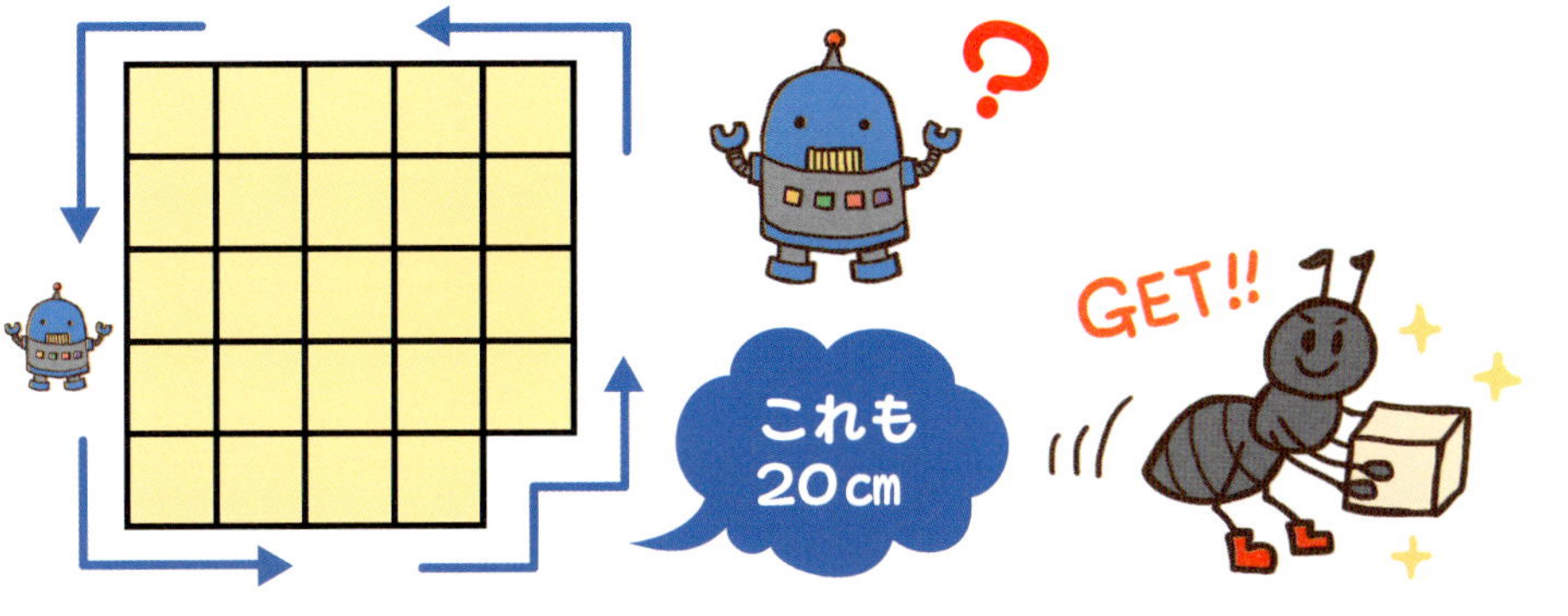
これも20cm
GET!!

周《まわ》りの長《なが》さはほんとうに変《か》わらないのでしょうか。確《たし》かめてみましょう。角砂糖《かくざとう》を減《へ》らしても、周《まわ》りの長《なが》さはもとの正方形《せいほうけい》と変《か》わっていません（図《ず》3）。

図3

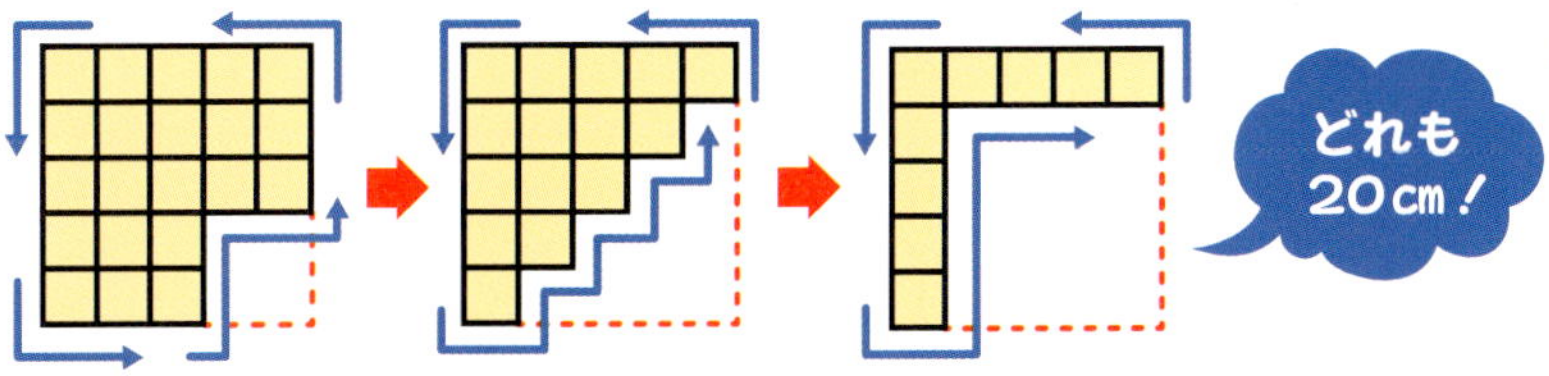
どれも20cm！

実《じつ》は、図《ず》4のように5つ残《のこ》すだけでも、周《まわ》りの長《なが》さが同《おな》じにできるのです。

図4

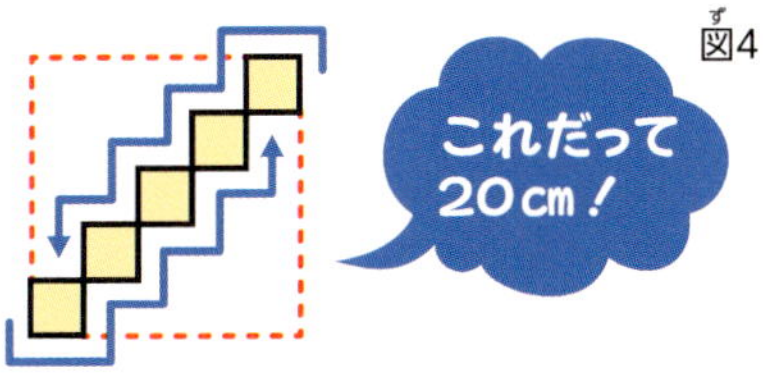
これだって20cm！

ひとくちメモ　周《まわ》りの長《なが》さが同《おな》じというだけでは、面積《めんせき》は同《おな》じとは言《い》えないのですね。周《まわ》りの長《なが》さを測《はか》るだけのロボットでは、警備員《けいびいん》にはなれないのです。

数・計算の歴史のお話

# 1から5までを使《つか》ったたし算《ざん》

5月18日

青森県《あおもりけん》 三戸町立三戸小学校《さんのへちょうりつさんのへしょうがっこう》
種市芳丈《たねいちよしたけ》先生《せんせい》が書《か》きました

読《よ》んだ日《ひ》 月《がつ》 日《にち》 月《がつ》 日《にち》 月《がつ》 日《にち》

## ふしぎ！ 3で割《わ》り切《き》れる

1から5までの数字《すうじ》があります。この数字《すうじ》の並《なら》びを変《か》えないで数《かず》をつくり、たし算《ざん》をします。たとえば、1＋2＋3＋4＋5＝15、12＋34＋5＝51などです。自分《じぶん》でも式《しき》を3つつくって、計算《けいさん》してみましょう。

次《つぎ》に、できた和《わ》を3で割《わ》ります。先《さき》ほどの15や51は割《わ》り切《き》れただけでなく、自分《じぶん》でつくった式《しき》も割《わ》り切《き》れたのではないでしょうか。

偶然《ぐうぜん》かもしれないと思《おも》う人《ひと》もいるでしょう。そこで、このつくり方《かた》でできる式《しき》をすべて挙《あ》げて、どれも3で割《わ》り切《き》れるか調《しら》べてみました（図《ず》1）。

図《ず》1

● すべて1桁《けた》
1＋2＋3＋4＋5=15

● 2桁《けた》＋2桁《けた》＋1桁《けた》
12＋34＋5=51
12＋3＋45=60
1＋23＋45=69

● 3桁《けた》＋2桁《けた》
123＋45=168
12＋345=357

● 5桁《けた》
12345

● 2桁《けた》＋1桁《けた》＋1桁《けた》＋1桁《けた》
12＋3＋4＋5=24
1＋23＋4＋5=33
1＋2＋34＋5=42
1＋2＋3＋45=51

● 3桁《けた》＋1桁《けた》＋1桁《けた》
123＋4＋5=132
1＋234＋5=240
1＋2＋345=348

● 4桁《けた》＋1桁《けた》
1234＋5=1239
1＋2345=2346

ぜんぶ3で割り切れるぞー
バキーン！
ふしぎだー！

## あまりに注目《ちゅうもく》してみよう

実《じつ》は、ある数《かず》が3で割《わ》り切《き》れるかどうか見分《みわ》ける方法《ほうほう》があります「それぞれの位《くらい》の数字《すうじ》を足《た》して、その数《かず》が3で割《わ》り切《き》れたならば、もとの数《かず》は3で割《わ》り切《き》れる」

その方法《ほうほう》を使《つか》うと、どの式《しき》も1＋2＋3＋4＋5の形《かたち》が出《で》てきて、それが3で割《わ》り切《き》れるので、どの式《しき》も3で割《わ》り切《き》れることがわかります（図《ず》2）。

このように、わり算《ざん》のあまりに目《め》をつけて考《かんが》えると、説明《せつめい》がつくことがあります。

図《ず》2

例

12＋34＋5=51
(1＋2＋3＋4＋5)÷3=6

1234＋5=1239
(1＋2＋3＋4＋5)÷3=6

12345
(1＋2＋3＋4＋5)÷3=6

ひとくちメモ
高校《こうこう》の数学《すうがく》で、あまりに目《め》をつけた分類《ぶんるい》を使《つか》った表《あらわ》し方《かた》を学習《がくしゅう》します。たとえば、「19＝1 (mod3)」は、19は3で割《わ》ると1あまる仲間《なかま》ですという意味《いみ》です。

# 北海道《ほっかいどう》や香川県《かがわけん》の大《おお》きさのひみつ

筑波大学附属小学校《つくばだいがくふぞくしょうがっこう》
盛山隆雄《せいやまたかお》先生《せんせい》が書《か》きました

読《よ》んだ日《ひ》　月《がつ》　日《にち》　月《がつ》　日《にち》　月《がつ》　日《にち》



## 北海道《ほっかいどう》って日本《にほん》の何分《なんぶん》の1?

みなさん、北海道《ほっかいどう》は、日本《にほん》の面積《めんせき》のどのぐらいを占《し》めているか知《し》っていますか?

次《つぎ》の中《なか》から選《えら》んでみてください。

①約《やく》5分《ぶん》の1
②約《やく》8分《ぶん》の1
③約《やく》10分《ぶん》の1

実《じつ》は、北海道《ほっかいどう》(約《やく》8万《まん》㎢)は、日《に》本《ほん》の面積《めんせき》(約《やく》38万《まん》㎢)の約《やく》5分《ぶん》の1なのです。北海道《ほっかいどう》が広《ひろ》いことがわかりますね。

## 香川県《かがわけん》って日本《にほん》の何分《なんぶん》の1?

では、次《つぎ》に日本《にほん》で最《もっと》も小《ちい》さい県《けん》である香川県《かがわけん》について考《かんが》えてみましょう。

香川県《かがわけん》は、日本《にほん》の面積《めんせき》の約何分《やくなんぶん》の1でしょうか。次《つぎ》の中《なか》から選《えら》んでみてください。

①約《やく》50分《ぶん》の1
②約《やく》100分《ぶん》の1
③約《やく》200分《ぶん》の1

香川県《かがわけん》は、日本《にほん》の面積《めんせき》の200分《ぶん》の1にあたる大《おお》きさで、約《やく》1876㎢しかありません。全国《ぜんこく》には47都道府県《とどうふけん》がありますが、200分《ぶん》の1という数《かず》は意外《いがい》な気《き》がします。

### 考《かんが》えてみよう

**四国《しこく》と岩手県《いわてけん》はどちらが大《おお》きい?**

四国《しこく》には、香川県《かがわけん》、徳島県《とくしまけん》、愛媛県《えひめけん》、高知県《こうちけん》があります。この4つの県《けん》を合《あ》わせた四国《しこく》と東北《とうほく》にある岩手《いわて》県《けん》の大《おお》きさを比《くら》べます。さて、どちらが大《おお》きいでしょうか。

①四国《しこく》
②岩手県《いわてけん》
③ほぼ同《おな》じ
(答《こた》えはひとくちメモ)

ひとくちメモ　〈コラムの答《こた》え〉①四国《しこく》。四国《しこく》の四県《よんけん》を合《あ》わせた面積《めんせき》は約《やく》1万《まん》9000㎢、岩手県《いわてけん》の面積《めんせき》は約《やく》1万《まん》5000㎢です。でも、四国《しこく》の上《うえ》に岩手県《いわてけん》を重《かさ》ねてみると、ほぼ同《おな》じと見《み》ることもできますね。

数と計算のお話

# 何階《なんかい》なのかな？

## ～国《くに》によって違《ちが》う建物《たてもの》の階数《かいすう》～


神奈川県《かながわけん》　川崎市立土橋小学校《かわさきしりつつちはししょうがっこう》
山本《やまもと》　直《なお》先生《せんせい》が書《か》きました


5月 20日

読《よ》んだ日《ひ》　月《がつ》　日《にち》　月《がつ》　日《にち》　月《がつ》　日《にち》

### 玄関《げんかん》は1階《かい》？

私《わたし》たちの住《す》む日本《にほん》では、通《とお》りから入《はい》る玄関《げんかん》のある階《かい》を「1階《かい》」と言《い》いますね。ところが、国《くに》によってはその場所《ばしょ》を「G階《かい》」など別《べつ》の言《い》い方《かた》をして、階段《かいだん》を上《のぼ》った次《つぎ》の階《かい》を「1階《かい》」と言《い》うところがあります。つまり、日本《にほん》では「2階《かい》」といっているところが、それらの国《くに》では「1階《かい》」になるのです。「G」というのは、Ground floor という言葉《ことば》の頭文字《かしらもじ》で、「地上階《ちじょうかい》」という意味《いみ》だそうです。

### 縁起《えんぎ》の悪《わる》い数《かず》は使《つか》わない？

ある国《くに》では数字《すうじ》の「4」は縁起《えんぎ》が悪《わる》いということで、建物《たてもの》に「4」がつく階《かい》はすべてないそうです。すると、私《わたし》たちが10階《かい》だと思《おも》っているところは、その国《くに》では何階《なんかい》と言《い》われるのでしょうか。日本《にほん》の1階《かい》がG階《かい》でひとつ少《すく》なくなりますが、4階《かい》がなくなり、数《かず》がひとつとばされるので、やっぱり10階《かい》ということになります。

では20階《かい》や50階《かい》はどうでしょうか。日本《にほん》では10階《かい》からさらに10増《ふ》えて20階《かい》になりますが、その国《くに》では14階《かい》がありませんので、10増《ふ》えると「21階《かい》」になります。30階《かい》なら、さらに24階《かい》がなくなって、32階《かい》となりますね。

難《むずか》しいのは50階《かい》です。34階《かい》がとばされるのはもちろんですが、40階《かい》から49階《かい》までがすべてなくなってしまうのですから、全部《ぜんぶ》で13階分《かいぶん》日本《にほん》とずれてしまいます。だから63階《かい》になりそうですが、実《じつ》は54階《かい》、64階《かい》もないので、日本《にほん》でいう「50階《かい》」が、なんとその国《くに》では「65階《かい》」と言《い》われることになるのですね。

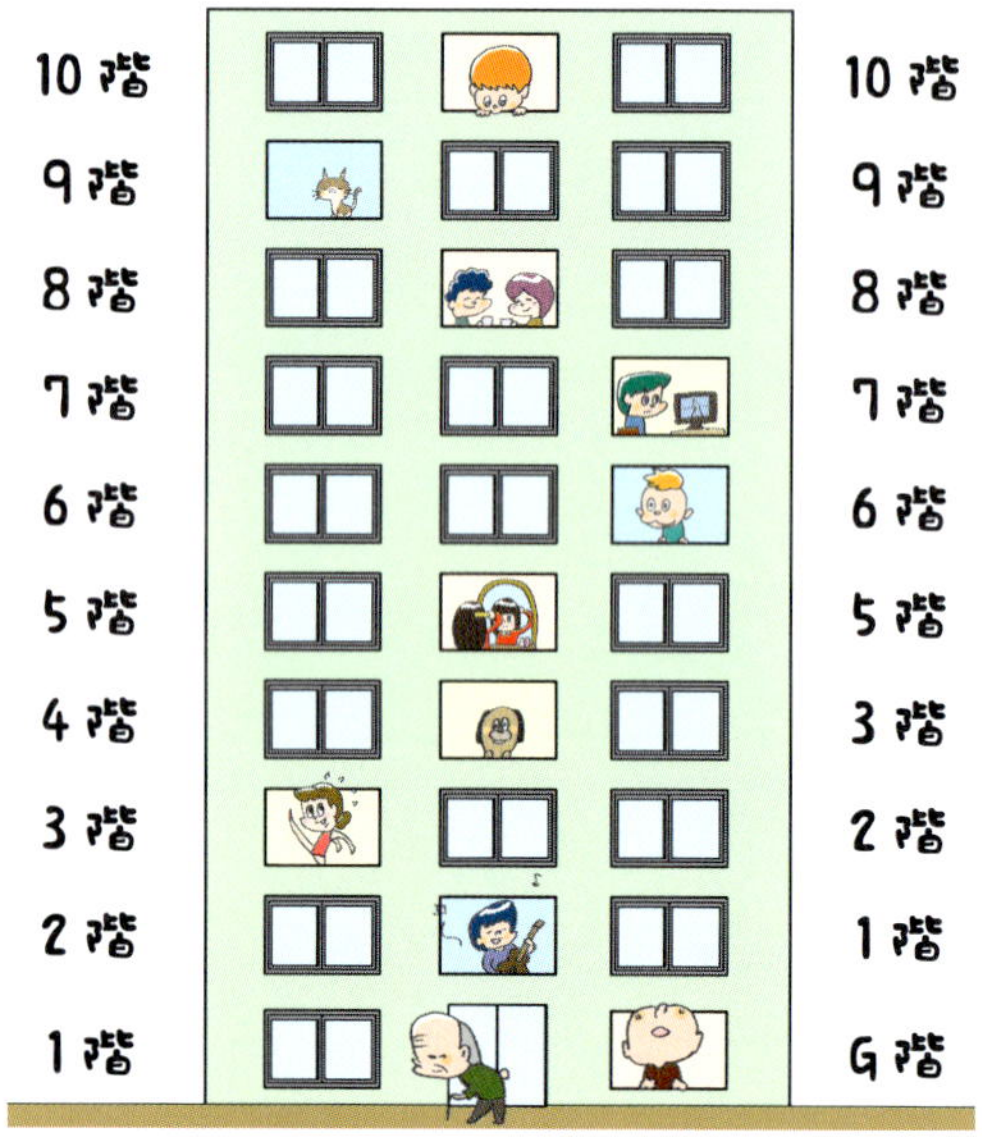


### 考《かんが》えてみよう

#### 2つの数字《すうじ》をなくすとしたら

たとえば「4」と「9」のふたつの数字《すうじ》を使《つか》わないとしたら、「50階《かい》」は何階《なんかい》になるのでしょうか。なくなる階《かい》は次《つぎ》のように50階《かい》までで18ですが、さらに70までに4つ減《へ》るので、22階分《かいぶん》ずれて、72階《かい》となりますね。

ひとくちメモ　こうした特別《とくべつ》なルールで数《かず》を数《かぞ》えるときは、忘《わす》れている数《かず》がないかきちんと確《たし》かめることが大切《たいせつ》です。

2
くらしの中の算数のお話

# 視力《しりょく》1.0と0.1 はかり方《かた》のしくみ

東京学芸大学附属小金井小学校《とうきょうがくげいだいがくふぞくこがねいしょうがっこう》
高橋丈夫《たかはしたけお》先生《せんせい》が書《か》きました

5月 21日

読《よ》んだ日《ひ》　月《がつ》　日《にち》　月《がつ》　日《にち》　月《がつ》　日《にち》

図《ず》1

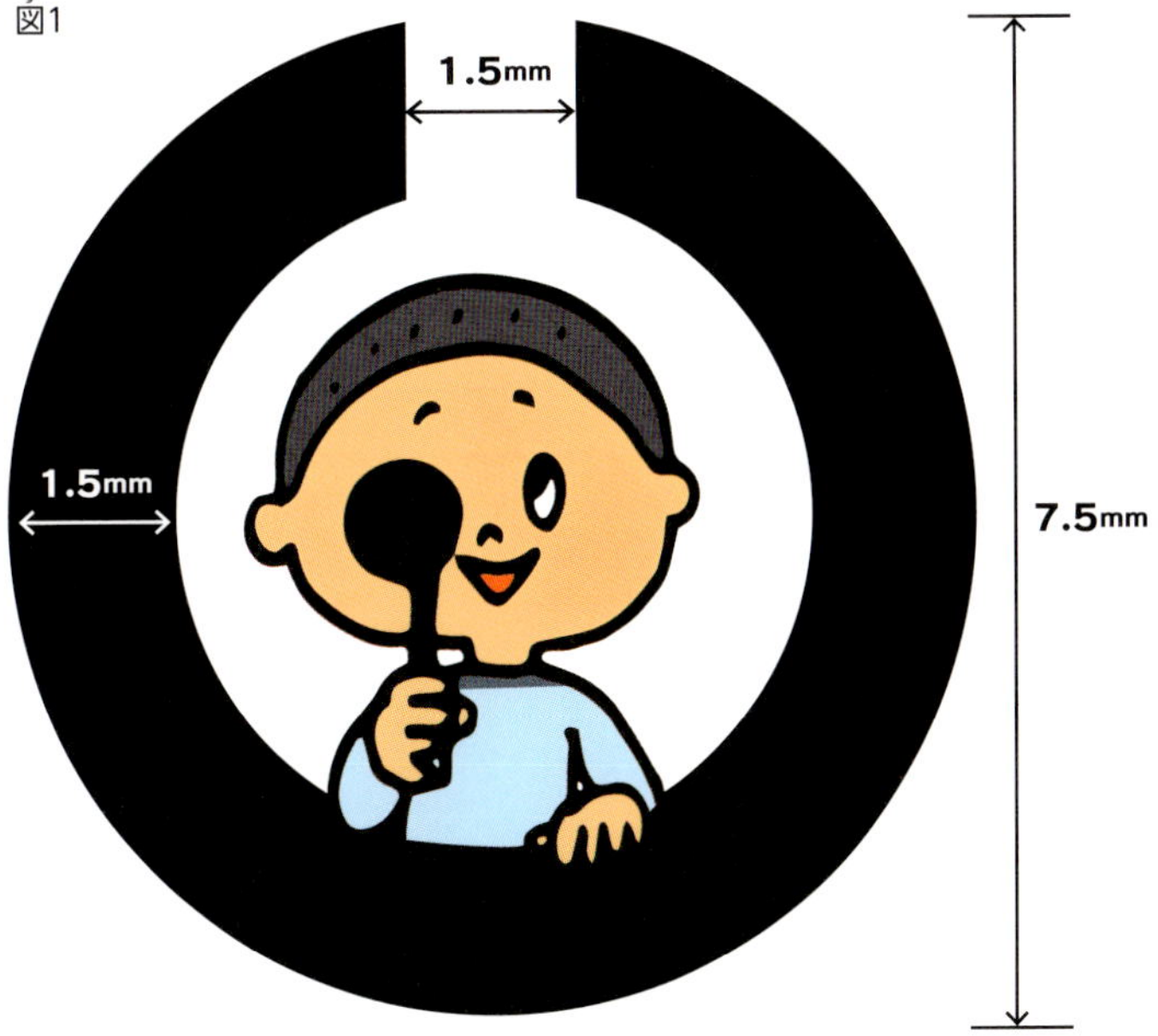


## 「C」マークの名前《なまえ》は？

視力《しりょく》をはかる「C」マーク、みなさんもどこかで見《み》たことがあると思《おも》います。実《じつ》はこの「C」のマークには、ランドルト環《かん》という名《な》前《まえ》がついています。

視力検査《しりょくけんさ》は図《ず》1の大《おお》きさのランドルト環《かん》を5mの距離《きょり》から見《み》て、1.5mmの切《き》れ目《め》が確認《かくにん》できると、視力《しりょく》が1.0ということになります。5mの倍《ばい》の距離《きょり》10mからこの切れ目《め》を確認《かくにん》できれば視力《しりょく》は2.0、逆《ぎゃく》に半分《はんぶん》の2.5mの位置《いち》からでしか確認《かくにん》できない場合《ばあい》には視《し》力《りょく》は0.5ということになります。しかし、視《し》力《りょく》をはかる際《さい》に、距離《きょり》をいちいち変《か》えるのは誤差《ごさ》も生《う》まれやすいので、逆《ぎゃく》にランドルト環《かん》の大《おお》きさを変《か》えることで視力《しりょく》を検査《けんさ》しているのです。

## 視力《しりょく》5・0だってはかれる

つまり、視力《しりょく》2・0の場合《ばあい》にはランドルト環《かん》の大《おお》きさは1/2、視力《しりょく》0・5の場合《ばあい》には、ランドルト環《かん》の大《おお》きさは2倍《ばい》になるのです。

たとえば、一番《いちばん》大《おお》きなランドルト環《かん》（0・1用《よう》）が見《み》えない場合《ばあい》、5mの位置《いち》から4mの位置《いち》まで近《ちか》づいて、そのランドルト環《かん》が見《み》えた場合《ばあい》には、視力《しりょく》は0・08となります。

だったら、視力《しりょく》5・0もはかれそうです。身近《みぢか》な視力検査《しりょくけんさ》にも算《さん》数《すう》が使《つか》われているのですね。

ひとくちメモ　ちなみに、視力《しりょく》5.0は視力《しりょく》1.0用《よう》のランドルト環《かん》の切《き》れ目《め》を5倍《ばい》の距離《きょり》の25mから確認《かくにん》できる人《ひと》です。

5月

# サイコロの形《かたち》のかき方《かた》

5月22日

学習院初等科《がくしゅういんしょとうか》
大澤隆之《おおさわたかゆき》先生《せんせい》が書《か》きました

読《よ》んだ日《ひ》　月《がつ》　日《にち》　月《がつ》　日《にち》　月《がつ》　日《にち》

## かき方《かた》のコツを覚《おぼ》えよう

サイコロの形《かたち》をかけますか。今日《きょう》は上手《じょうず》にかく方法《ほうほう》を教《おし》えましょう。

一《ひと》つ目《め》の方法《ほうほう》はまず、正方形《せいほうけい》をかきます。次《つぎ》に、それぞれの頂点《ちょうてん》から、ななめ後《うし》ろに同《おな》じ長《なが》さで平行《へいこう》な3本《ぼん》の直線《ちょくせん》をかきます。そして、はじを直線《ちょくせん》で結《むす》びます。すきとおらないようにするには、見《み》えない線《せん》をかきません（図《ず》1）。ほかにも方法《ほうほう》があります。

二《ふた》つ目《め》の方法《ほうほう》は、正方形《せいほうけい》を、ずらして2つかきます。そして、その頂点《ちょうてん》どうしを直線《ちょくせん》で結《むす》びます。これでできあがり！（図《ず》2）

面《めん》の形《かたち》が長方形《ちょうほうけい》や三角形《さんかくけい》になっても、この方法《ほうほう》を少《すこ》し変《か》えればできます。円《えん》の面《めん》にも挑戦《ちょうせん》してみましょう。

図《ず》1

図《ず》2

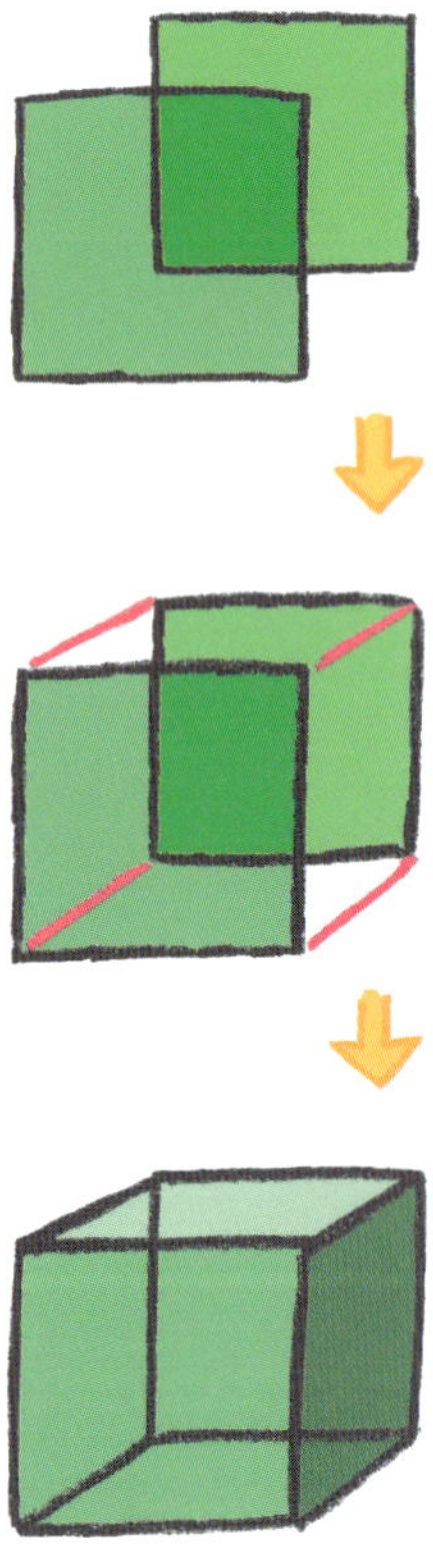

## やってみよう

### 円柱《えんちゅう》はかけるかな？

他《ほか》の形《かたち》のかき方《かた》も考《かんが》えてみましょう。

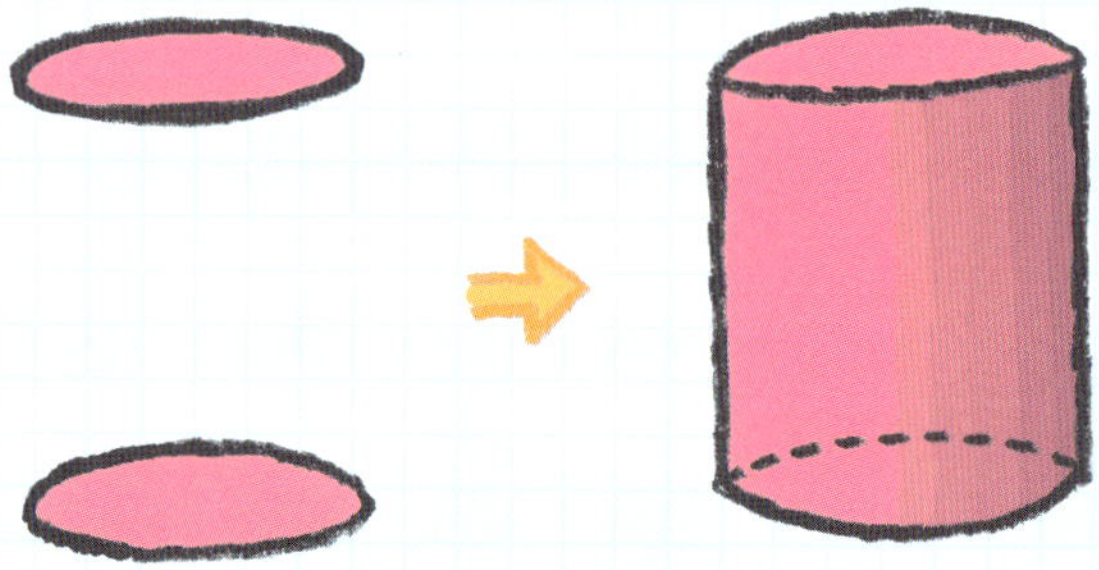

ひとくちメモ
このかき方《かた》をマスターすると、普通《ふつう》の絵《え》をかくときにも役立《やくだ》ちます。ビルや家《いえ》だけでなく、人《ひと》の体《からだ》も円柱《えんちゅう》や角柱《かくちゅう》に似《に》せてかけばいいのです。

数・計算の歴史のお話

# おまんじゅうを2人《り》で分《わ》けよう！

北海道教育大学附属札幌小学校《ほっかいどうきょういくだいがくふぞくさっぽろしょうがっこう》
瀧ヶ平悠史《たきがひらゆうし》先生《せんせい》が書《か》きました

5月23日

読《よ》んだ日《ひ》　月《がつ》　日《にち》　月《がつ》　日《にち》　月《がつ》　日《にち》

## あれ？　どうすればいい？

おまんじゅうが12個《こ》あります。これを今《いま》、兄弟《きょうだい》で分《わ》けようと思《おも》います。

ただし、お兄《にい》さんの方《ほう》が2個多《こおお》くなるように分《わ》けます。兄《あに》と弟《おとうと》、それぞれ何個《なんこ》もらえることになるでしょうか。

まず、12個《こ》を半分《はんぶん》にして分《わ》けてみましょう。1人《り》、6個《こ》ずつになりましたね。次《つぎ》に、兄《あに》の方《ほう》を2個《こ》多《おお》くするために、弟《おとうと》の分《ぶん》の2個《こ》をお兄《にい》さんに渡《わた》します。これで2人《り》のおまんじゅうは2個差《こさ》になったでしょうか（図《ず》1）。

よく見《み》ると、兄《あに》の方《ほう》が弟《おとうと》よりも4個多《こおお》くなってしまいました。なぜ、このようなことになってしまったのか、順《じゅん》に振《ふ》り返《かえ》ってみます。

まず、弟《おとうと》が持《も》っていた2個《こ》を兄《あに》に渡《わた》しました。ですから、弟《おとうと》は6－2＝4。つまり、2個《こ》減《へ》って手《て》元《もと》に4個残《このこ》ったということです。

次《つぎ》に、兄《あに》は弟《おとうと》から2個《こ》もらいましたから、6＋2＝8。初《はじ》めより2個《こ》増《ふ》えて8個《こ》になったわけです。弟《おとうと》が2個《こ》減《へ》り、兄《あに》は2個《こ》増《ふ》えた結果《けっか》、合《あ》わせて4個分《こぶん》の差《さ》になってしまったということですね。

図《ず》1

## 2個差《こさ》にするには？

これでは、お兄《にい》さんが多《おお》くもらいすぎですから、今度《こんど》は1個《こ》、弟《おとうと》に戻《もど》してみましょう（図《ず》2）。

兄《あに》は1個《こ》減《へ》り、弟《おとうと》は1個《こ》増《ふ》えました。無事《ぶじ》に、2人《り》の差《さ》を2個《こ》にすることができました。

図《ず》2

### やってみよう

**個数《こすう》の差《さ》を変《か》えてみると？**

兄弟《きょうだい》のおまんじゅうの個数《こすう》の差《さ》を、2個《こ》から3個、4個《こ》……と変《か》えて考《かんが》えてみましょう。実際《じっさい》におはじきなどを用意《ようい》してやってみるとわかりやすいですね。さて、3個差《こさ》、4個差《こさ》でも分《わ》けられるのでしょうか？

**ひとくちメモ**

2個差《こさ》に分《わ》けられるおまんじゅうの数《かず》は、6個《こ》、8個《こ》、10個《こ》……というように2個《こ》で割《わ》れる数《かず》になります。このような数《かず》を「偶数《ぐうすう》」と言《い》います。反対《はんたい》に、2で割《わ》れない数《かず》を「奇数《きすう》」と言《い》います。

2
くらしの中《なか》の算数《さんすう》のお話《はなし》

# 4色《しょく》で地図《ちず》が塗《ぬ》り分《わ》けられる?

5月24日

東京学芸大学附属小金井小学校《とうきょうがくげいだいがくふぞくこがねいしょうがっこう》
高橋丈夫《たかはしたけお》先生《せんせい》が書《か》きました

読《よ》んだ日《ひ》　月《がつ》　日《にち》　月《がつ》　日《にち》　月《がつ》　日《にち》

## 歴史《れきし》のある塗《ぬ》り分《わ》け問題《もんだい》

みなさんは「接《せっ》している国《くに》が違《ちが》う色《いろ》になるように塗《ぬ》り分《わ》けるには、どんな地図《ちず》でもたった4色《しょく》で色分《いろわ》けできるか?」という問題《もんだい》を知《し》っていますか。

この問題《もんだい》の歴史《れきし》は、今《いま》からおよそ160年前《ねんまえ》の1852年《ねん》にまでさかのぼります。

ロンドンの若《わか》い数学者《すうがくしゃ》、フランシス・ガスリー(1831~1899)という人《ひと》が地図《ちず》の色塗《いろぬ》りをしていたときに、どんな地図《ちず》でも、隣《とな》り合《あ》うエリア(場所《ばしょ》)が違《ちが》う色《いろ》になるように色《いろ》を塗《ぬ》るには4色《しょく》で十分《じゅうぶん》なことに気《き》がつきました。

## 解決《かいけつ》されたのは100年後《ねんご》

たとえば図《ず》1のような地図《ちず》は、4色《しょく》で塗《ぬ》り分《わ》けられることがすぐにわかります。しかし、すべての地図《ちず》が4色《しょく》で塗《ぬ》り分《わ》けられることの証明《しょうめい》は、とても難《むずか》しく、100年以上《ねんいじょう》もたった1976年《ねん》になって、ようやく2人《り》の数学者《すうがくしゃ》、ケネス・アベルとヴォルフガング・ハーケンによって解決《かいけつ》されました。今《いま》では四色定理《よんしょくていり》といわれています。

解決《かいけつ》には、コンピューターを用いました。考《かんが》えられるすべての地図《ちず》について、それらを塗《ぬ》り分《わ》けるためには4色《しょく》を超《こ》える色《いろ》は必要《ひつよう》ないことを示《しめ》しました。このようにしてやっとわかったほどの難問《なんもん》だったのです。

図《ず》1

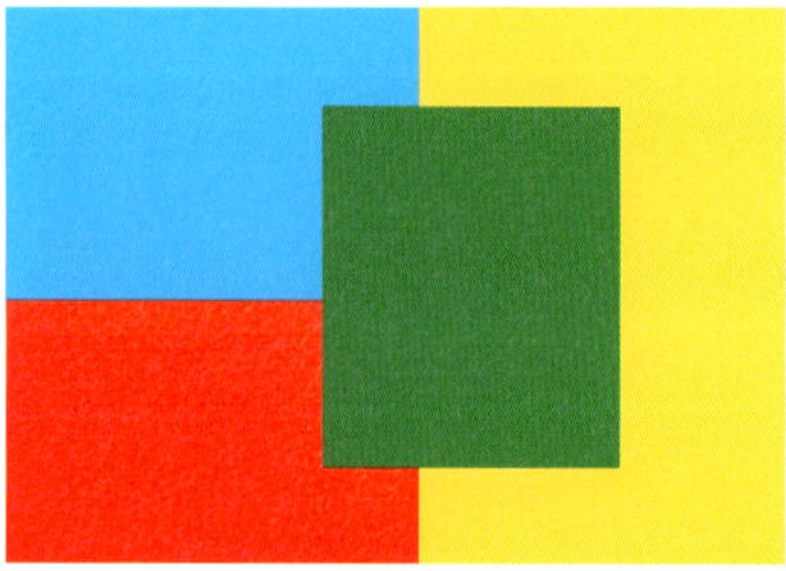

ひとくちメモ

みなさんも自分《じぶん》で地図《ちず》をつくって、ぜひ挑戦《ちょうせん》してみてください。日本地図《にほんちず》の白地図《はくちず》や自分《じぶん》の住《す》んでいる都道府県《とどうふけん》の地図《ちず》でもよいと思《おも》います。

# □5×□5の計算《けいさん》は筆算《ひっさん》いらず！

5月25日

東京《とうきょう》学芸《がくげい》大学《だいがく》附属《ふぞく》小金井《こがねい》小学校《しょうがっこう》
高橋文夫《たかはしたけお》先生《せんせい》が書《か》きました

読《よ》んだ日《ひ》　月《がつ》　日《にち》　月《がつ》　日《にち》　月《がつ》　日《にち》



## 一《いち》の位《くらい》が5の数同士《かずどうし》をかける

次《つぎ》の□5×□5（一《いち》の位《くらい》が5の数同士《かずどうし》）の計算《けいさん》をじっくりと見《み》てみましょう。何《なに》か、きまりが見《み》えてきませんか？

| | | | |
|---|---|---|---|
| 15 × 15 | = | | 2 2 5 |
| 25 × 25 | = | | 6 2 5 |
| 35 × 35 | = | 1 | 2 2 5 |
| 45 × 45 | = | 2 | 0 2 5 |
| 55 × 55 | = | 3 | 0 2 5 |
| 65 × 65 | = | 4 | 2 2 5 |
| 75 × 75 | = | 5 | 6 2 5 |
| 85 × 85 | = | 7 | 2 2 5 |
| 95 × 95 | = | 9 | 0 2 5 |

下《しも》2桁《けた》がいずれも25ということにはすぐに気《き》づきます。しかし、百《ひゃく》の位《くらい》や千《せん》の位《くらい》はどのように決《き》まるのでしょうか。そこで、この計《けい》算《さん》を図《ず》に表《あらわ》して考《かんが》えてみます。

たとえば25×25の計算《けいさん》は、図《ず》1のようになりますね。これを変《へん》形《けい》すると、図《ず》2になります。

横《よこ》は、必《かなら》ず5＋5で＋10。

だから、20×（5＋5）＋25＝225。つまり、十《じゅう》の位《くらい》が同《おな》じ数《かず》で一《いち》の位《くらい》の数字《すうじ》が同《おな》じ5の場合《ばあい》は、簡単《かんたん》に答《こた》えを出《だ》すことができますね。

これで、計算《けいさん》のきまりもその意《い》味《み》もわかったでしょう。このように、計算《けいさん》の意味《いみ》は、図《ず》に表《あらわ》すことではっきりします。

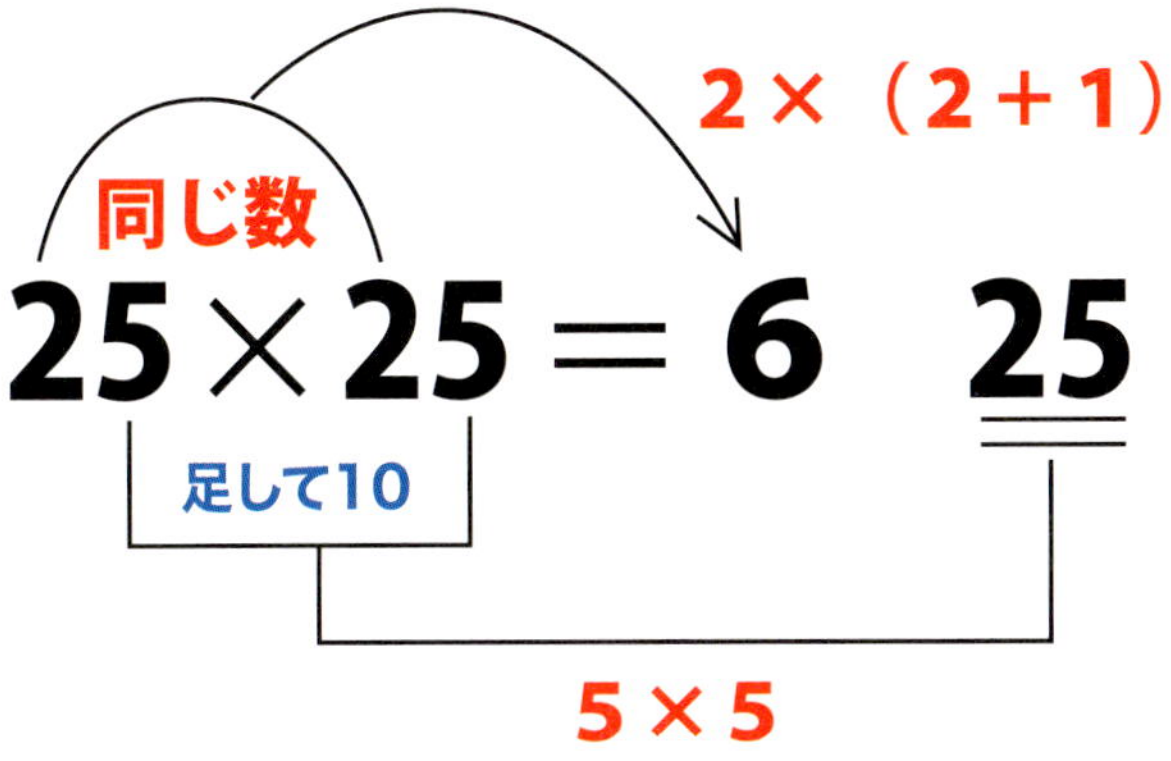


図《ず》1

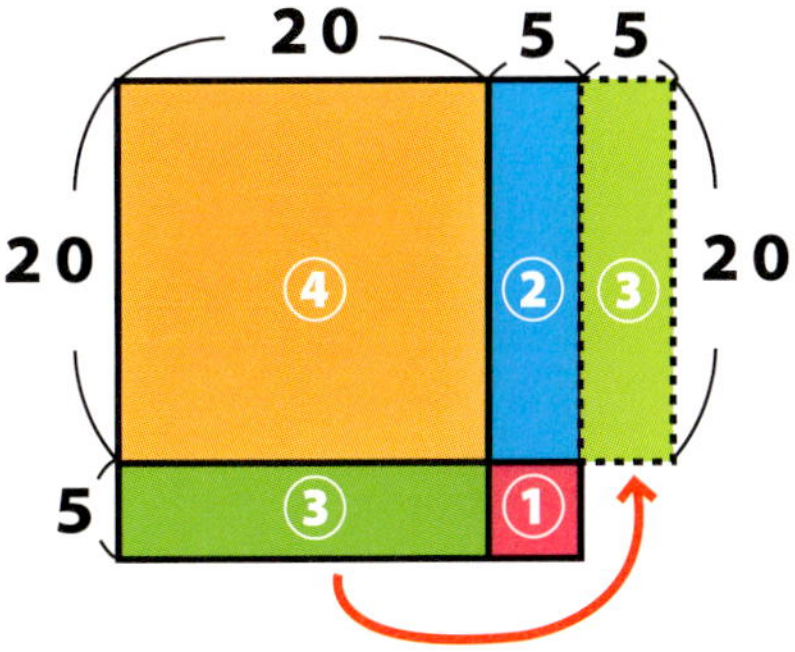


図《ず》2

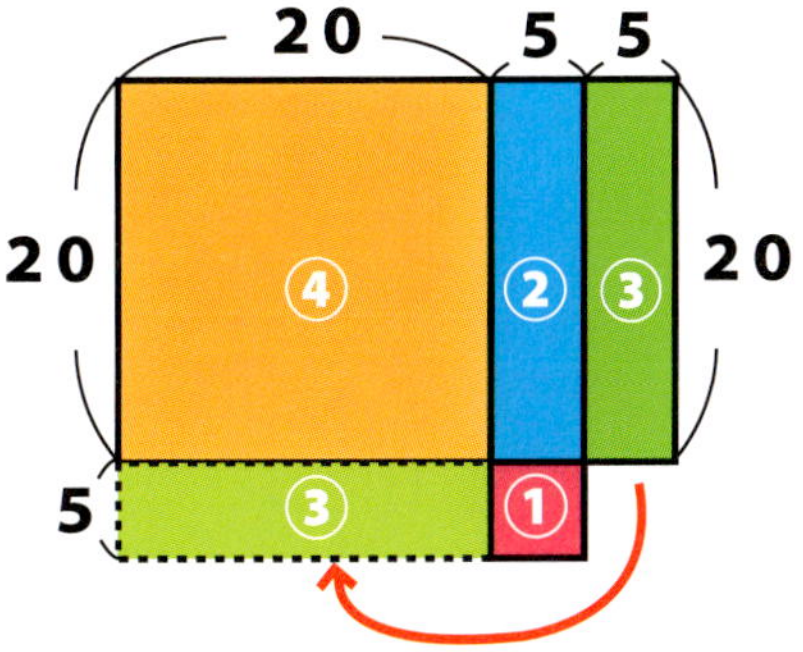


```
   25
 ×25
   25 …… ①  5×5
  100 …… ② 20×5
  100 …… ③  5×20
  400 …… ④ 20×20
  625
```

**ひとくちメモ** □5×□5のように、きまった形《かたち》の計算《けいさん》には他《ほか》にもきまりが隠《かく》れているかもしれません。ぜひ、みなさんも探《さが》してみてくださいね。

図形のお話

5月26日

# 図《ず》形《けい》を使《つか》って模《も》様《よう》をかこう

東京都《とうきょうと》 杉並区立高井戸第三小学校《すぎなみくりつたかいどだいさんしょうがっこう》
吉田映子《よしだえいこ》先生《せんせい》が書《か》きました

読《よ》んだ日《ひ》　月《がつ》　日《にち》　月《がつ》　日《にち》　月《がつ》　日《にち》

## 図《ず》形《けい》を組《く》み合《あ》わせてみる

図《ず》1

みなさんはこの形《かたち》をかこうと思《おも》ったら、どうやってかきますか？　いろいろ工夫《くふう》したかき方《かた》ができると思《おも》いますが、今日《きょう》は図形《ずけい》を組《く》み合《あ》わせて上手《じょうず》にかく方法《ほうほう》を紹介《しょうかい》しましょう。

まず同《おな》じ大《おお》きさの正方形《せいほうけい》を2枚《まい》用意《ようい》します。それぞれア、イのような折《お》り目《め》をつけます。

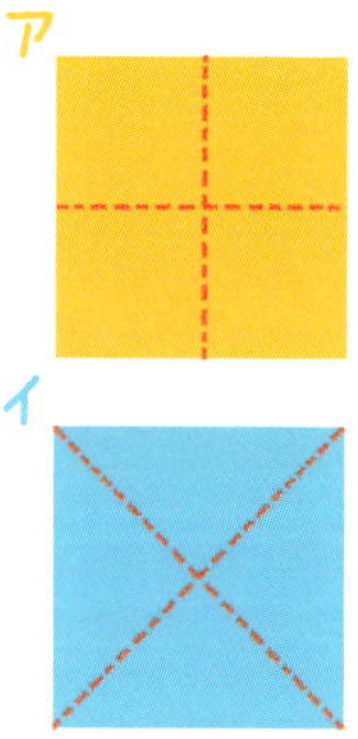


次《つぎ》にイを下《した》にして、中心《ちゅうしん》と折《お》り目《め》が同《おな》じ位置《いち》にくるように重《かさ》ねます。

これをもとにして、まわりをなぞるとできあがりです。まわりをなぞる時《とき》は、頂点《ちょうてん》だけ印《しるし》をつけ、定規《じょうぎ》でつないでいくと、きれいにできあがります。

みなさんもかいてみましょう。

### 考《かんが》えてみよう

**どんな形《かたち》の組《く》み合《あ》わせ？**

どんな形《かたち》を組《く》み合《あ》わせるとできるかな？

（図《ず》2）かぎあなの形《かたち》　→（図《ず》3）円《えん》と二等辺三角形《にとうへんさんかくけい》

（図《ず》4）ハート　→（図《ず》5）正方形《せいほうけい》と円《えん》2つ

ひとくちメモ

身《み》の回《まわ》りには　いろいろなデザインがあります。どのような図形《ずけい》の組《く》み合《あ》わせでできているのか、観察《かんさつ》してみましょう。

単位とはかり方のお話

# 川《かわ》の幅《はば》を泳《およ》がないで測《はか》るには？

5月 27日

島根県《しまねけん》　飯南町立《いいなんちょうりつ》志々《しし》小学校《しょうがっこう》
村上幸人《むらかみゆきと》先生《せんせい》が書《か》きました

読《よ》んだ日《ひ》　月《がつ》　日《にち》　月《がつ》　日《にち》　月《がつ》　日《にち》

## 算数《さんすう》の力《ちから》を使《つか》おう

ある所《ところ》に川《かわ》が流《なが》れていました。この川《かわ》に橋《はし》をかけたいのですが、川《かわ》の幅《はば》がわからないので、橋《はし》をつくる材料《ざいりょう》の用意《ようい》ができません。

どうしたら川《かわ》の幅《はば》を測《はか》ることができるでしょう？　ロープを持《も》って向《む》こう岸《ぎし》まで泳《およ》ぐ？　おぼれたら大変《たいへん》です。こんなときこそ、算《さん》数《すう》の力《ちから》を使《つか》いましょう。

分度器《ぶんどき》か、2つの角《かく》度《ど》が同《おな》じ三角定規《さんかくじょうぎ》を用《よう》意《い》しましょう。ない場《ば》合《あい》は、正方形《せいほうけい》の紙《かみ》を半《はん》分《ぶん》に折《お》ると三角定規《さんかくじょうぎ》と同《おな》じ形《かたち》ができます。

最初《さいしょ》に、川《かわ》の向《む》こう岸《ぎし》に、目印《めじるし》になる木《き》を見《み》つけ、その木《き》から手《て》前側《まえがわ》の岸《きし》が直角《ちょっかく》になる位置《いち》を決《き》めます。そして、岸辺《きしべ》を横《よこ》に歩《ある》き、目印《めじるし》の木《き》と岸《きし》が45度《ど》になる所《ところ》を見《み》つけます。岸辺《きしべ》を歩《ある》いた距離《きょり》を測《はか》りましょう。それが川《かわ》の幅《はば》になります。

## 直角《ちょっかく》と45度《ど》に注目《ちゅうもく》！

どうして川《かわ》の中《なか》を歩《ある》いていないのに、川《かわ》の幅《はば》の距離《きょり》がわかるのでしょう？　三角定規《さんかくじょうぎ》をよく見《み》てみましょう。そう、直角《ちょっかく》に交《まじ》わる2つの辺《へん》の長《なが》さが同《おな》じですね。また、とがった2つの角《かど》は同《おな》じ角度《かくど》（45度《ど》）です。この性質《せいしつ》を利用《りよう》するのです。

手前《てまえ》の岸《きし》に直角《ちょっかく》と45度《ど》になるポイントを決《き》めることで、川《かわ》の上《うえ》に大《おお》きな三角定規《さんかくじょうぎ》をかけたと考《かんが》えます。すると、川《かわ》の幅《はば》の辺《へん》の長《なが》さと歩《ある》いた距離《きょり》の辺《へん》の長《なが》さが同《おな》じになります。こうして、川《かわ》の幅《はば》の長《なが》さを測《はか》ることができるのです。

### やってみよう

**木《き》の高《たか》さも測《はか》れるゾ**

この考《かんが》え方《かた》を利用《りよう》すると、木《き》の高《たか》さも測《はか》ることができますよ。広《ひろ》い場所《ばしょ》で試《ため》してみましょう。

**ひとくちメモ**　ここで使《つか》った三角定規《さんかくじょうぎ》のように、1つの角《かど》が直角《ちょっかく》で、直角《ちょっかく》に交《まじ》わる2つの辺《へん》の長《なが》さが等《ひと》しい三角形《さんかくけい》を「直角二等《ちょっかくにとう》辺三角形《へんさんかくけい》」といいます。7月《がつ》3日《か》の回《かい》（218ページ）もぜひ読《よ》んでみてください。

数と計算のお話

# 数字《すうじ》カードで遊《あそ》ぼう ～たし算編《ざんへん》～

5月 28日

お茶《ちゃ》の水女子《みずじょし》大学《だいがく》附属《ふぞく》小学校《しょうがっこう》
久《く》下《が》谷《や》 明《あきら》先生《せんせい》が書《か》きました

読《よ》んだ日《ひ》 月《がつ》 日《にち》 月《がつ》 日《にち》 月《がつ》 日《にち》

## 数字《すうじ》カードでやってみよう

1～4まで数字《すうじ》カードが1枚《まい》ずつあります（図《ず》1）。今日《きょう》は、この数字《すうじ》カードを使《つか》って、計算遊《けいさんあそ》びをしたいと思《おも》います。問題《もんだい》は2つです。ぜひ考《かんが》えてみてください。

【問題《もんだい》1】

数字《すうじ》カードを点線《てんせん》の枠《わく》に1枚《まい》ずつおいて、2桁《けた》＋2桁《けた》のたし算《ざん》をつくります。答《こた》えを一番大《いちばんおお》きくするには、どのように数字《すうじ》カードをおいたらよいですか（図《ず》2）。

【問題《もんだい》2】

同《おな》じようにして、答《こた》えを一番小《いちばんちい》さくするには、どのように数字《すうじ》カードをおいたらよいですか（図《ず》3）。

できましたか。数字《すうじ》カードをつくり、実際《じっさい》にカードを動《うご》かしながら考《かんが》えてみるとよいですね。

## 答《こた》え合《あ》わせをしよう

では、答《こた》え合《あ》わせをしていきましょう。

問題《もんだい》1は、図《ず》4のように数字《すうじ》カードをおいた時《とき》、答《こた》えが一番大《いちばんおお》きくなります。

ただし、ほかにも数字《すうじ》カードのおき方《かた》はあります。たとえば4と3のように、同《おな》じ位《くらい》の数字《すうじ》カードを入《い》れかえても答《こた》えは変《か》わらず73になります。2と1についても同《おな》じですね。そのため、数字《すうじ》カードのおき方《かた》は何通《なんとお》りかありますね。

問題《もんだい》2は、図《ず》5のように数字《すうじ》カードをおいた時《とき》、答《こた》えが一番小《いちばんちい》さくなります。これも問題《もんだい》1と同《おな》じように、数字《すうじ》カードのおき方《かた》は何《なん》通《とお》りかあります。

図《ず》1

図《ず》2

図《ず》3

図《ず》4

図《ず》5

### やってみよう

#### 問題《もんだい》を広《ひろ》げてみよう

2桁《けた》＋2桁《けた》について考《かんが》えた後《あと》、この問題《もんだい》を少《すこ》し変《か》えて、新《あたら》しい問題《もんだい》にしたいと思《おも》います。たとえば次《つぎ》は、「1～6までの数字《すうじ》カードを使《つか》ってみよう」「3桁《けた》＋3桁《けた》はどうだろう？」など問題《もんだい》を変《か》えるのもよいことです。では1～6までの数字《すうじ》カードを使《つか》って、3桁《けた》＋3桁《けた》について答《こた》えが「一番大《いちばんおお》きくなるには？」、「一番小《いちばんちい》さくなるには？」と考《かんが》えてみてください。

ひとくちメモ たし算《ざん》について考《かんが》えたら……もうすでに、考《かんが》えている人《ひと》もいるかもしれませんが、問題《もんだい》をひき算《ざん》に変《か》えてみるのもよいですね（204ページ参照《さんしょう》）。

くらしの中の算数のお話 2

# パラボラアンテナのお話《はなし》 ～反射板《はんしゃばん》のふしぎ～

5月 29日

岩手県《いわてけん》 久慈市教育委員会《くじしきょういくいいんかい》
小森《こもり》 篤《あつし》 先生《せんせい》が書《か》きました

読《よ》んだ日《ひ》 月《がつ》 日《にち》 月《がつ》 日《にち》 月《がつ》 日《にち》

図《ず》1

## 反射板《はんしゃばん》に落《お》ちたボールは？

図《ず》1のような形《かたち》をしたアンテナをパラボラアンテナといいます。お皿《さら》のような形《かたち》をした部分《ぶぶん》を反射《はんしゃ》板《ばん》といいます。この反射板《はんしゃばん》には面白《おもしろ》い特徴《とくちょう》があります。

図《ず》2は反射板《はんしゃばん》によく弾《はず》むボールを垂直《すいちょく》に落《お》としたときの様子《ようす》です。このように、垂直《すいちょく》に落《お》としたボールは反射板《はんしゃばん》に当《あ》たると同《おな》じところ（焦点《しょうてん》）を通《とお》るように跳《は》ね返《かえ》ります。

図《ず》2

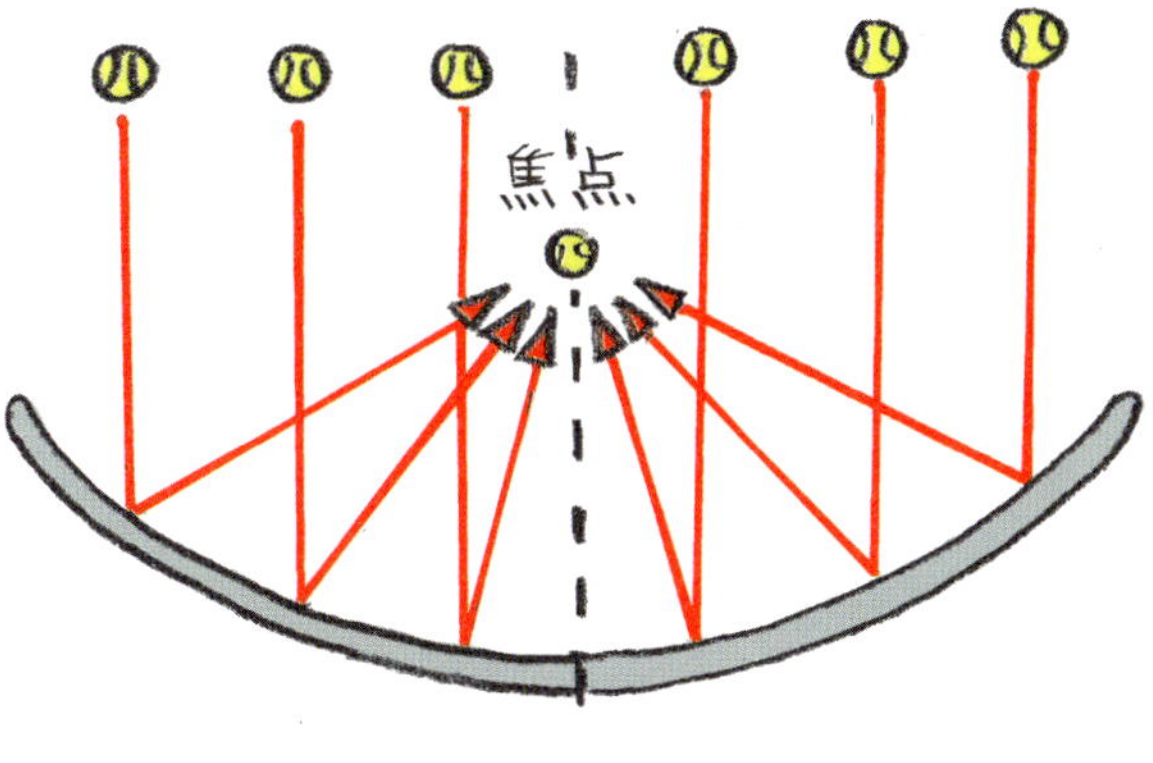


## 同《おな》じ高《たか》さから落《お》とすと？

さらに面白《おもしろ》いことに、いくつかのボールを同《おな》じ高《たか》さから同時《どうじ》に落《お》とすと、焦点《しょうてん》を通《とお》るタイミングも同《おな》じになります。先《さき》ほどの図《ず》2でいうと、6つのボールが焦点《しょうてん》のところで同時《どうじ》にぶつかり合《あ》うことになるのです。

パラボラアンテナは、このような性質《せいしつ》を活《い》かして、とても遠《とお》くからの電波《でんぱ》を効率《こうりつ》よく受信《じゅしん》するアンテナとして使《つか》われています。

### 覚《おぼ》えておこう

**ボールを投《な》げると？**

パラボラアンテナの反射《はんしゃ》板《ばん》は、ボールを投《な》げたときのボールの動《うご》きを線《せん》で表《あらわ》した形《かたち》と同《おな》じ形《かたち》になっています。この線《せん》のことを「放物線《ほうぶつせん》」といいます。

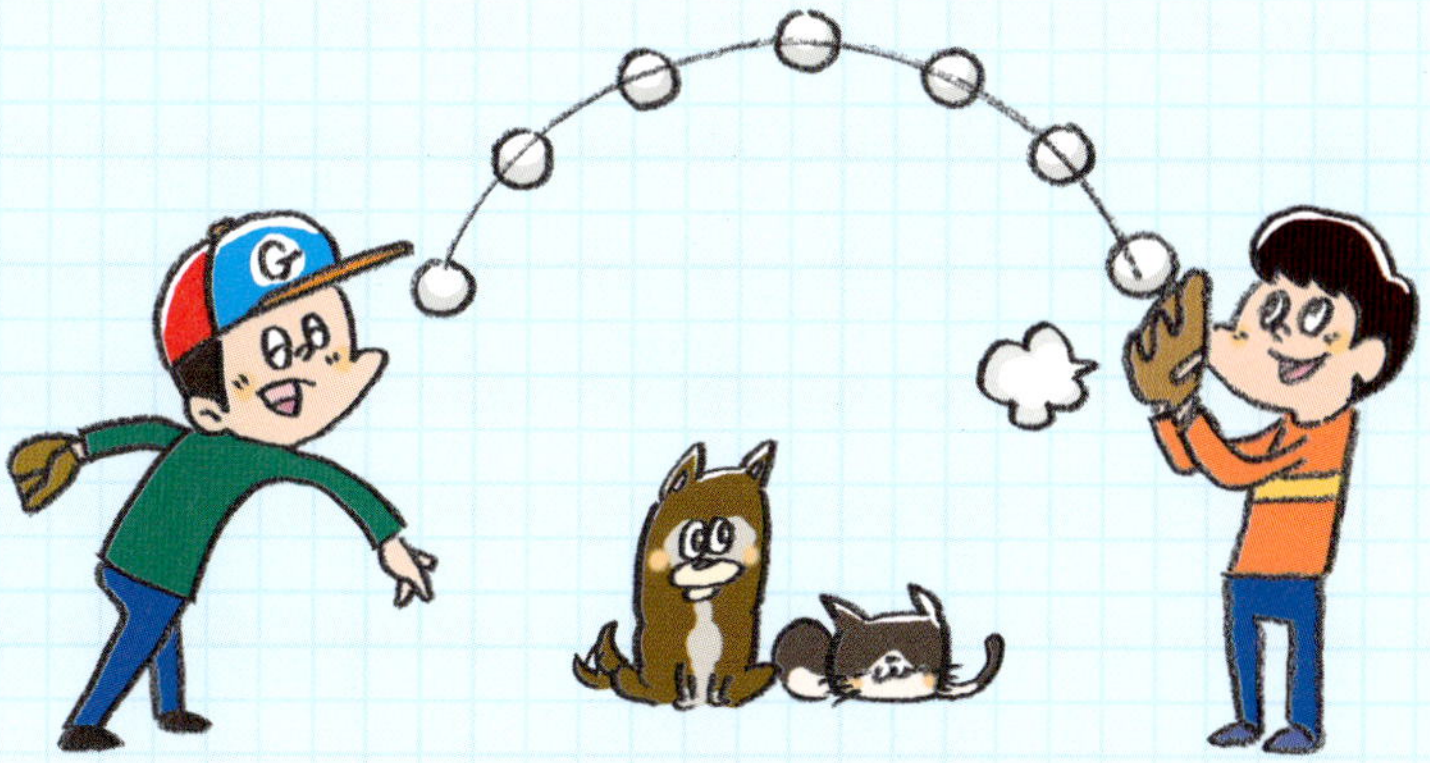

ひとくちメモ 「パラボラ」とは「放物線《ほうぶつせん》」のことです。ちなみに家《いえ》の屋根《やね》などにある衛星放送用《えいせいほうそうよう》のアンテナはパラボラアンテナになっています。

数や図形で遊ぼう 123

# スピード筆算《ひっさん》のゲームの秘密《ひみつ》

5月30日

東京都《とうきょうと》　東京学芸大学附属小金井小学校《とうきょうがくげいだいがくふぞくこがねいしょうがっこう》
高橋丈夫《たかはしたけお》先生《せんせい》が書《か》きました

読《よ》んだ日《ひ》　月《がつ》　日《にち》　月《がつ》　日《にち》　月《がつ》　日《にち》

## 友達《ともだち》とやってみよう

友達《ともだち》とスピード筆算《ひっさん》のゲームをしてみましょう。

友達《ともだち》に3つ、あなたは2つの3桁《けた》の数《かず》を言《い》って、3桁《けた》の5つのたし算《ざん》の筆算《ひっさん》をつくり、それを速《はや》く計算《けいさん》するゲームです。ゲームの仕《し》方《かた》は、図《ず》1の通《とお》りです。

では、実際《じっさい》にやってみます。たとえば、最初《さいしょ》に346と友達《ともだち》が言《い》ったとします。そして、次《つぎ》に283と言《い》ったとします。さて、ここであなたの番《ばん》です。ここに秘密《ひみつ》があります。あなたの言《い》う数《かず》は、友《とも》達《だち》が2番目《ばんめ》に言《い》った数《かず》「283」と合《あ》わせて999になる数《かず》、つまり、716にします。次《つぎ》に友達《ともだち》が3つ目《め》の数《かず》として、472と言《い》ったとします。ここでまたまたあなたの番《ばん》です。あなたが言《い》うべき数《かず》は、友達《ともだち》の言《い》った「472」と合《あ》わせて999になる数《かず》、つまり、527です。

あなたが2つの数《かず》を言《い》うことによって、友達《ともだち》が2つ目《め》に言《い》った数《かず》より後《あと》の数《かず》の和《わ》は、999 + 999で1998、つまり2000より2だけ少《すく》ない数《かず》になります。したがって、答《こた》えは、最初《さいしょ》の数《かず》346から2を引《ひ》いてそれに2000を加《くわ》えた2344となります（図《ず》2）。

①友達に好きな3桁の数を言ってもらう
346
②友達に2つ目の3桁の数を言ってもらう
283
③あなたが3桁の数を言う
283+□
999
716!
④友達に3つ目の3桁の数を言ってもらう
472
⑤あなたが3桁の数を言う
472+□
999
527

図《ず》1　⑥さて、計算！！

図《ず》2

①… 346
②… 283
③… 716（あなた）
足して999になるように
④… 472
⑤… + 527（あなた）
足して999になるように
364
999
+999
2000−2
⑥2346−2=2344

## 手品《てじな》にもできるよ

友達《ともだち》が最初《さいしょ》の数《かず》を言《い》ったところで、⑥になる答《こた》えを友達《ともだち》に見《み》えないように紙《かみ》に書《か》いてポケットに入《い》れます。あとはゲーム通《どお》りの手順《てじゅん》でやってみましょう。

不思議《ふしぎ》、不思議《ふしぎ》、ポケットから出《で》てきた数《かず》は計算《けいさん》の答《こた》えと一緒《いっしょ》。数《かず》の予言《よげん》ができる手品《てじな》です。

ひとくちメモ　4桁《けた》でもできますよ。その場合《ばあい》は9999をつくるように考《かんが》えます。チャレンジしてみてください。

# かくれている四角形《しかくけい》を見《み》つけよう



北海道教育大学附属札幌小学校《ほっかいどうきょういくだいがくふぞくさっぽろしょうがっこう》
瀧《たき》ヶ《が》平《ひら》悠《ゆう》史《し》先生《せんせい》が書《か》きました

読《よ》んだ日《ひ》　月《がつ》　日《にち》　月《がつ》　日《にち》　月《がつ》　日《にち》

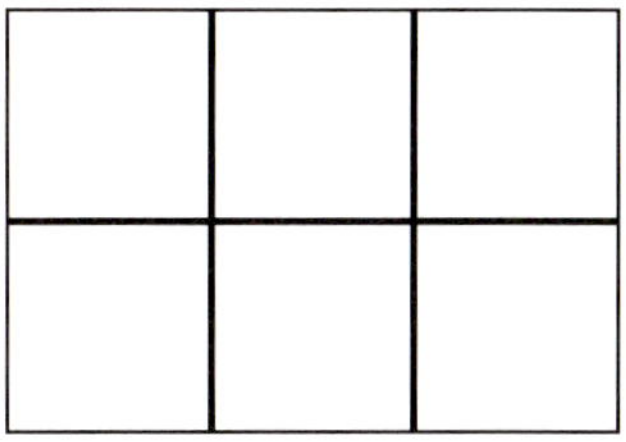

図《ず》1

## 四角形《しかくけい》の数《かず》はいくつかな？

図《ず》1を見《み》てください。たくさんのマス目《め》が入《はい》った大《おお》きな四角形《しかくけい》が見《み》えますね。さて、この図《ず》の中《なか》にいったいいくつの四角形《しかくけい》があるでしょうか。数《かぞ》えてみましょう。

みなさんはいくつになりましたか？　もしかしたら「6個《こ》」と考《かんが》えたかもしれませんね。図《ず》2のように、一《ひと》つ一《ひと》つの小《ちい》さな正方形《せいほうけい》を数《かぞ》えていくと、確《たし》かに6個《こ》あります。ところが、この図《ず》の中《なか》には、実《じつ》はもっと多《おお》くの四角形《しかくけい》がかくれているのです。

図《ず》2

## 重《かさ》なりを考《かんが》えると？

もしかしたら、ひらめいた人《ひと》がいるかもしれませんね。図《ず》3のように、「縦長《たてなが》の長方形《ちょうほうけい》」や「重《かさ》なっている横長《よこなが》の長方形《ちょうほうけい》」もかくれているのです。このように見《み》ると、長方形《ちょうほうけい》がたくさん見《み》えてきますね。

図《ず》4のように「さらに横長《よこなが》の長方《ちょうほう》形《けい》」も2つ見《み》つかります。また、図《ず》5のように、重《かさ》なった大《おお》きな正《せい》方形《ほうけい》も2つ見《み》つかります。もちろん、全体《ぜんたい》を囲《かこ》んでいる大《おお》きな長方《ちょうほう》形《けい》も忘《わす》れずに数《かず》に入《い》れましょう。

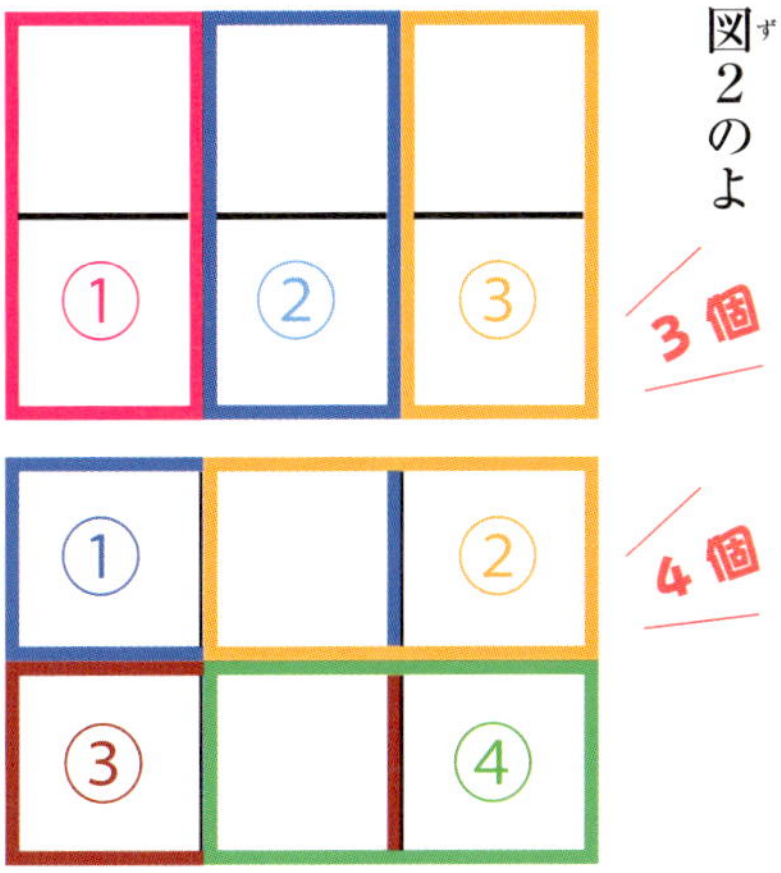


図《ず》3

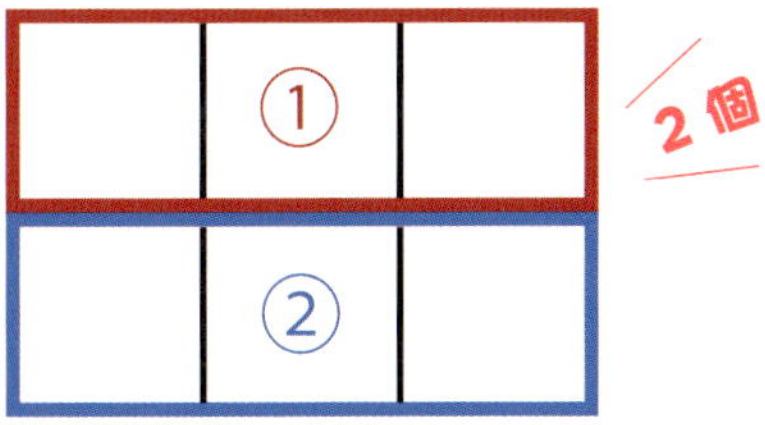


図《ず》4

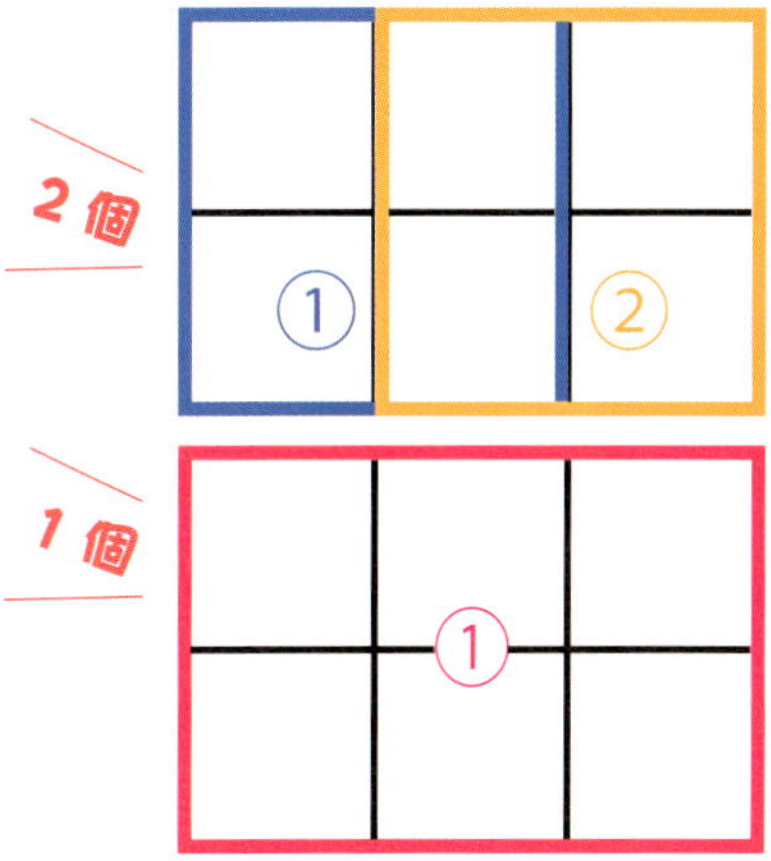


図《ず》5

これで全《すべ》ての四角形《しかくけい》が見《み》つかりました。小《ちい》さな正方形《せいほうけい》が6個《こ》。縦《たて》長《なが》の長方形《ちょうほうけい》が3個《こ》。横長《よこなが》で重《かさ》なっている長方形《ちょうほうけい》が4個《こ》。さらに横長《よこなが》の長方形《ちょうほうけい》が2個《こ》。大《おお》きな正方形《せいほうけい》が2個《こ》。全体《ぜんたい》を囲《かこ》んでいる大《おお》きな長方形《ちょうほうけい》が1個《こ》。合《あ》わせてなんと、18個《こ》もあったのです。

「重《かさ》なり」を考《かんが》えると、見《み》える世界《せかい》が広《ひろ》がってきますね。

**ひとくちメモ**　マス目《め》の数《かず》を増《ふ》やして取《と》り組《く》んでみるのも楽《たの》しいです。上《うえ》の図《ず》では縦《たて》に2マス、横《よこ》に3マスでしたが、縦《たて》や横《よこ》に一段《いちだん》増《ふ》えるとどうなるでしょうか。試《ため》してみてください。

感じてみよう

# 子供の科学 写真館 vol.4

算数《さんすう》にまつわるユニークな写真《しゃしん》を紹介《しょうかい》します。
面白《おもしろ》かったり、美《うつく》しかったり、
算数《さんすう》の意外《いがい》な世界《せかい》を味《あじ》わってください。

◉傘提供／吉田映子・撮影／青柳敏史

36本！

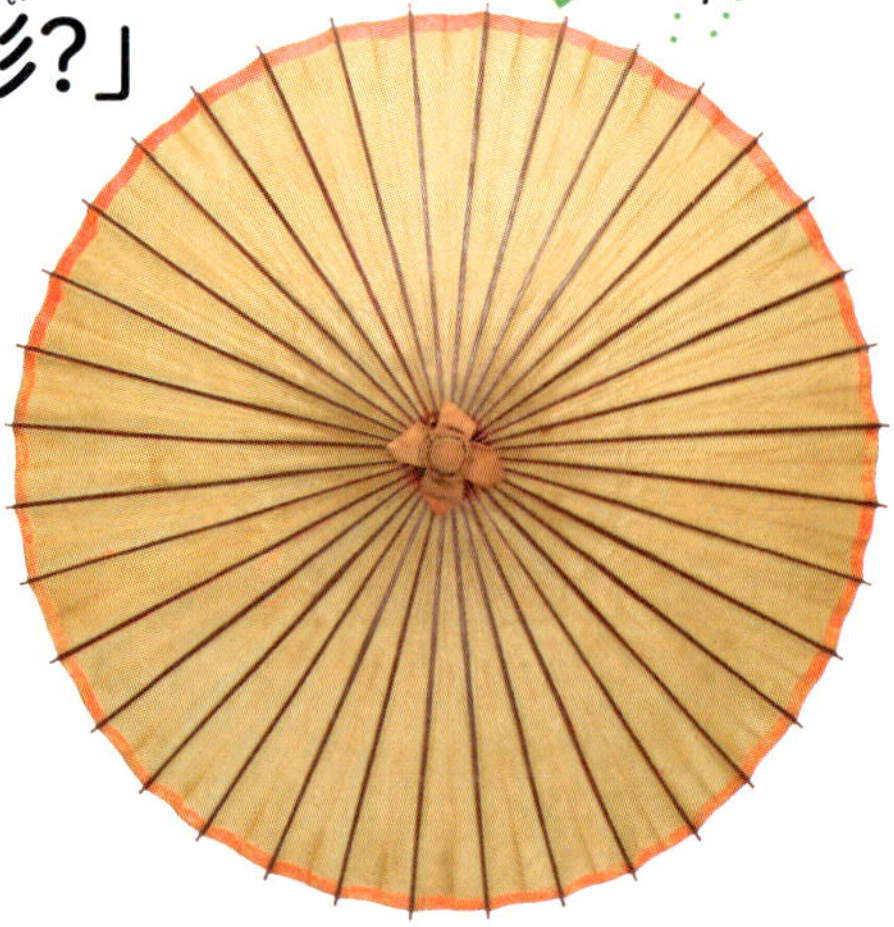

## 「キミの傘《かさ》は何角形《なんかくけい》？」

### 骨《ほね》の本数《ほんすう》が増《ふ》えると、傘《かさ》はだんだん…？

たくさんの傘《かさ》が並《なら》んでいますね。写真《しゃしん》の上《うえ》に５本《ほん》とか６本《ぼん》とかあるのは、傘《かさ》の骨《ほね》の数《かず》です。骨《ほね》の数《かず》と辺《へん》の数《かず》が同《おな》じになっているのに気《き》がつきましたか？　骨《ほね》が５本《ほん》の傘《かさ》は広《ひろ》げると五角形《ごかくけい》に、６本《ぼん》の傘《かさ》は六角形《ろっかくけい》になっていることがわかります。

骨《ほね》の数《かず》が増《ふ》えていくと、広《ひろ》げた形《かたち》も変《か》わっていきます。だんだんと、形《かたち》が丸《まる》くなっていますね。右《みぎ》の傘《かさ》は江戸時代《えどじだい》に生《う》まれた番傘《ばんがさ》です。骨《ほね》の数《かず》は36本《ぼん》！　まるで円《えん》のようですね。

# 6月

June

図形のお話

# 真横《まよこ》から見《み》ると？
## ～平面図《へいめんず》・立面図《りつめんず》～

6月1日

熊本県《くまもとけん》　熊本市立池上小学校《くまもとしりついけのうえしょうがっこう》
藤本邦昭《ふじもとくにあき》先生《せんせい》が書《か》きました

読《よ》んだ日《ひ》　月《がつ》　日《にち》　月《がつ》　日《にち》　月《がつ》　日《にち》

### どう見《み》えるかな？

ボールのような形《かたち》（球《たま》）は、真《ま》上《うえ》から見《み》ても真横《まよこ》から見《み》ても同《おな》じ「円《えん》」に見《み》えます（図《ず》1）。

図《ず》1

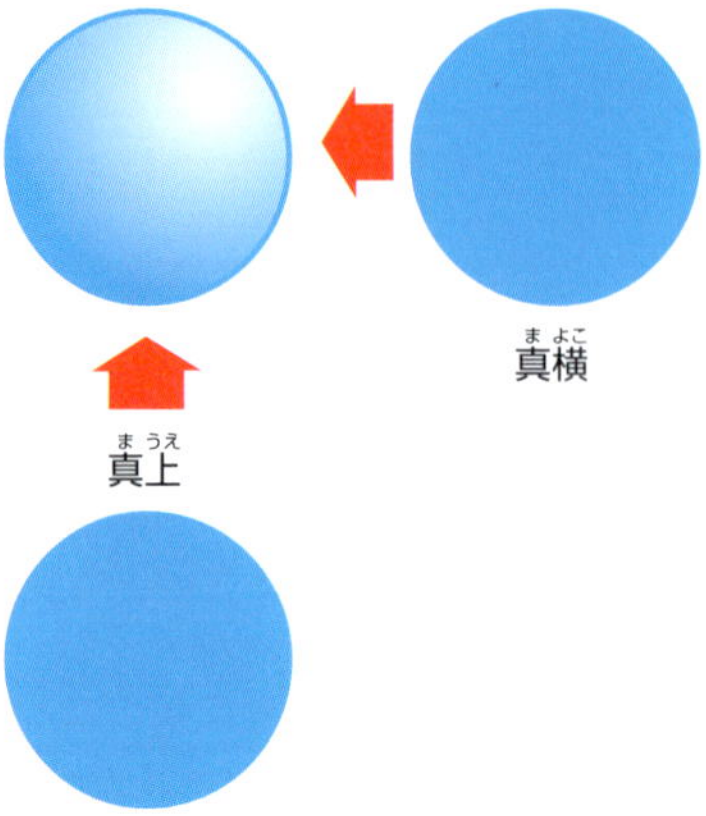


今日《きょう》は、真上《まうえ》だけでなく真横《まよこ》から見《み》た形《かたち》について考《かんが》えてみましょう。

真上《まうえ》から見《み》ると円《えん》ですが真横《まよこ》から見《み》ると三角形《さんかくけい》のように見《み》える立《りっ》体《たい》があります（図《ず》2）。

いったいどんな立体《りったい》が考《かんが》えられますか？

図《ず》2

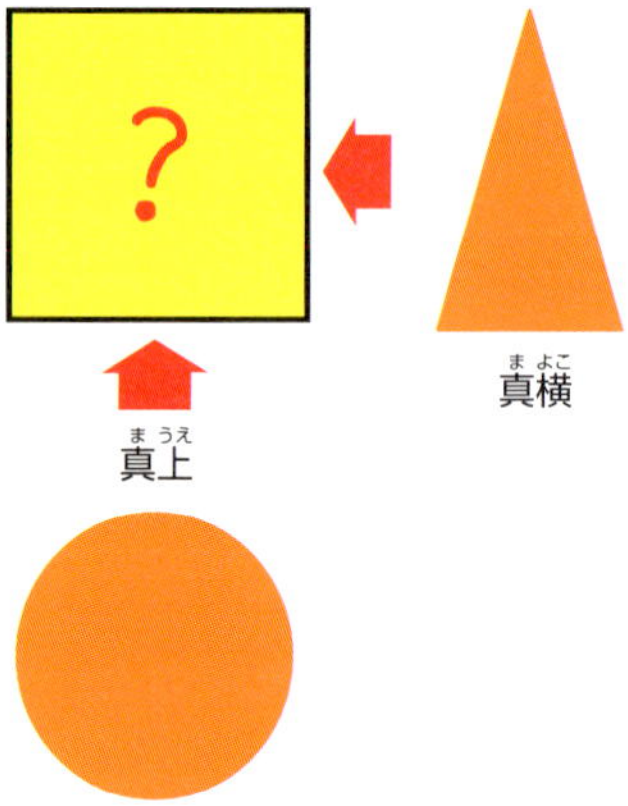


そうですね。とんがり帽子《ぼうし》の形《かたち》です（図《ず》3）。

図《ず》3

では、真上《まうえ》から見《み》ると正方形《せいほうけい》ですが真横《まよこ》から見《み》ると三角形《さんかくけい》に見《み》える立体《りったい》とはどのような立体《りったい》でしょうか（図《ず》4）。

そうです。図《ず》5の形《かたち》です。

このように一《ひと》つの立体《りったい》を真上《まうえ》や真横《まよこ》の方向《ほうこう》から見《み》て「平面図形《へいめんずけい》」に表《あらわ》すとその立体《りったい》の形《かたち》がよくわかります。

ぜひ、家《うち》の人《ひと》や友達《ともだち》と「形《かたち》あてクイズ」をやってみましょう。

図《ず》4

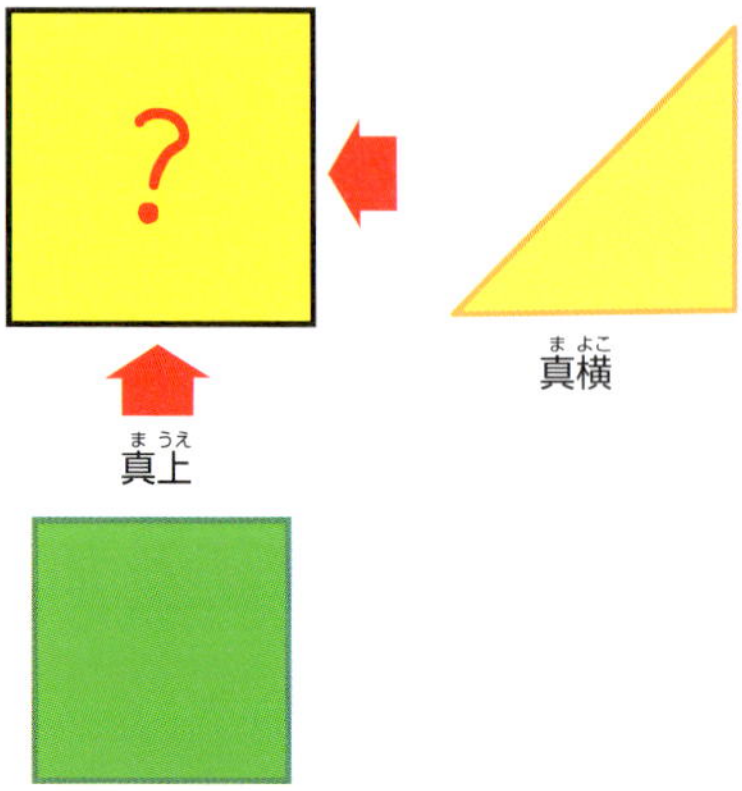


図《ず》5

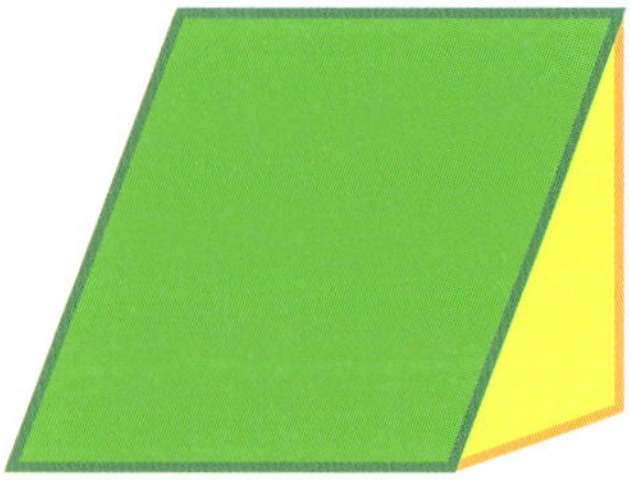

ひとくちメモ　立体《りったい》を真上《まうえ》から見《み》た図《ず》のことを「平面図《へいめんず》」、真横《まよこ》から見《み》た図《ず》のことを「立面図《りつめんず》」といいます（144、158ページ参照《さんしょう》）。

# 伊能忠敬《いのうただたか》が歩《ある》いてつくった日本地図《にほんちず》！

6月《がつ》 2日《にち》

明星大学客員教授《めいせいだいがくきゃくいんきょうじゅ》
細水保宏《ほそみずやすひろ》先生《せんせい》が書《か》きました

読《よ》んだ日《ひ》　月《がつ》　日《にち》　月《がつ》　日《にち》　月《がつ》　日《にち》

## 江戸《えど》で天文暦学《てんもんれきがく》を学《まな》ぶ

地図《ちず》をつくるときは、空《そら》から写真《しゃしん》を撮《と》ったり機械《きかい》で距離《きょり》を測《はか》ったりして地形《ちけい》を調《しら》べます。では、そんな技術《ぎじゅつ》のないころは、どうやって地図《ちず》をつくったのでしょうか。

江戸時代《えどじだい》の終《お》わりごろ、自分《じぶん》の足《あし》で日本中《にほんじゅう》を歩《ある》いて地図《ちず》をつくった人《ひと》がいます。有名《ゆうめい》な伊能忠敬《いのうただたか》（1745〜1818年《ねん》）です。忠敬《ただたか》は50歳《さい》のとき江戸《えど》へ出《で》て、一流《いちりゅう》の天文学者《てんもんがくしゃ》に弟子入《でしい》りしました。子供《こども》のころから、天体《てんたい》や暦《こよみ》の研究《けんきゅう》をするのが夢《ゆめ》だったのです。

## 驚《おどろ》くほど正確《せいかく》な伊能図《いのうず》

最初《さいしょ》に測量《そくりょう》に出《で》かけたのは、遠《とお》い蝦夷地《えぞち》（今《いま》の北海道《ほっかいどう》）です。はじめは自分《じぶん》の歩幅《ほはば》をものさしにして、1歩《ぽ》、2歩《ほ》と数《かぞ》えながら距離《きょり》を測《はか》りました。曲《ま》がり角《かど》にきたら磁石《じしゃく》で方角《ほうがく》を確《たし》かめ、望遠鏡《ぼうえんきょう》で遠《とお》くにある山《やま》の高《たか》さを調《しら》べます。

あとからは、もっといろいろな道具《どうぐ》を使《つか》いました。道《みち》や海岸《かいがん》に目印《めじるし》の棒《ぼう》を立《た》て、ひもや鉄《てつ》のくさりで距離《きょり》を測《はか》ります。どうしても陸《りく》から近《ちか》づけないところは、小舟《こぶね》に乗《の》って海《うみ》から調査《ちょうさ》しました。

こうして忠敬《ただたか》は、北海道《ほっかいどう》から九州《きゅうしゅう》まで、15年《ねん》かけて全国《ぜんこく》を測量《そくりょう》して回《まわ》りました。

歩《ある》いた距離《きょり》は約《やく》4万《まん》km。これは地球《ちきゅう》を一周《いっしゅう》するのと、ほぼ同《おな》じ距離《きょり》です。

1821年《ねん》、忠敬《ただたか》の測量《そくりょう》をもとにつくられた「大日本沿海輿地全図《だいにほんえんかいよちぜんず》（伊能図《いのうず》）」が完成《かんせい》しました。残念《ざんねん》ながら、忠敬《ただたか》はその3年前《ねんまえ》に亡《な》くなり、できあがった地図《ちず》を見《み》ることはできませんでした。

もし、伊能図《いのうず》を目《め》にするチャンスがあれば、今《いま》の日本地図《にほんちず》と比《くら》べてみましょう。ものすごく正確《せいかく》でびっくりすると思《おも》いますよ。

### やってみよう

**歩《ある》いて距離《きょり》を測《はか》ってみよう**

まず、自分《じぶん》の歩幅《ほはば》（1歩《ぽ》の長《なが》さ）が何《なん》cmあるか測《はか》ります。そして1歩《ぽ》、2歩《ほ》と数《かぞ》えながら歩《ある》きます。歩幅《ほはば》と歩数《ほすう》をかけ算《ざん》すれば、距離《きょり》がわかりますよね。これを家《いえ》の外《そと》でするときは、自動車《じどうしゃ》などによく注意《ちゅうい》しましょう。

**ひとくちメモ** 伊能図《いのうず》には、大図《だいず》、中図《なかず》、小図《しょうず》の3種類《しゅるい》があります。一番大《いちばんおお》きい大図《だいず》は、日本全土《にほんぜんど》を69枚《まい》に分割《ぶんかつ》したもので、全部《ぜんぶ》つなぎ合《あ》わせると畳《たたみ》500枚分《まいぶん》の大《おお》きさになるというからビックリ！

手を動かしてつくってみよう

# やっこさんの背《せ》の高《たか》さ



東京都《とうきょうと》 杉並区立高井戸第三小学校《すぎなみくりつたかいどだいさんしょうがっこう》
吉田映子《よしだえいこ》先生《せんせい》が書《か》きました

読《よ》んだ日《ひ》 月《がつ》 日《にち》 月《がつ》 日《にち》 月《がつ》 日《にち》

## 折《お》り紙《がみ》でつくってみよう

みなさんは折《お》り紙《がみ》で「やっこさん」を折《お》ったことはありますか？ 折《お》り方《かた》はかんたんです。

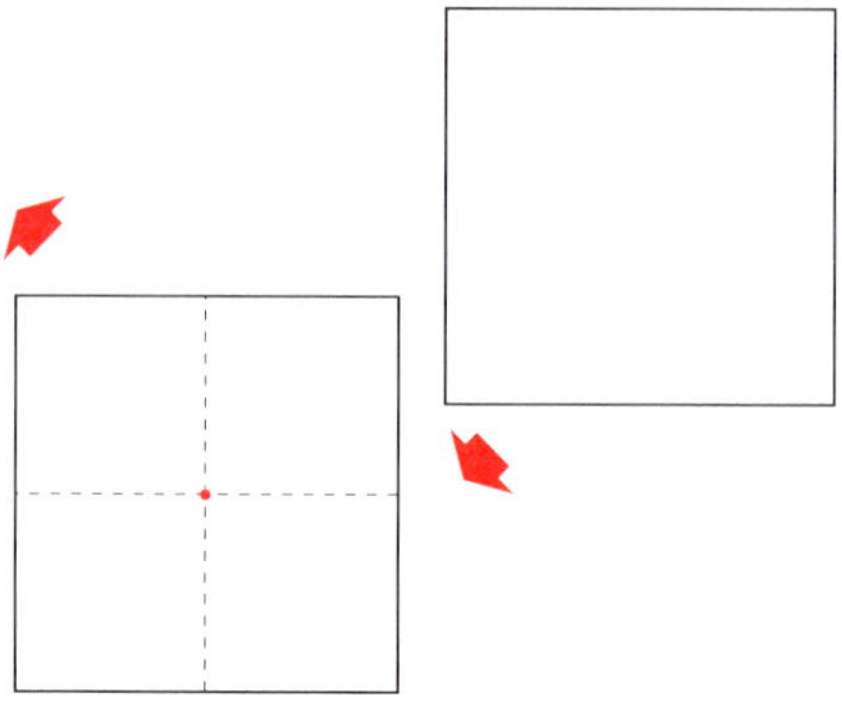

①まず、折《お》り紙《がみ》を2度《ど》折《お》って、図《ず》のように折《お》り線《せん》をつけます。

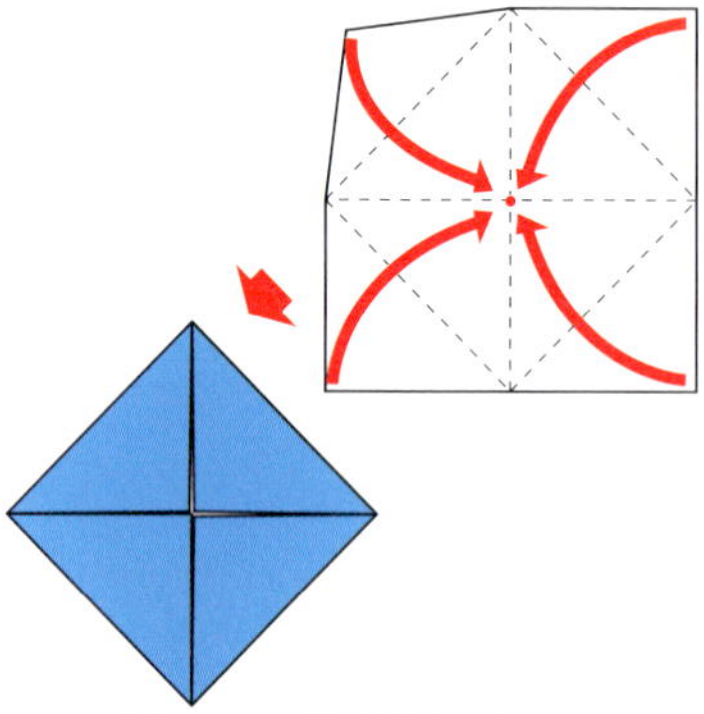

②次《つぎ》に4つの角《かど》を中心《ちゅうしん》に合《あ》わせて折《お》ります。

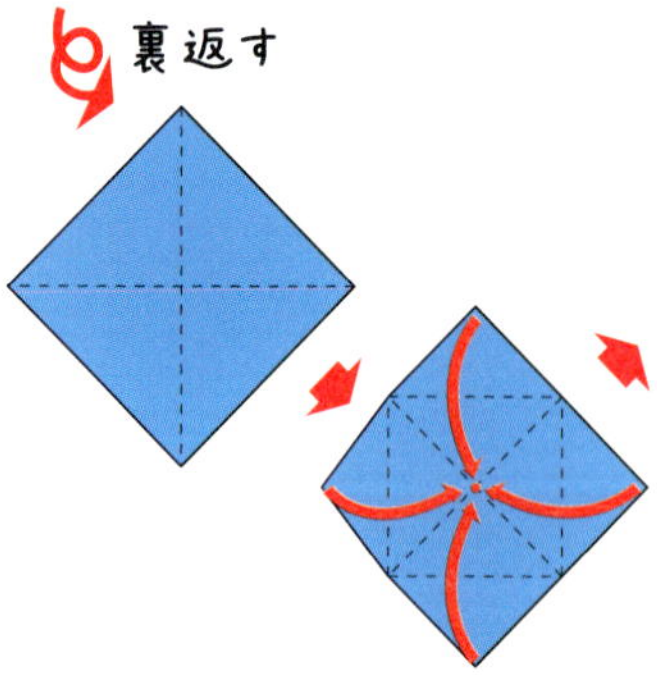


③裏返《うらがえ》して、また4つの角《かど》を同《おな》じように中心《ちゅうしん》に合《あ》わせて折《お》ります。

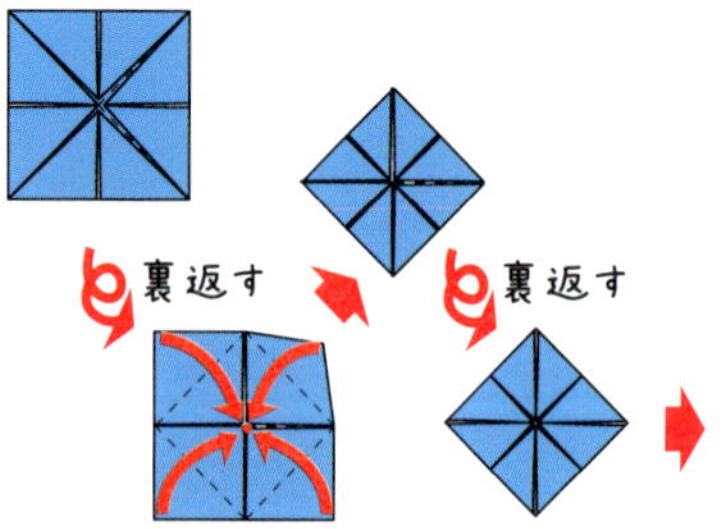


④次《つぎ》に、また裏返《うらがえ》して、4つの角《かど》を同《おな》じように中心《ちゅうしん》に合《あ》わせて折《お》ります。

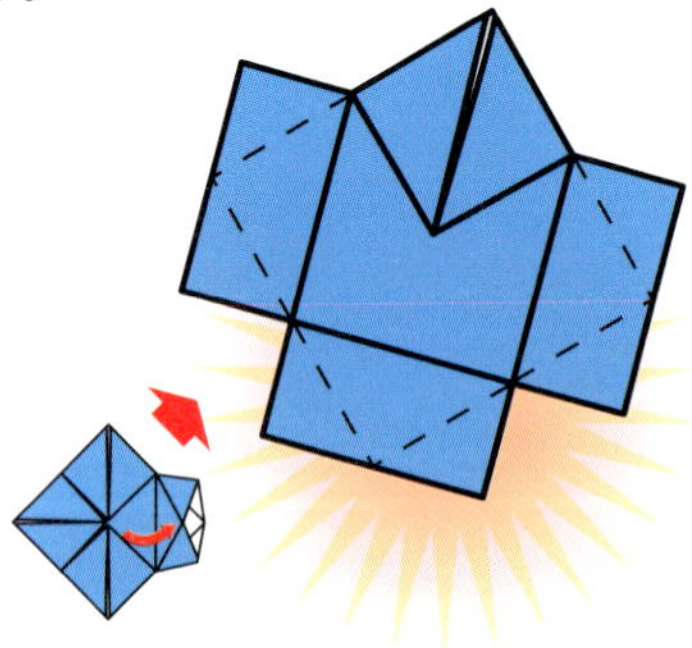

⑤仕上《しあ》げです。
もう一度《いちど》裏返《うらがえ》し、三角形《さんかくけい》の所《ところ》を開《ひら》いてつぶして、両手《りょうて》と足下《あしもと》をつくります。

これでやっこさんのできあがりです。

折《お》り紙《がみ》を、3回《かい》も中心《ちゅうしん》に合《あ》わせて折《お》ったので、折《お》るたびに正方形《せいほうけい》が小《ちい》さくなりました。でもちょっと比《くら》べてみてください。

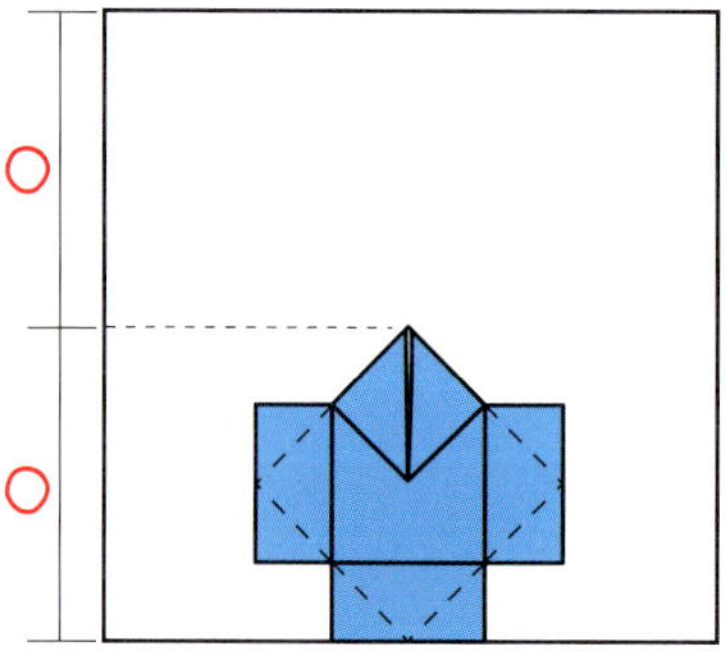

やっこさんの背《せ》の高《たか》さは、はじめの折《お》り紙《がみ》のちょうど半分《はんぶん》です。

どうしてでしょう。

よく見《み》ると、1度目《どめ》と3度目《どめ》に折《お》ったときは、4つの角《かど》を内側《うちがわ》に折《お》っただけなので、正方形《せいほうけい》の縦《たて》はそのままです。正方形《せいほうけい》の縦《たて》が短《みじか》くなったのは2度目《どめ》に折《お》ったときだけだからですね。

**ひとくちメモ** 折《お》り紙《がみ》を4つに切《き》った大《おお》きさの正方形《せいほうけい》でつくると、正方形《せいほうけい》の面積《めんせき》は1/4ですが、辺《へん》の長《なが》さは1/2なので、背《せ》の高《たか》さはやはり小《ちい》さく切《き》った折《お》り紙《がみ》の半分《はんぶん》になります。

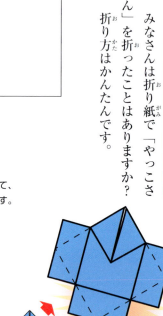

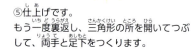

図形のお話

# 身《み》の回《まわ》りの正多角形《せいたかくけい》

6月 4日

お茶《ちゃ》の水《みず》女子《じょし》大学《だいがく》附《ふ》属《ぞく》小学校《しょうがっこう》
岡《おか》田《だ》紘《ひろ》子《こ》先生《せんせい》が書《か》きました

読《よ》んだ日《ひ》　月《がつ》　日《にち》　月《がつ》　日《にち》　月《がつ》　日《にち》

## 正多角形《せいたかくけい》とは？

多角形《たかくけい》の中《なか》で見《み》た目《め》がとくに美《うつく》しいものがあります。これらは辺《へん》の長《なが》さがすべて等《ひと》しく、角《かく》の大《おお》きさもすべて等《ひと》しいので美《うつく》しく見《み》えるのです。このような多角形《たかくけい》を正《せい》多角形《たかくけい》といいます。身《み》の回《まわ》りには、きれいな正多角形《せいたかくけい》がたくさんあります。探《さが》してみましょう。

## 身近《みぢか》な正多角形《せいたかくけい》

まずは、自然《しぜん》の中《なか》から見《み》つけてみましょう。蜂《はち》の巣《す》の穴《あな》の形《かたち》は、正六角形《せいろっかくけい》になっています。また、トンボやハエの眼《め》、亀《かめ》の甲羅《こうら》も正《せい》六角形《ろっかくけい》になっています。

生活《せいかつ》の中《なか》からも正多角形《せいたかくけい》を見《み》つけてみましょう。日本武道館《にほんぶどうかん》の屋根《やね》は、正八角形《せいはちかくけい》になっています。観客《かんきゃく》の見《み》やすさを考《かんが》えて、正八角《せいはちかく》形《けい》になったそうです。

サッカーゴールのネットを見《み》てみましょう。テレビなどで見《み》る編《あ》み目《め》の穴《あな》の形《かたち》は、正六角形《せいろっかくけい》になっています。

また、鉛筆《えんぴつ》の断面《だんめん》も、正六角形《せいろっかくけい》や正三角形《せいさんかくけい》のものがありますね。サッカーボールも、正五角形《せいごかくけい》と正《せい》六角形《ろっかくけい》を組《く》み合《あ》わせてできています。

ほかにも、お皿《さら》や時計《とけい》など、身《み》の回《まわ》りには正多角形《せいたかくけい》のものがたくさんあります。見《み》つけてみましょう。

ひとくちメモ　正多角形《せいたかくけい》については250ページにも書《か》いてあります。ぜひ見《み》てみてください。また、正多角形《せいたかくけい》で囲《かこ》まれた立体《りったい》を正多面体《せいためんたい》といいます。正多面体《せいためんたい》については、306ページに書《か》いてありますよ。

数と計算のお話

# 計算《けいさん》の工夫《くふう》②
# たし算《ざん》のきまり

6月 5日

東京都《とうきょうと》　杉並区立高井戸第三小学校《すぎなみくりつたかいどだいさんしょうがっこう》
吉田映子《よしだえいこ》先生《せんせい》が書《か》きました

読《よ》んだ日《ひ》　月《がつ》　日《にち》｜　月《がつ》　日《にち》｜　月《がつ》　日《にち》

## ちょっぴり知恵《ちえ》を使《つか》って

たし算《ざん》の計算《けいさん》をしてみましょう。

45 + 20

「簡単《かんたん》だよ」という声《こえ》がきこえそうですね。

答《こた》えは65。

では次《つぎ》のたし算《ざん》はどうでしょう。

45 + 38

今度《こんど》はちょっと考《かんが》えましたか。繰《く》り上《あ》がりがあるからですね。

でもこのたし算《ざん》も、ちょっと工夫《くふう》すると簡単《かんたん》な計算《けいさん》に変身《へんしん》します。38はあと2で40ですね。もし足《た》す数《かず》が何十《なんじゅう》だったら、計算《けいさん》は簡単《かんたん》になりますね。そこで、足《た》す数《かず》を40にしてみたらどうでしょう。

45 + 40 = 85 です。

でも、本当《ほんとう》は38だったから、この答《こた》えは2大《おお》きくなっています。そこで、答《こた》えの85から2を引《ひ》けば正《ただ》しい答《こた》えがわかります。

答《こた》えは85 − 2で83でした。

だったら……。そうですね。もうひと工夫《くふう》しましょう。

## こんな工夫《くふう》もできるよ

45 + 38の足《た》す数《かず》の38に2を足《た》して40にして計算《けいさん》してから、多《おお》すぎる2を引《ひ》いたのですから、はじめに引《ひ》かれる数《かず》の45から2を引《ひ》いてしまったらどうでしょう（図《ず》1）。

答《こた》えは同《おな》じになりますね。

45 + 38 = 43 + 40

となります。どちらも答《こた》えが同《おな》じ83になるので「＝（等号《とうごう》）」でつなぐことができます。

このように、たし算《ざん》では、足《た》される数《かず》か足《た》す数《かず》の片方《かたほう》から引《ひ》いた数《かず》と同《おな》じ数《かず》を、もう一《ひと》つの方《ほう》の数《かず》に足《た》しても、計算《けいさん》の答《こた》えは変《か》わらないのです。

29 + 67でも試《ため》してみましょう。

図《ず》1

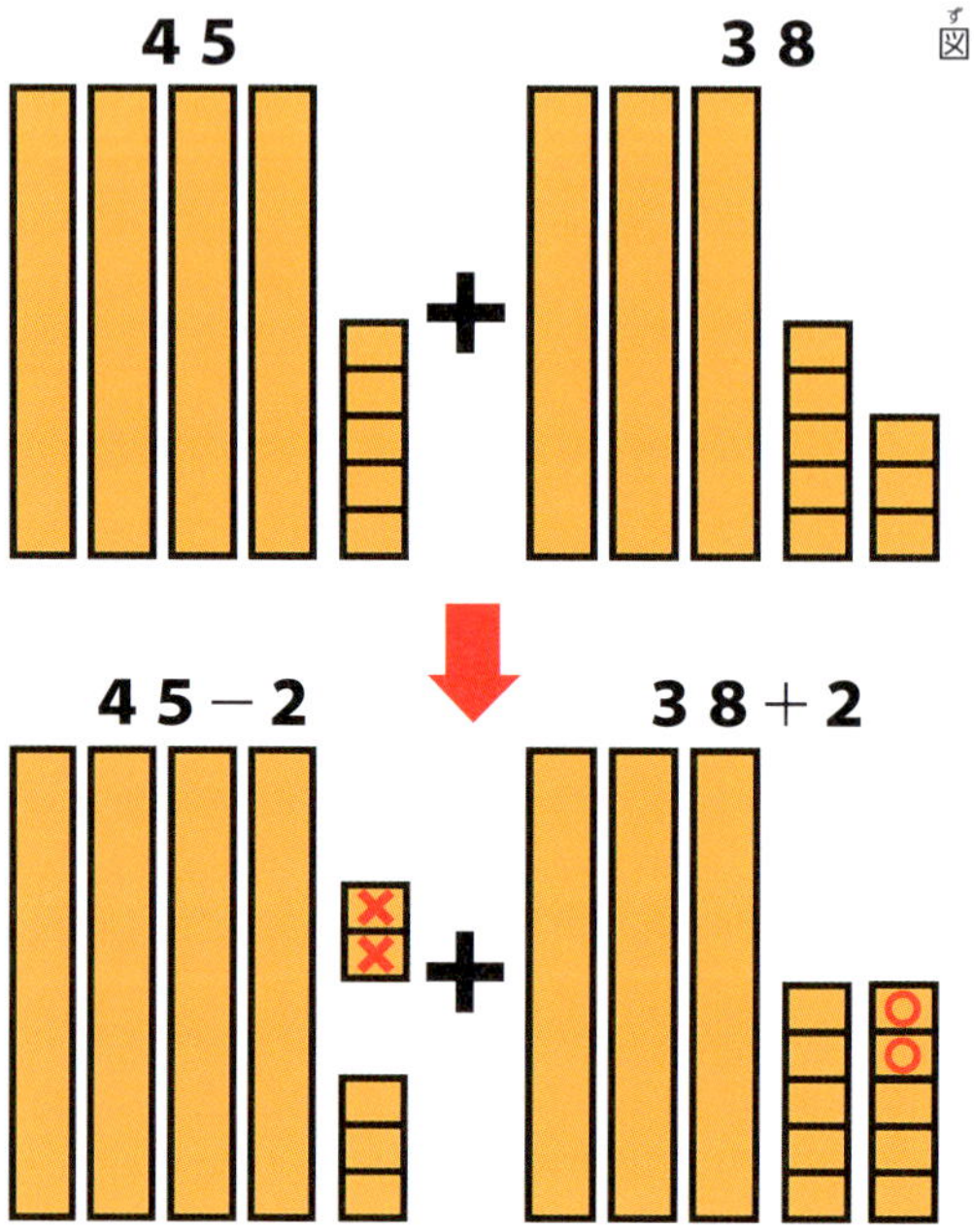

ひとくちメモ　ひき算《ざん》も工夫《くふう》して簡単《かんたん》な計算《けいさん》にできるでしょうか？　くわしくは219ページの「計算《けいさん》の工夫《くふう》③ ひき算《ざん》のきまり」を見《み》てみましょう。

# 知《し》ってる？ 昔《むかし》の単位《たんい》（長《なが》さ）

東京都《とうきょうと》　豊島区立高松小学校《としまくりつたかまつしょうがっこう》
細萱裕子《ほそがやゆうこ》先生《せんせい》が書《か》きました

読《よ》んだ日《ひ》　月《がつ》　日《にち》｜月《がつ》　日《にち》｜月《がつ》　日《にち》

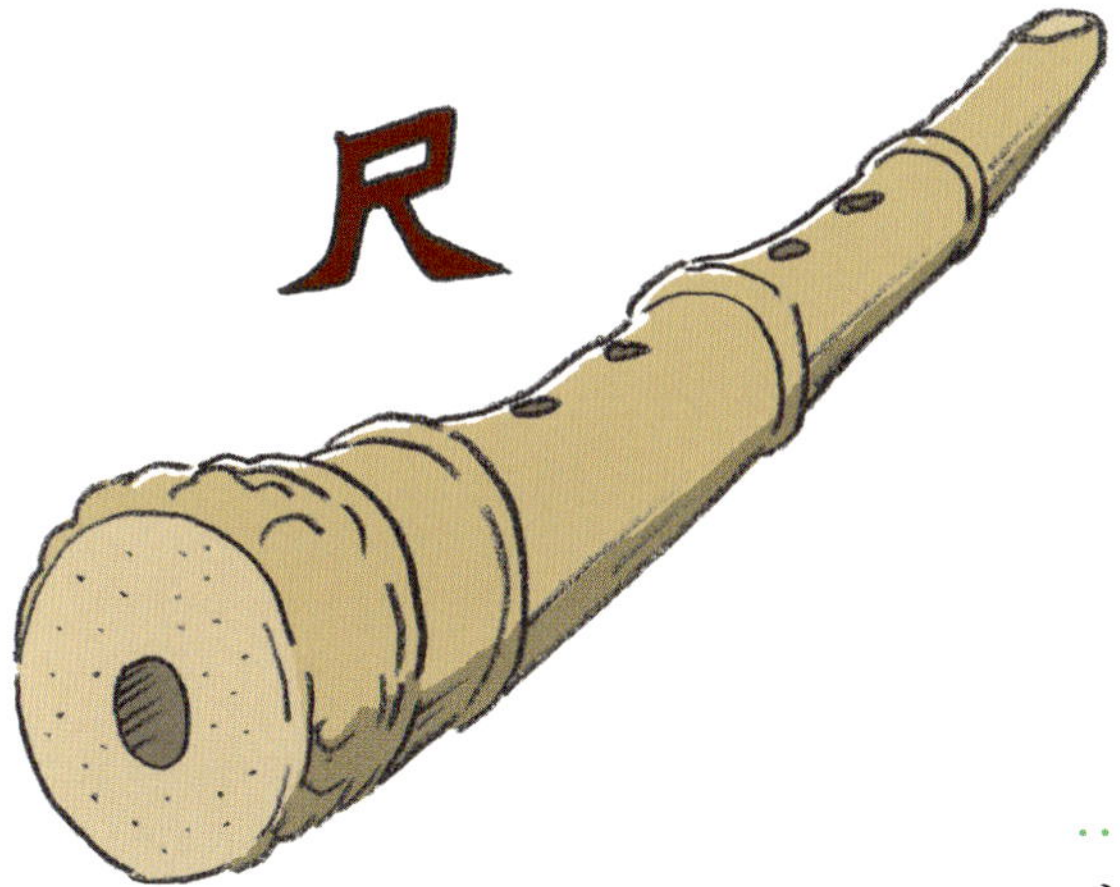


## 「尺八《しゃくはち》」の名前《なまえ》の由来《ゆらい》

「尺八《しゃくはち》」という楽器《がっき》を知《し》っていますか。日本《にほん》の伝統的《でんとうてき》な木管楽器《もっかんがっき》の一《ひと》つです。昔《むかし》、中国《ちゅうごく》の唐《とう》から伝《つた》わり、日本《にほん》の雅楽《ががく》の楽器《がっき》として用《もち》いられていました。この尺八《しゃくはち》という楽器《がっき》、長《なが》さが一尺八寸《いっしゃくはっすん》（約《やく》54cm）だったことが名前《なまえ》の由来《ゆらい》と言《い》われています。

尺《しゃく》や寸《すん》は、日本《にほん》や中国《ちゅうごく》で使《つか》われる長《なが》さの単位《たんい》で、一尺《いっしゃく》は約《やく》30・3cm、一寸《いっすん》はその$\frac{1}{10}$で約《やく》3cmです。つまり、尺八《しゃくはち》の長《なが》さは、一尺《いっしゃく》＝約《やく》30cmと八寸《はっすん》＝3×8＝約《やく》24cmを合《あ》わせた約《やく》54cmというわけです。

## 大仏《だいぶつ》はどのくらい大《おお》きい？

大仏《だいぶつ》を見《み》たことはありますか。現在《げんざい》、日本《にほん》にあるもっとも古《ふる》い大仏《だいぶつ》は、奈良県《ならけん》の飛鳥寺《あすかでら》にある飛鳥《あすか》大仏《だいぶつ》です。その高《たか》さは、約《やく》3mにもなります。

大仏《だいぶつ》というのは、大《おお》きな仏像《ぶつぞう》を表《あらわ》す言葉《ことば》です。「大《おお》きな」とは、どのくらいのことをいうのでしょう。はっきりとしたきまりはありませんが、丈六以上《じょうろくいじょう》の仏像《ぶつぞう》を大仏《だいぶつ》ということが多《おお》いそうです。丈六《じょうろく》というのは、一丈六尺《いちじょうろくしゃく》のことで、約《やく》4・85mです。立像《りつぞう》（立《た》っている姿《すがた》の像《ぞう》）の場合《ばあい》は丈六《じょうろく》（約《やく》4・85m）、座像《ざぞう》（座《すわ》っている姿《すがた》の像《ぞう》）の場合《ばあい》は8尺《しゃく》（約《やく》2・5m）より大《おお》きい仏像《ぶつぞう》を大仏《だいぶつ》と呼《よ》ぶそうです。

飛鳥大仏《あすかだいぶつ》は座像《ざぞう》で、8尺《しゃく》を超《こ》えているので大仏《だいぶつ》と呼《よ》ばれるのですね。そのようなところにも、昔《むかし》の単位《たんい》が残《のこ》っているのですね。

### 覚《おぼ》えておこう

**こんな長《なが》さの単位《たんい》もあるよ！**

小《ちい》さなものから大《おお》きなものまで、いろいろな長《なが》さの単位《たんい》があります。

1分《ぶ》＝1/10寸《すん》＝約《やく》0.303㎝
1寸《すん》＝1/10尺《しゃく》＝約《やく》3.03㎝
1尺《しゃく》＝10寸《すん》＝約《やく》30.3㎝
1間《けん》＝6尺《しゃく》＝約《やく》1.8m
1丈《じょう》＝10尺《しゃく》＝約《やく》3m
1町《ちょう》＝360尺《しゃく》＝約《やく》110m
（24ページ参照《さんしょう》）

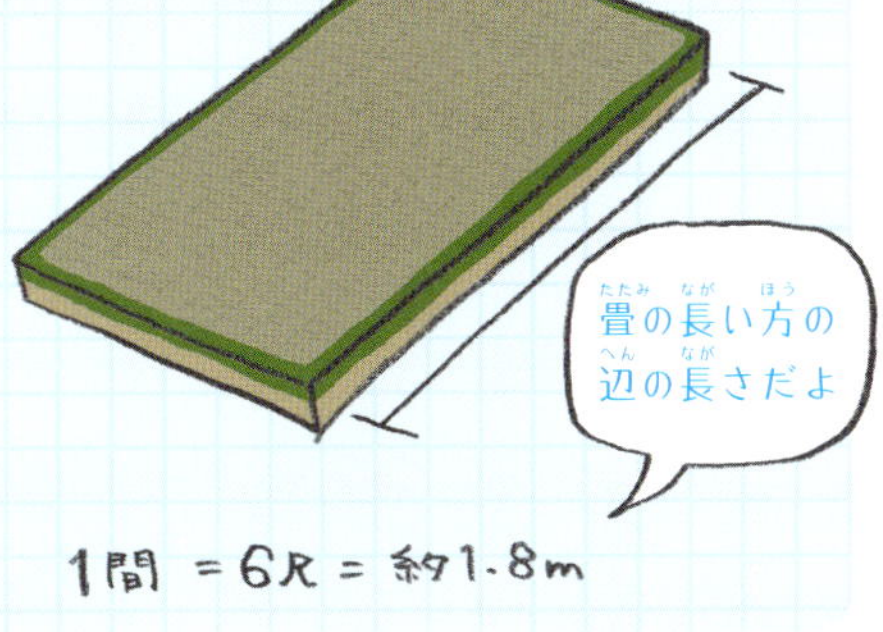


**ひとくちメモ** 1尺《しゃく》＝約《やく》30.3㎝は、「曲尺《かねじゃく》」という大工《だいく》さんなどが使《つか》うものさしでの長《なが》さ。「鯨尺《くじらじゃく》」という呉服屋《ごふくや》さんなどが使《つか》うものさしもあり、その場合《ばあい》は1尺《しゃく》＝約《やく》38㎝です。

図形のお話

# どんな箱《はこ》が包《つつ》まれていたの？
## ～包《つつ》み紙《がみ》の折《お》れあとから考《かんが》える～

6月7日

神奈川県《かながわけん》 川崎市立土橋小学校《かわさきしりつつちはししょうがっこう》
山本《やまもと》 直《なお》先生《せんせい》が書《か》きました

読《よ》んだ日《ひ》　月《がつ》　日《にち》　月《がつ》　日《にち》　月《がつ》　日《にち》

### 包《つつ》み紙《がみ》についたあとから

お店《みせ》でものを買《か》ったとき、友達《ともだち》にプレゼントを贈《おく》るとき、品物《しなもの》を紙《かみ》できれいに包《つつ》むことがあります。この紙《かみ》のことを包《つつ》み紙《がみ》や包装紙《ほうそうし》と呼《よ》んでいます。多《おお》くの場合《ばあい》は箱《はこ》に品物《しなもの》を入《い》れてから、その箱《はこ》を紙《かみ》で包《つつ》むのですが、自分《じぶん》でやってみると意外《いがい》と難《むずか》しいものです。お店《みせ》の人《ひと》は慣《な》れた手《て》つきで上手《じょうず》に包《つつ》むことができるので、すごいですね。

ところで、この包《つつ》み紙《がみ》を開《ひら》いたとき、当然《とうぜん》、折《お》ったところには線《せん》のあとがつきます。Aの図《ず》は、ある箱《はこ》を包《つつ》んで開《ひら》いたときの包《つつ》み紙《がみ》の折《お》れあとです。では、この折《お》れあとから、どのようなことがわかるのでしょうか。

A

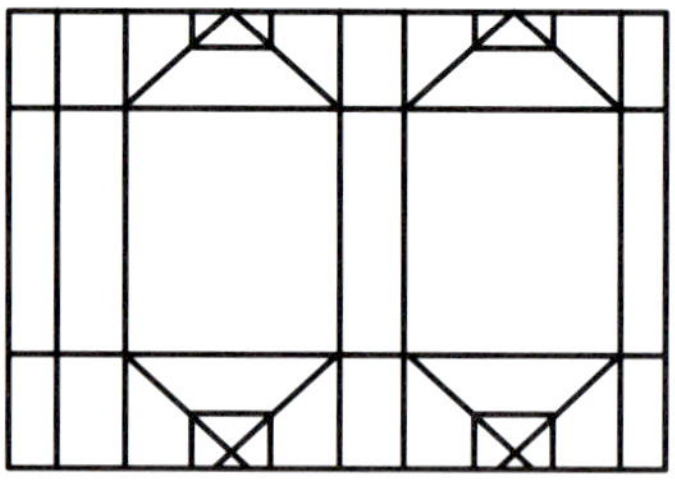

B

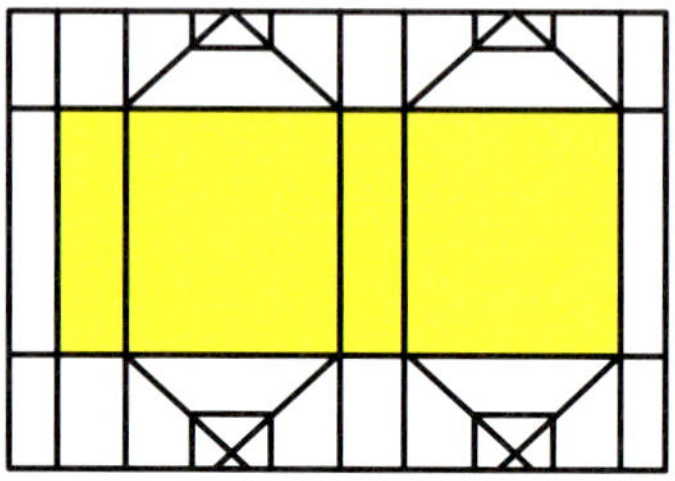

C

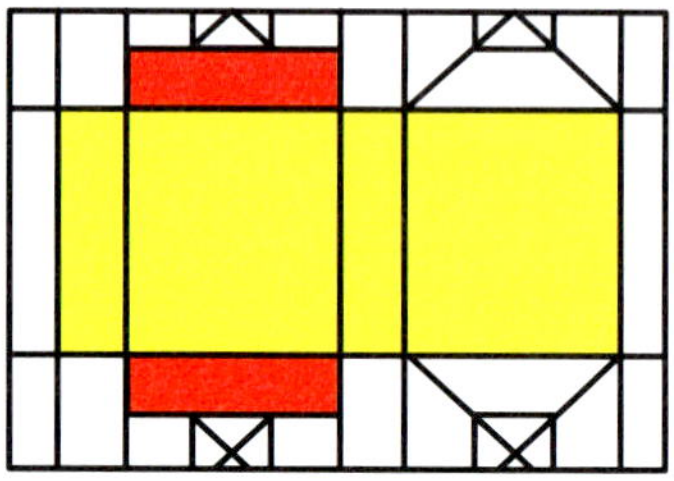

### 箱《はこ》の大《おお》きさや形《かたち》がわかる？

よく観察《かんさつ》してみると、箱《はこ》の6つの面《めん》のうち、4つの面《めん》がそのまま残《のこ》っていることがわかります（Bの黄色《きいろ》の部分《ぶぶん》）。では、残《のこ》りの2つの面《めん》はどこにあるのでしょうか。実《じつ》は、Cの赤《あか》いところがその面《めん》なのですが、斜《なな》めに折《お》っているところなので、そのままの形《かたち》では残《のこ》っていなかったのですね。

箱《はこ》を紙《かみ》で包《つつ》む方法《ほうほう》はいろいろあり、同《おな》じ箱《はこ》を包《つつ》んでいても、折《お》り方《かた》が違《ちが》えば折《お》れあとの様子《ようす》も変《か》わってきます。お店《みせ》では、初《はじ》めに箱《はこ》を斜《なな》めにおいて包《つつ》む人《ひと》も多《おお》いようです。その場合《ばあい》はどのような折《お》れあとになるのでしょうか。

### やってみよう

#### 実際《じっさい》に包《つつ》んで開《ひら》いて

身《み》の回《まわ》りにあるいろいろな箱《はこ》や物《もの》を包《つつ》んで開《ひら》いてみましょう。どのようなあとが残《のこ》るのでしょうか。包《つつ》み紙《がみ》を折《お》れあとにそって折《お》り直《なお》し、箱《はこ》をつくってみるのも楽《たの》しそうですね。折《お》れあとからわかる線《せん》（辺《へん》）や面《めん》に注目《ちゅうもく》して考《かんが》えれば、どのような箱《はこ》を包《つつ》んでいたのかがはっきりとしてきます。

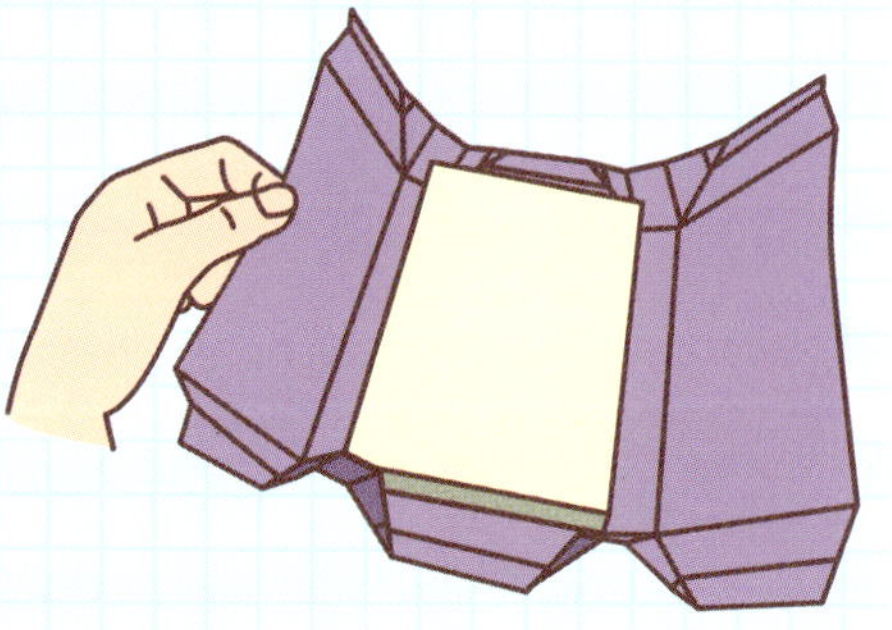

ひとくちメモ
図形《ずけい》の特徴《とくちょう》は辺《へん》、面《めん》、頂点《ちょうてん》、角《かど》の大《おお》きさなどの関係《かんけい》を調《しら》べることでよくわかります。包《つつ》み紙《がみ》の折《お》り目《め》でそれを確《たし》かめてみるのも面白《おもしろ》いですね。

数と計算のお話

# どうして「商《しょう》」っていうの？



青森県《あおもりけん》 三戸町立三戸小学校《さんのへちょうりつさんのへしょうがっこう》
種市芳文《たねいちよしたけ》先生《せんせい》が書《か》きました

読んだ日 月 日 月 日 月 日

## わり算《ざん》の答《こた》えは「商《しょう》」

たし算《ざん》の答《こた》えは「和《わ》」、ひき算《ざん》の答《こた》えは「差《さ》」、かけ算《ざん》の答《こた》えは「積《せき》」、わり算《ざん》の答《こた》えは「商《しょう》」といいます。「和《わ》」「差《さ》」は普段《ふだん》でも使《つか》いますし、「積《せき》」も積《つ》み重《かさ》なるイメージが同《おな》じ数《かず》を足《た》していくイメージと重《かさ》なるので理解《りかい》できます。でも、「商《しょう》」からわり算《ざん》をイメージするのは難《むずか》しいですね。どうしてわり算《ざん》の答《こた》えを「商《しょう》」というのでしょうか？

中国《ちゅうごく》の昔《むかし》の数学書《すうがくしょ》「九章算術《きゅうしょうさんじゅつ》」という本《ほん》には、「商功《しょうこう》」という言葉《ことば》が出《で》てきます。これは、土木工《どぼくこう》事《じ》の仕事量《しごとりょう》や働《はたら》く人《ひと》の数《かず》を計算《けいさん》で求《もと》めることを意味《いみ》し、この計算《けいさん》にわり算《ざん》を使《つか》います。「商《しょう》」には、「あきなう」のほかに、「はかる」という意味《いみ》もあるので、このわり算《ざん》の計算《けいさん》と意味《いみ》が重《かさ》なるため使《つか》われるようになったそうです。

## 江戸時代《えどじだい》にもルーツが！

また、江戸時代《えどじだい》には、算木《さんぎ》（竹《たけ》を使《つか》った計算道具《けいさんどうぐ》）に使《つか》う算盤《さんばん》のマス目《め》に「商《しょう》」という言葉《ことば》があり、そこへわり算《ざん》の答《こた》えや方程式《ほうていしき》の答《こた》えを表《あらわ》していました。

このようなことから、わり算《ざん》の答《こた》えを「商《しょう》」と呼《よ》ぶようになったと考《かんが》えられています。歴史《れきし》のある言葉《ことば》なので、味《あじ》わいながら使《つか》いたいものですね。

ひとくちメモ
「加減乗除《かげんじょうじょ》」という言葉《ことば》もあります。「加《か》」はたし算《ざん》をすること、「減《げん》」はひき算《ざん》をすること、「乗《じょう》」はかけ算《ざん》をすること、「除《じょ》」はわり算《ざん》をすることを意味《いみ》します。

## ●正八面体《せいはちめんたい》をつくってみよう

次《つぎ》に、正八面体《せいはちめんたい》にチャレンジしてみましょう。正八面体《せいはちめんたい》は、正三角形《せいさんかくけい》を8枚《まい》組《く》み合《あ》わせてできる立体《りったい》です。まずは、正三角形《せいさんかくけい》の紙《かみ》を8枚用意《まいようい》します。

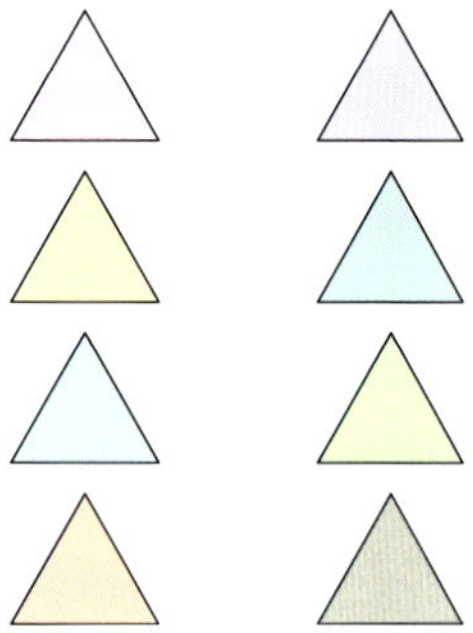

正三角形《せいさんかくけい》の紙《かみ》を4枚《まい》貼《は》り合《あ》わせて、図《ず》のような形《かたち》を2つつくります。

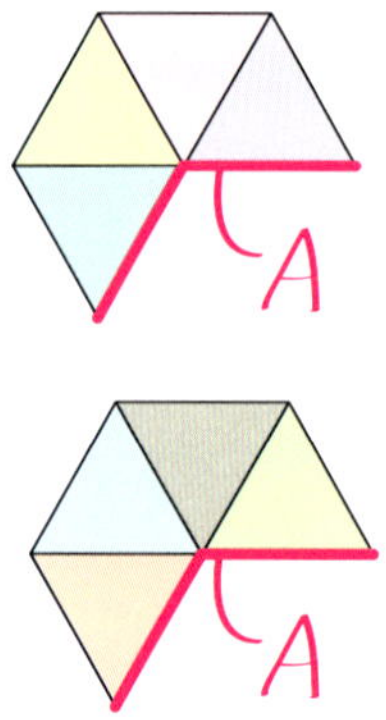


貼《は》り合《あ》わせた紙《かみ》を正三角形《せいさんかくけい》に沿《そ》って折《お》って、Aの部分《ぶぶん》をセロファンテープでくっつけて、立体《りったい》をつくります。

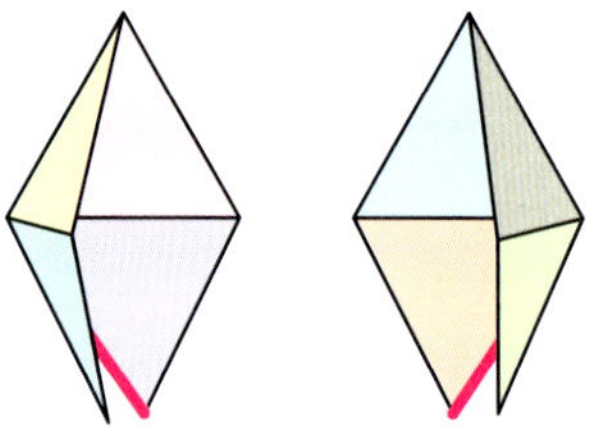

2つの立体《りったい》を貼《は》り合《あ》わせると……。

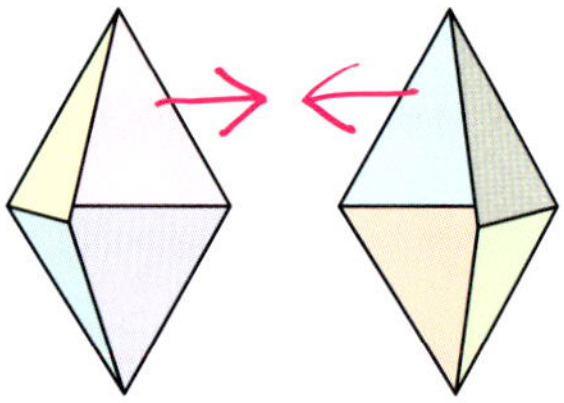

正八面体《せいはちめんたい》の完成《かんせい》です。

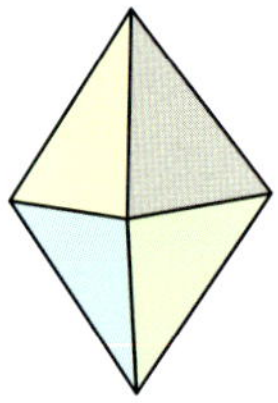

## ●正八面体《せいはちめんたい》の展開図《てんかいず》はどんな形《かたち》？

正八面体《せいはちめんたい》もさっきと同《おな》じように広《ひろ》げて、どんな形《かたち》になるか調《しら》べてみましょう。

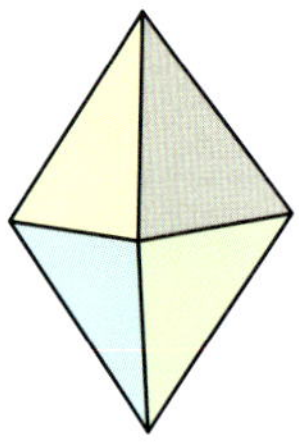

この4つのうちのどれかになりましたか？　正八《せいはち》面体《めんたい》には、このほかにも7つの展開図《てんかいず》があります。

正八面体《せいはちめんたい》には、全部《ぜんぶ》で11の展開図《てんかいず》があるよ

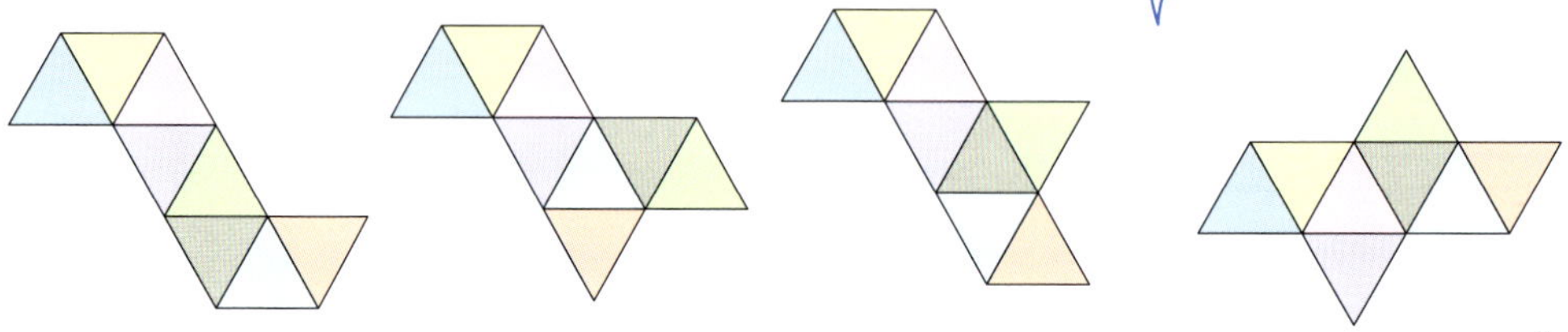

### やってみよう

正三角形《せいさんかくけい》を20枚《まい》組《く》み合《あ》わせた立体《りったい》を、正二十面《せいにじゅうめん》体《たい》といいます。展開図《てんかいず》は右《みぎ》のとおり。この展開図《てんかいず》を組《く》み立《た》てて、正二十面《せいにじゅうめん》体《たい》をつくってみましょう。

展開図《てんかいず》

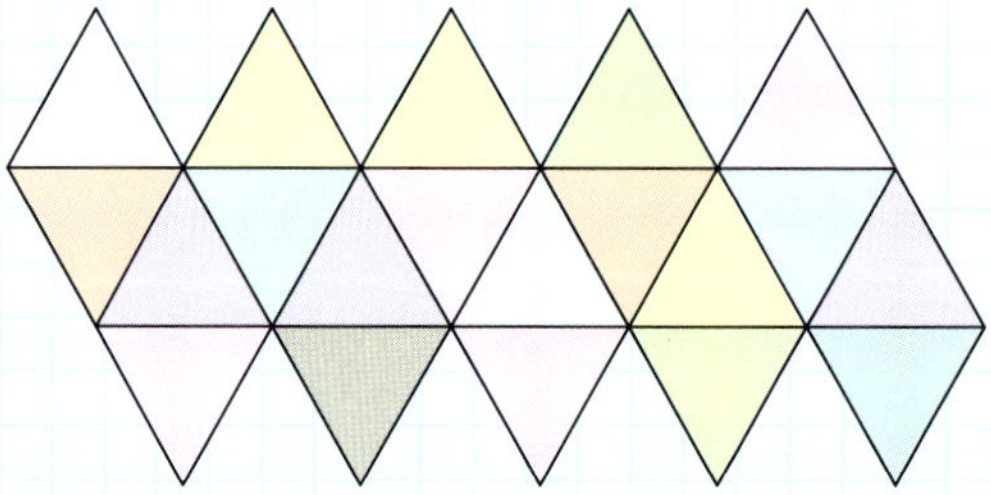

完成《かんせい》

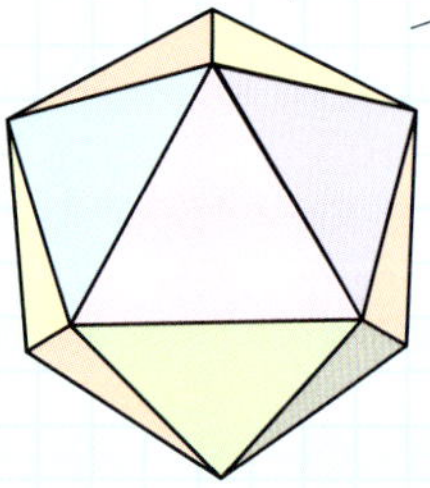

**ひとくちメモ**

正四面体《せいしめんたい》、正八面体《せいはちめんたい》、正二十面体《せいにじゅうめんたい》は、正三角形《せいさんかくけい》からつくることができます。同《おな》じように、正六面体《せいろくめんたい》は正方形《せいほうけい》から、正十二面体《せいじゅうにめんたい》は正五角形《せいごかくけい》からつくることができます。

# 正三角形《せいさんかくけい》から立体《りったい》をつくろう

6月 9日

島根県《しまねけん》　飯南町立志々小学校《いいなんちょうりつししょうがっこう》
村上幸人《むらかみゆきと》先生《せんせい》が書《か》きました

読《よ》んだ日《ひ》　月《がつ》　日《にち》｜月《がつ》　日《にち》｜月《がつ》　日《にち》

4枚《まい》の正三角形《せいさんかくけい》の紙《かみ》をくっつけていくと、立体《りったい》ができ上《あ》がります。正三角形《せいさんかくけい》を8枚《まい》、20枚《まい》と増《ふ》やしていくと、さらに複雑《ふくざつ》な立体《りったい》をつくることができます。

**用意《ようい》するもの**

- 折《お》り紙《がみ》
- はさみ
- セロファンテープ



## ●正四面体《せいしめんたい》をつくってみよう

まずは、同《おな》じ大《おお》きさの正三角形《せいさんかくけい》の紙《かみ》を4枚用意《まいようい》します。

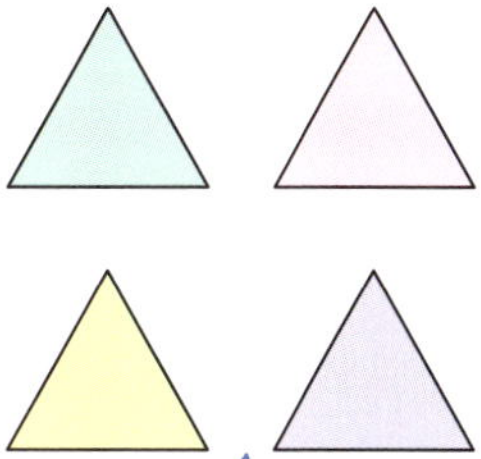

正三角形《せいさんかくけい》のつくり方《かた》は、127ページを見《み》てね

正三角形《せいさんかくけい》の紙《かみ》の辺《へん》と辺《へん》を図《ず》のようにセロファンテープでくっつけていくと……。

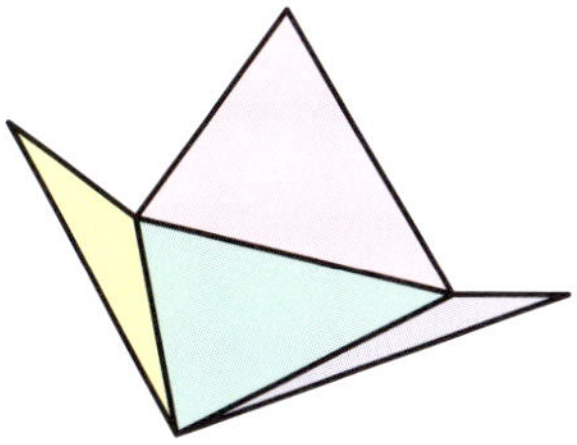

こんな立体《りったい》ができ上《あ》がります。このように正三角形《せいさんかくけい》4つを組《く》み合《あ》わせた立体《りったい》を、正四面体《せいしめんたい》といいます。

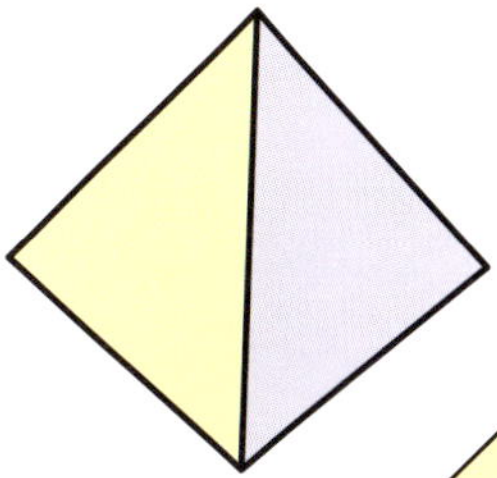

4つの面《めん》に1～4の数《すう》字《じ》を入《い》れると、サイコロとしても使《つか》えるよ

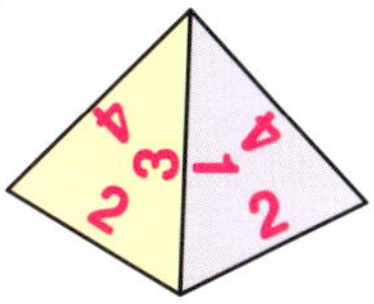


## ●正四面体《せいしめんたい》を広《ひろ》げてみると……

次《つぎ》に、つくった正四面体《せいしめんたい》をはさみで切《き》って広《ひろ》げてみましょう。どんな形《かたち》になるでしょうか？

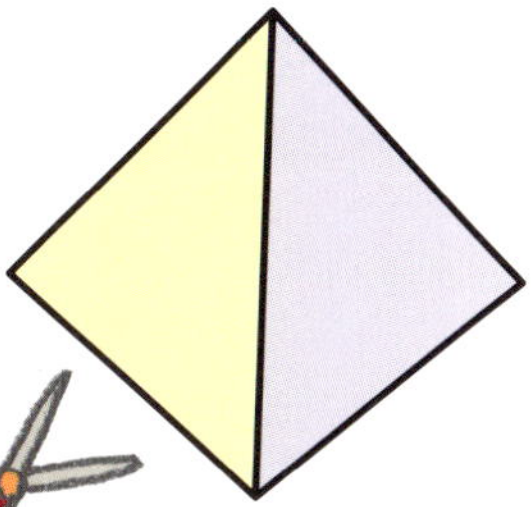

この2つのうちのどちらかになったはずです。
このように、正四面体《せいしめんたい》には、2種類《しゅるい》の展開図《てんかいず》があります。

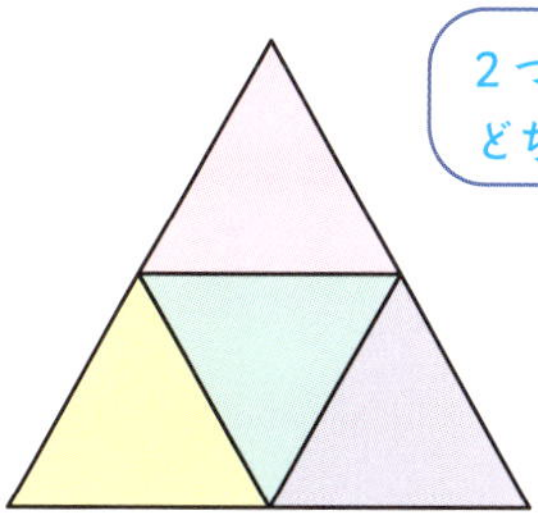

2つの展開図《てんかいず》を組《く》み立《た》てると、どちらも同《おな》じ正四面体《せいしめんたい》になるよ

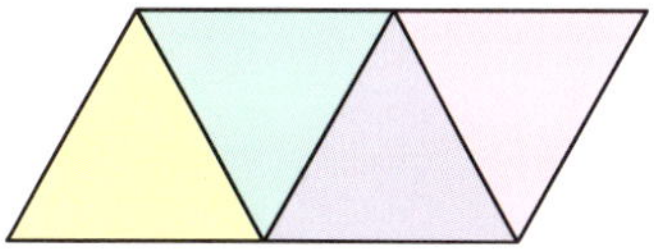

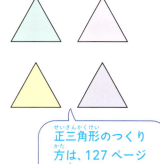

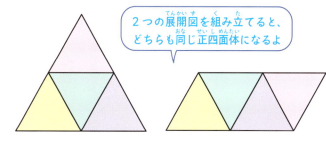

# 時計《とけい》はどうやってうまれたの？

2 くらしの中の算数のお話

6月 10日

島根県《しまねけん》 飯南町立志々小学校《いいなんちょうりつししょうがっこう》
村上幸人《むらかみゆきと》 先生《せんせい》が書《か》きました

読《よ》んだ日《ひ》 月《がつ》 日《にち》 月《がつ》 日《にち》 月《がつ》 日《にち》

## 大昔《おおむかし》の人《ひと》の知恵《ちえ》「日時計《ひどけい》」

「今《いま》、何時《なんじ》？」と聞《き》かれても、時計《とけい》があればその時《とき》の時刻《じこく》を答《こた》えられますね。今《いま》や時計《とけい》がなくてもテレビや携帯電話《けいたいでんわ》で時刻《じこく》がわかります。では、時計《とけい》がない昔《むかし》、人々《ひとびと》はどうやって時刻《じこく》を知《し》ることができたのでしょう。

みんなも知《し》っているように太陽《たいよう》の動《うご》きでおおよその時刻《じこく》はわかります。そもそも1日《にち》の長《なが》さというのは、太陽《たいよう》がお昼《ひる》に最《もっと》も高《たか》くなったとき（正午《しょうご》）から次《つぎ》の日《ひ》の正午《しょうご》までと決《き》まっています。でも、直《ちょく》接《せつ》太陽《たいよう》を見《み》ることはまぶしくてできないので、その影《かげ》を利用《りよう》した「日《ひ》時計《どけい》」をつくったのです。

でも、曇《くも》ったり雨《あめ》が降《ふ》ったりして影《かげ》ができない日《ひ》や夜《よる》は日時計《ひどけい》が使《つか》えません。ここから人類《じんるい》の工夫《くふう》が始《はじ》まるのです。

日時計

## いろんな時計《とけい》をつくったよ

時《とき》は絶《た》えず規則正《きそくただ》しく流《なが》れていきます。同《おな》じ間隔《かんかく》で繰《く》り返《かえ》し時《とき》を刻《きざ》む「装置《そうち》」をつくり出《だ》したわけです。水《みず》がこぼれる量《りょう》で時刻《じこく》を計《はか》る漏刻《ろうこく》や砂《すな》を利用《りよう》した砂時計《すなどけい》、ろうそくや油《あぶら》を燃《も》やしてその減《へ》り具《ぐ》合《あい》で時刻《じこく》を計《はか》るものなどがあります。

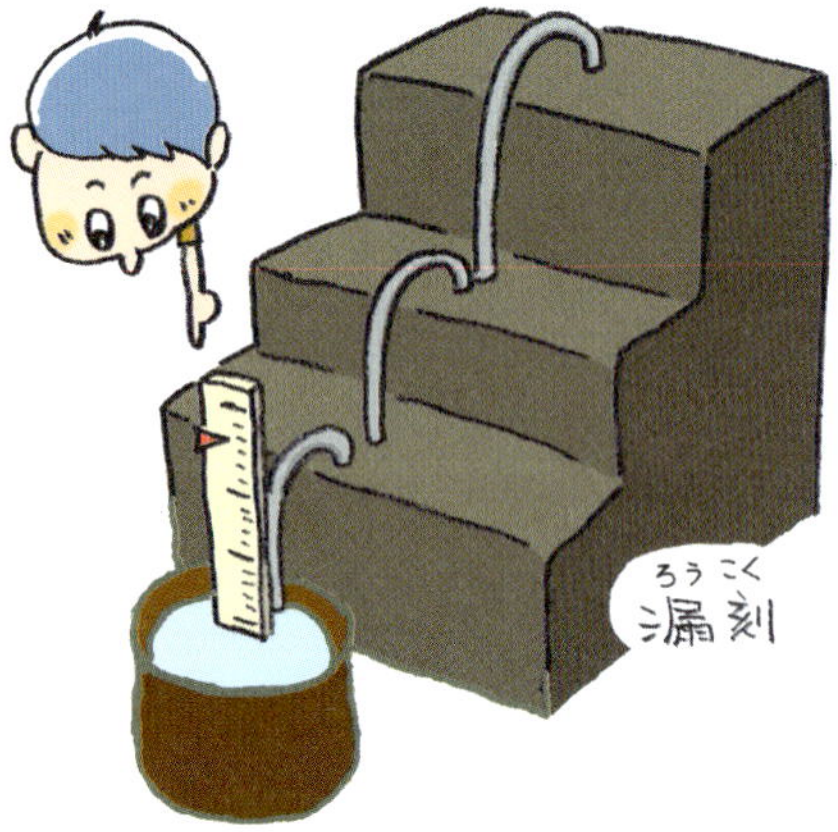
漏刻《ろうこく》

1582年頃《ねんごろ》、ガリレオはふりこがいつも同《おな》じ時間《じかん》でふれることを発見《はっけん》しました。そして、ふりこを利用《りよう》して歯車《はぐるま》やぜんまいで組《く》み立《た》てた「ふりこ時計《どけい》」が開発《かいはつ》され、日本《にほん》には1873年《ねん》に初《はじ》めて輸入《ゆにゅう》されました。

その後《ご》、さまざまな開発《かいはつ》がなされ、1969年《ねん》には水晶《すいしょう》を使《つか》って1カ月《げつ》でわずか数秒《すうびょう》しか時間《じかん》がずれない、電池《でんち》で長期間《ちょうきかん》動《うご》くクオーツ時計《どけい》ができました。

ふりこ時計

ひとくちメモ
今《いま》では標準電波送信所《ひょうじゅんでんぱそうしんじょ》ができ、全国《ぜんこく》で正確《せいかく》な時《とき》を受信《じゅしん》できる電波時計《でんぱどけい》も普及《ふきゅう》しています。また、天智天皇《てんちてんのう》が漏《ろう》刻《こく》を使《つか》った日《ひ》の6月《がつ》10日《か》を「時《とき》の記念日《きねんび》」としています。

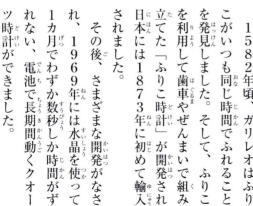

単位とはかり方のお話

# 時計《とけい》の針《はり》が同《おな》じ長《なが》さだったら？

6月《がつ》11日《にち》

お茶《ちゃ》の水女子大学附属小学校《みずじょしだいがくふぞくしょうがっこう》
久下谷《くげや》 明《あきら》先生《せんせい》が書《か》きました

読《よ》んだ日《ひ》　月《がつ》　日《にち》　月《がつ》　日《にち》　月《がつ》　日《にち》

## こんな時計《とけい》があったら？

今日《きょう》は時計《とけい》についてのお話《はなし》です。さっそく問題《もんだい》！　図《ず》1の時計《とけい》は何《なん》時《じ》を表《あらわ》しているでしょう。

短《みじか》い針《はり》が7時《じ》と8時《じ》の間《あいだ》を指《さ》し、長《なが》い針《はり》がちょうど6のところ、つまり30分《ぷん》のところにあります。したがって、7時《じ》30分《ぷん》ということがわかります。このように、長針《ちょうしん》と短針《たんしん》をそれぞれよんでいけば、時《と》計《けい》をよむことができます。では、もし時計《とけい》の針《はり》の長《なが》さが同《おな》じになってしまったら、時刻《じこく》はわかるのでしょうか。どう思《おも》いますか。

たとえば、同《おな》じ長《なが》さの針《はり》が、9と12をさしている時《とき》、時計《とけい》は何時《なんじ》を表《あらわ》しているでしょうか。考《かんが》えてみてください（図《ず》2）。

どうですか。わかりましたか。

図《ず》1

## 順《じゅん》に考《かんが》えるとわかるよ！

次《つぎ》のように考《かんが》えると、針《はり》の長《なが》さが同《おな》じでも、時計《とけい》をよむことができます。

①もし、12をさしている針《はり》が短針《たんしん》だったら……？

⬇長《なが》い針《はり》が9をさしているので、12時《じ》45分《ふん》でしょうか。12時《じ》45分《ふん》なら短《みじか》い針《はり》は12と1の間《あいだ》にあるので、おかしなことが起《お》こっていることになります。

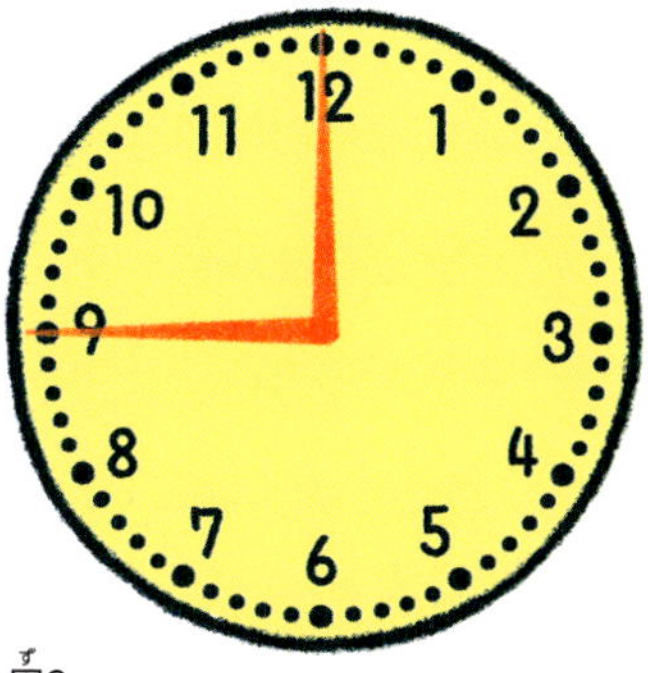

図《ず》2

②9をさしている針《はり》が短針《たんしん》だったら……？

⬇ちょうど9時《じ》、とよむことができます。

以上《いじょう》から、この場合《ばあい》は9時《じ》とわかります。このように考《かんが》えていけば、時計《とけい》の針《はり》が同《おな》じ長《なが》さでも、時《と》計《けい》をよむことができそうです。

では練習《れんしゅう》です。図《ず》3の時計《とけい》の針《はり》は何時《なんじ》を表《あらわ》しているでしょうか（答《こた》えはひとくちメモにあるよ）。

図《ず》3

**ひとくちメモ**　上《うえ》の問題《もんだい》の答《こた》えは、４時《じ》です。自分《じぶん》でも問題《もんだい》をつくって、友達《ともだち》や家《いえ》の人《ひと》に考《かんが》えてもらいましょう。

2 くらしの中の算数のお話

# 重《おも》さの単位《たんい》「キログラム」の誕生《たんじょう》

6月12日

岩手県《いわてけん》 久慈市教育委員会《くじしきょういくいいんかい》
小森《こもり》 篤《あつし》 先生《せんせい》が書《か》きました

読《よ》んだ日《ひ》　月《がつ》　日《にち》　月《がつ》　日《にち》　月《がつ》　日《にち》

## 昔《むかし》は石《いし》や穀物《こくもつ》が重《おも》さの基準《きじゅん》

作物《さくもつ》の量《りょう》を表《あらわ》すなど、大昔《おおむかし》の人《ひと》にとっても重《おも》さの単位《たんい》は大切《たいせつ》でした。そこで、大麦《おおむぎ》1粒《つぶ》の重《おも》さを単位《たんい》とした「グレーン」が生《う》まれたといわれています。そして、このグレーンという単位《たんい》から「ポンド」という単位《たんい》もできました。パウンドケーキの語源《ごげん》にもなっている重《おも》さの単位《たんい》で、イギリスのお金《かね》の単位《たんい》にもなっています。

江戸時代の分銅でやんす
図《ず》1

一方《いっぽう》、日本《にほん》では重《おも》さを表《あらわ》す単位《たんい》として「貫《かん》」が使《つか》われていました。そして、この貫《かん》という単位《たんい》からは「斤《きん》」「両《りょう》」「匁《もんめ》」といった単位《たんい》ができました（210ページ参照《さんしょう》）。「斤《きん》」は今《いま》でも食《しょく》パンの大《おお》きさを表《あらわ》すときに使《つか》うことがあります。また、「両《りょう》」は江戸時代《えどじだい》の日本《にほん》のお金《かね》の単位《たんい》でした。

大昔《おおむかし》の人々《ひとびと》は、石《いし》や穀物《こくもつ》を重《おも》さの単位《たんい》の基準《きじゅん》としていたそうです。しかし、それでは基準《きじゅん》の違《ちが》いが大《おお》きいので、金属《きんぞく》でできた「分銅《ふんどう》」を重《おも》さの単位《たんい》の基準《きじゅん》にするようになりました（図《ず》1）。

## メートルが決《き》まると順《じゅん》に…

さらに時代《じだい》が進《すす》み、外国《がいこく》との取《と》り引《ひ》きが盛《さか》んになってくると、国《くに》によって長《なが》さや重《おも》さなどの単位《たんい》が違《ちが》うことが不便《ふべん》になってきました。

そこで、18世紀《せいき》の終《お》わり頃《ごろ》、どの国《くに》でも共通《きょうつう》に使《つか》える単位《たんい》の基準《きじゅん》として「1メートル」が決《き》められたのです（88ページ参照《さんしょう》）。長《なが》さの単位《たんい》である1メートルが決《き》まったことにより、他《ほか》の量《りょう》を表《あらわ》す単《たん》位《い》も決《き》まっていきました。この中《なか》で、重《おも》さの単位《たんい》である「キログラム」が誕生《たんじょう》したのです（図《ず》2）。

こうして決《き》まった「1kg」は、「メートル原器《げんき》」とあわせて「キログラム原器《げんき》」として、1889年《ねん》に世界各国《せかいかっこく》に配布《はいふ》され、単位《たんい》が統一《とういつ》されるようになりました。

現在《げんざい》は科学技術《かがくぎじゅつ》の進歩《しんぽ》により、より正確《せいかく》に「1キログラム」の重《おも》さが決《き》まっています。

図《ず》2
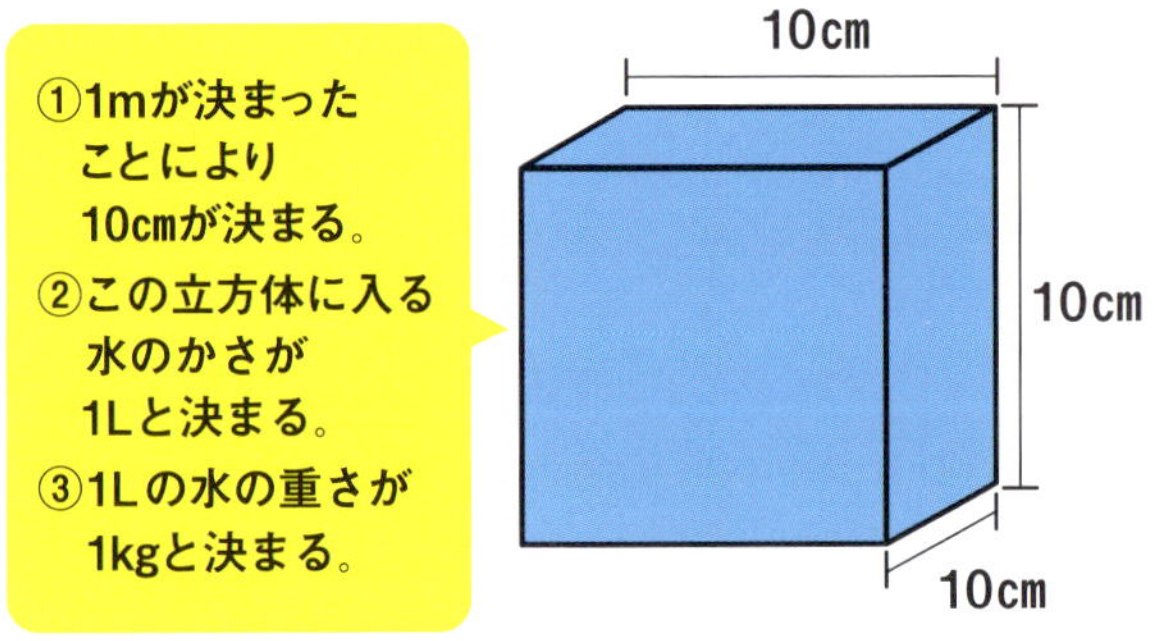
10cm
10cm
10cm
①1mが決まったことにより10cmが決まる。
②この立方体に入る水のかさが1Lと決まる。
③1Lの水の重さが1kgと決まる。

**ひとくちメモ**
日本《にほん》でメートル法《ほう》が使《つか》われるようになったのは1891年《ねん》です。しかし、このときは、「貫《かん》」の重《おも》さの単位《たんい》もあわせて使《つか》われていました。

# 記号《きごう》のきまりをみつけよう！

6月 13日

神奈川県《かながわけん》 川崎市立土橋小学校《かわさきしりつつちはししょうがっこう》
山本《やまもと》 直《なお》 先生《せんせい》が書《か》きました

読《よ》んだ日《ひ》　月《がつ》　日《にち》　月《がつ》　日《にち》　月《がつ》　日《にち》

## どんな計算《けいさん》をしているの？

みなさんは計算《けいさん》するときに、記《き》号《ごう》をつかっていますね。たし算《ざん》であれば「＋」、ひき算《ざん》であれば「－」、かけ算《ざん》は「×」でわり算《ざん》は「÷」です。では、下《した》のⒶの☆は、どのような計算《けいさん》をするのでしょうか。実《じつ》はこれ、作者《さくしゃ》が勝手《かって》に「☆のときはこのように計算《けいさん》する」と決《き》めたきまりです。どんなきまりだか、わかりますか。

## 数《かず》のかわりかたを比《くら》べよう

同《おな》じような式《しき》のところを見《み》てみましょう。2☆3＝7に対《たい》して、3☆3＝9となっています。つまり、☆の左側《ひだりがわ》が1増《ふ》えると、答《こた》えが2増《ふ》えています。他《ほか》はどうでしょうか。7☆5＝19に対《たい》して、8☆5＝21と、やはり2増《ふ》えています。一方《いっぽう》で、2☆2＝6、2☆3＝7と、☆の右側《みぎがわ》が1増《ふ》えた場合《ばあい》は、答《こた》えも1しか増《ふ》えていません。

なぜなのでしょうか。1つの式《しき》の中《なか》にある3つの数《かず》を比《くら》べてみましょう。あるきまりが見えてきます。答《こた》えから☆の右側《みぎがわ》を引《ひ》いてみると大《おお》きさのヒントになります。2☆3＝7であれば4、7☆5＝19は14、9☆5＝23は18になります。どれも、☆の左側《ひだりがわ》の数《かず》の2倍《ばい》になります。実《じつ》はこの☆の計算《けいさん》は、「左側《ひだりがわ》の数《かず》を2倍《ばい》してから右《みぎ》側《がわ》の数《かず》を足《た》す」というきまりになっています。

では、Ⓑの♡はどうでしょうか。こちらは、♡の左《ひだり》から右《みぎ》を引《ひ》いてから2倍《ばい》するというきまりです。

☆も♡も作者《さくしゃ》が勝手《かって》に決《き》めたきまりです。みなさんも自分《じぶん》で好《す》きなきまりをつくってみませんか。

Ⓐ

| | | | | |
|---|---|---|---|---|
| 2 | ☆ | 2 | ＝ | 6 |
| 2 | ☆ | 3 | ＝ | 7 |
| 3 | ☆ | 3 | ＝ | 9 |
| 7 | ☆ | 5 | ＝ | 19 |
| 8 | ☆ | 5 | ＝ | 21 |
| 9 | ☆ | 5 | ＝ | 23 |

Ⓑ

| | | | | |
|---|---|---|---|---|
| 2 | ♡ | 1 | ＝ | 2 |
| 3 | ♡ | 1 | ＝ | 4 |
| 10 | ♡ | 1 | ＝ | 18 |
| 2 | ♡ | 2 | ＝ | 0 |
| 3 | ♡ | 2 | ＝ | 2 |
| 10 | ♡ | 2 | ＝ | 16 |

### やってみよう

#### 自分《じぶん》できまりを決《き》めてみよう

どんな計算《けいさん》でもかまいません。自分《じぶん》の好《す》きな記号《きごう》を決《き》めて、どんな計算《けいさん》をするのかを考《かんが》えてみましょう。決《き》まったら、お家《うち》の人《ひと》や友達《ともだち》に考《かんが》えてもらうのもよいですね。友達《ともだち》とお互《たが》いにきまりをつくって、あてっこをするのも楽《たの》しいでしょう。あまり難《むずか》しいようでしたら、上手《じょうず》にヒントも考《かんが》えてみましょう。

ひとくちメモ　＋、－、×、÷のような記号《きごう》を、演算記号《えんざんきごう》といいます。この4つの計算《けいさん》のことを「四則計算《しそくけいさん》」ともいいます。

数・計算の歴史のおはなし

# 6本《ぽん》の数《かぞ》え棒《ぼう》でできる角度《かくど》

**6月14日**

青森県《あおもりけん》 三戸町立三戸小学校《さんのへちょうりつさんのへしょうがっこう》
種市芳丈《たねいちよしたけ》先生《せんせい》が書《か》きました

読《よ》んだ日《ひ》　月《がつ》　日《にち》　月《がつ》　日《にち》　月《がつ》　日《にち》

## 60度《ど》と30度《ど》をつくってみる

分度器《ぶんどき》を使《つか》わないで、6本《ぽん》の数《かぞ》え棒《ぼう》だけでいろいろな角度《かくど》をつくることができます。

まずは、60度《ど》。図《ず》1のように数《かぞ》え棒《ぼう》を並《なら》べます。

どうして60度《ど》ができるかというと、正三角形《せいさんかくけい》の一《ひと》つの角《かく》の大《おお》きさはどこも60度《ど》だからです。

次《つぎ》は、30度《ど》。図《ず》2のように右下《みぎした》の60度《ど》を動《うご》かさないようにして数《かぞ》え棒《ぼう》を並《なら》べます。

どうして30度《ど》ができるかというと、正三角形《せいさんかくけい》の一《ひと》つの角《かく》の大《おお》きさをちょうど半分《はんぶん》にしたからです。

## では、75度《ど》はできるかな?

さらに、75度《ど》をつくってみましょう。図《ず》3のように、先《さき》ほど図《ず》2でつくった30度《ど》を上《うえ》にして、30度《ど》は動《うご》かさず、底辺《ていへん》だけを動《うご》かして二等辺三角形《にとうへんさんかくけい》をつくります。

どうして75度《ど》ができるかというと、二等辺三角形《にとうへんさんかくけい》の両側《りょうがわ》の角《かく》は同《おな》じ大《おお》きさですから、180 − 30 = 150
150 ÷ 2 = 75度《ど》になります。

図《ず》1

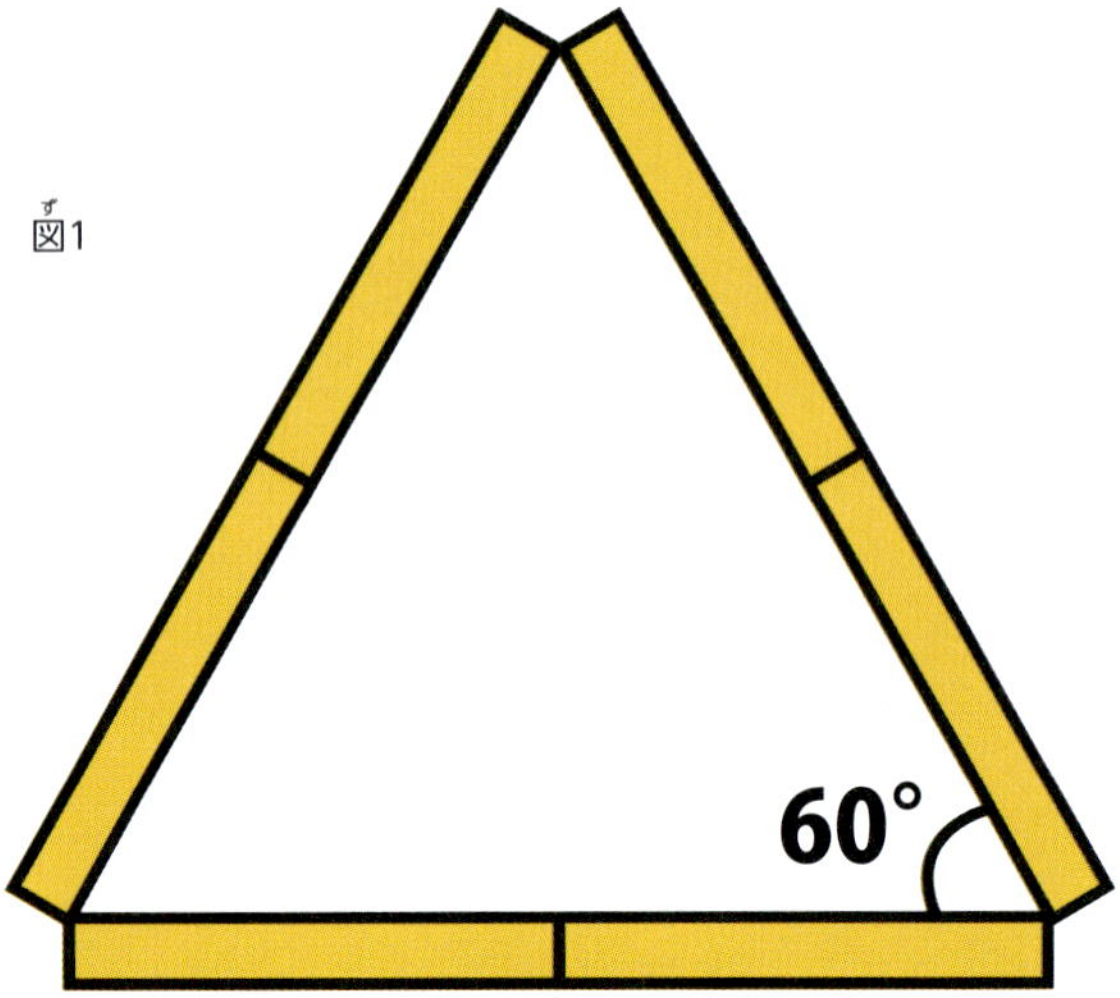


図《ず》2

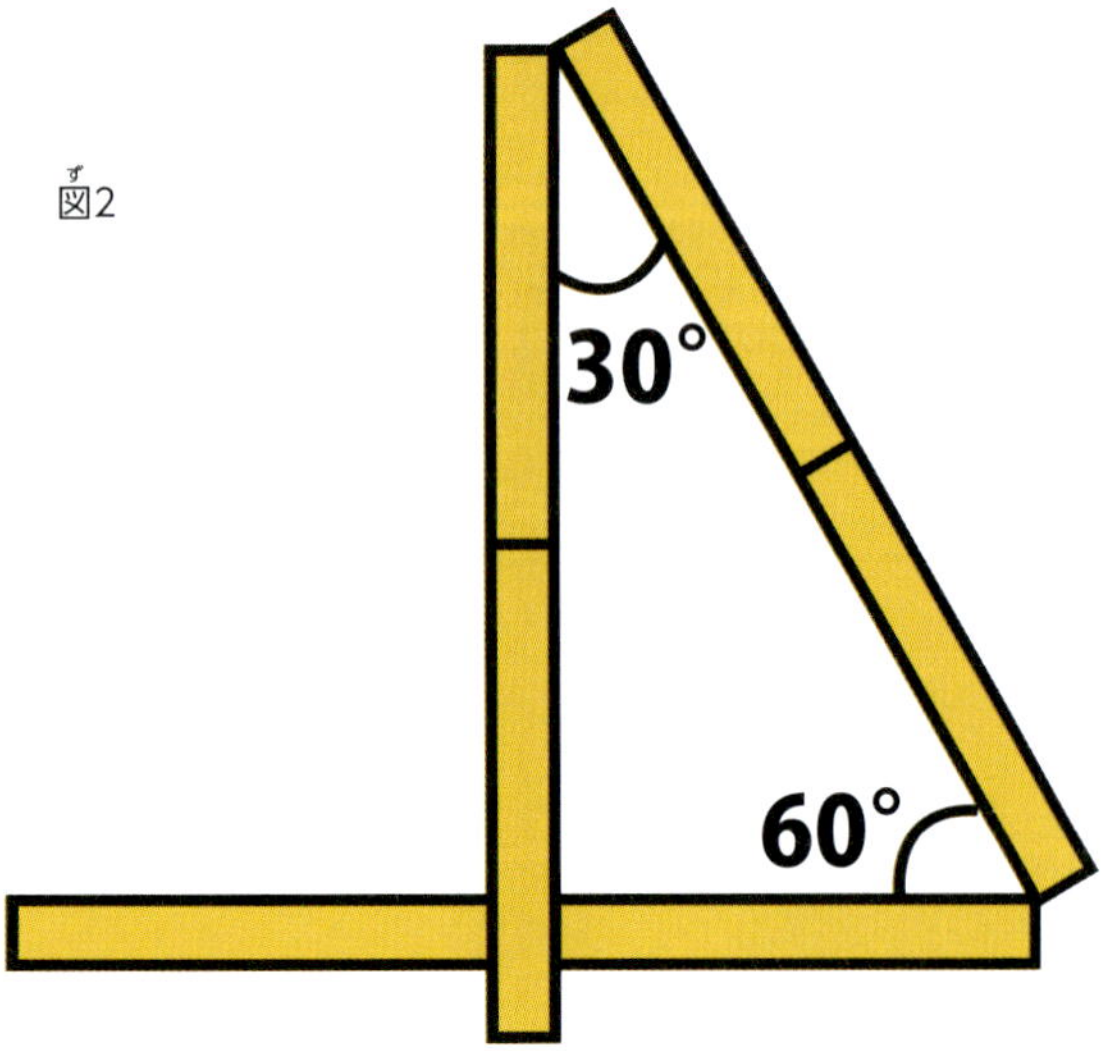

図《ず》3

**ひとくちメモ**　今《いま》、数《かぞ》え棒《ぼう》でいろいろな角度《かくど》をつくりましたが、昔《むかし》、エジプトでは縄《なわ》を使《つか》っていろいろな角度《かくど》をつくったそうです。その人《ひと》たちのことを「縄張《なわば》り師《し》」（131ページ参照《さんしょう》）と呼《よ》んでいました。

# てこのつり合《あ》い
## ～重《おも》いものを持《も》ち上《あ》げる～



熊本県《くまもとけん》　熊本市立池上小学校《くまもとしりついけのうえしょうがっこう》
藤本《ふじもと》 邦昭《くにあき》 先生《せんせい》が書《か》きました

読《よ》んだ日《ひ》　月《がつ》　日《にち》　月《がつ》　日《にち》　月《がつ》　日《にち》

### 100kgを持《も》ち上《あ》げる

100kgの重《おも》りを体重《たいじゅう》20kgの小《しょう》学生《がくせい》が持《も》ち上《あ》げることができるでしょうか？（図《ず》1）

図《ず》1

抱《かか》えるようにして持《も》ち上《あ》げるのは難《むずか》しいですね。

ところが、シーソーのように長《なが》い板《いた》と支《ささ》える台《だい》があれば、100kgの重《おも》りを上《あ》げることができるのです。

### てこがつり合《あ》うには？

図《ず》2のように、支《ささ》える台《だい》の上《うえ》に長《なが》い板《いた》を置《お》いて、台《だい》から1m離《はな》れたところに100kgの重《おも》りをのせます。そして、反対側《はんたいがわ》に体重《たいじゅう》20kgの小学生《しょうがくせい》が乗《の》ります。ただし、台《だい》から同《おな》じように1mのところではなく、5mのところに乗《の》るのです。するとちょうどバランスよくつり合《あ》うのです。つまり、支《ささ》える台《だい》の高《たか》さまで100kgの重《おも》りを上《あ》げることができるのです。このような仕組《しく》みを「てこ」といいます。

図《ず》2

重《おも》りが80kgでしたら、20kgの小《しょう》学生《がくせい》は4mのところに乗《の》ればつり合《あ》いますし、60kgの重《おも》りでしたら3mのところでつり合《あ》います（図《ず》3）。どんなきまりがあるのでしょうね（答《こた》えはひとくちメモ）。

図《ず》3

**ひとくちメモ**　てこは（重《おも》さ）×（支点《してん》からの距離《きょり》）の値《あたい》が左右同《さゆうおな》じときにつり合《あ》います。上《うえ》の話《はなし》は100(kg)×1(m)＝100、20(kg)×5(m)＝100でつり合《あ》います。同《おな》じように80×1＝20×4、60×1＝20×3となります。

数と計算のお話

# 小数《しょうすう》が生《う》まれたわけ

6月 16日

島根県《しまねけん》　飯南町立志々小学校《いいなんちょうりつししょうがっこう》
村上幸人《むらかみゆきと》先生《せんせい》が書《か》きました

読《よ》んだ日《ひ》　月《がつ》　日《にち》　月《がつ》　日《にち》　月《がつ》　日《にち》

## 分数《ぶんすう》と小数《しょうすう》の考《かんが》え方《かた》

小数《しょうすう》は、どのようにして生《う》まれたのでしょう。

中国《ちゅうごく》や日本《にほん》は昔《むかし》から小数《しょうすう》の考《かんが》え方《かた》に慣《な》れ親《した》しんでいましたが、ヨーロッパでは分数《ぶんすう》に慣《な》れ親《した》しんでいたそうです。日本《にほん》ではお互《たが》いが同《おな》じくらいのことを「五分五分《ごぶごぶ》」と言《い》いますが英語《えいご》では「half and half（ハーフとは半分《はんぶん》、つまり1/2のこと）といいます。

古代《こだい》エジプト人《じん》は「1を2で割《わ》る」ということを「1個《こ》のものを2人《り》で分《わ》ける」というように考《かんが》えて普段《ふだん》の生活《せいかつ》を送《おく》っていたようです。1人分《りぶん》を1/2とすればよく、0・5個《こ》と考《かんが》える必要《ひつよう》などなかったのでしょう。その分数《ぶんすう》がギリシャに受《う》け継《つ》がれ、そしてヨーロッパに広《ひろ》まったのです。

## きっかけは借金《しゃっきん》の利子《りし》

しかし、今《いま》から約《やく》400年前《ねんまえ》、軍隊《ぐんたい》の会計係《かいけいがかり》だったベルギー人《じん》のシモン・ステビンは、お金《かね》を借《か》りて利子《りし》を払《はら》うという計算《けいさん》を分数《ぶんすう》ですることに手《て》を焼《や》きました。

たとえば、2479円《えん》のお金《かね》を借《か》り、利子《りし》を1年間《ねんかん》で「2/11」払《はら》うとなると、その利子《りし》は「4958/11」となります。金額《きんがく》が大《おお》きくなったり、2年《ねん》、3年《ねん》と続《つづ》けて借《か》りたりすると、分子《ぶんし》や分母《ぶんぼ》の数《かず》がますます大《おお》きくなり、どんどんややこしくなります。

そこで、分母《ぶんぼ》を11や12ではなく、10、100、1000のようなぴったりの数《かず》にし、さらに分子《ぶんし》も分母《ぶんぼ》もなくそうと考《かんが》えたのです（図《ず》）。たとえば、3・659はステビンの方法《ほうほう》によると、「36①5②9③」となります。これが小数《しょうすう》のはじまりです。

ひとくちメモ

その後《ご》、多《おお》くの数学者《すうがくしゃ》が工夫《くふう》し、整数《せいすう》と小数《しょうすう》の間《あいだ》に区切《くぎ》りがあれば①などの印《しるし》をつけなくてもよいと気《き》づき、小数点《しょうすうてん》をつける今《いま》の形《かたち》になったのです。日本《にほん》では3.14と表《あらわ》しますが、国《くに》によっては3·14や3,14と表《あらわ》します。

数と計算のお話

# 絶対《ぜったい》495になる計算《けいさん》！

6月17日

東京学芸大学附属小金井小学校《とうきょうがくげいだいがくふぞくこがねいしょうがっこう》
高橋丈夫《たかはしたけお》先生《せんせい》が書《か》きました

読《よ》んだ日《ひ》　月《がつ》　日《にち》｜月《がつ》　日《にち》｜月《がつ》　日《にち》

## ふしぎな3桁《けた》の計算《けいさん》

今日《きょう》は3桁《けた》の計算《けいさん》の結果《けっか》がすべて495になる、不思議《ふしぎ》な計算《けいさん》のお話《はなし》です。

①まず、すべてが同《おな》じ数字《すうじ》（111や222のように）ではない3桁《けた》の数《かず》を思《おも》い浮《う》かべてください。

数字《すうじ》が1つでも違《ちが》っていればいいので、ここでは、355を選《えら》ぶことにします。

②次《つぎ》に、各桁《かくけた》の数字《すうじ》を並《なら》べ替《か》えてできる最大《さいだい》の数《かず》から最小《さいしょう》の数《かず》を引《ひ》く計算《けいさん》を繰《く》り返《かえ》します。

すると並《なら》び替《か》えても答《こた》えが変《か》わらない数《かず》にたどり着《つ》きます。その数《かず》が「495」です。

## ホントにそうなるかな？

355を並《なら》べ替《か》えてできる最大《さいだい》の数《かず》は553で、最小《さいしょう》の数《かず》は355ですので、553 − 355 = 198、198からできる最大《さいだい》の数《かず》は981、最小《さいしょう》の数《かず》は189ですので、981 − 189 = 792、792からできる最大《さいだい》の数《かず》は972で最小《さいしょう》の数《かず》は279ですので、972 − 279 = 693、693からできる最大《さいだい》の数《かず》は963、最小《さいしょう》の数《かず》は369ですので、963 − 369 = 594、594からできる最大《さいだい》の数《かず》は954で、最小《さいしょう》の数《かず》は459ですので、954 − 459 = 495になります。

495からできる最大《さいだい》の数《かず》は954、最小《さいしょう》の数《かず》は459ですので、954 − 459 = 495になり、差《さ》が変《か》わりませんので、これで終《お》わりになります。ぜひ、みなさんもいろいろな数《かず》で、お友達《ともだち》と楽《たの》しんでみてください。

ひとくちメモ　数《かず》を足《た》したり引《ひ》いたりすると、きまりが隠《かく》れていることに気《き》がつくかもしれません。数《かず》を大《おお》きくしたり小《ちい》さくしたりして試《ため》してみましょう。

図形《ずけい》のお話《はなし》

# 正三角形《せいさんかくけい》は全部《ぜんぶ》でいくつ？

6月《がつ》18日《にち》

福岡県《ふくおかけん》　田川郡川崎町立川崎小学校《たがわぐんかわさきちょうりつかわさきしょうがっこう》
高瀬大輔《たかせだいすけ》先生《せんせい》が書《か》きました

読《よ》んだ日《ひ》　月《がつ》　日《にち》　月《がつ》　日《にち》　月《がつ》　日《にち》

## 隠《かく》れている正三角形《せいさんかくけい》を探《さが》せ！

図《ず》1の中《なか》に見《み》える正三角形《せいさんかくけい》を指《ゆび》でなぞってみましょう。きっと今《いま》、小《ちい》さな正三角形《せいさんかくけい》をなぞった人《ひと》も大《おお》きな正三角形《せいさんかくけい》をなぞった人《ひと》もいるでしょう。この図《ず》の中《なか》には、いろいろな大《おお》きさの正三角形《せいさんかくけい》がいくつも隠《かく》れているようです。では、いったいこの図《ず》の中《なか》には正三角形《せいさんかくけい》が全部《ぜんぶ》でいくつ隠《かく》れているのでしょうか。

図《ず》1

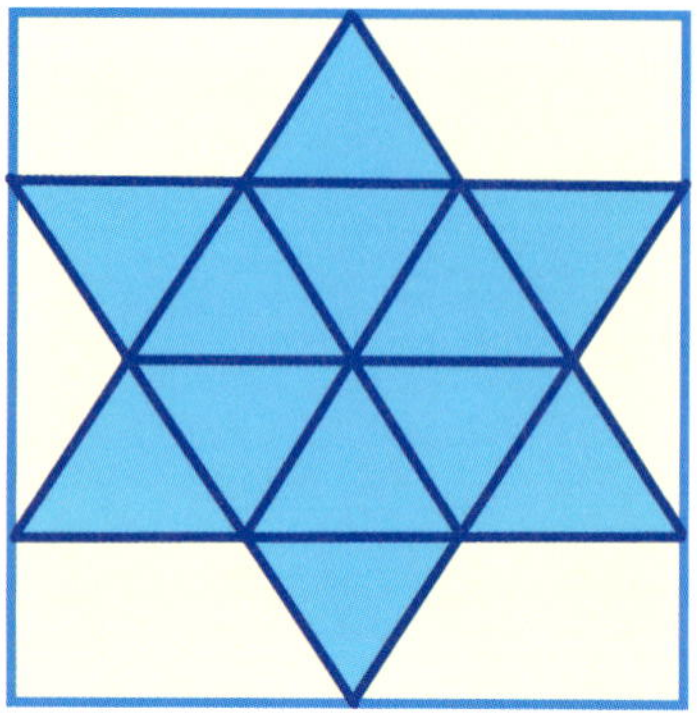

たとえば、同《おな》じ大《おお》きさの正三角《せいさんかく》形《けい》がいくつあるのかを順番《じゅんばん》に調《しら》べていく方法《ほうほう》があります。

まず、一番小《いちばんちい》さな正三角形《せいさんかくけい》から調《しら》べてみましょう。反対《はんたい》の向《む》きになっている正三角形《せいさんかくけい》もあるので忘《わす》れずに調《しら》べることが大切《たいせつ》です。

図《ず》2～図《ず》4より、12＋6＋2＝20

全部《ぜんぶ》で20個《こ》の正三角形《せいさんかくけい》が隠《かく》れていました。

図《ず》2

一番小さな正三角形

全部で12個
順番に数えていくとかんたんですね。

図《ず》3

中ぐらいの正三角形

全部で6個
少し数えるのが難しいですね。
星型の図の中に線をかきこんでいくともれがなく見つかりますよ。

一番大きな正三角形

図《ず》4

全部で2個
これも線をかきこむとかんたんですね。

### やってみよう

### この図《ず》では、いくつ？

図《ず》の中《なか》にはいったいいくつの正三角形《せいさんかくけい》が隠《かく》れているのでしょうか。今度《こんど》は、全部《ぜんぶ》で4種類《しゅるい》の大《おお》きさの正三角《せいさんかく》形《けい》が隠《かく》れているようです。もれが出《で》ないように全部見《ぜんぶみ》つけてみましょう。

ひとくちメモ　同《おな》じような考《かんが》え方《かた》で四角形《しかくけい》の場合《ばあい》も個数《こすう》を数《かぞ》えることができます。

# 同《おな》じ人《ひと》は必《かなら》ずいる！

お茶《ちゃ》の水女子大学附属小学校《みずじょしだいがくふぞくしょうがっこう》
岡田紘子《おかだひろこ》先生《せんせい》が書《か》きました

読《よ》んだ日《ひ》　月《がつ》　日《にち》　月《がつ》　日《にち》　月《がつ》　日《にち》

## あたりまえ？　でも大切《たいせつ》！

13人《にん》子供《こども》がいます。この中《なか》に、同《おな》じ月《つき》の誕生日《たんじょうび》の人《ひと》はいるでしょうか？　いないでしょうか？　答《こた》えは「必《かなら》ず1人《り》は同《おな》じ誕生月《たんじょうづき》の人《ひと》がいる」です。月《つき》は12カ月《げつ》あります。13人《にん》いるということは、必《かなら》ず1人《り》は同《おな》じ誕生月《たんじょうづき》になりますね。

そんなのあたりまえだよという人《ひと》もいると思《おも》いますが、この考《かんが》えは、「鳩《はと》の巣原理《すげんり》」といって、数学《すうがく》では、大切《たいせつ》な考《かんが》え方《かた》なのです。

## 鳩《はと》の巣原理《すげんり》を使《つか》って

ほかにも、鳩《はと》の巣原理《すげんり》を使《つか》うといろいろなことがわかります。

①5人《にん》以上《いじょう》いれば、必《かなら》ず同《おな》じ血液《けつえき》型《がた》の人《ひと》がいる。

②367人《にん》以上《いじょう》いれば、必《かなら》ず同《おな》じ誕生日《たんじょうび》の人《ひと》がいる。

③48人《にん》以上《いじょう》いれば、必《かなら》ず同《おな》じ都道《とどう》府県《ふけん》出身《しゅっしん》の人《ひと》がいる。

鳩《はと》の巣《す》のように分類《ぶんるい》されているものの数《かず》より1つでも多《おお》ければ、必《かなら》ず重《かさ》なりが出《で》てくるということですね。

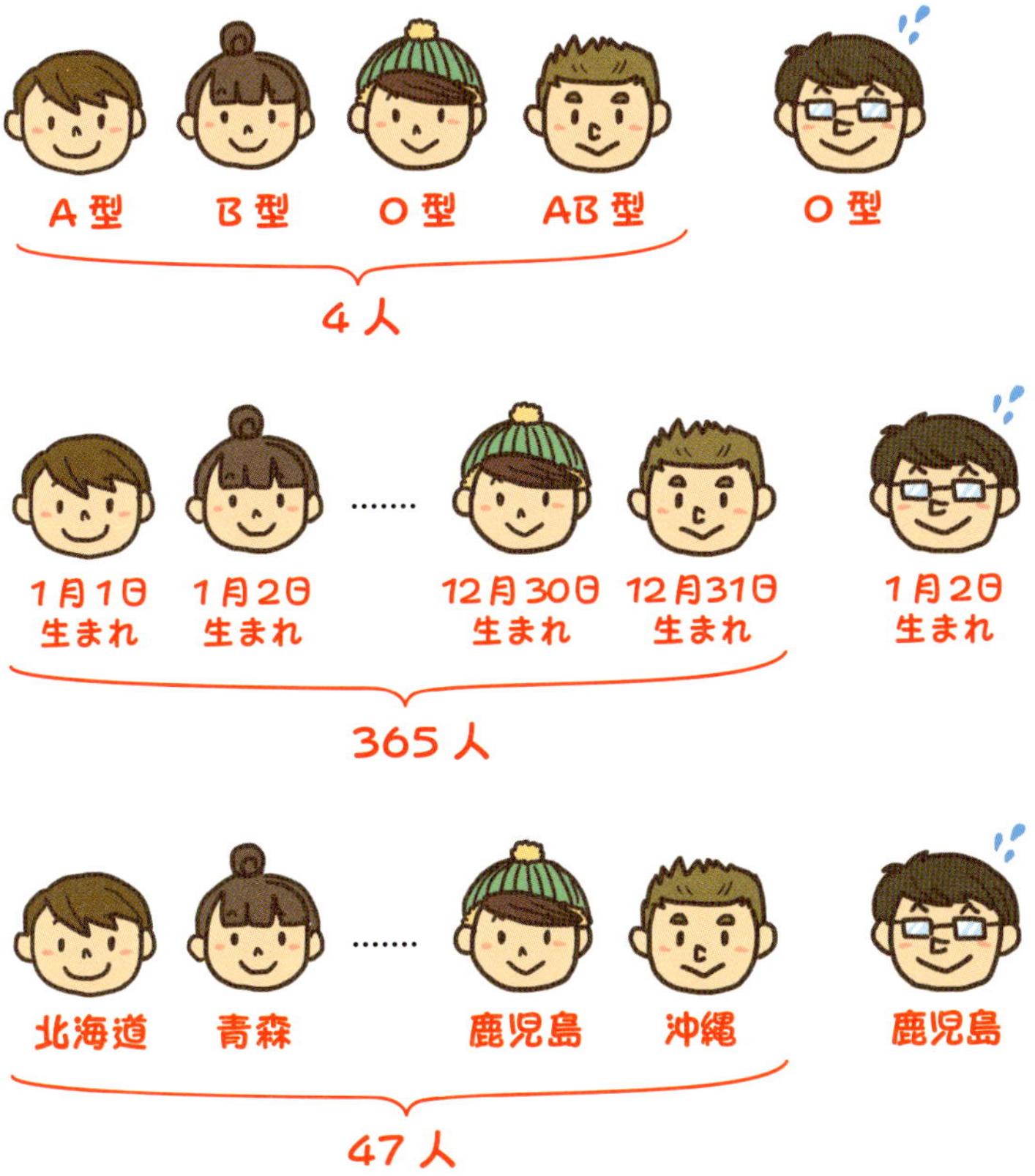

**ひとくちメモ**　あなたの学校《がっこう》の児童人数《じどうにんずう》が367人以上《にんいじょう》（2月《がつ》29日《にち》生まれの人《ひと》も含《ふく》みます）だったら、同《おな》じ誕生日《たんじょうび》の人《ひと》が2人《り》は必《かなら》ずいますよ。

数と計算のお話

# 数字《すうじ》カードで遊《あそ》ぼう ～ひき算編《ざんへん》～

6月20日

お茶《ちゃ》の水女子大学附属小学校《みずじょしだいがくふぞくしょうがっこう》
久下谷《くがや》 明《あきら》先生《せんせい》が書《か》きました

読《よ》んだ日《ひ》　月《がつ》　日《にち》　月《がつ》　日《にち》　月《がつ》　日《にち》

## 数字《すうじ》カードでやってみよう

5月《がつ》28日《にち》（178ページ参照《さんしょう》）の『数字《すうじ》カードで遊《あそ》ぼう～たし算《ざん》編《へん》～』はどうでしたか。そこでは、たし算《ざん》の問題《もんだい》を考《かんが》えたので、今日《きょう》はひき算《ざん》であそんでみましょう。

1～4まで数字《すうじ》カードが1枚《まい》ずつあります（図《ず》1）。この数字《すうじ》カードを使《つか》います。

**【問題《もんだい》1】**

数字《すうじ》カードを点線《てんせん》の枠《わく》に1枚《まい》ずつおいて、2桁《けた》−2桁《けた》のひき算《ざん》をつくります。答《こた》えを一番大《いちばんおお》きくするには、どのように数字《すうじ》カードをおいたらよいですか（図《ず》2）。

**【問題《もんだい》2】**

同《おな》じようにして、答《こた》えを一番小《いちばんちい》さくするには、どのように数字《すうじ》カードをおいたらよいですか（図《ず》3）。

たし算《ざん》の時《とき》と同《おな》じように、数字《すうじ》カードをつくり、実際《じっさい》にカードを動《うご》かしながら考《かんが》えてみるとよいですね。どうでしたか。できましたか。

## 答《こた》え合《あ》わせをしてみよう

では、答《こた》え合《あ》わせをしていきましょう。

問題《もんだい》1は、図《ず》4のように数字《すうじ》カードをおいた時《とき》、答《こた》えが一番大《いちばんおお》きくなります。

ひき算《ざん》をして答《こた》えをできるだけ大《おお》きくしたいので、〝なるべく大《おお》きい数《かず》〟から〝なるべく小《ちい》さい数《かず》〟を引《ひ》けば、答《こた》えは大《おお》きなものになります。

問題《もんだい》2は、図《ず》5のように数字《すうじ》カードをおいた時《とき》、答《こた》えが一番小《いちばんちい》さくなります。繰《く》り下《さ》がりを考《かんが》えるというのがポイントですね。

図《ず》1

1 2 3 4

図《ず》2

どのように考えていけばいいのかな？
一番大きく

図《ず》3

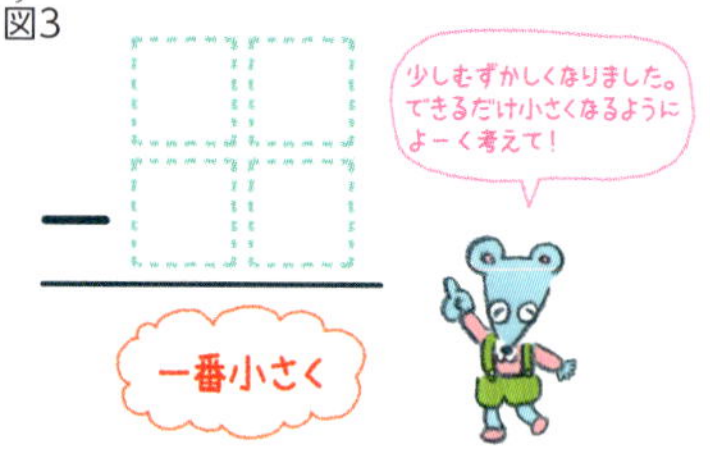
少しむずかしくなりました。できるだけ小さくなるようによーく考えて！
一番小さく

図《ず》4

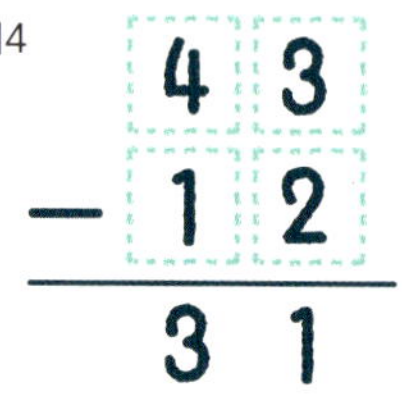
43
− 12
31

図《ず》5

31
− 24
7

### やってみよう

**3桁《けた》と3桁《けた》のひき算《ざん》は？**

2桁《けた》−2桁《けた》について考《かんが》えた後《あと》、この問題《もんだい》を少《すこ》し変《か》えて、新《あたら》しい問題《もんだい》にしたいと思《おも》います。たし算《ざん》の時《とき》も同《おな》じことをしましたね。2桁《けた》−2桁《けた》について考《かんが》えたのだから、次《つぎ》は、1～6までの数字《すうじ》カードを使《つか》って、3桁《けた》−3桁《けた》について、答《こた》えが「一番大《いちばんおお》きくなるには？」、「一番小《いちばんちい》さくなるには？」と考《かんが》えてみてください。

ひとくちメモ　では、4桁同士《けたどうし》の場合《ばあい》だったらどうでしょうか。5桁同士《けたどうし》だったらどうでしょうか。ぜひ考《かんが》えてみてください。

きまりの見つけ方のお話

# 色《いろ》の塗《ぬ》り方《かた》は何通《なんとお》り？

6月 21日

北海道教育大学附属札幌小学校《ほっかいどうきょういくだいがくふぞくさっぽろしょうがっこう》
瀧《たき》ヶ《が》平《ひら》悠《ゆう》史《し》先生《せんせい》が書《か》きました

読《よ》んだ日《ひ》　月《がつ》　日《にち》｜月《がつ》　日《にち》｜月《がつ》　日《にち》

## 似《に》ている国旗《こっき》

図《ず》1の絵《え》が何《なに》かわかりますか？

これは、一番上《いちばんうえ》から、オランダ、ブルガリア共和国《きょうわこく》、ハンガリー、マダガスカル共和国《きょうわこく》という国《くに》の国旗《こっき》です。

ブルガリア共和国《きょうわこく》とハンガリーは同《おな》じような模様《もよう》ですが、色《いろ》の使《つか》う順番《じゅんばん》が違《ちが》いますね。このように、世界《せかい》にはいろいろな国旗《こっき》があります。

では、自分《じぶん》たちでもオリジナルの旗《はた》をつくってみましょう。旗《はた》の模様《もよう》は図《ず》2のようにします。マダガスカルの国旗《こっき》と似《に》ていますね。使《つか》う色《いろ》は赤《あか》、青《あお》、黄《き》の3色《しょく》にします。どこにどの色《いろ》を使《つか》うのかは自由《じゆう》です。

たとえば、①に青《あお》を、②に黄《き》を、③に赤《あか》を使《つか》うと図《ず》3の上《うえ》の旗《はた》が出来上《できあ》がります。

他《ほか》にも、色《いろ》の使《つか》う場所《ばしょ》を変《か》えれば、いろいろな旗《はた》が出来上《できあ》がりますね。いったい、全部《ぜんぶ》で何通《なんとお》りの旗《はた》が出来上《できあ》がるのでしょうか。

## 何通《なんとお》りの旗《はた》ができるかな？

まず、先《さき》ほどと同《おな》じように青《あお》を①に使《つか》ったときのことについて考《かんが》えてみます。このとき、②が黄《き》、③が赤《あか》の場合《ばあい》と、②が赤《あか》、③が黄《き》の場合《ばあい》があります。つまり、青《あお》が①の場合《ばあい》は、2通《とお》りの旗《はた》が出来上《できあ》がることになりますね。

同《おな》じように、黄《き》や赤《あか》を①に使《つか》ったときは、図《ず》4のようにそれぞれ2通《とお》りの旗《はた》ができます。

つまり、全部《ぜんぶ》で6通《とお》りの旗《はた》が出来上《できあ》がることがわかりました（図《ず》5）。

図《ず》1

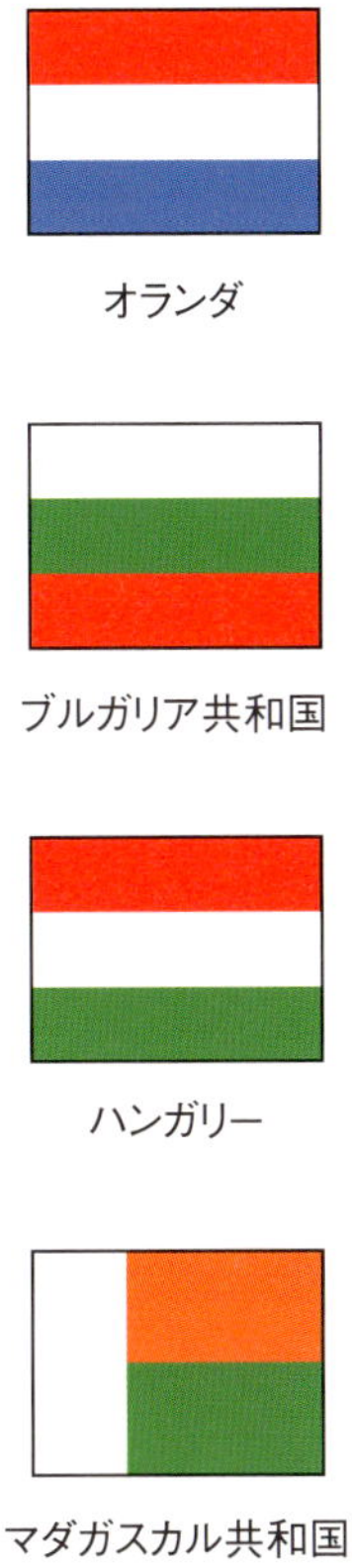


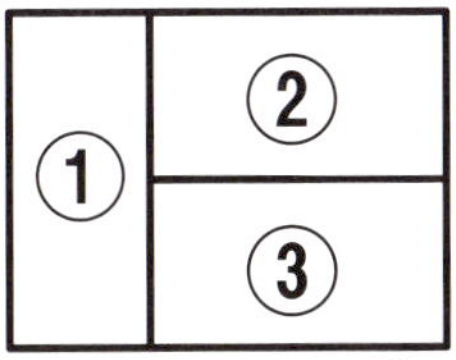


図《ず》2

図《ず》3

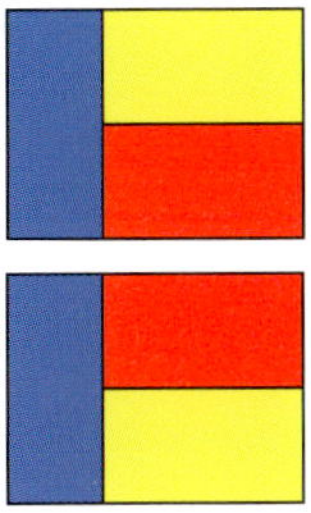

図《ず》4

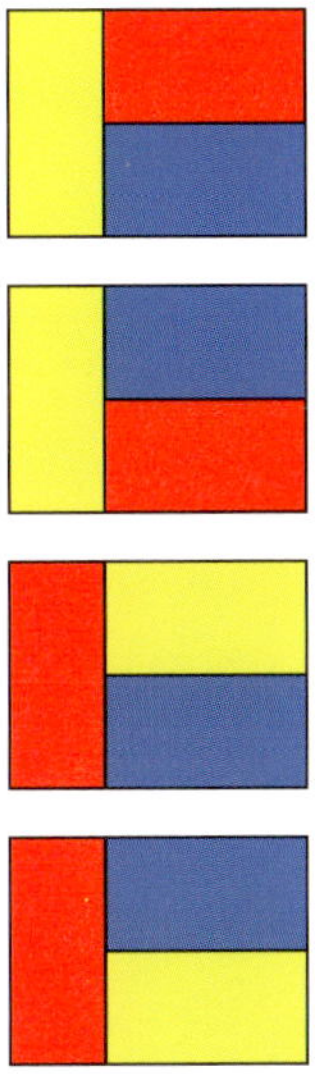

図《ず》5

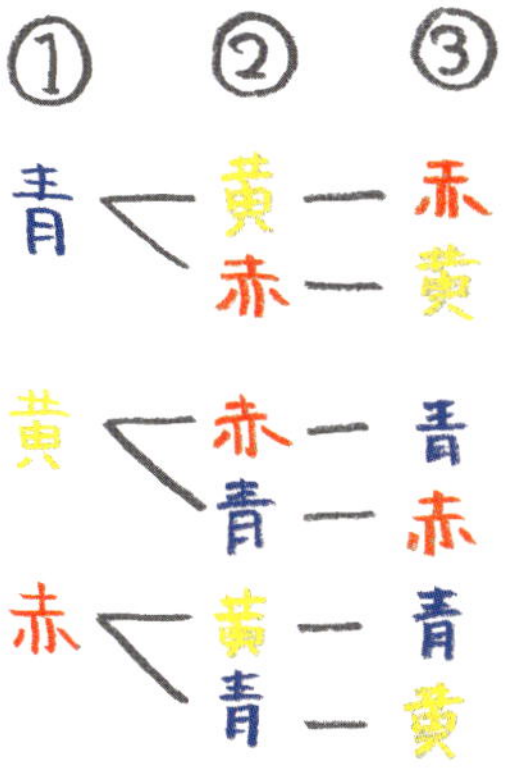


6月

ひとくちメモ
（青《あお》—黄《き》—赤《あか》）のように、どのような色《いろ》の使《つか》い方《かた》があるかを表《あらわ》した図《ず》5のような図《ず》を「樹形図《じゅけいず》」と言《い》います。まるで、木《き》の枝《えだ》のように分《わ》かれているところから、そう呼《よ》ばれるようになりました。

数と計算のお話

# 数《かず》が並《なら》ぶたし算《ざん》

6月22日

東京都《とうきょうと》　杉並区立高井戸第三小学校《すぎなみくりつたかいどだいさんしょうがっこう》
吉田映子《よしだえいこ》先生《せんせい》が書《か》きました

読《よ》んだ日《ひ》　月《がつ》　日《にち》　月《がつ》　日《にち》　月《がつ》　日《にち》

## 発見《はっけん》！　ふしぎなたし算《ざん》

1＋2の答《こた》えはいくつでしょう。3ですね。では、4＋5＋6の答《こた》えはいくつでしょう。15です。

図《ず》1

①　1＋2＝3
②　4＋5＋6＝7＋8
③　9＋10＋11＋12＝13＋14＋15
④　16＋17＋18＋19＋20＝21＋22＋23＋24

このたし算《ざん》の式《しき》を、4＋5＋6＝15と書《か》かないで答《こた》えを7＋8と書《か》くことにします。この2つの式《しき》を並《なら》べてみましょう（図《ず》1の①②）。

何《なに》か気《き》がつきましたか？　数《かず》が並《なら》んでいますね。それから、左《ひだり》の式《しき》は数《かず》が2つ、3つ、と増《ふ》えて、右《みぎ》の式《しき》は1つ、2つ、と増《ふ》えて、どちらも階段《かいだん》のようになっています。

この続《つづ》きの式《しき》をつくると、図《ず》1の③になるはずです。右《みぎ》と左《ひだり》の答《こた》えは同《おな》じになっているのでしょうか。計算《けいさん》して調《しら》べてみましょう（図《ず》2）。

合《あ》っていますね。

## ずっと続《つづ》けられるのかな？

図《ず》1の④の式《しき》もできるのでしょうか。計算《けいさん》で確《たし》かめてみてください。これも、できましたね。

どうやら、ずっと図《ず》1のきまりでいけそうです。このまま式《しき》を書《か》いていくと、10段目《だんめ》の式《しき》はどんな式《しき》になるでしょう。ここで式《しき》のはじめの数《かず》をよく見《み》てみましょう。

1、4、9、16……と、なっています。この数《かず》はどれも九九《くく》の段《だん》の数《かず》を2度《ど》かけた数《かず》です。たとえば2段目《だんめ》は2×2＝4、3段目《だんめ》は3×3＝9です。ですから10段目《だんめ》は10×10となって、100からのスタートになります。

はじめの数《かず》が100で、左《ひだり》の式《しき》に数《かず》が11個《こ》、右《みぎ》の式《しき》に数《かず》が10個《こ》ならんだときも計算《けいさん》が合《あ》っているか、確《たし》かめてみましょう。

図《ず》2

9＋10＋11＋12＝42
13＋14＋15＝42

ひとくちメモ　2×2＝4、3×3＝9のように同《おな》じ数《かず》を2度《ど》かけた数《かず》のことを「平方数《へいほうすう》」といいます。

くらしの中の算数のお話

# 枡《ます》一《ひと》つを上手《じょうず》に使《つか》って量《はか》ろう！

6月 23日

大分県《おおいたけん》　大分市立大在西小学校《おおいたしりつおおざいにししょうがっこう》
二宮孝明《にのみやたかあき》先生《せんせい》が書《か》きました

読《よ》んだ日《ひ》　月《がつ》　日《にち》　月《がつ》　日《にち》　月《がつ》　日《にち》

枡《ます》
図《ず》1

## 枡《ます》は昔《むかし》からある計量《けいりょう》の道具《どうぐ》

昔《むかし》の人《ひと》は、枡《ます》という道具《どうぐ》を使《つか》ってお酒《さけ》や油《あぶら》を量《はか》っていました。枡《ます》は木《き》でできた箱型《はこがた》の入《い》れ物《もの》で、上《うえ》から見《み》ると正方形《せいほうけい》をしています（図《ず》1）。

今《いま》、目《め》の前《まえ》に水《みず》がいっぱい入《はい》った大《おお》きな水槽《すいそう》があるとします。手《て》元《もと》には、満杯《まんぱい》に入《い》れたら6dL（デシリットル）の枡《ます》があります。この枡《ます》を使《つか》い、水槽《すいそう》の水《みず》を別《べつ》の入《い》れ物《もの》に量《はか》りとります。さて、何《なん》dLの水《みず》を量《はか》りとれるでしょうか。

一番簡単《いちばんかんたん》なのは、そのまま満杯《まんぱい》に入《い》れた6dLですね。その他《た》の量《りょう》はどうでしょう。

6月

## 1個《こ》の枡《ます》で工夫《くふう》してみよう

図《ず》2を見《み》てください。満杯《まんぱい》に入《い》れた枡《ます》をこのように斜《なな》めに傾《かたむ》けます。すると6dLの半分《はんぶん》の3dLを量《はか》りとれます。次《つぎ》にそのまま図《ず》3のように傾《かたむ》けます。こうすると枡《ます》の中《なか》には1dL残《のこ》ります。もし2dL欲《ほ》しければ枡《ます》を傾《かたむ》けるときにあふれる水《みず》を別《べつ》の入《い》れ物《もの》に受《う》けとります。

では、4dLと5dLはどうでしょうか。まず、枡《ます》に水《みず》を満杯《まんぱい》に入《い》れます。次《つぎ》に1dL残《のこ》るように傾《かたむ》けていきます。このときあふれる水《みず》を別《べつ》の容器《ようき》に受《う》けとれば5dLです。

もう一度《いちど》水《みず》を満杯《まんぱい》に入《い》れ、枡《ます》を傾《かたむ》けて3dLを別《べつ》の入《い》れ物《もの》に移《うつ》します。そして、さらに傾《かたむ》けて1dL量《はか》り、3dLに加《くわ》えれば4dLになります。

図《ず》2

真横から見て水面が対角線を結ぶように傾けると3dL量れます！
3dL
残る
3dL
あふれる

図《ず》3

水面が、枡の頂点を結んだ三角形になるように傾けると
枡の中の水は1dLです。
1dL
残る

ひとくちメモ

この問題《もんだい》で3dLを量《はか》りとるときの水《みず》の形《かたち》は三角柱《さんかくちゅう》になっています。また、1dLを量《はか》りとるときの水《みず》の形《かたち》は、三角《さんかく》錐《すい》になっています。三角錐《さんかくすい》の体積《たいせき》は、三角柱《さんかくちゅう》の1／3です。

# いちばん遠回《とおまわ》りな行《い》き方《かた》は？



学習院初等科《がくしゅういんしょとうか》
大澤隆之《おおさわたかゆき》先生《せんせい》が書《か》きました

読《よ》んだ日《ひ》　月《がつ》　日《にち》　月《がつ》　日《にち》　月《がつ》　日《にち》

図《ず》1

図《ず》2

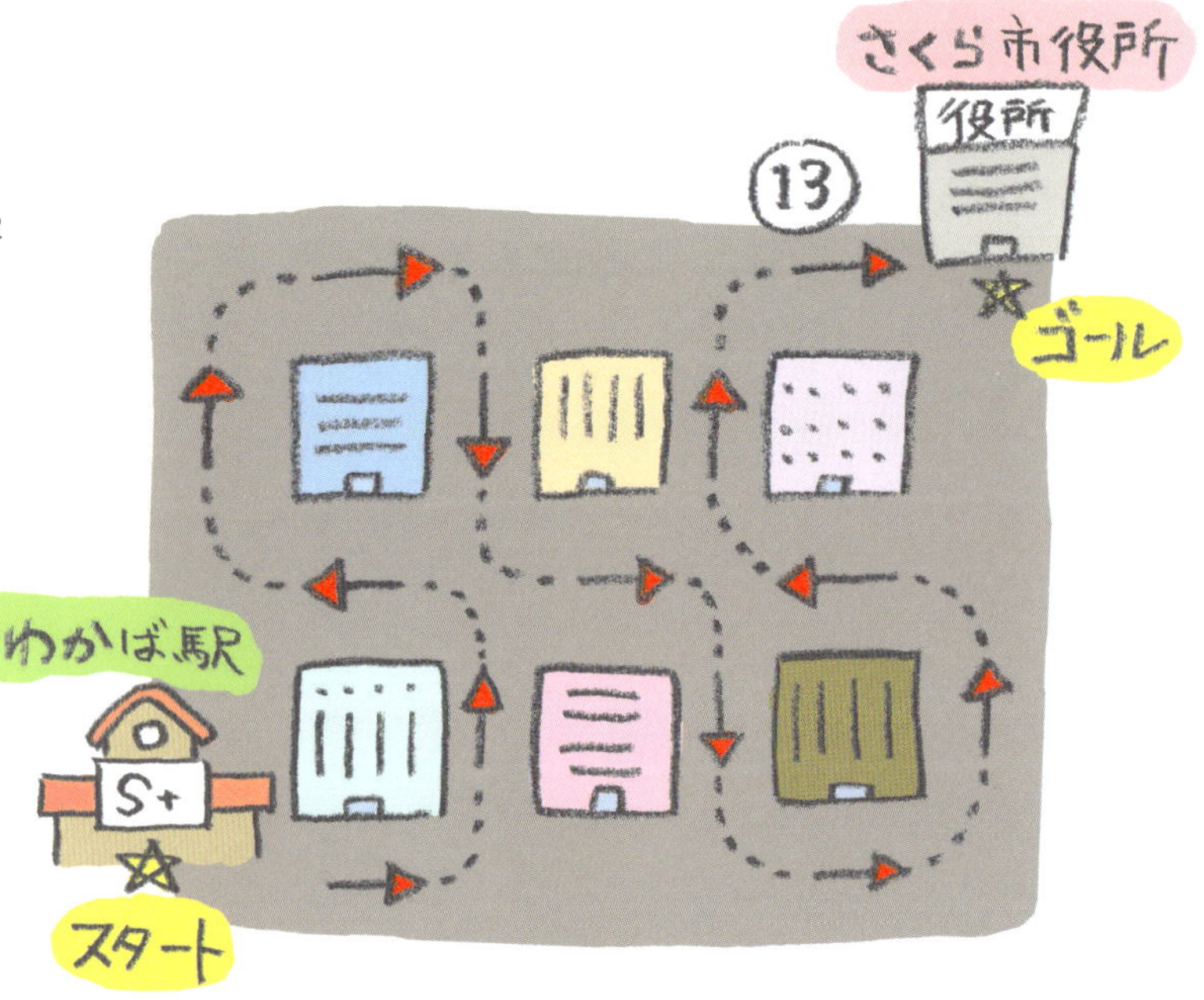


## 図《ず》を見《み》ながら考《かんが》えよう

バスがわかば駅《えき》からさくら市役《しやく》所《しょ》まで行《い》きます。どこをどのように通《とお》るのが、近道《ちかみち》でしょう。図《ず》1のように、「⬇」の矢印《やじるし》5本分《ほんぶん》がいちばん近《ちか》いですね。ほかにも何《なん》通《とお》りも行《い》き方《かた》があります。

でも、路線《ろせん》バスはいろいろな所《ところ》に住《す》んでいる人《ひと》が利用《りよう》します。ですから、次《つぎ》は、いちばん遠回《とおまわ》りになる行《い》き方《かた》を考《かんが》えてみましょう。

「⬇」の矢印何本分《やじるしなんぼんぶん》で行《い》くのがいちばん遠回《とおまわ》りでしょう（図《ず》2）。

同《おな》じ交差点《こうさてん》を通《とお》ってもいいです。でも、同《おな》じ道《みち》を通《とお》ってはいけません。（答《こた》えは13本《ぼん》です。道《みち》は見《み》つかりましたか？）

ひとくちメモ
行《い》き方《かた》は、5本分《ほんぶん》、7本分《ほんぶん》、9本分《ほんぶん》、……11本分《ほんぶん》、13本分《ぼんぶん》と2本《ほん》ずつ増《ふ》えます。気《き》がついていましたか。なぜだと思《おも》いますか。遠回《とおまわ》りするときは、「行《い》って戻《もど》る」矢印《やじるし》が2つでペアになっているからです。

きまりの見つけ方のお話

# 少《すく》なくとも何票《なんびょう》とれば当選《とうせん》かな？

6月 25日

お茶《ちゃ》の水女子大学附属小学校《みずじょしだいがくふぞくしょうがっこう》
岡田紘子《おかだひろこ》先生《せんせい》が書《か》きました

読んだ日　月　日　月　日　月　日

## 立候補《りっこうほ》が2人《り》だったら？

動物村《どうぶつむら》で選挙《せんきょ》をすることになりました。動物村《どうぶつむら》に住《す》んでいる動物《どうぶつ》は全員《ぜんいん》で200人《にん》、一人《ひとり》1票投票《ぴょうとうひょう》できます。まず、動物村《どうぶつむら》の村長《そんちょう》さんを選《えら》びたいと思《おも》います。立候補《りっこうほ》したのは、クマさんとキツネさんです。ここで、問題《もんだい》です。クマさんが当選《とうせん》するためには、何票《なんびょう》とればよいでしょうか？

たとえばクマさんが、195票《ひょう》とれば、絶対当選《ぜったいとうせん》になりますね。しかし、もっと少《すく》ない票数《ひょうすう》でも、当選《とうせん》することができますね。最低《さいてい》でも何票《なんびょう》とれば当選《とうせん》するでしょうか。たとえば、クマさんが100票《ひょう》、キツネさんが100票《ひょう》とった場合《ばあい》、同票《どうひょう》となります。なので、100票《ひょう》より1票《ぴょう》でも多《おお》く票《ひょう》をとればよいので、101票《ひょう》とった時《じ》点《てん》で当選《とうせん》となります（図《ず》1）。

図《ず》1

図《ず》2

## 立候補《りっこうほ》が2人《り》以上《いじょう》だったら？

次《つぎ》に、村《むら》の役員《やくいん》さんを3人《にん》決《き》めようと思《おも》います。役員《やくいん》さんに立候《りっこう》補《ほ》したのは、ウサギさん、アヒルさん、ネコさん、パンダさん、リスさんの5人《にん》です。この中《なか》で、ウサギさんが当選《とうせん》するためには、200票中《ひょうちゅう》、少《すく》なくとも何票《なんびょう》とればよいのでしょうか？（図《ず》2）

ウサギさんが当選《とうせん》するためには、投票数《とうひょうすう》が3位《い》以上《いじょう》だったらよいわけです。4位《い》の人《ひと》に勝《か》てば当選《とうせん》するということですね。4位《い》の人《ひと》よりも1票《ぴょう》でも多《おお》く票《ひょう》をとればよいので、

200 ÷ 4 = 50　50 + 1 = 51

つまり、51票以上《ひょういじょう》とれば当選《とうせん》できるということになります（図《ず》3）。

何人立候補《なんにんりっこうほ》しても、4位《い》の人《ひと》よりも多《おお》く票《ひょう》を獲得《かくとく》すればよいので、何人《なんにん》いても51票《ひょう》とれば当選《とうせん》になるわけです。

図《ず》3

**ひとくちメモ**　すべての票《ひょう》を数《かぞ》えなくても、誰《だれ》が当選《とうせん》するか考《かんが》えることができます。「出口調査《でぐちちょうさ》」といって、投票《とうひょう》した人《ひと》に「誰《だれ》に入《い》れましたか？」とアンケートをすることで、全部《ぜんぶ》の投票結果《とうひょうけっか》を調《しら》べなくても誰《だれ》が当選《とうせん》するかを予想《よそう》できます。

単位とはかり方のお話

# 知《し》ってる？ 昔《むかし》の単位《たんい》（重《おも》さ）

6月26日

東京都《とうきょうと》　豊島区立高松小学校《としまくりつたかまつしょうがっこう》
細萱裕子《ほそがやゆうこ》先生《せんせい》が書《か》きました

読《よ》んだ日《ひ》　月《がつ》　日《にち》｜月《がつ》　日《にち》｜月《がつ》　日《にち》

## 昔《むかし》は花《はな》を重《おも》さで売《う》っていた

「か〜ってうれしい　はないちもんめ♪」「まけ〜てくやしい　はないちもんめ♪」

どこかで聞《き》いたことはありませんか？　これは、子供《こども》の遊《あそ》びの一《ひと》つ『はないちもんめ』です。道具《どうぐ》も使《つか》わず、広《ひろ》い場所《ばしょ》も必要《ひつよう》とせず、短《みじか》い時間《じかん》でもできる簡単《かんたん》な遊《あそ》びです。

この「はないちもんめ」、漢字《かんじ》では「花一匁《はないちもんめ》」と書《か》きます。匁《もんめ》というのは、昔《むかし》の重《おも》さの単位《たんい》で、1匁《もんめ》＝3・75gです。つまり、花一匁《はないちもんめ》というのは、花《はな》3・75gという意味《いみ》になります。昔《むかし》は、花《はな》を重《おも》さで売《う》っていたそうです。

## 5円玉《えんだま》の重《おも》さは1匁《もんめ》

実《じつ》は、私《わたし》たちの身近《みぢか》なところにも1匁《もんめ》の重《おも》さをもつものがあります。それは、5円玉《えんだま》です。5円《えん》玉《だま》1枚《まい》の重《おも》さは3・75g、つまり1匁《もんめ》になっているのです。昔《むかし》は、重《おも》さを量《はか》る時《とき》の単位《たんい》として、貨幣《かへい》が使《つか》われることもあったと言《い》われています。

貯金箱《ちょきんばこ》に5円玉《えんだま》だけで貯金《ちょきん》をしたら、重《おも》さをもとにして、5円玉《えんだま》が何枚《なんまい》たまっているかを計算《けいさん》することができますね。もし、中身《なかみ》の重《おも》さが300gだったら、300÷3.75＝80となるので、5円玉《えんだま》が80枚《まい》たまっていることがわかります（貯金箱《ちょきんばこ》の重《おも》さは除《のぞ》く）。

**覚《おぼ》えておこう**

### こんな重《おも》さの単位《たんい》もあるよ！

昔《むかし》の重《おも》さの単位《たんい》はほかにもあります。聞《き》いたことはあるかな？

1匁《もんめ》＝ 3.75 g
1両《りょう》＝ 10匁《もんめ》＝ 37.5 g
1斤《きん》＝ 160匁《もんめ》＝ 600 g
1貫《かん》＝ 1000匁《もんめ》＝ 3.75kg

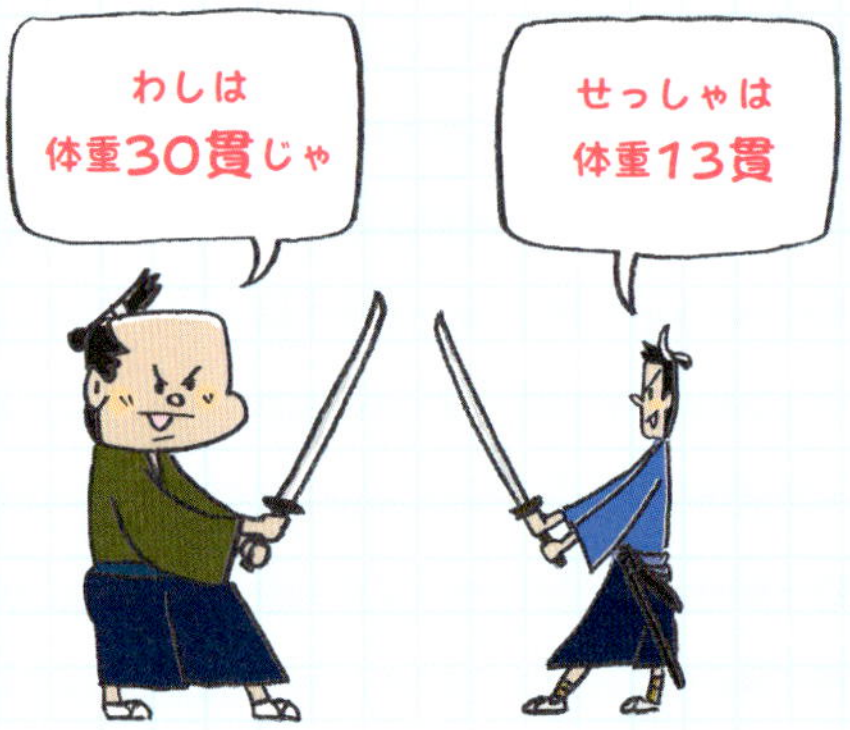


**ひとくちメモ**　昔《むかし》は、1枚《まい》の重《おも》さが1匁《もんめ》の穴《あな》の開《あ》いた貨幣《かへい》1000枚《まい》をひもに通《とお》して、1貫《かん》のおもりとして使《つか》っていました。現在《げんざい》の硬貨《こうか》の5円玉《えんだま》にも真《ま》ん中《なか》に穴《あな》が開《あ》いているのは、そのなごりでもあるのです。

# ニュートンを肩《かた》に乗《の》せた巨人《きょじん》ケプラー

6月 27日

明星大学客員教授《めいせいだいがくきゃくいんきょうじゅ》
細水保宏《ほそみずやすひろ》先生《せんせい》が書《か》きました

読《よ》んだ日《ひ》　月《がつ》　日《にち》　月《がつ》　日《にち》　月《がつ》　日《にち》

## 「地動説《ちどうせつ》」を支持《しじ》しよう！

「ケプラー式《しき》」という天体望遠鏡《てんたいぼうえんきょう》を知《し》っていますか。２枚《まい》の凸《とつ》レンズを使《つか》って遠《とお》くを見《み》るもので、今《いま》の屈折望遠鏡《くっせつぼうえんきょう》のほとんどはこうしてつくられています。

その仕組《しく》みを考《かんが》えたのが、ドイツの天文学者《てんもんがくしゃ》ヨハネス・ケプラー（１５７１～１６３０年《ねん》）です。

ケプラーが生《い》きていた時代《じだい》、宇《う》宙《ちゅう》の姿《すがた》は今《いま》とはまったく違《ちが》うものでした。宇宙《うちゅう》の中心《ちゅうしん》には地球《ちきゅう》があり、すべての天体《てんたい》はその周《まわ》りを回《まわ》ると考《かんが》えられていたのです。ところが、16世紀《せいき》のなかば、ポーランドのコペルニクスは「宇宙《うちゅう》の中心《ちゅうしん》は太陽《たいよう》で、地球《ちきゅう》やほかの惑星《わくせい》はその周《まわ》りを回《まわ》る」と言《い》いました。

ケプラーは、イタリアの若《わか》い数《すう》学者《がくしゃ》ガリレオ・ガリレイに手紙《てがみ》を書《か》き、この「地動説《ちどうせつ》」をともに支《し》持《じ》しようと頼《たの》みました。けれども、彼《かれ》はコペルニクスを支持《しじ》すると発《はっ》表《ぴょう》して、みんなの笑《わら》い者《もの》になるのを恐《おそ》れたのです。ガリレオが地動《ちどう》説《せつ》を認《みと》めたのは、それから10年《ねん》以《い》上《じょう》もあとのことでした。

## ニュートンが法則《ほうそく》を証明《しょうめい》！

その後《ご》、ケプラーはプラハ（今《いま》のチェコ共和国《きょうわこく》）へ行《い》き、皇帝《こうてい》に仕《つか》える身分《みぶん》の高《たか》い学者《がくしゃ》になりました。そこで彼《かれ》は、ぼう大《だい》な天体《てんたい》の観測《かんそく》データを手《て》に入《い》れ、惑星《わくせい》の動《うご》きについて研究《けんきゅう》を始《はじ》めました。

そしてついに、惑星《わくせい》のえがく軌《き》道《どう》はかんぺきな円《えん》ではなく、楕円《だえん》であることを発見《はっけん》します。さらに惑星《わくせい》が太陽《たいよう》の周《まわ》りをめぐるスピードは、太陽《たいよう》に近《ちか》づくほど速《はや》く、遠《とお》ざかるほど遅《おそ》くなることもつきとめました。これらは「ケプラーの法則《ほうそく》」と呼《よ》ばれています。

アイザック・ニュートンは、自《みずか》ら惑星《わくせい》の軌道《きどう》を計算《けいさん》して、それらが正《ただ》しいことを証明《しょうめい》しました。そして、このケプラーの法則《ほうそく》をもとに、有名《ゆうめい》な「万有引力《ばんゆういんりょく》の法則《ほうそく》」を導《みちび》き出《だ》したのです。

あとで、なぜそんなすごい発見《はっけん》ができたのかと聞《き》かれて、ニュートンはこう答《こた》えたそうです。

「私《わたし》が遠《とお》くを見《み》ることができたのは、巨人《きょじん》たちの肩《かた》に乗《の》ったからです」。つまり巨人《きょじん》とは、コペルニクスやガリレオ、ケプラーたちのことでしょう。彼《かれ》らの偉大《いだい》な発見《はっけん》がなければ、ニュートンの法則《ほうそく》もなかったかもしれませんね。

6月

ひとくちメモ
ケプラーは世界《せかい》で初《はじ》めてSF小説《しょうせつ》を書《か》いたとも言《い》われています。本《ほん》のタイトルは『夢《ゆめ》』。天文少年《てんもんしょうねん》が月《つき》へ旅行《りょこう》するというお話《はなし》で、その当時《とうじ》の最先端《さいせんたん》の科学知識《かがくちしき》がたくさん盛《も》り込《こ》まれています。

数と計算のお話

# 知《し》るとスゴイ、完全数《かんぜんすう》のお話《はなし》

お茶《ちゃ》の水女子《みずじょし》大学《だいがく》附《ふ》属小学校《ぞくしょうがっこう》
久《く》下《が》谷《や》 明《あきら》先生《せんせい》が書《か》きました

6月28日

読《よ》んだ日《ひ》　月《がつ》　日《にち》　月《がつ》　日《にち》　月《がつ》　日《にち》

## ピタゴラスの名言《めいげん》

今日《きょう》は数《かず》についてのお話《はなし》をしたいと思《おも》います。みなさんは偉大《いだい》な数学者《すうがくしゃ》であり哲学者《てつがくしゃ》でもあるピタゴラスという人《ひと》を知《し》っていますか（中学生《ちゅうがくせい》になると『ピタゴラスの定理《ていり》（三平方《さんへいほう》の定理《ていり》）』というものを学《まな》びます）。

ピタゴラスは「万物《ばんぶつ》は数《かず》である」と言《い》い、世界《せかい》のすべてのものは数《かず》によって説明《せつめい》することができると考《かんが》えていました。そして、ピタゴラス学派《がくは》と呼《よ》ばれる人《ひと》たち（ピタゴラスとその仲間《なかま》たち）は、数《かず》の中《なか》で、6や28などを完全《かんぜん》な数《かず》、『完全数《かんぜんすう》』と呼《よ》んでいました。どんなところが完全《かんぜん》なのでしょうか。

6の約数 → 1, 2, 3, 6
自分自身を除く約数の和　1 + 2 + 3 = 6

28の約数 → 1, 2, 4, 7, 14, 28
自分自身を除く約数の和　1 + 2 + 4 + 7 + 14 = 28

## 完全数《かんぜんすう》って、どんなの？

ある数《かず》を割《わ》り切《き》ることのできる数《かず》を、その数《かず》の「約数《やくすう》」と言《い》います。

実《じつ》は、6や28は、自分自身《じぶんじしん》を除《のぞ》いた約数《やくすう》を足《た》し合《あ》わせると、自分《じぶん》自身《じしん》になるという特徴《とくちょう》をもった数《かず》です。このような数《かず》のことをピタゴラス学派《がくは》の人《ひと》たちは『完全数《かんぜんすう》』と言《い》いました。

6や28の次《つぎ》の完全数《かんぜんすう》は496です。ただし、完全数《かんぜんすう》がいくつあるのかについてはまだわかっていません。

### 覚《おぼ》えておこう

#### 数《かず》にも友情《ゆうじょう》がある！？

数《かず》の中《なか》には、自分自身《じぶんじしん》では、自分《じぶん》の完全《かんぜん》さを示《しめ》すことができないが、互《たが》いに完全《かんぜん》さを示《しめ》し合《あ》うようなペアとなる数《かず》があります。そのようなペアとなる数《かず》のことを『友愛数《ゆうあいすう》』と言《い》います。一番《いちばん》小《ちい》さな数《かず》のペアで、220と284があります。このペアはピタゴラスの時代《じだい》から知《し》られていました。

220の約数 → 1, 2, 4, 5, 10, 11, 20, 22, 44, 55, 110, 220
自分自身を除く約数の和　1 + 2 + 4 + 5 + 10 + 11 + 20 + 22 + 44 + 55 + 110 = 284

284の約数 → 1, 2, 4, 71, 142, 284
自分自身を除く約数の和　1 + 2 + 4 + 71 + 142 = 220

**ひとくちメモ**　今《いま》わかっている完全数《かんぜんすう》は、偶数《ぐうすう》（2で割《わ》り切《き》れる整数《せいすう》）ばかりです。奇数《きすう》の完全数《かんぜんすう》は存在《そんざい》するのでしょうか。完全数《かんぜんすう》には、いまだにたくさんの謎《なぞ》が残《のこ》っています。

単位とはかり方のお話

# ポリオミノとテトロミノ

6月 29日

北海道教育大学附属札幌小学校《ほっかいどうきょういくだいがくふぞくさっぽろしょうがっこう》
瀧《たき》ヶ《が》平《ひら》悠《ゆう》史《し》先生《せんせい》が書《か》きました

読《よ》んだ日《ひ》　月《がつ》　日《にち》　月《がつ》　日《にち》　月《がつ》　日《にち》

## ポリオミノって知《し》ってる？

みなさんは、正方形《せいほうけい》という四角《しかく》形《けい》を知《し》っていますよね？　この正《せい》方形《ほうけい》を辺《へん》に沿《そ》ってつなげた形《かたち》を考《かんが》えてみます。図《ず》1を見《み》てください。ばらばらの正方形《せいほうけい》が6個《こ》ありますね。これらを適当《てきとう》に辺《へん》でつなげてみます。すると、1つの形《かたち》に合体《がったい》しましたね。このような形《かたち》を、「ポリオミノ」といいます。

実《じつ》は、「ポリオミノ」の仲間《なかま》はたくさんあります。その中《なか》でも図《ず》2のように、正方形《せいほうけい》を4つつなげた形《かたち》を「テトロミノ」といいます。

図《ず》1

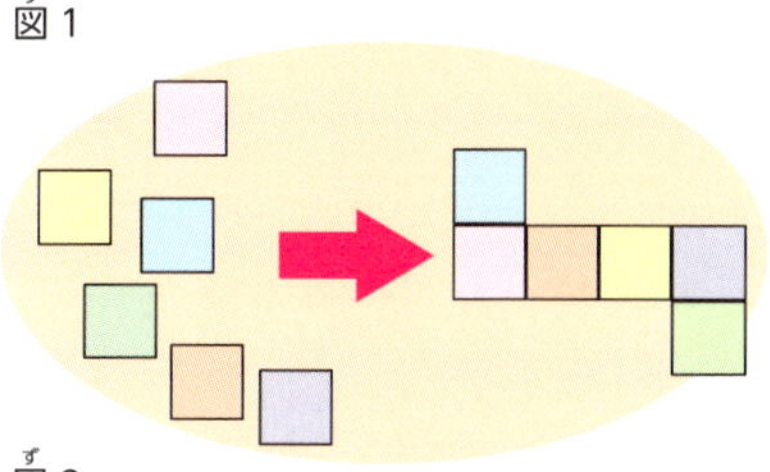

図《ず》2

## テトロミノは何種類《なんしゅるい》？

では、この正方形《せいほうけい》を辺《へん》に沿《そ》って4つつなげてつくった「テトロミノ」は、一体《いったい》、何種類《なんしゅるい》くらいできると思《おも》いますか？　実際《じっさい》につくって、何種類《なんしゅるい》になるのかを見《み》つけてみましょう。

みなさんは、いくつ見《み》つけられたでしょうか。正方形《せいほうけい》が4つかたまったような図《ず》3のアの形《かたち》や、横《よこ》に一列《いちれつ》に並《なら》べたオの形《かたち》も「テトロミノ」の仲間《なかま》です。

図《ず》3を見《み》るとわかるように全部《ぜんぶ》で5種類《しゅるい》あります。ウ、エは裏返《うらがえ》すと別《べつ》の形《かたち》になります。これを別《べつ》だと考《かんが》えれば、7種類《しゅるい》ということになりますね。

図《ず》3

裏返《うらがえ》した形《かたち》も同《おな》じと考《かんが》えると、5種類《しゅるい》ある。

## やってみよう

### ペントミノとヘキソミノ

正方形《せいほうけい》を辺《へん》に沿《そ》って5つつなげた形《かたち》を「ペントミノ」、6つつなげた形《かたち》を「ヘキソミノ」といいます。「テトロミノ」と同《おな》じように、実際《じっさい》につくって何種類《なんしゅるい》あるか見《み》つけてみましょう。

ペントミノ12種類《しゅるい》

ひとくちメモ　「ポリオミノ」という名前《なまえ》の「ポリ」は「多《おお》くの」、「オミノ」は「正方形《せいほうけい》」という意味《いみ》です。ちなみに、「テトラ」「ペンタ」「ヘキサ」はそれぞれ、数《かず》の4、5、6を表《あらわ》します。

# 向《む》きを変《か》えて考《かんが》えてみよう

6月30日

神奈川県《かながわけん》 川崎市立土橋小学校《かわさきしりつつちはししょうがっこう》
山本《やまもと》 直《なお》先生《せんせい》が書《か》きました

読《よ》んだ日《ひ》 月《がつ》 日《にち》 月《がつ》 日《にち》 月《がつ》 日《にち》

## ぴったりと重《かさ》なる形《かたち》は?

図《ず》1の4つの三角形《さんかくけい》を見《み》てください。この中《なか》には、形《かたち》も大《おお》きさも同《おな》じで、ぴったりと重《かさ》なるものがあります。どれとどれがぴったりと重《かさ》なるか、わかりますか。

正解《せいかい》は、4つ全部《ぜんぶ》がぴったりと重《かさ》なります。

実《じつ》はこの4つの三角形《さんかくけい》はどれも向《む》きを変《か》えているだけで、もとは同《おな》じ三角形《さんかくけい》です。Aをもとにして見《み》てみましょう。

BはAを上下反対《じょうげはんたい》にしたものです。下《した》の辺《へん》をおさえて下《した》にパタンとひっくり返《かえ》すとこのようになります。CはAを左右《さゆう》にひっくり返《かえ》したものです。DはAをくるっと左方向《ひだりほうこう》にまわすとできます。

向《む》きが変《か》わるだけで別《べつ》の形《かたち》のように見《み》えるので、どの向《む》きでも同《おな》じ形《かたち》が見分《みわ》けられるようになるとよいですね。

図《ず》1

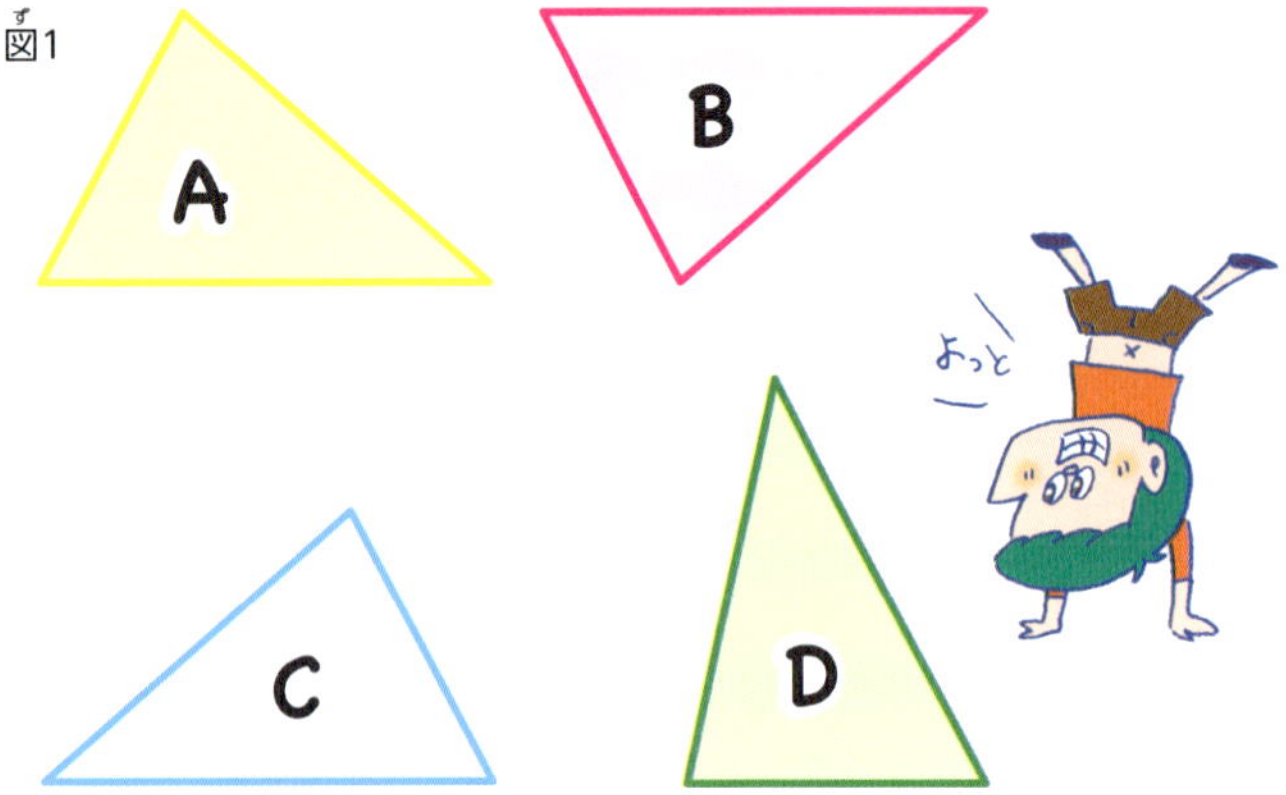


図《ず》2

## 目《め》の錯覚《さっかく》を利用《りよう》して…

図《ず》2の中《なか》にも、ぴったりと重《かさ》なる形《かたち》があります。今度《こんど》はどれとどれでしょうか。㋐と㋒、㋑と㋓がぴったりと重《かさ》なる形《かたち》ではないかと考《かんが》える人《ひと》が多《おお》いようですが、みなさんにはどのように見《み》えますか。

正解《せいかい》は、実《じつ》は㋐と㋒と㋓がぴったりと重《かさ》なる形《かたち》です。㋑だけがぴったりとは重《かさ》なりません。実《じつ》はこの本《ほん》を横《よこ》にして見《み》ると、㋑だけ高《たか》さが高《たか》くなっていることがわかります。見《み》る向《む》きを変《か》えるだけで、こんなにも見《み》え方《かた》が違《ちが》うのですから面白《おもしろ》いですね。

ひとくちメモ　このようにぴったり重《かさ》なる形《かたち》を「合同《ごうどう》」といいます。合同《ごうどう》については、高学年《こうがくねん》で学習《がくしゅう》します。

# 7月

July

# ギフトセットのつくり方《かた》
## ～異《こと》なる数《かず》のセットは？～

数と計算のお話

7月 1日

神奈川県《かながわけん》 川崎市立土橋小学校《かわさきしりつつちはししょうがっこう》
山本《やまもと》 直《なお》 先生《せんせい》が書《か》きました

読《よ》んだ日《ひ》 月《がつ》 日《にち》 月《がつ》 日《にち》 月《がつ》 日《にち》

### 便利《べんり》なギフトセット

夏前《なつまえ》には「お中元《ちゅうげん》」、年末《ねんまつ》には「お歳暮《せいぼ》」と、お世話《せわ》になった方《かた》に贈《おく》り物《もの》をする習慣《しゅうかん》があります。これらの時期《じき》になると、お店《みせ》では贈《おく》り物用《ものよう》にいくつかの商品《しょうひん》をセットにして販売《はんばい》することも多《おお》いようです。もともと売《う》っている物《もの》をセットにするとしたら、いろいろな組《く》み合《あ》わせ方《かた》がありそうですね。

### セットはいくつつくれる？

たとえばあるお店《みせ》でタオル3本《ぼん》とティッシュを4箱《はこ》、石《せっ》けんを5個組《こく》み合《あ》わせてセットをつくるとします。倉庫《そうこ》を見《み》ると、どれも50個《こ》ずつ残《のこ》っています。さて、セットはいくつできるでしょうか？

まずタオルです。3本《ぼん》ずつ箱《はこ》につめると50÷3＝16あまり2で、16箱《はこ》つくれてあと2個《こ》あまります。次《つぎ》にティッシュは4箱《はこ》ずつで、50÷4＝12あまり2なので、12箱《はこ》しかつくれません。さらに石《せっ》けんは5個《こ》ずつなので、50÷5＝10で割《わ》り切《き》れるので、ちょうど10箱《ばこ》ですね。ということは、3種類《しゅるい》すべてを組《く》み合《あ》わせる場合《ばあい》、10箱《ばこ》しかつくれないことになります。

タオルやティッシュはあまってしまいますが、この場合《ばあい》は石《せっ》けんの数《かず》に合《あ》わせた方《ほう》がよいということがわかります。

### 考《かんが》えてみよう

#### ぴったりにするには？

では、倉庫《そうこ》に1つも残《のこ》らないようにするために、何《なに》をいくつ追《つい》加《か》すればよいのでしょうか？まず、タオルは16セットつくっても2本《ほん》あまります。だから、あと1本追加《ぽんついか》して17箱《はこ》つくると全部《ぜんぶ》なくなりますね。ということはティッシュや石《せっ》けんも17箱分必要《はこぶんひつよう》になります。ティッシュは4×17で68箱《はこ》、石《せっ》けんは5×17で85個《こ》、必要《ひつよう》だということがわかります。もともと50ずつあったのですから、ティッシュはあと8箱《はこ》、石《せっ》けんはあと35個追加《こついか》すれば、セットが17箱《はこ》できて、3種類《しゅるい》ともぴったりなくなるということになりますね。

ひとくちメモ　タオル51、ティッシュ68、石《せっ》けん85という数《かず》は、どれも17で割《わ》り切《き》れる数《かず》ということになります。

2 くらしの中の算数のお話

# 1年《ねん》のちょうど真《ま》ん中《なか》の日《ひ》は何月何日《なんがつなんにち》？

7月 2日

お茶《ちゃ》の水女子大学附属小学校《みずじょしだいがくふぞくしょうがっこう》
岡田紘子《おかだひろこ》先生《せんせい》が書《か》きました

読《よ》んだ日《ひ》　月《がつ》　日《にち》｜　月《がつ》　日《にち》｜　月《がつ》　日《にち》

## 1年《ねん》の真《ま》ん中《なか》の日《ひ》は？

1年《ねん》を365日《にち》としたとき、ちょうど真《ま》ん中《なか》の日《ひ》は、何月何日《なんがつなんにち》でしょうか？　1年《ねん》は12カ月《げつ》なので、6月《がつ》30日《にち》あたりかな？　と思《おも》いますが、正確《せいかく》に真《ま》ん中《なか》の日《ひ》は何月何《なんがつなん》日《にち》なのでしょう。

365日《にち》を2で割《わ》ると、365 ÷ 2 = 182あまり1です。なので、183日目《にちめ》が真《ま》ん中《なか》の日《ひ》にあたります。では、183日目《にちめ》は何月何《なんがつなん》日《にち》でしょうか？

## 「西向《にしむ》く侍《さむらい》」って何《なに》？

1月《がつ》から順《じゅん》に日数《にっすう》を足《た》していって、183日目《にちめ》を見《み》つければよいですね。でも、それぞれの月《つき》が30日《にち》まであるのか、31日《にち》まであるのか、どちらかわかりませんね。そこで、便利《べんり》な語呂合《ごろあ》わせがあります。

1カ月《げつ》が31日《にち》ではない月《つき》を覚《おぼ》える語呂合《ごろあ》わせ、「西向《にしむ》く侍《さむらい》」と言《い》います。に＝2月《がつ》、し＝4月《がつ》、む＝6月《がつ》、く＝9月《がつ》はわかりますね。では侍《さむらい》は何月《なんがつ》でしょうか？　侍《さむらい》は士《し》とも表《あらわ》します。武士《ぶし》の士《し》ですね。士《し》という漢字《かんじ》は「十《じゅう》」と「一《いち》」に分《わ》けられることから、さむらい＝11月《がつ》というわけです。

では、1月《がつ》から6月《がつ》まで日数《にっすう》を足《た》していくと、

31（1月《がつ》）+ 28（2月《がつ》）+ 31（3月《がつ》）+ 30（4月《がつ》）+ 31（5月《がつ》）+ 30（6月《がつ》）＝ 181

6月《がつ》30日《にち》が181日目《にちめ》ですから、7月1日《がつついたち》が182日目《にちめ》、7月《がつ》2日《か》が183日目《にちめ》、つまり1年《ねん》のちょうど真《ま》ん中《なか》の日《ひ》ということがわかります。

7月《がつ》2日《か》の正午《しょうご》が1年《ねん》のちょうど真《ま》ん中《なか》の時刻《じこく》ということがわかりますね。

**ひとくちメモ**　月日《つきひ》のそれぞれの数字《すうじ》を足《た》して、一番小《いちばんちい》さい数《かず》になる日《ひ》は、1月1日《がつついたち》です（1＋1＝2）。では、一番大《いちばんおお》きい数《かず》になる日《ひ》は何月何日《なんがつなんにち》でしょう。ヒントは、月日《つきひ》を足《た》すと20になる日《ひ》です。

単位とはかり方のお話

# タレスによるピラミッドの高《たか》さ測定《そくてい》

7月 3日

岩手県《いわてけん》 久慈市教育委員会《くじしきょういくいいんかい》
小森《こもり》 篤《あつし》 先生《せんせい》が書《か》きました

読《よ》んだ日《ひ》 月《がつ》 日《にち》 | 月《がつ》 日《にち》 | 月《がつ》 日《にち》

## 初《はじ》めて測《はか》った人《ひと》はタレス

エジプトにあるピラミッドは、大昔《おおむかし》の人《ひと》が石《いし》を積《つ》み上《あ》げてつくったとても大《おお》きな遺跡《いせき》です。

ピラミッドがつくられてから4000年《ねん》もの間《あいだ》、ピラミッドの高《たか》さを測《はか》った人《ひと》はいませんでした。初《はじ》めて高《たか》さを測《はか》ったのは「タレス」という人《ひと》です。今《いま》から2500年《ねん》くらい前《まえ》のことです。

## どうやって測《はか》ったの?

タレスはピラミッドの高《たか》さを測《はか》るために1本《ぽん》の棒《ぼう》を用意《ようい》しました。そして、その棒《ぼう》を地面《じめん》に直角《ちょっかく》に立《た》て、棒《ぼう》の長《なが》さと棒《ぼう》の影《かげ》の長《なが》さが同《おな》じになる瞬間《しゅんかん》にピラミッドの影《かげ》の長《なが》さを測《はか》りました。太陽《たいよう》の位置《いち》が同《おな》じとき、棒《ぼう》の長《なが》さと棒《ぼう》の影《かげ》の長《なが》さが同《おな》じであれば、ピラミッドの高《たか》さとピラミッドの影《かげ》の長《なが》さが同《おな》じであることに気《き》づいたのです。

このタレスの発見《はっけん》に、当《とう》時《じ》の王《おう》やまわりの人《ひと》たちはとても驚《おどろ》いたそうです。

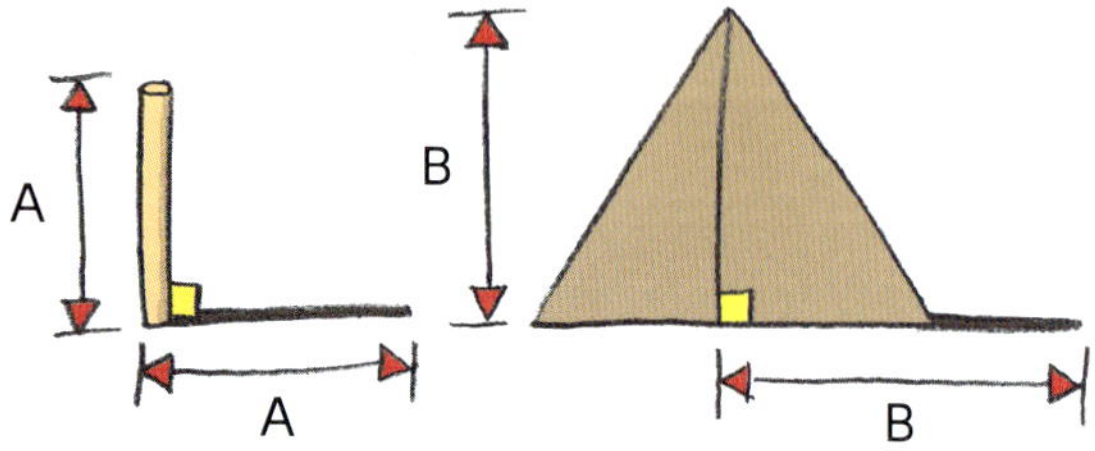


やってみよう

### 建物《たてもの》や木《き》を測《はか》ってみよう

タレスと同《おな》じ方法《ほうほう》で校舎《こうしゃ》の高《たか》さや校庭《こうてい》の木《き》の高《たか》さを測《はか》ることができます。用意《ようい》するものは、50cmくらいの棒《ぼう》、大《おお》きな三角《さんかく》定規《じょうぎ》、巻尺《まきじゃく》です。図《ず》を見《み》て友達《ともだち》と一緒《いっしょ》にやってみてね!

ひとくちメモ
初《はじ》めてピラミッドの高《たか》さを測《はか》ったとされるタレスは、紀元前《きげんぜん》624年頃《ねんごろ》〜546年頃《ねんごろ》にいたギリシャの自然哲学者《しぜんてつがくしゃ》です。

数と計算のお話

# 計算《けいさん》の工夫《くふう》③ ひき算《ざん》のきまり

7月4日

東京都《とうきょうと》 杉並区立高井戸第三小学校《すぎなみくりつたかいどだいさんしょうがっこう》
吉田映子《よしだえいこ》先生《せんせい》が書《か》きました

読《よ》んだ日《ひ》 月《がつ》 日《にち》 月《がつ》 日《にち》 月《がつ》 日《にち》

## 簡単《かんたん》に計算《けいさん》できる知恵《ちえ》

ひき算《ざん》の計算《けいさん》をしてみましょう。

67 − 30

「簡単《かんたん》だよ」という声《こえ》がきこえそうですね。

答《こた》えは37。

では次《つぎ》のひき算《ざん》はどうでしょう。

72 − 29

今度《こんど》はちょっと考《かんが》えたでしょう。繰《く》り下《さ》がりがあるからです。

でもこのひき算《ざん》も、ちょっと工夫《くふう》すると簡単《かんたん》な計算《けいさん》に変身《へんしん》します。もし引《ひ》く数《かず》29はあと1で30です。もし引《ひ》く数《かず》が何十《なんじゅう》だったら、計算《けいさん》は簡単《かんたん》になりますね。そこで、引《ひ》く数《かず》を30にしてみたらどうでしょう。

72 − 30 = 42です。

でも、本当《ほんとう》は29だったから、1だけ引《ひ》きすぎています。そこで、答《こた》えの42に1を足《た》せば正《ただ》しい答《こた》えになります。

答《こた》えは42 + 1で43でした。

だったら……。そうですね。もうひと工夫《くふう》しましょう。

## さらに工夫《くふう》してみると?

72 − 29の引《ひ》く数《かず》の29に1を足《た》して30にして計算《けいさん》してから、出《で》た答《こた》えに引《ひ》きすぎた1を足《た》したのですから、はじめに足《た》される数《かず》の72にも1を足《た》してしまったらどうでしょう(図《ず》1)。

73 − 30も答《こた》えは43です。

両方《りょうほう》の答《こた》えは同《おな》じになりますね。

72 − 29 = 73 − 30

となります。どちらも答《こた》えが同《おな》じ43になるので「=(等号《とうごう》)」でつなぐことができます。

では54 − 21ではどうでしょう。両方《りょうほう》から1引《ひ》いて53 − 20にしても答《こた》えは変《か》わりません。

このように、ひき算《ざん》では、引《ひ》かれる数《かず》と引《ひ》く数《かず》に同《おな》じ数《かず》を足《た》しても引《ひ》いても、計算《けいさん》の答《こた》えは変《か》わらないのです。この性質《せいしつ》を使《つか》うと、簡単《かんたん》な計算《けいさん》に変身《へんしん》させることができます。

193 − 68でも試《ため》してみましょう。

図《ず》1

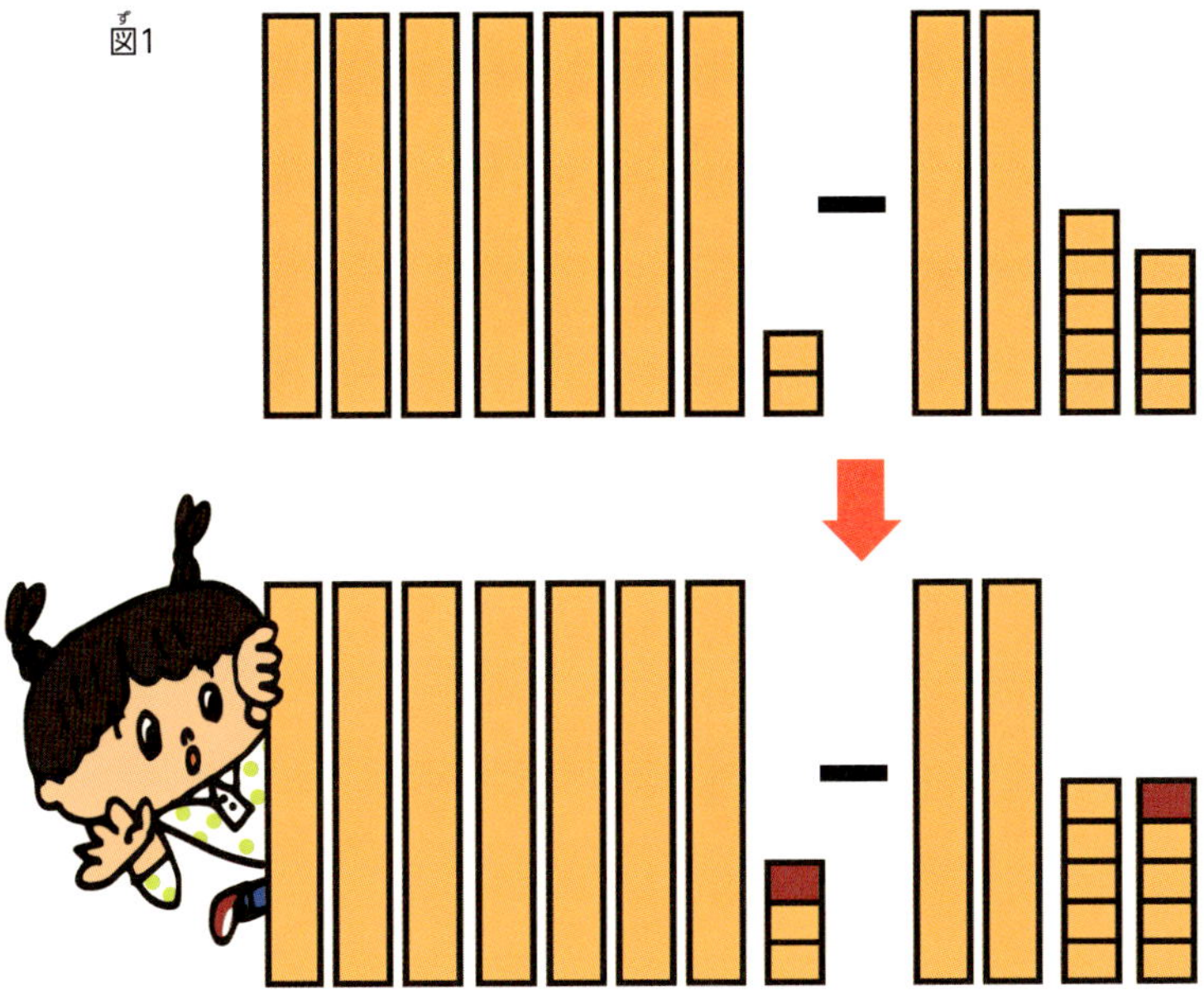



ひとくちメモ

引《ひ》く数《かず》をきりのいい数《かず》(30、200…)にするように工夫《くふう》すれば、大《おお》きな数《かず》のひき算《ざん》も簡単《かんたん》に計算《けいさん》できますね。なお「たし算《ざん》のきまり」については188ページをご覧下《らんくだ》さい。

7月 5日

# けんけんぱの足跡《あしあと》はいくつ？

福岡県《ふくおかけん》　田川郡川崎町立川崎小学校《たがわぐんかわさきちょうりつかわさきしょうがっこう》
高瀬大輔《たかせだいすけ》先生《せんせい》が書《か》きました

読《よ》んだ日《ひ》　月《がつ》　日《にち》　月《がつ》　日《にち》　月《がつ》　日《にち》

## 足跡《あしあと》を図《ず》にしてみよう

「けんけんぱ」という昔遊《むかしあそ》びがあります。みなさんも、次《つぎ》のような歌詞《かし》とリズムをきっと聞《き》いたことがあるでしょう。

「けん けん ぱ、けん けん ぱ、けん ぱ、けん ぱ、けん けん ぱ」

この歌詞《かし》とリズムに合《あ》わせてバランスをとりながら足《あし》を運《はこ》ぶのが、この遊《あそ》びのおもしろさです。

さて、この「けんけんぱ」の遊《あそ》びでつく足跡《あしあと》はいくつでしょうか。前《まえ》の歌詞《かし》に合《あ》わせて手拍子《てびょうし》しながら、確《たし》かめてみましょう。

「13」と考《かんが》えた人《ひと》も「18」と考《かんが》えた人《ひと》もいるでしょう。

自分《じぶん》のイメージだけではっきりとしないときには、絵《え》や図《ず》にかいてみることが大切《たいせつ》です。この「けんけんぱ」の足跡《あしあと》を図《ず》に表《あらわ》すと図《ず》1のようになります。このとき、足跡《あしあと》をより簡単《かんたん》に●で表《あらわ》すことも大切《たいせつ》なことです。

図《ず》1

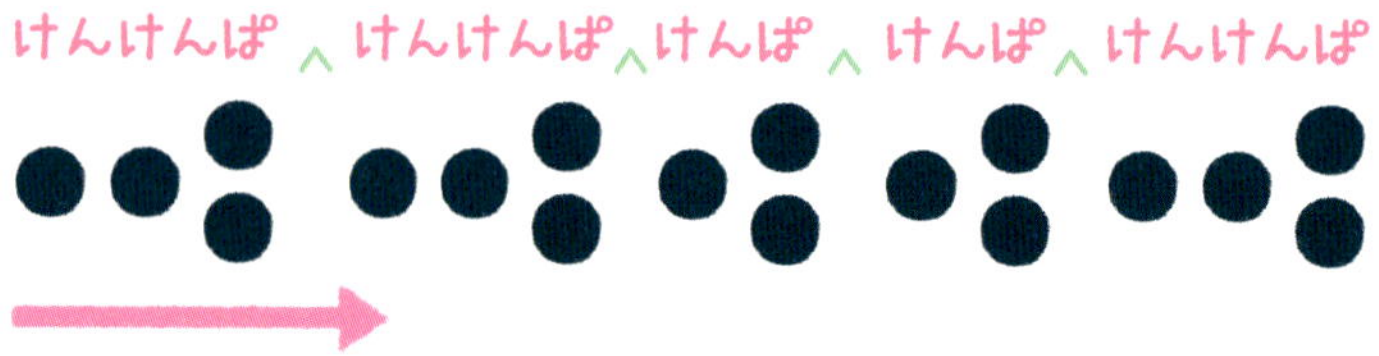


## 図《ず》を式《しき》で表《あらわ》してみよう

図《ず》1を式《しき》で表《あらわ》すと、どんな式《しき》になるのでしょうか。

4＋4＋3＋3＋4
2＋2＋2＋2＋3＋3＋2＋2
2×6＋3×2
4×3＋3×2

など、いくつかの式《しき》で表《あらわ》すことができます。同《おな》じ図《ず》でも、●をどのようなまとまりで見《み》るかによって、いくつかの見方《みかた》、式《しき》の表《あらわ》し方《かた》があるのですね。

では、けんけんぱのリズムを少《すこ》し変《か》えた場合《ばあい》、足跡《あしあと》はいくつになるでしょう。図《ず》2を見《み》てください。

これらの式《しき》から、●をどのようなまとまりで見《み》ていることがわかりますか。□で囲《かこ》みながら、考《かんが》えてみましょう。

このように、実際《じっさい》には見《み》えない足跡《あしあと》も図《ず》や式《しき》で表《あらわ》すことで、数《かず》が21ということがわかります。

図《ず》2

リズム　「けんぱっぱ　けんぱっぱ　けんぱ　けんぱ　けんぱっぱ」

図で表すと

式で表すと

3+2+3+2+3+3+3+2
5+5+3+3+5
5×3+3×2
4×3+3×2+3

ひとくちメモ　同《おな》じ数《かず》や同《おな》じ図《ず》に目《め》をつけて、まとまりをつけて考《かんが》えるとわかりやすいですよ。

# 信号機《しんごうき》のLED電球《でんきゅう》の数《かず》はいくつ？

青森県《あおもりけん》 三戸町立三戸小学校《さんのへちょうりつさんのへしょうがっこう》
種市芳丈《たねいちよしたけ》先生《せんせい》が書《か》きました

読《よ》んだ日《ひ》 月《がつ》 日《にち》 ｜ 月《がつ》 日《にち》 ｜ 月《がつ》 日《にち》

## 信号機《しんごうき》をよく見《み》ると……

信号《しんごう》が赤《あか》で止《と》まったときなど、信号機《しんごうき》をじっと見《み》たことがありますか？　よく見《み》るとLED電球《でんきゅう》が集《あつ》まってできています（写真《しゃしん》）。この信号《しんごう》にはどれくらいの数《かず》のLED電球《でんきゅう》が使《つか》われているのでしょうか？

写真／フォトライブラリー

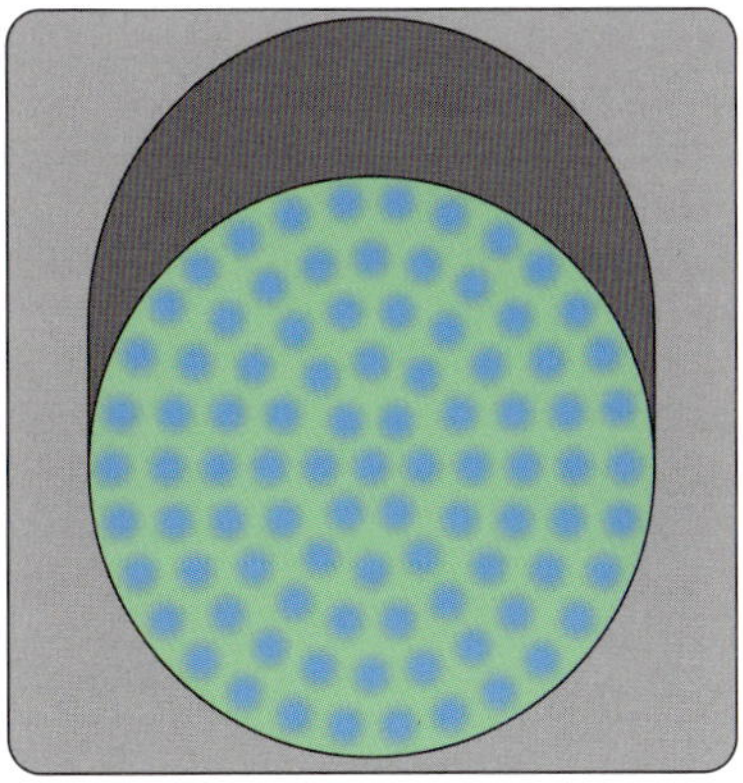
図《ず》1

## 2つの数《かぞ》え方《かた》を紹介《しょうかい》するゾ

図《ず》1を見《み》て考《かんが》えてみましょう。LED電球《でんきゅう》がきれいに並《なら》んでいることを使《つか》うと、いろいろな数《かぞ》え方《かた》が見《み》えてきます。

【その1：花火《はなび》に見立《みた》てる】

内側《うちがわ》から花火《はなび》のようにきれいに並《なら》んでいるように見《み》えますね（図《ず》2）。内側《うちがわ》から見《み》ると、1＋6＋12＋18＋24＋30＝91の式《しき》で求《もと》めることができます。

式《しき》の数《かず》の並《なら》びを見《み》ると、かけ算《ざん》の6の段《だん》が見《み》えてきますね。

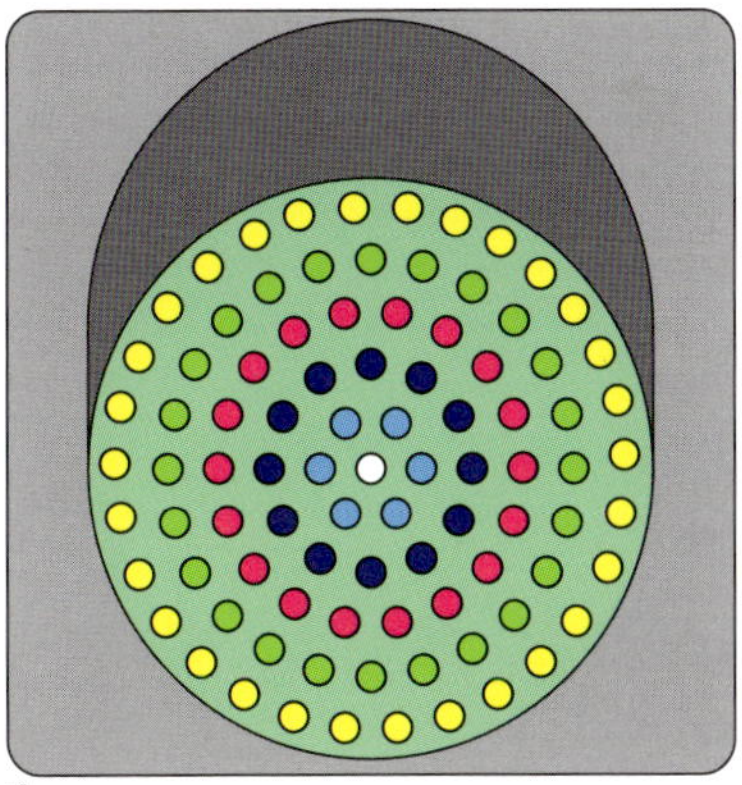
図《ず》2

【その2：三角《さんかく》に切《き》り分《わ》ける】

真《ま》ん中《なか》の1個《こ》を残《のこ》して、三角《さんかく》に切《き》り分《わ》けます（図《ず》3）。すると、1＋2＋3＋4＋5＝15。求《もと》められる形《かたち》が6つと真《ま》ん中《なか》の1を合《あ》わせると求《もと》めることができます。

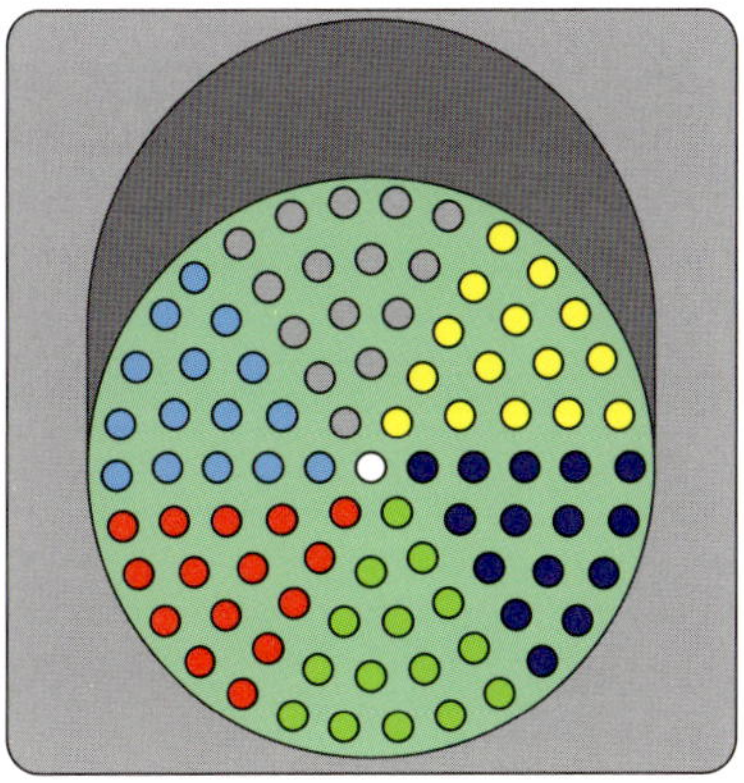
図《ず》3

実際《じっさい》の信号《しんごう》は、一番外側《いちばんそとがわ》が30＋1になっているので、全部《ぜんぶ》で92個《こ》になることがわかります。

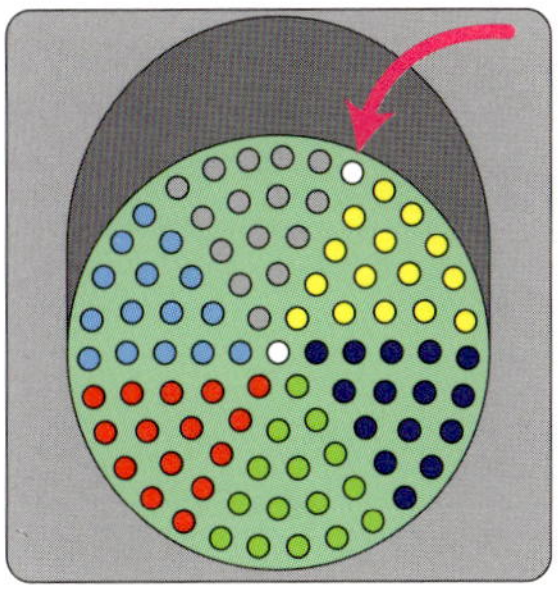

ひとくちメモ　LED電球《でんきゅう》の数《かず》は信号機《しんごうき》メーカーによってちがいがあります。92個《こ》だけでなく191個《こ》のものもあります。

図形のお話

# お空《そら》に浮《う》かぶ 三角形《さんかくけい》のお話《はなし》

7月《がつ》 7日《にち》

島根県《しまねけん》　飯南町立志々小学校《いいなんちょうりつししょうがっこう》
村上幸人《むらかみゆきと》先生《せんせい》が書《か》きました

読《よ》んだ日《ひ》　月《がつ》　日《にち》｜月《がつ》　日《にち》｜月《がつ》　日《にち》

## 夏《なつ》の夜空《よぞら》を見上《みあ》げてみよう

4月《がつ》12日《にち》（130ページ参照《さんしょう》）に、身《み》の回《まわ》りから三角形《さんかくけい》を探《さが》しましたね。その時《とき》、夜空《よぞら》を見上《みあ》げたのを覚《おぼ》えていますか？

そう、明《あか》るい星《ほし》を3つ見《み》つけて頭《あたま》の中《なか》で線《せん》をつなぐと大《おお》きな三角《さんかく》形《けい》になりました。今《いま》でも見《み》えるのでしょうか。晴《は》れた夜空《よぞら》を見《み》てみましょう。

前回《ぜんかい》と同《おな》じ南《なん》東《とう》の方向《ほうこう》を見《み》てみましょう。すると、明《あか》るい星《ほし》が3つ見《み》えます。大《おお》きな三角形《さんかくけい》のできあがりです。

ところが、春《はる》に見《み》たものとちがう感《かん》じがしませんか。星《ほし》の明《あか》るさ、三角形《さんかくけい》の形《かたち》、周《まわ》りの星々《ほしぼし》の様《よう》子《す》……。そうです、これは「春《はる》の大三角《だいさんかく》」ではありません。星《ほし》たちはちがうものに変《か》わっています。

## 美《うつく》しい！夏《なつ》の大三角《だいさんかく》

この3つの星《ほし》は、こと座《ざ》の一等《いっとう》星《ほし》ベガ、わし座《ざ》の一等星《いっとうせい》アルタイル、はくちょう座《ざ》の一等星《いっとうせい》デネブです。これらを結《むす》んでできる三角《さんかく》形《けい》は「夏《なつ》の大三角《だいさんかく》」と呼《よ》ばれています。

1つの直線上《ちょくせんじょう》にない3つの点《てん》をじっと見《み》ていると、自然《しぜん》に三角形《さんかくけい》が見《み》えてきますね。

### 覚《おぼ》えておこう

#### 七夕《たなばた》の夜空《よぞら》に輝《かがや》く星《ほし》は？

「夏《なつ》の大三角《だいさんかく》」で見《み》えているベガとアルタイルは、それぞれ「おりひめ」と「ひこぼし」なのです。そう、今日《きょう》は7月《がつ》7日《か》の七夕《たなばた》の日《ひ》です。暗《くら》い夜空《よぞら》では、「おりひめ」と「ひこぼし」の間《あいだ》に天《あま》の川《がわ》が、流《なが》れているように見《み》えます。

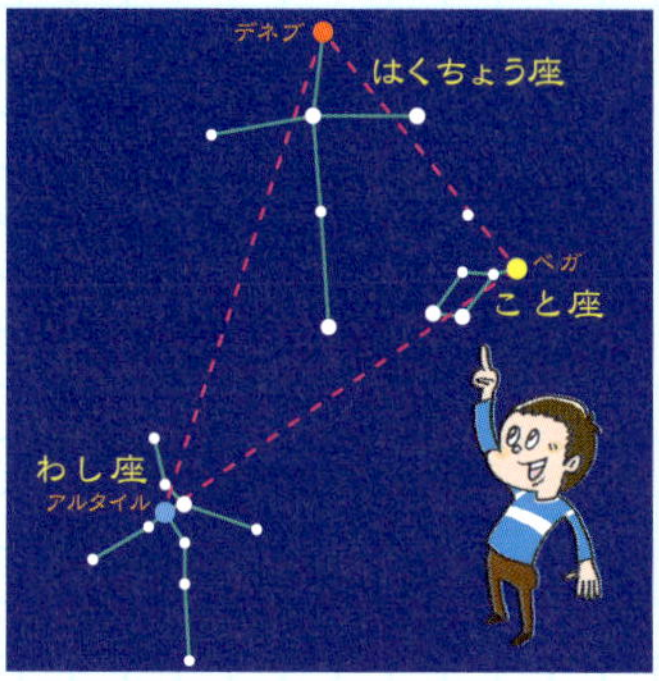


ひとくちメモ　夜空《よぞら》に輝《かがや》く星《ほし》は平面上《へいめんじょう》に輝《かがや》いているように見《み》えますが、地球《ちきゅう》からの距離《きょり》はそれぞれ大《おお》きく異《こと》なっています。

# みんなの答《こた》えが一緒《いっしょ》になる計算《けいさん》



東京学芸大学附属小金井小学校《とうきょうがくげいだいがくふぞくこがねいしょうがっこう》
高橋丈夫《たかはしたけお》先生《せんせい》が書《か》きました

読《よ》んだ日《ひ》　月《がつ》　日《にち》　月《がつ》　日《にち》　月《がつ》　日《にち》

## まずは、やってみよう！

一緒《いっしょ》にゲームをしているみんなの答《こた》えが同《おな》じになる不思議《ふしぎ》な計算《けいさん》を紹介《しょうかい》します。図《ず》1を見《み》て、やってみてください。

みんなの答《こた》えは、3になるはずです。

ゲームに参加《さんか》した人《ひと》、一人《ひとり》ずつ答《こた》えを聞《き》いていくと、途中《とちゅう》で答《こた》えが一緒《いっしょ》になるのが偶然《ぐうぜん》ではないことに気《き》づき、驚《おどろ》くはずです。

途中《とちゅう》で足《た》した6を他《ほか》の数《かず》に変《か》えることで、最後《さいご》に出《で》てくる答《こた》えを変《か》えることができます。みんなでマジックにチャレンジしてみてください。

## どうして一緒《いっしょ》になるの？

それでは、どうして答《こた》えが一緒《いっしょ》になるのかを説明《せつめい》しましょう。

今《いま》までに説明《せつめい》してきた計算《けいさん》を式《しき》にまとめると、「(選《えら》んだ数《かず》×2＋6)÷2－選《えら》んだ数《かず》」になります。この式《しき》を計算《けいさん》してみましょう(図《ず》2)。

最初《さいしょ》に選《えら》んだ数《かず》に関係《かんけい》なく、最後《さいご》には3になる計算《けいさん》になっていることがわかります。

図《ず》1

図《ず》2

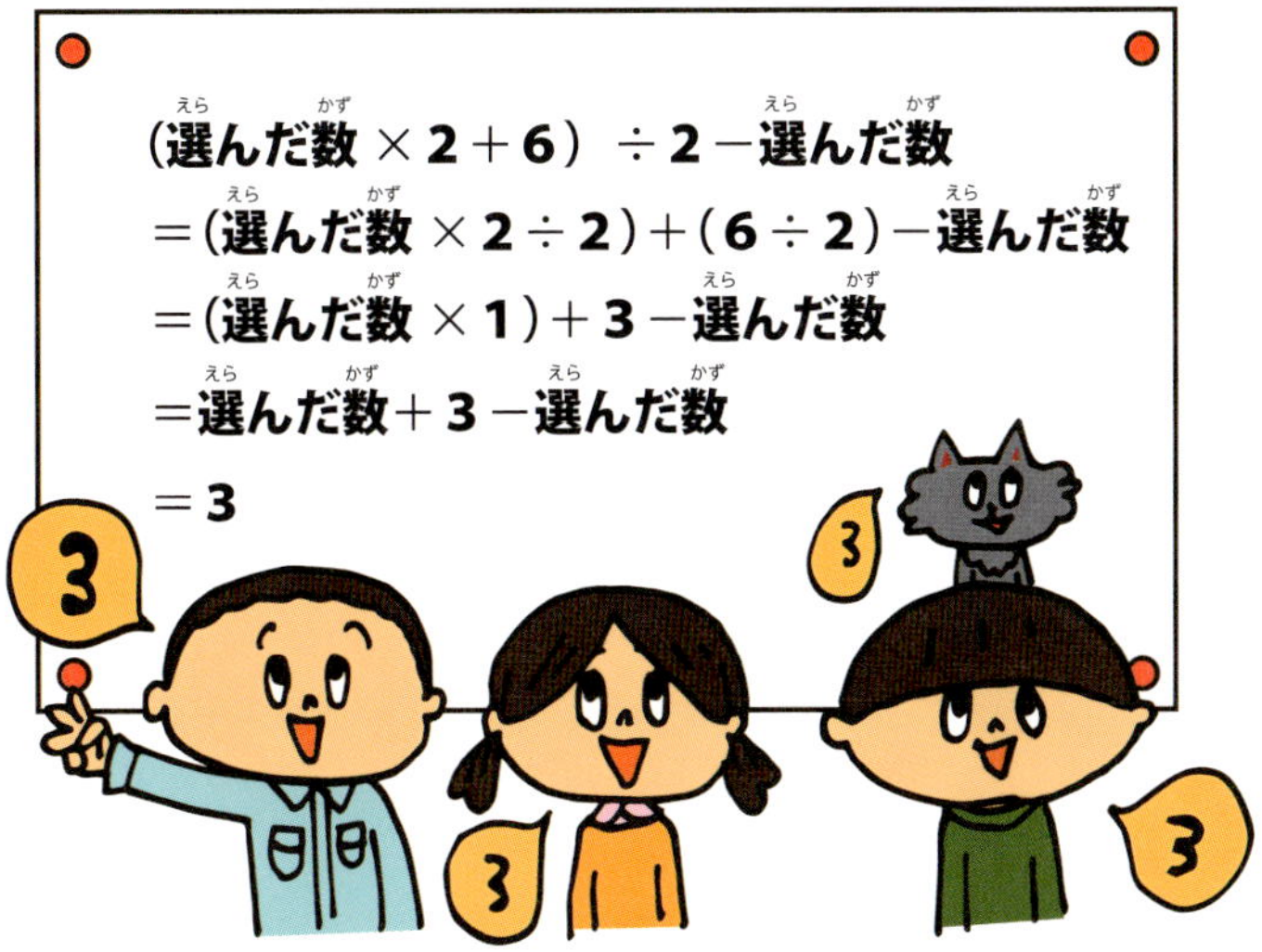


ひとくちメモ　計算《けいさん》の順序《じゅんじょ》やカッコを上手《じょうず》に使《つか》うことで面白《おもしろ》いマジックを考《かんが》えることができます。みなさんも考《かんが》えてみてください。

# 天才《てんさい》ニュートンは計算《けいさん》の達人《たつじん》だった！

7月
9日

明星大学客員教授《めいせいだいがくきゃくいんきょうじゅ》
細水保宏《ほそみずやすひろ》先生《せんせい》が書《か》きました

読《よ》んだ日《ひ》　月《がつ》　日《にち》　月《がつ》　日《にち》　月《がつ》　日《にち》

## 数学《すうがく》が大好《だいす》きな少年《しょうねん》

木《き》からリンゴの実《み》が落《お》ちるのを見《み》て、大発見《だいはっけん》をしたといわれる人《ひと》は誰《だれ》でしょう。そう、みなさんがよく知《し》っているニュートンです。

アイザック・ニュートン（1642〜1727年《ねん》）は、イギリスのウールズソープという小《ちい》さな村《むら》で生《う》まれ育《そだ》ちました。友達《ともだち》をつくるのが苦手《にがて》で、いつも一人《ひとり》で本《ほん》を読《よ》んだり、木《き》でいろいろな模型《もけい》をつくるのが好《す》きな少年《しょうねん》でした。

18歳《さい》になったニュートンは、有《ゆう》名《めい》なケンブリッジ大学《だいがく》に入学《にゅうがく》します。でも、大学《だいがく》で教《おそ》わることといったら古《ふる》くさい学問《がくもん》ばかり。興味《きょうみ》のあった数学《すうがく》や物理《ぶつり》のクラスはありません。そこで彼《かれ》は、新《あたら》しい科学《かがく》や数学《すうがく》の本《ほん》を読《よ》んで、たった一人《ひとり》で研究《けんきゅう》を始《はじ》めます。自分《じぶん》の手《て》で道具《どうぐ》をつくり、いろいろな実験《じっけん》をしました。そして、ひらめいたアイデアや疑問《ぎもん》をノートに書《か》きとめ、答《こた》えを見《み》つけようとしたのです。数学《すうがく》のノートは、すぐに図形《ずけい》や数式《すうしき》でうめつくされました。

## 「万有引力《ばんゆういんりょく》」を発見《はっけん》！

ところが、そのころロンドンではペストがはやり、大学《だいがく》は閉鎖《へいさ》されました。ペストは次々《つぎつぎ》に人《ひと》の命《いのち》を奪《うば》うおそろしい病気《びょうき》です。ニュートンはふるさとのウールズソープへもどり、自分《じぶん》の家《いえ》で研究《けんきゅう》をすることにしました。

夢中《むちゅう》で取《と》り組《く》んだのは、大好《だいす》きな数学《すうがく》の問題《もんだい》です。そうして、不《ふ》規則《きそく》なかたちをした図形《ずけい》の面積《めんせき》や、曲線《きょくせん》の長《なが》さを求《もと》める計算《けいさん》の方法《ほうほう》を見《み》つけました。もちろん計算機《けいさんき》などありません。すべて頭《あたま》の中《なか》で何《なん》十桁《じっけた》もの計算《けいさん》をしたのです。

そんなある日《ひ》、ニュートンは庭《にわ》のリンゴの木《き》をながめながら考《かんが》えました。「リンゴが下向《したむ》きに落《お》ちるのは、地球《ちきゅう》に重力《じゅうりょく》が働《はたら》いているからだ。それなら、なぜ月《つき》はリンゴのように落《お》ちてこないのだろう？　それは地球《ちきゅう》と月《つき》がおたがいに引《ひ》きあい、うまくつりあっているからだ。そしてこの不思議《ふしぎ》な力《ちから》は、宇宙《うちゅう》のあらゆるものに同《おな》じように働《はたら》くのかもしれない……」。

このアイデアは、のちに「万有《ばんゆう》引力《いんりょく》の法則《ほうそく》」として広《ひろ》く知《し》られるようになります。こうしてニュートンは、ウールズソープで過《す》ごした1年半《ねんはん》の間《あいだ》に、いくつもの歴史《れきし》に残《のこ》る大発見《だいはっけん》をしたのです。

ひとくちメモ
東京《とうきょう》の小石川植物園《こいしかわしょくぶつえん》などには、ニュートンの生家《せいか》にあったとされるリンゴの木《き》の子孫《しそん》が育《そだ》てられています。「ニュートンのリンゴ」のエピソードは有名《ゆうめい》ですが、それが真実《しんじつ》かどうかはわかっていません。

図形のお話

# 不公平《ふこうへい》な玉入《たまい》れはいやだ！

7月10日

福岡県《ふくおかけん》 田川郡川崎町立川崎小学校《たがわぐんかわさきちょうりつかわさきしょうがっこう》
高瀬大輔《たかせだいすけ》先生《せんせい》が書《か》きました

読《よ》んだ日《ひ》 月《がつ》 日《にち》 月《がつ》 日《にち》 月《がつ》 日《にち》

## ゴールに近《ちか》い人《ひと》、遠《とお》い人《ひと》

玉入《たまい》れゲームをしましょう。コートのまわりから玉《たま》をたくさん投《な》げ入《い》れた人《ひと》の勝《か》ちです（図《ず》1）。

図《ず》1

でも、ゲームを始《はじ》めると、すぐに子供《こども》たちから次《つぎ》のような声《こえ》が上《あ》がりました。

「不公平《ふこうへい》だ！」

どうして不公平《ふこうへい》なのでしょうか？

「ゴールに近《ちか》い人《ひと》はずるい」

「ゴールまでの距離《きょり》をそろえて」

どうやら、投《な》げ入《い》れるコートの形《かたち》がよくないようです。そこで、どんな形《かたち》にするか話《はな》し合《あ》いました。

「正方形《せいほうけい》や正三角形《せいさんかくけい》にしよう」

「どこから投《な》げても、真《ま》ん中《なか》のゴールまでの距離《きょり》は同《おな》じ」

そこで、コートの形《かたち》を正方形《せいほうけい》にしてゲームを再開《さいかい》。でも、やっぱり不満《ふまん》が出《で》てきました。

「やっぱり不公平《ふこうへい》だ」

一番《いちばん》不満《ふまん》をもったのはコートのどの場所《ばしょ》にいた子《こ》でしょう？

それは、コートの4つの頂点《ちょうてん》にいた子供《こども》たち。他《ほか》よりも中心《ちゅうしん》にあるゴールまでの距離《きょり》が長《なが》いようです。正三角形《せいさんかくけい》にしても、やはり3つの頂点《ちょうてん》からゴールまでは距離《きょり》が長《なが》いのです（図《ず》2）。

図《ず》2

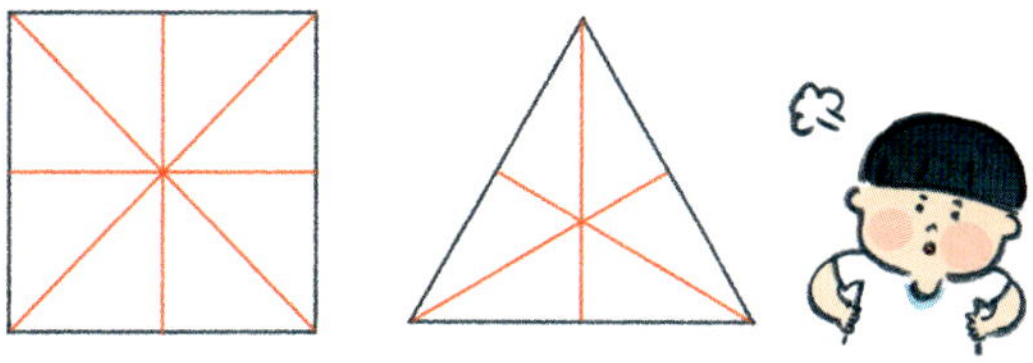


## 円《えん》はみんなにやさしい形《かたち》？

いったい、どんな形《かたち》にすると、どこから投《な》げても同《おな》じ距離《きょり》の公平《こうへい》なコートになるのでしょうか。

「まるくしたらいいよ」

「まるくしたらどこから投《な》げてもゴールまでの距離《きょり》は同《おな》じ」

「みんな平等《びょうどう》だ」

これで子供《こども》たちもみんなすっきり。仲《なか》よく玉入《たまい》れができました。

このようにしてつくったきれいなまるを円《えん》といいます。円《えん》って、みんなにやさしい形《かたち》なんですね（図《ず》3）。

図《ず》3

ひとくちメモ
1つの中心点《ちゅうしんてん》から同《おな》じ距離《きょり》にある点《てん》がつながった形《かたち》を「円《えん》」といいます（くわしくは132ページ参照《さんしょう》）。

## ●「折《お》って、折《お》って、切《き》る」を開《ひら》いてみると

では開《ひら》いてみましょう。こんな形《かたち》になりました。

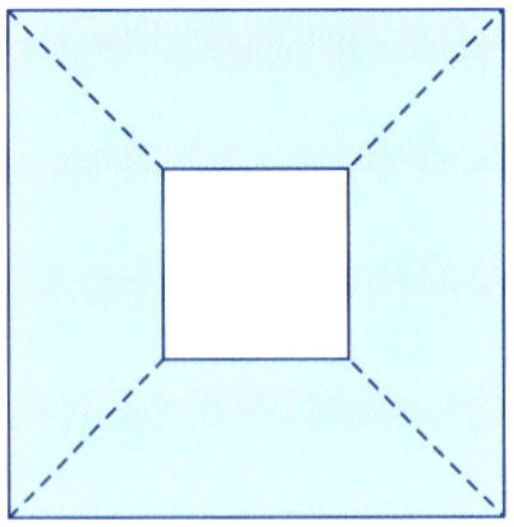

予想《よそう》は当《あ》たったかな？

## ●折《お》って、折《お》って、折《お》って、切《き》る

今度《こんど》は三角形《さんかくけい》を３回折《かいお》ってみます。

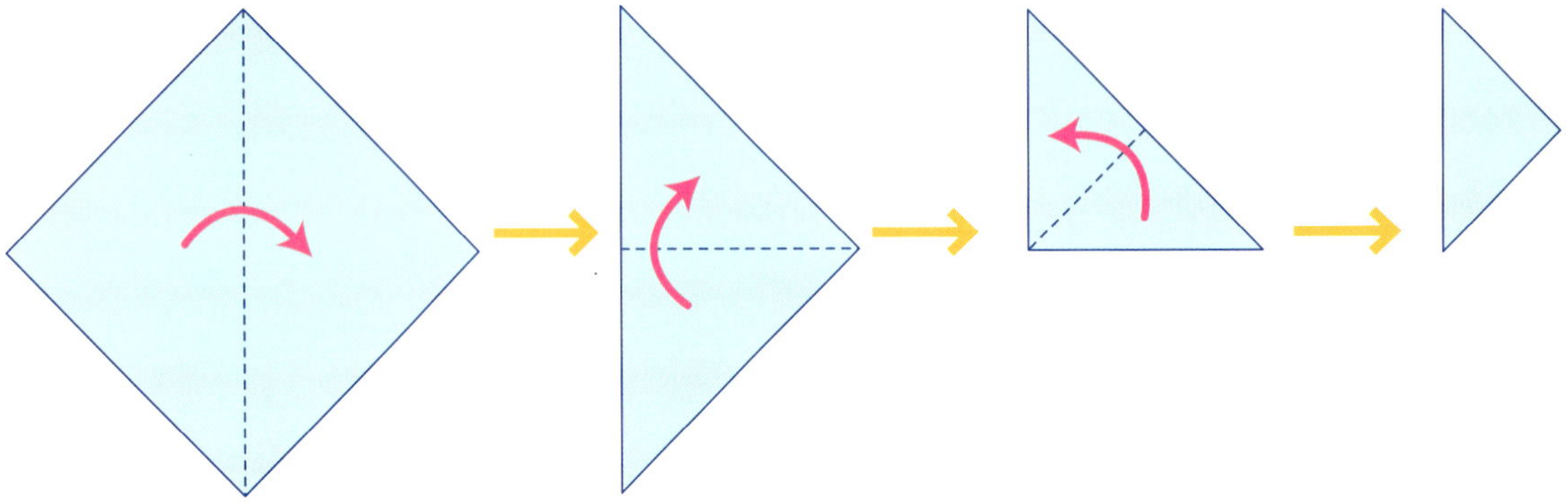

同《おな》じように、三角形《さんかくけい》の山《やま》のてっぺんを切《き》ります。今度《こんど》はどんな形《かたち》になると思《おも》いますか？

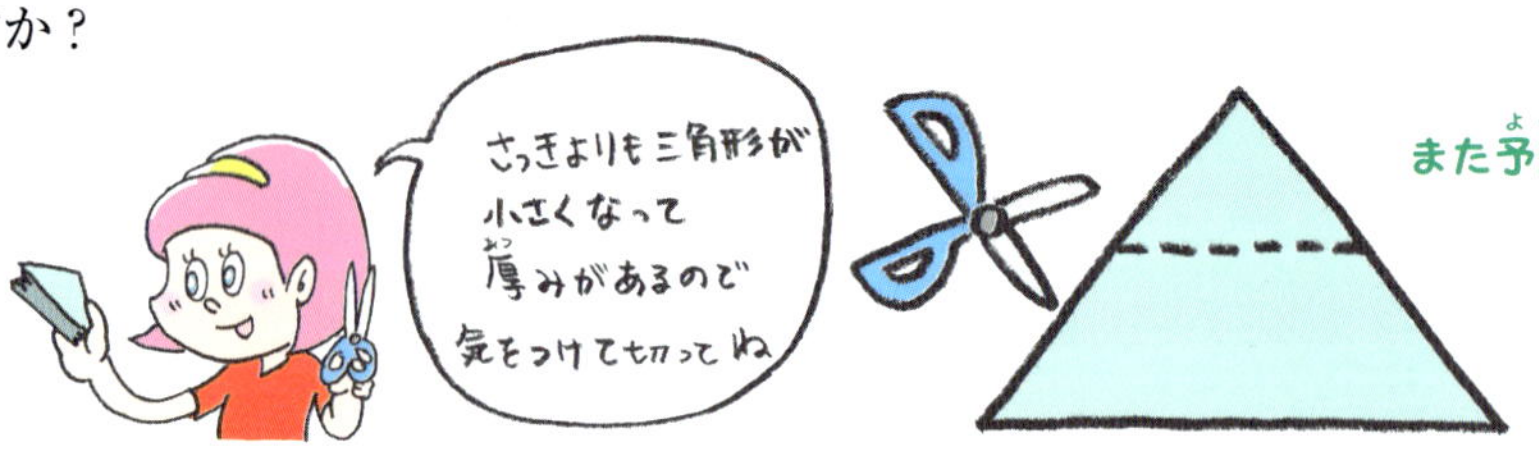


また予想《よそう》してみよう

## ●答《こた》えはこの中《なか》にあります

答《こた》えはこの４つの中《なか》にあります。どれだと思《おも》いますか？

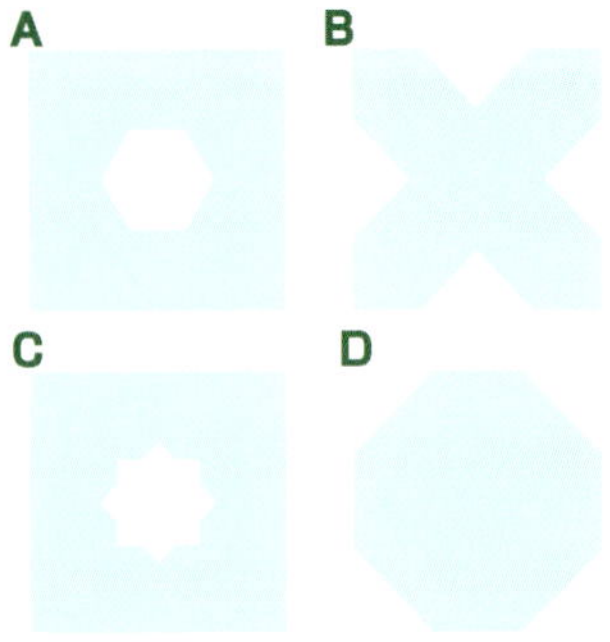


正解《せいかい》はB！

ひとくちメモ

さらに「折《お》って、折《お》って、折《お》って、折《お》って、切《き》る」の4回折《かいお》りにもチャレンジしてみましょう。三角形《さんかくけい》はさらに小《ちい》さく厚《あつ》くなるので、切《き》るときはお家の人《うちひと》に手伝《てつだ》ってもらいましょう。

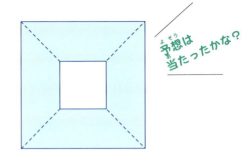

# 正方形《せいほうけい》から ふしぎな図形《ずけい》が現《あらわ》れる



北海道教育大学附属札幌小学校《ほっかいどうきょういくだいがくふぞくさっぽろしょうがっこう》
瀧《たき》ヶ《が》平《ひら》悠《ゆう》史《し》先生《せんせい》が書《か》きました

読《よ》んだ日《ひ》 月《がつ》 日《にち》 ｜ 月《がつ》 日《にち》 ｜ 月《がつ》 日《にち》

正方形《せいほうけい》の折《お》り紙《がみ》を三角形《さんかくけい》に折《お》って、山《やま》のてっぺんをはさみで切《き》ると、ふしぎな図形《ずけい》が現《あらわ》れます。しかも折《お》る回数《かいすう》を変《か》えると、現《あらわ》れる図形《ずけい》が変《か》わります。どんな図《ず》が現《あらわ》れるか試《ため》してみましょう。

**用意《ようい》するもの**
- 折《お》り紙《がみ》
- はさみ



## ●折《お》って、折《お》って、切《き》る

まずは、折《お》り紙《がみ》の角《かど》と角《かど》が合《あ》うように、三角形《さんかくけい》に折《お》ります。その三角形《さんかくけい》をもう一度《いちど》、角《かど》と角《かど》が合《あ》うように半分《はんぶん》に折《お》ります。

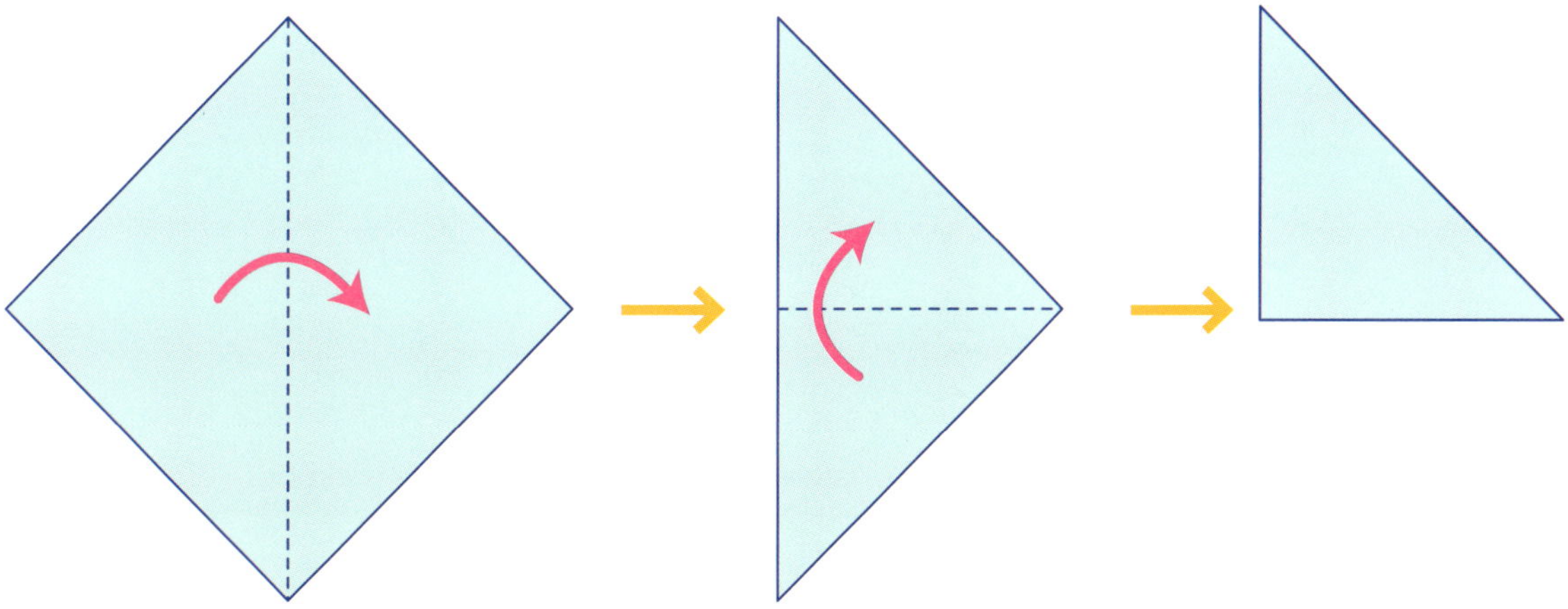

次《つぎ》に、三角形《さんかくけい》の山《やま》のてっぺんを切《き》ってみましょう。さて、どんな形《かたち》になると思《おも》いますか？

2 くらしの中の算数のお話

7月 12日

# 数《かず》を表《あらわ》す言葉《ことば》
## ～テトラ、トリ、オクタ～

東京都《とうきょうと》　豊島区立高松小学校《としまくりつたかまつしょうがっこう》
細萱裕子《ほそがやゆうこ》先生《せんせい》が書《か》きました

読《よ》んだ日《ひ》　月《がつ》　日《にち》　月《がつ》　日《にち》　月《がつ》　日《にち》

### テトラパックとテトラポッド

テトラパックを知《し》っていますか？　四面体型紙容器《しめんたいがたかみようき》の名称《めいしょう》です。四面体《しめんたい》というのは、図《ず》1のような4つの三角形《さんかくけい》で囲《かこ》まれた立体《りったい》のことです。現在《げんざい》は、テトラ・クラシックと呼《よ》ばれていて、牛乳《ぎゅうにゅう》やティーバッグなどにこれらの容器《ようき》が使《つか》われているものがあります（図《ず》2）。

次《つぎ》に、テトラポッドを知《し》っていますか？　これは、消波《しょうは》ブロックや波消《なみけ》しブロックと呼《よ》ばれるコンクリートでできた4本脚《ほんあし》のブロックのことです。波《なみ》による海岸線《かいがんせん》の浸食《しんしょく》を防止《ぼうし》するために海岸沿《かいがんぞ》いに設置《せっち》されています（図《ず》3）。

図《ず》1

図《ず》2

図《ず》3

### テトラの語源《ごげん》はギリシア語《ご》

この2つに共通《きょうつう》している言葉《ことば》『テトラ』は、実《じつ》は『4』を意味《いみ》しています。ギリシア語《ご》を語源《ごげん》とする数字《すうじ》を意味《いみ》する接頭語《せっとうご》です。

そのほかにも、トリオ（3人組《にんぐみ》）、トライアングル（三角形《さんかくけい》）、トライアスロン（水泳《すいえい》・自転車《じてんしゃ》ロードレース・長距離走《ちょうきょりそう》の3種目《しゅもく》を組《く》み合《あ》わせた耐久《たいきゅう》レース）などに共通《きょうつう》する『トリ』は『3』を意味《いみ》しています。オクターブ（8度音程《どおんてい》、8番目《ばんめ》の音《おと》）、オクトパス（8本《ぽん》足《あし》のタコ）などに共通《きょうつう》する『オクタ』は『8』を意味《いみ》しています。

こうした数《かず》を表《あらわ》す接頭語《せっとうご》を覚《おぼ》えておくと、知《し》らない言葉《ことば》でも意味《いみ》を考《かんが》えることができそうですね。

### 覚《おぼ》えておこう

#### もとはギリシア語《ご》の接頭語《せっとうご》

ギリシア語由来《ごゆらい》の数字《すうじ》を意味《いみ》する接頭語《せっとうご》と、それが使《つか》われている言葉《ことば》をまとめました。

1（**モノ**）モノレール（レールが1本の鉄道）
2（**ジ**）ジレンマ（2つの選択肢があり、どちらも選ぶのが難しい）
3（**トリ**）トリケラトプス（3本の角をもつ恐竜）
4（**テトラ**）テトラパック
5（**ペンタ**）ペンタゴン（五角形）
6（**ヘキサ**）ヘキサゴン（六角形）
7（**ヘプタ**）ヘプタゴン（七角形）
8（**オクタ**）オクターブ
9（**ノナ**）ノナゴン（九角形）
10（**デカ**）デカゴン（十角形）

ひとくちメモ
テトラポッドはフランスのネールピック社《しゃ》で開発《かいはつ》され、日本《にほん》への普及《ふきゅう》を目的《もくてき》として、日本《にほん》テトラポッド株式会《かぶしきがい》社《しゃ》（現《げん》・株式会社不動《かぶしきがいしゃふどう》テトラ）が設立《せつりつ》されました。テトラポッドは不動《ふどう》テトラの商標登録《しょうひょうとうろく》です。

図形《ずけい》のお話《はなし》

# 円《えん》の中心《ちゅうしん》は、どう動《うご》く？

7月 13日

学習院初等科《がくしゅういんしょとうか》
大澤隆之《おおさわたかゆき》先生《せんせい》が書《か》きました

読《よ》んだ日《ひ》　月《がつ》　日《にち》　月《がつ》　日《にち》　月《がつ》　日《にち》

## 円《えん》を転《ころ》がしてみよう

画用紙《がようし》に円《えん》をかいて切《き》り取《と》り、真《ま》ん中《なか》に小《ちい》さな穴《あな》をあけます。そこにえんぴつを入《い》れて、箱《はこ》のまわりを転《ころ》がしてみます。どんな線《せん》がかけるでしょう（図《ず》1）。

角《かど》のところはどうなると思《おも》いますか。角《かど》のようになりますか。丸《まる》くなりますか。やってみましょう（図《ず》2）。

そうです。丸《まる》くなるのです。丸《まる》いところは、コンパスを使《つか》った線《せん》のようになります。

では、今度《こんど》は箱《はこ》の内側《うちがわ》に線《せん》をかいてみます。同《おな》じように角《かど》は丸《まる》くなるでしょうか（図《ず》3）。

今度《こんど》は、左《ひだり》のように角《かど》ができます。面白《おもしろ》いですね。

箱《はこ》の外側《そとがわ》と内側《うちがわ》を試《ため》しましたが、ほかにも三角形《さんかくけい》、円《えん》など、いろいろな形《かたち》で試《ため》してみましょう。

図《ず》1

図《ず》2

図《ず》3

7月

### やってみよう

#### えんぴつをはじに入《い》れると？

図形《ずけい》のいろいろなところに穴《あな》をあけて、そこにえんぴつを入《い》れて試《ため》してみましょう。コンパスではかけない線《せん》がかけます。ほかにも、正三角形《せいさんかくけい》や正方形《せいほうけい》などで試《ため》してみても楽《たの》しいですよ。

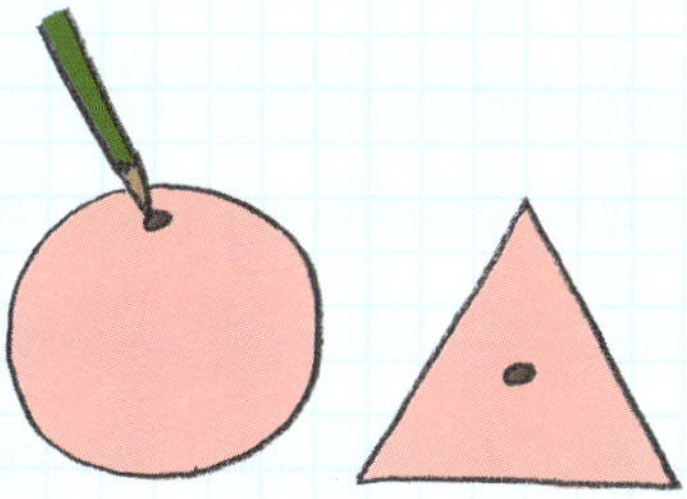

図《ず》4

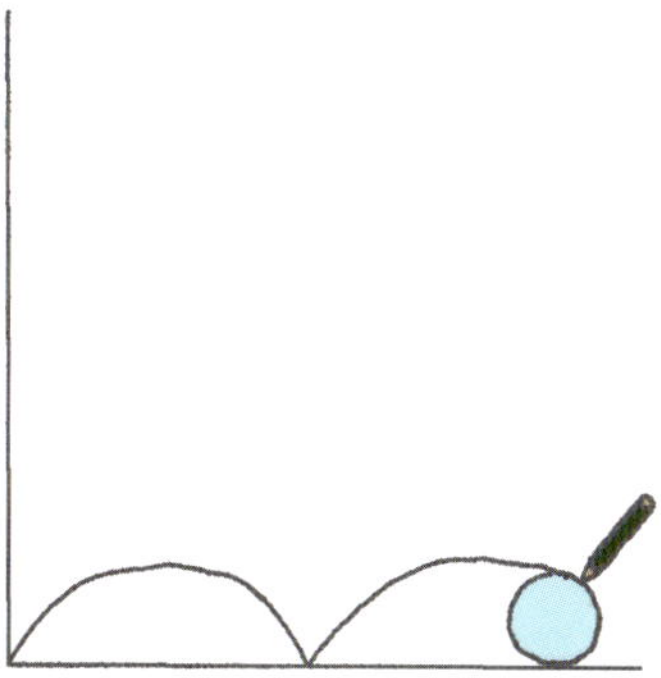

ひとくちメモ　円《えん》の中心《ちゅうしん》やはじではなく、図《ず》4のように円周上《えんしゅうじょう》にえんぴつを固定《こてい》し、円《えん》が転《ころ》がるように動《うご》かしたときにえがける線《せん》を「サイクロイド曲線《きょくせん》」といいます。

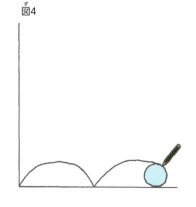

# 7の倍数《ばいすう》の判定法《はんていほう》

7月14日

東京学芸大学附属小金井小学校《とうきょうがくげいだいがくふぞくこがねいしょうがっこう》
高橋丈夫《たかはしたけお》先生《せんせい》が書《か》きました

読《よ》んだ日《ひ》　月《がつ》　日《にち》　月《がつ》　日《にち》　月《がつ》　日《にち》

## この数《かず》は7の倍数《ばいすう》？

今日《きょう》は、7の倍数《ばいすう》の判定法《はんていほう》について説明《せつめい》します。

かけ算《ざん》九九《くく》の範囲《はんい》を超《こ》えて数《かず》が3桁《けた》になったときのことを考《かんが》えて話《はなし》を進《すす》めていきたいと思《おも》います。

3桁《けた》の数《かず》を判定《はんてい》するには、2桁《けた》の7の倍数《ばいすう》が大切《たいせつ》です。2桁《けた》の7の倍数《ばいすう》は覚《おぼ》えていますか？

かけ算《ざん》九九《くく》の範囲《はんい》の63までは大《だい》丈夫《じょうぶ》ですよね。この続《つづ》きの70、77、84、91、98をしっかり覚《おぼ》えておきましょう。

3桁《けた》の7の倍数《ばいすう》の判定法《はんていほう》は、図《ず》1のようになっています。

図《ず》1

## 計算《けいさん》して確《たし》かめてみよう

たとえば、861の場合《ばあい》を考《かんが》えます。861の百《ひゃく》の位《くらい》は「8」で、下《しも》2桁《けた》の数《かず》は「61」になります。まず8×2をすると16になります。この16と下《しも》2桁《けた》の「61」を足《た》すと16＋61＝77となり、77が7の倍数《ばいすう》なので、861も7の倍数《ばいすう》であることが、この判定法《はんていほう》からわかります（図《ず》2）。

図《ず》2

実際《じっさい》に計算《けいさん》してみると、861÷7=123になり、確《たし》かに7で割《わ》り切《き》れますので、7の倍数《ばいすう》です。

では、次《つぎ》に798を考《かんが》えてみます。（百《ひゃく》の位《くらい》の数《かず》）×2＋（下《しも》2桁《けた》）を計算《けいさん》すると、7×2＋98＝14＋98で、112になります。

この場合《ばあい》は、もう一度《いちど》、この判定《はんてい》法《ほう》を使《つか》います。すると、1×2＋12＝14となります（図《ず》3）。

実際《じっさい》に計算《けいさん》してみると、798÷7＝114となり、7で割《わ》り切《き》れます。

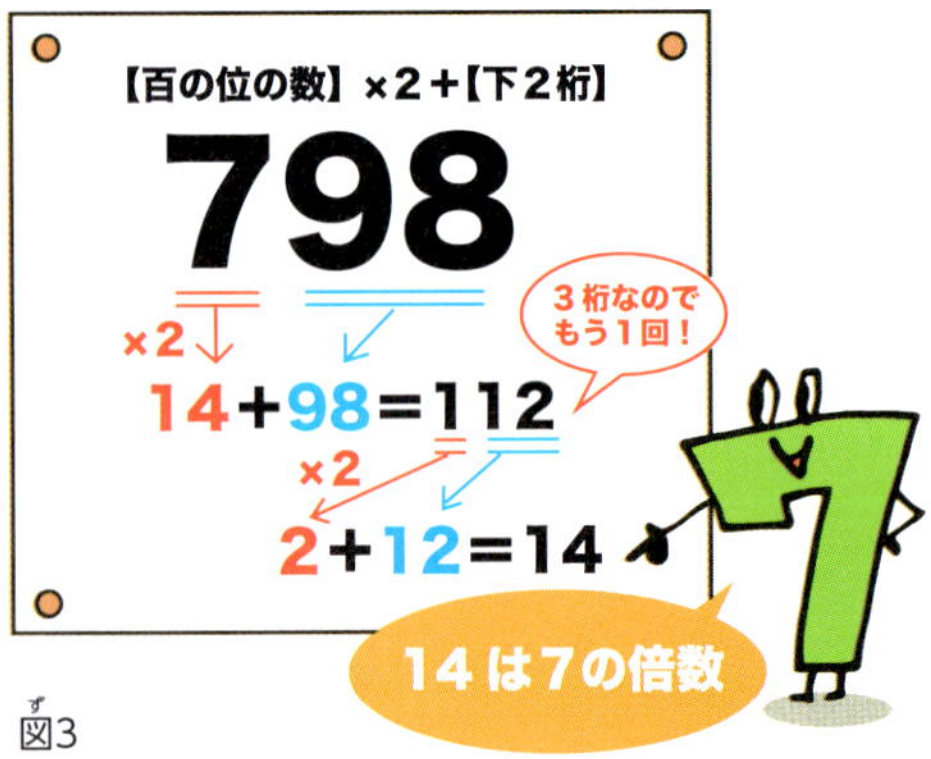


図《ず》3

ひとくちメモ　4桁《けた》の場合《ばあい》も上《かみ》2桁《けた》と下《しも》2桁《けた》に分《わ》けて、同《おな》じように計算《けいさん》すると7の倍数《ばいすう》かどうかがわかります。

単位とはかり方のお話

# ゲリラ豪雨《ごうう》はどのくらい？

7月15日

東京学芸大学附属小金井小学校《とうきょうがくげいだいがくふぞくこがねいしょうがっこう》
高橋丈夫《たかはしたけお》先生《せんせい》が書《か》きました

読《よ》んだ日《ひ》　月《がつ》　日《にち》　月《がつ》　日《にち》　月《がつ》　日《にち》

## ペットボトルで何本分《なんぼんぶん》？

「ゲリラ豪雨《ごうう》」、みなさんも耳《みみ》にしたことがある言葉《ことば》だと思《おも》います。1時間以内《じかんいない》の降水量《こうすいりょう》が100㎜を超《こ》える大雨《おおあめ》のことをそう呼《よ》びます。降水量《こうすいりょう》は1時間《じかん》に一辺《いっぺん》が1m（100㎝）の正方形《せいほうけい》の土地《とち》に降《ふ》る雨《あめ》の量《りょう》を指《さ》しています。

この「ゲリラ豪雨《ごうう》」の降水量《こうすいりょう》100㎜、みなさんの身近《みぢか》にある500mLのペットボトルで何本分《なんぼんぶん》ぐらいだと思《おも》いますか？

500mLのペットボトルにして2000本《ぼん》にもなります。これだけの量《りょう》の雨《あめ》がわずか数十分《すうじっぷん》の間《あいだ》に降《ふ》るのですから、大《おお》きな被害《ひがい》がいろいろなところで起《お》こるのもうなずけます。

## 降水量《こうすいりょう》100㎜は水《みず》100L

ところで、この降水量《こうすいりょう》についてもう少《すこ》し詳《くわ》しくみてみましょう。一辺《いっぺん》が1mの透明《とうめい》なマスに雨《あめ》がたまっていくと想像《そうぞう》するとよいでしょう。そうすると、1時間《じかん》の降水量《こうすいりょう》が100㎜ということは、水《みず》の深《ふか》さが100㎜、つまり、10㎝たまったことになります。

1Lマスは一辺《いっぺん》が10㎝のサイコロの形《かたち》をしていますから、これが縦横《じゅうおう》に10個《こ》ずつ、つまり100個《こ》ならんだのと同《おな》じことになります。降水量《こうすいりょう》が100㎜というのは、1時間《じかん》に1㎡の範囲《はんい》に、100L降《ふ》ったことです。降水量《こうすいりょう》1㎜でも1L降《ふ》ったことと言《い》えます（61ページ参照《さんしょう》）。

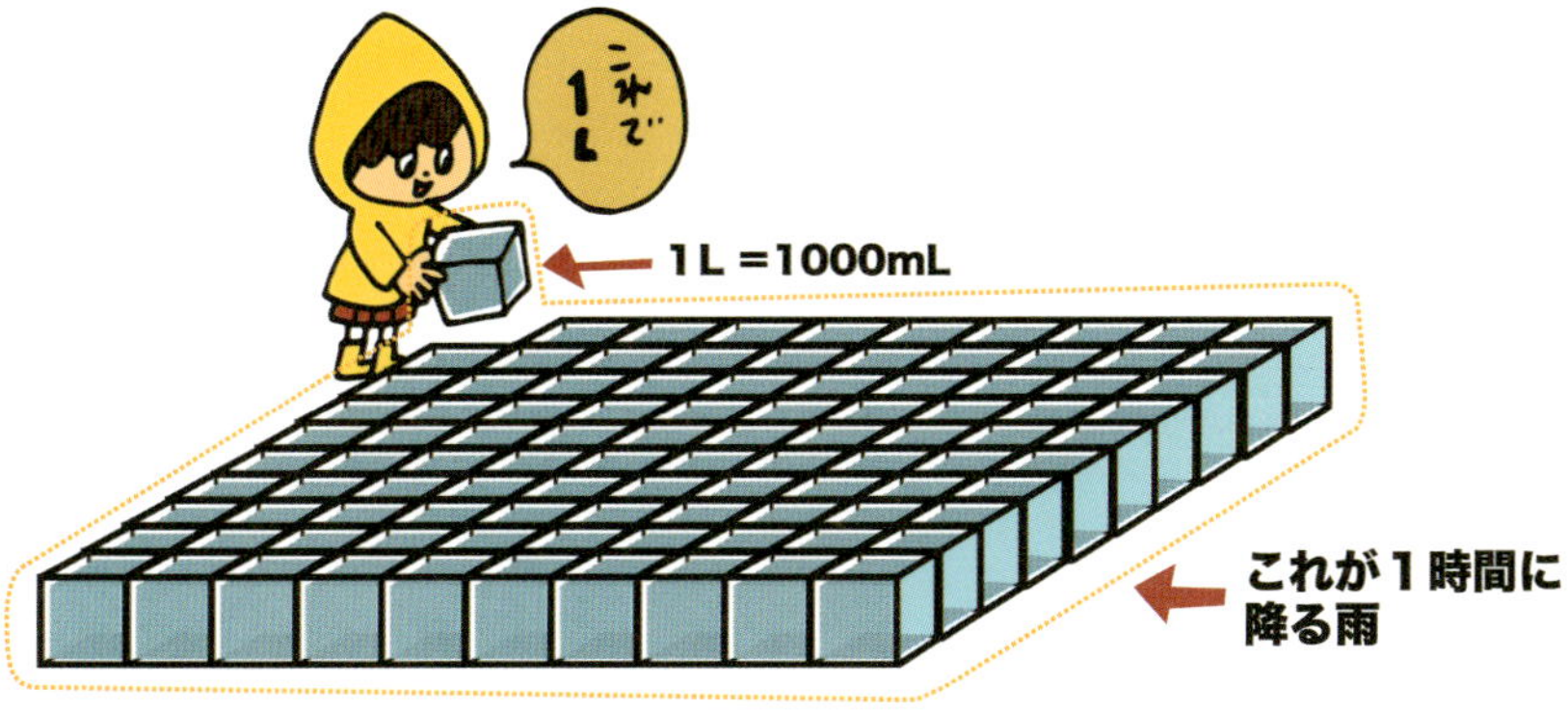




ひとくちメモ　みなさんの周《まわ》りのいろいろなところにある単位《たんい》、どのような仕組《しく》みでできあがっているのか調《しら》べてみると面白《おもしろ》いですよ。

# アイスの選《えら》び方《かた》

7月《がつ》16日《にち》

北海道教育大学附属札幌小学校《ほっかいどうきょういくだいがくふぞくさっぽろしょうがっこう》
瀧ヶ平悠史《たきがひらゆうし》先生《せんせい》が書《か》きました

読《よ》んだ日《ひ》　月《がつ》　日《にち》　月《がつ》　日《にち》　月《がつ》　日《にち》

## アイスを買《か》いに行《い》こう

暑《あつ》い夏《なつ》、ついついアイスを食《た》べたくなりますね。今日《きょう》は、おいしいアイスクリームを買《か》いに来《き》ました。ぜいたくに、2個《こ》セットで頼《たの》むことにしたいと思《おも》います。

アイス屋《や》さんに並《なら》んでいるアイスの種類《しゅるい》は次《つぎ》の5つとします。

図《ず》1

さて、この中《なか》から2個《こ》を選《えら》んで注文《ちゅうもん》するとき、選《えら》び方《かた》は何通《なんとお》りあるでしょうか。

まず、2つのうち1つはイチゴを選《えら》ぶことに決《き》めた場合《ばあい》を考《かんが》えてみます。イチゴ以外《いがい》は、4つの味《あじ》があります。ですから、イチゴとその他《た》4つの味《あじ》の組《く》み合《あ》わせで、4通《とお》りになりますね（図《ず》2）。

同《おな》じように、2つのうち1つはバニラを選《えら》ぶことに決《き》めた場合《ばあい》も、やはり、他《ほか》の4つの味《あじ》との組《く》み合《あ》わせで4通《とお》りになります。チョコ、ミント、ラムネでも同《おな》じようになりますから、それぞれが4通《とう》りですね。ですから、4通《とお》りが5つ分《ぶん》で4×5＝20、20通《とお》りということになります（図《ず》3）。

図《ず》2

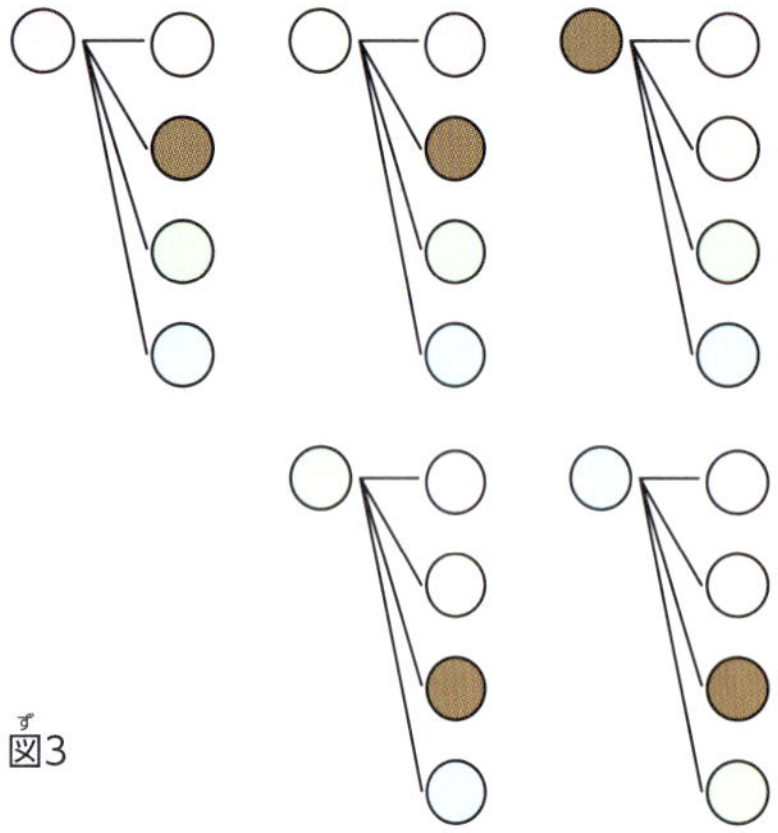
図《ず》3

## 同《おな》じアイスの組《く》み合《あ》わせに注目《ちゅうもく》

では、選《えら》び方全《かたぜん》20通《とお》りをよく見《み》てみましょう。みなさんは、気《き》づいたでしょうか。ちょうど、□で囲《かこ》んであるところは、すでに同《おな》じアイスの組《く》み合《あ》わせがありますね（図《ず》4）。

ですから、これは同《おな》じセットだと考《かんが》えて20通《とお》りから抜《ぬ》いていきます。すると、全部《ぜんぶ》で10通《とお》りということになるわけです。初《はじ》めに考《かんが》えていたパターンの数《かず》の半分《はんぶん》だということがわかりました。

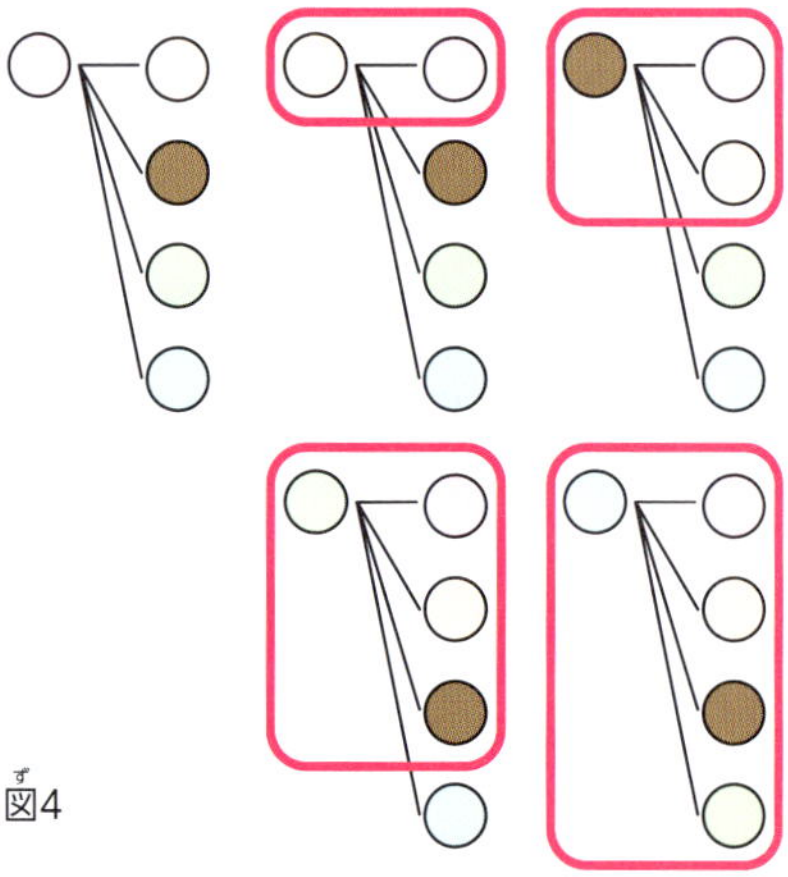
図《ず》4

**ひとくちメモ**　アイスをコーンに積《つ》み重《かさ》ねた場合《ばあい》、チョコの上《うえ》にバニラ、バニラの上《うえ》にチョコというように、重《かさ》ねる順番《じゅんばん》に違《ちが》いができます。この2つの場合《ばあい》が違《ちが》うと考《かんが》えれば、選《えら》び方《かた》は20通《とお》りというようにも考《かんが》えることができます。

2 くらしの中の算数のお話

# お金《かね》の大《おお》きさ、お金《かね》の重《おも》さ

7月 17日

お茶《ちゃ》の水女子《みずじょし》大学《だいがく》附属《ふぞく》小学校《しょうがっこう》
久下谷《くがや》 明《あきら》 先生《せんせい》が書《か》きました

読《よ》んだ日《ひ》　月《がつ》　日《にち》　月《がつ》　日《にち》　月《がつ》　日《にち》

## 1円玉《えんだま》の直径《ちょっけい》は？

突然《とつぜん》ですが、1円玉《えんだま》の直径《ちょっけい》の長《なが》さは何《なん》cmだと思《おも》いますか（図《ず》1）。答《こた》えを次《つぎ》の3つの中《なか》から選《えら》びましょう。

①1cm　②2cm　③3cm

さあ、何《なん》cmでしょうか。

1円玉《えんだま》ということで、何《なん》となく1cmかなと考《かんが》えてしまいますが、正解《せいかい》は②の2cmです。実際《じっさい》に調《しら》べて確《たし》かめてみてください。

今日《きょう》は、身近《みぢか》にあるお金《かね》の大《おお》きさや重《おも》さについてのお話《はなし》をしたいと思《おも》います。

図《ず》1

## 1円玉《えんだま》と1万円札《まんえんさつ》の重《おも》さは？

では続《つづ》けて問題《もんだい》です。1円玉《えんだま》と1万円札《まんえんさつ》ではどちらが重《おも》いでしょうか（図《ず》2）。

答《こた》えは、〝ほぼ同《おな》じ〟です。1円玉《えんだま》は1gとなるようにつくられています。お金《かね》の価値《かち》で言《い》えば、1円玉《えんだま》が1万個《まんこ》なければ1万円札《まんえんさつ》にかえることができません。しかし、重《おも》さを比《くら》べるとほとんど同《おな》じというのは、何《なん》だか不思議《ふしぎ》な感《かん》じがしますね。

お札《さつ》は、縦《たて》の長《なが》さは全部《ぜんぶ》同《おな》じで、価値《かち》が上《あ》がるごとに横《よこ》の長《なが》さが少《すこ》しずつ大《おお》きくなっていることがわかります（70ページ参照《さんしょう》）。一方《いっぽう》で、硬貨《こうか》（1円玉《えんだま》や5円玉《えんだま》など）はそうなっていませんね。

図《ず》2

### 覚《おぼ》えておこう

**お札《さつ》が破《やぶ》れてしまったら？**

日本銀行《にほんぎんこう》では、お金《かね》が破《やぶ》れてしまった場合《ばあい》や、燃《も》えてしまった場合《ばあい》には、残《のこ》っている面積《めんせき》をもとに、新《あたら》しいお金《かね》と引《ひ》き換《か》えてくれます。

①もし、残《のこ》っている面積《めんせき》が2/3以上《いじょう》だったら、それと同《おな》じ金額《きんがく》で引《ひ》き換《か》え。

②もし、残《のこ》っている面積《めんせき》が2/5以上《いじょう》、2/3未満《みまん》だったら、それの半分《はんぶん》の金額《きんがく》で引《ひ》き換《か》え。

③もし、残《のこ》っている面積《めんせき》が2/5未満《みまん》だったら、残念《ざんねん》ですが、そのお金《かね》の価値《かち》はなく、引《ひ》き換《か》えができません。

7月

**ひとくちメモ** 新《あたら》しい貨幣《かへい》（お金《かね》）をつくる際《さい》はデザインを募集《ぼしゅう》し、その中《なか》から選《えら》んで決《き》めます。5円玉《えんだま》だけ算用数字《さんようすうじ》が使《つか》われていませんね。たまたま5円玉《えんだま》だけ算用数字《さんようすうじ》を使《つか》っていないデザインが選《えら》ばれたことによります。

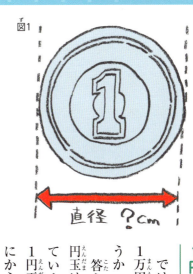

2
くらしの中の算数のお話

# ジェットコースターが落《お》ちないのは？

7月18日

東京都《とうきょうと》 豊島区立高松小学校《としまくりつたかまつしょうがっこう》
細萱裕子《ほそがやゆうこ》 先生《せんせい》が書《か》きました

読《よ》んだ日《ひ》　月《がつ》　日《にち》｜　月《がつ》　日《にち》｜　月《がつ》　日《にち》

## こぼれない？ バケツの水《みず》

水《みず》の入《はい》ったバケツをグルグルと回転《かいてん》させた経験《けいけん》はありませんか。頭《あたま》の上《うえ》でバケツが逆《さか》さまになっても、グルグル回転《かいてん》させていると、水《みず》がこぼれてくることはありませんよね。どうしてでしょうか。

それは、遠心力《えんしんりょく》が働《はたら》いているからです。水《みず》がバケツの底《そこ》に押《お》し付《つ》けられるような力《ちから》です。ですから、頭《あたま》の上《うえ》でバケツが逆《さか》さまになっても、水《みず》がこぼれたりすることはないのです。

ただし、遠心力《えんしんりょく》は速度《そくど》が大《おお》きいほど大《おお》きく、速度《そくど》が小《ちい》さいほど小《ちい》さくなります。つまり、水《みず》の入《はい》ったバケツをゆっくり回《まわ》していると、水《みず》がこぼれてしまうこともあるのです。水《みず》がこぼれないようにするには、遠心力《えんしんりょく》を大《おお》きくしなければならないので、そのためにバケツをグルグルと速《はや》く回《まわ》す必要《ひつよう》があるのですね。

## 遠心力《えんしんりょく》のふしぎ

一回転《いっかいてん》するジェットコースターに乗《の》ったことはありますか。一回《いっかい》転《てん》すると、当然《とうぜん》てっぺんでは逆《さか》さまになっているわけですが、落《お》ちることはありませんよね。これもバケツの水《みず》と同《おな》じ仕組《しく》みです。遠《えん》心力《しんりょく》（この場合《ばあい》は、体《からだ》が座面《ざめん》に押《お》し付《つ》けられるような力《ちから》）が働《はたら》くので、落《お》ちることはないのです。

もし、回転中《かいてんちゅう》の速度《そくど》が小《ちい》さかったら……と心配《しんぱい》になっていませんか？ 安心《あんしん》してください。ジェットコースターは、速度《そくど》はもちろん、回転《かいてん》に入《はい》る前《まえ》の高《たか》さなどもきちんと計算《けいさん》してつくられているので、落《お》ちることはありません。

### やってみよう

**小《ちい》さなバケツで気《き》をつけて**

校庭《こうてい》やグラウンド、プールサイドなどの広《ひろ》い場所《ばしょ》で、小《ちい》さめの軽《かる》いバケツに少《すこ》し水《みず》を入《い》れ、回《まわ》す速《はや》さを変《か》えて実験《じっけん》してみよう（水《みず》がかかるかもしれないので、気《き》をつけてね）。

ひとくちメモ　遠心力《えんしんりょく》というのは、円運動《えんうんどう》をしているものが受《う》ける、円《えん》の中心《ちゅうしん》から遠《とお》ざかる向《む》きに働《はたら》く力《ちから》のことです。

単位とはかり方のお話

# ストップウォッチのお話《はなし》

7月 19日

島根県《しまねけん》 飯南町立志々小学校《いいなんちょうりつししししょうがっこう》
村上幸人《むらかみゆきと》先生《せんせい》が書《か》きました

読《よ》んだ日《ひ》　月《がつ》　日《にち》｜月《がつ》　日《にち》｜月《がつ》　日《にち》

## 100分《ぷん》の1秒《びょう》の世界《せかい》

みなさんは50mを走《はし》ったことがあるでしょう。どれくらいの速《はや》さで走《はし》れますか？　50m走《そう》の速《はや》さは「9秒《びょう》」とか「10秒《びょう》14」、「8秒《びょう》87」などと、ゴールするまでの時間《じかん》をストップウォッチで計《はか》って表《あらわ》しますね。かかった時間《じかん》の少《すく》ない方《ほう》が速《はや》いわけです。

お友達《ともだち》の記録《きろく》をズラッと見《み》ていて、「あれ？」と思《おも》うことがありませんか。算数《さんすう》では、時刻《じこく》や時間《じかん》は60で位《くらい》が変《か》わるって習《なら》ったでしょう。時計《とけい》を見《み》ても60分間《ぷんかん》で1時《じ》間《かん》、60秒《びょう》で1分《ぷん》です。そのため、時間《じかん》や時刻《じこく》で分《ふん》や秒《びょう》を表《あらわ》すのに60より大《おお》きい数《かず》は普段《ふだん》、出《で》てきません。でも、ストップウォッチを見《み》ると1秒《びょう》より小《ちい》さい時間《じかん》は60より大《おお》きい数《かず》の場合《ばあい》があります。

アナログストップウォッチ。
写真／ NY-P/shutterstock.com

## 1秒《びょう》の下《した》はなぜ10進法《しんほう》？

家《いえ》の人《ひと》と一緒《いっしょ》に携帯電話《けいたいでんわ》などのデジタルのストップウォッチを動《うご》かしてみましょう。分《ふん》や秒《びょう》は60進《しん》法《ほう》で、1秒《びょう》より短《みじか》い時間《じかん》は10進法《しんほう》で進《すす》んでいるのがわかります。どうして違《ちが》うのでしょう。

昔《むかし》のアナログのストップウォッチの目盛《めも》りは、大《おお》きな目盛《めも》りが1秒間《びょうかん》、間《あいだ》の4個《こ》の小《ちい》さな目盛《めも》りが$\frac{1}{5}$秒《びょう》を表《あらわ》していました。つまり昔《むかし》は「9秒《びょう》2」とか「8秒《びょう》6」など、1秒《びょう》の$\frac{1}{5}$までしか計測《けいそく》できませんでした。

スポーツの世界《せかい》などで瞬間《しゅんかん》を計《けい》測《そく》する必要性《ひつようせい》からできたストップウォッチ。まずは1秒《びょう》ずつ、そして1秒《びょう》の間《あいだ》の目盛《めも》りを$\frac{1}{5}$、$\frac{1}{10}$と細《こま》かくすることで精度《せいど》をあげていったため、10進法《しんほう》になっているのです。

デジタルストップウォッチ。
写真／ ziviani/shutterstock.com

ひとくちメモ　もし最初《さいしょ》から1/60秒《びょう》を計《はか》れるストップウォッチがつくれたら、せめて1/5秒《びょう》でなく1/6秒《びょう》で開発《かいはつ》していたら、1秒未満《びょうみまん》の時間《じかん》も60進法《しんほう》だったかも……。なお現在《げんざい》は1/1000秒《びょう》の計測《けいそく》も技術的《ぎじゅつてき》に可能《かのう》です。

# 数字《すうじ》リングパズル

熊本県《くまもとけん》　熊本市立池上小学校《くまもとしりついけのうえしょうがっこう》
藤本邦昭《ふじもとくにあき》先生《せんせい》が書《か》きました

読《よ》んだ日《ひ》　月《がつ》　日《にち》　月《がつ》　日《にち》　月《がつ》　日《にち》

## 1から順《じゅん》につくってみよう

図《ず》1のように1、2、3、4、5の数字《すうじ》がリングでつながっています。

このリングを2カ所《しょ》だけ切《き》り離《はな》します。そのつながった数字《すうじ》を足《た》してみましょう。

たとえば、図《ず》2の切《き》り方《かた》だと「3」ができます。もちろん長《なが》い方《ほう》に「12」もできます。

このようにして、1から順《じゅん》に2、3、4……とつくっていくと、いくつまでつくることができるでしょうか？

図《ず》1

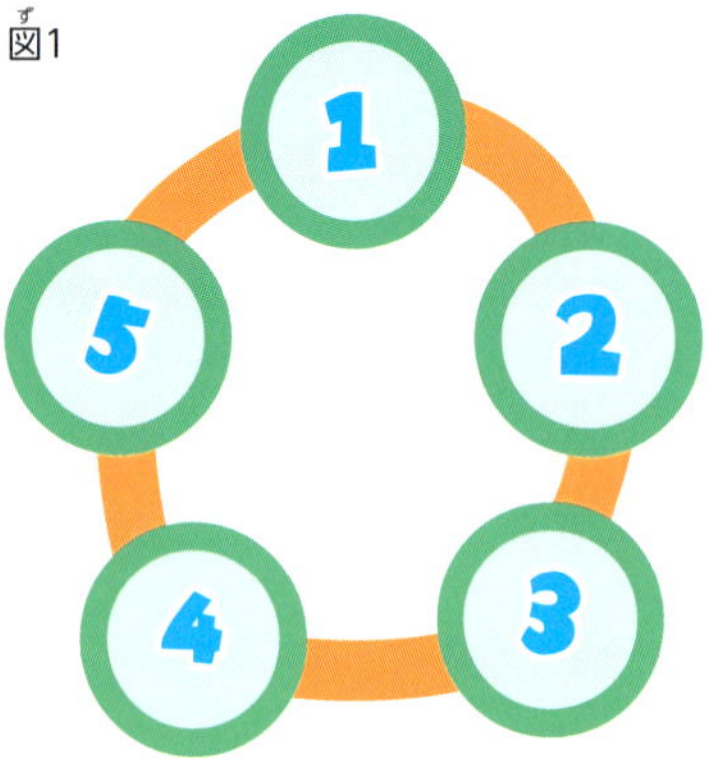

図《ず》3

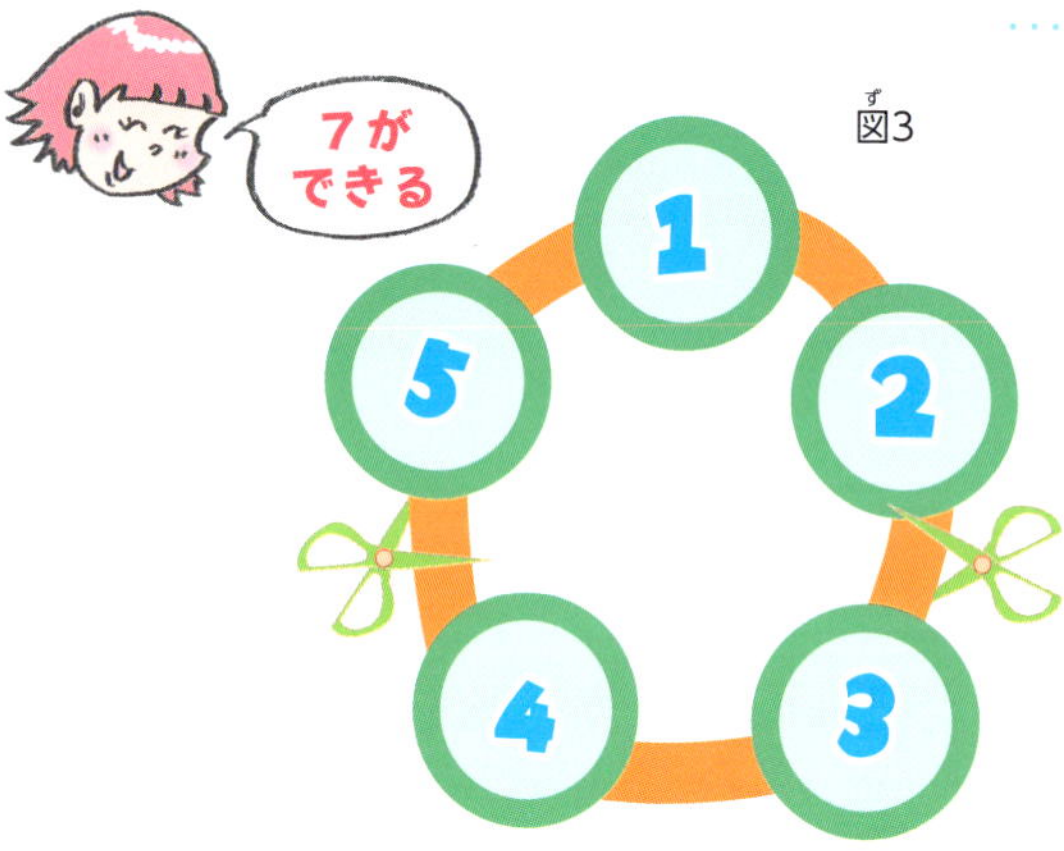


図《ず》2

## 切《き》る場所《ばしょ》を変《か》えて工夫《くふう》！

「1」「2」「3」「4」「5」までは、一《ひと》つずつ切《き》り離《はな》せばいいので簡単《かんたん》ですね。

「6」は、「5」と「1」をつなげて切《き》ればできますね。

では、「7」はどうでしょう？　普通《ふつう》のたし算《ざん》なら「5＋2」ですが、「5」と「2」はつながっていません。途中《とちゅう》に「1」が入《はい》っています。2カ所《しょ》までしか切《き》れませんから、これでは「7」にはなりません。

でも「3」と「4」をつなげて切《き》ればできます（図《ず》3）。

このように切《き》り離《はな》す場所《ばしょ》を考《かんが》えて、多《おお》くの数《かず》をつくってみましょう。

### やってみよう

**パズルをアレンジ！**

リングにつながっている数《かず》を増《ふ》やしたり、数字《すうじ》を変《か》えたりすると楽《たの》しいパズルがたくさんできますよ。

**ひとくちメモ**

〈上《うえ》の答《こた》え〉「8」＝「5+1+2」、「9」＝「5+4」（または「2+3+4」）、「10」＝「4+5+1」（または、「1+2+3+4」）、「11」＝「4」以外《いがい》、「12」＝「3」以外《いがい》……と切《き》らない15までできます。

# 変身《へんしん》する不思議《ふしぎ》な輪《わ》



東京都《とうきょうと》 杉並区立高井戸第三小学校《すぎなみくりつたかいどだいさんしょうがっこう》
吉田《よしだ》映子《えいこ》先生《せんせい》が書《か》きました

読《よ》んだ日《ひ》　月《がつ》　日《にち》　月《がつ》　日《にち》　月《がつ》　日《にち》

## 2つの輪《わ》の真《ま》ん中《なか》を切《き》ってみよう

折《お》り紙《がみ》とはさみとのりを用意《ようい》してください。折《お》り紙《がみ》を細長《ほそなが》く切《き》ってテープ状《じょう》にし、端《はし》と端《はし》をのりで貼《は》り合《あ》わせて輪《わ》をつくります。輪《わ》の真《ま》ん中《なか》をはさみで切《き》ってみましょう。

図《ず》1

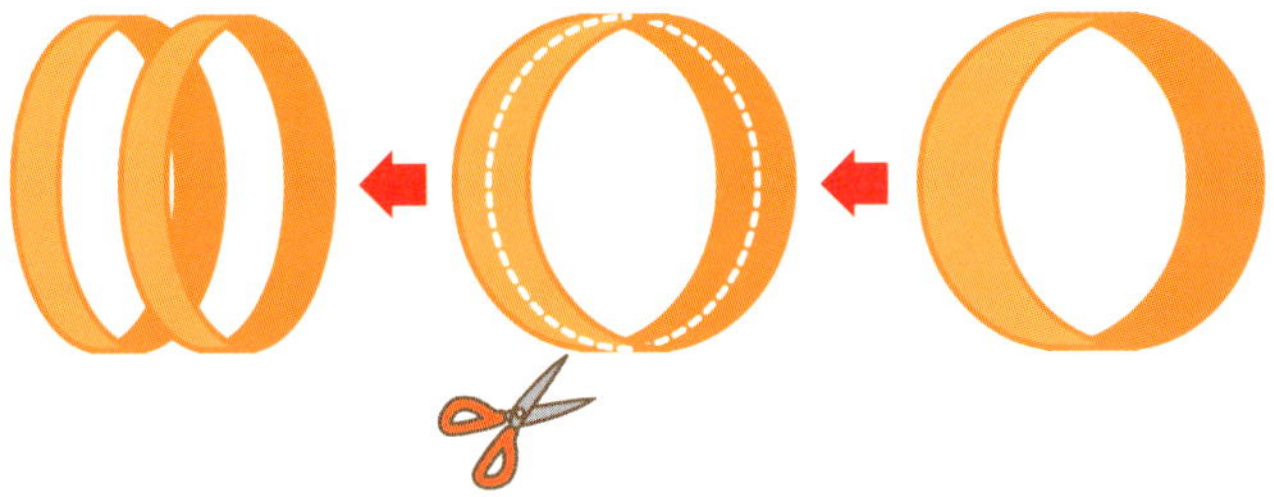

2つの輪《わ》ができました。ここまでふつうですね。

では、輪《わ》を2つにしたらどうなるでしょうか？　2本《ほん》のテープを十字《じゅうじ》の形《かたち》にして、のりで貼《は》り合《あ》わせます。テープを丸《まる》めて、上《うえ》と下《した》に輪《わ》をつくります。

2つの輪《わ》の真《ま》ん中《なか》をはさみで切《き》ってみると……。

図《ず》2

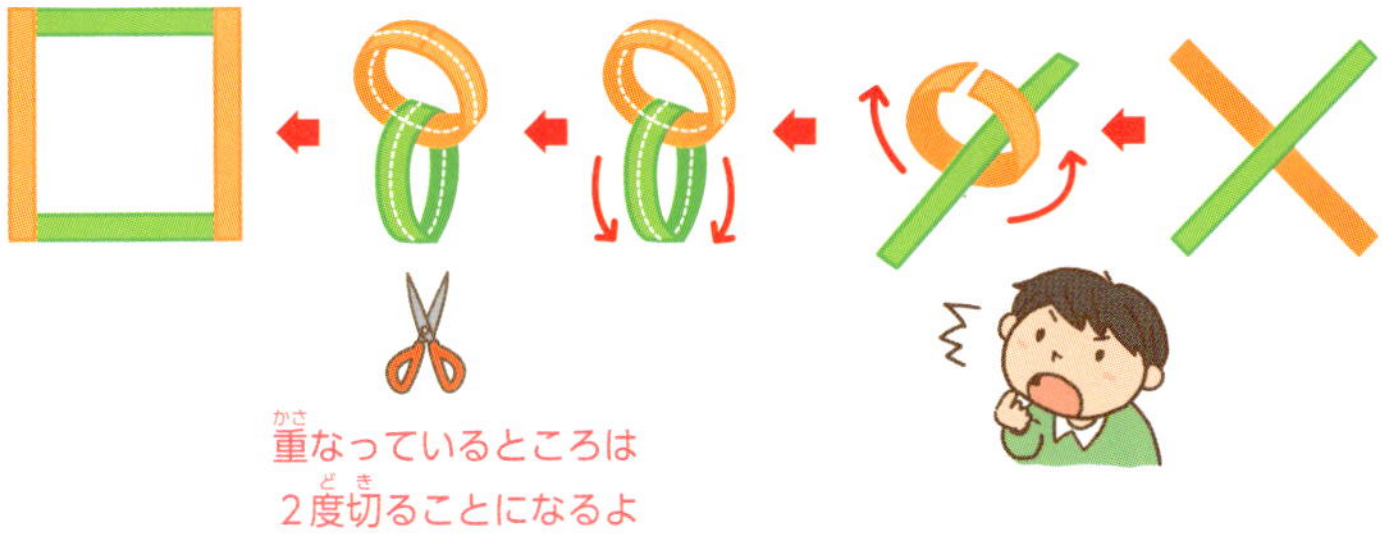


なんと大《おお》きな正方形《せいほうけい》になりました。輪《わ》から正方形《せいほうけい》ができるなんて不思議《ふしぎ》ですね。

## 輪《わ》が3つになったらどうなる？

さらに輪《わ》を増《ふ》やしてみます。まずはさっきと同《おな》じように、2つの輪《わ》をつくります。次《つぎ》に、上《うえ》の輪《わ》にテープをとおして、さらに輪《わ》をつくります。

では、3つの輪《わ》の真《ま》ん中《なか》をはさみで切《き》ってみましょう。

図《ず》3

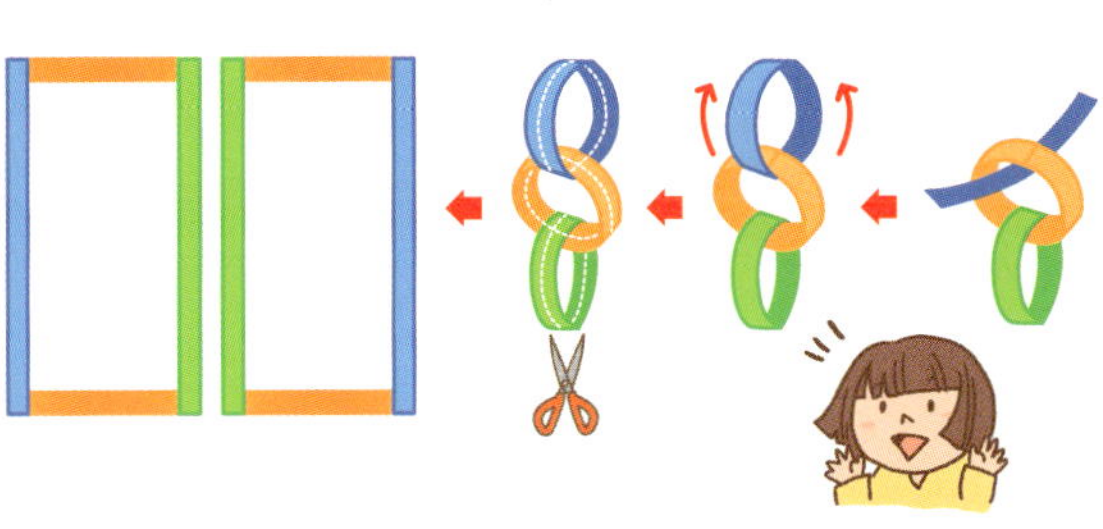

なんと大《おお》きな長方形《ちょうほうけい》が2つできました。3つの輪《わ》から2つの長方《ちょうほう》形《けい》ができるなんて、ますます不思《ふし》議《ぎ》ですね。

ひとくちメモ　テープの長《なが》さや貼《は》り合《あ》わせる角度《かくど》を変《か》えると、できあがる形《かたち》も変《か》わります。いろいろな長《なが》さや角度《かくど》で試《ため》してみましょう。

# 巻《ま》き尺《じゃく》なしで100mを測《はか》る！

7月22日

青森県《あおもりけん》 三戸町立三戸小学校《さんのへちょうりつさんのへしょうがっこう》
種市芳丈《たねいちよしたけ》先生《せんせい》が書《か》きました

読《よ》んだ日《ひ》　月《がつ》　日《にち》　月《がつ》　日《にち》　月《がつ》　日《にち》

## 自分《じぶん》の歩幅《ほはば》は知《し》ってる？

100mを測《はか》るには、長《なが》い巻《ま》き尺《じゃく》を使《つか》えば簡単《かんたん》に測《はか》ることができますね。でも、近《ちか》くに巻《ま》き尺《じゃく》がない時《とき》はどうしますか？　そんな時《とき》に備《そな》えて、次《つぎ》のことを覚《おぼ》えておくと役《やく》に立《た》ちますよ。

### ●歩測《ほそく》

歩測《ほそく》とは、自分《じぶん》の歩《ある》いた歩数《ほすう》で距離《きょり》を測《はか》ることです。江戸時代《えどじだい》の伊能忠敬《いのうただたか》という人《ひと》は、この方法《ほうほう》で日本地図《にほんちず》をつくりました（185ページ参照《さんしょう》）。今《いま》でもプロゴルファーの人《ひと》たちが距離《きょり》を測《はか》るためにやっています。

図《ず》1

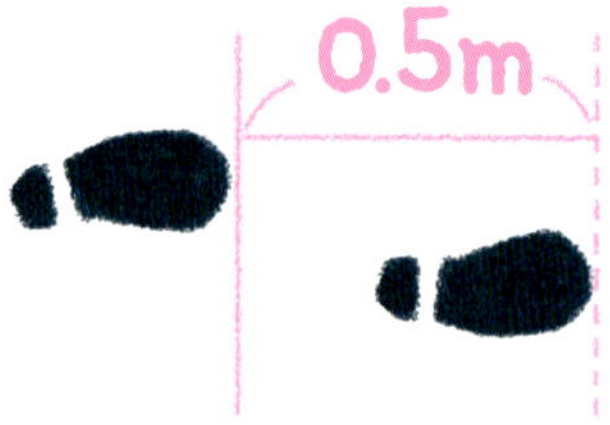


まず、自分《じぶん》の歩幅《ほはば》を知《し》りましょう。10歩《ぽ》歩《ある》いて、その距離《きょり》を測《はか》り、10で割《わ》れば求《もと》められますね。自分《じぶん》の歩幅《ほはば》が0・5mだとすると、200歩《ぽ》歩《ある》いた距離《きょり》が100mです（図《ず》1）。

## 電柱《でんちゅう》や道路《どうろ》の白線《はくせん》も使《つか》える

### ●電柱《でんちゅう》を数《かぞ》える

電柱同士《でんちゅうどうし》の間《あいだ》の長《なが》さは、約《やく》30mです。3本数《ぼんかぞ》えると90mなので、残《のこ》り10mを歩測《ほそく》で測《はか》りましょう。これだと短《みじか》い時間《じかん》で約《やく》100mを測《はか》れます。

### ●道路《どうろ》の白線《はくせん》

道路《どうろ》の中央《ちゅうおう》にある白線《はくせん》の長《なが》さは5m、次《つぎ》の線《せん》までの間《あいだ》が5mで、合《あ》わせて10mです。つまり、白線《はくせん》の11本目《ほんめ》の端《はし》が100mになります（図《ず》2）。

### ●ガードレール

ほとんどのガードレールの長《なが》さは4・3mです。100 ÷ 4.3 = 23.25……なので、23枚分数《まいぶんかぞ》えれば、約《やく》100mになります。

図《ず》2

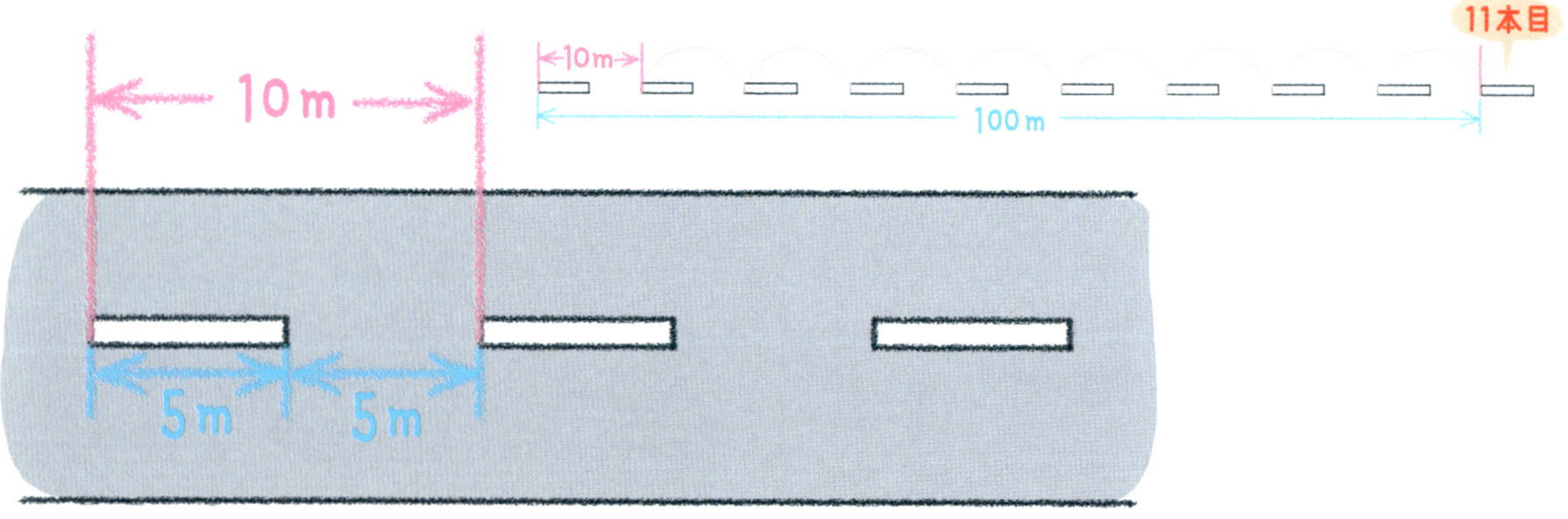


ひとくちメモ　歩幅《ほはば》がそのときどきで違《ちが》うと、せっかく歩測《ほそく》しても誤差《ごさ》が生《う》まれてしまいます。伊能忠敬《いのうただたか》（185ページ参照《さんしょう》）は訓練《くんれん》をして、正確《せいかく》に69cmの歩幅《ほはば》で歩《ある》くことができたそうです。

くらしの中の算数のお話 2

# 紙《かみ》を何度《なんど》も折《お》ったら月《つき》まで届《とど》く？

7月 23日

高知大学教育学部附属小学校《こうちだいがくきょういくがくぶふぞくしょうがっこう》
高橋《たかはし》 真《まこと》先生《せんせい》が書《か》きました

読《よ》んだ日《ひ》　月《がつ》　日《にち》　月《がつ》　日《にち》　月《がつ》　日《にち》

## 何回《なんかい》折《お》れば届《とど》くかな？

地球《ちきゅう》から月《つき》までの距離《きょり》は、約《やく》38万《まん》kmあります。とても遠《とお》くて長《なが》い距離《きょり》です。高速道路《こうそくどうろ》を走《はし》る車《くるま》の速《はや》さ（たとえば1時間《じかん》に100km進《すす》むとする）で昼《ひる》も夜《よる》も休《やす》みなく走《はし》り続《つづ》けたとして5カ月以上《げついじょう》かかります。この距離《きょり》を、面白《おもしろ》い方法《ほうほう》で表《あらわ》してみましょう。

まず1枚《まい》の紙《かみ》を用意《ようい》します。学《がっ》校《こう》のプリントでも使《つか》っているような、どこにでもある紙《かみ》です。この紙《かみ》を半分《はんぶん》に折《お》ります。また半分《はんぶん》に折《お》ります。そしてまた半分《はんぶん》に……。

このように、1枚《まい》の紙《かみ》を1回《かい》、2回《かい》、3回《かい》……と続《つづ》けて折《お》っていくと、だんだんと紙《かみ》の厚《あつ》さが増《ふ》えていきますね。

では、紙《かみ》を何回《なんかい》折《お》ると月《つき》まで届《とど》くと思《おも》いますか？

学校《がっこう》で使《つか》っている紙《かみ》の厚《あつ》さは、だいたい0・08㎜です。この紙《かみ》を1回《かい》折《お》ると、厚《あつ》さは2倍《ばい》になるので0・16㎜。2回《かい》折《お》ると、その2倍《ばい》になるので0・32㎜。3回《かい》折《お》ると、そのまた2倍《ばい》の0・64㎜になります。このようにして10回《かい》折《お》ると、厚《あつ》さは81・92㎜となります。10回《かい》折《お》ると8㎝ほどです。かなり厚《あつ》くなってきましたが、月《つき》まではまだまだです。

## 答《こた》えは43回《かい》だった！

ところが、40回《かい》折《お》ってみると、なんと8万《まん》8000kmになります。41回《かい》ではおよそ17万《まん》kmとぐんと近《ちか》づいてきました。さらに42回《かい》でおよそ35万《まん》km、そして43回《かい》では70万《まん》km！　なんと38万《まん》kmを大《おお》きく超《こ》えてしまいます。

月《つき》までのはるか38万《まん》kmが、たった1枚《まい》の紙《かみ》でも43回《かい》折《お》ると、そのときの厚《あつ》さは月《つき》をはるかに超《こ》えるということがわかりました。

### 覚《おぼ》えておこう

#### すごいぞ「ねずみ算《ざん》」

数《かず》を倍倍《ばいばい》に増《ふ》やしていくと、あっという間《ま》に数《かず》が大《おお》きくなりましたね。このような計算《けいさん》を「ねずみ算《ざん》」といいます。ネズミがたくさんの子供《こども》を産《う》み、さらにその子供《こども》が子供《こども》を産《う》み、そのまた子供《こども》が子供《こども》を産《う》む。このように、どんどん数《かず》が増《ふ》えていくことからきています。

ひとくちメモ　もちろん紙《かみ》を43回《かい》も折《お》ることはできません。算数《さんすう》の世界《せかい》では、実際《じっさい》にはできないことも計算《けいさん》をもとに考《かんが》えていくことができるのです。

くらしの中の算数のお話 2

# 音《おと》が遅《おく》れて聞《き》こえるわけは？

7月 24日

東京都《とうきょうと》　豊島区立高松小学校《としまくりつたかまつしょうがっこう》
細萱裕子《ほそがやゆうこ》先生《せんせい》が書《か》きました

読《よ》んだ日《ひ》　月《がつ》　日《にち》｜月《がつ》　日《にち》｜月《がつ》　日《にち》

## 光《ひかり》の速《はや》さと音《おと》の速《はや》さ

夜空《よぞら》に打《う》ち上《あ》げられる大《おお》きな花火《はなび》、美《うつく》しいですね。赤《あか》、青《あお》、黄《き》、緑《みどり》など、さまざまな色《いろ》で目《め》を楽《たの》しませてくれます。「ドーン」という迫力《はくりょく》のある音《おと》も聞《き》こえます。

花火《はなび》を近《ちか》くで見《み》ているときは、空《そら》に見《み》えてからすぐに音《おと》が聞《き》こえます。離《はな》れた場所《ばしょ》で見《み》ているときは、花火《はなび》が見《み》えてから少《すこ》しして音《おと》が聞《き》こえてきます。このずれは、『光《ひかり》の伝《つた》わる速《はや》さ』と『音《おと》の伝《つた》わる速《はや》さ』が違《ちが》うために起《お》こります。

光《ひかり》は1秒間《びょうかん》におよそ30万《まん》km進《すす》みます。これは、地球《ちきゅう》を7周半《しゅうはん》するのとほぼ同《おな》じ距離《きょり》です。とても速《はや》いですね。光《ひかり》は一瞬《いっしゅん》で届《とど》くと考《かんが》えることができます。それに比《くら》べて、音《おと》は1秒間《びょうかん》に0・34kmしか進《すす》めません。1km進《すす》むのに、3秒《びょう》もかかる計算《けいさん》です。もしも、1km離《はな》れたところの花火《はなび》なら、光《ひかり》は一瞬《いっしゅん》で届《とど》くのですぐに見《み》えますが、音《おと》はおよそ3秒後《びょうご》に「ドーン」と聞《き》こえることになります。

## 雷《かみなり》は遠《とお》い？　近《ちか》い？

雷《かみなり》にも同《おな》じことが言《い》えます。「ピカッ」と光《ひか》ってから「ゴロゴロ」と聞《き》こえるまで何秒《なんびょう》かかるか計《はか》ったことはありますか。「ピカッ」と「ゴロゴロ」の間《あいだ》の秒数《びょうすう》が長《なが》いほど、雷《かみなり》は遠《とお》くで発生《はっせい》していると考《かんが》えられます。10秒《びょう》だったら、0.34 × 10 = 3.4で、3・4km離《はな》れているというわけです（105ページ参照《さんしょう》）。

### やってみよう

#### 音《おと》の伝《つた》わり方《かた》を確《たし》かめる

広《ひろ》い場所《ばしょ》で、みんなで距離《きょり》をおいて一列《いちれつ》に並《なら》び、左端《ひだりはし》の人《ひと》に背《せ》を向《む》けます。左端《ひだりはし》の人《ひと》がたいこや笛《ふえ》で短《みじか》い音《おと》を出《だ》し、ほかの人《ひと》は音《おと》が聞《き》こえたらすぐに手《て》をあげましょう。順番《じゅんばん》に音《おと》が伝《つた》わっていく様子《ようす》がわかります。

ひとくちメモ

音《おと》の伝《つた》わる速《はや》さは、気温《きおん》によって変《か》わります。気温《きおん》が15℃のときは、1秒間《びょうかん》におよそ0.34km進《すす》みます。気温《きおん》が1℃上《あ》がるごとに、1秒《びょう》あたりおよそ0.0006km（60cm）多《おお》く進《すす》み、少《すこ》しずつ速《はや》くなります。

# ひき算《ざん》の続《つづ》きはたし算《ざん》？



学習院初等科《がくしゅういんしょとうか》
大澤隆之《おおさわたかゆき》先生《せんせい》が書《か》きました

読《よ》んだ日《ひ》　月《がつ》　日《にち》　月《がつ》　日《にち》　月《がつ》　日《にち》

## ひき算《ざん》カードを並《なら》べよう

1年生《ねんせい》で使《つか》った、繰《く》り下《さ》がりのあるひき算《ざん》カードを裏返《うらがえ》して並《なら》べてみます（図《ず》1）。答《こた》えが2のカードの表《おもて》の式《しき》は何《なん》でしょう。「10−8」ですか？　「11−9」ですか。「12−10」、「9−7」や「1＋1」と考《かんが》えた人《ひと》はいませんか。

正解《せいかい》は、「11−9」です。式《しき》が見《み》えるようにカードを裏返《うらがえ》していきます。黒《くろ》いワクの式《しき》を見《み》てください。このように並《なら》べることができます（図《ず》2）。

ところで、先《さき》ほどの「12−10」や「10−8」も答《こた》えは2になります。これらのカードを並《なら》べられる場所《ばしょ》は、どこかにあるでしょうか。

数《かず》の並《なら》び方《かた》を考《かんが》えると、赤《あか》い字《じ》のカードのように、「11−9」の上《うえ》と下《した》に並《なら》べることができます。では、ほかにひき算《ざん》カードの周《まわ》りに並《なら》べられるカードはないでしょうか。考《かんが》えてみましょう。

## たし算《ざん》カードも登場《とうじょう》！

「11−9」の上《うえ》には、「12−10」「13−11」「14−12」とどんどん並《なら》べられます。下《した》には、「10−8」「9−7」「8−6」〜「2−0」と並《なら》べられます。あれ？　その下《した》には並《なら》べられませんか（図《ず》3）。

答《こた》えが2です。左《ひだり》の数《かず》は、上《うえ》から3、2ときた次《つぎ》です。さて、そんな式《しき》はありませんよね。いえ、最初《さいしょ》に「間違《まちが》え」として出《で》てきた式《しき》があります。「1＋1」です。その下《した》は？　「0＋2」になります。

右《みぎ》の方《ほう》も書《か》いてみましょう。ひき算《ざん》カードの下《した》には、たし算《ざん》カードが並《なら》んでいることがわかります。

図《ず》1

裏《うら》

| 2 | 3 | 4 | 5 |
|---|---|---|---|
| 2 | 3 | 4 | 5 |
| | 3 | 4 | 5 |
| | | 4 | 5 |
| | | | 5 |

図《ず》2

表《おもて》

| 2 | 3 | 4 | 5 |
|---|---|---|---|
| ⋮ | ⋮ | ⋮ | ⋮ |
| 12−10 | 13−10 | 14−10 | 15−10 |
| 11−9 | 12−9 | 13−9 | 14−9 |
| 10−8 | 11−8 | 12−8 | 13−8 |
| 9−7 | 10−7 | 11−7 | 12−7 |
| ⋮ | ⋮ | ⋮ | ⋮ |

図《ず》3

表《おもて》

| 2 | 3 | 4 | 5 |
|---|---|---|---|
| ⋮ | ⋮ | ⋮ | ⋮ |
| 11−9 | 12−9 | 13−9 | 14−9 |
| 10−8 | 11−8 | 12−8 | 13−8 |
| 9−7 | 10−7 | 11−7 | 12−7 |
| 8−6 | 9−6 | 10−6 | 11−6 |
| 7−5 | 8−5 | 9−5 | 10−5 |
| ⋮ | ⋮ | ⋮ | ⋮ |
| 3−1 | 4−1 | 5−1 | 6−1 |
| 2−0 | 3−0 | 4−0 | 5−0 |
| ? | | | |



ひとくちメモ

なぜ「2−0」の下《した》が「1＋1」なのでしょう。それは、「1−（−1）」だからです。中学校《ちゅうがっこう》で習《なら》うことですが、これを使《つか》うともっと下《した》や左《ひだり》まで表《ひょう》を続《つづ》けることができます。

# カメラをのせる三本足《さんぼんあし》の道具《どうぐ》

7月 26日

福岡県《ふくおかけん》 田川郡川崎町立川崎小学校《たがわぐんかわさきちょうりつかわさきしょうがっこう》
高瀬《たかせ》 大輔《だいすけ》 先生《せんせい》が書《か》きました

読《よ》んだ日《ひ》 月《がつ》 日《にち》 月《がつ》 日《にち》 月《がつ》 日《にち》

## カメラを支《ささ》える台《だい》

学校《がっこう》の記念撮影《きねんさつえい》などで、写真屋《しゃしんや》さんに写真《しゃしん》を撮《と》ってもらったときのことを思《おも》い出《だ》してください。カメラをのせる3本足《ぼんあし》の台《だい》を見《み》たことはありませんか？　その道具《どうぐ》は「三脚《さんきゃく》」といいます。支《ささ》える脚《あし》が3本《ぼん》あることから、3つの脚《あし》という意味《いみ》の名前《なまえ》がついているのです。

教室《きょうしつ》や家《いえ》の椅子《いす》や机《つくえ》は「4本《ほん》足《あし》」なのに、カメラを支《ささ》える台《だい》は、なぜ「3本足《ぼんあし》」なのでしょう。

脚《あし》の数《かず》が少《すく》なくてフラフラしないのでしょうか？

## でこぼこの場所《ばしょ》でも使《つか》える

椅子《いす》や机《つくえ》は、平《たい》らな面《めん》に置《お》いて使《つか》います。一方《いっぽう》カメラの「三脚《さんきゃく》」は、外《そと》での撮影《さつえい》でも使《つか》うもので、でこぼこした不安定《ふあんてい》な地面《じめん》の上《うえ》に置《お》いて使《つか》うこともあります。そんなときは「3本足《ぼんあし》」のほうがいいのです（図《ず》1）。

どうして三脚《さんきゃく》にするとカタカタせずに安定《あんてい》するのでしょうか。

たとえば、長《なが》さの違《ちが》うえんぴつを4本立《ほんた》て、その上《うえ》に下敷《したじ》きをのせてみると、下敷《したじ》きに触《ふ》れないえんぴつが1本《ぽん》できてしまいます。その1本《ぽん》のえんぴつがカタカタしてしまう脚《あし》です。

一方《いっぽう》、3本《ぼん》の場合《ばあい》であれば、どんな長《なが》さでも下敷《したじ》きを斜《なな》めにすればピタッと3本《ぼん》のえんぴつにつきます（図《ず》2）。

ですから脚《あし》の長《なが》さを調節《ちょうせつ》するだけで、地面《じめん》に平行《へいこう》な平面《へいめん》ができます。

図《ず》1

図《ず》2

ひとくちメモ

机《つくえ》や椅子《いす》以外《いがい》にも、テント、はしごなど、それぞれ使《つか》う場所《ばしょ》や使《つか》う目的《もくてき》によってその脚《あし》の数《かず》も決《き》まっています。身《み》の回《まわ》りの道具《どうぐ》の脚《あし》に注目《ちゅうもく》してみましょう。

# 沖縄《おきなわ》では体重《たいじゅう》が減《へ》る？

7月 27日

東京都《とうきょうと》　豊島区立高松小学校《としまくりつたかまつしょうがっこう》
細萱裕子《ほそがやゆうこ》 先生《せんせい》が書《か》きました

読《よ》んだ日《ひ》　月《がつ》　日《にち》　月《がつ》　日《にち》　月《がつ》　日《にち》

## 地球《ちきゅう》の自転《じてん》による遠心力《えんしんりょく》

体重計《たいじゅうけい》に乗《の》って、自分《じぶん》の体重《たいじゅう》を量《はか》ったことはありますよね。実《じつ》はこの体重《たいじゅう》、北極《ほっきょく》で量《はか》ったときと赤《せき》道付近《どうふきん》で量《はか》ったときとでは、少《すこ》しだけ重《おも》さに違《ちが》いがあるのです。なぜ、そのようなことが起《お》きるのでしょうか。

原因《げんいん》は、地球《ちきゅう》の自転《じてん》によって働《はたら》く遠心力《えんしんりょく》です。遠心力《えんしんりょく》とは、ぐるぐる回《まわ》る円運動《えんうんどう》をしているものが受《う》ける、円《えん》の中心《ちゅうしん》から遠《とお》ざかる向《む》きに働《はたら》く力《ちから》のことです（２３４ページ参照《さんしょう》）。回転《かいてん》する速《はや》さが速《はや》くなるほど、遠心力《えんしんりょく》も大《おお》きくなります。地球《ちきゅう》の形《かたち》を球《きゅう》と仮定《かてい》して考《かんが》えてみましょう。

地球《ちきゅう》は自転《じてん》をしているので、赤《せき》道付近《どうふきん》は北極《ほっきょく》よりも、回転速度《かいてんそくど》が大《おお》きく、より大《おお》きな遠心力《えんしんりょく》が働《はたら》いていると考《かんが》えられます（図《ず》１）。

図《ず》1

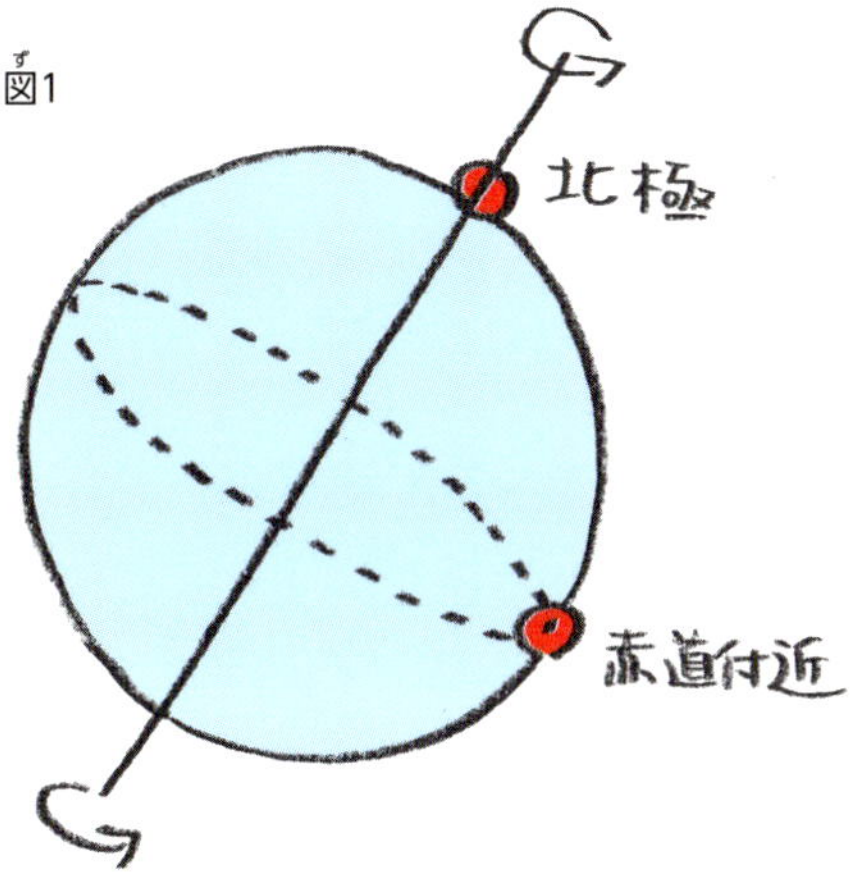


## 日本《にほん》の北《きた》と南《みなみ》で重力《じゅうりょく》は違《ちが》う？

また、地球上《ちきゅうじょう》の物体《ぶったい》には重力《じゅうりょく》（地球《ちきゅう》がものを引《ひ》っ張《ぱ》る力《ちから》）がかかっています。重力《じゅうりょく》は、地球上《ちきゅうじょう》のどこでも同《おな》じというわけではなく、遠心力《えんしんりょく》が大《おお》きいほど小《ち》さくなります。重力《じゅうりょく》＝引力《いんりょく》－遠心力《えんしんりょく》（図《ず》２）。

図《ず》2

つまり、北極《ほっきょく》よりも赤道付近《せきどうふきん》の方《ほう》が重力《じゅうりょく》は小《ち》さくなります。そのため、体重《たいじゅう》も変《か》わり、北極《ほっきょく》の方《ほう》が重《おも》く、赤道付近《せきどうふきん》の方《ほう》が軽《かる》くなります。体重《たいじゅう》に違《ちが》いが生《しょう》じてしまうのは、このような理由《りゆう》からなのです。

同《おな》じようなことは、南北《なんぼく》に長《なが》い日本《にほん》でも起《お》こります。北海道《ほっかいどう》と沖《おき》縄《なわ》では、わずかではありますが、体重《たいじゅう》に違《ちが》いが生《しょう》じます。沖縄《おきなわ》に行《い》って体重計《たいじゅうけい》に乗《の》ると、体重《たいじゅう》が減《へ》っていて、うれしくなるかもしれませんね。

**ひとくちメモ**　地域《ちいき》によって調整《ちょうせい》できる機能《きのう》がついた体重計《たいじゅうけい》があります。そのような機能《きのう》がない体重計《たいじゅうけい》でも、北海道用《ほっかいどうよう》・本土《ほんど》用《よう》・沖縄用《おきなわよう》の３つがあるので、地域《ちいき》に合《あ》わせた体重計《たいじゅうけい》を使用《しよう》することができます。

単位とはかり方のお話

# 紙飛行機《かみひこうき》が飛《と》んでいる時間《じかん》は？

7月28日

神奈川県《かながわけん》　川崎市立土橋小学校《かわさきしりつつちはししょうがっこう》
山本《やまもと》　直《なお》先生《せんせい》が書《か》きました

読《よ》んだ日《ひ》　月《がつ》　日《にち》｜月《がつ》　日《にち》｜月《がつ》　日《にち》

## 紙飛行機《かみひこうき》を何秒《なんびょう》飛《と》ばせるか

折《お》り紙《がみ》などで紙飛行機《かみひこうき》をつくったことのある人《ひと》は多《おお》いと思《おも》いますが、実際《じっさい》に飛《と》ばしたとき、どれくらいの時間飛《じかんと》んでいますか。1分《ぷん》でしょうか、30秒《びょう》でしょうか。たいていの場合《ばあい》は、10秒《びょう》もたずに落《お》ちてしまうようです。

10秒《びょう》というと、とても短《みじか》い時間《じかん》のように感《かん》じますが、実《じつ》は紙飛行《かみひこう》機《き》を飛《と》ばす時間《じかん》としては、けっこう長《なが》い時間《じかん》であるようです。時間《じかん》の感覚《かんかく》は不思議《ふしぎ》にも、何《なに》をしているかによって長《なが》く感《かん》じたり、短《みじか》く感《かん》じたりするものです。

授業《じゅぎょう》が30秒《びょう》で終《お》わったら「あっ」という間《ま》で、短《みじか》く感《かん》じますよね。でも、紙飛行機《かみひこうき》を30秒飛《びょうと》ばすことができたら、世界記録《せかいきろく》になるかもしれません。

## 長《なが》い、短《みじか》いは場面《ばめん》で違《ちが》う

人間《にんげん》の感覚《かんかく》というものは必《かなら》ずしも正確《せいかく》ではありません。たとえば勉強《べんきょう》をしていて30分《ぷん》はがんばったぞと思《おも》っていても、まだ15分《ぷん》しかたっていないこともあれば、30分《ぷん》しかたっていないと思《おも》っていたのに、もう1時間過《じかんす》ぎていたなんてこともあります。ですから、試験《しけん》やスポーツの試合《しあい》など時間《じかん》が決《き》まっている活動《かつどう》では、人間《にんげん》の感覚《かんかく》に左右《さゆう》されない時計《とけい》やストップウォッチが必要《ひつよう》になるのですね。

考《かんが》えてみよう

### 時間《じかん》の感覚《かんかく》をきたえる方法《ほうほう》は？

多《おお》くの人《ひと》には、毎日同《まいにちおな》じように繰《く》り返《かえ》している行動《こうどう》があります。たとえば歯《は》を磨《みが》くとき、日《ひ》によって磨《みが》き方《かた》を変《か》える人《ひと》もいますが、多《おお》くの人《ひと》は同《おな》じような磨《みが》き方《かた》を繰《く》り返《かえ》しているでしょう。すると、自然《しぜん》とかかる時《じ》間《かん》も同《おな》じような長《なが》さになります。朝《あさ》起《お》きてから、洗面所《せんめんじょ》にいる時間《じかん》、トイレに入《はい》っている時間《じかん》、朝食《ちょうしょく》をとっている時間《じかん》など、けっこう同《おな》じ長《なが》さになるものです。そして、それが習《しゅう》慣化《かんか》されると、朝起《あさお》きてから家《いえ》を出《で》るまでの時間《じかん》が毎日同《まいにちおな》じになり、規《き》則的《そくてき》な生活《せいかつ》が繰《く》り返《かえ》されることになります。こうしたところから、時間《じかん》の感覚《かんかく》が磨《みが》かれていくのかもしれませんね。

ひとくちメモ

毎日仕事《まいにちしごと》で同《おな》じことを繰《く》り返《かえ》している人《ひと》は、時計《とけい》を見《み》なくてもだいたいの時間《じかん》や時刻《じこく》がわかるのだそうです。経験《けいけん》が感覚《かんかく》を磨《みが》くのですね。

数・計算の歴史のお話

# 「油《あぶら》分《わ》け算《ざん》」って知《し》ってる？

北海道教育大学附属札幌小学校《ほっかいどうきょういくだいがくふぞくさっぽろしょうがっこう》
瀧ヶ平悠史《たきがひらゆうし》先生《せんせい》が書《か》きました

7月29日

読《よ》んだ日《ひ》　月《がつ》　日《にち》　月《がつ》　日《にち》　月《がつ》　日《にち》

## 油分《あぶらわ》け算《ざん》とは

油分《あぶらわ》け算《ざん》とは、日本《にほん》でつくり出《だ》された数学《すうがく》「和算《わさん》」の中《なか》の一《ひと》つです。いったいどのようなものなのでしょうか。まず、次《つぎ》の文章《ぶんしょう》を読《よ》んでみましょう。

「油《あぶら》が10Lマスに10L入《はい》っています。この油《あぶら》を7Lマスと3Lマスを使《つか》って2人《り》で等《ひと》しく分《わ》けるには、どうすればよいでしょうか」

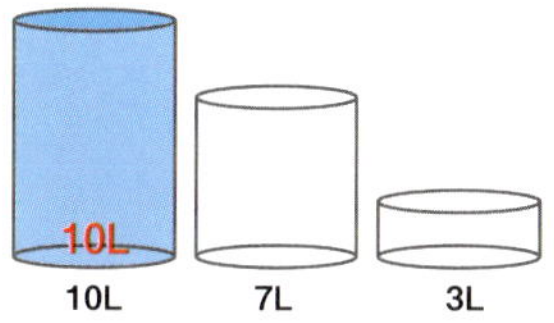


2人《り》で等《ひと》しく分《わ》けるということは、1人分《りぶん》が5Lになるということです。5Lのマスがあれば簡単《かんたん》なことですね。でも、それを10Lと7Lと3Lのマスを使《つか》ってやらなければなりません。本当《ほんとう》にそんなことはできるのでしょうか。実際《じっさい》にやってみましょう。

## 実際《じっさい》にやってみよう！

まず、初《はじ》めに3Lマスで10Lマスから油《あぶら》を3L取《と》り出《だ》し、その油《あぶら》を7Lマスに移《うつ》しましょう。これを2回繰《かいく》り返《かえ》します。

もう一度《いちど》3Lマスで10Lマスから3L取《と》り出《だ》し、それを、7Lマスがいっぱいになるまで入《い》れます。7Lマスにはすでに6L入《はい》っていましたから、1Lしか入《はい》りませんね。

次《つぎ》に、このいっぱいになった7Lマスの油《あぶら》をすべて、10Lマスに戻《もど》してしまいましょう。そして、3Lマスに入《はい》っている油《あぶら》2Lを、7Lマスに移《うつ》します。

もう一度《いちど》、3Lマスで10Lマスから油《あぶら》を3L取《と》り出《だ》します。これを、7Lマスに移《うつ》すと、見事《みごと》に5Lが2つ出来上《できあ》がりました。

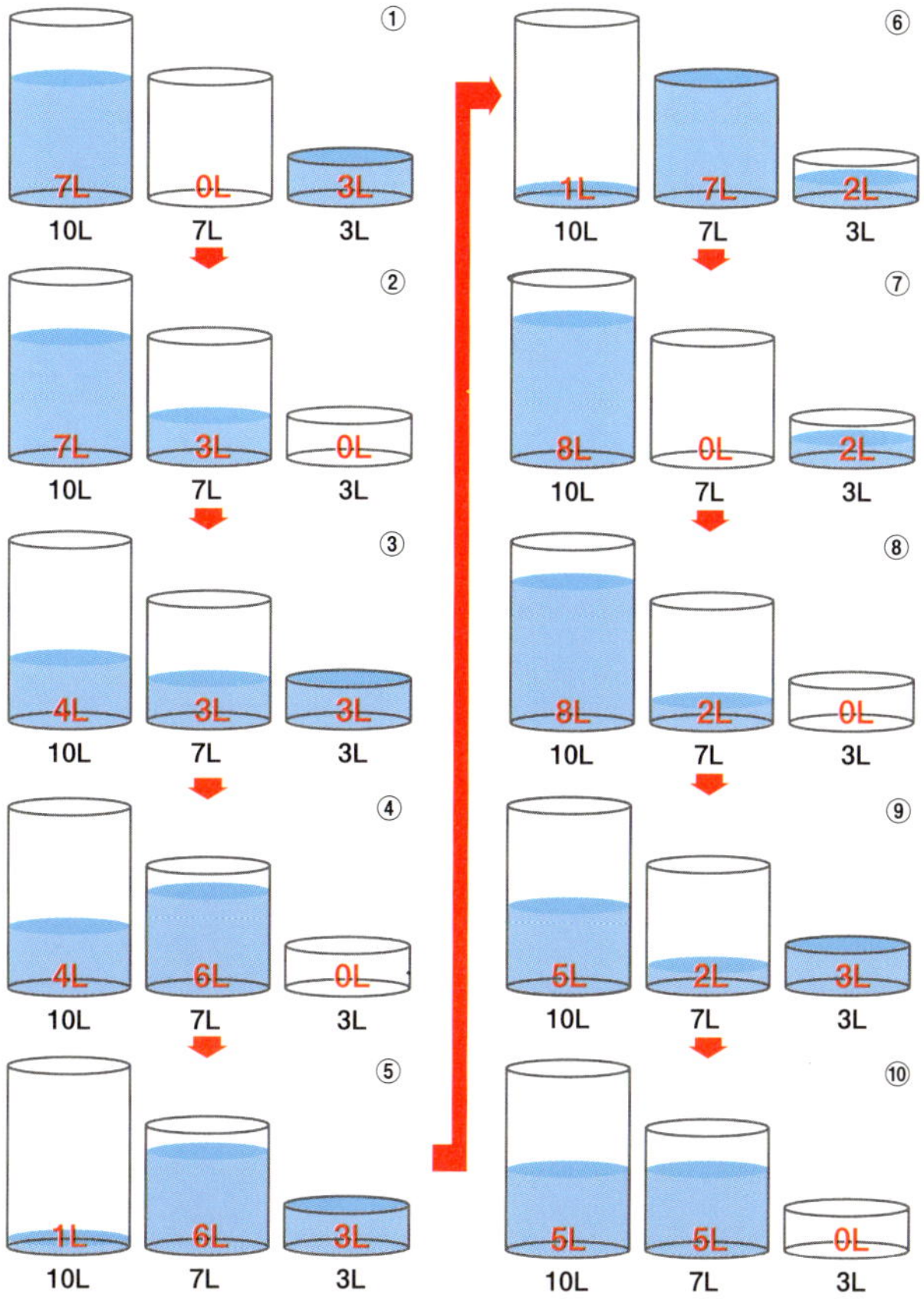


ひとくちメモ　このほかにも、初《はじ》めに7Lマスを使《つか》う方法《ほうほう》もあります。上《うえ》で紹介《しょうかい》した例《れい》は10回《かい》の作業《さぎょう》でできるのに対《たい》して、こちらは9回《かい》でできます。ぜひ、挑戦《ちょうせん》してみてください。

# 海《うみ》では浮《う》きやすい？

7月30日

東京都《とうきょうと》 豊島区立高松小学校《としまくりつたかまつしょうがっこう》
細萱裕子《ほそがやゆうこ》先生《せんせい》が書きました

読《よ》んだ日《ひ》　月《がつ》　日《にち》｜　月《がつ》　日《にち》｜　月《がつ》　日《にち》

## 水《みず》の中《なか》で体《からだ》が浮《う》く理由《りゆう》

水《みず》の中《なか》に入《はい》ると、体《からだ》が軽《かる》くなる（浮《う》く）感覚《かんかく》を味《あじ》わえますよね。これは、水《みず》がものを浮《う》き上《あ》がらせようとする力《ちから》（浮力《ふりょく》）が働《はたら》いているためです。

プールより海《うみ》の方《ほう》が「浮《う》きやすい」と感《かん》じたことはありませんか。

海の方が浮きやすいよ！
プカ
プカ
プカ
プカ
プカ

それは、水《みず》の種類《しゅるい》によって浮力《ふりょく》に違《ちが》いがあるからです。プールは真《ま》水《みず》ですが、海《うみ》は塩水《しおみず》です。では、どうして真水《まみず》より塩水《しおみず》の方《ほう》が浮《う》きやすいのでしょうか。

それは、密度《みつど》と関係《かんけい》があります。密度《みつど》というのは１㎤あたりの重《おも》さのことで、真水《まみず》は１㎤あたり約《やく》１ｇで１ｇ／㎤と表《あらわ》します。それに対《たい》して、海水《かいすい》は、約《やく》１・０３ｇ／㎤です。浮力《ふりょく》は、「真水《まみず》（または海《かい》水《すい》）の密度《みつど》×真水《まみず》（または海水《かいすい》）の中《なか》にある物体《ぶったい》の体積《たいせき》」で求《もと》めることができ、単位《たんい》は「ｇ重《じゅう》」であらわします。

## 浮力《ふりょく》と体積《たいせき》の関係《かんけい》に注目《ちゅうもく》

たとえば、真水《まみず》と海水《かいすい》にそれぞれ物体《ぶったい》が浮《う》いていて、水《みず》の中《なか》にある部分《ぶぶん》の体積《たいせき》が同《おな》じ１０００㎤だったとします。真水《まみず》では、１×1000 ＝ 1000g 重の浮力《ふりょく》が働《はたら》き、海《かい》水《すい》では、1.03 × 1000 ＝ 1030g 重の浮力《ふりょく》が働《はたら》くことになります。

水《みず》の中《なか》にある物体《ぶったい》の体積《たいせき》が等《ひと》しければ、密度《みつど》が大《おお》きい海水《かいすい》の方《ほう》が浮力《ふりょく》は大《おお》きくなることがわかります。真《ま》水《みず》と海水《かいすい》に同《おな》じ物体《ぶったい》が浮《う》いているときには、水《みず》の中《なか》にある部《ぶ》分《ぶん》の体積《たいせき》が、海水《かいすい》の方《ほう》が少《すく》なくなることになります。

つまり、水《みず》の外《そと》に出《で》ている部分《ぶぶん》が大《おお》きくなるので、浮《う》きやすいと感《かん》じることになるのです。

### やってみよう

**浮《う》かぶかな？　沈《しず》むかな？**

水《みず》を入《い》れた水《みず》そうに、いろいろなものを入《い》れてみよう。重《おも》くても浮《う》くもの、軽《かる》くても沈《しず》むものがありますよ。そのものの密度《みつど》が、水《みず》の密度《みつど》（1g／㎤）よりも大《おお》きければ沈《しず》み、小《ちい》さければ浮《う》くのです。予想《よそう》しながら確《たし》かめてみよう。

**ひとくちメモ**
西《にし》アジアのヨルダンとイスラエルの間《あいだ》には「死海《しかい》」と呼《よ》ばれる塩湖《えんこ》があります。死海《しかい》の水《みず》の密度《みつど》は約《やく》1.33ｇ/㎤で、どんな人《ひと》でも楽《らく》に浮《う》くことができると言《い》われています（248ページ参照《さんしょう》）。

数・計算の歴史のお話

# 100をつくろう！～小町算《こまちざん》～

お茶《ちゃ》の水女子大学附属小学校《みずじょしだいがくふぞくしょうがっこう》
久下谷《くがや》 明《あきら》先生《せんせい》が書《か》きました

7月 31日

読《よ》んだ日《ひ》　月《がつ》　日《にち》　月《がつ》　日《にち》　月《がつ》　日《にち》

## 小町算《こまちざん》をやってみよう

今日《きょう》は小町算《こまちざん》と呼《よ》ばれる計算遊《けいさんあそ》びをしたいと思《おも》います。小町算《こまちざん》は、図《ず》1のような計算遊《けいさんあそ》びです。

式《しき》をいくつつくることができるでしょうか。できるだけたくさんつくってみましょう。

100になる式《しき》はたくさん見《み》つかりましたか。

さらに今度《こんど》は、＋、－の計算記《けいさんき》号《ごう》に加《くわ》えて、×、÷も使《つか》って考《かんが》えてみましょう。よりたくさんの式《しき》をつくることができるようになりますよ。

図《ず》1

1 2 3 4 5 6 7 8 9 ＝ 100

1～9までの数字《すうじ》がならんでいます。これを区切《くぎ》り、そこに、＋か－の記号《きごう》を入《い》れて答《こた》えが100になる式《しき》をつくりましょう。

## 小野小町《おののこまち》の伝説《でんせつ》に由来《ゆらい》

小町算《こまちざん》とは、小野小町《おののこまち》のもとに深草少将《ふかくさのしょうしょう》が99夜《や》通《かよ》いつめたという『百夜通《ももよがよ》い』という伝説《でんせつ》がもとになっています。

『百夜通《ももよがよ》い』という伝説《でんせつ》は次《つぎ》のようなものです。

小野小町《おののこまち》は平《へい》安時代《あんじだい》の歌人《かじん》でとても美《うつく》しかったそうです。深《ふか》草少将《くさのしょうしょう》は、小野《おの》小町《こまち》を一目見《ひとめみ》て、結婚《けっこん》したいと思《おも》い、気持《きも》ちを伝《つた》えます。しかし、結婚《けっこん》する気《き》がなかった小野小町《おののこまち》は、あきらめさせるために、「百夜続《ひゃくやつづ》けて通《かよ》ってきたら、私《わたし》はあなたと結婚《けっこん》してあげます」と答《こた》えます。99夜《や》まで通《かよ》い続《つづ》けた深草少将《ふかくさのしょうしょう》は、しかし、残《のこ》りあと1夜《や》である百夜目《ひゃくやめ》に、寒《さむ》さと疲《つか》れで死《し》んでしまいました。

とても悲《かな》しいお話《はなし》ですね。

たとえば……
1＋2＋3×4－5－6＋7＋89
1＋2×3＋4×5－6＋7＋8×9

ひとくちメモ
小町算《こまちざん》で遊《あそ》ぶときは、たとえば「９８７６５４３２１」のように、数字《すうじ》の並《なら》びを変《か》えてみたり、答《こた》えが99になるようにしてみたりと、自分《じぶん》でいろいろと問題《もんだい》を変《か》えてチャレンジしてみても面白《おもしろ》いですよ。

感じてみよう

# 子供の科学 写真館 vol.5

算数《さんすう》にまつわるユニークな写真《しゃしん》を紹介《しょうかい》します。
面白《おもしろ》かったり、美《うつく》しかったり、
算数《さんすう》の意外《いがい》な世界《せかい》を味《あじ》わってください。

◉撮影/村上幸人

## 「水《みず》に沈《しず》むふしぎな氷《こおり》」

◉写真提供/細水保宏

◆ 海水は塩分が入っているのでふつうの水より重く、人の体も浮きやすい。中東には人が浮かんで本が読めるほど塩分が濃い「死海」という湖がある。

### 中《なか》の液体《えきたい》は水《みず》じゃない!?

上《うえ》の写真《しゃしん》を見《み》てください。コップの中《なか》に氷《こおり》が沈《しず》んでいます。お茶《ちゃ》やジュースを飲《の》むときに氷《こおり》を入《い》れたら、氷《こおり》は浮《う》かんでくるはずなのにふしぎですね。この氷《こおり》が特別《とくべつ》なのでしょうか？　いいえ、実《じつ》はコップに入《はい》っているのは水《みず》ではなくサラダ油《あぶら》だからなのです。

物《もの》には「重《おも》い」「軽《かる》い」があります。これを決《き》めるのがその物《もの》の「密度《みつど》」です。水《みず》の密度《みつど》は1。これを基準《きじゅん》に重《おも》いか、軽《かる》いか比《くら》べます。氷《こおり》は約《やく》0.92なので水《みず》より軽《かる》いですが、0.91のサラダ油《あぶら》よりは重《おも》いので、写真《しゃしん》のようなことが起《お》こったのですね。

# 8月

August

図形のお話

# ハチの巣《す》はなぜ六角形《ろっかくけい》か

8月1日

大分県《おおいたけん》 大分市立大在西小学校《おおいたしりつおおざいにししょうがっこう》
二宮孝明《にのみやたかあき》先生《せんせい》が書《か》きました

読《よ》んだ日《ひ》　月《がつ》　日《にち》　月《がつ》　日《にち》　月《がつ》　日《にち》

## 規則正《きそくただ》しいハチの巣《す》の形《かたち》

昆虫《こんちゅう》のハチの巣《す》を見《み》たことがありますか？　ハチの巣《す》は、ハチ自《みずか》らが出《だ》すロウやだ液《えき》でつくられます。ハチの巣《す》の中《なか》には、たくさんの部屋《へや》があり、そこで幼虫《ようちゅう》を育《そだ》てたり、ハチミツを保存《ほぞん》したりします。

部屋《へや》の入口《いりぐち》の形《かたち》をよく見《み》てみると、正六角形《せいろっかくけい》です。しかも、その六角形《ろっかくけい》がびっしりと規則正《きそくただ》しく並《なら》んでいます。そのような形《かたち》にするのには何《なに》か理由《りゆう》があるのでしょうか。他《ほか》の形《かたち》ではなく、正六角形《せいろっかくけい》にするとよい理由《りゆう》は、いくつか考《かんが》えられます。

## 六角形《ろっかくけい》は効率的《こうりつてき》！

まず、正六角形《せいろっかくけい》であれば平面《へいめん》にすきまなく敷《し》きつめることができます。つまり、無駄《むだ》な空間《くうかん》がないということです。しかし、そのような形《かたち》は、正六角形《せいろっかくけい》だけではなく三角形《さんかくけい》と四角形《しかくけい》も同じです。

ところが六角形《ろっかくけい》が組《く》み合《あ》わさった構造《こうぞう》は、三角形《さんかくけい》が組《く》み合《あ》わさったものより弾性《だんせい》に富《と》んでいます。また、六角形《ろっかくけい》はむだなく敷《し》きつめられる図形《ずけい》の中《なか》で最《もっと》も空間《くうかん》が広《ひろ》くとれるのです。

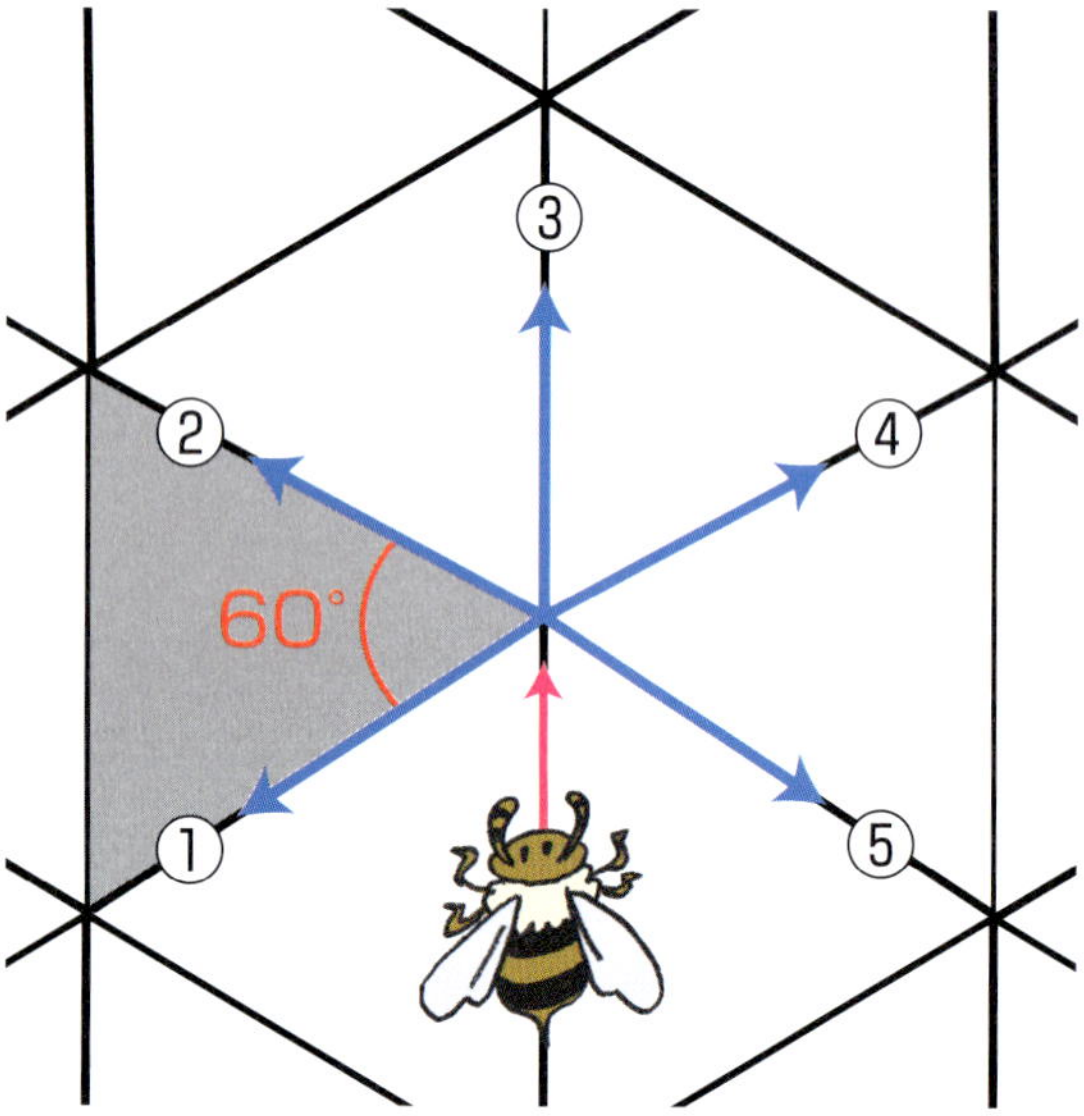


壁《かべ》を１つつくったら、次《つぎ》に三角形《さんかくけい》は５つ、六角形《ろっかくけい》は２つの方向《ほうこう》に壁《かべ》が必要《ひつよう》です。

ハチにとって巣《す》をつくることは、とてもたいへんな仕事《しごと》に違《ちが》いありません。正六角形《せいろっかくけい》であれば、他《ほか》の形《かたち》に比《くら》べて効率《こうりつ》よく丈夫《じょうぶ》な巣《す》づくりができるのです。

### 探《さが》してみよう

### 身《み》の周《まわ》りの正六角形《せいろっかくけい》

正六角形《せいろっかくけい》がすきまなく並《なら》んだ形《かたち》はとても丈夫《じょうぶ》です。このような形《かたち》は「ハニカム構《こう》造《ぞう》」と呼《よ》ばれています。新《しん》幹線《かんせん》の壁《かべ》や飛行機《ひこうき》の翼《つばさ》などの建造物《けんぞうぶつ》に応用《おうよう》されています。

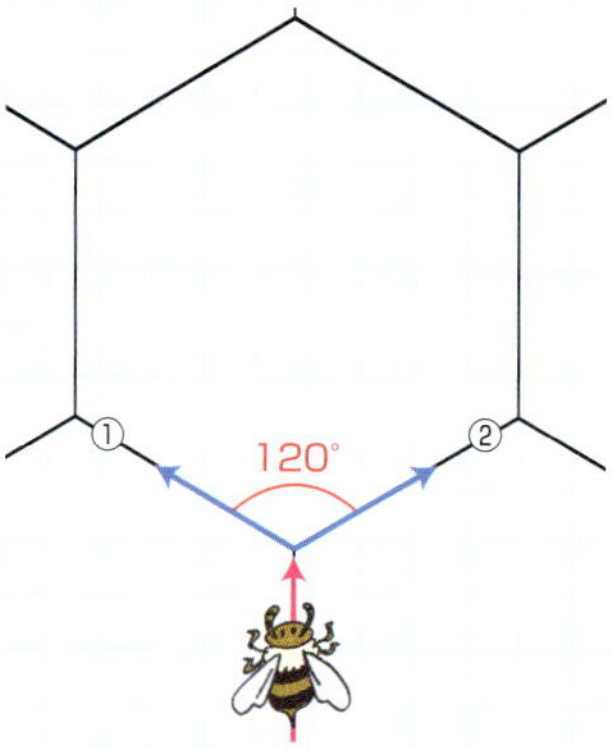


**ひとくちメモ**　平面《へいめん》をすきまなく敷《し》きつめることができる正多角形《せいたかくけい》は、正三角形《せいさんかくけい》、正方形《せいほうけい》、正六角形《せいろっかくけい》です。その１つの内角《ないかく》は、正三角形《せいさんかくけい》が60°、正方形《せいほうけい》が90°、正六角形《せいろっかくけい》が120°で、どれも360°を割《わ》り切《き》ることができる数字《すうじ》です。

くらしの中の算数のお話 2

# 言葉《ことば》にかくれた数《かず》のお話《はなし》①

8月 2日

福岡県《ふくおかけん》 田川郡川崎町立川崎小学校《たがわぐんかわさきちょうりつかわさきしょうがっこう》
高瀬大輔《たかせだいすけ》先生《せんせい》が書《か》きました

読《よ》んだ日《ひ》 月《がつ》 日《にち》 月《がつ》 日《にち》 月《がつ》 日《にち》

## こんな言葉《ことば》、知《し》ってる?

国語《こくご》と算数《さんすう》、違《ちが》う学習《がくしゅう》だから、2つの教科《きょうか》は関係《かんけい》ないと思《おも》いますよね。でも、みなさんも聞《き》いたことがありませんか?「七五三《しちごさん》」。「七五三《しちごさん》」は、子供《こども》の行事《ぎょうじ》を表《あらわ》し、昔《むかし》から日本《にほん》で使《つか》われてきた言葉《ことば》です。でも、よく見《み》ると七《なな》と五《ご》と三《さん》という3つの数《かず》を組《く》み合《あ》わせてつくられていますね。では、知《し》っている言葉《ことば》に数《かず》がかくれた言葉《ことば》はほかにもないでしょうか。

たとえばこんな言葉《ことば》があります。

●双六《すごろく》：さいころを使《つか》って、出《で》た目《め》の数《かず》だけこまを進《すす》めて競《きそ》い合《あ》う遊《あそ》び。

●百足《むかで》：足《あし》がたくさんあることから、百《ひゃく》という数字《すうじ》を使《つか》って虫《むし》の名《な》前《まえ》を表《あらわ》しています。

●二重《ふたえ》まぶた：目《め》の上《うえ》にみぞが入《はい》って2つ重《かさ》なったように見《み》えるまぶた。

●二人三脚《ににんさんきゃく》：2人《り》の片方《かたほう》の足《あし》を結《むす》ぶとまるで4本《ほん》の足《あし》が3本《ぼん》になったようですね。

## ほかにも、こんなところに

地名《ちめい》にも数《かず》がかくれていますよ。

●九州《きゅうしゅう》：福岡《ふくおか》、佐賀《さが》、大分《おおいた》、熊本《くまもと》、長崎《ながさき》、宮崎《みやざき》、鹿児島《かごしま》。沖縄《おきなわ》を足《た》しても8つなのに九州《きゅうしゅう》。なぜだか調《しら》べたくなりますね。

●四国《しこく》：こちらは、香川《かがわ》、愛媛《えひめ》、徳島《とくしま》、高知《こうち》の4つの県《けん》でぴったり。

●千葉《ちば》：千《せん》の葉《は》で千葉《ちば》。たくさん葉《は》がありそうな名前《なまえ》ですね。

●九十九里浜《くじゅうくりはま》：千葉県《ちばけん》にある長《なが》い長《なが》い砂浜《すなはま》です。「里《り》」は昔《むかし》の長《なが》さの単位《たんい》で、一里《いちり》は約《やく》4㎞。百《ひゃく》まであと1つとは、とても長《なが》い様子《ようす》を表《あらわ》していますね。

●四万十川《しまんとがわ》：「日本最後《にほんさいご》の清流《せいりゅう》」とも呼《よ》ばれる高知県《こうちけん》の川《かわ》です。大《おお》きな数《かず》が使《つか》われた名前《なまえ》ですね。

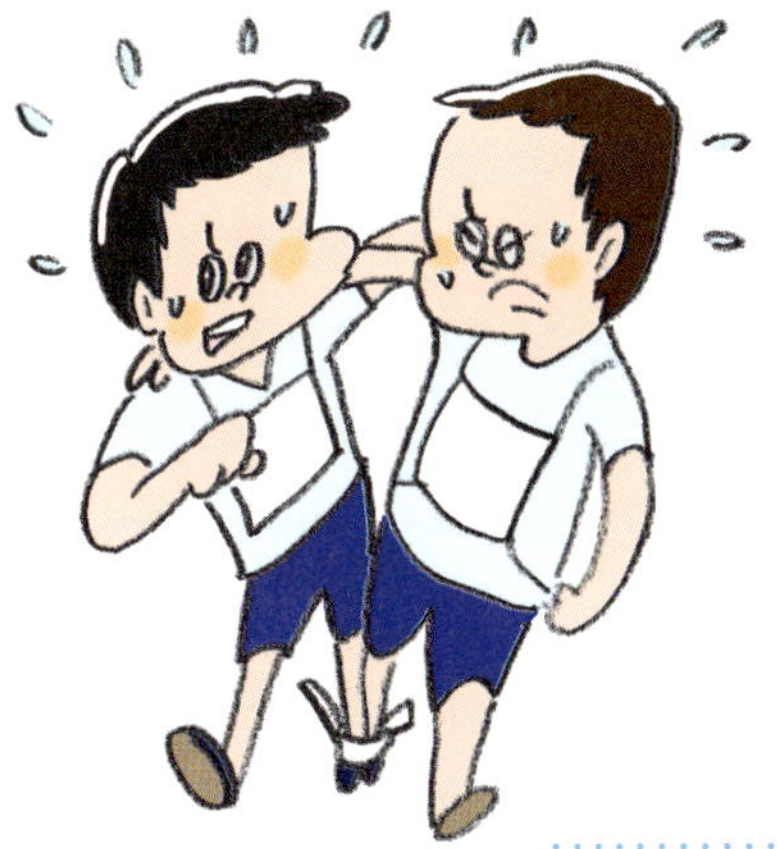

### 探《さが》してみよう

**漢和辞典《かんわじてん》を開《ひら》いてみると……!**

一《いち》、十《じゅう》、百《ひゃく》、千《せん》など数《かず》を表《あらわ》す言葉《ことば》を漢和辞典《かんわじてん》で調《しら》べてみましょう。すると、数《かず》がついた名前《なまえ》や地名《ちめい》がたくさん見《み》つかります。昔《むかし》から、人《ひと》は数《かず》を数《かぞ》えるだけでなく、言葉《ことば》にも使《つか》って生活《せいかつ》してきたのです。

ひとくちメモ

数《かず》を言葉《ことば》に使《つか》うことで、意味《いみ》がわかりやすく、生活《せいかつ》が便利《べんり》になったのですね。みなさんも知《し》らないうちに数《かず》のかくれた言葉《ことば》を使《つか》っているはずです。言葉《ことば》に一番《いちばん》たくさん使《つか》われているのは、どの数《かず》かな?

# 言葉《ことば》にかくれた数《かず》のお話《はなし》②



福岡県《ふくおかけん》　田川郡川崎町立川崎小学校《たがわぐんかわさきちょうりつかわさきしょうがっこう》
高瀬大輔《たかせだいすけ》先生《せんせい》が書《か》きました

読《よ》んだ日《ひ》　月《がつ》　日《にち》　月《がつ》　日《にち》　月《がつ》　日《にち》

## こんなことわざ、知《し》ってる？

ことわざや四字熟語《よじじゅくご》は、昔《むかし》から人々《ひとびと》に使《つか》われてきた言葉《ことば》です。これらの言葉《ことば》にも、数《かず》がかくれたものがいくつもあります。

●「一《いち》」の数《かず》がかくれたことわざ
「一《いち》か八《ばち》か」「百聞《ひゃくぶん》は一見《いっけん》にしかず」「一寸先《いっすんさき》は闇《やみ》」「九死《きゅうし》に一生《いっしょう》を得《え》る」「千里《せんり》の道《みち》も一歩《いっぽ》から」「一《いち》を聞《き》いて十《じゅう》を知《し》る」

●「二《に》」の数《かず》がかくれたことわざ
「二階《にかい》から目薬《めぐすり》」「瓜二《うりふた》つ」「二兎《にと》を追《お》う者《もの》は一兎《いっと》をも得《え》ず」「一姫《いちひめ》二太郎《にたろう》」

●「三《さん》」の数《かず》がかくれたことわざ
「三度目《さんどめ》の正直《しょうじき》」「三日坊主《みっかぼうず》」「石《いし》の上《うえ》にも三年《さんねん》」「仏《ほとけ》の顔《かお》も三度《さんど》まで」「早起《はやお》きは三文《さんもん》の得《とく》」

●その他《た》の数《かず》がかくれたことわざ
「五十歩百歩《ごじっぽひゃっぽ》」「鶴《つる》は千年《せんねん》亀《かめ》は万年《まんねん》」「万事休《ばんじきゅう》す」

小《ちい》さな数《かず》から大《おお》きな数《かず》までたくさんの数《かず》がかくれていましたね。

## こんな四字熟語《よじじゅくご》は知《し》ってる？

今度《こんど》は、数《かず》がかくれた四字熟語《よじじゅくご》を見《み》てみましょう。

●数《かず》がかくれた四字熟語《よじじゅくご》
「十人十色《じゅうにんといろ》」「一石二鳥《いっせきにちょう》」「七転八倒《しちてんばっとう》」「三々五々《さんさんごご》」「一期一会《いちごいちえ》」「天下一品《てんかいっぴん》」

そのほかにも、数《かず》を使《つか》ったことわざや四字熟語《よじじゅくご》はたくさんあります。どんな数《かず》が、どんな言葉《ことば》の意味《いみ》で使《つか》われているのか、調《しら》べてみると面白《おもしろ》いですよ。

### やってみよう

## 数言葉《かずことば》をつくって、当《あ》てっこ！

自分《じぶん》で数言葉《かずことば》をつくってみましょう。たとえば、「七起九寝《ななおこしきゅうね》：七時《しちじ》に起《お》きて九時《くじ》に寝《ね》る」、「五筆一消《ごふでいちしょう》：ふでばこの中《なか》に鉛筆《えんぴつ》５本《ほん》と消《け》しゴム１つ」、「一月千円《いちがつせんえん》：１カ月《げつ》のお小遣《こづか》い」などです。このように、創作数言葉《そうさくかずことば》を考《かんが》えて、身近《みぢか》な人《ひと》と意味《いみ》の当《あ》て合《あ》いをしても楽《たの》しそうですね。

**ひとくちメモ**　ここで紹介《しょうかい》したことわざや四字熟語《よじじゅくご》の意味《いみ》はわかりますか？「一《いち》か八《ばち》か」は「結果《けっか》を運《うん》にまかせて思《おも》い切《き》って試《こころ》みること」です。わからない言葉《ことば》は辞書《じしょ》を引《ひ》いて調《しら》べてみると、夏休《なつやす》みの自由研究《じゆうけんきゅう》になるかも？

# 箱《はこ》を高《たか》く積《つ》み上《あ》げよう



神奈川県《かながわけん》 川崎市立土橋小学校《かわさきしりつつちはししょうがっこう》
山本《やまもと》 直《なお》 先生《せんせい》が書《か》きました

読《よ》んだ日《ひ》 月《がつ》 日《にち》 月《がつ》 日《にち》 月《がつ》 日《にち》

## どんな形《かたち》の箱《はこ》がよいかなっ？

箱《はこ》にもさまざまな形《かたち》のものがあります。いろいろな形《かたち》の箱《はこ》を集《あつ》めて高《たか》く積《つ》み上《あ》げてみましょう。どこまで積《つ》むことができるかな。高《たか》くなればなるほどバランスが悪《わる》くなり、ぐらぐらして崩《くず》れやすくなります。どんな形《かたち》のものをどのように積《つ》むと、より高《たか》く積《つ》むことができるのでしょうか。

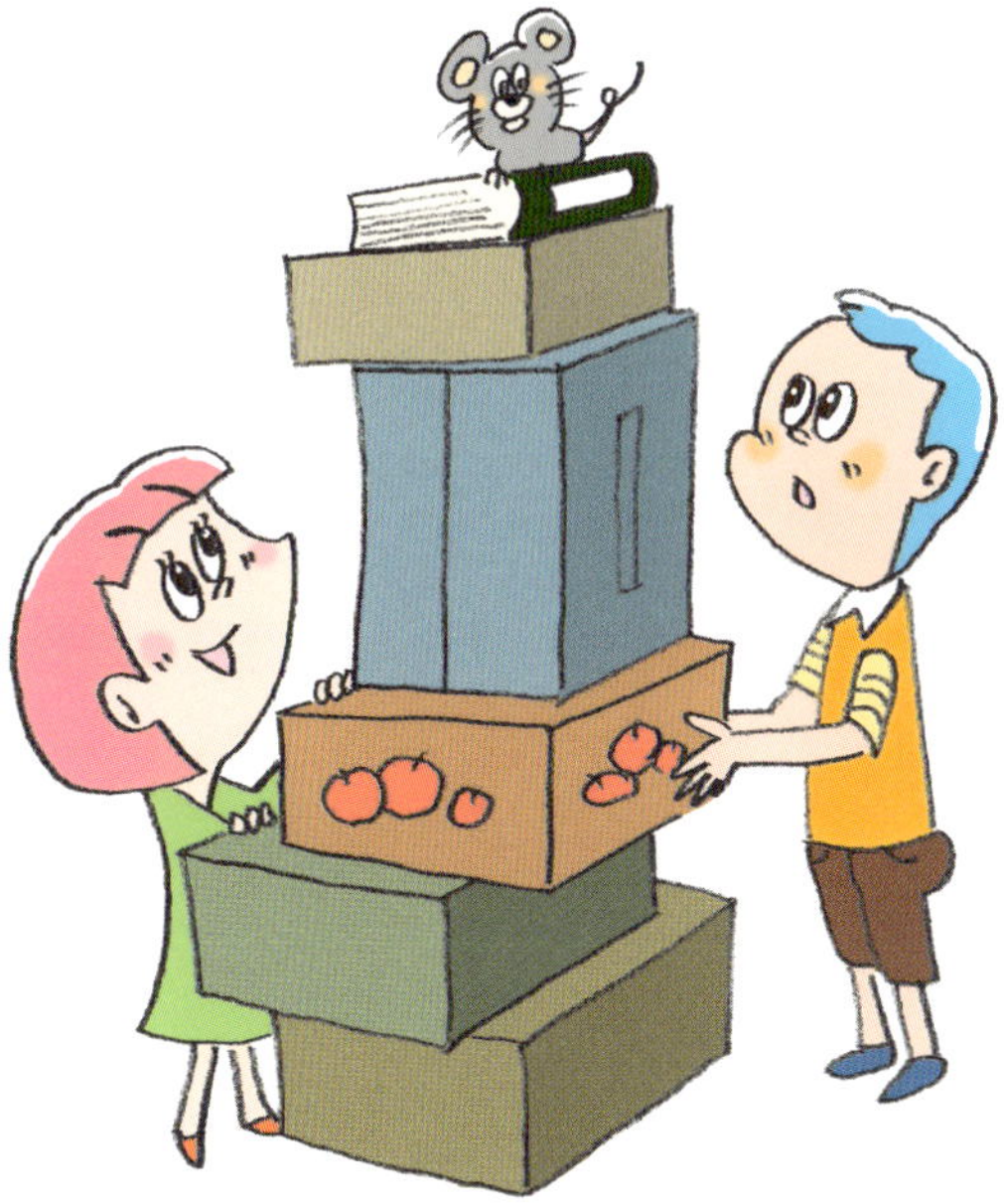

## 世《よ》の中《なか》には四角《しかく》い箱《はこ》が多《おお》い

いざ箱《はこ》を集《あつ》めてみると、面《めん》が三《さん》角形《かくけい》や六角形《ろくかくけい》、円《えん》などさまざまな形《かたち》のものがありますが、面《めん》の形《かたち》が四角《しかく》い箱《はこ》が多《おお》いと思《おも》います。実《じつ》はこの形《かたち》、縦《たて》に積《つ》み上《あ》げるには都合《つごう》のよい形《かたち》になっています。どの面《めん》も長方形《ちょうほうけい》や正方形《せいほうけい》になっている箱《はこ》は、角《かど》が全《すべ》て直角《ちょっかく》なので、どんなに積《つ》み上《あ》げても地面《じめん》と水平《すいへい》になり、斜《なな》めに傾《かたむ》くことがありません。だから、さし絵《え》のように積《つ》み上《あ》げていったときに安定《あんてい》しやすくなります。お店《みせ》などで商品《しょうひん》がたくさん並《なら》べられているところは、こうした四角《しかく》い箱《はこ》に入《はい》って積《つ》まれていることが多《おお》いと思《おも》います。

さぁ、みなさんもこの四角《しかく》い箱《はこ》をたくさん集《あつ》めて、高《たか》く積《つ》み上《あ》げてみましょう。

### 考《かんが》えてみよう

**他《ほか》の形《かたち》も工夫次第《くふうしだい》で！**

長方形《ちょうほうけい》や正方形《せいほうけい》の面《めん》でなくても柱体《ちゅうたい》や筒《つつ》の形《かたち》であれば、高《たか》く積《つ》み上《あ》げることができます。上《うえ》の面《めん》と下《した》の面《めん》が平行《へいこう》になっている形《かたち》であれば高《たか》く積《つ》み上《あ》げられますね。

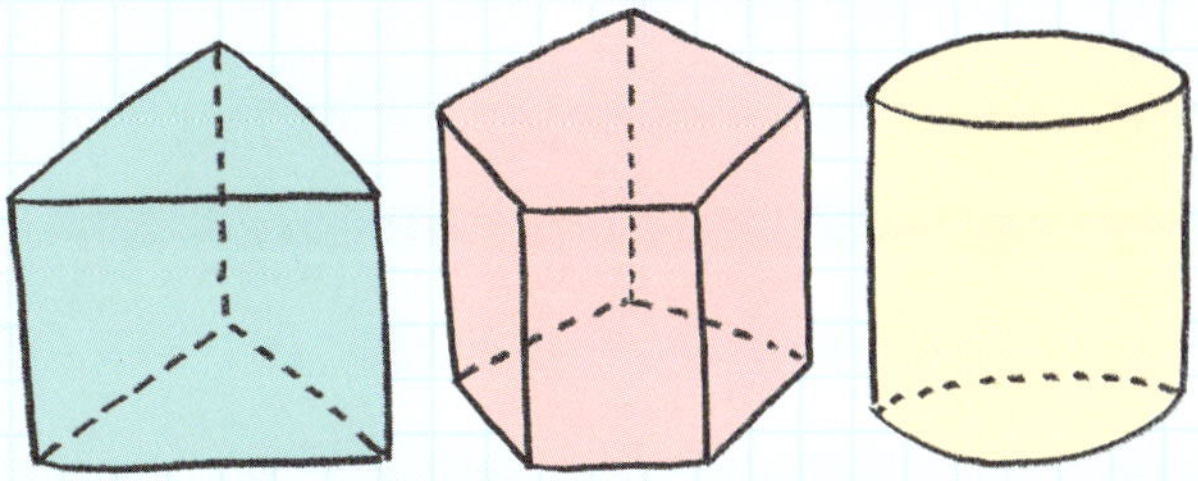

**ひとくちメモ** すべての面《めん》が長方形《ちょうほうけい》か正方形《せいほうけい》の箱《はこ》の形《かたち》を直方体《ちょくほうたい》といいます。サイコロのようにすべての面《めん》が正方形《せいほうけい》の場合《ばあい》は、立方体《りっぽうたい》といいます。

数と計算のお話

# オリンピックの年《とし》の見分《みわ》け方《かた》

8月5日

島根県《しまねけん》　飯南町立志々小学校《いいなんちょうりつししょうがっこう》
村上幸人《むらかみゆきと》先生《せんせい》が書《か》きました

読《よ》んだ日《ひ》　月《がつ》　日《にち》　月《がつ》　日《にち》　月《がつ》　日《にち》

## オリンピックは4年《ねん》に一度《いちど》

2016年《ねん》は8月《がつ》5日《か》からブラジルのリオデジャネイロで夏季《かき》オリンピックが開催《かいさい》。その次《つぎ》は2020年《ねん》に日本《にほん》の東京《とうきょう》で行《おこな》われます。オリンピックは4年《ねん》に一度《いちど》の祭典《さいてん》です。行《おこな》われた年《とし》をさかのぼってみましょう。

2012（ロンドン）、2008（北京《ぺきん》）、2004（アテネ）、2000（シドニー）、1996（アトランタ）、1992（バルセロナ）、1988（ソウル）、1984……。ほら、どの年《とし》もちょうど4で割《わ》り切《き》れる数《かず》でしょう。「え～、計算《けいさん》しないとわからない」という人《ひと》のために、4で割《わ》り切《き》れるかどうかの見分《みわ》け方《かた》を教《おし》えましょう。

## 下《しも》2ケタがポイント

100は4で割《わ》り切《き》れますね。「100 ÷ 4 ＝ 25」で、あまりが出《で》ません。ということは、その2倍《ばい》の200も3倍《ばい》の300も、そして900も1000も2000も4で割《わ》り切《き》れるということです。だから、100より小《ちい》さい数《かず》だけを見《み》ればいいのです。2012は下《しも》2ケタの12が4で割《わ》り切《き》れます。2000は4で割《わ》り切《き》れるから、合《あ》わせた2012は割《わ》り切《き》れるということになります。

1992はどうでしょう。1900は割《わ》り切《き》れるから考《かんが》えなくてよくて、下《しも》2ケタの92が割《わ》り切《き》れるかどうかを確《たし》かめればいいのです。これも割《わ》り切《き》れますね。

どんなに大《おお》きな数《かず》でも、下《しも》2ケタだけを見《み》れば4で割《わ》り切《き》れるかどうかがわかるのです。同《おな》じように考《かんが》えれば、割《わ》る数《かず》が違《ちが》っても割《わ》り切《き》れるかどうかを見分《みわ》ける方法《ほうほう》が見《み》つかります（図《ず》）。

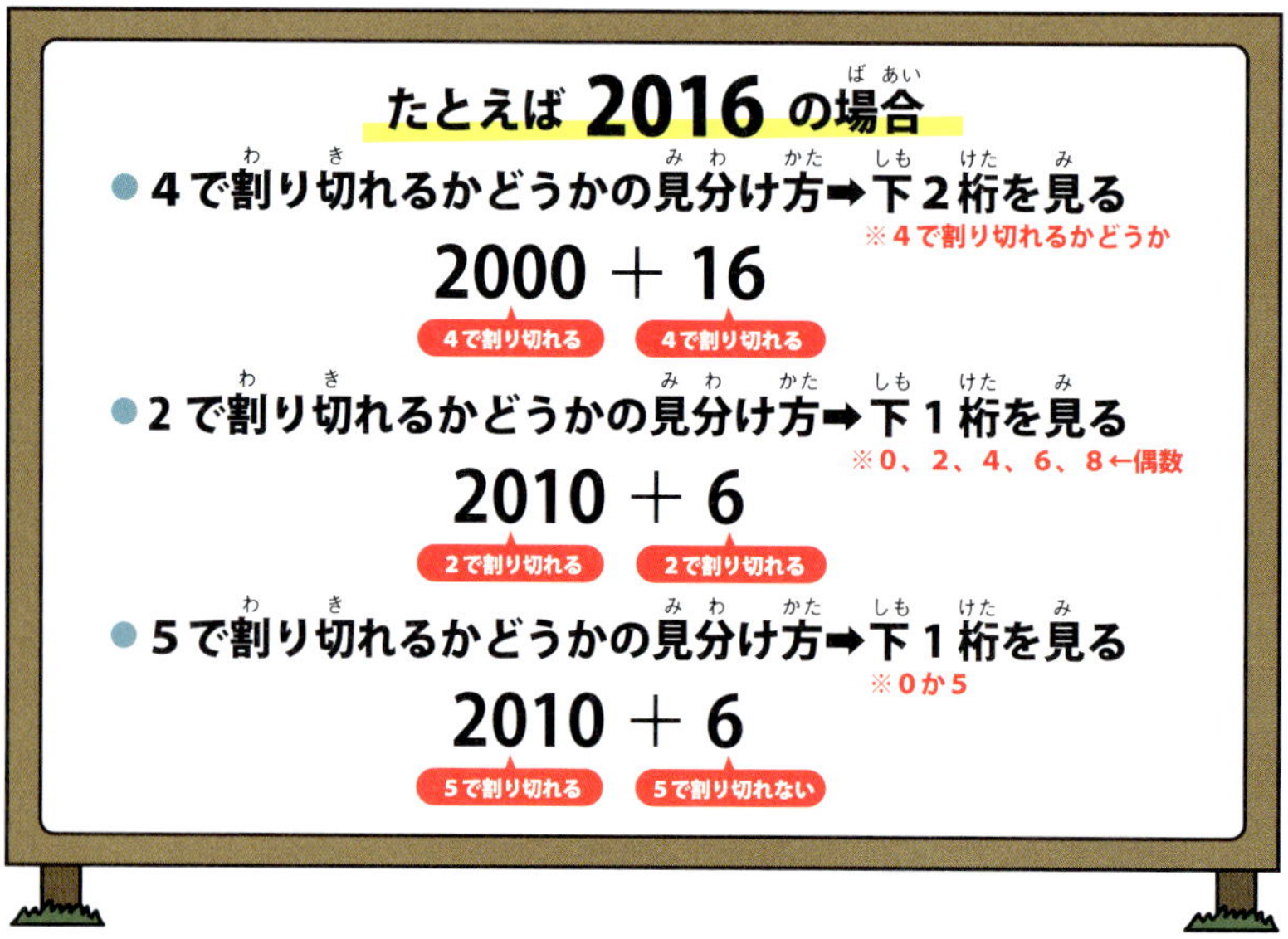
たとえば 2016 の場合《ばあい》
● 4で割《わ》り切《き》れるかどうかの見分《みわ》け方《かた》➡下《しも》2桁《けた》を見《み》る
※4で割り切れるかどうか
2000 ＋ 16
4で割り切れる
4で割り切れる
● 2で割《わ》り切《き》れるかどうかの見分《みわ》け方《かた》➡下《しも》1桁《けた》を見《み》る
※0、2、4、6、8←偶数
2010 ＋ 6
2で割り切れる
2で割り切れる
● 5で割《わ》り切《き》れるかどうかの見分《みわ》け方《かた》➡下《しも》1桁《けた》を見《み》る
※0か5
2010 ＋ 6
5で割り切れる
5で割り切れない

ひとくちメモ　この見分《みわ》け方《かた》を利用《りよう》すれば、下《しも》3ケタが000の数《かず》（たとえば1000とか97000など）は、2でも4でも5でも8でも割《わ》り切《き》れることになりますね。また、他《ほか》の数《かず》で割《わ》り切《き》れる数《かず》の見分《みわ》け方《かた》は255ページをお楽《たの》しみに！

数と計算のお話

# 3で割《わ》り切《き》れる数《かず》は？

8月《がつ》 6日《にち》

島根県《しまねけん》　飯南町立志々小学校《いいなんちょうりつしししょうがっこう》
村上幸人《むらかみゆきと》先生《せんせい》が書《か》きました

読《よ》んだ日《ひ》　月《がつ》　日《にち》｜月《がつ》　日《にち》｜月《がつ》　日《にち》

## 九九《くく》の3の段《だん》を見《み》てみよう

8月《がつ》5日《か》の回《かい》では4で割《わ》り切《き》れる数《かず》の見分《みわ》け方《かた》を中心《ちゅうしん》にお話《はな》ししました。「じゃあ、3や6、7、9はないの？」という声《こえ》が聞《き》こえてきそうです。そこで今回《こんかい》は、3で割《わ》り切《き》れる数《かず》の見分《みわ》け方《かた》について考《かんが》えてみましょう。

まず、3で割《わ》り切《き》れる数《かず》を九九《くく》の3の段《だん》をもとに並《なら》べてみましょう。

3、6、9、12、15、18、21、24、27、30、33、36、39、42、45、48、51、54、57、60、63、66、69……。

数《かず》をよ～く見《み》てみましょう。気《き》がつくことがありませんか？　ちょっと難《むずか》しいのでヒントを一《ひと》つ。一《いち》の位《くらい》の数《かず》と十《じゅう》の位《くらい》の数《かず》を分《わ》けて足《た》してみましょう。たとえば、12は1と2に分《わ》けて足《た》すと3ですね。

(3)、(6)、(9)、3、6、9、これを順番《じゅんばん》にやってみると……。

3、6、9、3、6、9、12、6、9、12、6、9、12、6、9、12、15……。

どうでしょう。みんな3で割《わ》り切《き》れる数《かず》になりますね。このことは、これよりも大《おお》きな数《かず》でも言《い》えるのです。だから、ケタの数字《すうじ》をみんな足《た》して3で割《わ》り切《き》れるかどうかを見《み》るとわかります。

図《ず》1

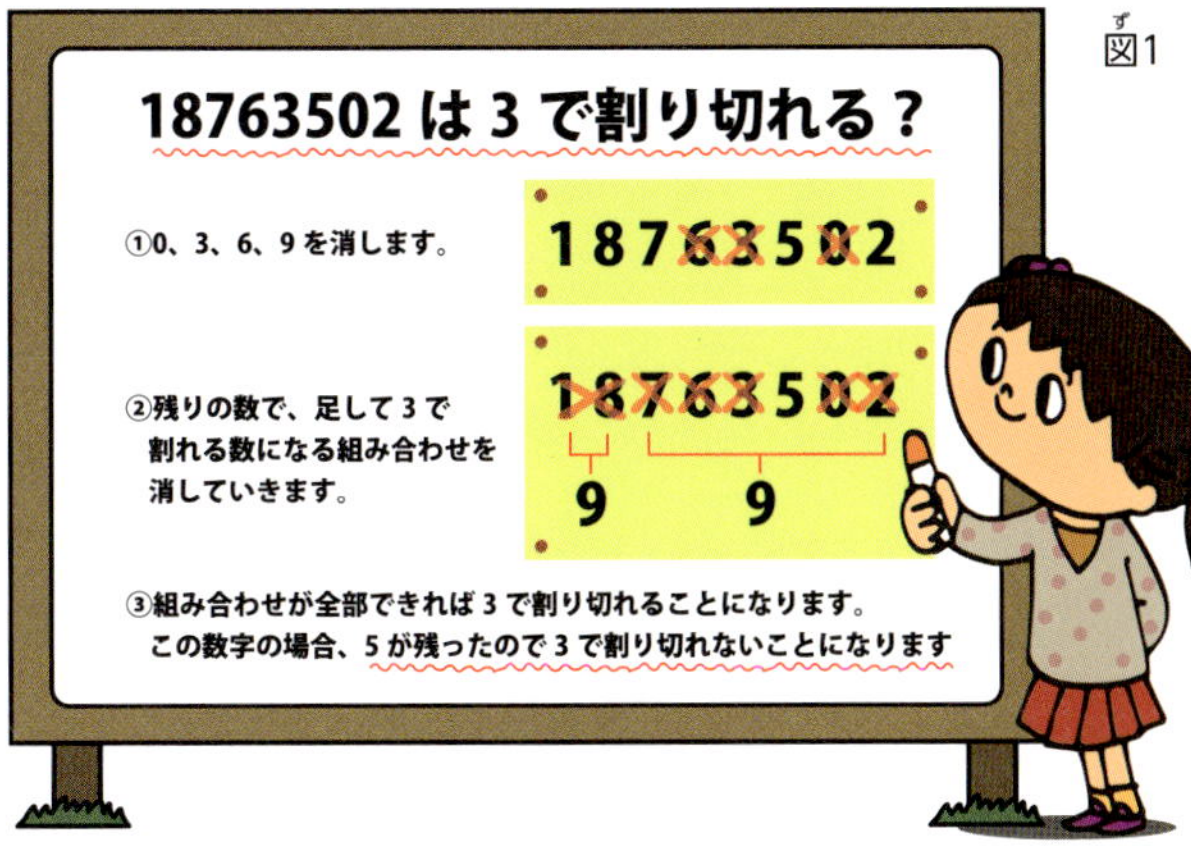
18763502 は 3 で割り切れる？
①0、3、6、9 を消します。
18763502
②残りの数で、足して 3 で割れる数になる組み合わせを消していきます。
18763502
9　9
③組み合わせが全部できれば 3 で割り切れることになります。
この数字の場合、5 が残ったので 3 で割り切れないことになります

## ケタがたくさんある数字《すうじ》は？

では、「1876万《まん》3502」は3で割《わ》り切《き》れるでしょうか？　1＋8＋7＋6＋3＋5＋0＋2を計算《けいさん》するのは面倒《めんどう》ですね。そこで、図《ず》1のようにすると大《おお》きな数《かず》の場合《ばあい》、早《はや》くできます。

どうしてこの方法《ほうほう》で、3で割《わ》り切《き》れる数《かず》を見分《みわ》けられるのかは、中学生《ちゅうがくせい》で習《なら》います。お楽《たの》しみに！

9と6で割《わ》り切《き》れる数《かず》の見分《みわ》け方《かた》は図《ず》2を見《み》てね。

図《ず》2

9 で割り切れる数
3 と同じように、ケタの数字を足して 9 で割り切れれば、その数自体も 9 で割り切れることになります
6 で割り切れる数
6 は 2 で割れるうえに 3 でも割れる数です。だから、下 1 ケタが偶数でケタの数字の和が 3 で割り切れれば、その数は 6 で割り切れることになります。
9
6

ひとくちメモ　1ケタの数《かず》で割《わ》り切《き》れるかどうかの見分《みわ》け方《かた》は以上《いじょう》です。「あれ、7がないぞ」と思《おも》いますね。7で割《わ》り切《き》れる数《かず》を見分《みわ》ける方法《ほうほう》は、少《すこ》し難《むずか》しい方法《ほうほう》ですがあります。調《しら》べてみましょう（230ページ参照《さんしょう》）。

きまりの見つけ方のお話

# トーナメントの試合数《しあいすう》は？

8月 7日

お茶《ちゃ》の水女子《みずじょし》大学《だいがく》附属《ふぞく》小学校《しょうがっこう》
久下谷《くがや》 明《あきら》先生《せんせい》が書《か》きました

読《よ》んだ日《ひ》　月《がつ》　日《にち》　月《がつ》　日《にち》　月《がつ》　日《にち》

図《ず》1

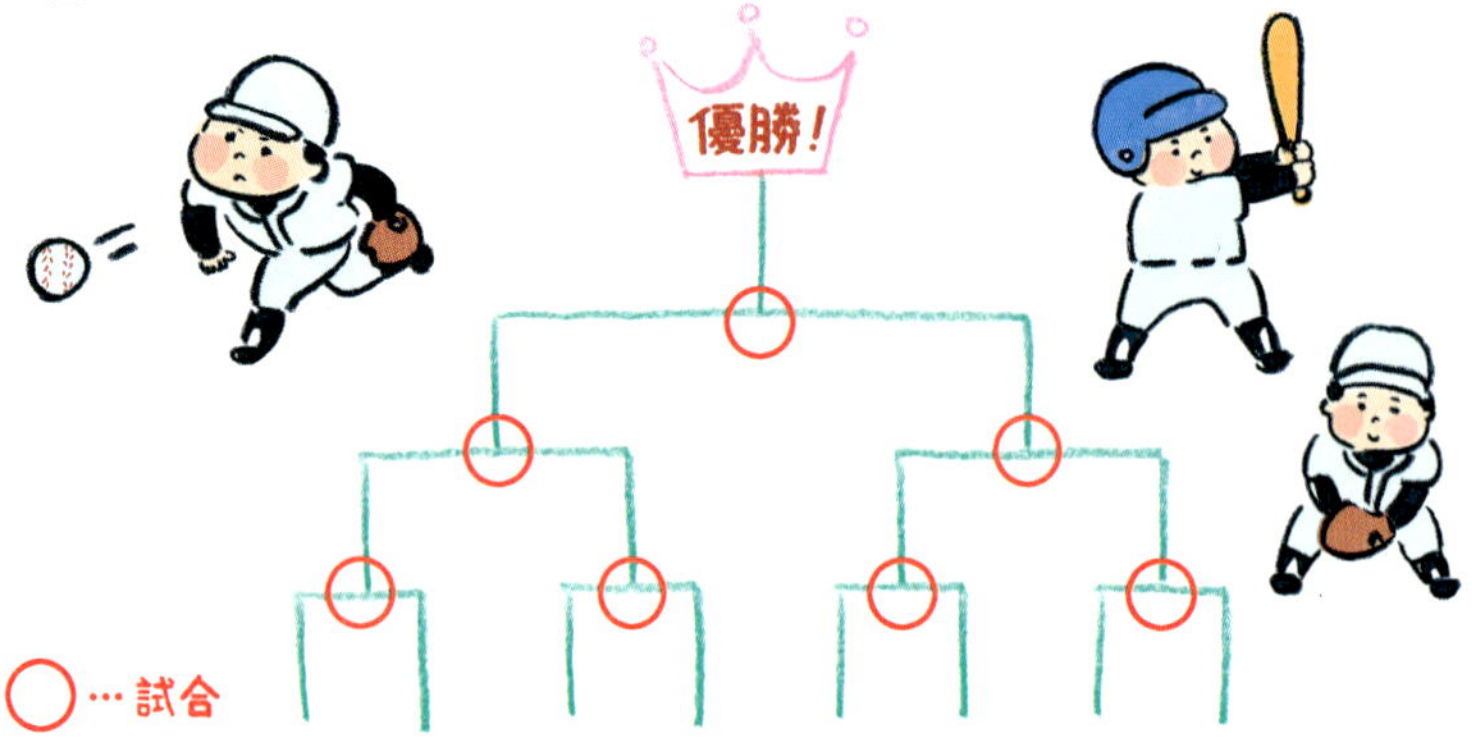


## 高校野球《こうこうやきゅう》が盛《も》り上《あ》がる夏《なつ》！

夏休《なつやす》みに入《はい》ると、高校生《こうこうせい》の野球《やきゅう》の大会《たいかい》が始《はじ》まり、毎日《まいにち》のように熱戦《ねっせん》を繰《く》り広《ひろ》げていますね。この野球《やきゅう》の大会《たいかい》では、トーナメント方式《ほうしき》で試合《しあい》を行《おこな》っていき、優勝《ゆうしょう》チームを決《き》めています。今日《きょう》は、このトーナメント方式《ほうしき》で行《おこな》ったときの参加《さんか》チーム数《すう》と試合数《しあいすう》の関係《かんけい》について考《かんが》えてみたいと思《おも》います。

たとえば、8チームが参加《さんか》して、トーナメント戦《せん》を行《おこな》います。引《ひ》き分《わ》けはなく、必《かなら》ずその試合《しあい》で勝《か》ち負《ま》けを決《き》めることにします。優勝《ゆうしょう》チームが決《き》まるまでに、何試合《なんしあい》行《おこな》われるでしょうか。

8チームが参加《さんか》すると図《ず》1のようなトーナメントが考《かんが》えられます。

さあ何試合《なんしあい》が行《おこな》われるでしょうか。数《かぞ》えてみると、7試合行《しあいおこな》われることがわかります。

## チーム数《すう》と試合数《しあいすう》の関係《かんけい》

では、参加《さんか》チーム数《すう》と試合数《しあいすう》の関係《かんけい》はどうなっているのでしょうか。参加《さんか》チーム数《すう》が8のとき、試合数《しあいすう》は7でした。予想《よそう》がつきますか。ものを考《かんが》えるとき、少《すく》ない数《かず》で考《かんが》えて関係《かんけい》を探《さぐ》るのは大切《たいせつ》なことですね。

たとえば、2チームだったら（トーナメントと言《い》っていいのかわかりませんが）、1試合《しあい》で優勝《ゆうしょう》が決《き》まります。3チームだったら2試合《しあい》、4チームだったら3試合《しあい》で優勝《ゆう》チームが決《き》まります。（図2）

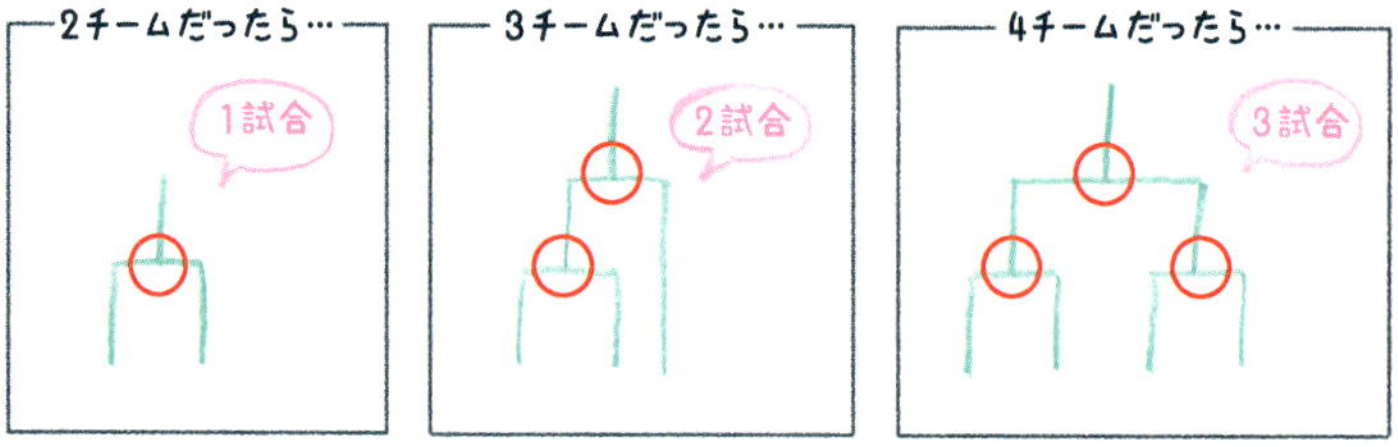


図《ず》2

では5チームだったら？　そうですね、4試合《しあい》ですね。

このことから、参加《さんか》チーム数《すう》から1を引《ひ》いた数《かず》、つまり

参加《さんか》チーム数《すう》－1

が試合数《しあいすう》となることがわかります。

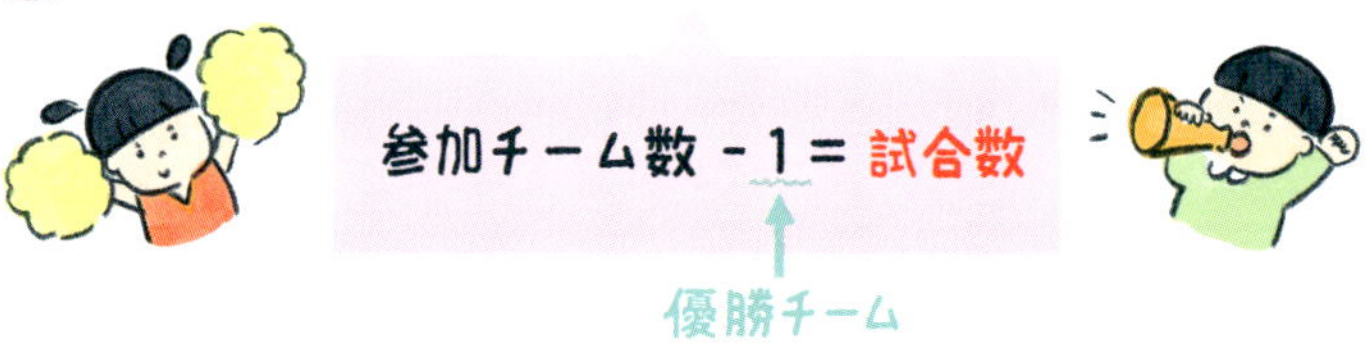


**ひとくちメモ**　100チームが参加《さんか》してトーナメント方式《ほうしき》で優勝《ゆうしょう》を決《き》めます。引《ひ》き分《わ》けをなしとするとき、試合《しあい》は何試合行《なんしあいおこな》われるでしょうか（正解《せいかい》は99試合《しあい》）。試合数《しあいすう》（99試合《しあい》）＝負《ま》けたチームの数《かず》（99チーム）となります。

数と計算のお話

# そろばんで1から順《じゅん》に足《た》すと？

8月 8日

立命館小学校《りつめいかんしょうがっこう》
高橋正英《たかはしまさひで》先生《せんせい》が書《か》きました

読《よ》んだ日《ひ》　月《がつ》　日《にち》｜月《がつ》　日《にち》｜月《がつ》　日《にち》

## そろばんは面白《おもしろ》い！

8月《がつ》8日《か》は「そろばんの日《ひ》」。そろばんをはじく「パチパチ」という音《おと》からきているそうです。

今《いま》の小学生《しょうがくせい》の習《なら》い事《ごと》で人気《にんき》なのは英語《えいご》やピアノ、水泳《すいえい》でしょうか。昔《むかし》は小学生《しょうがくせい》の間《あいだ》でそろばんのおけいこが大人気《だいにんき》。学級《がっきゅう》の7割《わり》が通《かよ》っていた時期《じき》もありました。

今《いま》は複雑《ふくざつ》な計算《けいさん》は電卓《でんたく》でするのが一般的《いっぱんてき》です。

しかし、そろばんを手《て》にすると、数《かず》の面白《おもしろ》さを知《し》ることができます。

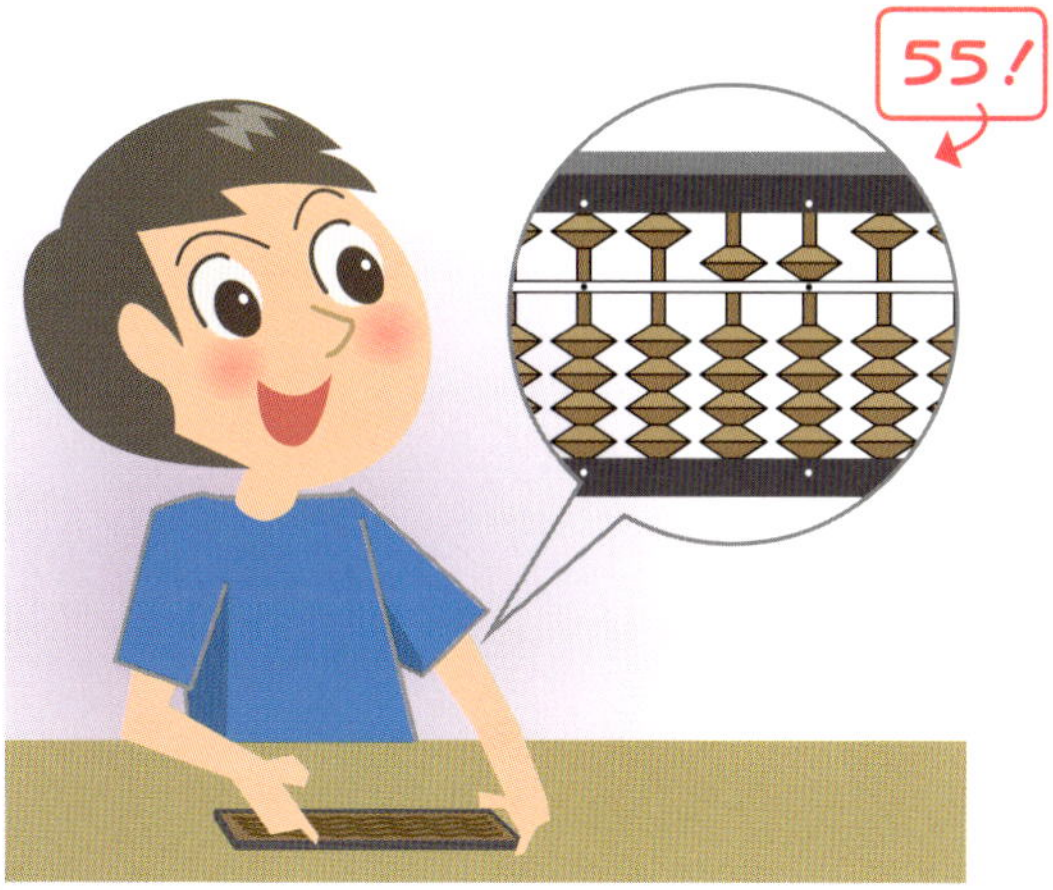


たとえば、1から10を足《た》していくと55になることはみなさんも知《し》っているでしょう。しかし、それがそろばんだと上《うえ》にある5玉《だま》が2つ並《なら》びます。このような、見《み》た目《め》にもはじいていてもすっきりした気持《きも》ちよさや面白《おもしろ》さが次々《つぎつぎ》と現《あらわ》れるのです。

間違《まちが》えないように、慎重《しんちょう》に足《た》していくと24まで足《た》した時《とき》にちょうど300、36では666、44で990といったきれいな数《かず》になります。

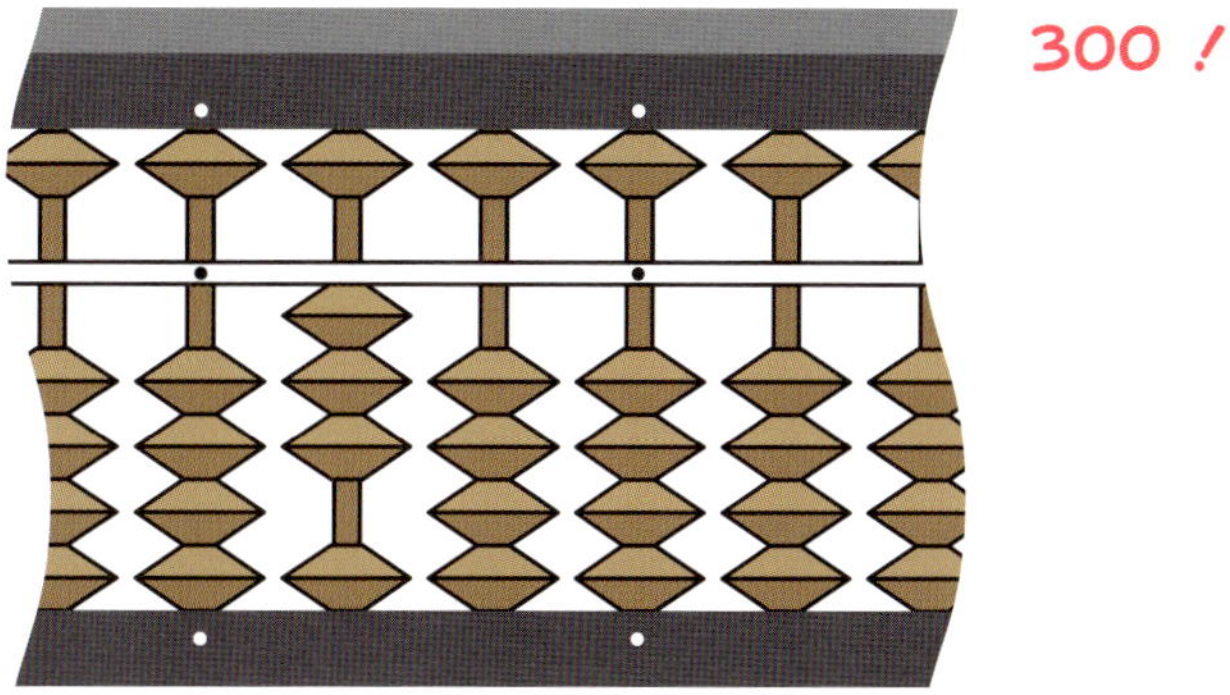

**ひとくちメモ** さらに66や77や95を足《た》した時《とき》にも面白《おもしろ》い世界《せかい》に出合《であ》えると思《おも》うので、実際《じっさい》にやってみてください。そしてクライマックスの100を入《い》れると……。家《いえ》にそろばんがある人《ひと》はこの面白《おもしろ》さを体験《たいけん》してください。

2 くらしの中の算数のお話

# マラソンで走《はし》る距離《きょり》

## ～42.195kmの測《はか》り方《かた》～

8月 9日

東京都《とうきょうと》 豊島区《としまく》立高松小学校《りつたかまつしょうがっこう》
細萱裕子《ほそがやゆうこ》先生《せんせい》が書《か》きました

読《よ》んだ日《ひ》 月《がつ》 日《にち》 月《がつ》 日《にち》 月《がつ》 日《にち》

### 王妃《おうひ》の注文《ちゅうもん》で距離《きょり》を変更《へんこう》？

42・195という数《かず》、聞《き》いたことはありますか？ そう、陸上《りくじょう》競技《きょうぎ》の長距離走《ちょうきょりそう》の一《ひと》つ、フルマラソンで走《はし》る距離《きょり》です。現在《げんざい》、フルマラソンの距離《きょり》は42・195kmと決《き》められていますが、昔《むかし》は大会《たいかい》によって違《ちが》い、約《やく》40kmでした。

統一《とういつ》されたのは、第《だい》4回《かい》ロンドンオリンピック（1908年《ねん》）がきっかけでした。当初《とうしょ》、国王《こくおう》の住《す》むウィンザー城《じょう》からシェファードブッシュ競技場《きょうぎじょう》までの26マイル（41・843km）で行《おこな》うことになっていました。しかし、アレクサンドラ王妃《おうひ》が「スタート地点《ちてん》を見《み》たいからスタートは宮殿《きゅうでん》の庭《にわ》、ゴールは競技場《きょうぎじょう》のボックス席《せき》の前《まえ》に」と注文《ちゅうもん》したため、385ヤード（352m）だけ延長《えんちょう》され、その結果《けっか》42・195kmになったそうです。

### 実際《じっさい》はどうやって測《はか》る？

コースの長《なが》さは「道路《どうろ》の端《はし》から30cm中《なか》に入《はい》った部分《ぶぶん》を測《はか》る」ことになっています。その計測方法《けいそくほうほう》は、現在《げんざい》の日本《にほん》では、ワイヤーロープを用《もち》いることが多《おお》いようです。

直径《ちょっけい》5mm、長《なが》さ50mの鋼鉄製《こうてつせい》のワイヤーをメジャーとし、尺取虫《しゃくとりむし》のように測《はか》ります。42・195kmを50mずつ計測《けいそく》するには、42195÷50で844回《かい》繰《く》り返《かえ》すことになります。仮《かり》に1回《かい》の計測《けいそく》に5分《ふん》かかるとすると、5×844で4220分《ぷん》、約《やく》70時間《じかん》かかる計算《けいさん》になります。

1日《にち》に7時間《じかん》作業《さぎょう》したとしても10日間《かかん》かかることになります。マラソンのコースは、苦労《くろう》してつくられているのですね。

### 調《しら》べてみよう

#### ドランドの悲劇《ひげき》

1908年《ねん》のロンドンオリンピックのマラソンで、最初《さいしょ》に競技場《きょうぎじょう》に到着《とうちゃく》したのはイタリアのドランド・ピエトリ選手《せんしゅ》でした。ゴール地点《ちてん》直前《ちょくぜん》で倒《たお》れ、役員《やくいん》に補助《ほじょ》されてゴールしたため、後《のち》に失格《しっかく》となってしまいました（ドランドの悲劇《ひげき》）。しかし、そのがんばりは多《おお》くの人々《ひとびと》に感動《かんどう》を与《あた》えたと称《たた》えられました。

**ひとくちメモ** マラソンには、ハーフマラソン（21.0975km）やクォーターマラソン（10.54875km）などもあります。ハーフは1/2、クォーターは1/4という意味《いみ》です。

数と計算のお話

# キミは見破《みやぶ》れる？ ハトのかくれんぼ

8月 10日

大分県《おおいたけん》 大分市立大在西小学校《おおいたしりつおおざいにししょうがっこう》
二宮孝明《にのみやたかあき》先生《せんせい》が書《か》きました

読《よ》んだ日《ひ》　月《がつ》　日《にち》｜月《がつ》　日《にち》｜月《がつ》　日《にち》

図《ず》1

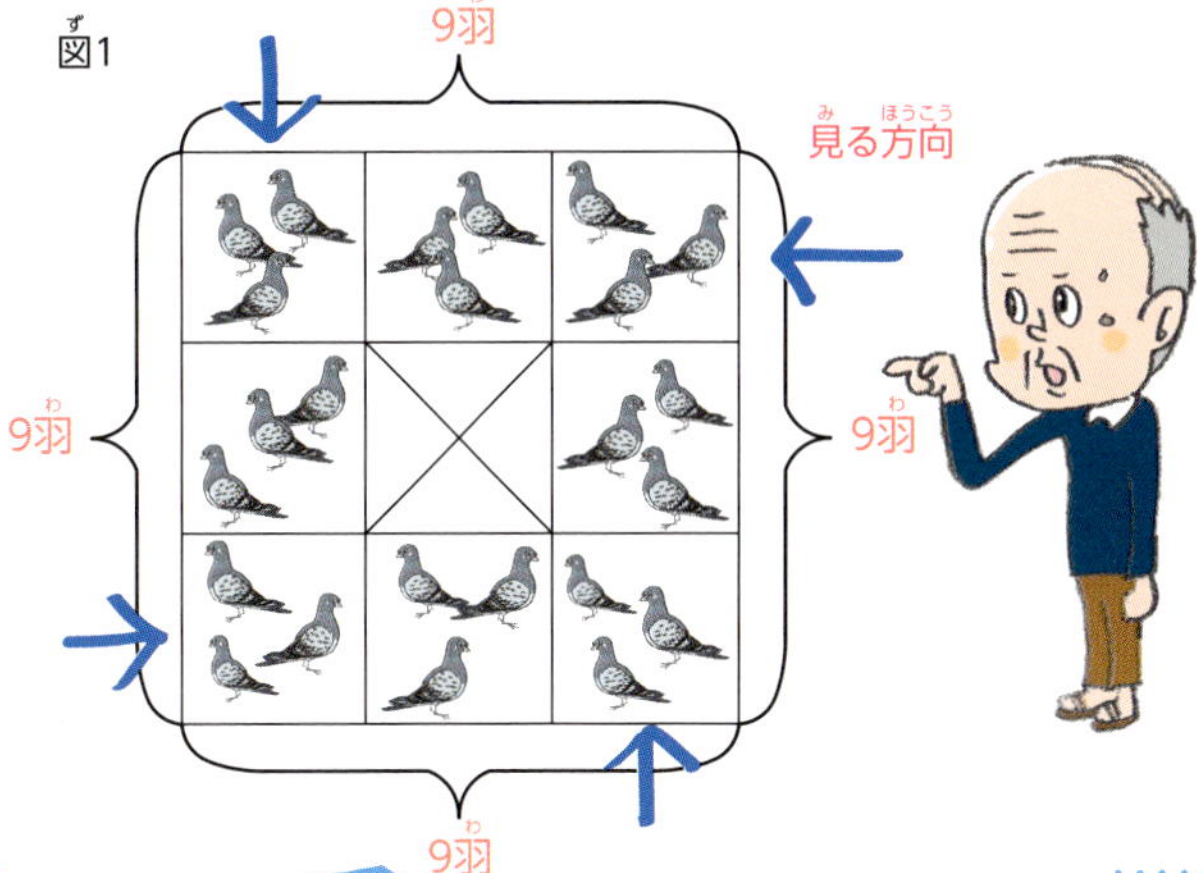


## こっそり逃《に》げたハト

昔《むかし》から世界各地《せかいかくち》に伝《つた》わる面白《おもしろ》いパズルがあるので紹介《しょうかい》します。

ハトをたくさん飼《か》っている、ある人《ひと》のお話《はなし》です。この飼《か》い主《ぬし》は、毎日《まいにち》、飼育小屋《しいくごや》に自分《じぶん》のハトがちゃんといるかどうか確《たし》かめていました。どうやって確《たし》かめていたかというと、一部屋《ひとへや》一部屋《ひとへや》見《み》るのではなく、四方《しほう》から見《み》て、それぞれ9羽《わ》ずついるか数《かぞ》えていました（図《ず》1）。さて、問題《もんだい》です。

【問題《もんだい》1】

ある日《ひ》のこと、ハトが4羽《わ》こっそりと逃《に》げてしまいました。いつものように飼《か》い主《ぬし》は、四方《しほう》から見《み》てそれぞれ9羽《わ》いるか数《かぞ》えたのですが、4羽《わ》いなくなったことに気《き》がつきませんでした。さて、このとき、ハトは飼育小屋《しいくごや》のそれぞれの部屋《へや》に何羽《なんわ》いたのでしょうか。

## ひそかにハトが増《ふ》えている？

【問題《もんだい》2】

ハトは、とても賢《かしこ》い鳥《とり》で、どこかに飛《と》んで行《い》ってもまた帰《かえ》ってきます。昨日逃《きのうに》げたハトもいつの間《ま》にか帰《かえ》ってきたのですが、何《なん》とさらにもう4羽《わ》、別《べつ》のハトを連《つ》れて帰《かえ》っていました。この日《ひ》も飼《か》い主《ぬし》は、四方《しほう》から見《み》てそれぞれ9羽《わ》いるか数《かぞ》えました。ところがもとの数《かず》よりも4羽《わ》増《ふ》えたことに気《き》がつきませんでした。さて、このとき、ハトは飼育小屋《しいくごや》のそれぞれの部屋《へや》に何羽《なんわ》いたのでしょうか。

（「盗人隠《ぬすっとかく》し」という古典《こてん》パズルを一部《いちぶ》アレンジしています。答《こた》えは、ひとくちメモにあります）

8月

### 考《かんが》えてみよう

#### 何《なに》を手《て》がかりに考《かんが》える？

初《はじ》めの数《かず》の配置《はいち》を見《み》てください。4隅《すみ》を重《かさ》ねて数《かぞ》えているのがポイントです。四方《しほう》から見《み》て9羽《わ》といいながら、実際《じっさい》は9×4の36羽《わ》もハトはいません。4隅《すみ》の数《かぞ》え方《かた》に目《め》を向《む》ければ答《こた》えが見《み》えてきます。

24羽《わ》

| | | |
|---|---|---|
| 3 | 3 | 3 |
| 3 | | 3 |
| 3 | 3 | 3 |

20羽《わ》

| | | |
|---|---|---|
| 4 | 1 | 4 |
| 1 | | 1 |
| 4 | 1 | 4 |

28羽《わ》

| | | |
|---|---|---|
| 2 | 5 | 2 |
| 5 | | 5 |
| 2 | 5 | 2 |



ひとくちメモ

〈上《うえ》の答《こた》え〉【問題《もんだい》1】右上《みぎうえ》を4としたとき、時計回《とけいまわ》りに1、4、1、4、1、4、1となります。【問題《もんだい》2】右上《みぎうえ》を2としたときに、時計回《とけいまわ》りに5、2、5、2、5、2、5となります。いずれも他《ほか》に答《こた》えがあります。

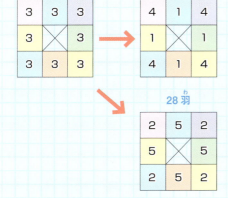

# 空気《くうき》がものを押《お》す力《ちから》でわりばしが折《お》れる？

8月11日

東京都《とうきょうと》　豊島区立高松小学校《としまくりつたかまつしょうがっこう》
細萱裕子《ほそがやゆうこ》 先生《せんせい》が書《か》きました

読《よ》んだ日《ひ》　月《がつ》　日《にち》｜月《がつ》　日《にち》｜月《がつ》　日《にち》

## わりばしでやってみよう

わりばし1本《ぽん》（1膳《ぜん》を2つに割《わ》ったもの）を、机《つくえ》の上《うえ》に半分《はんぶん》ほど載《の》るように置《お》きます（手《て》で押《お》さえずに、置《お》くだけです）。わりばしの真《ま》ん中《なか》あたりをめがけて手《て》を振《ふ》り下《お》ろすと、わりばしは折《お》れるでしょうか。折《お》れませんよね。実《じっ》は、あるものを使《つか》うと簡単《かんたん》に折《お》ることができます。それは、新聞紙《しんぶんし》です。机《つくえ》の上《うえ》に載《の》っている部分《ぶぶん》のわりばしに、広《ひろ》げた新聞紙《しんぶんし》をかぶせます。

このとき、わりばしと新聞紙《しんぶんし》の間《あいだ》に隙間《すきま》ができないように密着《みっちゃく》させることが大事《だいじ》です。机《つくえ》と新聞紙《しんぶんし》の間《あいだ》も同《おな》じです。この状態《じょうたい》で手《て》を素《す》早《ばや》く振《ふ》り下《お》ろすと、なんとわりばしが折《お》れてしまうのです（やってみるときは、わりばしが飛《と》ぶかもしれないので注意《ちゅうい》してね）。

## すごいぞ！ 大気《たいき》のチカラ

では、なぜわりばしは折《お》れるのでしょうか。新聞紙《しんぶんし》のような軽《かる》いものを載《の》せただけでわりばしが折《お》れるなんて、信《しん》じられませんよね。それは、大気圧《たいきあつ》の力《ちから》によるのです。

大気圧《たいきあつ》とは、簡単《かんたん》にいうと空気《くうき》がものを押《お》す力《ちから》のことです。この力《ちから》は、1cm²あたり約《やく》1kgです。新聞紙《しんぶんし》を広《ひろ》げた広《ひろ》さは、約《やく》55cm×80cmなので約《やく》4400cm²、つまり4400kgの力《ちから》でわりばしを押《お》していることになります。それだけの力《ちから》でわりばしを押《お》さえているので、折《お》ることができるのです。新聞紙《しんぶんし》を半分《はんぶん》に折《お》ると2200cm²で2200kg、さらに半分《はんぶん》に折《お》ると1100cm²で1100kg……というように、わりばしを押《お》さえる面積《めんせき》を小《ちい》さくすると、押《お》さえる力《ちから》もどんどん小《ちい》さくなります。

### 覚《おぼ》えておこう

**キミたちも押《お》されている!?**

私《わたし》たちの体《からだ》も、1cm²あたり約《やく》1kgの力《ちから》で押《お》されています。でも、私《わたし》たちも同《おな》じ力《ちから》で押《お》し返《かえ》しているので、普《ふ》段《だん》押《お》されていると感《かん》じることはないのです。

ひとくちメモ
【注意《ちゅうい》】新聞紙《しんぶんし》とわりばしの間《あいだ》に隙間《すきま》があると、新聞紙《しんぶんし》がわりばしを押《お》さえていることになりません。わりばしが思《おも》わぬ方向《ほうこう》へ飛《と》んでいってしまうこともあるので、まわりや自分《じぶん》の体《からだ》に気《き》をつけてやるようにしましょう。

8月《がつ》12日《にち》

# じゃんけんが強《つよ》いのはどっち？

神奈川県《かながわけん》　川崎市立土橋小学校《かわさきしりつつちはししょうがっこう》
山本《やまもと》　直《なお》先生《せんせい》が書《か》きました

読《よ》んだ日《ひ》　月《がつ》　日《にち》　月《がつ》　日《にち》　月《がつ》　日《にち》

## じゃんけんの強《つよ》さとは？

じゃんけんをするとき、この人《ひと》は強《つよ》そうだなと思《おも》ったり、自分《じぶん》は負《ま》けそうだなと自信《じしん》がなかったりすることがあります。じゃんけんには強《つよ》い、弱《よわ》いがあるのでしょうか。じゃんけんでは、勝《か》ち、負《ま》け、引《ひ》き分《わ》けの3通《とお》りがあるので、1回《かい》の勝負《しょうぶ》で勝《か》つ可能性《かのうせい》は$\frac{1}{3}$ということになります。

しかし、引《ひ》き分《わ》け（あいこ）の場合《ばあい》はもう一度《いちど》行《おこな》うというルールを考《かんが》えれば、二人《ふたり》でじゃんけんを行《おこな》う場合《ばあい》、最後《さいご》にはどちらかが必《かなら》ず勝《か》つので、勝《か》つ可能性《かのうせい》は$\frac{1}{2}$ということになります。ということは、何回《なんかい》もじゃんけんをした場合《ばあい》、半分《はんぶん》よりもたくさん勝《か》った人《ひと》は強《つよ》い、半分《はんぶん》よりもたくさん負《ま》けた人《ひと》は弱《よわ》いという言《い》い方《かた》もできるのかもしれません。

## 回数《かいすう》が違《ちが》っても比《くら》べられる？

たとえば10回《かい》やって6回勝《かいか》ったAさんと、8回《かい》やって5回勝《かいか》ったBさんは、どちらが強《つよ》いといえばよいのでしょうか。この場合《ばあい》、勝《か》った回数《かいすう》だけでいえばAさんが強《つよ》いといえます。

しかし、同《おな》じ強《つよ》さで80回《かい》やったと考《かんが》えると、Aさんは8倍《ばい》の48回勝《かいか》つことになりますが、Bさんは10倍《ばい》の50回勝《かいか》つことになります。そうするとBさんの方《ほう》が強《つよ》いともいえそうです。

そう考《かんが》えると、「強《つよ》さ」を数《かず》で表《あらわ》すためには、何《なん》らかのルール（条件《じょうけん》）が必要《ひつよう》なのかもしれません。その条件《じょうけん》を整理《せいり》して考《かんが》えることも算数《さんすう》なのです。

### 調《しら》べてみよう

### スポーツの世界《せかい》での表《あらわ》し方《かた》

野球《やきゅう》では打《う》った回数《かいすう》（打数《だすう》）に対《たい》してどれだけヒットを打《う》ったか（安打数《あんだすう》）の割合《わりあい》を打率《だりつ》と呼《よ》んでいます。プロ野球《やきゅう》では打率《だりつ》が最《もっと》もよかった人《ひと》を首位打者《しゅいだしゃ》として表彰《ひょうしょう》するのですが、規定打席数《きていだせきすう》というものがあります。これは表彰《ひょうしょう》の対象《たいしょう》となるために最低限必要《さいていげんひつよう》な、打席《だせき》に立《た》った回数《かいすう》のこと。これがないと、1回《かい》だけ打席《だせき》に立《た》って、たまたま1回《かい》ヒットを打《う》った人《ひと》が首位打者《しゅいだしゃ》になってしまうからです。

**ひとくちメモ**　サッカーでもシュートの数《かず》に対《たい》してゴールを決《き》めた数《かず》を決定率《けっていりつ》と呼《よ》んで、シュートのうまさを表現《ひょうげん》しています。こうした考《かんが》え方《かた》は他《ほか》の競技《きょうぎ》でもさまざまな場面《ばめん》で使《つか》われています。

次《つぎ》に、図《ず》のように三角形《さんかくけい》を右《みぎ》に折《お》っていきます。

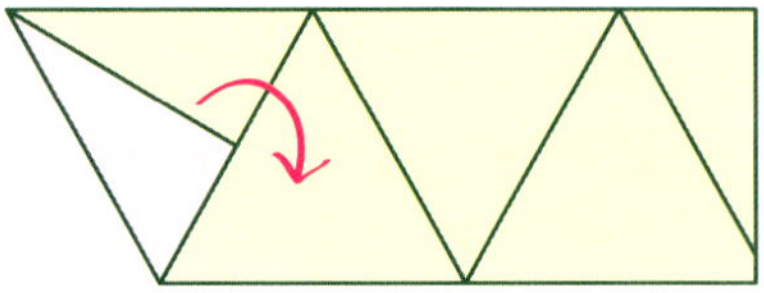

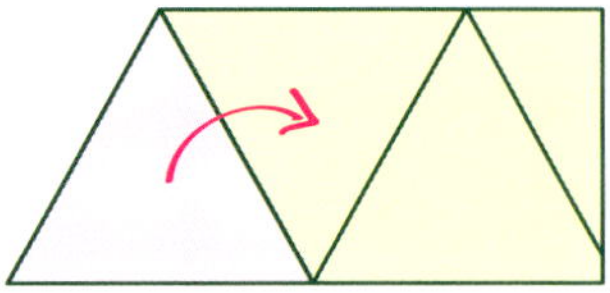

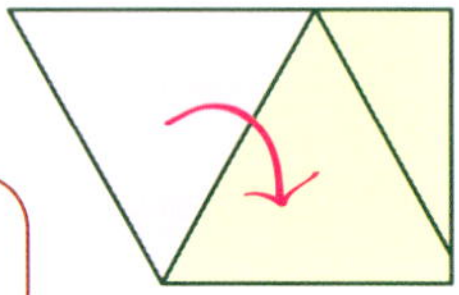

最後《さいご》に、右《みぎ》の余《あま》った部分《ぶぶん》を左《ひだり》に折《お》ります。

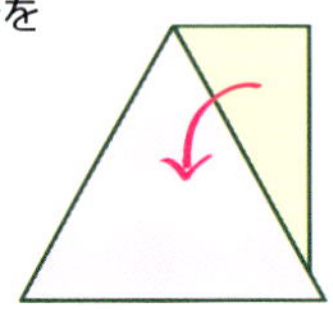

これで、正三角形《せいさんかくけい》ができました。

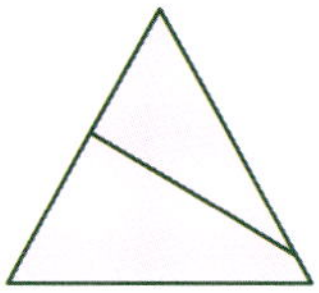

## ●正四面体《せいしめんたい》を組み立てよう

次《つぎ》に、できた正三角形《せいさんかくけい》をいったん開《ひら》いて、正四面体《せいしめんたい》になるように組《く》み立《た》てていきます。

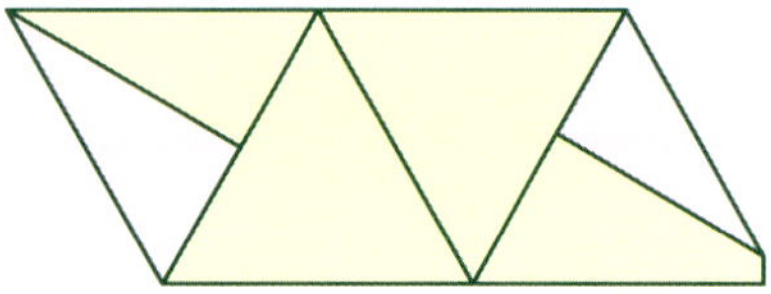

紙《かみ》の両端《りょうたん》を近《ちか》づけていきます。

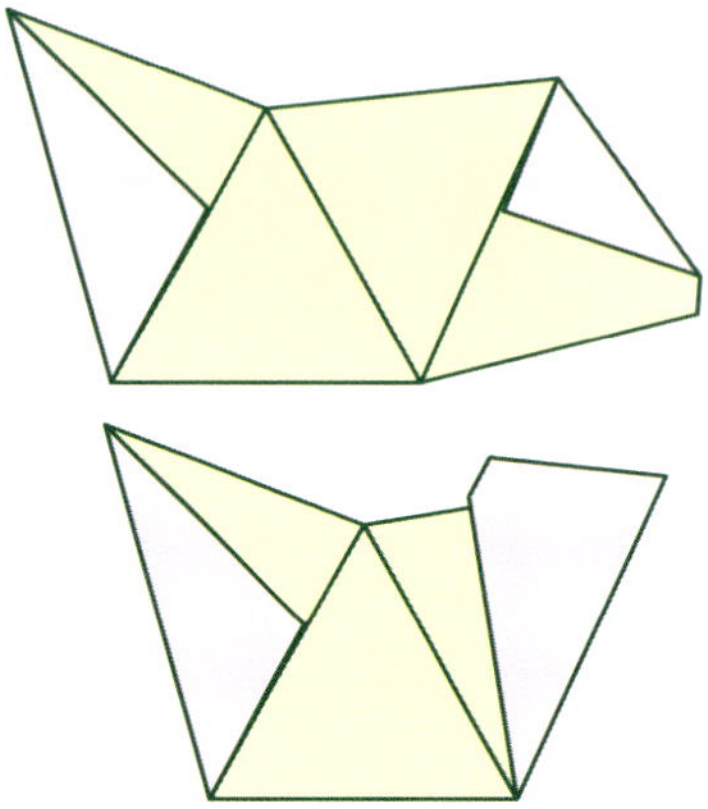

左《ひだり》の三角形《さんかくけい》の中《なか》に、右《みぎ》の部分《ぶぶん》を差《さ》し込《こ》みます。

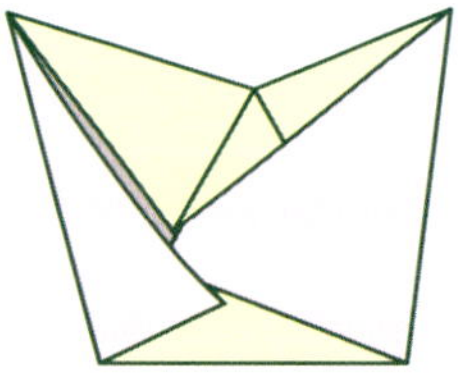

右《みぎ》の部分《ぶぶん》を奥《おく》まで差《さ》し込《こ》みます。

これで正四面体《せいしめんたい》の完成《かんせい》です。

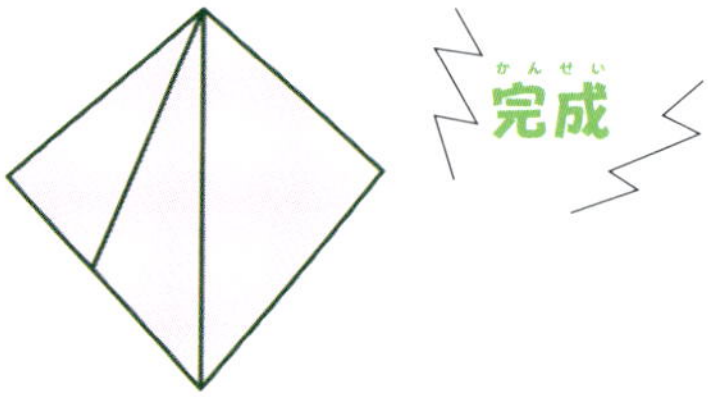


ひとくちメモ

はさみもセロファンテープも使《つか》わずに、1枚《まい》の紙《かみ》を折《お》るだけで正四面体《せいしめんたい》ができるなんてすごいですよね。画用《がよう》紙《し》のほかにも、コピー用紙《ようし》やチラシでもつくれます。

手を動かしてつくってみよう

# はさみやテープを使《つか》わずに正四面体《せいしめんたい》をつくろう

8月13日

島根県《しまねけん》　飯南町立志々小学校《いいなんちょうりつしししょうがっこう》
村上幸人《むらかみゆきと》先生《せんせい》が書《か》きました

読《よ》んだ日《ひ》　月《がつ》　日《にち》　月《がつ》　日《にち》　月《がつ》　日《にち》

192ページで正三角形《せいさんかくけい》の紙《かみ》から立体《りったい》をつくったときは、紙《かみ》を切《き》ったり貼《は》ったりしてつくるのが少《すこ》し大変《たいへん》でした。実《じつ》は切《き》ったり貼《は》ったりしなくても、紙《かみ》を折《お》るだけで簡単《かんたん》に正四面体《せいしめんたい》をつくる方法《ほうほう》があります。

用意《ようい》するもの
▶画用紙《がようし》

## ●正三角形《せいさんかくけい》をつくってみよう

画用紙《がようし》を1枚用意《まいようい》します。まずは画用紙《がようし》を折《お》って、正三角形《せいさんかくけい》をつくりましょう。

画用紙《がようし》を横《よこ》に半分《はんぶん》に折《お》ります。

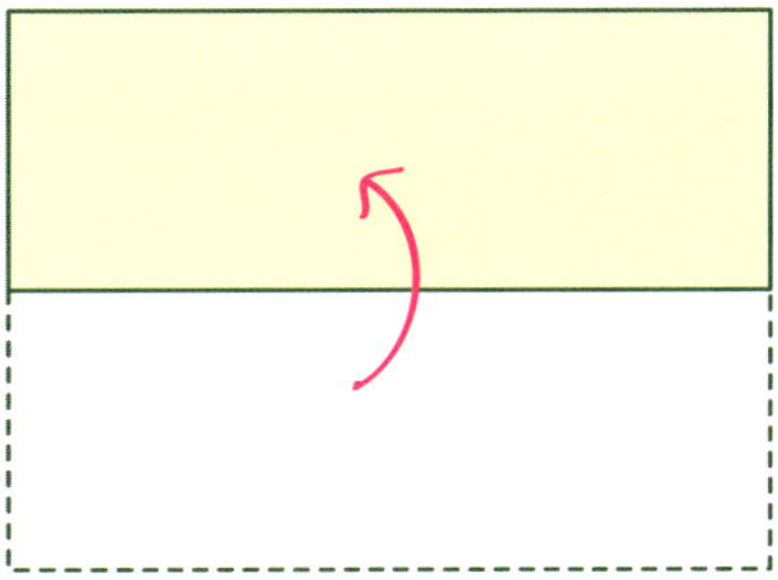

さらに半分《はんぶん》に折《お》ります。

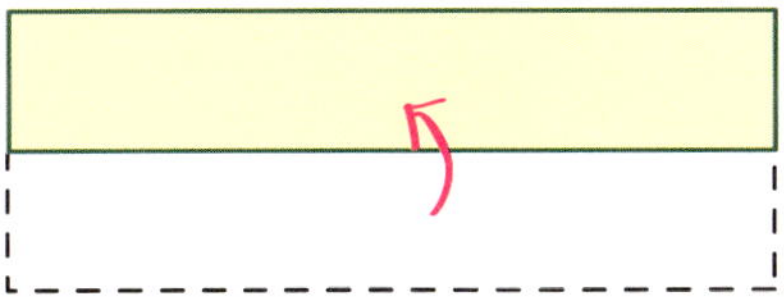

今折《いまお》ったところを広《ひろ》げます。真《ま》ん中《なか》に折《お》り目《め》がつきました。

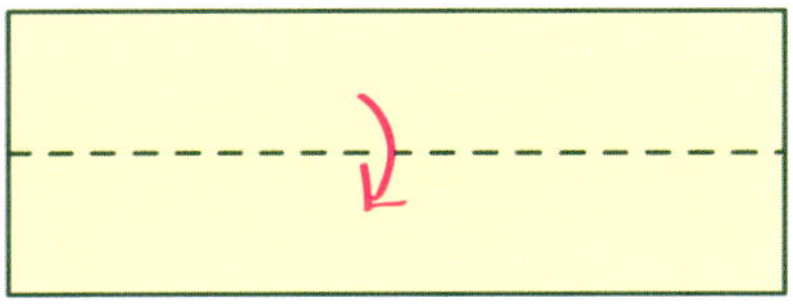

画用紙《がようし》の左下《ひだりした》の角《かど》が真《ま》ん中《なか》の折《お》り目《め》に重《かさ》なるように、折《お》ります。

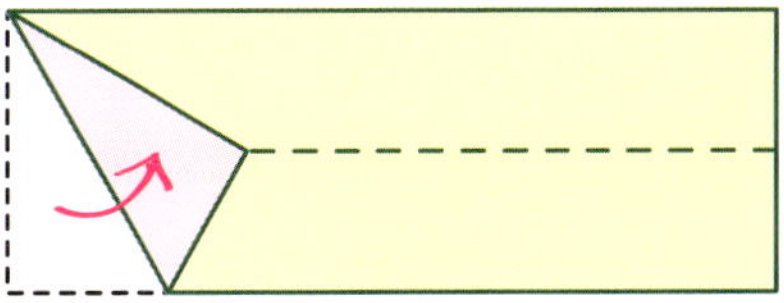

8
月

きまりの見つけ方のお話

# 乗《の》ったことある？ 新幹線《しんかんせん》で算数《さんすう》

8月 14日

お茶《ちゃ》の水女子《みずじょし》大学《だいがく》附属《ふぞく》小学校《しょうがっこう》
岡《おか》田《だ》紘《ひろ》子《こ》先生《せんせい》が書《か》きました

読《よ》んだ日《ひ》　月《がつ》　日《にち》　月《がつ》　日《にち》　月《がつ》　日《にち》

図《ず》1

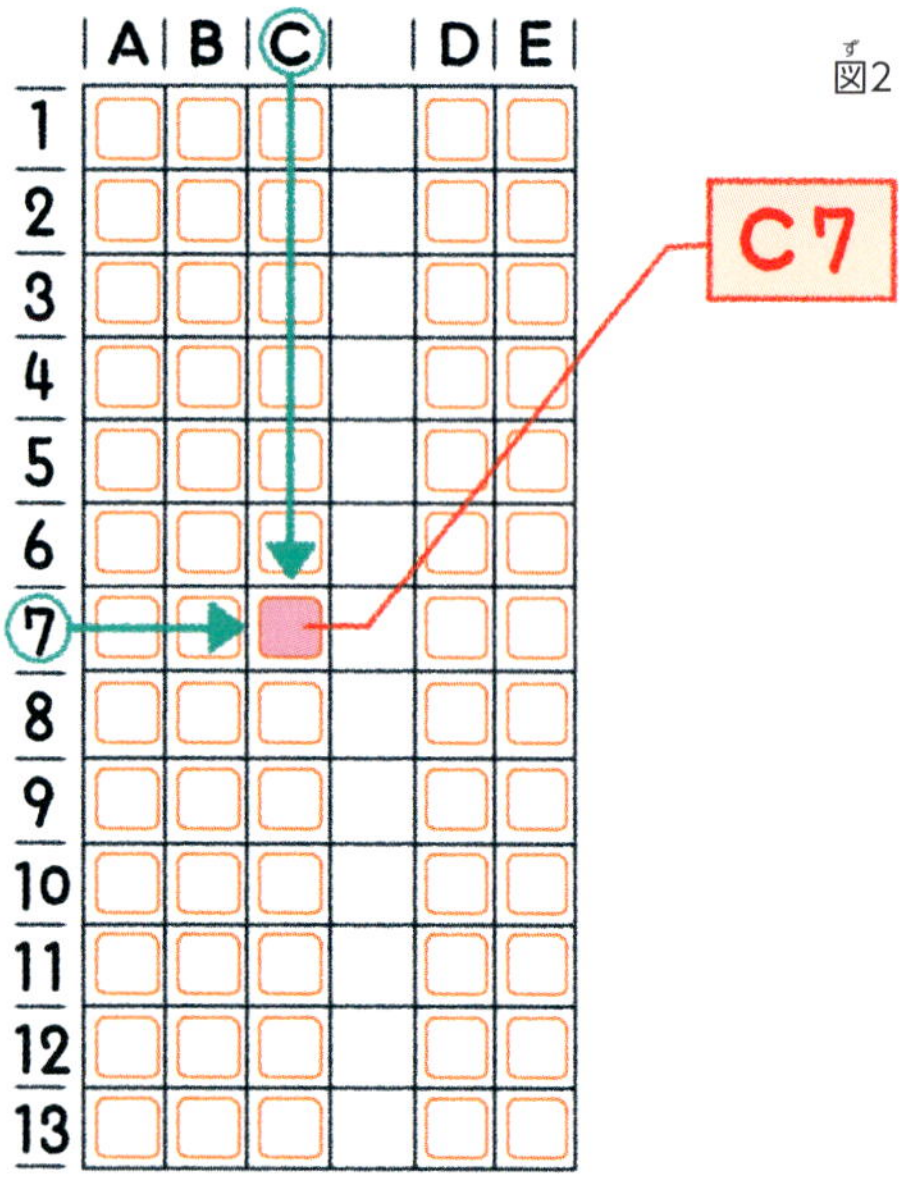


図《ず》2

## 何人《なんにん》乗《の》ってもぴったり

新幹線《しんかんせん》の座席《ざせき》は、通路《つうろ》をはさんで2席《せき》と3席《せき》に分《わ》かれている車両《しゃりょう》があります。この2と3という数《かず》はとても優《すぐ》れた数《かず》です。たとえば、2人《り》だったら、2人席《りせき》に、3人《にん》だったら3人席《にんせき》に座《すわ》れます。4人《にん》、5人《にん》、6人《にん》……と増《ふ》えていったらどうでしょうか？

4人《にん》だったら2人席《りせき》×2、5人《にん》だったら2人席《りせき》+3人席《にんせき》、6人《にん》だったら3人席《にんせき》×2、または2人席《りせき》×3でぴったり座《すわ》ることができます。もっと多《おお》い人数《にんずう》でも、対応《たいおう》できるでしょうか？　たとえば19人《にん》だったらどうでしょう。3人席《にんせき》×5+2人席《りせき》×2に座《すわ》ればやはりぴったり座《すわ》ることができます。1人《り》の時《とき》だけは、2人席《りせき》に座《すわ》ると1席《せき》あいてしまいますね。しかし、それ以外《いがい》の人数《にんずう》だったら、2人席《りせき》と3人席《にんせき》を使《つか》えば、何人《なんにん》来《き》てもぴったり座《すわ》ることができるのです（図《ず》1）。

## 座席《ざせき》番号《ばんごう》のヒミツ

また、2人席《りせき》と3人席《にんせき》の車両《しゃりょう》は、A、B、C、D、Eのアルファベットと1、2、3……の番号《ばんごう》で席《せき》を決《き》めています。たとえば、C7という指定席《していせき》だったら、左《ひだり》から3番《ばん》目《め》の列《れつ》で、前《まえ》から7番目《ばんめ》の席《せき》ということがわかります。アルファベットと数字《すうじ》を組《く》み合《あ》わせることで、場所《ばしょ》を決《き》めることができます（図《ず》2）。

**ひとくちメモ**　新幹線《しんかんせん》には列車名《れっしゃめい》と番号《ばんごう》が書《か》いてありますね。上《のぼ》りの列車《れっしゃ》は偶数《ぐうすう》（一《いち》の位《くらい》が0、2、4、6、8）番《ばん》、下《くだ》りの列車《れっしゃ》は奇数《きすう》（一《いち》の位《くらい》が1、3、5、7、9）番《ばん》がついています。たとえば、のぞみ102号《ごう》だったら、上《のぼ》り列車《れっしゃ》ということがわかります。

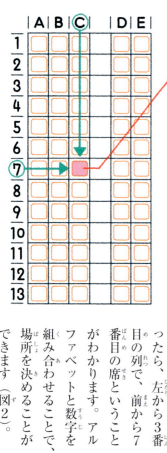

# 立体《りったい》4コマまんがをつくろう



東京都《とうきょうと》 杉並区立高井戸第三小学校《すぎなみくりつたかいどだいさんしょうがっこう》
吉田《よしだ》 映子《えいこ》 先生《せんせい》が書《か》きました

読《よ》んだ日《ひ》　月《がつ》　日《にち》　月《がつ》　日《にち》　月《がつ》　日《にち》

## 三角形《さんかくけい》4枚《まい》で四面体《しめんたい》

お菓子《かし》や牛乳《ぎゅうにゅう》のこんな入《い》れ物《もの》を見《み》たことはありませんか？

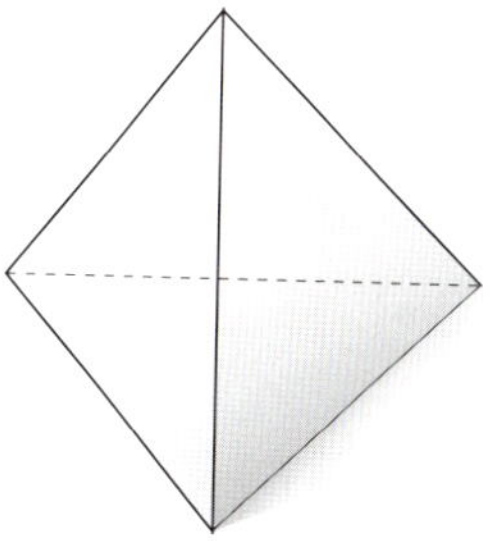

この形《かたち》は三角形《さんかくけい》が4枚《まい》でできています。「正四面体《せいしめんたい》」といいます。「正四面体《せいしめんたい》」は、左《ひだり》の図《ず》のように、正三角形《せいさんかくけい》を4枚《まい》つなげて、つないだところで折《お》ってつくります。

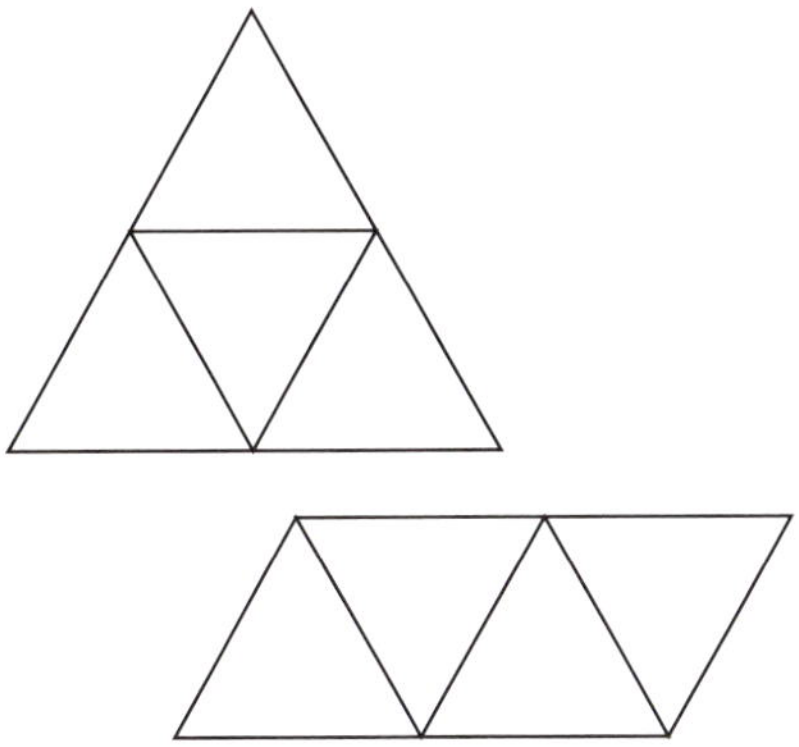

## 4コマまんがのつくり方《かた》

ここでは正三角形《せいさんかくけい》を使《つか》います。画用紙《がようし》に、同《おな》じ大《おお》きさの正三角形《せいさんかくけい》を4つかいて切《き》り取《と》ります。

同《おな》じ長《なが》さの箱《はこ》3つを下図《したず》のように合《あ》わせても、正三角形《せいさんかくけい》がかけます。

4枚《まい》の三角形《さんかくけい》のそれぞれに、4コマになるようにまんがをかきます。

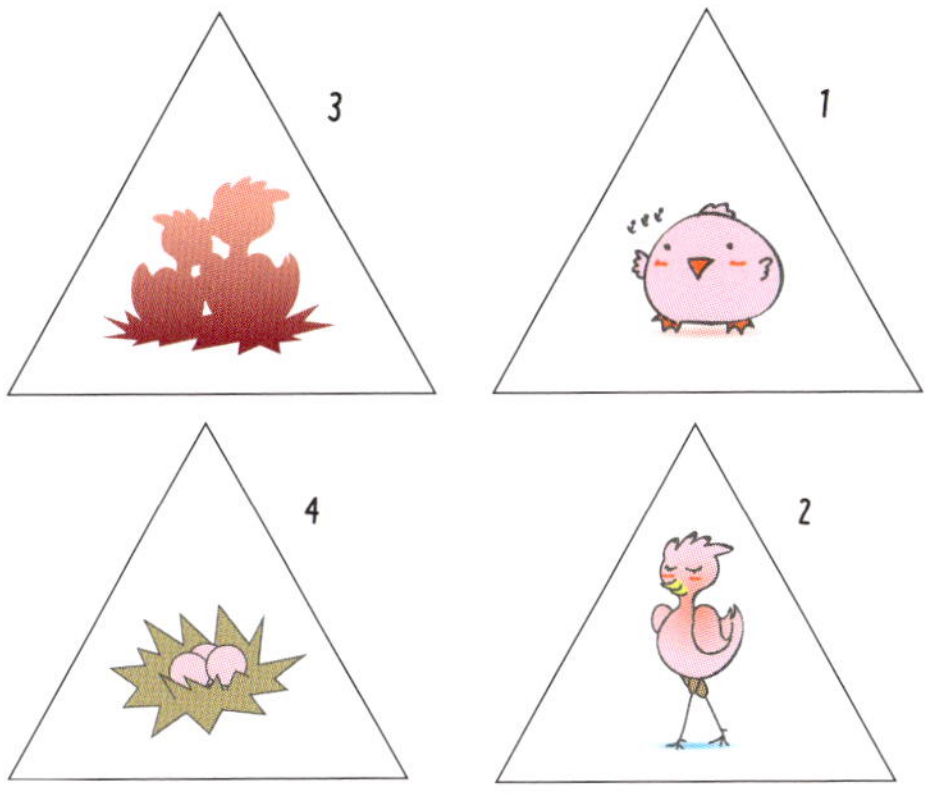


このとき、絵《え》を中側《なかがわ》にして、絵《え》が見《み》えなくなるように貼《は》り合《あ》わせます。

できたら四面体《しめんたい》の4つの角《かど》を、はさみで少《すこ》しずつ切《き》り落《お》とします。

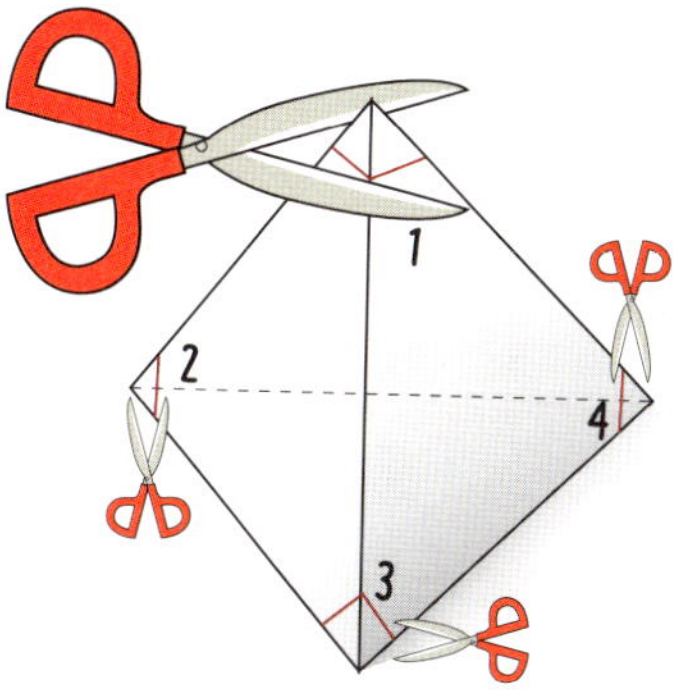


開《あ》いた穴《あな》から中《なか》をのぞくと、一《ひと》コマずつ絵《え》が見《み》えます。4コマまんがの完成《かんせい》です。穴《あな》の横《よこ》に1、2、3、4と番号《ばんごう》を書《か》いておくと見《み》やすいですね。

**ひとくちメモ**　穴《あな》からのぞくと穴《あな》の向《む》かい側《がわ》の面《めん》にかかれた絵《え》だけが見《み》えます。だから4コマまんがの見《み》える順番《じゅんばん》に穴《あな》のところに番号《ばんごう》を書《か》いておくとストーリーがわかるのです。

数と計算のお話

# 奇数《きすう》と偶数《ぐうすう》、どっちが多《おお》い？～かけ算九九表《ざんくくひょう》～

8月16日

東京学芸大学附属小金井小学校《とうきょうがくげいだいがくふぞくこがねいしょうがっこう》
高橋丈夫《たかはしたけお》先生《せんせい》が書《か》きました

読《よ》んだ日《ひ》　月《がつ》　日《にち》｜　月《がつ》　日《にち》｜　月《がつ》　日《にち》

## 偶数《ぐうすう》と奇数《きすう》はどんな数《かず》？

みなさんのよく知《し》っているかけ算九九《ざんくく》、今日《きょう》はこのかけ算九九《ざんくく》の表《ひょう》についてのお話《はなし》です。

九九表《くくひょう》のお話《はなし》をする前《まえ》にみなさんは、偶数《ぐうすう》と奇数《きすう》を知《し》っていますか。偶数《ぐうすう》は2で割《わ》ったときに割《わ》りきれる数《かず》です。かけ算九九表《ざんくくひょう》だと2の段《だん》の答《こた》えや4の段《だん》、6の段《だん》、8の段《だん》の答《こた》えはみんな偶数《ぐうすう》になります。

奇数《きすう》は2で割《わ》ったときに1あまる数《かず》のことをいいます。1や3、5、7、9、11、13など、数《かず》を数《かぞ》えていくと偶数《ぐうすう》をはさんで1つおきに出《で》てくるので、偶数《ぐうすう》の次《つぎ》または1つ前《まえ》の数《かず》と考《かんが》えてもよいかもしれません。

## 偶数《ぐうすう》と奇数《きすう》とかけ算《ざん》の関係《かんけい》

この偶数《ぐうすう》と奇数《きすう》、かけ算九九表《ざんくくひょう》（九九《くく》の答《こた》え）にはどちらの方《ほう》が多《おお》いでしょう？　半分半分《はんぶんはんぶん》ぐらいになるように思《おも》いませんか？　図《ず》をよく見《み》てください。

そうです。偶数《ぐうすう》の方《ほう》がとても多《おお》いことがわかりますね。図《ず》の赤色《あかいろ》のついている部分《ぶぶん》はみんな偶数《ぐうすう》です。さて、なぜ、こんなに偶数《ぐうすう》の方《ほう》が多《おお》いのでしょうか。

かけ算九九表《ざんくくひょう》の中《なか》の数《かず》は積《せき》といって、2つの数《かず》のかけ算《ざん》の答《こた》えになっています。このかけ算《ざん》の答《こた》えには、あるきまりがあります。それは、「偶数《ぐうすう》×偶数《ぐうすう》＝偶数《ぐうすう》」、「偶数《ぐうすう》×奇数《きすう》＝偶数《ぐうすう》」、「奇数《きすう》×偶数《ぐうすう》＝偶数《ぐうすう》」、「奇数《きすう》×奇数《きすう》＝奇数《きすう》」というものです。

つまり、積《せき》が奇数《きすう》になるのは、奇数《きすう》どうしのかけ算《ざん》の場合《ばあい》、1×1や1×3、3×5などの場合《ばあい》に限《かぎ》られてしまいます。奇数《きすう》と偶数《ぐうすう》をかけても偶数《ぐうすう》になるので、圧倒的《あっとうてき》に偶数《ぐうすう》が多《おお》くなってしまうのですね。

| | 1 | 2 | 3 | 4 | 5 | 6 | 7 | 8 | 9 |
|---|---|---|---|---|---|---|---|---|---|
| 1 | 1 | 2 | 3 | 4 | 5 | 6 | 7 | 8 | 9 |
| 2 | 2 | 4 | 6 | 8 | 10 | 12 | 14 | 16 | 18 |
| 3 | 3 | 6 | 9 | 12 | 15 | 18 | 21 | 24 | 27 |
| 4 | 4 | 8 | 12 | 16 | 20 | 24 | 28 | 32 | 36 |
| 5 | 5 | 10 | 15 | 20 | 25 | 30 | 35 | 40 | 45 |
| 6 | 6 | 12 | 18 | 24 | 30 | 36 | 42 | 48 | 54 |
| 7 | 7 | 14 | 21 | 28 | 35 | 42 | 49 | 56 | 63 |
| 8 | 8 | 16 | 24 | 32 | 40 | 28 | 56 | 64 | 72 |
| 9 | 9 | 18 | 27 | 36 | 45 | 54 | 63 | 72 | 81 |

偶数×偶数＝偶数
偶数×奇数＝偶数
奇数×偶数＝偶数
奇数×奇数＝奇数

赤が偶数、白が奇数
多いのはどっちじゃ！
九九仙人

ひとくちメモ　35ページでは、サイコロの目《め》の数《かず》をかけて、同《おな》じように偶数《ぐうすう》と奇数《きすう》はどちらが多《おお》いか調《しら》べていますよ。

# 節水《せっすい》しよう！
## ～1人《り》が1日《にち》に使《つか》う水《みず》の量《りょう》は？～



東京都《とうきょうと》 豊島区立高松小学校《としまくりつたかまつしょうがっこう》
細萱裕子《ほそがやゆうこ》先生《せんせい》が書《か》きました

読《よ》んだ日《ひ》　月《がつ》　日《にち》　月《がつ》　日《にち》　月《がつ》　日《にち》

### 牛乳《ぎゅうにゅう》パック300本分《ぼんぶん》!?

みなさんは、自分《じぶん》が毎日《まいにち》どのくらいの量《りょう》の水《みず》を使《つか》っているか、知《し》っていますか？　水《みず》を使《つか》う場面《ばめん》は、トイレ・お風呂《ふろ》・歯磨《はみが》き・洗顔《せんがん》・飲料《いんりょう》・炊事《すいじ》・洗濯《せんたく》……いろいろありますよね。

1人《り》が1日《にち》に使《つか》う水《みず》の量《りょう》は、なんと約《やく》300Lと言《い》われています。1Lの牛乳《ぎゅうにゅう》パック300本分《ぼんぶん》、2Lのペットボトル150本分《ぼんぶん》にもなります。では、どの場面《ばめん》でどのくらい使《つか》っているのか、どこで節水《せっすい》できるか、考《かんが》えてみましょう。

トイレと洗濯《せんたく》は、種類《しゅるい》によって違《ちが》うので、自分《じぶん》の家《いえ》のものを調《しら》べてみよう。

### 驚《おどろ》き！トイレで流《なが》す水《みず》の量《りょう》

家庭《かてい》で使《つか》われる水《みず》の量《りょう》のトップは、トイレです。大《だい》のレバーで流《なが》すと一度《いちど》に8L、小《しょう》のレバーで流《なが》すと一度《いちど》に6Lの水《みず》が使《つか》われます。

次《つぎ》に多《おお》いのはお風呂《ふろ》です。湯船《ゆぶね》にためる水《みず》の量《りょう》は約《やく》200Lです。シャワーは1分間《ぶんかん》に12Lの水《みず》が出《で》ているので、10分間《ぶんかん》使用《しよう》すると120L使《つか》うことになります。

洗顔《せんがん》や歯磨《はみが》きも同《おな》じです。蛇口《じゃぐち》をひねると、1分間《ぶんかん》に12Lの水《みず》が出《で》るわけですから、洗顔《せんがん》に1分間《ぶんかん》かかったとすると12Lの水《みず》を使《つか》うことになります。

また、歯磨《はみが》きを終《お》えて口《くち》をゆすぐとき、30秒間《びょうかん》出《だ》しっぱなしにすると6Lですが、コップを使《つか》うと0・2Lで済《す》みます。炊事《すいじ》で食器《しょっき》洗《あら》いをするときも、1分間《ぶんかん》で12Lの水《みず》を使《つか》うことになるので、できるだけ短時間《たんじかん》で済《す》ませたり、溜《た》めすすぎをしたりするなどの工夫《くふう》ができるといいですね。

**ひとくちメモ** トイレで流《なが》れる水《みず》の量《りょう》は、トイレの種類《しゅるい》にもよります。古《ふる》いタイプほど水《みず》の量《りょう》は多《おお》く、大《だい》で13L～20Lになるものもあります。逆《ぎゃく》に新《あたら》しいタイプでは、大《だい》で4L弱《じゃく》のものもあります。

# おもしろい ルーローの三角形《さんかくけい》

大分県《おおいたけん》 大分市立大在西小学校《おおいたしりつおおざいにししょうがっこう》
二宮孝明《にのみやたかあき》先生《せんせい》が書《か》きました

8月 18日

読《よ》んだ日《ひ》 月《がつ》 日《にち》 月《がつ》 日《にち》 月《がつ》 日《にち》

## コンパスと定規《じょうぎ》でかけるよ

「ルーローの三角形《さんかくけい》」というおもしろい図形《ずけい》があります。コンパスと定規《じょうぎ》を使《つか》って簡単《かんたん》にかくことができます。かき方《かた》を説明《せつめい》するので、かいてみてください（図《ず》1）。

①まず正三角形《せいさんかくけい》をかきます。

②次《つぎ》に、3つの頂点《ちょうてん》に順番《じゅんばん》にコンパスを置《お》き、正三角形《せいさんかくけい》の1辺《ぺん》を半径《はんけい》とした円弧《えんこ》をかきます。

③中《なか》の正三角形《せいさんかくけい》を消《け》します。

どうですか？ 少《すこ》し丸《まる》みのある三角形《さんかくけい》ができましたね。これがルーローの三角形《さんかくけい》です。この三角形《さんかくけい》は、どのように傾《かたむ》けてもある一定《いってい》の幅《はば》をもつ図形《ずけい》です。

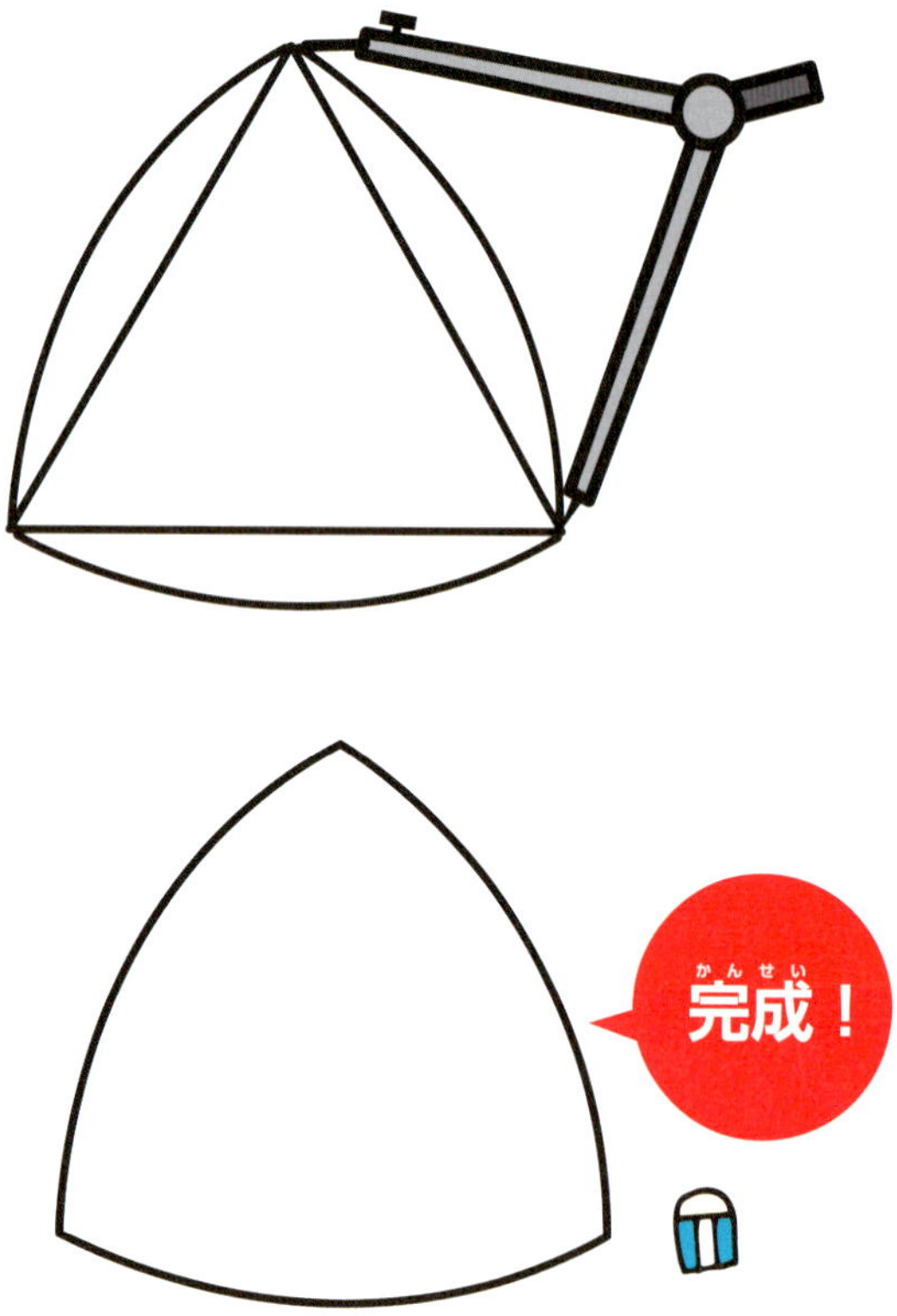

図《ず》1「ルーローの三角形《さんかくけい》」のかき方《かた》

## いろんな場面《ばめん》で役立《やくだ》っている

円《えん》もそんな図形《ずけい》の一《ひと》つです。たとえば、丸太《まるた》を何本《なんぼん》か地面《じめん》に置《お》いてコロ（運《はこ》ぶ物《もの》の下《した》に入《い》れ、転《ころ》がして使《つか》う道具《どうぐ》）にします。そして、その上《うえ》に板《いた》を乗《の》せ、何《なに》か荷物《にもつ》を運《はこ》ぶとします。丸太《まるた》の切《き》り口《くち》は円《えん》なので、いくら転《ころ》がしても地面《じめん》から板《いた》までの長《なが》さは常《つね》に同《おな》じです。こうして板《いた》の上《うえ》の荷物《にもつ》を楽《らく》に運《はこ》ぶことができます。

では、丸太《まるた》のかわりにルーローの三角形《さんかくけい》のコロを使《つか》うとどうでしょうか。これも地面《じめん》から板《いた》までの長《なが》さがどこも同《おな》じなので荷物《にもつ》を楽《らく》に運《はこ》べます（図《ず》2）。

図《ず》2 定幅図形《ていふくずけい》のコロは地面《じめん》から板《いた》までの長《なが》さが常《つね》に同《おな》じです。板《いた》の上《うえ》の荷物《にもつ》を楽《らく》に運《はこ》べます。

**ひとくちメモ** マンホールのふたは、円《えん》です。なぜなら、円《えん》にすると、ふたが穴《あな》に落《お》ちないからです（112ページ参照《さんしょう》）。同《おな》じ理由《りゆう》でルーローの三角形《さんかくけい》もマンホールのふたに適《てき》した形《かたち》です。

# 携帯《けいたい》の番号《ばんごう》がわかる不思議《ふしぎ》な計算《けいさん》

8月 19日

東京学芸大学附属小金井小学校《とうきょうがくげいだいがくふぞくこがねいしょうがっこう》
高橋丈夫《たかはしたけお》先生《せんせい》が書《か》きました

読《よ》んだ日《ひ》　月《がつ》　日《にち》　月《がつ》　日《にち》　月《がつ》　日《にち》

## 家族《かぞく》と一緒《いっしょ》にやってみよう

今日《きょう》は相手《あいて》の携帯電話《けいたいでんわ》の番号《ばんごう》がわかってしまう、不思議《ふしぎ》なマジックを紹介《しょうかい》します。

XXX-1234-5678を例《れい》に説明《せつめい》します。

①電卓《でんたく》を渡《わた》して、まず電話番号《でんわばんごう》のXXXから下《した》の番号《ばんごう》4桁《けた》1234を押《お》してもらいます。

②次《つぎ》に、その数《かず》に×125を押《お》してもらいます。

1234 × 125 = 154250

③次《つぎ》に、その数《かず》に×160を押《お》してもらいます。

154250 × 160 = 24680000

④次《つぎ》に、下《しも》4桁《けた》の電話番号《でんわばんごう》5678を足《た》してもらいます。

24680000 + 5678 = 24685678

⑤さらにもう一度《いちど》、下《しも》4桁《けた》の番号《ばんごう》5678を足《た》してもらいます。

24685678 + 5678 = 24691356

⑥この数《かず》を聞《き》き、「÷2」をしてみます。

24691356 ÷ 2 = 12345678

になります。

見事《みごと》に携帯電話《けいたいでんわ》の番号《ばんごう》XXX以《い》下《か》の1234-5678がわかりました。

## どうして番号《ばんごう》がわかるの?

なぜ、携帯電話《けいたいでんわ》の番号《ばんごう》がわかるのでしょう。

125 × 160 = 20000ですので、これを上《うえ》の4桁《けた》にかけると、上《うえ》の4桁《けた》が2万倍《まんばい》されます。そこに下《しも》4桁《けた》を2回《かい》足《た》すので、携帯電話《けいたいでんわ》の番号《ばんごう》を8桁《けた》の数《かず》として考《かんが》えたものを2倍《ばい》した数《かず》が計算結果《けいさんけっか》として現《あらわ》れます。これが⑤の結果《けっか》です。

これを「÷2」することで、携帯電話《けいたいでんわ》の番号《ばんごう》を8桁《けた》の数《かず》としたものが現《あらわ》れます。

ひとくちメモ　携帯電話《けいたいでんわ》の番号《ばんごう》がわかるクイズです。個人情報《こじんじょうほう》ですので、お父《とう》さんお母《かあ》さんと楽《たの》しんでくださいね。

# 曽呂利新左衛門《そろりしんざえもん》の米粒《こめつぶ》

8月20日

東京都《とうきょうと》　豊島区立高松小学校《としまくりつたかまつしょうがっこう》
細萱裕子《ほそがやゆうこ》先生《せんせい》が書《か》きました

読《よ》んだ日《ひ》　月《がつ》　日《にち》｜月《がつ》　日《にち》｜月《がつ》　日《にち》

## 「欲《よく》がない」と思《おも》ったら

昔《むかし》、豊臣秀吉《とよとみひでよし》に仕《つか》えていた〝曽《そ》呂利新左衛門《ろりしんざえもん》〟という人《ひと》がいました。とても働《はたら》き者《もの》で賢《かしこ》くて、秀吉《ひでよし》にかわいがられていました。ある日《ひ》、秀吉《ひでよし》から「ほうびをやろう」と言《い》われた新左衛門《しんざえもん》は、次《つぎ》のように答《こた》えました。

「1日目《にちめ》は1粒《つぶ》、2日目《かめ》は2粒《つぶ》、3日目《かめ》は4粒《つぶ》……というように、毎日《まいにち》、前《まえ》の日《ひ》の2倍《ばい》の米《こめ》を1カ月《げつ》間《かん》ください」。秀吉《ひでよし》は「わかった」と答《こた》えたものの、「なんて欲《よく》がないんだ」と思《おも》っていました。ところが、図《ず》のように、ほうびの米《こめ》はどんどん増《ふ》えていきました。

## 1カ月《げつ》で224年分《ねんぶん》!?

この当時《とうじ》、一人《ひとり》が1年間《ねんかん》に食《た》べる米《こめ》の量《りょう》は1俵《ぴょう》でした。30日目《にちめ》にもらう米《こめ》だけでも、224年分《ねんぶん》の量《りょう》になります。1日目《にちめ》～29日目《にちめ》までの分《ぶん》も合《あ》わせると、もらえる米《こめ》は448俵《ひょう》にもなります。

秀吉《ひでよし》は、途中《とちゅう》でこのことに気《き》づき、ほうびを別《べつ》のものに変《か》えてもらったということです。

1日《にち》目《め》…1粒《つぶ》
2日《か》目《め》…2粒《つぶ》（1×2）
3日《か》目《め》…4粒《つぶ》（2×2）
4日《か》目《め》…8粒《つぶ》（4×2）
5日《か》目《め》…16粒《つぶ》（8×2）
10日《か》目《め》…512粒《つぶ》（256×2）
15日《にち》目《め》…1万《まん》6384粒《つぶ》（8192×2）
17日《にち》目《め》…6万《まん》5536粒《つぶ》（32768×2）
※約《やく》1升《しょう》、約《やく》1.5kg
20日《か》目《め》…52万《まん》4288粒《つぶ》（262144×2）
25日《にち》目《め》…1677万《まん》7216粒《つぶ》（8388608×2）
26日《にち》目《め》…3355万《まん》4432粒《つぶ》（16777216×2）
※約《やく》10俵《ぴょう》、約《やく》600kg
30日《にち》目《め》…5億《おく》3687万《まん》0912粒《つぶ》
（268435456×2）
※約《やく》8948升《しょう》＝224俵《ひょう》

※印《しるし》は、おおよその目安《めやす》です。最《もっと》も近《ちか》い米粒数《こめつぶすう》になる日《ひ》に表記《ひょうき》しています。

### 考《かんが》えてみよう

## 新聞紙《しんぶんし》で富士山《ふじさん》の高《たか》さ

同《おな》じような考《かんが》え方《かた》の問題《もんだい》です。新聞《しんぶん》紙《し》の厚《あつ》さを0.1㎜としたとき、何回《なんかい》折《お》ったらその厚《あつ》さは富士山《ふじさん》の高《たか》さを超《こ》えるでしょうか。1回《かい》なら0.2㎜、2回《かい》なら0.4㎜……。ちなみに富士《ふじ》山《さん》の高《たか》さは3776mです。

**ひとくちメモ**　米《こめ》1俵《ぴょう》は、約《やく》60kgです。1俵《ぴょう》＝40升《しょう》で、1升《しょう》＝10合《ごう》なので、1俵《ぴょう》＝400合《ごう》になります。米《こめ》1合《ごう》を炊《た》くと、ご飯《はん》茶碗《ちゃわん》2～3杯分《ばいぶん》になります。〈上《うえ》のコラムの答《こた》え〉26回《かい》（くわしくは239ページ参照《さんしょう》）

数と計算のお話

# 昔《むかし》の計算道具《けいさんどうぐ》「ネイピアの骨《ほね》」

8月 21日

大分県《おおいたけん》 大分市立大在西小学校《おおいたしりつおおざいにししょうがっこう》
二宮《にのみや》 孝明《たかあき》 先生《せんせい》が書《か》きました

読《よ》んだ日《ひ》 月《がつ》 日《にち》 月《がつ》 日《にち》 月《がつ》 日《にち》

## 日本《にほん》はそろばん、外国《がいこく》は？

電卓《でんたく》がなかった時代《じだい》、昔《むかし》の人《ひと》は大《おお》きな数《かず》の計算《けいさん》をどのようにしていたのでしょうか。たし算《ざん》やひき算《ざん》ならまだしも、かけ算《ざん》やわり算《ざん》は一苦労《ひとくろう》でした。はやく正確《せいかく》に計算《けいさん》するために、日本《にほん》であれば、そろばんがありました。

イギリスでは、ジョン・ネイピアという人《ひと》が「ネイピアの骨《ほね》」という計算道具《けいさんどうぐ》を考《かんが》え出《だ》しました。「ネイピアの骨《ほね》」は、図《ず》1にあるようなたくさんの数《かず》が並《なら》んだ11本《ほん》の棒《ぼう》です。棒《ぼう》は、それぞれ九九《くく》になっています。「213 × 46」を例《れい》にして、その計算方法《けいさんほうほう》を説明《せつめい》しましょう。

図《ず》1 「ネイピアの骨《ほね》」は 11 本《ほん》の棒《ぼう》でできています。

## 「ネイピアの骨《ほね》」の使《つか》い方《かた》

まず、かける数専用《かずせんよう》の棒《ぼう》を置《お》きます。次《つぎ》に、その右側《みぎがわ》に図《ず》2のように棒《ぼう》を並《なら》べます。そして、かける数《かず》の「4」と「6」の列《れつ》にあるマスの中《なか》の数《かず》を右端《みぎはし》から順番《じゅんばん》に、斜《なな》めに足《た》していきます。わかりやすいように「4」と「6」の列《れつ》を抜《ぬ》き出《だ》したのが図《ず》3です。すると、答《こた》えが「9798」と出《で》てきます。

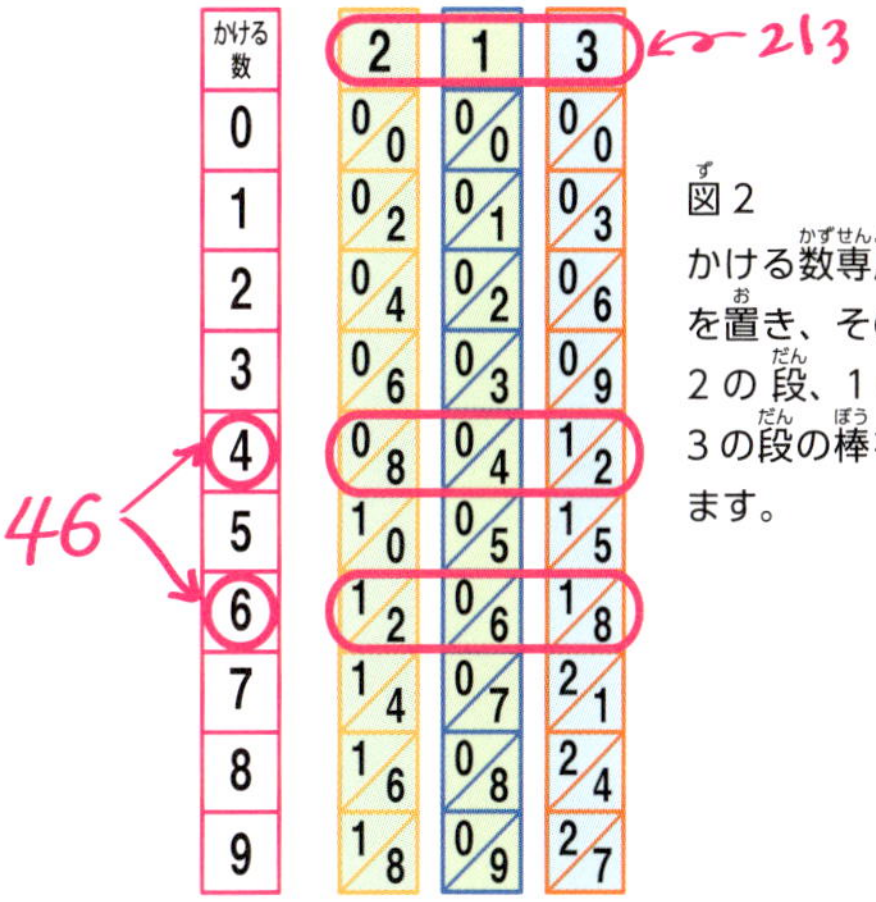


図《ず》2
かける数専用《かずせんよう》の棒《ぼう》を置《お》き、その右《みぎ》に2の段《だん》、1の段《だん》、3の段《だん》の棒《ぼう》を並《なら》べます。

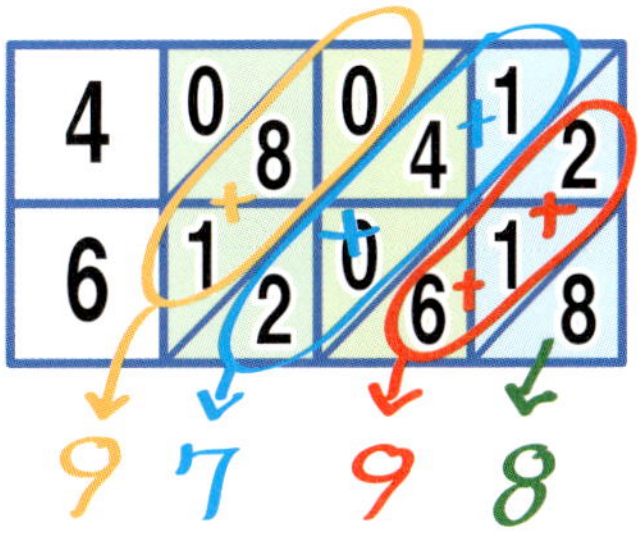


図《ず》3 一番右端《いちばんみぎはし》の「8」はそのまま下《お》ろします。「× 64」の場合《ばあい》は上下《じょうげ》入《い》れかえます（115 ページ参照《さんしょう》）。

このように、たし算《ざん》さえできれば、九九《くく》を知《し》らなくても大《おお》きな数《かず》の計算《けいさん》ができます。

昔《むかし》の人《ひと》の中《なか》には、九九《くく》を正確《せいかく》に覚《おぼ》えていない人《ひと》も多《おお》く、「ネイピアの骨《ほね》」は優《すぐ》れた計算道具《けいさんどうぐ》として広《ひろ》まりました。材料《ざいりょう》も動物《どうぶつ》の骨《ほね》や木《き》や金属《きんぞく》などを使《つか》い、手軽《てがる》に持《も》ち運《はこ》べる大《おお》きさのものもありました。興味《きょうみ》のある人《ひと》は、自分《じぶん》で画用紙《がようし》に書《か》いてつくり、計算《けいさん》してみましょう。

ひとくちメモ ジョン・ネイピア（1550 ～ 1617年《ねん》）は、スコットランドに生《う》まれ、エジンバラの南西《なんせい》にあるマーキストンの8代目城主《だいめじょうしゅ》でした。小数点《しょうすうてん》も考案《こうあん》しました。

図形のお話

# 変身《へんしん》はお好《す》き？ 正方形《せいほうけい》や長方形《ちょうほうけい》に

8月22日

学習院初等科《がくしゅういんしょとうか》
大澤隆之《おおさわたかゆき》先生《せんせい》が書《か》きました

読《よ》んだ日《ひ》　月《がつ》　日《にち》｜　月《がつ》　日《にち》｜　月《がつ》　日《にち》

## 切《き》って貼《は》って考《かんが》えよう

図《ず》1の形《かたち》を正方形《せいほうけい》に変《か》えることができますか。どこかを切《き》って、別《べつ》の場所《ばしょ》に付《つ》けて、形《かたち》を変《か》えてください。切《き》るだけではだめですよ（図《ず》2）。

いろいろなやり方《かた》があります。何通《なんとお》りも考《かんが》えられる人《ひと》は、頭《あたま》の柔《やわ》らかい人《ひと》です。

では、図《ず》3の形《かたち》を、同《おな》じように切《き》って貼《は》って、長方形《ちょうほうけい》にしましょう。

自分《じぶん》では考《かんが》えつかなかった方法《ほうほう》に出合《であ》うのも、おもしろいですね（図《ず》4）。

図《ず》1

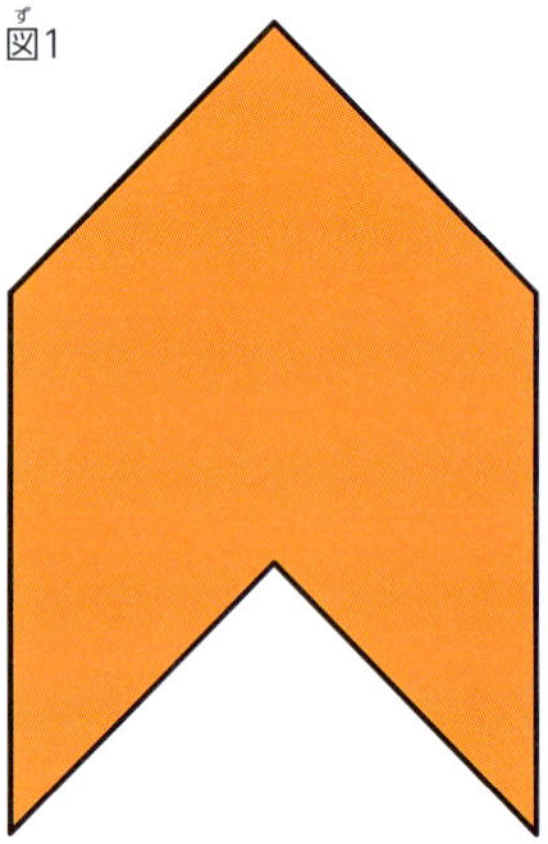

図《ず》2

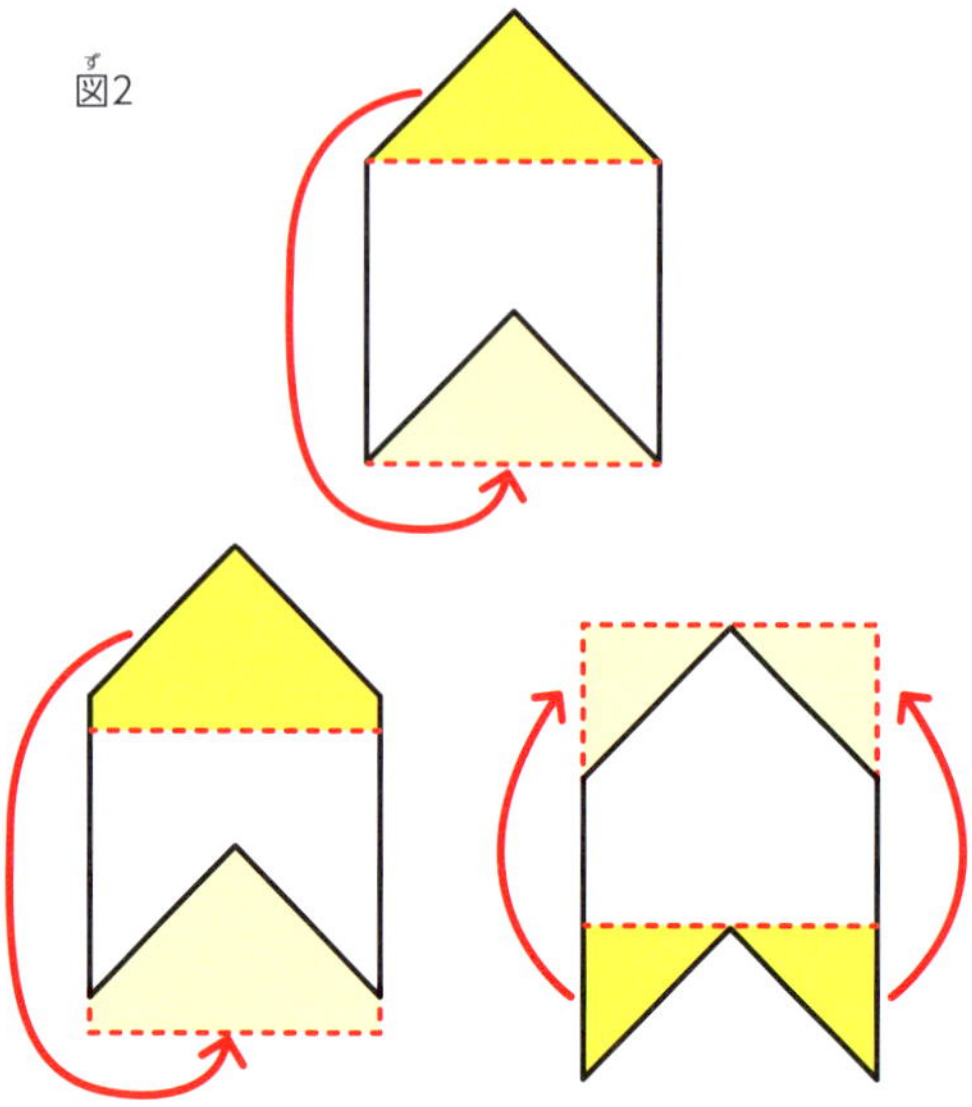

図《ず》3

図《ず》4

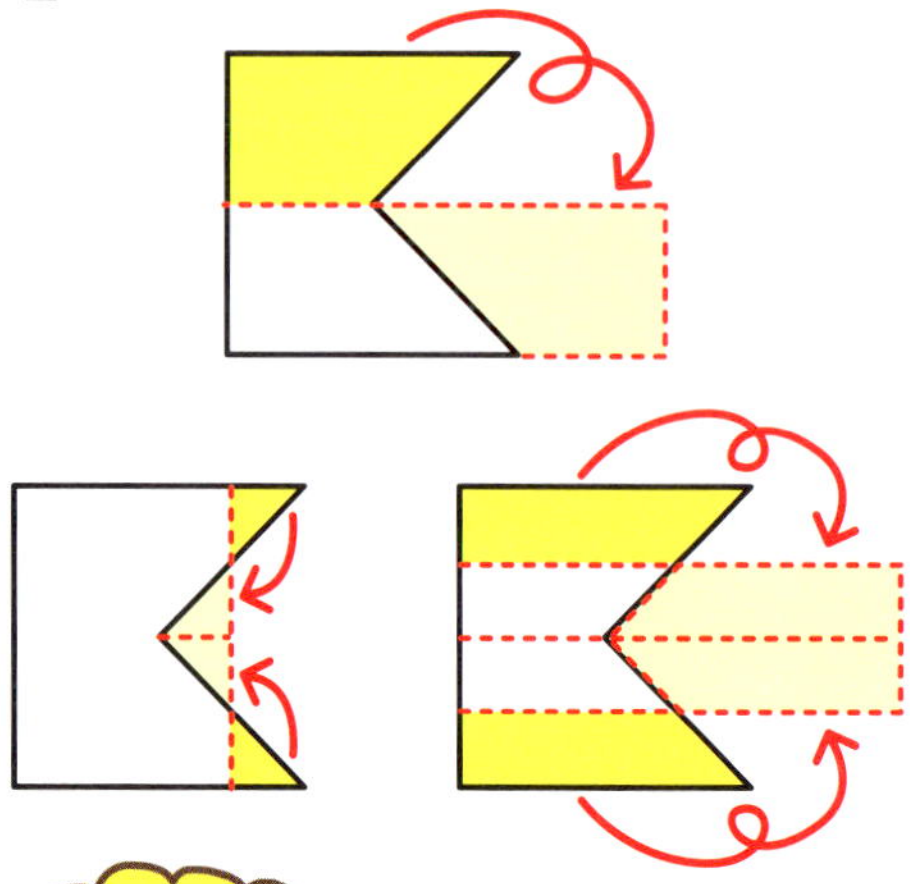

ひとくちメモ　形《かたち》をどのように切《き》ったらうまくいくかを頭《あたま》で考《かんが》えるのが楽《たの》しくなると、算数《さんすう》が好《す》きになります。

# 好《す》きなスポーツは何《なに》？

8月23日

東京学芸大学附属小金井小学校《とうきょうがくげいだいがくふぞくこがねいしょうがっこう》
高橋文夫《たかはしたけお》先生《せんせい》が書《か》きました

読《よ》んだ日《ひ》　月《がつ》　日《にち》　月《がつ》　日《にち》　月《がつ》　日《にち》

## 得意《とくい》なスポーツは？

4人《にん》の友達《ともだち》に自分《じぶん》のいちばん得意《とくい》なスポーツを聞《き》いたところ、4人《にん》とも違《ちが》っていました。

誰《だれ》がどのスポーツがいちばん得意《とくい》と答《こた》えたかわかりますか。

ぼくはボールをけるのも泳ぐのも得意です。

私は水泳が苦手です。それからボールを投げるのも得意ではありません

| | 野球 | 水泳 | テニス | サッカー |
|---|---|---|---|---|
| ともか | × | × | | |
| ゆうき | | ○ | | ○ |
| さくら | × | ○ | × | × |
| まさき | ○ | | ○ | ○ |

## 表《ひょう》に整理《せいり》してみよう！

難《むずか》しいと思《おも》ったら、左下《ひだりした》のような表《ひょう》をかいてみると、はっきりしてきます。

まず、さくらさんの得意《とくい》なスポーツは水泳《すいえい》しかないことがわかります。次《つぎ》に、いちばん得意《とくい》なスポーツが4人《にん》とも違《ちが》っていたという条件《じょうけん》から、水泳《すいえい》とサッカーが得意《とくい》なゆうき君《くん》がサッカーだとわかります。そして、テニスかサッカーのどちらかが得意《とくい》なともかさんはテニスになります。

最後《さいご》はまさき君《くん》が残《のこ》った野球《やきゅう》だということがわかります。

**ひとくちメモ** このような問題《もんだい》は、論理《ろんり》パズルと言《い》われています。図《ず》や表《ひょう》などを用《もち》いて、条件《じょうけん》を順《じゅん》に整理《せいり》していくと、わかりやすくなります。

ぼくは、ボールを使うスポーツが得意です。

私は、ボールや道具を使ってするスポーツが苦手です。

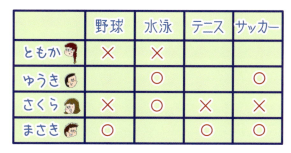

数と計算のお話

# お客《きゃく》さんの数《かず》はぴったり5万人《まんにん》？

8月24日

神奈川県《かながわけん》　川崎市立土橋小学校《かわさきしりつつちはししょうがっこう》
山本《やまもと》　直《なお》先生《せんせい》が書《か》きました

読《よ》んだ日《ひ》　月《がつ》　日《にち》　月《がつ》　日《にち》　月《がつ》　日《にち》

## 新聞《しんぶん》のタイトルと実際《じっさい》の数《かず》

スポーツの試合《しあい》やコンサートなどがあると、翌日《よくじつ》の新聞《しんぶん》に「観客《かんきゃく》10万人《まんにん》が熱狂《ねっきょう》！」「5万人《まんにん》が熱《あつ》い応援《おうえん》！」などの見出《みだ》しが出《で》ることがあります。これは、いかにたくさんのお客《きゃく》さんが来《き》たかということを表現《ひょうげん》しているのですが、実際《じっさい》に来《き》たお客《きゃく》さんの数《かず》は、本当《ほんとう》にちょうど10万人《まんにん》や5万人《まんにん》だったのでしょうか。

もちろん、そういうことではありません。たくさん来《き》たことがわかればいいので、およその人数《にんずう》で表現《ひょうげん》しています。では、実際《じっさい》に来《き》た人数《にんずう》とはどれくらい違《ちが》うのでしょうか？

## 四捨五入《ししゃごにゅう》という表《あらわ》し方《かた》

実際《じっさい》は2万《まん》8千人《せんにん》しかいなかったのに、大体《だいたい》5万人《まんにん》と言《い》ってしまうと、なんだかうそを言《い》っているようになってしまいます。そこで、およその数《かず》を表《あらわ》す方法《ほうほう》として、四《し》捨《しゃ》五《ご》入《にゅう》という方法《ほうほう》があります。

これは、表《あらわ》したい位《くらい》のひとつ下《した》の位《くらい》の数字《すうじ》が5以上《いじょう》なら数《かず》をひとつ上《あ》げて、4以下《いか》ならばそれ以下《いか》の数《かず》をなくす方法《ほうほう》です。たとえば、4万《まん》6千人《せんにん》を「○万人《まんにん》」と表《あらわ》したいならば、千《せん》の位《くらい》が5以上《いじょう》なので1万《まん》の位《くらい》をひとつ上《あ》げて「5万《まん》人《にん》」、4万《まん》3千人《ぜんにん》ならば4以下《いか》なのでなくして、「4万人《まんにん》」と表《あらわ》します。もし新聞《しんぶん》が四捨五入《ししゃごにゅう》を使《つか》っているのであれば、「5万人《まんにん》の観《かん》客《きゃく》！」と表現《ひょうげん》されているときは、実際《じっさい》の数《かず》は4万《まん》5千人《せんにん》から5万《まん》4999人《にん》の間《あいだ》だということになります。目的《もくてき》に応《おう》じて、実際《じっさい》の数《かず》を使《つか》ったり、およその数《かず》を使《つか》ったりしています。

### 調《しら》べてみよう

#### およその数《かず》か、実際《じっさい》の数《かず》か？

昔《むかし》は多《おお》くの新聞《しんぶん》が、プロ野球《やきゅう》の観客動員数《かんきゃくどういんすう》をおよその数《かず》で表《あらわ》していました（例《れい》①）。しかし最近《さいきん》では実際《じっさい》の数《かず》で表《あらわ》すことが多《おお》くなっているようです（例《れい》②）。身近《みぢか》にある新聞《しんぶん》で、サッカーやコンサートなどいろいろなイベントの参加人数《さんかにんずう》がどのように表現《ひょうげん》されているか調《しら》べてみましょう。

例《れい》①

最終回は見事なピッチングで相手チームを0点におさえ、見事勝利をつかみました。観客の五万人も大喜びだった。

例《れい》②

○○野球場

| | | | | | | | | | | |
|---|---|---|---|---|---|---|---|---|---|---|
| セント | 0 | 0 | 3 | 0 | 1 | 0 | 0 | 2 | 0 | 6 |
| パシフ | 1 | 0 | 0 | 0 | 2 | 1 | 0 | 0 | 1 | 5 |

勝　○○太郎
負　△△次郎

観客数　48932人

ひとくちメモ

「およその数《かず》」のことを「概数《がいすう》」といいます。概数《がいすう》の表《あらわ》し方《かた》には、四捨五入以外《ししゃごにゅういがい》にも、切《き》り上《あ》げや切《き》り捨《す》てなどの方法《ほうほう》があります。

くらしの中の算数のお話 2

# 電卓《でんたく》もこの仕組《しく》み！ 二進法《にしんほう》のふしぎ

8月 25日

東京都《とうきょうと》　豊島区立高松小学校《としまくりつたかまつしょうがっこう》
細萱裕子《ほそがやゆうこ》先生《せんせい》が書《か》きました

読《よ》んだ日《ひ》　月《がつ》　日《にち》　月《がつ》　日《にち》　月《がつ》　日《にち》

## 普段使《ふだんつか》っているのは十進法《じっしんほう》

私《わたし》たちが普段使《ふだんつか》っている数《かず》は、0、1、2、3、4、5、6、7、8、9の10個《こ》の数字《すうじ》を使《つか》って表《あらわ》されています。1が10個集《こあつ》まると十《じゅう》の位《くらい》に繰《く》り上《あ》がり、10が10個集《こあつ》まると百《ひゃく》の位《くらい》に繰《く》り上《あ》がり……というように、10個集《こあつ》まると次《つぎ》の位《くらい》に繰《く》り上《あ》がる、という仕組《しく》みになっています。このような数《かず》の仕組《しく》みを、十進法《じっしんほう》といいます。

2345という数《かず》は、1000×2＋100×3＋10×4＋1×5（＝2000＋300＋40＋5）となっています。

## 0と1で表《あらわ》す二進法《にしんほう》

実《じつ》は、数《かず》の仕組《しく》みは他《ほか》にもいろいろあります。その一《ひと》つは、私《わたし》たちの身近《みぢか》なところでも使《つか》われている二進法《にしんほう》です。二進法《にしんほう》では、0、1の2つの数字《すうじ》を使《つか》って数《かず》を表《あらわ》します。そして、2個集《こあつ》まるごとに次《つぎ》の位《くらい》へ繰《く》り上《あ》がります。

たとえば、十進法《じっしんほう》で「2」と表《あらわ》される数《かず》を二進法《にしんほう》で表《あらわ》してみましょう。一《いち》の位《くらい》に2個集《こあつ》まったので、次《つぎ》の位《くらい》に繰《く》り上《あ》がり「10」となります。これは「じゅう」とは読《よ》まず「いち、ぜろ」と読《よ》みます。十《じっ》進法《しんほう》で「4」と表《あらわ》される数《かず》はどうでしょう。一《いち》の位《くらい》に2が2個集《こあつ》まったので、次《つぎ》の位《くらい》に2繰《く》り上《あ》がり「20」、二《に》の位《くらい》に2個集《こあつ》まったので、次《つぎ》の位《くらい》に繰《く》り上《あ》がり「100」となります。これは「ひゃく」とは読《よ》まず、「いち、ぜろ、ぜろ」と読《よ》みます。

このような仕組《しく》みですべての数《かず》を表《あらわ》すことができます。

| 十進法《じっしんほう》 | | 二進法《にしんほう》 | 読《よ》み方《かた》 |
|---|---|---|---|
| 0 | ⇒ | 0 | ぜろ |
| 1 | ⇒ | 1 | いち |
| 2 | ⇒ | 10 | いち、ぜろ |
| 3 | ⇒ | 11 | いち、いち |
| 4 | ⇒ | 100 | いち、ぜろ、ぜろ |
| 5 | ⇒ | 101 | いち、ぜろ、いち |

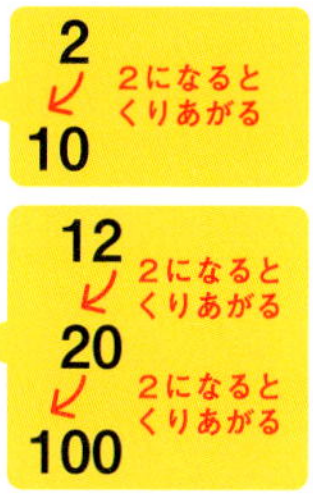


### やってみよう

### 指《ゆび》で二進法《にしんほう》を表《あらわ》そう

指《ゆび》を使《つか》って二進法《にしんほう》を表《あらわ》すことができます。両手《りょうて》を使《つか》うと、いくつまで表《あらわ》すことができるでしょうか。やってみましょう。（113ページ参照）

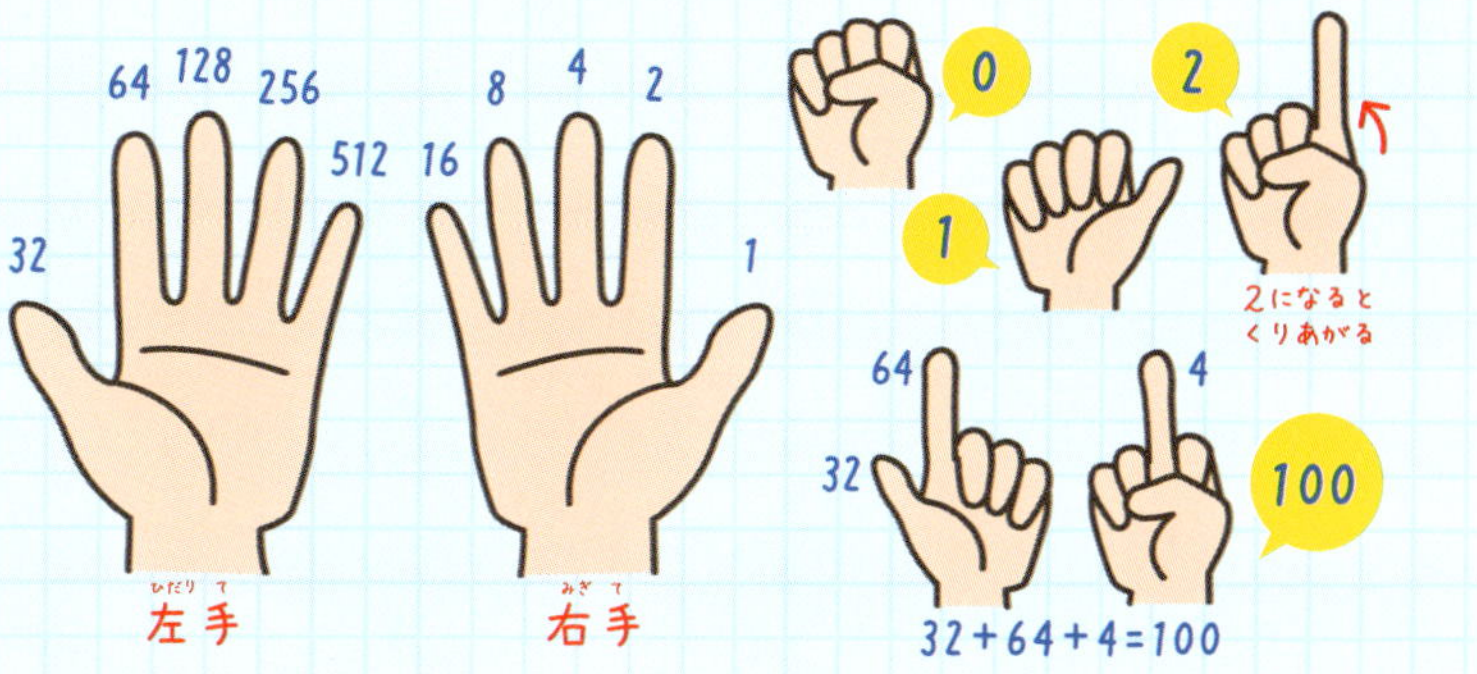


ひとくちメモ

電卓《でんたく》などのコンピューター機器《きき》は、二進法《にしんほう》の仕組《しく》みでできています。電気《でんき》のオンとオフを1と0で表《あらわ》し、この2つを組《く》み合《あ》わせていろいろな処理《しょり》をしています。

数や図形で遊ぼう

# 「清少納言《せいしょうなごん》の知恵《ちえ》の板《いた》」に挑戦《ちょうせん》

8月 26日

青森県《あおもりけん》 三戸町立三戸小学校《さんのへちょうりつさんのへしょうがっこう》
種市芳丈《たねいちよしたけ》 先生《せんせい》が書《か》きました

読《よ》んだ日《ひ》 月《がつ》 日《にち》 月《がつ》 日《にち》 月《がつ》 日《にち》

## シルエットパズルの一《ひと》つ

タングラム（72ページ参照《さんしょう》）より歴史《れきし》が長《なが》いシルエットパズルを知《し》っていますか？ それは「清少《せいしょう》納言《なごん》の知恵《ちえ》の板《いた》」という、日本《にほん》で生《う》まれたパズルです。どうして「清《せい》少納言《しょうなごん》」という名前《なまえ》が付《つ》いているかというと、清少納言《せいしょうなごん》のような頭《あたま》がよい人《ひと》がやっていたパズルという意味《いみ》です。どれくらい難《むずか》しいか気《き》になりますね。

実際《じっさい》につくってやってみましょう。厚《あつ》めの画用紙《がようし》があれば簡単《かんたん》につくれます。図《ず》1のようにマス目《め》の線《せん》を引《ひ》いて、切《き》り抜《ぬ》きます。

## 問題《もんだい》をやってみよう！

完成《かんせい》したら、図《ず》2の問題《もんだい》に挑戦《ちょうせん》してみましょう。シルエットの名《な》前《まえ》に江戸《えど》時代《じだい》の雰囲気《ふんいき》があるのが面白《おもしろ》いですね（答《こた》えは図《ず》3）。

図《ず》1

※ピースはうら返《かえ》して使《つか》ってもいいよ。

図《ず》2

図《ず》3

ひとくちメモ

清少納言《せいしょうなごん》の知恵《ちえ》の板《いた》は、1742年《ねん》に「清少納言知恵板《せいしょうなごんちえのいた》」という本《ほん》で紹介《しょうかい》されました。タングラムは1813年《ねん》に「七巧図合壁《しちこうずがっぺき》」という本《ほん》で紹介《しょうかい》されたので、清少納言《せいしょうなごん》の知恵《ちえ》の板《いた》の方《ほう》が古《ふる》いと言《い》われています。

数と計算のお話

# こわれた電卓《でんたく》

8月 27日

筑波大学附属小学校《つくばだいがくふぞくしょうがっこう》
盛山隆雄《せいやまたかお》先生《せんせい》が書《か》きました

読《よ》んだ日《ひ》　月《がつ》　日《にち》　月《がつ》　日《にち》　月《がつ》　日《にち》

## こわれた電卓《でんたく》で計算《けいさん》

困《こま》りました。電卓《でんたく》の2のボタンがこわれてしまいました。

この電卓《でんたく》で「18×12」の計算《けいさん》をしたいのですが、どうやって計《けい》算《さん》すればいいでしょうか。

他《ほか》のボタンは使《つか》えますので、工《く》夫《ふう》して、この電卓《でんたく》を使《つか》って、計算《けいさん》してみましょう。

## 18×12の計算《けいさん》の工夫《くふう》

いろいろな方法《ほうほう》が考《かんが》えられますが、いくつか例《れい》を挙《あ》げてみます。

**1**
18 ＋ 18 ＋ 18 ＋ 18 ＋ 18 ＋ 18 ＋ 18 ＋ 18 ＋ 18 ＋ 18 ＋ 18 ＋ 18 ＝ 216

この方法《ほうほう》は、かけ算《ざん》の意味《いみ》に基《もと》づいた方法《ほうほう》です。面倒《めんどう》くさいようでも、電卓《でんたく》を使《つか》うと思《おも》えば簡単《かんたん》かもしれません。

**2**
18 × 6 ＝ 108
108 ＋ 108 ＝ 216

**3**
18 × 11 ＝ 198
198 ＋ 18 ＝ 216

かけ算《ざん》の性質《せいしつ》をうまく使《つか》っています。

**4**
18 × 13 ＝ 234
234 − 18 ＝ 216

4では、2のボタンを使《つか》ってしまいます。そこで、

18 × 13 − 18 ＝ 216

1つの式《しき》にしてボタンを押《お》せば大丈夫《だいじょうぶ》です。

**5**
18 × 3 × 4
＝ 216

12を3×4と見《み》て計算《けいさん》する方法《ほうほう》です。

**6**
18 × 60 ＝ 1080
1080 ÷ 5 ＝ 216

12を60÷5と見《み》て計算《けいさん》する方法《ほうほう》です。

ひとくちメモ　かけ算《ざん》を同《おな》じ数《かず》のたし算《ざん》で表《あらわ》したり、12を（11＋1）、（6＋6）、（3×4）、（13−1）、（60÷5）のように見《み》たりすることは、「新《あたら》しいことを考《かんが》える力《ちから》」につながります。

図形のお話《はなし》

# サイコロのパズルをつくろう

8月 28日

神奈川県《かながわけん》　川崎市立土橋小学校《かわさきしりつつちはししょうがっこう》
山本《やまもと》　直《なお》 先生《せんせい》が書《か》きました

読《よ》んだ日《ひ》　月《がつ》　日《にち》　月《がつ》　日《にち》　月《がつ》　日《にち》

## 立方体《りっぽうたい》の展開図《てんかいず》を使《つか》って

立方体《りっぽうたい》の展開図《てんかいず》には11種類《しゅるい》あります。このうちのいくつかを組《く》み合《あ》わせてパズルをつくってみましょう。

Aの図《ず》は、2つの展開図《てんかいず》を組《く》み合《あ》わせたものです。どこで分《わ》かれるか、わかりますか。

サイコロは向《む》かい合《あ》った面《めん》の目《め》の数《かず》の合計《ごうけい》が必《かなら》ず7になっています。ですので、このパズルの展開《てんかい》図《ず》を組《く》み立《た》てたときにも、向《む》かい合《あ》った面《めん》がきちんと7になるように考《かんが》えていきます。

A

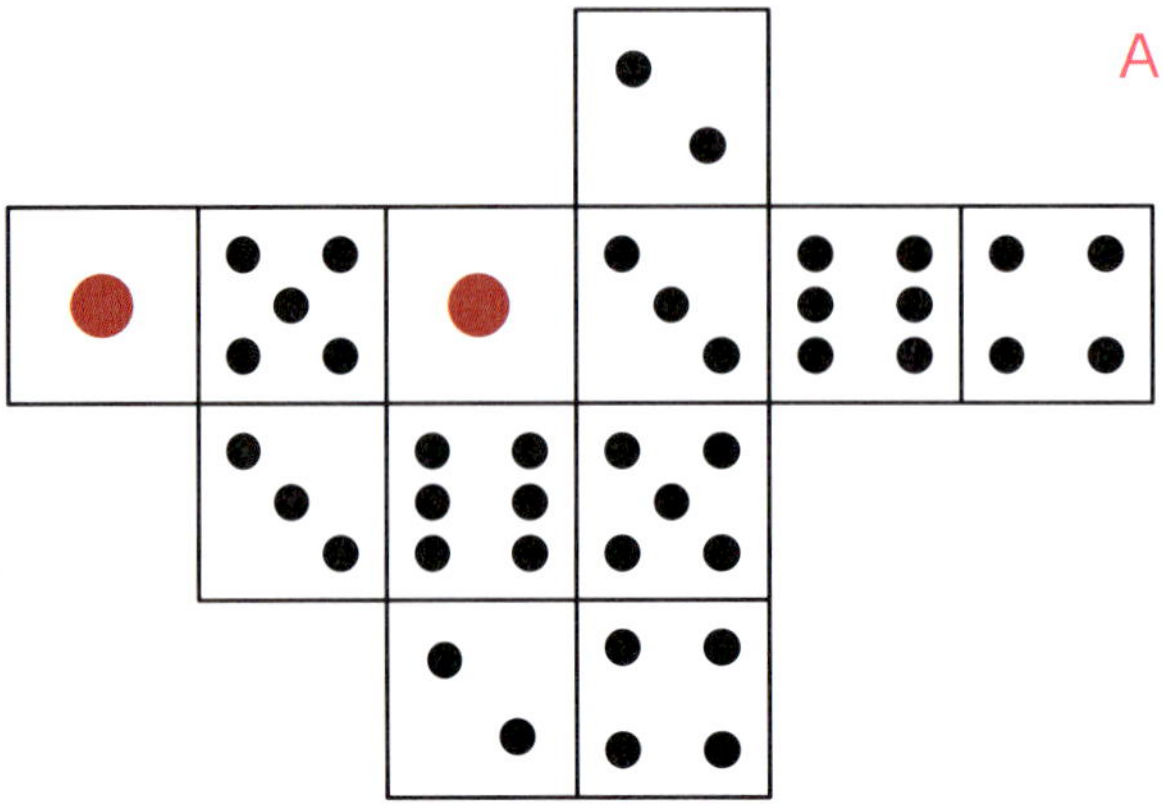

## 面《めん》のつながりをよく考《かんが》えて

向《む》かい合《あ》った面《めん》が7になるように考《かんが》えていくと、Bの図《ず》の白《しろ》い部分《ぶぶん》のように十字《じゅうじ》の展開図《てんかいず》を見《み》つけることができます。ところが、そうすると右端《みぎはし》の4の面《めん》が1つだけ切《き》り落《お》ちてしまいます。

そこで、少《すこ》し見方《みかた》を変《か》えて、十字《じゅうじ》の展開図《てんかいず》を横向《よこむ》きにしてみます。するとCの図《ず》のようにきれいに2つの展開図《てんかいず》に分《わ》けることができます。こうした考《かんが》え方《かた》を使《つか》いながら、展開図《てんかいず》をさらに3つ、4つと組《く》み合《あ》わせてみましょう。自分《じぶん》だけのオリジナルのサイコロパズルができあがります。

B

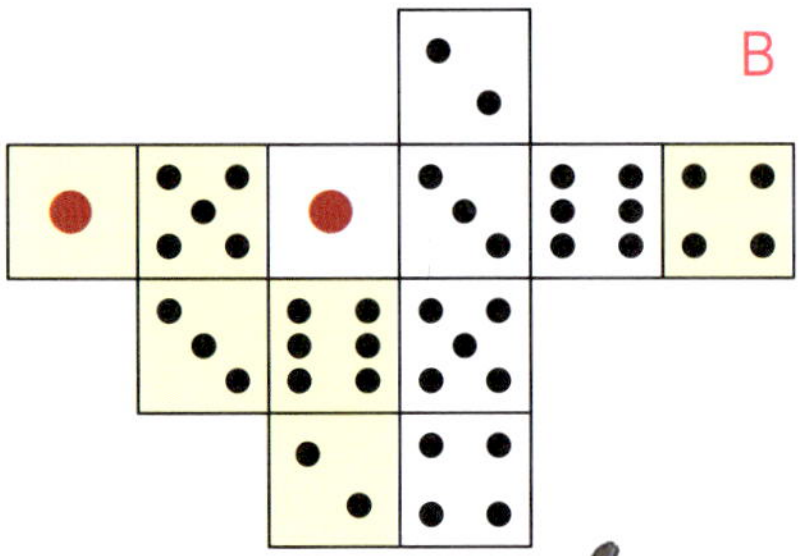

C

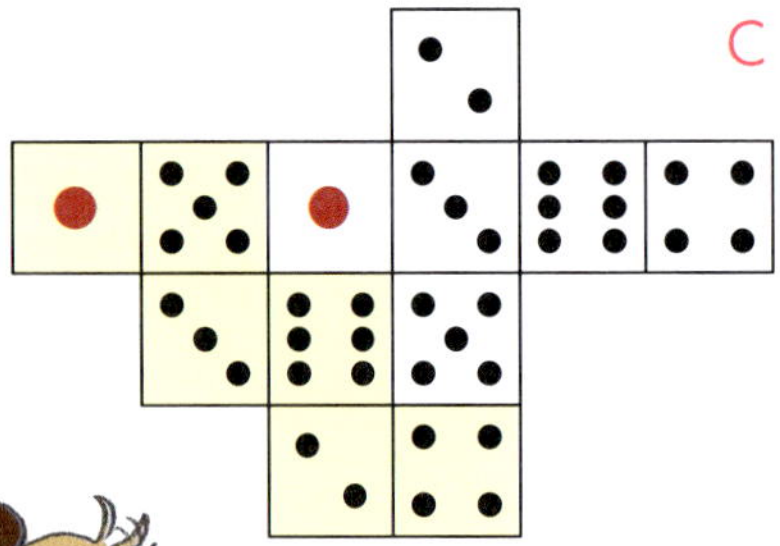

ひとくちメモ

直方体《ちょくほうたい》の展開図《てんかいず》でも同《おな》じようにパズルをつくることができますが、長《なが》さが違《ちが》う辺《へん》をどのように組《く》み合《あ》わせるかがポイントになります。

数と計算のお話《はなし》

# 絶対《ぜったい》6174になる計算《けいさん》！

8月《がつ》29日

東京学芸大学附属小金井小学校《とうきょうがくげいだいがくふぞくこがねいしょうがっこう》
高橋丈夫《たかはしたけお》先生《せんせい》が書《か》きました

読《よ》んだ日《ひ》　月《がつ》　日《にち》　月《がつ》　日《にち》　月《がつ》　日《にち》

## ふしぎな4桁《けた》の計算《けいさん》

今日《きょう》は4桁《けた》の計算《けいさん》の結果《けっか》がすべて6174になる、不思議《ふしぎ》な計算《けいさん》のお話《はなし》です。

①まず、すべてが同《おな》じ数字《すうじ》（1111や2222のように）ではない4桁《けた》の数《かず》を思《おも》い浮《う》かべてください。

数字《すうじ》が1つでも違《ちが》っていればいいので、ここでは、1223を選《えら》ぶことにします。

②次《つぎ》に、各桁《かくけた》の数字《すうじ》を並《なら》べ替《か》えてできる最大《さいだい》の数《かず》から最小《さいしょう》の数《かず》を引《ひ》く計算《けいさん》を、繰《く》り返《かえ》します。すると並《なら》び替《か》えても答《こた》えが変《か》わらない数《かず》にたどり着《つ》きます。その数《かず》が「6174」です。

## 計算《けいさん》してみよう！

1223を並《なら》べ替《か》えてできる最大《さいだい》の数《かず》は3221で、最小《さいしょう》の数《かず》は1223ですので、3221－1223＝1998、1998からできる最大《さいだい》の数《かず》は9981、最小《さいしょう》の数《かず》は1899ですので、9981－1899＝8082、8082からできる最大《さいだい》の数《かず》は8820で最小《さいしょう》の数《かず》は0288ですので、8820－288＝8532、8532からできる最大《さいだい》の数《かず》は8532で最小《さいしょう》の数《かず》は2358ですので、8532－2358＝6174、6174からできる最大《さいだい》の数《かず》は7641で、最小《さいしょう》の数《かず》は1467ですので、7641－1467＝6174になり、差《さ》が変《か》わりませんので、これで終《お》わりになります。

**ひとくちメモ** 6174のような数《かず》はカプレカ数《すう》と呼《よ》ばれています。数《かず》をもっと大《おお》きくしても、同《おな》じようなきまりがあらわれるのでしょうか。いろいろ試《ため》すと楽《たの》しいですよ。

数や図形で遊ぼう

# どの紙《かみ》コップを選《えら》ぶかな?

8月30日

お茶《ちゃ》の水女子《みずじょし》大学《だいがく》附属《ふぞく》小学校《しょうがっこう》
岡田《おかだ》紘子《ひろこ》先生《せんせい》が書《か》きました

読《よ》んだ日《ひ》　月《がつ》　日《にち》｜　月《がつ》　日《にち》｜　月《がつ》　日《にち》

## アメは何番《なんばん》の紙《かみ》コップにある?

1から10の番号《ばんごう》が書《か》いてある紙《かみ》コップがあります。この中《なか》に1つだけアメが入《はい》っています。どの紙《かみ》コップに入《はい》っているでしょうか?(図《ず》1)

この中《なか》から1つコップを選《えら》んでください。たとえば、4番《ばん》の紙《かみ》コップを選《えら》んだとします。

その後《あと》に、コップにアメを隠《かく》した人《ひと》が1つずつアメの入《はい》っていない紙《かみ》コップを開《あ》けていきます。

図《ず》1

図《ず》2

図《ず》3

最後《さいご》に、4番《ばん》と7番《ばん》の紙《かみ》コップが残《のこ》りました。必《かなら》ず4番《ばん》か7番《ばん》のどちらかにアメは入《はい》っているはずです。ここで、もう1回紙《かいかみ》コップを選《えら》ぶチャンスがもらえます。最初《さいしょ》に選《えら》んだ4番《ばん》のままにするか、7番《ばん》に変《か》えるかです。この場合《ばあい》、変《か》えた方《ほう》がよいのでしょうか?変《か》えない方《ほう》がよいのでしょうか?(図《ず》2)

## 変《か》えるか変《か》えないか?

コップは2つしかないので、どちらを選《えら》んでも確率《かくりつ》は2つに1つなので$\frac{1}{2}$かなと考《かんが》えるでしょう(図《ず》3)。しかし、実《じつ》は4番《ばん》のコップよりも7番《ばん》のコップを選《えら》んだ方《ほう》が当《あ》たる確率《かくりつ》は9倍《ばい》も高《たか》いのです。

最初《さいしょ》に紙《かみ》コップは10個《こ》あったので4番《ばん》の紙《かみ》コップに入《はい》っている確《かく》率《りつ》は$\frac{1}{10}$です。4番《ばん》以外《いがい》の紙《かみ》コップに入《はい》っている確率《かくりつ》は$\frac{9}{10}$になります(図《ず》4)。

だから、4番《ばん》のコップを選《えら》ぶより、変《か》えて7番《ばん》のコップにした方《ほう》が当《あ》たる確率《かくりつ》が増《ふ》えるのです。

もっと紙《かみ》コップの数《かず》を増《ふ》やして確《たし》かめてみるとよくわかります。もしも、紙《かみ》コップが100個《こ》だったら、最初《さいしょ》に選《えら》んだ紙《かみ》コップよりも、残《のこ》りの紙《かみ》コップに入《はい》っている確率《かくりつ》の方《ほう》が99倍《ばい》も高《たか》いのです。

ぜひ、家《いえ》の人《ひと》や友達《ともだち》にも「変《か》えますか?　変《か》えませんか?」と問《もん》題《だい》を出《だ》してみると面白《おもしろ》いですよ。

図《ず》4

ひとくちメモ
ここで紹介《しょうかい》しているのは「モンティ・ホール問題《もんだい》」といわれるものです。「モンティ・ホール問題《もんだい》」は、アメリカのテレビ番組《ばんぐみ》で話題《わだい》になりました。

数・計算の歴史のお話

# 人類《じんるい》の大発見《だいはっけん》！ 0発見《はっけん》の歴史《れきし》

8月31日

大分県《おおいたけん》　大分市立大在西小学校《おおいたしりつおおざいにししょうがっこう》
二宮孝明《にのみやたかあき》先生《せんせい》が書《か》きました

読《よ》んだ日《ひ》　月《がつ》　日《にち》　月《がつ》　日《にち》　月《がつ》　日《にち》

## 「0」という数《かず》のふしぎ

ものを数《かぞ》えたり計算《けいさん》したり、毎《まい》日《にち》の生活《せいかつ》の中《なか》で数《かず》を使《つか》わない日《ひ》はありません。私《わたし》たちは、数《かず》を表《あらわ》すのに0、1、2、3、4、5、6、7、8、9の10個《こ》の数字《すうじ》を使《つか》います。しかし、0は他《ほか》の数《かず》に比《くら》べて特別《とくべつ》な数《かず》です。たとえば「イチゴが1個《こ》、2個《こ》……」と言《い》います。ところが「イチゴが0個《こ》」とは言《い》いません。

試《ため》しに「十《じゅう》六《ろく》」「百《ひゃく》六《ろく》」「百六十《ひゃくろくじゅう》」を0を使《つか》わずにかこうとすると、区別《くべつ》がつきにくく不便《ふべん》です。0は、ある位《くらい》に何《なに》もないことを表《あらわ》します。そうすることで数字《すうじ》をかく位置《いち》によって、その数字《すうじ》が何《なん》の位《くらい》かを表《あらわ》すことができるようになるのです。

| 百の位 | 十の位 | 一の位 |
|---|---|---|
| | 1 | 6 |

| 百の位 | 十の位 | 一の位 |
|---|---|---|
| 1 | 0 | 6 |

| 百の位 | 十の位 | 一の位 |
|---|---|---|
| 1 | 6 | 0 |

0のおかげでどの数字《すうじ》が何《なん》の位《くらい》なのか、かかれた場所《ばしょ》でわかります。

## 大昔《おおむかし》のインドで発見《はっけん》された

大昔《おおむかし》の国《くに》の中《なか》には、数《かず》を表《あらわ》すのに0のない国《くに》もありました。たとえば、大昔《おおむかし》のエジプトでは1から9を縦棒《たてぼう》の本数《ほんすう》で表《あらわ》しました。そして、10は「足《あし》かせ」、100は「縄《なわ》」、1000は「植物《しょくぶつ》のハス」などの記号《きごう》を使《つか》いました。しかし、これでは数《かず》が大《おお》きくなる度《たび》に新《あたら》しい記号《きごう》を考《かんが》え出《だ》さなければならず大変《たいへん》です。

0は、大昔《おおむかし》のインドで生《う》まれたと言《い》われています。はじめは点《てん》(・)で0を表《あらわ》していました。0を使《つか》えば、どんなに大《おお》きな数《かず》でも10個《こ》の数字《すうじ》でかくことができます。

インド人《じん》は昔《むかし》から計算《けいさん》がとても得意《とくい》でした。たし算《ざん》やひき算《ざん》など計算《けいさん》するときにも0を使《つか》いました。

0という大発見《だいはっけん》は、インドから世《せ》界中《かいじゅう》に次第《しだい》に広《ひろ》まっていきました。

古代《こだい》エジプトの数字《すうじ》
10、100、1000

古代《こだい》インドの数字《すうじ》
0～9

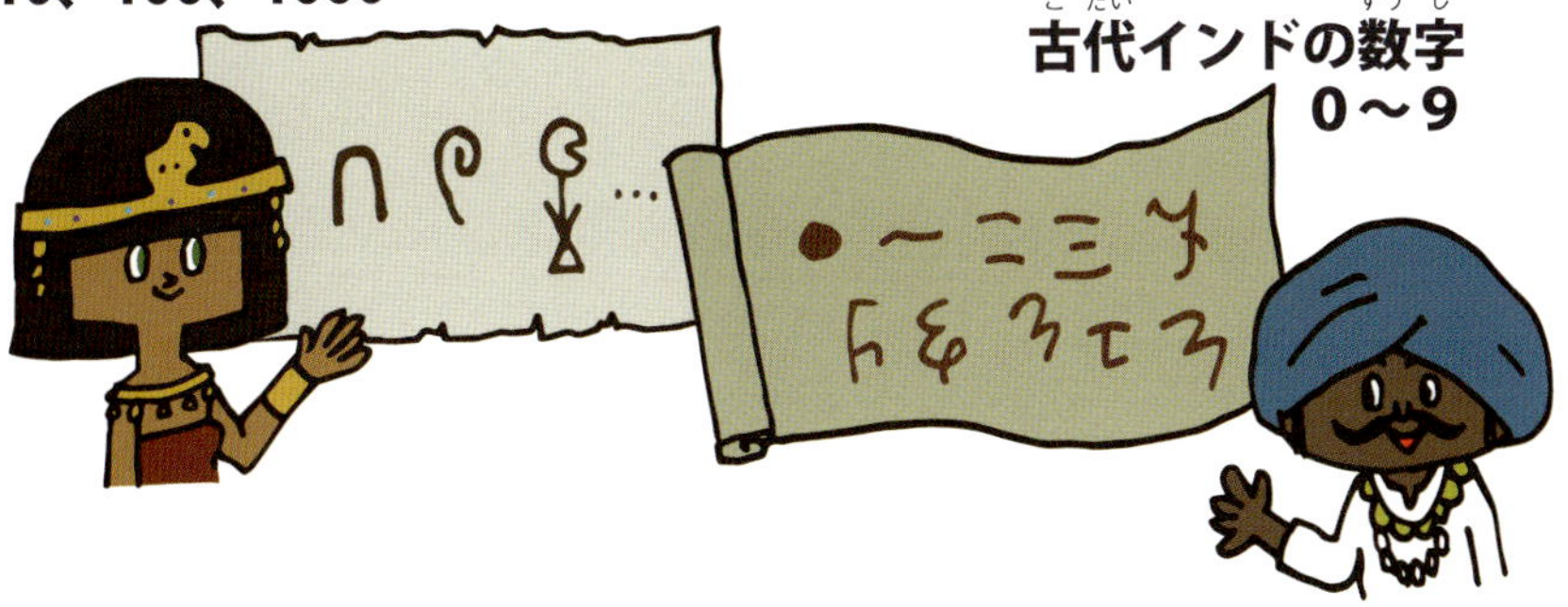

エジプト式《しき》は数《かず》が大《おお》きくなる度《たび》に新《あたら》しい記号《きごう》が必要《ひつよう》です。インド式《しき》は10種類《しゅるい》の数字《すうじ》でたります。

ひとくちメモ　0から9までの10個《こ》の数字《すうじ》を使《つか》い、数字《すうじ》をかく位置《いち》によって数《かず》の大《おお》きさを表《あらわ》す方法《ほうほう》を「十進位取《じっしんくらいど》り記数法《きすうほう》」といいます。

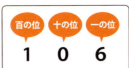

感じてみよう

# 子供の科学 写真館 vol.6

算数《さんすう》にまつわるユニークな写真《しゃしん》を紹介《しょうかい》します。
面白《おもしろ》かったり、美《うつく》しかったり、
算数《さんすう》の意外《いがい》な世界《せかい》を味《あじ》わってください。

## 算数《さんすう》アートギャラリー

手《て》を使《つか》って算数《さんすう》を体験《たいけん》するには、アート作品《さくひん》をつくるというのもおすすめです。ここでは、3～6年《ねん》生《せい》の各学年《かくがくねん》で習《なら》ったことがらを活《い》かした作品《さくひん》を紹介《しょうかい》します。

### 4年生 [切《き》り紙《がみ》]

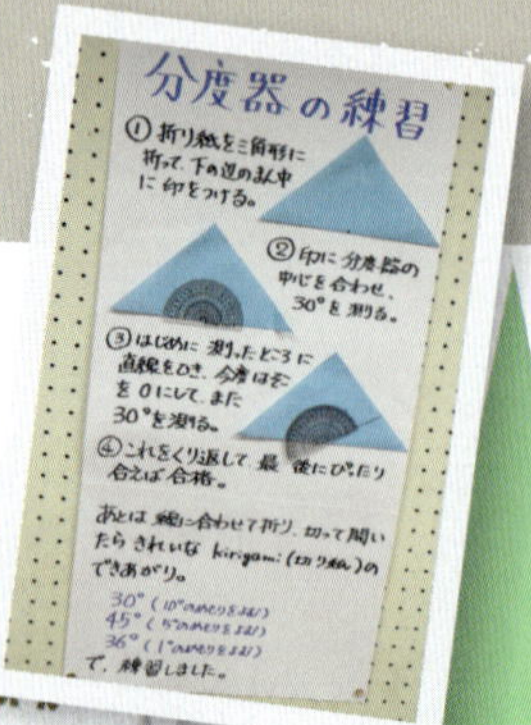

### 5年生 [しきつめ模様《もよう》]

### 3年生 [円《えん》の花畑《はなばたけ》]

### 6年生 [対称《たいしょう》な図形《ずけい》]

◉協力／杉並区立高井戸第三小学校

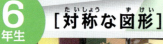

# 9月

September

数と計算のお話

# 「÷9」であまりがわかる

9月 1日

青森県《あおもりけん》　三戸町立三戸小学校《さんのへちょうりつさんのへしょうがっこう》
種市芳丈《たねいちよしたけ》先生《せんせい》が書《か》きました

読《よ》んだ日《ひ》　月《がつ》　日《にち》　月《がつ》　日《にち》　月《がつ》　日《にち》

図《ず》1

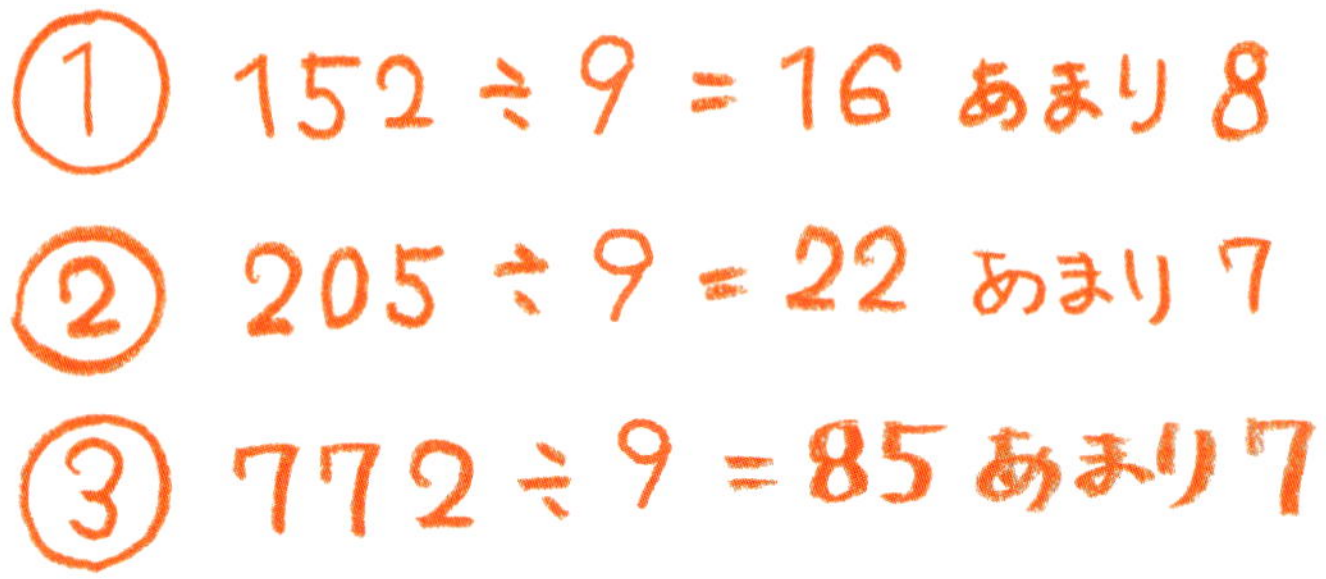


## 9のわり算《ざん》の不思議《ふしぎ》

わり算《ざん》の計算《けいさん》はなかなかたいへんですね。でも、「割《わ》る9」の計算《けいさん》だったら、あまりがすぐにわかる方法《ほうほう》があります。

図《ず》1の問題《もんだい》のあまりを考《かんが》えてみましょう。ヒントは、割《わ》られる数《かず》です。気《き》がつきましたか？

実《じっ》は、割《わ》られる数《かず》の位同士《くらいどうし》の数《すう》字《じ》を足《た》すと、あまりと同《おな》じになるのです。たとえば、問題《もんだい》①は1＋5＋2＝8、問題《もんだい》②は2＋0＋5＝7です。

え！　問題《もんだい》③は7＋7＋2＝16で、あまりと同《おな》じにならない？

そういうときは9を引《ひ》きます。16－9＝7であまりと同《おな》じになりました。

## どうしてあまりがわかるの？

どうして、割《わ》られる数《かず》の位同士《くらいどうし》の数字《すうじ》を足《た》すと、あまりと同《おな》じになるのでしょう？

それは、100も10も9で割《わ》ると、1あまることを利用《りよう》しています。たとえば、問題《もんだい》①の152をマス目《め》で表《あらわ》すと、図《ず》2のようになります。

これを9で割《わ》ると、各位《かくくらい》の数字《すうじ》と位《くらい》ごとに9で割《わ》ったあまりが同《おな》じになることがわかります。

このように、9で割《わ》るわり算《ざん》は面白《おもしろ》い性質《せいしつ》があります。

図《ず》2

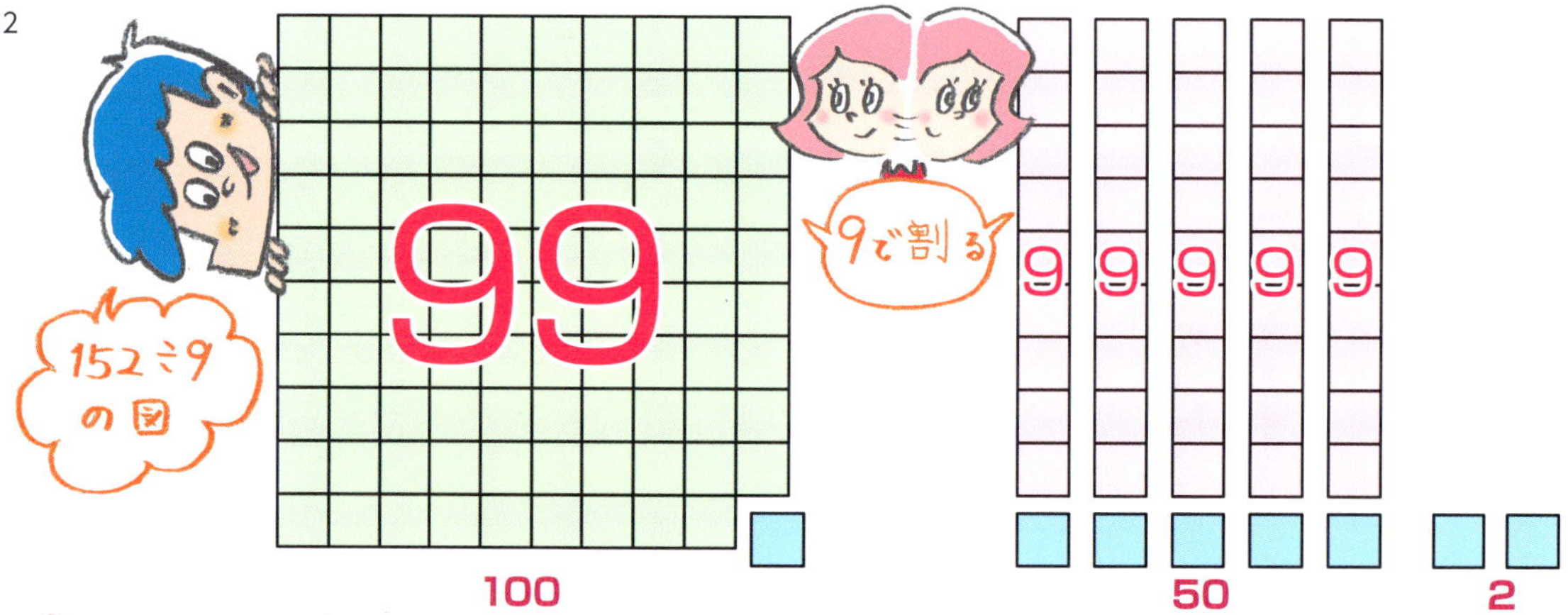


ひとくちメモ　9で割《わ》るわり算《ざん》の性質《せいしつ》を利用《りよう》して、計算《けいさん》が正《ただ》しいか確《たし》かめる方法《ほうほう》があります。「九去法《くきょほう》」といって、昔《むかし》からインドで使《つか》われていました。

# 三角定規《さんかくじょうぎ》でいろいろな角《かく》をつくろう！

単位とはかり方のお話

9月 2日

神奈川県《かながわけん》 川崎市立土橋小学校《かわさきしりつつちはししょうがっこう》
山本《やまもと》 直《なお》 先生《せんせい》が書《か》きました

読《よ》んだ日《ひ》　月《がつ》　日《にち》　月《がつ》　日《にち》　月《がつ》　日《にち》

## 三角定規《さんかくじょうぎ》の角《かく》は何度《なんど》？

みなさんが普段使《ふだんつか》っている三角《さんかく》定規《じょうぎ》には主《おも》に2種類《しゅるい》あります。

1つは直角二等辺三角形《ちょっかくにとうへんさんかくけい》で3つの角《かく》が90度《ど》、45度《ど》、45度《ど》のもの。もう1つは直角三角形《ちょっかくさんかくけい》で3つの角《かく》が90度《ど》、60度《ど》、30度《ど》のものです。つまり、この三角定規《さんかくじょうぎ》のいずれかの角《かく》にそって線《せん》を引《ひ》けば、30度《ど》、45度《ど》、60度《ど》、90度《ど》の4つの大《おお》きさの角《かく》をつくることができます。

では、つくることができる大《おお》きさはこの4つだけなのでしょうか。実《じつ》は、この2つの三角定規《さんかくじょうぎ》を上手《じょうず》に使《つか》えば、他《ほか》にもいろいろな大《おお》きさの角《かく》をつくることができます。

## 組《く》み合《あ》わせて工夫《くふう》しよう

まずは2つの角《かく》の大《おお》きさを合《あ》わせる方法《ほうほう》があります。たとえば30度《ど》と45度《ど》の角《かく》を合《あ》わせて75度《ど》の角《かく》をつくることができます。

次《つぎ》に、一方《いっぽう》の大《おお》きさからもう一《いっ》方《ぽう》の大《おお》きさを引《ひ》く方法《ほうほう》です。はじめに45度《ど》の角《かく》をつくり、その上《うえ》に30度《ど》の角《かく》を重《かさ》ねれば45－30で15度《ど》の大《おお》きさをつくることができます。ちなみに、75度《ど》の角《かく》をつくったときには、その外側《そとがわ》には285度《ど》（360－75）の角《かく》もつくったことになり、15度《ど》なら345度《ど》の角《かく》もつくったことになります。

このようにして組《く》み合《あ》わせ方《かた》を工夫《くふう》すると、他《ほか》にも色々《いろいろ》な大《おお》きさの角《かく》をつくることができます。

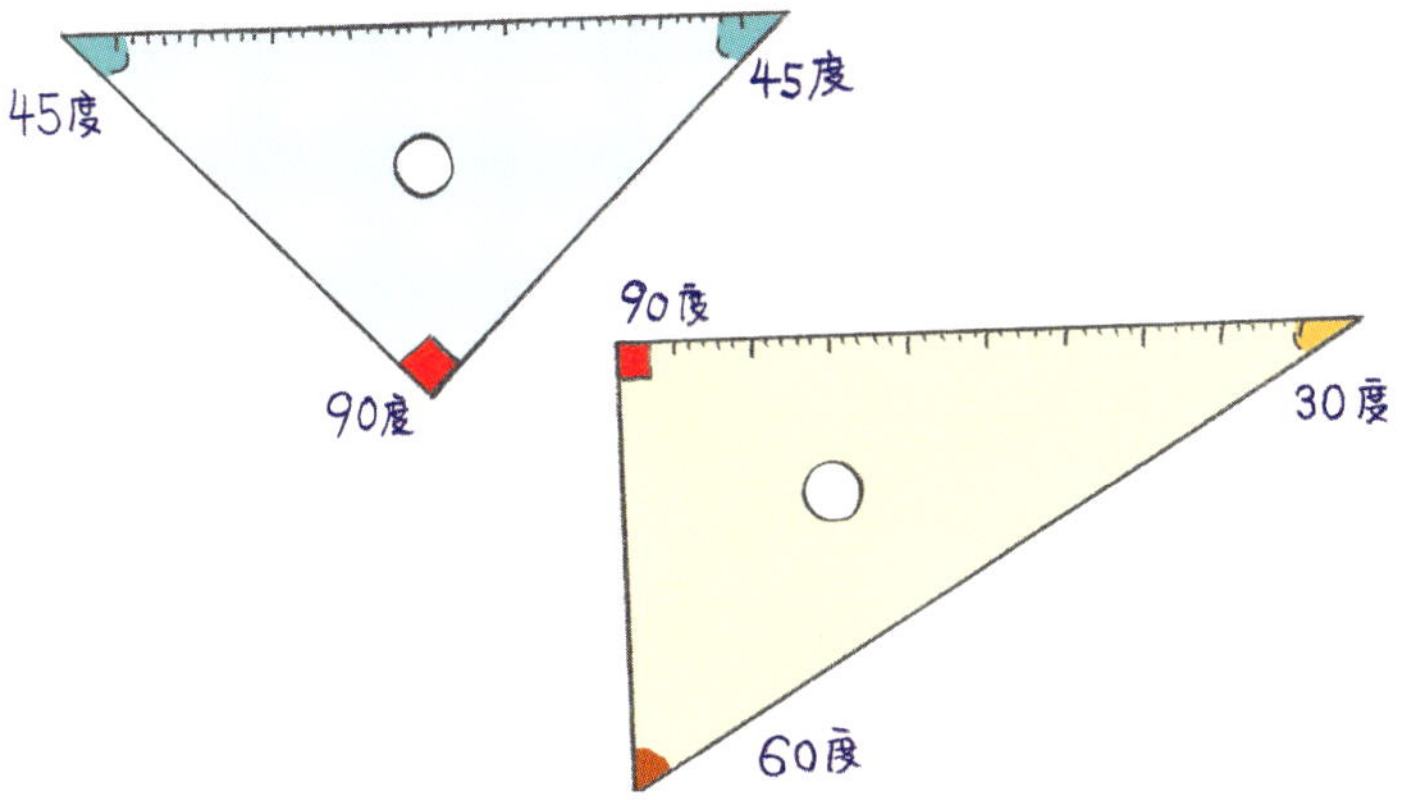


### やってみよう

**三角定規《さんかくじょうぎ》を組《く》み合《あ》わせて！**

15度《ど》からはじめて、30度《ど》、45度《ど》、60度《ど》、75度《ど》、90度《ど》、105度《ど》……と、15度《ど》おきにつくることができます。その先《さき》を自分《じぶん》でつくってみましょう。

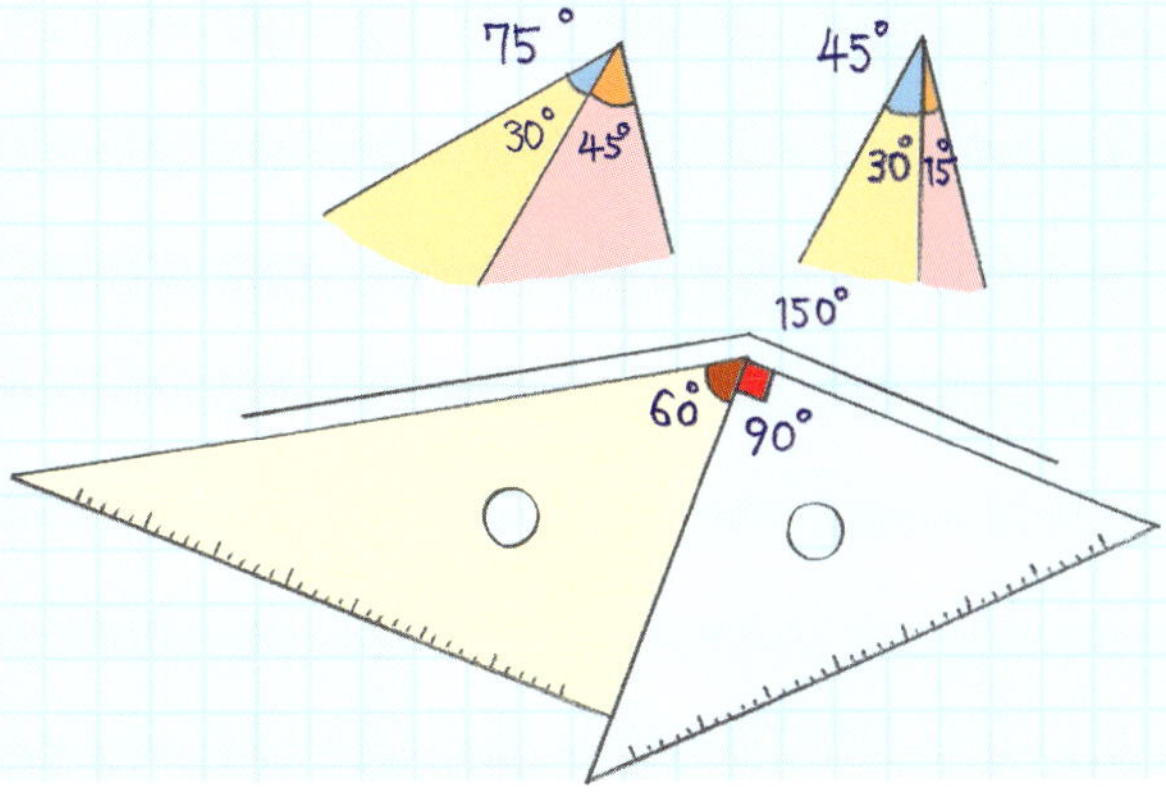


**ひとくちメモ** 角《かく》の大《おお》きさが180度《ど》で直線《ちょくせん》になり、360度《ど》で1周《しゅう》します。これを「2直角《ちょっかく》」や「4直角《ちょっかく》」と、直角《ちょっかく》のいくつ分《ぶん》で表《あらわ》す言《い》い方《かた》もあります。

単位とはかり方のお話

# 聞《き》いたことある？　土地《とち》の単位《たんい》「坪《つぼ》」

9月　3日

東京学芸大学附属小金井小学校《とうきょうがくげいだいがくふぞくこがねいしょうがっこう》
高橋丈夫《たかはしたけお》先生《せんせい》が書《か》きました

読《よ》んだ日《ひ》　月《がつ》　日《にち》　月《がつ》　日《にち》　月《がつ》　日《にち》

## 教室《きょうしつ》の広《ひろ》さはどのくらい？

　ものの広《ひろ》さを数《かず》で表《あらわ》したものを面積《めんせき》といいます。たとえば学校《がっこう》でみなさんが使《つか》っているノートは縦《たて》の長《なが》さが約《やく》25cm、横《よこ》の長《なが》さが約《やく》18cmですので、面積《めんせき》は25×18で450cm²になります。これは一辺《いっぺん》が1cmの長《なが》さの正方形《せいほうけい》450個分《こぶん》の広《ひろ》さがあることを表《あらわ》しています。

　では、みなさんの学校《がっこう》の教室《きょうしつ》の広《ひろ》さはどうでしょう。だいたい、横幅《よこはば》が9mぐらい、縦《たて》の長《なが》さが10mぐらいですので、面積《めんせき》は約《やく》90m²となります。一辺《いっぺん》が1mの正方形《せいほうけい》90個分《こぶん》の広《ひろ》さということですね。

　このように普段《ふだん》みなさんのまわりにある広《ひろ》さは、m²という単位《たんい》を基《もと》に表《あらわ》されています。

## お米《こめ》と畳《たたみ》と坪《つぼ》の関係《かんけい》

　昔《むかし》は、今《いま》と違《ちが》う単位《たんい》を使《つか》っていました。みなさんは「坪《つぼ》」という広《ひろ》さを表《あらわ》す単位《たんい》を知《し》っていますか。今《いま》も土地《とち》の広《ひろ》さを表《あらわ》すのに使《つか》われる単位《たんい》ですが、1坪《つぼ》は、大人一人《おとなひとり》が1日《にち》に食《た》べる量《りょう》のお米《こめ》がとれる広《ひろ》さとして考《かんが》えられた単位《たんい》です。

　みなさんの身近《みぢか》にあるものを使《つか》って表《あらわ》すと畳《たたみ》2枚分《まいぶん》の広《ひろ》さになります。畳《たたみ》は長《なが》い方《ほう》の辺《へん》の長《なが》さが180cmで短《みじか》い方《ほう》の辺《へん》の長《なが》さは90cmですので（58ページ参照《さんしょう》）、畳《たたみ》2枚分《まいぶん》は一辺《いっぺん》の長《なが》さが180cmの正《せい》方形《ほうけい》になります。この広《ひろ》さ、昔《むかし》は大人《おとな》の人《ひと》の歩幅《ほはば》2歩分《ほぶん》でできる正《せい》方形《ほうけい》として考《かんが》えられていたそうです。

　歩幅《ほはば》を利用《りよう》して測《はか》った広《ひろ》さと大人一人《おとなひとり》が1日《にち》に食《た》べるお米《こめ》のとれる田《た》んぼの広《ひろ》さが一緒《いっしょ》だなんて、面白《おもしろ》いですね。

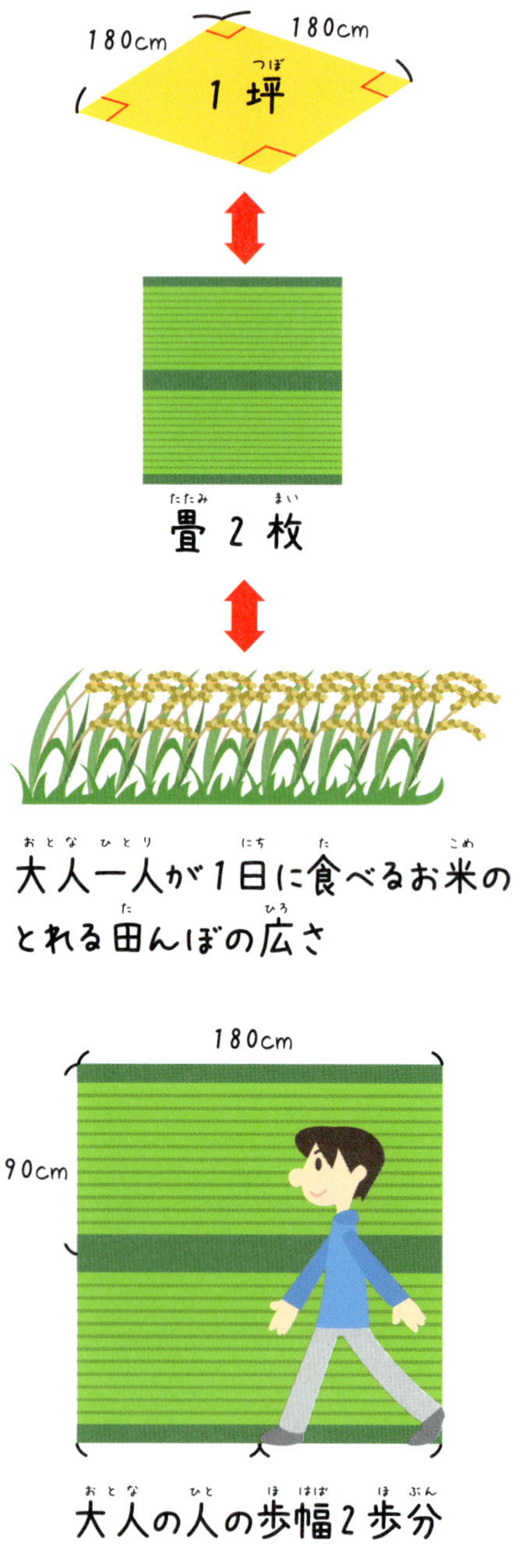


ひとくちメモ　1坪《つぼ》は、大人一人《おとなひとり》が1日《にち》に食《た》べる量《りょう》のお米《こめ》がとれる土地《とち》の広《ひろ》さです。それが1年分《ねんぶん》、つまり365坪《つぼ》を1反《たん》としましたが、途中《とちゅう》から360坪《つぼ》で1反《たん》となりました。また、この米《こめ》1年分《ねんぶん》を1石《こく》としていました。

# おはじきで遊《あそ》ぼう！「方陣算《ほうじんざん》」



学習院初等科《がくしゅういんしょとうか》
大澤隆之《おおさわたかゆき》先生《せんせい》が書《か》きました

読《よ》んだ日《ひ》　月《がつ》　日《にち》　月《がつ》　日《にち》　月《がつ》　日《にち》

## いろんなやり方《かた》を考《かんが》えよう

おはじきを正三角形《せいさんかくけい》に並《なら》べます。1辺《べん》に5個《こ》ずつならべたとき、おはじきは全部《ぜんぶ》で何個《なんこ》になるでしょう（図《ず》1）。

図《ず》1

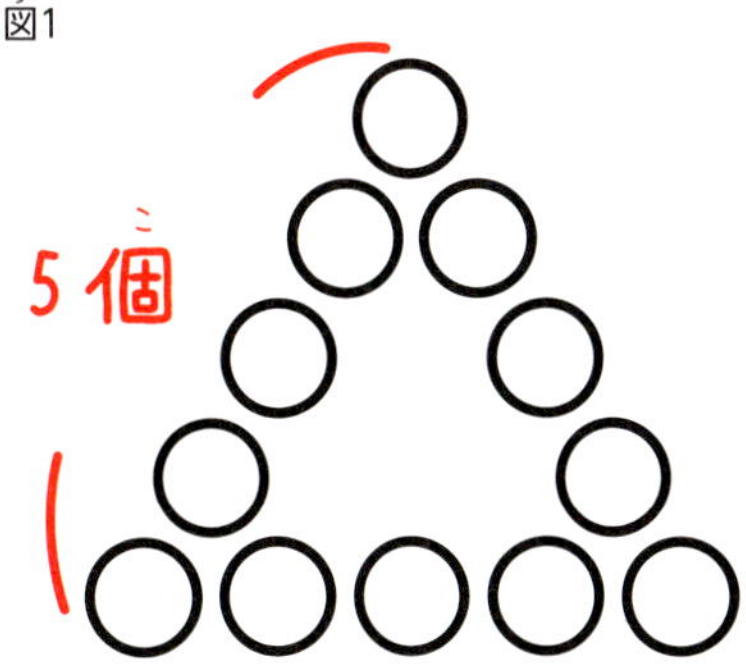


おはじきが1辺《べん》に5個《こ》だから、5×3で15個《こ》？　違《ちが》います。角《かど》にあるおはじきは、2回数《かいかぞ》えてしまっています。

では、どんな数《かぞ》え方《かた》をすればいいか、考《かんが》えてみましょう。

ア　5×3で15個《こ》として、角《かど》（かど）3個《こ》は2回《かい》ずつ数《かぞ》えたからそれを引《ひ》く。
5×3－3で12個《こ》（図《ず》2）。

イ　角《かど》は1回《かい》しか数《かぞ》えないこととして、4×3で12個《こ》（図《ず》3）。

ウ　辺《へん》にあるおはじきを重《かさ》ならないように順《じゅん》に足《た》していく。
5＋4＋3で12個《こ》（図《ず》4）。

図《ず》2

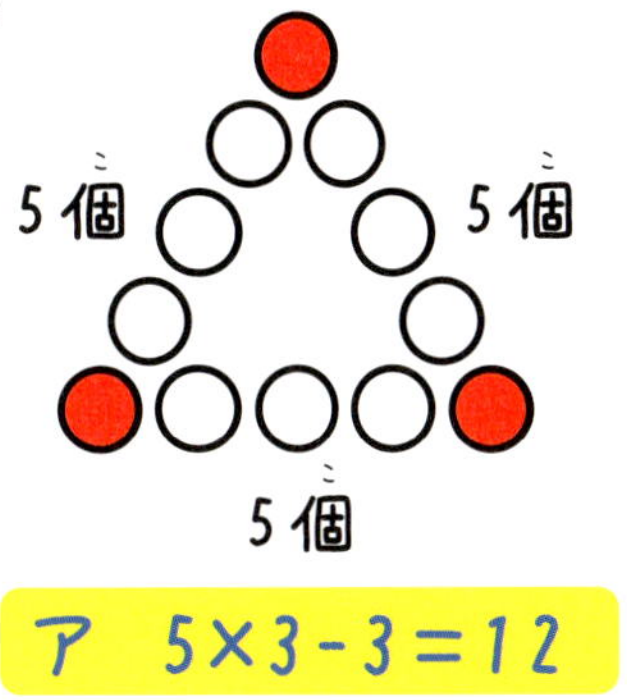


図《ず》3

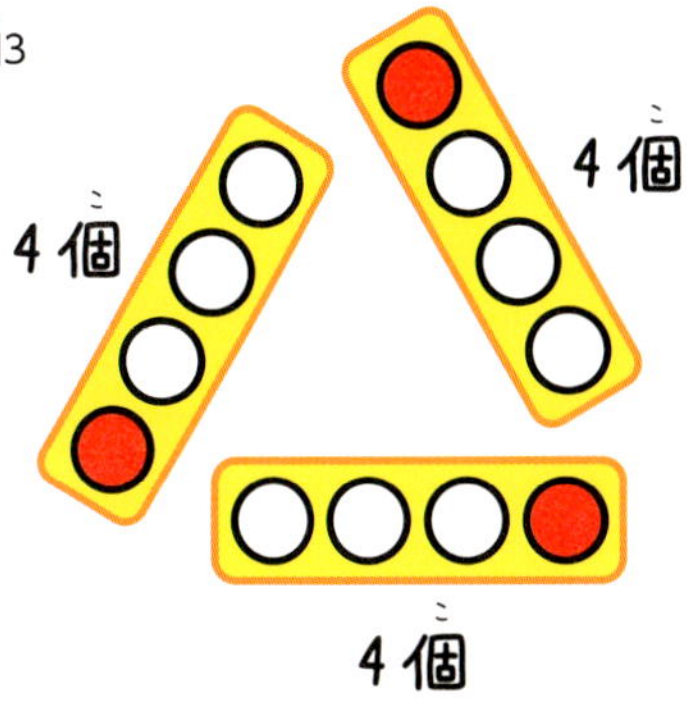


図《ず》4

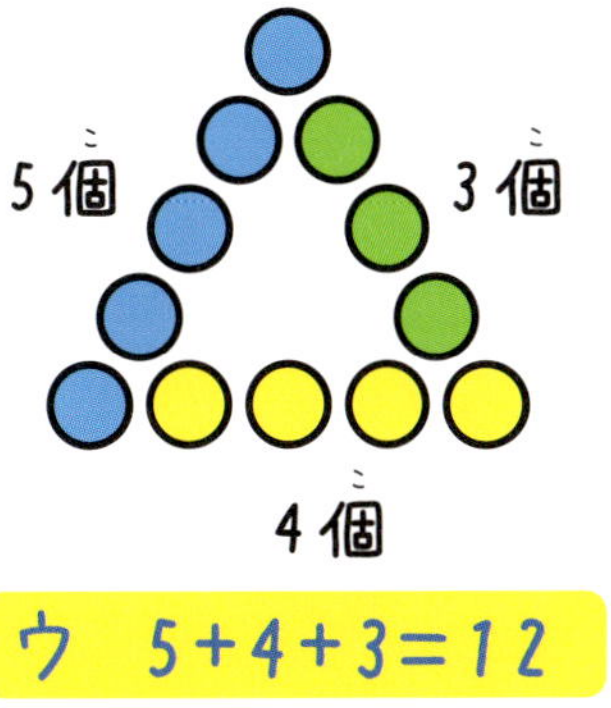




### やってみよう

**1辺《べん》が100個《こ》だったら？**

「1辺《べん》のおはじきが100個《こ》のときは、おはじきは全部《ぜんぶ》で何《なん》個《こ》になるでしょう」。どのやり方《かた》でもいいですから、やってみましょう。

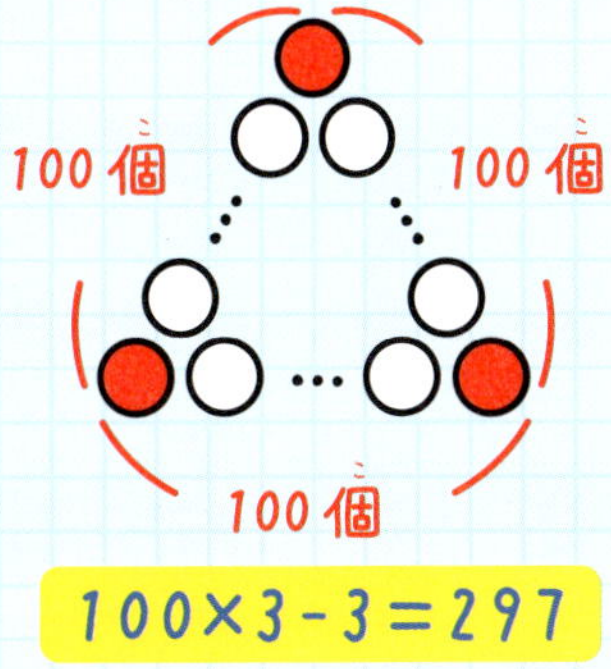


たとえば、アのやり方《かた》でやると、100×3−3で、297個《こ》になります。



ひとくちメモ　もし、おはじきを正方形《せいほうけい》に並《なら》べたら、どの方法《ほうほう》も使《つか》えるでしょうか。やってみましょう。

単位とはかり方のお話

# トップアスリートの選手《せんしゅ》はどれくらい速《はや》い？

9月5日

明星大学客員教授《めいせいだいがくきゃくいんきょうじゅ》
細水保宏《ほそみずやすひろ》先生《せんせい》が書《か》きました

読《よ》んだ日《ひ》　月《がつ》　日《にち》｜月《がつ》　日《にち》｜月《がつ》　日《にち》

## マラソン選手《せんしゅ》は時速何《じそくなん》km？

一般的《いっぱんてき》に、人間《にんげん》の歩《ある》く速《はや》さは、1時間《じかん》に4000m（時速《じそく》4km）と言《い》われています。自転車《じてんしゃ》は15km～40kmくらいで走《はし》り、自動車《じどうしゃ》は40km～60km、高速道路《こうそくどうろ》では80km～100kmで走《はし》っています。

世界《せかい》のトップアスリートと言《い》われている人《ひと》は、どのような速《はや》さを体感《たいかん》しているのでしょうか。陸上《りくじょう》での世界記録《せかいきろく》をもとに見《み》てみましょう（図《ず》1）。

図《ず》1

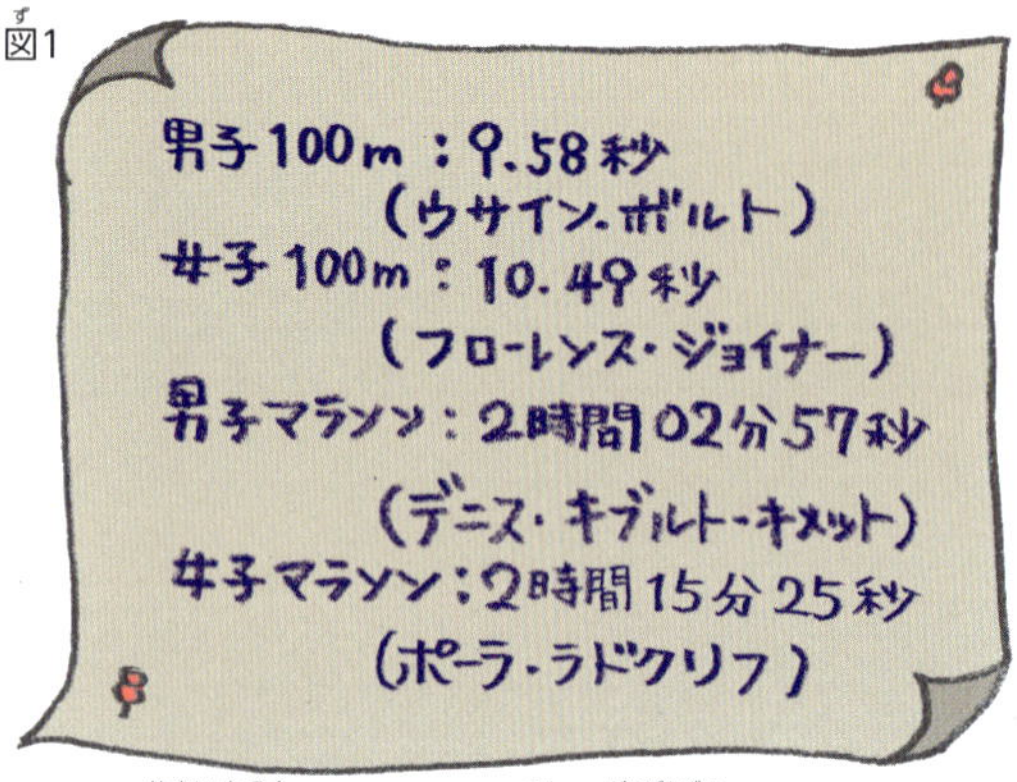


※世界記録《せかいきろく》はすべて2015年《ねん》12月現在《がつげんざい》

これらは、決《き》められた距離《きょり》をどれくらいの時間《じかん》で走《はし》ることができるかで速《はや》さを表現《ひょうげん》しています。したがって、数値《すうち》が小《ち》さい方《ほう》が速《はや》いことを示《しめ》しています。

## 単位《たんい》をそろえて比《くら》べてみよう

しかし、図《ず》1の表現《ひょうげん》だけではどれくらいの速《はや》さだか想像《そうぞう》がつきにくいですね。そこで、時速《じそく》で単位《たんい》をそろえて見《み》てみましょう（図《ず》2）。

図《ず》2

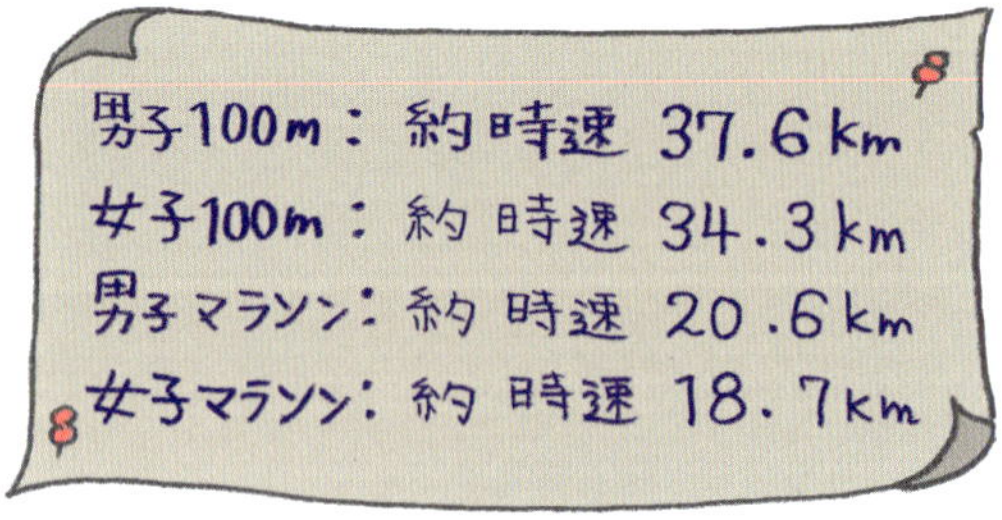


100mの選手《せんしゅ》はゆっくりの自《じ》動車《どうしゃ》、マラソン選手《せんしゅ》は自転車《じてんしゃ》くらいのスピードで走《はし》っていることがわかります。マラソン選手《せんしゅ》はその速《はや》さを2時間以上保《じかんいじょうたも》って走《はし》っているのですから驚《おどろ》きです。

このように単位《たんい》をそろえて見《み》てみると、速《はや》さが身近《みぢか》に感《かん》じられますね。

### 考《かん》えてみよう

**動物《どうぶつ》と比《くら》べると？**

いろいろな動物《どうぶつ》と速《はや》さ比《くら》べをしてみましょう。

・チーター　400m：約《やく》12秒《びょう》
　⇒（時速約《じそくやく》120km）
・ゾウ　500m：約《やく》45秒《びょう》
　⇒（時速約《じそくやく》40km）

ボルト選手《せんしゅ》は勝《か》てるでしょうか？

ひとくちメモ

人間《にんげん》は、瞬間的《しゅんかんてき》な速度《そくど》は遅《おそ》いですが、持続力《じぞくりょく》という点《てん》では素晴《すば》らしく、実際《じっさい》に長距離《ちょうきょり》で勝負《しょうぶ》したら、チーターにも負《ま》けない力《ちから》を持《も》っています。他《ほか》の動物《どうぶつ》や乗《の》り物《もの》など、身《み》の回《まわ》りの速《はや》さも調《しら》べてみると面白《おもしろ》いですね。

# 正方形《せいほうけい》の中《なか》の正方形《せいほうけい》

熊本県《くまもとけん》　熊本市立池上小学校《くまもとしりついけのうえしょうがっこう》
藤本邦昭《ふじもとくにあき》先生《せんせい》が書《か》きました

読《よ》んだ日《ひ》　月《がつ》　日《にち》　月《がつ》　日《にち》　月《がつ》　日《にち》

## 一辺《いっぺん》の長《なが》さがわからなくても

図《ず》1のように一辺《いっぺん》が10㎝の正方形《せいほうけい》の中《なか》にぴったり入《はい》った円《えん》と、その円《えん》の中《なか》にぴったり入《はい》った正方形《せいほうけい》があります。

さて、この内側《うちがわ》の正方形《せいほうけい》の面積《めんせき》はいくつになっているでしょうか？

正方形《せいほうけい》の面積《めんせき》を求《もと》める公式《こうしき》は、「一辺《いっぺん》×一辺《いっぺん》」ですから、一辺《いっぺん》の長《なが》さがわかればいいのですが、このままでは、わからないですね。

そこで、内側《うちがわ》の正方形《せいほうけい》を少《すこ》し回《まわ》してみましょう（図《ず》2）。

そして、縦《たて》と横《よこ》に補助線《ほじょせん》を引《ひ》いてみると……もうわかりましたか。

外側《そとがわ》の正方形《せいほうけい》の半分《はんぶん》になっていることがわかりますね（図《ず》3）。

外側《そとがわ》の正方形《せいほうけい》の面積《めんせき》が10×10＝100㎠でしたから、その半分《はんぶん》で50㎠となります。

図《ず》1

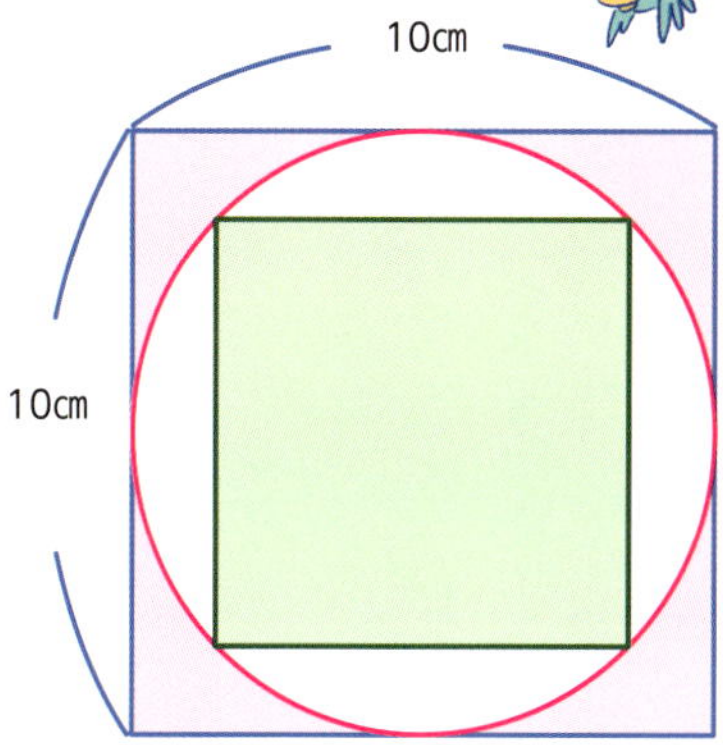

図《ず》2

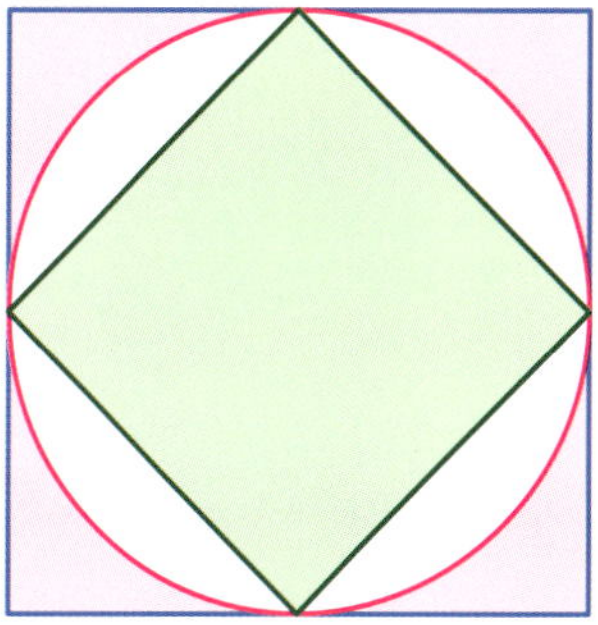

図《ず》3

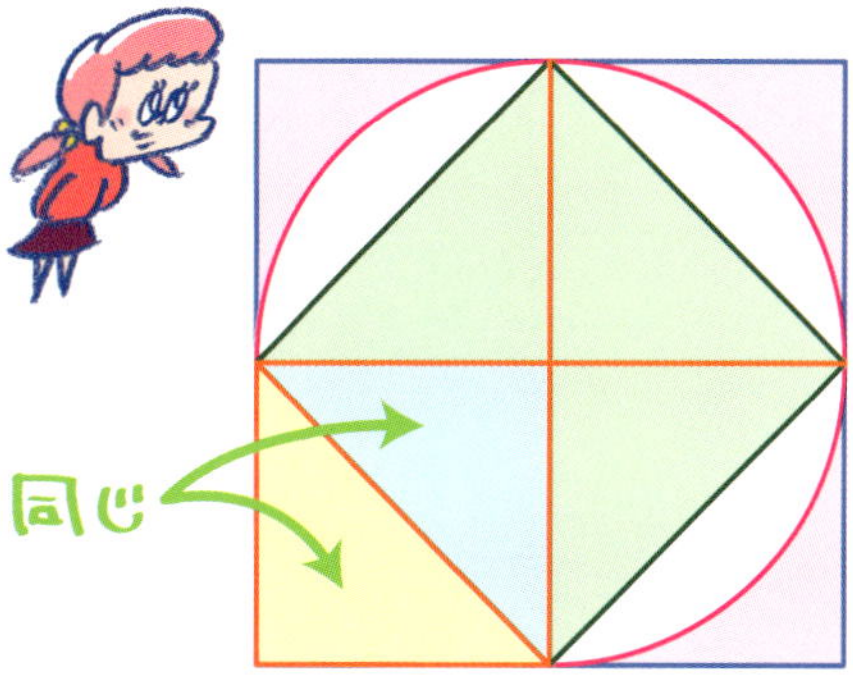


## 正方形《せいほうけい》をもう一《ひと》つつくったら

正方形《せいほうけい》の求積公式《きゅうせきこうしき》（面積《めんせき》を求《もと》める公式《こうしき》）は「一辺《いっぺん》×一辺《いっぺん》」ですが、このように図形《ずけい》を動《うご》かしてみると、計算《けいさん》しなくても簡単《かんたん》にわかることがあります。

では、同《おな》じように、もう一《ひと》つ内側《うちがわ》に正方形《せいほうけい》をつくってみたら、面積《めんせき》はいくつになるでしょうか？（図《ず》4）。正方形《せいほうけい》を同《おな》じように回《まわ》してみるとわかりそうですね。

図《ず》4

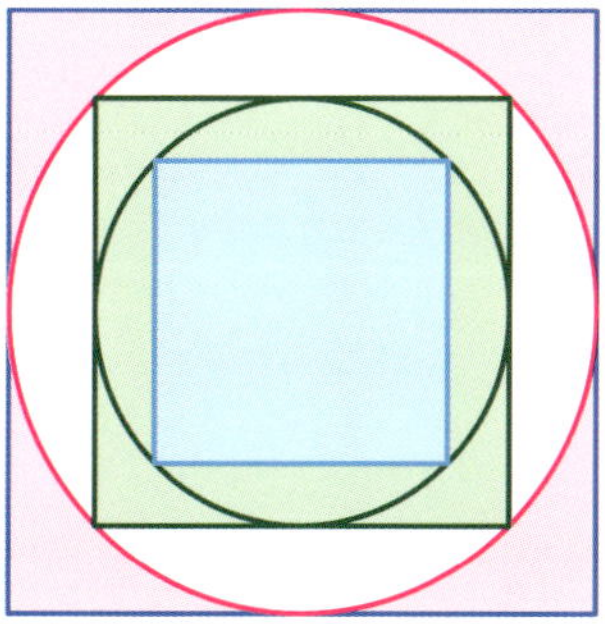

図《ず》5

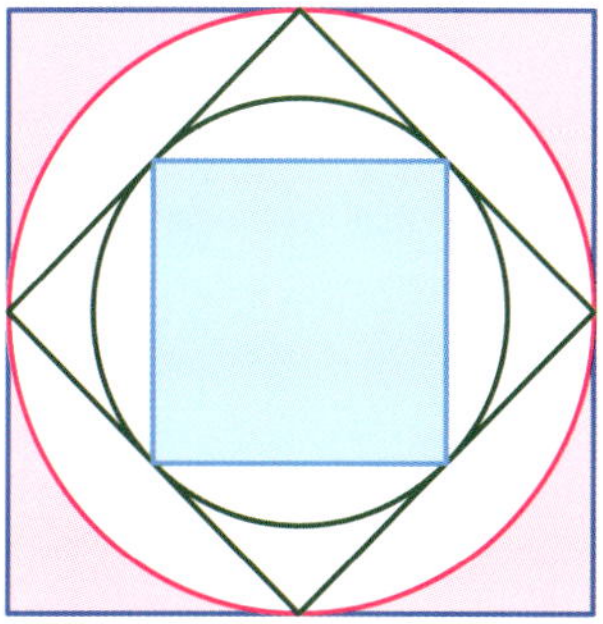

ひとくちメモ　上記《じょうき》と同《おな》じように考《かんが》えると、最初《さいしょ》の内側《うちがわ》の正方形《せいほうけい》のさらに半分《はんぶん》になるので、50÷2＝25　25㎠になります。つまり、外側《そとがわ》の大《おお》きな正方形《せいほうけい》の1/4になっているということです（図《ず》5）。

# 重《おも》さを量《はか》ることはできるかな？

9月 7日

お茶《ちゃ》の水《みず》女子《じょし》大学《だいがく》附属《ふぞく》小学校《しょうがっこう》
岡田紘子《おかだひろこ》先生《せんせい》が書《か》きました

読《よ》んだ日《ひ》　月《がつ》　日《にち》　月《がつ》　日《にち》　月《がつ》　日《にち》

## てんびんで重《おも》さを量《はか》ろう

てんびんを使《つか》って、重《おも》さを量《はか》ろうと思《おも》います。しかし、おもりは6gと7gしか使《つか》うことができないとします。たとえば、13gのものを量《はか》ろうとするときは、6gのおもりを1個《こ》、7gのおもりを1個使《こつか》えば、重《おも》さを量《はか》ることができます（図《ず》1）。

26gのものを量《はか》るときは、6gのおもり2個《こ》と、7gのおもり2個《こ》を使《つか》えば、6×2＋7×2＝26となるので、重《おも》さを量《はか》ることができます。

図《ず》1

## 量《はか》ることができない重《おも》さは？

さて、6gと7gのおもりだけでは、量《はか》れないものもありますね。たとえば、15gのものは、6gと7gでは量《はか》ることができません。他《ほか》にも、1g、2g、3g……と量《はか》ることができない重《おも》さはたくさんありそうです。

図《ず》2を見《み》てください。キの列《れつ》は、かけ算九九《ざんくく》の7の段《だん》の答《こた》えなので、7gのおもりを使《つか》えばすべて量《はか》ることができます。カの列《れつ》は、6gのおもり1つに、7gのおもりを足《た》していけば、すべて量《はか》ることができます。オの列《れつ》は、5gは量《はか》ることができませんが、12gは6gのおもりを2個《こ》、その下《した》の列《れつ》は12gのおもりに7gを足《た》していけばつくることができます。

同《おな》じように、エ、ウ、イ、アの列《れつ》も○がついている重《おも》さは6gのおもりで量《はか》ることができ、その下《した》の重《おも》さは○がついている重《おも》さに7gを足《た》してできる重《おも》さなので、6gと7gのおもりで量《はか》ることができます。だから、量《はか》ることができない重《おも》さは、1、2、3、4、5、8、9、10、11、15、16、17、22、23、29gの15種類《しゅるい》だけとなります。

もっと重《おも》いものだと量《はか》れない重《おも》さがありそうな気《き》がしますが、30g以上《いじょう》の重《おも》さは、6gと7gのおもりですべて量《はか》ることができます。不思議《ふしぎ》ですね。

| ア | イ | ウ | エ | オ | カ | キ |
|---|---|---|---|---|---|---|
| 1 | 2 | 3 | 4 | 5 | ⑥ | ⑦ |
| 8 | 9 | 10 | 11 | ⑫ | 13 | 14 |
| 15 | 16 | 17 | ⑱ | 19 | 20 | 21 |
| 22 | 23 | ㉔ | 25 | 26 | 27 | 28 |
| 29 | ㉚ | 31 | 32 | 33 | 34 | 35 |
| ㊱ | 37 | 38 | 39 | 40 | 41 | 42 |
| 43 | 44 | 45 | 46 | 47 | 48 | 49 |

図《ず》2

ひとくちメモ　おもりが3gと10gだと、量《はか》れない重《おも》さはいくつあるかな？　横《よこ》が10マスの表《ひょう》にして考《かんが》えてみましょう。

# 円《えん》を知《し》っている形《かたち》に変身《へんしん》させよう！

学習院初等科《がくしゅういんしょとうか》
大澤隆之《おおさわたかゆき》先生《せんせい》が書《か》きました

読《よ》んだ日《ひ》　月《がつ》　日《にち》　月《がつ》　日《にち》　月《がつ》　日《にち》

## 円《えん》が知《し》っている四角形《しかくけい》に？

円《えん》の形《かたち》をしたピザを想《おも》い浮《う》かべてみてください。美味《おい》しそうですね。今《いま》、そのピザは16等分《とうぶん》されていたとします。その16等分《とうぶん》されたピザのピースを組《く》み合《あ》わせて、知《し》っている四角形《しかくけい》を頭《あたま》の中《なか》でつくってみたいと思《おも》います（図《ず》1）。

図《ず》1

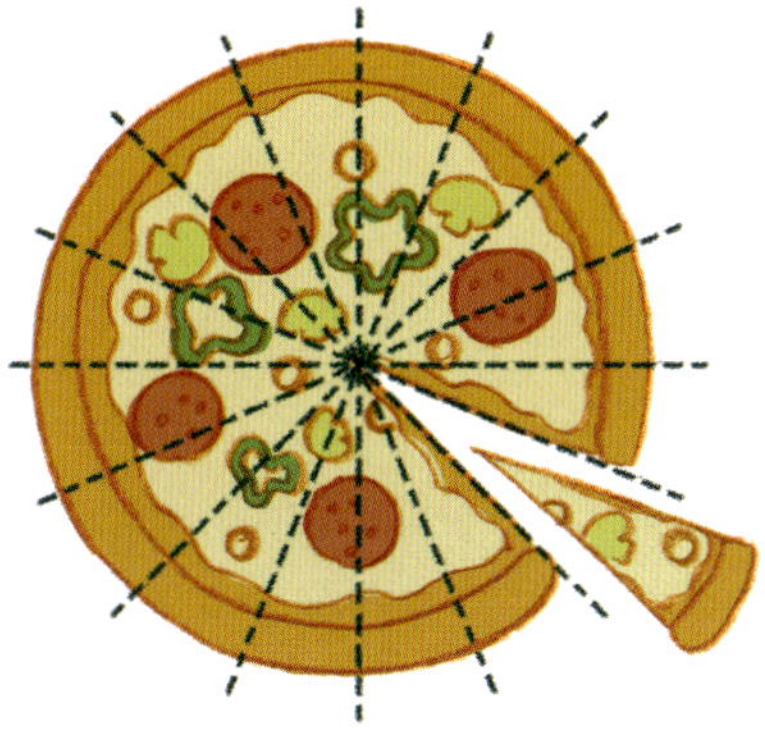

16等分

正方形《せいほうけい》や長方形《ちょうほうけい》、平行四辺形《へいこうしへんけい》ができましたか。図《ず》2のように動《うご》かすと、正方形《せいほうけい》や長方形《ちょうほうけい》ではなく、平行四辺形《へいこうしへんけい》ができます。

図《ず》2

平行四辺形

では、台形《だいけい》はできるでしょうか。図《ず》3のように動《うご》かすとできますね。

図《ず》3

台形

## 知《し》っている三角形《さんかくけい》に変身《へんしん》！

今度《こんど》は正三角形《せいさんかくけい》や二等辺三角形《にとうへんさんかくけい》、直角三角形《ちょっかくさんかくけい》に変身《へんしん》させてみましょう。図《ず》4のように動《うご》かすと、二等《にとう》辺三角形《へんさんかくけい》ができます。

図《ず》4

二等辺三角形

ひとくちメモ　曲線《きょくせん》で囲《かこ》まれた円《えん》の面積《めんせき》を求《もと》めるのに、面積《めんせき》の求《もと》め方《かた》を知《し》っている形《かたち》に変身《へんしん》させるというアイディアを使《つか》うと、およその面積《めんせき》を求《もと》めることができます。

9月 9日

# かけ算《ざんくく》九九でしりとりをしてみよう！

お茶《ちゃ》の水女子大学附属小学校《みずじょしだいがくふぞくしょうがっこう》
久《く》下《が》谷《や》 明《あきら》先生《せんせい》が書《か》きました

読《よ》んだ日《ひ》　月《がつ》　日《にち》　月《がつ》　日《にち》　月《がつ》　日《にち》

## しりとり遊《あそ》びのルール

しりとりをしたことがありますか。しりとりは、リス→スイカ→カメラ→ラッパ……のように、言《こと》葉《ば》の最後《さいご》の1文字《もじ》を、次《つぎ》の言葉《ことば》の先頭《せんとう》にして、できるだけたくさんの言葉《ことば》をつなげていく遊《あそ》びです(図《ず》1)。みなさんは、1人《り》で何個《なんこ》ぐらい言葉《ことば》をつなげられますか。

図《ず》1

今日《きょう》は、このしりとりを、かけ算九九《ざんくく》でやってみたいと思《おも》います。ルールは同《おな》じです。

かけ算九九《ざんくく》のしりとりでは、答《こた》えの一《いち》の位《くらい》の数字《すうじ》を、次《つぎ》のかけ算《ざん》のかけられる数《かず》にします(図《ず》2)。

このようにして、できるだけたくさん、かけ算九九《ざんくく》の式《しき》をつなげていきましょう。ただし、一度《いちど》使《つか》ったかけ算九九《ざんくく》の式《しき》は使《つか》えません。みなさんは、何個《なんこ》つなげることができるでしょうか。

図《ず》2

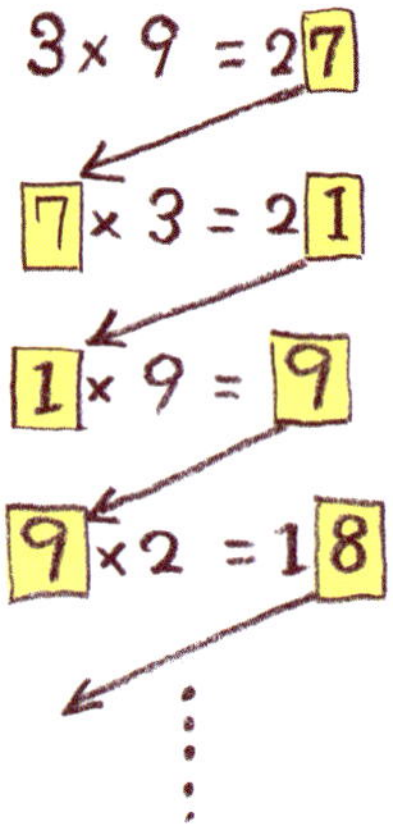


### 考《かんが》えてみよう

## かけ算九九《ざんくく》のとなえ方《かた》のひみつ

かけ算九九《ざんくく》を覚《おぼ》えるとき、「にいちがに、ににんがし……」と繰《く》り返《かえ》しとなえて覚《おぼ》えたことと思《おも》います。しりとりとは少《すこ》しはなれますが、この九九《くく》の言《い》い方《かた》(かけ算《ざん》の式《しき》の読《よ》み方《かた》)について考《かんが》えてみましょう(図《ず》3)。上《うえ》と下《した》の違《ちが》いは何《なん》でしょう？　そうです、『が』がつくかつかないかの違《ちが》いです。どんなときに『が』がついて、どんなときにつかないのでしょうか。他《ほか》の九九《くく》についても調《しら》べてみましょう。

図《ず》3

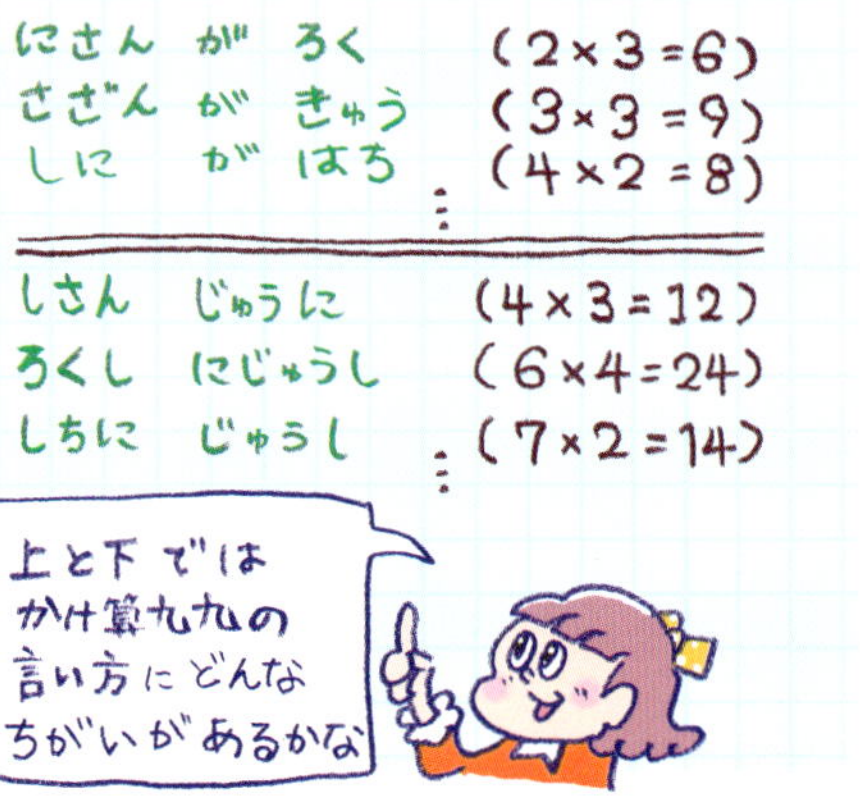


**ひとくちメモ**

かけ算九九《ざんくく》のしりとりは、81個《こ》の式《しき》、全部《ぜんぶ》をつなげることはできません。実《じつ》は、50個《こ》しかつながらないのです。ぜひ50個目指《こめざ》してチャレンジしてください。つなげるコツがあることに気《き》づくはずです。

算数にまつわる偉人のお話

# 先生《せんせい》もおどろいた！計算《けいさん》の天才《てんさい》ガウス少年《しょうねん》

9月10日

明星大学客員教授《めいせいだいがくきゃくいんきょうじゅ》
細水保宏《ほそみずやすひろ》先生《せんせい》が書《か》きました

読《よ》んだ日《ひ》　月《がつ》　日《にち》　月《がつ》　日《にち》　月《がつ》　日《にち》

## 教師《きょうし》を困《こま》らせた計算《けいさん》の天才児《てんさいじ》

ドイツの数学者《すうがくしゃ》、ヨハン・カール・フリードリヒ・ガウスの名前《なまえ》をみなさんは聞《き》いたことがありますか。

ガウスは少年時代《しょうねんじだい》から賢《かしこ》く、ことに驚《おどろ》くほど計算《けいさん》が達者《たっしゃ》で、暗算《あんざん》でサッと計算《けいさん》して周《まわ》りの人《ひと》を驚《おどろ》かせていました。その逸話《いつわ》の一《ひと》つとして、次《つぎ》のような話《はなし》が伝《つた》わっています。

ドイツの片田舎《かたいなか》のある小学校《しょうがっこう》で、あまりに計算《けいさん》が速《はや》いガウス少年《しょうねん》に手《て》を焼《や》いた先生《せんせい》が、少《すこ》し時間《じかん》のかかる問題《もんだい》をと考《かんが》え、「1から100までの数《かず》を足《た》すといくつになる？」との課題《かだい》を出《だ》しました。普通《ふつう》の子供《こども》なら20分《ぷん》から30分《ぷん》かかる計算《けいさん》です。

ところが、ガウス少年《しょうねん》は、「$1+100=101$、$2+99=101$、…$50+51=101$ となるので、答《こた》えは $101\times50=5050$ になります」と即座《そくざ》に解答《かいとう》して教師《きょうし》を驚《おどろ》かせました。

実際《じっさい》、算数《さんすう》の先生《せんせい》は彼《かれ》の才能《さいのう》を見《み》るにつけ、このような天才《てんさい》に自分《じぶん》が教《おし》えられることは何《なに》もないと言《い》ったといわれています。

## 近代数学《きんだいすうがく》の創始者《そうししゃ》

「ガウス」といえば、どこかで聞《き》いたことがあると思《おも》う人《ひと》も多《おお》いでしょう。それは、ガウスの名《な》が付《つ》いた重要《じゅうよう》な法則《ほうそく》が科学《かがく》の世界《せかい》に数《かず》多《おお》く残《のこ》っていて、今《いま》なお生《い》きているからです。

正《せい》17角形《かくけい》をコンパスと定規《じょうぎ》で作図《さくず》する方法《ほうほう》を19才《さい》の時《とき》に発見《はっけん》しました。当時《とうじ》、コンパスと定規《じょうぎ》だけで作図《さくず》できる正多角形《せいたかくけい》といえば、正三角形《せいさんかくけい》と正五角形《せいごかくけい》と考《かんが》えられていたので、数学史《すうがくし》に残《のこ》る発見《はっけん》でした。

この正《せい》17角形《かくけい》の作図法《さくずほう》の発明《はつめい》だけでなく、整数論《せいすうろん》の研究《けんきゅう》は特《とく》に有名《ゆうめい》で、18世紀《せいき》から19世紀《せいき》の近代数《きんだいすう》学《がく》に大《おお》きな影響《えいきょう》を与《あた》えました。

数学者《すうがくしゃ》としてだけでなく、天文《てんもん》学《がく》や力学《りきがく》、光学《こうがく》、電磁気学《でんじきがく》など天《てん》文学者《もんがくしゃ》、物理学者《ぶつりがくしゃ》としても大《おお》きな業績《ぎょうせき》を残《のこ》しました。彼《かれ》にちなんで「ガウス」と名付《なづ》けられている物理《ぶつり》の単位《たんい》もありますよ。

ひとくちメモ　ガウスは、アルキメデス、ニュートンと並《なら》び称《しょう》される学者《がくしゃ》で、19世紀最大《せいきさいだい》の数学者《すうがくしゃ》の一人《ひとり》です。

折《お》り紙《がみ》と厚紙《あつがみ》を重《かさ》ねたまま、三角形《さんかくけい》の中心《ちゅうしん》（重心《じゅうしん》）にコンパスで穴《あな》を開《あ》けます。

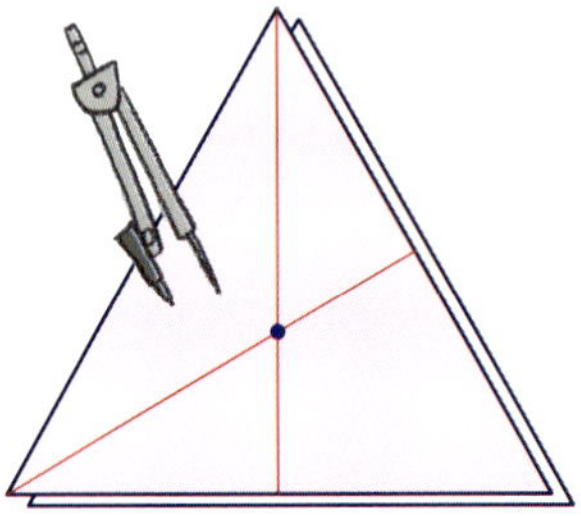

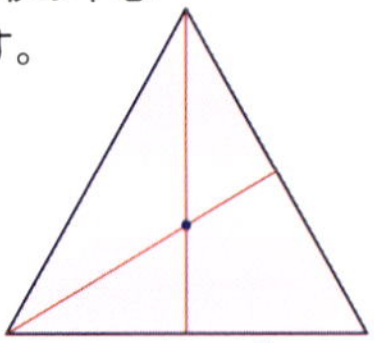

折《お》り紙《がみ》を貼《は》っておくと、色《いろ》がついたコマになるよ

厚紙《あつがみ》の穴《あな》につまようじをさせば、三《さん》角《かく》コマの完成《かんせい》です。

とがっているから気をつけて遊ぼう

完成《かんせい》

コマを回《まわ》すときは、つまようじのとがっていない方《ほう》が下《した》にくるようにしよう

## ●ほかの三角形《さんかくけい》にチャレンジしてみよう

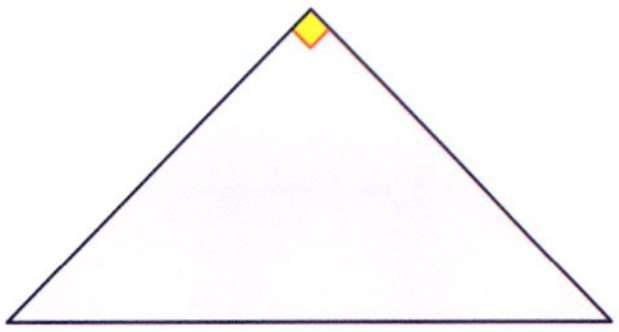

次《つぎ》に直角二等辺三角形《ちょっかくにとうへんさんかくけい》のコマをつくってみましょう。直角二等辺三《ちょっかくにとうへんさん》角形《かくけい》の折《お》り紙《がみ》を用意《ようい》します。

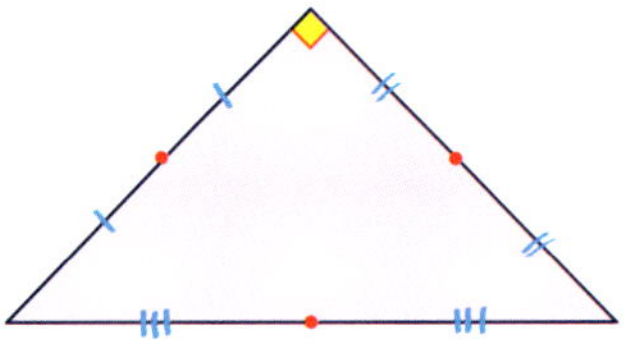

まずは、重心《じゅうしん》を見《み》つけます。直角《ちょっかく》二等辺三角形《にとうへんさんかくけい》の３つの辺《へん》の真《ま》ん中《なか》に印《しるし》をつけます。

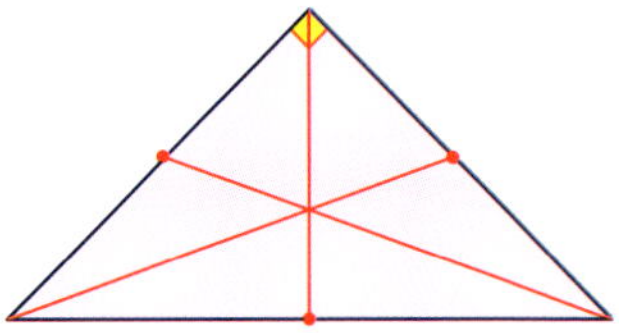

つけた印《しるし》から、向《む》かい合《あ》った頂点《ちょうてん》に向《む》けて線《せん》を引《ひ》きます。３本《ぼん》の線《せん》が交《まじ》わるところが、直角二等辺三《ちょっかくにとうへんさん》角形《かくけい》の中心《ちゅうしん》（重心《じゅうしん》）です。

直角二等辺三角形《ちょっかくにとうへんさんかくけい》は、正方形《せいほうけい》の折《お》り紙《がみ》を半分《はんぶん》に折《お》って切《き》るとつくれるよ

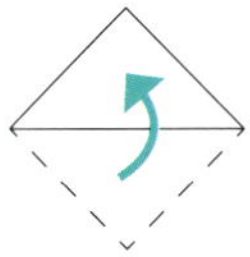

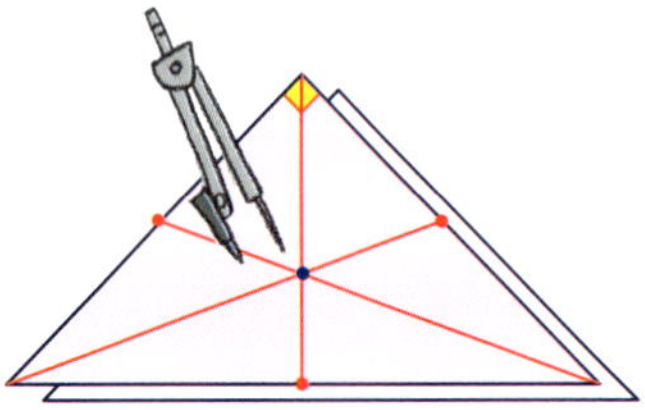

さっきと同《おな》じように、重心《じゅうしん》にコンパスで穴《あな》を開《あ》けて、つまようじをさせば、直角二等辺三角形《ちょっかくにとうへんさんかくけい》のコマの完成《かんせい》です。

完成《かんせい》

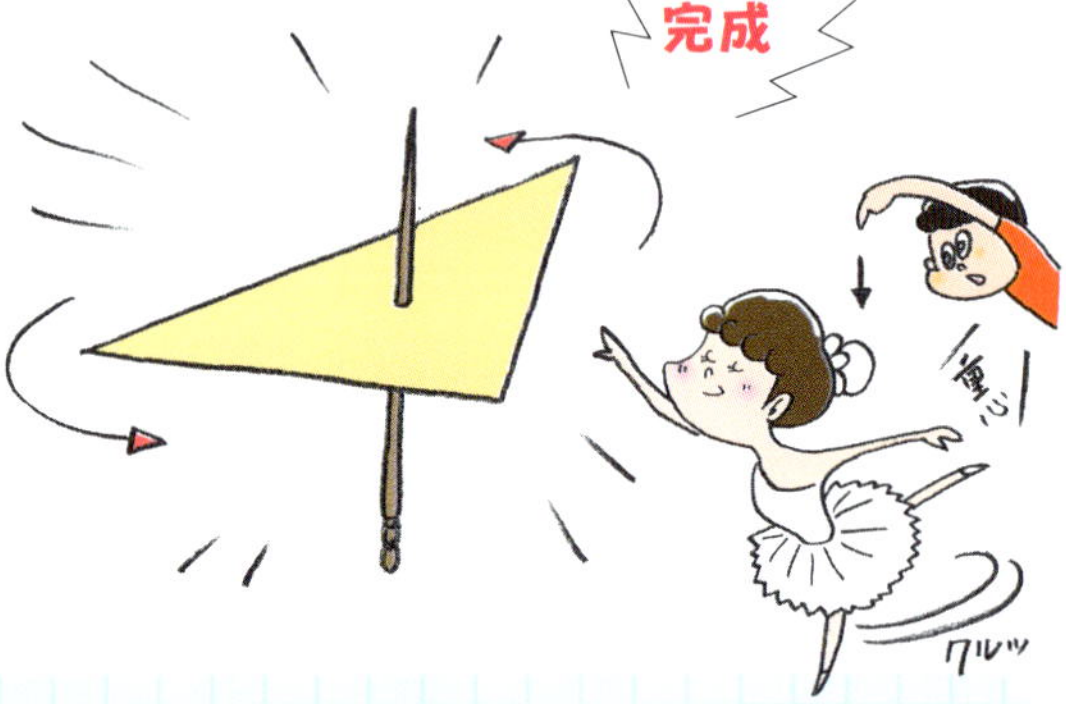


### 調《しら》べてみよう

どうして三角形《さんかくけい》の中心《ちゅうしん》に軸《じく》を取《と》り付《つ》けると、三角《さんかく》コマができるのでしょう？　三角形《さんかくけい》は重心《じゅうしん》を中心《ちゅうしん》として、３つの三《さん》角形《かくけい》に分《わ》けることができます。この３つの三角形《さんかくけい》は面積《めんせき》が同《おな》じになります。面積《めんせき》が同《おな》じということは、重《おも》さも同《おな》じということです。重心《じゅうしん》を中心《ちゅうしん》にして重《おも》さのバランスが取《と》れるので、よく回《まわ》るコマになるというわけです。

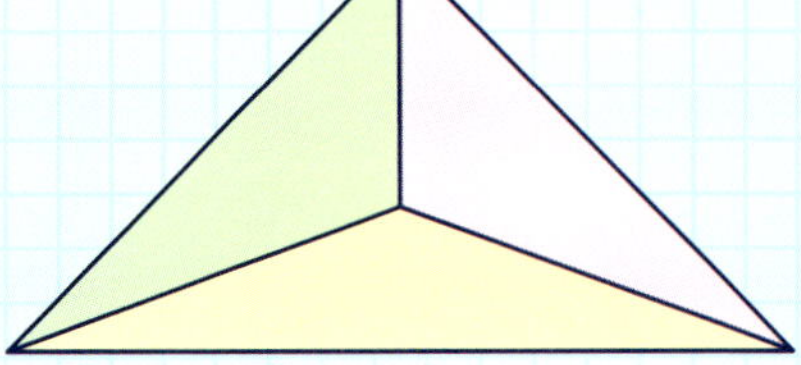

ひとくちメモ　二等辺三角形《にとうへんさんかくけい》や直角三角形《ちょっかくさんかくけい》など、ほかの三角形《さんかくけい》でも重心《じゅうしん》を探《さが》して三角《さんかく》コマをつくってみましょう。

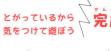

手を動かしてつくってみよう

# 三角《さんかく》コマをつくろう

岩手県《いわてけん》　久慈市教育委員会事務局《くじしきょういくいいんかいじむきょく》
小森《こもり》　篤《あつし》先生《せんせい》が書《か》きました

読《よ》んだ日《ひ》　月《がつ》　日《にち》｜月《がつ》　日《にち》｜月《がつ》　日《にち》

三角《さんかく》コマとはその名《な》のとおり、三角形《さんかくけい》の形《かたち》をしたコマのことです。三角《さんかく》コマをつくるには、コマの中心《ちゅうしん》となる点《てん》（重心《じゅうしん》）を見《み》つけて、そこに軸《じく》を取《と》り付《つ》けるのがポイントです。

**用意《ようい》するもの**

- 折《お》り紙《がみ》
- 厚紙《あつがみ》（ボール紙《がみ》）
- つまようじ
- 定規《じょうぎ》
- はさみ（カッター）
- コンパス

## ●正三角形《せいさんかくけい》のコマをつくろう

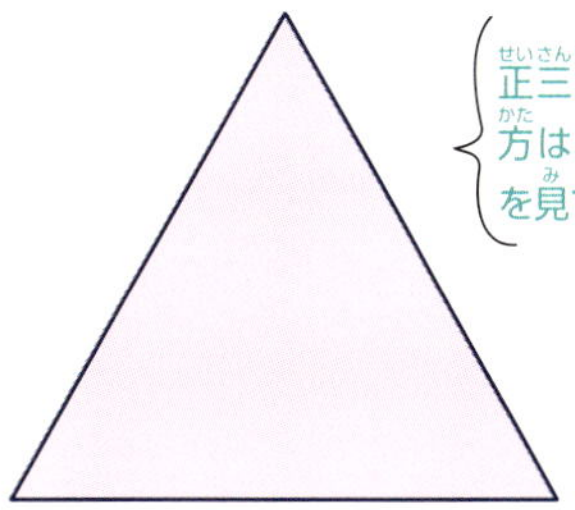

正三角形《せいさんかくけい》のつくり方《かた》は、126ページを見《み》てね

まずは正三角形《せいさんかくけい》のコマをつくってみましょう。折《お》り紙《がみ》で正三角形《せいさんかくけい》をつくります。

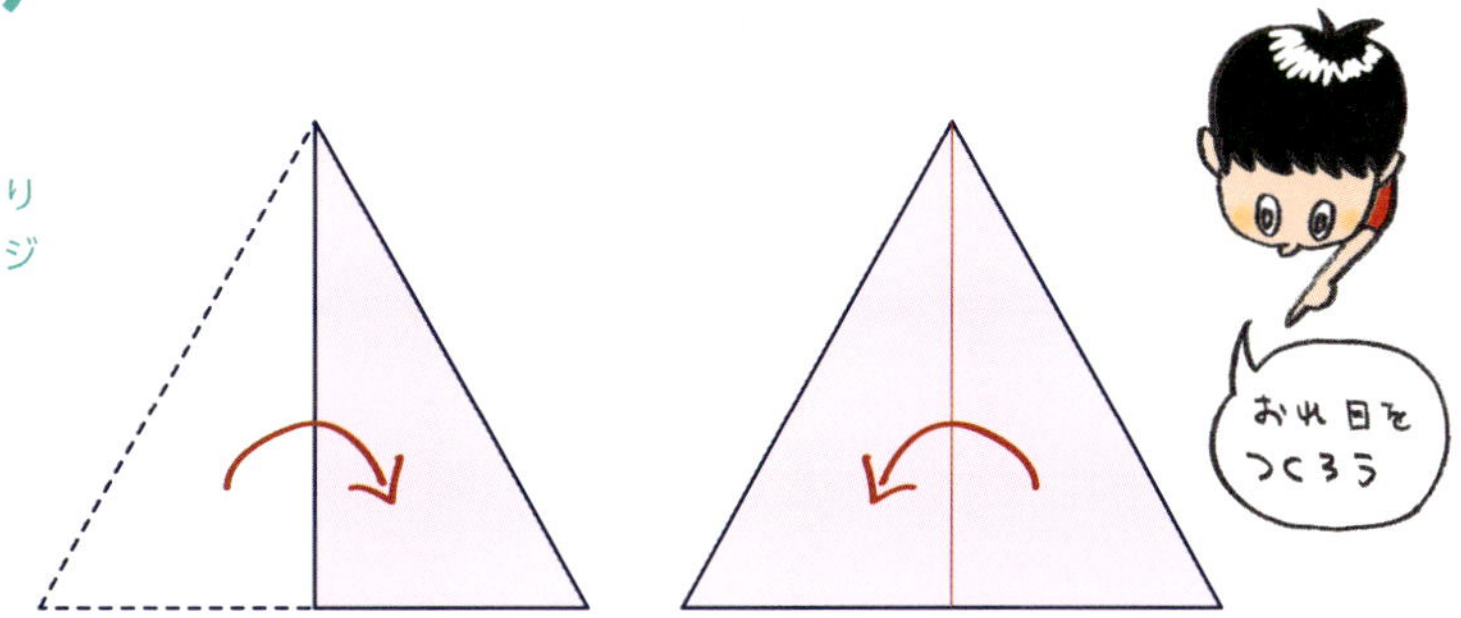


正三角形《せいさんかくけい》の上《うえ》の頂点《ちょうてん》を中心《ちゅうしん》にして、半分《はんぶん》に折《お》って、開《ひら》きます。

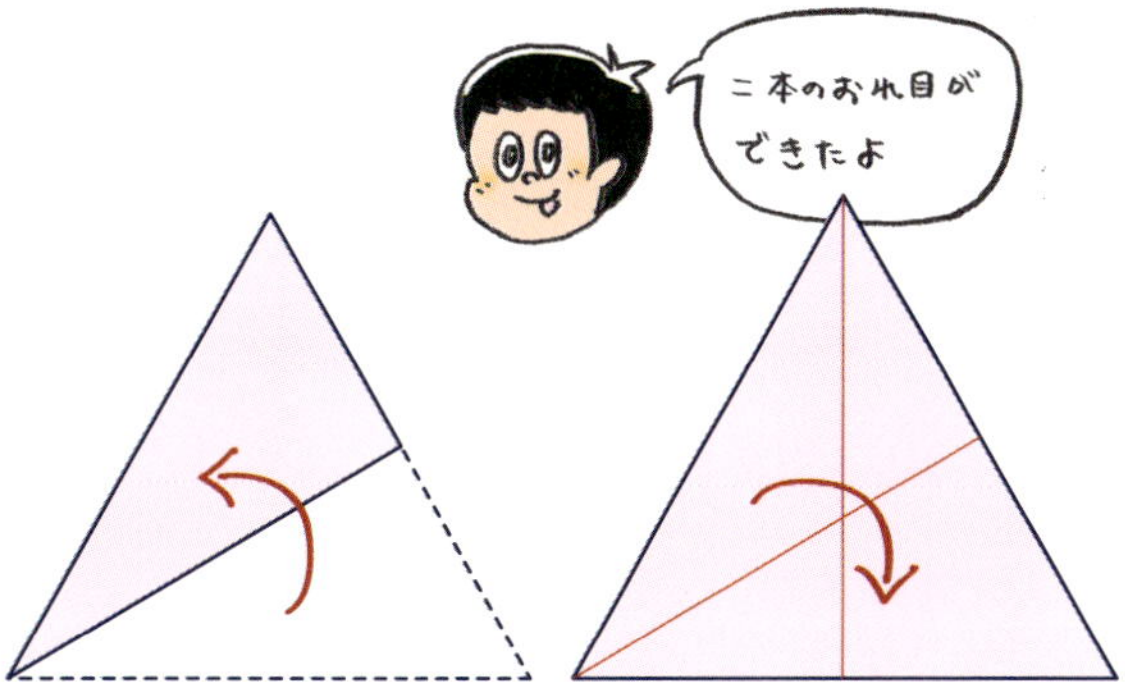


同《おな》じように、正三角形《せいさんかくけい》の左下《ひだりした》の頂点《ちょうてん》を中心《ちゅうしん》にして、半分《はんぶん》に折《お》って、開《ひら》きます。

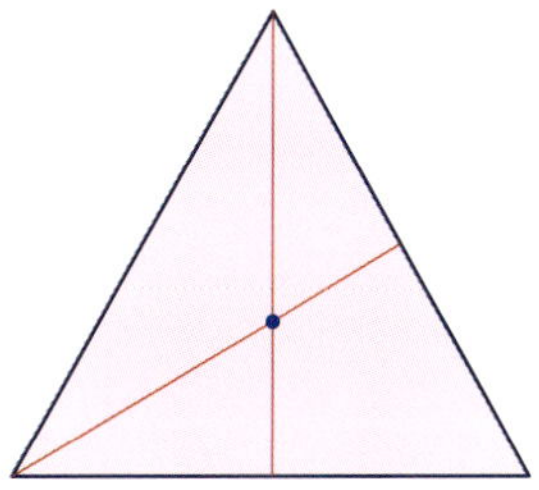

折《お》ってできた2本《ほん》の線《せん》が交《まじ》わるところが、正三角形《せいさんかくけい》の中心《ちゅうしん》（重心《じゅうしん》）です。

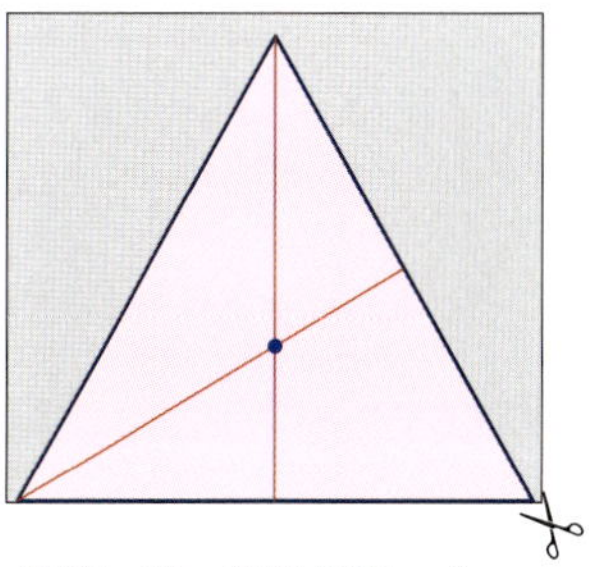

厚紙《あつがみ》の上《うえ》に正三角形《せいさんかくけい》の折《お》り紙《がみ》をかさねて、正三角形《せいさんかくけい》にそって厚紙《あつがみ》を切《き》ります。

# 平均《へいきん》のトリック

9月 12日

大分県《おおいたけん》　大分市立大在西小学校《おおいたしりつおおざいにししょうがっこう》
二宮孝明《にのみやたかあき》先生《せんせい》が書《か》きました

読《よ》んだ日《ひ》　月《がつ》　日《にち》　月《がつ》　日《にち》　月《がつ》　日《にち》

## 読書量《どくしょりょう》を比《くら》べてみよう

　ある学校《がっこう》で、どのクラスが本《ほん》をよく読《よ》んでいるか調《しら》べることにしました。そこで、クラスごとに図《と》書館《しょかん》から何冊《なんさつ》本《ほん》を借《か》りたのか平均《へいきん》を求《もと》めました。すると5年《ねん》1組《くみ》は25冊《さつ》、5年《ねん》2組《くみ》は23冊《さつ》でした。このことから、1組《くみ》は2組《くみ》より本《ほん》をよく読《よ》むクラスだと言《い》えるでしょうか。

　確《たし》かに平均《へいきん》は、1組《くみ》の方《ほう》が大《おお》きいです。しかし、一人《ひとり》一人《ひとり》が本《ほん》を何冊《なんさつ》借《か》りたのかを調《しら》べてみると意外《いがい》なことがわかります。

　図《ず》1は、借《か》りた本《ほん》の数《かず》と何人《なんにん》が読《よ》んだのかを棒《ぼう》グラフにしたものです。1組《くみ》を見《み》ると14冊《さつ》や15冊《さつ》など、あまり読《よ》んでいない人《ひと》がいます。

　では、なぜ1組《くみ》の方《ほう》が平均《へいきん》が大《おお》きいのでしょうか。もう一度《いちど》、棒《ぼう》グラフをよく見《み》てください。1組《くみ》の中《なか》には51冊《さつ》や50冊《さつ》など、とび抜《ぬ》けて多《おお》い人《ひと》が数人《すうにん》います。実《じっ》は、このような一部《いちぶ》の人《ひと》たちが1組《くみ》の平均《へいきん》を上《あ》げていたのです。

## いろんな見方《みかた》があるよ

　1組《くみ》の中《なか》で最《もっと》も多《おお》いのは、19冊《さつ》読《よ》んだ人《ひと》たちです。また、借《か》りた数《かず》が少《すく》ない人《ひと》から順番《じゅんばん》に並《なら》べたとき、ちょうど真《ま》ん中《なか》にいるのは20冊《さつ》読《よ》んだ人《ひと》です。つまり、1組《くみ》の半分近《はんぶんちか》くの人《ひと》は19冊《さつ》以下《いか》ということになります。それに対《たい》して2組《くみ》は、ほとんどの人《ひと》が20冊《さつ》以上《いじょう》読《よ》んでいます。

　このように、たくさんの値《あたい》の特《とく》徴《ちょう》を調《しら》べるときには、いろいろな見方《みかた》をすることが大切《たいせつ》なのです。

図《ず》1　借《か》りた本《ほん》の数《かず》と何人《なんにん》が読《よ》んだのかを棒《ぼう》グラフにしたもの

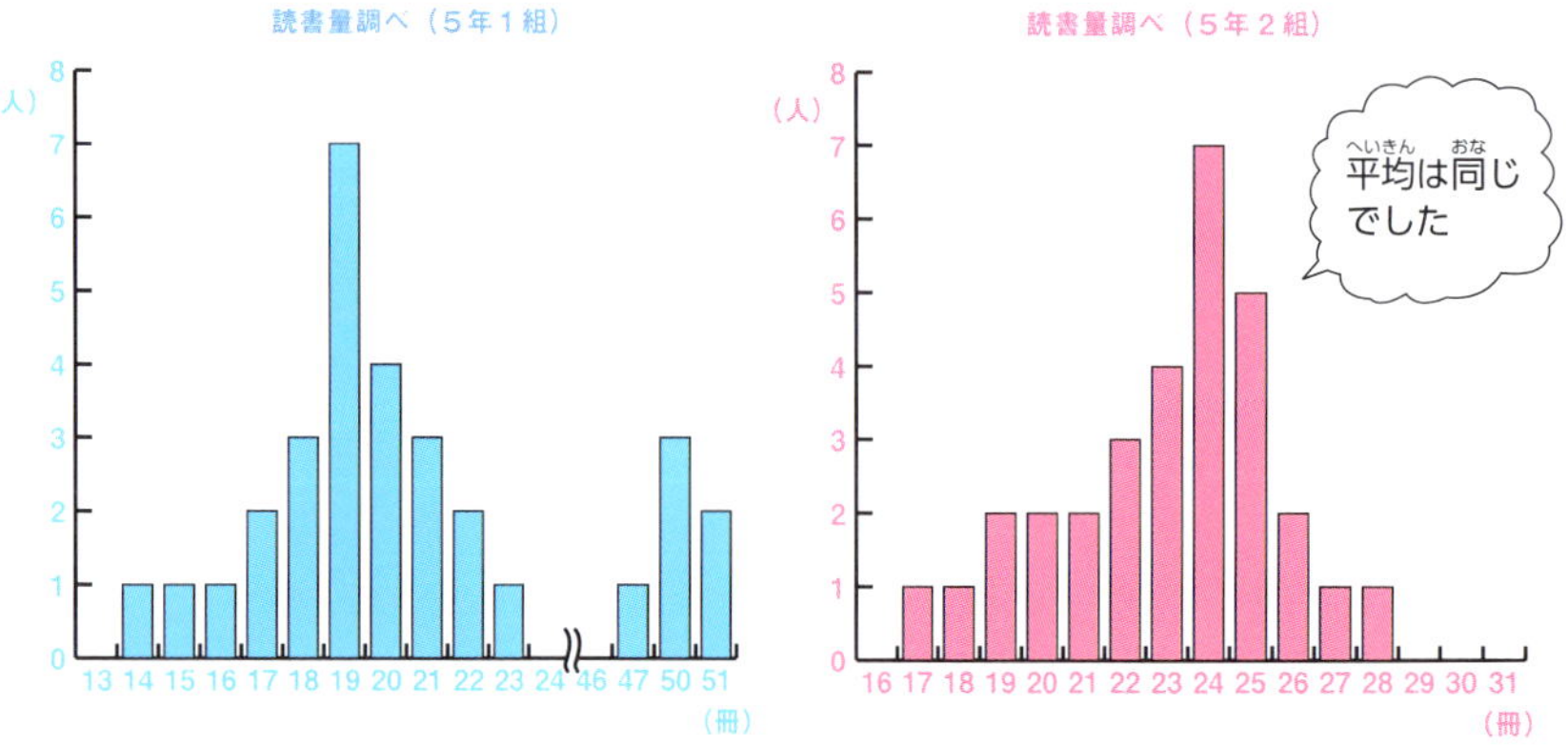


ひとくちメモ
合計《ごうけい》÷個数《こすう》で求《もと》められる平均《へいきん》を算術平均《さんじゅつへいきん》といいます。最《もっと》も多《おお》く現《あらわ》れる値《あたい》を最頻値《さいひんち》、小《ち》さい方《ほう》から大《おお》きい方《ほう》に順番《じゅんばん》に並《なら》べて真《ま》ん中《なか》の値《あたい》を中央値《ちゅうおうち》といいます。それぞれ意味《いみ》するところが異《こと》なり、値《あたい》は違《ちが》うのが普通《ふつう》です。

# 「できない！」が答《こた》えだった!?

9月《がつ》13日《にち》

お茶《ちゃ》の水女子大学附属小学校《みずじょしだいがくふぞくしょうがっこう》
岡田紘子《おかだひろこ》先生《せんせい》が書《か》きました

読《よ》んだ日《ひ》　月《がつ》　日《にち》｜月《がつ》　日《にち》｜月《がつ》　日《にち》

## 条件《じょうけん》は、コンパスと定規《じょうぎ》だけ

古代《こだい》ギリシア時代《じだい》から2000年以上《ねんいじょう》、誰《だれ》も解《と》くことができなかった3つの問題《もんだい》があります。

①ある立方体《りっぽうたい》の2倍《ばい》の体積《たいせき》の立方体《りっぽうたい》をつくることができるかな？（立方体倍積問題《りっぽうたいばいせきもんだい》）

②ある円《えん》と等《ひと》しい面積《めんせき》の正方形《せいほうけい》をつくることができるかな？（円積《えんせき》問題《もんだい》）

③あたえられた角《かど》を三等分《さんとうぶん》することができるかな？（角《かど》の三等分問《さんとうぶんもん》題《だい》）

①ある立方体《りっぽうたい》の2倍《ばい》の体積《たい》の立方体《りっぽうたい》をつくることができるかな？（立方体《りっぽうたい》倍積問題《ばいせきもんだい》）

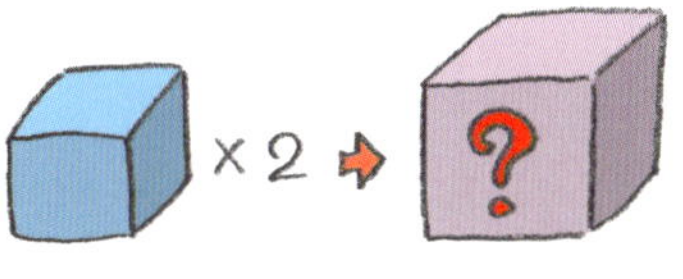

②ある円《えん》と等《ひと》しい面積《めんせき》の正方形《せいほうけい》をつくることができるかな？（円積問題《えんせきもんだい》）

③あたえられた角《かど》を三等《さんとう》分《ぶん》することができるかな？（角《かど》の三等分問題《さんとうぶんもんだい》）

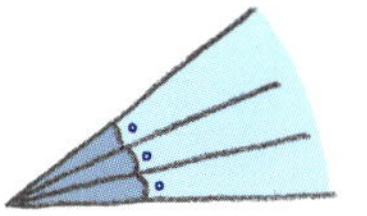

条件《じょうけん》は、コンパスと定規《じょうぎ》しか使《つか》ってはいけないことです。この問題《もんだい》に、多《おお》くの数学者《すうがくしゃ》が取《と》り組《く》んできましたが、2000年《ねん》もの間《あいだ》、解《と》くことができませんでした。しかし、19世紀《せいき》になって、「つくることはできない」ということがわかったのです。つまり、「できない」が答《こた》えなのです。

## 「できない理由《りゆう》」が大事《だいじ》

数学《すうがく》の問題《もんだい》は、答《こた》えがいつもあるとは限《かぎ》りません。できないときは、できない理由《りゆう》を答《こた》えなくてはいけません。もしも1000回《かい》、定規《じょうぎ》とコンパスを使《つか》って答《こた》えが見《み》つからなくても、1001回目《かいめ》で答《こた》えが見《み》つかるかもしれないからです。「できない」ということを証明《しょうめい》するのは、なかなか難《むずか》しいですね。

### 覚《おぼ》えておこう

#### アポロンの伝説《でんせつ》

①の問題《もんだい》には伝説《でんせつ》があります。昔《むかし》、アテネという国《くに》で伝染病《でんせんびょう》がはやり、人々《ひとびと》が苦《くる》しんでいました。そのとき、デロス島《とう》にいるアポロンという神様《かみさま》にどうしたらいいかたずねたところ、「立方体《りっぽうたい》の祭《さい》だんの体積《たいせき》を2倍《ばい》にすれば災難《さいなん》はおさまるであろう」と告《つ》げたそうです。神様《かみさま》も、なかなか難《むずか》しい問題《もんだい》を出《だ》してきますね。

**ひとくちメモ** 現在《げんざい》もたくさんの数学者《すうがくしゃ》が、まだ解《と》けていない未解決《みかいけつ》の問題《もんだい》に取《と》り組《く》んでいます。なんと100万《まん》ドル（約《やく》1億《おく》2000万円《まんえん》）の賞金《しょうきん》がかかっている問題《もんだい》もあるんですよ！

くらしの中の算数のお話 2

# カレンダーのはじまり

9月14日

島根県《しまねけん》　飯南町立志々小学校《いいなんちょうりつししょうがっこう》
村上幸人《むらかみゆきと》先生《せんせい》が書《か》きました

読《よ》んだ日《ひ》　月《がつ》　日《にち》　月《がつ》　日《にち》　月《がつ》　日《にち》

## 「1日《にち》」は太陽《たいよう》の動《うご》きから

「今日《きょう》は何月何日《なんがつなんにち》です」と、日《ひ》にちを表《あらわ》すのに「月《つき》と日《ひ》」を使《つか》いますね。でも、ちょっと考《かんが》えてみてください。どうして月《つき》と日《ひ》なんでしょう。これはカレンダーのでき方《かた》に関係《かんけい》しています。

約《やく》4000年前《ねんまえ》の古代《こだい》バビロニアの人々《ひとびと》は、農業《のうぎょう》をするために季《き》節《せつ》や時期《じき》を知《し》る必要《ひつよう》がありました。もちろん、当時《とうじ》は今《いま》のような時計《とけい》やカレンダーはありません。そこで、太陽《たいよう》や月《つき》の動《うご》きを観察《かんさつ》して今《いま》がいつなのかを知《し》ったのです。

まず、みなさんの生活《せいかつ》は、太陽《たいよう》が昇《のぼ》って朝起《あさお》きてから、太陽《たいよう》が沈《しず》んで寝《ね》るまでが1つの区切《くぎ》りですね。太陽《たいよう》（お日様《ひさま》）が1回出《かいで》る間《あいだ》を「1太陽《たいよう》＝1日《にち》」としたのです。

## 「ひと月《つき》」は月《つき》の動《うご》きから

今度《こんど》は月《つき》を見《み》てみましょう。月《つき》は太陽《たいよう》と違《ちが》い、形《かたち》が変《か》わることは知《し》っていますね。毎晩観察《まいばんかんさつ》すると新月《しんげつ》（月《つき》に光《ひかり》が当《あ》たらず見《み》えない状態《じょうたい》）から少《すこ》しずつ満《み》ちて満月《まんげつ》になり、その後欠《ごか》けて新月《しんげつ》に戻《もど》ります。その間《あいだ》が約《やく》30日間《にちかん》です。そこで、新月《しんげつ》になると新《あたら》しい月《つき》とすることにしたのです。

これを12回繰《かいく》り返《かえ》すとちょうど1年《ねん》。もとの季節《きせつ》に戻《もど》ります。だからカレンダーは1月《がつ》から12月《がつ》までとなりました。これによって、今日《きょう》はいつ頃《ごろ》の時期《じき》なのかがわかるようになり、計画的《けいかくてき》に農業《のうぎょう》ができ、今《いま》に至《いた》るのです。

空《そら》の月《つき》と太陽《たいよう》から、地球《ちきゅう》にいる私《わたし》たちの日《ひ》にちがわかるなんて、すごいと思《おも》いませんか。

2016年9月

| 週 | 日 | 月 | 火 | 水 | 木 | 金 | 土 |
|---|---|---|---|---|---|---|---|
| 第1週 | | | | | 1 新月 月齢 29.3（大潮） | 2 月齢 0.7（大潮） | 3 月齢 1.7（大潮） |
| 第2週 | 4 月齢 2.7（大潮） | 5 月齢 3.7（中潮） | 6 月齢 4.7（中潮） | 7 月齢 5.7（中潮） | 8 月齢 6.7（中潮） | 9 月齢 7.7（小潮） | 10 月齢 8.7（小潮） |
| 第3週 | 11 月齢 9.7（小潮） | 12 月齢 10.7（長潮） | 13 月齢 11.7（若潮） | 14 月齢 12.7（中潮） | 15 月齢 13.7（中潮） | 16 月齢 14.7（大潮） | 17 満月 月齢 15.7（大潮） |
| 第4週 | 18 月齢 16.7（大潮） | 19 月齢 17.7（大潮） | 20 月齢 18.7（中潮） | 21 月齢 19.7（中潮） | 22 月齢 20.7（中潮） | 23 下弦 月齢 21.7（中潮） | 24 月齢 22.7（小潮） |
| 第5週 | 25 月齢 23.7（小潮） | 26 月齢 24.7（小潮） | 27 月齢 25.7（長潮） | 28 月齢 26.7（若潮） | 29 月齢 27.7（中潮） | 30 月齢 28.7（中潮） | |

### 見《み》てみよう

#### 晴《は》れるといいな「十五夜《じゅうごや》」

十五夜《じゅうごや》といわれる「中秋《ちゅうしゅう》の名月《めいげつ》」の日《ひ》は、おだんごなどを用意《ようい》してお月見《つきみ》をしますね。旧暦《きゅうれき》8月《がつ》15日《にち》の夜《よる》にあたる日《ひ》を毎年調《まいとししら》べて、きれいな満月《まんげつ》を見《み》てみましょう。

ひとくちメモ

月《つき》の満《み》ち欠《か》けの周期《しゅうき》は正確《せいかく》にはちょうど30日間《にちかん》ではありません。そこで、大《だい》の月《つき》（31日《にち》ある）や小《しょう》の月《つき》（31日《にち》ない）があります。「西向《にしむ》く士《さむらい》→二《に》、四《し》、六《ろく》、九《く》、十一《じゅういち》（月《がつ》）は小《しょう》の月《つき》」との覚《おぼ》え方《かた》があります。

2 くらしの中の算数のお話

# 月《つき》の大《おお》きさってどれくらい？

9月《がつ》15日《にち》

島根県《しまねけん》　飯南町立志々小学校《いいなんちょうりつしししょうがっこう》
村上幸人《むらかみゆきと》先生《せんせい》が書《か》きました

読《よ》んだ日《ひ》　月《がつ》　日《にち》　月《がつ》　日《にち》　月《がつ》　日《にち》

## 満月《まんげつ》の見《み》かけの大《おお》きさは？

中秋《ちゅうしゅう》の名月《めいげつ》の時期《じき》です。夜空《よぞら》に大《おお》きな月《つき》が見《み》えるでしょう。さて、実際《じっさい》にお月様《つきさま》を見《み》たとき、見《み》かけの大《おお》きさは次《つぎ》のどれくらいになると思《おも》いますか。

①腕《うで》をいっぱいに伸《の》ばして眺《なが》めた直径《ちょっけい》30cmのお盆《ぼん》の大《おお》きさ
②腕《うで》をいっぱいに伸《の》ばして眺《なが》めた500円玉《えんだま》の大《おお》きさ
③腕《うで》をいっぱいに伸《の》ばして眺《なが》めた1円玉《えんだま》の大《おお》きさ

「わからないなあ～」という人《ひと》も「なんだ、簡単《かんたん》だよ」という人《ひと》も、外《そと》に出《で》て月《つき》を見《み》てみましょう。

答《こた》えは、なんと、どれでもありません。ちょっとイジワルでしたね。実際《じっさい》には腕《うで》をいっぱいに伸《の》ばして眺《なが》めた5円玉《えんだま》の穴《あな》の大《おお》きさぐらいにしか見《み》えないのです。

## 手《て》で角度《かくど》を測《はか》る

腕《うで》を伸《の》ばしてにぎりこぶしをつくってみましょう。げんこつ1個《こ》分《ぶん》の幅《はば》が、自分《じぶん》の目《め》から見《み》ておよそ10度《ど》の角度《かくど》の幅《はば》になります。人《ひと》差《さ》し指《ゆび》の幅《はば》はおよそ2度《ど》になります（図《ず》）。

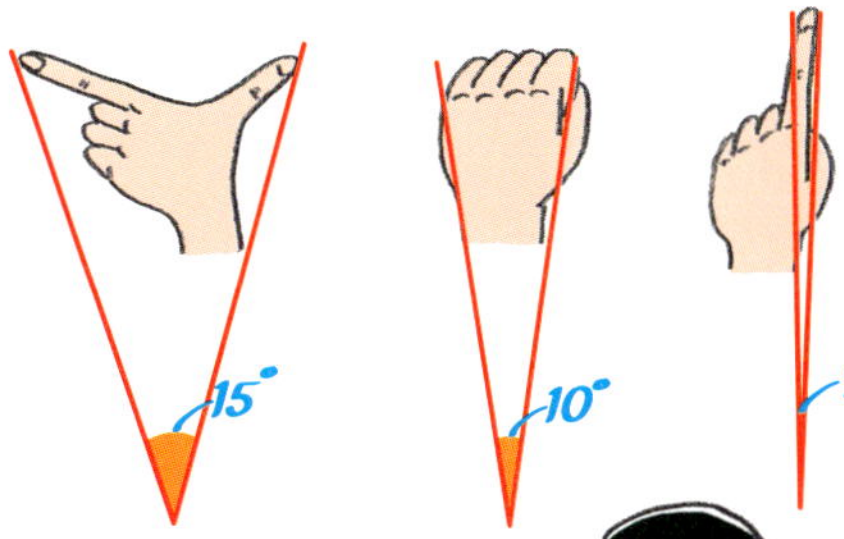


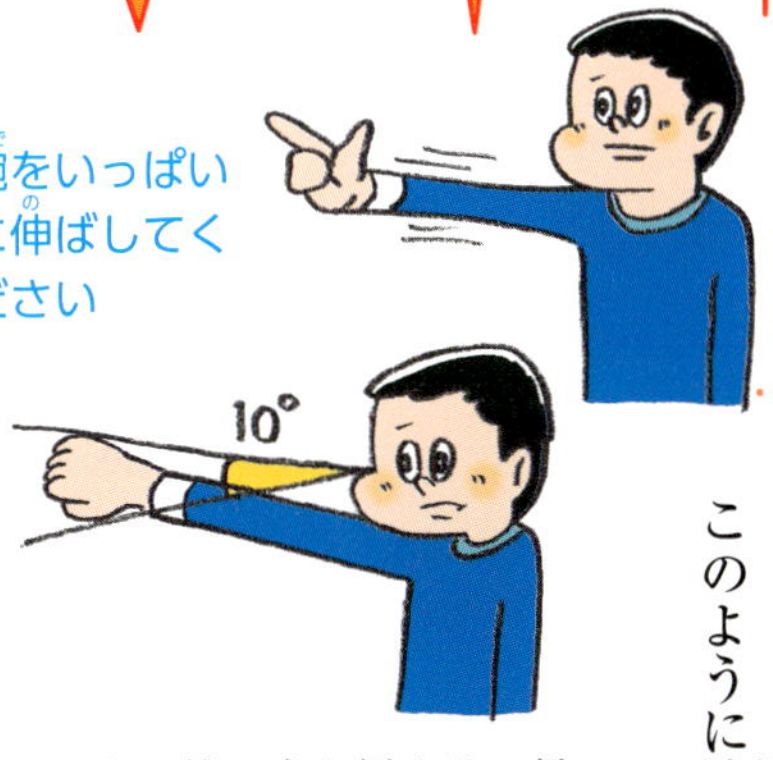


これで月《つき》の大《おお》きさを測《はか》ると、人《ひと》差《さ》し指《ゆび》の先《さき》に月《つき》がおよそ4個《こ》並《なら》ぶくらいになります。だから、月《つき》は0・5度《ど》になります。分度器《ぶんどき》の1度《ど》の目盛《めも》りの半分《はんぶん》の幅《はば》になるのです。

このように腕《うで》を伸《の》ばして指《ゆび》を使《つか》って角度《かくど》を測《はか》ると、月《つき》の見《み》かけのおおよその大《おお》きさや、他《ほか》の星座《せいざ》の大《おお》きさ、星《ほし》の高《たか》さなどのおよその位置《いち》を、道具《どうぐ》を使《つか》わないで他《ほか》の人《ひと》に伝《つた》えることができますよ。

### 考《かんが》えてみよう

#### 太陽《たいよう》と月《つき》の大《おお》きさ

太陽《たいよう》も月《つき》とほぼ同《おな》じ大《おお》きさに見《み》えます。そのため、うまく重《かさ》なると皆既日食《かいきにっしょく》を見《み》ることができます。でも、実際《じっさい》の大《おお》きさは、太陽《たいよう》の直径《ちょっけい》は約《やく》140万《まん》km、月《つき》は約《やく》3500kmです。太陽《たいよう》の直径《ちょっけい》は月《つき》の400倍《ばい》もあるのです。月《つき》を1cmの大《おお》きさでつくったら太陽《たいよう》は4mにもなります。それなのに同《おな》じ大《おお》きさに見《み》えるのは、地球《ちきゅう》からの距離《きょり》が400倍《ばい》違《ちが》うからです。もし、新幹線《しんかんせん》で月《つき》に行《い》くことができたら80日《にち》かかりますが、太陽《たいよう》には80年以上《ねんいじょう》かかります。

ひとくちメモ　太陽《たいよう》や月《つき》と地球《ちきゅう》の距離《きょり》は、ずっと同《おな》じではなく、多少変化《たしょうへんか》しています。そのため、地上《ちじょう》から見《み》て太陽《たいよう》と月《つき》が重《かさ》なるとき、タイミングによっては、皆既日食《かいきにっしょく》ではなく、金環日食《きんかんにっしょく》になる場合《ばあい》がありますよ。

# 九九表《くくひょう》に登場《とうじょう》する数《かず》は？



お茶《ちゃ》の水女子《みずじょし》大学《だいがく》附《ふ》属小学校《ぞくしょうがっこう》
久《く》下《が》谷《や》 明《あきら》先生《せんせい》が書《か》きました

読《よ》んだ日《ひ》 月《がつ》 日《にち》 月《がつ》 日《にち》 月《がつ》 日《にち》

## 登場《とうじょう》する数《かず》は何種類《なんしゅるい》？

今日《きょう》は、九九表《くくひょう》に登場《とうじょう》する数《かず》について調《しら》べていきたいと思《おも》います。

九九表《くくひょう》を見《み》たことはありますか？（図《ず》1）

九九表《くくひょう》には1×1の答《こた》え1から9×9の答《こた》え81まで、答《こた》えが81個《こ》並《なら》んでいます。でもよく見《み》てみると、何回《なんかい》も登場《とうじょう》する数《かず》があったり、登場《とうじょう》しない数《かず》（11や13など）があったりすることに気《き》づきます。

では、九九表《くくひょう》にはいったい何種《なんしゅ》類《るい》の数《かず》が答《こた》えとして登場《とうじょう》するでしょうか。調《しら》べてみましょう！（答《こた》えは『ひとくちメモ』の中《なか》に書《か》いてあります）

どうでしたか。調《しら》べてみると、意外《いがい》と少《すく》ないことがわかります。

## それぞれ何回《なんかい》、登場《とうじょう》する？

では、さらにくわしく、どんな数《かず》が何回登場《なんかいとうじょう》するのかについて考《かんが》えてみましょう。

まずは、1回《かい》だけ九九表《くくひょう》に登場《とうじょう》する数《かず》は何《なに》でしょうか。そうですね。1、25、49、64、81の5種類《しゅるい》ですね。

では2回登場《かいとうじょう》するのは？ 3回登場《かいとうじょう》するのは？ 4回登場《かいとうじょう》するのは？ 5回登《かいとう》場《じょう》する数《かず》はあるのでしょうか。

このようにして、調《しら》べていき、それを色分《いろわ》けしてまとめたのが、図《ず》2の九九表《くくひょう》です。

このようにしてみると、2回登場《かいとうじょう》する数《かず》がたくさんあることがわかります。そして、多《おお》くても4回《かい》で、5回以上登場《かいいじょうとうじょう》する数《かず》はないこともわかりますね。

図《ず》1

| | | かける数 | | | | | | | | |
|---|---|---|---|---|---|---|---|---|---|---|
| | | 1 | 2 | 3 | 4 | 5 | 6 | 7 | 8 | 9 |
| 1の段 | かけられる数 1 | 1 | 2 | 3 | 4 | 5 | 6 | 7 | 8 | 9 |
| 2の段 | 2 | 2 | 4 | 6 | 8 | 10 | 12 | 14 | 16 | 18 |
| 3の段 | 3 | 3 | 6 | 9 | 12 | 15 | 18 | 21 | 24 | 27 |
| 4の段 | 4 | 4 | 8 | 12 | 16 | 20 | 24 | 28 | 32 | 36 |
| 5の段 | 5 | 5 | 10 | 15 | 20 | 25 | 30 | 35 | 40 | 45 |
| 6の段 | 6 | 6 | 12 | 18 | 24 | 30 | 36 | 42 | 48 | 54 |
| 7の段 | 7 | 7 | 14 | 21 | 28 | 35 | 42 | 49 | 56 | 63 |
| 8の段 | 8 | 8 | 16 | 24 | 32 | 40 | 48 | 56 | 64 | 72 |
| 9の段 | 9 | 9 | 18 | 27 | 36 | 45 | 54 | 63 | 72 | 81 |

図《ず》2

| | | かける数 | | | | | | | | |
|---|---|---|---|---|---|---|---|---|---|---|
| | | 1 | 2 | 3 | 4 | 5 | 6 | 7 | 8 | 9 |
| 1の段 | かけられる数 1 | 1 | 2 | 3 | 4 | 5 | 6 | 7 | 8 | 9 |
| 2の段 | 2 | 2 | 4 | 6 | 8 | 10 | 12 | 14 | 16 | 18 |
| 3の段 | 3 | 3 | 6 | 9 | 12 | 15 | 18 | 21 | 24 | 27 |
| 4の段 | 4 | 4 | 8 | 12 | 16 | 20 | 24 | 28 | 32 | 36 |
| 5の段 | 5 | 5 | 10 | 15 | 20 | 25 | 30 | 35 | 40 | 45 |
| 6の段 | 6 | 6 | 12 | 18 | 24 | 30 | 36 | 42 | 48 | 54 |
| 7の段 | 7 | 7 | 14 | 21 | 28 | 35 | 42 | 49 | 56 | 63 |
| 8の段 | 8 | 8 | 16 | 24 | 32 | 40 | 48 | 56 | 64 | 72 |
| 9の段 | 9 | 9 | 18 | 27 | 36 | 45 | 54 | 63 | 72 | 81 |

…1回登場
…2回登場
…3回登場
…4回登場

ひとくちメモ
九九表《くくひょう》に登場《とうじょう》する数《かず》は全部《ぜんぶ》で36種類《しゅるい》です。九九表《くくひょう》はほかにも一《いち》の位《くらい》に注目《ちゅうもく》すると、数字《すうじ》が順番《じゅんばん》に並《なら》ぶ段《だん》もあれば、0、2、4、6、8しか並《なら》ばない段《だん》があることなどに気《き》づきます。

図形のお話

9月17日

# 直角三角形《ちょっかくさんかくけい》４枚《まい》で正方形《せいほうけい》をつくろう

神奈川県《かながわけん》 川崎市立土橋小学校《かわさきしりつつちはししょうがっこう》
山本《やまもと》 直《なお》先生《せんせい》が書《か》きました

読《よ》んだ日《ひ》　月《がつ》　日《にち》　月《がつ》　日《にち》　月《がつ》　日《にち》

## 直角三角形《ちょっかくさんかくけい》４枚《まい》を使《つか》って

図《ず》１のような、直角三角形《ちょっかくさんかくけい》４枚《まい》を並《なら》べて、正方形《せいほうけい》をつくってみます。上下《じょうげ》を交互《こうご》に変《か》えながら、図《ず》２のように４枚《まい》を横《よこ》に並《なら》べれば出《で》来《き》上《あ》がりです。ほかにも長方形《ちょうほうけい》や平行四辺形《へいこうしへんけい》とよばれる四角形《しかくけい》をつくることができます。

図《ず》1

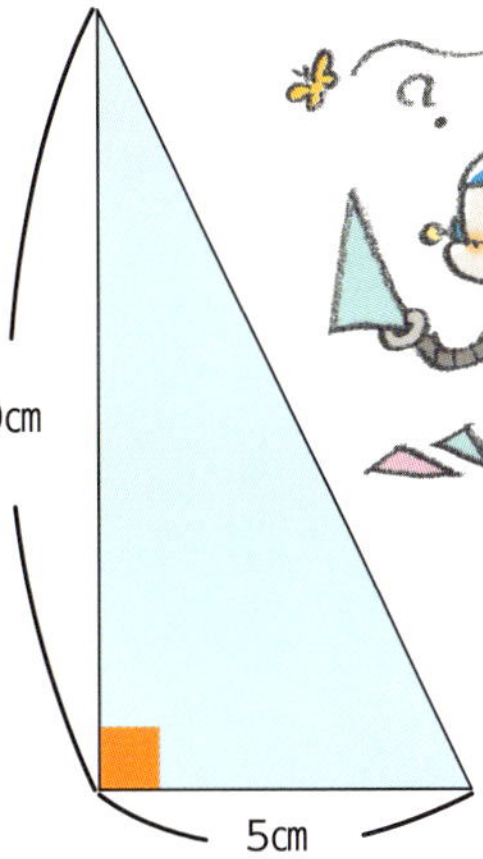

図《ず》2

## 少《すこ》し発想《はっそう》を変《か》えて

ところで、正方形《せいほうけい》はこれ以上大《いじょうおお》きくはできないのでしょうか？実《じつ》は少《すこ》し発想《はっそう》を変《か》えてみるとつくることができます。

図《ず》２は、すき間《ま》がないように並《なら》べてつくられた形《かたち》ですが、中《なか》に隙《すき》間《ま》ができても、周《まわ》りがきちんとつながっていればいいのだとしたら、図《ず》３のAのように大《おお》きくすることができます。真《ま》ん中《なか》に正方形《せいほうけい》の隙《すき》間《ま》ができてしまいますが、その分《ぶん》大《おお》きくなったといえます。

さらに、辺《へん》と辺《へん》がくっついていなくても、頂点《ちょうてん》がくっついていればよいとなれば、図《ず》３のBのようにもっと大《おお》きな正方形《せいほうけい》もつくることができます。

図《ず》3

A

B

9月

ひとくちメモ　図形《ずけい》をいくつかの形《かたち》に分《わ》けることを分割《ぶんかつ》、合《あ》わせることを合成《ごうせい》という言《い》い方《かた》があります。

図形《ず けい》のお話《はなし》

# 分度器《ぶんどき》で模様《もよう》づくり

9月 18日

青森県《あおもりけん》 三戸町立三戸小学校《さんのへちょうりつさんのへしょうがっこう》
種市芳丈《たねいちよしたけ》先生《せんせい》が書《か》きました

読《よ》んだ日《ひ》　月《がつ》　日《にち》　月《がつ》　日《にち》　月《がつ》　日《にち》

## 家族《かぞく》でやってみよう！

　分度器《ぶんどき》で星《ほし》の形《かたち》がかけることを知《し》っていますか？　必要《ひつよう》なのは、分度器《ぶんどき》と鉛筆《えんぴつ》、ものさし、ノートです。

【かき方《かた》】（図《ず》1）

①スタート（S）から6cm直線《ちょくせん》をひく。

②直線《ちょくせん》の右端《みぎはし》に分度器《ぶんどき》の0を合《あ》わせて、36度《ど》測《はか》る。

③また、6cm直線《ちょくせん》をひく。

④直線《ちょくせん》の左端《ひだりはし》に分度器《ぶんどき》の0を合《あ》わせて、36度《ど》測《はか》る。

※スタートに戻《もど》るまで繰《く》り返《かえ》す。

　実《じつ》は、分度器《ぶんどき》で測《はか》る角度《かくど》を変《か》えると、きれいな模様《もよう》をもっとつくることができます。

45度《ど》のとき（図《ず》2）。
30度《ど》のとき（図《ず》3）。
20度《ど》のとき（図《ず》4）。
15度《ど》のとき（図《ず》5）。

例《れい》を見《み》ながら、家族《かぞく》や友達《ともだち》とやってみましょう。

図《ず》1【星《ほし》の形《かたち》／36度《ど》のとき】

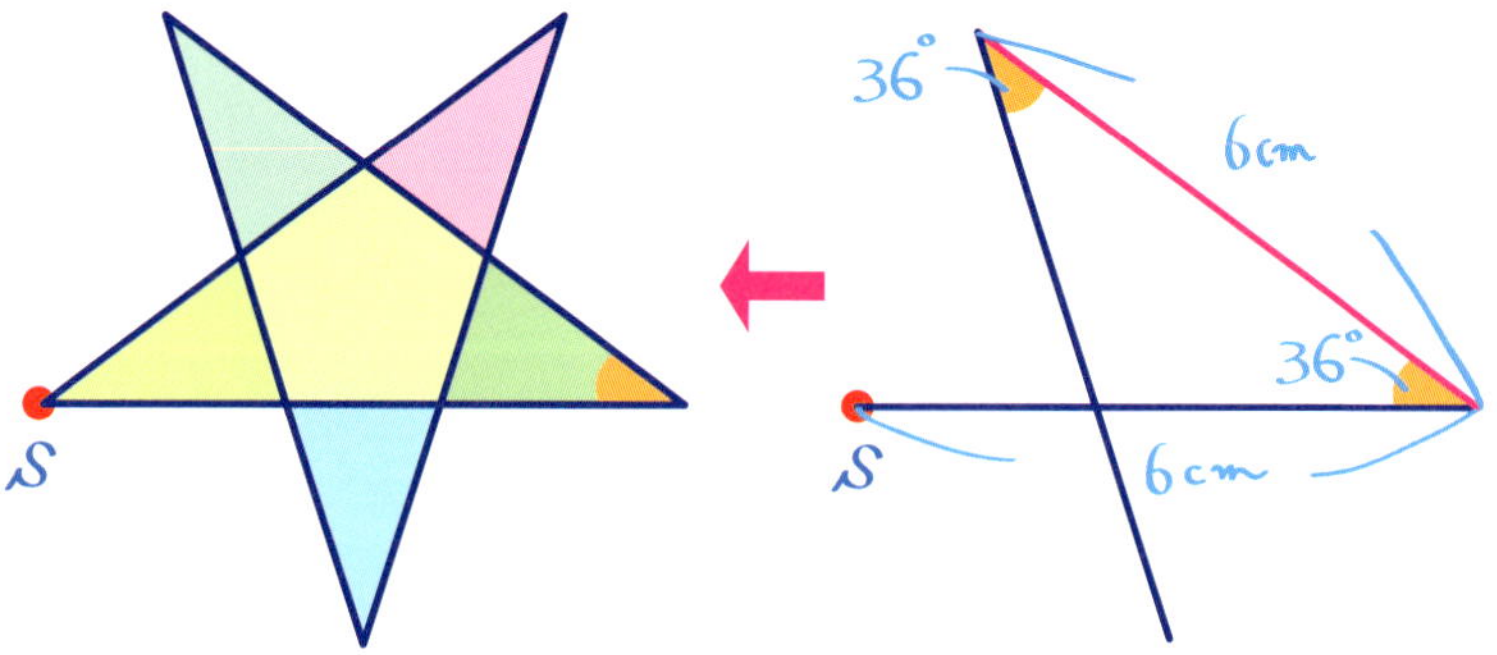


図《ず》2【45度《ど》のとき】

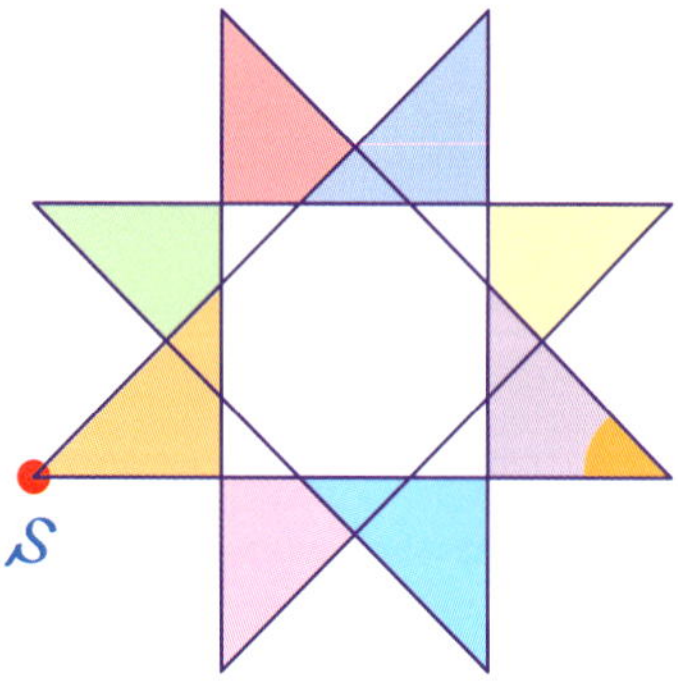


図《ず》3【20度《ど》のとき】

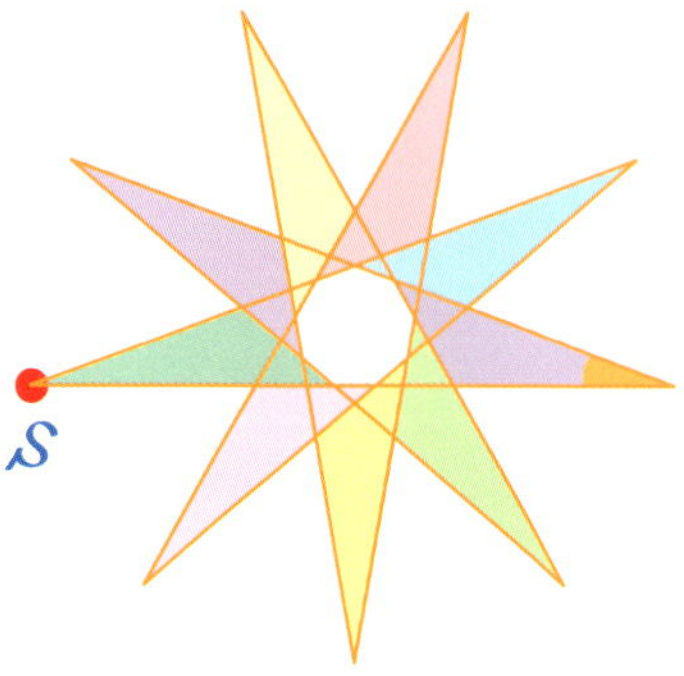


図《ず》4【30度《ど》のとき】

図《ず》5【15度《ど》のとき】

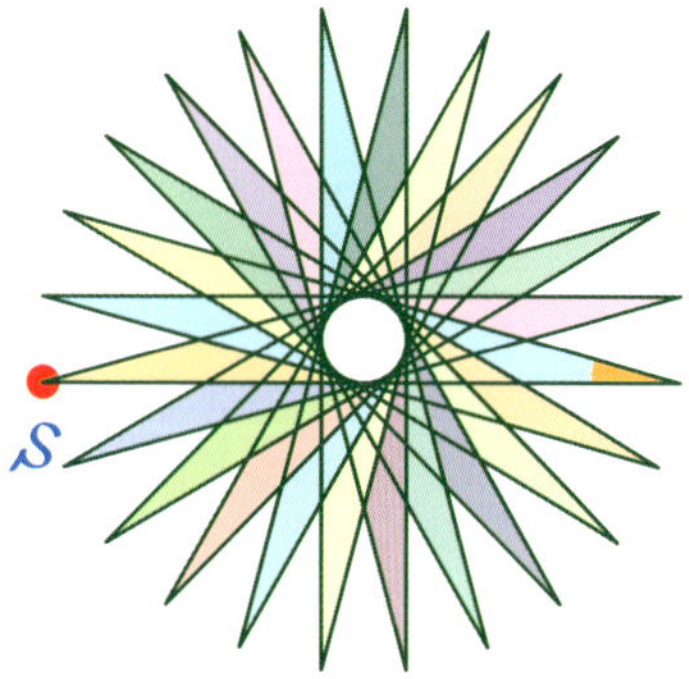


ひとくちメモ

36度《ど》でかいた星《ほし》の形《かたち》は、「正二分《せいにぶん》の五角形《ごかくけい》」と呼《よ》ばれています。45度《ど》でかいた星《ほし》の形《かたち》は「正三分《せいさんぶん》の八角形《はちかくけい》」です。星《ほし》の形《かたち》になるのは、分数《ぶんすう》で表《あらわ》される正多角形《せいたかくけい》の仲間《なかま》です。

数と計算のお話

# 九九《くく》に虹《にじ》が現《あらわ》れるってホント？

9月 19日

立命館小学校《りつめいかんしょうがっこう》
高橋正英《たかはしまさひで》先生《せんせい》が書《か》きました

読《よ》んだ日《ひ》　月《がつ》　日《にち》｜月《がつ》　日《にち》｜月《がつ》　日《にち》

## 虹《にじ》が見《み》えるよ

5の段《だん》の九九《くく》を見《み》ていると、面《おも》白《しろ》いことに気《き》づきます。

たとえば、5×1の積《せき》である5と5×9の積《せき》である45を線《せん》で結《むす》びます。同《おな》じように5×2の10と5×8の40を結《むす》んでいきます。共通《きょうつう》点《てん》は何《なん》でしょう。そうです、和が50になりますね。さらにつないでいくと、虹《にじ》のような模様《もよう》が見《み》えてきます。最後《さいご》の5×5は寂《さび》しく見《み》えるのですが、25を2倍《ばい》するとやはり50になりますね。

この「虹《にじ》の関係《かんけい》」は「×1」と「×9」を結《むす》ばなくても、たとえば5×1＝5と5×8＝40を結《むす》ぶと45になり、その中《なか》に虹《にじ》の関係《かんけい》が現《あらわ》れます。

考《かんが》えてみよう

### なぜ虹《にじ》が見《み》えるの？

右《みぎ》の図《ず》を見《み》てください。長方《ちょうほう》形《けい》の形《かたち》（5×10）に並《なら》んだ50個《こ》のおまんじゅうがあるとします。これを1本《ぽん》の直線《ちょくせん》で2つに分《わ》けても、全体《ぜんたい》の50個《こ》は変《か》わらないからです。

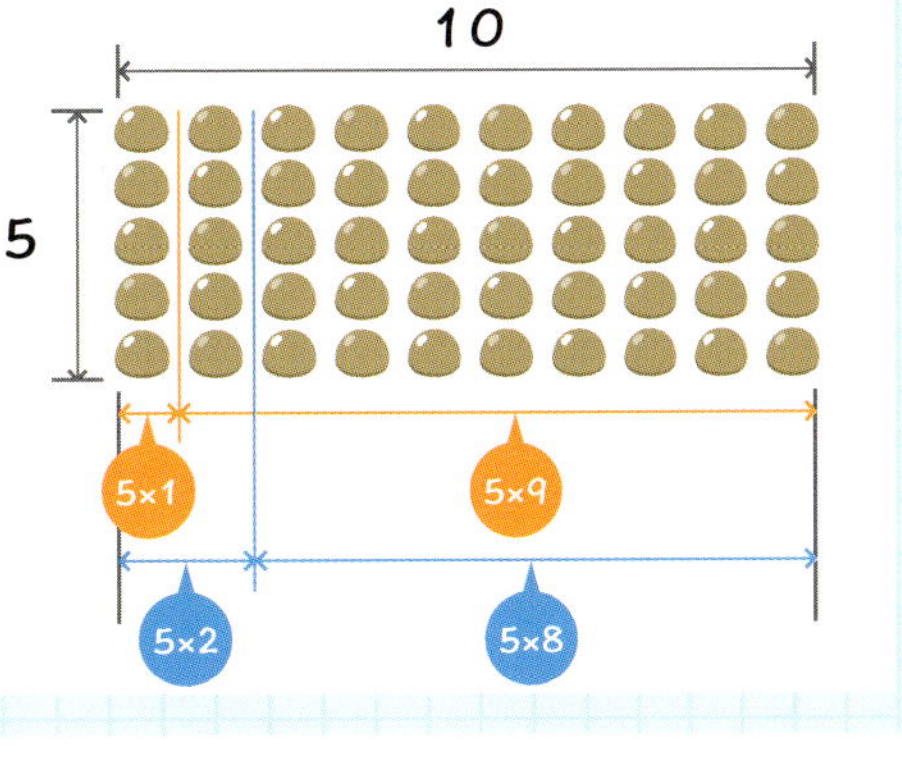




ひとくちメモ　他《ほか》の段《だん》では、どんな虹《にじ》が見《み》えるか調《しら》べてみると面白《おもしろ》いですよ。

# セパレートコースの秘密《ひみつ》

9月《がつ》20日《にち》

東京都《とうきょうと》　豊島区立高松小学校《としまくりつたかまつしょうがっこう》
細萱裕子《ほそがやゆうこ》先生《せんせい》が書《か》きました

読《よ》んだ日《ひ》　月《がつ》　日《にち》｜　月《がつ》　日《にち》｜　月《がつ》　日《にち》

図《ず》1

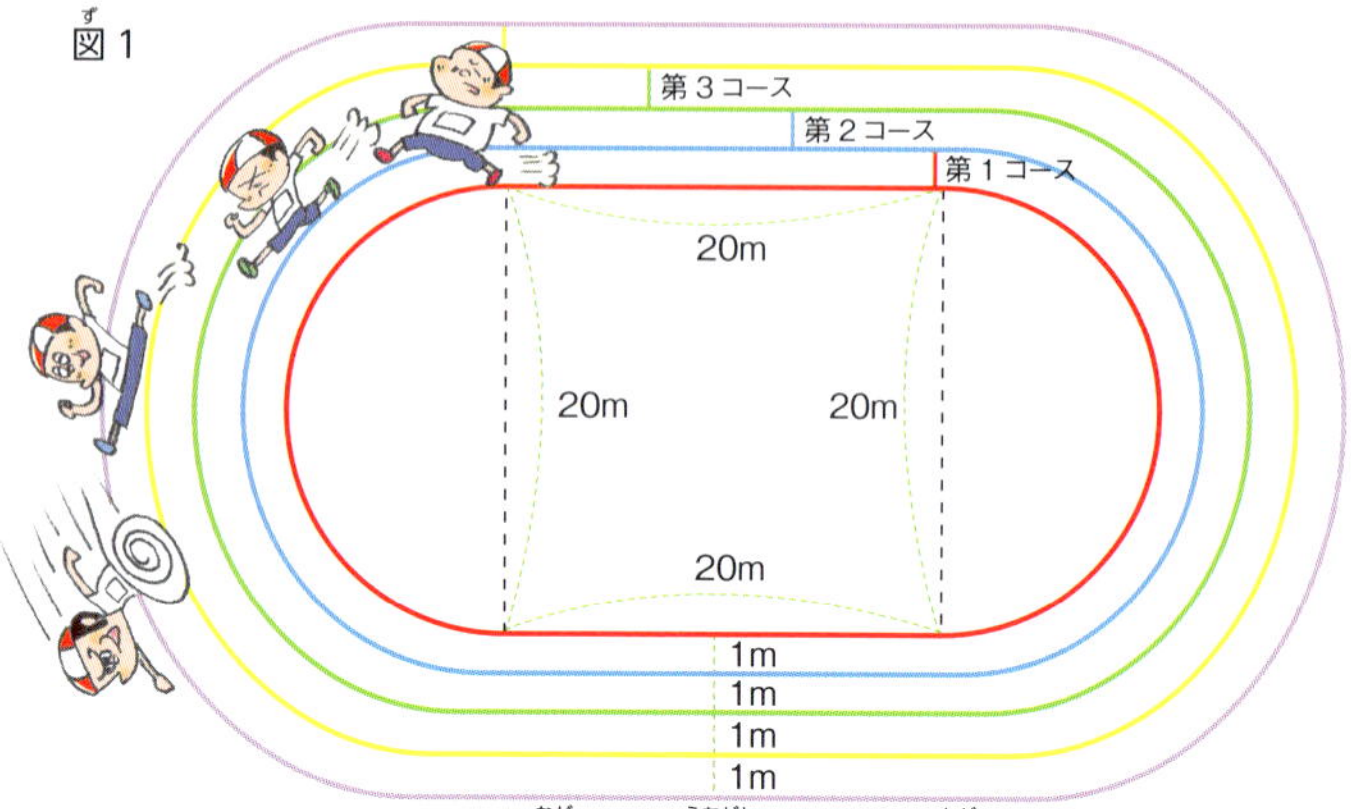


それぞれのコースの長《なが》さは、内側《うちがわ》のラインの長《なが》さとする。

図《ず》2

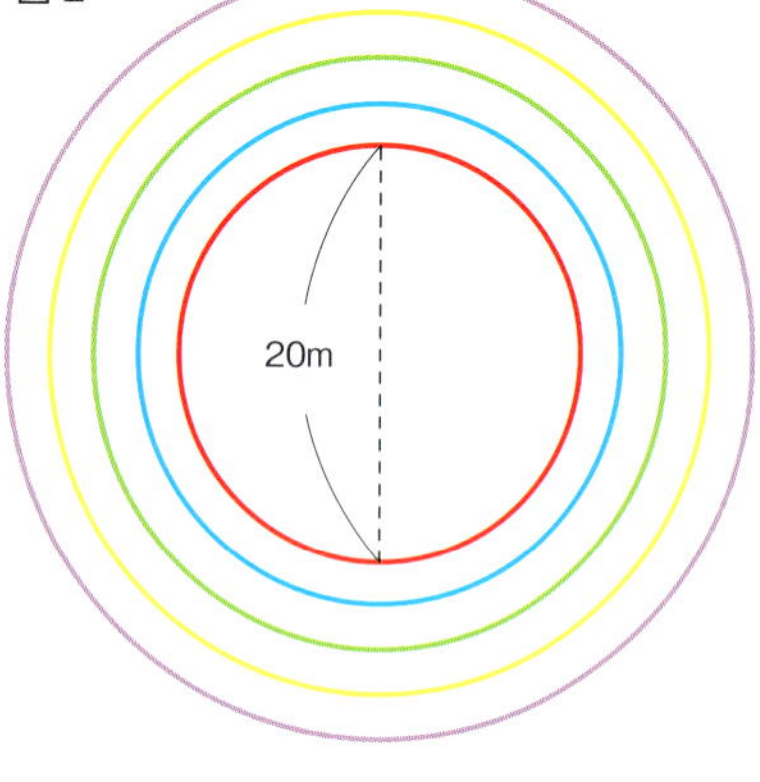


## 各《かく》コースの長《なが》さは？

運動会《うんどうかい》や体育祭《たいいくさい》などの種目《しゅもく》の一《ひと》つ、徒競走《ときょうそう》（かけっこ）。直線《ちょくせん》コースの場合《ばあい》は、どのコースもスタート位置《いち》は同《おな》じですが、トラックを1周《しゅう》するようなコースの場合《ばあい》は、コースによってスタート位置《いち》が違《ちが》います。外側《そとがわ》のコースの方《ほう》が大回《おおまわ》りになるため、走《はし》る長《なが》さが長《なが》くなることはわかりますが、どのくらいの違《ちが》いがあるのでしょうか。

図《ず》1のようなコースを走《はし》る場合《ばあい》を考《かんが》えます。どのコースも直線部《ちょくせんぶ》分《ぶん》の長《なが》さは同《おな》じなので直線部分《ちょくせんぶぶん》を除《のぞ》いて考《かんが》えてみます。カーブの部《ぶ》分《ぶん》は円《えん》の円周《えんしゅう》と同《おな》じ長《なが》さになります（図《ず》2）。

図《ず》3のように考《かんが》えてみると、1コースずれるごとに、6・28m長《なが》くなっています。

図《ず》3

**第1コース**
20 × 3.14=62.8
　違いは 6.28m
**第2コース**
22 × 3.14=69.08
　違いは 6.28m
**第3コース**
24 × 3.14=75.36

## コースの幅《はば》に注目《ちゅうもく》

では、この6・28mという長《なが》さは何《なに》に関係《かんけい》しているのでしょうか。コース幅《はば》は1mなので、6・28はコース幅《はば》を直径《ちょっけい》とする円《えん》の円周《えんしゅう》2個《こ》分《ぶん》の長《なが》さです（図《ず》4）。増《ふ》えた分《ぶん》はコースの幅《はば》、つまり、長《なが》さの違《ちが》いはコース幅《はば》に関係《かんけい》しているのです。

図《ず》4

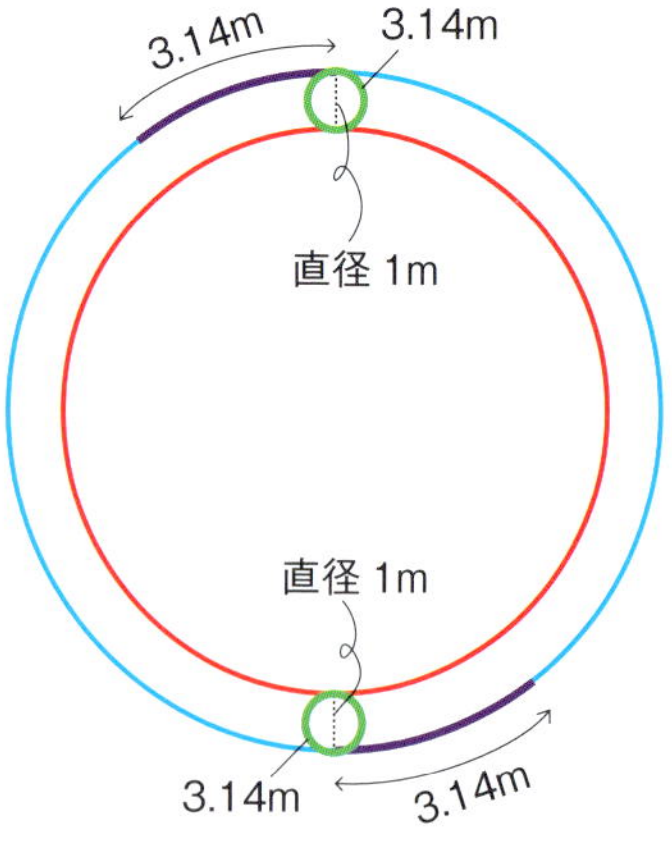


ひとくちメモ

円周《えんしゅう》というのは、円《えん》の周《まわ》りの長《なが》さのことで、円《えん》の直径《ちょっけい》×円周率《えんしゅうりつ》で求《もと》めることができます。円周率《えんしゅうりつ》は一般的《いっぱんてき》に約《やく》3.14を用《もち》いて計算《けいさん》します（98ページ参照《さんしょう》）。

数と計算のお話

# 20×20と21×19はどちらが大《おお》きい？

9月 21日

筑波大学附属小学校《つくばだいがくふぞくしょうがっこう》
盛山隆雄《せいやまたかお》先生《せんせい》が書《か》きました

読《よ》んだ日《ひ》　月《がつ》　日《にち》　月《がつ》　日《にち》　月《がつ》　日《にち》

## 予想《よそう》してみよう

みなさんは、20 × 20と21 × 19の答《こた》えは、どちらが大《おお》きいと思《おも》いますか。計算《けいさん》する前《まえ》に、まずは予想《よそう》してみましょう。

①20 × 20の方《ほう》が大《おお》きい。
②21 × 19の方《ほう》が大《おお》きい。
③同《おな》じ。

予想《よそう》した後《あと》に計算《けいさん》してみてください。そうです。20 × 20 = 400、21 × 19 = 399なので、20 × 20の方《ほう》が大《おお》きいですね。

差《さ》は1ですから、ほぼ同《おな》じという見方《みかた》もできるかもしれません。

## 20×20と22×18では？

では、20 × 20と22 × 18はどちらが大《おお》きいでしょうか。22 × 18 = 396なので、やはり20 × 20の方《ほう》が大《おお》きいことがわかります。差《さ》は4です。

23 × 17はどうでしょうか。もう20 × 20の方《ほう》が大《おお》きいことが予想《よそう》できそうですが、差《さ》はいくつになるでしょう。23 × 17 = 391です。20 × 20との差《さ》は9です。

このようにして調《しら》べていくと、次《つぎ》のような結果《けっか》が出《で》てきました。

| | |
|---|---|
| 20 × 20 = 400 | |
| 21 × 19 = 399 | 差は 1 |
| 22 × 18 = 396 | 4 |
| 23 × 17 = 391 | 9 |
| 24 × 16 = 384 | 16 |
| 25 × 15 = 375 | 25 |
| 26 × 14 = 364 | 36 |
| 27 × 13 = 351 | 49 |
| 28 × 12 = 336 | 64 |
| 29 × 11 = 319 | 81 |

### 考《かんが》えてみよう

**差《さ》にどんなきまりがあるかな？**

差《さ》の数《かず》は、1 × 1 = 1、2 × 2 = 4、3 × 3 = 9、4 × 4 = 16、5 × 5 = 25、6 × 6 = 36……と、同《おな》じ数《かず》を2回《かい》かけた数《かず》になっています。このような数《かず》を平方数《へいほうすう》と言《い》います。

ひとくちメモ　30×30と31×29はどちらが大《おお》きいでしょう。そして、差《さ》はいくつでしょう。30×30と32×28でも差《さ》はいくつかも考《かんが》えてみてください。

9月

図形のお話

# ふしぎな立体《りったい》 正多面体《せいためんたい》

9月22日

お茶《ちゃ》の水女子大学附属小学校《みずじょしだいがくふぞくしょうがっこう》
岡田紘子《おかだひろこ》先生《せんせい》が書《か》きました

読《よ》んだ日《ひ》　月《がつ》　日《にち》　月《がつ》　日《にち》　月《がつ》　日《にち》

## 正多面体《せいためんたい》って何《なに》？

どの面《めん》も合同《ごうどう》（ぴったり重《かさ》なる形《かたち》）で、すべての頂点《ちょうてん》に接《せっ》する面《めん》の数《かず》が等《ひと》しい多面体《ためんたい》を正多面体《せいためんたい》といいます。

正多面体《せいためんたい》は、全部《ぜんぶ》で5種類《しゅるい》しかありません。もっとたくさんありそうですが、5種類《しゅるい》以上《いじょう》はつくることができません。不思議《ふしぎ》ですね。

## 辺《へん》の数《かず》はいくつかな？

正十二面体《せいじゅうにめんたい》の辺《へん》の数《かず》は何本《なんぼん》でしょう？　数《かぞ》えるのはたいへんですね。しかし、計算《けいさん》で簡単《かんたん》に求《もと》めることができます。

正十二面体《せいじゅうにめんたい》は、正五角形《せいごかくけい》の面《めん》が12個《こ》あります。正五角形《せいごかくけい》の辺《へん》の数《かず》は5本《ほん》で、面《めん》が12個《こ》だから、5×12＝60。しかし、60本《ぽん》だと、面《めん》と面《めん》がくっついているので、すべての辺《へん》を2回数《かいかぞ》えてしまっていることになります。なので、60÷2＝30本《ぼん》ということがわかります。

正二十面体《せいにじゅうめんたい》の辺《へん》の数《かず》は何本《なんぼん》でしょう。正十二面体《せいじゅうにめんたい》と同《おな》じように計算《けいさん》すると、正三角形《せいさんかくけい》の辺《へん》の数《かず》は3本《ぼん》、面《めん》の数《かず》は20個《こ》だから3×20＝60。60÷2＝30本《ぼん》です。正十《せいじゅう》二面体《にめんたい》と正二十面体《せいにじゅうめんたい》の辺《へん》の数《かず》は同《おな》じということがわかりますね。

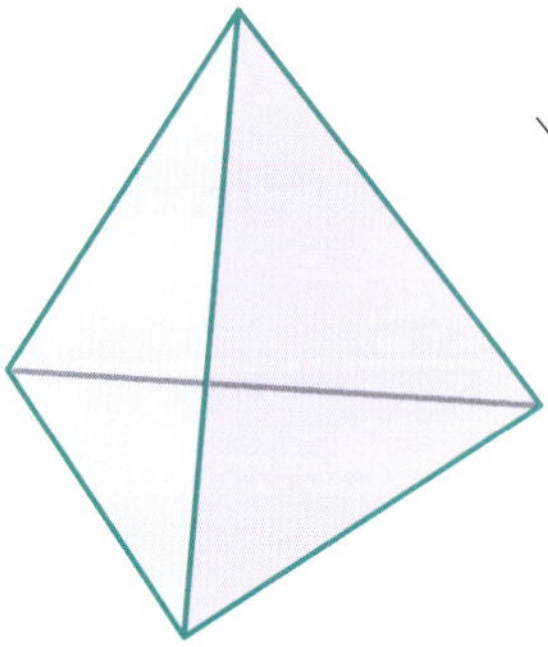
正四面体《せいしめんたい》

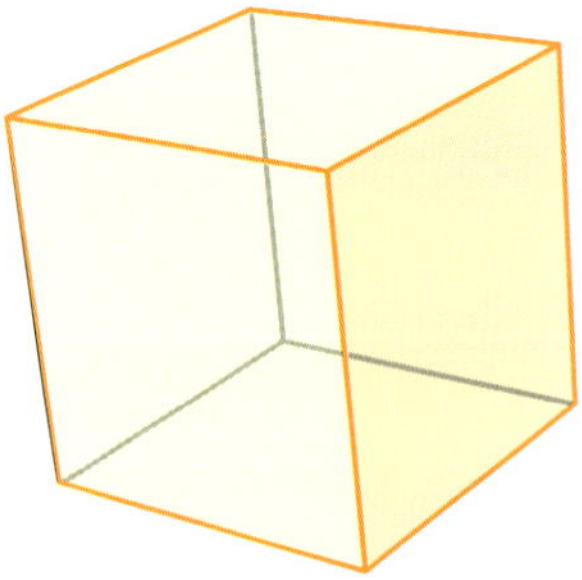
正六面体《せいろくめんたい》（立方体《りっぽうたい》）

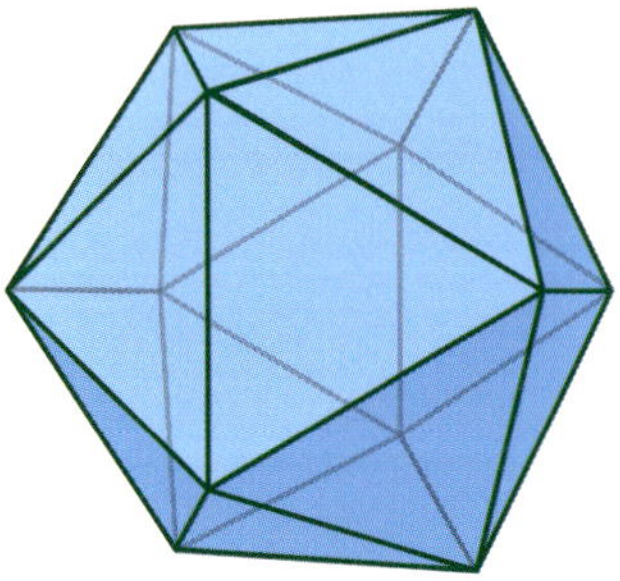
正二十面体《せいにじゅうめんたい》

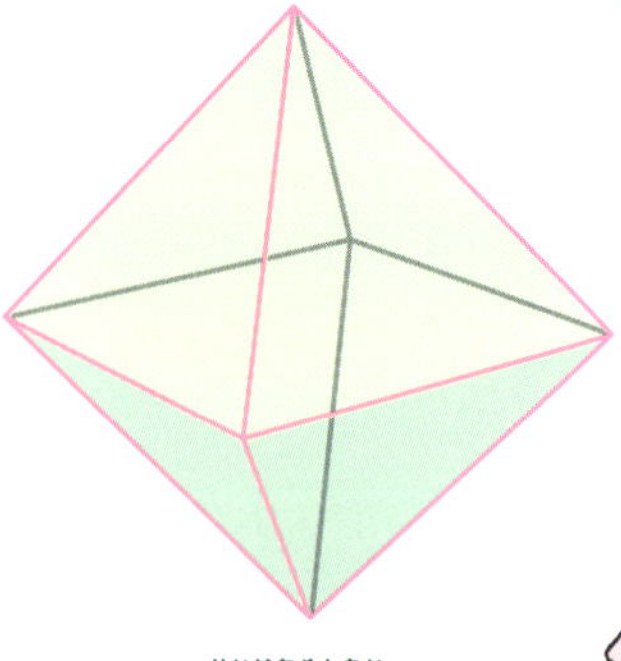
正八面体《せいはちめんたい》

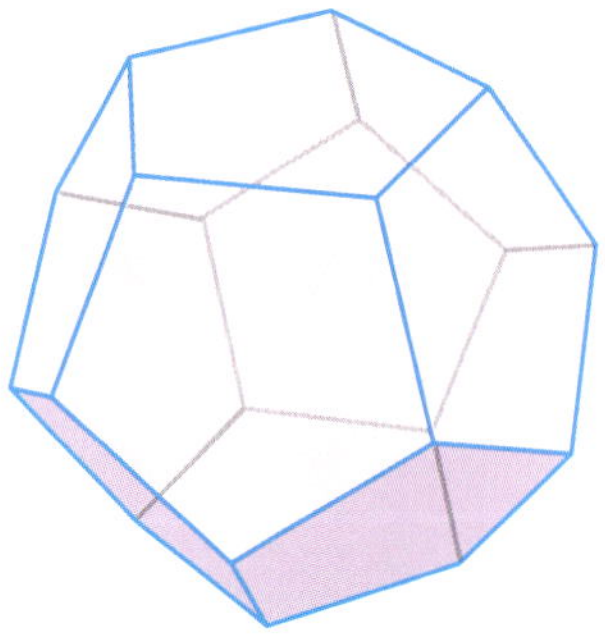
正十二面体《せいじゅうにめんたい》

ひとくちメモ　正六面体《せいろくめんたい》と正八面体《せいはちめんたい》の辺《へん》の数《かず》もそれぞれ12本《ほん》で同《おな》じです。正十二面体《せいじゅうにめんたい》と正二十面体《せいにじゅうめんたい》、正六面体《せいろくめんたい》と正八面体《せいはちめんたい》のそれぞれの面《めん》と頂点《ちょうてん》の数《かず》の関係《かんけい》も調《しら》べてみると、面白《おもしろ》い発見《はっけん》がありますよ。

# パンフレットのページの秘密《ひみつ》

9月 23日

東京学芸大学附属小金井小学校《とうきょうがくげいだいがくふぞくこがねいしょうがっこう》
高橋《たかはし》文夫《たけお》先生《せんせい》が書《か》きました

読《よ》んだ日《ひ》　月《がつ》　日《にち》　月《がつ》　日《にち》　月《がつ》　日《にち》

## ページ番号《ばんごう》のつけ方《かた》は？

みなさんは、パンフレットをつくったことはありませんか？

パンフレットのつくり方《かた》には大《おお》きく分《わ》けて2つのつくり方《かた》があります。

①1枚《まい》の紙《かみ》を何枚《なんまい》も重《かさ》ねてホッチキスやテープでとめるつくり方《かた》

②1枚《まい》の紙《かみ》を2つに折《お》って重《かさ》ねてつくるつくり方《かた》

①の方法《ほうほう》でつくると、図《ず》1のようになります。

図《ず》1

この場合《ばあい》、パンフレットのページ番号《ばんごう》は、1枚《まい》の紙《かみ》の表《おもて》と裏《うら》に、1と2、3と4のように数字《すうじ》が書《か》かれます。

②の方法《ほうほう》でつくると、どうなるでしょう。たとえば、2枚《まい》の紙《かみ》でつくると、図《ず》2のようになります。

では、3枚《まい》の紙《かみ》だとどうでしょう？

図《ず》2

## きまり発見《はっけん》！　わかるかな？

実《じつ》はここには、ある「きまり」があります。2枚《まい》の紙《かみ》を折《お》ってつくったパンフレットの一枚一枚《いちまいいちまい》を見《み》てみると、番号《ばんごう》のふり方《かた》は、1枚目《まいめ》の表《おもて》に1ページと8ページ、1枚目《まいめ》の裏《うら》に2ページと7ページ、2枚目《まいめ》の表《おもて》に3ページと6ページ、2枚目《まいめ》の裏《うら》に4ページと5ページとなっています。

折《お》った紙《かみ》を開《ひら》いたとき、そこに書《か》かれている数《かず》を足《た》した答《こた》えが、最初《さいしょ》のページと最後《さいご》のページの数《かず》を足《た》した数《かず》になっているのです。

3枚《まい》の紙《かみ》を折《お》ってつくった場合《ばあい》を考《かんが》えてみましょう。3枚《まい》の紙《かみ》を折《お》ってパンフレットをつくるのですから、ページ数《すう》は全部《ぜんぶ》で12ページになります。すると、折《お》ったページを開《ひら》いた1枚目《まいめ》の表《おもて》に来《く》る数《かず》は1ページと12ページになります。したがって、すべての紙《かみ》にふられる数《かず》を足《た》したものが13になるようにすれば、間違《まちが》いなくページがふられていくことになります(図《ず》3)。

図《ず》3



ひとくちメモ　数《かず》のきまりに目《め》をつけると、わかりにくいものがわかりやすくなることがあります。

単位とはかり方のお話

# どのピザの面積《めんせき》が一番《いちばん》大《おお》きい？

9月24日

明星大学客員教授《めいせいだいがくきゃくいんきょうじゅ》
細水保宏《ほそみずやすひろ》先生《せんせい》が書《か》きました

読《よ》んだ日《ひ》　月《がつ》　日《にち》　月《がつ》　日《にち》　月《がつ》　日《にち》

## 計算《けいさん》すると同《おな》じ面積《めんせき》？

「ピザを焼《や》きました。(ア)、(イ)、(ウ) の、どのピザの面積《めんせき》が一番大《いちばんおお》きいでしょう」

と問《と》いかけられたならば、どれだと思《おも》いますか。

(ア)

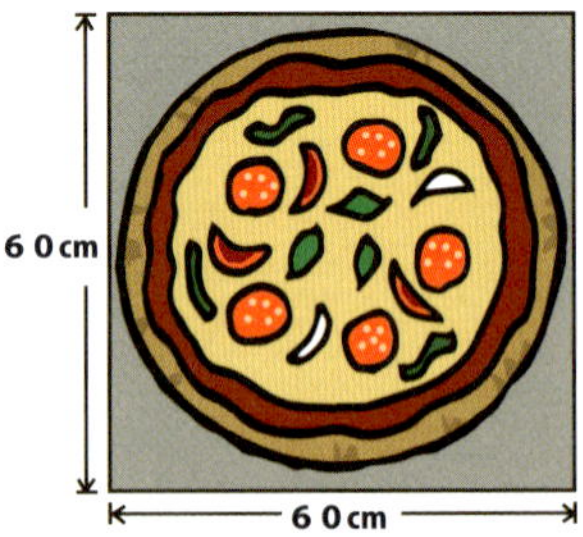


(イ)

(ウ)

(ア) は大《おお》きいけど1つ、(ウ) は小《ちい》さいけど9つもある。ちょっと迷《まよ》ってしまいますね。

直感的《ちょっかんてき》にみれば、(ア) のような、でも言《い》われてみれば、(イ) や (ウ) のような感《かん》じもしますね。面積《めんせき》を求《もと》めて比《くら》べてみましょう。

円《えん》の面積《めんせき》は、半径《はんけい》×半径《はんけい》×円周《えんしゅう》率《りつ》で求《もと》められます。そこで、(ア)、(イ)、(ウ) の面積《めんせき》をそれぞれ求《もと》めてみましょう（円周率《えんしゅうりつ》を3・14としてみます)。

(ア) $30 \times 30 \times 3.14 = 2826$

(イ) $15 \times 15 \times 3.14 \times (2 \times 2)$
$= 30 \times 30 \times 3.14 = 2826$

(ウ) $10 \times 10 \times 3.14 \times (3 \times 3)$
$= 30 \times 30 \times 3.14 = 2826$

(ア)(イ)(ウ) どれも同《おな》じ面《めん》積《せき》とは感《かん》じられないですが、解決《かいけつ》してみれば同《おな》じ面積《めんせき》になっています。その感覚《かんかく》とのずれが、面白《おもしろ》いと思《おも》いませんか。

## 式《しき》で比《くら》べてみると…

公式《こうしき》を活用《かつよう》し計算《けいさん》して答《こた》えを求《もと》めれば、一応《いちおう》の解決《かいけつ》は図《はか》れます。しかし、計算《けいさん》をしなくても途中《とちゅう》で式変形《しきへんけい》して考《かんが》えれば、どれも30×30×3.14となり、同《おな》じになることがわかります。

このように、途中《とちゅう》で式変形《しきへんけい》して考《かんが》えてみると、簡潔《かんけつ》な式《しき》で表《あらわ》すことができたり、計算《けいさん》の労力《ろうりょく》を非常《ひじょう》に節約《せつやく》したりすることができます。

考《かんが》えてみよう

### 次《つぎ》の大《おお》きさのピザも同《おな》じ面積《めんせき》？

(エ)

(オ)

ひとくちメモ

〈コラムの答《こた》え〉（エ）7.5×7.5×3.14×（4×4）＝30×30×3.14、（オ）60×60×3.14÷4＝30×30×3.14となり、どれも同《おな》じ面積《めんせき》であることが式《しき》だけでわかります。式変形《しきへんけい》って、便利《べんり》ですね。

# お空《そら》に浮《う》かぶ四角形《しかくけい》のお話《はなし》

9月25日

島根県《しまねけん》　飯南町立志々小学校《いいなんちょうりつしししょうがっこう》
村上幸人《むらかみゆきと》先生《せんせい》が書《か》きました

読《よ》んだ日《ひ》　月《がつ》　日《にち》　月《がつ》　日《にち》　月《がつ》　日《にち》

## 秋《あき》は明《あか》るい星《ほし》が少《すく》ない？

4月《がつ》に、身《み》の回《まわ》りから三角形《さんかくけい》を探《さが》しましたね。その時《とき》、夜空《よぞら》を見《み》上《あ》げたのを覚《おぼ》えていますか？　そして、春《はる》も夏《なつ》も明《あか》るい星《ほし》を結《むす》んで大《おお》きな三角形《さんかくけい》をつくることができました（130、222ページ参《さん》照《しょう》）。

では、秋《あき》はどうでしょうか。晴《は》れていたら、また夜空《よぞら》を見《み》上《あ》げてみましょう。ところが、あれあれ？　あまり明《あか》るい星《ほし》が見《み》あたらないでしょう。秋《あき》は明《あか》るい星《ほし》が少《すく》なくなるのです。

では、南東《なんとう》のちょっと高《たか》いところを見《み》上《あ》げてみましょう。すると、自然《しぜん》に4つの星《ほし》が目《め》につきます。

## 4つの星《ほし》を線《せん》で結《むす》ぶと？

4つの星《ほし》をつなぐと何《なん》の形《かたち》になりますか？　そう、四角形《しかくけい》です。4本《ほん》の直線《ちょくせん》で囲《かこ》まれた形《かたち》が見《み》えてきます。

秋《あき》は夜空《よぞら》に四角形《しかくけい》が見《み》えるのです。これを「秋《あき》の四角形《しかくけい》」または「秋《あき》の四辺形《しへんけい》」と呼《よ》んでいます。ペガスス座《ざ》の一部《いちぶ》です。

四角形《しかくけい》にもいろいろな形《かたち》がありますが、「秋《あき》の四角形《しかくけい》」は真四角《ましかく》（正方形《せいほうけい》）に近《ちか》い形《かたち》をしています。そのため、昔《むかし》の日本《にほん》では「枡形《ますがた》星《ぼし》」と呼《よ》ぶ地域《ちいき》もあったそうです。枡《ます》とは、日本酒《にほんしゅ》を飲《の》むための酒枡《さかます》として、今《いま》も利用《りよう》されている四角《しかく》型《がた》をした木《き》の器《うつわ》のことです。

昔《むかし》の人《ひと》には、枡《ます》が水《みず》などの量《りょう》を量《はか》るのに身近《みぢか》な道具《どうぐ》だったので、正方形《せいほうけい》の形《かたち》を見《み》てすぐに思《おも》い浮《う》かべたのでしょう。現代《げんだい》に住《す》むあなたは、この四角形《しかくけい》から何《なに》を思《おも》い浮《う》かべますか。

ひとくちメモ　枡《ます》は尺貫法《しゃっかんほう》（160ページ参照《さんしょう》）の単位《たんい》である「合《ごう》」「升《しょう》」「斗《と》」を量《はか》るのに利用《りよう》されています。

9月

# 何《なん》cmのテープを2本《ほん》用意《ようい》すればいい？

9月 26日

北海道《ほっかいどう》教育《きょういく》大学《だいがく》附属《ふぞく》札幌《さっぽろ》小学校《しょうがっこう》
瀧《たき》ケ《が》平《ひら》悠《ゆう》史《し》先生《せんせい》が書《か》きました

読《よ》んだ日《ひ》　月《がつ》　日《にち》　月《がつ》　日《にち》　月《がつ》　日《にち》

## 2本《ほん》の紙《かみ》テープをつなげる

赤《あか》と青《あお》の2本《ほん》の紙《かみ》テープがあります。この紙《かみ》テープは、2本《ほん》とも同《おな》じ長《なが》さです。これを、のりを付《つ》けて1本《ぽん》につなげたいと思《おも》います(図《ず》1)。

1本《ぽん》につなげた時《とき》、紙《かみ》テープの全体《ぜんたい》の長《なが》さを10cmにします。「のりしろ」は2cmにします。「のりしろ」とは、紙《かみ》と紙《かみ》を重《かさ》ねてのり付《づ》けする部分《ぶぶん》の長《なが》さのことを言《い》います。

赤《あか》と青《あお》の紙《かみ》テープは、何《なん》cmのものを用意《ようい》すればいいでしょうか。

1本《ぽん》になった時《とき》が10cmですから、つながる前《まえ》はその半分《はんぶん》の5cm……というわけにはいきませんね。「のりしろ」の長《なが》さのことを考《かんが》えなくてはなりません。

「のりしろ」は2cmですから、その分《ぶん》の長《なが》さは紙《かみ》テープが重《かさ》なることになります。いったい、どのように考《かんが》えたらよいのでしょうか。

## 図《ず》を使《つか》って考《かんが》える

このようなときは、図《ず》をかいてみると便利《べんり》です。まず、図《ず》2を見《み》てみましょう。完成図《かんせいず》は、図《ず》2のようになるはずです。

すると、1本《ぽん》になった紙《かみ》テープの「のりしろ」が真《ま》ん中《なか》にきているはずですから、長《なが》さの関係《かんけい》は図《ず》3のようになりますね。

この「のりしろ」は、2つの紙《かみ》テープが重《かさ》なっている場所《ばしょ》です。ですから、それぞれのテープの長《なが》さは図《ず》4のように、6cmになるということがわかりました。

図《ず》1
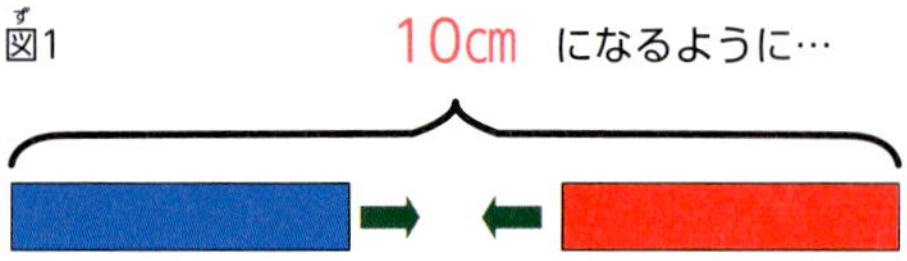


図《ず》2
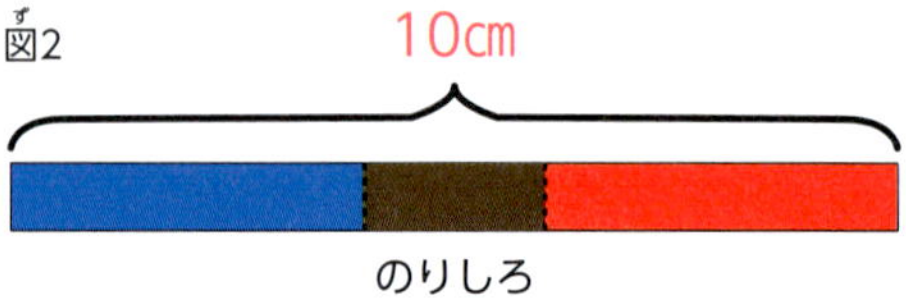


図《ず》3
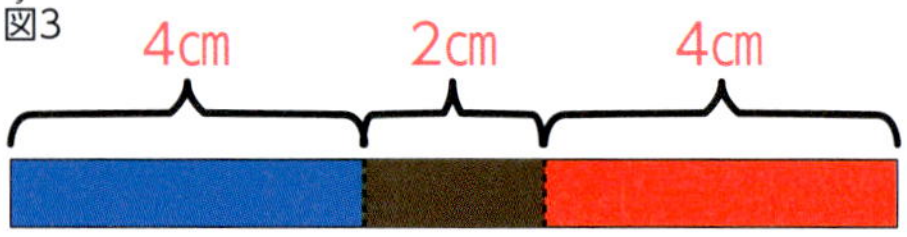


図《ず》4
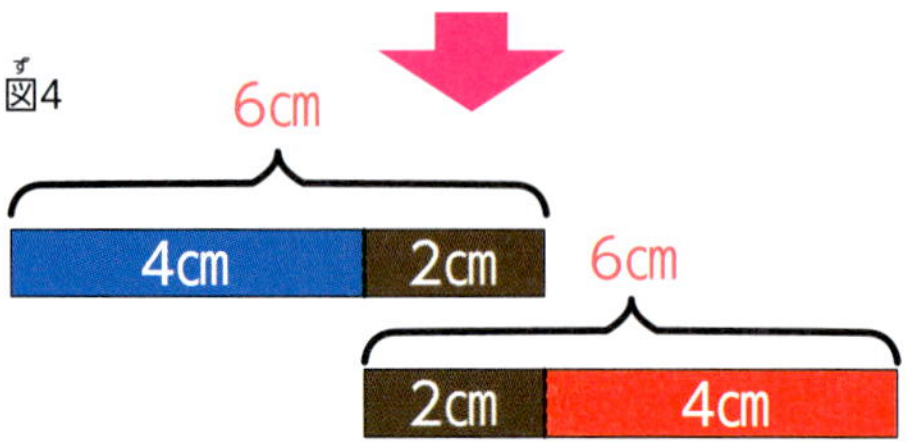


## やってみよう

### のりしろの長《なが》さを変《か》える

「のりしろ」の長《なが》さを2cmから3cm、4cmと長《なが》くしていきます。赤《あか》と青《あお》の紙《かみ》テープの長《なが》さは、どのように変《か》わるのか考《かんが》えてみましょう。

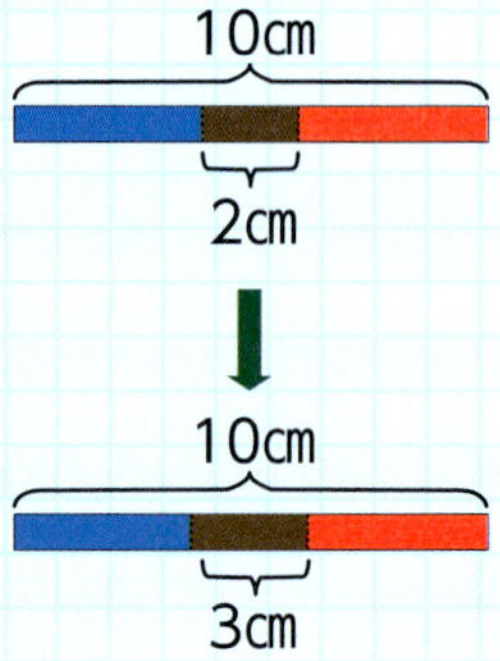


**ひとくちメモ**

やってみようの問題《もんだい》は、「mm」を使《つか》うと考《かんが》えることができます。「のりしろ」の長《なが》さが1cmずつ増《ふ》えていくと、赤《あか》と青《あお》の紙《かみ》テープはそれぞれ、5mmずつ伸《の》びていくことがわかりますね。

図形のお話

# 立方体《りっぽうたい》は全部《ぜんぶ》でいくつかな？

9月 27日

福岡県《ふくおかけん》　田川郡川崎町立川崎小学校《たがわぐんかわさきちょうりつかわさきしょうがっこう》
高《たか》瀬《せ》大《だい》輔《すけ》先生《せんせい》が書《か》きました

読《よ》んだ日《ひ》　月《がつ》　日《にち》　月《がつ》　日《にち》　月《がつ》　日《にち》

## うまい数《かぞ》え方《かた》を考《かんが》える

どの辺《へん》も長《なが》さが等《ひと》しい正方形《せいほうけい》で囲《かこ》まれたサイコロの形《かたち》を立方体《りっぽうたい》といいます（図《ず》1）。きれいな形《かたち》ですね。では、図《ず》2の図形《ずけい》の中《なか》には、立方体《りっぽうたい》が全部《ぜんぶ》でいくつあるでしょうか。見《み》えない部分《ぶぶん》にも立方体《りっぽうたい》が積《つ》み上《あ》げられています。落《お》ちや重《かさ》なりが出《で》ないように工夫《くふう》して数《かぞ》えてみましょう。

ここで、いきなり全体《ぜんたい》を丸《まる》ごと数《かぞ》えていくと数《かぞ》えまちがえてしまうかもしれません。

①段《だん》で分《わ》ける
②順番《じゅんばん》に数《かず》を足《た》していく

この方法《ほうほう》で数《かぞ》えてみましょう。

図《ず》1

図《ず》2

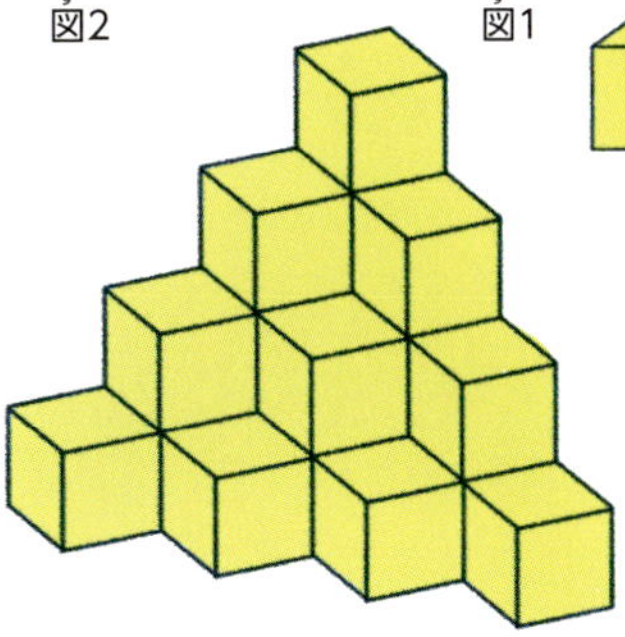

## きまりが見《み》えてくる？

図《ず》3

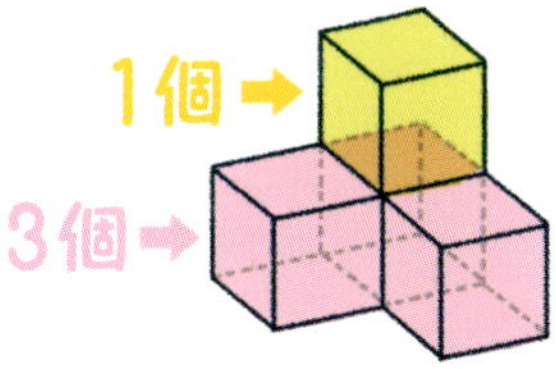


図《ず》4

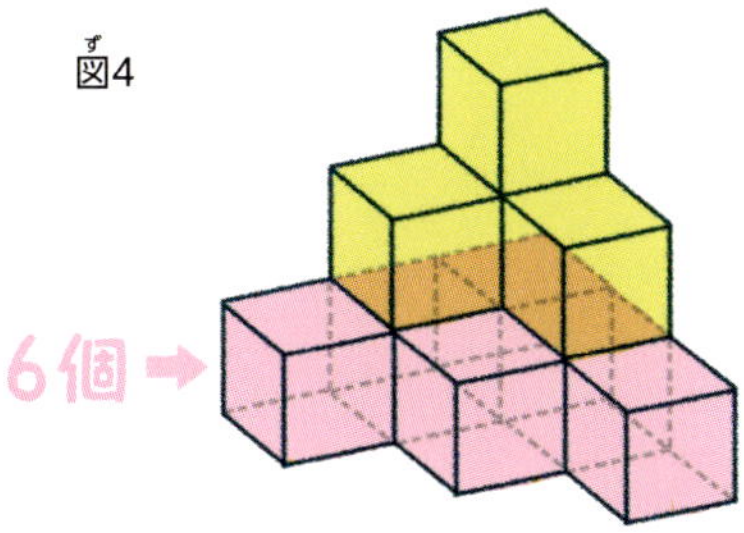


まず、一番上《いちばんうえ》の段《だん》には立方体《りっぽうたい》が1個《こ》。2段目《だんめ》は2個《こ》増《ふ》えるので3個《こ》（図《ず》3）。

だから、1＋3＝4

次《つぎ》に、上《うえ》から3段目《だんめ》は、3個《こ》増《ふ》えるので合計《ごうけい》6個《こ》（図《ず》4）。

だから、1～3段目《だんめ》までは、

1＋3＋6＝10

式《しき》

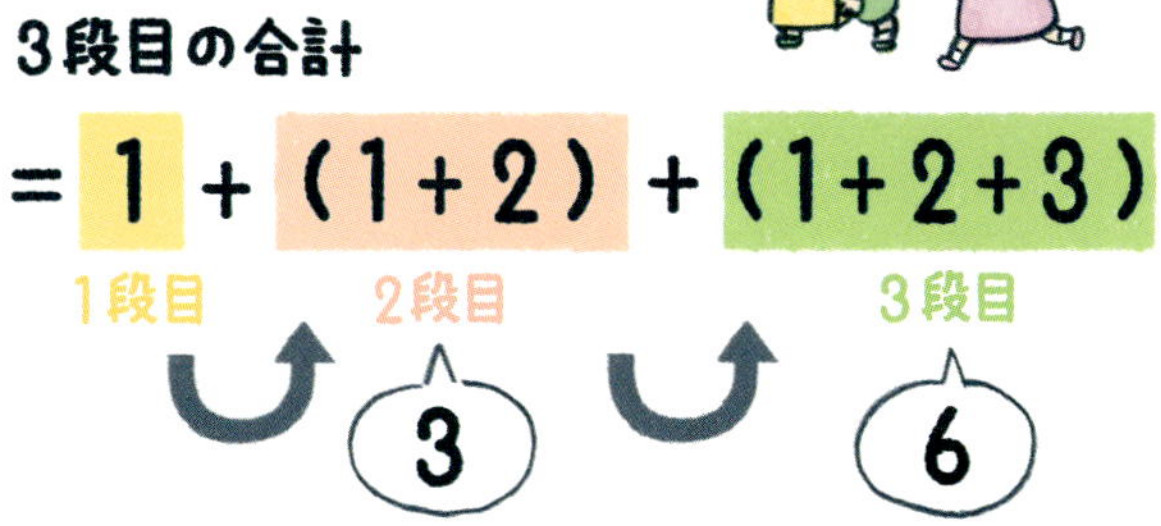

ここまでを別《べつ》の式《しき》で表《あらわ》してみると、数《かず》が段《だん》の数《かず》ずつ増《ふ》えていくきまりが見《み》えてきましたね。だから、図《ず》2の4段《だん》の立方体《りっぽうたい》の数《かず》は、

1＋3＋6＋（6＋4）＝20

となり20個《こ》だとわかります。

この後《あと》、たとえ何段《なんだん》に増《ふ》えても式《しき》を付《つ》け加《くわ》えていくだけで、立方体《りっぽうたい》の数《かず》を求《もと》めることができそうです。このように、複雑《ふくざつ》そうな問題《もんだい》も、簡単《かんたん》な場合《ばあい》から順番《じゅんばん》にていねいに調《しら》べていくことが大切《たいせつ》です。

ひとくちメモ　上《うえ》の方法《ほうほう》なら段《だん》が増《ふ》えていっても立方体《りっぽうたい》の数《かず》を調《しら》べられますね。

単位とはかり方のお話

# どうやって決《き》めた？「秒《びょう》」のはじまり

**9月28日**

東京学芸大学附属小金井小学校《とうきょうがくげいだいがくふぞくこがねいしょうがっこう》
高橋丈夫《たかはしたけお》先生《せんせい》が書《か》きました

読《よ》んだ日《ひ》　月《がつ》　日《にち》　月《がつ》　日《にち》　月《がつ》　日《にち》

## 1日《にち》は何秒《なんびょう》？ 1年《ねん》は何秒《なんびょう》？

時間《じかん》の単位《たんい》の「秒《びょう》」はどのようにしてできたのでしょうか？

1日《にち》が24時間《じかん》、1時間《じかん》が60分《ぷん》、1分《ぷん》は60秒《びょう》であることは知《し》っていると思《おも》います。これを計算《けいさん》すると1日《にち》は60×60×24＝86400となり8万6400秒《びょう》になります。

これが1年間《ねんかん》だと、1年《ねん》は365日《にち》ですから、86400×365＝31536000で、3153万《まん》6000秒《びょう》になります。

「秒《びょう》」は、この1年《ねん》という時間《じかん》を利用《りよう》して定《さだ》められています。

太陽《たいよう》の周《まわ》りを地球《ちきゅう》が1周《しゅう》する時間《じかん》を「公転周期《こうてんしゅうき》」といいます。その時間《じかん》は1年《ねん》です。この地球《ちきゅう》が太陽《たいよう》を1周《しゅう》する時間《じかん》をもとにして、その3153万《まん》6000分《ぶん》の1を1秒《びょう》としているのです。

## 地球《ちきゅう》の公転《こうてん》と関係《かんけい》していた

実際《じっさい》には、地球《ちきゅう》が太陽《たいよう》の周《まわ》りを1周《しゅう》する「公転周期《こうてんしゅうき》」は365日《にち》よりも少《すこ》しだけ長《なが》いので、1960年代後半《ねんだいこうはん》に、「1秒《びょう》は3155万《まん》6925・9747分《ぶん》の1とする」と国際的《こくさいてき》に定《さだ》められました。

現在《げんざい》では、セシウム原子時計《げんしどけい》というとても正確《せいかく》な時計《とけい》を12台《だい》も使《つか》って、1秒《びょう》が定《さだ》められています。

長《なが》さの単位《たんい》のm（メートル）や重《おも》さの単位《たんい》のkg（キログラム）などと同《おな》じように、秒《びょう》も地球《ちきゅう》を基準《きじゅん》に定《さだ》められた単《たん》位《い》です。

単位《たんい》の中《なか》には、人《ひと》の体《からだ》を基準《きじゅん》に定《さだ》められたものと、地球《ちきゅう》を基準《きじゅん》に定《さだ》められたものがあります。面白《おもしろ》いですね。

※1年《ねん》を365日《にち》として計算《けいさん》しました。

ひとくちメモ
以前《いぜん》は地球《ちきゅう》の自転周期《じてんしゅうき》の8万《まん》6400分《ぶん》の1を1秒《びょう》と定《さだ》めていましたが、地球《ちきゅう》の自転《じてん》の速《はや》さも変化《へんか》することがわかり、公転周期《こうてんしゅうき》から1秒《びょう》を求《もと》めるようになったのです。

# いじわる九九表《くくひょう》!?

## ～消《き》えている数《かず》はなんだ～

9月29日

神奈川県《かながわけん》　川崎市立土橋小学校《かわさきしりつつちはししょうがっこう》
山本《やまもと》　直《なお》先生《せんせい》が書《か》きました

読《よ》んだ日《ひ》　月《がつ》　日《にち》　月《がつ》　日《にち》　月《がつ》　日《にち》

### かけ算《ざん》九九《くく》の表《ひょう》

ここにある表《ひょう》は、かけ算《ざん》九九《くく》の表《ひょう》の「かける数《かず》」や「かけられる数《かず》」の順番《じゅんばん》を入《い》れかえたものです。しかも、この表《ひょう》からたくさんの数《かず》を消《け》してしまいました。あなたは、この消《き》えてしまったかける数《かず》や、かけられる数《かず》がわかりますか。そしてこの表《ひょう》を完成《かんせい》させることができますか。

| × | く | け | 8 | こ | さ | し | す | せ | そ |
|---|---|---|---|---|---|---|---|---|---|
| あ | 16 | | 64 | | | | | | 56 |
| い | | | | 3 | 9 | | | | |
| 3 | | | 24 | | | | | | |
| う | | | | | | | 42 | | |
| え | | | | | 18 | | | | |
| お | 8 | | | 12 | | | | | |
| か | | | | | | | 54 | | |
| 6 | | | 48 | | 54 | | | 24 | |
| き | | 25 | | | | | | | |

### 表《ひょう》にある数《かず》をよく見比《みくら》べて

消《き》えてしまった数《かず》は、どのようにして考《かんが》えればわかるのでしょうか。まずは「あ」について考《かんが》えてみましょう。かけられる数《かず》を□として考《かんが》えると、かける数《かず》が8なので、□×8＝64になります。すると、8×8＝64なので、「あ」は8であることがわかります。つまり、いちばん上《うえ》の段《だん》は8の段《だん》であることがわかります。

すると、8×「く」が16なので、「く」が2、8×「そ」＝56なので「そ」が7であることがわかります。そして、「く」がわかれば「お」がわかり、「お」がわかれば「こ」がわかる……というように、順番《じゅんばん》に見《み》つけていくことができます。

また、「き」×「け」は25になっていますが、25になるかけ算《ざん》九九《く》は、5×5しかありません。なので、「き」と「け」はどちらも5であることもわかります。

このようにかける数《かず》とかけられる数《かず》、答《こた》えの関係《かんけい》を見《み》ていくと順《じゅん》番《ばん》に1つずつ見《み》つけていくことができます。





ひとくちメモ　かける数《かず》とかけられる数《かず》を自分《じぶん》で入《い》れてみよう。順番《じゅんばん》をわざと変《か》えることで、自分《じぶん》だけの表《ひょう》ができます。

単位《たんい》とはかり方《かた》のお話《はなし》

# どっちが早《はや》く落《お》ちる？
## ～物体《ぶったい》の落下《らっか》～

9月30日

熊本県《くまもとけん》　熊本市立池上小学校《くまもとしりついけのうえしょうがっこう》
藤本邦昭《ふじもとくにあき》先生《せんせい》が書《か》きました

読《よ》んだ日《ひ》　月《がつ》　日《にち》　月《がつ》　日《にち》　月《がつ》　日《にち》

### 同《おな》じ場所《ばしょ》から落《お》とすと…

ソフトボールが1つと、同《おな》じ大《おお》きさの鉄《てつ》の玉《たま》（10kg）が1つあります。この2つのボール（玉《たま》）を3階《かい》の窓《まど》から同時《どうじ》に落《お》とすとします（図《ず》1）。

どちらが早《はや》く地面《じめん》に着《つ》くでしょうか？　ソフトボール？　鉄《てつ》の玉《たま》？

なんだか重《おも》い鉄《てつ》の玉《たま》の方《ほう》が速《はや》く落《お》ちていくように思《おも》いますね。

### 地面《じめん》に着《つ》くのは同時《どうじ》!?

ところが同時《どうじ》に地面《じめん》に着《つ》くのです。つまり重《おも》さが違《ちが》っていても同《おな》じ高《たか》さから落《お》とすと落《お》ちるスピードは同《おな》じになるのです。

ちなみに、

1秒間《びょうかん》に落《お》ちる速《はや》さ＝9.8×時間《じかん》（秒《びょう》）

となり、落《お》ち始《はじ》めて10秒後《びょうご》は、1秒間《びょうかん》に98mも進《すす》むスピードになります。

この式《しき》をよく見《み》ると、質量《しつりょう》（重《おも》さ）が入《はい》っていません。ですから、空気抵抗《くうきていこう》を考《かんが》えなければ、どんなものも同《おな》じ高《たか》さから同時《どうじ》に落《お》とすと、同時《どうじ》に地面《じめん》に着《つ》くのです。ふしぎですね。

図《ず》1

考《かんが》えてみよう

### もしも東京《とうきょう》スカイツリーから…

実《じつ》は、落《お》ちる距離《きょり》も
【落《お》ちる距離《きょり》＝4.9×時間《じかん》×時間《じかん》】
という計算式《けいさんしき》でわかります。

この式《しき》を利用《りよう》すると、東京《とうきょう》スカイツリーの頂上《ちょうじょう》は地上《ちじょう》から634mですから、ここからボールを落《お》とすと（風《かぜ》の影響《えいきょう》などを考《かんが》えなければ）約《やく》11秒《びょう》で地面《じめん》に着《つ》くことがわかります。

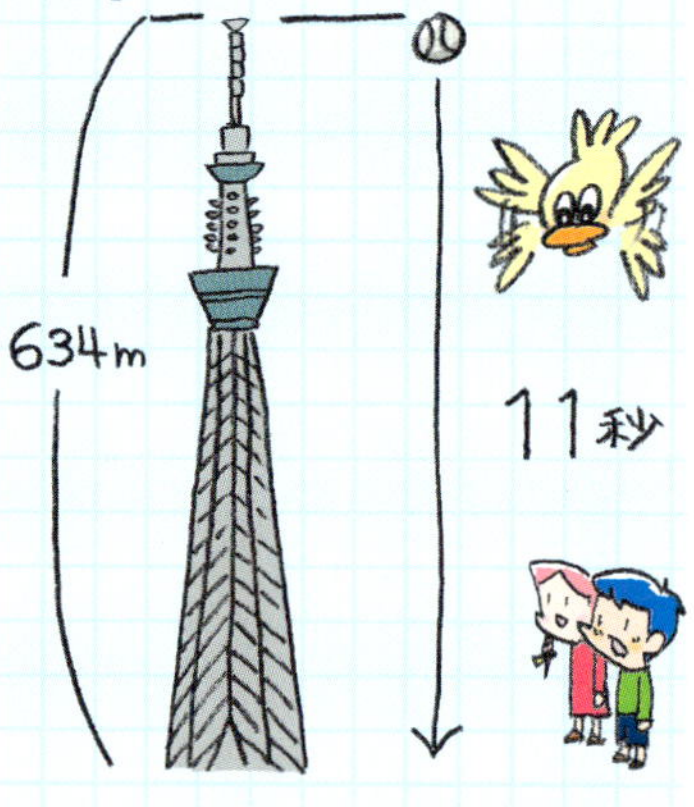


ひとくちメモ　あぶないので、実際《じっさい》に窓《まど》からものはなげないでね。実験《じっけん》をするときは必《かなら》ず大人《おとな》と一緒《いっしょ》にやりましょう。

# 10月

October

数と計算のお話

# 絶対《ぜったい》1089になる計算《けいさん》！

10月 1日

東京学芸大学附属小金井小学校《とうきょうがくげいだいがくふぞくこがねいしょうがっこう》
高橋丈夫《たかはしたけお》先生《せんせい》が書《か》きました

読《よ》んだ日《ひ》　月《がつ》　日《にち》　月《がつ》　日《にち》　月《がつ》　日《にち》

## まずは、やってみよう

今日《きょう》は3桁《けた》の計算《けいさん》の結果《けっか》がすべて1089になる、不思議《ふしぎ》な計算《けいさん》のお話《はなし》です。

①百《ひゃく》の位《くらい》と一《いち》の位《くらい》の数《かず》が違《ちが》う3ケタの数《かず》を頭《あたま》の中《なか》に思《おも》い浮《う》かべてください。

たとえば、123を選《えら》んだとしましょう。

②次《つぎ》にその数《かず》の百《ひゃく》の位《くらい》と一《いち》の位《くらい》を入《い》れ替《か》えて、大《おお》きい方《ほう》から小《ちい》さい方《ほう》を引《ひ》きます。

123を入《い》れ替《か》えた数《かず》は321になるので、321－123を計算《けいさん》します。321－123＝198になります。

③最後《さいご》に、計算《けいさん》した結果《けっか》をもう一度《いちど》、百《ひゃく》の位《くらい》と一《いち》の位《くらい》を入《い》れ替《か》えて、今度《こんど》は足《た》します。

先程《さきほど》、計算《けいさん》した結果《けっか》は198でしたので、入《い》れ替《か》えた数《かず》の891と198を足《た》します。891＋198＝1089になります。

もし②の計算《けいさん》した答《こた》えが2桁《けた》になった場合《ばあい》には、百《ひゃく》の位《くらい》に0をつけ足《た》して考《かんが》えます。

## ほかの数《かず》を選《えら》んだら？

たとえば最初《さいしょ》に選《えら》んだ数《かず》が132だったとします。すると、②の計算《けいさん》は、132と231の差《さ》を求《もと》めるので、231－132＝99となります。この99の百《ひゃく》の位《くらい》に0を補《おぎな》って099として、③のたし算《ざん》をするようにしますので、099＋990＝1089となります。ぜひ、お友《とも》達《だち》と楽《たの》しんでみてください。みなさんもいろいろな数《かず》で、お友《とも》達《だち》と楽《たの》しんでみてください。

ひとくちメモ　4桁《けた》の数《かず》で、千《せん》の位《くらい》と一《いち》の位《くらい》を入《い》れ替《か》えて同《おな》じようにやってみましょう。今度《こんど》は10989になります。

# サイコロをよく見《み》てみよう！

お茶《ちゃ》の水《みず》女子《じょし》大学《だいがく》附属《ふぞく》小学校《しょうがっこう》
久《く》下《が》谷《や》 明《あきら》先生《せんせい》が書《か》きました

読《よ》んだ日《ひ》　月《がつ》　日《にち》　月《がつ》　日《にち》　月《がつ》　日《にち》

## サイコロの目《め》のふしぎ

すごろくをしたことがありますか。すごろくをする時《とき》に、必《かなら》ずと言《い》っていいほど使《つか》うサイコロ、今日《きょう》はそのサイコロについてのお話《はなし》をしましょう。

図《ず》1のような正六面体《せいろくめんたい》（立方体《りっぽうたい》）のサイコロには、「1」「2」「3」「4」「5」「6」の目《め》がありますね。

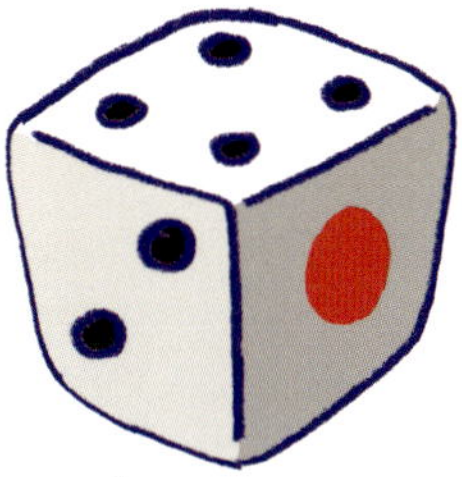

図《ず》1

このサイコロの目《め》の位置《いち》にはルールがあります。『1』の面《めん》と向《む》かい合《あ》う面《めん》は『6』、『2』の面《めん》と向《む》かう面《めん》は『5』、『3』の面《めん》と向《む》かい合《あ》う面《めん》は『4』というように、向《む》かい合《あ》った面同士《めんどうし》を足《た》すと、必《かなら》ず7になるようになっているのです。

## 見《み》えない面《めん》の合計《ごうけい》は？

では図《ず》2のように、サイコロ3つを積《つ》みました。床《ゆか》に接《せっ》している面《めん》や、サイコロ同士《どうし》がくっついている面《めん》は、見《み》ることができません。この見《み》ることができない面《めん》にある目《め》の数《かず》の合計《ごうけい》はいくつでしょうか。

答《こた》えはわかりましたか？『向《む》かい合《あ》った面同士《めんどうし》を足《た》すと、必《かなら》ず目《め》の数《かず》は7になる』ということを使《つか》えば、簡単《かんたん》に、答《こた》えは16だとわかりますね（図《ず》3）。サイコロを4つ、5つと積《つ》み上《あ》げても考《かんが》え方《かた》は同《おな》じです。家《いえ》の人《ひと》や友達《ともだち》に、問題《もんだい》を出《だ》してみましょう。

図《ず》2

ヒント
向かい合った
面同士を足すと
必ず目の数は
7になるんだったね

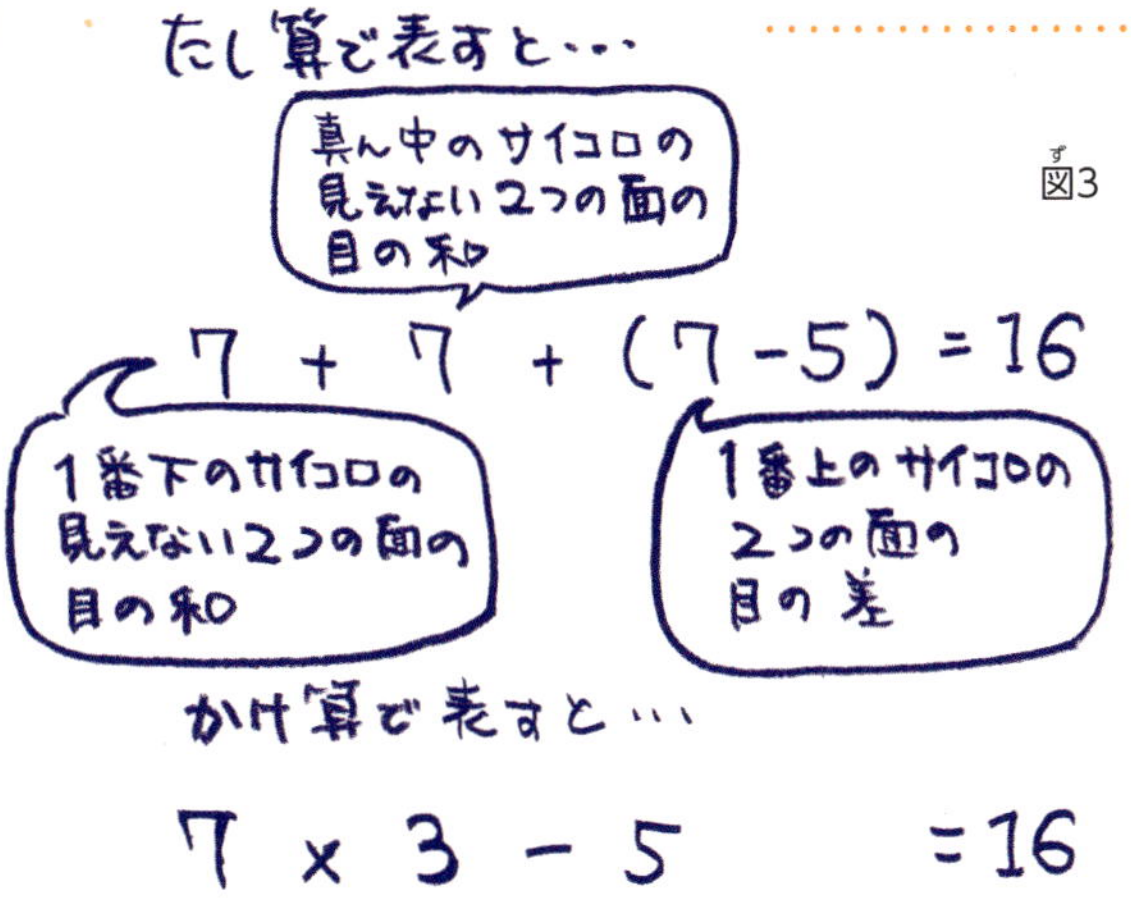
たし算で表すと…
真ん中のサイコロの
見えない2つの面の
目の和
7 + 7 + (7 − 5) = 16
1番下のサイコロの
見えない2つの面の
目の和
1番上のサイコロの
2つの面の
目の差
かけ算で表すと…
7 × 3 − 5 = 16

図《ず》3

ひとくちメモ　サイコロというと、1から6までの目《め》がある立方体《りっぽうたい》を思《おも》い浮《う》かべますが、実《じつ》は多《おお》くの種類《しゅるい》があります。0から9までの数字《すうじ》が書《か》かれた10面《めん》あるサイコロもあるのです。いろいろなサイコロを集《あつ》めてみるのも面白《おもしろ》いですね。

## ●平行四辺形《へいこうしへんけい》

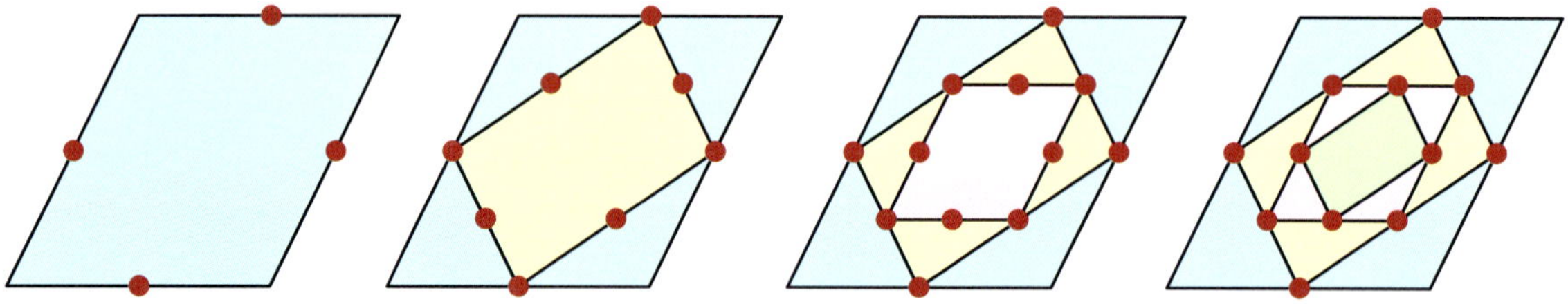

今度《こんど》は、平行四辺形《へいこうしへんけい》で試《ため》してみましょう。平行四辺形《へいこうしへんけい》の辺《へん》の真《ま》ん中《なか》の点《てん》をつないでいくと……。

平行四辺形《へいこうしへんけい》が現《あらわ》れました。さらに、平行四辺形《へいこうしへんけい》の辺《へん》の真《ま》ん中《なか》の点《てん》をつないでいくと……。

今度《こんど》も、平行四辺形《へいこうしへんけい》が現《あらわ》れました。さらに、小《ちい》さな平行四辺形《へいこうしへんけい》の辺《へん》の真《ま》ん中《なか》の点《てん》をつないでいくと……。

なんと、また平行四辺形《へいこうしへんけい》が現《あらわ》れました。

## ●台形《だいけい》

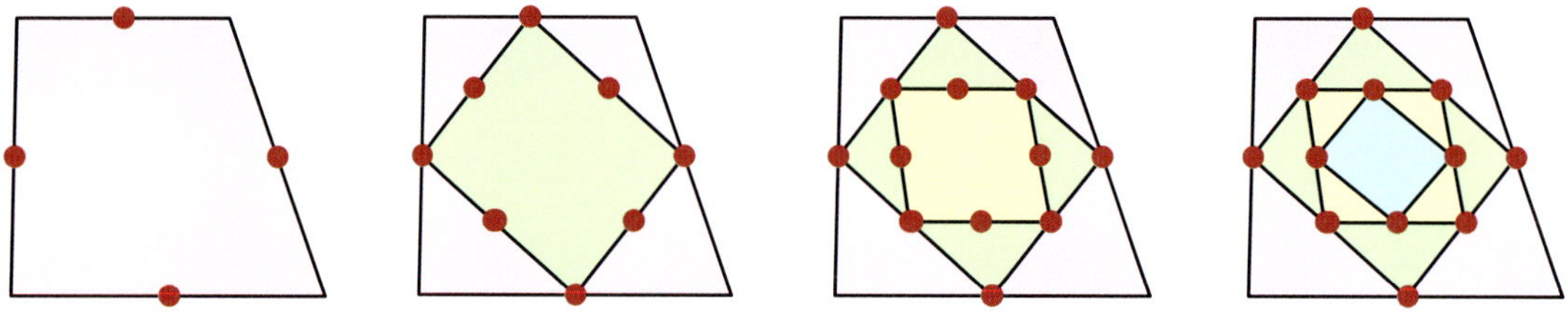

次《つぎ》に、台形《だいけい》です。台形《だいけい》の辺《へん》の真《ま》ん中《なか》の点《てん》をつないでいくと……。

平行四辺形《へいこうしへんけい》が現《あらわ》れました。さらに、平行四辺形《へいこうしへんけい》の真《ま》ん中《なか》の点《てん》をつないでいくと……。

今度《こんど》も、平行四辺形《へいこうしへんけい》が現《あらわ》れました。さらに、小《ちい》さな平行四辺形《へいこうしへんけい》の辺《へん》の真《ま》ん中《なか》の点《てん》をつないでいくと……。

なんと、また平行四辺形《へいこうしへんけい》が現《あらわ》れました。

## ●三角形《さんかくけい》

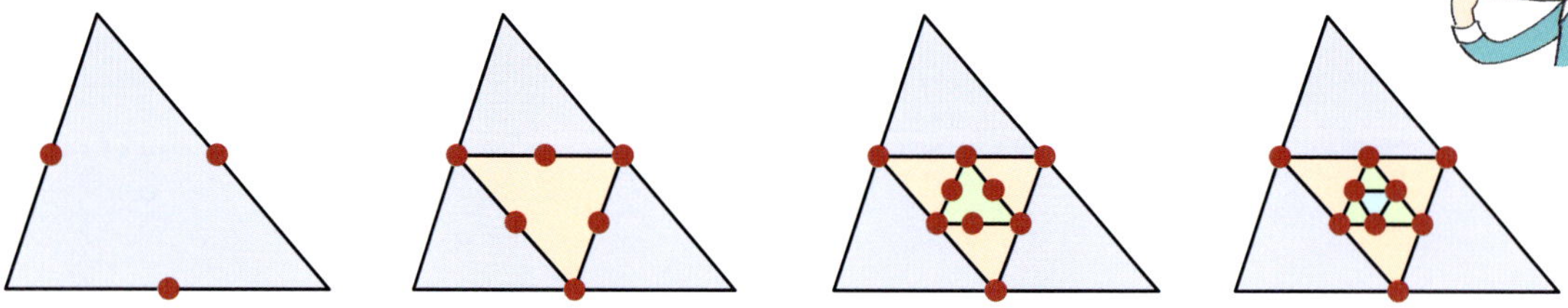

最後《さいご》に、三角形《さんかくけい》で試《ため》してみましょう。三角形《さんかくけい》の辺《へん》の真《ま》ん中《なか》の点《てん》をつないでいくと……。

さかさまの三角形《さんかくけい》が現《あらわ》れました。さらに、さかさまの三角形《さんかくけい》の辺《へん》の真《ま》ん中《なか》の点《てん》をつないでいくと……。

今度《こんど》も、三角形《さんかくけい》が現《あらわ》れました。さらに、小《ちい》さな三角形《さんかくけい》の辺《へん》の真《ま》ん中《なか》の点《てん》をつないでいくと……。

なんと、また三角形《さんかくけい》が現《あらわ》れました。

**ひとくちメモ** どんな四角形《しかくけい》でも4つの辺《へん》の真《ま》ん中《なか》の点《てん》をつなぐと、平行四辺形《へいこうしへんけい》が現《あらわ》れます。長方形《ちょうほうけい》も正方形《せいほうけい》もひし形《がた》も平行四辺形《へいこうしへんけい》の仲間《なかま》ですね。三角形《さんかくけい》では、さかさまの三角形《さんかくけい》が現《あらわ》れました。

# 四角形《しかくけい》は続《つづ》くよどこまでも



学習院初等科《がくしゅういんしょとうか》
大澤隆之《おおさわたかゆき》先生《せんせい》が書《か》きました

読《よ》んだ日《ひ》　月《がつ》　日《にち》　月《がつ》　日《にち》　月《がつ》　日《にち》

四角形《しかくけい》の辺《へん》の真《ま》ん中《なか》に点《てん》を打《う》って、その点《てん》をつないでいくと小《ちい》さな四角形《しかくけい》が現《あらわ》れます。さらに、その四角形《しかくけい》の辺《へん》の真《ま》ん中《なか》に点《てん》を打《う》って、その点《てん》をつないでいくと、また小《ちい》さな四角形《しかくけい》が現《あらわ》れます。これを続《つづ》けていくと……。さてどうなるでしょう？

## ●長方形《ちょうほうけい》

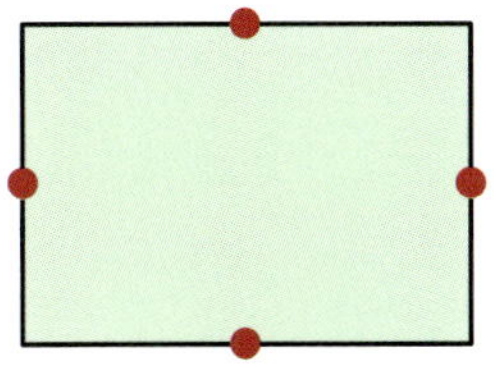

まずは、長方形《ちょうほうけい》で試《ため》してみましょう。長方形《ちょうほうけい》の辺《へん》の真《ま》ん中《なか》の点《てん》をつないでいくと……。

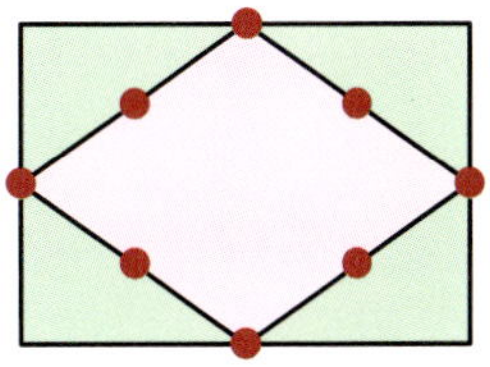

ひし形《がた》が現《あらわ》れました。さらに、ひし形《がた》の辺《へん》の真《ま》ん中《なか》の点《てん》をつないでいくと……。

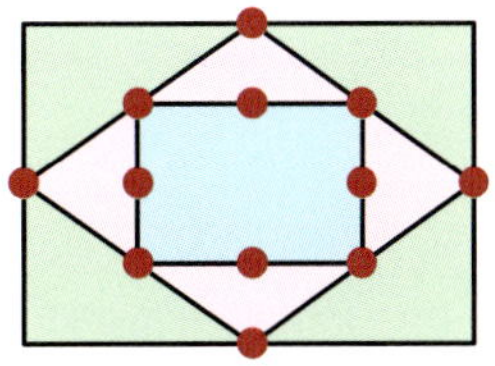

今度《こんど》は、長方形《ちょうほうけい》が現《あらわ》れました。さらに、小《ちい》さな長方形《ちょうほうけい》の辺《へん》の真《ま》ん中《なか》の点《てん》をつないでいくと……。

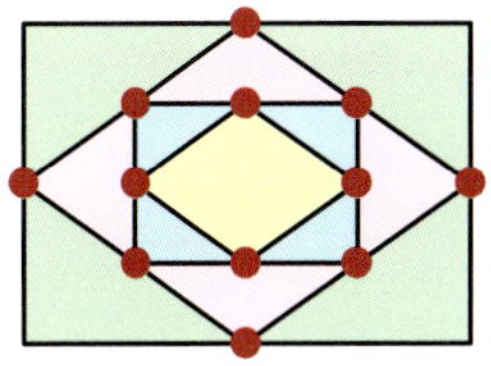

なんと、また、ひし形《がた》が現《あらわ》れました。

## ●正方形《せいほうけい》

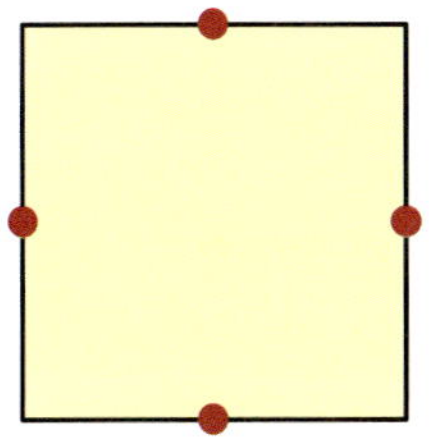

次《つぎ》に、正方形《せいほうけい》です。正方形《せいほうけい》の辺《へん》の真《ま》ん中《なか》の点《てん》をつないでいくと……。

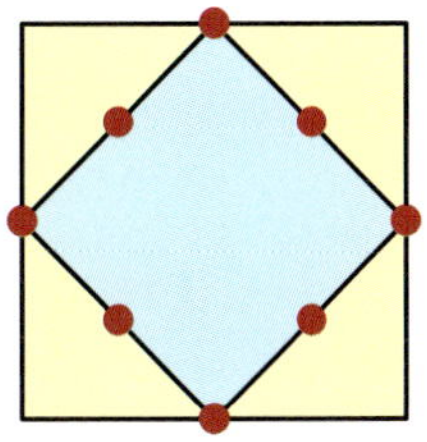

正方形《せいほうけい》が現《あらわ》れました。さらに、正方形《せいほうけい》の辺《へん》の真《ま》ん中《なか》の点《てん》をつないでいくと……。

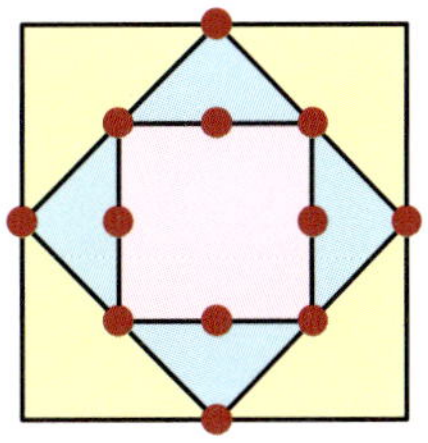

今度《こんど》も、正方形《せいほうけい》が現《あらわ》れました。さらに、小《ちい》さな正方形《せいほうけい》の辺《へん》の真《ま》ん中《なか》の点《てん》をつないでいくと……。

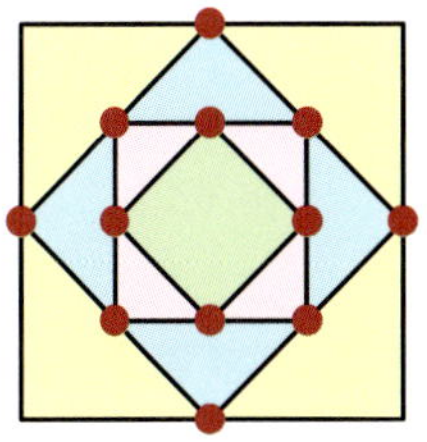

なんと、また正方形《せいほうけい》が現《あらわ》れました。

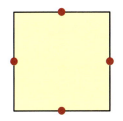

数と計算のお話

10月 4日

# 回文《かいぶん》をつくろう！

筑波大学附属小学校《つくばだいがくふぞくしょうがっこう》
盛山隆雄《せいやまたかお》 先生《せんせい》が書《か》きました

読《よ》んだ日《ひ》　月《がつ》　日《にち》｜　月《がつ》　日《にち》｜　月《がつ》　日《にち》

## 回文《かいぶん》とは何《なに》かな？

「新聞紙《しんぶんし》」は、上《うえ》から読《よ》んでも「しんぶんし」、下《した》から読《よ》んでも「しんぶんし」です。そのような言葉《ことば》や文章《ぶんしょう》を「回文《かいぶん》」といいます。

数《かず》でも、たとえば121は、回《かい》文《ぶん》です。上《うえ》の位《くらい》から見《み》ても下《した》の位《くらい》から見《み》ても同《おな》じ数字《すうじ》が並《なら》んでいるからです。

## 数字回文《すうじかいぶん》をつくろう

たとえば91をひっくり返《かえ》した数《かず》19を足《た》します。91 + 19 = 110です。110はまだ回文《かいぶん》ではないので、もう一度《いちど》ひっくり返《かえ》して足《た》します。110 + 11 = 121。2回《かい》ひっくり返《かえ》して足《た》すことで回文《かいぶん》になりました。

たとえば92ではどうでしょう。92 + 29 = 121。92は1回《かい》ひっくり返《かえ》して足《た》すことで回文《かいぶん》になりました。

### やってみよう

**91 ～ 99 で回文《かいぶん》に挑戦《ちょうせん》**

では、91 ～ 99 の 2 桁《けた》の数《かず》で回文《かいぶん》づくりに挑戦《ちょうせん》してみませんか。91 と 92 はすでに回文《かいぶん》にしましたので、93 からやってみてください。回文《かいぶん》になるまでひっくり返《かえ》して足《た》すのです。たとえば 97 は 6 回《かい》ひっくり返《かえ》したら回文《かいぶん》になります。そうだ、1 つだけ言《い》っておきます。98 だけは気《き》を付《つ》けてください。この数《かず》は 20 回以上《かいいじょう》ひっくり返《かえ》さなければ回文《かいぶん》にならないこわーい数《かず》です。

ひとくちメモ　このような数《かず》を回文数《かいぶんすう》といいます。98は24回《かい》くり返《かえ》すことで8813200023188という回文数《かいぶんすう》になります。

きまりの見つけ方のお話

# 2番目《ばんめ》に重《おも》いミカンはどれかな？

10月 5日

お茶《ちゃ》の水女子大学附属小学校《みずじょしだいがくふぞくしょうがっこう》
岡田紘子《おかだひろこ》先生《せんせい》が書《か》きました

読《よ》んだ日《ひ》　月《がつ》　日《にち》　月《がつ》　日《にち》　月《がつ》　日《にち》

## 2番目《ばんめ》に重《おも》いミカンを探《さが》せ！

図《ず》1のように8個《こ》のミカンがあります。このミカンの中《なか》で、天秤《てんびん》を使《つか》って、一番重《いちばんおも》いミカンを調《しら》べたいと思《おも》います。2個《こ》ずつ調《しら》べていって、一番重《いちばんおも》いミカンを見《み》つけます。

たとえば、AとBのミカンを調《しら》べると、Aの方《ほう》が重《おも》いことがわかりました。次《つぎ》に、CとDの重《おも》い方《ほう》と比《くら》べます。

トーナメントのように2つずつミカンを比《くら》べていくと、最後《さいご》にAとGを比《くら》べることになり、Gが一番重《いちばんおも》いことがわかりました（図《ず》2）。さあここで問題《もんだい》です。2番目《ばんめ》に重《おも》いミカンはどれでしょう？

きっと、最後《さいご》に比《くら》べたAが2番目《ばんめ》に重《おも》いのではないかなと思《おも》うでしょう。

それとも、そうとは限《かぎ》らないから、もう一度《いちど》A、B、C、D、E、F、Hのミカンを最初《さいしょ》から天秤《てんびん》で比《くら》べていったほうがよいのでしょうか。そうすると、また6回天秤《かいてんびん》を使《つか》って調《しら》べることになります。

もっと少《すく》ない回数《かいすう》で調《しら》べることはできないでしょうか？

図《ず》1

図《ず》2

## 正解《せいかい》は、Aとは限《かぎ》らない？

一番重《いちばんおも》いGのミカンと比《くら》べた中《なか》に、2番目《ばんめ》に重《おも》いミカンが必《かなら》ずあります。Gと比《くら》べたのは、H、E、Aなので、その3個《こ》の中《なか》に必《かなら》ず2番目《ばんめ》に重《おも》いミカンがあります。他《ほか》のB、CはAより軽《かる》く、FはEより軽《かる》いので絶対《ぜったい》に2番目《ばんめ》に重《おも》いはずがありません。

なので、H、E、Aを天秤《てんびん》で比《くら》べればよいので、2回量《かいはか》れば、2番目《ばんめ》に重《おも》いミカンがわかるというわけです。たとえば、AとHを比《くら》べてもHのミカンの方《ほう》が重《おも》い場合《ばあい》もあるということです（図《ず》3）。2番目《ばんめ》に重《おも》いミカンが必《かなら》ずしもAではないというのは面白《おもしろ》いですね。

図《ず》3

ひとくちメモ　一番軽《いちばんかる》いミカンはどれでしょう？　一回目《いっかいめ》に軽《かる》かったB、D、F、Hを比《くら》べればよいので、あと3回量《かいはか》ればわかります。

# 魔方陣《まほうじん》には神秘的《しんぴてき》な力《ちから》が？



青森県《あおもりけん》 三戸町立三戸小学校《さんのへちょうりつさんのへしょうがっこう》
種市芳丈《たねいちよしたけ》先生《せんせい》が書《か》きました

読《よ》んだ日《ひ》　月《がつ》　日《にち》　月《がつ》　日《にち》　月《がつ》　日《にち》

## 昔《むかし》は占《うらな》いやお守《まも》りに

　魔方陣《まほうじん》とは、3×3や4×4などの縦《たて》・横同数《よこどうすう》のマスに、1から異《こと》なる整数《せいすう》を入《い》れて、縦《たて》・横《よこ》・斜《なな》めの列《れつ》の和《わ》も同《おな》じになるもののことです。算数《さんすう》の教科書《きょうかしょ》でも扱《あつか》われているので、見《み》たことがあるでしょう。

図《ず》1

縦・横・斜めの和が同じ

| | | |
|---|---|---|
| 4 | 9 | 2 |
| 3 | 5 | 7 |
| 8 | 1 | 6 |

　実《じっ》は、この魔方陣《まほうじん》、昔《むかし》は神秘的《しんぴてき》な力《ちから》が宿《やど》ると信《しん》じられ、占《うらな》いやお守《も》りなどで使《つか》われてきました。

　最《もっと》も古《ふる》いものとしては、今《いま》から4500年前《ねんまえ》の中国《ちゅうごく》で、禹《う》という王様《おうさま》が洛水《らくすい》という川《かわ》の治水工事《ちすいこうじ》がうまくいった時《とき》に、図《ず》1のような背中《せなか》に模様《もよう》のついた亀《かめ》が川《かわ》から現《あらわ》れたそうです。この模様《もよう》を数字《すうじ》に直《なお》してみると、縦《たて》・横《よこ》・斜《なな》めのどの列《れつ》の合計《ごうけい》も15になる三方陣《さんぽうじん》だったことから、魔方陣《まほうじん》には神秘的《しんぴてき》な力《ちから》があると信《しん》じられるようになりました。これを「洛書《らくしょ》」と呼《よ》び、九星《きゅうせい》などの占《うらな》いの原理《げんり》になったと言《い》われています。

## 西洋《せいよう》の「ユピテル魔方陣《まほうじん》」

　同《おな》じように、西洋《せいよう》でも魔方陣《まほうじん》に神秘的《しんぴてき》な力《ちから》があると信《しん》じられてきました。それを示《しめ》すものとして、今《いま》から500年前《ねんまえ》のドイツの画家《がか》デューラーの「メランコリア」の中《なか》に図《ず》2のような魔方陣《まほうじん》がかかれています。これは縦《たて》・横《よこ》・斜《なな》めのどの列《れつ》の和《わ》も34になる四方陣《しほうじん》で、西洋数秘術《せいようすうひじゅつ》のユピテル魔方陣《まほうじん》と言《い》われるものです。

　今《いま》の私《わたし》たちも占《うらな》いで「ラッキーナンバー」などを気《き》にすることがあります。昔《むかし》の人《ひと》もそんな気持《きも》ちで、魔方陣《まほうじん》に神秘的《しんぴてき》な力《ちから》を感《かん》じていたのでしょうね。

図《ず》2

| | | | |
|---|---|---|---|
| 16 | 3 | 2 | 13 |
| 5 | 10 | 11 | 8 |
| 9 | 6 | 7 | 12 |
| 4 | 15 | 14 | 1 |

写真／Bridgeman Images/アフロ

ひとくちメモ
「メランコリア」にかかれている魔方陣《まほうじん》をよく見《み》ると、「1514」という数字《すうじ》の並《なら》びがあります。これは、デューラーがこの絵《え》をかいた年《とし》を表《あらわ》していると言《い》われています（くわしくは348ページへ）。

# 正方形《せいほうけい》と4つの三角形《さんかくけい》
## ～合《あ》わせてみたらどっちが広《ひろ》い？～

10月 7日

熊本県《くまもとけん》　熊本市立池上小学校《くまもとしりついけのうえしょうがっこう》
藤本邦昭《ふじもとくにあき》先生《せんせい》が書《か》きました

読《よ》んだ日《ひ》　月《がつ》　日《にち》　月《がつ》　日《にち》　月《がつ》　日《にち》

### 4つの三角形《さんかくけい》の広《ひろ》さ

図《ず》1を見《み》てください。正方形《せいほうけい》の対角線《たいかくせん》（頂点《ちょうてん》と頂点《ちょうてん》を結《むす》んだ直線《ちょくせん》）をひくと交点《こうてん》（交《まじ》わった点《てん》）Oができて、三角形《さんかくけい》が4つできますね。

向《む》かい合《あ》う2つの三角形《さんかくけい》を合《あ》わせた広《ひろ》さ（面積《めんせき》）は、赤《あか》と白《しろ》の部《ぶ》分《ぶん》になります（図《ず》2）。この2つは、同《おな》じ三角形《さんかくけい》の2つ分《ぶん》ですから、同《おな》じ広《ひろ》さというのはわかりますね。

では、点《てん》Oを動《うご》かしてみましょう（図《ず》3）。このときの赤《あか》と白《しろ》の広《ひろ》さは、どちらが大《おお》きいでしょうか。不思議《ふしぎ》なことに、これも同《おな》じになっています。

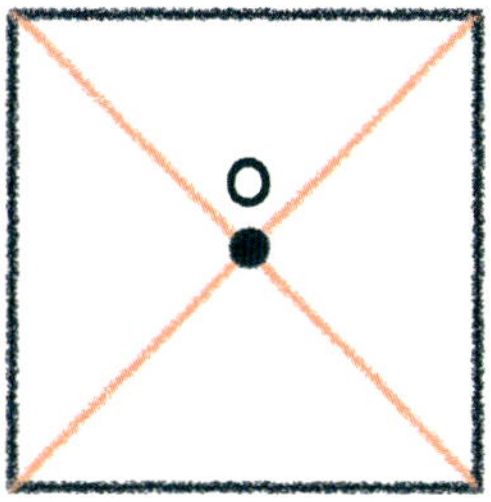

図《ず》1

図《ず》2

わかりやすいように、縦《たて》と横《よこ》に直線《ちょくせん》を書《か》いてみましょう（図《ず》4）。ほら、同《おな》じ形《かたち》の三角形《さんかくけい》が4組《くみ》できるでしょう。

図《ず》3

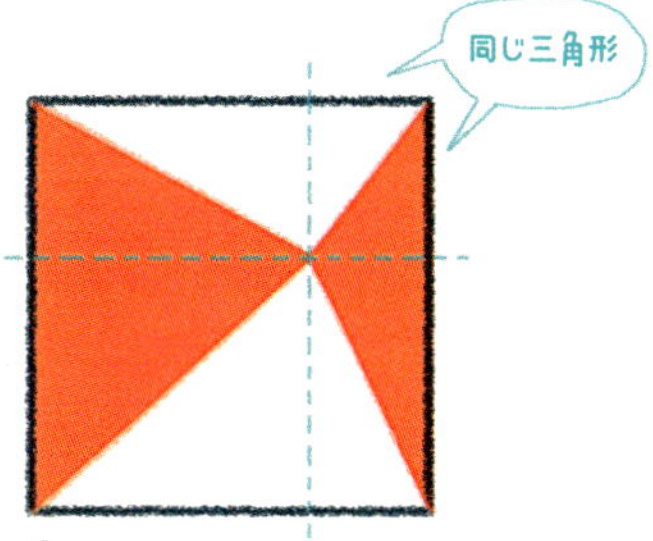

図《ず》4

### 交点《こうてん》Oはどこでもいい？

ここでも同《おな》じ広《ひろ》さになりますか。説明《せつめい》してみましょう（図《ず》5）。

交点《こうてん》Oが正方形《せいほうけい》の辺《へん》になっても、色《いろ》をぬったところと色《いろ》をぬっていないところとは、同《おな》じ広《ひろ》さになりますか（図《ず》6）。

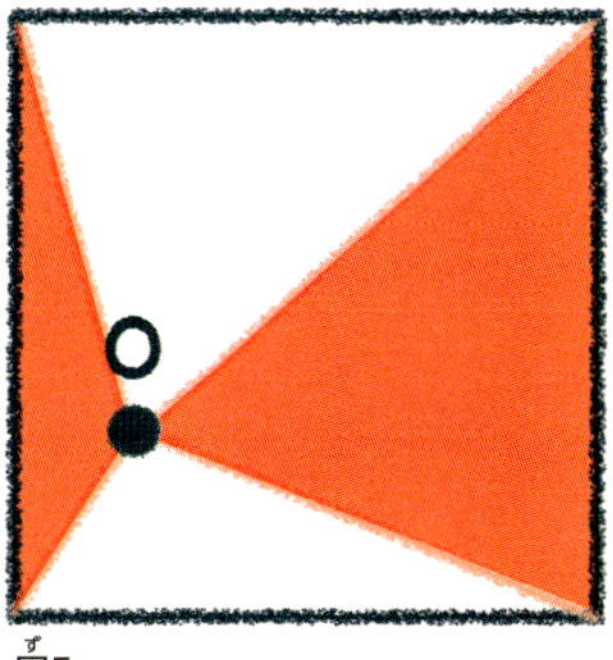

図《ず》5

図《ず》6

**ひとくちメモ**　交点《こうてん》Oが、正方形《せいほうけい》の中《なか》のどこにあっても、赤《あか》と白《しろ》の広《ひろ》さは同《おな》じになります。高学年《こうがくねん》になったら、交点《こうてん》Oが正方《せいほう》形《けい》の外《そと》に出《で》たときのことも考《かんが》えてみましょう。

# 自転車《じてんしゃ》のギアのお話《はなし》

きまりの見つけ方のお話

10月 8日

岩手県《いわてけん》 久慈市教育委員会《くじしきょういくいいんかい》
小森《こもり》 篤《あつし》 先生《せんせい》が書《か》きました

読《よ》んだ日《ひ》 月《がつ》 日《にち》 月《がつ》 日《にち》 月《がつ》 日《にち》

自転車《じてんしゃ》の後輪《こうりん》についている歯車《はぐるま》。
写真／小森 篤

## 後輪《こうりん》の歯車《はぐるま》の役割《やくわり》は？

自転車《じてんしゃ》はペダルを回《まわ》す力《ちから》を、タイヤを回《まわ》す力《ちから》に変《か》えて走《はし》ります。この力《ちから》の伝《つた》わり方《かた》はペダルや後輪《こうりん》についている歯車《はぐるま》によって変《か》わります。写真《しゃしん》の自転車《じてんしゃ》の後輪《こうりん》は6種《しゅ》類《るい》の歯車《はぐるま》がついてます。歯車《はぐるま》の大《おお》きさが違《ちが》っているのがわかりますね。歯車《はぐるま》が大《おお》きいと、ペダルを回《まわ》す力《ちから》が少《すく》なくてすみます。発進《はっしん》するときや坂道《さかみち》を登《のぼ》るときに楽《らく》になります。

歯車《はぐるま》が大《おお》きいと、どうしてペダルを回《まわ》すのが楽《らく》になるのでしょうか？ それには歯車《はぐるま》についている歯《は》の数《かず》が関係《かんけい》しています。

図《ず》1

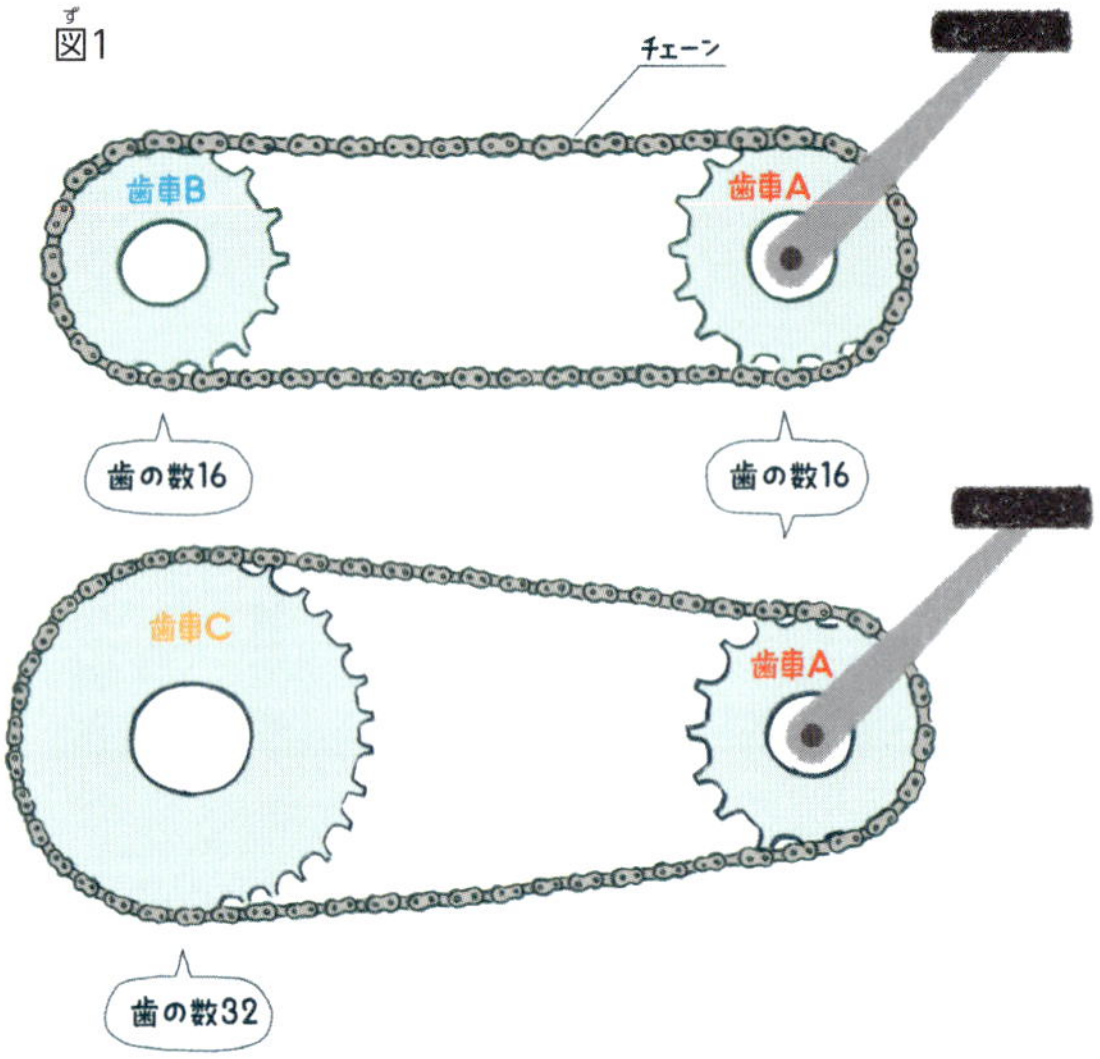


## 図《ず》で考《かんが》えてみよう

歯車《はぐるま》Aをペダルについている歯《は》車《ぐるま》、歯車《はぐるま》Bを後輪《こうりん》についている歯《は》車《ぐるま》とします。

図《ず》1の上《うえ》の場合《ばあい》、ペダルを1回《かい》転《てん》させると、歯車《はぐるま》Aは1回転《かいてん》します。歯車《はぐるま》Aと歯車《はぐるま》Bの歯《は》の数《かず》がどちらも16だからです。図《ず》1の下《した》の場合《ばあい》は、歯車《はぐるま》Cの歯《は》の数《かず》が32なので、ペダルCを1回転《かいてん》させるためには、Aを2回転《かいてん》させる必要《ひつよう》があります。

図《ず》2

図《ず》2で考《かんが》えるとわかりやすいかもしれません。大《おお》きな歯車《はぐるま》Cのときは、タイヤを半分回転《はんぶんかいてん》させるだけの力《ちから》しか必要《ひつよう》でないので、ペダルを回《まわ》すのが楽《らく》になります。その代《か》わり、スピードを出《だ》すためにはたくさんペダルを回《まわ》さなければなりません。

**ひとくちメモ** 歯車《はぐるま》Aが1回転《かいてん》するときに、歯車《はぐるま》Bがどれだけ回転《かいてん》するかを表《あらわ》した数《かず》を「ギア比《ひ》」といいます。

# 昔《むかし》のかけ算《ざん》九九《くく》

青森県《あおもりけん》 三戸町立三戸小学校《さんのへちょうりつさんのへしょうがっこう》
種市芳丈《たねいちよしたけ》先生《せんせい》が書《か》きました

読《よ》んだ日《ひ》 月《がつ》 日《にち》 月《がつ》 日《にち》 月《がつ》 日《にち》

## 中国《ちゅうごく》から伝《つた》わった九九《くく》

かけ算《ざん》九九《くく》の暗唱《あんしょう》は、「一一《いんいち》が一《いち》、一二《いんに》が二《に》…、九九八十一《くくはちじゅういち》」の順序《じゅんじょ》で唱《とな》えますね。一一《いんいち》が一《いち》から始《はじ》まるのに、どうして「九九《くく》」という名前《なまえ》があるのか疑問《ぎもん》に思《おも》ったことはありませんか。

実《じつ》は、最初《さいしょ》「九九《くく》八十一《はちじゅういち》、八九《はっく》七十二《しちじゅうに》……、一一《いんいち》が一《いち》」の順序《じゅんじょ》で唱《とな》えていたことから、「九九《くく》」と呼《よ》ばれていたと考《かんが》えられています。

その証拠《しょうこ》として、中国《ちゅうごく》の敦煌《とんこう》で見《み》つかった木簡《もっかん》（字《じ》を書《か》くために使《つか》われた短冊《たんざく》状《じょう》の板《いた》）に、九九八十一《くくはちじゅういち》から始《はじ》まっているかけ算《ざん》九九《くく》が書《か》かれています。また、日本《にほん》の平安《へいあん》時代《じだい》の「口遊《くちずさみ》」という本《ほん》でも九九八十一《くくはちじゅういち》から書《か》かれています（写真《しゃしん》）。このことから、中国《ちゅうごく》のかけ算《ざん》九九《くく》がそのまま日本《にほん》に伝《つた》わってきたと考《かんが》えられています。

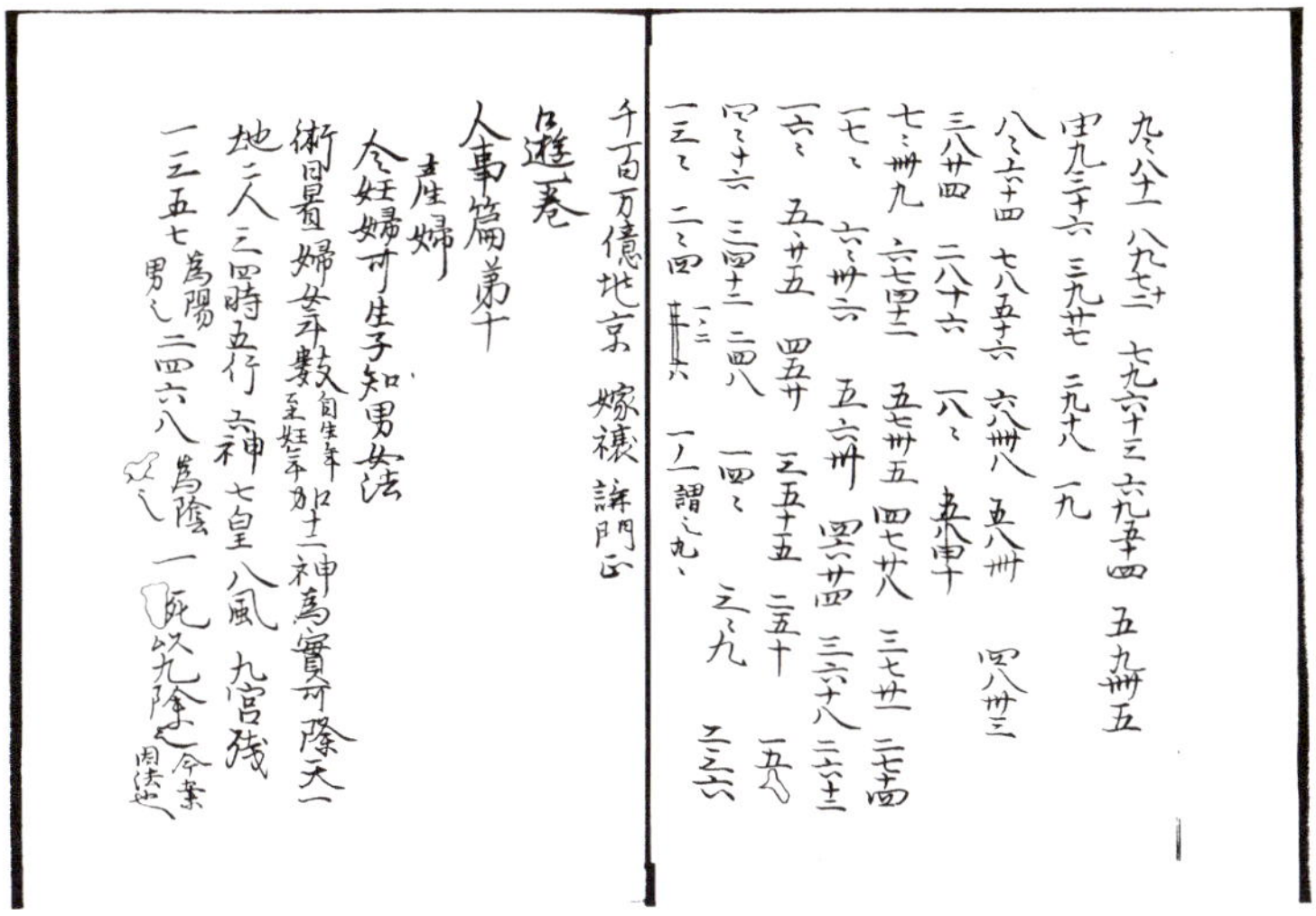

写真／東北大学附属図書館（和算資料データベース）

## なるほど、昔《むかし》の人《ひと》の知恵《ちえ》

さらに、「口遊《くちずさみ》」のかけ算《ざん》九九《くく》をよく見《み》ていると、なんと45個《こ》しかありません！ みんなが習《なら》うかけ算《ざん》九九《くく》の約半分《やくはんぶん》しかないのです。「口遊《くちずさみ》」のかけ算《ざん》九九《くく》を九九表《くくひょう》と照《て》らし合《あ》わせて印《しるし》をつけた表《ひょう》を見《み》ると、はっきりします。どうしてこんなに少《すく》ないのでしょうか。これは例《たと》えば、9×8と8×9は同《おな》じなので片方《かたほう》だけ覚《おぼ》えるなど、できるだけ覚《おぼ》える数《かず》を少《すく》なくしていた知恵《ちえ》だと考《かんが》えられます。

つまり、「九九《くく》」という名前《なまえ》には、日本《にほん》と中国《ちゅうごく》とのつながりを表《あらわ》すだけでなく、昔《むかし》の人《ひと》の知恵《ちえ》も表《あらわ》しているのです。

かける数（横）／かけられる数（縦）

| | 1 | 2 | 3 | 4 | 5 | 6 | 7 | 8 | 9 |
|---|---|---|---|---|---|---|---|---|---|
| 1の段《だん》 1 | ○ | ○ | ○ | ○ | ○ | ○ | ○ | ○ | ○ |
| 2の段《だん》 2 | | ○ | ○ | ○ | ○ | ○ | ○ | ○ | ○ |
| 3の段《だん》 3 | | | ○ | ○ | ○ | ○ | ○ | ○ | ○ |
| 4の段《だん》 4 | | | | ○ | ○ | ○ | ○ | ○ | ○ |
| 5の段《だん》 5 | | | | | ○ | ○ | ○ | ○ | ○ |
| 6の段《だん》 6 | | | | | | ○ | ○ | ○ | ○ |
| 7の段《だん》 7 | | | | | | | ○ | ○ | ○ |
| 8の段《だん》 8 | | | | | | | | ○ | ○ |
| 9の段《だん》 9 | | | | | | | | | ○ |

**ひとくちメモ** 今《いま》の子供《こども》が習《なら》っているかけ算《ざん》九九《くく》を「総九九《そうくく》」と呼《よ》びます。「口遊《くちずさみ》」のかけ算《ざん》九九《くく》を「半九九《はんくく》」と呼《よ》びます。昔《むかし》は4×6と6×4のような計算《けいさん》は6×4だけ覚《おぼ》えればよいこととしたのですね。

図形のお話

# 目《め》の錯覚《さっかく》かな？ 不思議《ふしぎ》な図形《ずけい》

10月10日

大分県《おおいたけん》　大分市立大在西小学校《おおいたしりつおおざいにししょうがっこう》
二宮孝明《にのみやたかあき》先生《せんせい》が書《か》きました

読《よ》んだ日《ひ》　月《がつ》　日《にち》　月《がつ》　日《にち》　月《がつ》　日《にち》

## 右《みぎ》と左《ひだり》を見比《みくら》べてみる

目《め》の錯覚《さっかく》を使《つか》った「錯視《さくし》」や「だまし絵《え》」と呼《よ》ばれる不思議《ふしぎ》な図形《ずけい》をいくつか紹介《しょうかい》しましょう。

図《ず》1を見《み》てください。矢羽《やばね》のついた青《あお》い横線《よこせん》が、上《うえ》と下《した》に2本並《ほんなら》んでいます。2本《ほん》の青《あお》い横線《よこせん》の長《なが》さを見比《みくら》べてみてください。上《うえ》と下《した》では、どちらの横線《よこせん》が長《なが》いでしょうか。

図《ず》1

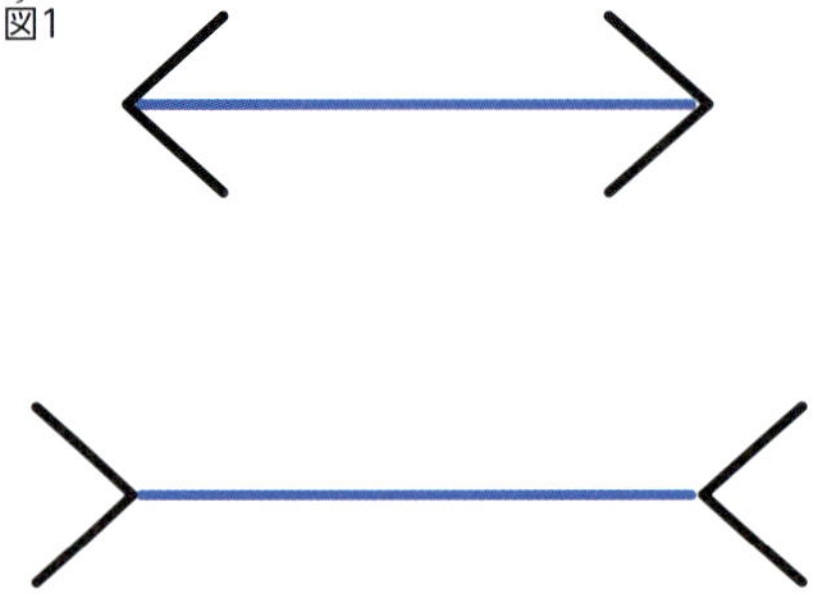

上《うえ》と下《した》の青《あお》い横線《よこせん》は、どちらが長《なが》いでしょうか。

ぱっと見《み》ると、下《した》の横線《よこせん》の方《ほう》が長《なが》く見《み》えます。では、定規《じょうぎ》を使《つか》って測《はか》ってみてください。すると、青《あお》い横線《よこせん》は、上《うえ》も下《した》も同《おな》じ長《なが》さであることがわかります。

図《ず》2を見《み》てください。いくつかの白《しろ》い円《えん》に囲《かこ》まれた2つの赤《あか》い円《えん》があります。赤《あか》い円《えん》の大《おお》きさを見比《み》べてみてください。右《みぎ》と左《ひだり》では、どちらの赤《あか》い円《えん》が大《おお》きいでしょうか。

図《ず》2

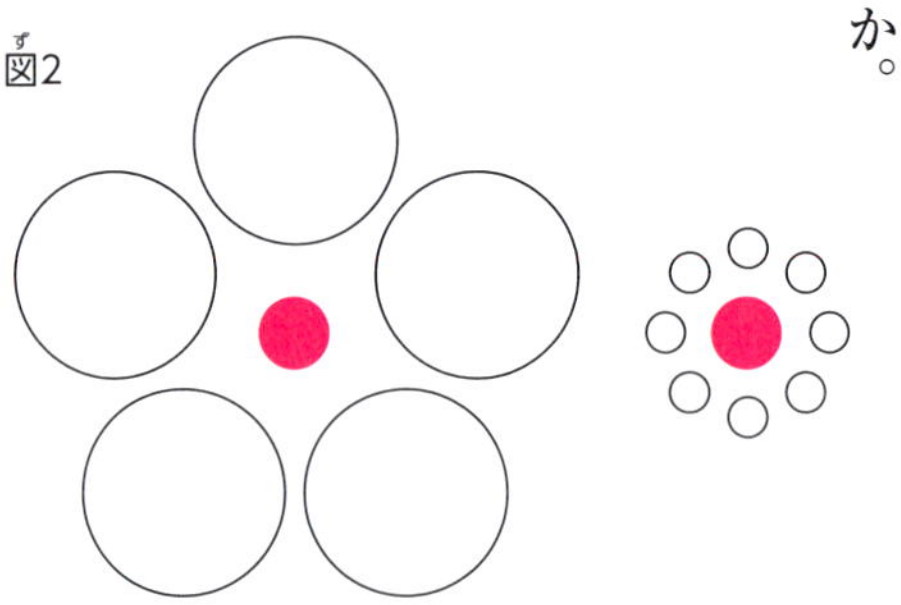

右《みぎ》と左《ひだり》の赤《あか》い円《えん》は、どちらが大《おお》きいでしょうか。

これは、右《みぎ》の方《ほう》が大《おお》きく見《み》えます。しかし、実際《じっさい》には右《みぎ》も左《ひだり》も同《おな》じ大《おお》きさなのです。このように、同《おな》じ長《なが》さや大《おお》きさなのに同《おな》じに見《み》えなくなることがあります。

## あれれ、どうして？

図《ず》3を見《み》てください。何《なに》かおかしいなと思《おも》いませんか。試《ため》しに、角《かど》の一《ひと》つを手《て》で隠《かく》すと、何《なに》もおかしいところはありません。しかし、手《て》をどけて全体《ぜんたい》を見《み》ると、本当《ほんとう》にはありえない何《なん》とも不思議《ふしぎ》な三角形《さんかく》になります。

このような「錯視《さくし》」や「だまし絵《え》」は、古《ふる》くから知《し》られていました。多《おお》くの科学者《かがくしゃ》や数学者《すうがくしゃ》、そして芸術家《げいじゅつか》によって研究《けんきゅう》され、えがかれています。

図《ず》3

「ペンローズの三《さん》角形《かくけい》」と呼《よ》ばれる不思議《ふしぎ》な三角形《さんかくけい》

ひとくちメモ　図《ず》3は「ペンローズの三角形《さんかくけい》」と呼《よ》ばれ、1934年《ねん》にスウェーデンの芸術家《げいじゅつか》ロイテルスバルトが考《かんが》え出《だ》しました。それを、1958年《ねん》に数学者《すうがくしゃ》のペンローズが紹介《しょうかい》し、有名《ゆうめい》になりました。

# 5個《こ》のクッキーの分《わ》け方《かた》 ～割《わ》り切《き》れないときは？～

10月 11日

神奈川県《かながわけん》　川崎市立土橋小学校《かわさきしりつつちはししょうがっこう》
山本《やまもと》　直《なお》先生《せんせい》が書《か》きました

読《よ》んだ日《ひ》　月《がつ》　日《にち》　月《がつ》　日《にち》　月《がつ》　日《にち》

## 5個《こ》のクッキーを2人《り》で

昔《むかし》から伝《つた》わる有名《ゆうめい》な話《はなし》をもとにしてつくられた問題《もんだい》で、次《つぎ》のようなものがあります。

「クッキーが5個《こ》ありました。お母《かあ》さんがお兄《にい》さんと妹《いもうと》にこう言《い》いました。『お兄《にい》さんは$\frac{1}{2}$、妹《いもうと》は$\frac{1}{3}$になるように分《わ》けなさい。ただし、クッキーは割《わ》らないでね』。ところが、5個《こ》のクッキーは2でも3でも割《わ》り切《き》れないので、分《わ》けることができません。だからといって、クッキーを割《わ》るわけにはいきません。さて、どのように分《わ》けたらよいのでしょうか」

## 少《すこ》し見方《みかた》をかえて

$\frac{1}{2}$は$\frac{3}{6}$と同《おな》じ大《おお》きさで、$\frac{1}{3}$は$\frac{2}{6}$と同《おな》じ大《おお》きさです。ということは、もしクッキーが6個《こ》あればうまく分《わ》けることができそうですね。そこで2人《り》はこう考《かんが》えました。

兄《あに》「隣《となり》の家《いえ》から1個《こ》借《か》りてこよう。そうすれば6個《こ》になるよ！」

妹《いもうと》「でもお母《かあ》さんは5個《こ》を分《わ》けなさいと言《い》ったのだから、それはおかしいよ」

兄《あに》「もし6個《こ》あれば、ぼくは$\frac{3}{6}$だから3個《こ》、妹《いもうと》は$\frac{2}{6}$だから2個《こ》もらうでしょう。すると全部《ぜんぶ》で5個《こ》しかいらないから、残《のこ》りの1個《こ》を隣《となり》の家《いえ》に返《かえ》せばいいんだよ！」

妹《いもうと》「それだと、きちんと5個《こ》だけを分《わ》けたことになるのね」

このお話《はなし》、みなさんはどう思《おも》いますか？（372ページ参照）

### 考《かんが》えてみよう

## 他《ほか》の数《かず》でもできるかな？

この分《わ》け方《かた》は、いつでもできるわけではありません。2人《り》の分数《ぶんすう》の大《おお》きさを合《あ》わせたときに、5／6と、分子《ぶんし》が分母《ぶんぼ》より1だけ小《ちい》さくなります。このようなときに、「1つ借《か》りてきて、後《あと》で返《かえ》す」という分《わ》け方《かた》ができるのです。では、右《みぎ》のような場合《ばあい》は、どのように分《わ》けるのでしょうか？　ヒントは、分数《ぶんすう》の分母《ぶんぼ》を12にそろえて考《かんが》えてみることです（Aは6／12、Bは3／12、Cは2／12）。

**ひとくちメモ**　クッキーを2個《こ》と3個《こ》の関係《かんけい》に分《わ》けるようなとき、2と3の割合《わりあい》に分《わ》けるという言《い》い方《かた》をします。これは高学年《こうがくねん》になると勉強《べんきょう》するお話《はなし》です。

数と計算のお話

# 100個《こ》の連続《れんぞく》した数《かず》のたし算《ざん》に挑戦《ちょうせん》！

10月 12日

福岡県《ふくおかけん》　田川郡川崎町立川崎小学校《たがわぐんかわさきちょうりつかわさきしょうがっこう》
高瀬大輔《たかせだいすけ》先生《せんせい》が書《か》きました

読《よ》んだ日《ひ》　月《がつ》　日《にち》　月《がつ》　日《にち》　月《がつ》　日《にち》

## 簡単《かんたん》にできる方法《ほうほう》がある？

「100個《こ》の連続《れんぞく》した数《かず》をたし算《ざん》しよう！」と聞《き》いてうれしそうにする人《ひと》は、少《すく》ないでしょう。正直《しょうじき》、とても「面倒《めんどう》くさい」ですね。この計算《けいさん》を簡単《かんたん》に早《はや》くする方法《ほうほう》はないのでしょうか。

大《おお》きくて複雑《ふくざつ》な問題《もんだい》に出会《であ》ったときには、小《ちい》さくて簡単《かんたん》な場合《ばあい》を調《しら》べてみると解決《かいけつ》のヒントが見《み》つかるものです。そこで、「100個《こ》の連続《れんぞく》した数《かず》のたし算《ざん》」の前《まえ》に、「10個《こ》の連続《れんぞく》した数《かず》のたし算《ざん》」で解《かい》決《けつ》のヒントを探《さが》してみましょう。

1＋2＋3＋4＋5＋6＋7＋8＋9＋10＝55

他《ほか》の場合《ばあい》も調《しら》べてみましょう。

2＋3＋4＋5＋6＋7＋8＋9＋10＋11＝65

3＋4＋5＋6＋7＋8＋9＋10＋11＋12＝75

4＋5＋6＋7＋8＋9＋10＋11＋12＋13＝85

きまりが見《み》えてきましたね。どれも一《いち》の位《くらい》が5。少《すこ》し大《おお》きな数《かず》でも試《ため》してみましょう。

8＋9＋10＋11＋12＋13＋14＋15＋16＋17＝125

この式《しき》を図《ず》にして考《かんが》えてみましょう（図《ず》1）。

図《ず》1を平《たい》らにならすと、高《たか》さ12の山《やま》が横《よこ》に10個分並《こぶんなら》び、最後《さいご》に飛《と》び出《で》てしまうのが5です（図《ず》2）。

つまり、12×10＋5＝125

だから、5番目《ばんめ》の数《かず》が十《じゅう》や百《ひゃく》の位《くらい》にくるのですね。

では、いよいよ100個《こ》の連続《れんぞく》した数《かず》のたし算《ざん》に挑戦《ちょうせん》です（図《ず》3）。小《ちい》さくて簡単《かんたん》な数《かず》や図《ず》できまりを見《み》つけてきたみなさんなら大丈夫《だいじょうぶ》！　自信《じしん》を持《も》って！（答《こた》えは下《した》のひとくちメモ）

例）8＋9＋10＋11＋12＋13＋14＋15＋16＋17＝125

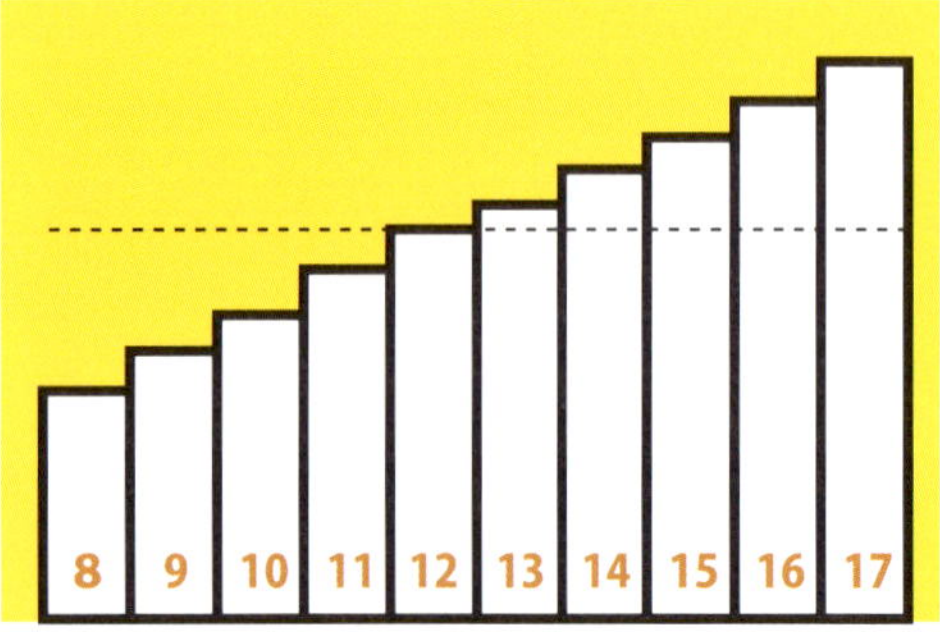


図《ず》1

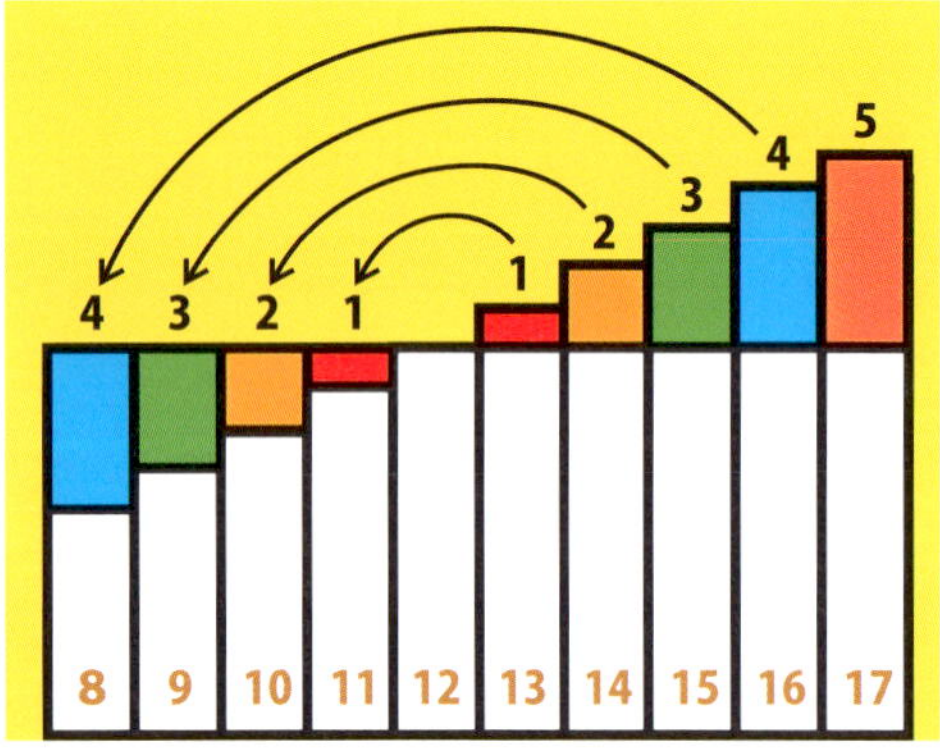


図《ず》2

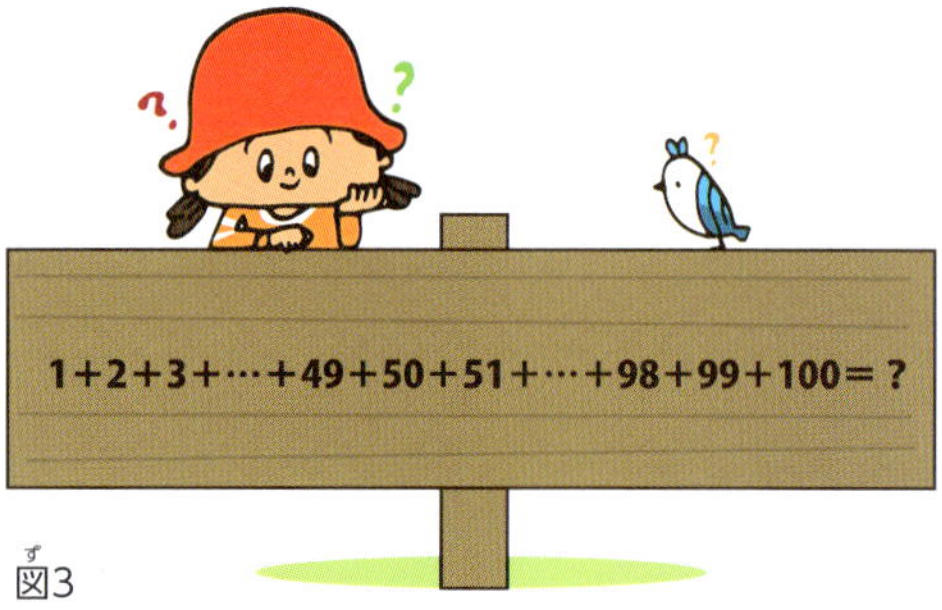


図《ず》3

ひとくちメモ
〈答《こた》え〉全部《ぜんぶ》で100個《こ》の数《かず》が並《なら》んでいます。50番目《ばんめ》の数《かず》は50。図《ず》にして平《たい》らにならすと、高《たか》さ50の山《やま》が横《よこ》に100個分並《こぶんなら》び最後《さいご》に飛《と》び出《で》てしまうのが50。つまり、50×100＋50＝5050。できたかな？

単位とはかり方のお話

# リットルを見《み》つけよう

10月 13日

東京都《とうきょうと》 杉並区立高井戸第三小学校《すぎなみくりつたかいどだいさんしょうがっこう》
吉田映子《よしだえいこ》 先生《せんせい》が書《か》きました

読《よ》んだ日《ひ》　月《がつ》　日《にち》　月《がつ》　日《にち》　月《がつ》　日《にち》

## 家《いえ》の中《なか》で探《さが》してみよう

みなさんは「かさくらべ」をしてLやdL、mLという単位《たんい》を学習《がくしゅう》しましたね。もしかしたらcLという単位《たんい》も見《み》つけたかもしれませんね。

今日《きょう》は家《いえ》の中《なか》で「L」が使《つか》われているものを探《さが》しましょう。

冷蔵庫《れいぞうこ》の中《なか》にありそうですね。

・パックに入《はい》った牛乳《ぎゅうにゅう》1L
・ペットボトルに入《はい》った水《みず》2L
・ペットボトルに入《はい》ったお茶《ちゃ》1L

洗濯機《せんたくき》のところにもありました。

・洗濯用洗剤《せんたくようせんざい》1L

ほかにmLを使《つか》ったものもたくさん見《み》つかります。

## 液体以外《えきたいいがい》にも見《み》つかるよ

Lやm Lはかさの単位《たんい》で、飲《の》み物《もの》や洗剤《せんざい》など、液体《えきたい》のものに使《つか》われているイメージがありますが、実《じっ》はそうでないものにもずいぶん使《つか》われています。

まとめてゴミを出《だ》すときのゴミ袋《ぶくろ》には20Lとか45Lと書《か》かれています。冷蔵庫《れいぞうこ》の大《おお》きさもLで表《あらわ》します。リュックサックやトランクもLです。

いろいろなものがありましたね。Lは、いろいろなもののかさ（体《たい》積《せき》）を表《あらわ》す単位《たんい》です。ですから液《えき》体《たい》のものを表《あらわ》すだけではないのです。mLも同《おな》じです。入《い》れ物《もの》の中《なか》にどれくらい入《はい》るか、というようなときにも使《つか》われているのです。

気体《きたい》や土《つち》などもLを使《つか》って表《あらわ》すときがあります。いろいろなところで使《つか》われているので探《さが》してみましょう。

ひとくちメモ　日常《にちじょう》ではあまり見《み》かけないdLですが、種《たね》や豆《まめ》などを量《はか》るのに使《つか》われています。また、医療《いりょう》の分野《ぶんや》でも使《つか》われています。

# あと１面《めん》で サイコロの形《かたち》になる？

10月14日

学習院初等科《がくしゅういんしょとうか》
大澤隆之《おおさわたかゆき》先生《せんせい》が書きました

読《よ》んだ日《ひ》　月《がつ》　日《にち》　月《がつ》　日《にち》　月《がつ》　日《にち》

## 足《た》りないのはどこだ？

図《ず》1を組《く》み立《た》てると、何《なに》になるでしょう。そう、サイコロの形《かたち》、立方体《りっぽうたい》ですね。いえ、正方形《せいほうけい》が1枚《まい》足《た》りません。ふたのない立方体《りっぽうたい》ですね。

そこで、正方形《せいほうけい》を1枚《まい》足《た》して、立方体《りっぽうたい》を完成《かんせい》させたいと思《おも》います。

さて、正方形《せいほうけい》は、どこにつくでしょう。頭《あたま》の中《なか》で組《く》み立《た》てて、考《かんが》えてみましょう。

まず、底《そこ》にする正方形《せいほうけい》を選《えら》びます。そして印《しるし》をつけます。周《まわ》りの正方形《せいほうけい》を、頭《あたま》の中《なか》で起《お》こしてみましょう。もうわかりましたね。図《ず》2のようになるはずです。

では、最初《さいしょ》の図《ず》1に、正方形《せいほうけい》がつく場所《ばしょ》を見《み》つけてみましょう。たとえば図《ず》3のようにつければ立《りっ》方体《ぽうたい》ができあがります。できましたね。つくところは1つだけではありませんね。4カ所《しょ》あります。

図《ず》1

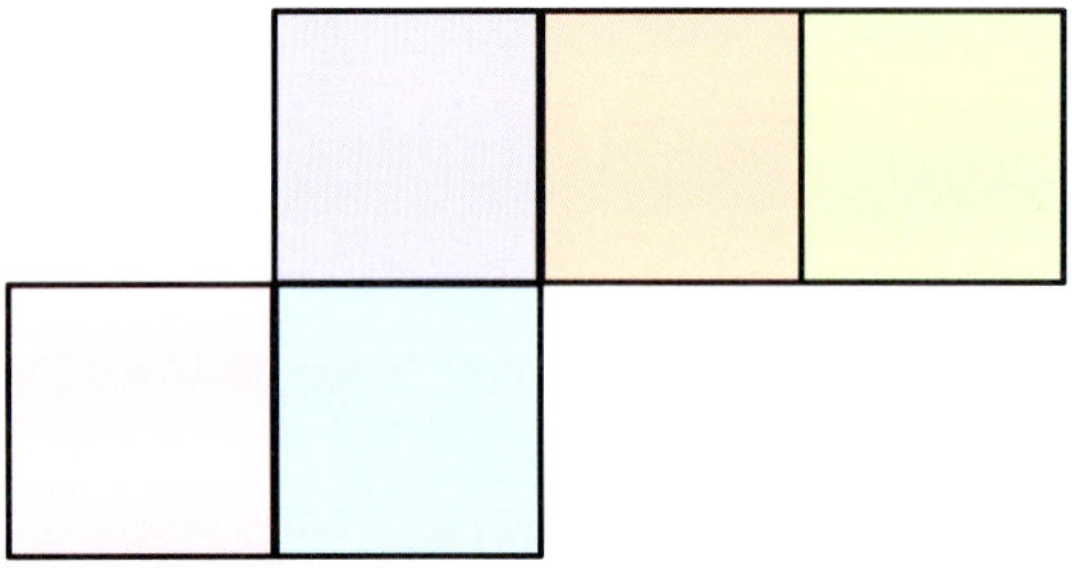

図《ず》2

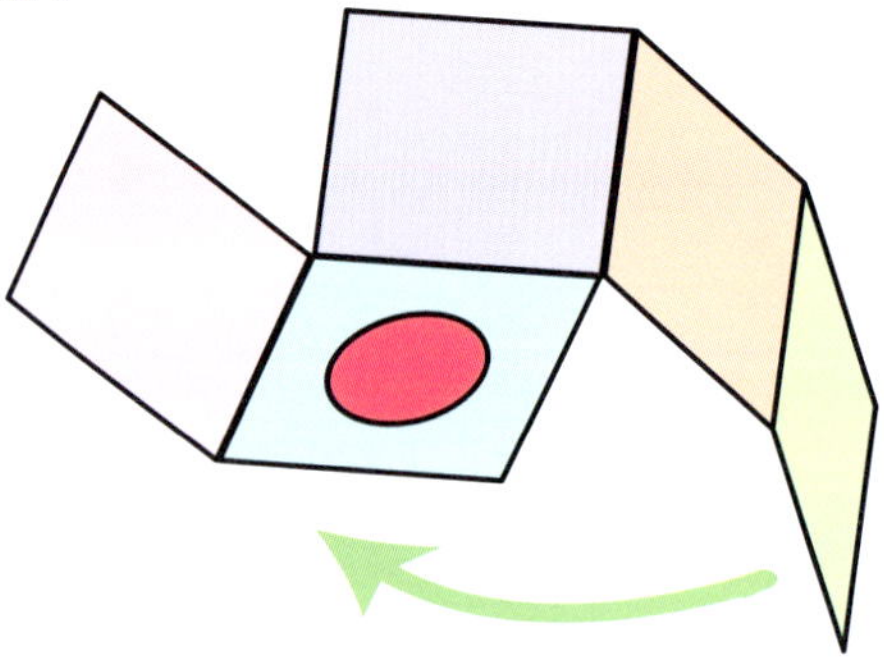

図《ず》3

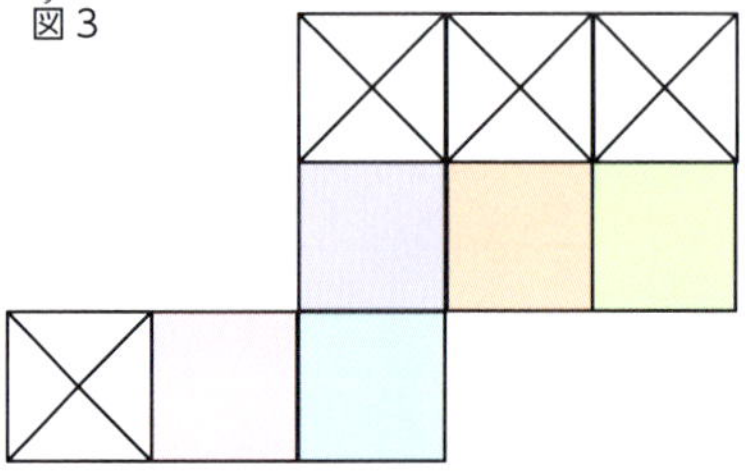

☒がつく場所《ばしょ》

## やってみよう

### つくって確《たし》かめよう

では、次《つぎ》の図《ず》ではどうでしょう。やってみましょう。正方《せいほう》形《けい》をつけられる場所《ばしょ》は、何《なん》カ所《しょ》ありましたか。正方形《せいほうけい》を5枚《まい》はって、図《ず》のような形《かたち》をつくり、確《たし》かめてみましょう。

**ひとくちメモ** ふたのない立方体《りっぽうたい》にふたをつけるとき、正方形《せいほうけい》をつける場所《ばしょ》は４つの辺《へん》の４カ所《しょ》になります。

数《かず》と計算《けいさん》のお話《はなし》

# 数字《すうじ》を入《い》れかえても答《こた》えが同《おな》じ？

10月《がつ》15日《にち》

熊本県《くまもとけん》　熊本市立池上小学校《くまもとしりついけのうえしょうがっこう》
藤本邦昭《ふじもとくにあき》先生《せんせい》が書《か》きました

読《よ》んだ日《ひ》　月《がつ》　日《にち》　月《がつ》　日《にち》　月《がつ》　日《にち》

## かけ算《ざん》の筆算《ひっさん》をしてみよう

紙《かみ》と鉛筆《えんぴつ》を用意《ようい》してください。2桁《けた》のかけ算《ざん》をしてみましょう。12×42は？　504ですね。同《おな》じかけ算《ざん》の2桁《けた》の数《かず》をひっくり返《かえ》してみます（図《ず》2）。この計算《けいさん》をやってみると……。

図《ず》1

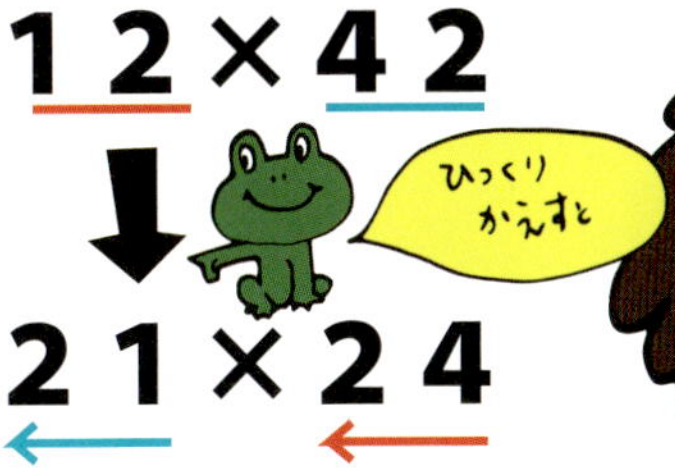

図《ず》2

なんと最初《さいしょ》の問題《もんだい》と同《おな》じ答《こた》えになりました（図《ず》3）。偶然《ぐうぜん》でしょうか？

では、36×21と63×12はどうでしょう（図《ず》4）。どちらも計算《けいさん》してみましょう。

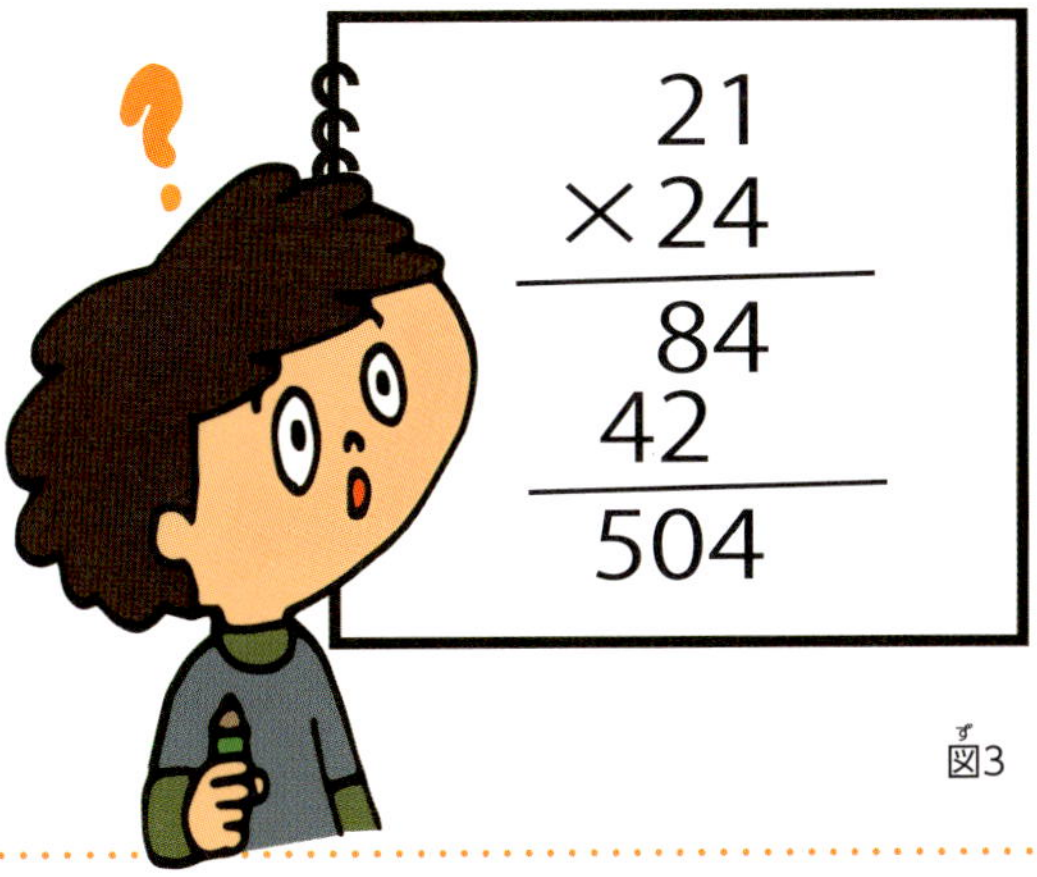

図《ず》3

## 秘密《ひみつ》を見《み》つけられるかな？

これも答《こた》えは、どちらも756になります。

何《なに》かヒミツがあるのでしょうか？　ふしぎですね。

また、このほかにも、ひっくり返《かえ》して答《こた》えが同《おな》じになる2桁《けた》のかけ算《ざん》はあるのでしょうか？　考《かんが》えてみましょう（答《こた》えはひとくちメモにあるヨ）。

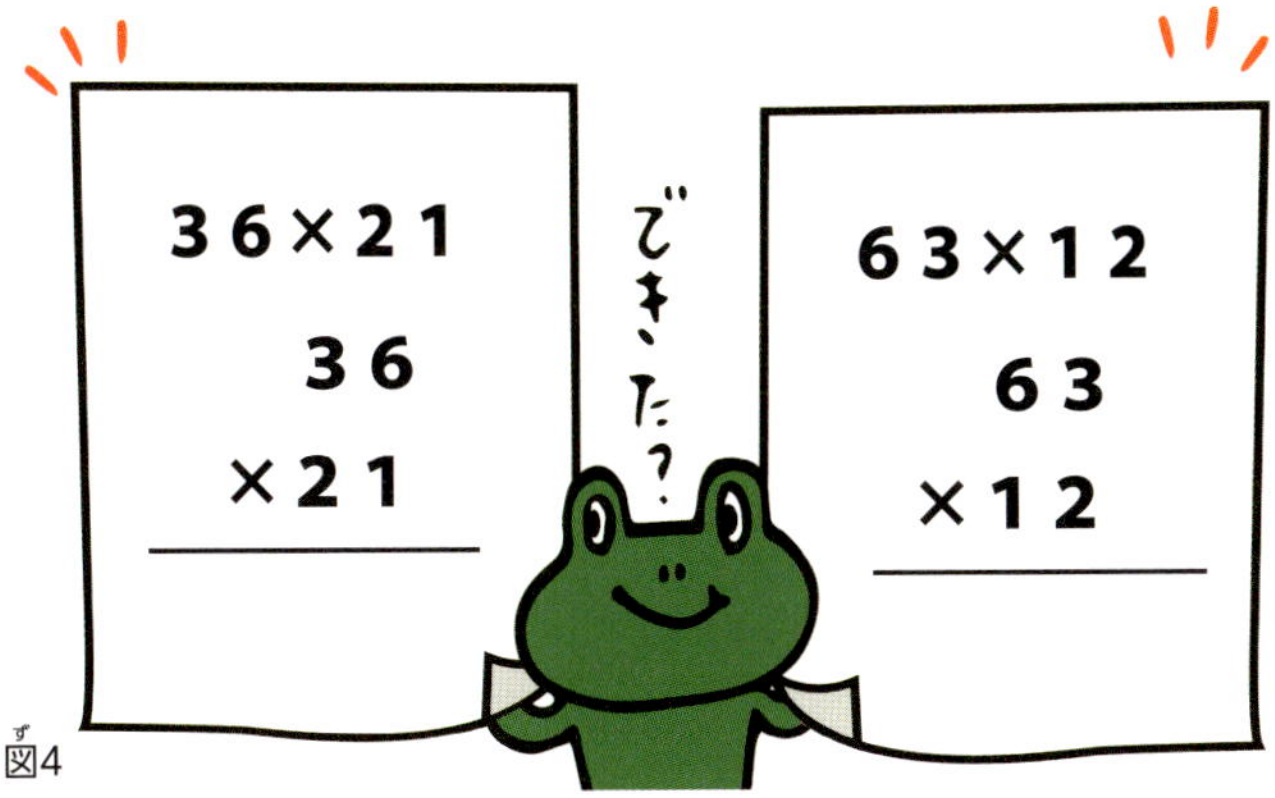

図《ず》4

**ひとくちメモ**　この例《れい》のほか、桁《けた》をひっくり返《かえ》して答《こた》えが同《おな》じになるかけ算《ざん》は、24×84＝42×48、23×64＝32×46などがあります。2桁《けた》の数《かず》をAB×CDと考《かんが》えたとき、A×C＝B×Dになっていれば答《こた》えが同《おな》じになります。

# 16番目《ばんめ》の数《かず》の不思議《ふしぎ》

10月16日

筑波大学附属小学校《つくばだいがくふぞくしょうがっこう》
盛山隆雄《せいやまたかお》先生《せんせい》が書《か》きました

読《よ》んだ日《ひ》　月《がつ》　日《にち》　月《がつ》　日《にち》　月《がつ》　日《にち》

## 16番《ばん》目《め》の数《かず》は何《なに》？

一桁《ひとけた》の数《かず》を1つ選《えら》びます。たとえば3を選《えら》んだとします。もう1つ一桁《ひとけた》の数《かず》を選《えら》びます。5を選《えら》んだとします。

（3、5）と数《かず》が続《つづ》いたとき、3番《ばん》目《め》の数《かず》は、3＋5＝8で8とすることにします。これで（3、5、8）となりました。4番《ばん》目《め》の数《かず》は、5＋8＝13です。この13を4番《ばん》目《め》の数《かず》としたいところですが、このまま足《た》し続《つづ》けると数《かず》が大《おお》きくなりますので、13の一《いち》の位《くらい》の数《かず》3を4番《ばん》目《め》の数《かず》とすることにします。これで、（3、5、8、3）となりました。5番《ばん》目《め》の数《かず》は、8＋3＝11ですので、一《いち》の位《くらい》の数《かず》1が5番《ばん》目《め》の数《かず》になります。

このように、前《まえ》の2つの数《かず》を足《た》した数《かず》を次《つぎ》に書《か》くようにして、数《かず》の列《れつ》をつくっていきます。

そのとき、16番《ばん》目《め》の数《かず》はいくつになるでしょうか。

3 5 8 3 1 4 5 9 4 3
7 0 7 7 4 1

3で始《はじ》めたときの16番《ばん》目《め》の数《かず》は1になりました。他《ほか》にも4や5で始《はじ》めたときの16番《ばん》目《め》の数《かず》を見《み》てみましょう。

4で始《はじ》めたとき
4 7 1 8 9 7 6 3 9 2
1 3 4 7 1 8

5で始《はじ》めたとき
5 1 6 7 3 0 3 3 6 9
5 4 9 3 2 5

### 考《かんが》えてみよう

**どんな秘密《ひみつ》が隠《かく》されているかな？**

1番目《ばんめ》の数《かず》と16番目《ばんめ》の数《かず》に何《なに》か関係《かんけい》がありそうです。1番目《ばんめ》の数《かず》が1～9の場合《ばあい》の16番目《ばんめ》の数《かず》を表《あらわ》しておきます。どんな秘密《ひみつ》があるか考《かんが》えてみてください。

1⇒7
2⇒4
3⇒1
4⇒8
5⇒5
6⇒2
7⇒9
8⇒6
9⇒3

**ひとくちメモ**　実《じつ》は、16番目《ばんめ》の数《かず》は、1番目《ばんめ》の数《かず》に7をかけた答《こた》えの一《いち》の位《くらい》の数《かず》になっています。なぜそうなるのでしょうか。不思議《ふしぎ》ですね。

数や図形で遊ぼう

# 直線《ちょくせん》を伸《の》ばして遊《あそ》んでみよう!

10月 17日

学習院初等科《がくしゅういんしょとうか》
大澤隆之《おおさわたかゆき》先生《せんせい》が書《か》きました

読《よ》んだ日《ひ》　月《がつ》　日《にち》　月《がつ》　日《にち》　月《がつ》　日《にち》

## ネコとリスを直線《ちょくせん》で囲《かこ》もう

2つの点《てん》を結《むす》ぶ直線《ちょくせん》を引《ひ》いて、動物《どうぶつ》を囲《かこ》みましょう（図《ず》1、図《ず》2）。

ネコを直線《ちょくせん》で囲《かこ》んだ形《かたち》は、四角形《しかくけい》になりましたね（図《ず》3）。

リスは囲《かこ》めましたか？　上《うえ》の2つの点《てん》を結《むす》ぶことができません。困《こま》りましたね。

下《した》の2つの点《てん》は普通《ふつう》に結《むす》べますね。上《うえ》の2つの点《てん》は、結《むす》ぼうとするとリスにかかってしまって結《むす》べません。どうしたらいいでしょう。リスの後《うし》ろを通《とお》す？　立体的《りったいてき》に見《み》れば、それでもいいかもしれません。でも、このままでも囲《かこ》む方法《ほうほう》があります。

## 直線《ちょくせん》はずっと伸《の》ばせる

ヒントは、「点《てん》と点《てん》を結《むす》ぶ直線《ちょくせん》は、点《てん》では止《と》まらない。直線《ちょくせん》はどこまでもずっと伸《の》びている」ということです。

直線《ちょくせん》はずっと伸《の》ばすことができるのです。その先《さき》で直線《ちょくせん》が交《まじ》われば、リスを囲《かこ》むことができます。囲《かこ》んだ形《かたち》は三角形《さんかくけい》になります。そう考《かんが》えるとネコも囲《かこ》んだ形《かたち》は三角形《さんかくけい》とも見《み》られます（図《ず》4）。

図《ず》1

図《ず》2

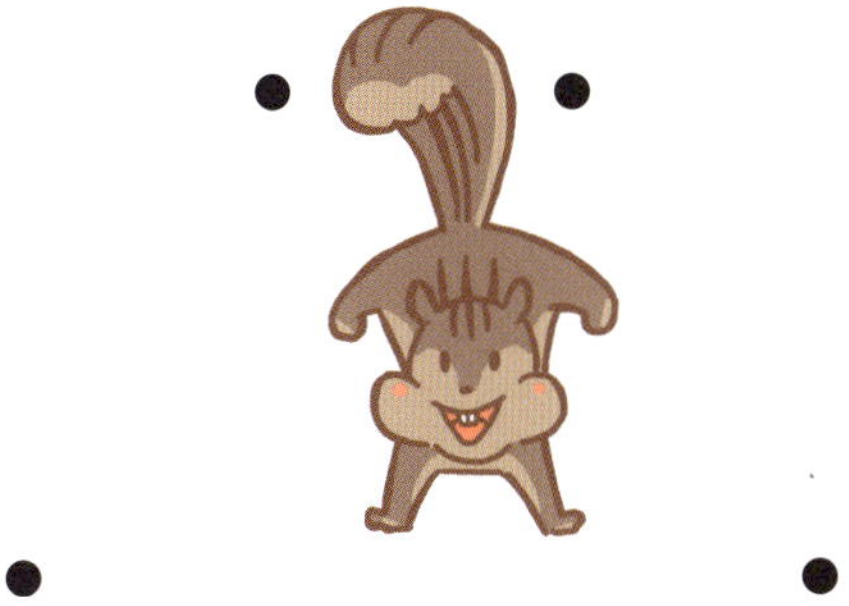

図《ず》3

図《ず》4

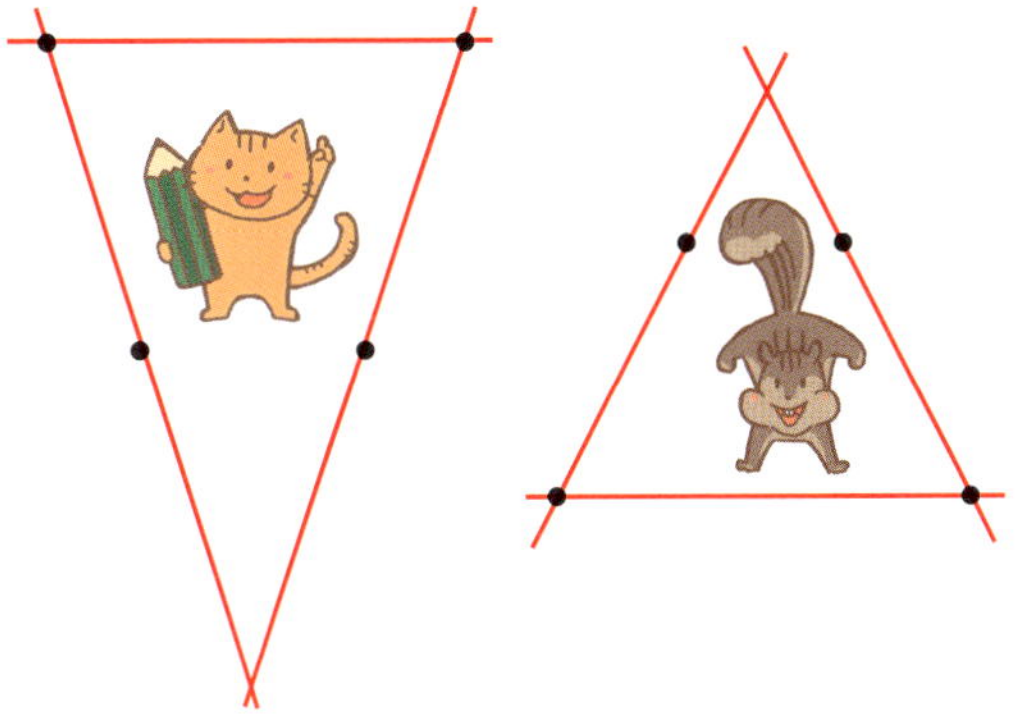

ひとくちメモ　「2つの点《てん》を通《とお》る直線《ちょくせん》」で三角形《さんかくけい》や四角形《しかくけい》をつくるとき、使《つか》った点《てん》がそのまま頂点《ちょうてん》になるとは限《かぎ》りません。頭《あたま》をやわらかくして考《かんが》えましょう。

# 並《なら》び方《かた》を当《あ》てよう



熊本県《くまもとけん》　熊本市立池上小学校《くまもとしりついけのうえしょうがっこう》
藤本邦昭《ふじもとくにあき》先生《せんせい》が書《か》きました

読《よ》んだ日《ひ》　月《がつ》　日《にち》｜月《がつ》　日《にち》｜月《がつ》　日《にち》

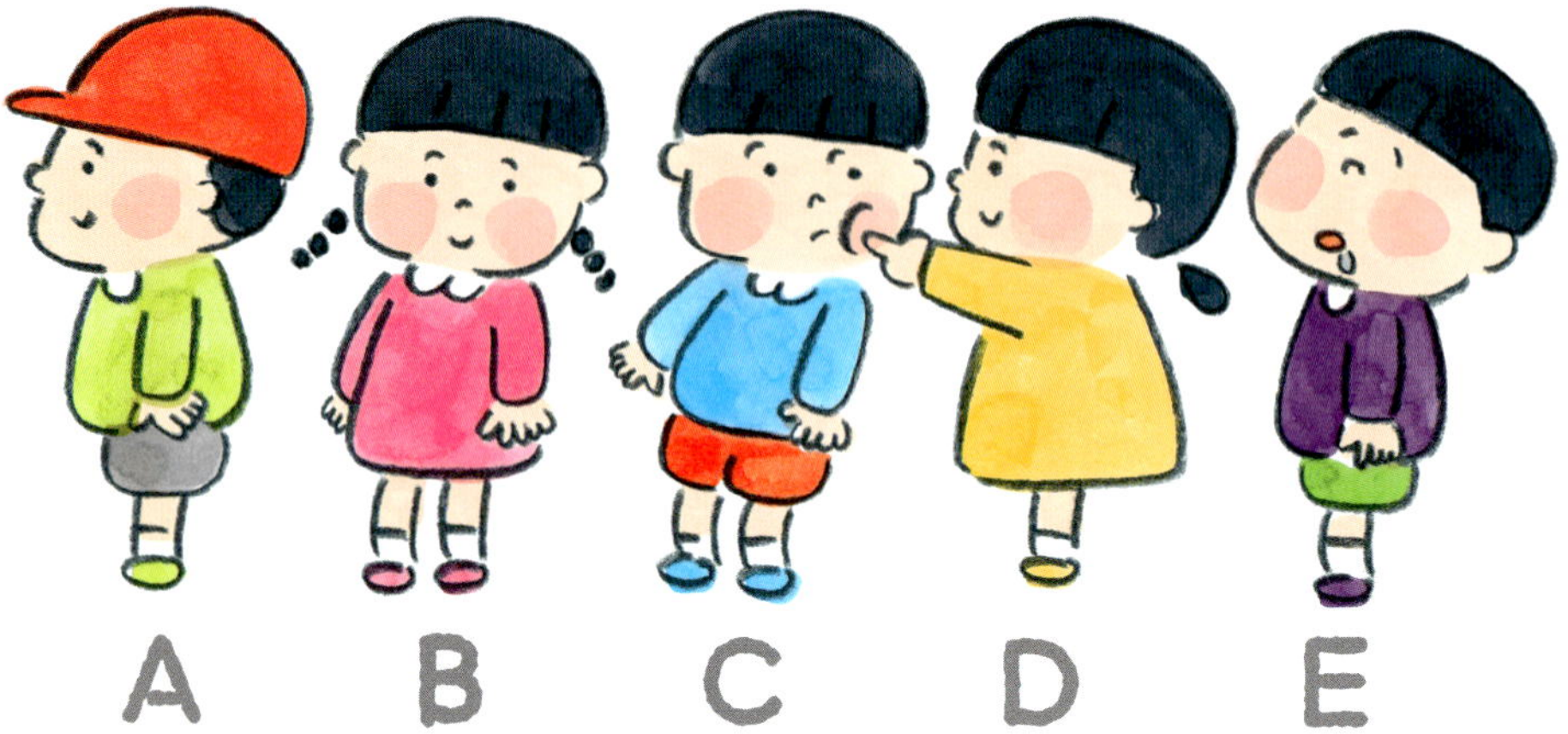


## 並《なら》び順《じゅん》の表《あらわ》し方《かた》

上《うえ》のように子供《こども》が1列《れつ》に並《なら》んでいます。この並《なら》び方《かた》を言葉《ことば》で表《あらわ》してみましょう。

・全部《ぜんぶ》で5人《にん》が並《なら》んでいます。
・Aはいちばん前《まえ》にいます。
・CはBのすぐ後《うし》ろです。
・BとEの間《あいだ》には2人《り》います。
・Dはいちばん後《うし》ろではありません。

と、このように言葉《ことば》で表《あらわ》すことができます。

## 言葉《ことば》から順番《じゅんばん》がわかる

では、この5人《にん》が並《なら》び順《じゅん》を変《か》えました。

並《なら》び方《かた》を表《あらわ》した次《つぎ》の文章《ぶんしょう》を読《よ》んで、どのように並《なら》んでいるのか考《かんが》えてみましょう。

【問題《もんだい》】
・Eはいちばん前《まえ》ではありません。
・AはCのすぐ後《うし》ろです。
・DとEの間《あいだ》には2人《り》います。
・BはEのすぐ後《うし》ろです。

わかりましたか。

一《ひと》つの表《あらわ》し方《かた》でも、いくつものとらえ方《かた》ができるので、難《むずか》しいですね。

こういう時《とき》は、図《ず》にかいてみて、あてはまりそうな場合《ばあい》を考《かんが》えていくと、はっきりしてきますよ（答《こた》えはひとくちメモにあります）。

考《かんが》え方《かた》を説明《せつめい》しましょう。

まず、くっついて並《なら》んでいる人《ひと》をかいてみます。前《まえ》からCAと、前《まえ》からEBとなっています。

次《つぎ》に、「DとEの間《あいだ》に2人《り》」を考《かんが》えます。もしDがEより前《まえ》だったら、前《まえ》からD〇〇EBとなります。

もしDがEより後《うし》ろだったら、EB〇Dとなりますが、CとAが前後《ぜんご》になることができません。

また、Eはいちばん前《まえ》ではありませんから、EB〇D〇とはなりませんね。

1. ⒸⒶとⒺⒷ
2. Ⓓ〇〇ⒺⒷ
　が
　〇ⒺⒷ〇Ⓓ
3. ⒸとⒶがとなり合うことがない。
4. Ⓓ〇〇ⒺⒷ
だから ここにⒸⒶが入る。

ひとくちメモ　〈答《こた》え〉上《うえ》の問題《もんだい》の答《こた》えがわかりましたか？　正解《せいかい》はD→C→A→E→Bです。

# 一番使《いちばんつか》われている数《かず》は何《なに》？

10月 19日

お茶《ちゃ》の水女子大学附属小学校《みずじょしだいがくふぞくしょうがっこう》
岡田紘子《おかだひろこ》先生《せんせい》が書《か》きました

読《よ》んだ日《ひ》　月《がつ》　日《にち》　月《がつ》　日《にち》　月《がつ》　日《にち》

## 新聞《しんぶん》を使《つか》って調《しら》べてみよう

新聞《しんぶん》の中《なか》には、たくさんの数《かず》が出《で》てきます（図《ず》1）。1面《めん》だけ調《しら》べてみても、きっと1から始《はじ》まる数《かず》がたくさんあることに気《き》づくでしょう。

図《ず》1

8月11日の東京外国為替市場で円相場は高値圏で推移している。14時時点では1ドル＝123円73～76銭と10日17時時点に比べ38銭の円高・ドル安水準で推移している。14時過ぎに123円66銭近辺と、日経平均株価の下げ幅が200円を超え、きょうの安値圏で……

## 新聞以外《しんぶんいがい》でも調《しら》べてみると

新聞《しんぶん》だけ1から始《はじ》まる数《かず》が多《おお》く出《で》てくるのでしょうか？　たとえば今《いま》みなさんが読《よ》んでいるこの本《ほん》。この本《ほん》の中《なか》にもたくさんの数《かず》が出《で》てきますね。

調《しら》べてみると、きっと1から始《はじ》まる数《かず》が一番多《いちばんおお》く出《で》てくるでしょう。1から9までの数字《すうじ》が出《で》てくる確率《かくりつ》は、単純《たんじゅん》に考《かんが》えると1／9、だいたい約《やく》11％の確率《かくりつ》であると考《かんが》えられます。しかし、実際《じっさい》は、1がつく数《かず》は約《やく》30％近《ちか》く出《で》てきます。2から始《はじ》まる数《かず》は約《やく》18％近《ちか》く出《で》てきます。なので、身《み》の回《まわ》りの数《かず》の約半分《やくはんぶん》は1か2で始《はじ》まっているということになります。

このことは、ベンフォードの法則《ほうそく》といって、数学的《すうがくてき》に証明《しょうめい》されています。証明《しょうめい》は難《むずか》しいので、ここでは紹介《しょうかい》しませんが、ベンフォードの法則《ほうそく》によると、数《かず》が大《おお》きくなればなるほど出現《しゅつげん》する数字《すうじ》は少《すく》なくなっていくそうです（図《ず》2）。

図《ず》2

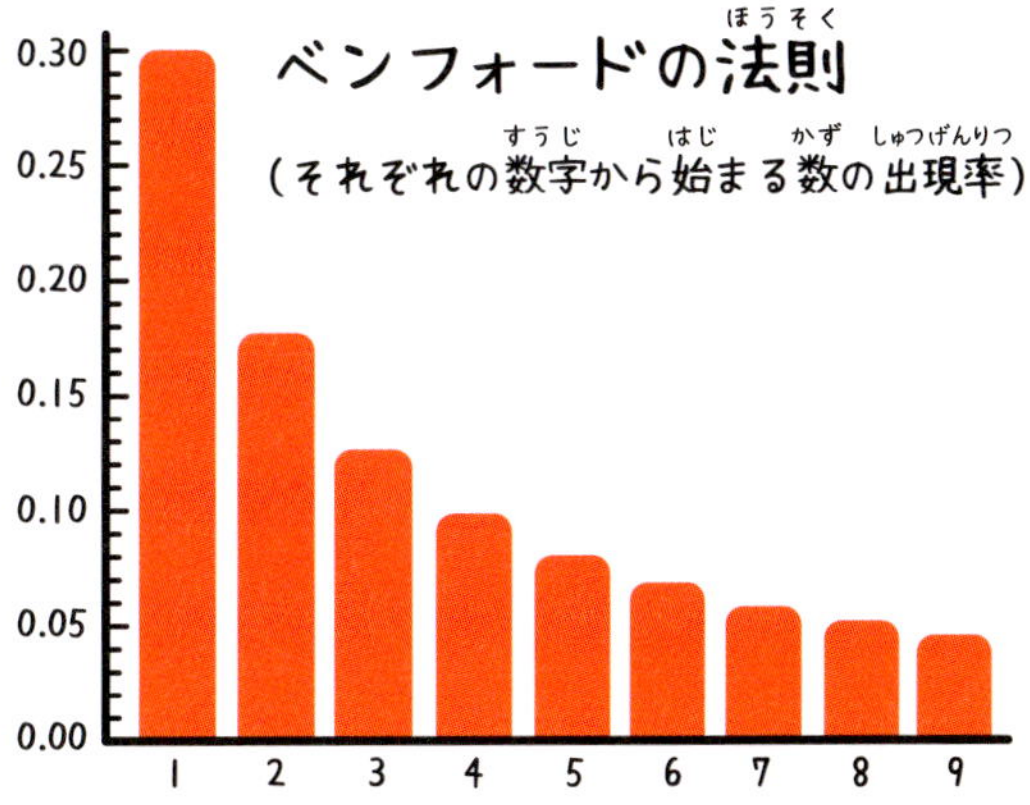


ぜひ、新聞《しんぶん》や本以外《ほんいがい》でも、一番《いちばん》大《おお》きい位《くらい》の数字《すうじ》が1の数《かず》がたくさんあるのか調《しら》べてみてください。

ひとくちメモ　もしも、1ではない数字《すうじ》がたくさん出《で》てくる物《もの》があれば、それは誰《だれ》かが意図的《いとてき》に操作《そうさ》している可能性《かのうせい》があります。ベンフォードの法則《ほうそく》は、不正《ふせい》を見破《みやぶ》る手立《てだ》てにもなります。

2 くらしの中の算数のお話

# 時刻《じこく》と時間《じかん》はいつ分《わ》かれたか

10月 20日

学習院初等科《がくしゅういんしょとうか》
大澤隆之《おおさわたかゆき》先生《せんせい》が書《か》きました

読《よ》んだ日《ひ》　月《がつ》　日《にち》　月《がつ》　日《にち》　月《がつ》　日《にち》

## 時間《じかん》と時刻《じこく》、正《ただ》しいのは？

①「出発《しゅっぱつ》の時間《じかん》は何時《なんじ》ですか？」

これは正《ただ》しい言《い》い方《かた》でしょうか。おかしい言《い》い方《かた》でしょうか。

実《じつ》は、「時間《じかん》」の使《つか》い方《かた》が違《ちが》います。ここでは「時刻《じこく》」を使《つか》うべきなのです。

「時間《じかん》」は、ある時刻《じこく》からある時《じ》刻《こく》までの間《あいだ》のことです。つまり、量《りょう》なのです。長《なが》い・短《みじか》いがあります。でも、「時刻《じこく》」は時間《じかん》の流《なが》れのある点《てん》のことですから、長《なが》い・短《みじか》い・多《おお》い・少《すく》ないはありません。

①の「何時《なんじ》」とは「時刻《じこく》」のことですから、「出発《しゅっぱつ》の時刻《じこく》は何時《なんじ》ですか？」と言《い》うのが正《ただ》しいのです。

## 近年《きんねん》になって使《つか》い分《わ》け

今《いま》は時刻《じこく》と時間《じかん》を分《わ》けて表《あらわ》していますが、世《よ》の中《なか》できちんと分《わ》けて使《つか》うようになったのは、そんなに古《ふる》いことではありません。昭和《しょうわ》30年代《ねんだい》から、ようやく小学校《しょうがっこう》の教科《きょうか》書《しょ》で使《つか》い分《わ》けをするようになったのです。

お店《みせ》で売《う》られている時刻表《じこくひょう》は、明治《めいじ》、大正《たいしょう》、昭和《しょうわ》にかけて、「汽車《きしゃ》時間表《じかんひょう》」と呼《よ》ばれていました。第二次大戦後《だいにじたいせんご》も、昭和《しょうわ》50年代《ねんだい》まで「時刻表《じこくひょう》」と「時間表《じかんひょう》」の両方《りょうほう》があったのです。

平成《へいせい》になって、やっと「時刻《じこく》」と「時間《じかん》」の使《つか》い分《わ》けがはっきりしてきました。

さて、ちょうど時間《じかん》となりました。え？　これって時刻《じこく》？

### 覚《おぼ》えておこう

#### 「刻限《こくげん》」には幅《はば》があった？

江戸時代《えどじだい》はどうだったのでしょう。「刻限《こくげん》」という言葉《ことば》があり、「時刻《じこく》」の考《かんが》え方《かた》がありましたが、今《いま》よりも幅《はば》を広《ひろ》く考《かんが》えていました。たとえば子《ね》の刻《こく》といっても、その時刻《じこく》のことも表《あらわ》しますし、そのあたり2時間《じかん》ぐらいの時間帯《じかんたい》も表《あらわ》していました。

ひとくちメモ
英語《えいご》のtimeは「時刻《じこく》」でしょうか、「時間《じかん》」でしょうか。「What time is it now?」のtimeは「時刻《じこく》」、「a long time」のtimeは「時間《じかん》」です。

数と計算のお話

# 世界《せかい》に数字《すうじ》が3つだったら〜3進法《しんほう》〜

10月 21日

熊本県《くまもとけん》 熊本市立池上小学校《くまもとしりついけのうえしょうがっこう》
藤本邦昭《ふじもとくにあき》先生《せんせい》が書《か》きました

読《よ》んだ日《ひ》　月《がつ》　日《にち》　月《がつ》　日《にち》　月《がつ》　日《にち》

## 数字《すうじ》はいくつある？

みなさんが使《つか》っている数字《すうじ》って、いったいいくつあるでしょう？ 1億《おく》？ 無限《むげん》？ いえいえ、たった10個《こ》です。

数《かず》は、たくさんありますが「数字《すうじ》」は、「0、1、2、3、4、5、6、7、8、9」の10個《こ》しかありません。

この10個《こ》の数字《すうじ》を使《つか》って、小《ちい》さい数《かず》や大《おお》きい数《かず》を表《あらわ》しているのです。

## 「0、1、2」だけだったら？

もし、数字《すうじ》が「0、1、2」の3つしかない世界《せかい》だったら、数《かず》の表《あらわ》し方《かた》はどうなるでしょう。

お皿《さら》の上《うえ》にアメを置《お》いていくようにしてみましょう。

図《ず》1のように2個《こ》まではふつうに表《あらわ》せます。

でも、2個《こ》より1個《こ》多《おお》くなるとき、どのように数《かず》を表《あらわ》せばよいでしょうか？

今《いま》の世界《せかい》なら「3」個《こ》と表《あらわ》せますが、その数字《すうじ》はありません。

そのときは、位《くらい》を一《ひと》つあげて「10」個《こ》とするしかありません（図《ず》2）。なぜかというと、一《ひと》つの位《くらい》に2までしか入《はい》らないからです。

もう1個《こ》増《ふ》えると、「11」個《こ》（図《ず》3）、さらに増《ふ》えると「12」個《こ》となります（図《ず》4）。

さて、数字《すうじ》が3つの世界《せかい》で「100」個《こ》のアメは、今《いま》の世界《せかい》（数字《すうじ》が10個《こ》ある世界《せかい》）では、何個《なんこ》のアメになるのでしょうね（答《こた》えはひとくちメモ）。

図《ず》1

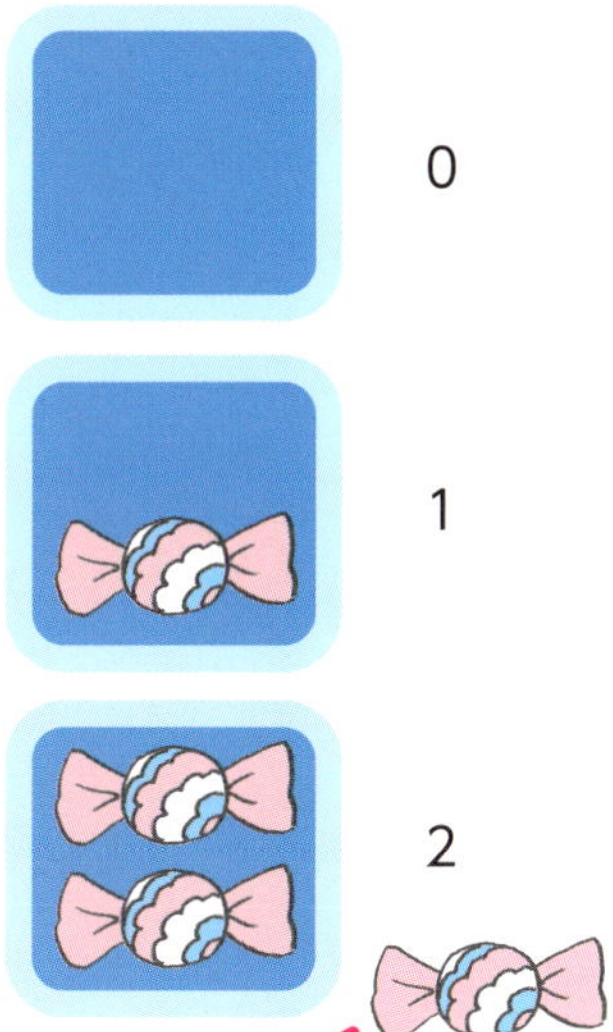


図《ず》2

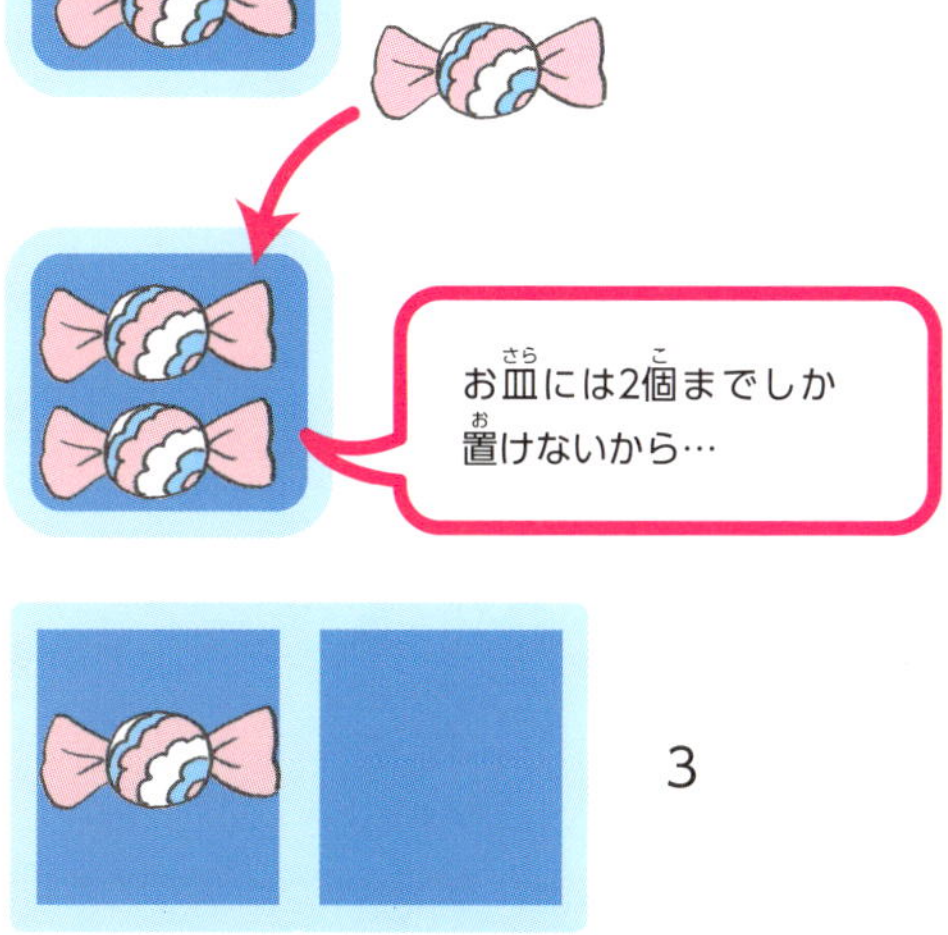


図《ず》3

図《ず》4

ひとくちメモ 「100」個《こ》は、3個《こ》+3個《こ》＋3個《こ》になります。ですから、今《いま》の世界《せかい》では「9」個《こ》と表《あらわ》されます。

数・計算の歴史のお話

# 大名行列《だいみょうぎょうれつ》に出会《であ》うとたいへん!?

10月22日

高知大学教育学部附属小学校《こうちだいがくきょういくがくぶふぞくしょうがっこう》
高橋《たかはし》 真《まこと》 先生《せんせい》が書《か》きました

読《よ》んだ日《ひ》　月《がつ》　日《にち》　月《がつ》　日《にち》　月《がつ》　日《にち》

## 2000人《にん》の大行列《だいぎょうれつ》

江《え》戸時代《どじだい》、各藩《かくはん》のお殿様《とのさま》には江《え》戸《ど》と国元《くにもと》とを1年《ねん》おきに行《い》き来《き》しなければならないきまりが出《だ》されていました。このとき、お殿様《とのさま》が多《おお》くの家来《けらい》を引《ひ》き連《つ》れていくことから、「大名行列《だいみょうぎょうれつ》」と呼《よ》ばれる大《だい》行列《ぎょうれつ》があちこちで生《う》まれていたのです。

行列《ぎょうれつ》の人数《にんずう》は、藩《はん》で取《と》れるお米《こめ》の量《りょう》によって決《き》められていました。今《いま》の石川県《いしかわけん》のあたりを治《おさ》めていた加賀藩《かがはん》の場合《ばあい》、取《と》れるお米《こめ》の量《りょう》は103万石《まんごく》なので、およそ2000人《にん》もの家来《けらい》を引《ひ》き連《つ》れていかなければなりませんでした。この行《ぎょう》列《れつ》に出会《であ》ったらどれくらい待《ま》たされることになったのでしょうか？

## 行列《ぎょうれつ》の長《なが》さは1・5km!?

まず、行列《ぎょうれつ》の長《なが》さを求《もと》めてみましょう。2000人《にん》が2列《れつ》で歩《ある》いたとしても、1列《れつ》に1000人《にん》ですね。刀《かたな》を腰《こし》に下《さ》げた武士《ぶし》が列《れつ》になって歩《ある》くには、前《まえ》の人《ひと》との間隔《かんかく》が1m以上必要《いじょうひつよう》でしょう。すると、

1m × 1000人《にん》 = 1000m = 1km

だから、これだけでも1km以上《いじょう》の長《なが》さになります。それに加《くわ》え、弓《ゆみ》ややり、鉄砲《てっぽう》などの武器《ぶき》のほかに、お殿様《とのさま》が使《つか》う食器《しょっき》や風呂《ふろ》おけなども運《はこ》んでいました。お殿様《とのさま》の乗《の》るかごや荷物《にもつ》を運《はこ》ぶ馬《うま》もたくさんいます。これらのことも考《かんが》えると、行列《ぎょうれつ》の長《なが》さは1・5kmはあったのではないでしょうか。

次《つぎ》に、歩《ある》く速《はや》さを求《もと》めてみましょう。お城《しろ》のある金沢《かなざわ》から江《え》戸《ど》まではおよそ480kmあります。それを12~13日《にち》で歩《ある》いたといわれていますので、

480km ÷ 12日《にち》 = 40

1日《にち》に歩《ある》く長《なが》さは40km（40000m）ほどです。1日《にち》に10時間《じかん》歩《ある》いたとすれば、歩《ある》く速《はや》さは、

40000m ÷ 10時間《じかん》 = 4000

1時間《じかん》に4000m（4km）ほどでしょう。

### 考《かんが》えてみよう

#### 大名行列《だいみょうぎょうれつ》が通《とお》り過《す》ぎる時間《じかん》

いよいよ、加賀藩《かがはん》の行列《ぎょうれつ》が通《とお》り過《す》ぎる時間《じかん》を求《もと》めてみましょう。1時間《じかん》に4000m進《すす》むということは、4000m÷60分《ぶん》と計算《けいさん》すると、1分間《ぶんかん》に進《すす》む距離《きょり》はおよそ67mになります。1500mの行列《ぎょうれつ》なら、1500÷67＝22.388059で、およそ22分《ふん》もかかることになるのです！　道沿《みちぞ》いの人々《ひとびと》にとって、大名行列《だいみょうぎょうれつ》に出《で》会《あ》うのは、きっとたいへん迷惑《めいわく》なことだったでしょうね。

ひとくちメモ　江戸《えど》と国元《くにもと》とを1年《ねん》おきに行《い》き来《き》しなければならないきまりのことを「参勤交代《さんきんこうたい》」といいます。

# 上手《じょうず》に買《か》い物《もの》しよう！ おつりの問題《もんだい》



青森県《あおもりけん》　三戸町立三戸小学校《さんのへちょうりつさんのへしょうがっこう》
種市芳丈《たねいちよしたけ》先生《せんせい》が書《か》きました

読《よ》んだ日《ひ》　月《がつ》　日《にち》　月《がつ》　日《にち》　月《がつ》　日《にち》

## 実際《じっさい》の買《か》い物《もの》では？

さっそくですが、次《つぎ》の問題《もんだい》に取《と》り組《く》んでみてください。

【問題《もんだい》その1】
100円《えん》を3枚《まい》もって買《か》い物《もの》に行《い》きました。80円《えん》のリンゴ1個《こ》と90円《えん》のキャベツ1個《こ》を買《か》いました。おつりはいくらでしょう。

300－170＝130と考《かんが》えた人《ひと》もいるかもしれませんが、実際《じっさい》の場面《ばめん》だと考《かんが》えたときは、そうなるでしょうか。というのも、80＋90＝170ですから、200円《えん》渡《わた》せば間《ま》に合《あ》うからです。つまり、200－170で、実際《じっさい》の場面《ばめん》ではおつり30円《えん》が正解《せいかい》となります（図《ず》1）。

図《ず》1

## 小銭《こぜに》の枚数《まいすう》も考《かんが》える

【問題《もんだい》その2】
買《か》い物《もの》をしたら260円《えん》でした。さいふの中《なか》を見《み》ると、500円《えん》1枚《まい》、50円《えん》1枚《まい》、10円《えん》2枚《まい》の計《けい》4枚《まい》でした。おつりはいくらでしょう。

500－260＝240をすぐ思《おも》い付《つ》いた人《ひと》は算数《さんすう》では正解《せいかい》ですが、実際《じっさい》の場面《ばめん》ではさいふが小銭《こぜに》でいっぱいになるからたいへんです。おつり240円《えん》は、100円《えん》2枚《まい》、10円《えん》4枚《まい》の計《けい》6枚《まい》。これを使《つか》わなかった50円《えん》1枚《まい》、10円《えん》2枚《まい》の計《けい》3枚《まい》と合《あ》わせると合計《ごうけい》9枚《まい》となり、さいふの中《なか》の小銭《こぜに》の枚数《まいすう》は初《はじ》めの4枚《まい》よりかなり増《ふ》えます。

それより、さいふから560円《えん》を出《だ》しておつり300円《えん》をもらってみましょう。さいふの中《なか》は、おつりの100円《えん》3枚《まい》、使《つか》わなかった10円《えん》1枚《まい》、計《けい》4枚《まい》となり、小銭《こぜに》の枚数《まいすう》は初《はじ》めの4枚《まい》と変《か》わりません。

つまり、実際《じっさい》の場面《ばめん》ではおつりを300円《えん》とすることもできるのです（図《ず》2）。

図《ず》2

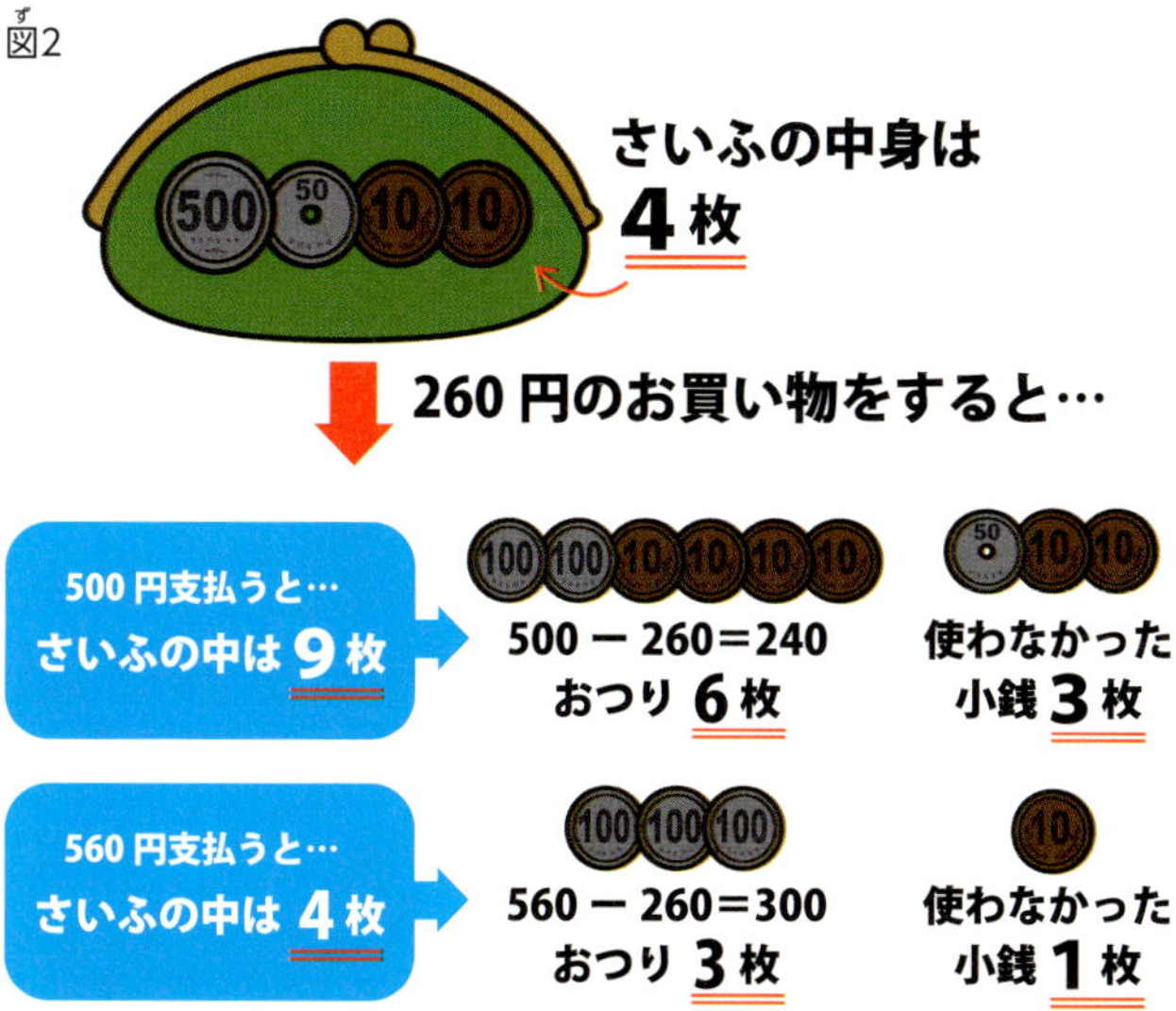




ひとくちメモ　自分《じぶん》でお金《かね》をはらって買《か》い物《もの》をするとき、どうしたらおつりのお金《かね》の枚数《まいすう》を少《すく》なくできるのか、考《かんが》えてお金《かね》を出《だ》せるといいですね。

図形のお話

# 立方体《りっぽうたい》の点《てん》から点《てん》まで

10月24日

学習院初等科《がくしゅういんしょとうか》
大澤隆之《おおさわたかゆき》先生《せんせい》が書《か》きました

読《よ》んだ日《ひ》　月《がつ》　日《にち》　月《がつ》　日《にち》　月《がつ》　日《にち》

## 赤《あか》と青《あお》はどっちが近《ちか》い？

サイコロのように正方形《せいほうけい》6面《めん》で囲《かこ》まれた形《かたち》を「立方体《りっぽうたい》」といいます。図《ず》1のアの点《てん》とイの点《てん》を、いちばん近道《ちかみち》で結《むす》ぶ線《せん》は、どんな線《せん》でしょうか。

図《ず》2の赤《あか》い線《せん》のように、正方形《せいほうけい》の対角線《たいかくせん》（隣《とな》り合《あ》っていない頂点《ちょうてん》を結《むす》ぶ直線《ちょくせん》）はどうでしょう。かなり近道《ちかみち》ですね。もっと近道《ちかみち》はありますか。

そうです。アから辺《へん》をたどっていく青《あお》の方《ほう》が短《みじか》いです。なぜだか説明《せつめい》できますか。立方体《りっぽうたい》を広《ひろ》げてみるとわかりますね。赤《あか》の線《せん》は、アから曲《ま》がっていきます。青《あお》の線《せん》は直線《ちょくせん》です。ですから、青《あお》の方《ほう》が短《みじか》いことがわかりますね（図《ず》3）。

## もっと短《みじか》い線《せん》がある？

もっと短《みじか》い行《い》き方《かた》はあるでしょうか。立方体《りっぽうたい》をちょっと回《まわ》してみると、見《み》えてきます。裏側《うらがわ》に、もっと短《みじか》い緑《みどり》の線《せん》がかけます（図《ず》4）。このように、見方《みかた》を変《か》えると、短《みじか》い線《せん》が見《み》えてくることがあります（図《ず》5）。

図《ず》1

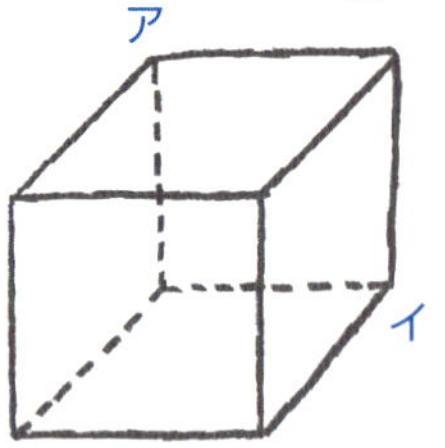


図《ず》2

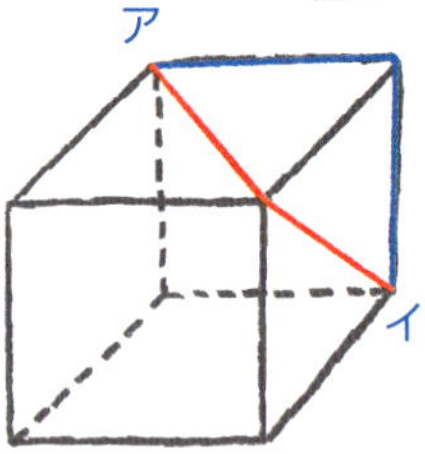


図《ず》3

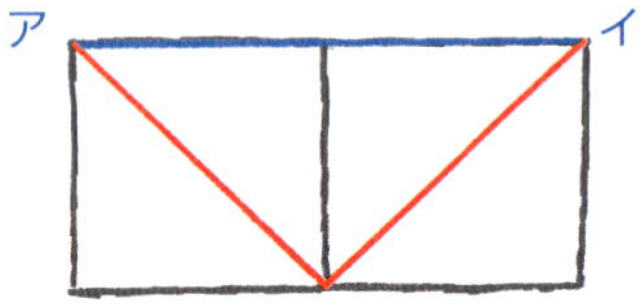


図《ず》4

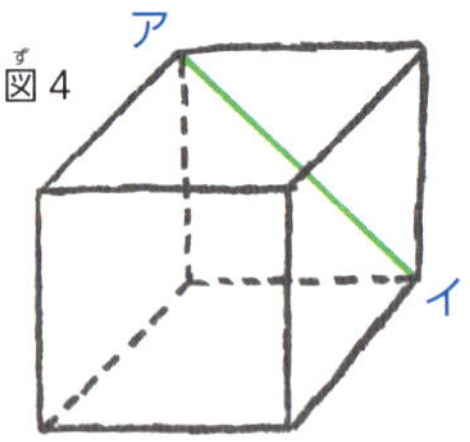


図《ず》5

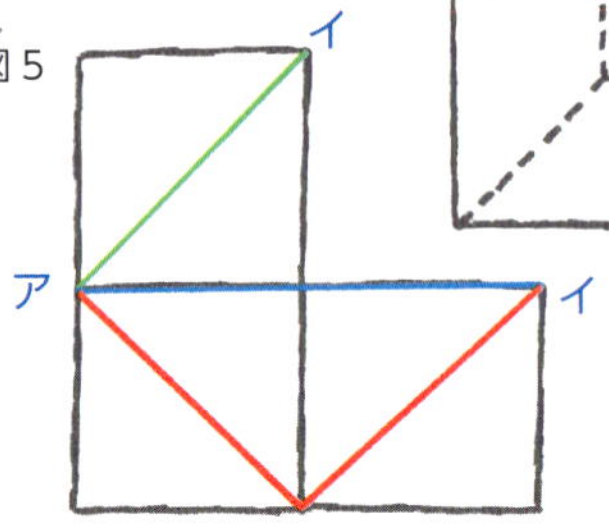


### やってみよう

**アとウをつなぐ一番短《いちばんみじか》い線《せん》は？**

正面《しょうめん》を通《とお》る赤《あか》い線《せん》はどうでしょう（図《ず》6）。でも、もしかすると、青《あお》や緑《みどり》の線《せん》の方《ほう》が短《みじか》いかもしれません。どうしたら比《くら》べられるでしょうか。そこで、さっきの「立《りっ》方体《ぽうたい》を広《ひろ》げてみる」方法《ほうほう》で比《くら》べてみます。青《あお》の線《せん》は直線《ちょくせん》ですね（図《ず》7）。緑《みどり》の線《せん》は、自分《じぶん》で考《かんが》えて調《しら》べてみてください。

図《ず》6

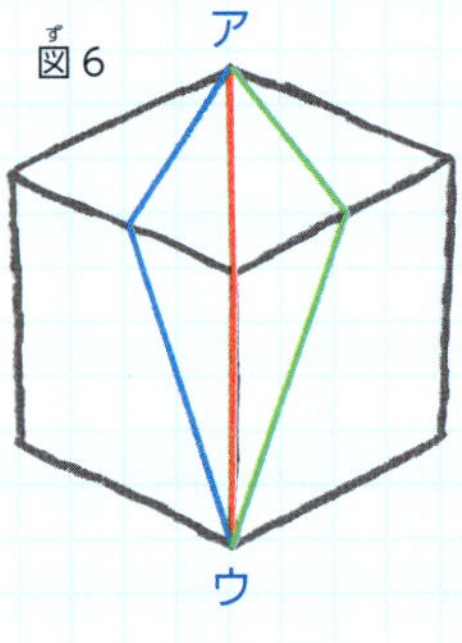


図《ず》7

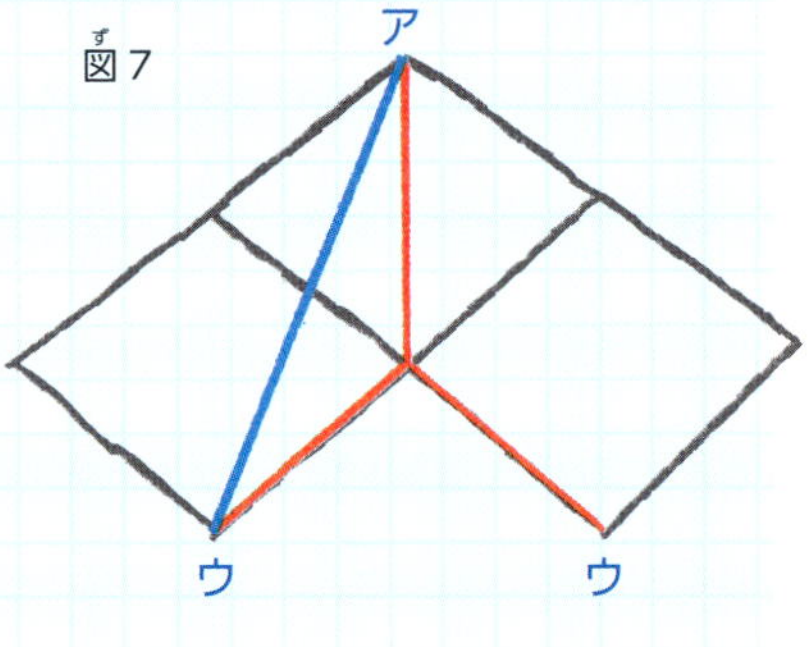


**ひとくちメモ**

上《うえ》で見《み》つけた線《せん》よりも、本当《ほんとう》は、もっと短《みじか》い線《せん》があります。それは、立方体《りっぽうたい》の中《なか》を通《とお》る直線《ちょくせん》です。立方体《りっぽうたい》の表面《ひょうめん》をつたっていくよりも、中《なか》を突《つ》っ切《き》った方《ほう》が近《ちか》いのです。自分《じぶん》でつくって、確《たし》かめてみましょう。

# 偽《にせ》のコインを探《さが》せ！

10月 25日

お茶《ちゃ》の水女子大学附属小学校《みずじょしだいがくふぞくしょうがっこう》
岡田紘子《おかだひろこ》先生《せんせい》が書《か》きました

読《よ》んだ日《ひ》　月《がつ》　日《にち》　月《がつ》　日《にち》　月《がつ》　日《にち》

## 何回《なんかい》てんびんで量《はか》ればいいい？

コインが8枚《まい》あります。この中《なか》で1枚《まい》だけ本物《ほんもの》のコインより重《おも》いコインがあります。てんびんを使《つか》って、偽物《にせもの》のコインを探《さが》してみましょう（図《ず》1）。

図《ず》1

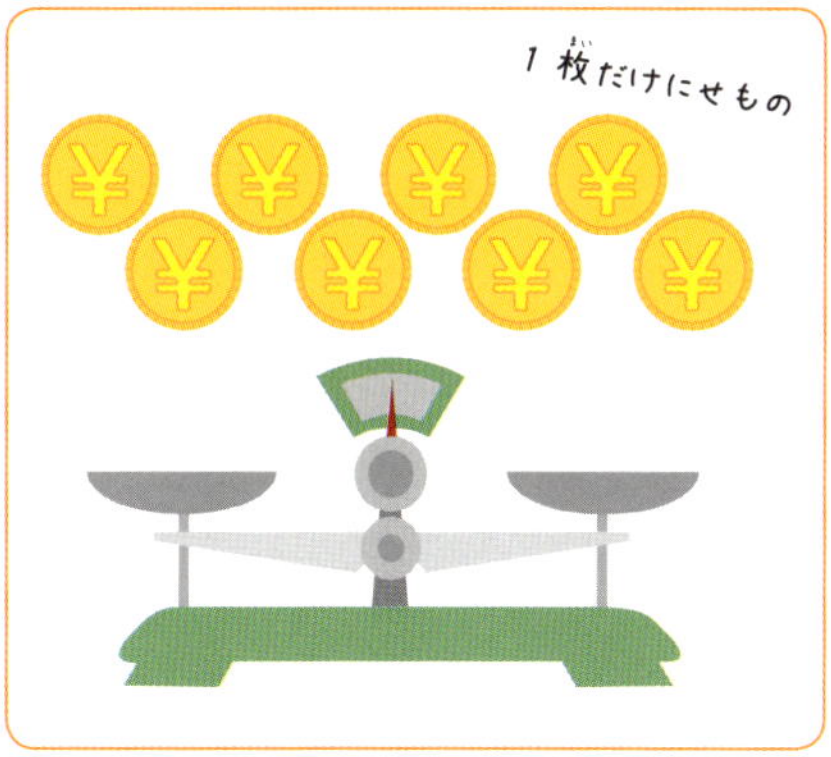


## 2回《かい》で偽物《にせもの》を見《み》つけられる？

まず、コインを3枚《まい》と3枚《まい》と2枚《まい》に分《わ》けます。次《つぎ》に、てんびんにコインを3枚《まい》ずつのせます。もし、この時《とき》つり合《あ》ったら、偽物《にせもの》は残《のこ》りの2枚《まい》のどちらかとなります。なので、残《のこ》りの2枚《まい》のコインを1枚《まい》ずつてんびんにのせ、傾《かたむ》いた方《ほう》が偽物《にせもの》だとわかります（図《ず》2）。

図《ず》2

また、最初《さいしょ》にのせた3枚《まい》のどちらかが傾《かたむ》いたら、その3枚《まい》の中《なか》に偽物《にせもの》があるということがわかります。3枚《まい》のコインの中《なか》から2枚《まい》を選《えら》び、1枚《まい》ずつてんびんにのせます。この時《とき》、傾《かたむ》いたらそのコインが偽物《にせもの》となり、つり合《あ》った時《とき》は、残《のこ》った1枚《まい》のコインが偽物《にせもの》だとわかります。よって、2回《かい》てんびんを使《つか》えば偽物《にせもの》がわかります（図《ず》3）。

図《ず》3

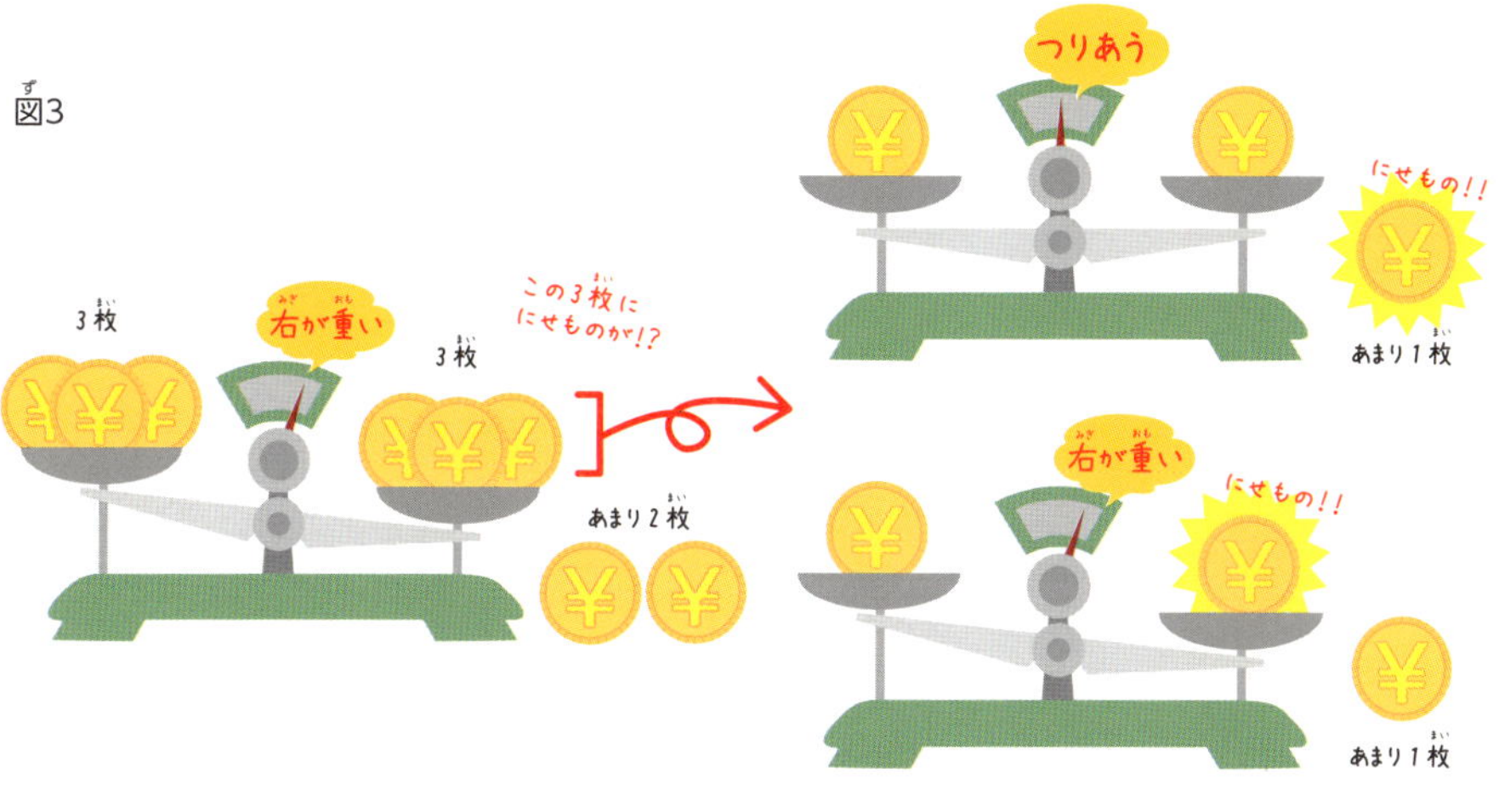


ひとくちメモ

コインが12枚《まい》だったら、何回《なんかい》てんびんを使《つか》えば偽物《にせもの》を見《み》つけることができるでしょうか？　てんびんを3回使《かいつか》えば、偽物《にせもの》がわかりますよ。

数と計算のお話

# 1から6までで割《わ》り切《き》れる整数《せいすう》

10月 26日

青森県《あおもりけん》　三戸町立三戸小学校《さんのへちょうりつさんのへしょうがっこう》
種市芳丈《たねいちよしたけ》先生《せんせい》が書《か》きました

読《よ》んだ日《ひ》　月《がつ》　日《にち》｜月《がつ》　日《にち》｜月《がつ》　日《にち》

## 答《こた》えは簡単《かんたん》にわかるけど…

わり算《ざん》を使《つか》った問題《もんだい》です。ある整数《せいすう》は、1から6までのどんな数《かず》でも割《わ》り切《き》れるそうです。この整《せい》数《すう》で、最《もっと》も小《ちい》さな数《かず》はいくつでしょう。

簡単《かんたん》！　と思《おも》った人《ひと》は、きっと1から6まですべてかけ算《ざん》をすればいいと思《おも》ったことでしょう。だって、わり算《ざん》はかけ算《ざん》の逆《ぎゃく》の計算《けいさん》ですから。

1×2×3×4×5×6＝720

あれ？　かなり大《おお》きい整数《せいすう》になりましたね。ちょっと不安《ふあん》なので、720の半分《はんぶん》の360で確《たし》かめてみましょう。360÷1＝360, 360÷2＝180, 360÷3＝120, 360÷5＝72, 360÷6＝60, どれでも割《わ》り切《き》りました。この様子《ようす》だと720より小《ちい》さい整数《せいすう》がありそうです。

## もっと小《ちい》さい数《かず》がある？

もう一度《いちど》、1×2×3×4×5×6の式《しき》を見直《みなお》してみましょう。

図《ず》1

1×2×3×4×5×6=720
（4の下に 2×2、6の下に 2×3）
=1×2×3×(2×2)×5×(2×3)
↓
4で割《わ》り切《き》れる…2が2つ
6で割《わ》り切《き》れる…2が1つ、3が1つ

1×2×3×2×5=60

4は2×2，6は2×3と表《あらわ》せます。式《しき》で表《あらわ》すと、1×2×3×(2×2)×5×(2×3)です。4で割《わ》り切《き》れるためには、2が2つ、6で割《わ》り切《き》れるためには2と3が1つずつあればいいことから、2が2つ、3が1つ多《おお》いことに気《き》がつきます。整数《せいすう》をかけ算《ざん》で表《あらわ》すと、どんな整数《せいすう》で割《わ》り切《き》れるかわかりました。

つまり、1から6までのどんな数《かず》でも割《わ》り切《き》れる整数《せいすう》で、最《もっと》も小《ちい》さいものは、1×2×3×2×5＝60でした。思《おも》ったより小《ちい》さいですね。

図《ず》2　1×2×3×2×5×7×2×3=2520

1で割《わ》り切《き》れる…1が1つ
2で割《わ》り切《き》れる…2が1つ
3で割《わ》り切《き》れる…3が1つ
4で割《わ》り切《き》れる…2が2つ
5で割《わ》り切《き》れる…5が1つ
6で割《わ》り切《き》れる…2が1つ、3が1つ
7で割《わ》り切《き》れる…7が1つ
8で割《わ》り切《き》れる…2が3つ
9で割《わ》り切《き》れる…3が2つ
10で割《わ》り切《き》れる…2が1つ、5が1つ

**ひとくちメモ**　1から10までのどんな数《かず》でも割《わ》り切《き》れる整数《せいすう》はいくつでしょうか。同《おな》じようにかけ算《ざん》の式《しき》にして表《あらわ》す（図《ず》2）と、いくつなのかわかりますよ。〈答《こた》え〉2520

# 3人《にん》合《あ》わせて何歳《なんさい》？
## ～きまりを見《み》つけよう～

10月27日

神奈川県《かながわけん》　川崎市立土橋小学校《かわさきしりつつちはししょうがっこう》
山本《やまもと》　直《なお》先生《せんせい》が書《か》きました

読《よ》んだ日《ひ》　月《がつ》　日《にち》　月《がつ》　日《にち》　月《がつ》　日《にち》

### 3人《にん》の歳《とし》を合《あ》わせると…

3年生《ねんせい》で9歳《さい》のAさんには、お兄《にい》さんと妹《いもうと》がいます。お兄《にい》さんは12歳《さい》で、妹《いもうと》はまだ4歳《さい》です。3人《にん》合《あ》わせて何歳《なんさい》でしょうか。それほど難《むずか》しくはありませんね。3人《にん》の歳《とし》を合《あ》わせればよいのですから、12＋9＋4＝25で、3人《にん》合《あ》わせて25歳《さい》ということになります。

### 3人《にん》合《あ》わせて100歳《さい》？

では、3人《にん》の歳《とし》が合《あ》わせてちょうど100歳《さい》になるのは何年後《なんねんご》なのでしょうか。表《ひょう》にしてみると図《ず》のようになります。3人《にん》の歳《とし》を合計《ごうけい》するのですから、1年後《ねんご》は28、2年後《ねんご》は31、3年後《ねんご》は34になりますね。このまま表《ひょう》で合計《ごうけい》が100歳《さい》になるまで続《つづ》けて考《かんが》えてもよいのですが、少《すこ》し大変《たいへん》そうです。

もう少《すこ》し簡単《かんたん》にできないのでしょうか。そこで、合計《ごうけい》がどのように増《ふ》えていくのかを考《かんが》えてみます。すると、3人《にん》が1歳《さい》ずつ増《ふ》えていくのですから、1年《ねん》につき合計《ごうけい》は3ずつ増《ふ》えることがわかりますね。

では現在《げんざい》の合計《ごうけい》25歳《さい》から100歳《さい》になるには、何歳増《なんさいふ》えればよいでしょうか。100－25＝75ですから、75増《ふ》えればいいわけです。そこでわり算《ざん》を使《つか》うと、75÷3＝25で、25年《ねん》たてばよいことがわかります。

最後《さいご》に確《たし》かめてみましょう。

25年後《ねんご》ということは、お兄《にい》さんは12歳《さい》に25を足《た》して37歳《さい》、Aさんは9歳《さい》に25を足《た》して34歳《さい》、妹《いもうと》は4歳《さい》に25を足《た》して29歳《さい》、37＋34＋29＝100なので、確《たし》かに合計《ごうけい》が100歳《さい》になりました。

| | 現在 | 1年後 | 2年後 | 3年後 | 4年後 | 5年後 | 6年後 | 7年後 | |
|---|---|---|---|---|---|---|---|---|---|
| 兄 | 12 | 13 | 14 | 15 | 16 | 17 | 18 | 19 | |
| Aさん | 9 | 10 | 11 | 12 | 13 | 14 | 15 | 16 | |
| 妹 | 4 | 5 | 6 | 7 | 8 | 9 | 10 | 11 | |
| 合計 | 25 | 28 | 31 | 34 | 37 | 40 | 43 | 46 | |



### 考《かんが》えてみよう

#### 合計《ごうけい》が9歳《さい》だったのはいつ？

| | 現在 | 1年前 | 2年前 | 3年前 | 4年前 | 5年前 | 6年前 |
|---|---|---|---|---|---|---|---|
| 兄 | 12 | 11 | 10 | 9 | 8 | 7 | 6 |
| Aさん | 9 | 8 | 7 | 6 | 5 | 4 | 3 |
| 妹 | 4 | 3 | 2 | 1 | 0 | - | - |
| 合計 | 25 | 22 | 19 | 16 | 13 | 11 | 9 |

3ずつ減る→　←ここからは2ずつ減る→

3人《にん》の合計《ごうけい》がいまのAさんと同《おな》じ9歳《さい》だったのはいつだったのでしょうか。同《おな》じように計算《けいさん》で考《かんが》えると、25－9＝16なので、16を3で割《わ》ってみますが……割《わ》り切《き》れません。ということは9歳《さい》だったことはなかったのでしょうか？　いいえ、実《じつ》は4年前《ねんまえ》までは3ずつ減《へ》っていくのですが、5年前《ねんまえ》は妹《いもうと》がまだ生《う》まれていないので、実《じつ》はそこから先《さき》は2ずつ減《へ》っていきます。だから、6年前《ねんまえ》ということになります。

ひとくちメモ　数《かず》の増《ふ》え方《かた》や減《へ》り方《かた》のきまりを見《み》つけると、簡単《かんたん》に答《こた》えを見《み》つけることができる場合《ばあい》があります。

図形のお話

# 三角形《さんかくけい》の内側《うちがわ》の角《かく》の大《おお》きさは？

10月28日

熊本県《くまもとけん》　熊本市立池上小学校《くまもとしりついけのうえしょうがっこう》
藤本邦昭《ふじもとくにあき》先生《せんせい》が書《か》きました

読《よ》んだ日《ひ》　月《がつ》　日《にち》　月《がつ》　日《にち》　月《がつ》　日《にち》

## 分度器《ぶんどき》がなくてもわかる

三角形《さんかくけい》ＡＢＣの辺《へん》の周《まわ》りに鉛筆《えんぴつ》を沿《そ》わせながら動《うご》かしてみましょう。頂点《ちょうてん》Ａからスタートします（図《ず》１）。

図《ず》1

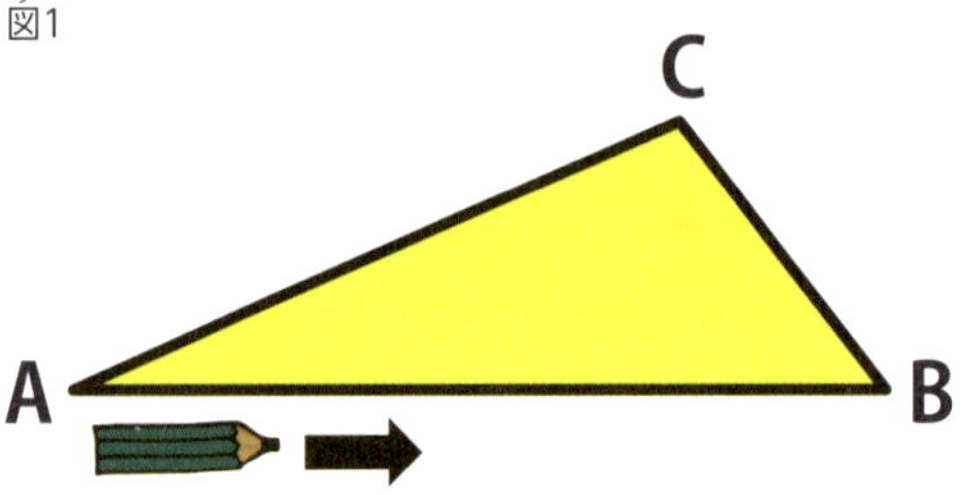


まず、鉛筆《えんぴつ》を辺《へん》に沿《そ》わせて頂点《ちょうてん》Ｂまで動《うご》かしてみます。

鉛筆《えんぴつ》の先《さき》が頂点《ちょうてん》Ｂについたら時《と》計回《けいまわ》りにまわして、頂点《ちょうてん》Ｃに向《む》かってお尻《しり》から動《うご》かします（図《ず》２）。

次《つぎ》に、お尻《しり》が頂点《ちょうてん》Ｃについたら時計回《とけいまわ》りにまわして、頂点《ちょうてん》Ａに向《む》かって先《さき》から動《うご》かします（図《ず》３）。

図《ず》2

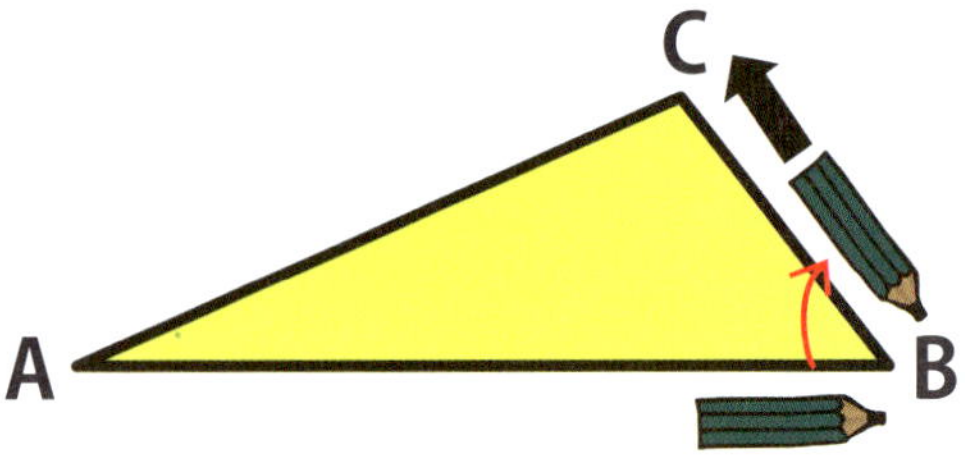


鉛筆《えんぴつ》の先《さき》が頂点《ちょうてん》Ａについたら時計《とけい》回《まわ》りにまわしてもとのスタートの位置《いち》に動《うご》かします（図《ず》４）。

図《ず》3

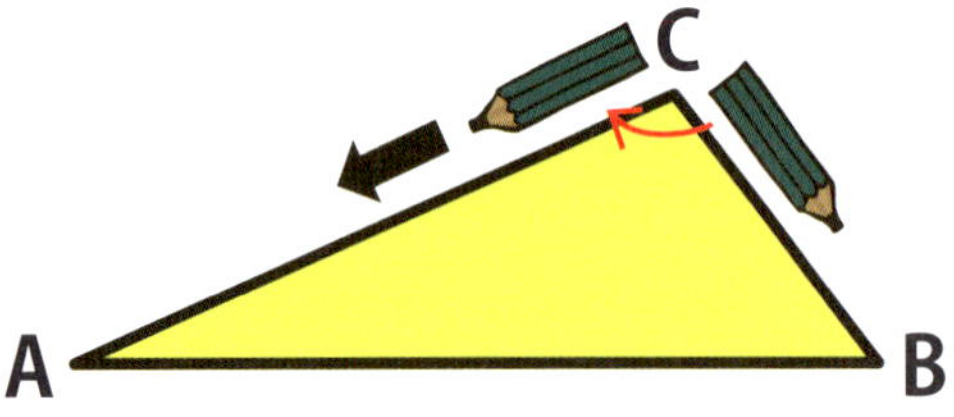


図《ず》4

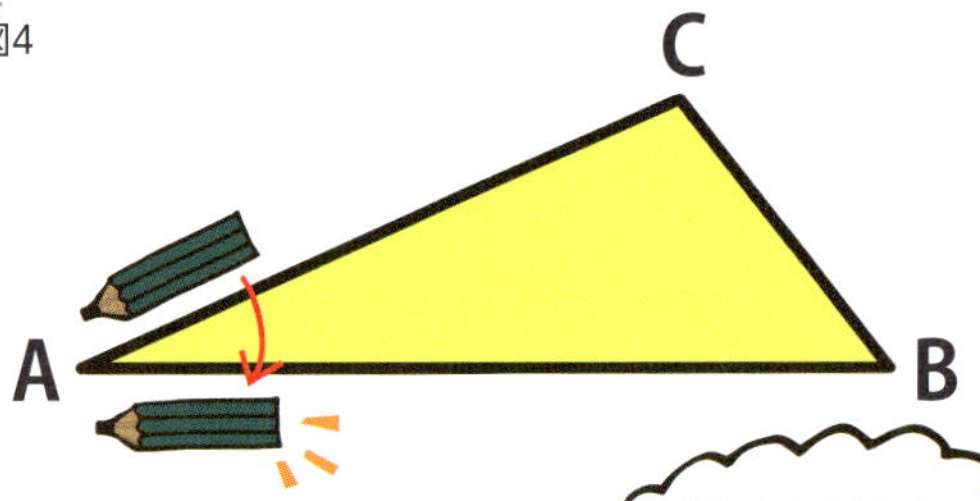


すると、鉛筆《えんぴつ》の向《む》きが最初《さいしょ》の向《む》きと反対《はんたい》になっています。つまり１８０度回転《どかいてん》したことになります。ですから、三角形《さんかくけい》の内角《ないかく》の和《わ》は「１８０度《ど》」と言《い》えるのです。

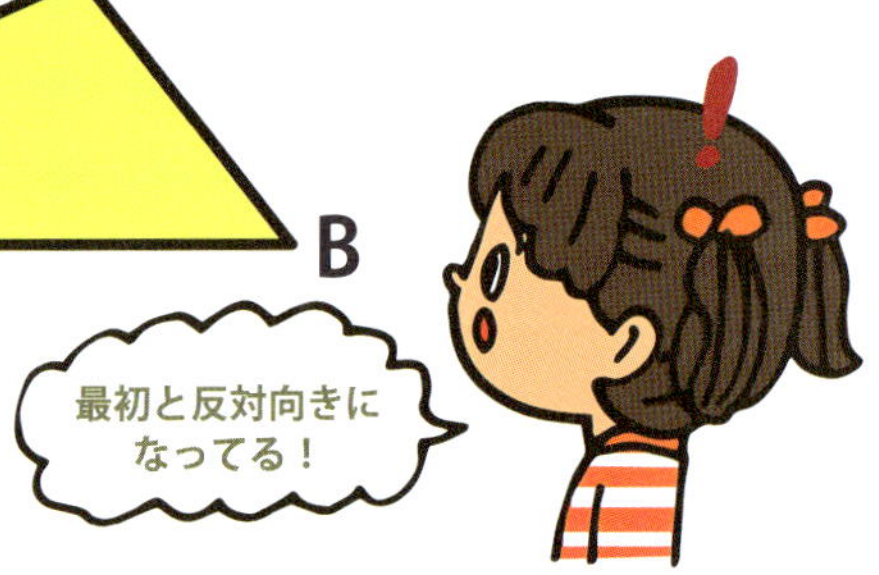


**ひとくちメモ**　では、四角形《しかくけい》では、どうなるでしょうか。三角形《さんかくけい》と同《おな》じように半回転《はんかいてん》？　いえいえ、今度《こんど》はきれいに1回転《かいてん》します。これで、四角形《しかくけい》の内角《ないかく》の和《わ》は360度《ど》ということがわかります。

数と計算のお話

# 違《ちが》う計算《けいさん》をしても、答《こた》えは同《おな》じ???

10月29日

神奈川県《かながわけん》　川崎市立土橋小学校《かわさきしりつつちはししょうがっこう》
山本《やまもと》　直《なお》先生《せんせい》が書《か》きました

読《よ》んだ日《ひ》　月《がつ》　日《にち》　月《がつ》　日《にち》　月《がつ》　日《にち》

## 「=」等号《とうごう》の意味《いみ》

「=」は等号《とうごう》と呼《よ》ばれる記号《きごう》で、式《しき》を書《か》くときによく使《つか》っています。実《じつ》はこの記号《きごう》の意味《いみ》は、図《ず》の①の式《しき》でいえば、記号《きごう》の左側《ひだりがわ》（3×6）と、右側《みぎがわ》（18）が等《ひと》しいということです。②の式《しき》のように、どちらも計算《けいさん》の式《しき》になっている場合《ばあい》にも使《つか》うことができます。

では、③の式《しき》を見《み》てみましょう。□の中《なか》には、+、−、×、÷のどれかが入《はい》ります。よく見《み》ると、数《かず》の並《なら》び方《かた》が同《おな》じですね。□の中《なか》に違《ちが》う記号《きごう》を入《い》れたら、計算《けいさん》の結果《けっか》は違《ちが》うものになりそうです。でも、上手《じょうず》に記号《きごう》を入《い》れると、計算《けいさん》は違《ちが》うのに計算《けいさん》の結果《けっか》は等《ひと》しくなります。どのように入《い》れたらよいのでしょうか?

## いろいろな記号《きごう》を入《い》れてみよう

まずは左《ひだり》の□にいろいろな記号《きごう》を入《い》れて計算《けいさん》してみましょう。+を入《い》れれば7、−を入《い》れれば3、×を入《い》れれば13、÷を入《い》れれば1になります。この4つのどれかと同《おな》じ数《かず》になるように、右《みぎ》の□に入《はい》る記号《きごう》を考《かんが》えます。すると、どちらにも+を入《い》れれば13になり、×、−を入《い》れたときと等《ひと》しくなります。つまり、

8×2−3=8+2+3

ということになります。

① 3×6=18

② 3×6=9×2

③ 8□2−3=8□2□3

### やってみよう

**等《ひと》しくなるように記号《きごう》を入《い》れよう**

右《みぎ》の□に記号《きごう》を入《い》れて、計算《けいさん》は違《ちが》うのに答《こた》えが等《ひと》しくなるような式《しき》を考《かんが》えましょう。なれてきたら、自分《じぶん》で問題《もんだい》をつくってみましょう。

8□4□1=8□4□1

10□2□4=10□2□4

16□8□3=16□8□3

〈答え〉

8−4−1=8÷4+1

10+2+4=10×2−4

16−8−3=16÷8+3

ひとくちメモ

算数《さんすう》では「+」や「−」よりも、「×」や「÷」を先《さき》に計算《けいさん》するというきまりがあります。これを使《つか》うと、「6+2+2=6+2×2」という式《しき》もつくることができます。

図形のお話

# これもまた目《め》の錯覚《さっかく》？①

10月30日

お茶《ちゃ》の水女子《みずじょし》大学《だいがく》附属《ふぞく》小学校《しょうがっこう》
久《く》下《が》谷《や》 明《あきら》 先生《せんせい》が書《か》きました

読《よ》んだ日《ひ》　月《がつ》　日《にち》｜　月《がつ》　日《にち》｜　月《がつ》　日《にち》

## 不思議《ふしぎ》な目《め》の錯覚《さっかく》

10月《がつ》10日《か》は〝10 10〟を横《よこ》にすると眉《まゆ》と目《め》の形《かたち》になるので、「目《め》の愛護《あいご》デー」となっています。その日《ひ》のお話《はなし》が何《なん》であったか覚《おぼ》えていますか。目《め》の錯覚《さっかく》にまつわるお話《はなし》でした。

今日《きょう》も目《め》の錯覚《さっかく》を起《お》こすものをいくつか紹介《しょうかい》したいと思《おも》います。ぜひ、不思議《ふしぎ》な世界《せかい》を楽《たの》しんでくださいね。

図《ず》1

㋐

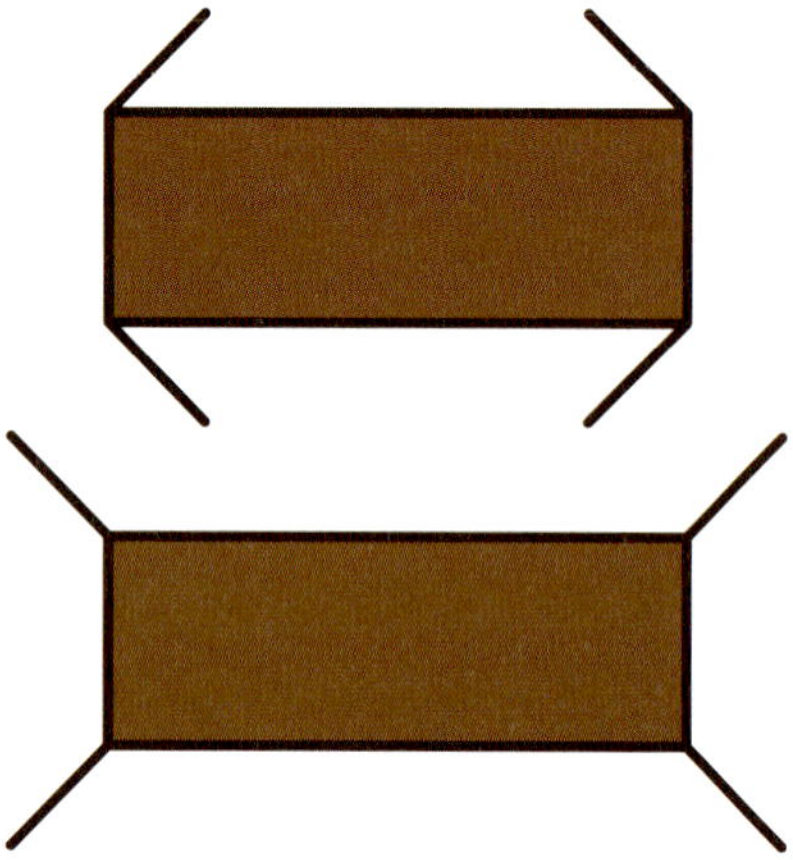

㋑

## どちらが大《おお》きい（長《なが》い）？

おいしそうなようかん（図《ず》1）やカステラ（図《ず》2）、そしてバウムクーヘン（図《ず》3）がならんでいます。せっかくだから、大《おお》きい方《ほう》を食《た》べたいなあ。

㋐と㋑ではどちらが大《おお》きいでしょうか。

ぱっと見《み》た時《とき》、どちらが大《おお》きいと思《おも》いましたか。

では実際《じっさい》にものさしを使《つか》って長《なが》さを測《はか》るなど、大《おお》きさがどうなっているかを確《たし》かめてみましょう。

㋐

図《ず》2

㋑

図《ず》3

㋐

㋑

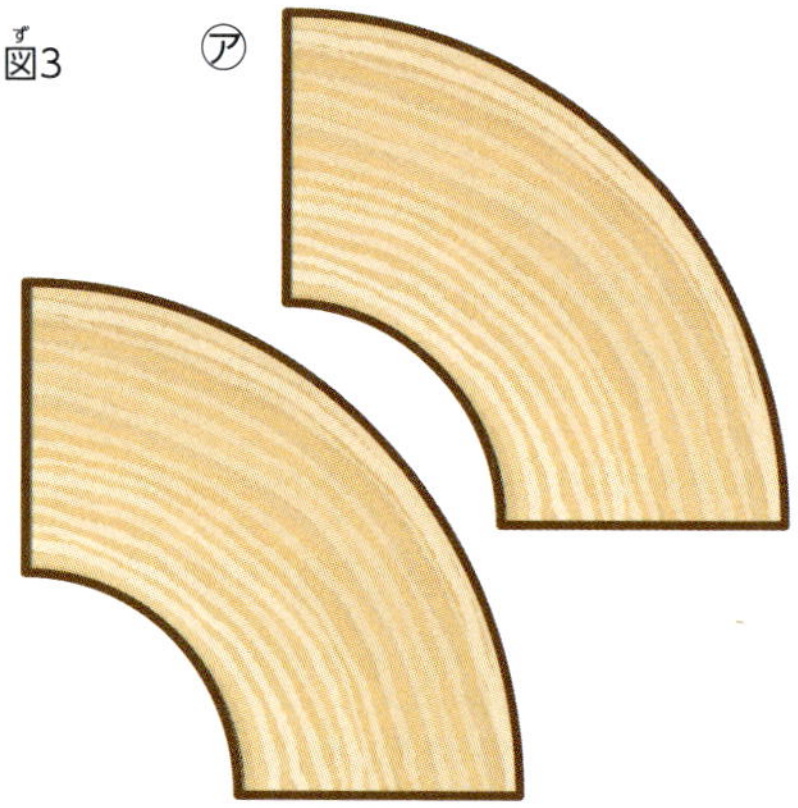

### 覚《おぼ》えておこう

**上《うえ》の問題《もんだい》の答《こた》えだよ！**

確《たし》かめてわかったと思《おも》いますが、㋐と㋑では、それぞれどちらも同《おな》じ大《おお》きさになっています。でもぱっと見《み》た時《とき》には、㋑の方《ほう》が大《おお》きく見《み》えます。何《なん》だか不思議《ふしぎ》で面白《おもしろ》いですね。

**ひとくちメモ**　目《め》の錯覚《さっかく》のことを、錯視《さくし》と言《い》ったりもします。上《うえ》で紹介《しょうかい》したものは、それを発見《はっけん》した人《ひと》の名前《なまえ》をとって、次《つぎ》のように呼《よ》ばれています。図《ず》1…ウェイト・マッサロ錯視《さくし》、図《ず》2…フィック錯視《さくし》、図《ず》3…ジャストロー錯視《さくし》。

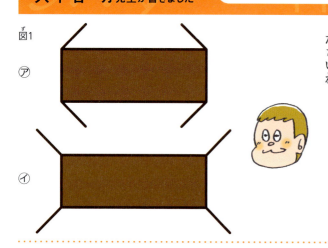

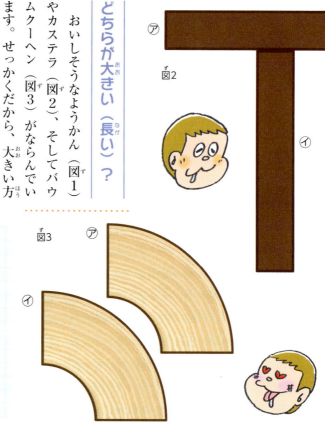

単位《たんい》とはかり方《かた》のお話《はなし》

# グラフをかくといろんなことが見《み》えてくる

10月31日

大分県《おおいたけん》　大分市立大在西小学校《おおいたしりつおおざいにししょうがっこう》
二宮孝明《にのみやたかあき》先生《せんせい》が書《か》きました

読《よ》んだ日《ひ》　月《がつ》　日《にち》　月《がつ》　日《にち》　月《がつ》　日《にち》

## 数学者《すうがくしゃ》とパン屋《や》のお話《はなし》

棒《ぼう》グラフ、折《お》れ線《せん》グラフ、円《えん》グラフ、帯《おび》グラフ、柱状《ちゅうじょう》グラフなど、グラフにはさまざまな種類《しゅるい》があります。グラフに表《あらわ》すと数量《すうりょう》の大《おお》きさや変化《へんか》などの特徴《とくちょう》が一目《ひとめ》でわかります。グラフを使《つか》うことで、ごまかしを見抜《みぬ》いた面白《おもしろ》いお話《はなし》があるので紹介《しょうかい》しましょう。

ある数学者《すうがくしゃ》がいつも通《かよ》っていたパン屋《や》で、「1kgのパン」を売《う》っていました。しかし、数学者《すうがくしゃ》は、本当《ほんとう》はもっと軽《かる》いのではないかと疑《うたが》っていました。そこで、買《か》ったパンの重《おも》さを毎回《まいかい》記録《きろく》し、グラフにしました（図《ず》1）。

## グラフでごまかしを見破《みやぶ》る

毎日《まいにち》、たくさんのパンが焼《や》かれるので、当然《とうぜん》、多少《たしょう》のばらつきはでてきます。もし1kgを基準《きじゅん》にパンを焼《や》いたら、そのばらつきは図《ず》2のような山型《やまがた》のグラフになります。ところが、このパン屋《や》のグラフは図《ず》3のようになりました。つまり、50gごまかし、950gを基準《きじゅん》にパンを焼《や》いていたのです。

数学者《すうがくしゃ》がグラフを見《み》せると、パン屋《や》は反省《はんせい》しているように見《み》えました。数学者《すうがくしゃ》は、その後《ご》もパンを買《か》っては、グラフをかき続《つづ》けました。すると、図《ず》4のようになりました。

つまり、パン屋《や》は、相変《あいか》わらず軽《かる》いパンを焼《や》き続《つづ》け、1kg以上《いじょう》のパンだけを選《えら》んで数学者《すうがくしゃ》に売《う》っていたのです。数学者《すうがくしゃ》は、またしてもごまかしを見破《みやぶ》りました。

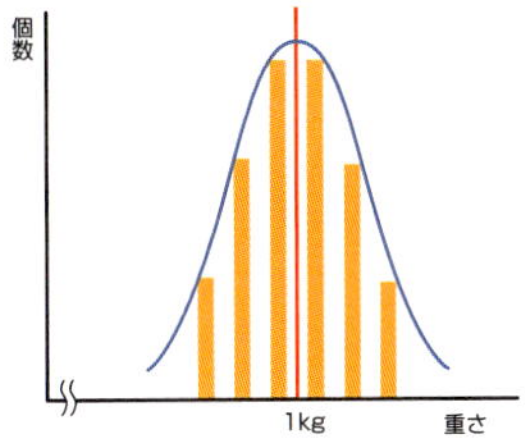


図《ず》1
毎回《まいかい》、買《か》ったパンの重《おも》さを記録《きろく》して、棒《ぼう》グラフにまとめたもの。

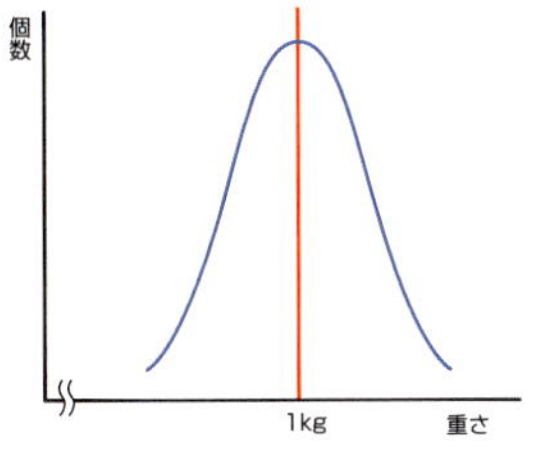


図《ず》2
1kgを基準《きじゅん》にパンを焼《や》いた場合《ばあい》、1kgが一番高《いちばんたか》い山型《やまがた》のグラフになります。

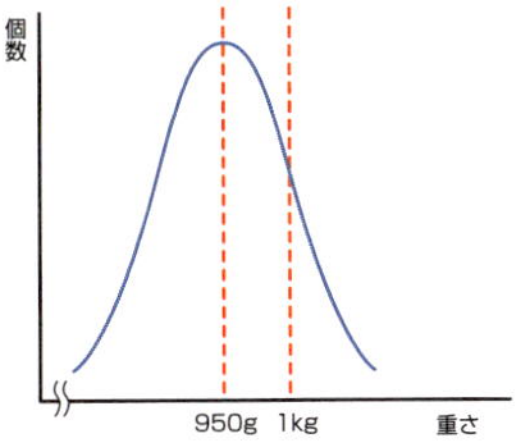


図《ず》3
950 gを基準《きじゅん》にパンを焼《や》くと、950 gが一番高《いちばんたか》い山型《やまがた》のグラフになります。

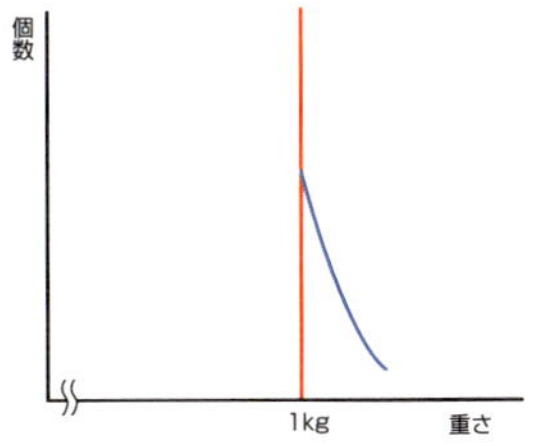


図《ず》4
1kg以上《いじょう》のパンだけを選《えら》んでいるので山型《やまがた》の左側《ひだりがわ》がありません。

**ひとくちメモ**　上記《じょうき》のように、左右対称《さゆうたいしょう》の山型《やまがた》グラフになるものは、世《よ》の中《なか》にたくさんあります。これを特《とく》に「正規分布《せいきぶんぷ》」といいます。

感じてみよう

# 子供の科学 写真館 vol.7

算数《さんすう》にまつわるユニークな写真《しゃしん》を紹介《しょうかい》します。
面白《おもしろ》かったり、美《うつく》しかったり、
算数《さんすう》の意外《いがい》な世界《せかい》を味《あじ》わってください。

## 「数《かず》のもつ神秘《しんぴ》な力《ちから》」

### 魔方陣《まほうじん》はただのパズルじゃなかった

昔《むかし》のヨーロッパの人々《ひとびと》は、数《かず》に神秘的《しんぴてき》な力《ちから》を感《かん》じていました。人《ひと》も自然《しぜん》も神《かみ》がつくったと信《しん》じられていた当時《とうじ》、自然界《しぜんかい》にあふれる美《うつく》しい形《かたち》が、算数《さんすう》や数学的《すうがくてき》に説明《せつめい》できることから、数《かず》を理《り》解《かい》することは神《かみ》に近《ちか》づくことだと考《かんが》えられていたのです。そんな昔《むかし》の人《ひと》の思《おも》いが見《み》てとれるのが、322ページで紹介《しょうかい》した版画《はんが》「メランコリアⅠ」（右《みぎ》）の魔方《まほう》陣《じん》です。

何《なに》か考《かんが》えごとをしている天使《てんし》の後《うし》ろに、小《ちい》さく魔方陣《まほうじん》が描《えが》かれています。当時《とうじ》の人《ひと》にとって、魔方陣《まほうじん》は現代《げんだい》のお札《ふだ》のようなものだったのかもしれませんね。

写真／Bridgeman Images/アフロ

# 11月

November

# 年賀《ねんが》はがきの発売日《はつばいび》

11月 1日

青森県《あおもりけん》　三戸町立三戸小学校《さんのへちょうりつさんのへしょうがっこう》
種市芳丈《たねいちよしたけ》先生《せんせい》が書《か》きました

読《よ》んだ日《ひ》　月《がつ》　日《にち》　月《がつ》　日《にち》　月《がつ》　日《にち》

## 1万円《まんえん》で150枚《まいか》買えるかな？

今日《きょう》は年賀《ねんが》はがきの発売日《はつばいび》です（年《とし》によって変《か》わることもあります）。

さて、ヨシタケ君《くん》は、家《うち》の人《ひと》に頼《たの》まれて、年賀《ねんが》はがきを買《か》いに行《い》くことになりました。お母《かあ》さんから1万円《まんえん》を渡《わた》され、「52円《えん》のはがきを150枚《まい》買《か》ってきてね」と言《い》われました。ヨシタケ君《くん》は「1万《まん》円《えん》で足《た》りるのかな？」と思《おも》い筆算《ひっさん》で確《たし》かめようと思《おも》いましたが、鉛《えん》筆《ぴつ》も紙《かみ》もありません。暗算《あんざん》で考《かんが》えることにしました。あなたただったらどう暗算《あんざん》しますか？

## 暗算《あんざん》の方法《ほうほう》を3種類紹介《しゅるいしょうかい》

●ヨシタケ君《くん》の暗算《あんざん》の例《れい》①

52 × 150だから、かける数《かず》を100と50に分《わ》けて考《かんが》える。52 × 100 = 5200　52 × 50は52 × 100の答《こた》えの半分《はんぶん》だから2600。つまり、52 × 150 = 5200 + 2600 = 7800（円《えん》）（図《ず》1）。

図《ず》1

図《ず》2

●ヨシタケ君《くん》の暗算《あんざん》の例《れい》②

52 × 150だから、かけられる数《かず》を50と2に分《わ》けて考《かんが》える。50 × 150は100 × 150 = 15000の半《はん》分《ぶん》だから7500、2 × 15 = 300。つまり、52 × 150 = 7500 + 300 = 7800（円《えん》）（図《ず》2）。

●ヨシタケ君《くん》の暗算《あんざん》の例《れい》③

52 × 150だから、かける数《かず》を2倍《ばい》にして、かけられる数《かず》を半分《はんぶん》にして考《かんが》える。52 ÷ 2 = 26　150 × 2 = 300、つまり26 × 300 = 7800（円《えん》）（図《ず》3）。

ヨシタケ君《くん》は、1万円《まんえん》で間《ま》に合《あ》うことがわかり、安心《あんしん》してお使《つか》いに出《で》かけました……。

図《ず》3

ひとくちメモ
寄付金付《きふきんつ》き年賀《ねんが》はがきは、1枚《まい》57円《えん》です（平成《へいせい》27年《ねん》11月現在《がつげんざい》）。また、寄付金付《きふきんつ》き年賀切手《ねんがきって》は1枚《まい》55円《えん》です。どちらも1万円《まんえん》で150枚買《まいか》えるか暗算《あんざん》で確《たし》かめられそうですね。

単位とはかり方のお話

# 単位《たんい》を表《あらわ》す漢字《かんじ》のお話《はなし》

11月 2日

岩手県《いわてけん》 久慈市教育委員会《くじしきょういくいいんかい》
小森《こもり》 篤《あつし》 先生《せんせい》が書《か》きました

読《よ》んだ日《ひ》　月《がつ》　日《にち》　月《がつ》　日《にち》　月《がつ》　日《にち》

## mやgを漢字《かんじ》にすると？

「m（メートル）」の単位《たんい》を漢字《かんじ》で表《あらわ》せることを知《し》っていますか？「米」と書《か》きます。他《ほか》にも「g（グラム）」は「瓦」、「L（リットル）」は「立」といった漢字《かんじ》で表《あらわ》すことがあります。

すると「km（キロメートル）」や「mg（ミリグラム）」を表《あらわ》す漢《かん》字《じ》があるのかな？　と思《おも》いますよね。もちろん、あります。「km」は「粁」、「mg」は「瓱」と表《あらわ》します。

## 漢字《かんじ》の仕組《しく》みに注目《ちゅうもく》！

それぞれの漢字《かんじ》をよく見《み》てみましょう。「粁」はメートルを表《あらわ》す漢字《かんじ》の「米」をもとに、「瓱」はグラムを表《あらわ》す漢字《かんじ》の「瓦」をもとにした漢字《かんじ》であることがわかります。「1km＝1000m」「1g＝1000mg」ですから、なるほどと思《おも》います。

では、「mm」と「kg」を漢字《かんじ》で表《あらわ》すとどうなるか予想《よそう》してみましょう（図《ず》1）。

予想《よそう》は正解《せいかい》だったかな？「千」や「毛」が大《おお》きさを表《あらわ》しているのですね。「kL」や「mL」を表《あらわ》す漢《かん》字《じ》も考《かんが》えてみましょう（図《ず》2）。

簡単《かんたん》だったかな？　もちろん「cm（センチメートル）」や「dL（デシリットル）」を表《あらわ》す漢字《かんじ》もありますよ。「cm」は「糎」、「dL」は「竕」と表《あらわ》します。表《ひょう》に整理《せいり》したので、見《み》てみてね（図《ず》3）。

図《ず》1

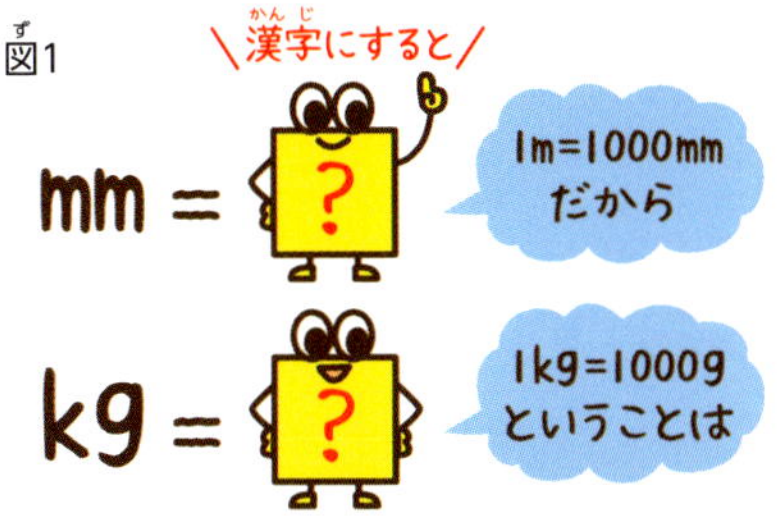
漢字《かんじ》にすると
mm =
?
1m=1000mm だから
kg =
?
1kg=1000g ということは

図《ず》2

kL =
?
1kL=1000L なのだよ
mL =
?
1L=1000mL だよ

| キロ | | デシ | センチ | ミリ |
|---|---|---|---|---|
| 粁 | 米（メートル） | | 糎 | 粍 |
| 瓩 | 瓦（グラム） | | | 瓱 |
| 竏 | 立（リットル） | 竕 | | 竓 |

図《ず》3

## 覚《おぼ》えておこう

### 和製漢字《わせいかんじ》って知《し》ってる？

「メートル・グラム・リットル」は、今《いま》から約《やく》120年前《ねんまえ》に外国《がいこく》から導入《どうにゅう》された単位《たんい》です。このとき、それぞれに「米・瓦・立」といったそれまでに使《つか》われている漢字《かんじ》をあてることにしました。しかし、「キロメートル・センチメートル・ミリメートル」などについては、それまでに使《つか》われている漢字《かんじ》をあてることはしませんでした。「粁・糎・粍」などの漢字《かんじ》は単位《たんい》の仕組《しく》みをもとに昔《むかし》の日《に》本人《ほんじん》が特別《とくべつ》につくった漢字《かんじ》です。日本《にほん》でつくられた漢字《かんじ》なので「和製漢字《わせいかんじ》」といいます。

ひとくちメモ
「図《ず》3」の空欄《くうらん》の部分《ぶぶん》にあたる単位《たんい》もあります。たとえば「センチリットル」という単位《たんい》は日本《にほん》ではあまり使《つか》いませんが、外国《がいこく》ではよく使《つか》います。外国《がいこく》の飲《の》み物《もの》やジャムのラベルを見《み》てみましょう。

# わかると楽《たの》しい！ 足《た》して1になる分数《ぶんすう》の計算《けいさん》

11月 3日

青森県《あおもりけん》 三戸町立三戸小学校《さんのへちょうりつさんのへしょうがっこう》
種市芳丈《たねいちよしたけ》先生《せんせい》が書《か》きました

読《よ》んだ日《ひ》 月《がつ》 日《にち》 月《がつ》 日《にち》 月《がつ》 日《にち》

## 分数《ぶんすう》の計算《けいさん》、できるかな？

図《ず》1の□に入《はい》る整数《せいすう》を考《かんが》えてみましょう。

図《ず》1

$$\frac{1}{\square}+\frac{1}{\square}+\frac{1}{\square}=1$$

「簡単《かんたん》、□は3！」と思《おも》いついた人《ひと》は、まずは合格《ごうかく》です。でも、この問題《もんだい》には、あと2つ答《こた》えがあります。さて、いくつでしょう。

問題《もんだい》を解《と》くヒントです。アナログ時計《とけい》を見《み》て、分子《ぶんし》が1の分数《ぶんすう》を考《かんが》えてみましょう。$\frac{1}{2}$は文字《もじ》盤《ばん》の6、$\frac{1}{3}$は文字《もじ》盤《ばん》の4、$\frac{1}{4}$は文字《もじ》盤《ばん》の3、$\frac{1}{6}$は文字《もじ》盤《ばん》の2、$\frac{1}{12}$は文字《もじ》盤《ばん》の1までの大《おお》きさで表《あらわ》すことができます（図《ず》2）。

## 時計《とけい》をヒントに考《かんが》えてみる

これらの時計《とけい》を使《つか》った分数《ぶんすう》を使《つか》うと、□にどんな数《かず》が入《はい》るか見《み》つけることができます。たとえば、左《ひだり》の□に2を入《い》れ、真《ま》ん中《なか》の□に4を入《い》れると、右《みぎ》の□は4が決《き》まります。また、右《みぎ》の□に2を入《い》れ、真《ま》ん中《なか》に3を入《い》れると、右《みぎ》は自《おの》ずと6が決《き》まります（図《ず》3）。

このように式《しき》だけでわからないときは、図《ず》にして考《かんが》えると、簡単《かんたん》に解《と》けることがあります。困《こま》ったときに使《つか》ってみましょう。

図《ず》3

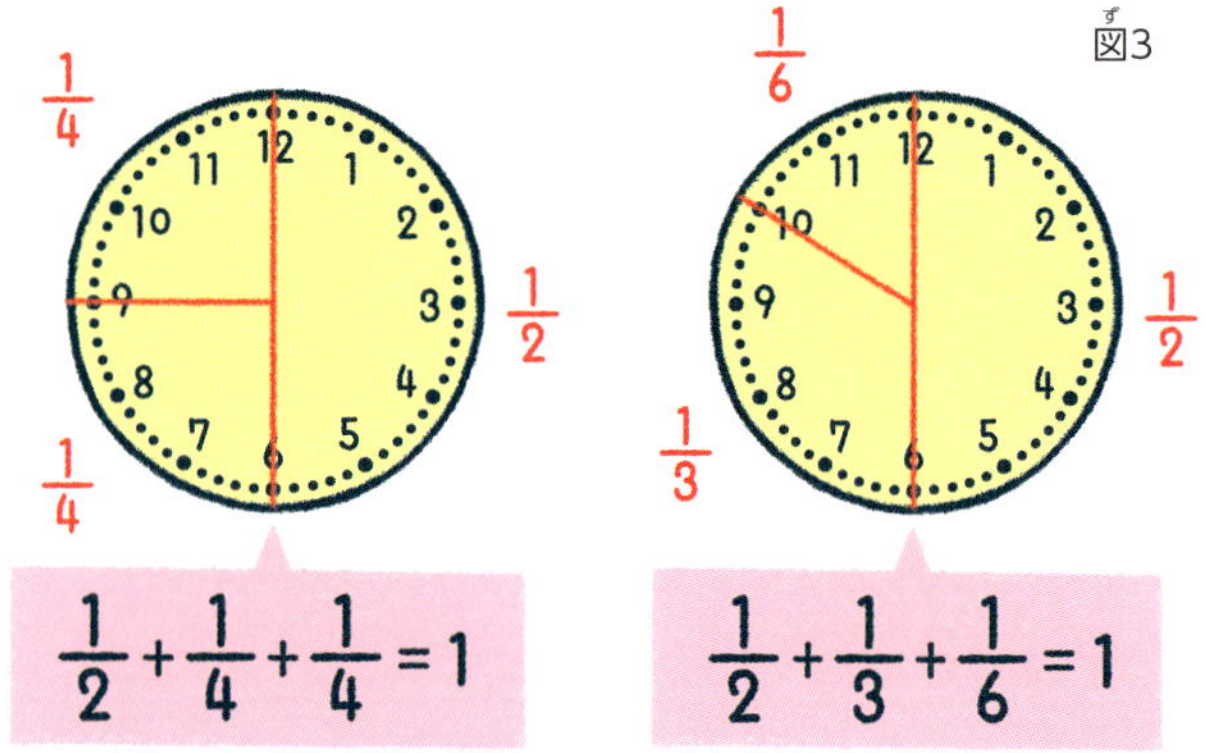


$$\frac{1}{2}+\frac{1}{4}+\frac{1}{4}=1$$

$$\frac{1}{2}+\frac{1}{3}+\frac{1}{6}=1$$

図《ず》2

ひとくちメモ
分子《ぶんし》が1の分数《ぶんすう》だけで分数《ぶんすう》の大《おお》きさを表《あらわ》す方法《ほうほう》は、古代《こだい》のエジプトで使《つか》われていました。たとえば、5／6は「1／2+1／3」と表《あらわ》します。

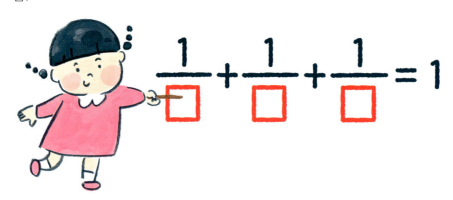

単位とはかり方のお話

11月 4日

# 折《お》り目《め》の数《かず》はいくつ？

岩手県《いわてけん》 久慈市教育委員会《くじしきょういくいいんかい》
小森《こもり》 篤《あつし》先生《せんせい》が書《か》きました

読《よ》んだ日《ひ》　月《がつ》　日《にち》　月《がつ》　日《にち》　月《がつ》　日《にち》

## 紙《かみ》を折《お》ってみると……

1枚《まい》の紙《かみ》を図《ず》1のように、同《おな》じ方向《ほうこう》に半分《はんぶん》ずつ折《お》っていきます。1回《かい》折《お》ると折《お》り目《め》の数《かず》は1つですね。2回《かい》折《お》ると折《お》り目《め》の数《かず》は3つです。3回《かい》折《お》ると折《お》り目《め》の数《かず》は7つになります。5回《かい》折《お》ると折《お》り目《め》の数《かず》はいくつになりますか？

実際《じっさい》に紙《かみ》を折《お》って調《しら》べてもよいですが、一般的《いっぱんてき》なコピー用紙《ようし》の厚《あつ》さは0・1㎜なので、5回《かい》折《お》ると3・2㎜になります。だから、何《なん》度《ど》も折《お》るのはとてもたいへん。数《かず》の増《ふ》え方《かた》のきまりから求《もと》めてみましょう。

図《ず》1

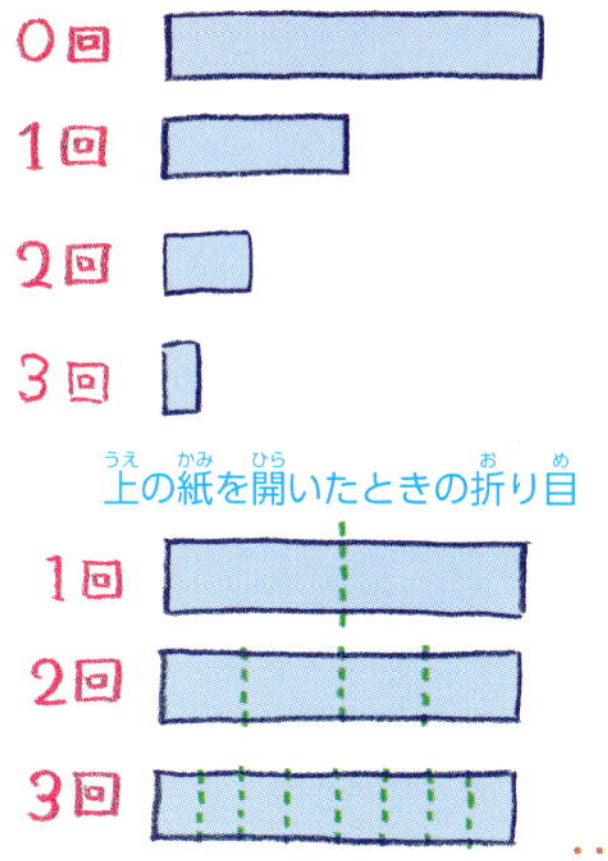


## きまりを見《み》つけ出《だ》す

図《ず》1を見《み》ると、1回《かい》折《お》ったとき、折《お》り目《め》を境《さかい》にしてできる部分《ぶぶん》が2になります。2回《かい》折《お》ると折《お》ったときにできる部分《ぶぶん》は4、3回《かい》折《お》ると折《お》ったときにできる部分《ぶぶん》は8になります。つまり、折《お》ったときにできる部分《ぶぶん》は2倍《ばい》ずつ増《ふ》えていきます。

折《お》り目《め》の数《かず》はこの折《お》ったときにできる部分《ぶぶん》の数《かず》引《ひ》く1なので、5回《かい》折《お》ったときにできる部分《ぶぶん》の数《かず》引《ひ》く1をすれば求《もと》めることができます（表《ひょう》1）。5回《かい》折《お》ったときにできる部分《ぶぶん》の数《かず》は32なので折《お》り目《め》の数《かず》は32－1で求《もと》められ、答《こた》えは「31」になります。

| 折った回数 | 1 | 2 | 3 | 4 | 5 |
|---|---|---|---|---|---|
| 折り目の数 | 1 | 3 | 7 | ? | ? |
| 部分の数 | 2 | 4 | 8 | 16 | 32 |

−1
×2　×2　×2　×2

表《ひょう》1

折《お》り目《め》の数《かず》の増《ふ》え方《かた》にもきまりがあります。表《ひょう》2を見《み》てみましょう。折《お》り目《め》の数《かず》は、前《まえ》に折《お》ったときに増《ふ》えた折《お》り目《め》の数《かず》の2倍分《ばいぶん》ずつ増《ふ》えていきます。したがって、6回《かい》折《お》ったときの折《お》り目《め》の数《かず》は、5回《かい》折《お》ったときに増《ふ》えた分《ぶん》の16の2倍分《ばいぶん》増《ふ》えるので、16×2＝32、31＋32＝63と求《もと》めることができます。

これは6回《かい》折《お》ったときにできる部分《ぶぶん》の数《かず》64から1を引《ひ》いたときと等《ひと》しくなりますね。

| 折った回数 | 1 | 2 | 3 | 4 | 5 |
|---|---|---|---|---|---|
| 折り目の数 | 1 | 3 | 7 | 15 | 31 |

+2　+4　+8　+16

表《ひょう》2



ひとくちメモ　折《お》ったときにできる部分《ぶぶん》の数《かず》は1回《かい》ごとに2倍《ばい》になり、折《お》り目《め》の数《かず》は部分《ぶぶん》の数《かず》より1少《すく》なくなります。これらから折《お》り目《め》の数《かず》を求《もと》める式《しき》ができます。「(2×2×……と折《お》る回数《かいすう》だけ2をかける）－1」です。

# インドで生《う》まれた便利《べんり》な計算《けいさん》「三数法《さんすうほう》」



大分県《おおいたけん》　大分市立大在西小学校《おおいたしりつおおざいにししょうがっこう》
二宮孝明《にのみやたかあき》先生《せんせい》が書《か》きました

読《よ》んだ日《ひ》　月《がつ》　日《にち》　月《がつ》　日《にち》　月《がつ》　日《にち》

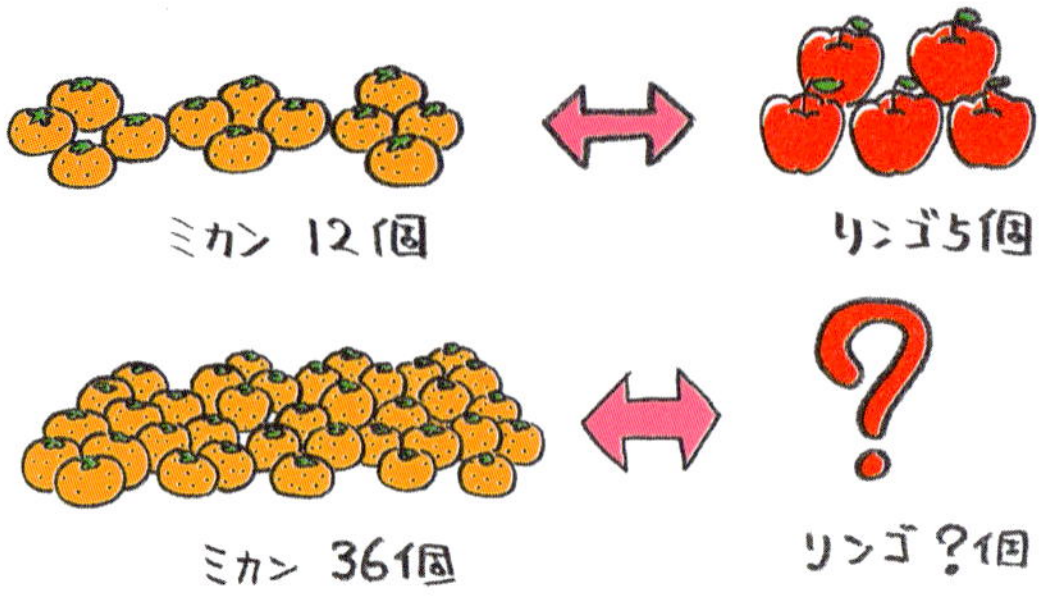


36 × 5 ÷ 12 = 15

「12、5、36」の3つの数《かず》を使《つか》って計算《けいさん》し答《こた》えを求《もと》めます。

## インドで生《う》まれた三数法《さんすうほう》

インドで考《かんが》え出《だ》された「三数法《さんすうほう》」という便利《べんり》な計算方法《けいさんほうほう》があります。わかっている3つの数《かず》を使《つか》って答《こた》えを求《もと》める方法《ほうほう》です。たとえば、次《つぎ》のような問題《もんだい》があったとします。「ミカン12個《こ》でリンゴ5個《こ》と交換《こうかん》してもらうことができます。ミカンを36個《こ》渡《わた》したら、リンゴは、いくつもらえるでしょうか?」「12、5、36」と3つの数《かず》がわかっています。三数法《さんすうほう》では、「ちがった種《しゅ》類《るい》の数《かず》をかけて、その答《こた》えを同《おな》じ種類《しゅるい》の数《かず》で割《わ》れ」と教《おし》えていました。ミカン36個《こ》のときのリンゴの数《かず》を知《し》りたいので、まずミカンの36にリンゴの5をかけます。そして、その答《こた》えをミカンの12で割《わ》るのです。式《しき》にすると36 × 5 ÷ 12です。すると、答《こた》えは15になります。つまり、ミカン36個《こ》と交換《こうかん》できるリンゴは、15個《こ》ということです。

## 「黄金《おうごん》のきまり」と呼《よ》ばれた

三数法《さんすうほう》は、どのような場面《ばめん》で使《つか》われたのでしょうか。16世紀《せいき》ごろ、インドには、ヨーロッパからたくさんの船《ふね》がやって来《き》ました。インドの珍《めずら》しいものを手《て》に入《い》れるためです。しかし、ヨーロッパのお金《かね》は、インドでは使《つか》えません。そこで、ヨーロッパから持《も》ってきたものと交換《こうかん》することになりました。そのようなとき、三数法《さんすうほう》が使《つか》われたのです。

三数法《さんすうほう》は、日本《にほん》やヨーロッパの国々《くにぐに》にも広《ひろ》まりました。とても便《べん》利《り》なことから「黄金《おうごん》のきまり」とも呼《よ》ばれました。

### やってみよう

#### “三数法《さんすうほう》”でできるかな

次《つぎ》の問題《もんだい》を三数法《さんすうほう》で解《と》いてみましょう。「アメ玉《だま》が8個《こ》で240円《えん》でした。アメ玉《だま》が14個《こ》のとき値段《ねだん》はいくらでしょうか」→個数《こすう》の14に値段《ねだん》の240をかけて、その答《こた》えを個数《こすう》の8で割《わ》ります。すると14個《こ》のときの値段《ねだん》は420円《えん》になります。

ひとくちメモ　インドでは、大昔《おおむかし》から数学《すうがく》の研究《けんきゅう》が盛《さか》んでした。「0の発見《はっけん》」や「位取《くらいど》り記数法《きすうほう》」（281ページ参照《さんしょう》）などで有名《ゆうめい》です。興味《きょうみ》のある人《ひと》は、インドの数学《すうがく》について調《しら》べてみると面白《おもしろ》いですよ。

# 穴《あな》の中《なか》に入《はい》る水《みず》の量《りょう》は？



神奈川県《かながわけん》　川崎市立土橋小学校《かわさきしりつつちはししょうがっこう》
山本《やまもと》　直《なお》先生《せんせい》が書《か》きました

読《よ》んだ日《ひ》　月　日　月　日　月　日

## 昔《むかし》から伝《つた》わるなぞなぞ

昔《むかし》から伝《つた》わるなぞなぞの問題《もんだい》で、次《つぎ》のようなものがあります。

「縦《たて》が1m、横《よこ》が1m、深《ふか》さが1mの穴《あな》には、どれだけの土《つち》が入《はい》っているでしょうか？」

正解《せいかい》は、「0」です。穴《あな》なので、何《なに》も入《はい》っていません。もし土《つち》が埋《う》まっていたら、穴《あな》とはいいませんよね。どれだけ？　と聞《き》かれると、ついつい穴《あな》の大《おお》きさの分《ぶん》だけ土《つち》が入《はい》っていると思《おも》いこんでしまう、そんな感覚《かんかく》をうまくつかってだましている問題《もんだい》です。

## もしいっぱいに水《みず》を入《い》れたら

では、この穴《あな》に水《みず》をいっぱいになるまで入《い》れたら、どれだけの量《りょう》が入《はい》るのでしょうか。正解《せいかい》は、1000リットルです。つまり1リットルの牛乳《ぎゅうにゅう》パック1000本分《ぼんぶん》の水《みず》が入《はい》ることになります。

さらに、この穴《あな》に縦《たて》、横《よこ》、高《たか》さがどれも1cmのサイコロを詰《つ》め込《こ》んだら、何個分入《なんこぶんはい》るのでしょうか。

縦《たて》が1mということは100cmということなので、縦《たて》に100個並《こなら》べることができます。それをさらに横《よこ》に100列並《れつなら》べることができるので100×100で10000個《こ》、さらに高《たか》さも100cmあるので、それが100段分《だんぶん》つむことができ、全部《ぜんぶ》のサイコロの数《かず》は、1000000（100万《まん》）個《こ》になります。結構大《けっこうおお》きな穴《あな》なのですね。

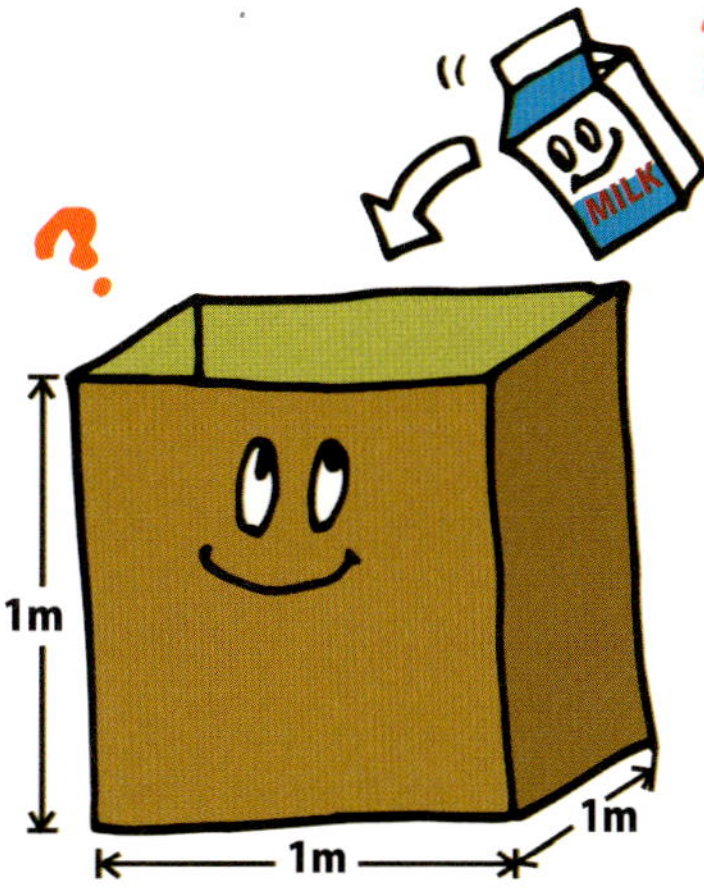


覚《おぼ》えておこう

### かさの大《おお》きさを表《あらわ》す単位《たんい》

浄水場《じょうすいじょう》や水道局《すいどうきょく》、プール等《など》では、この、「縦《たて》が1m、横《よこ》が1m、深《ふか》さが1m」の大《おお》きさを基本《きほん》の単位《たんい》1m³（1立方《りっぽう》メートル）として水《みず》の量《りょう》を表《あらわ》しています。長《なが》さを1mのいくつ分《ぶん》と表《あらわ》すことと同《おな》じ考《かんが》え方《かた》です。ちなみに縦《たて》が25m、横《よこ》が15m、深《ふか》さが1mのプールには、この大《おお》きさの375個分《こぶん》の水《みず》が入《はい》ることになります。1個分《こぶん》に牛乳《ぎゅうにゅう》パック1000本分《ぼんぶん》でしたから、このプールを満《まん》タンにするには牛乳《ぎゅうにゅう》パック37万《まん》5000個分《こぶん》の水《みず》が必要《ひつよう》だということがわかります。

ひとくちメモ　長《なが》さ、広《ひろ》さ、かさには、それぞれに基準《きじゅん》となる大《おお》きさがあり、そのいくつ分《ぶん》かで大《おお》きさを表《あらわ》すことができます。

くらしの中の算数のお話 2

# 「あまり」が決《き》め手《て》！
## ～薬師算《やくしざん》に挑戦《ちょうせん》～

11月 7日

熊本県《くまもとけん》 熊本市立池上小学校《くまもとしりついけのうえしょうがっこう》
藤本邦昭《ふじもとくにあき》先生《せんせい》が書《か》きました

読《よ》んだ日《ひ》　月《がつ》　日《にち》　月《がつ》　日《にち》　月《がつ》　日《にち》

### 碁石《ごいし》の合計《ごうけい》を当《あ》てよう

碁石《ごいし》やおはじきをたくさん用意《ようい》しましょう。

自分《じぶん》が後《うし》ろ向《む》きになっている間《あいだ》に、誰《だれ》かに12個《こ》以上《いじょう》使《つか》って、好《す》きな大《おお》きさの正方形《せいほうけい》をつくってもらいます（図《ず》1）。

図《ず》1

次《つぎ》に、その一辺《いっぺん》だけを残《のこ》して、他《ほか》の碁石《ごいし》はくずして（図《ず》2）、その残《のこ》した一辺《いっぺん》に沿《そ》って碁石《ごいし》を並《なら》べてもらいます（図《ず》3）。

図《ず》2

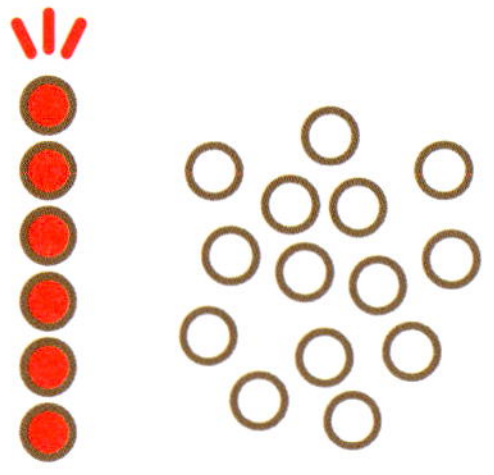


図《ず》3

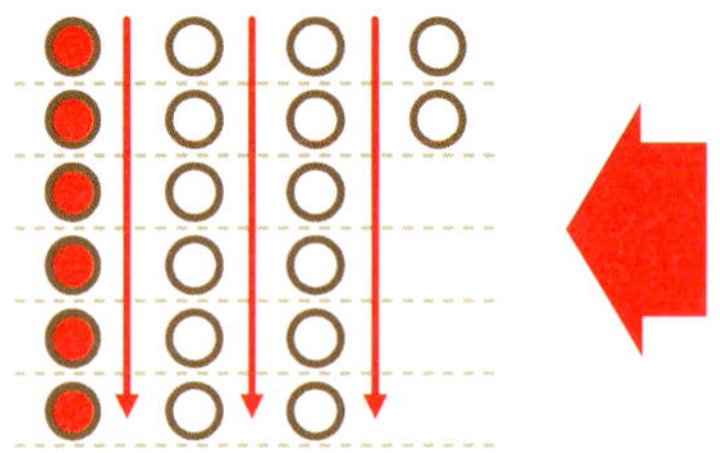


並《なら》べた碁石《ごいし》で一番右《いちばんみぎ》（4列目《れつめ》）にあまった碁石《ごいし》の数《かず》だけを相手《あいて》に言《い》ってもらいます。図《ず》の例《れい》だと「2個《こ》」と言《い》ってもらいます（図《ず》4）。

そのあまった碁石《ごいし》の数《かず》がわかると、正方形《せいほうけい》をつくった碁石《ごいし》の総数《そうすう》を当《あ》てられるのです。

### 総数《そうすう》の当《あ》て方《かた》

あまりの数《かず》を聞《き》いたら、次《つぎ》の式《しき》に当《あ》てはめます。

（あまりの数《かず》）×4＋12

この場合《ばあい》、あまりの数《かず》は2個《こ》でしたから、

2×4＋12＝20

となって、合計《ごうけい》20個《こ》で正方形《せいほうけい》をつくっていたことを当《あ》てることができるのです。

図《ず》4

ひとくちメモ

薬師如来《やくしにょらい》は「12」の大誓願《だいせいがん》を立《た》てて仏《ほとけ》となりました。信者《しんじゃ》を「12」体《たい》の武神《ぶしん》が守護《しゅご》するなど「12」という数《かず》に縁《えん》が深《ふか》い仏様《ほとけさま》です。そのため定数《ていすう》の「12」があるこの遊《あそ》びを「薬師算《やくしざん》」と言《い》うのです。

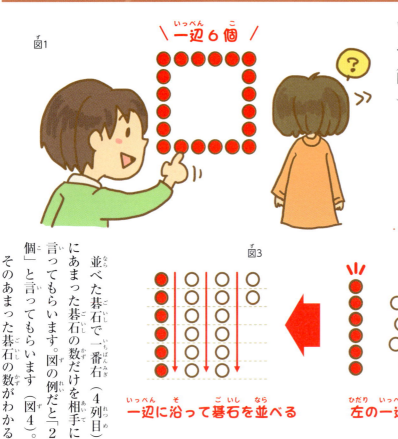

きまりの見つけ方のお話

# バーコードの秘密《ひみつ》

東京学芸大学附属小金井小学校《とうきょうがくげいだいがくふぞくこがねいしょうがっこう》
高橋丈夫《たかはしたけお》先生《せんせい》が書《か》きました

11月 8日

読《よ》んだ日《ひ》　月《がつ》　日《にち》　月《がつ》　日《にち》　月《がつ》　日《にち》

## レジでおなじみのしましま

みなさんは、バーコードを知《し》っていますか。バーコードは白《しろ》と黒《くろ》のしまの本数《ほんすう》とその場所《ばしょ》で数《かず》を表《あらわ》すことで、いろいろなことを表《あらわ》しています。

たとえば図《ず》1のように10個《こ》のマスの塗《ぬ》られた位置《いち》で、1023までの数《かず》を表《あらわ》すことができます。この数《かず》の一《ひと》つ一《ひと》つに商品《しょうひん》の名前《なまえ》や価《か》格《かく》、つくった町《まち》や県《けん》の名前《なまえ》をつけておくことで、その情報《じょうほう》を「ピッ」の音《おと》と一緒《いっしょ》にレジに読《よ》み込《こ》んでいるのです。

図《ず》1

図《ず》2

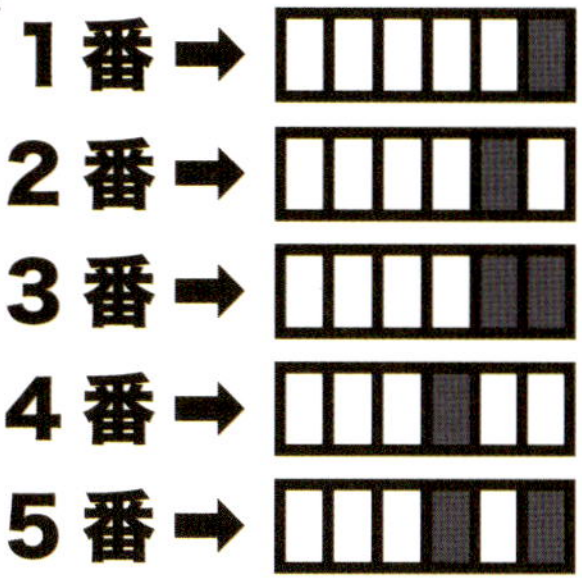


図《ず》3

みなさんの出席番号《しゅっせきばんごう》だったらどうしょう。40人《にん》のクラスなら、バーコードに使《つか》うマスは、6マスで大丈夫《だいじょうぶ》です。1番《ばん》から5番《ばん》までバーコードで表《あらわ》すと図《ず》2のようになります。

実《じつ》はそれぞれのマスが図《ず》3のような数《かず》を表《あらわ》していて、その足《た》し算《ざん》で数《かず》を表《あらわ》しているのです。

## いろいろな情報《じょうほう》が入《はい》るよ

商品《しょうひん》についているバーコードのしましまは、その下《した》に並《なら》んだ数字《すうじ》を表《あらわ》しています。数字《すうじ》には、会社《かいしゃ》名《めい》や商品名《しょうひんめい》などが登録《とうろく》されています。日本《にほん》でよく見《み》るバーコードには、数字《すうじ》が13桁《けた》か8桁《けた》並《なら》んでいるはずです。

なお最初《さいしょ》の2桁《けた》は国番号《くにばんごう》です。世界中《せかいじゅう》で使《つか》われているバーコード、日本《にほん》は49番《ばん》と45番《ばん》が登録《とうろく》されています。したがって、国別《くにべつ》の番号《ばんごう》として、45か49がバーコードで記《しる》されていると、日本《にほん》の製品《せいひん》だとわかるのです。

ひとくちメモ　今《いま》では、より多《おお》くの情報《じょうほう》を少《すく》ないスペースで表《あらわ》すためにQRコードが使《つか》われています。QRコードは、バーコードを組《く》み合《あ》わせ、縦《たて》と横《よこ》の2方向《ほうこう》の情報《じょうほう》を組《く》み入《い》れたものです。

### ● Aのピース

27に注目《ちゅうもく》しましょう。27は九九《くく》では、3 × 9、9 × 3で求《もと》められます。ということは、27は、3か9の段《だん》のどれかになります。

次《つぎ》に上《うえ》の2つの数字《すうじ》を見《み》ると、24から27の1マスで3増《ふ》えるのは、3の段《だん》です。ですから、Aのピース右《みぎ》の図《ず》の位置《いち》に入《はい》ることがわかります。

### ● Bのピース

42に注目《ちゅうもく》しましょう。42は九九《くく》では、6 × 7、7 × 6で求《もと》められます。ということは、42は、6か7の段《だん》のどちらかになります。

42の下《した》は48で、6増《ふ》えています。かけ算《ざん》はかける数《かず》とかけられる数《かず》を入《い》れかえても答《こた》えが同《おな》じなので、縦《たて》に見《み》ても6の段《だん》になっていることがわかります。ですから、Bのピースは右《みぎ》の図《ず》の位置《いち》に入《はい》ることがわかります。

### ● Cのピース

12に注目《ちゅうもく》しましょう。12は九九《くく》では、3 × 4、4 × 3、2 × 6、6 × 2で求《もと》められます。ということは、12は、3か4か2か6の段《だん》のどれかになります。

そこで10と15を見《み》ると10の次《つぎ》が15で、5増《ふ》えていることになります。1マスで5増《ふ》えるのは、5の段《だん》ですね。つまり、10と15は5の段《だん》とわかります。12はその1つ上《うえ》の段《だん》なので、4の段《だん》ですね。

ひとくちメモ

25、36、49など、九九表《くくひょう》で1回《かい》しか出《で》てこない数《かず》は、大《おお》きなヒントになります。これらの数《かず》を含《ふく》むピースは九九表《くくひょう》のどの辺《へん》に並《なら》べればいいのか、考《かんが》えてみましょう。

# 九九表《くくひょう》でパズルをしよう

神奈川県《かながわけん》　川崎市立土橋小学校《かわさきしりつつちはししょうがっこう》
山本《やまもと》　直《なお》先生《せんせい》が書《か》きました

読《よ》んだ日《ひ》　月《がつ》　日《にち》　月《がつ》　日《にち》　月《がつ》　日《にち》

九九表《くくひょう》とは、九九《くく》の計算《けいさん》を表《ひょう》にしたものです。この九九表《くくひょう》でパズルをつくって遊《あそ》んでみましょう。

**用意《ようい》するもの**
▶九九表《くくひょう》　▶はさみ

## ●九九表《くくひょう》をパズルにしよう

まずは九九表《くくひょう》をパズルにします。右《みぎ》の九九表《くくひょう》を大《おお》きくコピーして、太《ふと》い線《せん》に沿《そ》ってはさみで切《き》っていきましょう。

かける数（横）／かけられる数（縦）

| × | 1 | 2 | 3 | 4 | 5 | 6 | 7 | 8 | 9 |
|---|---|---|---|---|---|---|---|---|---|
| 1 | 1 | 2 | 3 | 4 | 5 | 6 | 7 | 8 | 9 |
| 2 | 2 | 4 | 6 | 8 | 10 | 12 | 14 | 16 | 18 |
| 3 | 3 | 6 | 9 | 12 | 15 | 18 | 21 | 24 | 27 |
| 4 | 4 | 8 | 12 | 16 | 20 | 24 | 28 | 32 | 36 |
| 5 | 5 | 10 | 15 | 20 | 25 | 30 | 35 | 40 | 45 |
| 6 | 6 | 12 | 18 | 24 | 30 | 36 | 42 | 48 | 54 |
| 7 | 7 | 14 | 21 | 28 | 35 | 42 | 49 | 56 | 63 |
| 8 | 8 | 16 | 24 | 32 | 40 | 48 | 56 | 64 | 72 |
| 9 | 9 | 18 | 27 | 36 | 45 | 54 | 63 | 72 | 81 |

この部分《ぶぶん》は外枠《そとわく》になるよ

## ●ピースを並《なら》べて九九表《くくひょう》を完成《かんせい》させよう

では、遊《あそ》び方《かた》を紹介《しょうかい》します。まず、切《き》ったピースをばらばらに混《ま》ぜましょう。次《つぎ》に、そのピースを元《もと》の九九表《くくひょう》になるように並《なら》べていきます。元《もと》どおりの九九表《くくひょう》に並《なら》べられたら終了《しゅうりょう》です。

## ●ピースはこうやって並《なら》べるよ

試《ため》しにA～Cの3つのピースを使《つか》って、どうやって並《なら》べればいいのか見《み》ていきましょう。

# 永遠《えいえん》に続《つづ》く形《かたち》
## ～分母《ぶんぼ》を倍《ばい》にしていくと～



学習院初等科《がくしゅういんしょとうか》
大澤隆之《おおさわたかゆき》先生《せんせい》が書《か》きました

読《よ》んだ日《ひ》　月《がつ》　日《にち》　月《がつ》　日《にち》　月《がつ》　日《にち》

### 計算《けいさん》を図形《ずけい》で考《かんが》えてみる

$\frac{1}{2}+\frac{1}{4}+\frac{1}{8}+\frac{1}{16}+$……の答《こた》えはいくつになるでしょう。難《むずか》しい計算《けいさん》ですし、永遠《えいえん》に続《つづ》きますからわかりませんね。

でも、これを形《かたち》にして考《かんが》えてみると、わかるかもしれません。

まず、もとの形《かたち》を1とします。そして$\frac{1}{2}$に色《いろ》を塗《ぬ》ります。次《つぎ》に$\frac{1}{4}$に色《いろ》を塗《ぬ》ります。続《つづ》けて$\frac{1}{8}$に色《いろ》を塗《ぬ》ります。

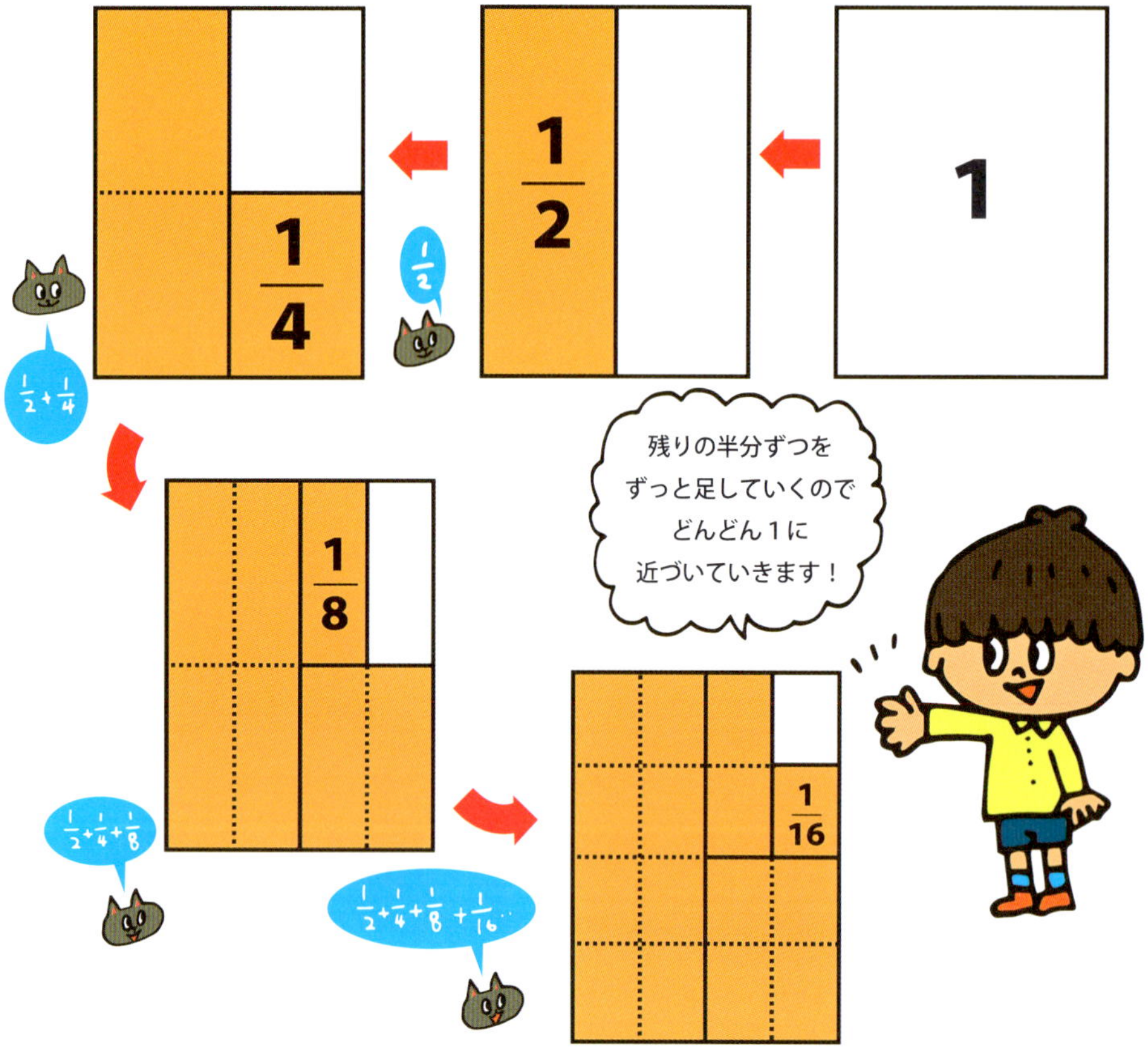


今《いま》、色《いろ》を塗《ぬ》ったところが、もとの形《かたち》の$\frac{1}{2}+\frac{1}{4}+\frac{1}{8}$です。続《つづ》けて、$\frac{1}{16}$にも色《いろ》を塗《ぬ》ります。すると塗《ぬ》ったところはどんどん全体《ぜんたい》をうめていきます。1をこえるでしょうか。

もうわかってきましたね。

これを続《つづ》けると、何《なに》に近《ちか》づきますか。永遠《えいえん》に続《つづ》けると、限《かぎ》りなく1に近《ちか》づくのです。

直角三角形《ちょっかくさんかくけい》でも同《おな》じように考《かんが》えられるか、やってみましょう。

図《ず》1

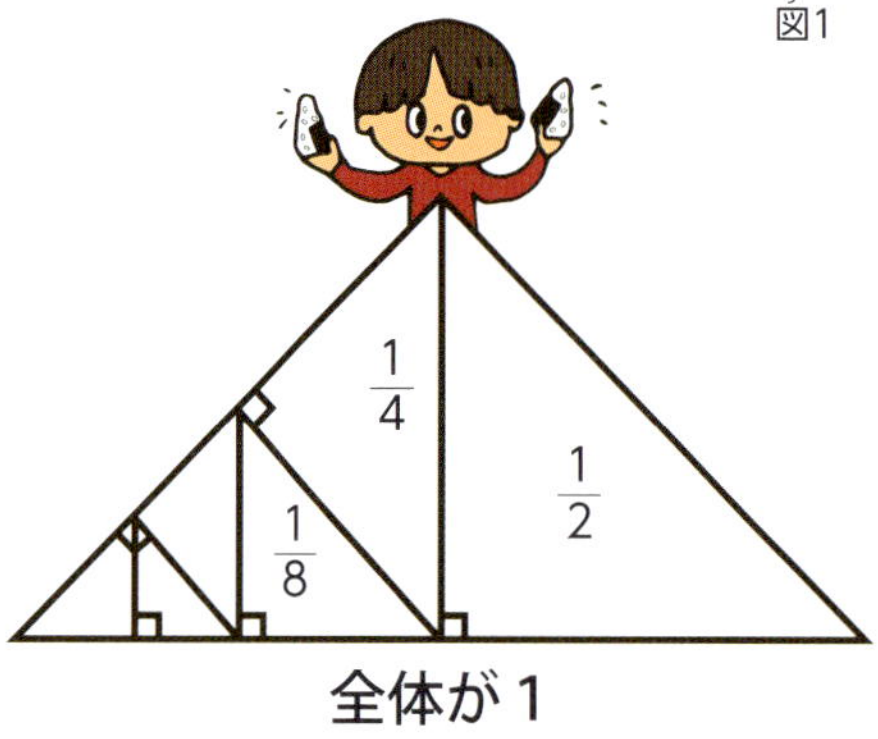


やはり半分《はんぶん》ずつを足《た》していくので1に近《ちか》づいていくことがわかりますね。

**ひとくちメモ**　上記《じょうき》のやり方《かた》で、三角形《さんかくけい》ではできるでしょうか。図《ず》1のようにしていくと、同《おな》じようにできそうですね。ぜひ、挑戦《ちょうせん》してみましょう。お家《うち》の人《ひと》や友達《ともだち》と一緒《いっしょ》に考《かんが》えても楽《たの》しそうです。

# 数字《すうじ》のピラミッドをつくろう



島根県《しまねけん》 飯南町立志々小学校《いいなんちょうりつしししょうがっこう》
村上幸人《むらかみゆきと》先生《せんせい》が書《か》きました

読《よ》んだ日《ひ》 月《がつ》 日《にち》 月《がつ》 日《にち》 月《がつ》 日《にち》

| | | | | |
|---|---|---|---|---|
| 1 | x | 1 | = | 1 |
| 11 | x | 11 | = | 121 |
| 111 | x | 111 | = | 12321 |
| 1111 | x | 1111 | = | 1234321 |
| 11111 | x | 11111 | = | 123454321 |
| 111111 | x | 111111 | = | 12345654321 |
| 1111111 | x | 1111111 | = | 1234567654321 |
| 11111111 | x | 11111111 | = | 123456787654321 |
| 111111111 | x | 111111111 | = | 12345678987654321 |

## 1並《なら》びの数同士《かずどうし》をかけると?

今日《きょう》は11月《がつ》11日《にち》です。きれいに1が4つ並《なら》んでいますね。そこで、11×11を計算《けいさん》してみましょう。いくらになりましたか? そう、121ですね。

では、111×111をやってみましょう。12321になりますね。ではでは、1111×1111は……?

計算《けいさん》しなくても、これらの式《しき》を図《ず》のように並《なら》べてみると、見当《けんとう》がついてくるでしょう。「な〜んだ、筆算《ひっさん》しなくてもよかったんだ」と思《おも》ったあなた、めんどうでも筆算《ひっさん》してみてごらんなさい。すると、このようにきれいに数《かず》が並《なら》ぶわけがわかってくるでしょう。

## 1だらけの数《かず》をつくろう

では、次《つぎ》は反対《はんたい》に、1だらけの数《かず》を計算《けいさん》でつくってみましょう。「そんなことできるの?」と思《おも》いますか? まずは、式《しき》をお見《み》せしましょう。計算《けいさん》できるかな?

1×9＋2＝11

どうですか? 1が2つできたでしょう。次《つぎ》は、こちらです。

12×9＋3＝111

筆算《ひっさん》が必要《ひつよう》だったかな。答《こた》えは1が3つになったでしょう。これらから、1が4つや5つ、9や10になる式《しき》が考《かんが》えられる人《ひと》は、推理《すいり》する力《ちから》のある人《ひと》です。式《しき》がどのように変《か》わったのかをよく見《み》るといいですよ。

123×9＋4＝1111
1234×9＋5＝11111
12345×9＋6＝111111

順番《じゅんばん》に並《なら》んでいた数《かず》が全部《ぜんぶ》1になっていくなんて手品《てじな》みたいですね。でも、これにはタネもシカケもありません。

### やってみよう

**電卓《でんたく》で計算《けいさん》してみよう**

A 12345679 x 3 x 9 =
B 12345679 x 2 x 9 =
C 12345679 x 1 x 9 =

もう1つ、違《ちが》う式《しき》を見《み》せましょう。まずはAを電卓《でんたく》で計算《けいさん》してください。できたら、次《つぎ》のBとCの式《しき》もやってみて。きっとびっくりするでしょう。続《つづ》きも考《かんが》えて、やってみてね。

**ひとくちメモ** 他《ほか》にも、きれいに数《かず》が並《なら》ぶ式《しき》を見《み》つけることができるかもしれません。電卓《でんたく》でいろいろとやってみたら、大発《だいはっ》見《けん》するかもしれません!! 興味《きょうみ》のある人《ひと》は、挑戦《ちょうせん》してみたらいかがでしょう。

数《かず》や図形《ずけい》で遊《あそ》ぼう

# ハノイの塔《とう》パズルに挑戦《ちょうせん》！

11月12日

お茶《ちゃ》の水女子《みずじょし》大学《だいがく》附属小学校《ふぞくしょうがっこう》
久下谷《くげや》 明《あきら》 先生《せんせい》が書《か》きました

読《よ》んだ日《ひ》　月《がつ》　日《にち》　月《がつ》　日《にち》　月《がつ》　日《にち》

## 円盤《えんばん》が3枚《まい》だったら？

ハノイの塔《とう》パズルを知《し》っていますか。

「ハノイの塔《とう》」とは、次《つぎ》のようなルールに基《もと》づいたパズルゲームです（図《ず》1）。

たとえば、円盤《えんばん》が2枚《まい》の時《とき》、次《つぎ》のように動《うご》かせば、3回《かい》で円盤《えんばん》を移《うつ》すことができます（図《ず》2）。

では、円盤《えんばん》が3枚《まい》の時《とき》、何回《なんかい》で他《ほか》の柱《はしら》に移《うつ》すことができるでしょうか。最《もっと》も少《すく》ない回数《かいすう》で移《うつ》すことにチャレンジしてみましょう。ぜひやってみてください。

どうでしたか？　3枚《まい》の時《とき》は、何回《なんかい》で円盤《えんばん》を移《うつ》すことができましたか（答《こた》えはひとくちメモ）。

3枚《まい》の時《とき》ができたら、次《つぎ》はどうしますか。

そうですね。3枚《まい》ができたら、次《つぎ》は4枚《まい》にチャレンジしてみましょう！　4枚《まい》の円盤《えんばん》を何回《なんかい》で移《うつ》すことができるでしょうか。

### ハノイの塔《とう》パズル

図《ず》1

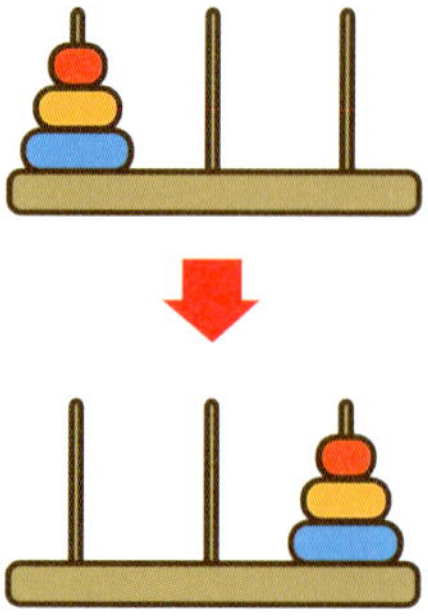

板《いた》の上《うえ》に3本《ほん》の柱《はしら》が立《た》ててあり、1本《ほん》の柱《はしら》に何枚《なんまい》かの円盤《えんばん》がさしてあります。この円盤《えんばん》を別《べつ》の空《あ》いている柱《はしら》に、できるだけ少《すく》ない回数《かいすう》で移《うつ》します。ただし、移《うつ》す時《とき》には次《つぎ》の2つのルールを守《まも》らなければなりません。

① 円盤《えんばん》を動《うご》かせるのは一度《いちど》に1枚《まい》だけ

② 小《ちい》さい円盤《えんばん》の上《うえ》に大《おお》きい円盤《えんばん》をのせてはいけない

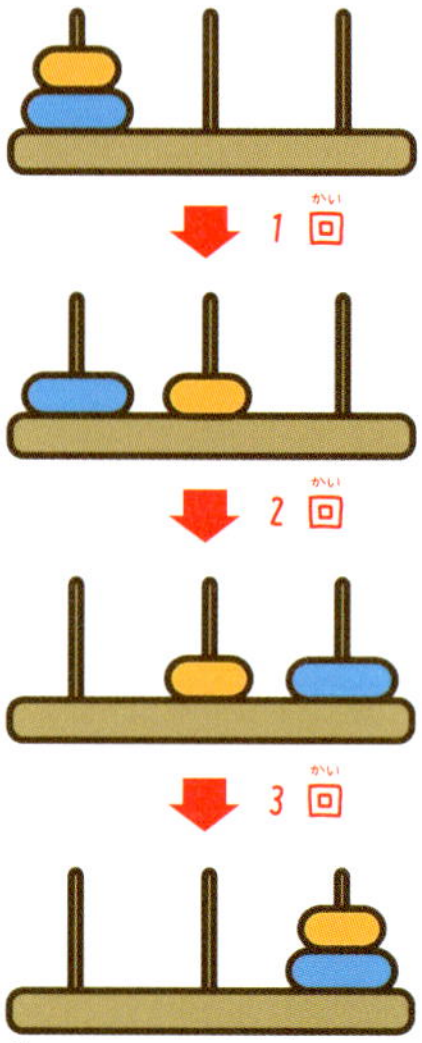


図《ず》2

## やってみよう

### 自分《じぶん》でもつくれるよ

ハノイの塔《とう》パズルは市販《しはん》されていますが、購入《こうにゅう》しなくても、身《み》の回《まわ》りの物《もの》で工夫《くふう》すれば、簡単《かんたん》につくることができます。写真《しゃしん》のように、大《おお》きさの異《こと》なる色違《いろちが》いの紙《かみ》を円盤《えんばん》に見立《みた》ててもいいですね。円盤《えんばん》のかわりに、大《おお》きさの異《こと》なる消《け》しゴムなどを使《つか》ってもよいかもしれません。柱《はしら》についても同《おな》じように、棒《ぼう》を立《た》てなくても、棒《ぼう》がある場所《ばしょ》はここ！　と印《しるし》をつけるだけで十分《じゅうぶん》です。ぜひ家《いえ》でやってみてください。

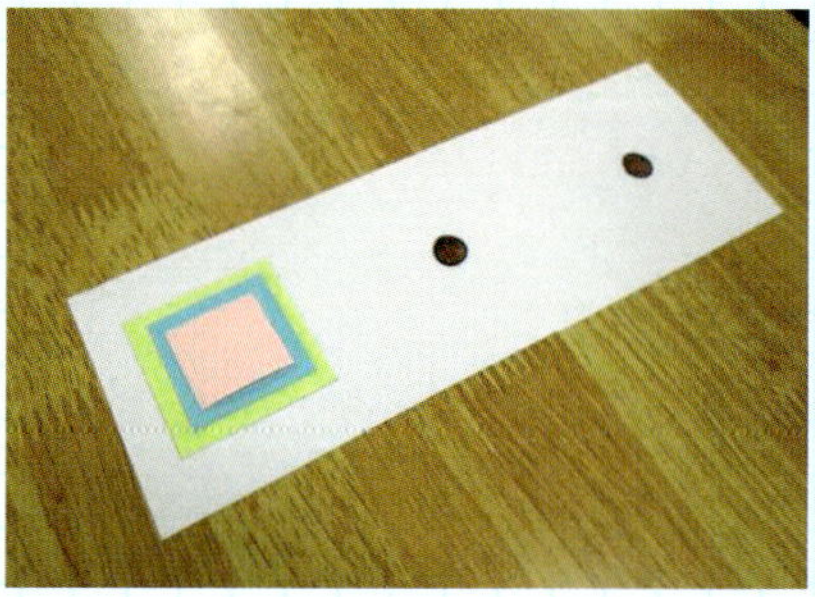

写真／久下谷 明

ひとくちメモ
〈上《うえ》の答《こた》え〉何回《なんかい》で3枚《まい》の円盤《えんばん》を動《うご》かすことができましたか。最《もっと》も少《すく》ない回数《かいすう》は7回《かい》です。

# これって$\frac{1}{4}$?

学習院初等科《がくしゅういんしょとうか》
大澤隆之《おおさわたかゆき》先生《せんせい》が書《か》きました

読《よ》んだ日《ひ》　月《がつ》　日《にち》　月《がつ》　日《にち》　月《がつ》　日《にち》

## 折《お》り紙《がみ》でやってみよう

図《ず》1のように折《お》り紙《がみ》を$\frac{1}{4}$にしてみましょう。1つのものを同《おな》じ大《おお》きさに4つに分《わ》けた1つ分《ぶん》を、もとの大《おお》きさの$\frac{1}{4}$と言《い》います。

図《ず》2の色《いろ》がぬってあるところは、$\frac{1}{4}$と言《い》えますか?

A君《くん》「色《いろ》をぬったところと他《ほか》のところが同《おな》じ形《かたち》に分《わ》かれていないから、$\frac{1}{4}$とは言《い》えない」

Bさん「半分《はんぶん》の半分《はんぶん》にしたのだから、$\frac{1}{4}$と言《い》える」

さて、どちらに賛成《さんせい》ですか。どちらか迷《まよ》いますね。

図《ず》1

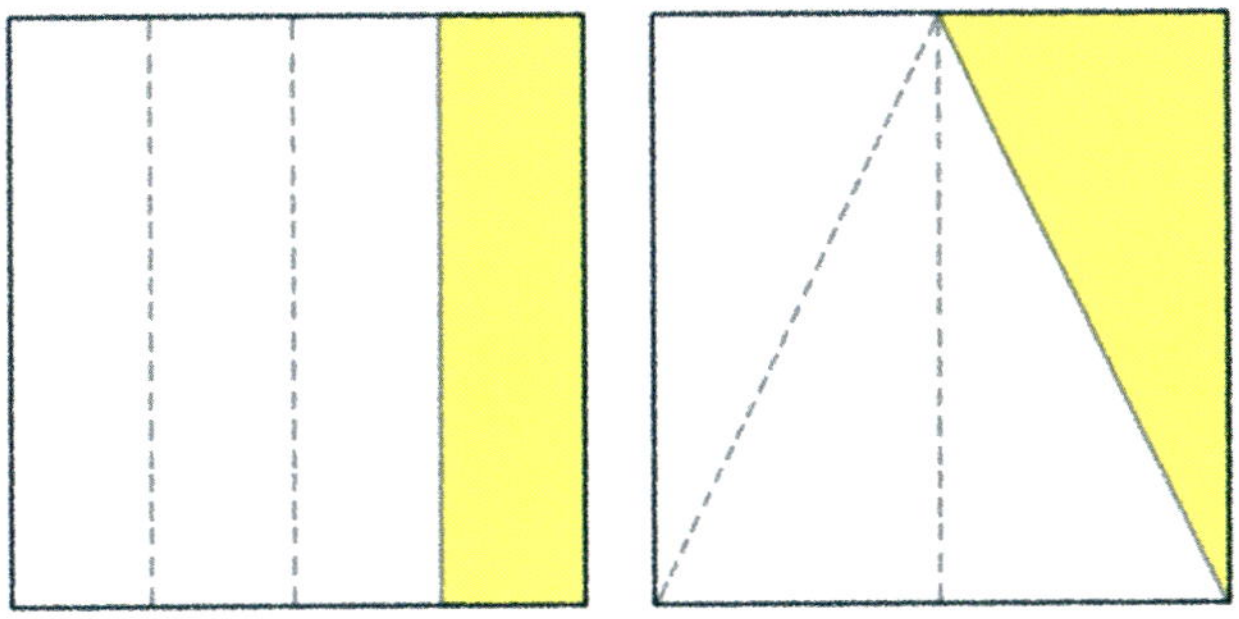

図《ず》2

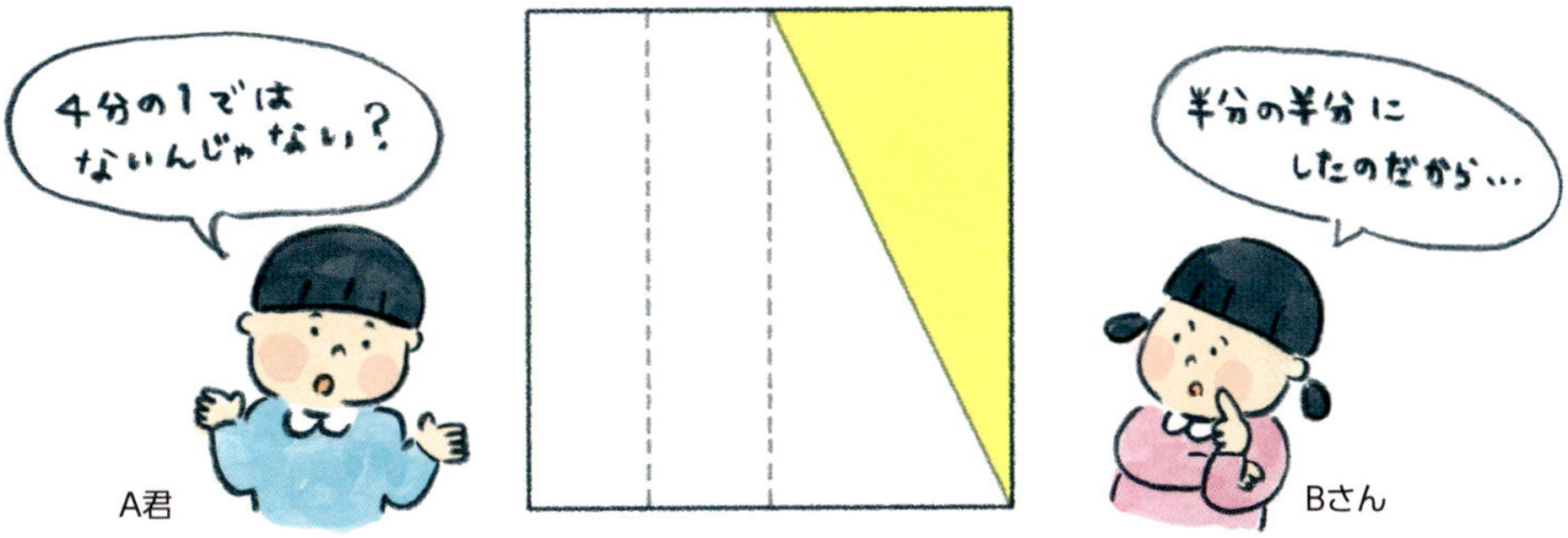


## 迷《まよ》ったら、基本《きほん》に返《かえ》る

では、図《ず》3の形《かたち》の色《いろ》をぬったところは、$\frac{1}{4}$ですか。

難《むずか》しくなってきましたね。では、もとにもどって考《かんが》えてみましょう。

「あるものを同《おな》じ大《おお》きさに4つに分《わ》けた1つ分《ぶん》を、もとの大《おお》きさの$\frac{1}{4}$と言《い》う」のですから、形《かたち》が違《ちが》っていても大《おお》きさが同《おな》じであればいいのです。

図《ず》4のようにすれば、大《おお》きさが等《ひと》しいことがわかりますね。

図《ず》3

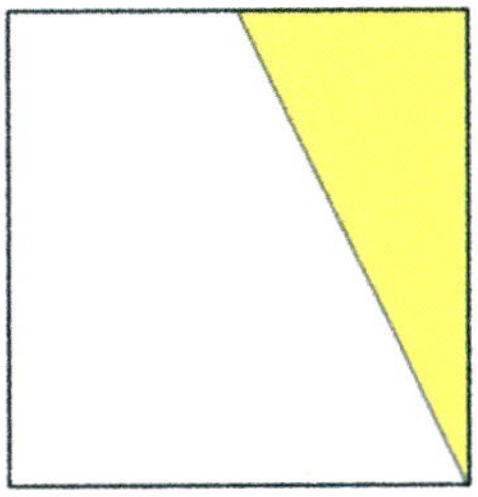

図《ず》4

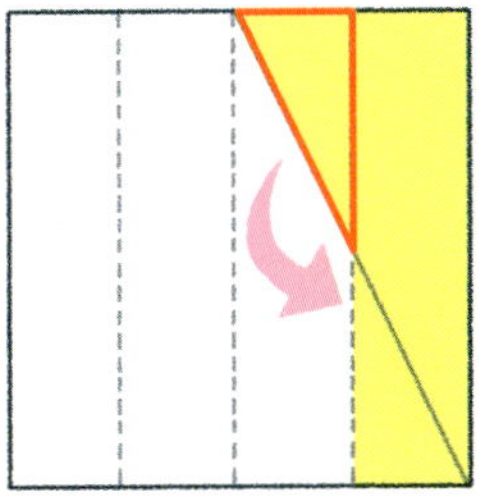

ひとくちメモ　迷《まよ》ったときは、「同《おな》じ大《おお》きさになっているかどうか」を確《たし》かめてみましょう。

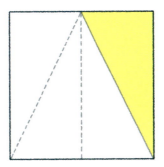

図形のお話

# サイコロを開《ひら》くには？

11月14日

北海道教育大学附属札幌小学校《ほっかいどうきょういくだいがくふぞくさっぽろしょうがっこう》
瀧ヶ平悠史《たきがひらゆうし》 先生《せんせい》が書《か》きました

読《よ》んだ日《ひ》　月《がつ》　日《にち》　月《がつ》　日《にち》　月《がつ》　日《にち》

## サイコロ型《がた》の箱《はこ》を開《ひら》いてみよう

図《ず》1のようなサイコロ型《がた》の箱《はこ》があります。6つの正方形《せいほうけい》の面《めん》でできている、頂点《ちょうてん》8つ、12辺《へん》の箱《はこ》です。この箱《はこ》の面《めん》と面《めん》は、全《すべ》ての辺《へん》がテープでつながっています。さて、この箱《はこ》を開《ひら》くには、何《なん》カ所《しょ》のテープを取《と》ればよいでしょうか。

図《ず》1

まず、アの面《めん》を、箱《はこ》のふたのように開《ひら》いてみます。この場合《ばあい》、図《ず》2のように、3カ所《しょ》のテープを取《と》る必要《ひつよう》がありますね。

図《ず》2

次《つぎ》に、両側《りょうがわ》にあるイとウの2つの面《めん》を開《ひら》いてみましょう。それぞれ2カ所《しょ》ずつ、合計《ごうけい》4カ所《しょ》のテープを取《と》ると開《ひら》くことができますね（図《ず》3）。

図《ず》3

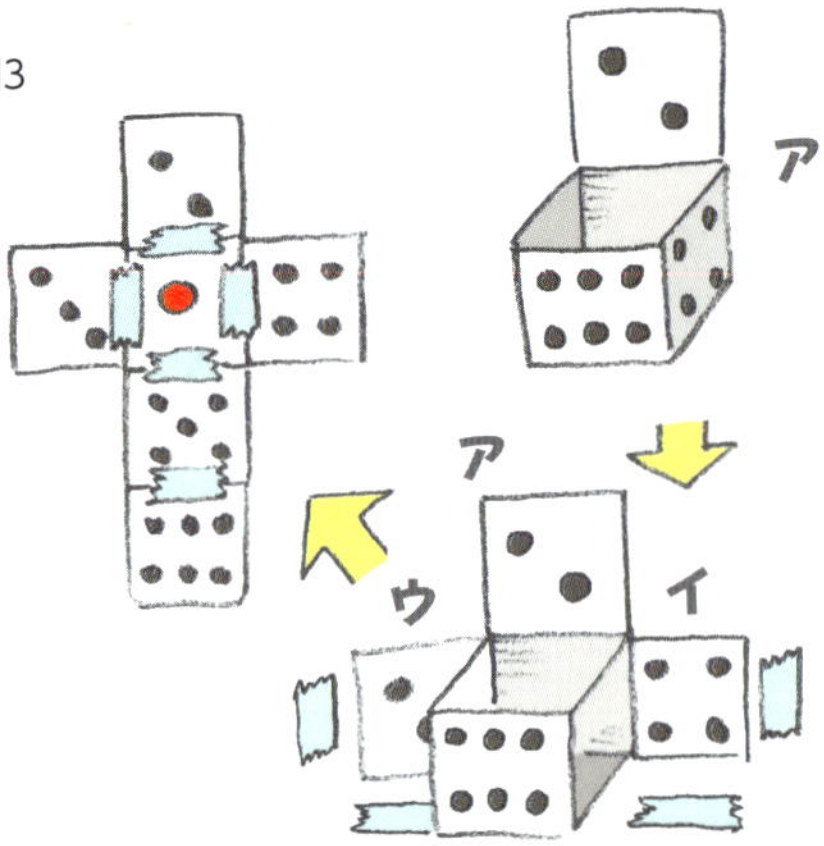


これだけで、箱《はこ》は完全《かんぜん》に開《ひら》くことができるようになります。結局《けっきょく》、取《と》ったテープの数《かず》は、初《はじ》めの3カ所《しょ》と次《つぎ》の4カ所《しょ》を合《あ》わせて、3＋4＝7。7カ所《しょ》だとわかりました。

## 開《ひら》いた形《かたち》から考《かんが》えると

では、今度《こんど》は開《ひら》いた形《かたち》から考《かんが》えてみましょう。初《はじ》めに、サイコロ型《がた》の箱《はこ》は12辺《へん》であることを確認《かくにん》しましたね。そのうち、開《ひら》いた時《とき》に残《のこ》っているテープの数《かず》はいくつでしょうか。全部《ぜんぶ》で5カ所《しょ》ですね。

つまり、12辺《へん》のうち、5辺《へん》のテープが残《のこ》っているわけですから、はがしたテープは、12－5＝7。開《ひら》いた形《かたち》から考《かんが》えても、7カ所《しょ》だということがわかりました。

### やってみよう

**ほかにも見《み》つけよう！**

サイコロ型《がた》の箱《はこ》の開《ひら》き方《かた》には、ほかにもいろいろあります。自分《じぶん》でサイコロ型《かた》の箱《はこ》をつくって、ほかの開《ひら》き方《かた》もできるかチャレンジしてみましょう。また、ほかの開《ひら》き方《かた》は、テープを何《なん》カ所《しょ》取《と》ればできるのでしょうか。

**ひとくちメモ**　正方形《せいほうけい》で囲《かこ》まれたサイコロ型《がた》の箱《はこ》のことを「立方体《りっぽうたい》」といいます。この箱《はこ》の開《ひら》き方《かた》は11種類《しゅるい》あります。すべての開《ひら》き方《かた》を見《み》つけられるか、ぜひ、挑戦《ちょうせん》してみてください。

# うそ？ 本当《ほんとう》？
## 〜パラドックスの不思議《ふしぎ》〜

福岡県《ふくおかけん》 田川郡川崎町立川崎小学校《たがわぐんかわさきちょうりつかわさきしょうがっこう》
高瀬大輔《たかせだいすけ》先生《せんせい》が書《か》きました

読《よ》んだ日《ひ》 月《がつ》 日《にち》 月《がつ》 日《にち》 月《がつ》 日《にち》

### ソクラテスとプラトン

ギリシア語《ご》で矛盾《むじゅん》や逆説《ぎゃくせつ》を意味《いみ》する「パラドックス」。間違《まちが》った話《はなし》のようで間違《まちが》っているとは言《い》えない、正《ただ》しい話《はなし》のようで正《ただ》しいとは言《い》えない、そんな頭《あたま》の中《なか》の整理《せいり》がつかない不思議《ふしぎ》な話《はなし》があります。

遠《とお》い昔《むかし》、古代《こだい》ギリシアの二人《ふたり》の哲学者《てつがくしゃ》ソクラテスとプラトンによる有名《ゆうめい》なやりとりがあります。

ソクラテス「プラトンの言《い》うことはウソだ」

プラトン「ソクラテスの言《い》うことは本当《ほんとう》だ」

あなたはどちらの人物《じんぶつ》を信《しん》じますか？

もしも、ソクラテスの言《い》っていることが本当《ほんとう》なら、プラトンはうそを言《い》っていることになるので、プラトンの言葉《ことば》がおかしくなります。

反対《はんたい》に、もしも、ソクラテスの言《い》っていることがうそなら、プラトンは本当《ほんとう》のことを言《い》っていることになるので、やはり矛盾《むじゅん》が起《お》きてしまいます。

このような話《はなし》はほかにもあります。

### 床屋《とこや》のパラドックス

ある村《むら》に一人《ひとり》だけ男性《だんせい》の床屋《とこや》さんがいました。この床屋《とこや》さんはいつもこんなことを言《い》っていました。

床屋《とこや》「自分《じぶん》でひげをそらない人《ひと》全員《ぜんいん》のひげをそる。でも、自分《じぶん》でひげをそる人《ひと》のひげはそらない」

では、その床屋《とこや》さんのひげは誰《だれ》がそるのでしょうか。

もしも、床屋《とこや》さんが、自分《じぶん》でひげをそるとしたら、自分《じぶん》でひげをそる人《ひと》のひげはそらないと言《い》っているので、おかしくなります。

反対《はんたい》に、もしも、床屋《とこや》さんが、自分《じぶん》でひげをそらないとしたら、自分《じぶん》でひげをそらない人全員《ひとぜんいん》のひげをそると言《い》っているので、やはり矛盾《むじゅん》が起《お》きてしまいます。

本当《ほんとう》に不思議《ふしぎ》ですね。

ひとくちメモ　プラトンはソクラテスの弟子《でし》です。また、有名《ゆうめい》なアリストテレスの師《し》にあたります。

# ふしぎなマス計算《けいさん》
## ~UFOを使《つか》って考《かんが》えよう~



熊本県《くまもとけん》 熊本市立池上小学校《くまもとしりついけのうえしょうがっこう》
藤本邦昭《ふじもとくにあき》先生《せんせい》が書《か》きました

読《よ》んだ日《ひ》 月《がつ》 日《にち》 月《がつ》 日《にち》 月《がつ》 日《にち》

### マス計算《けいさん》をしてみよう

図《ず》1のように縦《たて》に3つ、横《よこ》に3つ数字《すうじ》を入《い》れてみましょう。例《れい》だと縦《たて》に4、5、9、横《よこ》に8、7、6になります。

次《つぎ》にそれぞれの交差《こうさ》したマスにたし算《ざん》の答《こた》え（和《わ》）の数《かず》を書《か》き込《こ》んでいきましょう。

すると9つの数《かず》がマスを埋《う》めることになります（図《ず》2）。

これで準備《じゅんび》OKです。

### UFOが数字《すうじ》を消《け》すと…

図《ず》3のようにたし算《ざん》の答《こた》えの9マスの1つ「13」にUFO①が着地《ちゃくち》します。そして、UFOからは、上下左右《じょうげさゆう》にレーザービームが発射《はっしゃ》されて、数《かず》を消《け》してしまうとします（図《ず》4）。

次《つぎ》に、残《のこ》った4マスのうち1マスにUFO②が着地《ちゃくち》します。この場合《ばあい》は「16」に着地《ちゃくち》して、レーザービームを上下左右《じょうげさゆう》に発射《はっしゃ》するとします（図《ず》5）。同《おな》じように上《うえ》と左右《さゆう》の数《かず》が消《き》えます。最後《さいご》の1マス「10」の上《うえ》にもUFO③が着地《ちゃくち》します（図《ず》6）。

さて、3個《こ》のUFOが着地《ちゃくち》しているマスの数《かず》を合計《ごうけい》してみましょう。13＋16＋10＝39ですね。

このように3個《こ》のUFOを好《す》きな場所《ばしょ》に順《じゅん》に着陸《ちゃくりく》させ、計算《けいさん》してみましょう。どうでしょう。どこにUFOを着地《ちゃくち》させても、合計《ごうけい》は39になります！

不思議《ふしぎ》ですね。

図《ず》1

| + | 8 | 7 | 6 |
|---|---|---|---|
| 4 | | | |
| 5 | | | |
| 9 | | | |

図《ず》2

| + | 8 | 7 | 6 |
|---|---|---|---|
| 4 | 12 | 11 | 10 |
| 5 | 13 | 12 | 11 |
| 9 | 17 | 16 | 15 |

4＋6

図《ず》3 図《ず》4 図《ず》5 図《ず》6

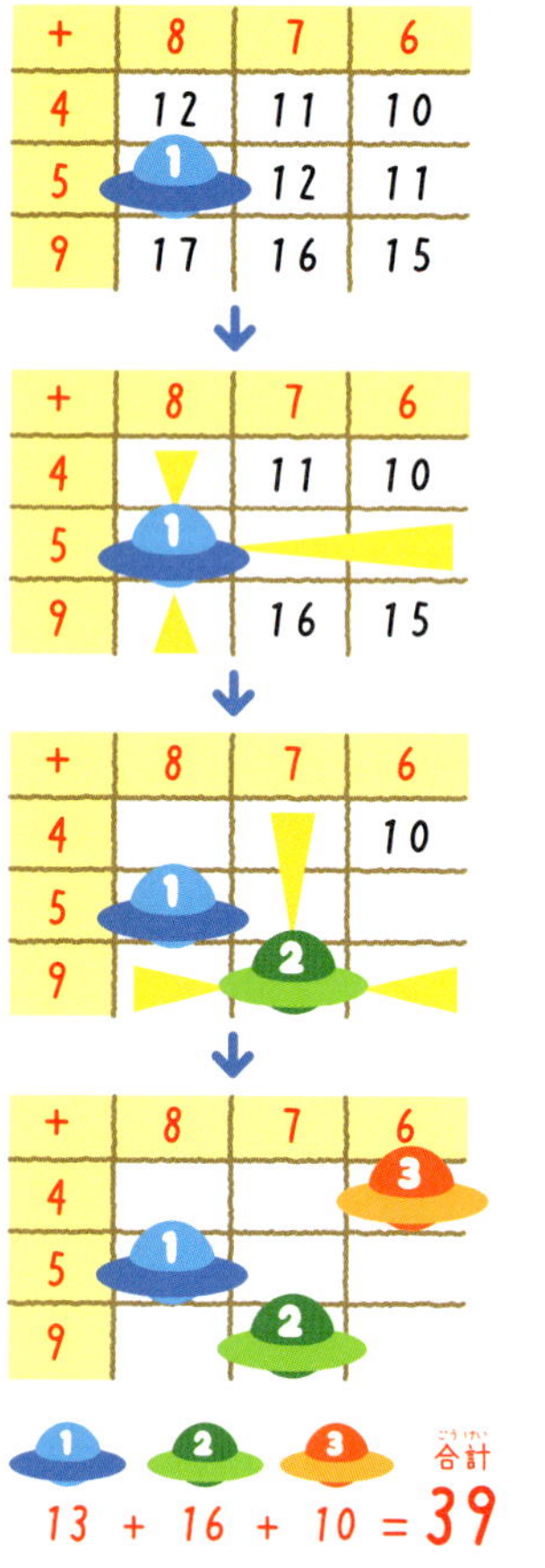

ひとくちメモ

UFOが着地《ちゃくち》した3つのマスの数字《すうじ》の合計《ごうけい》は、いつもマスの外側《そとがわ》の6つの数《かず》の合計《ごうけい》になっています。マスの外側《そとがわ》の6つの数字《すうじ》の場所《ばしょ》を変《か》えたり、数字《すうじ》を変《か》えたりすると好《す》きな合計《ごうけい》の数《かず》で表《ひょう》をつくることができますよ。

単位とはかり方のお話

# ジェットコースターは速《はや》くない？

東京都《とうきょうと》　豊島区立高松小学校《としまくりつたかまつしょうがっこう》
細萱裕子《ほそがやゆうこ》 先生《せんせい》が書《か》きました

11月 17日

読《よ》んだ日《ひ》　月《がつ》　日《にち》　月《がつ》　日《にち》　月《がつ》　日《にち》

## 陸上《りくじょう》の世界記録《せかいきろく》と比《くら》べると？

スリルとスピードで楽《たの》しませてくれる遊園地《ゆうえんち》の人気《にんき》アトラクション、ジェットコースター。いったいどのくらい速《はや》いのでしょうか。

ジェットコースターの速《はや》さは、「コースの全長《ぜんちょう》÷かかる時間《じかん》」で求《もと》めることができます。いろいろなジェットコースターがありますが、だいたい時速《じそく》20〜30 kmです。時速《じそく》10 km台《だい》のものもたくさんあります。時速《じそく》30 kmを超《こ》えるものもありますが、多《おお》くはありません。これは自転車《じてんしゃ》で走《はし》るくらいの速《はや》さです。

ちなみに、ウサイン・ボルトが記録《きろく》した100mの世界記録《せかいきろく》9秒《びょう》58は、時速《じそく》38 kmになります。

## 平均《へいきん》の速《はや》さと瞬間《しゅんかん》の速《はや》さ

あれっ？　ジェットコースターは、ウサイン・ボルトが100mを走《はし》る速《はや》さより遅《おそ》い？　ジェットコースターって、思《おも》っているほど速《はや》くないのでしょうか。

いいえ、そんなことはありません。実《じつ》は、先《さき》ほど求《もと》めたのは平均《へいきん》の速《はや》さです。ジェットコースターは最初《さいしょ》から最後《さいご》までずっと速《はや》いわけではありませんよね。頂上《ちょうじょう》に向《む》かって進《すす》んでいるときやゴールに近《ちか》づいたときは、とてもゆっくり走《はし》ります。それらも含《ふく》め、すべてを平均《へいきん》して考《かんが》えたときの速《はや》さなのです。

それに対《たい》して、瞬間《しゅんかん》の速《はや》さ（一瞬《いっしゅん》の速《はや》さ）は、だいたい時速《じそく》80 km〜100 kmくらいです。なかには、時速《じそく》170 kmのものもあります。ジェットコースターが速《はや》いと感《かん》じるのは、この瞬間《しゅんかん》の速《はや》さによるのですね。

### やってみよう

#### 走《はし》りのタイプがわかる!?

短距離走《たんきょりそう》のタイムを測《はか》る時《とき》、10 mごとのタイムを計《はか》り、それぞれの地点《ちてん》での速《はや》さを求《もと》めてみましょう。「スタートダッシュ型《がた》」「後半追《こうはんお》い上《あ》げ型《がた》」など自分《じぶん》の走《はし》りのタイプがわかりますよ。

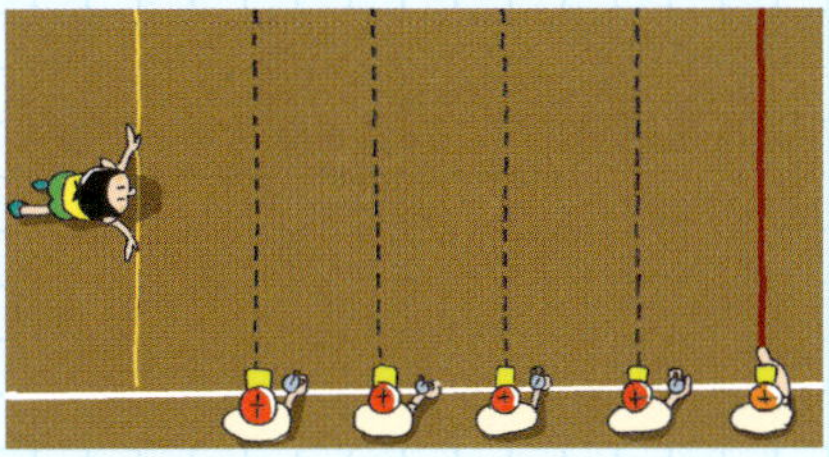

ひとくちメモ
7月《がつ》9日《か》は「ジェットコースターの日《ひ》」です。1955年《ねん》7月《がつ》9日《か》に開園《かいえん》した後楽園遊園地《こうらくえんゆうえんち》（現在《げんざい》は、東京《とうきょう》ドームシティアトラクションズ）に、日本初《にほんはつ》の本格的《ほんかくてき》なジェットコースターが設置《せっち》されました。

# 不思議《ふしぎ》なパズル 増《ふ》える正方形《せいほうけい》



大分県《おおいたけん》　大分市立大在西小学校《おおいたしりつおおざいにししょうがっこう》
二宮孝明《にのみやたかあき》先生《せんせい》が書《か》きました

読《よ》んだ日《ひ》　月《がつ》　日《にち》｜月《がつ》　日《にち》｜月《がつ》　日《にち》

## パズルをつくってみよう

目《め》の前《まえ》に64個《こ》のマス目《め》があるとします。それが、どこから現《あらわ》れたのか一瞬《いっしゅん》のうちに1個《こ》増《ふ》えて、いつの間《ま》にか65個《こ》になっています。そんな不思議《ふしぎ》なことが、算数《さんすう》を使《つか》うとできてしまうのです。百聞《ひゃくぶん》は一見《いっけん》にしかず、実際《じっさい》にこのパズルをつくり、自分《じぶん》の目《め》で確《たし》かめてみてください。

まず、8マス×8マスの正方形《せいほうけい》の方眼紙《ほうがんし》を用意《ようい》し、図《ず》1のように線《せん》を引きます。8×8ですから、マス目《め》は64個《こ》あります。

次《つぎ》に、先《さき》ほどひいた線《せん》に沿《そ》って4つに切《き》り離《はな》します。そして、図《ず》2のように長方形《ちょうほうけい》に並《なら》びかえます。

さて、マス目《め》は何個《なんこ》あるでしょうか。5マス×13マスですから全部《ぜんぶ》で65個《こ》あります。あれ？　マス目《め》が1個《こ》増《ふ》えてしまいました。この1個《こ》はどこからきたのでしょうか。

## 実《じつ》は、増《ふ》えたのではなく…

実《じつ》は、並《なら》びかえてできた長方形《ちょうほうけい》の対角線《たいかくせん》にあたるところに謎《なぞ》を解《と》く鍵《かぎ》があるのです。よく見《み》ると、対角線《たいかくせん》にあたるところは、直線《ちょくせん》ではなく折《お》れ線《せん》で、わずかな隙間《すきま》があるのがわかります。この隙間《すきま》の広《ひろ》さは、マス目《め》1個分《こぶん》と同《おな》じ大《おお》きさです。つまり、マス目《め》が1個《こ》増《ふ》えたわけではないのです。わかりやすく大《おお》げさにかくと図《ず》3のようになります。

また、辺《へん》の長《なが》さの5マス、8マス、13マスは、「フィボナッチ数《すう》列《れつ》」と呼《よ》ばれる不思議《ふしぎ》な数列《すうれつ》になっています（フィボナッチ数列《すうれつ》については、397ページ参照《さんしょう》）。

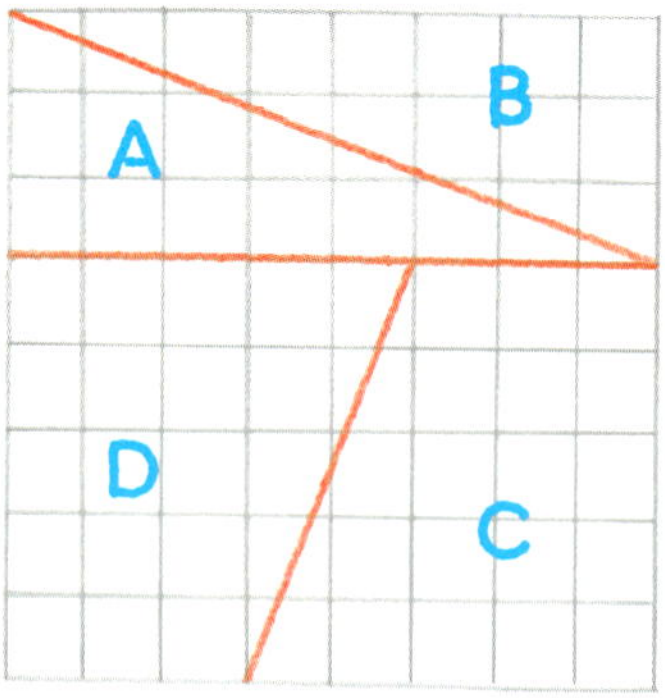


図《ず》1
8マス×8マスの方眼紙《ほうがんし》に線《せん》を引《ひ》き、切《き》り離《はな》します。

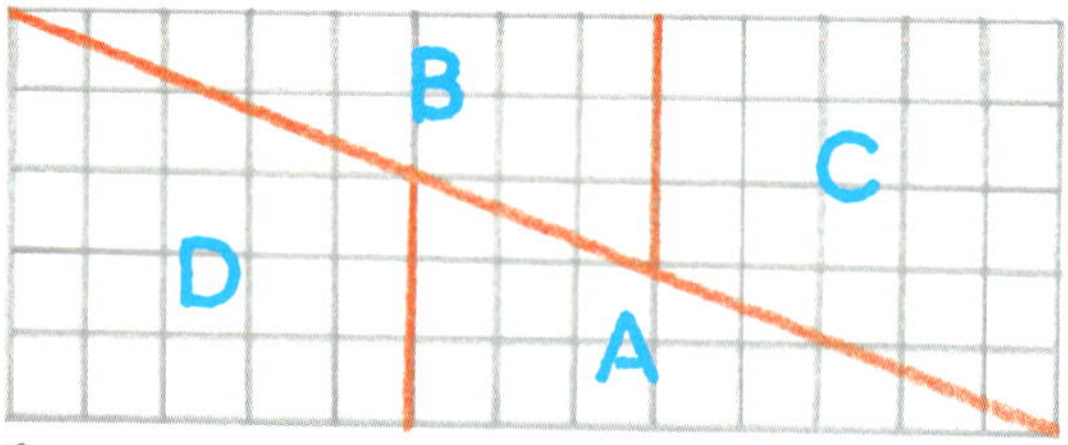


図《ず》2
5マス×13マスになるように並《なら》びかえます。

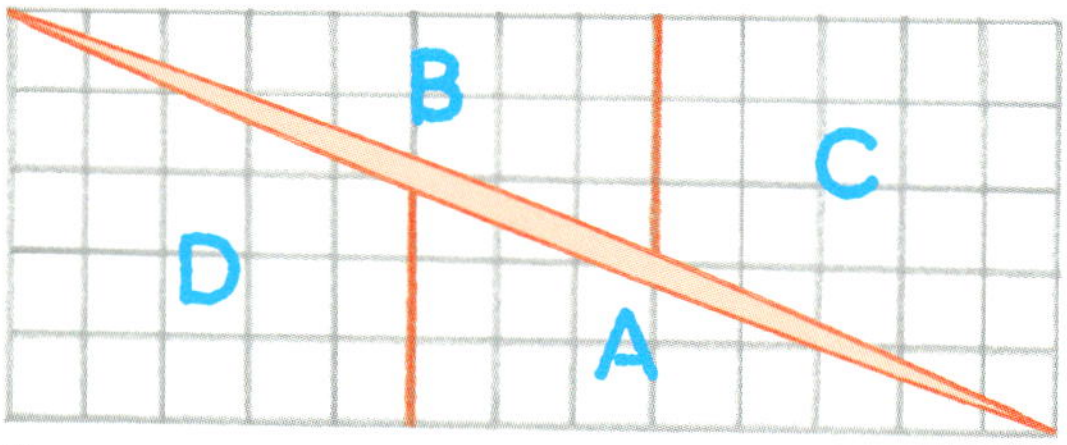


図《ず》3
実《じつ》は、マス目《め》1個分《こぶん》の隙間《すきま》があいています。

**ひとくちメモ**　フィボナッチ数列《すうれつ》とは、1、1、2、3、5、8、13、21…のようにすぐ前《まえ》の二《ふた》つの数《かず》をたした数《かず》の並《なら》びのことです。例《たと》えば、数列《すうれつ》の中《なか》の2と3をたすと5になり、5と8をたすと13になります。

# 対角線《たいかくせん》の数《かず》は何本《なんぼん》？



東京都《とうきょうと》 杉並区立高井戸第三小学校《すぎなみくりつたかいどだいさんしょうがっこう》
吉田映子《よしだえいこ》先生《せんせい》が書《か》きました

読《よ》んだ日《ひ》 月《がつ》 日《にち》 月《がつ》 日《にち》 月《がつ》 日《にち》

## 四角形《しかくけい》の対角線《たいかくせん》は2本《ほん》

長方形《ちょうほうけい》など直線《ちょくせん》で囲《かこ》まれた図形《ずけい》の角《かど》のことを「頂点《ちょうてん》」といいます。そして、頂点《ちょうてん》と頂点《ちょうてん》を結《むす》んだ直線《ちょくせん》を「対角線《たいかくせん》」といいます。四角形《しかくけい》には対角線《たいかくせん》が2本《ほん》あります(図《ず》1)。

図《ず》1を見《み》ると、どんな四角形《しかくけい》も2本《ほん》であることがわかります。

## 五角形《ごかくけい》の対角線《たいかくせん》は何本《なんぼん》？

では五角形《ごかくけい》はどうなるか調《しら》べてみましょう（図《ず》2）。

頂点《ちょうてん》アからは対角線《たいかくせん》を2本《ほん》引《ひ》くことができました。次《つぎ》の頂点《ちょうてん》イからも2本《ほん》引《ひ》けました。3番目《ばんめ》の頂点《ちょうてん》ウからは1本《ぽん》引《ひ》けました。これ以上《いじょう》は引《ひ》けないので、五角《ごかく》形《けい》の対角線《たいかくせん》は5本《ほん》であることがわかりました。

この五角形《ごかくけい》は、辺《へん》の長《なが》さがみな同《おな》じで、5つの角度《かくど》もみな同《おな》じで、正五《せいご》角形《かくけい》といいます。正五角形《せいごかくけい》の対角線《たいかくせん》はきれいな星形《ほしがた》になることがわかりました。

図《ず》1

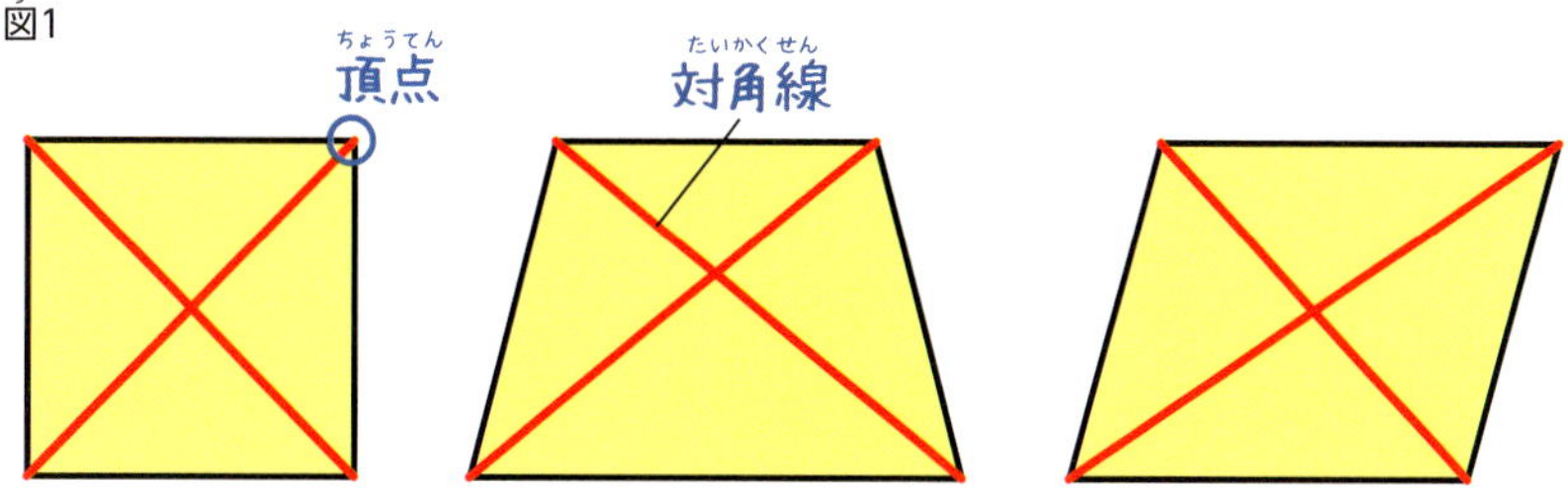


図《ず》2

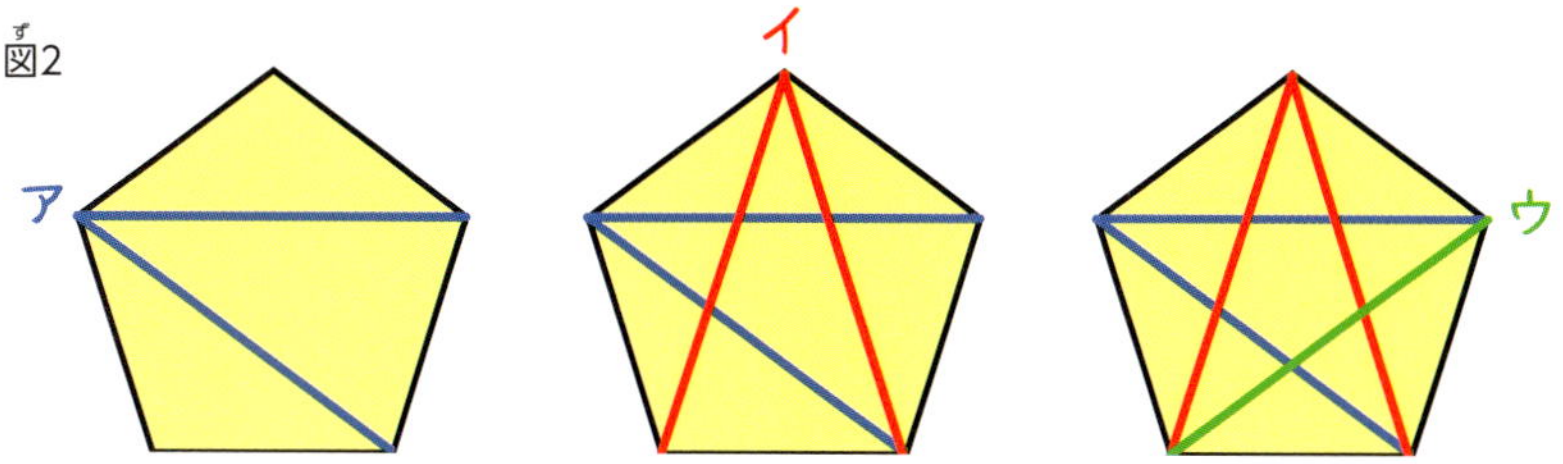


### やってみよう

**一筆書《ひとふでが》きに挑戦《ちょうせん》**

五角形《ごかくけい》の対角線《たいかくせん》は、一筆書《ひとふでが》きでかくことができます。星《ほし》の形《かたち》を一筆書《ひとふでが》きでかくときは、まわりに正五角形《せいごかくけい》を思《おも》いうかべてかくときれいにかけそうですね。では、六角形《ろっかくけい》や七角形《ななかくけい》はどうでしょう。実際《じっさい》にかいて調《しら》べてみましょう。

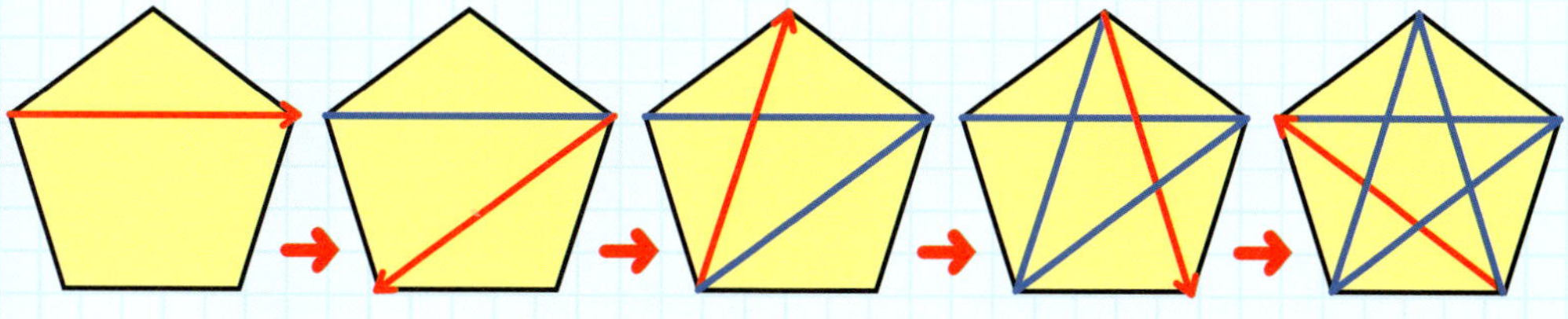

**ひとくちメモ** 奇数角形《きすうかくけい》の対角線《たいかくせん》は、どれも一筆書《ひとふでが》きすることができます。偶数角形《ぐうすうかくけい》の対角線《たいかくせん》は一筆書《ひとふでが》きでかくことはできません（38ページ参照《さんしょう》）。

# わり算《ざん》で「0をとる」ってどういうこと？

11月20日

東京学芸大学附属小金井小学校《とうきょうがくげいだいがくふぞくこがねいしょうがっこう》
高橋文夫《たかはしたけお》先生《せんせい》が書《か》きました

読《よ》んだ日《ひ》　月《がつ》　日《にち》　月《がつ》　日《にち》　月《がつ》　日《にち》

## 計算《けいさん》しやすくするコツ

みなさんは、わり算《ざん》のきまりを知《し》っていますか？

たとえば、780÷60というわり算《ざん》の式《しき》があったとします。筆算《ひっさん》を学習《がくしゅう》していれば、答《こた》えを求《もと》める最《もっと》も手《て》っ取《と》り早《ばや》い方法《ほうほう》は筆算《ひっさん》かもしれません。でも、ちょっと待《ま》ってください。闇雲《やみくも》に筆算《ひっさん》をするよりも、桁数《けたすう》を小《ちい》さくして計算《けいさん》した方《ほう》が計算《けいさん》間違《まちが》いも減《へ》るし、計算《けいさん》もしやすくなると思《おも》いませんか。

そこで、よくする方法《ほうほう》が割《わ》る数《かず》と割《わ》られる数《かず》の「0をとる」という方法《ほうほう》です。

今《いま》の場合《ばあい》は、780÷60の780の0と60の0をとって、78÷6として計算《けいさん》しているのです。

## どういう仕組《しく》みかな？

割《わ》る数《かず》と割《わ》られる数《かず》の「0をとる」というのは、いったいどういうことでしょうか。

たとえば「780個《こ》のアメを1人《り》に60個《こ》ずつ分《わ》けます。何人《なんにん》に分《わ》けられるでしょう」という問題《もんだい》があったとします。この問題《もんだい》を解《と》く式《しき》は、780÷60＝13になります。このアメを、先《さき》に10個《こ》ずつ袋《ふくろ》に入《い》れたらどうでしょう。

そうです。780個《こ》のアメは78袋《ふくろ》になり、1人《り》に60個《こ》ずつ配《くば》るということは6袋《ふくろ》ずつ配《くば》るということになります。

従《したが》って式《しき》は、78÷6になり、配《くば》られる人数《にんずう》は、13人《にん》と変《か》わりません。つまり、この場合《ばあい》、わり算《ざん》で「0をとって割《わ》る」ということは、10をひとまとまりとするという意味《いみ》なのです。では、7800÷60というわり算《ざん》の式《しき》があったらどうでしょう。この0をとる方法《ほうほう》が使《つか》えるでしょうか。00をとって78÷6として計算《けいさん》できますね。

ひとくちメモ　では、78000÷6000のような計算《けいさん》は、何《なに》をひとまとめにすると簡単《かんたん》に計算《けいさん》ができるかな？

# 2つの正方形《せいほうけい》を重《かさ》ねてみると



熊本県《くまもとけん》　熊本市立池上小学校《くまもとしりついけのうえしょうがっこう》
藤本邦昭《ふじもとくにあき》先生《せんせい》が書《か》きました

読《よ》んだ日《ひ》　月《がつ》　日《にち》　月《がつ》　日《にち》　月《がつ》　日《にち》

## 同《おな》じ大《おお》きさの正方形《せいほうけい》を重《かさ》ねると

大《おお》きさが同《おな》じ正方形《せいほうけい》が2つあります。図《ず》1で、右《みぎ》の正方形《せいほうけい》の対角線《たいかくせん》（頂点《ちょうてん》と頂点《ちょうてん》を結《むす》んだ直線《ちょくせん》）を2本《ほん》引《ひ》きます。その交点《こうてん》にもう1つの正方形《せいほうけい》の頂点《ちょうてん》をくっつけてみましょう（図《ず》2）。重《かさ》なったところができますね。

図《ず》1

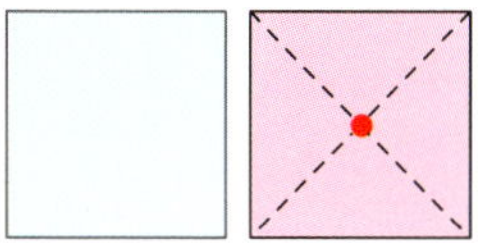

図《ず》2

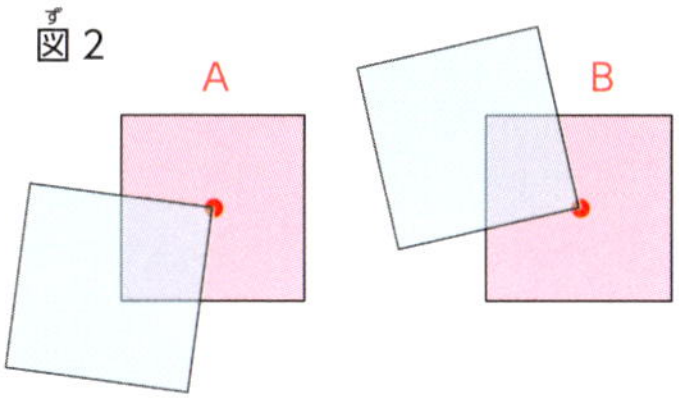


では、AとBの重《かさ》なったところは、どちらが広《ひろ》いでしょうか？

実《じつ》は、どちらも同《おな》じ広《ひろ》さで、もとの正方形《せいほうけい》の1/4の広《ひろ》さになっています（図《ず》3）。

対角線《たいかくせん》の交点《こうてん》を中心《ちゅうしん》に回《まわ》していけば、重《かさ》なった部分《ぶぶん》の広《ひろ》さは、いつも正方形《せいほうけい》の1/4の広《ひろ》さになっているのです。

## 同《おな》じ大《おお》きさの長方形《ちょうほうけい》では？

では、長方形《ちょうほうけい》のときも同《おな》じように1/4になるでしょうか？

図《ず》4のように、対角線《たいかくせん》の交点《こうてん》に頂点《ちょうてん》を合《あ》わせて重《かさ》ねてみます。やっぱり1/4になっています。

でも、少《すこ》し回《まわ》してみると……。

図《ず》3

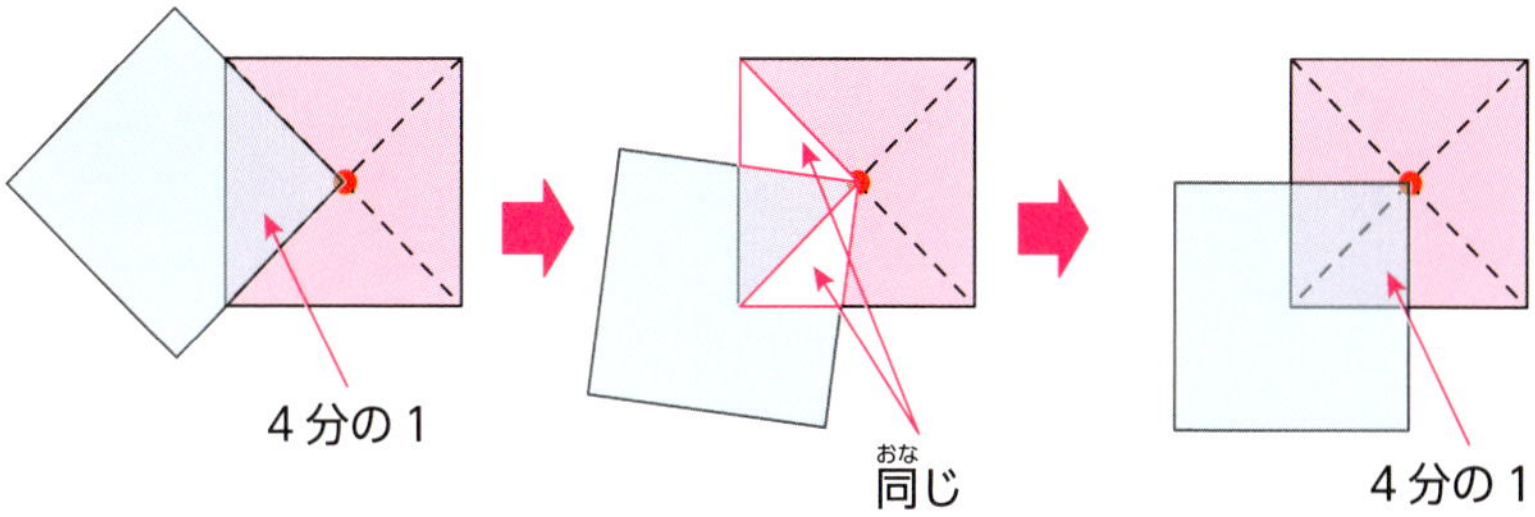


どうやら今度《こんど》は1/4より大《おお》きくなりそうです（図《ず》4）。長方形《ちょうほうけい》では、重《かさ》なる部分《ぶぶん》がいつも同《おな》じ広《ひろ》さにはなりません。

正六角形《せいろっかくけい》では、重《かさ》なる部分《ぶぶん》がいつも同《おな》じ広《ひろ》さになります（図《ず》5）

図《ず》4

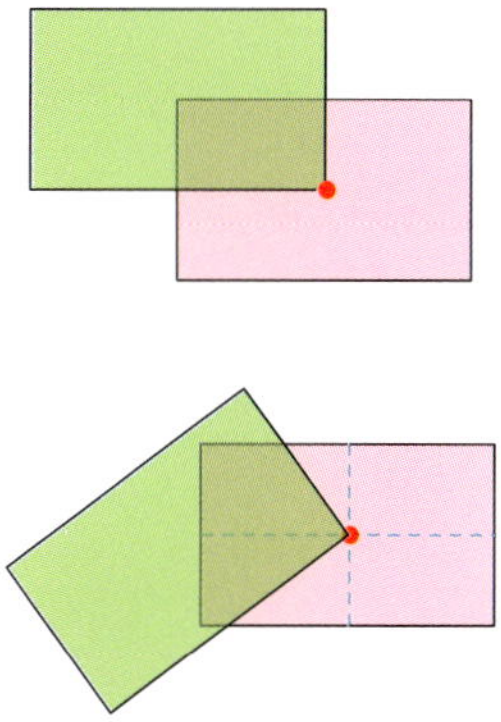

図《ず》5

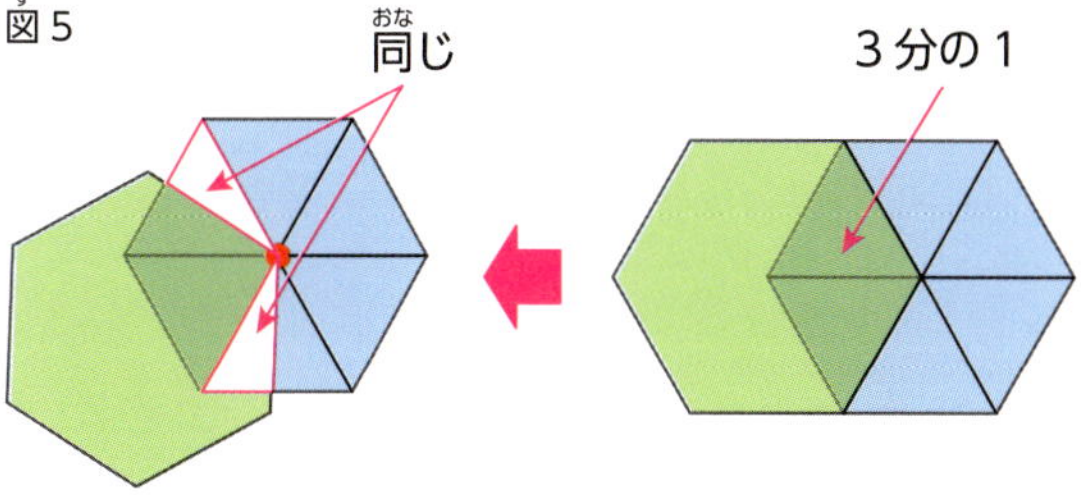


**ひとくちメモ**　上《うえ》の図《ず》5のように、正六角形《せいろっかくけい》では重《かさ》なる部分《ぶぶん》がいつも同《おな》じ広《ひろ》さで、もとの正六角形《せいろっかくけい》の1／3になります。このように重《かさ》なった広《ひろ》さがいつも変《か》わらない図形《ずけい》は、ほかにもあるかもしれませんね。

数と計算のお話

# ラクダをどう分《わ》ける？

11月 22日

明星大学客員教授《めいせいだいがくきゃくいんきょうじゅ》
細水保宏《ほそみずやすひろ》先生《せんせい》が書《か》きました

読《よ》んだ日《ひ》　月《がつ》　日《にち》　月《がつ》　日《にち》　月《がつ》　日《にち》

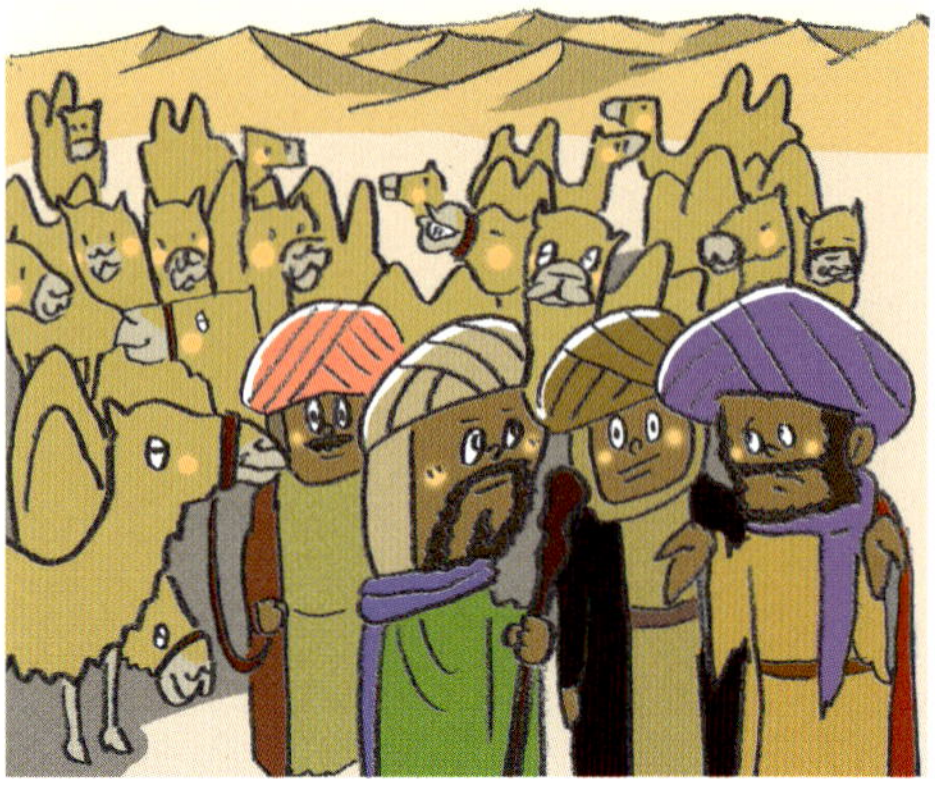

## どうやって分《わ》ける？

分数《ぶんすう》を使《つか》った数学《すうがく》の有名《ゆうめい》な小話《こばなし》があります。

【ラクダを17頭《とう》持《も》っていた老人《ろうじん》が、次《つぎ》のような遺言《ゆいごん》を残《のこ》してなくなった。「長男《ちょうなん》は1/2、次男《じなん》は1/3、三男《さんなん》は1/9になるようにラクダを分《わ》けなさい」】

しかし、17頭《とう》では2でも3でも9でも割《わ》れません。すると、困《こま》っていた3人《にん》のところに、ある者《もの》が現《あらわ》れ、うまく分《わ》けました。どのように分《わ》けたのでしょう。わかりますか。

## 不思議《ふしぎ》な方法《ほうほう》があった！

17頭《とう》のラクダをどうやって分《わ》けたのか。この話《はなし》には次《つぎ》のような結末《けつまつ》があります。

まず、ある者《もの》が自分《じぶん》のラクダを1頭足《とうた》して18頭《とう》にしました。それを、長男《ちょうなん》には1/2の9頭《とう》、次男《じなん》には1/3の6頭《とう》、三男《さんなん》には1/9の2頭《とう》に分《わ》けました。すると3人《にん》がもらったのは9＋6＋2＝17頭《とう》です。なので、1頭《とう》あまったラクダを自分《じぶん》がつれて帰《かえ》ったというお話《はなし》でした。

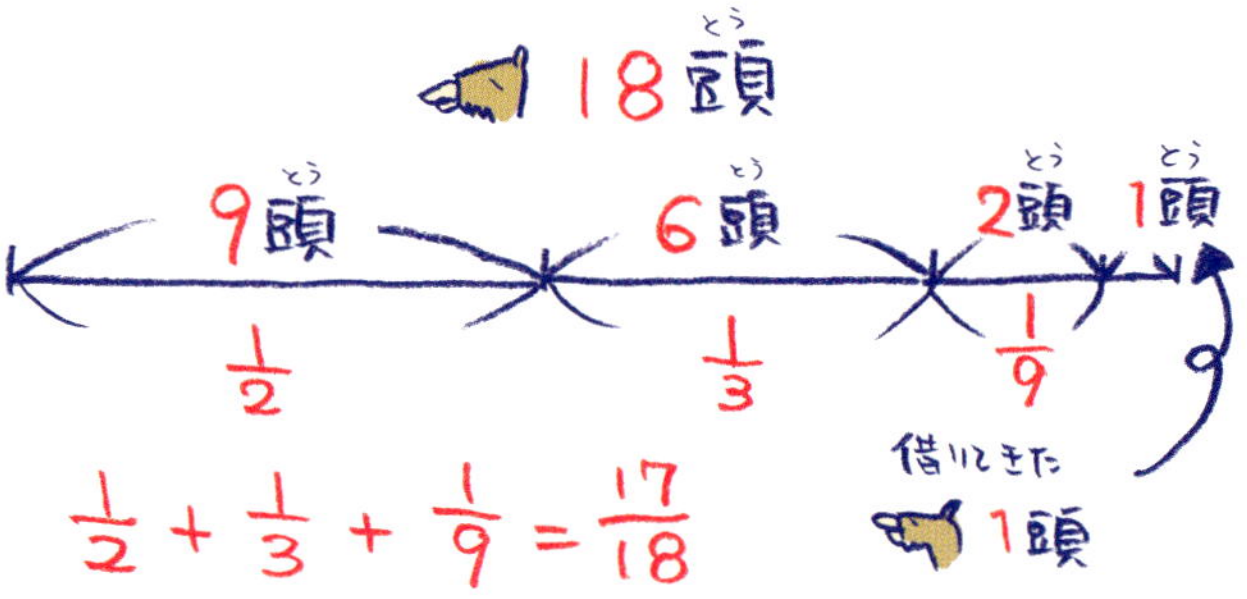


### 考《かんが》えてみよう

**この問題《もんだい》はどこが違《ちが》う？**

【11頭《とう》のラクダを持《も》っていた老人《ろうじん》が次《つぎ》のような遺言《ゆいごん》を残《のこ》してなくなった。「長男《ちょうなん》には1/2、次男《じなん》には1/3、三男《さんなん》には1/6になるようにラクダを分《わ》けなさい」】

そこで先《さき》ほどの話《はなし》を聞《き》いた別《べつ》の者《もの》が、やはり自分《じぶん》の1頭《とう》を加《くわ》えて12頭《とう》とし、長男《ちょうなん》には1/2の6頭《とう》、次男《じなん》には1/3の4頭《とう》、三男《さんなん》には1/6の2頭《とう》あげました。すると今度《こんど》は3人《にん》のラクダを合計《ごうけい》すると、6＋4＋2＝12頭《とう》となり、連《つ》れてきたラクダをつれて帰《かえ》ることができませんでした。さて、どこが違《ちが》っていたのでしょうか？

ひとくちメモ　「考《かんが》えてみよう」では1/2＋1/3＋1/6＝12/12＝1なので、ラクダはあまらなかったのですね。

図形のお話

# これもまた目《め》の錯覚《さっかく》？②

11月23日

お茶《ちゃ》の水女子大学附属小学校《みずじょしだいがくふぞくしょうがっこう》
久下谷《くがや》 明《あきら》先生《せんせい》が書きました

読《よ》んだ日《ひ》　月《がつ》　日《にち》　月《がつ》　日《にち》　月《がつ》　日《にち》

## どれが当《あ》たりかな？

今日《きょう》もまた、目《め》の錯覚《さっかく》を起《お》こすものについてのお話《はなし》です（関連《かんれん》：346ページ、399ページ）。ぜひ、不思議《ふしぎ》な世界《せかい》を楽《たの》しんでくださいね。

楽《たの》しい秋《あき》のお祭《まつ》り。友達《ともだち》と出《で》かけると、くじ引《び》きのお店《みせ》がありました。真《ま》っ直《す》ぐ（直線《ちょくせん》）に置《お》かれたひもの先《さき》には、『当《あ》たり』がついています。①、②、③のうち、『当《あ》たり』がついているのは1つだけです。みなさんは、どのひもを選《えら》びますか。ぱっと見《み》て選《えら》んでみましょう。

どうですか。どれを選《えら》びましたか。では、当《あ》たりとつながっているのは①～③のうちどれか、定規《じょうぎ》をあてて確《たし》かめてみましょう。

### 覚《おぼ》えておこう

**種明《たねあ》かしだよ！**

斜《なな》めの線《せん》は1本《ぽん》の直線《ちょくせん》になっていますが、途中《とちゅう》を隠《かく》してしまうと、ずれて見《み》えるという目《め》の錯覚《さっかく》が起《お》こります。不思議《ふしぎ》ですね。

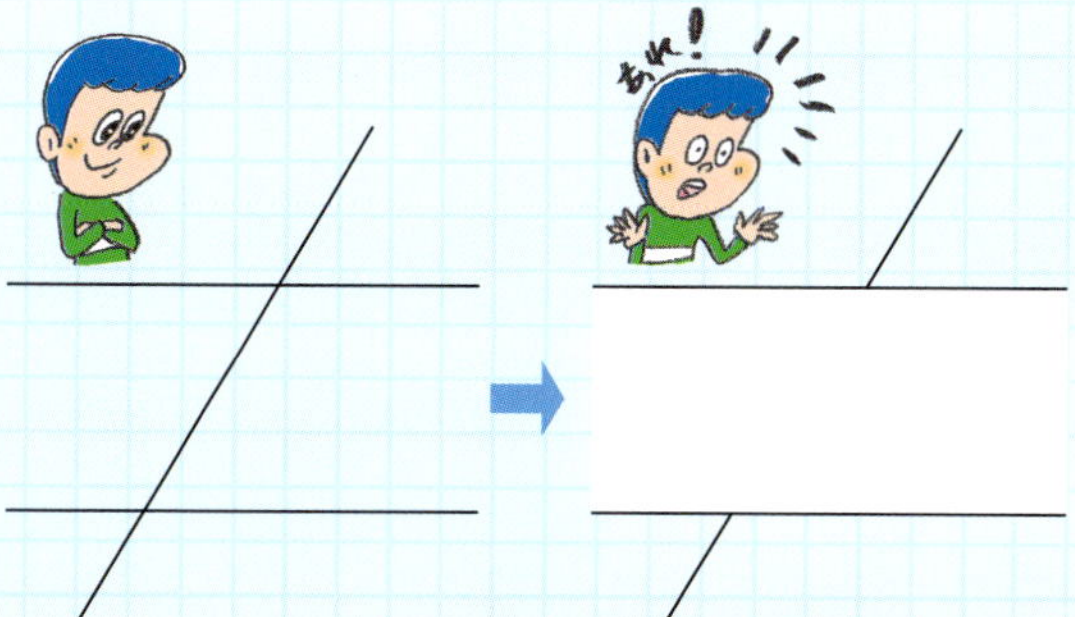




ひとくちメモ　上《うえ》で紹介《しょうかい》したものは、ポッゲンドルフの錯視《さくし》と呼《よ》ばれています。錯視《さくし》を集《あつ》めた本《ほん》も出版《しゅっぱん》されています。

数や図形で遊ぼう

# ○☆△◎◇□は1〜9までの数《かず》のどれ？

11月24日

北海道教育大学附属札幌小学校《ほっかいどうきょういくだいがくふぞくさっぽろしょうがっこう》
瀧《たき》ヶ《が》平《ひら》悠《ゆう》史《し》先生《せんせい》が書《か》きました

読《よ》んだ日《ひ》　月《がつ》　日《にち》　月《がつ》　日《にち》　月《がつ》　日《にち》

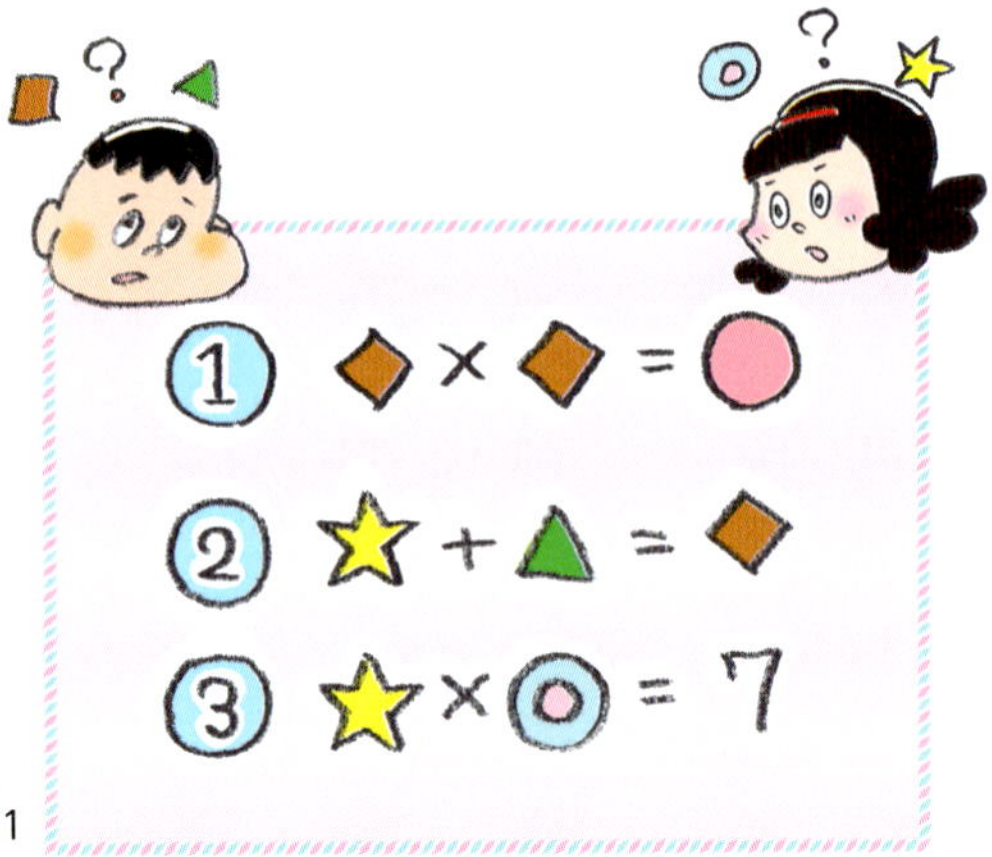

図《ず》1

## 何《なん》の数《かず》を表《あらわ》しているのかな？

○、☆、△、◎、◇、□

これらの記号《きごう》は、それぞれ1〜9までの数《かず》のどれかを表《あらわ》しています。図《ず》1のヒントをもとに、どの記号《きごう》が何《なん》の数《かず》かを考《かんが》えてみましょう。

まず①のヒントを考《かんが》えてみます。当《あ》てはまる数《かず》は1〜9ということを考《かんが》えると、◇×◇は1×1、2×2、3×3のどれかになりますね。1×1は、答《こた》えも1になってしまいますから当《あ》てはまりません。つまり、◇は2か3になります。

## もし〜だと考《かんが》えると

もし、◇が2だと考《かんが》えると、②はどうなるでしょうか。答《こた》えが◇、つまり、2のたし算《ざん》ということになりますね。ところが、2になるたし算《ざん》は1＋1しかないので当《あ》てはまりません。☆＋△は違《ちが》う数《かず》を表《あらわ》しているからです。この結果《けっか》、◇は3、①の◇に3を当《あ》てはめると、○は9とわかりました（図《ず》2）。

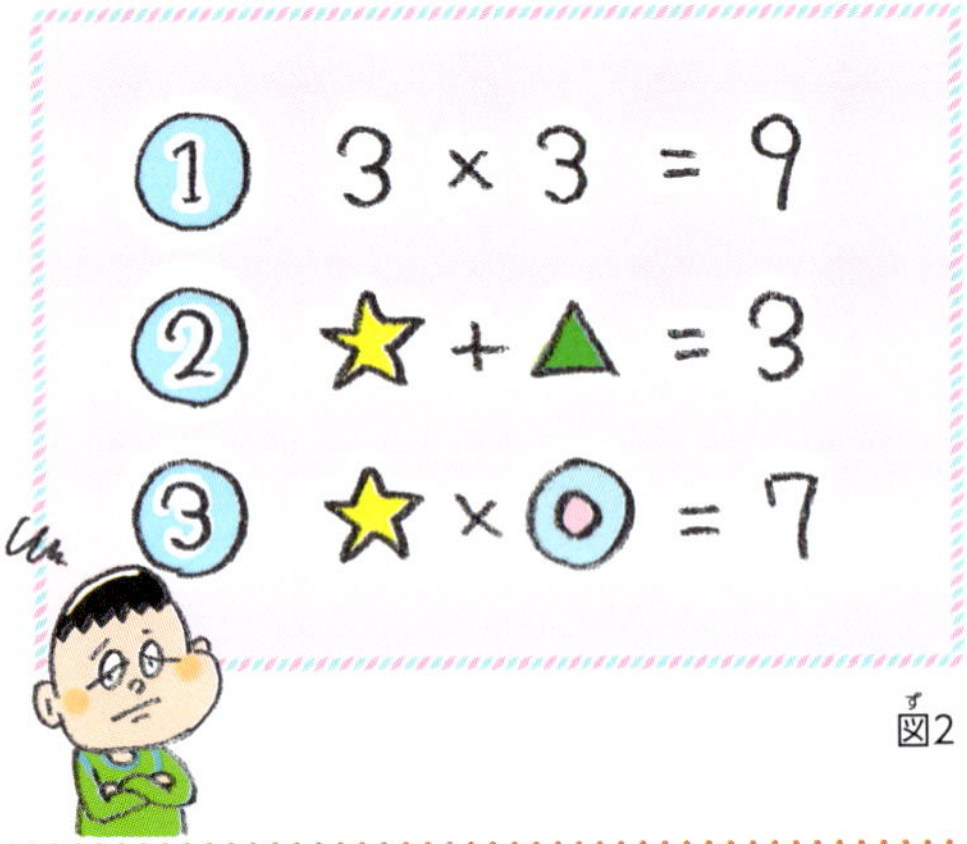

図《ず》2

図《ず》3

では、◇を3として改《あらた》めて②を見《み》てみます。答《こた》えが3になる足《た》し算《ざん》は、1＋2、2＋1のどちらかになります。ですから、☆と△はどちらかが1で、もう一方《いっぽう》は2になることがわかります。

次《つぎ》に、③のヒントを見《み》ます。もし、☆が2ならば、2×◎＝7になる◎はありません。この結果《けっか》、☆は1、△は2だということがわかりました（図《ず》3）。

最後《さいご》に☆を1として③を見《み》ると、1×◎＝7、つまり、◎が7だということもわかりました。

**ひとくちメモ** 問題《もんだい》を「どこから考《かんが》えていいかわからない」という場合《ばあい》、1〜9のどれかだとわかっているのなら、まずは、1つずつ数《かず》を当《あ》てはめてみるのも大切《たいせつ》です。そのうち、わかるきっかけが見《み》えてきます。

# エジプトの計算《けいさん》は右《みぎ》からする！

学習院初等科《がくしゅういんしょとうか》
大澤隆之《おおさわたかゆき》先生《せんせい》が書《か》きました

読《よ》んだ日《ひ》　月《がつ》　日《にち》　月《がつ》　日《にち》　月《がつ》　日《にち》

## 数《かず》は右《みぎ》から大《おお》きい位《くらい》!?

古代《こだい》エジプトの算数《さんすう》の問題《もんだい》は、パピルス（草《くさ》からつくられた紙《かみ》のような物《もの》）に書《か》かれていました。古《ふる》いものは、3500年《ねん》も昔《むかし》の物《もの》です。

1、10、100、1000……を記号《きごう》で表《あらわ》していました（図《ず》1）。位《くらい》はありませんので、記号《きごう》を必要《ひつよう》な数《かず》だけ書《か》いて、数《かず》を表《あらわ》しました（図《ず》2）。

図《ず》1

アラビア語《ご》は今《いま》でも右《みぎ》から左《ひだり》に書《か》きますが、当時《とうじ》のエジプトでも同《おな》じでした。数《かず》も右《みぎ》から書《か》きます。大《おお》きい位《くらい》の数《かず》から書《か》きました。

たし算《ざん》をしてみましょう（図《ず》3）。

図《ず》2

図《ず》3

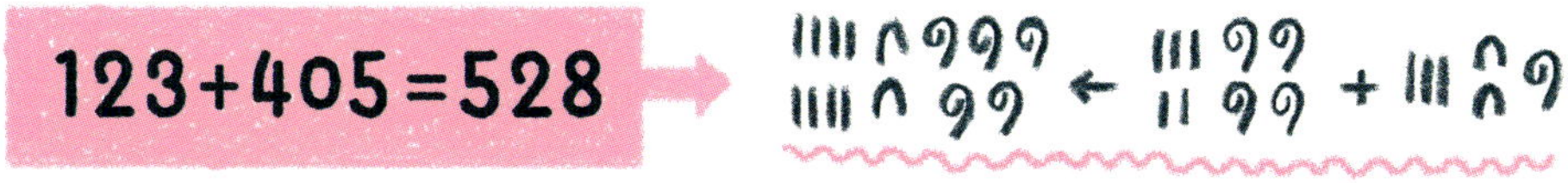


覚《おぼ》えておこう

### かけ算《ざん》はどうする？

かけ算《ざん》は、たし算《ざん》のやり方《かた》で求《もと》めました。たとえば 14 × 15 をしてみます。

| | |
|---|---|
| 1倍 | 14 |
| 2倍 | 28 |
| 4倍 | 56 |
| 8倍 | 112 |

1倍《ばい》と2倍《ばい》と4倍《ばい》と8倍《ばい》の答《こた》えを足《た》すと15倍《ばい》の答《こた》えになるので、下《した》のように計算《けいさん》します。

14+28+56+112=210

このたし算《ざん》の組《く》み合《あ》わせで、かけ算《ざん》の答《こた》えを見《み》つけます。

ひとくちメモ　古代《こだい》エジプトには位《くらい》という考《かんが》えはありませんでしたが、右《みぎ》から大《おお》きい順《じゅん》に位《くらい》を並《なら》べていたのです。

# 決闘《けっとう》で命《いのち》を落《お》とした天才数学者《てんさいすうがくしゃ》ガロア



明星大学客員教授《めいせいだいがくきゃくいんきょうじゅ》
細水保宏《ほそみずやすひろ》先生《せんせい》が書《か》きました

読《よ》んだ日《ひ》　月《がつ》　日《にち》　月《がつ》　日《にち》　月《がつ》　日《にち》

## 数学《すうがく》の天才少年《てんさいしょうねん》あらわる！

有名《ゆうめい》な数学者《すうがくしゃ》には、10代《だい》のうちに、びっくりするような大発見《だいはっけん》をした人《ひと》が少《すく》なくありません。

フランスのエヴァリスト・ガロア（1811～1832年《ねん》）も、そんな天才少年《てんさいしょうねん》の一人《ひとり》でした。

ガロアは15歳《さい》のとき、1冊《さつ》の本《ほん》と出会《であ》いました。いろいろな図形《ずけい》の問題《もんだい》と、その解《と》き方《かた》がのっている、とっても難《むずか》しい本《ほん》です。そんな、大人《おとな》でも読《よ》むのに2年《ねん》はかかりそうな本《ほん》を、たった2日《か》でスラスラ読《よ》んでしまったのです。

それからというもの、彼《かれ》はいつも数学《すうがく》のことばかり考《かんが》えるようになりました。そして、まだだれも解《と》いたことのない数式《すうしき》に挑《いど》み、はじめての論文《ろんぶん》を書《か》きました。数学者《すうがくしゃ》ガロアの誕生《たんじょう》です。

けれども、彼《かれ》のアイデアは、すぐさま世《よ》の中《なか》に認《みと》められたわけではありません。実《じつ》は、書《か》かれていた内容《ないよう》が難《むずか》しすぎて、ほかの人《ひと》にはよくわからなかったのです。

## 僕《ぼく》にはもう時間《じかん》がない！

16歳《さい》になったガロアは、フランスで一番難《いちばんむずか》しい理科系《りかけい》の大学《だいがく》を受験《じゅけん》することにしました。その学校《がっこう》に入《はい》れば、もっともっとレベルの高《たか》い数学《すうがく》を、思《おも》うぞんぶん学《まな》べると思《おも》ったからです。

ところが、結果《けっか》はまさかの不合格《ふごうかく》。次《つぎ》の年《とし》にもう一度挑戦《いちどちょうせん》するも、またしても失敗《しっぱい》でした。どうしてそんなことになったのかは、大《おお》きな謎《なぞ》です。それでも彼《かれ》はもくもくと研究《けんきゅう》にはげみ、次々《つぎつぎ》に論文《ろんぶん》を書《か》き上《あ》げていきました。

そんなころ彼《かれ》の身《み》にとても大変《たいへん》なことが起《お》こりました。なんと、ある男《おとこ》から突然《とつぜん》、決闘《けっとう》を挑《いど》まれたのです。原因《げんいん》は何《なに》だったのか、くわしいことはわかっていません。

決闘《けっとう》の前《まえ》の夜《よる》、ガロアは大急《おおいそ》ぎで、親友《しんゆう》にあてた長《なが》い手紙《てがみ》を書《か》きました。そこには、彼《かれ》の頭《あたま》の中《なか》にあった、新《あたら》しい発見《はっけん》の数々《かずかず》が記《しる》されていました。そしてそれらの中《なか》には、「ガロア理論《りろん》」という数学《すうがく》の歴史《れきし》をひっくり返《かえ》すような、大発見《だいはっけん》が含《ふく》まれていたのです。

残念《ざんねん》ながら、ガロアは20歳《さい》の若《わか》さでこの世《よ》を去《さ》りました。けれども、数学《すうがく》の世界《せかい》では、その名前《なまえ》は永遠《えいえん》に忘《わす》れられることはないでしょう。

ひとくちメモ　ガロアが受験《じゅけん》に失敗《しっぱい》した理工科大学校《りこうかだいがっこう》「エコール・ポリテクニーク」は、理系《りけい》のエリートを育《そだ》てるフランスきっての名門《めいもん》。卒業生《そつぎょうせい》には、フランス大統領《だいとうりょう》やノーベル賞受賞者《しょうじゅしょうしゃ》が名《な》を連《つら》ねています。

数と計算のお話

# 単純《たんじゅん》だが奥《おく》が深《ふか》い計算《けいさん》パズル「メイク10」

11月27日

大分県《おおいたけん》　大分市立大在西小学校《おおいたしりつおおざいにししょうがっこう》
二宮孝明《にのみやたかあき》先生《せんせい》が書《か》きました

読《よ》んだ日《ひ》　月《がつ》　日《にち》　月《がつ》　日《にち》　月《がつ》　日《にち》

## まずは数字《すうじ》を4つ見《み》つけよう

数字《すうじ》4つを使《つか》って行《おこな》う、単純《たんじゅん》だけれども奥《おく》の深《ふか》い計算《けいさん》パズルがあります。「メイク10」や「10パズル」の名前《なまえ》で親《した》しまれているパズルです。準備《じゅんび》するものは何《なに》もありません。まわりを見渡《みわた》して、4つの数字《すうじ》が見《み》つかればそれで十分《じゅうぶん》です。

たとえば、今日《きょう》が11月《がつ》27日《にち》だったとします。数字《すうじ》をばらばらにして「1、1、2、7」にします。この4つの数字《すうじ》と「＋、－、×、÷」、必要《ひつよう》ならば「（　）」を使《つか》って10をつくるのです。数字《すうじ》の並《なら》び順《じゅん》は変《か》えても構《かま》いません。また「＋、－、×、÷」の記号《きごう》で使《つか》わないものや、二度以上《にどいじょう》使《つか》うものがあってもよいです。ただし、「2、7」を「27」のように2桁《けた》の数字《すうじ》にすることはできません。

## 答《こた》えはわかるかな？

「1、1、2、7」だとどうなりますか？　答《こた》えは「(1＋1)×(7－2)」です。「こんなの簡単《かんたん》だ」と思《おも》った人《ひと》もいるでしょう。しかし、何日《なんにち》かかってもなかなか答《こた》えが見《み》つからないような難《むずか》しい問題《もんだい》もあります。有名《ゆうめい》な問題《もんだい》に「1、1、5、8」があります。答《こた》えはあえて書《か》きませんので、じっくり考《かんが》えてみてください。

このパズルは、たとえば車《くるま》のナンバープレートなど4つの数字《すうじ》があれば、いつでもどこでもできます。お互《たが》いに問題《もんだい》を出《だ》し合《あ》ったり、解《と》ける時間《じかん》を競《きそ》い合《あ》ったりしても楽《たの》しいでしょう。

### やってみよう

**解《と》けるかな？**

「メイク10」の問題《もんだい》を①～⑤まで用意《ようい》しました。どんな式《しき》ができるかな？考《かんが》えてみてください（答《こた》えは、「ひとくちメモ」にあるゾ）。

①2、2、0、7
②2、3、4、5
③8、6、4、1
④4、4、6、7
⑤3、4、9、9

**ひとくちメモ**　「やってみよう」の問題《もんだい》の答《こた》えです。できたかな？〈答《こた》え〉①（7－2）×2＋0、②2×4－3＋5、③（8＋6－4）×1、④（6－4）×7－4、⑤4＋9－9÷3　※ただし、答《こた》えが一通《ひととお》りではないものもあります。

# 広《ひろ》い？　狭《せま》い？ 量《りょう》に関《かん》する感覚《かんかく》の話《はなし》

11月28日

神奈川県《かながわけん》　川崎市立土橋小学校《かわさきしりつつちはししょうがっこう》
山本《やまもと》　直《なお》先生《せんせい》が書《か》きました

読《よ》んだ日《ひ》　月《がつ》　日《にち》｜月《がつ》　日《にち》｜月《がつ》　日《にち》

## 広《ひろ》いと思《おも》う？　狭《せま》いと思《おも》う？

学校《がっこう》にある体育館《たいいくかん》。あなたはこの広《ひろ》さを「広《ひろ》い」と思《おも》いますか、「狭《せま》い」と思《おも》いますか。人《ひと》によって言《い》うことが違《ちが》うかもしれませんね。クラスでドッジボールをするとしたら、体育館《たいいくかん》の広《ひろ》さはちょうどよい広《ひろ》さに感《かん》じるかもしれません。でも、たとえば全校《ぜんこう》で500人《にん》いる学校全体《がっこうぜんたい》でドッジボール大会《たいかい》を行《おこな》うとしたら、体育館《たいいくかん》だけでは狭《せま》く感《かん》じてしまうかもしれません。

少《すこ》し極端《きょくたん》な場合《ばあい》を考《かんが》えてみましょう。もし野球《やきゅう》の試合《しあい》をするのだとしたら、学《がっ》校《こう》の体育館《たいいくかん》では「狭《せま》い」ことになりますね。しかし、家《いえ》のトイレの広《ひろ》さが学校《がっこう》の体育館《たいいくかん》と同《おな》じ広《ひろ》さだったらどうでしょう。あまりにも広《ひろ》すぎて、落《お》ち着《つ》きませんね……。このように、同《おな》じ広《ひろ》さの場所《ばしょ》でも、何《なに》をするのか、使《つか》う目的《もくてき》によって広《ひろ》く感《かん》じたり狭《せま》く感《かん》じたりするのが人間《にんげん》の感《かん》覚《かく》だということがわかります。

## 長《なが》さや時間《じかん》でも

100mという長《なが》さは「長《なが》い」のでしょうか、「短《みじか》い」のでしょうか。これも目的《もくてき》によって違《ちが》いますね。自転車《じてんしゃ》でサイクリングを楽《たの》しみたいのなら、100mだけでは短《みじか》すぎて面白《おもしろ》くありません。でも、もし学校《がっこう》の廊下《ろうか》が100mあって、重《おも》たい荷物《にもつ》を運《はこ》んでくださいと言《い》われたら、とっても遠《とお》く感《かん》じてしまいます。

時間《じかん》も同《おな》じで、楽《たの》しいことをしていると短《みじか》く感《かん》じるのに、嫌《いや》なことをしている時間《じかん》は長《なが》く感《かん》じます。だからこそ数《かず》でくらべてみることが大切《たいせつ》なんです。

私《わたし》たちはこうした感覚《かんかく》をもとに生活《せいかつ》をしています。なので、長《なが》さでも広《ひろ》さでも時間《じかん》でも、目的《もくてき》にあった「ちょうどよい」大《おお》きさを考《かんが》えることが大切《たいせつ》です。トイレは広《ひろ》ければよいというものではないですよね……。

**ひとくちメモ**　他《ほか》にも重《おも》さやかさなど、目的《もくてき》によって感《かん》じ方《かた》が変《か》わるものがあります。いろいろな場面《ばめん》を想像《そうぞう》してみると面白《おもしろ》いですね。

# 4つの9で1〜9をつくる



東京学芸大学附属小金井小学校《とうきょうがくげいだいがくふぞくこがねいしょうがっこう》
高橋丈夫《たかはしたけお》先生《せんせい》が書《か》きました

読《よ》んだ日《ひ》　月《がつ》　日《にち》　月《がつ》　日《にち》　月《がつ》　日《にち》

## 1はどうやってつくる？

「9」を4つと、+、−、×、÷とカッコを使《つか》って1〜9までのすべての数《かず》をつくることができるでしょうか。

たとえば1だったら、9を4つと、+、−、×、÷とカッコを使《つか》っても、答《こた》えが1〜9になる式《しき》をつくることができるでしょうか。9÷9=1、1+9=10、10−9=1を計算《けいさん》すればよいですね。

ここでは、計算《けいさん》を1つの式《しき》で表《あらわ》してみます。1=9÷9+9−9で表《あらわ》せますね。

## 2と3のつくり方《かた》は？

2だったら、どうでしょう。9÷9+9÷9を計算《けいさん》すると2になります。1つの式《しき》ではたし算《ざん》よりわり算《ざん》を先《さき》に計算《けいさん》するので、2つの9÷9を先《さき》に計算《けいさん》します。すると、9÷9+9÷9は1+1になるので、答《こた》えは2になります。

3の場合《ばあい》はどうでしょう。この場合《ばあい》はカッコをうまく使《つか》うとできます。(9+9+9)÷9を計算《けいさん》すればいいのです。カッコのある式《しき》は、カッコの中《なか》を先《さき》に計算《けいさん》する約束《やくそく》になっています。ですから、(9+9+9)÷9の式《しき》は27÷9となり、3が求《もと》まります（図《ず》1）。

計算《けいさん》をする順番《じゅんばん》には図《ず》2のようなきまりがあります。

計算《けいさん》の約束《やくそく》をうまく使《つか》って、答《こた》えが4、5、6、7、8、9になる式《しき》を考《かんが》えてみましょう。

図《ず》1

図《ず》2

ひとくちメモ　「4」を4つと、+、−、×、÷とカッコを使《つか》って1〜9までのすべての数《かず》をつくることができます。くわしくは121ページ参照《さんしょう》。

2 くらしの中の算数のお話

11月30日

# 十人十色《じゅうにんといろ》 ～数《かず》を使《つか》った言葉《ことば》～

学習院初等科《がくしゅういんしょとうか》
大澤隆之《おおさわたかゆき》先生《せんせい》が書《か》きました

読《よ》んだ日《ひ》　月《がつ》　日《にち》　月《がつ》　日《にち》　月《がつ》　日《にち》

## こんな言葉《ことば》は知《し》ってる？

「十人十色《じゅうにんといろ》」という言葉《ことば》を知《し》っていますか。十人《じゅうにん》寄《よ》れば十人《じゅうにん》それぞれ人《ひと》の考《かんが》えは違《ちが》っている、ということです。

同《おな》じような意味《いみ》の言葉《ことば》が、「三者三様《さんしゃさんよう》」「千差万別《せんさばんべつ》」です。3とか千《せん》、万《まん》といった数《かず》が使《つか》われていますね。

数《かず》が使《つか》われている言葉《ことば》を調《しら》べてみましょう。

まず、1を使《つか》った言葉《ことば》から。「一朝一夕《いっちょういっせき》」は、「わずかな時間《じかん》」という意味《いみ》です。「テスト勉強《べんきょう》は一朝一夕《いっちょういっせき》ではできない」といった使《つか》い方《かた》をします。

## まだまだあるよ！

「一長一短《いっちょういったん》」は、「良《よ》い所《ところ》も悪《わる》い所《ところ》もある」という意味《いみ》です。

「一石二鳥《いっせきにちょう》」は、「1つのことをして2つの良《よ》いことが起《お》こる」という意味《いみ》です。「二兎《にと》を追《お》うものは一兎《いっと》をも得《え》ず」は、「2つのえものを同時《どうじ》にねらっても、結局《けっきょく》どちらも手《て》に入《はい》らない」という意味《いみ》です。

「三寒四温《さんかんしおん》」とは、「寒《さむ》い日《ひ》、暖《あたた》かい日《ひ》が交互《こうご》にあって、だんだん暖《あたた》かくなる様子《ようす》」です。

このように、数《かず》を使《つか》った言葉《ことば》がたくさんあります。調《しら》べると面白《おもしろ》いですよ。

### 調《しら》べてみよう

**どれだけわかるかな？**

数《かず》を使《つか》った言葉《ことば》の意味《いみ》を、辞書《じしょ》で調《しら》べてみましょう。

- 一進一退《いっしんいったい》
- 一世一代《いっせいちだい》
- 危機一髪《ききいっぱつ》
- 二束三文《にそくさんもん》
- 二人三脚《ににんさんきゃく》
- 再三再四《さいさんさいし》
- 四面楚歌《しめんそか》
- 四苦八苦《しくはっく》
- 五里霧中《ごりむちゅう》
- 七転八倒《しちてんばっとう》
- 七転八起《ななころびやおき》（七転《ななころ》び八起《やお》き）
- 八方美人《はっぽうびじん》
- 傍目八目《おかめはちもく》
- 十中八九《じっちゅうはっく》
- 九死一生《きゅうしいっしょう》

ひとくちメモ　こうしてこのページを読《よ》むのも、「一期一会《いちごいちえ》」かもしれません。でも、物知《ものし》りになる「千載一遇《せんざいいちぐう》」のチャンスです。

# 12月

December

単位とはかり方のお話

# 自動車《じどうしゃ》のタイヤのお話《はなし》

12月 1日

岩手県《いわてけん》 久慈市教育委員会《くじしきょういくいいんかい》
小森《こもり》 篤《あつし》 先生《せんせい》が書《か》きました

読《よ》んだ日《ひ》 月《がつ》 日《にち》 月《がつ》 日《にち》 月《がつ》 日《にち》

## タイヤの表示《ひょうじ》の意味《いみ》は？

自動車《じどうしゃ》のタイヤには数字《すうじ》とアルファベットを並《なら》べた表示《ひょうじ》があります。図《ず》1では「205/55 R16」と表《ひょう》示《じ》されています。これらの数字《すうじ》やアルファベットにはそれぞれ意味《いみ》があります（図《ず》2）。

「205」という数《かず》はタイヤの幅《はば》を表《あらわ》しています。単位《たんい》は㎜です（図《ず》3）。数値《すうち》が大《おお》きくなるほど太《ふと》いタイヤということになります。

「55」という数《かず》は、タイヤの偏平《へんぺい》率《りつ》を表《あらわ》しています。タイヤのゴム部分《ぶぶん》の厚《あつ》さと考《かんが》えるとわかりやすいです。この数値《すうち》が大《おお》きいほどタイヤのゴム部分《ぶぶん》が厚《あつ》く、小《ちい》さいほどゴム部分《ぶぶん》が薄《うす》くなります（図《ず》4）。

「R」のアルファベットはタイヤの種類《しゅるい》が「ラジアルタイヤ」ということを表《あらわ》しています。乗用車《じょうようしゃ》のほとんどがこの種類《しゅるい》のタイヤです。

「16」という数《かず》はリム径《けい》を表《あらわ》しています。タイヤの内側《うちがわ》の穴《あな》の円《えん》の直径《ちょっけい》です。ホイールの直径《ちょっけい》と同《おな》じ大《おお》きさになります。単位《たんい》はインチ（1インチ＝30.48cm）です。インチは、テレビの画面《がめん》の大《おお》きさにも使《つか》われる単位《たんい》ですね。この数値《すうち》が大《おお》きいほどタイヤは大《おお》きくなります。

図《ず》1

図《ず》2

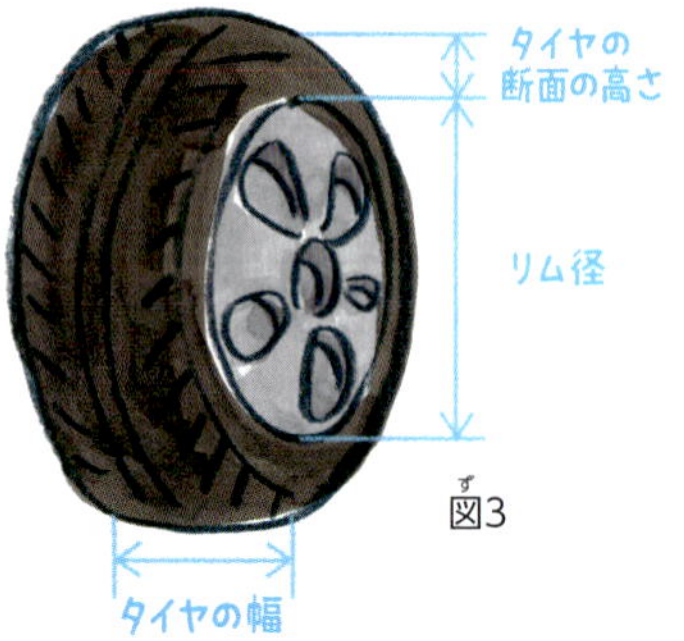


図《ず》3

図《ず》4

### 覚《おぼ》えておこう

#### 「偏平率《へんぺいりつ》」の計算方法《けいさんほうほう》

タイヤの偏平率《へんぺいりつ》は次《つぎ》のような計算《けいさん》で求《もと》められます。乗用車用《じょうようしゃよう》のタイヤは、偏平率《へんぺいりつ》が25、55、60といった5とびの数《かず》になるようにつくられます。

**偏平率《へんぺいりつ》＝タイヤの断面《だんめん》の高《たか》さ÷タイヤの断面幅《だんめんはば》**

ひとくちメモ　リム径《けい》を表《あらわ》す数《かず》の後《あと》にある数字《すうじ》やアルファベットは、「最大負荷荷重《さいだいふかかじゅう》」や「スピードレンジ」を表《あらわ》しています。

図形のお話

# 直線《ちょくせん》で曲線《きょくせん》をかいてみよう！



お茶《ちゃ》の水女子大学附属小学校《みずじょしだいがくふぞくしょうがっこう》
岡田紘子《おかだひろこ》先生《せんせい》が書《か》きました

読《よ》んだ日《ひ》　月《がつ》　日《にち》　月《がつ》　日《にち》　月《がつ》　日《にち》

## 直線《ちょくせん》から曲線《きょくせん》ができる？

直線《ちょくせん》とは、まっすぐな線《せん》のことです。曲線《きょくせん》とは、曲《ま》がった線《せん》のことです。直線《ちょくせん》を何本《なんぼん》か引《ひ》くと、まるで曲線《きょくせん》のような模様《もよう》をつくることができます。実際《じっさい》にかいて確《たし》かめてみましょう。

【つくり方《かた》】

2つの数《かず》の和《わ》が11になる点同士《てんどうし》を直線《ちょくせん》でつなぎます。定規《じょうぎ》を使《つか》って丁寧《ていねい》に直線《ちょくせん》を引《ひ》いてみましょう（図《ず》1）。

和《わ》が11　図《ず》1

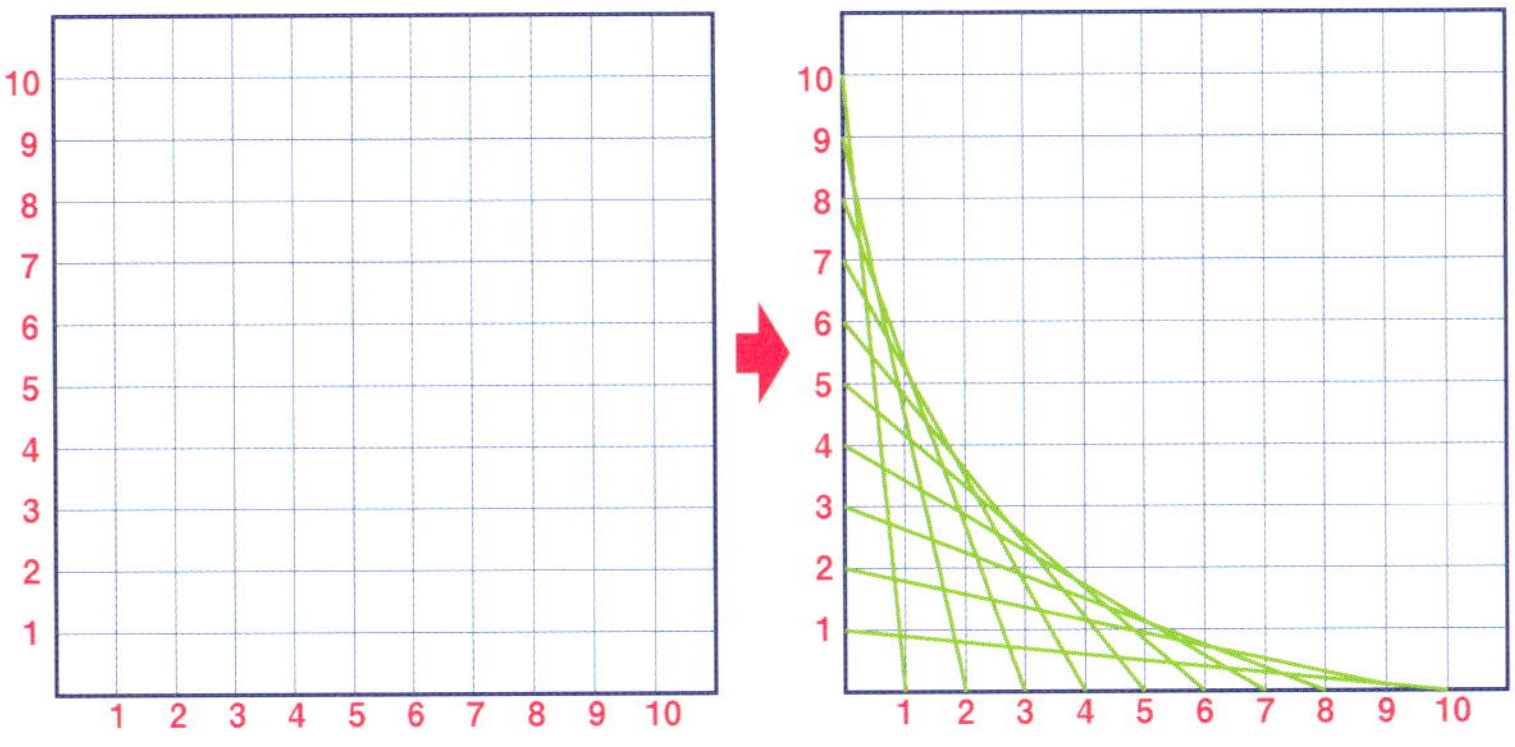

## きれいな模様《もよう》をつくろう

図《ず》1の曲線《きょくせん》のかき方《かた》を使《つか》って、きれいな模様《もよう》づくりをしてみましょう。点《てん》の数《かず》を増《ふ》やすと、よりなめらかな曲線《きょくせん》をかくことができます。曲線《きょくせん》を組《く》み合《あ》わせたり、色《いろ》を塗《ぬ》ったりして、オリジナルの模様《もよう》をかいてみましょう（図《ず》2、図《ず》3）。

和《わ》が11　図《ず》2

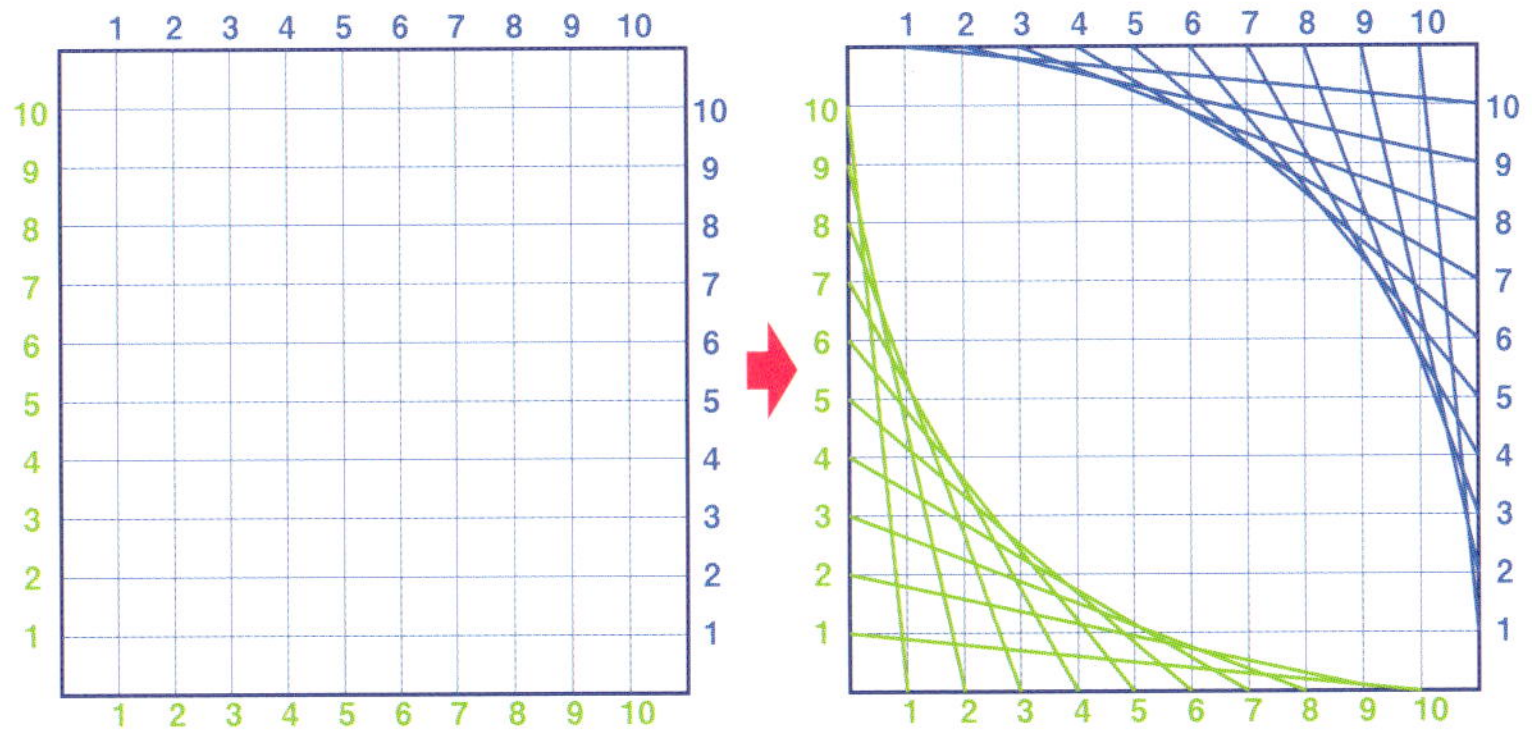

和《わ》が6　図《ず》3

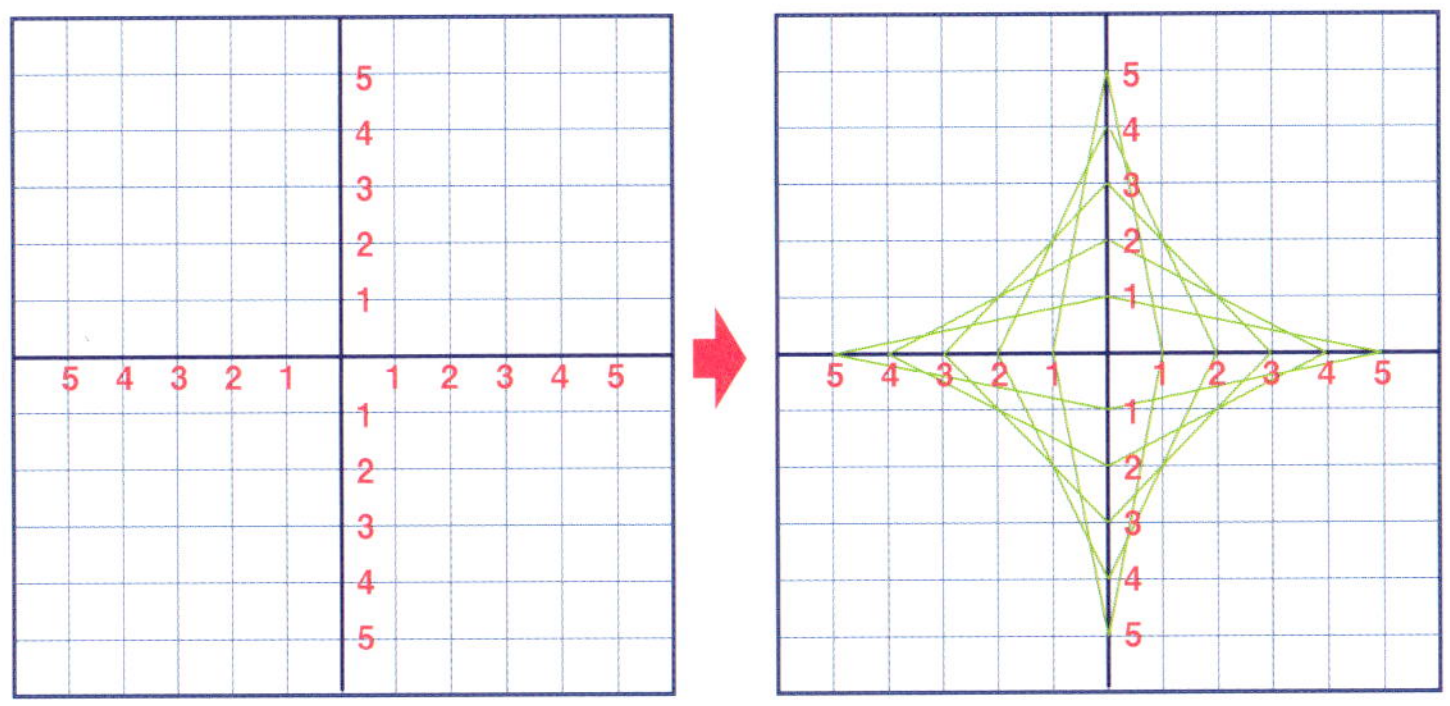

ひとくちメモ　「定規《じょうぎ》」と「ものさし」という言葉《ことば》は意味《いみ》が違《ちが》うことを知《し》っていますか？　線《せん》を引《ひ》くときに使《つか》う道具《どうぐ》を「定規《じょうぎ》」、長《なが》さを測《はか》る道具《どうぐ》を「ものさし」といいます（119ページ参照《さんしょう》）。

# 今日《きょう》という日《ひ》は3万日《まんにち》の中《なか》の1日《にち》

高知大学教育学部附属小学校《こうちだいがくきょういくがくぶふぞくしょうがっこう》
高橋《たかはし》 真《まこと》先生《せんせい》が書《か》きました

読《よ》んだ日《ひ》 月《がつ》 日《にち》 月《がつ》 日《にち》 月《がつ》 日《にち》

## 今日《きょう》は生《う》まれて何日目《なんにちめ》？

1年《ねん》は365日《にち》です。もしもあなたが今日《きょう》10才《さい》になったとします。誕生日《たんじょうび》の今日《きょう》は9才《さい》までの「365日《にち》×9年分《ねんぶん》」と1日《にち》を足《た》して（365×9+1）3286日目《にちめ》となります。11才《さい》の人《ひと》はどうでしょう。同《おな》じように計算《けいさん》で求《もと》めると3651日目《にちめ》となります。

人《ひと》の一生《いっしょう》は何日《なんにち》あるでしょうか？　日本人《にっぽんじん》は、80才以上《さいいじょう》生《い》きる人《ひと》がとても多《おお》く、長生《ながい》きでは世界《せかい》でもトップクラスです。そこで、だいたい83才《さい》まで生《い》きるとしましょう。この83という数《かず》を使《つか》って計算《けいさん》するのです。そうすると、365日《にち》×83年《ねん》＝30295日《にち》となります。日本人《にっぽんじん》は、だいたい3万日《まんにち》ぐらい生《い》きることができるということが言《い》えそうです。

## 一生《いっしょう》の27年間《ねんかん》は寝《ね》ている!?

3万日《まんにち》すべてを走《はし》ったり食《た》べたり、元気《げんき》に活動《かつどう》できるでしょうか。そうではありません。人《ひと》には寝《ね》る時間《じかん》があるからです。みなさんはどのくらいの時間《じかん》、寝《ね》ていますか？　仮《かり》に1日《にち》に8時間《じかんね》寝ているとします。8時間《じかん》は1日《にち》の$\frac{1}{3}$なので、人《ひと》は3万日《まんにち》のうち1万日《まんにち》は寝《ね》ていることになります。年《ねん》に直《なお》すとなんと27年間分《ねんかんぶん》です。

こう考《かんが》えると、時間《じかん》の使《つか》い方《かた》を少《すこ》し見直《みなお》そうかなと思《おも》いませんか？　たとえば、毎日《まいにち》1時間《じかん》ずつゲームをする人《ひと》は、一生《いっしょう》の中《なか》で1250日分《にちぶん》ゲームをすることになります。もし、2時間《じかん》なら2500日分《にちぶん》、3時間《じかん》なら3750日《にち》分《ぶん》！　これは、10才《さい》の人《ひと》がこれまで生《い》きてきた時間《じかん》と同《おな》じです。

今日《きょう》という日《ひ》は、3万日《まんにち》の中《なか》の大切《たいせつ》な1日《にち》です。あなたはどう使《つか》いますか？

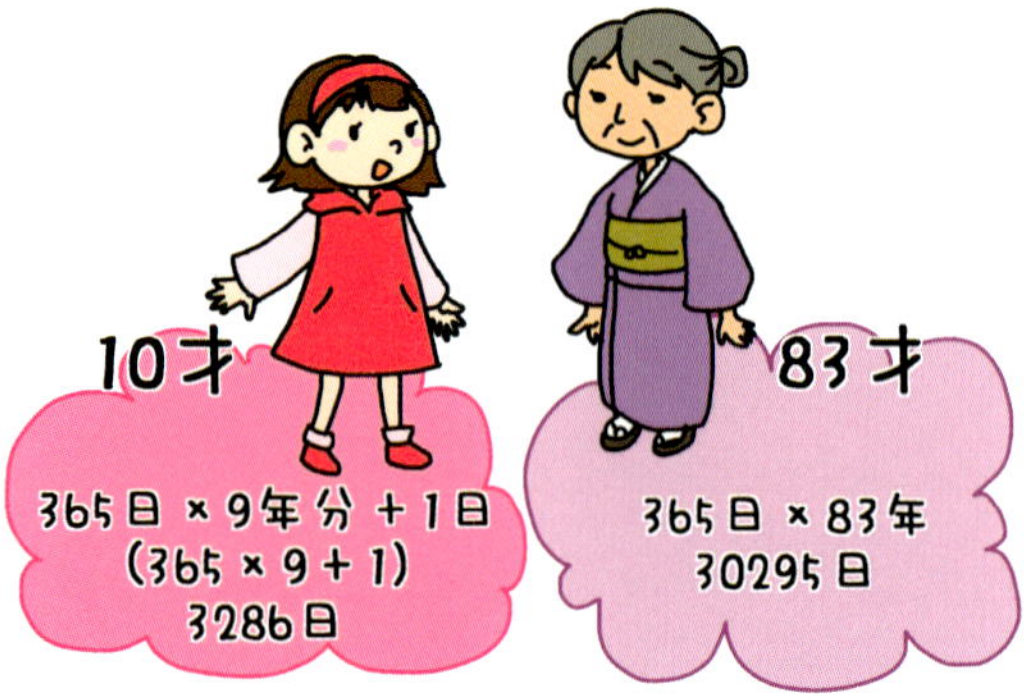


### やってみよう

### 生《う》まれてから何秒《なんびょう》たった？

生《う》まれてから何秒《なんびょう》たったか計算《けいさん》してみましょう。1日《にち》は24時間《じかん》。24時《じ》間《かん》は1440分《ぶん》です。1440分《ぶん》は8万《まん》6400秒《びょう》。自分《じぶん》が生《う》まれてから何日《なんにち》目《め》かわかったら、その数字《すうじ》に8万《まん》6400をかけてみてください。今日《きょう》10才《さい》の誕生日《たんじょうび》を迎《むか》えた人《ひと》の場合《ばあい》、2億《おく》8391万《まん》400秒《びょう》です（生《う》まれた時刻《じこく》と同《おな》じ時刻《じこく》で計算《けいさん》した場合《ばあい》）。

1日＝24時間＝1440分＝86400秒

ひとくちメモ
4年《ねん》に一度《いちど》、「うるう年《どし》」といって366日《にち》の年《とし》がありますが、ここでは、わかりやすいように1年《ねん》＝365日《にち》で計算《けいさん》しました。

# 正《せい》2.4角形《かくけい》って何《なん》だろう？



筑波大学附属小学校《つくばだいがくふぞくしょうがっこう》
盛山隆雄《せいやまたかお》先生《せんせい》が書《か》きました

読《よ》んだ日《ひ》　月《がつ》　日《にち》　月《がつ》　日《にち》　月《がつ》　日《にち》

図《ず》1

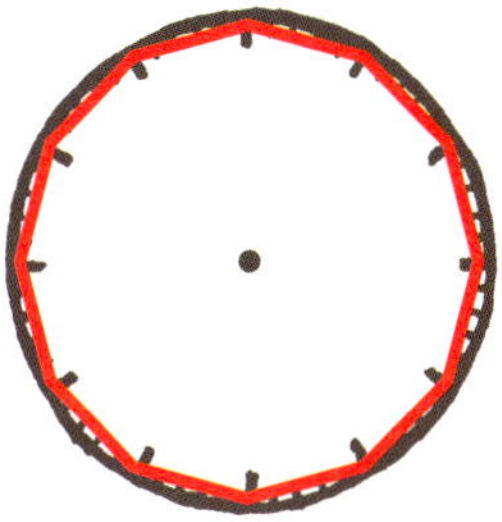

正十二角形《せいじゅうにかくけい》

図《ず》2

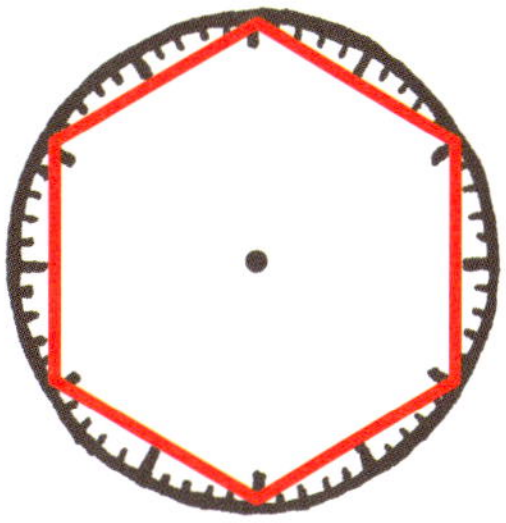

正六角形《せいろっかくけい》

図《ず》3

正方形《せいほうけい》

図《ず》4

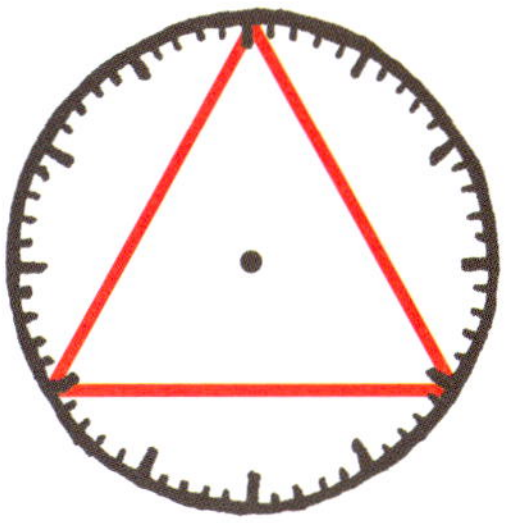

正三角形《せいさんかくけい》

## 正多角形《せいたかくけい》とは何《なに》かな？

すべての辺《へん》の長《なが》さが等《ひと》しく、すべての角《かく》の大《おお》きさが等《ひと》しい多角形《たかくけい》を、正多角形《せいたかくけい》と言《い》います。では時計《とけい》の文字盤《もじばん》を使《つか》って正多角形《せいたかくけい》をかいてみましょう。

1時間《じかん》ごとに結《むす》ぶと、正十二角形《せいじゅうにかくけい》（図《ず》1）、2時間《じかん》ごとに結《むす》ぶと正六角形《せいろっかくけい》（図《ず》2）、3時間《じかん》ごとに結《むす》ぶと正方形《せいほうけい》（図《ず》3）、4時間《じかん》ごとに結《むす》ぶと正三角形《せいさんかくけい》（図《ず》4）ができます。

では、5時間《じかん》ごとに結《むす》ぶと、どんな形《かたち》ができるでしょうか。

## 正《せい》2・4角形《かくけい》ってあるの？

実際《じっさい》にやってみると次《つぎ》のようなきれいな形《かたち》をかくことができます（図《ず》5）。

12目《め》盛《も》りを2目《め》盛《も》りずつ結《むす》ぶと、12 ÷ 2 = 6で正六角形《せいろっかくけい》。3目《め》盛《も》りずつ結《むす》ぶと12 ÷ 3 = 4で正方形《せいほうけい》。4目《め》盛《も》りずつ結《むす》ぶと12 ÷ 4 = 3で正三角形《せいさんかくけい》となります。

12目《め》盛《も》りを5目《め》盛《も》りずつ結《むす》ぶと、12 ÷ 5 = 2.4なので、正《せい》2・4角形《かくけい》（正《せい》12/5角形《かくけい》）と言《い》うことができます。このような正多角形《せいたかくけい》を星形正多角形《ほしがたせいたかくけい》と言《い》います。

図《ず》5

ひとくちメモ　身《み》の回《まわ》りにはさまざまな正多角形《せいたかくけい》があります。本書《ほんしょ》でも182ページで紹介《しょうかい》しています。

# どちらがお得《とく》？ 駐車場《ちゅうしゃじょう》の代金《だいきん》

神奈川県《かながわけん》 川崎市立土橋小学校《かわさきしりつつちはししょうがっこう》
山本《やまもと》 直《なお》 先生《せんせい》が書《か》きました

読《よ》んだ日《ひ》 月《がつ》 日《にち》 月《がつ》 日《にち》 月《がつ》 日《にち》

## 身近《みぢか》にある駐車代金《ちゅうしゃだいきん》

あなたの家《いえ》の近所《きんじょ》に、○分《ふん》□円《えん》という看板《かんばん》が立《た》っている駐車場《ちゅうしゃじょう》はありませんか。こうした駐車場《ちゅうしゃじょう》が全国《ぜんこく》にたくさんあります。

さて、図《ず》のように2カ所《しょ》の駐車場《ちゅうしゃじょう》が近所《きんじょ》にあったとします。どちらの駐車場《ちゅうしゃじょう》にとめたほうがお得《とく》なのでしょうか。

A駐車場
10分 100円
※ただし、
1日(24時間)以内
最大で2000円
B駐車場
1時間 400円
※ただし、
1分でも過ぎたら
1時間分追加されます。

| | 10分 | 20分 | … | 60分 | … | 3時間20分 | … | 5時間 | 5時間10分 | 5時間20分 | … | 24時間 |
|---|---|---|---|---|---|---|---|---|---|---|---|---|
| A | 100円 | 200円 | … | 600円 | … | 2000円 | … | 2000円 | 2000円 | 2000円 | … | 2000円 |
| B | 400円 | 400円 | … | 400円 | … | 1600円 | … | 2000円 | 2400円 | 2400円 | … | 9600円 |

## どちらの方《ほう》がお得《とく》？

Aの駐車場《ちゅうしゃじょう》は10分《ぶん》で100円《えん》なのですから、30分《ぶん》までならば300円《えん》でお得《とく》ですが、50分《ぶん》とめれば500円《えん》ということになり、Bの400円《えん》よりも高《たか》くなってしまいます。だから長《なが》くとめるならBのほうがお得《とく》といいたいところです。しかし「1日《にち》（24時間《じかん》）以内《いない》であればどんなにとめても2000円《えん》」ということは、何《なに》か得《とく》なことがありそうです。では、どのように比《くら》べたらよいのでしょうか。

Aの駐車場《ちゅうしゃじょう》は1日以内《にちいない》であれば2000円《えん》より高《たか》くなることはありません。ということは、Bの駐車場《ちゅうしゃじょう》にとめたときに2000円《えん》を超《こ》えるのはどんな時《とき》かを考《かんが》えればよいということになります。

2000 ÷ 400=5なので、ちょうど5時間《じかん》とめた場合《ばあい》は、Aの駐車場《ちゅうしゃじょう》もBの駐車場《ちゅうしゃじょう》も同《おな》じ2000円《えん》ということになります。そこから少《すこ》しでも長《なが》くとめた場合《ばあい》、Aは2000円《えん》のままですが、Bは追加料金《ついかりょうきん》が必要《ひつよう》となります。なので、5時間《じかん》を超《こ》える場合《ばあい》はAにとめたほうがお得《とく》ということになるのですね。

### やってみよう

**こんなときはどうなる？**

デパートなどの駐車場《ちゅうしゃじょう》の場合《ばあい》、「○円以上《えんいじょう》お買《か》い上《あ》げのお客様《きゃくさま》は□時間《じかん》まで無料《むりょう》」というサービスをよく見《み》かけます。この場合《ばあい》は、買《か》い物《もの》をする人《ひと》であれば当然《とうぜん》そこに駐車《ちゅうしゃ》する方《ほう》がお得《とく》ですよね。しかし、他《ほか》にも用事《ようじ》があって長《なが》い時間駐車《じかんちゅうしゃ》する場合《ばあい》はどうでしょうか。お得《とく》かどうかは、その人《ひと》の利用《りよう》の仕方《しかた》によって変《か》わってきます。その時《とき》の目的《もくてき》に応《おう》じて上手《じょうず》に使《つか》い分《わ》けられるとよいですね。

ひとくちメモ 条件《じょうけん》が違《ちが》うものの大《おお》きさを比《くら》べるときは、条件《じょうけん》を合《あ》わせて考《かんが》えるということが大切《たいせつ》になります。

手を動かしてつくってみよう

# とんがり帽子《ぼうし》をつくろう!

12月 6日

学習院初等科《がくしゅういんしょとうか》
大澤隆之《おおさわたかゆき》先生《せんせい》が書《か》きました

読《よ》んだ日《ひ》　月《がつ》　日《にち》　月《がつ》　日《にち》　月《がつ》　日《にち》

## コンパスを使《つか》えばカンタン

積《つ》み木《き》や紙《かみ》でお城《しろ》をつくるとき、いちばん上《うえ》に乗《の》せるとんがり帽子《ぼうし》の形《かたち》をした屋根《やね》を、自分《じぶん》でつくってみませんか。

コンパスが使《つか》える人《ひと》なら、つくり方《かた》は簡単《かんたん》です。こんな形《かたち》を紙《かみ》でつくって、丸《まる》めてはります。色《いろ》やもようをかくといいですね(図《ず》1)。

つくり方《かた》が難《むずか》しい? では、つくるときのコツを教《おし》えます。

図《ず》1

## コツを覚《おぼ》えてやってみよう

準備《じゅんび》するものは、画用紙《がようし》とコンパスとはさみとセロハンテープ。それに、屋根《やね》のもようをかくペンです。色画用紙《いろがようし》を使《つか》うとはなやかになります。

まず、底《そこ》の形《かたち》は円《えん》ですから、大《おお》きさを決《き》めて、画用紙《がようし》に円《えん》をかいて切《き》り取《と》ります。

次《つぎ》に、さっきの円《えん》の2倍《ばい》の半径《はんけい》になるように、画用紙《がようし》に円《えん》をかきます。その円《えん》を半分《はんぶん》に切《き》って丸《まる》めると、底《そこ》にする円《えん》とぴったり合《あ》います(図《ず》2)。

もっと長《なが》いとんがり帽子《ぼうし》の形《かたち》をつくるには、底《そこ》の円半径《えんはんけい》を4倍《ばい》した半径《はんけい》の円《えん》をかき、その半分《はんぶん》の半分《はんぶん》(1/4)を使《つか》うと、ちょうどぴったりになります。大《おお》きい円《えん》の中心《ちゅうしん》の角《かど》を直角《ちょっかく》にするのです(図《ず》3)。

図《ず》2

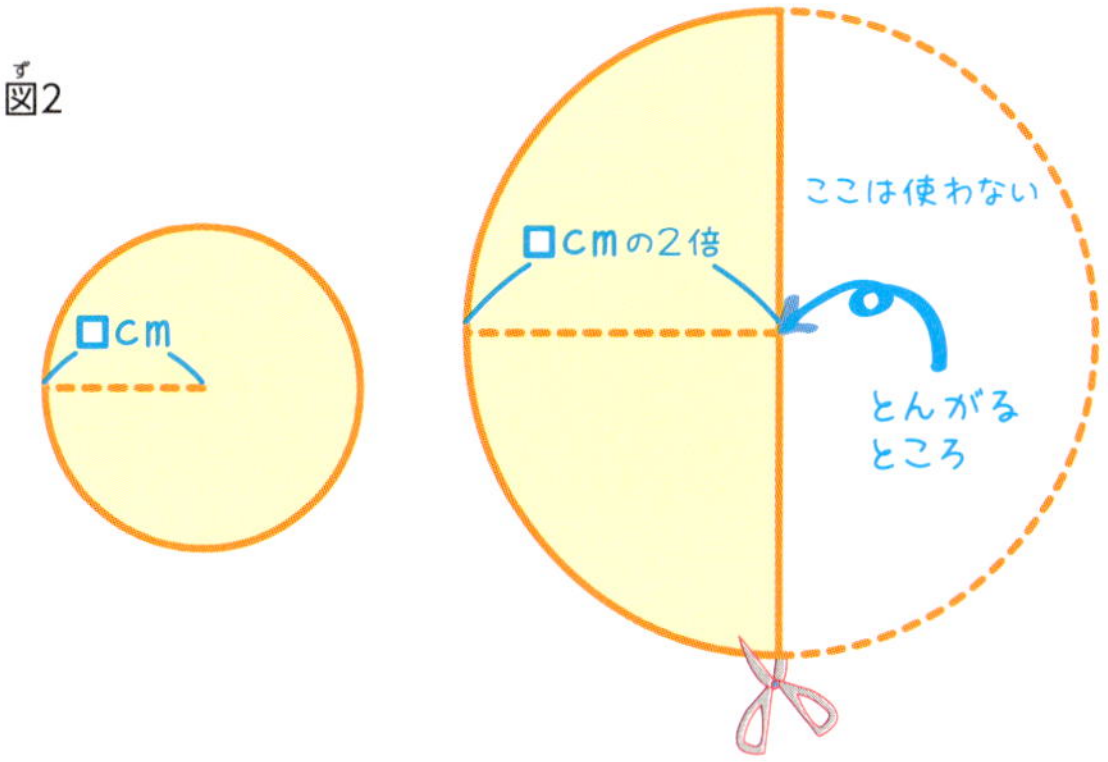


図《ず》3

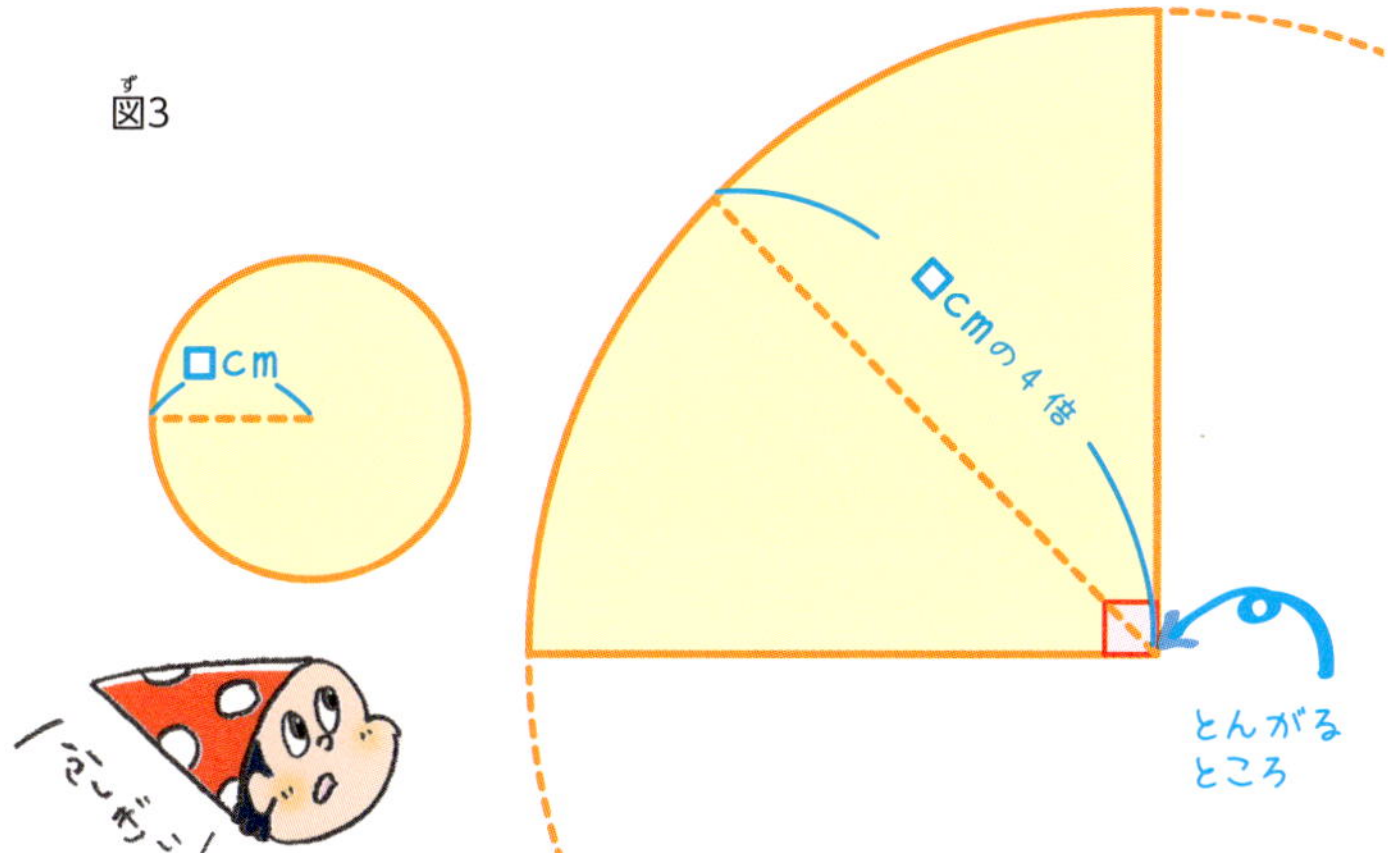


12月

ひとくちメモ　とんがり帽子《ぼうし》のような形《かたち》を「円《えん》すい」といいます。

ルール

- ２人《り》でじゃんけんをします。勝《か》った方《ほう》が先《さき》に切《き》る番《ばん》です。
- 自分《じぶん》の番《ばん》になったら、マス目《め》に沿《そ》って、チョコレートをはさみで真《ま》っ直《す》ぐに切《き》ります。途中《とちゅう》で曲《ま》がるのはNGです。切《き》ったら、チョコレートの残《のこ》りを相手《あいて》に渡《わた》します。
- 残《のこ》りをもらった相手《あいて》も同《おな》じようにチョコレートをはさみで真《ま》っ直《す》ぐに切《き》ります。切《き》ったら残《のこ》りを相手《あいて》に渡《わた》します。
- これを交互《こうご》に繰《く》り返《かえ》します。
- 最後《さいご》のひとかけらを渡《わた》した方《ほう》が勝《か》ち、最後《さいご》のひとかけらをもらった方《ほう》が負《ま》けとなります。

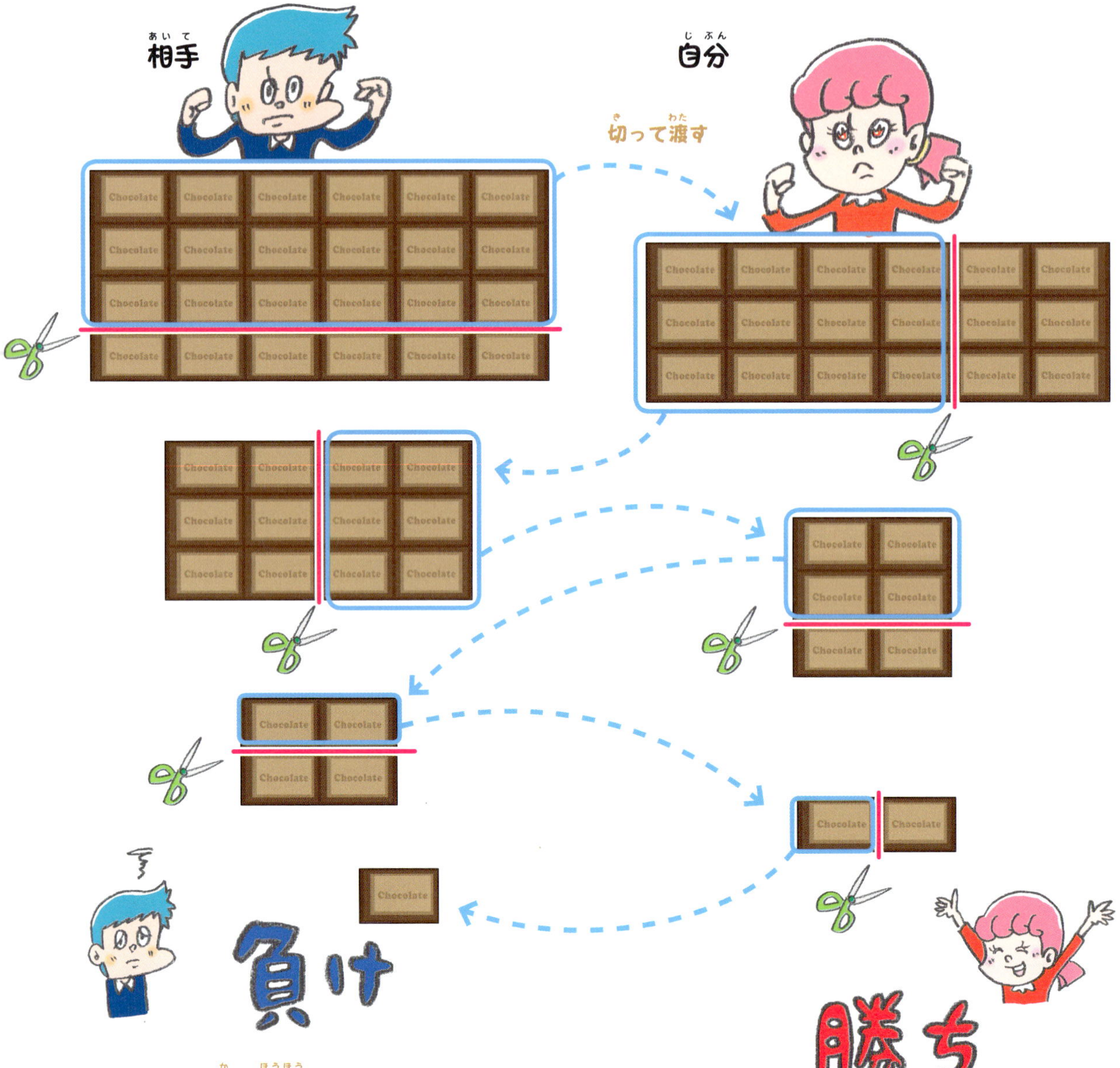


ゲームに勝《か》つ方法《ほうほう》は、390ページにのっているよ。

ひとくちメモ

ゲームを何回《なんかい》かやると、だんだん勝《か》つコツがわかってきます。5×7マス、6×8マスなど、マスの数《かず》を変《か》えてやるのもおすすめです。

# 板《いた》チョコゲームをやってみよう

お茶《ちゃ》の水女子《みずじょし》大学《だいがく》附属小学校《ふぞくしょうがっこう》
久下谷《くがや》 明《あきら》 先生《せんせい》が書《か》きました

読《よ》んだ日《ひ》　月《がつ》　日《にち》　｜　月《がつ》　日《にち》　｜　月《がつ》　日《にち》

今日《きょう》は板《いた》チョコゲームを紹介《しょうかい》します。ルールはかんたん。2人《り》でチョコレートを1回《かい》ずつ割《わ》っていって、最後《さいご》のひとかけらをもらった方《ほう》が負《ま》けです。友達《ともだち》や家族《かぞく》で楽《たの》しみましょう。

**用意《ようい》するもの**

- 紙《かみ》
- はさみ

## ●紙《かみ》のチョコレートを用意《ようい》しよう

ゲームでは、実際《じっさい》のチョコレートではなく、紙《かみ》のチョコレートを使《つか》います。下《した》の紙《かみ》をコピーして使《つか》いましょう。紙《かみ》にタテ4×ヨコ6のマス目《め》を書《か》いて自分《じぶん》でつくってもOKです。

この紙《かみ》をコピーして使《つか》ってね

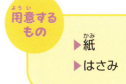

数《かず》や図形《ずけい》で遊《あそ》ぼう

# 板《いた》チョコゲームで必《かなら》ず勝《か》つ方法《ほうほう》

お茶《ちゃ》の水女子大学附属小学校《みずじょしだいがくふぞくしょうがっこう》
久《く》下《が》谷《や》 明《あきら》先生《せんせい》が書《か》きました

読《よ》んだ日《ひ》 月《がつ》 日《にち》 月《がつ》 日《にち》 月《がつ》 日《にち》

## 正方形《せいほうけい》を渡《わた》した方《ほう》が勝《か》ち

今日《きょう》は、389ページで紹介《しょうかい》した板《いた》チョコゲームで必《かなら》ず勝《か》つ方法《ほうほう》を教《おし》えちゃいます。

このゲームでは2×2マスを相手《あいて》に渡《わた》すことができれば、必《かなら》ず勝《か》つことができます。

たとえば、相手《あいて》から2×3マスを渡《わた》されたとします。

このときあなたは、A、B、Cの3通《とお》りの切《き》り方《かた》があります。

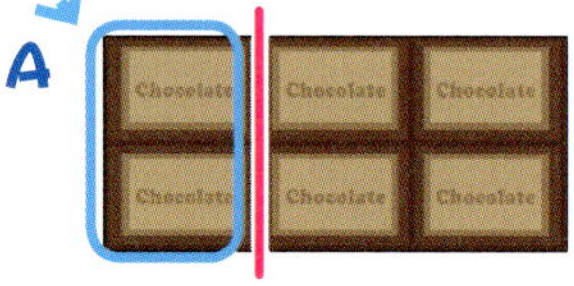

AやBのように切《き》って渡《わた》すと、次《つぎ》に相手《あいて》から1マスを渡《わた》されて負《ま》けてしまいます。

そこで、Cのように2×2マスに切《き》って相手《あいて》に渡《わた》します。

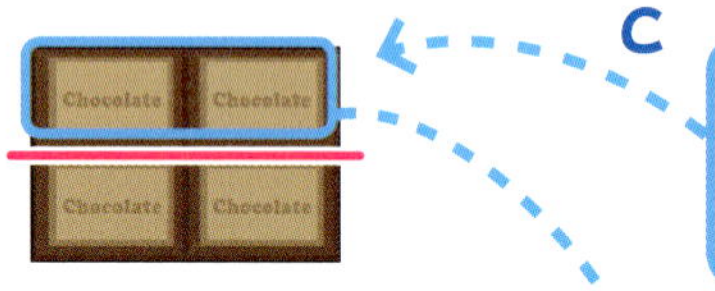

すると、相手《あいて》はあなたに2マスを渡《わた》すしかなくなります。

あなたは、相手《あいて》に1マスを渡《わた》すことができるので、あなたの勝《か》ちとなります。

**ひとくちメモ** どんな大《おお》きさのマスを渡《わた》されたとしても、考《かんが》え方《かた》は同《おな》じです。2×2マスをいち早《はや》く相手《あいて》に渡《わた》した方《ほう》が勝《か》ち。何《なん》回《かい》かゲームを楽《たの》しんだら、相手《あいて》にもこの方法《ほうほう》を教《おし》えてあげましょう。

2
くらしの中の算数のお話

# ヒツジ飼《か》いの工夫《くふう》
## ～数字《すうじ》のない大昔《おおむかし》のお話《はなし》～

12月 9日

青森県《あおもりけん》　三戸町立三戸小学校《さんのへちょうりつさんのへしょうがっこう》
種市芳丈《たねいちよしたけ》先生《せんせい》が書《か》きました

読《よ》んだ日《ひ》　月《がつ》　日《にち》｜　月《がつ》　日《にち》｜　月《がつ》　日《にち》

### 昔《むかし》は石《いし》でヒツジを数《かぞ》えた？

ヒツジは、大昔《おおむかし》から飼《か》われてきた動物《どうぶつ》の一《ひと》つです。文字《もじ》や数字《すうじ》がない時《とき》から、人間《にんげん》と一緒《いっしょ》に過《す》ごしてきました。昔《むかし》は柵《さく》をつくってその中《なか》で飼《か》うのではなく、昼《ひる》は広《ひろ》い土地《とち》に放《はな》し飼《が》いにし、夜《よる》になるとオオカミなどに襲《おそ》われないように小屋《こや》に集《あつ》めて見守《みまも》っていました。

図《ず》1

数字《すうじ》がないのに、どうやって飼《か》っているヒツジが全部《ぜんぶ》戻《もど》ってきたと確《たし》かめたのでしょうか？

それは、小屋《こや》からヒツジが出《で》ていく時《とき》に、石《いし》を置《お》いていったと言《い》われています。一頭《いっとう》出《で》ていく度《たび》に一個《いっこ》石《いし》を置《お》いていきます。戻《もど》ってきたら、その石《いし》を取《と》り除《のぞ》きます。

こうすれば、数字《すうじ》はなくても全《ぜん》部《ぶ》いるか確《たし》かめられますね。これは、ヒツジと石《いし》を対応《たいおう》させた考《かんが》え方《かた》です（図《ず》1）。

### 縄《なわ》の結《むす》び目《め》も利用《りよう》した

また、今《いま》、何頭《なんとう》飼《か》っているか忘《わす》れないように、腰《こし》にぶら下《さ》げた縄《なわ》に結《むす》び目《め》をつける方法《ほうほう》も使《つか》われていたようです。ヒツジ一頭《いっとう》につき、縄《なわ》に結《むす》び目《め》をつけていきます。もし、ヒツジがオオカミに襲《おそ》われて戻《もど》ってこない時《とき》は、結《むす》び目《め》を解《と》くそうです。これは、ヒツジと結《むす》び目《め》を対応《たいおう》させた考《かんが》え方《かた》です。

大昔《おおむかし》のヒツジ飼《か》いの人《ひと》がもし算《さん》数《すう》を知《し》ったら得意《とくい》だったかもしれませんね。

ひとくちメモ　石《いし》のかわりに地面《じめん》に線《せん》を引《ひ》いて表《あらわ》していったものが、数字《すうじ》になったと考《かんが》えられています。

図形のお話

# パズルで遊《あそ》ぼう

12月 10日

学習院初等科《がくしゅういんしょとうか》
大澤隆之《おおさわたかゆき》先生《せんせい》が書《か》きました

読《よ》んだ日《ひ》　月《がつ》　日《にち》　月《がつ》　日《にち》　月《がつ》　日《にち》

## ハートの形《かたち》を見《み》てみると…

ハートの形《かたち》は、いたるところで目《め》にしますね。図《ず》1のハートの形《かたち》を注意《ちゅうい》して見《み》てみましょう。

図《ず》1



2つの半円《はんえん》と正方形《せいほうけい》の組《く》み合《あ》わせでできていることに気《き》がつきましたか。

それに気《き》がつくと、このハートの形《かたち》は簡単《かんたん》にかくことができますね。まず、正方形《せいほうけい》をかきます。次《つぎ》に、正方形《せいほうけい》の一辺《いっぺん》の長《なが》さを直径《ちょっけい》とした半円《はんえん》を正方形《せいほうけい》の隣《とな》り合《あ》う辺《へん》にそれぞれかきます。正方形《せいほうけい》の一辺《いっぺん》の長《なが》さを変《か》えると、いろいろな大《おお》きさのハートの形《かたち》をかくことができます（図《ず》2）。

図《ず》2

## マイ・パズルをつくろう！

このハートの形《かたち》がかけたならば、それを厚紙《あつがみ》にかいて切《き》りぬいて、パズルをつくってみませんか。正《せい》方形《ほうけい》を1本《ぽん》の対角線《たいかくせん》で切《き》り、2つの三角形《さんかくけい》に分《わ》けると、2つの半円《はんえん》と合《あ》わせて4つのピースができます。このピースを使《つか》って、次《つぎ》の形《かたち》をつくってみましょう（図《ず》3）。

図《ず》3



### 覚《おぼ》えておこう

**こんなパズルもあるよ**

このハート形《がた》の半円《はんえん》と正方形《せいほうけい》をさらに細《こま》かく分解《ぶんかい》してパズルにしたものに「ブロークンハートパズル」があります。「こわれたハート」という意《い》味《み》です。ネーミングが面白《おもしろ》いですね。

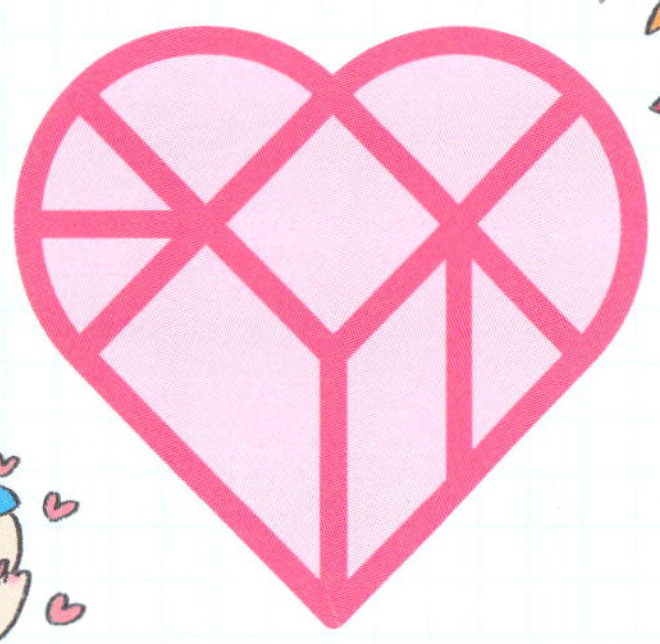

ひとくちメモ　正方形《せいほうけい》も円《えん》も、4つの同《おな》じ形《かたち》に分《わ》けると、さらにおもしろい形《かたち》ができます。楽《たの》しんでつくってみてください。

2 くらしの中の算数のお話

# お金《かね》の誕生《たんじょう》とものの価値《かち》

12月 11日

福岡県《ふくおかけん》　田川郡川崎町立川崎小学校《たがわぐんかわさきちょうりつかわさきしょうがっこう》
高瀬大輔《たかせだいすけ》先生《せんせい》が書《か》きました

読《よ》んだ日《ひ》　月《がつ》　日《にち》　月《がつ》　日《にち》　月《がつ》　日《にち》

## サルとカニはどっちが得《とく》？

「私《わたし》の1000円札《えんさつ》とあなたの1万円札《まんえんさつ》を交換《こうかん》しませんか？」と言《い》われて、喜《よろこ》んで交換《こうかん》する人《ひと》はいないでしょう。それは、1万円《まんえん》の方《ほう》が価値《かち》が高《たか》く、交換《こうかん》した場合《ばあい》には私《わたし》は9000円《えん》も損《そん》をしてしまうからですね。

みなさんも一度《いちど》は聞《き》いたことのあるお話《はなし》「さるかに合戦《がっせん》」。この童話《どうわ》は、柿《かき》の種《たね》をもっていたサルとおにぎりをもっていたカニが、それぞれを交換《こうかん》するところから物《もの》語《がたり》が始《はじ》まります。この交換《こうかん》は、どちらが得《とく》をしたのでしょうか。おにぎりは、「すぐに食《た》べられる」価値《かち》をもっていますが、1つ食《た》べるとなくなってしまいます。一方《いっぽう》で、柿《かき》の種《たね》は柿《かき》ができて食《た》べるまでにとても時間《じかん》がかかりますが、柿《かき》の木《き》が枯《か》れるまでたくさんの柿《かき》を食《た》べることができるという価値《かち》がありますね。もしかすると、お互《たが》いにとってよい交換《こうかん》ができたのかもしれません。

## 大昔《おおむかし》は物《もの》と物《もの》を交換《こうかん》した

大昔《おおむかし》のまだお金《かね》のない時代《じだい》には、「さるかに合戦《がっせん》」のように、物々《ぶつぶつ》交換《こうかん》をしていました。お互《たが》いが欲《ほ》しいものを比《くら》べて、その価値《かち》に納《なっ》得《とく》ができた場合《ばあい》に交換《こうかん》が成立《せいりつ》していたのです。

でも、社会《しゃかい》が大《おお》きくなり、より多《おお》くの人《ひと》がより多《おお》くの場所《ばしょ》で交換《こうかん》をするために、便利《べんり》な道具《どうぐ》として「お金《かね》」が誕生《たんじょう》しました。この「お金《かね》」の誕生《たんじょう》により、交換《こうかん》する両者《りょうしゃ》に共通《きょうつう》する価値《かち》が生《う》まれ、スムーズに交換《こうかん》ができるようになったのです。

### 考《かんが》えてみよう

**ものの価値《かち》を見極《みきわ》める**

同《おな》じお菓子《かし》であっても、自分《じぶん》のおなかが空《す》いているときと、おなかがいっぱいのときでは感《かん》じる気持《きも》ちが違《ちが》いますね。おこづかいを使《つか》うときは、自分《じぶん》にとってのものの価値《かち》をしっかりと見極《みきわ》めて、上手《じょうず》に交換《こうかん》ができるようになってくださいね。

ひとくちメモ
世界《せかい》には今《いま》でも青空市場《あおぞらいちば》などで物々交換《ぶつぶつこうかん》を行《おこな》っている国《くに》があります。また日本《にほん》でも、フリーマーケットなどではお金《かね》を使《つか》わないで物々交換《ぶつぶつこうかん》するときもあります。

# 周《まわ》りの長《なが》さが12cmの面積《めんせき》

単位とはかり方のお話

**12月12日**

青森県《あおもりけん》　三戸町立三戸小学校《さんのへちょうりつさんのへしょうがっこう》
種市芳文《たねいちよしたけ》先生《せんせい》が書《か》きました

読《よ》んだ日《ひ》　月《がつ》　日《にち》　月《がつ》　日《にち》　月《がつ》　日《にち》

## まずは、正方形《せいほうけい》や長方形《ちょうほうけい》

周《まわ》りの長《なが》さが同《おな》じ図形《ずけい》でも、形《かたち》が変《か》われば面積《めんせき》が変《か》わることは4年生《ねんせい》で学習《がくしゅう》します。では、どれくらい面積《めんせき》が違《ちが》うでしょうか。

まず、方眼紙《ほうがんし》と鉛筆《えんぴつ》を用意《ようい》して、周《まわ》りの長《なが》さが12cmの図形《ずけい》の面積《めんせき》を考《かんが》えてみましょう。面積《めんせき》が小数《しょうすう》だと計算《けいさん》が大変《たいへん》になるので、整数値《せいすうち》になる面積《めんせき》だけにします。

まず、見《み》つかるのは、9、8、5ですね（図《ず》1）。

図《ず》1

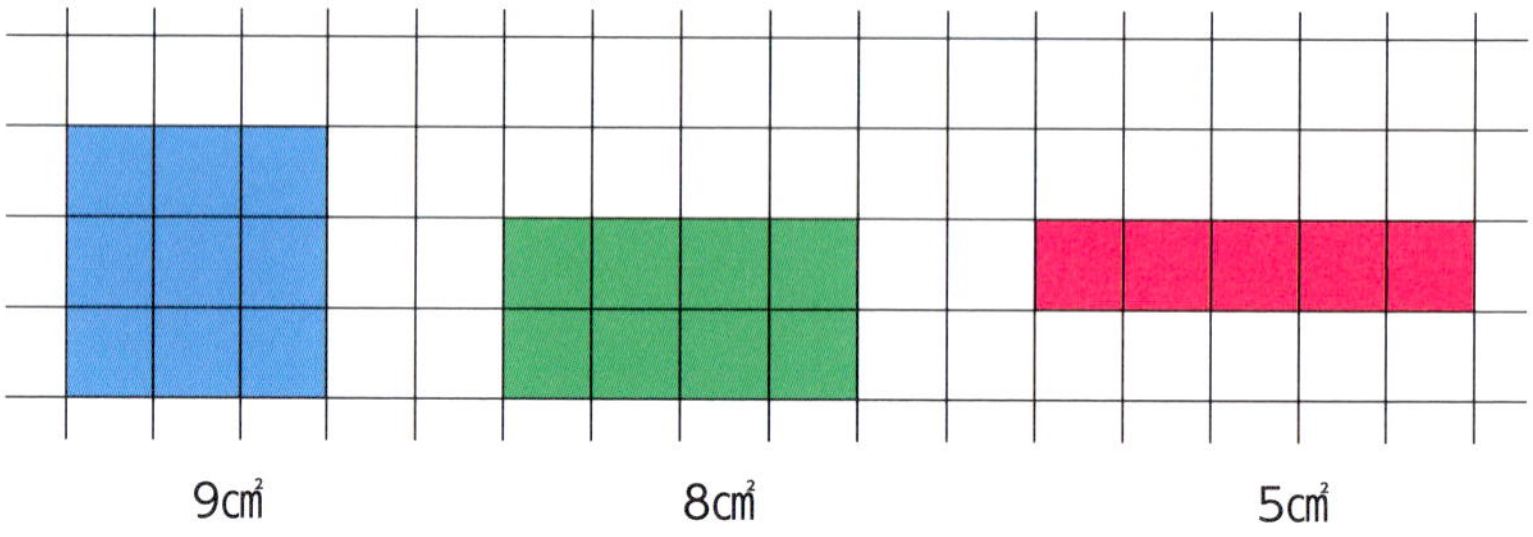


## 違《ちが》う面積《めんせき》になる形《かたち》を考《かんが》えよう

これ以外《いがい》に見《み》つけられない人《ひと》にヒントです。長方形《ちょうほうけい》や正方形《せいほうけい》だけじゃないですよ。そうです。7㎠の凸《とつ》の形《かたち》が見《み》つかりますね（図《ず》2）。

これも確《たし》かに周《まわ》りの長《なが》さは12cmです。

図《ず》2

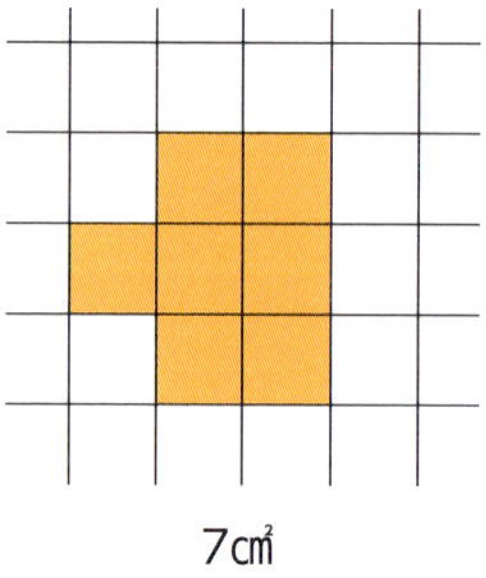


まだ、ありますよ。ヒントは、デコボコです。見《み》つかりましたか？　直角《ちょっかく》の部分《ぶぶん》を内側《うちがわ》にしていくと、6や5ができます（図《ず》3）。

今《いま》までつくったものを振《ふ》り返《かえ》ると、9、8、7、6、5の5種類《しゅるい》ができました。4や3がありそうな気《き》がしませんか？　そうです、あります！　ヒントは、「矢印《やじるし》の形《かたち》」です（図《ず》4）。この形《かたち》を使《つか》うと、1や2もできます。

このように、周《まわ》りの長《なが》さが同《おな》じでも、形《かたち》が変《か》われば面積《めんせき》は大《おお》きく違《ちが》います。

図《ず》3

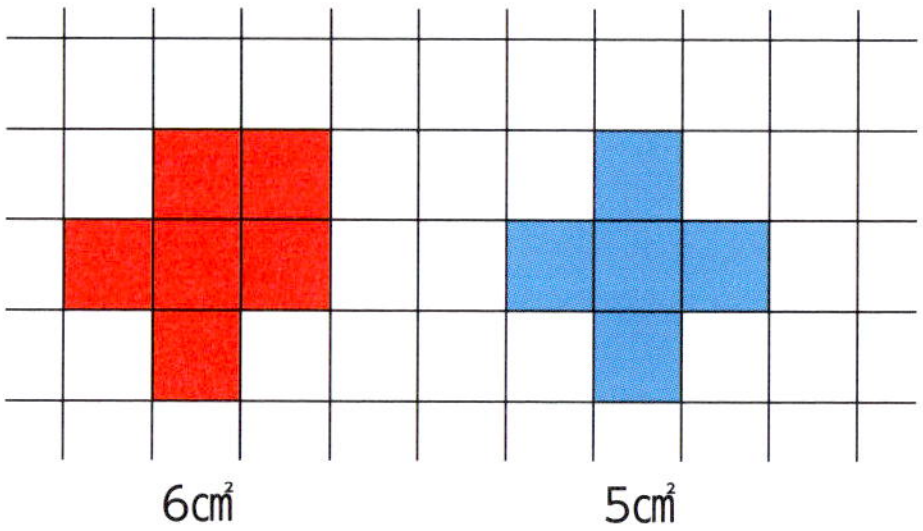


図《ず》4

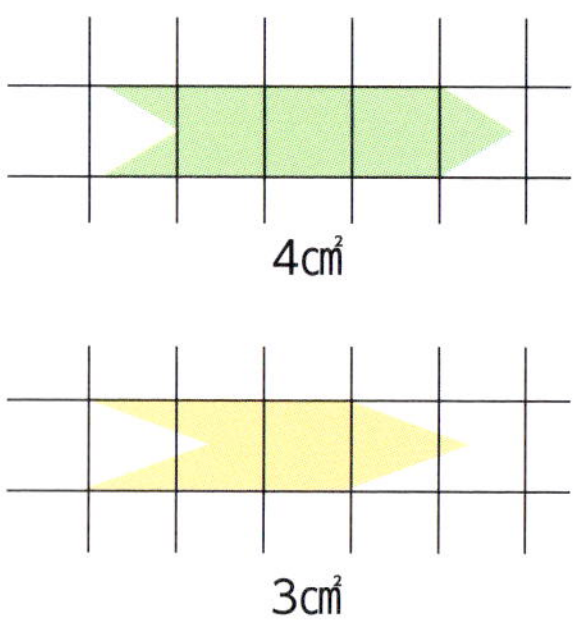


**ひとくちメモ**　小学校《しょうがっこう》では、長方形《ちょうほうけい》、平行四辺形《へいこうしへんけい》、台形《だいけい》、ひし形《がた》、円《えん》、扇形《おうぎがた》などの面積《めんせき》の求《もと》め方《かた》を習《なら》います。中学校《ちゅうがっこう》では、球《きゅう》の表面積《ひょうめんせき》を習《なら》います。どれも習《なら》った面積《めんせき》の求《もと》め方《かた》を使《つか》って新《あたら》しい面積《めんせき》の求《もと》め方《かた》を考《かんが》えていきます。

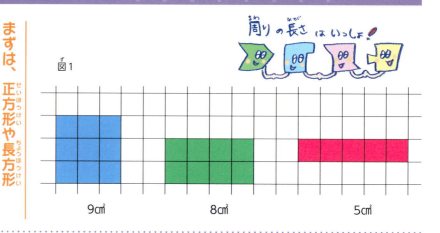

数や図形で遊ぼう

# すべてのマスを通《とお》るには!?



熊本県《くまもとけん》　熊本市立池上小学校《くまもとしりついけのうえしょうがっこう》
藤本邦昭《ふじもとくにあき》先生《せんせい》が書《か》きました

読《よ》んだ日《ひ》　月《がつ》　日《にち》｜月《がつ》　日《にち》｜月《がつ》　日《にち》

図《ず》1

## 全部《ぜんぶ》のマスが通《とお》れるかな

図《ず》1のように9マスの正方形《せいほうけい》があります。このマスを一筆書《ひとふでが》きのように進《すす》んでいき、すべてのマスを通《とお》れるかどうか調《しら》べてみましょう。

ただし、進《すす》み方《かた》は、縦《たて》と横《よこ》にしか進《すす》めません（ななめはダメです し、一度《いちど》通《とお》ったマスは2回通《かいとお》ることができません）。

いろいろな通《とお》り方《かた》を考《かんが》えてみるとき、スタートのマスの位置《いち》によってすべてのマスを通《とお》れないことがあります（図《ず》2）。どうしても1マスあまるときがありますね。

図《ず》2

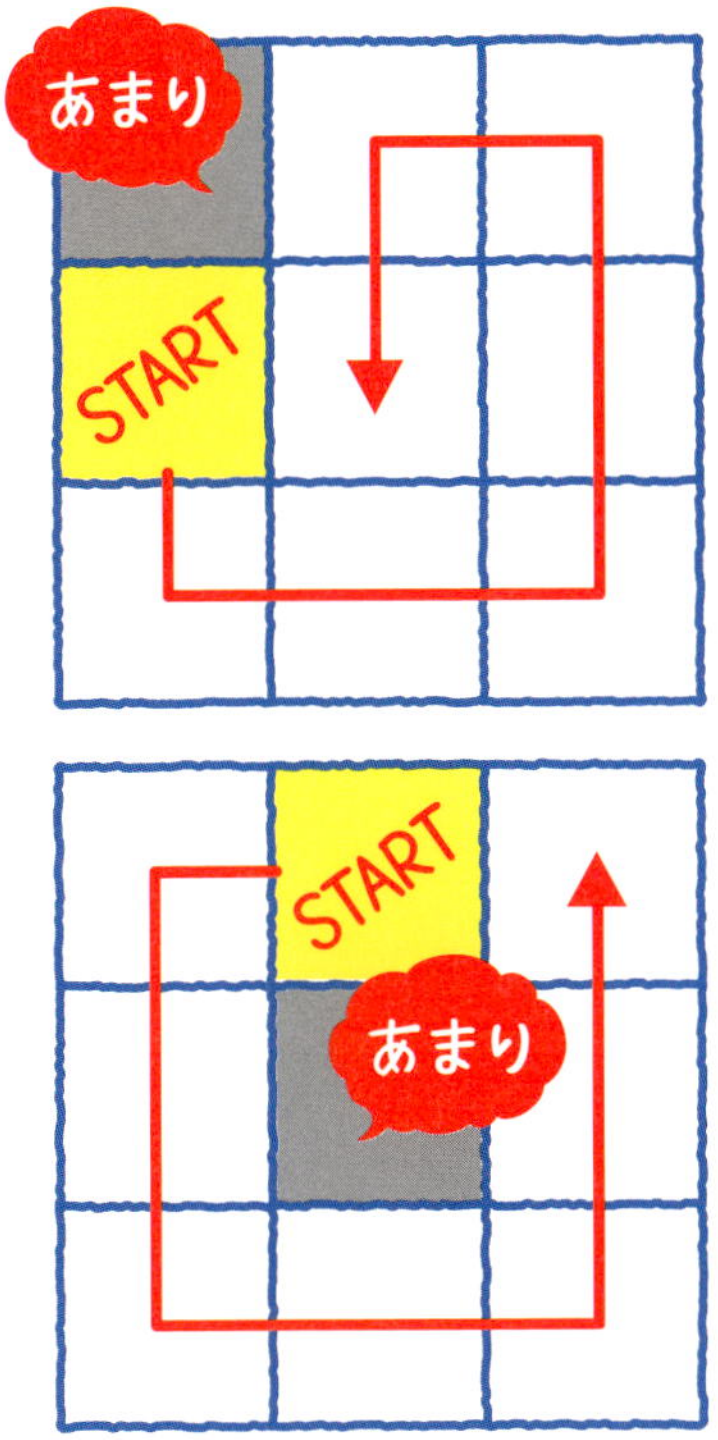


## 全部通《ぜんぶとお》れるスタートのマスは?

9個《こ》のマスのうち、どのマスからスタートすると、全部通《ぜんぶとお》ることができるでしょうか。

スタートのマスを変《か》えて調《しら》べてみると、ちょうど市松模様《いちまつもよう》のようになりました（図《ず》3）。

×のマスからスタートするとどうしても1マスあまってしまいますね。どうしてでしょう?

○と×のマスの数《かず》を数《かぞ》えてみると○が5個《こ》で×が4個《こ》ですね。しかも、進《すす》み方《かた》は縦《たて》か横《よこ》ですから、○の次《つぎ》は必《かなら》ず×を通《とお》ります。つまり○と×を交互《こうご》に通《とお》るわけですから、×からスタートすると○が1つあまってしまうというわけです。

図《ず》3

全部通《ぜんぶとお》れるスタートのマスは○、全部通《ぜんぶとお》れないスタートのマスは×。

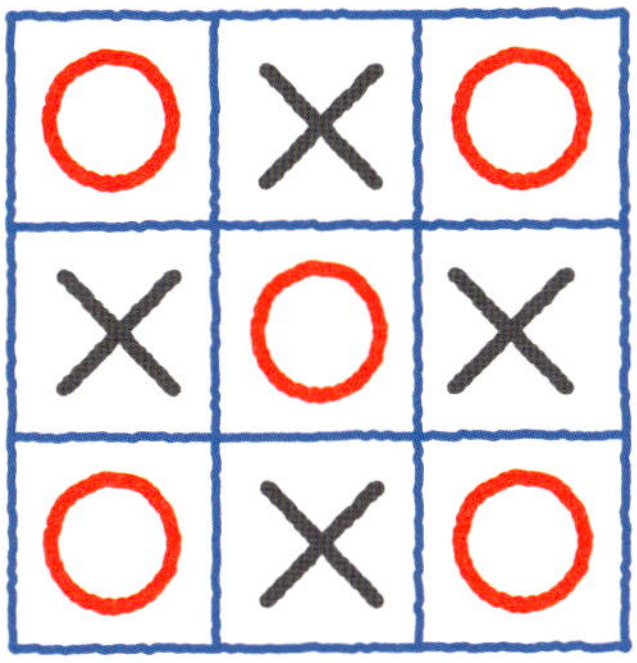

ひとくちメモ　マスの数《かず》を縦《たて》4マス、横《よこ》4マスの計《けい》16個《こ》にしてやってみましょう。どこからスタートしても全部通《ぜんぶとお》れるでしょうか？　それはなぜでしょうね。

# 1日《にち》の始《はじ》まりはいつ？

12月14日

学習院初等科《がくしゅういんしょとうか》
大澤隆之《おおさわたかゆき》先生《せんせい》が書《か》きました

読《よ》んだ日《ひ》　月《がつ》　日《にち》｜月《がつ》　日《にち》｜月《がつ》　日《にち》

## 昔《むかし》は午前《ごぜん》0時《じ》じゃなかった

江戸時代《えどじだい》の1日《にち》の始《はじ》まりは、明《あ》け方《がた》でした。「両手《りょうて》を目《め》の前《まえ》で広《ひろ》げて、それが見《み》えた時《とき》」を明《あ》け方《がた》（払暁《ふつぎょう》）としました。ですから、午《ご》前《ぜん》0時《じ》を過《す》ぎていても、まだ暗《くら》いうちは次《つぎ》の日《ひ》になりません。たとえば赤穂浪士《あこうろうし》の討《う》ち入《い》りは12月《がつ》15日《にち》午前《ごぜん》4時《じ》ごろに起《お》きた事件《じけん》ですが、前日《ぜんじつ》（12月《がつ》14日《か》）の事件《じけん》ということになっています。

## 夕方《ゆうがた》が始《はじ》まりだった国《くに》も

一方《いっぽう》、イスラムの国々《くにぐに》やパレスチナ地方《ちほう》では、1日《にち》の始《はじ》まりは夕《ゆう》方《がた》、日《ひ》が沈《しず》んだ時《とき》（日没後約《にちぼつごやく》30分《ぶん》）でした。クリスマスイブや断食《だんじき》のように、キリスト教《きょう》やユダヤ教《きょう》の祝日《しゅくじつ》や行事《ぎょうじ》が夕方始《ゆうがたはじ》まるのは、このためです。砂漠《さばく》の多《おお》い地方《ちほう》では、昼間《ひるま》は暑《あつ》くて行動《こうどう》ができず、夕方《ゆうがた》に行動《こうどう》を開始《かいし》したからでしょう。

けれども、夜明《よあ》けや日没《にちぼつ》は季節《きせつ》により違《ちが》います。季節《きせつ》によって1日《にち》の始《はじ》まりが変《か》わるのは困《こま》ります。そこで、ヨーロッパでは産業革命《さんぎょうかくめい》の時《とき》から午前《ごぜん》0時《じ》を1日《にち》の始《はじ》まりとするようになりました。電灯《でんとう》がつき、働《はたら》く時間《じかん》が長《なが》くなってくると、1日《にち》の始《はじ》めと終《お》わりをはっきりさせなければならなくなったからです。

1日《にち》の始《はじ》まりは、午前《ごぜん》0時《じ》が当《あ》たり前《まえ》だと思《おも》ってはいませんでしたか。それは、時代《じだい》によって、国《くに》によってさまざまだったのです。

### 覚《おぼ》えておこう

### 奈良時代《ならじだい》の1日《にち》は午前《ごぜん》0時《じ》から!?

中国《ちゅうごく》の漢《かん》という時代《じだい》（紀元前《きげんぜん》）には、正確《せいかく》な天文水《てんもんみず》時計《どけい》があり、昼間《ひるま》の太陽《たいよう》がいちばん高《たか》く上《のぼ》る時《とき》（南《なん》中《ちゅう》）の正反対《せいはんたい》が真夜中《まよなか》の中心《ちゅうしん》、つまり1日《にち》の始《はじ》まり、という考《かんが》え方《かた》がすでにありました。日本《にほん》でも、奈良《なら》時代《じだい》に中国《ちゅうごく》からこの考《かんが》え方《かた》を学《まな》んで、午前《ごぜん》0時《じ》を1日《にち》の始《はじ》まりとしていました。

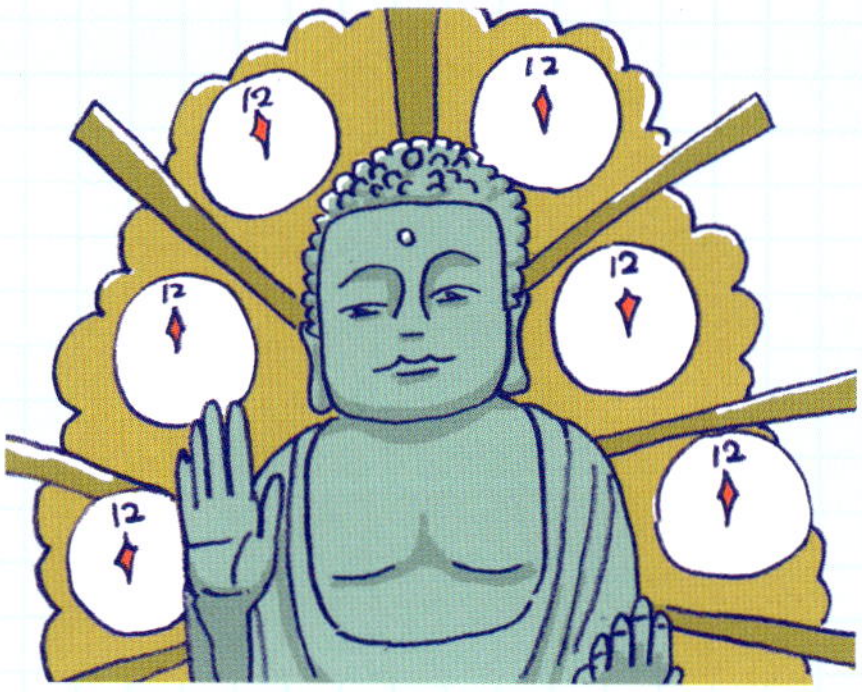


ひとくちメモ
江戸時代《えどじだい》の学者《がくしゃ》がこんなことを書《か》き残《のこ》しているそうです。「世《よ》の中《なか》は夜明《よあ》けを一日《いちにち》のはじめとしているが、夜中《よなか》の子《ね》の刻《こく》が正《ただ》しいので、みんなに知《し》らせるべきだ」（1740年《ねん》）。

2 くらしの中の算数のお話

# 順《じゅん》に足《た》していく数《かず》のならび〜フィボナッチ数列《すうれつ》〜

12月15日

熊本県《くまもとけん》　熊本市立池上小学校《くまもとしりついけのうえしょうがっこう》
藤本邦昭《ふじもとくにあき》先生《せんせい》が書《か》きました

読《よ》んだ日《ひ》　月《がつ》　日《にち》　月《がつ》　日《にち》　月《がつ》　日《にち》

## こんな数《かず》の並《なら》び方《かた》知《し》ってる？

次《つぎ》の数列《すうれつ》（数《かず》が並《なら》んだもの）は、どんな規則《きそく》で数《かず》がならんでいるかわかりますか。

1、1、2、3、5、8、13、21、34、55、89……。

最初《さいしょ》の2つの「1」を除《のぞ》いた3番目《ばんめ》からの数《かず》は、その1つ前《まえ》の数《かず》と2つ前《まえ》の数《かず》との和《わ》になっています。

1
1
2 = 1 + 1
3 = 1 + 2
5 = 2 + 3
8 = 3 + 5
⋮

このような数列《すうれつ》を「フィボナッチ数列《すうれつ》」といいます。「フィボナッチ」とは12〜13世紀《せいき》のイタリアに実在《じつざい》した数学者《すうがくしゃ》の名《な》前《まえ》です。

## 自然《しぜん》の中《なか》で見《み》られる数列《すうれつ》

このフィボナッチ数列《すうれつ》は、自然《しぜん》の中《なか》でもよく出《で》てきます。たとえば、松《まつ》ぼっくりの「かさ」の数《かず》や、木《き》の枝分《えだわ》かれのきまりがフィボナッチ数列《すうれつ》になっています。

また、ひまわりの種《たね》の1列《れつ》の数《かず》などを調《しら》べてみると、「5」「8」や「21」「34」などの数《かず》がよく見《み》られるそうです。

### やってみよう

「0」を使《つか》わずにできるかな？

フィボナッチ数列《すうれつ》は、「前《まえ》の２つの数《かず》を足《た》して、次《つぎ》の数《かず》をつくる」というルールでできています。このルールを使《つか》えば、自分《じぶん》でいろいろな数列《すうれつ》をつくることができます。このルールで数列《すうれつ》をつくったとき５番目《ばんめ》の数《かず》が「10」の場合《ばあい》、１番目《ばんめ》から４番目《ばんめ》の数《かず》はいくつになるでしょう？　ただし「0」は使《つか》いません。

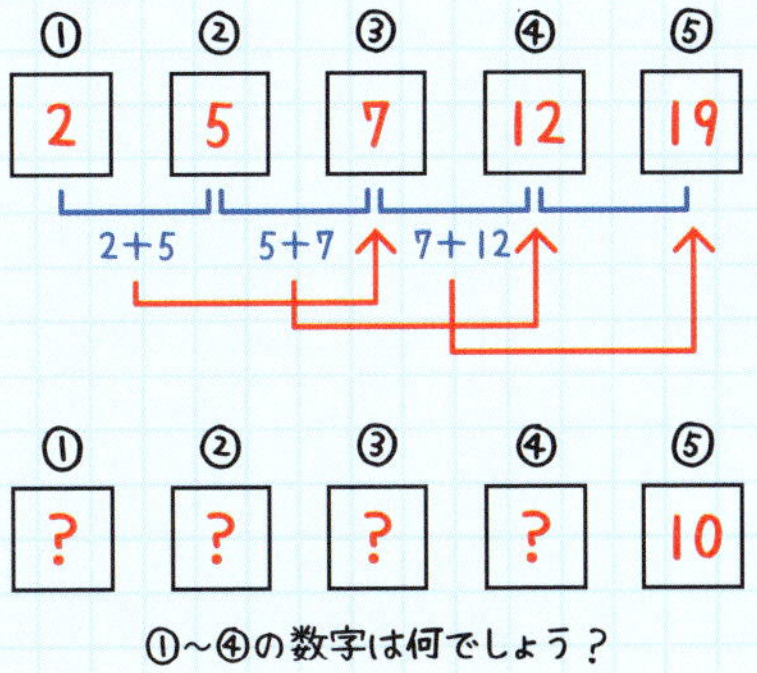


ひとくちメモ　「やってみよう」の正解《せいかい》は、2、2、4、6、10でした。コツは右《みぎ》から順《じゅん》に考《かんが》えていくこと。他《ほか》にも自分《じぶん》で5番目《ばんめ》の数《かず》を決《き》めて1〜4番目《ばんめ》を探《さが》してみましょう。答《こた》えが複数《ふくすう》見《み》つかったり、きまりが見《み》えてきたりしますよ。

# なぜ甲子園《こうしえん》というの？



明星大学客員教授《めいせいだいがくきゃくいんきょうじゅ》
細水保宏《ほそみずやすひろ》先生《せんせい》が書《か》きました

読《よ》んだ日《ひ》　月《がつ》　日《にち》　月《がつ》　日《にち》　月《がつ》　日《にち》

## 六十干支《ろくじっかんし》って知《し》ってる？

高校野球《こうこうやきゅう》で有名《ゆうめい》な甲子園球場《こうしえんきゅうじょう》は、1924年《ねん》の甲子《きのえね》の年《とし》にできたのでこう名付《なづ》けられたと言《い》われています。この甲子《きのえね》は六十干支《ろくじっかんし》からきています。この六十干支《ろくじっかんし》について見《み》てみましょう。

古代中国《こだいちゅうごく》では天《てん》の周《まわ》りを12等分《とうぶん》して12の方位《ほうい》を定《さだ》め、その位置《いち》に十二支《じゅうにし》を置《お》いて呼《よ》ぶ習慣《しゅうかん》がありました。

北《きた》の方位《ほうい》が子《ね》、南《みなみ》が午《うま》です。したがって、北極《ほっきょく》と南極《なんきょく》を通《とお》る経線《けいせん》は子午線《しごせん》と呼《よ》ばれています。

また、中国《ちゅうごく》では1カ月《げつ》を3等分《とうぶん》し、上旬《じょうじゅん》、中旬《ちゅうじゅん》、下旬《げじゅん》として、それぞれの10日間《かかん》に、文字《もじ》で順序《じゅんじょ》をつけて呼《よ》んでいました。これを十干《じっかん》と言《い》います。

中国《ちゅうごく》では、殷《いん》の時代《じだい》からこの十干《じっかん》と十二支《じゅうにし》を組《く》み合《あ》わせて、日《ひ》にちや年《とし》を数《かぞ》える方法《ほうほう》が使《つか》われていました。十干《じっかん》と十二支《じゅうにし》から1つずつ選《えら》んで組《く》み合《あ》わせをつくると、10と12の最小公倍数《さいしょうこうばいすう》は60なので、60個《こ》の組《くみ》ができます。

十二支《じゅうにし》

子《ね》、丑《うし》、寅《とら》、卯《う》、辰《たつ》、巳《み》
午《うま》、未《ひつじ》、申《さる》、酉《とり》、戌《いぬ》、亥《い》

十干《じっかん》

甲（きのえ）
乙（きのと）
丙（ひのえ）
丁（ひのと）
戊（つちのえ）
己（つちのと）
庚（かのえ）
辛（かのと）
壬（みずのえ）
癸（みずのと）

六十干支《ろくじっかんし》

| | | | | | | | | | |
|---|---|---|---|---|---|---|---|---|---|
| 甲子《きのえね》 1 | 乙丑《きのとうし》 2 | 丙寅《ひのえとら》 3 | 丁卯《ひのとう》 4 | 戊辰《つちのえたつ》 5 | 己巳《つちのとみ》 6 | 庚午《かのえうま》 7 | 辛未《かのとひつじ》 8 | 壬申《みずのえさる》 9 | 癸酉《みずのととり》 10 |
| 甲戌《きのえいぬ》 11 | 乙亥《きのとい》 12 | 丙子《ひのえね》 13 | 丁丑《ひのとうし》 14 | 戊寅《つちのえとら》 15 | 己卯《つちのとう》 16 | 庚辰《かのえたつ》 17 | 辛巳《かのとみ》 18 | 壬午《みずのえうま》 19 | 癸未《みずのとひつじ》 20 |
| 甲申《きのえさる》 21 | 乙酉《きのととり》 22 | 丙戌《ひのえいぬ》 23 | 丁亥《ひのとい》 24 | 戊子《つちのえね》 25 | 己丑《つちのとうし》 26 | 庚寅《かのえとら》 27 | 辛卯《かのとう》 28 | 壬辰《みずのえたつ》 29 | 癸巳《みずのとみ》 30 |
| 甲午《きのえうま》 31 | 乙未《きのとひつじ》 32 | 丙申《ひのえさる》 33 | 丁酉《ひのととり》 34 | 戊戌《つちのえいぬ》 35 | 己亥《つちのとい》 36 | 庚子《かのえね》 37 | 辛丑《かのとうし》 38 | 壬寅《みずのえとら》 39 | 癸卯《みずのとう》 40 |
| 甲辰《きのえたつ》 41 | 乙巳《きのとみ》 42 | 丙午《ひのえうま》 43 | 丁未《ひのとひつじ》 44 | 戊申《つちのえさる》 45 | 己酉《つちのととり》 46 | 庚戌《かのえいぬ》 47 | 辛亥《かのとい》 48 | 壬子《みずのえね》 49 | 癸丑《みずのとうし》 50 |
| 甲寅《きのえとら》 51 | 乙卯《きのとう》 52 | 丙辰《ひのえたつ》 53 | 丁巳《ひのとみ》 54 | 戊午《つちのえうま》 55 | 己未《つちのとひつじ》 56 | 庚申《かのえさる》 57 | 辛酉《かのととり》 58 | 壬戌《みずのえいぬ》 59 | 癸亥《みずのとい》 60 |

ひとくちメモ

六十干支《ろくじっかんし》による数《かぞ》え方《かた》では、60年経《ねんた》つと暦《こよみ》が一巡《いちじゅん》することになります。そこで、60歳《さい》になると、還暦《かんれき》といってお祝《いわ》いする習慣《しゅうかん》があるのです。

# これもまた目《め》の錯覚《さっかく》？③

お茶《ちゃ》の水《みず》女子《じょし》大学《だいがく》附属《ふぞく》小学校《しょうがっこう》
久《く》下《が》谷《や》 明《あきら》先生《せんせい》が書《か》きました

12月《がつ》 17日《にち》

読《よ》んだ日《ひ》　月《がつ》　日《にち》｜　月《がつ》　日《にち》｜　月《がつ》　日《にち》

## 同《おな》じ幅《はば》で並《なら》んだ直線《ちょくせん》が？

目《め》の錯覚《さっかく》を起《お》こすものについて、これまでいくつか紹介《しょうかい》してきました。今日《きょう》は目《め》の錯覚《さっかく》について最後《さいご》のお話《はなし》となります（関連《かんれん》：326ページ、346ページ、373ページ）。

ぜひ、不思議《ふしぎ》な世界《せかい》を楽《たの》しんでくださいね。

図《ず》1あいの2本《ほん》の直線《ちょくせん》を見《み》てください。

図《ず》1

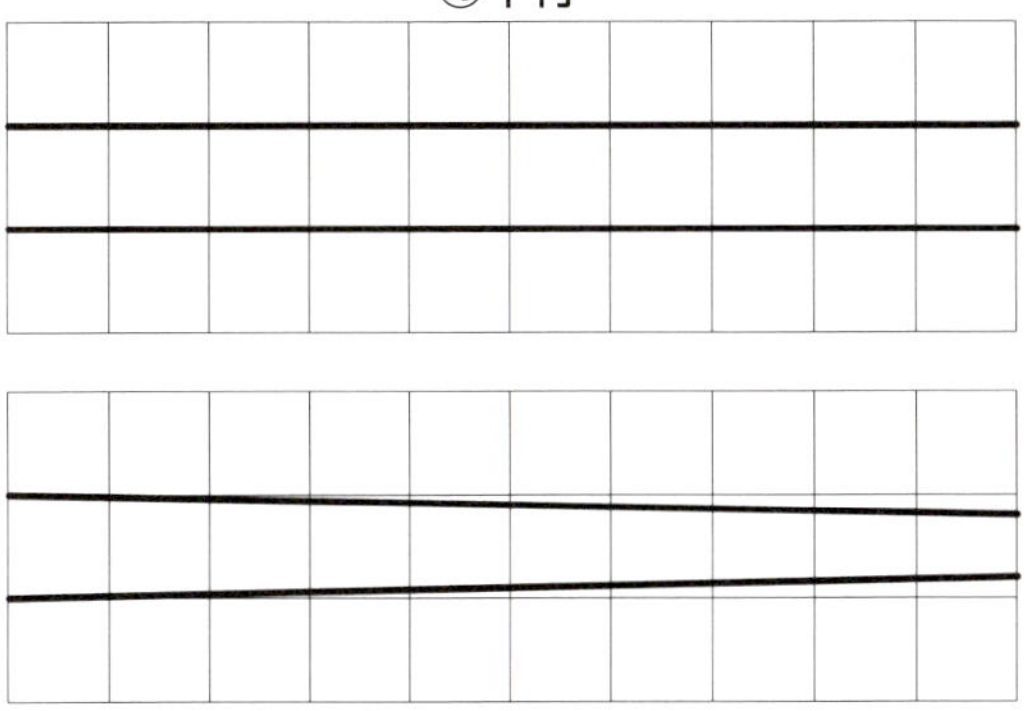

あの2本《ほん》の直線《ちょくせん》の幅《はば》は、どこも同《おな》じになっていて、いくら伸《の》ばしていっても、2本《ほん》の直線《ちょくせん》が交《まじ》わることはありません。このようにならんだ直線《ちょくせん》の関係《かんけい》を『平行《へいこう》』といいます（いの2本《ほん》の直線《ちょくせん》は平行《へいこう》ではありません）。

## ゆがんで見《み》えるのは錯覚《さっかく》？

では、次《つぎ》に図《ず》2、図《ず》3、図《ず》4を見《み》てください。

横《よこ》にひかれた線《せん》がどのように見《み》えますか。

図《ず》2

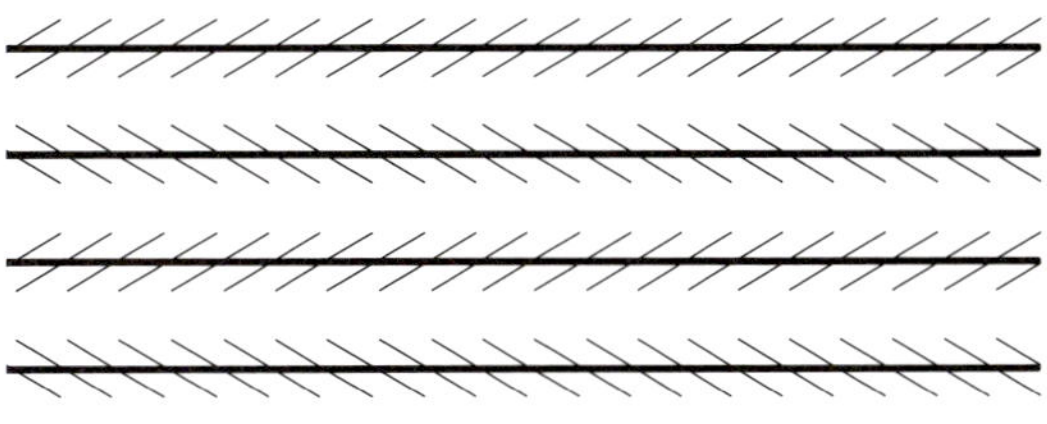

図《ず》3

図《ず》4

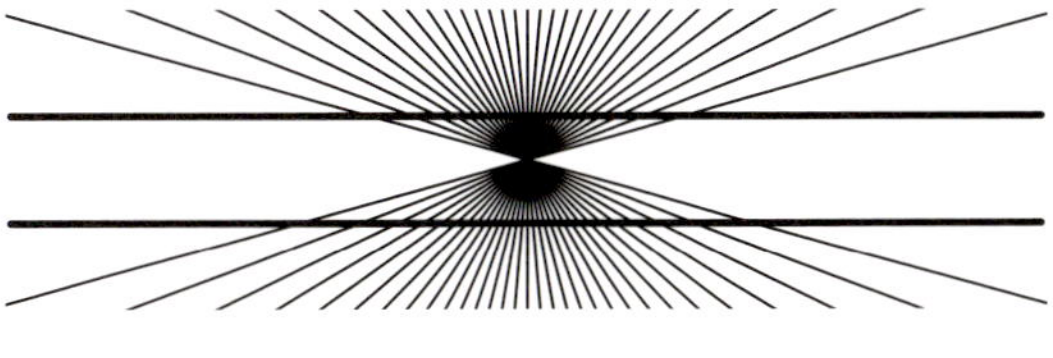

どれも平行《へいこう》にひかれた直線《ちょくせん》です。でも、図《ず》2や図《ず》3は、直線《ちょくせん》が右《みぎ》や左《ひだり》にかたむいて見《み》え、図《ず》4は真《ま》ん中《なか》のあたりが広《ひろ》がり、外側《そとがわ》にゆがんで見《み》えませんか。

これも目《め》の錯覚《さっかく》です。本当《ほんとう》に平行《へいこう》になっているかどうか確《たし》かめてみてください。

この本《ほん》の中《なか》で、目《め》の錯覚《さっかく》を起《お》こすものをいくつか紹介《しょうかい》してきました。しかし、紹介《しょうかい》できたのはほんの一部《いちぶ》で、まだまだあります。ぜひ自分《じぶん》でも調《しら》べてみてくださいね。

ひとくちメモ　図《ず》2…ツェルナー錯視《さくし》、図《ず》3…カフェウォール錯視《さくし》、図《ず》4…ヘリング錯視《さくし》と呼《よ》ばれています。図《ず》2、図《ず》4は発見《はっけん》した人《ひと》の名前《なまえ》から付《つ》いたものですが、図《ず》3のカフェウォールはカフェの壁《かべ》という意味《いみ》です。

数や図形で遊ぼう

# 10円玉《えんだま》をぐるりと回《まわ》すと

12月18日

北海道教育大学附属札幌小学校《ほっかいどうきょういくだいがくふぞくさっぽろしょうがっこう》
瀧《たき》ケ《が》平《ひら》悠《ゆう》史《し》先生《せんせい》が書《か》きました

読《よ》んだ日《ひ》　月《がつ》　日《にち》　月《がつ》　日《にち》　月《がつ》　日《にち》

## 10円玉《えんだま》はどんな向《む》きになる？

みなさんの家《いえ》にも、10円玉《えんだま》がありますよね？　それを2つ用意《ようい》して、図《ず》1のように並《なら》べてみてください。

図《ず》1

下《した》に置《お》いた10円玉《えんだま》を指《ゆび》でおさえて、上《うえ》に置《お》いた10円玉《えんだま》を下《した》の10円《えん》玉《だま》の周《まわ》りをくるりと1周《しゅう》させていくとします。すべらないように10円玉《えんだま》を1周《しゅう》させるのがポイントです。

さて、この時《とき》に上《うえ》の10円玉《えんだま》はいったい何回回《なんかいまわ》ったことになるでしょうか。

まず、図《ず》2のように上《うえ》の10円玉《えんだま》が3時《じ》の方向《ほうこう》まで来《き》た時《とき》のことを考《かんが》えてみましょう。

ちょうど1周《しゅう》の$\frac{1}{4}$回《まわ》るので、上《うえ》の10円玉《えんだま》が横《よこ》になるような気《き》がしますね。でも、実際《じっさい》にやってみると、何《なん》と10円玉《えんだま》は逆《さか》さまになってしまいます。何《なん》だかとても不思《ふし》議《ぎ》ですね（図《ず》3）。

図《ず》2

図《ず》3

## 1周《しゅう》させてみよう

では、この続《つづ》きを見《み》てみます。上《うえ》にあった10円玉《えんだま》が下《した》にあった10円玉《えんだま》の真下《ました》に来《き》た時《とき》はどうなるでしょうか。今度《こんど》は1回転《かいてん》して元《もと》の向《む》きに戻《もど》ってしまいます（図《ず》4）。

図《ず》4

つまり、半周《はんしゅう》で1回転《かいてん》してしまうのです。ということは、1周《しゅう》では……そうです。2回転《かいてん》するだろうということが予想《よそう》できますね。実際《じっさい》にやってみると、本当《ほんとう》に2回《かい》転《てん》するのがわかります（図《ず》5）。

図《ず》5

ひとくちメモ

回《まわ》す円《えん》を、10円玉《えんだま》のかわりに直径《ちょっけい》が2倍《ばい》の円《えん》にすると、1周《しゅう》で何回転《なんかいてん》するでしょう。調《しら》べてみると面白《おもしろ》いですよ。

# まん中《なか》の数《かず》のふしぎ
## ～3つの数《かず》の場合《ばあい》～



熊本県《くまもとけん》　熊本市立池上小学校《くまもとしりついけのうえしょうがっこう》
藤本邦昭《ふじもとくにあき》先生《せんせい》が書《か》きました

読《よ》んだ日《ひ》　月《がつ》　日《にち》　月《がつ》　日《にち》　月《がつ》　日《にち》

図《ず》1

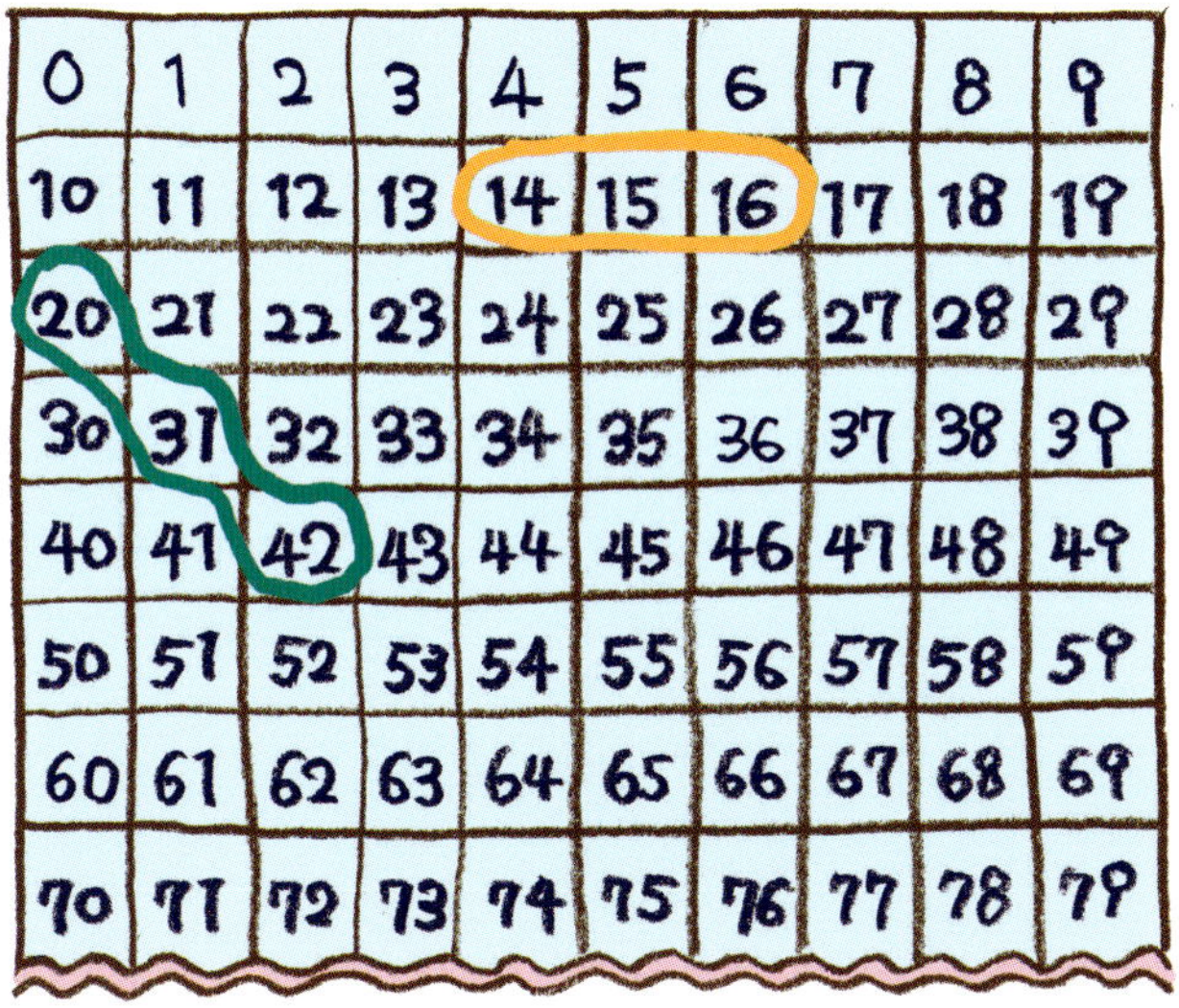


図《ず》2

### 合計《ごうけい》を求《もと》めよう

数表《すうひょう》（規則正《きそくただ》しく数《かず》が並《なら》んだ表《ひょう》）の中《なか》の数《かず》を3個《こ》つなげて囲《かこ》んでみましょう。たとえば、1、2、3……と並《なら》んでいる数表《すうひょう》（図《ず》1）で、14、15、16の3つを囲《かこ》みます。全部《ぜんぶ》の合計《ごうけい》は14 + 15 + 16 = 45になりますね。

ところで、この3つの数《かず》のまん中《なか》の数《かず》は「15」です。これを3倍《ばい》してみましょう。すると15 × 3 = 45。合計《ごうけい》した数《かず》と同《おな》じです。偶然《ぐうぜん》でしょうか？

次《つぎ》に、ななめの3つの数《かず》を囲《かこ》んでみましょう。たとえば、20、31、42の3つの数《かず》の合計《ごうけい》は93になります。

では、同《おな》じようにまん中《なか》の数《かず》「31」を3倍《ばい》してみましょう。すると、31 × 3 = 93で、やっぱりたし算《ざん》の合計《ごうけい》と同《おな》じです。

### カレンダーでやってみよう

図《ず》2で、今度《こんど》は縦《たて》に3つ選《えら》んでみましょう。この場合《ばあい》だと、3個《こ》の数《かず》の合計《ごうけい》は3 + 10 + 17 = 30になります。

まん中《なか》の数《かず》は「10」ですから、10 × 3 = 30。やっぱり3個《こ》の数《かず》の合計《ごうけい》になっています。

このように数表《すうひょう》ならば、カレンダーでも、縦《たて》、横《よこ》、ななめの3つのつながった数《かず》の合計《ごうけい》は、まん中《なか》の数《かず》を3倍《ばい》すれば求《もと》められます。不思議《ふしぎ》ですね。

もし、3つではなく、5つの数《かず》にしてみたらどうでしょう？　今度《こんど》はまん中《なか》の数《かず》の5倍《ばい》になるでしょうか？　試《ため》してみましょう。

**ひとくちメモ**　3つの数《かず》のまん中《なか》の数《かず》は、その3つの数《かず》の「平均値《へいきんち》」になっています。ですから、その「平均値《へいきんち》」を個数分《こすうぶん》だけ足《た》せば「合計数《ごうけいすう》」を求《もと》めることができるのです。

# お空《そら》に浮《う》かぶ六角形《ろっかくけい》のお話《はなし》

12月20日

島根県《しまねけん》　飯南町立志々小学校《いいなんちょうりつしししょうがっこう》
村上幸人《むらかみゆきと》先生《せんせい》が書《か》きました

読《よ》んだ日《ひ》　月《がつ》　日《にち》｜月《がつ》　日《にち》｜月《がつ》　日《にち》

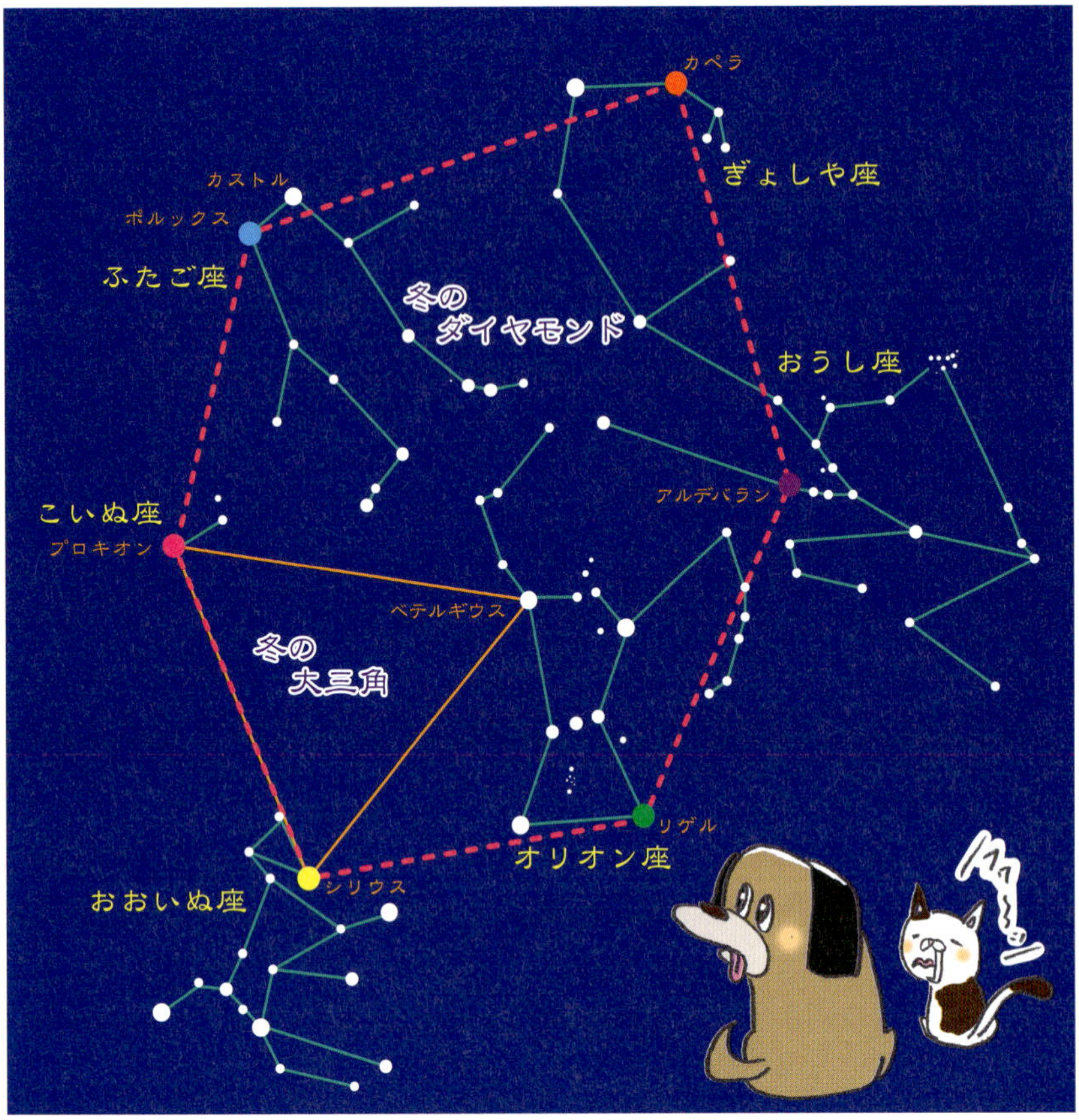


## 冬《ふゆ》は明《あか》るい星《ほし》が多《おお》いよ！

春《はる》、夏《なつ》、秋《あき》を通《つう》じて、夜空《よぞら》を見《み》上《あ》げて三角形《さんかくけい》や四角形《しかくけい》を探《さが》しました（130、222、309ページ参照《さんしょう》）。では、冬《ふゆ》はどんな形《かたち》が見《み》られるのでしょうか。晴《は》れていたら、夜空《よぞら》を見上《みあ》げてみましょう。

冬《ふゆ》は明《あか》るい一等星《いっとうせい》が多《おお》く、とてもきれいな星空《ほしぞら》です。南東《なんとう》の方向《ほうこう》を見《み》ると、3つの明《あか》るい星《ほし》が目立《めだ》ちます。これらを結《むす》ぶと、正三角形《せいさんかくけい》に近《ちか》い大《おお》きな三角形《さんかくけい》ができます。これを「冬《ふゆ》の大三角《だいさんかく》」といいます。

よく知《し》られているオリオン座《ざ》の左上《ひだりうえ》にある赤《あか》いベテルギウス、その左下《ひだりした》の、星空《ほしぞら》の中《なか》で一番明《いちばんあか》るい（惑星《わくせい》を除《のぞ》いて）おおいぬ座《ざ》のシリウス、こいぬ座《ざ》のプロキオンからなっています。

## 6つの星《ほし》でダイヤモンド！

冬《ふゆ》は、三角形《さんかくけい》だけではありません。先《さき》ほどの赤《あか》いベテルギウスを中心《ちゅうしん》に見立《みた》てて、こいぬ座《ざ》のプロキオン、おおいぬ座《ざ》のシリウス、オリオン座《ざ》の右下《みぎした》のリゲル、おうし座《ざ》のアルデバラン、ぎょしゃ座《ざ》のカペラ、ふたご座《ざ》のポルックス、そしてもとに戻《もど》って、こいぬ座《ざ》のプロキオンとつないでみましょう。

こうしてできた形《かたち》は六角形《ろっかくけい》になります。これを「冬《ふゆ》のダイヤモンド」といいます。一等星《いっとうせい》ばかりをつないだ豪華《ごうか》で大《おお》きな六角形《ろっかくけい》は、ダイヤモンドのように輝《かがや》いて見《み》えることでしょう。

**ひとくちメモ**　夜空《よぞら》の星《ほし》を点《てん》と見《み》ると、2点《てん》を結《むす》ぶと直線《ちょくせん》、3点《てん》を結《むす》ぶと三角形《さんかくけい》に見《み》えてきますね。星空《ほしぞら》でいろいろな形《かたち》の図形《ずけい》が見《み》つけられそうですね。

数と計算のお話

# 偶数《ぐうすう》と奇数《きすう》、どちらが多《おお》いかな？

12月 21日

お茶《ちゃ》の水女子大学附属小学校《みずじょしだいがくふぞくしょうがっこう》
岡田紘子《おかだひろこ》先生《せんせい》が書《か》きました

読《よ》んだ日《ひ》　月《がつ》　日《にち》｜月《がつ》　日《にち》｜月《がつ》　日《にち》

## チョウとお花《はな》はどちらが多《おお》い？

図《ず》1を見《み》てください。チョウと花《はな》はどちらが多《おお》いでしょう。チョウと花《はな》を線《せん》で結《むす》んで、あまった方《ほう》が多《おお》いとわかります。この場合《ばあい》は、花《はな》の方《ほう》が多《おお》いことが図《ず》2を見《み》るとわかりますね。

同《おな》じ数《かず》のときは、すべて線《せん》で結《むす》ぶことができます。図《ず》3では、チョウと花《はな》の数《かず》は線《せん》で結《むす》ぶと同《おな》じ数《かず》だということがわかりますね。

図《ず》1

図《ず》2

図《ず》3

## あまりがないということは…

では、もっと多《おお》くあるものを数《かぞ》えてみましょう。2、4、6、8と2で割《わ》り切《き》れる「偶数《ぐうすう》」と、1、3、5、7と2で割《わ》り切《き》れない「奇数《きすう》」はどちらが多《おお》いでしょう。

図《ず》4のように、線《せん》で結《むす》んで考《かんが》えるとずっと線《せん》で結《むす》ぶことができます。偶数《ぐうすう》も奇《き》数《すう》も終《お》わりはありません。ずっと続《つづ》いている数《かず》ですが、必《かなら》ず線《せん》で結《むす》ぶことができますよね。チョウとまるいお花《はな》のように、線《せん》で結《むす》んであまりが出《で》ないので、偶数《ぐうすう》と奇数《きすう》は同《おな》じ個数《こすう》あることになります。

図《ず》4

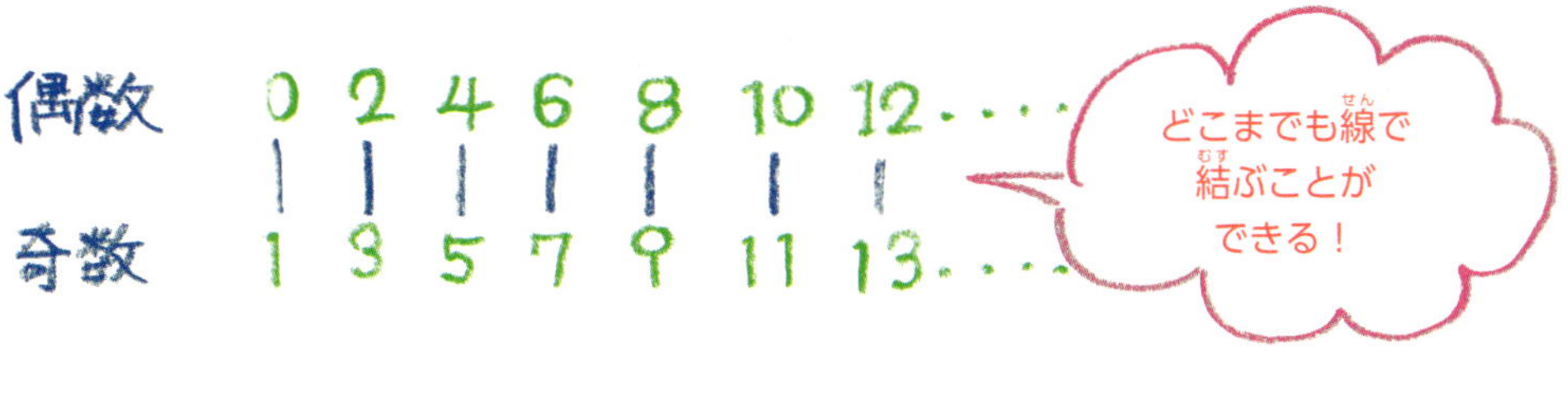


ひとくちメモ

偶数《ぐうすう》と自然数《しぜんすう》（1、2、3、4、5…）ではどちらが多《おお》いかというと、実《じつ》はこれもあまりが出《で》ないので同《おな》じ個数《こすう》あるのです。数《かず》の世界《せかい》はふしぎですね。

# 辺《へん》の長《なが》さを2倍《ばい》にすると…？

12月22日

熊本県《くまもとけん》　熊本市立池上小学校《くまもとしりついけのうえしょうがっこう》
藤本邦昭《ふじもとくにあき》先生《せんせい》が書《か》きました

読《よ》んだ日《ひ》　月《がつ》　日《にち》　月《がつ》　日《にち》　月《がつ》　日《にち》

## 辺《へん》が2倍《ばい》になると面積《めんせき》は？

正方形《せいほうけい》ＡＢＣＤがあります。(図《ず》1)。

この正方形《せいほうけい》の辺《へん》を同《おな》じ方向《ほうこう》にそれぞれ2倍《ばい》に伸《の》ばします(図《ず》2)。

周《まわ》りの点《てん》を結《むす》んでできた正方形《せいほうけい》ＥＦＧＨの面積《めんせき》は、もとの正方形《せいほうけい》ＡＢＣＤの何倍《なんばい》になっているでしょうか。辺《へん》の長《なが》さを2倍《ばい》に伸《の》ばしたから2倍《ばい》？　もう少《すこ》し大《おお》きそうだから4倍《ばい》？

実《じつ》は、5倍《ばい》です。どうしてでしょうか。図《ず》3のように直角三角形《ちょっかくさんかくけい》を動《うご》かして、長方形《ちょうほうけい》にして考《かんが》えればわかりますね。

## さらに問題《もんだい》を広《ひろ》げてみる

図《ず》4のように正方形《せいほうけい》の辺《へん》を3倍《ばい》に伸《の》ばした正方形《せいほうけい》アイウエをつくってみます。するともとの正方形《せいほうけい》ＡＢＣＤの13倍《ばい》になっています。

どうしたら13倍《ばい》とわかるでしょうか。ここでも、図《ず》5のように直《ちょっ》角三角形《かくさんかくけい》を動《うご》かして、長方形《ちょうほうけい》にして考《かんが》えればわかりますね。

図《ず》1

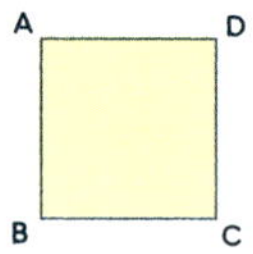


図《ず》2

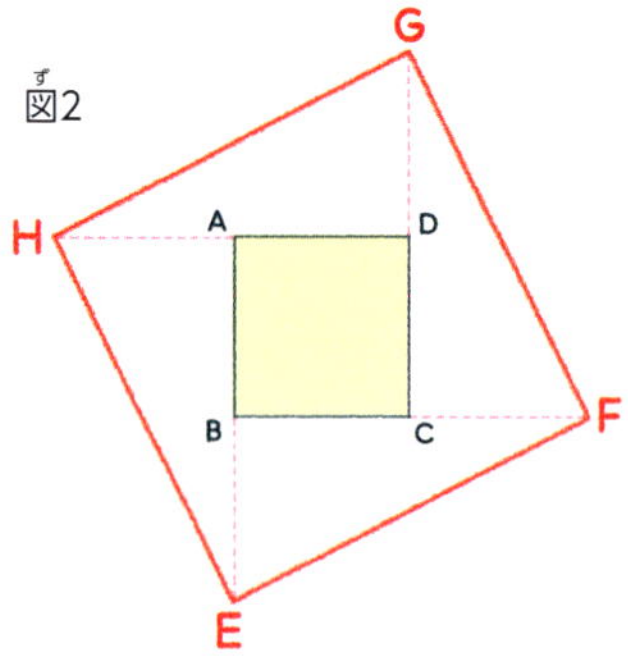


図《ず》3

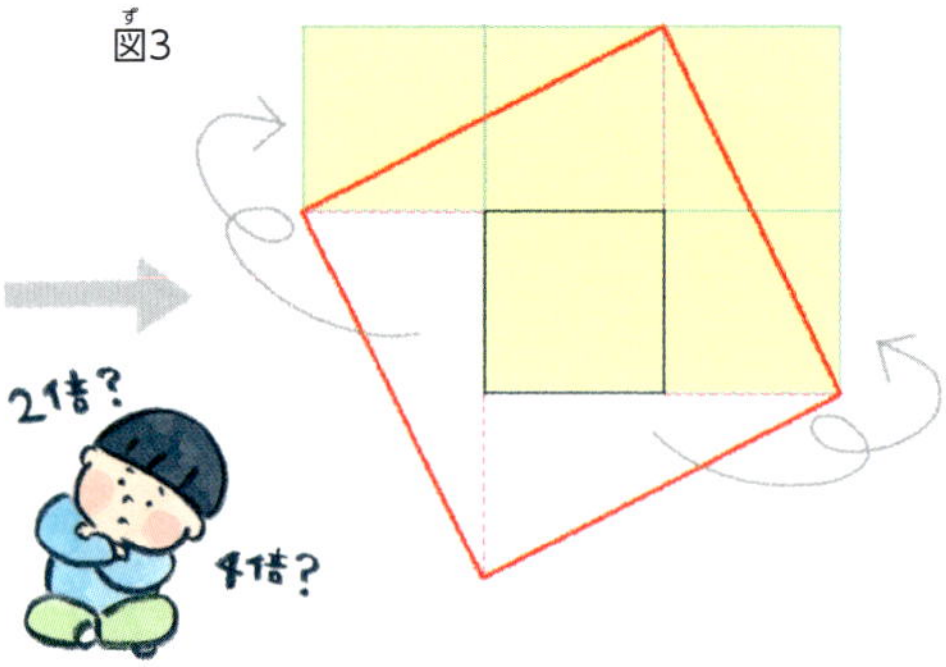


図《ず》4

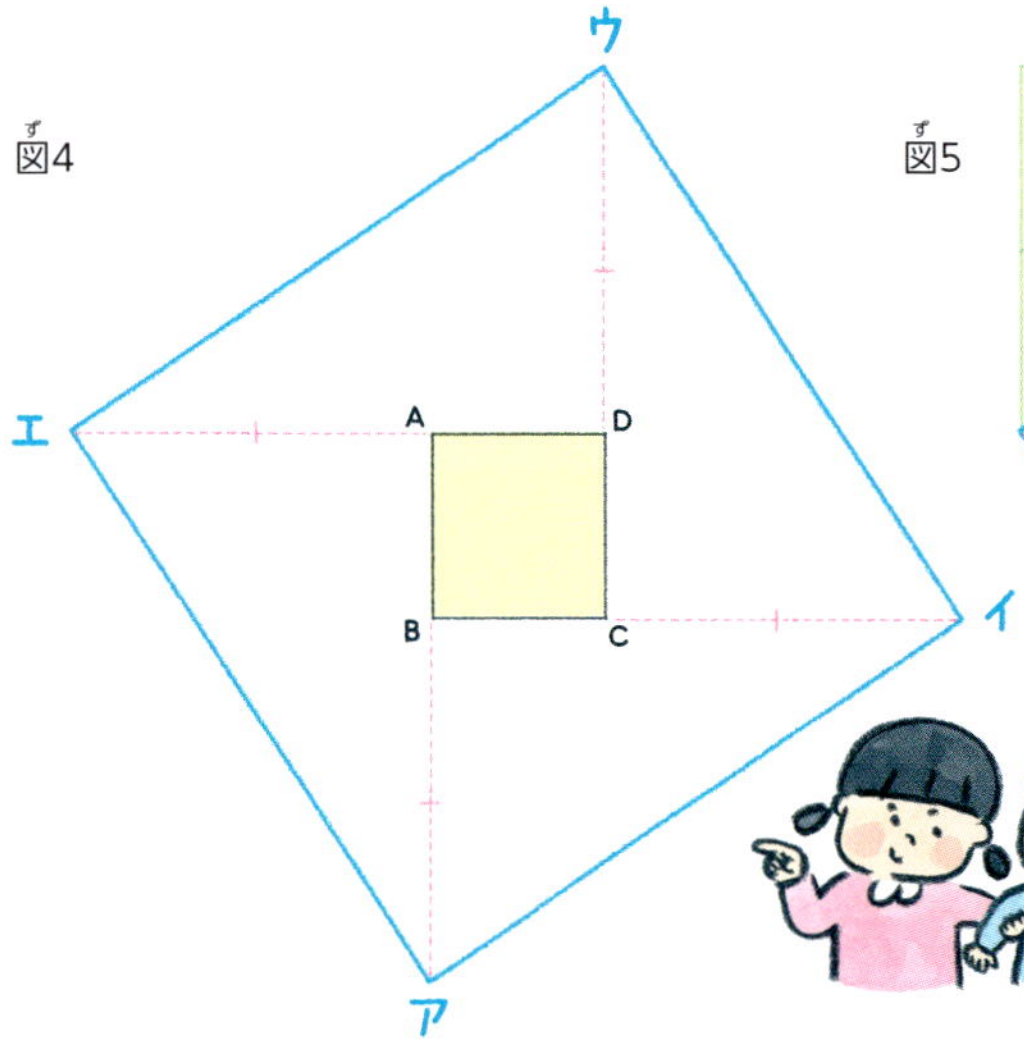


図《ず》5

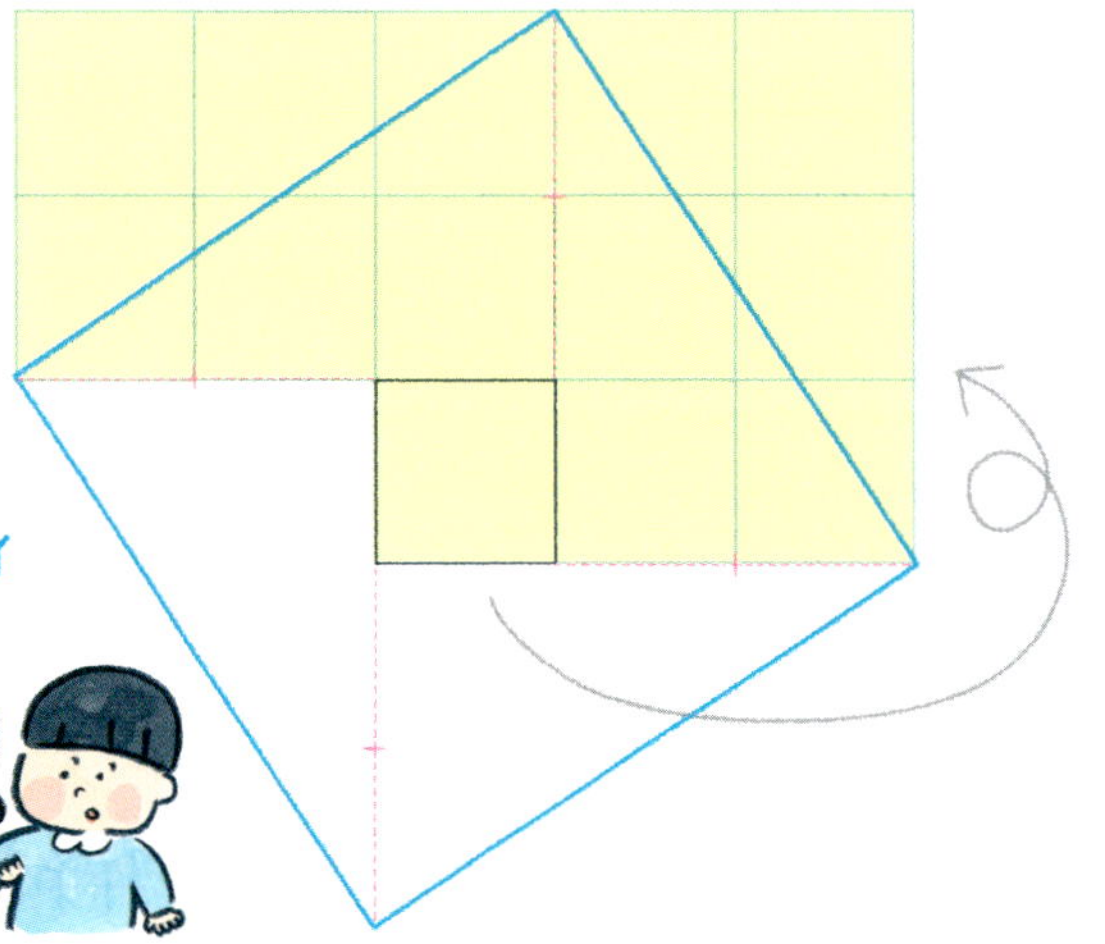

ひとくちメモ　直角三角形《ちょっかくさんかくけい》4枚《まい》で正方形《せいほうけい》をつくるお話《はなし》が9月《がつ》17日《にち》（301ページ参照《さんしょう》）にあります。読《よ》んでみてください。

# いろいろあるよ！ 外国《がいこく》の筆算《ひっさん》

12月23日

東京都《とうきょうと》 豊島区立高松小学校《としまくりつたかまつしょうがっこう》
細萱裕子《ほそがやゆうこ》 先生《せんせい》が書《か》きました

読《よ》んだ日《ひ》　月《がつ》　日《にち》　月《がつ》　日《にち》　月《がつ》　日《にち》

## 世界共通《せかいきょうつう》の数字《すうじ》は便利《べんり》！

ふだん私《わたし》たちが使《つか》っている1、2、3……という数字《すうじ》（アラビア数字《すうじ》）は、多《おお》くの国《くに》で公式《こうしき》に使用《しよう》されています。日本《にほん》には、一《いち》、二《に》、三《さん》……という漢数字《かんすうじ》がありますが、ふだん使《つか》っているのはアラビア数字《すうじ》です。他《ほか》の国《くに》も同様《どうよう》に、その国《くに》独自《どくじ》の数字《すうじ》がありますが、アラビア数字《すうじ》を使《つか》っています。世界共通《せかいきょうつう》で使《つか》える数字《すうじ》は非常《ひじょう》に便利《べんり》ですね。数字《すうじ》は共通《きょうつう》ですが、計算《けいさん》の仕方《しかた》や計算《けいさん》のきまりなどは、国《くに》によって違《ちが》いがあります。日本《にほん》には日本《にほん》のルールがありますが、それは世界共通《せかいきょうつう》とは限《かぎ》りません。

## 計算《けいさん》の方法《ほうほう》はさまざま

わり算《ざん》の筆算《ひっさん》について見《み》てみましょう。日本《にほん》では、図《ず》の一番上《いちばんうえ》の左端《ひだりはし》のように書《か》きますよね。

他《ほか》の国《くに》の書《か》き方《かた》は、図《ず》のとおりさまざまです。書《か》き方《かた》が似《に》ている国《くに》もありますね。いろいろな国《くに》のやり方《かた》で計算《けいさん》してみましょう。

**ひとくちメモ** 「たてる」「かける」「引《ひ》く」という手順《てじゅん》で計算《けいさん》するのは、どの国《くに》も同《おな》じですね。「割《わ》られる数《かず》」「割《わ》る数《かず》」「商《しょう》」「あまり」をどこに書《か》くかに違《ちが》いがあるのですね。

2 くらしの中の算数のお話

# ケーキの大《おお》きさ
## ～「号《ごう》」って何《なに》？～

東京都《とうきょうと》　杉並区立高井戸第三小学校《すぎなみくりつたかいどだいさんしょうがっこう》
吉田映子《よしだえいこ》先生《せんせい》が書《か》きました

12月 24日

読《よ》んだ日《ひ》　月《がつ》　日《にち》｜月《がつ》　日《にち》｜月《がつ》　日《にち》

### 5号《ごう》や6号《ごう》のケーキとは？

お誕生日《たんじょうび》やクリスマスに、大《おお》きなまるいケーキでお祝《いわ》いしたことはありませんか？

このようなケーキをケーキ屋《や》さんで見《み》ると、

5号《ごう》　2000円《えん》

などと書《か》かれています。2000円《えん》は値段《ねだん》です。では「5号《ごう》」は何《なん》でしょう。

これは、ケーキの大《おお》きさです。ケーキが大《おお》きくなると「○号《ごう》」も大《おお》きくなります。

ケーキの大《おお》きさを表《あらわ》す単位《たんい》の1は3cmなのだそうです。ですから「5号《ごう》」と書《か》いてあるケーキは、直径《ちょっけい》が、3cmの5倍《ばい》の15cmのケーキ、ということになります。

### 昔《むかし》の単位《たんい》「寸《すん》」に関係《かんけい》

では、ケーキ屋《や》さんでは、どうして1号上《ごうあ》がるたびに直径《ちょっけい》を3cmずつ大《おお》きくすることにしたのでしょう。これは、日本《にほん》の昔《むかし》の長《なが》さの単位《たんい》と関係《かんけい》があります。

日本《にほん》の昔《むかし》の長《なが》さの単位《たんい》に「寸《すん》」があります。ケーキのスポンジを焼《や》く入《い》れ物《もの》の大《おお》きさは、もともと寸《すん》を使《つか》って表《あらわ》していました。1寸《すん》は約《やく》3cmです。ですから、昔《むかし》は直径《ちょっけい》5寸《すん》といっていた入《い》れ物《もの》が、今《いま》でいえば直径《ちょっけい》15cmの入《い》れ物《もの》になります。この入《い》れ物《もの》で焼《や》いたケーキが「5号《ごう》のケーキ」となります。

もう少《すこ》し大《おお》きい6号《ごう》のケーキをつくろうと思《おも》ったら、6寸《すん》といっていた入《い》れ物《もの》を使《つか》うことになり、直径《ちょっけい》が1寸分《すんぶん》だけ大《おお》きくなり直径《ちょっけい》18cmのケーキができあがります。

ケーキを買《か》うときの参考《さんこう》にしてくださいね。

**調《しら》べてみよう**

**クリームや飾《かざ》りは!?**

○号《ごう》は焼《や》くときの入《い》れ物《もの》の大《おお》きさなので、まわりにたくさんクリームが付《つ》いていると大《おお》きさが変《か》わりますね。また、上《うえ》にたくさん果物《くだもの》や飾《かざ》りがのっているとボリュームも違《ちが》ってきますね。

**ひとくちメモ**　鍋《なべ》などの大《おお》きさも、同《おな》じように「寸《すん》」をもとにした「号《ごう》」を使《つか》って表《あらわ》しているものがあります。

2 くらしの中の算数のお話

# クリスマスって何《なん》の日《ひ》？

12月 25日

学習院初等科《がくしゅういんしょとうか》
大澤隆之《おおさわたかゆき》先生《せんせい》が書《か》きました

読《よ》んだ日《ひ》　月《がつ》　日《にち》｜　月《がつ》　日《にち》｜　月《がつ》　日《にち》

## イエス・キリストの誕生日《たんじょうび》は？

12月《がつ》25日《にち》はクリスマス。イエス・キリストの誕生日《たんじょうび》です。西暦何年《せいれきなんねん》の12月《がつ》25日《にち》なのでしょうか。世界史《せかいし》の年表《ねんぴょう》を見《み》てみますと、「キリスト誕生《たんじょう》は紀元前《きげんぜん》4年《ねん》ごろ」とされています。

では、西暦《せいれき》1年《ねん》は、どのようにして決《き》まったのでしょう。それは、「イエス・キリストの誕生《たんじょう》」の次《つぎ》の年《とし》を紀元《きげん》1年《ねん》に定《さだ》めたのです。あれ？　何《なに》か変《へん》ですね。

## なんと、数《かぞ》え間違《まちが》った？

実《じつ》は、イエス・キリストが生《う》まれたころのヨーロッパでは、ローマ暦《れき》という暦《こよみ》が使《つか》われていました。キリストの誕生《たんじょう》は、ローマ暦《れき》753年《ねん》12月《がつ》25日《にち》とされています。ところが、約《やく》500年後《ねんご》、神学者《しんがくしゃ》ディオニュシウスが、「暦《こよみ》はイエスの誕生《たんじょう》から数《かぞ》える」ことを提案《ていあん》して、イエス・キリストの誕生《たんじょう》の次《つぎ》の年《とし》を紀元《きげん》1年《ねん》としたのです。西暦《せいれき》532年《ねん》のことでした。

ところが、そのときになんと数《かぞ》え間違《まちが》えをしてしまったのです。後《あと》になって、実《じつ》はイエス・キリストはその4年《ねん》くらい前《まえ》に生《う》まれていたことがわかりました。ですから、キリスト誕生《たんじょう》は「BC（紀元前《きげんぜん》）4年《ねん》ごろ」となっています。BCとは「ビフォー・キリスト」の略《りゃく》で、「キリスト誕生前《たんじょうまえ》」の意味《いみ》ですから、面白《おもしろ》いですね。

### やってみよう

### 年表《ねんぴょう》づくりに挑戦《ちょうせん》！

年表《ねんぴょう》をつくってみましょう。西暦《せいれき》1年《ねん》の前《まえ》の年《とし》は何年《なんねん》でしょう。0年《ねん》？　残念《ざんねん》ながら、0年《ねん》はありません。同《おな》じように、紀元《きげん》1世紀《せいき》はありますが、0世紀《せいき》はありません。数直線《すうちょくせん》とは違《ちが》いますね。

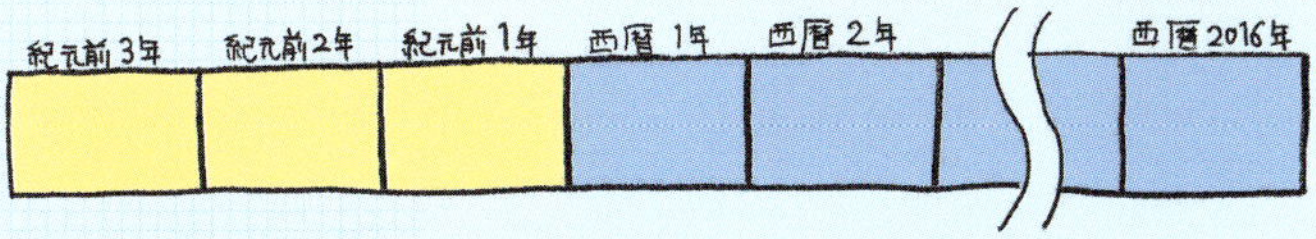


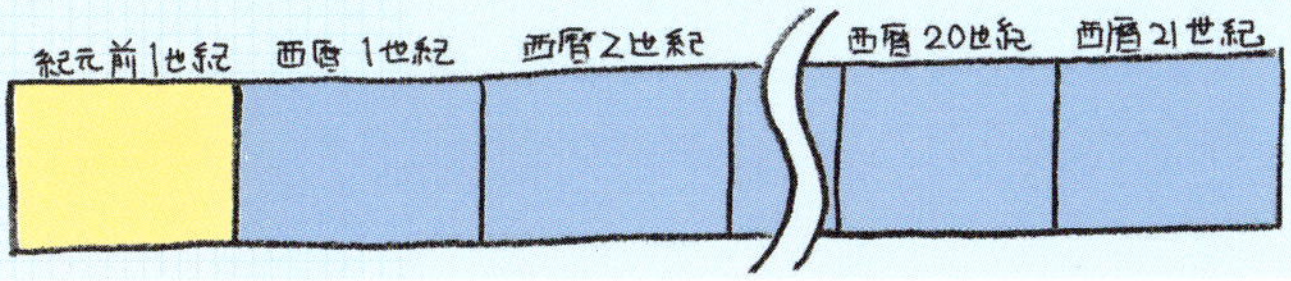


ひとくちメモ　イエスの誕生《たんじょう》についてはいろいろな考《かんが》えがあります。12月《がつ》25日《にち》はある神様《かみさま》の誕生日《たんじょうび》でその日《ひ》にしたとか、特別《とくべつ》な星《ほし》の輝《かがや》きがあった季節《きせつ》を計算《けいさん》すると4月《がつ》だ、6月《がつ》だ、9月《がつ》だ、などさまざまです。

# 乗車率《じょうしゃりつ》ってなあに？

12月 26日

お茶《ちゃ》の水女子大学附属小学校《みずじょしだいがくふぞくしょうがっこう》
久下谷《くがや》 明《あきら》先生《せんせい》が書《か》きました

読《よ》んだ日《ひ》 月《がつ》 日《にち》 月《がつ》 日《にち》 月《がつ》 日《にち》

## ニュースで耳《みみ》にする乗車率《じょうしゃりつ》

お盆《ぼん》の時《とき》やお正月《しょうがつ》の時期《じき》になると、きまって、こんなニュースが流《なが》れます。

『年末年始《ねんまつねんし》をふるさとで過《す》ごす人《ひと》たちの帰省《きせい》ラッシュが30日《にち》、ピークを迎《むか》え、各地《かくち》の駅《えき》や空港《くうこう》が混雑《こんざつ》した。東海道新幹線《とうかいどうしんかんせん》の自由席《じゆうせき》の乗《じょう》車率《しゃりつ》は、午前《ごぜん》6時《じ》東京発博多行《とうきょうはつはかたゆ》きの「のぞみ1号《ごう》」で200%に達《たっ》した。東北《とうほく》・山形新幹線《やまがたしんかんせん》でも150%となった……』

みなさんは、耳《みみ》にしたことがありますか。ここで使《つか》われている乗《じょう》車率《しゃりつ》200%や乗車率《じょうしゃりつ》150%とはどういう意味《いみ》でしょうか。

乗車率《じょうしゃりつ》は混雑率《こんざつりつ》（混雑度《こんざつど》）とも言《い》われ、電車《でんしゃ》の混雑具合《こんざつぐあい》を表《あらわ》す数《すう》値《ち》として使《つか》われています。乗車率《じょうしゃりつ》はその数値《すうち》によって、おおよそ下《した》の図《ず》1のような状態《じょうたい》と決《き》められています。乗車率《じょうしゃりつ》200%の中《なか》、立《た》って過《す》ごすというのもつらいですが、250%の時《とき》はもっとつらいですね。

図《ず》1

**乗車率[混雑度]の目安**

- 100%：定員乗車（座席につくか、吊革につかまるか、ドア付近の柱につかまることができる）。
- 150%：広げて楽に新聞を読める。
- 180%：折りたたむなど無理をすれば新聞を読める。
- 200%：体がふれあい相当圧迫感があるが、週刊誌程度なら何とか読める。
- 250%：電車が揺れるたびに体が斜めになって身動きができず、手も動かせない。

※国土交通省ホームページより

## どうやって出《だ》しているの？

では、〝この電車《でんしゃ》は、乗車率《じょうしゃりつ》100%〟や〝乗車率《じょうしゃりつ》150%〟というのは、どのように判断《はんだん》して決《き》めているのでしょうか。鉄道会社《てつどうがいしゃ》の人《ひと》に聞《き》いたところ、基本的《きほんてき》には、目《め》で見《み》て図《ず》1のような電車《でんしゃ》の中《なか》の様子《ようす》（混《こ》み具合《ぐあい》）から、〝この状態《じょうたい》は120%〟といったように判断《はんだん》しているそうです。

あわせて、こんなことも教《おし》えてくれました。東京都心《とうきょうとしん》をぐるっと1周《しゅう》するように走《はし》っている山手線《やまのてせん》の一部《いちぶ》の車両《しゃりょう》の乗車率《じょうしゃりつ》は、携帯電《けいたいでん》話《わ》のアプリを使《つか》って、リアルタイムで調《しら》べることができるようになっているそうです。

では、その乗車率《じょうしゃりつ》をどうやって出《だ》していると思《おも》いますか。何《なん》と、今走《いまはし》っている電車《でんしゃ》の重《おも》さから、誰《だれ》も乗《の》っていない状態《じょうたい》の車両《しゃりょう》の重《おも》さを引《ひ》いて、今乗《いまの》っている人《ひと》の重《おも》さを出《だ》し、それをもとに計算《けいさん》で乗車《じょうしゃ》率《りつ》を出《だ》しているそうです。重《おも》さをもとに、乗車率《じょうしゃりつ》を計算《けいさん》しているというのはびっくりですね。

ひとくちメモ

乗車率《じょうしゃりつ》で使《つか》われているパーセント（%）は、百分率《ひゃくぶんりつ》とも呼《よ》ばれ、割合《わりあい》を表《あらわ》す単位《たんい》です。割合《わりあい》やパーセントについては、小学校高学年《しょうがっこうこうがくねん》になったら勉強《べんきょう》します。

図形のお話

# 江戸時代《えどじだい》のパズル「裁《た》ち合《あ》わせ」で遊《あそ》ぼう

12月 27日

東京都《とうきょうと》　杉並区立高井戸第三小学校《すぎなみくりつたかいどだいさんしょうがっこう》
吉田映子《よしだえいこ》先生《せんせい》が書《か》きました

読《よ》んだ日《ひ》　月《がつ》　日《にち》　月《がつ》　日《にち》　月《がつ》　日《にち》

## 昔《むかし》ながらの頭《あたま》の体操《たいそう》

江戸時代《えどじだい》、鎖国《さこく》をしていた日本《にほん》では独特《どくとく》な数学《すうがく》が広《ひろ》まりました。これを「和算《わさん》」とよんでいます。何年生《なんねんせい》が何《なに》を学《まな》ぶ、と決《き》まっている今《いま》と違《ちが》って、大人《おとな》から子供《こども》まで、パズルを解《と》くように和算《わさん》に親《した》しんでいたそうです。

裁《た》ち合《あ》わせというのは「切《き》って合《あ》わせて形《かたち》をつくる」という意味《いみ》です。お裁縫《さいほう》で布《ぬの》を切《き》るのに使《つか》う大《おお》きなはさみを裁《た》ちばさみといいますが、この「裁《た》ち」というのは切《き》ることです。

## 問題《もんだい》をやってみよう

江戸時代《えどじだい》の「勘者御伽双紙《かんじゃおとぎぞうし》」という本《ほん》に書《か》かれている問題《もんだい》を考《かんが》えてみましょう。

【問題《もんだい》】

図《ず》1のような長方形《ちょうほうけい》を、切《き》って組《く》み合《あ》わせて正方形《せいほうけい》にしましょう。

【答《こた》え】

たとえば、左側《ひだりがわ》を切《き》って右側《みぎがわ》につけると、正方形《せいほうけい》になります。他《ほか》の切《き》り方《かた》も考《かんが》えてみてください。

図《ず》1

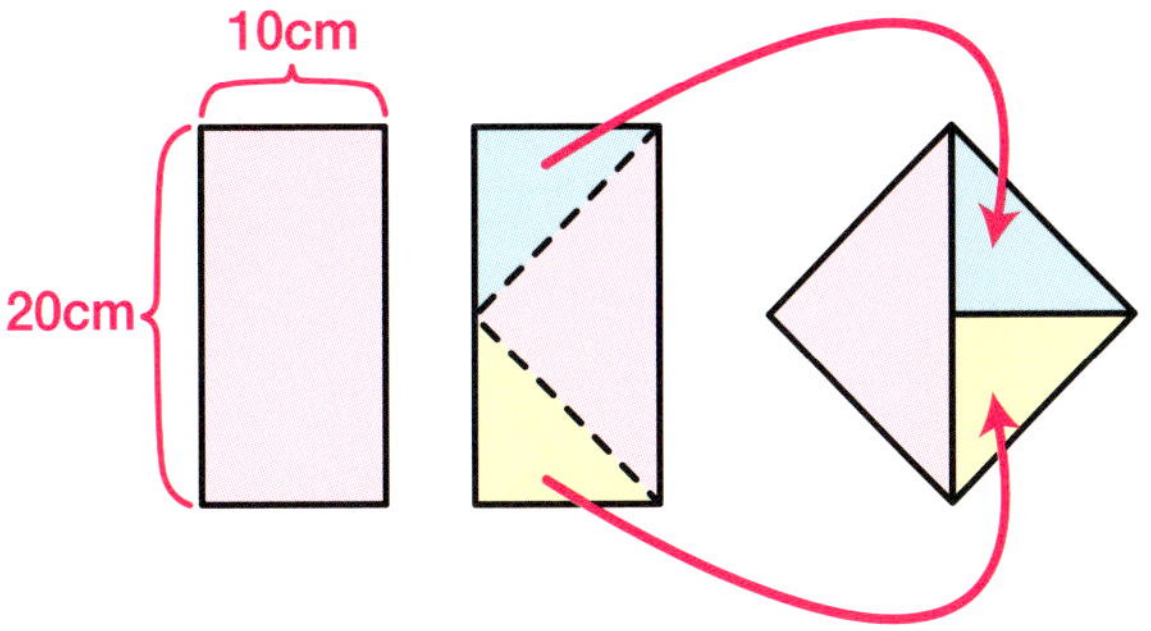


## やってみよう

### 江戸時代《えどじだい》のパズルに挑戦《ちょうせん》！

次《つぎ》の問題《もんだい》は「和國知恵較《わこくちえくらべ》」に書《か》かれている問題《もんだい》です。図《ず》の長方形《ちょうほうけい》を2つの同《おな》じ形《かたち》に切《き》り、組《く》み合《あ》わせて正方形《せいほうけい》をつくりましょう。図《ず》のように階段状《かいだんじょう》に切《き》って、右《みぎ》のように組《く》み合《あ》わせると正方形《せいほうけい》になります。これは、縦《たて》が16cmで横《よこ》が25cmの長方形《ちょうほうけい》でも同《おな》じように工夫《くふう》するとできますよ。

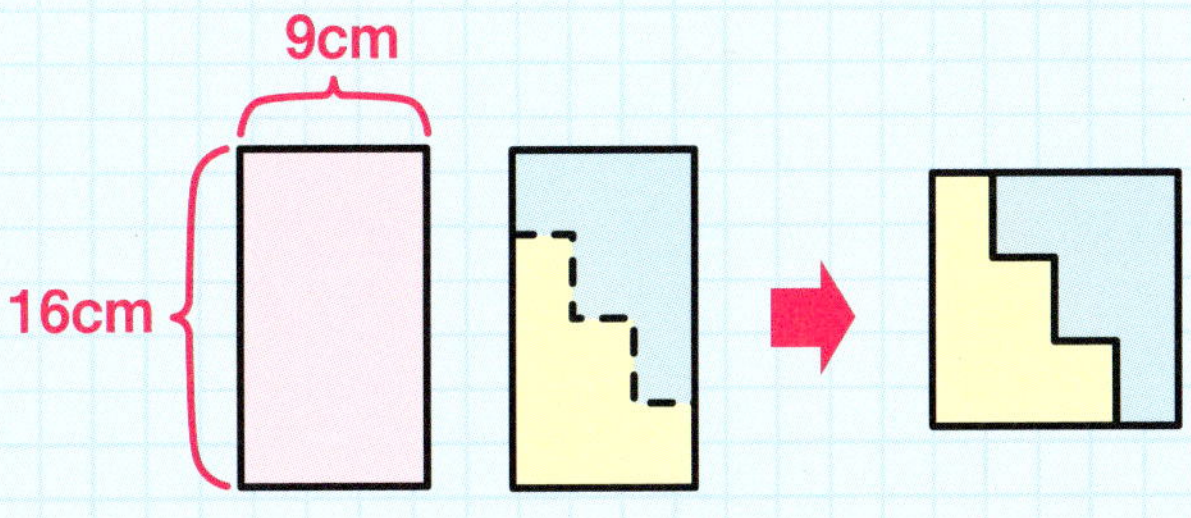


ひとくちメモ　着物《きもの》は、長《なが》い布《ぬの》（反物《たんもの》）を無駄《むだ》のないように切《き》って縫《ぬ》い合《あ》わせます。これも「裁《た》ち合《あ》わせ」です（45ページ参照《さんしょう》）。

# 長《なが》い時間《じかん》の話《はなし》

12月 28日

立命館小学校《りつめいかんしょうがっこう》
高橋正英《たかはしまさひで》先生《せんせい》が書《か》きました

読《よ》んだ日《ひ》　月《がつ》　日《にち》　月《がつ》　日《にち》　月《がつ》　日《にち》

## 仏教《ぶっきょう》の世界《せかい》の「劫《こう》」とは

江戸《えど》時代《じだい》の数学者《すうがくしゃ》、吉田光由《よしだみつよし》が著《あら》わし大《だい》ベストセラーとなった算《さん》学書《がくしょ》に、『塵劫記《じんこうき》』（1627年《ねん》）があります。

塵劫記《じんこうき》には、「（永遠《えいえん》に等《ひと》しいほど）長《なが》い時間《じかん》が経《た》っても変《か》わることのない真理《しんり》の書《しょ》」という意味《いみ》が込《こ》められているとされています。今日《きょう》はその「劫《こう》」に関《かん》してのお話《はなし》です。

仏教《ぶっきょう》の世界《せかい》には「劫《こう》」という、とても長《なが》い時間《じかん》の単位《たんい》があるそうです。どのくらい長《なが》いでしょう。「劫《こう》」には2つの説話《せつわ》があると言《い》われています。

一《ひと》つは「磐石劫《ばんじゃくこう》」で「3千年《ぜんねん》に一度《いちど》、天女《てんにょ》が舞《ま》い降《お》りてきて羽衣《はごろも》で40里《り》（約《やく》160km）立方《りっぽう》の岩《いわ》をなでて、岩《いわ》がすり切《き》れてなくなってしまうまでの時間《じかん》」だそうです。

もう一《ひと》つは「芥子劫《けしこう》」で「40里《り》（約《やく》160km）立方《りっぽう》の箱《はこ》に芥子《けし》を詰《つ》め、100年《ねん》に一度《いちど》、一粒《ひとつぶ》取《と》り出《だ》していき、すべてを取《と》り出《だ》すまでにかかる時間《じかん》」だそうです。いずれにしても想像《そうぞう》を絶《ぜっ》する長《なが》さです。

## 有名《ゆうめい》なジュゲムの中《なか》にも？

「寿限無《じゅげむ》」のお話《はなし》は聞《き》いたことがある人《ひと》も多《おお》いでしょう。子供《こども》が長《なが》生《い》きするようにと強《つよ》い願《ねが》いを込《こ》めて、親《おや》がとても長《なが》い名前《なまえ》を付《つ》けるというお話《はなし》です。なんとその中《なか》にも「劫《こう》」が登場《とうじょう》します。どこに出《で》てくるかというと、あの長《なが》い名前《なまえ》の中《なか》に入《はい》っているのです。

「寿限無《じゅげむ》、寿限無《じゅげむ》、五《ご》『劫《こう》』の擦《す》り切《き》れ……」

擦《す》り切《き》れなので「磐石劫《ばんじゃくこう》」の方《ほう》でしょうね。とても長《なが》い「劫《こう》」が「5つ分《ぶん》！」です。意味《いみ》がわかると登場人物《とうじょうじんぶつ》の思《おも》いも、物語《ものがたり》の面白《おもしろ》さも強《つよ》く伝《つた》わってきますね。

さて、私《わたし》たち大人《おとな》もつい口《くち》にしてしまうことの中《なか》に「あー、おっくうだ〜」というものがあります。これを漢字《かんじ》に直《なお》すと……。

そうです「億劫《おっくう》」となるのです。『劫《こう》』が億《おく》も！」。そう簡単《かんたん》には使《つか》えない言葉《ことば》かもしれませんね。

ひとくちメモ　未来永劫《みらいえいごう》もこの「劫《こう》」に由来《ゆらい》しています。ほかにも使《つか》われているものがないか探《さが》してみると楽《たの》しいでしょう。

# 時差《じさ》のふしぎ
## ～世界《せかい》の標準時間帯《ひょうじゅんじかんたい》～



東京都《とうきょうと》 豊島区立高松小学校《としまくりつたかまつしょうがっこう》
細萱裕子《ほそがやゆうこ》 先生《せんせい》が書《か》きました

読《よ》んだ日《ひ》　月《がつ》　日《にち》｜　月《がつ》　日《にち》｜　月《がつ》　日《にち》

### 日本《にほん》は昼《ひる》でも他《ほか》の国《くに》は?

海外《かいがい》で行《おこな》われるオリンピックやワールドカップなどの試合《しあい》を、生《なま》中継《ちゅうけい》で見《み》たことはありますか。日《に》本《ほん》は夜《よる》なのに映《うつ》っている国《くに》は昼間《ひるま》だったり、試合《しあい》を見《み》ようと思《おも》ったら開始時刻《かいしじこく》が真夜中《まよなか》だったりするようなこともありますよね。

地域《ちいき》によって時刻《じこく》は違《ちが》い、その時刻《じこく》の差《さ》のことを「時差《じさ》」といいます。たとえば、日本《にほん》とハワイを比《くら》べてみましょう。ハワイは日本《にほん》より19時間遅《じかんおそ》いので、日本《にほん》が20時《じ》(午後《ごご》8時《じ》)のとき、ハワイは20－19＝1で1時《じ》(午前《ごぜん》1時《じ》)ということになります。

オーストラリアのシドニーではどうでしょう。ここは日本《にほん》より2時間早《じかんはや》く時間《じかん》が進《すす》んでいるので、20＋2＝22で22時《じ》(午後《ごご》10時《じ》)ということになります。ブラジルは、日本《にほん》より11時間遅《じかんおそ》いので、20－11＝9で9時《じ》(午前《ごぜん》9時《じ》)ということになります。

### 各地《かくち》の時刻《じこく》の決《き》め方《かた》は?

世界《せかい》には、標準時《ひょうじゅんじ》という世界《せかい》の基準《きじゅん》になる時刻《じこく》があり、イギリスにあるグリニッジ天文台《てんもんだい》を通《とお》る経《けい》度《ど》0度《ど》の子午線《しごせん》を基準《きじゅん》に決《き》められています。経度《けいど》0度《ど》を基準《きじゅん》に、15度《ど》ごとに区切《くぎ》られた標準時《ひょうじゅんじ》の時間《じかん》帯《たい》が設定《せってい》されています。

東西《とうざい》に広《ひろ》いロシアでは、9つの時間帯《じかんたい》を使《つか》っています。日本《にほん》は東《とう》西《ざい》の広《ひろ》がりが約《やく》30度《ど》なので、中間《ちゅうかん》にある兵庫県明石市《ひょうごけんあかしし》を基準《きじゅん》とした時刻《じこく》1つだけを使《つか》っています。ですから、日本国内《にほんこくない》はどこへ行《い》っても同《おな》じ時刻《じこく》なのです。

### 覚《おぼ》えておこう

#### 地球《ちきゅう》の日付変更線《ひづけへんこうせん》

1日《にち》(24時間《じかん》)以上《いじょう》ずれないように、日付《ひづけ》をもとに戻《もど》す日付《ひづけ》変更線《へんこうせん》という境界線《きょうかいせん》が決《き》められています。世界《せかい》で一番《いちばん》時刻《じこく》が早《はや》いのは、日付変更線《ひづけへんこうせん》のすぐ西側《にしがわ》にあるキリバスという国《くに》です。

ひとくちメモ
「サマータイム」制度《せいど》を導入《どうにゅう》している国《くに》があります。夏《なつ》、太陽《たいよう》が出《で》ている時間《じかん》の長《なが》い時期《じき》だけ時計《とけい》を1時間進《じかんすす》め、時間《じかん》を有効活用《ゆうこうかつよう》しようという制度《せいど》です。省《しょう》エネルギーなどに効果《こうか》があると言《い》われています。

くらしの中の算数のお話 2

# 1階《かい》から6階《かい》までは何分《なんぷん》？

学習院初等科《がくしゅういんしょとうか》
大澤隆之《おおさわたかゆき》先生《せんせい》が書《か》きました

12月 30日

読《よ》んだ日《ひ》　月《がつ》　日《にち》　月《がつ》　日《にち》　月《がつ》　日《にち》

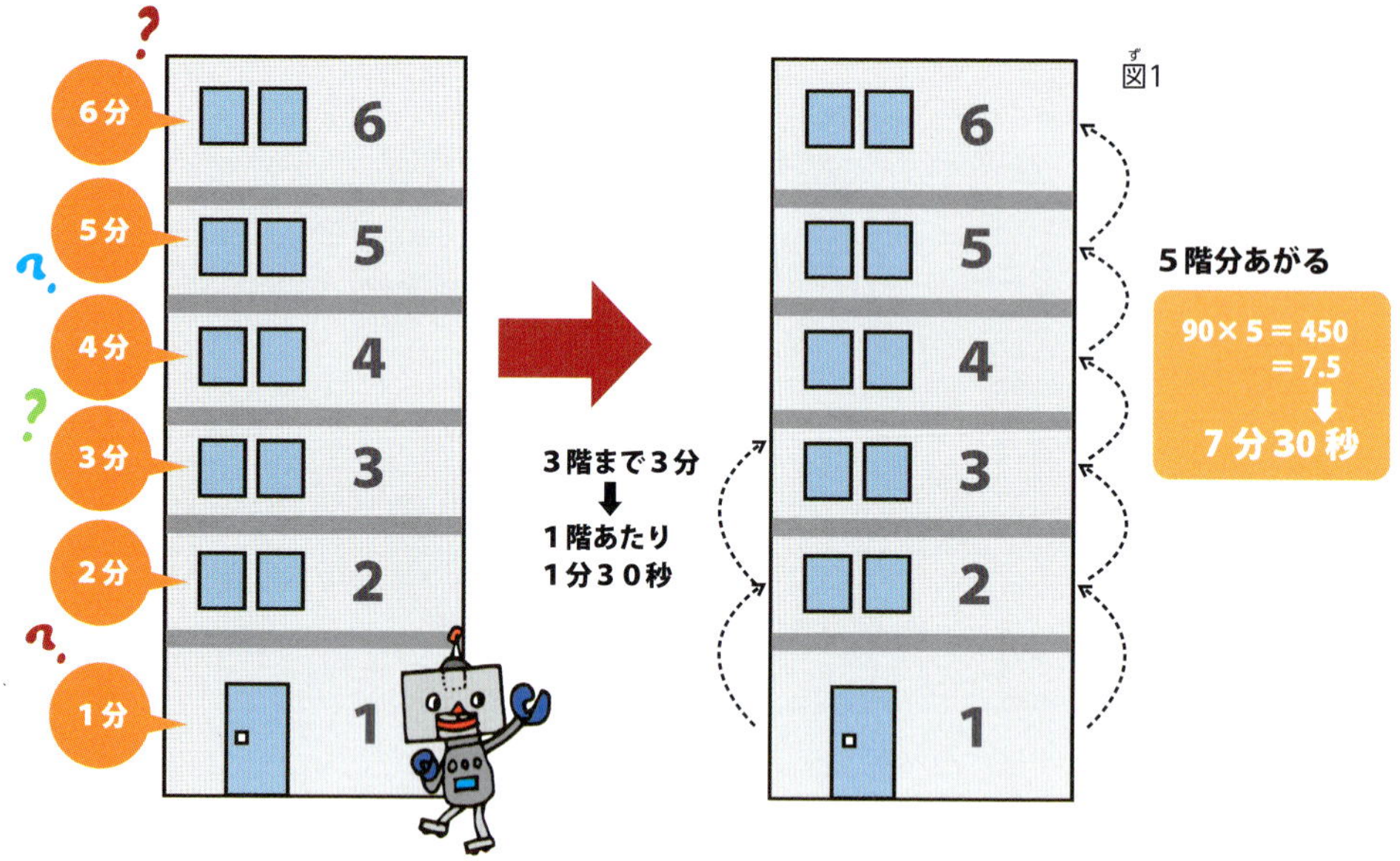


## 図《ず》にして考《かんが》えてみよう

ロボットが階段《かいだん》を上《のぼ》ります。1階《かい》から3階《かい》までは3分《ぶん》かかります。

では、1階《かい》から6階《かい》まで同《おな》じスピードで上《のぼ》ると、何分《なんぷん》かかるでしょう。

3階《かい》まで3分《ぶん》ですから、6階《かい》までは6分《ぶん》ですね⁉

どうでしょう。

でも、実《じつ》は7分《ふん》30秒《びょう》かかる計算《けいさん》になります。なぜでしょう（図《ず》1）。

1階《かい》から3階《かい》まででは、2階分《かいぶん》の高《たか》さを3分《ぶん》で上《あ》がります。つまり、1階分《かいぶん》は1分《ぷん》30秒《びょう》です。

1階《かい》から6階《かい》まででは5階分《かいぶん》上《あ》がりますから、1分《ぷん》30秒《びょう》の5倍《ばい》で、計算《けいさん》の上《うえ》では7分《ふん》30秒《びょう》となります。

図《ず》にかいてみないとわからないものですね。

### 考《かんが》えてみよう

**100 mを測《はか》るとしたら？**

100 mを測《はか》るので、10 mごとに旗《はた》を立《た》てていきます。最後《さいご》の旗《はた》は10番《ばん》です。スタートから100 mになったでしょうか。残念《ざんねん》ながら90 mです。1番《ばん》の旗《はた》から2番《ばん》までが10 m、3番《ばん》までが20 m、4番《ばん》までが30 m……10番《ばん》までが90 mです。これも、図《ず》にかくとわかりますよ。

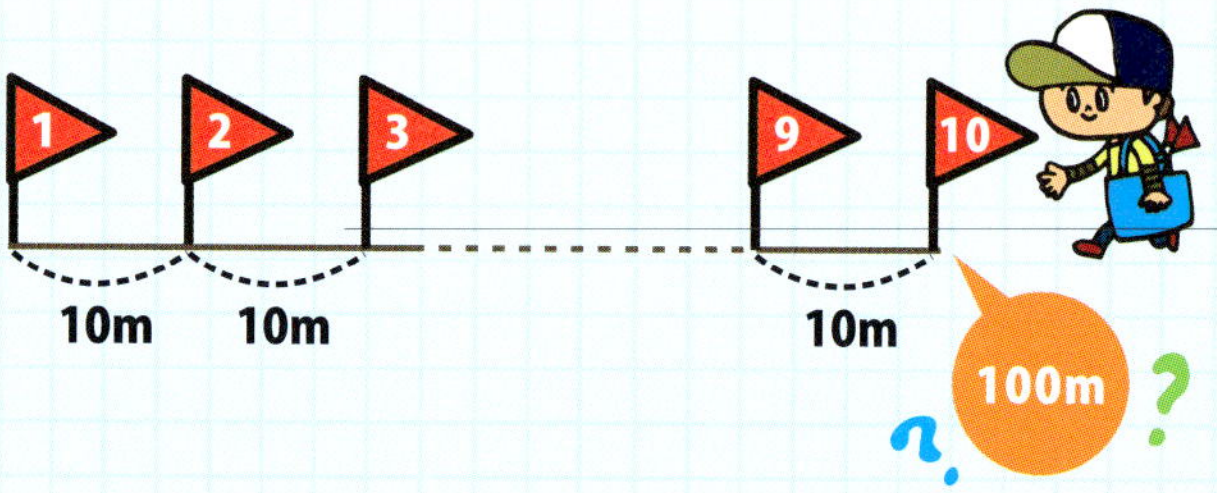


ひとくちメモ　間《あいだ》の数《かず》は印《しるし》の数《かず》よりも1つ少《すく》ないので、このようなことが起《お》こるのですね。数《かず》を簡単《かんたん》にして図《ず》にかくと、はっきりわかります。

数・計算の歴史のお話

# 大晦日《おおみそか》について、算数的《さんすうてき》に考《かんが》えてみよう！

12月《がつ》31日《にち》

明星大学客員教授《めいせいだいがくきゃくいんきょうじゅ》
細水保宏《ほそみずやすひろ》先生《せんせい》が書《か》きました

読《よ》んだ日《ひ》　月《がつ》　日《にち》｜月《がつ》　日《にち》｜月《がつ》　日《にち》

## 12月《がつ》31日《にち》、大晦日《おおみそか》

晦日《みそか》は「三十日《みそか》」とも書《か》きます。「三十日《みそか》」は、十日《とおか》、二十日《はつか》と同《おな》じような読《よ》み方《かた》で、月《つき》の最後《さいご》の日《ひ》を表《あらわ》す言葉《ことば》です。また、月末《げつまつ》の日《ひ》を意味《いみ》する晦日《みそか》は「月籠《つごも》り」とも呼《よ》ばれていました。

特《とく》に、12月《がつ》31日《にち》は、月《つき》の最後《さいご》であり、1年《ねん》の最後《さいご》でもあるので、「大晦日《おおみそか》」「大《おお》つごもり」と呼《よ》ばれています。

## 108の煩悩《ぼんのう》

また、大晦日《おおみそか》のことをその年《とし》を除《のぞ》く（終《お》える）日《ひ》という意味《いみ》で、「除日《じょじつ》」と呼《よ》びました。「除夜《じょや》の鐘《かね》」は、大晦日《おおみそか》の夜《よる》に鳴《な》らす鐘《かね》という意味《いみ》からきたと言《い》われています。

人《ひと》は108つの煩悩《ぼんのう》をもつといわれています。煩悩《ぼんのう》とは欲望《よくぼう》、怒《いか》り、愚痴《ぐち》など迷《まよ》いや苦《くる》しみの原因《げんいん》となる心《こころ》のあり方《かた》をいいます。除《じょ》夜《や》の鐘《かね》の音《ね》を聞《き》くことによって、この1年《ねん》の罪《つみ》を懺悔《ざんげ》し、煩悩《ぼんのう》を除《のぞ》き清《きよ》らかな心《こころ》になって新《あたら》しい年《とし》を迎《むか》えるのです。ですから、除夜《じょや》の鐘《かね》を108つ鳴《な》らすのです。

12月

考《かんが》えてみよう

### 「108」の数《かず》の不思議《ふしぎ》

この108という数《かず》を算数的《さんすうてき》に見《み》てみましょう。

108は、多《おお》くの数《かず》で割《わ》ることができます。

108 ÷ 1 = 108　108 ÷ 2 = 54
108 ÷ 3 = 36　108 ÷ 4 = 27
108 ÷ 6 = 18　108 ÷ 9 = 12
108 ÷ 12 = 9　108 ÷ 18 = 6
108 ÷ 27 = 4　108 ÷ 36 = 3
108 ÷ 54 = 2　108 ÷ 108 = 1

ある数《かず》を割《わ》り切《き》ることができる数《かず》をその数《かず》の「約数《やくすう》」といいます。108の約数《やくすう》は、とても多《おお》く12個《こ》もあります。

ひとくちメモ　108の他《ほか》に、120までの数《かず》で12個《こ》の約数《やくすう》をもつ数《かず》は、60、72、84、90、96の5つあります。

本書の制作にご協力いただいた皆様へ、
深く感謝し、御礼申し上げます。

# 【おもな参考文献】

※『書名』(著者・監修者・編者・号数等/出版社等) ※順不同、敬称略。


『学研版算数おもしろ大事典』(笠井一郎・清水龍之介・高木茂男・坪田耕三・石原淳監修/学習研究社)
『なるほど　数と形』(銀林浩/大日本図書)
『科学のアルバム　月を見よう』(藤井旭/あかね書房)
『授業がおもしろくなる授業のネタ　算数お話教材』(授業のネタ研究会・編　坪田耕三・田中博史著/日本書籍)
『算数授業研究』(第60号/東洋館出版社)
『算数・数学　なぜなぜ事典』(数学教育協議会・銀林浩/日本評論社)
『分数教育に関する史的研究 (I)』(石川廣美/愛媛大学教育学部紀要教育科学第44巻第1号)
『新訂 算数教育指導用語辞典』(日本数学教育学会/新数社)
『Newton 統計の威力 2013年12月号』(ニュートン プレス)
『天文学大事典』(天文学大事典編集委員会/地人書館)
『科学の事典第3版』(岩波書店辞典編集部/岩波書店)
『最後の歯車式計算機 クルタ』(アーウィン・トーマッシュ/ぴっちぶれんど)
『実物でたどるコンピューターの歴史』(竹内 伸/東京書籍)
『生き物たちのエレガントな数学』(上村文隆/技術評論社)
『自然界の秘められたデザイン』(イアン・スチュアート/河出書房新社)
『数字マニアック』(デリック・ニーダーマン/化学同人)
『時間の歴史』(ゲルハルト・ドールン　ファン・ロッスム/大月書店)
『暦』(広瀬秀雄/東京堂出版)
『時間の歴史』(ジャック・アタリ/原書房)
『創造性を伸ばす算数の授業』(大澤隆之/東洋館出版社)
『このアイデアが子どもを動かす　第4学年の授業』(算数授業研究会編/東洋館出版社)
『子どもにうける算数教材集』(算数教材開発研究会/国土社)
『プレジデントファミリー』(2015年秋号/プレジデント社)
『マーチン・ガードナー・マジックのすべて』(マーチン・ガードナー/東京堂出版)
『話題源数学』(吉田稔/東京法令出版)
『東西数学物語』(平山諦/恒星社厚生閣)
『数学ゲームII』(マーチン・ガードナー/日経サイエンス社)
『数と図形の発明発見物語』(板倉聖宣編/国土社)
『数学は歴史をどう変えてきたか』(アン・ルーニー/東京書籍)
『算数お話教材』(坪田耕三　田中博史/日本書籍)
『10パズルにこだわり編』(富永幸二郎/ WAVE出版)
『豊かな計算力を楽しく手に入れよう算数的活動』(細水保宏/学事ブックレット)
『発展学習の実践とアイディア集　4～6年』(片桐重男監修/明治図書出版)
『単位のしくみ』(高田誠二/ナツメ社)
『ライフ/数の世界』(デービッド・バーガミニ/タイム ライフ ブックス)
『学研の図鑑　数・形』(大矢真一　高木茂男/学習研究社)
『ピラミッドで数学しよう』(仲田 紀夫/黎明書房)
『非ヨーロッパ起源の数学』(ジョージ・G・ジョーゼフ/講談社)
『学校では教えてくれなかった算数』(ローレンス・ポッター/草思社)
『Oxford 数学史』(エレノア・ロブソン　ジャクソン・ステッドオール/共立出版)
『数え方と単位の本①暮らしと生活』(飯田朝子監修/学研教育出版社)
『Newton　図形に強くなる』(ニュートンプレス)
『数学体験館 小冊子』(東京理科大学)
『算数教育指導用語辞典』(日本数学教育学会/教育出版)
『Gotcha 2』(マーチン・ガードナー/日経サイエンス社)
『統計数学にだまされるな』(M・ブラストランド　A・ディルノット/化学同人)
『塵劫記』(和算研究所)
『すばらしい数学者たち』(矢野 健太郎/新潮文庫)
『算数脳トレーニング赤版』(細水保宏/東洋館出版)
『教えるって何?』(大澤隆之 他　全国算数授業研究会/東洋館出版社)
『Newton 錯視 完全図解』(ニュートンプレス)
『偏愛的数学 魅惑の図形』(アルフレッド・S・ポザマンティエ　イングマール・レーマン/岩波書店)
『全訳解読　古語辞典』(三省堂)
『時刻表百年史』(高田隆雄監修/新潮社)
『時刻表昭和史』(宮脇俊三/角川書店)
『時刻表百年の歩み』(三宅俊彦/成山堂書店)
『時刻表雑学百科』(佐藤常治/新人物往来社)
『汽車時間表』(鉄道運輸局編/日本旅行文化協会)
『算数教育の論争に学ぶ』(手島勝朗/明治図書出版)
『数学の文化人類学』(R.L.ワイルダー/海鳴社)
『零の発見』(吉田洋一/岩波新書)
『ニュートンムック別冊　ゼロと無限』(ニュートンプレス)
『親子で楽しむ!わくわく数の世界の大冒険』(桜井進/日本図書センター)
『遊んで学べる算数マジック』(庄司タカヒト、広田敬一/小峰書店)
『親子で楽しむ!わくわく数の世界の大冒険+入門』(桜井進/日本図書センター)
『親子で楽しむ!わくわく数の世界の大冒険2』(桜井進/日本図書センター)
『初任者必携　小学校算数　楽しく学べる基礎の基礎』(大澤隆之/明治図書出版)
『Developing Problems to Foster Creativity　Takayuki Osawa Short Presentation　in　ICME9 2000』
『本当の問題解決の授業を目指して』(全国算数授業研究会/東洋館出版社)
『論考ゾウの重さを量る話―『三国志』曹沖伝、教材としての可能性―』(岡田充博/横浜国立大学教育デザインセンター)
『古代エジプトの数学問題集を解いてみる』(三浦伸夫/ NHK出版)
『復刻版 カジョリ 初等数学史』(小倉金之助/共立出版)
『校外活動ガイドブック⑥　ウォッチング　雲と空』(江橋慎四郎監修　酒井哲雄著/国土社)
『十二支考』(南方熊楠/岩波文庫)
『単位の辞典』(小泉袈裟勝　監修/ラテイス)
『絵で見る「もの」の数え方』(町田 健/主婦の友社)
『中日辞典』(小学館)
『東京理科大学　数学体験館』(東京理科大学数学体験館)
『平面図形のパズル』(秋山仁監修/学習研究社)
『新しい算数5年　算数をつかってやってみよう』(東京書籍)
『『九章算術』訳注稿 (13)』(小寺裕ほか/大阪産業大学論集)
『数と推理のパズル』(秋山仁監修/学習研究社)
『『算数書』の成立年代について』(城地茂/数理解析研究所講究録)
『新訂算数教育指導用語辞典』(日本数学教育学会編著/東京堂出版)
『ズバピタ国語四字熟語』(岡崎純也・高橋優博/文英堂)
『数学マジック』(マーチン・ガードナー/白揚社)

## 公益社団法人　日本数学教育学会

日本数学教育学会（略称「日数教」）とは1919年に創設された歴史と伝統ある研究団体です。当初は中等教育における数学教育の研究を対象にしていましたが、現在では、幼稚園、小学校、中学校、高等学校、高等専門学校、大学の数学教育の研究にまで対象が拡大されています。学習指導要領改訂の際にはいつも本学会の研究成果をもとに要望を提出するなど、我が国の算数・数学教育を常にリードし、その伸長に重要な役割を果たしてきました。海外の研究団体とも友好協定を結んで活動しながら、その研究成果を日本国内だけでなく、世界に向けても発信しています。

本書は「日数教」の研究部小学校部会のメンバーが、「算数の面白さを知ってほしい！」「算数好きを増やしたい！」との想いを込めて執筆したものです。


●執筆者（敬称略 50音順）

代表
細水保宏（明星大学客員教授）

大澤隆之
（学習院初等科）

岡田紘子
（お茶の水女子大学附属小学校）

久下谷 明
（お茶の水女子大学附属小学校）

小森 篤
（岩手県久慈市教育委員会）

盛山隆雄
（筑波大学附属小学校）

高瀬大輔
（田川郡川崎町立川崎小学校）

高橋丈夫
（東京学芸大学附属小金井小学校）

高橋 真
（高知大学教育学部附属小学校）

高橋正英
（立命館小学校）

瀧ヶ平悠史
（北海道教育大学附属札幌小学校）

種市芳丈
（三戸町立三戸小学校）

中田寿幸
（筑波大学附属小学校）

二宮孝明
（大分市立大在西小学校）

藤本邦昭
（熊本市立池上小学校）

細萱裕子
（豊島区立高松小学校）

村上幸人
（飯南町立志々小学校）

山本 直
（川崎市立土橋小学校）

吉田映子
（杉並区立高井戸第三小学校）

●執筆
日本数学教育学会研究部　小学校部会

●編集協力
ごとう企画　戸村悦子

●イラスト
アニキK.K　イケウチリリー　池田蔵人　キノ
Jack アマノ　ホリナルミ　ほりみき

●デザイン
SPAIS（山口真里　大木真奈美　田山円佳　小林紘子　熊谷昭典）
蔦見初枝
高道正行

子供《こども》の科学《かがく》特別編集《とくべつへんしゅう》
算数《さんすう》図《ず》好きな子《こ》に育《そだ》つ たのしいお話《はなし》365
さがしてみよう、あそんでみよう、つくってみよう 体験型《たいけんがた》読《よ》み聞《き》かせブック
NDC410

2016 年 2 月 24 日　発　行
2017 年 7 月 20 日　第 4 刷

著　者　日本数学教育学会研究部《にほんすうがくきょういくがっかいけんきゅうぶ》
発行者　小川雄一
発行所　株式会社 誠文堂新光社
〒113-0033 東京都文京区本郷 3-3-11
（編集）電話 03-5805-7762
（販売）電話 03-5800-5780
http://www.seibundo-shinkosha.net/

印刷・製本　大日本印刷株式会社



ISBN978-4-416-51663-8